대기환경
기사 필기

핵심요점 과년도 기출문제 해설

예물사

PREFACE

본서는 산업인력관리공단 최근 출제기준에 맞추어 구성하였으며, 대기환경기사를 준비하는 수험생 여러분들이 효율적으로 학습할 수 있도록 핵심 요점 및 2014년부터 최근까지의 모든 문제 풀이를 상세하게 정성껏 실었습니다.

본서는 다음과 같은 내용으로 구성하였습니다.
첫째 : 각 과목별 중요&핵심 이론을 일목요연하게 수록
둘째 : 2014년~2024년 과년도 모든 문제 100% 풀이 수록

미흡하고 부족한 점은 계속 보완해 나가는 데 노력하겠습니다.
끝으로, 본서를 출간하기까지 끊임없이 성원과 배려를 해주신 예문사 관계자 여러분, 주경야독 윤대표님, 친구 김원식, 아들 지운에게 깊은 감사를 드립니다.

서 영 민

대기환경기사
INFORMATION

📝 출제기준

직무분야	환경 · 에너지	중직무분야	환경	자격종목	대기환경기사	적용기간	2025. 1. 1.~2025. 12. 31

○ 직무내용 : 대기오염으로 인한 국민건강이나 환경에 관한 위해를 예방하기 위해 대기환경관리 계획수립, 시설인·허가 및 관리, 실내공기질 관리, 악취관리, 이동오염원 관리, 측정분석·평가를 통해 대기환경을 적정하고 지속가능하도록 관리·보전하는 직무이다.

필기검정방법	객관식	문제수	100	시험시간	2시간 30분

필기과목명	문제수	주요항목	세부항목	세세항목
대기오염개론	20	1. 대기오염	1. 대기오염의 특성	1. 대기오염의 정의 2. 대기오염의 원인 3. 대기오염인자
			2. 대기오염의 현황	1. 대기오염물질 배출원 2. 대기오염물질 분류
			3. 실내공기오염	1. 배출원 2. 특성 및 영향
		2. 2차오염	1. 광화학반응	1. 이론 2. 영향인자 3. 반응
			2. 2차오염	1. 2차 오염물질의 정의 2. 2차 오염물질의 종류
		3. 대기오염의 영향 및 대책	1. 대기오염의 피해 및 영향	1. 인체에 미치는 영향 2. 동·식물에 미치는 영향 3. 재료와 구조물에 미치는 영향
			2. 대기오염사건	1. 대기오염사건별 특징 2. 대기오염사건의 피해와 그 영향
			3. 대기오염대책	1. 연료 대책 2. 자동차 대책 3. 기타 산업시설의 대책 등
			4. 광화학오염	1. 원인 물질의 종류 2. 특징 3. 영향 및 피해

필기과목명	문제수	주요항목	세부항목	세세항목
			5. 산성비	1. 원인 물질의 종류 2. 특징 3. 영향 및 피해 4. 기타 국제적 환경문제와 그 대책
		4. 기후변화 대응	1. 지구온난화	1. 원인 물질의 종류 2. 특징 3. 영향 및 대책 4. 국제적 동향
			2. 오존층 파괴	1. 원인 물질의 종류 2. 특징 3. 영향 및 대책 4. 국제적 동향
		5. 대기의 확산 및 오염예측	1. 대기의 성질 및 확산개요	1. 대기의 성질 2. 대기확산이론
			2. 대기확산방정식 및 확산모델	1. 대기확산방정식 2. 대류 및 난류확산에 의한 모델
			3. 대기안정도 및 혼합고	1. 대기안정도의 정의 및 분류 2. 대기안정도의 판정 3. 혼합고의 개념 및 특성
			4. 오염물질의 확산	1. 대기안정도에 따른 오염물질의 확산특성 2. 확산에 따른 오염도 예측 3. 굴뚝 설계
			5. 기상인자 및 영향	1. 기상인자 2. 기상의 영향
연소공학	20	1. 연소	1. 연소이론	1. 연소의 정의 2. 연소의 형태와 분류
			2. 연료의 종류 및 특성	1. 고체연료의 종류 및 특성 2. 액체연료의 종류 및 특성 3. 기체연료의 종류 및 특성
		2. 연소계산	1. 연소열역학 및 열수지	1. 화학적 반응속도론 기초 2. 연소열역학 3. 열수지
			2. 이론공기량	1. 이론산소량 및 이론공기량 2. 공기비(과잉공기계수) 3. 연소에 소요되는 공기량
			3. 연소가스 분석 및 농도산출	1. 연소가스양 및 성분분석 2. 오염물질의 농도계산

필기과목명	문제수	주요항목	세부항목	세세항목
			4. 발열량과 연소온도	1. 발열량의 정의와 종류
				2. 발열량 계산
				3. 연소실 열발생율 및 연소온도 계산 등
		3. 연소설비	1. 연소장치 및 연소방법	1. 고체연료의 연소장치 및 연소방법
				2. 액체연료의 연소장치 및 연소방법
				3. 기체연료의 연소장치 및 연소방법
				4. 각종 연소장애와 그 대책 등
			2. 연소기관 및 오염물	1. 연소기관의 분류 및 구조
				2. 연소기관별 특징 및 배출오염물질
				3. 연소설계
			3. 연소배출 오염물질 제어	1. 연료대체
				2. 연소장치 및 개선방법
대기오염 방지기술	20	1. 입자 및 집진의 기초	1. 입자동력학	1. 입자에 작용하는 힘
				2. 입자의 종말침강속도 산정 등
			2. 입경과 입경분포	1. 입경의 정의 및 분류
				2. 입경분포의 해석
			3. 먼지의 발생 및 배출원	1. 먼지의 발생원
				2. 먼지의 배출원
			4. 집진원리	1. 집진의 기초이론
				2. 통과율 및 집진효율 계산 등
		2. 집진기술	1. 집진방법	1. 직렬 및 병렬연결
				2. 건식집진과 습식집진 등
			2. 집진장치의 종류 및 특징	1. 중력집진장치의 원리 및 특징
				2. 관성력집진장치의 원리 및 특징
				3. 원심력집진장치의 원리 및 특징
				4. 세정식집진장치의 원리 및 특징
				5. 여과집진장치의 원리 및 특징
				6. 전기집진장치의 원리 및 특징
				7. 기타집진장치의 원리 및 특징
			3. 집진장치의 설계	1. 각종 집진장치의 기본 및 실시 설계 시 고려인자
				2. 각종 집진장치의 처리성능과 특성
				3. 각종 집진장치의 효율산정 등

필기과목명	문제수	주요항목	세부항목	세세항목
			4. 집진장치의 운전 및 유지관리	1. 중력집진장치의 운전 및 유지관리
				2. 관성력집진장치의 운전 및 유지관리
				3. 원심력집진장치의 운전 및 유지관리
				4. 세정식집진장치의 운전 및 유지관리
				5. 여과집진장치의 운전 및 유지관리
				6. 전기집진장치의 운전 및 유지관리
				7. 기타집진장치의 운전 및 유지관리
		3. 유체역학	1. 유체의 특성	1. 유체의 흐름
				2. 유체역학 방정식
		4. 유해가스 및 처리	1. 유해가스의 특성 및 처리이론	1. 유해가스의 특성
				2. 유해가스의 처리이론(흡수, 흡착 등)
			2. 유해가스의 발생 및 처리	1. 황산화물 발생 및 처리
				2. 질소산화물 발생 및 처리
				3. 휘발성유기화합물 발생 및 처리
				4. 악취 발생 및 처리
				5. 기타 배출시설에서 발생하는 유해가스 처리
			3. 유해가스 처리설비	1. 흡수 처리설비
				2. 흡착 처리설비
				3. 기타 처리설비 등
			4. 연소기관 배출가스 처리	1. 배출 및 발생 억제기술
				2. 배기가스 처리기술
		5. 환기 및 통풍	1. 환기	1. 자연환기
				2. 국소환기
			2. 통풍	1. 통풍의 종류
				2. 통풍장치

필기과목명	문제수	주요항목	세부항목	세세항목
대기오염 공정시험 기준(방법)	20	1. 일반분석	1. 분석의 기초	1. 총칙 2. 적용범위
			2. 일반분석	1. 단위 및 농도, 온도표시 2. 시험의 기재 및 용어 3. 시험기구 및 용기 4. 시험결과의 표시 및 검토 등
			3. 기기분석	1. 기체크로마토그래피 2. 자외선가시선분광법 3. 원자흡수분광광도법 4. 비분산적외선분광분석법 5. 이온크로마토그래피 6. 흡광차분광법 등
			4. 유속 및 유량 측정	1. 유속 측정 2. 유량 측정
			5. 압력 및 온도 측정	1. 압력 측정 2. 온도 측정
		2. 시료채취	1. 시료채취방법	1. 적용범위 2. 채취지점수 및 위치선정 3. 일반사항 및 주의사항 등
			2. 가스상 물질	1. 시료채취법 종류 및 원리 2. 시료채취장치 구성 및 조작
			3. 입자상 물질	1. 시료채취법 종류 및 원리 2. 시료채취장치 구성 및 조작
		3. 측정방법	1. 배출오염물질 측정	1. 적용범위 2. 분석방법의 종류 3. 시료채취, 분석 및 농도산출
			2. 대기중 오염물질 측정	1. 적용범위 2. 측정방법의 종류 3. 시료채취, 분석 및 농도산출
			3. 연속자동측정	1. 적용범위 2. 측정방법의 종류 3. 성능 및 성능시험방법 4. 장치구성 및 측정조작
			4. 기타 오염인자의 측정	1. 적용범위 및 원리 2. 장치구성 3. 분석방법 및 농도계산

필기과목명	문제수	주요항목	세부항목	세세항목
대기환경 관계법규	20	1. 대기환경보전법	1. 총칙	
			2. 사업장 등의 대기 오염물질 배출규제	
			3. 생활환경상의 대기 오염물질 배출규제	
			4. 자동차·선박 등의 배출 가스의 규제	
			5. 보칙	
			6. 벌칙(부칙 포함)	
		2. 대기환경보전법 시행령	1. 시행령 전문 (부칙 및 별표 포함)	
		3. 대기환경보전법 시행규칙	1. 시행규칙 전문 (부칙 및 별표 포함)	
		4. 대기환경 관련법	1. 대기환경보전 및 관리, 오염 방지와 관련된 기타법령(환경 정책기본법, 악취방지법, 실내 공기질 관리법 등 포함)	

CONTENTS

대기환경기사

PART 01 — 핵심 요점 [PDF 파일 제공]

CHAPTER 01 대기 오염 개론
CHAPTER 02 연소공학
CHAPTER 03 대기오염 방지기술
CHAPTER 04 공정시험 기준
CHAPTER 05 대기 환경 관계 법규

PART 02 — 과년도 기출문제 해설

2024년
▶ 1회 — 1
▶ 2회 — 19
▶ 3회 — 38

2023년
▶ 1회 — 57
▶ 2회 — 75
▶ 4회 — 92

2022년
▶ 1회 — 109
▶ 2회 — 127
▶ 4회 — 145

2021년
▶ 1회 — 162
▶ 2회 — 182
▶ 4회 — 201

2020년

- ▶ 통합 1·2회 — 220
- ▶ 3회 — 240
- ▶ 4회 — 260

2019년

- ▶ 1회 — 280
- ▶ 2회 — 298
- ▶ 4회 — 316

2018년

- ▶ 1회 — 334
- ▶ 2회 — 353
- ▶ 4회 — 370

2017년

- ▶ 1회 — 388
- ▶ 2회 — 404
- ▶ 4회 — 423

2016년

- ▶ 1회 — 441
- ▶ 2회 — 459
- ▶ 4회 — 477

2015년

- ▶ 1회 — 495
- ▶ 2회 — 514
- ▶ 4회 — 533

2014년

- ▶ 1회 — 551
- ▶ 2회 — 568
- ▶ 4회 — 586

대기환경 필기
AIR POLLUTION ENVIRONMENTAL

💬 **학습 전에 알아두어야 할 사항**

핵심 이론에 정리되어 있는 내용을 여러 번 반복하면서 꼭 암기하세요.

PART 01
핵심 요점

CHAPTER 01 | 대기 오염 개론
CHAPTER 02 | 연소공학
CHAPTER 03 | 대기오염 방지기술
CHAPTER 04 | 공정시험 기준
CHAPTER 05 | 대기 환경 관계 법규

[핵심 요점 PDF 파일 제공]
PDF 파일은 예문사 홈페이지 자료실에서 다운로드할 수 있습니다.
(패스워드 : summary air)

대기환경 필기
AIR POLLUTION ENVIRONMENTAL

학습 전에 알아두어야 할 사항

1. 과년도 문제풀이는 가능한 한 최근 연도부터 학습하시기 바랍니다.
2. 이론 문제의 학습은 정독하시는 것이 좋으며 계산 문제는 눈으로만 학습하지 말고 반드시 손으로 직접 풀어 보셔야 2차(실기) 시험에 도움이 많이 됩니다.
3. 열공! 꼭 합격을 기원합니다.

PART

02

과년도 기출문제 해설

2024년 1회 CBT 복원·예상문제

대기환경 기사 기출문제

제1과목 대기오염개론

01 다음 중 포름알데하이드(HCHO) 배출 관련 업종으로 가장 거리가 먼 것은?
① 피혁제조공업 ② 합성수지공업
③ 암모니아제조공업 ④ 포르말린제조공업

<해설> 포름알데하이드(HCHO) 배출업종
㉠ 피혁제조공업
㉡ 합성수지공업
㉢ 섬유공업
㉣ 포르말린제조공업

02 표준상태에서 SO_2 농도가 $1.57g/m^3$이라면 몇 ppm인가?
① 250 ② 350
③ 450 ④ 550

<해설> 농도(ppm) = $1,570 mg/Sm^3 \times \dfrac{22.4mL}{64mg}$
= $549.5 mL/Sm^3$ (ppm)

03 스테판-볼츠만의 법칙에 의하면 표면온도가 1,500K에서 2,000K이 되었다면, 흑체에서 복사되는 에너지는 몇 배가 되는가?
① 1.33배 ② 1.78배
③ 2.37배 ④ 3.16배

<해설> 스테판-볼츠만의 법칙
$E = \sigma T^4$
$\left(\dfrac{T_2}{T_1}\right)^4 = \left(\dfrac{2,000}{1,500}\right)^4 = 3.16배$

04 최대혼합깊이(MMD)에 관한 설명으로 옳지 않은 것은?
① 일반적으로 대단히 안정된 대기에서의 MMD는 불안정한 대기에서보다 MMD가 작다.
② 실제 측정 시 MMD는 지상에서 수 km 상공까지의 실제공기의 온도종단도로 작성하여 결정된다.
③ 일반적으로 MMD가 높은 날은 대기오염이 심하고 낮은 날에는 대기오염이 적음을 나타낸다.
④ 계절적으로 MMD는 이른 여름에 최대가 되고, 겨울에 최소가 된다.

<해설> 최대혼합고(MMD)가 높을수록 오염물질이 넓게 퍼져서 농도를 낮추어 피해를 줄인다. 즉 일반적으로 MMD가 높은 날은 대기오염이 약하고 낮은 날에는 대기오염이 심해진다.

05 풍속이 2m/s인 어느 날 저유소의 탱크가 폭발하여 벤젠 100kg이 순식간에 배출되었다. 사고 후 저유소에서 풍하방향으로 600m 떨어진 지점의 지면에 연기의 중심부가 도달하는 데 소요되는 시간은 몇 분인가?(단, instantaneous puff equation $C = \dfrac{2Q_P}{(2\pi)^{3/2}\sigma_x\sigma_y\sigma_z} \cdot \exp\left[-\dfrac{1}{2}\left(\dfrac{x-ut}{\sigma_x}\right)^2\right]$ 이용)
① 3min ② 5min
③ 10min ④ 20min

<해설> 소요시간(min) = $\dfrac{거리}{속도}$ = $\dfrac{600m}{2m/sec \times 60sec/min}$ = 5min

06 질소산화물에 관한 설명과 가장 거리가 먼 것은?
① N_2O는 대류권에서는 온실가스로 알려져 있으며 성층권에서는 오존층 파괴물질로 알려져 있다.
② 성층권에서는 N_2O가 오존과 반응하여 NO를 생성한다.
③ 대기 중에서의 체류시간은 NO와 NO_2가 2~5일 정도로 추정된다.
④ 연소실 온도가 낮을 때는 높을 때보다 많은 NOx가 배출된다.

<해설> 연소실 온도가 높을 경우가 낮을 경우보다 많은 NOx를 배출한다. 즉, 고온에서 발생하는 thermal NOx가 주로 발생한다.

정답 01 ③ 02 ④ 03 ④ 04 ③ 05 ② 06 ④

07 다음 중 유효굴뚝높이(Effective Stack Height)를 상승시키는 방법으로 가장 적합한 것은?

① 배출가스의 토출속도를 줄인다.
② 배출가스의 온도를 높인다.
③ 굴뚝 배출구의 직경을 확대한다.
④ 배출가스의 양을 감소시킨다.

해설 유효굴뚝 높이를 상승시키는 방법
㉠ 배출가스의 토출속도를 높인다.
㉡ 배출가스의 온도를 높인다.
㉢ 굴뚝배출구의 직경을 줄인다.
㉣ 배출가스의 양을 증가시킨다.
㉤ 외기와의 온도차를 크게 한다.

08 대기오염물질이 인체에 미치는 영향으로 가장 거리가 먼 것은?

① 금속수은은 수은증기를 흡입하면 대부분 흡수되나 경구 섭취 시에는 소구를 형성하므로 위장관으로는 잘 흡수되지 않는다.
② 석면폐증의 용혈작용은 석면 내의 Mn에 의해서 발생되며 적혈구의 급격한 감소증상이다.
③ 베릴륨 화합물은 흡입, 섭취 혹은 피부접촉으로는 거의 흡수되지 않는다.
④ 염소, 포스겐 및 질소산화물 등의 상기도 자극 증상은 경미한 반면, 수 시간 경과 후 오히려 폐포를 포함한 하기도의 자극증상은 현저하게 나타나는 편이다.

해설 석면폐증
㉠ 석면폐증의 용혈작용은 석면 내의 Mg에 의해서 발생되며 적혈구의 급격한 증가증상이다.
㉡ 석면폐증은 인체에 대한 영향은 규폐증과 거의 비슷하지만 구별되는 증상으로 폐암을 유발시킨다.

09 지상에서부터 600m까지의 평균기온감율은 0.88℃/100m이다. 100m 고도에서의 기온이 14℃라면 300m에서의 기온은?

① 12.2℃ ② 18.6℃
③ 21.5℃ ④ 30.9℃

해설 기온(℃)=14℃-[0.88℃/100m×(300-100)m]=12.24℃

10 온실효과 및 지구 온난화에 관한 설명으로 가장 적합한 것은?

① 지구온난화지수(GWP)는 SF_6가 HFCs에 비해 크다.
② 대기의 온실효과는 실제 온실에서의 보온작용과 같은 원리이다.
③ 온실효과에 대한 기여도는 N_2O > CFC 11 & 12이다.
④ 북반구에서의 계절별 CO_2 농도경향은 봄·여름이 가을·겨울철보다 높은 편이다.

해설 ② 대기의 온실효과는 실제 온실에서의 보온작용과 같은 원리가 아니다.
③ 온실효과에 대한 기여도는 CFC11, CFC12 > N_2O이다.
④ 북반구에서의 계절별 CO_2 농도 경향은 봄·여름이 가을·겨울철보다 낮은 편이다. 즉, 1년 주기로 봄부터 여름에는 감소하고 가을부터 겨울에는 증가한다.

11 Down Wash 현상에 관한 설명은?

① 원심력 집진장치에서 처리가스양의 5~10% 정도를 흡인하여 줌으로써 유효원심력을 증대시키는 방법이다.
② 굴뚝의 높이가 건물보다 높을 경우 건물 뒤편에 공동현상이 생기고 이 공동에 대기오염물질의 농도가 낮아지는 현상을 말한다.
③ 해가 뜬 후 지표면이 가열되어 대기가 지면으로부터 열을 받아 지표면 부근부터 역전층이 해소되는 현상을 말한다.
④ 오염물질의 토출속도에 비해 굴뚝 높이에서의 풍속이 크면 연기가 굴뚝 아래로 오염물질이 흩날리어 굴뚝 일부분에 오염물질의 농도가 높아지는 현상을 말한다.

해설 ① 원심력식 집진장치의 Blow Down 효과의 내용이다.
② 다운 드래프트(Down Draft)의 내용이다.
③ 복사역전(지표역전)의 내용이다.

12 지상 10m에서의 풍속이 7.5m/sec라면 50m에서의 풍속은?(단, Deacon의 Power Law 이용, 대기안정도에 따른 풍속지수는 0.25)

① 약 10.1m/sec ② 약 11.2m/sec
③ 약 14.8m/sec ④ 약 16.8m/sec

해설 $\dfrac{U_2}{U_1} = \left(\dfrac{Z_2}{Z_1}\right)^P$

$U_2 = 7.5\text{m/sec} \times \left(\dfrac{50\text{m}}{10\text{m}}\right)^{0.25} = 11.22\text{m/sec}$

13 다음 중 다환 방향족 탄화수소(Polycyclic Aromatic Hydrocarbons ; PAH)에 관한 설명으로 가장 거리가 먼 것은?

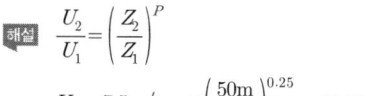

① 석탄, 기름, 가스, 쓰레기, 각종 유기물질의 불완전 연소가 일어나는 동안에 형성된 화학물질 그룹이다.
② 대부분 공기역학적 직경이 2.5μm 미만인 입자상 물질이다.
③ 대부분 PAH는 물에 잘 용해되며, 산성비의 주요 원인물질로 작용한다.
④ 고리 형태를 갖고 있는 방향족 탄화수소로서 미량으로도 암 및 돌연변이를 일으킬 수 있다.

해설 다환 방향족 탄화수소
㉠ 대부분 PAH는 물에 잘 용해되지 않고 공기 중에 쉽게 휘발하는 성질이 있으며 산성비의 주요원인물질과는 관계가 적다.
㉡ 철강제조업의 코크스 제조공정, 흡연, 연소공정, 석탄건류, 아스팔트 포장, 굴뚝 청소 시 발생한다.

14 PAN에 관한 설명으로 가장 거리가 먼 것은?
① 황산화물의 일종으로 빛을 흡수시켜 가시거리를 단축시킨다.
② 산화제 역할을 한다.
③ 대기 중 탄화수소로부터의 광화학반응으로 생성된다.
④ 사람의 눈에 통증을 일으키며 생활력이 왕성한 초엽(初葉)에 피해가 크다.

해설 PAN(질산과산화아세틸)은 강한 산화력과 눈에 대한 자극성이 있는 광화학 옥시던트이며 빛을 반사시켜 가시거리를 감소시킨다.

15 다음 중 대기오염물질의 재산에 대한 피해로 가장 거리가 먼 것은?
① 납 성분을 함유한 주택용 도료는 황화수소(H_2S)와 반응하면 쉽게 황색(Pb_2SO_4)으로 변한다.
② 양모, 면, 나일론 등의 각종 섬유는 황산화물에 의해 섬유색깔이 탈색 및 퇴색되며 인장력이 감소된다.
③ 오존은 착색된 각종 섬유를 탈색시킨다.
④ 오존과 같은 산화물질은 고무의 균열 및 노화를 일으킨다.

해설 납 성분을 함유한 도료는 황화수소(H_2S)와 반응하여 검은색의 황화납(PbS)이 된다.

16 굴뚝에서 배출되는 연기의 모양이 Fanning형인 경우, 대기에 관한 설명으로 옳지 않은 것은?
① 연기의 수직방향 분산은 최소가 된다.
② 기온역전상태의 대기오염이 심할 때 나타날 수 있는 연기모형이다.
③ 대기가 매우 안정한 침강역전상태일 때 주로 발생한다.
④ 일반적으로 최대 착지거리가 크고, 최대 착지농도는 낮다.

해설 고기압 구역에서 하늘이 맑고 바람이 약하면 지표로부터 열방출이 커서 한밤으로부터 아침까지 복사역전층이 생길 때에 발생하는 연기모양이다.

17 등압면이 직선이 아닌 곡선일 때 부는 바람인 경도풍은 3가지 힘이 평형을 이루고 있을 때 나타난다. 이 3가지 힘으로 적합한 것은?
① 마찰력, 전향력, 원심력
② 기압경도력, 전향력, 원심력
③ 기압경도력, 마찰력, 원심력
④ 기압경도력, 전향력, 마찰력

해설 경도풍(Gradient Wind)
㉠ 등압선이 곡선인 경우, 원심력·기압경도력·전향력의 세 힘이 평형을 이루는 상태에서 등압선을 따라 부는 바람이다.
㉡ 북반구의 저기압에서는 시계 반대방향으로 회전하면서 위쪽으로 상승하면서 불고 고기압에서는 시계방향으로 회전하면서 분다.
㉢ 경도풍은 일반적으로 지상 500~700m 높이에서 등압선을 따라 불며 고기압일 때 경도풍의 힘의 평형은 (전향력=기압경도력+원심력)이고 저기압일 때 경도풍의 힘의 평형은 (기압경도력=전향력+원심력)이다.

18 아래의 대기오염사건들이 발생한 순서가 오래된 것부터 순서대로 올바르게 나열된 것은?

A. 인도의 보팔시에서 발생한 대기오염사건
B. 미국에서 발생한 도노라 사건
C. 벨기에에서 발생한 뮤즈계곡 사건
D. 영국 런던 스모그 사건

① A-B-C-D
② C-B-D-A
③ B-A-D-C
④ D-A-C-B

해설 A. 인도의 보팔시에서 발생한 대기오염 사건 : 1984년
B. 미국에서 발생한 도노라 사건 : 1948년
C. 벨기에에서 발생한 뮤즈계곡 사건 : 1930년
D. 영국 런던 스모그 사건 : 1952년

정답 14 ① 15 ① 16 ③ 17 ② 18 ②

19 가우시안 확산모델을 이용하여 화력발전소에서 10km 떨어지고, 평균풍속이 1m/s인 주거지역의 SO_2 농도를 계산하였더니 0.05ppm이었다. SO_2의 화학반응(1차 반응)을 고려한다면 주거지역의 SO_2 농도는 얼마인가?(단, SO_2의 대기 중에서 반응속도상수는 $4.8 \times 10^{-5} s^{-1}$이고, 1차 반응을 이용하여 계산할 것)

① 0.01ppm
② 0.02ppm
③ 0.03ppm
④ 0.04ppm

해설 $C_t = C_o \cdot e^{-(k \cdot t)}$

$t(\text{소요시간}) = \dfrac{\text{거리}}{\text{속도}}$

$= \dfrac{10,000m}{1m/sec} = 10,000sec$

$= 0.05ppm \times e^{(-4.8 \times 10^{-5} \times 10,000)}$

$= 0.03ppm$

20 SO_2의 배출량이 50g/s인 화력발전소 굴뚝 배출구에서의 대기평균풍속은 5m/s이다. 굴뚝 배출구로부터 풍하지역으로 2km 떨어진 지역의 지면에서의 SO_2의 농도를 유효굴뚝높이가 ㉠ 100m와 ㉡ 300m로 구분하여 각각의 농도를 계산하면 얼마인가?(단, $C(x, 0, 0) = \dfrac{Q}{\pi \sigma_y \sigma_z U}$ $\exp\left[-\dfrac{1}{2}\left(\dfrac{H_e}{\sigma_z}\right)^2\right]$이고, $\sigma_y = 260m$, $\sigma_z = 150m$이다.)

① ㉠ $65.4\mu g/m^3$, ㉡ $11.0\mu g/m^3$
② ㉠ $35.4\mu g/m^3$, ㉡ $11.0\mu g/m^3$
③ ㉠ $65.4\mu g/m^3$, ㉡ $21.1\mu g/m^3$
④ ㉠ $35.4\mu g/m^3$, ㉡ $21.1\mu g/m^3$

해설 $C(x, 0, 0) = \dfrac{Q}{\pi \sigma_y \sigma_z U} \exp\left[-\dfrac{1}{2}\left(\dfrac{H_e}{\sigma_z}\right)^2\right]$

㉠ 100m
$C = \dfrac{50 \times 10^6 \mu g/sec}{3.14 \times 260m \times 150m \times 5m/sec} \exp\left[-\dfrac{1}{2}\left(\dfrac{100}{150}\right)^2\right]$
$= 65.35 \mu g/m^3$

㉡ 300m
$C = \dfrac{50 \times 10^6 \mu g/sec}{3.14 \times 260m \times 150m \times 5m/sec} \exp\left[-\left(\dfrac{300}{150}\right)^2\right]$
$= 11.05 \mu g/m^3$

제2과목 연소공학

21 연소 시 가연물의 구비조건으로 옳지 않은 것은?

① 활성화에너지가 클 것
② 화학적으로 활성이 강할 것
③ 표면적이 클 것
④ 반응열이 클 것

해설 가연물의 구비조건
㉠ 반응열(발열량)이 클 것
㉡ 열전도율이 낮을 것
㉢ 활성화에너지가 작을 것
㉣ 산소와 친화력이 우수할 것
㉤ 연소접촉 표면적이 클 것
㉥ 연쇄반응을 일으킬 수 있을 것
㉦ 흡열반응을 일으키지 않을 것
㉧ 화학적으로 활성이 강할 것

22 Octane을 완전연소시킬 때 Air Fuel Ratio는?(단, 무게 기준)

① 약 15
② 약 18
③ 약 21
④ 약 24

해설 C_8H_{18}의 연소반응식
$C_8H_{18} + 12.5O_2 \rightarrow 8CO_2 + 9H_2O$
1mol   12.5mole

부피기준 $AFR = \dfrac{\text{산소의 mole}/0.21}{\text{연료의 mole}}$

$= \dfrac{12.5/0.21}{1} = 59.5 \text{mole air/mole fuel}$

중량기준 $ARF = 59.5 \times \dfrac{28.95}{114} = 15.14 \text{kg air/kg fuel}$

[114 : 옥탄의 분자량, 28.95 : 건조공기 분자량]

23 중유 조성이 탄소 87%, 수소 11%, 황 2%였다면 이 중유 연소에 필요한 이론 습연소가스양(Sm^3/kg)은?

① 9.63
② 11.35
③ 12.96
④ 13.62

해설 이론 습연소가스양(G_{ow})
$G_{ow} = A_o + 5.6H$

$A_o = \dfrac{1}{0.21}[(1.867 \times 0.87) + (5.6 \times 0.11) + (0.7 \times 0.02)]$

$= 10.73 Sm^3/kg$

$= 10.73 + (5.6 \times 0.11) = 11.35 Sm^3/kg$

24 탄소 85%, 수소 13%, 황 2%의 중유를 공기비 1.2로 연소할 때 건조 배출가스 중 SO_2의 부피비(%)는?

① 0.11% ② 1.83%
③ 2.16% ④ 3.14%

해설
$$SO_2(\%) = \frac{SO_2}{G_d} \times 100 = \frac{0.7S}{G_d} \times 100$$
$$G_d = mA_o - 5.6H$$
$$A_o = \frac{1}{0.21}[(1.867 \times 0.85) + (5.6 \times 0.13) + (0.7 \times 0.02)] = 11.09 \, Sm^3/kg$$
$$= (1.2 \times 11.09) - (5.6 \times 0.13) = 12.58 \, Sm^3/kg$$
$$= \frac{0.7 \times 0.02}{12.58} \times 100 = 0.11\%$$

25 비열(Heat Capacity)에 관한 설명으로 옳지 않은 것은?

① 물질 1g을 1℃ 상승시키는 데 필요한 열량을 말하며, 순수한 물의 비열은 1cal/g · ℃로서 다른 물질에 비해 큰 편이다.
② 상태함수가 아니고 경로에 따라 달라지는 양이다.
③ 반응조건에 상관없이 동일한 값을 가지므로 연소반응에서 항상 상수로 취급하고, 이상기체의 경우 정압비열과 정적비열 값은 동일하다.
④ 단열 화염온도를 이론적으로 산출하기 위해 알아야 하는 열역학적 성질 중의 하나이다.

해설 이상기체의 경우 항상 정압비열은 정적비열보다 큰 값을 가진다.

26 가연성 가스의 폭발범위에 관한 설명으로 옳지 않은 것은?

① 가스의 온도가 높아지면 일반적으로 넓어진다.
② 압력이 상압(1기압)보다 낮아질 때 변화가 크다.
③ 폭발한계 농도 이하에서는 폭발성 혼합가스를 생성하기 어렵다.
④ 가스압이 높아지면 하한값이 크게 변화되지 않으나 상한값은 높아진다.

해설 압력이 상압(1기압)보다 높아질 때 폭발범위의 변위가 크며 가스의 압력이 대기압 이하로 낮아지는 경우는 폭발범위가 작아진다.

27 화격자식(스토커) 소각로에 관한 설명으로 옳지 않은 것은?

① 휘발성분이 많고 열분해되기 쉬운 물질을 소각할 경우에는 공기를 아래쪽에서 위쪽으로 통과시키는 상향식 연소방식을 사용하는 것이 효과적이다.
② 경사 스토커 방식의 경우 수분이 많은 것이나 발열량이 낮은 것도 어느 정도 소각이 가능하다.
③ 체류시간이 길고 교반력이 약한 편이어서 국부가열이 발생할 염려가 있다.
④ 하향식 연소는 상향식 연소에 비해 소각물의 양은 절반 정도로 감소한다.

해설 휘발성이 많고 열분해가 쉬운 물질을 연소할 경우에는 하향식 연소방식을 사용하는 것이 효과적이다.

28 배출가스 중 일산화탄소가 전혀 없는 완전연소가 일어나고 이때 공기비가 1.6이라면 배출가스 중의 산소량은?

① 7.9% ② 11.6%
③ 13.5% ④ 15.8%

해설
$$공기비(m) = \frac{21}{21 - O_2}$$
$$1.6 = \frac{21}{21 - O_2}$$
$$O_2 = 7.88\%$$

29 공기를 사용하여 CO를 완전연소시킬 때 연소가스 중의 CO_2 농도의 최대치는?

① 34.7% ② 39.3%
③ 49.9% ④ 52.3%

해설
$$CO + 0.5O_2 \rightarrow CO_2$$
$$CO_{2\max}(\%) = \frac{CO_2 양}{G_{od}} \times 100$$
$$G_{od} = 0.79A_o + CO_2$$
$$A_o = \frac{1}{0.21} \times 0.5 = 2.38 \, Sm^3/Sm^3$$
$$= (0.79 \times 2.38) + 1 = 2.88 \, Sm^3/Sm^3$$
$$= \frac{1}{2.88} \times 100 = 34.71\%$$

30 연료 연소 시 공연비(Air/fuel ratio)가 이론량보다 작을 때 나타나는 현상으로 가장 적합한 것은?

① 배출가스 중 일산화탄소의 양이 많아진다.
② 완전연소로 연소실 내의 열손실이 작아진다.
③ 연소실 벽에 미연탄화물 부착이 줄어든다.
④ 연소효율이 증가하여 배출가스의 온도가 불규칙하게 증가 및 감소를 반복한다.

정답 24 ① 25 ③ 26 ② 27 ① 28 ① 29 ① 30 ①

해설 공연비(Air/fuel ratio)
㉠ 공연비를 이론치보다 낮추면 공기량이 부족해지기 때문에 불완전연소에 가까워져 CO 및 HC의 양은 증가한다.
㉡ 공연비를 이론치보다 높이면 공기량이 많아지기 때문에 완전연소에 가까워져 CO 및 HC의 양은 감소, NOx 및 CO의 양은 증가한다.

31 다음 중 연소과정에서 등가비(Equivalent Ratio)가 1보다 큰 경우는?
① 공급연료가 과잉인 경우
② 배출가스 중 질소산화물이 증가하고 일산화탄소가 최소가 되는 경우
③ 공급연료의 가연성분이 불완전한 경우
④ 공급공기가 과잉인 경우

해설 ϕ에 따른 특성(ϕ : 등가비)
㉠ $\phi = 1$
 • $m = 1$
 • 완전연소에 알맞은 연료와 산화제가 혼합된 경우로 이상적 연소형태이다.
㉡ $\phi > 1$
 • $m < 1$
 • 연료가 과잉으로 공급된 경우로 불완전 연소형태이다.
 • 일반적으로 CO는 증가하고 NO는 감소한다.
㉢ $\phi < 1$
 • $m > 1$
 • 공기가 과잉으로 공급된 경우로 완전연소형태이다.
 • CO는 완전연소를 기대할 수 있어 최소가 되나, NO는 증가되된다.

32 연료의 연소 시 발생하는 그을음에 대한 설명으로 옳지 않은 것은?
① 연료 중의 C/H비가 클수록 발생하기 쉽다.
② 탈수소가 용이한 연료가 발생하기 쉽다.
③ 방향족 생성반응이 일어나기 쉬운 탄화수소일수록 발생하기 쉽다.
④ 분해나 산화되기 쉬운 탄화수소일수록 발생하기 쉽다.

해설 분해나 산화되기 쉬운 탄화수소는 매연(그을음) 발생이 적다. 또한 공기비가 작을수록 불완전연소로 인하여 매연이 많이 발생한다.

33 기체연료의 연소장치 및 연소방식에 관한 설명으로 옳지 않은 것은?
① 확산연소는 주로 탄화수소가 적은 발생로가스, 고로가스에 적용되는 연소방식이고, 천연가스에도 사용될 수 있다.
② 확산연소에 사용되는 버너 중 포트형은 기체연료와 공기를 다 같이 고온으로 예열할 수 있다.
③ 예혼합연소는 화염온도가 높아 연소부하가 큰 경우에 사용되고 화염길이가 길고, 그을음 생성이 많다.
④ 예혼합연소에 사용되는 고압버너는 기체연료의 압력을 2kg/cm² 이상으로 공급하므로 연소실 내의 압력은 정압이다.

해설 예혼합연소는 난류가 형성되므로 화염길이가 짧고, 완전연소로 인한 그을음 생성량은 적다. 또한 연소조절이 쉽다.

34 Butane 몇 kg을 완전연소 시 이론적으로 필요한 공기량이 649kg이 되겠는가?
① 약 32kg   ② 약 42kg
③ 약 52kg   ④ 약 62kg

해설 $A_o = \dfrac{O_o}{0.232}$

$649\text{kg} = \dfrac{O_o}{0.232}$

$O_o = 150.57\text{kg}$

$C_4H_{10} + 6.5O_2 \to 4CO_2 + 5H_2O$
58kg : 6.5×32kg
$C_4H_{10}(\text{kg})$: 150.57kg
$C_4H_{10}(\text{kg}) = \dfrac{58\text{kg} \times 150.57\text{kg}}{(6.5 \times 32)\text{kg}} = 41.99\text{kg}$

35 기체연료에 관한 설명으로 옳지 않은 것은?
① 코크스로 가스는 CH_4 및 H_2가 주성분이고, 발열량이 고로가스에 비해 크다.
② 천연가스의 수분 기타의 잔류물을 제거하여 200기압 정도로 압축하여 자동차의 연료로 사용하면 옥탄가가 높기 때문에 유리하다.
③ 고로가스의 주성분은 CO_2, H_2이다.
④ 발생로가스는 코크스나 석탄을 불완전 연소해서 얻는 가스이다.

해설 고로가스의 주성분은 질소(N_2) 및 일산화탄소(CO)이다.

36 고체연료 중 코크스에 대한 설명으로 옳지 않은 것은?
① 원료탄을 건류하여 얻어지는 2차 연료로서 코크스로에서 제조된다.

정답 31 ① 32 ④ 33 ③ 34 ② 35 ③ 36 ②

② 휘발분이 거의 함유되어 있지 않아 연소 시에 매연이 많이 발생된다.
③ 코크스의 발열량은 통상 8,000kcal/kg 정도이다.
④ 주성분이 탄소이며 원료탄보다는 회분의 함량이 많아진다.

해설 휘발분이 거의 함유되어 있지 않아 연소 시에 매연 발생이 거의 없다. 단, 역청탄을 저온건류해서 얻어지는 반성코크스는 휘발분이 많고, 착화성도 좋다.

37 다음 유류연소버너의 종류로 가장 적합한 것은?

- 용도 : 부하 변동이 있는 중소형 보일러에 주로 사용
- 유압 : 0.5kg/cm² 전후
- 분무각도 : 약 40~80°
- 화염의 형식 : 비교적 넓게 퍼지는 화염

① 고압공기식 ② 유압식
③ 회전식   ④ 건타입식

해설 **회전식 버너**
고속회전하는 Atomizer의 원심력에 의하여 연료유를 비산시켜 분무화하는 기능을 갖춘 형식의 버너이며 분무는 기계적 원심력과 공기를 이용한다.
㉠ 연료분사범위(연소용량)
  5~1,000L/hr(연료유 분사유량은 직결식이 1,000L/hr 이하, 벨트식이 2,700L/hr 이하)
㉡ 유량조절범위
  1 : 5(유압식 버너에 비해 연료유의 분무화 입경은 비교적 크다.)
㉢ 유압
  0.3~0.5kg/cm² 정도
㉣ 분사(분무) 각도
  40~80° 정도로 큼
㉤ 특성
  • 비교적 넓게 퍼지는 화염을 나타낸다.
  • 부하변동이 있는 중소형 보일러에 주로 사용한다.

38 미분탄 연소방식의 특징으로 옳지 않은 것은?
① 부하 변동에 쉽게 적응할 수 있다.
② 고효율이 요구되는 소규모 연소 장치에 적합하다.
③ 비교적 저질탄도 유효하게 사용할 수 있다.
④ 연료의 접촉표면적이 크므로 작은 공기비로도 연소가 가능하다.

해설 부하 변동에 쉽게 적응할 수 있으므로 대형과 대용량 설비에 적합하다.

39 다음 연소의 종류 중 휘발유, 등유, 알코올, 벤젠 등의 연소가 해당하는 것은?
① 자기연소   ② 분해연소
③ 증발연소   ④ 표면연소

해설 **증발연소**
㉠ 정의
  화염으로부터 열을 받으면 가연성 증기가 발생하는 연소, 즉 액체연료가 액면에서 증발하여 가연성 증기로 되어 산소와 반응한 후 착화되어 화염이 발생하고 증발이 촉진되면서 연소, 즉 물질이 직접 기화하면서 연소가 이루어지는 것을 의미한다.
㉡ 특징
  • 연료의 증발속도가 연소속도보다 빠르면 불완전 연소가 된다.
  • 증발온도가 열분해온도보다 낮은 경우 증발연소된다.
㉢ 적용연료
  • 휘발유, 등유, 경유, 알코올(중유는 제외)
  • 나프탈렌, 벤젠
  • 양초

40 다음 중 화학반응 또는 연소반응에 있어서 반응속도 상수와 온도와의 관계를 나타낸 식은?
① 깁스반응식   ② 보일-샤를의 식
③ 반데르발스식 ④ 아레니우스식

해설 **Arrhenius 법칙(반응속도상수를 온도의 함수로 나타낸 방정식)**
$$K = A\exp\left(-\frac{E_a}{RT}\right)$$

여기서, K : 반응속도상수
A : Frequency Factor(빈도계수)
E_a : 활성화에너지
T : 절대온도

정답 37 ③ 38 ② 39 ③ 40 ④

제3과목 대기오염방지기술

41 먼지의 입경분포에 관한 설명으로 옳지 않은 것은?
① 먼지의 입경분포를 나타내는 방법 중 적산분포에는 정규분포, 대수정규분포, Rosin Rammler 분포가 있다.
② 적산분포(R)는 일정한 입경보다 큰 입자가 전체의 입자에 대하여 몇 % 있는가를 나타내는 것으로 입경분포가 0이면 R=100%이다.
③ 대수정규분포는 미세한 입자의 특성과 잘 일치한다.
④ 빈도분포는 먼지의 입경분포를 적당한 입경간격의 개수 또는 질량의 비율로 나타내는 방법이다.

해설 대수정규분포는 미세입경범위는 확대, 조대입경범위는 축소하여 나타내는 방법이다.

42 CNG(Compressed Natural Gas)를 가솔린엔진에 적용했을 때에 관한 설명으로 가장 거리가 먼 것은?
① 엔진연소실과 연료공급계통에 퇴적물이 적어 윤활유나 엔진오일, 필터의 교환 주기가 연장된다.
② 옥탄가가 130 정도로 높기 때문에 엔진압축비를 높일 수 있다.
③ 가솔린엔진에 비해 출력이 20% 정도 증가(동일배기량 기준)하며, 1회 충전거리가 길다.
④ CO, HC는 30~50%, CO_2는 20~30% 이상 감소하는 것으로 알려져 있다.

해설 CNG는 가솔린엔진에 비해 출력이 ≒10% 정도 감소하고 1회 충전거리도 짧다.

43 벤츄리 스크러버의 액가스비를 크게 하는 요인으로 옳지 않은 것은?
① 먼지입자의 친수성이 클 때
② 먼지의 입경이 작을 때
③ 먼지입자의 점착성이 클 때
④ 처리가스의 온도가 높을 때

해설 벤츄리 스크러버의 액가스비가 커지는 경우
㉠ 먼지입자의 친수성이 작을 때
㉡ 먼지의 입경이 작을 때
㉢ 먼지농도가 높을 때
㉣ 점착성이 크고 처리가스의 온도가 높을 때

44 사업장에서 발생되는 케톤(Ketone)류를 제어하는 방법 중 제어효율이 가장 낮은 방법은?
① 직접소각법 ② 응축법
③ 흡착법   ④ 흡수법

해설 케톤류를 흡착법으로 처리 시에는 활성탄과 케톤의 반응에 의해 발화로 인한 화재 우려가 있어 흡착법은 적용하지 않는다.

45 공장 배출가스 중의 일산화탄소를 백금계의 촉매를 사용하여 연소시켜 처리하고자 할 때, 촉매독으로 작용하는 물질로 가장 거리가 먼 것은?
① Ni   ② Zn   ③ As   ④ S

해설 CO를 백금계 촉매를 사용하여 CO_2로 완전산화시켜 처리 시 촉매독으로 작용하는 물질은 Hg, Pb, Zn, As, S, 할로겐물질 (F, Cl, Br), 먼지 등이므로 사전에 제거할 필요성이 있다.

46 전기집진장치에서 입구 먼지농도가 $10g/m^3$이고, 출구 먼지농도가 $0.5g/m^3$이다. 출구 먼지농도를 $100mg/m^3$로 하기 위해서 필요한 집진극의 증가면적은?(단, 기타 조건은 고려하지 않는다.)
① 약 1.5배 ② 약 2.5배
③ 약 3.5배 ④ 약 4.5배

해설 $\eta = 1 - e^{-\frac{AV}{Q}}$ 식 양변에 ln을 취해 식을 만들면
$-\frac{AV}{Q} = \ln(1-\eta)$
초기 효율 $= \left(1 - \frac{0.5}{10}\right) \times 100 = 95\%$
나중 효율 $= \left(1 - \frac{0.1}{10}\right) \times 100 = 99\%$
집진극 증가면적비 $= \dfrac{-\frac{Q}{V}\ln(1-0.99)}{-\frac{Q}{V}\ln(1-0.95)} = 1.54$배

47 굴뚝 배출 가스양은 $2,000Sm^3/hr$, 이 배출가스 중 HF 농도는 $500mL/Sm^3$이다. 이 배출가스를 $50m^3$의 물로 세정할 때 24hr 후 순환수인 폐수의 pH는?(단, HF는 100% 전리되며, HF 이외의 영향은 무시한다.)
① 약 2.6 ② 약 2.1 ③ 약 1.7 ④ 약 1.3

해설 배출가스 중 HF 양(g)
$= 2,000Sm^3/hr \times 500mL/Sm^3 \times \dfrac{20g}{22,400mL} \times 24hr$
$= 21,428.57g$

정답 41 ③ 42 ③ 43 ① 44 ③ 45 ① 46 ① 47 ③

해설
HF의 mol 수 $= 21,428.57g \times \dfrac{1mol}{20g} = 1,071.43mol$

세정순환수 중 HF 몰농도(M) $= \dfrac{1,071.43mol}{50,000L} = 0.0214M$

$HF \rightarrow H^+ + F^-$ 반응에서 HF 100% 전리

$[H^+] = [HF]$

$pH = -\log[H^+] = -\log[HF^+]$
$= -\log(0.0214) = 1.67$

48 HF 3,000ppm, SiF_4 1,500ppm 들어 있는 가스를 시간당 22,400Sm^3씩 물에 흡수시켜 규불산을 회수하려고 한다. 이론적으로 회수할 수 있는 규불산의 양은?(단, 흡수율은 100%)

① 67.2Sm^3/h
② 1.5kg·mol/h
③ 3.0kg·mol/h
④ 22.4Sm^3/h

해설
$2HF + SiF_4 \rightarrow H_2SiF_6$

$2 \times 22.4Sm^3 : 1kg \cdot mol$

$22,400Sm^3/hr \times 3,000mL/m^3 \times m^3/10^6 mL :$
$SiF_4 (kg \cdot mol/hr)$

$SiF_4 (kg \cdot mol/hr)$
$= \dfrac{22,400Sm^3/hr \times 3,000 \times 10^{-6} \times 1kg \cdot mol}{2 \times 22.4Sm^3}$
$= 1.5kg \cdot mol/hr$

49 충전탑에 관한 설명으로 옳지 않은 것은?

① 가스속도를 증가시키면 두 군데에서 Break Point가 나타나는데, 1번째 Break Point가 Loading Point이다.
② 충전탑은 Flooding Point의 40~70%에서 보통 설계된다.
③ 일정한 양의 흡수액을 흘릴 때 유해가스의 압력손실은 가스속도의 대수값에 반비례한다.
④ Flooding Point에서의 가스속도는 충전제를 불규칙하게 쌓았을 때보다 규칙적으로 쌓았을 때가 더 크다.

해설 일정한 양의 흡수액을 통과시키면서 유량속도를 증가시키면 압력손실은 가스속도의 대수값에 비례한다.

50 흡착제의 종류와 용도와의 연결로 거리가 먼 것은?

① 마그네시아 - 가스, 공기 및 액체의 건조
② 활성탄 - 용제회수, 가스정화
③ 실리카겔 - NaOH 용액 중 불순물 제거
④ 보크사이트 - 석유 중의 유분제거, 가스 및 용액건조

해설 마그네시아는 표면적이 200m^2/g 정도이며, 휘발유 및 용제의 불순물을 제거하는 정제에 이용된다.

51 다음 집진장치 중 일반적으로 압력손실이 가장 적은 것은?

① 전기집진장치
② 여과집진장치
③ 원심력집진장치
④ 벤츄리 스크러버

해설
① 전기집진장치 압력손실 : 10~20mmH_2O
② 여과집진장치 압력손실 : 100~200mmH_2O
③ 원심력집진장치 압력손실 : 50~150mmH_2O
④ 벤츄리 스크러버 압력손실 : 300~800mmH_2O

52 유해가스로 오염된 가연성물질을 처리하는 방법 중 반응속도가 빠르고 연료소비량이 적은 편이며, 산화온도가 비교적 낮기 때문에 NOx의 발생이 가장 적은 처리 방법은?

① 직접연소법
② 고온산화법
③ 촉매산화법
④ 산, 알칼리 세정법

해설 **촉매연소법(촉매산화법)**
㉠ 가연성 유해 가스를 촉매에 의해 비교적 저온(400~500℃) 정도에서 불꽃 없이 산화시키는 방법으로 직접연소법에 비해 낮은 온도, 짧은 체류시간에서도 처리가 가능하며 저농도의 가연물질과 공기를 함유한 기체물질에 대하여 적용된다.
㉡ 활성도가 높은 촉매를 사용하는 것이 바람직하지만 내열성과 촉매독의 문제가 있다.
㉢ 직접연소법과 비교하여 연료소비량이 적기 때문에 운전비가 절감되지만 촉매의 수명이 문제가 된다.
㉣ 높은 온도의 예열이 필요 없으며 직접연소법에 비해 NOx 발생량이 적고 낮은 농도로 배출할 수 있다.

53 전기집진장치에서 전류밀도가 먼지층 표면부근의 이온전류 밀도와 같고 양호한 집진작용이 이루어지는 값이 $2 \times 10^{-8}A/cm^2$이며, 또한 먼지층 중의 절연파괴 전계강도를 $5 \times 10^3 V/cm$로 한다면, 이때 먼지층의 겉보기 전기저항(㉠)과 이 장치의 문제점(㉡)으로 옳은 것은?

① ㉠ $1 \times 10^{-4}(\Omega \cdot cm)$ ㉡ 먼지의 재비산
② ㉠ $1 \times 10^{4}(\Omega \cdot cm)$ ㉡ 먼지의 재비산
③ ㉠ $2.5 \times 10^{11}(\Omega \cdot cm)$ ㉡ 역전리 현상
④ ㉠ $4 \times 10^{12}(\Omega \cdot cm)$ ㉡ 역전리 현상

해설 전기저항 $= \dfrac{전압}{전류} = \dfrac{5 \times 10^3 V/cm}{2 \times 10^{-8} A/cm^2} = 2.5 \times 10^{11} \Omega \cdot cm$

$10^{11} \Omega \cdot cm$ 이상이므로 역전리 현상이 발생한다.

정답 48 ② 49 ③ 50 ① 51 ① 52 ③ 53 ③

54 가스흡수에서는 기-액의 접촉면적을 크게 하는 것이 필요한데, 실제 유효접촉면적 $a(m^2/m^3)$의 참값을 구하기가 쉽지 않기 때문에 액상 총괄물질이동계수 K_L과의 곱인 $K_L \cdot a$를 계수로 사용한다. 이 계수를 무엇이라 하는가?

① 액체전달계수　② 액체유효면적계수
③ 액체용량계수　④ 액체분배계수

해설 **액체용량계수**
가스흡수에서는 기-액의 접촉면적을 크게 하는 것이 필요한데 실제 유효접촉면적 $a(m^2/m^3)$의 참값을 구하기가 쉽지 않으므로, 액상총괄물질 이동계수 K_L과의 곱인 $K \cdot a$를 계수로 사용하며, 이 계수를 액체용량계수라 한다.

55 분무탑에 관한 설명으로 옳지 않은 것은?

① 구조가 간단하고 압력손실이 적은 편이다.
② 침전물이 생기는 경우에 적합하며, 충전탑에 비해 설비비 및 유지비가 적게 드는 장점이 있다.
③ 분무에 상당한 동력이 필요하고, 가스의 유출시 비말 동반이 많다.
④ 분무액과 가스의 접촉이 균일하여 효율이 우수하다.

해설 분무노즐의 폐쇄 및 노즐형태에 따라 흡수효율이 달라 효율이 낮은 단점이 있으며 분무액과 가스의 접촉이 균일하지 못하여 효율이 낮은 편이다.

56 환기 및 후드에 관한 설명으로 옳지 않은 것은?

① 폭이 좁고 긴 직사각형의 슬롯후드는 전기도금공정과 같은 상부개방형 탱크에서 방출되는 유해물질을 포집하는 데 효율적으로 이용된다.
② 폭이 넓은 오염원 탱크에서는 주로 푸시풀 방식의 환기 공정이 요구된다.
③ 후드는 일반적으로 개구면적을 좁게 하여 흡인속도를 크게 하고, 필요시 에어커튼을 이용한다.
④ 천개형 후드는 포착형보다 유입 공기의 속도가 빠를 때 사용되며, 주로 저온의 오염공기를 배출하고 과잉 습도를 제거할 때 제한적으로 사용된다.

해설 **천개형 후드**
작업공정에서 발생되는 오염물질의 발생 상태를 조사한 후 오염물질이 운동량(관성력)이나 열 상승력(열부력에 의한 상승기류)을 가지고 자체적으로 발생될 때, 일정하게 발생되는 방향 쪽에 후드의 입구를 설치함으로써 보다 적은 풍량으로 오염물질을 포집할 수 있도록 설계한 후드이며 필요송풍량 계산 시 제어속도의 개념이 필요 없다.

57 여과집진장치의 특성으로 가장 거리가 먼 것은?

① 벤츄리 스크러버보다 압력손실과 동력소모가 적은 편이다.
② 폭발성, 점착성 및 흡습성 먼지의 제거가 용이하다.
③ 수분이나 여과속도에 대한 적응성은 낮다.
④ $1\mu m$ 이상의 미세입자의 제거가 용이하다.

해설 폭발성, 점착성 및 흡습성, 발화성(산화성 먼지농도 $50g/m^3$ 이상일 경우) 먼지의 제거는 곤란하다.

58 전기집진장치 내 먼지의 겉보기 이동속도는 $0.1m/sec$, $6m \times 3m$인 집진판 182매를 설치하여 유량 $10,000m^3/min$를 처리할 경우 집진효율은?(단, 내부 진진판은 양면집진, 2개의 외부 집진판은 각 하나의 집진면을 가진다.)

① 98.0%　② 98.9%
③ 99.3%　④ 99.8%

해설
$\eta = 1 - \exp\left(-\dfrac{A \times W_e}{Q}\right)$
집진판 개수 = 내부 양면(180×2) + 외부$(2) = 362$
$= 1 - \exp\left(\dfrac{6m \times 3m \times 362 \times 0.1m/sec}{10,000m^3/min \times min/60sec}\right)$
$= 0.9804 \times 100 = 98.04\%$

59 매 시간 2.5ton의 중유를 연소하는 보일러의 배연 탈황에 수산화나트륨을 흡수제로 하여 부산물로서 아황산나트륨을 회수한다. 중유 중 황성분은 4.5%, 탈황률 95%라면 필요한 수산화나트륨의 이론량은?(단, 중유 중 황성분은 연소 시 전량 SO_2로 전환되며, 표준상태를 기준으로 한다.)

① 약 133kg/h　② 약 141kg/h
③ 약 267kg/h　④ 약 281kg/h

해설
$S + O_2 \rightarrow SO_2$
$SO_2 + 2NaOH \rightarrow Na_2SO_3 + H_2O$

$S \rightarrow 2NaOH$
$32kg : 2 \times 40kg$
$2,500kg/hr \times 0.045 \times 0.95 : NaOH(kg/hr)$
$NaOH(kg/hr) = \dfrac{2,500kg/hr \times 0.045 \times 0.95 \times 80kg}{32kg}$
$= 267.19kg/hr$

60 실내벽지를 새로 붙인 어느 아파트의 방이 있다. 이 벽지는 하루 $18,000\mu g/m^2$ 속도로 HCHO를 방출하고 있다. 벽지면적은 $90m^2$이고, HCHO는 1차 반응속도식에 의해 CO_2로 전환되며, 1차 반응속도상수는 $0.4hr^{-1}$이다. 방의 규격은 길이 10m, 폭 7m, 높이 3m, 실내 평균 환기량은 1.5 air changes/hr, 외기는 전혀 오염되지 않은 신선한 상태일 때, 이 방 안의 HCHO의 최대농도(mg/m^3)는?
[단, 실내공기의 오염물질 농도 $C_i = \dfrac{AC_0 + S/V}{A+K}$ 적용, C_i : 오염물질의 실내농도(mg/m^3), V : 방 부피(m^3), A : 시간당 공기 변화량(air changes/hr), C_0 : 외기 오염물질의 농도(mg/m^3), S : 방 내부 오염물질 배출량(mg/hr), k : 1차 반응속도상수(hr^{-1})]

① 0.169
② 0.214
③ 0.373
④ 0.461

해설 $C_i = \dfrac{AC_0 + S/V}{A+k}$
$A = 1.5$ air changes/hr
$k = 0.4 hr^{-1}$
$C_o = 0$
$S = 18,000\mu g/m^2 \cdot day \times 90m^2 \times day/24hr \times mg/10^3\mu g$
$= 67.5 mg/hr$
$V = (10 \times 7 \times 3)m^3 = 210m^3$
$= \dfrac{1.5 \times 0 + (67.5/210)}{1.5 + 0.4} = 0.169 mg/m^3$

제4과목 대기오염공정시험기준(방법)

61 대기 중에 부유하고 있는 입자상 물질 시료채취 방법인 고용량공기시료채취기법에 관한 설명으로 옳지 않은 것은?

① 포집입자의 입경은 일반적으로 $0.1 \sim 100\mu m$ 범위이다.
② 공기흡인부는 무부하(無負荷)일 때의 흡인유량은 보통 $0.5m^3/hr$ 범위 정도로 한다.
③ 공기흡인부 여과지홀더, 유량측정부 및 보호상자로 구성된다.
④ 포집용 여과지는 보통 $0.3\mu m$ 되는 입자를 99% 이상 포집할 수 있는 것을 사용한다.

해설 공기흡인부는 무부하일 때의 흡인유량이 약 $2m^3$/분이고 24시간 이상 연속 측정할 수 있는 것이어야 한다.

62 채취관, 연결관의 재질을 보통강철로 사용할 수 있는 분석대상가스로 적합한 것은?

① 일산화탄소, 암모니아
② 비소, 페놀
③ 질소산화물, 시안화수소
④ 포름알데히드, 브롬

해설 채취관, 연결관의 재질을 보통강철로 사용할 수 있는 분석대상가스는 일산화탄소, 암모니아이다.

63 굴뚝에서 배출되는 카드뮴과 같은 중금속을 측정하기 위하여 채취한 시료 중 다량의 유기물 유리탄소를 함유하거나 셀룰로오스 섬유제 여과지를 사용하는 경우의 시료의 전처리 방법은?

① 질산법
② 질산 – 염산법
③ 저온회화법
④ 질산 – 과산화수소법

해설 **시료의 성상 및 처리방법**

성상	처리방법
타르, 기타 소량의 유기물을 함유하는 것	질산 – 염산법, 질산 – 과산화수소법, 마이크로파 산분해법
유기물을 함유하지 않는 것	질산법, 마이크로파 산분해법
• 다량의 유기물 유리탄소를 함유하는 것 • 셀룰로오스 섬유제 여과지를 사용한 것	저온 회화법

정답 60 ① 61 ② 62 ① 63 ③

64 굴뚝 배출가스 중 암모니아의 인도페놀 분석방법으로 옳지 않은 것은?

① 시료채취량 20L인 경우 시료 중의 암모니아 농도가 약 1ppm 이상인 것의 분석에 적합하다.
② 분석용 시료용액 10mL를 취하고 여기에 페놀-나이트로프루시드소듐용액 10mL를 가한 후 하이포염소산암모늄용액 5mL을 가한 다음 마개를 하고 조용히 흔들어 섞는다.
③ 액온을 25~30℃에서 1시간 방치한 다음 10mL의 셀에 옮기어 광전분광광도계 또는 광전광도계로 분석한다.
④ 분석을 위한 광전광도계의 측정파장은 640nm 부근이다.

해설 분석용 시료용액과 암모니아 표준액 10mL씩을 유리마개가 있는 시험관에 취하고 여기에 페놀-나이트로프루시드 소듐용액 5mL씩을 가하고 잘 흔들어 저은 다음 하이포염소산소듐 용액 5mL을 가한 다음 마개를 하고 조용히 흔들어 섞는다.

65 환경대기 중의 석면 시험방법에 관한 설명으로 옳지 않은 것은?

① 멤브레인 필터의 광굴절률은 약 5.0이다.
② 채취지점의 지상 1.5m 되는 위치에서 10L/min의 흡인유량으로 4시간 이상 채취한다.
③ 길이 5μm 이상이고, 길이와 폭의 비가 3 : 1 이상인 섬유를 석면섬유로서 계수한다.
④ 석면먼지의 농도표시는 표준상태의 기체 1mL 중에 함유된 석면섬유의 개수로 표시한다.

해설 멤브레인 필터의 광굴절률은 약 1.5이다. 그러므로 필터를 광굴절률 1.5 전후의 불휘발성 용액에 담그면, 투명해지며 입자를 계수하기 쉽다.

66 굴뚝 배출가스 중 일산화탄소의 기체크로마토그래피 분석법으로 옳지 않은 것은?

① 칼럼의 충전제는 합성제올라이트를 사용한다.
② 내면을 잘 세척한 내경 2~4mm, 길이 0.5~1.5m의 스테인리스강관, 유리관 등을 사용한다.
③ 수소화반응장치가 있는 불꽃이온화검출기를 사용하며, 열전도형 검출기는 CO 함유율이 0.01% 이상인 경우에 사용한다.
④ 운반가스, 연료가스 및 조연가스는 순도 99.9% 이상의 헬륨, 질소 또는 수소를 사용한다.

해설 열전도형 검출기(TCD) 또는 메탄화 반응장치가 있는 불꽃이온화검출기(FID)를 사용한다. 열전도형 검출기는 CO 함유율이 0.1% 이상인 경우에 사용한다.

67 굴뚝 배출가스 중 무기 불소화합물을 불소 이온으로 분석하는 방법에 관한 설명으로 옳지 않은 것은?

① 시료채취 시 시료 중에 먼지가 혼입되는 것을 막기 위해 시료 채취관의 적당한 곳에 사불화에틸렌제 등 불소화합물의 영향을 받지 않는 여과재를 넣는다.
② 시료채취관에서부터 흡수병까지의 가열부분에 있는 접속부는 갈아 맞춘 것으로 하고, 경질유리관이나 스테인리스관, 사불화에틸렌수지관, 불소고무관 등으로 한다.
③ 시료채취관은 배출가스 중의 무기 불소화합물에 의해 부식되지 않는 불소수지관, 구리관 등을 사용한다.
④ 시료 중의 무기 불소화합물과 수분이 응축하는 것을 막기 위하여 시료채취관 및 시료 채취관에서부터 흡수병까지의 사이를 100℃ 이상으로 가열해 준다.

해설 시료 중의 무기 불소화합물과 수분이 응축하는 것을 막기 위하여 시료채취관 및 시료채취관에서부터 흡수병까지의 사이를 140℃ 이상으로 가열해 준다.

68 흡광광도 측정에서 최초광의 75%가 흡수되었을 때의 흡광도는?

① 0.25
② 0.50
③ 0.60
④ 0.82

해설 흡광도$(A) = \log \dfrac{1}{투과율} = \log \dfrac{1}{(1-0.75)} = 0.60$

69 연료의 연소, 금속제련 또는 화학반응 공정 등에서 배출되는 굴뚝 배출가스 중의 일산화탄소를 분석하는 방법과 그 정량범위를 나타낸 것으로 옳지 않은 것은?

① 비분산형 적외선법 : 0~50ppm
② 전기화학식(정전위전해법) : 0~1,000ppm
③ 기체크로마토그래피법(TCD) : 0.1% 이상
④ 기체크로마토그래피법(FID) : 0~2,000ppm

해설 비분산형 적외선법의 정량범위는 0~1,000ppm이다.

70 환경기준 시험을 위한 시료채취 지점수의 결정방법으로 가장 거리가 먼 것은?(단, 기타의 방법 제외)

① 인구비례에 의한 방법
② 대기오염 배출계수 분포를 이용하는 방법
③ TM좌표에 의한 방법
④ 중심점에 의한 동심원을 이용하는 방법

해설 시료채취 지점수의 결정방법으로 ①, ③, ④ 외에 대상지역의 오염 정도에 따라 공식을 이용하는 방법이 있다.

71 알데하이드류를 DNPH 유도체를 형성하여 아세토나이트릴(Acetonitrile)용매로 추출하여 고성능액체크로마토그래피법에 의해 자외선 검출기로 분석할 때 측정파장으로 가장 적합한 것은?

① 360nm ② 510nm
③ 650nm ④ 730nm

해설 알데하이드류를 DNPH 유도체를 형성하여 아세토나이트릴 용매에 추출하고 고성능액체크로마토그래피법에 의해 자외선 검출기로 분석 시 측정파장은 360nm이다.

72 배출가스 중의 시안화수소 분석을 위해 흡광도 측정 시 적용되는 파장은?(단, 자외선/가시선 분광법-4 피리딘카복실산-피라졸론법)

① 638nm ② 648nm
③ 658nm ④ 666nm

해설 4-피리딘카복실산-피라졸론용액 10mL를 넣고 정제수로 표선까지 맞추고 마개를 막은 후 혼합하여 약 25℃의 물중탕에서 약 30분간 방치한 후 이 용액의 일부를 흡수셀에 넣고 638nm 부근의 파장에서 흡광도를 측정한다.

73 배출가스의 흡수를 위한 분석대상가스와 그 흡수액을 연결한 것으로 옳지 않은 것은?

① 페놀-수산화소듐용액(0.1mol/L)
② 황산화물-과산화수소수용액(1+9)
③ 황화수소-아연아민착염용액
④ 사이안화수소-아세틸아세톤함유흡수액

해설 사이안화수소의 흡수액은 수산화소듐(0.5mol/L)이다.

74 어느 기체크로마토그램에 있어 성분 A의 보유시간은 5분, 피크 폭은 5mm였다. 이 경우 성분 A의 HETP는? (단, 분리관 길이는 2m, 기록지의 속도는 매분 10mm)

① 0.16mm ② 0.25mm
③ 1.25mm ④ 2.56mm

해설 $HETP = \dfrac{L}{N}$

$N(이론단수) = 16 \times \left(\dfrac{t_R}{W}\right)^2$
$= 16 \times \left(\dfrac{10mm/min \times 5min}{5mm}\right)^2 = 1,600$

$= \dfrac{2,000mm}{1,600} = 1.25mm$

75 다음은 기체크로마토그래피법에 사용되는 충전물질에 관한 설명이다. ( ) 안에 가장 적합한 것은?

( )은 디비닐벤젠(Divinyl Benzene)을 가교제(Bridge Intermediate)로 스티렌계 단량체(Styrene系 單量體)를 중합시킨 것과 같이 고분자 물질을 단독 또는 고정상 액체로 표면처리하여 사용한다.

① 흡착형 충전물질
② 분배형 충전물질
③ 다공성 고분자형 충전물질
④ 이온교환막형 충전물질

해설 **다공성 고분자형 충전물**
이 물질은 디비닐벤젠(Divinyl Benzene)을 가교제(Bridge Intermediate)로 스티렌계 단량체(Styrene系 單量體)를 중합시킨 것과 같이 고분자 물질을 단독 또는 고정상 액체로 표면처리하여 사용한다.

76 방울수의 의미로 옳은 것은?

① 10℃에서 정제수 10방울을 떨어뜨릴 때 그 부피가 약 1mL 되는 것을 뜻한다.
② 20℃에서 정제수 20방울을 떨어뜨릴 때 그 부피가 약 1mL 되는 것을 뜻한다.
③ 10℃에서 정제수 10방울을 떨어뜨릴 때 그 부피가 약 10mL 되는 것을 뜻한다.
④ 20℃에서 정제수 20방울을 떨어뜨릴 때 그 부피가 약 20mL 되는 것을 뜻한다.

해설 방울수는 20℃에서 정제수 20방울을 떨어뜨릴 때 그 부피가 약 1mL 되는 것을 뜻한다.

정답 70 ② 71 ① 72 ① 73 ④ 74 ③ 75 ③ 76 ②

77 기체-액체 크로마토그래피법에서 일반적으로 사용되는 고정상 액체의 종류 중 실리콘계에 해당되는 것은?

① 불화규소
② 인산트리크레실
③ 디메틸술포탄
④ 고진공 그리스

해설 일반적으로 사용하는 고정상 액체의 종류

종류	물질명
탄화수소계	헥사데칸, 스쿠알렌(Squalance), 고진공 그리스
실리콘계	메틸실리콘, 페닐실리콘, 시아노실리콘, 불화규소
폴리글라이콜계	폴리에틸렌글라이콜, 메톡시폴리에틸렌글라이콜
에스터계	이염기산다이에스터
폴리에스터계	이염기산폴리글라이콜다이에스터
폴리아마이드계	폴리아마이드수지
에테르계	폴리페닐에테르
기타	인산트라이크레실, 다이에틸폼아마이드, 다이메틸설포란

78 굴뚝 배출가스 중 이산화황의 자동 연속 측정방법에서 사용하는 용어의 의미로 옳지 않은 것은?

① 검출한계 : 제로드리프트의 3배에 해당하는 지시치가 갖는 이산화황의 농도를 말한다.
② 제로가스 : 정제된 공기나 순수한 질소(순도 99.999% 이상)를 말한다.
③ 응답시간 : 시료채취부를 통하지 않고 제로가스를 연속자동측정기의 분석부에 흘려 주다가 갑자기 스팬가스로 바꿔서 흘려준 후 기록계에 표시된 지시치가 스팬가스 보정치의 95%에 해당하는 지시치를 나타낼 때까지 걸리는 시간을 말한다.
④ 경로(Path) 측정시스템 : 굴뚝 또는 덕트 단면 직경의 10% 이상의 경로를 따라 오염 물질 농도를 측정하는 배출가스 연속자동측정시스템을 말한다.

해설 검출한계
제로드리프트의 2배에 해당하는 지시치가 갖는 이산화황의 농도를 말한다.

79 대기오염공정시험기준상 자외선/가시선 분광법에서 흡광도의 눈금보정을 위한 시약의 조제법으로 가장 적합한 것은?

① 110℃에서 3시간 이상 건조한 1급 이상의 과망간산포타슘(KMnO₄) 0.0303g을 N/20 수산화소듐 용액에 녹여 1L가 되게 한다.
② 110℃에서 3시간 이상 건조한 중크로뮴산포타슘(1급 이상)을 0.05mol/L 수산화포타슘(KOH)용액에 녹여 다이크로뮴산포타슘(K₂Cr₂O₇) 용액을 만든다.
③ 110℃에서 3시간 이상 건조한 1급 이상의 과망간산포타슘(KMnO₄) 0.303g을 N/20 수산화소듐 용액에 녹여 1L가 되게 한다.
④ 110℃에서 3시간 이상 건조한 1급 이상의 다이크로뮴산포타슘(K₂Cr₂O₇) 0.303g을 N/20 수산화소듐 용액에 녹여 1L가 되게 한다.

해설 110℃에서 3시간 이상 건조한 중크로뮴산포타슘(1급 이상)을 0.05mol/L 수산화포타슘(KOH)용액에 녹여 다이크로뮴산포타슘(K₂Cr₂O₇) 용액을 만든다.

80 다음은 비분산 적외선 분석방법 중 응답시간(Response Time)의 성능기준이다. ( ) 안에 알맞은 것은?

> 제로 조정용 가스를 도입하여 안정된 후 유로를 스팬가스로 바꾸어 기준 유량으로 분석계에 도입하여 그 농도를 눈금 범위 내의 어느 일정한 값으로부터 다른 일정한 값으로 갑자기 변화시켰을 때 스텝(step) 응답에 대한 소비시간이 (㉠) 이내이어야 한다. 또 이때 최종 지시치에 대한 90%의 응답에 대한 소비시간이 (㉡) 이내이어야 한다.

① ㉠ 1초, ㉡ 10초
② ㉠ 1초, ㉡ 40초
③ ㉠ 5초, ㉡ 10초
④ ㉠ 5초, ㉡ 40초

해설 문제의 설명은 비분산 적외선 분석방법 중 응답시간에 관한 것이다.

제5과목 대기환경관계법규

81 환경정책기본법령상 이산화질소(NO_2)의 대기환경기준으로 옳은 것은?

① 연간 평균치 — 0.02ppm 이상
② 1시간 평균치 — 0.10ppm 이상
③ 24시간 평균치 — 0.05ppm 이상
④ 24시간 평균치 — 0.15ppm 이상

해설 대기환경기준

항목	기준	측정방법
아황산가스 (SO_2)	• 연간 평균치 : 0.02ppm 이하 • 24시간 평균치 : 0.05ppm 이하 • 1시간 평균치 : 0.15ppm 이하	자외선 형광법 (Pulse UV Fluorescence Method)
일산화탄소 (CO)	• 8시간 평균치 : 9ppm 이하 • 1시간 평균치 : 25ppm 이하	비분산 적외선 분석법 (Non-Dispersive Infrared Method)
이산화질소 (NO_2)	• 연간 평균치 : 0.03ppm 이하 • 24시간 평균치 : 0.06ppm 이하 • 1시간 평균치 : 0.10ppm 이하	화학 발광법 (Chemiluminescence Method)
미세먼지 (PM-10)	• 연간 평균치 : 50$\mu g/m^3$ 이하 • 24시간 평균치 : 100$\mu g/m^3$ 이하	베타선 흡수법 (β-Ray Absorption Method)
미세먼지 (PM-2.5)	• 연간 평균치 : 15$\mu g/m^3$ 이하 • 24시간 평균치 : 35$\mu g/m^3$ 이하	중량 농도법 또는 이에 준하는 자동 측정법
오존 (O_3)	• 8시간 평균치 : 0.06ppm 이하 • 1시간 평균치 : 0.1ppm 이하	자외선 광도법 (UV Photometric Method)
납 (Pb)	연간 평균치 : 0.5$\mu g/m^3$ 이하	원자흡광광도법 (Atomic Absorption Spectrophotometry)
벤젠	연간 평균치 : 5$\mu g/m^3$ 이하	기체크로마토그래피 (Gas Chromatography)

82 대기환경보전법규상 특별대책지역 또는 대기환경규제지역 안에서 "휘발성 유기화합물"을 배출하는 시설로서 대통령령이 정하는 시설을 설치하고자 할 경우 시·도지사에게 배출시설 설치신고서를 제출해야 하는 기간기준은?

① 시설설치일 7일 전까지
② 시설설치일 10일 전까지
③ 시설설치 후 7일 이내
④ 시설설치 후 10일 이내

해설 휘발성 유기화합물을 배출하는 시설을 설치하려는 자는 휘발성 유기화합물 배출시설 설치신고서에 휘발성 유기화합물 배출시설 설치명세서와 배출 억제·방지시설 설치명세서를 첨부하여 시설 설치일 10일 전까지 시·도지사 또는 대도시 시장에게 제출하여야 한다.

83 대기환경보전법령상 천재지변 등으로 인해 기본부과금을 납부할 수 없다고 인정되어 징수 유예를 하고자 하는 경우 징수 유예기간(㉠)과 그 기간 중의 분할납부의 횟수(㉡)는?(단, 기본부과금)

① ㉠ 유예한 날의 다음 날부터 다음 부과기간의 개시일 전일까지, ㉡ 12회 이내
② ㉠ 유예한 날의 다음 날부터 다음 부과기간의 개시일 전일까지, ㉡ 4회 이내
③ ㉠ 유예한 날의 다음 날부터 2년 이내, ㉡ 12회 이내
④ ㉠ 유예한 날의 다음 날부터 2년 이내, ㉡ 4회 이내

해설 징수 유예기간 및 분할납부의 횟수
㉠ 기본부과금
유예한 날의 다음 날부터 다음 부과기간의 개시일 전일까지, 4회 이내
㉡ 초과부과금
유예한 날의 다음 날부터 2년 이내, 12회 이내

84 다중이용시설 등의 실내공기질 관리법규상 "의료기관"의 실내공기질 유지기준으로 옳은 것은?

① PM-10($\mu g/m^3$) : 150 이하
② CO(ppm) : 25 이하
③ 총부유세균(CFU/m^3) : 800 이하
④ HCHO($\mu g/m^3$) : 150 이하

정답 81 ② 82 ② 83 ② 84 ③

해설 **실내공기질 관리법상 유지기준**

오염물질 항목 다중이용시설	미세먼지 (PM-10) ($\mu g/m^3$)	미세먼지 (PM-2.5) ($\mu g/m^3$)	이산화 탄소 (ppm)	포름알데 하이드 ($\mu g/m^3$)	총 부유 세균 (CFU/m^3)	일산화 탄소 (ppm)
지하역사, 지하도상가, 철도역사의 대합실, 여객자동차터미널의 대합실, 항만시설 중 대합실, 공항시설 중 여객터미널, 도서관·박물관 및 미술관, 대규모점포, 장례식장, 영화상영관, 학원, 전시시설, 인터넷컴퓨터게임시설제공업의 영업시설, 목욕장업의 영업시설	100 이하	50 이하	1,000 이하	100 이하	—	10 이하
의료기관, 산후조리원, 노인요양시설, 어린이집	75 이하	35 이하		80 이하	800 이하	
실내주차장	200 이하	—		100 이하	—	25 이하
실내 체육시설, 실내 공연장, 업무시설, 둘 이상의 용도에 사용되는 건축물	200 이하	—	—	—	—	—

85 대기환경보전법령상의 운행차 배출허용기준으로 옳지 않은 것은?

① 휘발유와 가스를 같이 사용하는 자동차의 배출가스 측정 및 배출허용기준은 가스의 기준을 적용한다.
② 건설기계 중 덤프트럭, 콘크리트믹스트럭, 콘크리트 펌프트럭의 배출허용기준은 화물자동차 기준을 적용한다.
③ 희박연소 방식을 적용하는 자동차는 공기과잉률 기준을 적용하지 않는다.
④ 알코올만 사용하는 자동차는 탄화수소 기준을 적용한다.

해설 알코올만 사용하는 자동차는 탄화수소 기준을 적용하지 아니한다.

86 대기환경보전법령상 자동차의 운행정지에 관한 내용 중 ( ) 안에 알맞은 것은?

> 환경부장관, 특별시장·광역시장·특별자치시장·특별자치도지사·시장·군수·구청장은 운행차의 배출가스가 운행차 배출허용기준을 초과하여 개선명령을 받은 자동차 소유자가 이에 따른 확인검사를 환경부령으로 정하는 기간 이내에 받지 않는 경우 ( )의 기간을 정하여 해당 자동차의 운행정지를 명할 수 있다.

① 5일 이내
② 7일 이내
③ 10일 이내
④ 15일 이내

해설 환경부장관, 특별시장·광역시장·특별자치시장·특별자치도지사·시장·군수·구청장은 운행차 배출허용기준 초과에 따른 개선명령을 받은 자동차 소유자가 이에 따른 확인검사를 환경부령으로 정하는 기간 이내에 받지 아니하는 경우에는 10일 이내의 기간을 정하여 해당 자동차의 운행정지를 명할 수 있다.

87 대기환경보전법규상 환경부장관이 대기오염물질을 총량으로 규제하고자 할 때 고시해야 하는 사항으로 거리가 먼 것은?(단, 기타 사항은 제외)

① 총량규제구역
② 총량규제 대기오염물질
③ 대기오염물질의 저감계획
④ 규제기준농도

해설 환경부장관은 그 구역의 사업장에서 배출되는 대기오염물질을 총량으로 규제하려는 경우 총량규제구역, 총량규제 대기오염물질, 대기오염물질의 저감계획 등을 고시하여야 한다.

88 대기환경보전법상 100만 원 이하의 과태료 부과기준에 해당하는 자는?

① 자동차의 운행 제한이나 사업장의 조업 단축 등 명령을 받았으나 정당한 사유 없이 위반한 자
② 배출가스 전문정비업자로 지정받지 아니하고 정비업무를 한 자
③ 환경기술인을 임명하지 아니하거나 임명(바꾸어 임명한 것을 포함한다)에 대한 신고를 하지 아니한 자
④ 배출시설 설치신고는 하였으나 변경에 따른 변경신고를 하지 아니한 자

해설 대기환경보전법 제94조 참조

정답 85 ④ 86 ③ 87 ④ 88 ④

89 대기환경보전법령상 개선명령의 이행보고와 관련하여 환경부령으로 정하는 대기오염도 검사기관에 해당하지 않는 것은?

① 보건환경연구원 ② 유역환경청
③ 한국환경공단 ④ 환경보전협회

해설 **대기오염도 검사기관**
㉠ 국립환경과학원
㉡ 특별시·광역시·특별자치시·도·특별자치도(이하 "시·도"라 한다)의 보건환경연구원
㉢ 유역환경청, 지방환경청 또는 수도권대기환경청
㉣ 한국환경공단

90 대기환경보전법규상 시·도지사가 설치하는 대기오염 측정망에 해당하는 것은?

① 대기 중의 중금속 농도를 측정하기 위한 대기중금속측정망
② 대기오염물질의 지역배경농도를 측정하기 위한 교외대기측정망
③ 도시지역의 휘발성 유기화합물 등의 농도를 측정하기 위한 광화학대기오염물질측정망
④ 산성 대기오염물질의 건성 및 습성 침착량을 측정하기 위한 산성강하물측정망

해설 **시·도지사가 설치하는 대기오염 측정망**
㉠ 도시지역의 대기오염물질 농도를 측정하기 위한 도시대기측정망
㉡ 도로변의 대기오염물질 농도를 측정하기 위한 도로변대기측정망
㉢ 대기 중의 중금속 농도를 측정하기 위한 대기중금속측정망

91 대기환경보전법령상 초과부과금 부과대상 오염물질에 해당하지 않는 것은?

① 황산화물 ② 클로로폼
③ 불소화합물 ④ 염화수소

해설 **초과부과금 부과대상 오염물질**
㉠ 황산화물 ㉡ 먼지
㉢ 암모니아 ㉣ 황화수소
㉤ 이황화탄소 ㉥ 불소화물
㉦ 염화수소 ㉧ 질소산화물
㉨ 시안화수소

92 실내공기질 관리법령상 "벤젠"의 신축 공동주택의 실내공기질 권고기준은?

① $30\mu g/m^3$ 이하
② $210\mu g/m^3$ 이하
③ $300\mu g/m^3$ 이하
④ $360\mu g/m^3$ 이하

해설 **신축 공동주택의 실내공기질 권고기준**
㉠ 포름알데하이드 : $210\mu g/m^3$ 이하
㉡ 벤젠 : $30\mu g/m^3$ 이하
㉢ 톨루엔 : $1,000\mu g/m^3$ 이하
㉣ 에틸벤젠 : $360\mu g/m^3$ 이하
㉤ 자일렌 : $700\mu g/m^3$ 이하
㉥ 스티렌 : $300\mu g/m^3$ 이하
㉦ 라돈 : $148Bq/m^3$ 이하

93 대기환경보전법령상 대기오염 경보의 발령 시 단계별 조치사항으로 틀린 것은?

① 주의보 → 주민의 실외활동 자제 요청
② 경보 → 주민의 실외활동 제한 요청
③ 경보 → 사업장의 연료사용량 감축 권고
④ 중대경보 → 자동차의 사용제한 명령

해설 **경보 단계별 조치**
㉠ 주의보 발령 : 주민의 실외활동 및 자동차 사용의 자제 요청 등
㉡ 경보 발령 : 주민의 실외활동 제한 요청, 자동차 사용의 제한 및 사업장의 연료사용량 감축 권고 등
㉢ 중대경보 발령 : 주민의 실외활동 금지 요청, 자동차의 통행금지 및 사업장의 조업시간 단축명령 등

94 대기환경보전법령상 배출시설 설치신고를 하려는 자가 배출시설 설치신고서에 첨부하여 환경부장관 또는 시·도지사에게 제출해야 하는 서류에 해당하지 않는 것은?

① 질소산화물 배출농도 및 배출량을 예측한 명세서
② 방지시설의 연간 유지관리 계획서
③ 방지시설의 일반도
④ 배출시설 및 대기오염방지시설의 설치명세서

해설 **배출시설 설치신고를 하고자 하는 경우 설치신고서에 포함되어야 하는 사항**
㉠ 원료(연료를 포함한다)의 사용량 및 제품 생산량과 오염물질 등의 배출량을 예측한 명세서
㉡ 배출시설 및 방지시설의 설치명세서
㉢ 방지시설의 일반도
㉣ 방지시설의 연간 유지관리 계획서

정답 89 ④ 90 ① 91 ② 92 ① 93 ④ 94 ①

ⓜ 사용 연료의 성분 분석과 황산화물 배출농도 및 배출량 등을 예측한 명세서
ⓗ 배출시설설치허가증(변경허가를 신청하는 경우에만 해당한다)

95 대기환경보전법규상 대기오염방지시설에 해당하지 않는 것은?(단, 기타 사항 제외)
① 화학적 침강시설
② 음파집진시설
③ 촉매반응을 이용하는 시설
④ 미생물을 이용한 처리시설

해설 대기오염 방지시설
- 중력집진시설
- 관성력집진시설
- 원심력집진시설
- 세정집진시설
- 여과집진시설
- 전기집진시설
- 음파집진시설
- 흡수에 의한 시설
- 흡착에 의한 시설
- 직접연소에 의한 시설
- 촉매반응을 이용하는 시설
- 응축에 의한 시설
- 산화·환원에 의한 시설
- 미생물을 이용한 처리시설
- 연소조절에 의한 시설

96 대기환경보전법규상 휘발성 유기화합물 배출시설의 변경신고를 해야 하는 경우는 설치신고를 한 배출시설 규모의 합계 또는 누계보다 얼마 이상 증설하는 경우인가?
① 100분의 20 이상
② 100분의 25 이상
③ 100분의 30 이상
④ 100분의 50 이상

해설 휘발성 유기화합물 배출시설의 변경신고
㉠ 사업장의 명칭 또는 대표자를 변경하는 경우
㉡ 설치신고를 한 배출시설 규모의 합계 또는 누계보다 100분의 50 이상 증설하는 경우
㉢ 휘발성 유기화합물의 배출 억제·방지시설을 변경하는 경우
㉣ 휘발성 유기화합물 배출시설을 폐쇄하는 경우
㉤ 휘발성 유기화합물 배출시설 또는 배출 억제·방지시설을 임대하는 경우

97 대기환경보전법규상 비산먼지 발생을 억제하기 위한 시설의 설치 및 필요한 조치에 관한 기준 중 시멘트 수송공정에서 적재물은 적재함 상단으로부터 수평 몇 cm 이하까지만 적재함 측면에 닿도록 적재하여야 하는가?
① 5cm 이하
② 10cm 이하
③ 30cm 이하
④ 60cm 이하

해설 시멘트 수송공정에서 적재물은 적재함 상단으로부터 5cm 이하까지 적재물을 수평으로 적재하여야 한다.

98 대기환경보전법령상 제조기준에 맞지 않는 첨가제 또는 촉매제임을 알면서 사용한 자에 대한 과태료 부과기준은?
① 1천만 원 이하의 과태료
② 500만 원 이하의 과태료
③ 300만 원 이하의 과태료
④ 200만 원 이하의 과태료

해설 대기환경보전법 제94조 참조

99 악취방지법상 악취검사를 위한 관계 공무원의 출입·채취 및 검사를 거부 또는 방해하거나 기피한 자에 대한 벌칙기준은?
① 100만 원 이하의 벌금
② 200만 원 이하의 벌금
③ 300만 원 이하의 벌금
④ 1000만 원 이하의 벌금

해설 악취방지법 제28조 참조

100 대기환경보전법령상 자동차연료형 첨가제의 종류가 아닌 것은?
① 세척제
② 청정분산제
③ 성능 향상제
④ 유동성 향상제

해설 자동차연료형 첨가제의 종류
㉠ 세척제
㉡ 청정분산제
㉢ 매연억제제
㉣ 다목적 첨가제
㉤ 옥탄가 향상제
㉥ 세탄가 향상제
㉦ 유동성 향상제
㉧ 윤활성 향상제

정답 95 ① 96 ④ 97 ① 98 ④ 99 ③ 100 ③

2024년 2회 CBT 복원·예상문제

대기환경 기사 기출문제

제1과목 대기오염개론

01 가우시안 모델의 대기오염 확산방정식을 적용할 때 지면에 있는 오염원으로부터 바람 부는 방향으로 200m 떨어진 연기의 중심축상 지상 오염농도(mg/m³)는?(단, 오염물질의 배출량은 6g/sec, 풍속은 3.5m/sec, σ_y, σ_z는 각각 22.5m, 12m이다.)

① 0.96　　② 1.41
③ 2.02　　④ 2.46

해설
$C(x, y, z, H_e)$
$= \dfrac{Q}{2\pi \sigma_y \sigma_z U}\exp\left[-\dfrac{1}{2}\left(\dfrac{y}{\sigma_y}\right)^2\right]$
$\times \left[\exp\left\{-\dfrac{1}{2}\left(\dfrac{z-H_e}{\sigma_z}\right)^2\right\}+\exp\left\{-\dfrac{1}{2}\left(\dfrac{z+H_e}{\sigma_z}\right)^2\right\}\right]$

위 식에서
$\left.\begin{array}{l} y = z = 0 \\ H_e = 0 \end{array}\right]$ 이므로

$C = \dfrac{Q}{\pi U \sigma_y \sigma_z}$
$= \dfrac{6\text{g/sec}}{3.14 \times 3.5\text{m/sec} \times 22.5\text{m} \times 12\text{m}}$
$= 2.021 \times 10^{-3}\text{g/m}^3 \times 1{,}000\text{mg/g}$
$= 2.021\text{mg/m}^3$

02 CO_2 해당 배출량을 계산하는 데 이용되는 온실가스별 지구 온난화지수(Global Warming Potential)가 맞게 짝지어진 것은?

① $N_2O = 1{,}300$　　② PFCs $= 15{,}250$
③ $SF_6 = 2{,}390$　　④ $CH_4 = 21$

해설 온실가스 특성

온실가스	지구온난화지수(GWP)	온난화기여도(%)	수명(년)	주요 배출원
CO_2	1	55	100~250	연소반응/산업공정(소성반응)
CH_4	21	15	12	폐기물처리과정/농업/가축배설물(축산)
N_2O	310	6	120	화학산업/농업(비료)
HFCs	140~11,700 (1,300)	24	70~550	냉매/용제/발포제/세정제
PFCs	6,500~11,700 (7,000)			냉동기/소화기/세정제
SF_6	23,900			전자제품 및 변압기의 절연체

03 지상으로부터 500m까지의 평균 기온감률이 0.85℃/100m이다. 100m 고도의 기온이 15℃라 하면 300m에서의 기온은?

① 13.30℃　　② 12.45℃
③ 11.45℃　　④ 10.45℃

해설 300m에서 기온(℃)
$= 15℃ - [0.85℃/100\text{m} \times (300-100)\text{m}]$
$= 13.3℃$

04 대기의 구조는 균질층과 이질층으로 구분할 수 있다. 이에 관한 설명으로 옳지 않은 것은?

① 지상 0~88km 정도까지의 균질층은 수분을 제외하고는 질소 및 산소 등 분자 조성비가 어느 정도 일정하다.
② 균질층 내의 공기는 건조가스로서 지상 0~30km 정도까지 공기의 98% 정도가 존재하고 있다.
③ 이질층은 보통 4개 층으로 분류되며 지상 1,120~3,600km는 산소원자층이라 한다.
④ 이질층 내외 공기는 강찬 산화력으로 인하여 지상에서 발생되어 상승한 이물질들을 산화, 소멸시킨다.

정답 01 ③　02 ④　03 ①　04 ③

해설 **이질층**
보통 4개 층으로 분류되며 질소층, 산소원자층, 헬륨층, 수소원자층으로 분류하며 수소원자층은 3,600~9,600km이다.

05 다음 식물 중 에틸렌가스에 대한 식물의 저항성이 가장 큰 것은?
① 완두 ② 스위트피
③ 양배추 ④ 토마토

해설 **에틸렌가스**
어린 가지의 성장을 억제시키며 이상 낙엽을 유발하고, 대표적 지표식물은 스위트피이며 저항성이 강한 식물은 양배추이다.

06 다음 각 오염물질이 인체에 미치는 영향으로 옳지 않은 것은?
① 탈리움(Thallium)의 수용성 염은 위장관, 피부, 호흡기를 통해 쉽게 흡수되고, 배설은 장관과 신장을 통해 비교적 느리게 일어난다.
② 알루미늄은 에피네프린에 의해 유도되는 수축을 방해하여 위장관의 운동을 느리게 하고, 알루미늄-펙틴 화합물의 형성으로 콜레스테롤의 흡수를 방해한다.
③ 셀레늄의 만성적인 가중폭로 시 결막염을 일으키는데 이것을 "Rose eye"라고 부른다.
④ 바나듐에 폭로된 사람들에게서는 혈장 콜레스테롤치가 저하된다.

해설 **알루미늄(Al)**
㉠ 알루미늄 화합물은 불소의 흡수를 억제하고 칼슘과 철 화합물의 흡수를 감소시키며 소장에서 인과 결합하여 인 결핍과 골연화증을 유발한다.
㉡ 알루미늄 독성작용으로 인간에게서 입증된 2개의 주요 조직은 뼈와 뇌이고, 알루미늄 열은 결막염, 습진, 상기도 자극을 유발한다.

07 가우시안(Gaussian)모델에서의 표준편차(σ_y, σ_z)에 관한 설명으로 가장 거리가 먼 것은?
① σ_y, σ_z 값의 성립조건으로 시료채취기간은 약 5분이다.
② σ_y, σ_z 값은 대기의 안정상태와 풍하거리 x의 함수이다.
③ σ_y, σ_z는 평탄한 지형에 기준을 두고 있다.
④ σ_y, σ_z는 고도에 따라 변하므로 고도는 대기 중에서 하부 수백 m에 국한된다.

해설 **가우시안 모델에서 수평 및 수직방향의 표준편차(σ_y, σ_z)의 가정조건**
㉠ 시료채취시간은 약 10분으로 간주한다.
㉡ 지표는 평탄하다고 간주한다.
㉢ 표준편차값은 고도에 따라 변하는 값으로 고도는 대기 중에서 하부 수백 m에 국한하여 사용한다.
㉣ σ_y, σ_z 값은 대기의 안정상태와 풍하거리 x의 함수이다.

08 다음에서 설명하는 대기분산모델로 가장 적합한 것은?

- 적용 모델식 : 가우시안모델
- 적용 배출원 형태 : 점, 선, 면
- 개발국 : 미국
- 특징 : 미국에서 최근 널리 이용되는 범용적인 모델로 장기 농도 계산용 모델이다.

① RAMS ② ISCLT
③ UAM ④ AUSPLUME

해설 **ISCLT(Industrial Complex Model for Long Term)**
㉠ 점, 선, 면(주로 면 오염원) 오염원에 적용한다.
㉡ 가우시안 모델로서 미국에서 널리 이용되는 범용적인 모델이다.
㉢ 주로 장기농도 계산용의 모델이다.
㉣ AQDM과 CDM을 합친 모델로 Pasquill 안정도 등급에 의한 농도를 계산한다.

09 다음 중 SO_2가 주 오염물질로 작용한 대기오염 피해사건으로 가장 거리가 먼 것은?
① London Smog 사건 ② Poza Rica 사건
③ Donora 사건 ④ Meuse Valley 사건

해설 Poza Rica 사건은 H_2S 누출 사건으로 약 22명의 사망과 320명의 급성중독(기침, 호흡곤란, 점막자극)의 환자를 발생시켰다.

10 질소산화물(NOx)에 관한 설명 중 옳지 않은 것은?
① NO와 NO_2에 비해 N_2O가 장기간 대기 중에 체류한다.
② NO_2는 해안지역에서는 해염입자와 반응하여 질산염을 생성하며 대기 중에서 제거된다.
③ N_2O는 성층권에서는 오존을 분해하는 물질로 알려져 있다.
④ N_2O는 대류권에서 태양에너지에 대하여 매우 불안정하다.

정답 05 ③ 06 ② 07 ① 08 ② 09 ② 10 ④

해설 N_2O는 대류권에서 태양에너지에 대하여 매우 안정한 온실가스로 알려져 있다. 또한 질소가스와 오존의 반응으로 생성되거나 미생물활동에 의해 발생하며, 특히 토양에 공급되는 비료의 과잉사용이 문제가 되고 있다.

11 다음 중 C_6H_5OH 배출과 관련된 업종으로 가장 거리가 먼 것은?

① 정련공업
② 화학공업
③ 타르공업
④ 도장공업

해설 페놀(C_6H_5OH)의 배출업종
㉠ 화학공업
㉡ 타르공업
㉢ 도장공업

12 다음 특정물질 중 오존 파괴지수가 가장 큰 것은?

① Halon-1211
② Halon-1301
③ CCl_4
④ HCFC-22

해설 특정물질의 오존 파괴지수(ODP)
① Halon-1211(CF_2BrCl) : 3.0
② Halon-1301(CF_3Br) : 10.0
③ CCl_4 : 1.1
④ HCFC-22(CHF_2Cl) : 0.055

13 역전에 관한 다음 설명 중 옳지 않은 것은?

① 전선역전층이나 해풍역전층은 모두 이동성이지만 그 상하에서 바람과 난류가 작아서 지표 부근의 오염물질들을 오랫동안 정체시킨다.
② 복사역전층에서는 안개가 발생하기 쉽고 매연이 소산되기 어려워 지표 부근의 오염농도가 커진다.
③ 복사역전은 하늘이 맑고 바람이 약한 자정 이후와 새벽에 걸쳐 잘 생기며, 낮이 되면 일사에 의해 지면이 가열되므로 곧 소멸된다.
④ 산을 넘는 푄기류가 산골짜기로 통과할 때 발생하는 지형성 역전도 있으며, 이 역전층은 산골짜기, 분지 등으로 냉기가 모일 경우 발생한다.

해설 전선역전은 비교적 높은 고도에서 따뜻한 공기와 차가운 공기가 부딪쳐 따뜻한 공기가 차가운 공기 위로 상승하면서 전선을 이룰 때 발생하며 공중역전에 해당한다. 해풍역전은 바다에서 차가운 바람이 더워신 육지 위로 불 때 선선면이 형성되는데 이때 발생하는 역전이다.

14 다음 설명하는 오염물질에 해당하는 것은?

급성 또는 만성중독으로는 용혈을 일으켜 빈혈, 과빌리루빈혈증 등이 생긴다. 급성중독일 경우 치료방법으로 활성탄과 하제를 투여하고, 구토를 유발시킨다. 쇼크의 치료에는 강력한 수액제와 혈압상승제를 사용한다.

① 비소
② 망간
③ 수은
④ 크롬

해설 비소(As)
㉠ 대표적 3대 증상은 복통, 빈뇨, 황달이다.
㉡ 만성적인 폭로에 의한 국소증상으로는 손·발바닥에 나타나는 각화증, 각막궤양, 비중격 천공, 탈모 등을 들 수 있다.
㉢ 급성폭로는 섭취 후 수분 내지 수시간 내에 일어나며 오심, 구토, 복통, 피가 섞인 심한 설사를 유발한다.
㉣ 급성 또는 만성중독으로는 용혈을 일으켜 빈혈, 과빌리루빈혈증 등이 생긴다.
㉤ 급성중독일 경우 치료방법으로는 활성탄과 하제를 투여하고 구토를 유발시킨다.
㉥ 쇼크의 치료에는 강력한 수액제와 혈압상승제를 사용한다.

15 180℃, 1atm에서 이산화황의 농도가 $2g/m^3$이다. 표준상태에서는 몇 ppm인가?

① 423
② 1,162
③ 1,543
④ 2,116

해설 $SO_2(mL/m^3) = 2,000mg/m^3 \times \dfrac{22.4mL}{64mg} \times \dfrac{273+180}{273}$
$= 1,161.54 mL/m^3 (ppm)$

16 지균풍에 관한 설명으로 가장 거리가 먼 것은?

① 대기경계층 상부, 즉 고도 1km 이상의 상공에서 등압선이 직선일 때 등압선과 평행하게 부는 바람이다.
② 고공풍이므로 마찰력의 영향이 거의 없다.
③ 지균풍에 영향을 주는 기압경도력과 전향력은 크기가 같고 방향이 반대이다.
④ 등압선이 평행인 경우 북반구에서는 관측자가 지구를 향하여 내려다보는 경우 저기압지역이 풍향의 오른쪽에 위치한다.

해설 등압선이 평행인 경우 북반구에서는 관측자가 지구를 향하여 내려다보는 경우 저기압 지역이 풍향의 왼쪽에 위치한다.

정답 11 ① 12 ② 13 ① 14 ① 15 ② 16 ④

17 오존에 관한 설명으로 가장 거리가 먼 것은?

① 대기 중 오존의 배경농도는 0.01~0.02ppm 정도이다.
② 청정지역의 오존농도의 일변화는 도시지역보다 매우 크므로 대기 중 NO, NO_2 농도 변화에 따른 오존의 광화학적 생성과 소멸을 밝히기에 유리하다.
③ 도시나 전원지역의 대기 중 오존농도는 가끔 NO_2의 광해리에 의해 생성될 때보다 높은 경우가 있는데 이는 오존을 소모하지 않고 NO가 NO_2로 산화되기 때문이다.
④ 대류권에서 오존의 생성률은 과산화기의 농도와 관계가 깊다.

해설 청정지역의 오존농도의 일변화는 도시지역보다 작기 때문에 대기 중 NO, NO_2 농도변화에 따른 오존의 광화학적 생성과 소멸을 밝히기에 불리하다.

18 입자상 물질의 농도가 $250\mu g/m^3$이고, 상대습도가 70%인 상태의 대도시에서의 가시거리는 몇 km인가?(단, 계수 A는 1.3으로 한다.)

① 4.3km ② 5.2km
③ 6.5km ④ 7.2km

해설 $L(km) = \dfrac{1,000 \times A}{G} = \dfrac{1,000 \times 1.3}{250\mu g/m^3} = 5.2km$

19 대기오염물질이 인체 및 동물에 미치는 영향에 관한 설명으로 옳지 않은 것은?

① NO는 NO_2보다 독성이 강하고, 대기 농도 수준에서 인체에 큰 영향을 미친다.
② Pb은 혈액 헤모글로빈의 기본요소인 포르피린 고리의 형성을 방해함으로써 헤모글로빈의 형성을 억제한다.
③ Be(베릴륨)은 독성이 강하고, 폐포에 축적되어 베릴리오시스를 생성하며 쥐에게서는 심각한 병과 발암성이 나타난다.
④ 아황산가스는 물에 대한 용해도가 매우 높기 때문에 흡입된 대부분의 가스가 상기도 점막에서 흡수된다.

해설 NO의 독성은 NO_2 독성의 약 1/5 정도이며 NO 자체로는 독성이 크지 않아 피해가 뚜렷하게 나타나지 않는다.

20 최대혼합고에 관한 설명으로 가장 거리가 먼 것은?

① 열부력 효과에 의해 결정된 대류혼합층의 높이를 최대혼합고라 한다.
② 가열되지 않은 기단과 주위의 대기를 이상기체라고 하면 대기 중에서 기단이 가열에 의해 위로 가속될 때 기단의 가속도식은
$\dfrac{dV}{dt} = \left(\dfrac{가열 후 기단온도 - 주변대기온도}{주변대기온도}\right) \times 중력$
가속도로 볼 수 있다.
③ 최대혼합고는 통상적으로 밤에 가장 높으며 낮시간 동안 감소한다.
④ 최대혼합고 값이 1,500m 이하인 경우에 통상 대도시 지역에서의 대기오염이 심화된다는 보고가 있다.

해설 최대혼합고(MMD) 값은 통상적으로 밤에 가장 낮으며, 낮 시간 동안 증가한다. 낮 시간 동안에는 통상 2~3km 값을 나타내기도 한다.(오후 2시를 전후로 일중 최대치를 나타냄)

제2과목 연소공학

21 Methane 1mole이 공기비 1.2로 연소하고 있을 때 부피 기준의 공연비(Air Fuel Ratio)는?

① 9.5　② 11.4　③ 17.1　④ 22.8

해설 CH_4의 연소반응식
$CH_4 + 2O_2 \rightarrow CO_2 + 2H_2O$
1mole : 2mole

$AFR = \dfrac{(\text{산소mole}/0.21) \times \text{공기비}}{\text{연료의 mole}}$

$= \dfrac{(2/0.21) \times 1.2}{1} = 11.43$

22 연료 중 황함량이 3%인 중유를 연소시킨 후 이 연소배출가스 중의 황산화물을 제거하기 위하여 배연탈황장치를 사용하고 있다. 배연탈황장치의 성능은 배출가스 중의 SO_3 100%와 SO_2 80%를 제거할 수 있다. 탈황 후의 연소 배출가스 중 SO_2의 농도(ppm)는?(단, 연소배출가스양은 15Sm^3/kg, 연료 중 황의 5%는 SO_3로 되고, 나머지는 SO_2로 산화된다.)

① 266　② 324
③ 358　④ 495

해설 $SO_2(\text{ppm}) = \dfrac{0.7 \times S}{\text{배출가스양}} \times 10^6$

SO_2 발생량 $= 0.03 \times 0.95 \times 0.2$
$= 0.0057 Sm^3/kg$

$= \dfrac{0.7 \times 0.0057 Sm^3/kg}{15 Sm^3/kg} \times 10^6 = 266 \text{ppm}$

23 매연발생에 관한 설명으로 옳지 않은 것은?

① 분해가 쉽거나 산화하기 쉬운 탄화수소는 매연발생이 적다.
② 탈수소, 중합 및 고리화합물 등과 같은 반응이 일어나기 어려운 탄화수소일수록 매연발생이 쉽다.
③ -C-C-의 탄소결합을 절단하기보다 탈수소가 쉬운 쪽이 매연이 생기기 쉽다.
④ 연료의 C/H의 비율이 클수록 매연이 생기기 쉽다.

해설 탈수소, 중합 및 고리화합물(방향족) 등과 같이 반응이 일어나기 쉬운 탄화수소일수록 매연이 잘 생긴다. 탄화수소(HC)의 종류에 따라 매연량이 달라지며 분자량이 클수록(탄수소비가 클수록) 매연발생량이 많다.

24 다음 알코올 연료 중 에테르, 아세톤, 벤젠 등 많은 유기물질을 용해하며, 무색의 독특한 냄새를 가지고, 8종의 이성체가 존재하는 것은?

① 에탄올(C_2H_5OH)
② 프로판올(C_3H_7OH)
③ 부탄올(C_4H_9OH)
④ 펜탄올($C_5H_{11}OH$)

해설 알코올 연료
㉠ 에탄올(C_2H_5OH)
  • 특유의 냄새와 맛이 있고 상온에서는 무색의 액체로 존재한다.
  • 수소결합을 하며 다른 알코올, 에테르, 클로로폼 등에 녹을 수 있다.
㉡ 프로판올(C_3H_7OH)
  프로판올은 프로판의 수소 하나가 히드록시기로 치환된 화합물로 1-프로판올(n-프로판올) 및 2-프로판올(이소프로판올) 2개의 이성질체가 있다.
㉢ 부탄올(C_4H_9OH)
  • 부탄 또는 이소부탄의 수소원자 한 개를 수산기로 치환한 화합물의 총칭으로 지방족 포화알코올의 일종이다.
  • 부틸알코올이라고도 하며 n-부탄올, 2-부탄올, 이소부탄올(발효부탄올), 3-부탄올의 4개의 이성질체가 있다.

25 가연성 가스의 폭발범위에 따른 위험도 증가 요인으로 가장 적합한 것은?

① 폭발하한농도가 낮을수록 위험도가 증가하며, 폭발상한과 폭발하한의 차이가 클수록 위험도가 커진다.
② 폭발하한농도가 낮을수록 위험도가 증가하며, 폭발상한과 폭발하한의 차이가 작을수록 위험도가 커진다.
③ 폭발하한농도가 높을수록 위험도가 증가하며, 폭발상한과 폭발하한의 차이가 클수록 위험도가 커진다.
④ 폭발하한농도가 높을수록 위험도가 증가하며, 폭발상한과 폭발하한의 차이가 작을수록 위험도가 커진다.

해설 가연성 가스의 폭발범위에 따른 위험도 증가 요인
㉠ 폭발하한농도가 낮을수록 위험도 증가
㉡ 폭발상한과 폭발하한의 차이가 클수록 위험도 증가
㉢ 가스 온도가 높고 압력이 클수록 폭발범위 증가
㉣ 폭발한계농도 이하에서는 폭발성 혼합가스를 생성하기 어려움

26 프로판 2kg을 과잉공기계수 1.31로 완전 연소시킬 때 발생하는 습연소가스양(kg)은?

① 약 24kg　② 약 32kg
③ 약 38kg　④ 약 43kg

정답 21 ②　22 ①　23 ②　24 ④　25 ①　26 ④

해설
$C_3H_8 + 5O_2 \rightarrow 3CO_2 + H_2O$
$44kg : 5 \times 32kg : 3 \times 44kg : 4 \times 18kg$
$2kg : O_o(kg) : CO_2(kg) : H_2O(kg)$
$G_w = (m - 0.232)A_o + CO_2 + H_2O$

$$O_o = \frac{2kg \times (5 \times 32)kg}{44kg} = 7.27kg$$

$$A_o = \frac{7.27}{0.232} = 31.34kg$$

$$CO_2 = \frac{2kg \times (3 \times 44)kg}{44kg} = 6kg$$

$$H_2O = \frac{2kg \times (4 \times 18)kg}{44kg} = 3.27kg$$

$= [(1.31 - 0.232) \times 31.34] + 6 + 3.27 = 43.05kg$

27 액체연료의 연소방식에 관한 설명으로 옳지 않은 것은?

① 심지식 연소는 기화 연소방식에 속하며, 주로 등유 연소장치에서 심지의 모세관 현상에 의해 증발연소시키는 방식으로 점화 및 소화 시 공기와 혼합이 나빠 그을음 및 악취가 발생한다.
② 포트식 연소는 분무화 연소방식에 해당하며 휘발성이 좋지 않은 중질유 연소에 효과적이다.
③ 충돌 분무화식에서 분무화 입경은 연료의 점도와 표면장력이 클수록 커지므로 분무화 입경을 작게 하기 위해서는 연료를 85±5℃ 정도로 예열해야 한다.
④ 이류체 분무화식은 증기 또는 공기의 분무화 매체를 사용하여 분무화시키는 방식이다.

해설 포트식 연소는 기화연소방식에 해당하며 기름을 접시모양의 용기에 넣어 점화하면 연소열로 인해 액면이 가열되어 발생되는 증기가 외부에서 공급되는 공기와 혼합연소하는 방식이다. 휘발성이 좋은 경질유의 연소에 효과적이다.

28 다음 액체연료 C/H비의 순서로 옳은 것은?(단, 큰 순서>작은 순서)

① 중유>등유>경유>휘발유
② 중유>경유>등유>휘발유
③ 휘발유>등유>경유>중유
④ 휘발유>경유>등유>중유

해설 중질연료일수록 C/H비가 크다.
중유>경유>등유>휘발유

29 A중유의 원소조성이 C 85%, H 10%, S 2%, O 3%였다. 이 중유 100kg을 완전연소 시키는 데 필요한 이론공기량(Sm^3)은?

① 215
② 515
③ 1,019
④ 1,219

해설 이론공기량(A_o)

$$A_o(Sm^3/kg) = \frac{1}{0.21}[1.867C + 5.6H - 0.07O + 0.7S]$$
$$= \frac{1}{0.21}[(1.867 \times 0.85) + (5.6 \times 0.1)$$
$$- (0.7 \times 0.03) + (0.7 \times 0.02)] = 10.19 Sm^3/kg$$

$A_o(Sm^3) = 10.19 Sm^3/kg \times 100kg = 1,019 Sm^3$

30 액체연료의 성분 분석결과 탄소 79%, 수소 14%, 황 3.5%, 산소 2.2%, 수분 1.3%였다면 이 연료의 저위발열량은? (단, Dulong식 적용)

① 약 9,100kcal/kg
② 약 9,700kcal/kg
③ 약 10,400kcal/kg
④ 약 11,200kcal/kg

해설 ㉠ 고위발열량(H_h)

$$H_h = 8,100C + 34,000\left(H - \frac{O}{8}\right) + 2,500S (kcal/kg)$$
$$= (8,100 \times 0.79) + \left[34,000\left(0.14 - \frac{0.022}{8}\right)\right]$$
$$+ (2,500 \times 0.035)$$
$$= 11,153 kcal/kg$$

㉡ 저위발열량(H_l)
$$H_l = H_h - 600(9H + W)$$
$$= 11,153 - 600[(9 \times 0.14 + 0.013)]$$
$$= 10,389.2 kcal/kg$$

31 294m^3 되는 방에서 문을 닫고 91%의 탄소를 가진 숯을 최소 몇 kg 이상을 태우면 해로운 상태가 되겠는가?(단, 표준상태를 기준으로 하며, 공기 중에 탄산가스의 부피가 5.8% 이상일 때, 인체에 해롭다고 한다.)

① 약 10
② 약 12
③ 약 14
④ 약 16

해설 $C + O_2 \rightarrow CO_2$
$12kg : 22.4 Sm^3$
$C \times 0.91 : 294m^3 \times 0.058$

$$C = \frac{12kg \times 294m^3 \times 0.058}{0.91 \times 22.4 Sm^3} = 10.04 kg$$

정답 27 ② 28 ② 29 ③ 30 ③ 31 ①

32 연소배출가스 분석결과 CO_2 11.9%, O_2 7.1%일 때 과잉공기계수는 약 얼마인가?

① 1.2　　② 1.5
③ 1.7　　④ 1.9

해설 $m = \dfrac{N_2}{N_2 - (3.76 \times O_2)} = \dfrac{81}{81 - (3.76 \times 7.1)} = 1.49$

33 액화석유가스에 관한 설명으로 옳지 않은 것은?

① 황분이 적고 독성이 없다.
② 비중이 공기보다 가볍고, 누출될 경우 쉽게 인화·폭발할 수 있다.
③ 발열량은 20,000~30,000kcal/Sm^3 정도로 매우 높다.
④ 유지 등을 잘 녹이기 때문에 고무 패킹이나 유지로 갠 도포제로 누출을 막는 것은 곤란하다.

해설 비중이 공기보다 무거워 누출 시 인화·폭발의 위험성이 높은 편이다. (LPG는 밀도가 공기보다 커서 누출 시 건물의 바닥에 모이게 되고 LNG는 공기보다 가벼워 건물의 천장에 모이는 경향이 있다.)

34 예혼합연소에 사용되는 버너 중 역화방지를 위해 1차 공기량을 이론공기량의 약 60% 정도만 흡입하고 2차 공기는 노 내의 압력을 부압(-)으로 하여 공기를 흡인하는 방식으로 가정용 및 소형 공업용으로 많이 사용되는 것은?

① 고압버너　　② 선회버너
③ 송풍버너　　④ 저압버너

해설 저압버너
㉠ 역화방지를 위해 1차 공기량을 이론공기량의 약 60% 정도만 흡입하고 2차 공기는 노 내의 압력을 부압(음압)으로 하여 공기를 흡입시켜 연소시킨다.
㉡ 가스연료의 압력은 60~160mmH$_2$O 정도이며 송풍기가 필요 없다.
㉢ 일반적으로 연료는 도시가스이며 가정용 및 소형공업용으로 많이 사용된다.

35 기체연료와 공기를 혼합하여 연소할 경우 다음 중 연소속도가 가장 큰 것은?(단, 대기압, 25℃ 기준)

① 메탄　　② 수소
③ 프로판　　④ 아세틸렌

해설 가연물질의 연소속도

물질	수소	아세틸렌	프로판 및 일산화탄소	메탄
연소속도 (cm/sec)	290	150	43	37

36 다음은 쓰레기 이송방식에 따라 가동화격자(Moving Stoker)를 분류한 것이다. ( ) 안에 가장 알맞은 것은?

( ) 화격자는 고정화격자와 가동화격자를 횡방향으로 나란히 배치하고, 가동화격자를 전후로 왕복운동시킨다. 비교적 강한 교반력과 이송력을 갖고 있으며, 화격자의 눈이 메워짐이 별로 없다는 이점이 있으나, 낙진량이 많고, 냉각작용이 부족하다.

① 직렬식　　② 병렬요동식
③ 부채 반전식　　④ 회전 롤러식

해설 병렬요동식 화격자
㉠ 고정화격자와 가동화격자를 횡방향으로 나란히 배치하고 가동화격자를 전후로 왕복운동시킨다.
㉡ 비교적 강한 이송력을 갖고 있고, 화격자 눈의 메워짐이 별로 없다는 장점은 있으나 낙진량이 많고 냉각작용이 부족하다.

37 석탄의 탄화도 증가에 따라 감소하는 것은?

① 발열량　　② 고정탄소
③ 착화온도　　④ 비열

해설 탄화도가 높아질 경우의 현상
㉠ 착화온도가 높아진다.
㉡ 고정탄소가 증가한다.
㉢ 발열량이 높아진다.
㉣ 연료비[고정탄소(%)/휘발분(%)]가 증가한다.
㉤ 연소속도가 늦어진다.
㉥ 수분 및 휘발분이 감소한다.
㉦ 비열이 감소한다.
㉧ 산소의 양이 줄어든다.
㉨ 매연 발생률이 감소한다.

38 유동층 소각로에 관한 설명으로 옳지 않은 것은?

① 유동매체의 열용량이 커서 액상물질과 고형물질 등 여러 가지 종류의 혼합연소가 가능하다.
② 연소효율이 높아 미연분의 생성량이 적어 회분매립으로 인한 2차 공해가 감소된다.
③ 매체를 유동시키기 위한 과잉공기(50~80%)가 다량 소비되어 연소배출 가스양이 많다.

정답　32 ②　33 ②　34 ④　35 ②　36 ②　37 ④　38 ③

④ 대형의 고형폐기물은 노 내로 투입 전 파쇄(전처리)하여야 한다.

해설 과잉공기량이 낮아 NOx 생성 억제효과 및 연소배출 가스양 감소 효과도 있다.(노 내에서 산성가스의 제거가 가능하며 별도의 배연탈황설비가 불필요함)

39 옥탄가(Octane Number)에 관한 설명으로 옳지 않은 것은?

① Iso-Octane과 N-Octane, Neo-Octane의 혼합표준연료의 노킹정도와 비교하여 공급가솔린과 동등한 노킹정도를 나타내는 혼합표준연료 중의 Iso-Octane(%)를 말한다.
② N-Paraffine에서는 탄소수가 증가할수록 옥탄가가 저하하여 C_7에서 옥탄가는 0이다.
③ Iso-Paraffine에서는 Methyl 측쇄가 많을수록, 특히 중앙부에 집중할수록 옥탄가는 증가한다.
④ 방향족 탄화수소의 경우 벤젠고리의 측쇄가 C_3까지는 옥탄가가 증가하지만 그 이상이면 감소한다.

해설 옥탄가는 이소옥탄, 노말헵탄의 혼합물이 나타내는 옥탄가를 이소옥탄의 부피로 나타낸다. 또한 옥탄가란 가솔린의 안티노킹성을 나타내는 척도로 가솔린의 품질을 결정하는 요소이다.

40 내용적 $160m^3$의 밀폐된 실내에서 부탄 2.23kg을 완전연소 시 실내의 산소농도(V/V%)는?(단, 표준상태이며, 기타 조건은 무시하며, 공기 중 용적산소비율은 21%)

① 15.6%   ② 17.5%
③ 19.4%   ④ 20.8%

해설 $C_4H_{10} + 6.5O_2 \rightarrow 4CO_2 + 5H_2O$
$58kg : 6.5 \times 22.4m^3$
$2.23kg : O_o(m^3)$
O_o(부탄 연소 시 소모 산소량)
$= \dfrac{2.23kg \times (6.5 \times 22.4m^3)}{58kg} = 5.60m^3$

실내산소농도(%) $= \dfrac{잔여산소량(m^3)}{내용적(m^3)} \times 100$

잔여산소량 = 실내산소량 − 부탄 연소 시 소모 산소량
$= (160m^3 \times 0.21) - 5.60m^3$
$= 28m^3$
$= \dfrac{28m^3}{160m^3} \times 100 = 17.5\%$

제3과목 대기오염방지기술

41 입경측정방법 중 관성충돌법(Cascade Impactor)에 관한 설명으로 옳지 않은 것은?

① 관성충돌을 이용하여 입경을 간접적으로 측정하는 방법이다.
② 입자의 질량크기 분포를 알 수 있다.
③ 되튐으로 인한 시료의 손실이 일어날 수 있다.
④ 시료채취가 용이하고 채취준비에 시간이 걸리지 않는 장점이 있다.

해설 관성충돌법(다단식충돌판 측정법)은 시료채취가 까다롭고 채취준비시간이 과다하게 소요된다.

42 A전기집진장치의 집진면적비 A/Q가 $20m^2/(1,000m^3/hr)$일 때 집진효율은 90%였다. 이 전기집진장치의 집진면적비를 $40m^2/(1,000m^3/hr)$으로 할 때 예상되는 집진효율(%)은?(단, Deutsch-Anderson식을 이용하여 계산하고, 기타 조건의 변화는 없다.)

① 약 92%   ② 약 94%
③ 약 97%   ④ 약 99%

해설 우선 첫 번째 조건에서 W(겉보기 이동속도)를 구하여 나중 조건에서 집진효율(η)을 구한다.
$90 = \left[1 - \exp\left(-\dfrac{20W}{1,000}\right)\right] \times 100$
$W = 115.13 m/sec$
$\eta = \left[1 - \exp\left(-\dfrac{AW}{Q}\right)\right] \times 100$
$= \left[1 - \exp\left(-\dfrac{40 \times 115.13}{1,000}\right)\right] \times 100$
$= 0.99 \times 100 = 99\%$

43 입구먼지농도가 $12g/m^3$, 배출가스 유량이 $300m^3/min$인 함진가스를 여재비 $3m^3/m^2 \cdot min$인 여과집진장치로 집진한 결과 집진효율은 98%였다. 압력손실 $200mmH_2O$에서 집진한다면 탈진주기(min)는?[단, $\Delta P = K_1V_f$ $K_2C_iV_f^2\eta t$를 이용하고, $K_1 = 59.8mmH_2O/(m/min)$, $K_2 = 127mm H_2O/(kg/m \cdot min)$이다.]

① 1.53   ② 2.86
③ 5.33   ④ 7.33

해설 $\Delta P = K_1 V_f + K_2 C_i V_f^2 \eta t$

$t = \dfrac{200\text{mmH}_2\text{O} - (59.9 \times 3\text{m/min})}{(127 \times 0.012\text{kg/m}^3 \times (3\text{m/min})^2) \times 0.98}$

$= 1.53\text{min}$

44 사이클론에 관한 설명으로 가장 거리가 먼 것은?

① 반전형은 입구유속이 10m/sec 전후이며, 접선유입식에 비해 압력손실이 적다.
② 접선유입식 사이클론의 입구유속은 2~5m/sec 범위로, 이 속도범위가 집진효율에 미치는 영향은 크다.
③ 멀티사이클론은 처리가스양이 많고 높은 집진효율을 필요로 하는 경우에 사용한다.
④ 반전형은 Blow Down이 필요 없고, 함진가스 입구의 안내익(Aerodynamic Vane)에 따라 집진효율이 달라진다.

해설 접선유입식 사이클론의 입구유속은 7~15m/sec 범위로, 이 범위 속도가 집진효율에 미치는 영향이 크다.

45 처리가스양 30,000m³/hr, 압력손실 300mmH₂O인 집진장치의 송풍기 소요동력은 몇 kW가 되겠는가? (단, 송풍기의 효율은 47%)

① 약 38kW   ② 약 43kW
③ 약 49kW   ④ 약 52kW

해설 소요동력(kW) = $\dfrac{Q \times \Delta P}{6,120 \times \eta} \times \alpha$

$Q = 30,000\text{m}^3/\text{hr} \times \text{hr}/60\text{min}$
$= 500\text{m}^3/\text{min}$
$= \dfrac{500 \times 300}{6,120 \times 0.47} \times 1.0 = 52.15\text{kW}$

46 후드의 형식 중 외부식 후드에 해당하지 않는 것은?

① Slot Hood   ② Push-pull Hood
③ Canopy Hood   ④ Enclosed Hood

해설 Enclosed Hood는 포위식 후드이다.

47 가스가 송풍관 내를 통과할 때 발생되는 압력손실에 관한 설명으로 옳지 않은 것은?

① 중력가속도에 반비례   ② 가스밀도에 비례
③ 관의 내경에 비례   ④ 가스유속의 제곱에 비례

해설 압력손실 $(\Delta P) = \lambda(4f) \times \dfrac{L}{D} \times \dfrac{\gamma V^2}{2g}$ 이므로
압력손실은 관의 내경(D)에 반비례한다.

48 응집(Coagulation)에 관한 설명으로 가장 거리가 먼 것은?

① 바람 부는 날의 구름 속의 입자는 맑은 날보다 더 응집이 어렵고, 큰 입자와 작은 입자 간의 응집현상은 쉽게 응집되지 않으므로 장기간에 걸쳐 진행된다.
② 브라운 운동이 대기의 온도와 관련될 때 일어나는 응집현상을 열응집이라 한다.
③ 중력응집은 크기가 다른 입자들의 침전속도가 다르기 때문에 일어나는 응집으로 강우에 큰 영향을 미친다.
④ 고체먼지는 구형이나 기타 여러 가지 불규칙적인 형상을 가지며, 최초에 구형이었던 것도 응집에 의해 비구형이 될 수도 있다.

해설 큰 입자와 작은 입자 간의 응집현상은 쉽게 응집되므로 단기간에 걸쳐 진행된다.

49 전기집진장치의 유지관리에 관한 사항으로 가장 거리가 먼 것은?

① 운전 시에 2차 전류가 매우 적을 때는 조습용 스프레이의 수량을 줄여 겉보기 전기저항을 높여야 한다.
② 운전 시에 1차 전압이 낮은데도 과도한 2차 전류가 흐를 때는 고압회로의 절연불량인 경우가 많다.
③ 시동 시에는 배출가스를 도입하기 최소 6시간 전에 애관용 히터를 가열하여 애자관 표면에 수분이나 먼지의 부착을 방지한다.
④ 정지 시에는 접지저항을 연 1회 이상 점검하고, 10Ω 이하로 유지한다.

해설 운전 시에 2차 전류가 매우 적을 때는 조습용 스프레이의 수량을 늘려 겉보기 전기저항을 낮추어야 한다.

50 1기압, 20℃일 때 공기 동점도계수 $\nu = 1.5 \times 10^{-5}\text{m}^2/\text{sec}$ 이다. 관의 지름을 50mm로 하면 그 관로의 풍속(m/sec)은? (단, 레이놀즈 수는 3.5×10^4이다.)

① 4.0   ② 6.5
③ 9.0   ④ 10.5

정답 44 ② 45 ④ 46 ④ 47 ③ 48 ① 49 ① 50 ④

해설 $Re = \dfrac{V \times D}{\nu}$

$V = \dfrac{Re \times \nu}{D}$

$= \dfrac{3.5 \times 10^4 \times (1.5 \times 10^{-5} \text{m}^2/\text{sec})}{0.05\text{m}}$

$= 10.5 \text{m/sec}$

51 전기집진장치의 특성으로 가장 거리가 먼 것은?

① 초기 설치비용이 높다.
② 압력손실이 적은 편이다.
③ 대량가스의 처리가 가능하다.
④ VOC의 제거효율이 높으며, 전압변동에 따른 조건변동에 유리하다.

해설 VOC의 제거효율이 낮으며, 전압변동과 같은 조건변동에 쉽게 적응이 곤란하다. 즉 주어진 조건에 따른 부하변동에 적응이 곤란하다.

52 다음 중 액가스비가 가장 크고, 수량이 많아 동력비가 많이 들며, 가스양이 많을 때는 불리한 흡수장치는?

① Packed Tower   ② Cyclone Scrubber
③ Ventueri Scrubber ④ Jet Scrubber

해설 제트스크러버(Jet Scrubber)
㉠ 이젝터(Ejector)를 사용하여 물(세정액)을 고압분무하여 승압효과에 의해 수적과 접촉 포집하는 방식으로 기본유속이 클수록 작은 액적이 형성되어 미세입자를 제거한다.
㉡ 가스저항이 적고, 세정수량이 다른 세정장치에 비해 10~20배 정도로 많아 동력비가 많이 소요된다.
㉢ 액가스비는 10~50L/m³ 정도로 액가스비가 가장 크다.

53 어떤 팬(Fan)이 1,650rpm으로 회전할 때 전압은 150 mmAq, 풍량은 220m³/min이다. 이것과 상사인 팬을 만들어 1,450rpm에서 전압을 195mmAq로 할 때 풍량 (m³/min)은?[단, $N_1 \dfrac{Q_1^{1/2}}{(p_1/r_1)^{3/4}} = N_2 \dfrac{Q_2^{1/2}}{(p_2/r_2)^{3/4}}$ 이용]

① 228m³/min   ② 354m³/min
③ 422m³/min   ④ 626m³/min

해설 $N_1 \dfrac{Q_1^{1/2}}{(p_1/r_1)^{3/4}} = N_2 \dfrac{Q_2^{1/2}}{(p_2/r_2)^{3/4}}$

$1,650 \times \dfrac{220^{0.5}}{150^{3/4}} = 1,450 \times \dfrac{Q_2^{0.5}}{195^{3/4}}$

$Q_2^{0.5} = 20.54$

$Q_2 = 20.54^2 = 421.89 \text{m}^3/\text{min}$

54 다음 중 물을 가압 공급하여 함진가스를 세정하는 방식의 가압수식 스크러버에 해당하지 않는 것은?

① Venturi Scrubber   ② Impulse Scrubber
③ Packed Scrubber   ④ Jet Scrubber

해설 Impulse Scrubber는 Theisen Washer와 더불어 회전식 스크러버이다.

55 흡착제에 관한 설명으로 옳지 않은 것은?

① 활성탄은 분자 모세관 응축현상에 의해 흡착된다.
② 활성탄은 유기용제 회수, 악취제거, 가스 정화 등에 사용된다.
③ 실리카겔은 350℃ 이상에서 유기물을 잘 흡착하며 황산용액 중의 불순물 제거에 주로 이용된다.
④ 활성알루미나는 물과 유기물을 잘 흡착하여 175~325℃로 가열하여 재생시킬 수 있다.

해설 실리카겔은 250℃ 이하에서 물과 유기물을 잘 흡착하여 NaOH 용액 중 불순물 제거에 이용된다. 또한 탄소의 불포화결합을 가진 분자, 즉 물과 같은 극성분자를 선택적으로 흡착한다.

56 액측 저항이 클 경우에 이용하기 유리한 가스 분산형 흡수장치는?

① 충전탑   ② 다공판탑
③ 분무탑   ④ 하이드로필터

해설 액측 저항이 클 경우 가스분산형 흡수장치(다공판탑, 포종탑, 기포탑 등)을 적용한다.

57 배출가스 중의 NOx 제거법에 관한 설명으로 옳지 않은 것은?

① 선택적 촉매환원법의 최적온도 범위는 700~850℃ 정도이며, 보통 50% 정도의 NOx를 저감시킬 수 있다.
② 선택적 촉매환원법은 TiO_2와 V_2O_5를 혼합하여 제조한 촉매에 NH_3, H_2, CO, H_2S 등의 환원가스를 작용시켜 NOx를 N_2로 환원시키는 방법이다.
③ 비선택적인 촉매환원에서는 NOx뿐만 아니라, O_2까지 소비된다.

정답 51 ④ 52 ④ 53 ③ 54 ② 55 ③ 56 ② 57 ①

④ 배출가스 중의 NOx 제거는 연소조절에 의한 제어법보다 더 높은 NOx 제거효율이 요구되는 경우나 연소방식을 적용할 수 없는 경우에 사용된다.

해설 선택적 촉매환원법의 최적온도범위는 275~450℃ 정도이며, 최적조건에서 약 90% 정도의 효율이 있다.

58 다음 악취물질 중 공기 중의 최소감지농도가 가장 낮은 것은?

① 암모니아 ② 염소
③ 황화수소 ④ 이황화탄소

해설
① 암모니아 : 0.1ppm ② 염소 : 0.314ppm
③ 황화수소 : 0.00041ppm ④ 이황화탄소 : 0.21ppm

59 황 함량 2.5%인 중유를 1시간에 20ton 연소하고 있는 공장에서 배연탈황을 실시하고 있다. 이 시설에서 부산물을 석고($CaSO_4$)로 회수하려고 하는 경우 회수되는 석고의 이론량(ton/h)은?(단, 이 장치의 탈황률은 90%이고, Ca 원자량은 40)

① 1.2 ② 1.9 ③ 2.3 ④ 2.8

해설 $S + O_2 \rightarrow SO_2 + CaCO_3 + \frac{1}{2}O_2 \rightarrow CaSO_4 + CO_2$

$S \rightarrow CaSO_4$
32kg : 136kg
20ton/hr × 0.0025 × 0.9 : $CaSO_4$(ton/hr)

$CaSO_4(ton/hr) = \dfrac{20ton/hr \times 0.0025 \times 0.9 \times 136kg}{32kg}$

$= 1.91 ton/hr$

60 여과집진장치의 탈진방식 중 연속식에 관한 설명으로 옳지 않은 것은?

① 역제트기류 분사형과 충격제트기류 분사형이 있다.
② 탈진 시 먼지의 재비산 발생이 적어 간헐식에 비해 집진율이 높다.
③ 고농도, 대용량의 가스를 처리할 수 있다.
④ 포집과 탈진이 동시에 이루어지므로 압력손실이 거의 일정하다.

해설 탈진공정 시 먼지의 재비산이 발생하므로 간헐식에 비하여 집진효율이 낮고 여과백의 수명이 단축된다.

제4과목 대기오염공정시험기준(방법)

61 굴뚝 배출가스양이 125Sm³/h이고, HCl 농도가 200ppm일 때, 5,000L 물에 2시간 흡수시켰다. 이때 이 수용액의 pOH는?(단, 흡수율은 60%이다.)

① 8.5 ② 9.3
③ 10.4 ④ 13.3

해설 $pH = -\log[H^+]$

$H^+(mol/L) = \dfrac{125Sm^3/hr \times 200mL/Sm^3 \times 10^{-3}L/mL \times 0.6 \times 2hr \times mol/22.4L}{5,000L}$

$= 2.67 \times 10^{-4} mol/L$

$= -\log(2.67 \times 10^{-4}) = 3.57$

$pOH = 14 - pH$
$= 14 - 3.57 = 10.43$

62 다이옥신류 측정 시 시료채취용 내부표준 물질로 사용되는 물질은?(단, 기체크로마토그래피/질량분석계(GC/MS)에 의한 분석방법 기준)

① $^{13}C_{12}-2, 3, 7, 8-T_4CDF$
② $^{13}C_{12}-2, 3, 7, 8-T_4COD$
③ $^{37}Cl_4-2, 3, 7, 8-T_4CDF$
④ $^{37}Cl_4-2, 3, 7, 8-T_4COD$

해설 $^{37}Cl_4-2, 3, 7, 8-T_4COD$는 가장 독성이 강해 시료채취용 내부표준 물질로 사용된다.

63 이온크로마토그래피에서 사용되는 검출기 중 정전위 전극반응을 이용하고, 검출 감도가 높고 선택성이 있어 분석화학 분야에 널리 이용되는 검출기는?

① 가시선 흡수 검출기 ② 정전위 검출기
③ 전기화학적 검출기 ④ 전기전도도 검출기

해설 이온크로마토그래피법(전기화학적 검출기)
㉠ 정전위 전극반응을 이용하는 전기화학 검출기는 검출 감도가 높고 선택성이 있는 검출기로서 분석화학 분야에 널리 이용되는 검출기이다.
㉡ 전량검출기, 암페로 메트릭 검출기 등이 있다.

정답 58 ③ 59 ② 60 ② 61 ③ 62 ④ 63 ③

64 다음 중 굴뚝단면이 서서히 변하는 경우의 원형굴뚝의 환산 하부직경 계산식으로 옳은 것은?

① (하부직경+선정된 측정공 위치의 직경)/8
② (하부직경+선정된 측정공 위치의 직경)/6
③ (하부직경+선정된 측정공 위치의 직경)/4
④ (하부직경+선정된 측정공 위치의 직경)/2

해설 원형굴뚝의 환산 하부직경(굴뚝단면이 서서히 변하는 경우)

$$\frac{하부직경 + 선정된\ 측정공\ 위치의\ 직경}{2}$$

65 굴뚝 배출가스 중 먼지농도를 반자동식 시료채취기에 의해 분석하는 경우 채취장치 구성에 관한 설명으로 옳지 않은 것은?

① 흡인노즐의 안과 밖의 가스흐름이 흐트러지지 않도록 흡인노즐 안지름(d) 3mm 이상으로 하고, d는 정확히 측정하여 0.1mm 단위까지 구하여 둔다.
② 흡인관은 수분응축 방지를 위해 시료가스 온도를 120±14℃로 유지할 수 있는 가열기를 갖춘 보로실리케이트, 스테인리스강 또는 석영 유리관을 사용한다.
③ 흡인노즐의 꼭짓점은 60° 이하의 예각이 되도록 하고 주위장치에 고정시킬 수 있도록 충분한 각(가급적 수직)이 확보되도록 한다.
④ 피토관은 피토관 계수가 정해진 L형 피토관(C : 1.0 전후) 또는 S형(웨스턴형 C : 0.85 전후) 피토관으로서 배출가스 유속의 계속적인 측정을 위해 흡인관에 부착하여 사용한다.

해설 흡인노즐의 꼭짓점은 30° 이하의 예각이 되도록 하고 매끈한 반구 모양으로 한다.

66 굴뚝 배출가스 중 염화수소 분석을 위한 시료채취조작으로 옳지 않은 것은?

① 티오시안산제이수은법의 경우는 용량 250mL의 흡수병에 흡수액 50mL를 각각 넣고 이온크로마토그래피법의 경우는 용량 50~100mL의 흡수병에 흡수액 25mL를 넣는다.
② 3방향콕을 세척병 방향으로 흡인펌프를 작동시켜 채취관로에서 3방향콕까지 연결관을 배출가스 시료로 충분히 세척한다.
③ 흡인펌프를 정지시킨 후 3방향콕을 흡수병 반대 방향으로 한다. 가스미터의 지시값을 0.1L까지 확인한다.
④ 흡인펌프를 작동시켜 시료가스를 흡수병으로 흘려보낼 때 유량조절용 코크를 조절하여 유량을 1L/min 정도로 한다.

해설 흡인펌프를 정지시킨 후, 3방향콕을 흡수병 방향으로 한다. 가스미터의 지시값을 0.01L까지 확인한다.

67 고용량 공기시료채취법을 사용하여 비산먼지를 측정하고자 한다. 풍속이 0.5m/초 미만 또는 10m/초 이상 되는 시간이 전 채취시간의 50% 미만일 때 풍속에 대한 보정계수는?

① 0.8   ② 1.0
③ 1.2   ④ 1.5

해설 **풍향에 대한 보정**

풍향변화범위	보정계수
전 시료채취 기간 중 풍향이 90° 이상 변할 때	1.5
전 시료채취 기간 중 풍향이 45°~90° 변할 때	1.2
전 시료채취 기간 중 풍향이 변동이 없을 때(45° 미만)	1.0

풍속에 대한 보정

풍속범위	보정계수
풍속이 0.5m/초 미만 또는 10m/초 이상 되는 시간이 전 채취시간의 50% 미만일 때	1.0
풍속이 0.5m/초 미만 또는 10m/초 이상 되는 시간이 전 채취시간의 50% 이상일 때	1.2

풍속의 변화 범위가 위 표를 초과할 때는 원칙적으로 다시 측정한다.

68 굴뚝 내 배출가스 유속을 피토관으로 측정한 결과 그 동압이 35mmH$_2$O였다면 굴뚝 내의 유속(m/sec)은?(단, 배출가스 온도는 225℃, 공기의 비중량은 1.3kg/Sm^3, 피토관 계수는 0.98이다.)

① 28.5   ② 30.4
③ 32.6   ④ 35.8

해설
$$V(\text{m/sec}) = C\sqrt{\frac{2gh}{\gamma}}$$
$$= 0.98 \times \sqrt{\frac{2 \times 9.8\text{m/sec}^2 \times 35\text{mmH}_2\text{O}}{1.3\text{kg/m}^3 \times \frac{273}{273+225}}}$$
$$= 30.40\text{m/sec}$$

69 화학분석 일반사항에 관한 규정으로 옳은 것은?

① 방울수라 함은 20℃에서 정제수 20방울을 떨어뜨릴 때 그 부피가 약 10mL 되는 것을 뜻한다.
② 기밀용기(機密容器)라 함은 물질을 취급 또는 보관하는 동안에 기체 또는 미생물이 침입하지 않도록 내용물을 보호하는 용기를 뜻한다.
③ "감압 또는 진공"이라 함은 따로 규정이 없는 한 15mmHg 이하를 뜻한다.
④ 시험조작 중 "즉시"란 10초 이내에 표시된 조작을 하는 것을 뜻한다.

해설
① 방울수라 함은 20℃에서 정제수 20방울을 떨어뜨릴 때 그 부피가 약 1mL 되는 것을 말한다.
② 기밀용기라 함은 물질을 취급 또는 보관하는 동안에 공기 또는 다른 가스가 침입하지 않도록 내용물을 보호하는 용기를 뜻한다.
④ 시험조작 중 "즉시"란 30초 이내에 표시된 조작을 하는 것을 뜻한다.

70 환경대기 중의 일산화탄소 측정방법 중 불꽃이온화검출기법은 시료공기를 몰리큘러 시브(Molecular Sieve)가 채워진 분리관을 통과시켜 분리된 일산화탄소를 메탄으로 환원하여 불꽃이온화검출기로 정량하는 방법이다. 이때 사용되는 운반가스와 촉매로 가장 적합한 것은?

① 질소와 백금(Pt) ② 수소와 니켈(Ni)
③ 헬륨과 팔라듐(Pd) ④ 수소와 오스뮴(Os)

해설 환경대기 중 일산화탄소(불꽃이온화검출기 : 기체크로마토그래피법)
운반가스로는 수소를 사용하며 시료공기를 몰리큘러가 채워진 분리관을 통과시키면 분리관 일산화탄소는 니켈 촉매에 의해서 메탄으로 환원되는데 불꽃이온화검출기로 정량된다.

71 다음 중 굴뚝 배출가스 내의 포름알데하이드를 정량할 때 쓰이는 흡수액은?

① 아세틸아세톤 함유 흡수액
② 아연아민착염 함유 흡수액
③ 질산암모늄+황산(1+5)
④ 수산화소듐용액(0.4W/V%)

해설 굴뚝 배출가스 중 포름알데하이드 정량 시 사용되는 흡수액은 아세틸아세톤 함유 용액이다.

72 환경대기 중의 탄화수소 측정방법 중 비메탄 탄화수소측정법의 성능기준으로 옳지 않은 것은?

① 재현성은 동일조건에서 스팬가스를 3회 연속측정해서 측정치의 평균오차가 최대 ±3%의 범위 이내에 있어야 한다.
② 측정범위는 0~5로부터 50ppm 범위 내에서 임의로 설정할 수 있어야 한다.
③ 측정주기는 한 시간에 4회 이상의 측정을 할 수 있어야 한다.
④ 제로 드리프트(Zero Drift)는 동일조건에서 제로가스를 연속해서 흘려보냈을 경우 지시변동은 24시간에 대하여 최대 눈금치의 ±1%의 범위 내에 있어야 한다.

해설 재현성
동일조건에서 스팬가스를 3회 연속 측정해서 측정치의 평균치로부터의 편차는 최대 눈금치의 ±1%의 이내이어야 한다.

73 굴뚝 배출가스 중 산소측정분석에 사용되는 화학분석법(오르자트분석법)에 관한 설명으로 옳지 않은 것은?

① 각각의 흡수액을 사용하여 탄산가스, 산소의 순으로 흡수한다.
② 탄산가스의 흡수액에는 수산화포타슘의 용액을 사용한다.
③ 산소 흡수액을 만들 때는 되도록 공기와의 접촉을 피한다.
④ 산소 흡수액은 물과 수산화소듐을 녹인 용액에 피로가롤을 녹인 용액으로 한다.

해설 오르자트 가스 분석계에 사용되는 산소 흡수액
물 100mL에 수산화포타슘 60g을 녹인 용액과 물 100mL에 피로가롤[$C_6H_3(OH)_3$, pyrogallol, 분자량 : 126.11, 특급] 12g을 녹인 용액을 혼합한 용액을 말한다.

74 환경대기 중 아황산가스 농도를 파라로자닐린법(Pararosaniline Method)을 이용하여 측정할 경우 주요 방해물질로 가장 거리가 먼 것은?

① Fe ② Mn
③ Pt ④ Cr

해설 아황산가스 농도를 파라로자닐린법을 이용하여 측정할 경우 주요 방해물질
NO_x, O_3, Fe, Cr, Mn

정답 69 ③ 70 ② 71 ① 72 ① 73 ④ 74 ③

75 굴뚝에서 배출되는 건조배출가스의 유량을 연속적으로 자동 측정하는 방법에 관한 설명으로 옳지 않은 것은?

① 건조배출가스 유량은 배출되는 표준상태의 건조배출가스양[Sm^3(5분적산치)]으로 나타낸다.
② 열선식 유속계를 이용하는 방법에서 시료채취부는 열선과 지주 등으로 구성되어 있으며, 열선은 직경 2~10μm, 길이 약 1mm의 텅스텐이나 백금선 등이 쓰인다.
③ 유량의 측정방법에는 피토관, 열선유속계, 와류유속계를 이용하는 방법이 있다.
④ 와류유속계를 사용할 때에는 압력계 및 온도계는 유량계 상류 측에 설치해야 하고, 일반적으로 온도계는 글로브식을, 압력계는 부르동관식을 사용한다.

해설 와류유속계를 사용할 때에는 압력계 및 온도계는 유량계 하류 측에 설치해야 한다.

76 환경대기 중의 가스상 물질 시료채취방법 중 용매에 시료가스를 일정 유량으로 통과시키는 포집방법으로 채취관 – 여과재 – 포집부 – 흡입펌프 – 유량계(가스미터)로 구성되는 것은?

① 용기포집법 ② 용매포집법
③ 고체흡착법 ④ 포집여지법

해설 **가스상 물질의 시료채취방법**
㉠ 직접채취법 : 채취관 – 분석장치 – 흡인펌프
㉡ 용기포집법 : 채취관 – 용기 또는 채취관 – 유량조절기 – 흡인펌프 – 용기
㉢ 용매포집법 : 채취관 – 여과재 – 포집부 – 흡입펌프 – 유량계(가스미터)

77 기체크로마토그래피의 장치구성에 관한 설명으로 옳지 않은 것은?

① 분리관유로는 시료도입부, 분리관, 검출기기배관으로 구성되며, 배관의 재료는 스테인리스강이나 유리 등 부식에 대한 저항이 큰 것이어야 한다.
② 주사기를 사용하는 시료도입부는 실리콘고무와 같은 내열성 탄성체격막이 있는 시료기화실로서 분리관온도와 동일하거나 또는 그 이상의 온도를 유지할 수 있는 가열기구가 갖추어져야 한다.
③ 운반가스는 일반적으로 열전도도형 검출기(TCD)에서는 순도 99.8% 이상의 아르곤이나 질소를, 불꽃이온화 검출기(FID)에서는 순도 99.8% 이상의 수소를 사용한다.
④ 기록계는 스트립 차트(Strip Chart)식 자동평형 기록계로 스팬전압 1mV, 펜 응답시간 2초 이내, 기록지 이동속도는 10mm/분을 포함한 다단변속이 가능한 것이어야 한다.

해설 **운반가스**
충전물이나 시료에 대하여 불활성이고 사용하는 검출기의 작동에 적합한 것을 사용한다. 일반적으로 열전도형 검출기(TCD)에서도 순도 99.8% 이상의 수소나 헬륨을, 불꽃 이온화 검출기(FID)에서는 순도 99.8% 이상의 질소 또는 헬륨을 사용하며, 기타 검출기에서는 각각 규정하는 가스를 사용한다.

78 비분산 적외선 분석법의 장치구성에 관한 설명으로 옳지 않은 것은?

① 광학필터는 시료가스 중에 포함되어 있는 간섭성분가스의 흡수파장역의 적외선을 흡수 제거하기 위하여 사용한다.
② 검출기는 광속을 받아들여 시료가스 중 측정성분 농도에 대응하는 신호를 발생시키는 선택적 검출기 혹은 광학필터와 비선택적 검출기를 조합하여 사용한다.
③ 광원은 원칙적으로 니크롬선 또는 탄화규소의 저항체에 전류를 흘려 가열한 것을 사용한다.
④ 회전섹터는 시료광속과 비교광속을 일정주기로 단속시켜, 광학적으로 변조시키는 것으로 단속방식에는 1~100Hz의 원추단속 방식과 혼합단속 방식이 있다.

해설 **회전섹터**
시료광속과 비교광속을 일정주기로 단속시켜, 광학적으로 변조시키는 것으로 측정광신호의 증폭에 유효하고 잡신호 영향을 줄일 수 있다.

79 굴뚝 배출가스 중의 이황화탄소 분석방법에 관한 설명으로 옳지 않은 것은?

① 자외선/가시선 분광법은 흡광도를 435nm의 파장에서 측정한다.
② 자외선/가시선 분광법은 시료가스채취량 10L인 경우 배출가스 중의 이황화탄소 농도가 (4.0~60)ppm인 것의 분석에 적합하다.
③ 기체크로마토그래피법은 Flame Photometric Detector를 구비한 기체크로마토그래피를 사용하여 정량한다.

정답 75 ④ 76 ② 77 ③ 78 ④ 79 ④

④ 기체크로마토그래피법에서 운반가스는 순도 99.99% 이상의 아르곤 또는 순도 99.8% 이상의 질소를 사용한다.

해설 기체크로마토그래피법에서 운반가스는 순도 99.999% 이상의 질소 또는 순도 99.999% 이상의 헬륨을 사용한다.

80 다음 중 다이에틸아민구리 용액에서 시료가스를 흡수시켜 생성된 다이에틸 다이에틸다이싸이오밤산구리의 흡광도를 435nm의 파장에서 측정하는 항목은?

① CS_2　　② H_2S
③ HCN　　④ PAH

해설 이황화탄소(CS_2)는 다이에틸아민구리용액에 흡수 생성된 다이에틸다이싸이오밤산구리의 흡광도를 435nm에서 측정한다.

제5과목 대기환경관계법규

81 대기환경보전법령상 대기오염 경보단계별 조치사항으로 옳지 않은 것은?

① 주의보 : 주민의 실외활동 제한 요청
② 경보 : 자동차의 사용제한 명령
③ 경보 : 사업장의 연료사용량 감축 권고
④ 중대경보 : 사업장의 조업시간 단축 명령

해설 **경보단계별 조치사항**
㉠ 주의보 발령 : 주민의 실외활동 및 자동차 사용의 자제 요청 등
㉡ 경보 발령 : 주민의 실외활동 제한 요청, 자동차 사용의 제한 및 사업장의 연료사용량 감축 권고 등
㉢ 중대경보 발령 : 주민의 실외활동 금지 요청, 자동차의 통행 금지 및 사업장의 조업시간 단축명령 등

82 다음은 대기환경보전법령상 기본부과금 부과대상 오염물질에 대한 초과배출량 산정방법 중 초과배출량 공제분 산정방법이다. (　) 안에 알맞은 것은?

> 3개월간 평균 배출농도는 배출허용기준을 초과한 날 이전 정상 가동된 3개월 동안의 (　)를 산술평균한 값으로 한다.

① 5분 평균치　　② 10분 평균치
③ 30분 평균치　　④ 1시간 평균치

해설 **초과부과금의 오염물질 배출량 산정**
초과부과금의 산정에 필요한 배출허용기준 초과 오염물질배출량은 배출기간 중에 배출허용기준을 초과하여 조업함으로써 배출되는 오염물질의 양으로 하되, 일일기준 초과 배출량에 배출기간의 일수를 곱하여 산정한다. 다만, 굴뚝 자동측정기기를 설치하여 관제센터로 측정결과를 자동 전송하는 사업장의 자동측정자료의 30분 평균치가 배출허용기준을 초과한 경우에는 그 초과한 30분마다 배출허용기준초과농도(배출허용기준을 초과한 30분 평균치에서 배출허용기준농도를 뺀 값을 말한다)에 해당 30분 동안의 배출유량을 곱하여 초과배출량을 산정하고, 반기별로 이를 합산하여 기준초과배출량을 산정한다.

83 실내공기질 관리법상 용어의 정의로 옳지 않은 것은?

① "공동주택"이라 함은 건축법 규정에 의한 공동주택을 말한다.
② "다중이용시설"이라 함은 불특정다수인이 이용하는 시설을 말한다.

③ "공기정화설비"라 함은 오염된 실내공기를 밖으로 내보내고 신선한 공기를 쾌적한 상태로 유지시키는 설비를 말하며, 환기설비와 동일한 의미로 사용되는 것을 말한다.
④ "오염물질"이라 함은 실내공간의 공기오염의 원인이 되는 가스와 떠다니는 입자상 물질 등으로서 환경부령이 정하는 것을 말한다.

해설 **공기정화설비**
실내공간의 오염물질을 없애주거나 줄이는 설비로서 환기설비의 안에 설치되거나, 환기설비와는 따로 설치된 것을 말한다.

84 대기환경보전법규상 전기만을 동력으로 사용하는 자동차의 1회 충전 주행거리가 80km 이상 160km 미만인 경우 제 몇 종 자동차에 해당하는가?

① 제1종 ② 제2종
③ 제3종 ④ 제4종

해설 전기만을 동력으로 사용하는 자동차는 1회 충전 주행거리에 따라 다음과 같이 구분한다.

구분	1회 충전 주행거리
제1종	80km 미만
제2종	80km 이상 160km 미만
제3종	160km

85 다음은 대기환경보전법령상 환경부장관이 배출시설의 설치를 제한할 수 있는 경우이다. ( ) 안에 알맞은 것은?

배출시설 설치 지점으로부터 반경 1킬로미터 안의 상주인구가 (㉠)명 이상인 지역으로서 특정대기유해물질 중 한 가지 종류의 물질을 연간 10톤 이상 배출하거나 두 가지 이상의 물질을 연간 (㉡)톤 이상 배출하는 시설을 설치하는 경우

① ㉠ 1만, ㉡ 20
② ㉠ 2만, ㉡ 20
③ ㉠ 1만, ㉡ 25
④ ㉠ 2만, ㉡ 25

해설 **배출시설 설치의 제한**
㉠ 배출시설 설치 지점으로부터 반경 1킬로미터 안의 상주인구가 2만 명 이상인 지역으로서 특정대기유해물질 중 한 가지 종류의 물질을 연간 10톤 이상 배출하거나 두 가지 이상의 물질을 연간 25톤 이상 배출하는 시설을 설치하는 경우
㉡ 대기오염물질(먼지·황산화물 및 질소산화물만 해당한다)의 발생량 합계가 연간 10톤 이상인 배출시설을 특별대책지역에 설치하는 경우

86 대기환경보전법령상 일일초과배출량 및 일일유량의 산정 방법으로 옳지 않은 것은?

① 특정대기유해물질의 배출허용기준초과 일일오염물질 배출량은 소수점 이하 넷째 자리까지 계산한다.
② 먼지를 제외한 그 밖의 오염물질의 배출농도 단위는 피피엠(ppm)으로 한다.
③ 측정유량의 단위는 시간당 세제곱미터(m^3/h)로 한다.
④ 일일조업시간은 배출량을 측정하기 전 최근 조업한 3개월 동안의 배출시설 조업시간평균치를 하루 단위로 표시한다.

해설 일일조업시간은 배출량을 측정하기 전 최근 조업한 30일 동안의 배출시설 조업시간 평균치를 시간으로 표시한다.

87 대기환경보전법령상 사업자가 스스로 방지시설을 설계·시공하려는 경우 시·도지사에게 제출해야 하는 서류에 해당하지 않는 것은?

① 기술능력 현황을 적은 서류
② 공정도
③ 배출시설의 위치 및 운영에 관한 규약
④ 원료(연료를 포함) 사용량, 제품생산량 및 대기오염물질 등의 배출량을 예측한 명세서

해설 **자가방지설비를 설계·시공하고자 하는 사업자가 시·도지사에게 제출해야 하는 서류**
㉠ 배출시설의 설치명세서
㉡ 공정도
㉢ 원료(연료를 포함한다) 사용량, 제품생산량 및 대기오염물질 등의 배출량을 예측한 명세서
㉣ 방지시설의 설치명세서와 그 도면
㉤ 기술능력 현황을 적은 서류

88 대기환경보전법규상 첨가제·촉매제 제조기준에 맞는 제품의 표시방법에서 표시크기의 기준으로 옳은 것은?

① 첨가제 또는 촉매제 용기 앞면의 제품명 밑에 제품명 글자크기의 100분의 20 이상에 해당하는 크기로 표시하여야 한다.
② 첨가제 또는 촉매제 용기 앞면의 제품명 밑에 제품명 글자크기의 100분의 30 이상에 해당하는 크기로 표시하여야 한다.
③ 첨가제 또는 촉매제 용기 앞면의 제품명 위에 제품명 글자크기의 100분의 20 이상에 해당하는 크기로 표시하여야 한다.

정답 84 ② 85 ④ 86 ④ 87 ③ 88 ②

④ 첨가제 또는 촉매제 용기 앞면의 제품명 위에 제품명 글자크기의 100분의 30 이상에 해당하는 크기로 표시하여야 한다.

해설 첨가제 또는 촉매제 용기 앞면의 제품명 밑에 제품명 글자크기의 100분의 30 이상에 해당하는 크기로 표시하여야 한다.

89 악취관리법상 악취배출시설 설치자가 환경부령으로 정하는 사항을 변경하려는 경우 변경신고를 해야 하는데 이 변경신고를 하지 아니한 경우 과태료 부과기준으로 옳은 것은?

① 50만 원 이하의 과태료
② 100만 원 이하의 과태료
③ 200만 원 이하의 과태료
④ 500만 원 이하의 과태료

해설 악취방지법 제30조 참조

90 대기환경보전법규상 위임업무 보고사항 중 "자동차 연료 및 첨가제의 제조·판매 또는 사용에 대한 규제현황" 업무의 보고횟수 기준은?

① 연 1회
② 연 2회
③ 연 4회
④ 수시

해설 위임업무 보고사항

업무내용	보고횟수	보고기일	보고자
환경오염사고 발생 및 조치 사항	수시	사고 발생 시	시·도지사, 유역환경청장 또는 지방환경청장
수입자동차 배출가스 인증 및 검사 현황	연 4회	매 분기 종료 후 15일 이내	국립환경과학원장
자동차 연료 및 첨가제의 제조·판매 또는 사용에 대한 규제현황	연 2회	매 반기 종료 후 15일 이내	유역환경청장 또는 지방환경청장
자동차 연료 또는 첨가제의 제조기준 적합 여부 검사 현황	• 연료: 연 4회 • 첨가제: 연 2회	• 연료: 매 분기 종료 후 15일 이내 • 첨가제: 매 반기 종료 후 15일 이내	국립환경과학원장
측정기기관리 대행법의 등록, 변경등록 및 행정처분 현황	연 1회	다음 해 1월 15일까지	유역환경청장, 지방환경청장 또는 수도권대기환경청장

91 대기환경보전법규상 측정기기의 부착·운영 등과 관련된 행정처분기준 중 "부식·마모·고장 또는 훼손되어 정상적인 작동을 하지 아니하는 측정기기를 정당한 사유 없이 7일 이상 방치하는 경우" 1차~4차 행정처분기준으로 옳은 것은?

① 경고 – 경고 – 경고 – 조업정지 5일
② 경고 – 경고 – 경고 – 조업정지 10일
③ 경고 – 조업정지 10일 – 조업정지 30일 – 허가 취소 또는 폐쇄
④ 경고 – 경고 – 조업정지 10일 – 조업정지 30일

해설 행정처분기준
1차(경고) → 2차(경고) → 3차(조업정지 10일) → 4차(조업정지 30일)

92 환경정책기본법상 환경부장관은 국가환경종합계획의 종합적·체계적 추진을 위해 얼마마다 환경보전중기종합계획을 수립하여야 하는가?

① 1년
② 3년
③ 5년
④ 10년

해설 환경부장관은 국가환경종합계획의 종합적·체계적 추진을 위해 5년마다 환경보전중기종합계획을 수립하여야 한다.

93 대기환경보전법령상 환경기술인을 바꾸어 임명할 경우 그 사유가 발생한 날로 며칠 이내에 신고하여야 하는가?

① 당일
② 3일 이내
③ 5일 이내
④ 7일 이내

해설 환경기술인 임명신고 시기
㉠ 최초로 배출시설을 설치한 경우에는 가동개시 신고와 동시에 임명
㉡ 환경기술인을 바꾸어 임명하는 경우에는 그 사유가 발생한 날로부터 5일 이내

94 대기환경보전법령상 인증을 생략할 수 있는 자동차에 해당하지 않는 것은?

① 국가대표 훈련용 자동차로서 문화체육관광부장관의 확인을 받은 자동차
② 주한 외국군인의 가족이 사용하기 위하여 반입하는 자동차
③ 제작차에 대한 인증을 받지 아니한 자가 그 인증을 받은 자동차의 원동기를 구입하여 제작하는 자동차

정답 89 ② 90 ② 91 ④ 92 ③ 93 ③ 94 ④

④ 여행자 등이 다시 반출할 것을 조건으로 일시 반입하는 자동차

해설 인증을 생략할 수 있는 자동차
㉠ 국가대표 선수용 자동차 또는 훈련용 자동차로서 문화체육관광부장관의 확인을 받은 자동차
㉡ 외국에서 국내의 공공기관 또는 비영리단체에 무상으로 기증한 자동차
㉢ 외교관 또는 주한 외국군인의 가족이 사용하기 위하여 반입하는 자동차
㉣ 항공기 지상 조업용 자동차
㉤ 인증을 받지 아니한 자가 그 인증을 받은 자동차의 원동기를 구입하여 제작하는 자동차
㉥ 국제협약 등에 따라 인증을 생략할 수 있는 자동차
㉦ 그 밖에 환경부장관이 인증을 생략할 필요가 있다고 인정하는 자동차

95 대기환경보전법상 "온실가스"에 해당하지 않는 것은?
① 수소불화탄소 ② 과염소산
③ 육불화황 ④ 메탄

해설 기후·생태계 변화 유발물질
지구온난화 등으로 생태계의 변화를 가져올 수 있는 기체상 물질로서 온실가스 및 환경부령이 정하는 것을 말한다.
㉠ 온실가스 : 이산화탄소, 메탄, 아산화질소, 수소불화탄소, 과불화탄소, 육불화황
㉡ 환경부령이 정하는 것 : 염화불화탄소, 수소염화불화탄소

96 대기환경보전법규상 특정대기유해물질이 아닌 것은?
① 염소 및 염화수소 ② 아크릴로니트릴
③ 황화수소 ④ 이황화메틸

해설 황화수소는 특정대기유해물질이 아니다.

97 대기환경보전법령상 기본부과금의 농도별 부과계수 중 연료의 황 함유량이 1.0% 이하인 경우 농도별 부과계수로 옳은 것은?(단, 연료를 연소하여 황산화물을 배출하는 시설(황산화물의 배출량을 줄이기 위하여 방지시설을 설치한 경우와 생산공정상 황산화물의 배출량이 줄어든다고 인정하는 경우는 제외)
① 0.2 ② 0.4
③ 0.8 ④ 1.0

해설 기본부과금의 농도별 부과계수

구분	연료의 황 함유량(%)		
	0.5% 이하	1.0% 이하	1.0% 초과
농도별 부과계수	0.2	0.4	1.0

98 다음은 대기환경보전법령상 대기오염물질 배출시설기준이다. ( ) 안에 알맞은 것은?

배출시설	대상 배출시설
폐수·폐기물 처리시설	• 시간당 처리능력이 (㉮)세제곱미터 이상인 폐수·폐기물 증발시설 및 농축시설 • 용적이 (㉯)세제곱미터 이상인 폐수·폐기물 건조시설 및 정제시설

① ㉮ 0.5, ㉯ 0.3 ② ㉮ 0.3, ㉯ 0.15
③ ㉮ 0.3, ㉯ 0.3 ④ ㉮ 0.5, ㉯ 0.15

해설 폐수·폐기물처리시설 대상 배출시설
• 시간당 처리능력이 0.5세제곱미터 이상인 폐수·폐기물 증발시설 및 농축시설
• 용적이 0.15세제곱미터 이상인 폐수·폐기물 건조시설 및 정제시설

99 다음 중 대기환경보전법령상 초과부과금 산정기준에 따른 오염물질 1킬로그램당 부과금액이 가장 높은 것은?
① 불소화합물 ② 황화수소
③ 이황화탄소 ④ 시안화수소

해설 초과부과금 산정기준

오염물질	구분	오염물질 1킬로그램당 부과금액
황산화물		500
먼지		770
질소산화물		2,130
암모니아		1,400
황화수소		6,000
이황화탄소		1,600
특정유해물질	불소화물	2,300
	염화수소	7,400
	시안화수소	7,300

정답 95 ② 96 ③ 97 ② 98 ④ 99 ④

100 실내공기질 관리법령상 공항시설 중 여객터미널에 대한 라돈의 실내공기질 권고기준은?(단, 단위는 Bq/m³)

① 100 이하
② 148 이하
③ 200 이하
④ 248 이하

해설 실내공기질 권고기준

오염물질 항목 / 다중이용시설	이산화탄소 (ppm)	라돈 (Bq/m³)	총휘발성 유기화합물 (μg/m³)	곰팡이 (CFU/m³)
지하역사, 지하도상가, 철도역사의 대합실, 여객자동차터미널의 대합실, 항만시설 중 대합실, 공항시설 중 여객터미널, 도서관·박물관 및 미술관, 대규모점포, 장례식장, 영화상영관, 학원, 전시시설, 인터넷 컴퓨터게임시설제공업의 영업시설, 목욕장업의 영업시설	0.1 이하	148 이하	500 이하	—
의료기관, 어린이집, 노인요양시설, 산후조리원	0.05 이하		400 이하	500 이하
실내주차장	0.3 이하		1,000 이하	—

정답 100 ②

2024년 3회 CBT 복원·예상문제

대기환경 기사 기출문제

제1과목 대기오염개론

01 광화학반응의 주요생성물 중 PAN(Peroxyacetyl Nitrate)의 화학식을 옳게 나타낸 것은?

① $CH_3CO_2N_4O_2$
② $CH_3C(O)O_2NO_2$
③ $C_6H_{11}C(O)O_2N_4O_2$
④ $C_6H_{11}CO_2NO_2$

해설 PAN의 화학식
$CH_3C(O)O_2NO_2[CH_3COOONO_2]$
PBN의 화학식
$C_2H_5COONO_2$

02 기온역전(Temperature Inversion)의 종류에 해당하지 않는 것은?

① 이류역전 ② 난류역전
③ 해풍역전 ④ 단층역전

해설 기온역전
㉠ 접지(지표)역전
　• 복사역전　• 이류역전
㉡ 공중역전
　• 침강역전　• 전선형 역전
　• 해풍형 역전　• 난류역전

03 다음에서 설명하는 오염물질로 가장 적합한 것은?

- 이 물질은 부드러운 청회색의 금속으로 고밀도와 내식성이 강한 것이 특징이다.
- 소화기로 섭취된 이 물질은 입자의 크기에 따라 다르지만 약 10% 정도만이 소장에서 흡수되고, 나머지는 대변으로 배출된다. 세포 내에서 이 물질은 SH기와 결합하여 헴(heme)합성에 관여하는 효소를 포함한 여러 세포의 효소작용을 방해한다.
- 만성 중독 시에는 혈중 프로토폴피린이 현저하게 증가한다.

① Cr ② Hg
③ Pb ④ Al

해설 납(Pb)
㉠ 대부분의 납화합물은 물에 잘 녹지 않고 융점은 327℃, 끓는 점 1,620℃이며 무기납과 유기납으로 구분한다.
㉡ 소화기로 섭취된 납은 입자의 크기에 따라 다르지만 약 10% 정도만이 소장에서 흡수되고, 나머지는 대변으로 배출된다.
㉢ 세포 내에서 SH기와 결합하여 포르피린과 Heme 합성에 관여하는 효소를 포함한 여러 세포의 효소작용을 방해하고 적혈구 내의 전해질이 감소되어 적혈구 생존기간이 짧아지고 심한 경우 용혈성 빈혈이 나타나기도 한다. (인체혈액 헤모글로빈의 기본요소인 포르피린 고리의 형성을 방해함으로써 헤모글로빈의 형성을 억제함)
㉣ 헴(Heme) 합성의 장해로 주요증상은 빈혈증이며 혈색소량의 감소, 적혈구의 생존기간 단축, 파괴가 촉진된다. 즉, 헤모글로빈의 형성을 억제한다.

04 산성비가 토양에 미치는 영향에 관한 설명으로 옳지 않은 것은?

① 산성강수가 가해지면 토양은 산적 성격이 약한 교환기부터 순서적으로 Ca^{2+}, Mg^{2+}, Na^+, K^+ 등의 교환성 염기를 방출하고, 대신 그 교환자리에 H^+가 흡착되어 치환된다.
② 교환성 Al은 산성의 토양에만 존재하는 물질이고, 교환성 H와 함께 토양 산성화의 주요한 요인이 된다.
③ Al^{3+}은 뿌리의 세로 분열이나 Ca 또는 P의 흡수나 흐름을 저해한다.
④ 토양의 양이온 교환기는 강산적 성격을 갖는 부분과 약산적 성격을 갖는 부분으로 나누는데, 결정도가 낮은 점토광물은 강산적이다.

해설 토양의 양이온 교환기는 강산적 성격을 갖는 부분과 약산적 성격을 갖는 부분으로 나누는데, 결정성의 점토광물은 강산적이고, 결정도가 낮은 점토광물은 약산적이다.

05 다음 대기오염물질 중 1차 오염물질(Primary Pollutants)에 해당하지 않는 것은?

① HCl ② NH_3
③ NaCl ④ NOCl

해설 NOCl은 2차 오염물질이며, HCl, NH_3, NaCl은 1차 오염물질이다.
대표적 2차 오염물질
㉠ 에어로졸(H_2SO_4 Mist)　㉡ O_3
㉢ PAN, PBN　㉣ NOCl

정답 01 ②　02 ④　03 ③　04 ④　05 ④

ⓓ H_2O_2 ⓑ 아크롤레인
ⓢ 알데하이드 ⓞ SO_2
ⓩ 케톤

06 다음 중 CFC-11의 화학식으로 옳은 것은?

① CF_2Cl_2 ② $CFCl_3$
③ CH_2FCl ④ CH_3Cl

해설 CFC-11의 화학식
$CFCl_3$(프레온 11)

07 지구 대기의 성질에 관한 설명으로 옳지 않은 것은?

① 지표면의 온도는 약 15℃ 정도이나 상공 12km 정도의 대류권계면에서는 약 -55℃ 정도까지 하강한다.
② 성층권계면에서의 온도는 지표보다는 약간 낮으나 성층권계면 이상의 중간권에서 기온은 다시 하강한다.
③ 중간권 이상에서의 온도에서는 대기의 분자운동에 의해 결정된 온도로서 직접 관측된 온도와는 다르다.
④ 대류권과 비교하였을 때 열권에서 분자의 운동속도는 매우 느리지만 공기평균 자유행로는 짧다.

해설 대류권과 비교하였을 때 열권에서 분자의 운동속도는 매우 느리지만 공기평균 자유행로는 길다. 이 권역에서는 전리상태에 있기 때문에 전리층이라고도 한다.

08 입자상 물질의 농도가 0.02mg/m³인 지역의 가시거리는?(단, 상대습도는 70%이며, 상수 A는 1.2이다.)

① 84km ② 60km
③ 32km ④ 8km

해설 가시거리(L)

$L(\text{km}) = \dfrac{1{,}000 \times A}{G}$

$= \dfrac{1{,}000 \times 1.2}{0.02\text{mg/m}^3 \times 1{,}000\mu\text{g/mg}}$

$= 60\text{km}$

09 1~2μm 이하의 미세입자는 세정(Rain out) 효과가 작은데 그 이유로 가장 적합한 것은?

① 응축효과가 크기 때문에
② 부정형의 입자가 많기 때문에
③ 휘산효과가 크기 때문에
④ 브라운 운동을 하기 때문에

해설 1~2μm 이하의 미세입자는 브라운 운동, 즉 불규칙적인 거동이므로 세정(Rainout) 효과가 작다.

10 역전에 관한 설명으로 옳지 않은 것은?

① 침강성 역전의 고도는 보통 1,000~2,000m 내외에서 형성되며, 넓은 지역에 걸쳐서 발생하기도 한다.
② 침강역전은 배출원의 상부에서 발생하며 장기간 지속될 경우 오염물질의 장기 축적에 기여할 수 있다.
③ 복사역전은 침강역전과는 달리 대기오염물질이 위치하는 대기층에서 생긴다.
④ 복사역전은 일출 후 구름 낀 흐린 상태에서 자주 일어나고 긴 겨울철보다는 여름에 잘 발생한다.

해설 복사역전은 보통 가을부터 봄에 걸쳐 날씨가 좋고, 바람이 약하며, 습도가 적을 때 자정 이후 아침까지 잘 발생하고, 낮이 되면 일사로 인해 지면이 가열되면 곧 소멸되는 역전의 형태이다.

11 다음에서 설명하는 오염물질로 가장 적합한 것은?

- 매우 낮은 농도에서 피해를 일으킬 수 있으며, 주된 증상으로 상편생장, 전두운동의 저해, 황화현상, 줄기의 신장저해, 성장 감퇴 등이 있다.
- 0.1ppm 정도의 저농도에서도 스위트피와 토마토에 상편생장을 일으킨다.

① 오존 ② 에틸렌
③ 아황산가스 ④ 불소화합물

해설 에틸렌(C_2H_4)
㉠ 매우 낮은 농도에서 피해를 나타내며, 주된 증상으로 상편생장, 전두운동의 저해, 황화현상과 빠른 낙엽, 줄기의 신장저해, 성장감퇴 등이 있다.
㉡ 잎의 모든 부분에 피해가 나타나며 증상으로는 잎의 기형화, 꽃의 탈리 등이 나타난다.
㉢ 어린 가지의 성장을 억제시키며 이상낙엽을 유발한다.
㉣ 대표적 지표식물은 스위트피, 토마토, 메밀 등이다. (0.1ppm 정도의 저농도에서도 스위트피와 토마토에 상편생장을 일으킴)
㉤ 에틸렌가스에 대한 저항성이 가장 큰 식물은 양배추이다.

12 일산화탄소의 영향에 관한 설명으로 옳지 않은 것은?

① 인체 내 혈액 중 Hb과 결합한 HbCO의 포화율이 보통 1% 미만에서는 인체에 미치는 영향이 거의 없다고 알려져 있다.
② 혈중 헤모글로빈과의 친화력이 HbO_2보다 10배 정도 강하다.

정답 06 ② 07 ④ 08 ② 09 ④ 10 ④ 11 ② 12 ②

③ 감수성은 개인에 따라 차이가 있지만 적혈구수 및 혈색소량에 이상이 있는 사람은 감수성이 높다.
④ 만성적인 영향으로는 성장장애, 만성호흡기질환(폐렴, 기관지염, 발작성 천식 등), 심장비대 등이 있다.

해설 혈중 헤모글로빈과의 친화력이 HbO_2보다 200~300배 정도 강하여 $CO-Hb$를 형성함으로써 혈액의 산소전달 기능을 방해한다.

13 다음 국제적인 움직임 중 오존층 보호와 관련이 가장 적은 것은?

① 비엔나 협약 ② 몬트리올 의정서
③ 코펜하겐 회의 ④ 헬싱키 의정서

해설 제네바 협약, 헬싱키 의정서, 소피아 의정서는 산성비와 관련된 국제협약이다.

14 지상 30m에서의 풍속이 4m/s로 측정되었을 때 지상 90m에서 예측되는 풍속은?(단, Deacon의 식을 적용하고, 풍속지수는 1/3)

① 12m/s ② 5.77m/s
③ 2.77m/s ④ 1.44m/s

해설 $\dfrac{U_2}{U_1} = \left(\dfrac{Z_2}{Z_1}\right)^P$

$U_2 = 4\text{m/sec} \times \left(\dfrac{90\text{m}}{30\text{m}}\right)^{1/3} = 5.77\text{m/sec}$

15 다음 대기오염물질 중 공기에 대한 비중이 1.6 정도이며, 질식성이 있고, 적갈색을 나타내며 자극성을 가진 가스는?

① 일산화질소 ② 이산화황
③ 염소가스 ④ 이산화질소

해설 NO_2(이산화질소)
㉠ 공기에 대한 비중이 1.59이며, 질식성이 있고 적갈색의 자극성을 가진 가스이다.
㉡ NO_2의 급성피해는 자극성 가스로서 눈과 코를 강하게 자극하고 기관지염, 폐기종, 폐렴 등을 일으킨다.
㉢ NO_2의 대기 중 체류시간은 NO와 같이 약 2~5일 정도이며 파장 0.42nm 이상의 가시광선에 의해 광분해되는 물질이다.

16 수용모델(Receptor Model)에 관한 설명으로 가장 거리가 먼 것은?

① 측정자료를 입력자료로 사용하므로 시나리오 작성이 가능하고, 미래의 대기질 예측이 용이하다.
② 오염원의 조업 및 운영상태에 대한 정보 없이도 사용 가능하다.
③ 새로운 오염원, 불확실한 오염원과 불법배출 오염원을 정량적으로 확인 평가할 수 있다.
④ 입자상 및 가스상 물질, 가시도 문제 등 환경과학 전반에 응용할 수 있다.

해설 수용모델(Receptor Model)
㉠ 새로운 오염원이나 불확실한 오염원과 불법배출 오염원을 정량적으로 확인, 평가할 수 있다.
㉡ 지형, 기상학적 정보가 없이도 사용 가능하다.
㉢ 현재나 과거에 일어났던 일을 추정하여 미래를 위한 전략을 세울 수 있으나, 미래예측은 어렵다.
㉣ 오염원의 조업 및 운영상태에 대한 정보 없이도 사용 가능하다.
㉤ 측정자료를 입력자료로 사용하므로 시나리오 작성이 곤란하다.
㉥ 수용체 입장에서 평가가 현실적으로 이루어질 수 있다.
㉦ 환경과학 전반(입자상 및 가스상 물질, 가시도 문제 등)에 응용 가능하다.

17 최대혼합깊이(MMD)에 관한 설명으로 옳지 않은 것은?

① 야간에 역전이 심할 경우에는 점차 증가하여 그 값이 5,000m 이상이 될 수도 있다.
② 통상적으로 계절적으로는 이른 여름에 아주 크다.
③ 열부상효과에 의하여 대류에 의한 혼합층의 깊이가 결정되는데 이를 MMD라 한다.
④ 실제로 MMD는 지표위 수 km까지의 실제 공기의 온도종단도를 작성함으로써 결정된다.

해설 야간에 역전이 심할 경우에는 그 값이 거의 0이 될 수도 있고, 대기오염의 심화가 나타난다.

18 굴뚝의 유효고도가 40m이다. 일반적인 조건이 같을 때 최대 지표농도를 현재의 1/3로 하려면 유효고도를 얼마만큼 증가시켜야 하는가?(단, Sutton식 이용)

① 16.6m ② 18.6m
③ 24.6m ④ 29.3m

해설 최대착지농도($C_{\max}$)

$C_{\max} = \dfrac{2Q}{\pi e u H_e^2} \times \dfrac{\sigma_z}{\sigma_y}$ 에서 기타 조건이 같으므로

$C_{\max} = \dfrac{1}{H_e^2}$

정답 13 ④ 14 ② 15 ④ 16 ① 17 ① 18 ④

$$H_e = \frac{1}{\sqrt{C_{\max}}} = \frac{1}{\sqrt{\frac{1}{3}}} = 1.73$$

H_e 1.73배 증가 시 $C_{\max}$는 $\frac{1}{3}$로 감소하므로
나중 유효연돌높이 = 40m × 1.73 = 69.28m
증가시켜야 하는 높이 = 69.28 − 40 = 29.28m
[간단한 풀이]
상승유효연돌높이 = $\sqrt{3}$ × 유효연돌높이
= $\sqrt{3}$ × 40 = 69.28m

19 바람에 관한 다음 설명 중 옳지 않은 것은?
① 북반구의 경도풍은 저기압에서는 시계바늘 이동의 반대 방향으로 회전하면서 위쪽으로 상승하면서 분다.
② 마찰층 내 바람은 높이에 따라 시계방향으로 각 천이가 생겨나며, 위로 올라갈수록 실제 풍향은 점점 지균풍과 가까워진다.
③ 산풍은 경사면 → 계곡 → 주계곡으로 수렴하면서 풍속이 가속되기 때문에 낮에 산 위쪽으로 부는 곡풍보다 더 강하다.
④ 해륙풍이 부는 원인은 낮에는 육지보다 바다가 빨리 더워져서 바다의 공기가 상승하기 때문에 바다에서 육지로 8~15km 정도까지 바람(해풍)이 분다.

해설 해풍은 바다보다 육지가 빨리 더워져서 육지의 공기가 상승하기 때문에 바다에서 육지로 8~15km 정도까지 바람이 분다. 즉 낮 동안 햇빛에 데워지기 쉬운 육지 쪽 지표상에 상승기류가 형성되어 바다에서 육지로 부는 바람이다.

20 대기의 안정도 조건에 관한 설명으로 옳지 않은 것은?
① 과단열조건은 환경감률이 건조단열감률보다 클 때를 말한다.
② 중립적 조건은 환경감률과 건조단열감률이 같을 때를 말한다.
③ 미단열적 조건은 건조단열감률이 환경감률보다 작을 때를 말하며, 이때의 대기는 아주 안정하다.
④ 등온 조건은 기온감률이 없는 대기상태이므로 공기의 상·하 혼합이 잘 이루어지지 않는다.

해설 미단열적 조건은 건조단열감률이 환경감률보다 큰 경우에 해당하여 이때의 대기는 약안정하나.

제2과목 연소공학

21 다음 중 기체의 연소속도를 지배하는 주요 인자와 가장 거리가 먼 것은?
① 발열량
② 촉매
③ 산소와의 혼합비
④ 산소농도

해설 연소속도를 지배하는 요인
㉠ 공기 중의 산소농도
㉡ 공기 중의 산소확산속도
㉢ 반응계의 온도 및 농도
㉣ 촉매
㉤ 활성화에너지
㉥ 산소와의 혼합비

22 다음 연료 중 착화온도가 가장 높은 것은?
① 역청탄
② 무연탄
③ 수소
④ 발생로가스

해설 착화온도
① 역청탄 : 250~400℃
② 무연탄 : 370~500℃
③ 수소 : 550℃
④ 발생로가스 : 700~800℃

23 연소가스 분석결과 CO_2 17.5%, O_2 7.5%일 때 $(CO_2)_{\max}$ (%)는?
① 20.6
② 23.6
③ 27.2
④ 34.8

해설 $(CO_2)_{\max} = \frac{21 \times CO_2}{21 - O_2} = \frac{21 \times 17.5}{21 - 7.5} = 27.22\%$

24 S함량 3%의 벙커 C유 100kL를 사용하는 보일러에 S함량 1%인 벙커 C유로 30% 섞어 사용하면 SO_2 배출량은 몇 % 감소하는가?(단, 벙커 C유 비중 0.95, 벙커 C유 중의 S는 모두 SO_2로 전환됨)
① 16%
② 20%
③ 25%
④ 28%

해설 연소 시 전량 S는 SO_2로 변환되므로
감소되는 S(%) = 감소되는 SO_2(%)
감소되는 S(%) = $\left(1 - \frac{\text{나중 조건의 황 함유량}}{\text{초기 조건의 황 함유량}}\right) \times 100$
초기 조건의 황 함유량
= 100kL × 0.03 = 3kL
나중 조건의 황 함유량
= 100kL[(0.03 × 0.7) + (0.01 × 0.3)]
= 2.4kL
= $\left(1 - \frac{2.4}{3}\right) \times 100 = 20\%$

정답 19 ④ 20 ③ 21 ① 22 ④ 23 ③ 24 ②

25 연료 연소 시 매연이 잘 생기는 순서로 옳은 것은?

① 타르>중유>경유>LPG
② 타르>경유>중유>LPG
③ 중유>타르>경유>LPG
④ 경유>타르>중유>LPG

해설 **매연발생 순서**
타르>고휘발역청탄>중유>저휘발역청탄>아탄>경질유>등유>석탄가스>LPG

26 공기비가 클 경우 일어나는 현상에 관한 설명으로 옳지 않은 것은?

① SO_2, NO_2의 함량이 증가하여 부식 촉진
② 가스폭발의 위험과 매연 증가
③ 배기가스에 의한 열손실 증대
④ 연소실 내 연소온도 감소

해설 ㉠ 공기비가 클 경우
 • 연소실 내 연소온도가 낮아진다.
 • 통풍력이 증대되어 배기가스에 의한 열손실이 증대한다.
 • 배기가스 중 황산화물(SO_2), 질소산화물(NO_2)의 함량이 증가하여 연소장치의 전열면 부식이 촉진된다.
㉡ 공기비가 작을 경우
 • 불완전 연소로 인하여 배기가스 내 매연의 발생이 크다.
 • 불완전 연소로 인하여 연소가스의 폭발위험성이 크다.
 • 연소배출가스 중의 CO, HC의 오염물질 농도가 증가한다.
 • 열손실에 큰 영향을 준다.

27 다음 연료의 조성성분에 따른 연소특성으로 가장 거리가 먼 것은?

① 휘발분 : 매연 발생을 방지한다.
② 수분 : 열손실을 초래하고 착화를 불량하게 한다.
③ 고정탄소 : 발열량이 높고 연소성을 좋게 한다.
④ 회분 : 발열량이 낮고 연소성이 양호하지 않다.

해설 휘발분의 함량이 많을수록 연소효율이 저하되고 매연 발생이 심하다.

28 CH_4 85%, CO_2 12%, N_2 3%인 연료가스 $1Sm^3$에 대하여 $11.3Sm^3$의 공기를 사용하여 연소하였을 때의 공기비는?

① 1.1   ② 1.2   ③ 1.4   ④ 1.6

해설 $CH_4 + 2O_2 \rightarrow CO_2 + 2H_2O$
$m = \dfrac{A}{A_o}$

$A_o = \dfrac{1}{0.21}[2 \times 0.85] = 8.09 Sm^3/Sm^3$

$= \dfrac{11.3 Sm^3/Sm^3}{8.09 Sm^3/Sm^3} = 1.39$

29 미분탄 연소장치에 관한 설명으로 옳지 않은 것은?

① 점결탄, 저발열량탄 등과 같은 연료도 사용할 수 있다.
② 연소제어가 용이하고 점화 및 소화 시 손실이 적다.
③ 부하변동에 쉽게 응할 수 없으며, 연소효율도 낮다.
④ 분쇄기 및 배관 중에 폭발이 일어날 우려가 있고 집진장치가 필요하다.

해설 부하 변동에 쉽게 적응할 수 있고 높은 연소효율을 기대할 수 있다. 또한 대형과 대용량설비에 적합하다.

30 석탄을 공업분석한 결과 수분 3%, 휘발분 7%, 회분 5%일 때 이 석탄의 연료비는?

① 9.6   ② 10.5
③ 11.4   ④ 12.1

해설 연료비 = $\dfrac{고정탄소(\%)}{휘발분(\%)}$

고정탄소(%) = 100 - (수분 + 회분 + 휘발분)
= 100 - (3 + 5 + 7) = 85%
휘발분(%) = 7%
= $\dfrac{85}{7}$ = 12.14

31 옥탄 6.28kg을 완전연소시키기 위하여 소요되는 이론공기량은?

① 약 60kg   ② 약 75kg
③ 약 80kg   ④ 약 95kg

해설 **연소반응식**
C_8H_{18} + $12.5O_2$ → $8CO_2$ + $9H_2O$
114kg : 12.5 × 32kg
6.28kg : O_o(kg)

$O_o(kg) = \dfrac{6.28kg \times (12.5 \times 32)kg}{114kg} = 22.04kg$

$A_o(kg) = \dfrac{O_o}{0.232} = \dfrac{22.04kg}{0.232} = 94.98kg$

32 유동층 연료소에 사용되는 유동사의 구비조건으로 옳지 않은 것은?

① 활성이 클 것
② 융점이 높을 것

③ 비중이 작을 것
④ 입도분포가 균일할 것

[해설] 유동층(유동사) 매체의 구비조건
㉠ 불활성이어야 한다.
㉡ 열에 대한 충격이 강하고 융점이 높아야 한다.
㉢ 입도분포가 균일하고 미세하여야 한다.
㉣ 비중이 작아야 한다.
㉤ 내마모성이 있어야 한다.
㉥ 공급이 안정되고 가격이 저렴하여야 한다.

33 기체연료의 연소방식과 연소장치에 관한 설명으로 옳지 않은 것은?

① 확산연소는 주로 탄화수소가 적은 발생로가스, 고로 가스 등에 적용되는 연소방식이다.
② 예혼합연소는 화염온도가 낮아 국부가열의 염려가 없고 연소부하가 작은 경우 사용이 가능하며, 화염의 길이가 길다.
③ 저압버너는 역화방지를 위해 1차 공기량을 이론공기량의 약 60% 정도만 흡입하고 2차 공기는 노 내의 압력을 부압으로 하여 공기를 흡인한다.
④ 예혼합연소에 사용되는 버너에는 저압버너, 고압버너, 송풍버너 등이 있다.

[해설] 예혼합연소는 화염온도가 높아 연소부하가 큰 경우에 사용이 가능하며 화염이 짧다. 또한 혼합기의 분출속도가 느릴 경우 역화의 위험이 있어 역화방지기를 부착해야 한다.

34 탄소 89%, 수소 11%인 조성의 액체 연료를 매시 187kg 완전연소한 경우 연료 배기가스를 분석하였더니 CO_2 12.5%, O_2 3.5%, N_2 84%의 결과를 얻었다. 이 경우 2시간 동안 연소에 실제 소요된 공기량(Sm^3)은?

① 약 $1,200Sm^3$
② 약 $2,400Sm^3$
③ 약 $3,600Sm^3$
④ 약 $4,800Sm^3$

[해설] 실제공기량(A)
$A = m \times A_o$
$m = \dfrac{N_2}{N_2 - 3.76 O_2} = \dfrac{84}{84 - (3.76 \times 3.5)} = 1.186$
$A_o = \dfrac{1}{0.21}(1.867C + 5.6H)$
$= \dfrac{1}{0.21}[(1.867 \times 0.89) + (5.6 \times 0.11)] = 10.85 Sm^3/kg$
$= 1.186 \times 10.85 Sm^3/kg \times 187 kg/hr \times 2hr = 4,812.66 Sm^3$

35 저위발열량 11,500kcal/kg인 중유를 연소시키는 데 필요한 이론공기량은?(단, Rosin식 이용)

① $9.8 Sm^3/kg$
② $11.8 Sm^3/kg$
③ $14.2 Sm^3/kg$
④ $17.8 Sm^3/kg$

[해설] Rosin식(액체연료) 이론공기량
$A_o = 0.85 \times \dfrac{H_l}{1,000} + 2$
$= \left(0.85 \times \dfrac{11,500}{1,000}\right) + 2$
$= 11.78 Sm^3/kg$

36 유류 버너의 종류에 관한 다음 설명 중 가장 거리가 먼 것은?

① 유압식 버너에서 연료유의 분무각도는 압력, 점도 등으로 약간 달라지지만 40~90° 정도이다.
② 저압공기식 버너는 구조가 간단하고, 유량조절범위는 1 : 10 정도이며, 무화상태가 좋아서 대형 가열로에 주로 사용한다.
③ 고압공기식 버너는 고점도 사용에도 가능하며, 분무각도가 20~30° 정도이며, 장염이나 연소 시 소음이 발생한다.
④ 회전식 버너의 유량조절범위는 1 : 5 정도이고, 유압식 버너에 비해 연료유의 분무화 입경은 비교적 크다.

[해설] 저압공기식 버너의 구조상 소형 가열로에 적합하며 유압조절범위는 1 : 5 정도로 무화 시 공기압력에 따라 공기량을 증감할 수 있으며 구조상 소형 설비에 적합하다.

37 다음 중 화력발전소나 시멘트 소성로와 같은 대형 대용량 연소시설에서 석탄으로 연소시키고자 할 때 가장 적합한 연소방식은?

① 화격자 연소
② 미분탄 연소
③ 유동층 연소
④ 스토커 연소

[해설] 미분탄 연소
석탄의 표면적을 크게(0.1mm 정도 크기로 분쇄) 하고 1차 공기 중에 부유시켜서 공기와 함께 노 내로 흡입시켜 연소시키는 방법이다. 적은 공기비로도 완전연소가 가능하며, 화력발전소나 시멘트 소성로와 같은 대형 대용량 연소시설에서 석탄으로 연소시키고자 할 때 가장 적합한 연소방식이다.

정답 33 ② 34 ④ 35 ② 36 ② 37 ②

38 등가비(ϕ)에 관한 설명으로 옳지 않은 것은?

① $\phi = \dfrac{\text{실제의 연료량/산화제}}{\text{완전연소를 위한 이상적 연료량/산화제}}$ 이다.
② $\phi > 1$ 경우는 불완전연소가 된다.
③ $\phi < 1$ 경우는 공기가 부족한 경우이다.
④ $\phi > 1$ 경우는 연료가 과잉인 경우이다.

해설 $\phi < 1$ 경우는 공기가 과잉으로 공급된 경우이며 CO는 완전연소를 기대할 수 있어 최소가 되나 NO는 증가한다.

39 연료의 종류에 따른 연소 특성으로 옳지 않은 것은?

① 기체연료는 저발열량의 것으로 고온을 얻을 수 있고, 전열효율을 높일 수 있다.
② 액체연료는 화재, 역화 등의 위험이 크며, 연소온도가 높아 국부가열을 일으키기 쉽다.
③ 액체연료는 기체연료에 비해 적은 과잉 공기로 완전연소가 가능하다.
④ 액체연료의 경우 회분은 아주 적지만, 재 속의 금속산화물이 장애원인이 될 수 있다.

해설 기체연료는 액체연료에 비해 적은 과잉공기로 완전연소가 가능하다.

40 엔탈피에 대한 설명으로 옳지 않은 것은?

① 엔탈피는 반응경로와 무관하다.
② 엔탈피는 물질의 양에 비례한다.
③ 흡열반응은 반응계의 엔탈피가 감소한다.
④ 반응물이 생성물보다 에너지상태가 높으면 발열반응이다.

해설 흡열반응은 반응계의 엔탈피가 증가한다.

제3과목 대기오염방지기술

41 물속에서 오존을 이용하여 다이옥신을 산화분해할 때 일반적으로 분해속도가 커지는 조건으로 가장 적합한 것은?

① 산성 조건일수록, 온도가 낮을수록
② 산성 조건일수록, 온도가 높을수록
③ 염기성 조건일수록, 온도가 낮을수록
④ 염기성 조건일수록, 온도가 높을수록

해설 오존분해법은 수중 분해 시 염기성 조건일수록, 온도가 높을수록 분해속도가 커진다.

42 여과집진장치의 탈진방식에 관한 설명으로 옳지 않은 것은?

① 간헐식의 여포 수명은 연속식에 비해서는 긴 편이고, 점성이 있는 조대먼지를 탈진할 경우 여포손상의 가능성이 있다.
② 간헐식은 먼지의 재비산이 적고 높은 집진율을 얻을 수 있다.
③ 연속식은 포집과 탈진이 동시에 이루어져 압력손실의 변동이 크므로, 저농도, 저용량의 가스처리에 효율적이다.
④ 연속식은 탈진 시 먼지의 재비산이 일어나 간헐식에 비해 집진율이 낮고 여과자루의 수명이 짧은 편이다.

해설 연속식은 포집과 탈진이 동시에 이루어지므로 압력손실이 거의 일정하고, 고농도, 대용량의 가스처리에 효율적이다.

43 유해가스의 물리적 흡착에 관한 설명으로 옳지 않은 것은?

① 처리가스의 온도가 낮을수록 잘 흡착한다.
② 흡착제에 대한 용질의 분압이 높을수록 흡착량이 증가한다.
③ 가역성이 높고 여러 층의 흡착이 가능하다.
④ 분자량이 작을수록 잘 흡착된다.

해설 흡착제에 대한 용질의 분자량이 클수록, 온도가 낮을수록, 압력(분압)이 높을수록 흡착에 유리하다.

44 평판형 전기집진장치의 집진판 사이의 간격이 10cm, 가스의 유속은 3m/s, 입자가 집진극으로 이동하는 속도가 4.8cm/s일 때, 층류영역에서 입자를 완전히 제거하기 위한 이론적인 집진극의 길이는?

정답 38 ③ 39 ③ 40 ③ 41 ④ 42 ③ 43 ④ 44 ③

① 1.34m ② 2.14m
③ 3.13m ④ 4.29m

해설 집진극 길이 = $d \times \dfrac{V_g}{W_e}$

$$d = \left(\dfrac{10}{2}\right)\text{cm} \times \text{m}/100\text{cm} = 0.05\text{m}$$
$$W_e = 4.8\text{cm/sec} \times \text{m}/100\text{cm} = 0.048\text{m/sec}$$
$$= 0.05\text{m} \times \dfrac{3\text{m/sec}}{0.048\text{m/sec}} = 3.13\text{m}$$

45 직경이 50cm인 관에서 유체의 흐름속도가 4m/sec로 유체가 흐르고 있다. 이 유체의 점도가 1.5centipoise라고 할 때 이 유체의 ㉠ 레이놀즈수와 ㉡ 흐름평가로 옳은 것은?(단, 유체의 밀도는 1.3kg/m³이며, 흐름평가는 2,100을 기준으로 한다.)

① ㉠ 173, ㉡ 층류 ② ㉠ 1,733, ㉡ 층류
③ ㉠ 17,333, ㉡ 난류 ④ ㉠ 173,333, ㉡ 난류

해설 $Re = \dfrac{\rho V D}{\mu}$

$\mu = 1.5\text{centipoise} \times 10^{-3} = 1.5 \times 10^{-3}\text{kg/m} \cdot \text{sec}$

$$= \dfrac{1.3\text{kg/m}^3 \times 4\text{m/sec} \times 0.5\text{m}}{1.5 \times 10^{-3}\text{kg/m} \cdot \text{sec}}$$
$$= 1,733.33$$

$Re < 2,100$이므로 층류 흐름

46 전기집진장치의 특징으로 옳지 않은 것은?
① 운전조건의 변화에 따른 유연성이 적다.
② 광범위한 온도와 대용량 범위에서 운전이 가능하다.
③ 비저항이 큰 분진의 제거가 용이하다.
④ 압력손실이 적어 송풍기의 동력비가 적게 든다.

해설 비저항이 큰 분진의 제거는 역전리 현상으로 인하여 용이하지 않다. 전기집진장치의 성능지배요인 중 가장 큰 것이 분진의 겉보기 전기저항이며 집진율이 가장 양호한 범위는 비저항 값이 $10^4 \sim 10^{11} \Omega \cdot \text{cm}$ 정도이다.

47 외부식 후드의 특성으로 옳지 않은 것은?
① 다른 종류의 후드에 비해 근로자가 방해를 많이 받지 않고 작업할 수 있다.
② 포위식 후드보다 일반적으로 필요송풍량이 많다.
③ 외부 난기류의 영향으로 흡인효과가 떨어진다.
④ 천개형 후드, 그라인더용 후드 등이 여기에 해당하며, 기류속도가 후드 주변에서 매우 느리다.

해설 천개형 후드, 그라인더용 후드 등은 수형(레시버식) 후드에 속하며 기류속도가 후드 주변에서 매우 빠르고 잉여공기량이 비교적 많이 소요된다.

48 황산화물 처리방법 중 석회석법에 관한 설명으로 옳지 않은 것은?
① 초기 투자비용이 적게 들어 소규모 보일러나 노후 보일러용으로 많이 사용되었다.
② 부대시설은 많이 필요하나, 아황산가스의 제거효율은 높은 편이다.
③ 배기가스의 온도가 잘 떨어지지 않는다.
④ 연소로 내에서의 화학반응은 소성, 흡수, 산화의 3가지로 구분할 수 있다.

해설 석회석법은 부대시설이 많이 필요하지 않고 연소로 내에서 접촉시간이 아주 짧고 아황산가스가 석회분말의 표면 안으로 침투하기 어려우므로 제거효율은 낮은 편이다.

49 헨리의 법칙을 따르는 유해가스가 물속에 2.0kmol/m³만큼 용해되어 있을 때, 분압이 258.4mmH₂O이었다면, 이 유해가스의 분압이 38mmHg로 될 때의 물속의 유해가스 농도는?(단, 기타 조건은 변화 없음)

① 10.0kmol/m³ ② 8.0kmol/m³
③ 6.0kmol/m³ ④ 4.0kmol/m³

해설 $P = H \cdot C$에서 P와 C는 비례하므로

$258.4\text{mmH}_2\text{O} \times \dfrac{760\text{mmHg}}{10,332\text{mmH}_2\text{O}} = 19.02\text{mmHg}$

$19.02\text{mmHg} : 2.0\text{kmol/m}^3 = 38\text{mmHg} : $ 농도

농도 $= \dfrac{2.0\text{kmol/m}^3 \times 38\text{mmHg}}{19.02\text{mmHg}} = 4\text{kmol/m}^3$

50 석탄화력발전소에서 120m³/min의 배출가스를 전기집진장치로 처리한다. 입자이동 속도가 15cm/sec일 때, 이 집진장치의 효율이 99.6%가 되려면 집진극의 면적은?(단, Deutsch-Anderson식 적용)

① 약 47m² ② 약 54m²
③ 약 61m² ④ 약 74m²

해설 집진효율(η) $= 1 - \exp\left(-\dfrac{A \cdot W}{Q}\right)$

$W = 15\text{cm/sec} \times \text{m}/100\text{cm} = 0.15\text{m/sec}$
$Q = 120\text{m}^3/\text{min} \times \text{min}/60\text{sec} = 2\text{m}^3/\text{sec}$
$0.996 = 1 - \exp\left(-\dfrac{A \times 0.15}{2}\right)$

정답 45 ② 46 ③ 47 ④ 48 ② 49 ④ 50 ④

$$\exp\left(-\frac{A \times 0.15}{2}\right) = 1 - 0.996$$

$$\left(-\frac{A \times 0.15}{2}\right) = \ln(1 - 0.996)$$

$$A(\text{m}^2) = 73.62\text{m}^2$$

51 A집진장치의 입구와 출구에서의 함진가스 농도가 각각 10g/Sm^3, 100mg/Sm^3였고, 그중 입경범위가 $0\sim5\mu\text{m}$인 먼지의 질량분율이 각각 8%와 60%였다면 이 집진장치에서 입경범위 $0\sim5\mu\text{m}$인 먼지의 부분집진율(%)은?

① 89.5% ② 90.3%
③ 92.5% ④ 99.0%

해설 $\eta_f(\%) = \left(1 - \frac{C_o f_o}{C_i f_i}\right) \times 100 = \left(1 - \frac{0.1 \times 0.6}{10 \times 0.08}\right) \times 100 = 92.5\%$

52 관성력 집진장치에 관한 설명으로 옳지 않은 것은?

① 압력손실은 $30\sim70\text{mmH}_2\text{O}$ 정도이고, 굴뚝 또는 배관에 적용될 때가 있다.
② 반전식의 경우 방향전환을 하는 가스의 곡률반경이 작을수록 미세한 먼지를 분리포집할 수 있다.
③ 함진가스의 방향 전환 각도가 크고 방향 전환횟수가 적을수록 압력손실은 커지나 집진율은 높아진다.
④ 곡관형, louver형, pocket형, multibaffle형 등은 반전식에 해당한다.

해설 함진가스의 방향 전환 각도가 작고, 방향 전환횟수가 많을수록 압력 손실은 커지나 집진효율이 높아진다.

53 배출원으로부터 배출되는 오염물질에 따른 처리방법의 연결로 옳지 않은 것은?

① 이황화탄소 – 암모니아주입법
② 일산화탄소 – 촉매산화처리법
③ 다이옥신 – 적외선광분해법
④ 시안화수소 – 수세처리법

해설 자외선 파장($250\sim340\text{nm}$)을 이용하여 배기가스에 조사하여 다이옥신의 결합을 분해하는 방법이 자외선 광분해법이다.

54 암모니아 농도가 용적비로 215ppm인 실내공기를 송풍기로 환기시킬 때 실내용적이 $4,040\text{m}^3$이고, 송풍량이 $111\text{m}^3/\text{min}$이면 농도를 11ppm으로 감소시키기 위한 시간은?

① 약 120min ② 약 108min
③ 약 96min   ④ 약 88min

해설 $\ln\frac{C_t}{C_o} = -kt$

$k = \frac{송풍량}{실내용적}$

$= \frac{111\text{m}^3/\text{min}}{4,040\text{m}^3} = 0.2747\text{min}^{-1}$

$\ln\left(\frac{11}{215}\right) = -0.02747\text{min}^{-1} \times t$

$t = 108.22\text{min}$

55 압력손실은 $100\sim200\text{mmH}_2\text{O}$ 정도이고, 가스양 변동에도 비교적 적응성이 있으며, 흡수액에 고형분이 함유되어 있는 경우에는 흡수에 의해 침전물이 생기는 등 방해를 받는 세정장치로 가장 적합한 것은?

① 다공판탑 ② 제트 스크러버
③ 충전탑   ④ 벤츄리 스크러버

해설 **충전탑(Packed Tower)**
㉠ 압력손실은 $100\sim250\text{mmH}_2\text{O}$ 정도이다.
㉡ 가스양 변동에도 비교적 적응성이 있다.
㉢ 흡수액에 고형물이 함유되어 있는 경우에는 침전물이 생겨 성능이 저하할 수 있다.
㉣ 효율증대를 위해서는 가스의 용해도를 증가시키고 액가스비를 증가시켜야 한다.
㉤ 가스유속이 과대할 경우 조작이 불가능하다.

56 세정집진장치의 특성으로 거리가 먼 것은?

① 소수성 입자의 집진율이 낮은 편이다.
② 점착성 및 조해성 분진의 처리가 가능하다.
③ 연소성 및 폭발성 가스의 처리가 가능하다.
④ 처리된 가스의 확산이 용이하다.

해설 처리가스의 확산이 어렵다. 즉, 배기의 상승확산력을 저하한다.

57 어떤 단순후드의 유입계수가 0.88이고, 속도압이 $30\text{mmH}_2\text{O}$일 때 후드정압은?

① $-38.7\text{mmH}_2\text{O}$ ② $0.29\text{mmH}_2\text{O}$
③ $8.7\text{mmH}_2\text{O}$ ④ $46.5\text{mmH}_2\text{O}$

해설 후드정압(mmH_2O)
$= VP(1+F)$

$F = \frac{1}{C_e^2} - 1 = \frac{1}{0.88^2} - 1 = 0.2913$

$= 30(1 + 0.2913)$

정답 51 ③ 52 ③ 53 ③ 54 ② 55 ③ 56 ④ 57 ①

= 38.74mmH₂O (실질적으로는 −38.74mmH₂O)

58 직경이 30cm, 높이가 10m인 원통형 여과집진장치를 이용하여 배출가스를 처리하고자 한다. 배출가스양은 750 m³/min이고, 여과속도는 3.5cm/s로 할 경우, 필요한 여포수는?

① 32개 ② 38개
③ 42개 ④ 45개

해설 여과포 개수 = $\dfrac{\text{처리가스양}}{\text{여과포 하나당 가스양}}$

$= \dfrac{750\text{m}^3/\text{min} \times \text{min}/60\text{sec}}{(3.14 \times 0.3\text{m} \times 10\text{m}) \times 3.5\text{cm}/\text{sec}} \times \text{m}/100\text{cm}$

$= 37.88(38개)$

59 배출가스 내의 NOx 제거방법 중 환원제를 사용하는 접촉환원법에 관한 설명으로 가장 거리가 먼 것은?

① 선택적 환원제로는 NH₃, H₂S 등이 있다.
② 선택적 접촉환원법에서 Al₂O₃계의 촉매는 SO₂, SO₃, O₂와 반응하여 황산염이 되기 쉽고, 촉매의 활성이 저하된다.
③ 선택적 접촉환원법은 과잉의 산소를 먼저 소모한 후 첨가된 반응물인 질소산화물을 선택적으로 환원시킨다.
④ 비선택적 접촉환원법의 촉매로는 Pt뿐만 아니라 Co, Ni, Cu, Cr 등의 산화물도 이용 가능하다.

해설 선택적 접촉환원법은 배기가스 중에 존재하는 산소와는 무관하게 NOx를 선택적으로 환원시키는 방법을 말한다.

60 처리가스 유량이 5,000m³/hr인 가스를 충전탑을 이용하여 처리하고자 한다. 충전탑 내 가스의 속도를 0.34m/sec로 할 경우 흡수탑의 직경은?

① 약 1.9m ② 약 2.3m
③ 약 2.8m ④ 약 3.5m

해설 $Q = A \times V$

$A = \dfrac{Q}{V} = \dfrac{5,000\text{m}^3/\text{hr} \times \text{hr}/3,600\text{sec}}{0.34\text{m}/\text{sec}} = 4.085\text{m}^2$

$A = \dfrac{3.14 \times D^2}{4}$

$D = \sqrt{\dfrac{4 \times A}{3.14}} = \sqrt{\dfrac{4 \times 4.085\text{m}^2}{3.14}} = 2.28\text{m}$

제4과목 대기오염공정시험기준(방법)

61 원자흡수분광광도 분석을 위해 시료를 전처리 하고자 한다. "타르 기타 소량의 유기물을 함유하는 시료"의 전처리 방법으로 가장 거리가 먼 것은?

① 마이크로파 산분해법
② 저온회화법
③ 질산-염산법
④ 질산-과산화수소수법

해설 시료의 성상 및 처리방법

성상	처리방법
타르, 기타 소량의 유기물을 함유하는 것	질산-염산법, 질산-과산화수소수법, 마이크로파 산분해법
유기물을 함유하지 않는 것	질산법, 마이크로파 산분해법
• 다량의 유기물 유리탄소를 함유하는 것 • 셀룰로오스 섬유제 여과지를 사용한 것	저온회화법

62 배출허용기준 중 표준산소농도를 적용받는 항목에 대한 배출가스양 보정식으로 옳은 것은?[단, Q: 배출가스유량(Sm³/일), Q_a: 실측배출가스유량(Sm³/일), O_s: 표준산소농도(%), O_a: 실측산소농도(%)]

① $Q = Q_a \times \dfrac{O_s - 21}{O_a - 21}$ ② $Q = Q_a \times \dfrac{O_a - 21}{O_s - 21}$

③ $Q = Q_a \div \dfrac{21 - O_s}{21 - O_a}$ ④ $Q = Q_a \div \dfrac{21 - O_a}{21 - O_s}$

해설 배출가스유량 보정식

= 실측배출가스유량 ÷ $\left(\dfrac{21 - \text{표준산소농도}}{21 - \text{실측산소농도}}\right)$

63 굴뚝 배출가스 내 산소측정 분석계 중 측정셀, 자극보조가스용 조리개, 검출소자, 증폭기 등으로 구성되는 것은?

① 자기풍 분석계
② 압력 검출형 자기력 분석계
③ 전기화학식 질코니아 분석계
④ 덤벨형 자기력 분석계

해설 굴뚝배출가스 중 산소측정분석계 중 압력 검출모형 자기력 분석계의 구성장치
측정셀, 자극보조가스용 조리개, 검출소자, 증폭기

정답 58 ② 59 ③ 60 ② 61 ② 62 ③ 63 ②

64 비분산적외선분광분석법에서 분석계의 최고 눈금값을 교정하기 위하여 사용하는 가스는?
① 비교가스 ② 제로가스
③ 스팬가스 ④ 필터가스

해설 분석계의 최저 눈금값을 교정하기 위하여 사용하는 가스는 제로가스이고, 최고 눈금값을 교정하기 위하여 사용하는 가스는 스팬가스이다.

65 굴뚝 배출가스상 물질의 시료채취방법에 관한 설명으로 옳지 않은 것은?
① 채취관은 안지름 6~25mm 정도의 것을 쓴다.
② 연결관(도관)의 안지름은 4~25mm로 한다.
③ 채취부의 수은 마노미터는 대기와 압력차가 100mmHg 이상인 것을 쓴다.
④ 채취부의 펌프는 배기능력이 5L/min 이상의 개방형인 것을 쓴다.

해설 굴뚝 배출가스상 물질의 시료채취방법 중 채취부의 펌프는 배기능력이 0.5~5L/min인 밀폐형인 것을 사용한다.

66 굴뚝 배출가스 중 암모니아의 자외선/가시선 분광법(인도페놀법)에 관한 설명으로 옳은 것은?
① 암모니아를 붕산 용액으로 흡수하여 페놀-나이트로프루시드소듐 용액과 하이포아염소산소듐 용액을 첨가하고 암모늄 이온과 반응하여 생성하는 인도페놀류의 흡광도를 측정하여 암모니아를 정량한다.
② 시료채취량이 20L이고, 분석용 시료용액의 양이 450mL인 경우, 정량범위는 1.2ppm 이상이다.
③ 방법검출한계는 0.5ppm이다.
④ 배출가스 중 이산화질소가 200배 이상 공존하면 영향을 받으므로 그 영향을 무시하거나 제거할 수 있는 경우에 적용한다.

해설 ② 시료채취량이 20L이고, 분석용 시료용액의 양이 250mL인 경우, 정량범위는 1.2ppm 이상이다.
③ 방법검출한계는 0.4ppm이다.
④ 배출가스 중 이산화질소가 100배 이상 공존하면 영향을 받으므로 그 영향을 무시하거나 제거할 수 있는 경우에 적용한다.

67 환경대기 중의 석면 측정방법에 관한 설명으로 가장 거리가 먼 것은?
① 석면먼지의 농도표시는 20℃, 1기압 상태의 기체 1mL 중에 함유된 석면섬유의 개수로 표시한다.
② 위상차현미경이란 두께가 동일한 무색투명한 물체의 각 부분의 입사광 사이에 생기는 명암차를 화상면에서 위상차로 바꾸어 구조를 보기 쉽도록 한 현미경이다.
③ 위상차현미경을 사용하여 섬유상으로 보이는 입자를 계수하고 같은 입자를 보통의 생물현미경으로 바꾸어 계수하여 그 계수치들의 차를 구하면 굴절률이 거의 1.5인 섬유상의 입자를 계수할 수 있다.
④ 멤브레인 필터는 셀룰로오스 에스테르를 원료로 한 얇은 다공성의 막으로, 구멍의 지름은 평균 0.01~10μm이다.

해설 **위상차현미경**
굴절률 또는 두께가 부분적으로 다른 무색투명한 물체의 각 부분의 투과광 사이에 생기는 위상차를 화상면에서 명암의 차로 바꾸어 구조를 보기 쉽도록 한 현미경이다.

68 전기 아크로를 사용하는 철강공장의 특정 발생원에서 굴뚝을 거치지 않고 외부로 비산 배출되는 먼지의 불투명도 측정방법에 관한 설명으로 옳은 것은?
① 측정위치는 비산먼지가 건물로부터 제일 많이 새어나오는 곳에서 측정자가 태양과 일직선상에서 있어야 한다.
② 측정자는 건물로부터 배출가스를 분명하게 관측할 수 있는 최대 3km 이내에 있어야 한다.
③ 전기아크로의 출강(出鋼)에서 다음 출강 개시 전까지 매연측정기를 이용하여 5분 간격으로 비탁도를 측정한다.
④ 비탁도는 최소 0.5도 단위로 측정값을 기록하며 비탁도에 20%를 곱한 값을 불투명도 값으로 한다.

해설 ① 측정위치는 비산먼지가 건물로부터 제일 많이 새어나오는 곳을 대상으로 하여 측정한다. 이때 태양은 측정자의 좌측 또는 우측에 있어야 한다.
② 측정자는 건물로부터 배출가스를 분명하게 관측할 수 있는 거리에 위치해야 하며 그 거리는 아무리 멀어도 1km를 넘지 않아야 한다.
③ 전기아크로의 출강에서 다음 출강 개시 전까지는 링겔만 매연농도표 또는 매연측정기를 이용하여 30초 간격으로 비탁도를 측정한다.

69 어떤 덕트의 가스를 피토관으로 측정하였더니 동압이 13mmH$_2$O, 유속은 20m/s이었다. 이 덕트의 밸브를 전부 열어 측정된 동압이 26mmH$_2$O이었다면 이때의 유속은?(단, 기타 조건은 변함 없다.)

정답 64 ③ 65 ④ 66 ① 67 ② 68 ④ 69 ④

① 21.2m/s ② 24.5m/s
③ 25.3m/s ④ 28.3m/s

해설) $V = C\sqrt{\dfrac{2gh}{\gamma}}$ 에서 $V \propto \sqrt{h}$

$20\text{m/sec} : \sqrt{13\text{mmH}_2\text{O}} = V : \sqrt{26\text{mmH}_2\text{O}}$

$V(\text{m/sec}) = \dfrac{20\text{m/sec} \times \sqrt{26\text{mmH}_2\text{O}}}{\sqrt{13\text{mmH}_2\text{O}}} = 28.28\text{m/sec}$

70 굴뚝 배출가스 중 벤젠을 기체크로마토그래피법으로 분석하고자 할 때 그 방법에 해당되는 것은?

① 액체흡착 용매탈착법
② 고체흡착 용매추출법
③ 고체흡착 열탈착법
④ 액체흡수 – 열탈착법

해설) **굴뚝 배출가스 중 벤젠 분석방법(기체크로마토그래피)**
• 고체흡착 열탈착법
• 시료채취주머니 – 열탈착법

71 온도표시에 관한 설명으로 옳지 않은 것은?

① "냉후"(식힌 후)라 표시되어 있을 때는 보온 또는 가열 후 실온까지 내각된 상태를 뜻한다.
② 상온은 15~25℃, 실온은 1~35℃로 한다.
③ 찬 곳(冷所)은 따로 규정이 없는 한 0~5℃를 뜻한다.
④ 온수(溫水)는 60~70℃이고, 열수(熱水)는 약 100℃를 말한다.

해설) **온도표시**

용어	온도(℃)	비고
표준온도	0	
상온	15~25	
실온	1~35	
찬 곳	0~15의 곳	따로 규정이 없는 경우
냉수	15 이하	
온수	60~70	
열수	≒100	

72 어느 분리관의 보유시간(t_R)이 5분, 피크의 좌우 변곡점에서 접선이 자르는 바탕선의 길이(W)가 10mm, 기록지 이동속도가 5mm/min이었다면 이론단수는?

① 100 ② 400
③ 800 ④ 1,600

해설) 이론단수(n) $= 16 \times \left(\dfrac{t_R}{W}\right)^2$

$= 16 \times \left(\dfrac{5\text{mm/min} \times 5\text{min}}{10\text{mm}}\right)^2$

$= 100$

73 비산먼지의 농도를 구하기 위해 측정한 조건 및 결과가 다음과 같을 때 비산먼지의 농도(mg/m³)는?

[측정조건 및 결과]
• 포집먼지량이 가장 많은 위치에서의 먼지농도(mg/m³) : 5.8
• 대조위치에서의 먼지농도(mg/m³) : 0.17
• 전 시료채취 기간 중 주 풍향이 45~90° 변한다.
• 풍속이 0.5m/초 미만 또는 10m/초 이상 되는 시간이 전 채취시간의 50% 이상이다.

① 5.6 ② 6.8
③ 8.1 ④ 10.1

해설) $C_m = (C_H - C_B) \times W_D \times W_S$
$= (5.8 - 0.17) \times 1.2 \times 1.2 = 8.1\text{mg/m}^3$

• **풍향에 대한 보정(W_D)**

풍향변화 범위	보정계수
전 시료채취 기간 중 주 풍향이 90° 이상 변할 때	1.5
전 시료채취 기간 중 주 풍향이 45~90° 변할 때	1.2
전 시료채취 기간 중 주 풍향의 변동이 없을 때 (45° 미만)	1.0

• **풍속에 대한 보정(W_s)**

풍속 범위	보정계수
풍속이 0.5m/초 미만 또는 10m/초 이상되는 시간이 전 채취시간의 50% 미만일 때	1.0
풍속이 0.5m/초 미만 또는 10m/초 이상 되는 시간이 전 채취시간의 50% 이상일 때	1.2

74 굴뚝 배출가스의 유속 및 유량 측정방법 중 피토관 및 경사마노미터법에 사용되는 기구 및 장치에 관한 설명으로 옳지 않은 것은?

① 피토관의 각 분기관과 오리피스 평면과의 거리는 바깥 지름의 약 2~3배 사이에 있어야 한다.
② 피토관은 스테인리스와 같은 재질의 금속관을 사용하고, 관의 바깥지름의 범위는 4~10mm 정도이어야 한다.

정답 70 ③ 71 ③ 72 ① 73 ③ 74 ①

③ 피토관 계수는 사전에 확인되어야 하며, 고유번호가 부여되고 이 번호는 지워지지 않도록 관 몸체에 새겨야 한다.
④ 차압계로는 경사마노미터, 전자마노미터 등을 사용하며, 최소 0.3mmH₂O 눈금을 읽을 수 있는 마노미터를 사용한다.

해설 피토관의 각 분기관 사이의 거리는 같아야 하며, 각 분기관과 오리피스 평면과의 거리는 바깥지름의 1.05~1.50배 사이에 있어야 한다.

75 굴뚝반경(굴뚝 단면이 원형)이 1.6m인 경우 측정점 수는?
① 8 ② 12
③ 16 ④ 20

해설 원형 단면의 측정점 수

굴뚝직경 $2R$(m)	반경구분 수	측정점 수
1 이하	1	4
1 초과 2 이하	2	8
2 초과 4 이하	3	12
4 초과 4.5 이하	4	16
4.5 초과	5	20

76 굴뚝 배출가스 중 황화수소를 자외선/가시선 분광법(메틸렌블루법)에 의해 분석하고자 할 때 시료채취량과 흡입속도가 옳게 연결된 것은?

[시료채취량] [흡입속도]
① 1~10mL 0.1~0.5L/min
② 5~15mL 0.5~1L/min
③ 100mL~1,000L 0.5L/min
④ 20L 1L/min

해설 시료채취량은 20L, 흡입펌프의 흡인속도는 약 1L/min으로 한다.

77 환경대기 중 입자상 물질을 로우볼륨에어샘플러로 분당 20L씩 채취할 경우, 유량계의 눈금자 Q_r(L/분)을 나타내는 식으로 옳은 것은?[단, 1기압에서의 기준이며, ΔP(mmHg)는 마노미터로 측정한 유량계 내의 압력손실이다.]

① $20\sqrt{\dfrac{760-\Delta P}{760}}$ ② $20\sqrt{\dfrac{760}{760-\Delta P}}$
③ $760\sqrt{\dfrac{20/\Delta P}{760}}$ ④ $760\sqrt{\dfrac{760}{20/\Delta P}}$

해설 환경대기 중 먼지(저용량 공기시료채취법)
유량계의 눈금값(L/min)
$= 20\sqrt{\dfrac{760}{760-\Delta P}}$
ΔP : 마노미터로 측정한 유량계 내의 압력손실

78 다음은 굴뚝 배출가스 내 브로민화합물의 자외선/가시선 분광법(싸이오사이안산제이수은법)에 관한 설명이다. ( ) 안에 알맞은 것은?

> 배출가스 중 브로민화합물을 수산화소듐 용액에 흡수시킨 후 일부를 분취해서 산성으로 하여 과망간산포타슘 용액을 사용하여 브로민으로 산화시켜 ( )(으)로 추출한다.

① 클로로폼
② 차아염소산소듐용액
③ 사염화탄소
④ 노말헥산

해설 문제의 설명은 굴뚝 배출가스 중 브로민화합물의 자외선/가시선 분광법(싸이오사이안산제이수은법)에 관한 것이다.

79 배출가스 중의 카드뮴 측정(원자흡수분광도법) 시 측정파장으로 알맞은 것은?
① 324.7nm ② 217.0nm
③ 213.9nm ④ 357.9nm

해설 카드뮴(원자흡수분광도법)
㉠ 측정파장 : 357.9nm
㉡ 정량범위 : 0.100mg/Sm³ 이상
㉢ 방법검출한계 : 0.031mg/Sm³

80 다음 중 물질을 취급 또는 보관하는 동안에 기체 또는 미생물이 침입하지 않도록 내용물을 보호하는 용기를 뜻하는 것은?
① 기밀용기(機密容器)
② 밀폐용기(密閉容器)
③ 밀봉용기(密封容器)
④ 차광용기(遮光容器)

정답 75 ② 76 ④ 77 ② 78 ③ 79 ④ 80 ③

해설 용기의 구분

구분	정의
밀폐용기	취급 또는 저장하는 동안에 이물질이 들어가거나 또는 내용물이 손실되지 아니하도록 보호하는 용기
기밀용기	취급 또는 저장하는 동안에 밖으로부터의 공기 또는 다른 가스가 침입하지 아니하도록 내용물을 보호하는 용기
밀봉용기	취급 또는 저장하는 동안에 기체 또는 미생물이 침입하지 아니하도록 내용물을 보호하는 용기
차광용기	광선이 투과하지 않는 용기 또는 투과하지 않게 포장한 용기이며 취급 또는 저장하는 동안에 내용물이 광화학적 변화를 일으키지 아니하도록 방지할 수 있는 용기

제5과목 대기환경관계법규

81 대기환경보전법규상 특정대기 유해물질로만 짝지어진 것은?

① 히드라진, 카드뮴 및 그 화합물
② 망간화합물, 시안화수소
③ 석면, 붕소화합물
④ 크롬화합물, 인 및 그 화합물

해설 망간화합물, 붕소화합물, 인 및 그 화합물은 특정대기유해물질이 아니다.

82 대기환경보전법령상 초과부과금의 부과대상이 되는 오염물질이 아닌 것은?

① 이황화탄소 ② 염화수소
③ 이산화질소 ④ 암모니아

해설 초과부과금 부과대상 오염물질
㉠ 황산화물 ㉡ 암모니아
㉢ 황화수소 ㉣ 이황화탄소
㉤ 먼지 ㉥ 불소화물
㉦ 염화수소 ㉧ 질소산화물
㉨ 시안화수소

83 실내공기질 관리법령상 이 법의 적용대상이 되는 시설 중 "대통령령이 정하는 규모의 것"에 해당하지 않는 것은?

① 여객자동차터미널의 연면적 1천 5백 제곱미터 이상인 대합실
② 공항시설 중 연면적 1천 5백 제곱미터 이상인 여객터미널
③ 연면적 430제곱미터 이상인 어린이집
④ 연면적 2천 제곱미터 이상이거나 병상수 100개 이상인 의료기관

해설 대통령령이 정하는 규모의 다중이용시설
- 모든 지하역사(출입통로·대합실·승강장 및 환승통로와 이에 딸린 시설을 포함한다)
- 연면적 2천 제곱미터 이상인 지하도상가(지상건물에 딸린 지하층의 시설을 포함한다. 이하 같다). 이 경우 연속되어 있는 둘 이상의 지하도상가의 연면적 합계가 2천 제곱미터 이상인 경우를 포함한다.
- 철도역사의 연면적 2천 제곱미터 이상인 대합실
- 여객자동차터미널의 연면적 2천 제곱미터 이상인 대합실
- 항만시설 중 연면적 5천 제곱미터 이상인 대합실

정답 81 ① 82 ③ 83 ①

- 공항시설 중 연면적 1천 5백 제곱미터 이상인 여객터미널
- 연면적 3천 제곱미터 이상인 도서관
- 연면적 3천 제곱미터 이상인 박물관 및 미술관
- 연면적 2천 제곱미터 이상이거나 병상 수 100개 이상인 의료기관
- 연면적 500제곱미터 이상인 산후조리원
- 연면적 1천 제곱미터 이상인 노인요양시설
- 연면적 430제곱미터 이상인 국공립어린이집, 법인어린이집, 직장어린이집 및 민간어린이집
- 모든 대규모점포
- 연면적 1천 제곱미터 이상인 장례식장(지하에 위치한 시설로 한정한다)
- 모든 영화상영관(실내 영화상영관으로 한정한다)
- 연면적 1천 제곱미터 이상인 학원
- 연면적 2천 제곱미터 이상인 전시시설(옥내시설로 한정한다)
- 연면적 300제곱미터 이상인 인터넷컴퓨터게임시설제공업의 영업시설
- 연면적 2천 제곱미터 이상인 실내주차장(기계식 주차장은 제외한다)
- 연면적 3천 제곱미터 이상인 업무시설
- 연면적 2천 제곱미터 이상인 둘 이상의 용도(「건축법」에 따라 구분된 용도를 말한다)에 사용되는 건축물
- 객석 수 1천 석 이상인 실내 공연장
- 관람석 수 1천 석 이상인 실내 체육시설
- 연면적 1천 제곱미터 이상인 목욕장업의 영업시설

84 대기환경보전법규상 사업자는 대기오염물질 배출시설 및 방지시설의 운영기록부를 매일 기록하고 최종 기재한 날부터 얼마간 보존(기준)하여야 하는가?

① 1년간 보존
② 2년간 보존
③ 3년간 보존
④ 5년간 보존

해설 4종·5종사업장을 설치·운영하는 사업자는 배출시설 및 방지시설의 운영기간 중 다음 각 호의 사항을 배출시설 및 방지시설의 운영기록부에 매일 기록하고 최종 기재한 날부터 1년간 보존하여야 한다.
㉠ 시설의 가동시간
㉡ 대기오염물질 배출량
㉢ 자가측정에 관한 사항
㉣ 시설관리 및 운영자
㉤ 그 밖에 시설운영에 관한 중요사항

85 대기환경보전법령상 경유를 사용하는 자동차의 경우 제작차에서 나오는 대통령령으로 정하는 오염물질의 종류에 해당하지 않는 것은?

① 탄화수소
② 알데하이드
③ 질소산화물
④ 일산화탄소

해설 자동차 배출허용기준 적용 오염물질(경유)
㉠ 일산화탄소
㉡ 탄화수소
㉢ 질소산화물
㉣ 매연
㉤ 입자상 물질

86 대기환경보전법령상 기본부과금의 지역별 부과계수로 옳게 연결된 것은?(단, 지역구분은 「국토의 계획 및 이용에 관한 법률」에 따르고, 대표적으로 Ⅰ지역은 주거지역, Ⅱ지역은 공업지역, Ⅲ지역은 녹지지역이 해당한다.)

① Ⅰ지역-0.5, Ⅱ지역-1.0, Ⅲ지역-1.5
② Ⅰ지역-1.5, Ⅱ지역-0.5, Ⅲ지역-1.0
③ Ⅰ지역-1.0, Ⅱ지역-0.5, Ⅲ지역-1.5
④ Ⅰ지역-1.5, Ⅱ지역-1.0, Ⅲ지역-0.5

해설 기본부과금의 지역별 부과계수

구분	지역별 부과계수
Ⅰ지역	1.5
Ⅱ지역	0.5
Ⅲ지역	1.0

87 대기환경보전법령상 부과금의 부과면제 등에 관한 기준이다. ( ) 안에 알맞은 것은?

발전시설의 경우에는 황함유량 (㉠) 퍼센트 이하인 액체 및 고체연료, 발전시설 외의 배출시설(설비용량 100메가와트 미만인 열병합발전시설을 포함한다)의 경우에는 황함유량 (㉡)퍼센트 이하인 액체연료 또는 황함유량 (㉢)퍼센트 미만인 고체연료를 사용하는 배출시설로서 배출허용기준을 준수할 수 있는 시설. 이 경우 고체연료의 황함유량은 연소기기에 투입되는 여러 고체연료의 황함유량을 평균한 것으로 한다.

① ㉠ 0.3, ㉡ 0.5, ㉢ 0.6
② ㉠ 0.3, ㉡ 0.5, ㉢ 0.45
③ ㉠ 0.1, ㉡ 0.3, ㉢ 0.5
④ ㉠ 0.1, ㉡ 0.5, ㉢ 0.45

해설 부과금의 부과면제
㉠ 발전시설의 경우에는 황함유량이 0.3퍼센트 이하인 액체연료 및 고체연료, 발전시설 외의 배출시설(설비용량이 100메가와트 미만인 열병합발전시설을 포함한다)의 경우에는 황함유량이 0.5퍼센트 이하인 액체연료 또는 황함유량이 0.45

정답 84 ① 85 ② 86 ② 87 ②

퍼센트 미만인 고체연료를 사용하는 배출시설로서 배출허용기준을 준수할 수 있는 시설. 이 경우 고체연료의 황함유량은 연소기기에 투입되는 여러 고체연료의 황함유량을 평균한 것으로 한다.
ⓒ 공정상 발생되는 부생(附生)가스로서 황함유량이 0.05퍼센트 이하인 부생가스를 사용하는 배출시설로서 배출허용기준을 준수할 수 있는 시설
ⓒ 제1호 및 제2호의 연료를 섞어서 연소시키는 배출시설로서 배출허용기준을 준수할 수 있는 시설

88 실내공기질 관리법규상 신축 공동주택의 실내공기질 권고기준 중 "에틸벤젠" 기준으로 옳은 것은?

① $210\mu g/m^3$ 이하
② $300\mu g/m^3$ 이하
③ $360\mu g/m^3$ 이하
④ $700\mu g/m^3$ 이하

해설 신축 공동주택의 실내공기질 권고기준
㉠ 포름알데하이드 : $210\mu g/m^3$ 이하
㉡ 벤젠 : $30\mu g/m^3$ 이하
㉢ 톨루엔 : $1,000\mu g/m^3$ 이하
㉣ 에틸벤젠 : $360\mu g/m^3$ 이하
㉤ 자일렌 : $700\mu g/m^3$ 이하
㉥ 스티렌 : $300\mu g/m^3$ 이하
㉦ 라돈 : $148Bq/m^3$ 이하

89 대기환경보전법령상 환경부장관은 오염물질 측정기기의 운영·관리기준을 지키지 않는 사업자에 대해 조치명령을 하는 경우, 부득이한 사유인 경우 신청에 의한 연장기간까지 포함하여 최대 몇 개월의 범위에서 개선기간을 정할 수 있는가?

① 3개월
② 6개월
③ 9개월
④ 12개월

해설 ㉠ 측정기기의 개선기간 : 6개월, 연장 6개월
ⓒ 배출시설 및 방지시설의 개선기간 : 1년, 연장 1년

90 대기환경보전법규상 배출가스 관련부품을 장치별로 구분할 때 다음 중 배출가스 자기진단장치(On Board Diagnostics)에 해당하는 것은?

① EGR 제어용 서모밸브(EGR Control Thermo Valve)
② 연료계통 감시장치(Fuel System Monitor)
③ 정화조절밸브(Purge Control Valve)
④ 냉각수온센서(Water Temperature Sensor)

해설 배출가스 관련 부품

장치별 구분	배출가스 관련 부품
배출가스 자기진단 장치 (On Board Diagnostics)	촉매 감시장치(Catalyst Monitor), 가열식 촉매 감시장치(Heated Catalyste Monitor), 실화 감시장치(Misfire Monitor), 증발가스계통 감시장치(Evaporative System Monitor), 2차 공기 공급계통 감시장치(Secondary Air System Monitor), 에어컨계통 감시장치(Air Conditioning System Refrigerant Monitor), 연료계통 감시장치(Fuel System Monitor), 산소센서 감시장치(Oxygen Sensor Monitor), 배기관 센서 감시장치(Exhaust Gas Sensor Monitor), 배기가스 재순환계통 감시장치(Exhaust Gas Recirculation System Monitor), 블로바이가스 환원계통 감시장치(Positive Crank-case Ventilation System Monitor), 서모스탯 감시장치(Thermostat Monitor), 엔진냉각계통 감시장치(Engine Cooling System Monitor), 저온시동 배출가스 저감기술 감시장치(Cold Start Emission Reduction Strategy Monitor), 가변밸브타이밍 계통 감시장치(Variable Valve Timing Monitor), 직접오존저감장치(Direct Ozone Reduction System Monitor), 기타 감시장치(Comprehensive Component Monitor)

91 악취방지법규상 악취검사기관이 검사시설 및 장비가 부족하거나 고장 난 상태로 7일 이상 방치한 경우로서 규정에 의한 악취검사기관의 지정기준에 미치지 못하게 된 경우 3차 행정처분기준으로 가장 적합한 것은?

① 지정 취소
② 업무정지 3개월
③ 업무정지 6개월
④ 업무정지 12개월

해설 행정처분 기준
1차(경고) → 2차(업무정지 1개월) → 3차(업무정지 3개월) → 4차(지정 취소)

92 악취방지법규상 다음 지정악취 물질의 배출허용기준으로 옳지 않은 것은?

구분	지정 악취 물질	배출허용기준 (ppm)		엄격한 배출 허용기준범위 (ppm)
		공업지역	기타지역	공업지역
㉠	톨루엔	30 이하	10 이하	10~30
㉡	프로피온산	0.07 이하	0.03 이하	0.03~0.07
㉢	스타이렌	0.8 이하	0.4 이하	0.4~0.8
㉣	뷰틸아세테이트	5 이하	1 이하	1~5

① ㉠
② ㉡
③ ㉢
④ ㉣

정답 88 ③ 89 ④ 90 ② 91 ② 92 ④

해설 지정악취 물질의 배출허용기준

구분	배출허용기준 (ppm)		엄격한 배출허용 기준의 범위(ppm)	적용 시기
	공업지역	기타 지역	공업지역	
암모니아	2 이하	1 이하	1~2	2005년 2월 10일 부터
메틸메르캅탄	0.004 이하	0.002 이하	0.002~0.004	
황화수소	0.06 이하	0.02 이하	0.02~0.06	
다이메틸설파이드	0.05 이하	0.01 이하	0.01~0.05	
다이메틸다이설파이드	0.03 이하	0.009 이하	0.009~0.03	
트라이메틸아민	0.02 이하	0.005 이하	0.005~0.02	
아세트알데하이드	0.1 이하	0.05 이하	0.05~0.1	
스타이렌	0.8 이하	0.4 이하	0.4~0.8	
프로피온알데하이드	0.1 이하	0.05 이하	0.05~0.1	
뷰틸알데하이드	0.1 이하	0.029 이하	0.029~0.1	
n-발레르알데하이드	0.02 이하	0.009 이하	0.009~0.02	
i-발레르알데하이드	0.006 이하	0.003 이하	0.003~0.006	
톨루엔	30 이하	10 이하	10~30	2008년 1월 1일 부터
자일렌	2 이하	1 이하	1~2	
메틸에틸케톤	35 이하	13 이하	13~35	
메틸아이소뷰틸케톤	3 이하	1 이하	1~3	
뷰틸아세테이트	4 이하	1 이하	1~4	
프로피온산	0.07 이하	0.03 이하	0.03~0.07	2010년 1월 1일 부터
n-뷰틸산	0.002 이하	0.001 이하	0.001~0.002	
n-발레르산	0.002 이하	0.0009 이하	0.0009~0.002	
i-발레르산	0.004 이하	0.001 이하	0.001~0.004	
i-뷰틸알코올	4.0 이하	0.9 이하	0.9~4.0	

93 다음은 대기오염경보단계별 해제기준이다. ( ) 안에 알맞은 것은?

> 중대경보가 발령된 지역의 기상조건 등을 검토하여 대기자동측정소의 오존농도가 (㉠)ppm 이상 (㉡)ppm 미만일 때는 경보로 전환한다.

① ㉠ 0.3, ㉡ 0.5
② ㉠ 0.5, ㉡ 1.0
③ ㉠ 1.0, ㉡ 1.2
④ ㉠ 1.2, ㉡ 1.5

해설 대기오염경보단계(오존)

구분	발령기준	해제기준
주의보	기상조건 등을 고려하여 해당 지역의 대기자동측정소 오존농도가 0.12ppm 이상인 때	주의보가 발령된 지역의 기상조건 등을 검토하여 대기자동측정소의 오존농도가 0.12ppm 미만인 때
경보	기상조건 등을 고려하여 해당 지역의 대기자동측정소 오존농도가 0.3ppm 이상인 때	경보가 발령된 지역의 기상조건 등을 고려하여 대기자동측정소의 오존농도가 0.12 ppm 이상 0.3ppm 미만인 때는 주의보로 전환
중대 경보	기상조건 등을 고려하여 해당 지역의 대기자동측정소 오존농도가 0.5ppm 이상인 때	중대경보가 발령된 지역의 기상조건 등을 고려하여 대기자동측정소의 오존농도가 0.3ppm 이상 0.5 ppm 미만인 때는 경보로 전환

94 대기환경보전법령상 연료를 연소하여 황산화물을 배출하는 시설의 기본부과금의 농도별 부가계수로 옳은 것은? [단, 연료의 황함유량(%)은 1.0% 이하, 황산화물의 배출량을 줄이기 위하여 방지시설을 설치한 경우와 생산공정상 황산화물의 배출량이 줄어든다고 인정하는 경우 제외]

① 0.1
② 0.2
③ 0.4
④ 1.0

해설 연료를 연소하여 황산화물을 배출하는 시설(황산화물의 배출량을 줄이기 위하여 방지시설을 설치한 경우와 생산공정상 황산화물의 배출량이 줄어든다고 인정하는 경우는 제외한다)

구분	연료의 황함유량(%)		
	0.5% 이하	1.0% 이하	1.0% 초과
농도별 부과계수	0.2	0.4	1.0

95 대기환경보전법령상 운행차 배출허용기준의 일반기준 적용으로 옳지 않은 것은?

① 휘발유와 가스를 같이 사용하는 자동차의 배출가스 측정 및 배출허용기준은 가스의 기준을 적용한다.
② 건설기계 중 덤프트럭, 콘크리트믹서트럭, 콘크리트펌프트럭에 대한 배출허용기준은 화물자동차기준을 적용한다.
③ 희박연소 방식을 적용하는 자동차는 공기과잉률 기준을 적용하지 아니한다.
④ 알코올만 사용하는 자동차는 탄화수소 기준을 적용한다.

해설 알코올만 사용하는 자동차는 탄화수소 기준을 적용하지 아니한다.

정답 93 ① 94 ③ 95 ④

96 대기환경보전법규상 사업자가 스스로 방지시설을 설계·시공하고자 하는 경우에 시·도지사에 제출하여야 할 서류와 거리가 먼 것은?

① 기술능력 현황을 적은 서류
② 공정도
③ 배출시설의 공정도, 그 도면 및 운영규약
④ 원료(연료를 포함한다) 사용량, 제품생산량 및 오염물질 등의 배출량을 예측한 명세서

해설 자가방지시설비를 설계 시공하고자 하는 사업자가 시·도지사에게 제출해야 하는 서류
㉠ 배출시설의 설치명세서
㉡ 공정도
㉢ 원료(연료를 포함한다) 사용량, 제품생산량 및 대기오염물질 등의 배출량을 예측한 명세서
㉣ 방지시설의 설치명세서와 그 도면
㉤ 기술능력 현황을 적은 서류

97 환경정책기본령상 "일정한 지역에서 환경오염 또는 환경훼손에 대하여 환경이 스스로 수용, 정화 및 복원하여 환경의 질을 유지할 수 있는 한계"를 의미하는 것은?

① 환경기준
② 환경한계
③ 환경용량
④ 환경표준

해설 환경용량
일정한 지역에서 환경오염 또는 환경훼손에 대하여 환경이 스스로 수용, 정화 및 복원하여 환경의 질을 유지할 수 있는 한계를 말한다.

98 대기환경보전법령상 비산먼지 발생사업에 해당하지 않는 것은?

① 화학제품제조업 중 석유정제업
② 제1차 금속제조업 중 금속주조업
③ 비료 및 사료 제품의 제조업 중 배합사료제조업
④ 비금속물질의 채취·제조·가공업 중 일반도자기제조업

해설 비산먼지 발생사업
㉠ 시멘트·석회·플라스터 및 시멘트 관련 제품의 제조업 및 가공업
㉡ 비금속물질의 채취업, 제조업 및 가공업
㉢ 제1차 금속 제조업
㉣ 비료 및 사료제품의 제조업
㉤ 건설업(지반조성공사, 건축물 축조 및 토목공사, 조경공사로 한정한다)
㉥ 시멘트, 석탄, 토사, 사료, 곡물 및 고철의 운송업
㉦ 운송장비제조업
㉧ 저탄시설의 설치가 필요한 사업
㉨ 고철, 곡물, 사료, 목재 및 광석의 하역업 또는 보관업
㉩ 금속제품의 제조업 및 가공업
㉪ 폐기물 매립시설 설치·운영 사업

99 대기환경보전법규상 위임업무 보고사항 중 "자동차 연료 및 첨가제의 제조·판매 또는 사용에 대한 규제현황" 업무의 보고횟수 기준은?

① 연 1회
② 연 2회
③ 연 4회
④ 수시

해설 위임업무 보고사항

업무내용	보고횟수	보고기일	보고자
환경오염사고 발생 및 조치 사항	수시	사고 발생 시	시·도지사, 유역환경청장 또는 지방환경청장
수입자동차 배출가스 인증 및 검사 현황	연 4회	매 분기 종료 후 15일 이내	국립환경 과학원장
자동차 연료 및 첨가제의 제조·판매 또는 사용에 대한 규제현황	연 2회	매 반기 종료 후 15일 이내	유역환경청장 또는 지방환경청장
자동차 연료 또는 첨가제의 제조기준 적합 여부 검사 현황	• 연료: 연 4회 • 첨가제: 연 2회	• 연료: 매 분기 종료 후 15일 이내 • 첨가제: 매 반기 종료 후 15일 이내	국립환경 과학원장
측정기기관리 대행법의 등록, 변경 등록 및 행정처분 현황	연 1회	다음 해 1월 15일까지	유역환경청장, 지방환경청장 또는 수도권 대기환경청장

정답 96 ③ 97 ③ 98 ① 99 ②

100 대기환경보전법규상 수도권대기환경청장, 국립환경과학원장 또는 한국환경공단이 설치하는 대기오염 측정망의 종류가 아닌 것은?

① 도시지역의 휘발성 유기화합물 등의 농도를 측정하기 위한 광화학대기오염물질측정망
② 기후·생태계 변화 유발물질의 농도를 측정하기 위한 지구대기측정망
③ 대기 중의 중금속 농도를 측정하기 위한 대기중금속측정망
④ 대기오염물질의 지역배경농도를 측정하기 위한 교외대기측정망

해설 수도권대기환경청장, 국립환경과학원장 또는 한국환경공단이 설치하는 대기오염 측정망의 종류

㉠ 대기오염물질의 지역배경농도를 측정하기 위한 교외대기측정망
㉡ 대기오염물질의 국가배경농도와 장거리 이동 현황을 파악하기 위한 국가배경농도측정망
㉢ 도시지역 또는 산업단지 인근지역의 특정대기유해물질(중금속을 제외한다)의 오염도를 측정하기 위한 유해대기물질측정망
㉣ 도시지역의 휘발성 유기화합물 등의 농도를 측정하기 위한 광화학대기오염물질측정망
㉤ 산성 대기오염물질의 건성 및 습성 침착량을 측정하기 위한 산성강하물측정망
㉥ 기후·생태계 변화유발물질의 농도를 측정하기 위한 지구대기측정망
㉦ 장거리 이동 대기오염물질의 성분을 집중 측정하기 위한 대기오염집중측정망
㉧ 미세먼지(PM-2.5)의 성분 및 농도를 측정하기 위한 미세먼지성분측정망

정답 100 ③

2023년 1회 CBT 복원·예상문제

제1과목 대기오염개론

01 다음 중 석면의 구성성분과 거리가 먼 것은?
① K ② Na
③ Fe ④ Si

해설 ㉠ 백석면[$Mg_3(Si_2O_5)(OH)_4$]
㉡ 청석면[$Na_2Fe(SiO_3)_2$]

02 체적이 100m³인 복사실의 공간에서 오존 배출량이 분당 0.2mg인 복사기를 연속 사용하고 있다. 복사기 사용 전의 실내 오존농도가 0.1ppm이라고 할 때 5시간 사용 후 오존농도는 몇 ppb인가?(단, 0℃, 1기압 기준, 환기는 고려하지 않음)
① 260 ② 380 ③ 420 ④ 520

해설 오존농도=복사기 사용 전 농도+복사기 사용으로 증가된 농도
사용 전 농도(ppb) = $0.1ppm \times 10^3 ppb/ppm$
= 100ppb
증가 농도 = $\dfrac{0.2mg/min \times 5hr \times 60min/hr}{100m^3}$
= $0.6mg/m^3$
증가 농도(ppb) = $0.6mg/m^3 \times \dfrac{22.4mL}{48mg}$
$\times 10^3 ppb/ppm = 280ppb$
= 100 + 280 = 380ppb

03 대기오염모델 중 수용모델에 관한 설명으로 거리가 먼 것은?
① 기초적인 기상학적 원리를 적용, 미래의 대기질을 예측하여 대기오염제어정책 입안에 도움을 준다.
② 입자상 물질, 가스상 물질, 가시도 문제 등 환경과학 전반에 응용할 수 있다.
③ 모델의 분류로는 오염물질의 분석방법에 따라 현미경 분석법과 화학분석법으로 구분할 수 있다.
④ 측정자료를 입력자료로 사용하므로 시나리오 작성이 곤란하다.

해설 수용모델은 현재나 과거에 일어났던 일을 측정하여 미래를 위한 전략을 세울 수 있으나 미래예측은 어렵다.

04 먼지 농도가 40μg/m³일 때 가시거리는?(단, 상대습도 70%, A = 1.2)
① 25km ② 30km
③ 35km ④ 40km

해설 가시거리(km) = $\dfrac{1,000 \times A}{G}$
= $\dfrac{1,000 \times 1.2}{40\mu g/m^3}$ = 30km

05 다음은 지구온난화와 관련된 설명이다. ( ) 안에 알맞은 것은?

(㉠)는 온실기체들의 구조상 또는 열축적 능력에 따라 온실효과를 일으키는 잠재력을 지수로 표현한 것으로, 이 온실기체들은 CH_4, N_2O, HFCs, CO_2, SF_6 등이 있으며, 이 중 (㉠)가 가장 큰 값을 나타내는 물질은 (㉡)이다.

① ㉠ GHG, ㉡ CO_2 ② ㉠ GHG, ㉡ SF_6
③ ㉠ GWP, ㉡ CO_2 ④ ㉠ GWP, ㉡ SF_6

해설 GWP(지구온난화지수)
㉠ 같은 질량일 경우 온실가스별로 지구온난화에 영향을 미치는 정도를 나타낸 수치로 이 값이 클수록 지구온난화에 대한 기여도가 크다는 의미이다.
㉡ 이산화탄소 1을 기준으로 하여 메탄(CH_4) 21, 아산화질소(H_2O) 310, 수소불화탄소(HFC) 140~11,700, 과불화탄소(PFC) 6,500~9,200(11,700), 육불화황(SF_6) 23,900 등이다.

06 다음 중 지표 부근 대기 중에서 성분 함량이 가장 낮은 것은?
① Ar ② He
③ Xe ④ Kr

해설 지표 부근 건조대기 부피농도 순서
질소(N_2) > 산소(O_2) > 아르곤(Ar) > 탄산가스(CO_2) > 네온(Ne) > 헬륨(He) > 크립톤(Kr) > 크세논(Xe)

정답 01 ① 02 ② 03 ① 04 ② 05 ④ 06 ③

07 지상에서부터 600m까지의 평균기온감률은 0.88℃ /100m이다. 100m 고도에서의 기온이 20℃라면 300m 에서의 기온은?

① 15.5℃ ② 16.2℃
③ 17.5℃ ④ 18.2℃

해설 기온 = 20℃ − [0.88℃/100m × (300 − 100)m]
   = 18.24℃

08 다음은 어떤 연기 형태에 해당하는 설명인가?

> 대기가 매우 안정한 상태일 때에 아침과 새벽에 잘 발생하며, 강한 역전조건에서 잘 생긴다. 이런 상태에서는 연기의 수직방향 분산은 최소가 되고, 풍향에 수직되는 수평방향의 분산은 아주 적다.

① fanning ② coning
③ looping ④ lofting

해설 **Fanning(부채형)**
㉠ 대기상태가 안정조건(건조단열감률이 환경감률보다 큰 경우)일 때 발생한다.
㉡ 상하의 확산 폭이 적어 지표에 미치는 오염도는 적으나, 굴뚝의 높이가 낮으면 지표 부근에 심각한 오염문제를 발생시킨다.
㉢ 대기가 매우 안정한 상태일 때에 아침과 새벽에 잘 발생하며, 강한 역전조건에서 잘 생긴다.
㉣ 고기압 구역에서 하늘이 맑고 바람이 약하면 지표로부터 열방출이 커서 한밤으로부터 아침까지 복사역전층이 생길 때에 발생하는 연기모양이다.
㉤ 연기의 수직방향 분산은 최소가 되고, 풍향에 수직되는 수평방향의 분산도 매우 적다.

09 지표 부근에 존재하는 오존(O_3)에 관한 설명 중 틀린 것은?

① 질소산화물과 탄화수소의 광화학적 반응에 의해 생성되며, 강력한 산화작용을 한다.
② 오존에 강한 식물로는 담배, 앨팰퍼, 무 등이 있다.
③ 식물의 엽록소 파괴, 동화작용의 억제, 산소작용의 저해 등을 일으킨다.
④ 식물의 피해 정도는 기공의 개폐, 증산작용의 대소 등에 따라 달라진다.

해설 오존에 강한 식물은 사과, 복숭아, 아카시아, 해바라기, 국화, 양배추 등이다.

10 해륙풍에 관한 설명으로 옳지 않은 것은?

① 육지와 바다는 서로 다른 열적 성질 때문에 주간에는 육지로부터, 야간에는 바다로부터 바람이 분다.
② 야간에는 바다의 온도 냉각률이 육지에 비해 작으므로 기압차가 생겨나 육풍이 존재한다.
③ 육풍은 해풍에 비해 풍속이 작고, 수직 수평적인 범위도 좁게 나타나는 편이다.
④ 해륙풍이 장기간 지속되는 경우에는 폐쇄된 국지 순환의 결과로 인하여 해안가에 공업단지 등의 산업도시가 있는 지역에서는 대기오염물질의 축적이 일어날 수 있다.

해설 육지와 바다는 서로 다른 열적 성질 때문에 주간에는 바다로부터, 야간에는 육지로부터 바람이 분다.

11 벤젠에 관한 설명으로 옳지 않은 것은?

① 체내에 흡수된 벤젠은 지방이 풍부한 피하조직과 골수에서 고농도로 축적되어 오래 잔존할 수 있다.
② 체내에서 마뇨산(Hippuric acid)으로 대사하여 소변으로 배설된다.
③ 비점은 약 80℃ 정도이고, 체내 흡수는 대부분 호흡기를 통하여 이루어진다.
④ 벤젠 폭로에 의해 발생되는 백혈병은 주로 급성 골수아성 백혈병(Acute myeloblastic leukemia)이다.

해설 벤젠은 체내에서 페놀로 대사되어 소변으로 배설되며, 톨루엔은 체내에서 마뇨산으로 대사되어 배설된다.

12 최대혼합고도가 500m일 때 오염농도는 4ppm이었다. 오염농도가 500ppm일 때 최대혼합고도는 얼마인가?

① 50m ② 100m
③ 200m ④ 250m

해설 오염물질 농도는 혼합고도의 3승에 반비례한다.
$$\frac{C_2}{C_1} = \left(\frac{MMD_1}{MMD_2}\right)^3$$
$$\frac{500}{4} = \left(\frac{500}{MMD_2}\right)^3$$
$MMD_2 = 100m$

정답 07 ④ 08 ① 09 ② 10 ① 11 ② 12 ②

13 대기오염사건과 기온역전에 관한 설명으로 옳지 않은 것은?

① 로스앤젤레스 스모그 사건은 광화학 스모그의 오염 형태를 가지며, 기상의 안정도는 침강역전 상태이다.
② 런던 스모그 사건은 주로 자동차 배출가스 중의 질소산화물과 반응성 탄화수소에 의한 것이다.
③ 침강역전은 고기압 중심 부분에서 기층이 서서히 침강하면서 기온이 단열변화로 승온되어 발생하는 현상이다.
④ 복사역전은 지표에 접한 공기가 그보다 상공의 공기에 비하여 더 차가워져서 생기는 현상이다.

해설 런던 스모그 사건은 주로 공장 및 가정난방의 석탄 및 석유계 연료 연소에서 발생되는 아황산가스, 분진, 에어로졸에 의한 것이다.

14 Richardson 수(R)에 관한 설명으로 옳지 않은 것은?

① $R=0$은 대류에 의한 난류만 존재함을 나타낸다.
② $0.25<R$은 수직 방향의 혼합이 거의 없음을 나타낸다.
③ Richardson 수(R)가 큰 음의 값을 가지면 바람이 약하게 되어 강한 수직운동이 일어난다.
④ $-0.03<R<0$ 기계적 난류와 대류가 존재하나 기계적 난류가 혼합을 주로 일으킴을 나타낸다.

해설 $R=0$은 중립상태이며 기계적 난류(강제대류)가 지배적인 상태이다.

15 Fick의 확산방정식을 실제 대기에 적용시키기 위해 세우는 추가적인 가정으로 거리가 먼 것은?

① $\dfrac{dC}{dt}=0$이다.
② 바람에 의한 오염물의 주 이동방향은 x축으로 한다.
③ 오염물질의 농도는 비점오염원에서 간헐적으로 배출된다.
④ 풍속은 x, y, z 좌표 내의 어느 점에서든 일정하다.

해설 Fick의 확산방정식을 실제 대기에 적용시키기 위해 추가하는 가정
㉠ 바람에 의한 오염물의 주 이동방향은 x축이다.
㉡ 확산과정은 안정상태(정상상태 : $dc/dt=0$)이다.
㉢ 오염물은 연속적인 점오염원으로부터 계속적으로 방출된다.
㉣ 단열과정은 안정상태이고 풍속은 x, y, z 좌표시스템의 어느 점에서든 일정하다.(바람은 시간 경과에 따라 변하지 않으며 Plume의 단면전체에 풍속은 균일함)
㉤ 오염물이 x축을 따라 이동하는 것은 하류(풍하)로의 확산에 의한 물질이동보다 더 강하다.

16 NOx 중 이산화질소에 관한 설명으로 옳지 않은 것은?

① 적갈색의 자극성을 가진 기체이며, NO보다 5~7배 정도 독성이 강하다.
② 분자량은 46, 비중은 1.59 정도이다.
③ 수용성이지만 NO보다는 수중 용해도가 낮으며 일명 웃음 기체라고도 한다.
④ 부식성이 강하고, 산화력이 크며, 생리적인 독성과 자극성을 유발할 수도 있다.

해설 NO_2는 난용성이지만 NO보다는 수중 용해도가 높으며 일명 웃음 기체는 N_2O를 말한다.

17 대기압력이 950mb인 높이에서 공기의 온도가 −10℃일 때 온위(potential temperature)는?(단, $\theta = T\left(\dfrac{1,000}{P}\right)^{0.288}$ 을 이용한다.)

① 약 267K ② 약 277K
③ 약 287K ④ 약 297K

해설 온위(θ) $= T\left(\dfrac{1,000}{P}\right)^{0.288}$
$= (273-10) \times \left(\dfrac{1,000}{950}\right)^{0.288} = 266.91\text{K}$

18 최대 에너지의 파장과 흑체 표면의 절대온도는 반비례함을 나타내는 법칙은?

① 플랑크 법칙
② 알베도의 법칙
③ 빈의 변위법칙
④ 스테판-볼츠만의 법칙

해설 빈의 변위법칙(Wien's Displacement law)
㉠ 정의
최대 에너지 파장과 흑체 표면의 절대온도와는 반비례함을 나타내는 법칙으로 파장의 길이가 짧을수록 표면온도가 높은 물체이다.
㉡ 관련 식
$\lambda_m = \dfrac{a}{T} = \dfrac{2,897}{T}$
여기서, λ_m : 복사에너지 중 에너지 강도가 최대가 되는 파장 (μm)
T : 흑체의 표면온도(K)
a : 비례상수

정답 13 ② 14 ① 15 ③ 16 ③ 17 ① 18 ③

19 온위(potential temperature)에 대한 설명으로 옳은 것은?

① 환경감률이 건조단열감률과 같은 기층에서는 온위가 일정하다.
② 환경감률이 습윤단열감률과 같은 기층에서는 온위가 일정하다.
③ 어떤 고도의 공기 덩어리를 850mb 고도까지 건조단열적으로 옮겼을 때의 온도이다.
④ 어떤 고도의 공기 덩어리를 1,000mb 고도까지 습윤단열적으로 옮겼을 때의 온도이다.

해설 온위
㉠ 공기가 건조단열적으로 하강 또는 상승하여 기압 1,000mbar인 고도까지 이동했을 경우의 온도를 온위라 한다.
㉡ 환경감률이 건조단열감률과 같은 기층에서의 온위는 일정하고 대기의 상태는 중립을 나타낸다.

20 산란에 관한 설명으로 옳지 않은 것은?

① Rayleigh는 "맑은 하늘 또는 저녁노을은 공기 분자에 의한 빛의 산란에 의한 것"이라는 것을 발견하였다.
② 빛을 입자가 들어 있는 어두운 상자 안으로 도입시킬 때 산란광이 나타나며 이것을 틴달빛(光)이라고 한다.
③ Mie 산란의 경과는 입사빛의 파장에 대하여 입자가 대단히 작은 경우에만 적용되는 반면, Rayleigh의 결과는 모든 입경에 대하여 적용된다.
④ 입자에 빛이 조사될 때 산란의 경우, 동일한 파장의 빛이 여러 방향으로 다른 강도로 산란되는 반면, 흡수의 경우는 빛에너지가 열, 화학반응의 에너지로 변환된다.

해설 Mie 산란의 결과는 모든 입경에 대하여 적용되나, Rayleigh 산란의 결과는 입사빛의 파장에 대하여 입자가 대단히 작은 경우에만 적용된다.

제2과목 연소공학

21 다음 연료별 이론공기량(A_o, Sm^3/Sm^3)이 가장 큰 것은?

① 석탄가스   ② 발생로가스
③ 탄소   ④ 고로가스

해설 이론공기량(Sm^3/Sm^3)
① 석탄가스 : $4.6Sm^3/Sm^3$
② 발생로가스 : $0.93 \sim 1.29Sm^3/Sm^3$
③ 탄소 : $8.9Sm^3/Sm^3$
④ 고로가스 : $0.7 \sim 0.9Sm^3/Sm^3$

22 화학반응속도 및 반응속도상수에 관한 설명으로 옳지 않은 것은?

① 1차 반응에서 반응속도상수의 단위는 s^{-1}이다.
② 반응물의 농도를 무제한 증가할지라도 반응속도에는 영향을 미치지 않는 반응을 0차 반응이라 한다.
③ 화학반응속도론에서 반응속도상수 결정에 활성화에너지가 가장 주요한 영향인자로 작용하며, 넓은 온도범위에 걸쳐 유효하게 적용된다.
④ 반응속도상수는 온도에 영향을 받는다.

해설 화학반응속도론에서 반응속도상수 결정에 가장 중요한 영향인자는 온도이다.

23 9,000kcal/kg의 열량을 내는 석탄을 시간당 80kg 연소하는 보일러가 있다. 실제로 이 보일러에서 시간당 흡수된 열량이 600,000kcal라면 이 보일러의 열효율(%)은?

① 66.7   ② 75.0
③ 83.3   ④ 90.0

해설 보일러 열효율(%) = $\dfrac{유효열량}{입열} \times 100$
$= \dfrac{600,000 kcal/hr}{9,000 kcal/kg \times 80 kg/hr} \times 100 = 83.33\%$

24 정상연소에서 연소속도를 지배하는 요인으로 가장 적합한 것은?

① 연료 중의 불순물 함유량
② 연료 중의 고정탄소량
③ 공기 중의 산소의 확산속도
④ 배출가스 중의 N_2 농도

정답 19 ① 20 ③ 21 ③ 22 ③ 23 ③ 24 ③

해설 연소속도를 지배하는 요인
  ㉠ 공기 중의 산소의 확산속도(분무시스템의 확산)
  ㉡ 연료용 공기 중의 산소농도
  ㉢ 반응계의 온도 및 농도(반응계 : 가연물 및 산소)
  ㉣ 활성화에너지
  ㉤ 산소와의 혼합비
  ㉥ 촉매

25 탄소 85%, 수소 15%의 구성비를 갖는 중유를 연소할 때 CO_{2max}(%)는 얼마인가?(단, 공기비는 1.1이다.)

① 11.6% ② 13.4%
③ 14.8% ④ 16.4%

해설 $CO_{2max}(\%) = \dfrac{CO_2 양}{G_{od}} \times 100$

$G_{od} = 0.79 A_o + CO_2$

$A_o = \dfrac{1}{0.21}[(1.867 \times 0.85) + (5.6 \times 0.15)]$
$= 11.56 Sm^3/kg$
$= (0.79 \times 11.56) + (1.867 \times 0.85)$
$= 10.72 Sm^3/kg$

$= \dfrac{1.867 \times C}{G_{od}} \times 100$

$= \dfrac{1.867 \times 0.85}{10.72} \times 100 = 14.80\%$

26 다음 중 연료 연소 시 공기비가 이론치보다 작을 때 나타나는 현상으로 가장 적합한 것은?

① 완전연소로 연소실 내의 열손실이 작아진다.
② 배출가스 중 일산화탄소의 양이 많아진다.
③ 연소실벽에 미연탄화물 부착이 줄어든다.
④ 연소효율이 증가하여 배출가스의 온도가 불규칙하게 증가 및 감소를 반복한다.

해설 ① 불완전연소로 연소실 내의 열손실이 커진다.
③ 연소실벽에 미연탄화물 부착이 증가된다.
④ 연소효율이 저하되어 배출가스의 온도가 불규칙하게 증가 및 감소를 반복한다.

27 탄소 84.0%, 수소 13.0%, 황 2.0%, 질소 1.0%의 조성을 가진 중유 1kg당 15Sm³의 공기로 완전연소할 경우 습배출가스 중 SO_2의 농도(ppm)는?(단, 표준상태 기준, 중유 중의 황 성분은 모두 SO_2로 된다.)

① 약 680ppm ② 약 735ppm
③ 약 800ppm ④ 약 890ppm

해설 SO_2(ppm)
$= \dfrac{SO_2}{G_w} \times 10^6 = \dfrac{0.7 \times S}{G_w} \times 10^6$

$G_w = G_{ow} + (m-1) A_o$

$G_{ow} = 0.79 A_o + CO_2 + H_2O + SO_2 + N_2$

$A_o = \dfrac{1}{0.21}[(1.867 \times 0.84) + (5.6 \times 0.13)$
$+ (0.7 \times 0.02)] = 11.0 Sm^3/kg$

$= (0.79 \times 11.0) + (1.867 \times 0.84) + (11.2 \times 0.13) + (0.7 \times 0.02) + (0.8 \times 0.01)$
$= 11.736 Sm^3/kg$

$m = \dfrac{15 Sm^3/kg}{11.0 Sm^3/kg} = 1.364$

$= 11.736 + [(1.364 - 1) \times 11.0] = 15.74 Sm^3/kg$

$= \dfrac{0.7 \times 0.02}{15.74} \times 10^6 = 889.45 ppm$

28 Butane 2kg을 표준상태에서 완전연소시키는 데 필요한 이론산소의 양(kg)은?

① 3.59 ② 5.02
③ 7.17 ④ 11.17

해설 $C_4H_{10} + 6.5O_2 \rightarrow 4CO_2 + 5H_2O$
58kg : 6.5×32kg
2kg : O_0(kg)

이론산소량$(O_0) = \dfrac{2kg \times (6.5 \times 32)kg}{58kg} = 7.17kg$

29 기체연료의 연소방식과 연소장치에 관한 설명으로 옳지 않은 것은?

① 확산연소는 주로 탄화수소가 적은 발생로가스, 고로가스 등에 적용되는 연소방식이다.
② 예혼합연소는 화염온도가 낮아 국부가열의 염려가 없고 연소부하가 작은 경우 사용이 가능하며, 화염의 길이가 길다.
③ 저압버너는 역화방지를 위해 1차 공기량을 이론공기량의 약 60% 정도만 흡입하고 2차 공기는 노내의 압력을 부압(-)으로 하여 공기를 흡인한다.
④ 예혼합연소에 사용되는 버너에는 저압버너, 고압버너, 송풍버너 등이 있다.

해설 예혼합연소는 화염온도가 높아 연소부하가 큰 경우에 사용이 가능하며 화염의 길이가 짧다.

정답 25 ③ 26 ② 27 ④ 28 ③ 29 ②

30 다음 연료 중 착화온도가 가장 높은 것은?
① 천연가스   ② 황
③ 중유   ④ 휘발유

해설 연료의 착화온도
㉠ 고체연료
- 코크스 : 500~600℃
- 무연탄 : 370~500℃
- 목탄 : 320~400℃
- 역청탄 : 250~400℃
- 갈탄 : 250~350℃
- 갈탄(건조) : 250~400℃

㉡ 액체연료
- 경유 : 592℃
- B중유 : 530~580℃
- A중유 : 530℃
- 휘발유 : 500~550℃
- 등유 : 400~500℃

㉢ 기체연료
- 도시가스 : 600~650℃
- 코크스 : 560℃
- 수소가스 : 550℃
- 프로판가스 : 493℃
- LPG(석유가스) : 440~480℃
- 천연가스(주 : 메탄) : 650~750℃
- 발생로가스 : 700~800℃

31 기체연료의 특징 및 종류에 관한 설명으로 거리가 먼 것은?
① 부하변동범위가 넓고 연소의 조절이 용이한 편이다.
② 천연가스는 화염전파속도가 크며, 폭발범위가 크므로 1차 공기를 적게 혼합하는 편이 유리하다.
③ 액화천연가스는 메탄을 주성분으로 하는 천연가스를 1기압하에서 −168℃ 근처에서 냉각, 액화시켜 대량 수송 및 저장을 가능하게 한 것이다.
④ 액화석유가스는 액체에서 기체로 될 때 증발열(90~100kcal/kg)이 있으므로 사용하는 데 유의할 필요가 있다.

해설 천연가스는 화염전파속도가 36.4cm/sec로 늦어 안전한 편이며 다른 기체 연료보다 폭발한계가 5~15%로 좁다.

32 다음은 가동화격자의 종류에 관한 설명이다. ( ) 안에 알맞은 것은?

( )는 고정화격자와 가동화격자를 횡방향으로 나란히 배치하고 가동화격자를 전후로 왕복운동시킨다. 비교적 강한 교반력과 이송력을 갖고 있으며 화격자 눈의 메워짐이 별로 없어 낙진량이 많고 냉각작용이 부족하다.

① 부채형 반전식 화격자
② 병렬요동식 화격자
③ 이상식 화격자
④ 회전롤러식 화격자

해설 병렬요동식 화격자
㉠ 고정화격자와 가동화격자를 횡방향으로 나란히 배치하고 가동화격자를 전후로 왕복운동시킨다.
㉡ 비교적 강한 이송력을 갖고 있고, 화격자 눈의 메워짐이 별로 없다는 장점은 있으나 낙진량이 많고 냉각작용이 부족하다.

33 기체연료의 특징과 거리가 먼 것은?
① 저장이 용이, 시설비가 적게 든다.
② 점화 및 소화가 간단하다.
③ 부하의 변동범위가 넓다.
④ 연소 조절이 용이하다.

해설 기체연료는 다른 연료에 비해 저장이 곤란하고 시설비가 많이 든다.

34 기체연료와 공기를 혼합하여 연소할 경우 다음 중 연소속도가 가장 큰 것은?(단, 대기압, 25℃ 기준)
① 메탄   ② 수소
③ 프로판   ④ 아세틸렌

해설 가연물질의 연소속도

물질	수소	아세틸렌	프로판 및 일산화탄소	메탄
연소속도(cm/sec)	290	150	43	37

35 다음 조건에 해당되는 액체연료와 가장 가까운 것은?

- 비점 : 200~320℃ 정도
- 비중 : 0.8~0.9 정도
- 정제한 것은 무색에 가깝고, 착화성 적부는 cetane 값으로 표시된다.

① Naphtha   ② Heavy oil
③ Light oil   ④ Kerosene

정답 30 ① 31 ② 32 ② 33 ① 34 ② 35 ③

해설 경유(Light Oil)
  ㉠ 주성분 : C, H(탄소수 : 11~19)
  ㉡ 비등점 : 200~320℃(250~350℃)
  ㉢ 비중 : 0.8~0.9
  ㉣ 고위발열량 : 11,000~11,500kcal/kg
  ㉤ 정제한 경유는 무색에 가깝고, 착화성 적부는 Cetane 값으로 표시되며, 세탄값 40~60 정도의 것이 좋은 편이다.
  ㉥ 착화성 및 인화성이 좋고 점도가 적당하며 수분 및 침전물을 함유하지 않는다.

36 다음 중 과잉산소량(잔존 O_2양)을 옳게 표시한 것은? (단, A : 실제공기량, A_o : 이론공기량, m : 공기과잉계수($m>1$), 표준상태이며, 부피기준임)

① $0.21mA_o$ ② $0.21(m-1)A_o$
③ $0.21mA$ ④ $0.21(m-1)A$

해설 과잉공기량(A^+) = $A - A_0 = mA_0 - A_0 = A_0(m-1)$
$m = 1 + \left(\dfrac{A^+}{A_0}\right)$ 과잉산소량(잔존산소량) = $0.21(m-1)A_0$

37 S 함량 5%의 B-C유 400kL를 사용하는 보일러에 S 함량 1%인 B-C유를 50% 섞어서 사용하면 SO_2의 배출량은 몇 % 감소하겠는가?(단, 기타 연소조건은 동일하며, S는 연소 시 전량 SO_2로 변환되고, B-C유 비중은 0.95(S 함량에 무관))

① 30% ② 35%
③ 40% ④ 45%

해설 ㉠ 황 함량 5%일 때
  $S + O_2 \to SO_2$
  32kg : 22.4Sm^3
  400kL × 950kg/m^3 × 0.05 : SO_2(Sm^3)
  $SO_2 = 13,300 Sm^3$
㉡ 황 함량 5%(50%) + 1%(50%)일 때
  32kg : 22.4Sm^3
  400kL × 950kg/m^3 × [(0.05×0.5) + (0.01×0.5)] : SO_2(Sm^3)
  $SO_2 = 7,980 Sm^3$
㉢ 감소율(%) = $\dfrac{13,300 - 7,980}{13,300} \times 100 = 40\%$

38 화염으로부터 열을 받으면 가연성 증기가 발생하는 연소로서 휘발유, 등유, 알코올, 벤젠 등의 액체연료의 연소 형태는?

① 증발 연소 ② 자기 연소
③ 표면 연소 ④ 발화 연소

해설 증발연소
  ㉠ 정의
    화염으로부터 열을 받으면 액체연료가 액면에서 증발하여 가연성 증기로 되어 산소와 반응한 후 착화되어 화염이 발생하고 증발이 촉진되면서 연소, 즉 물질이 직접 기화하면서 연소가 이루어지는 것을 의미한다.
  ㉡ 특징
    • 연료의 증발속도가 연소속도보다 빠르면 불완전 연소가 된다.
    • 증발온도가 열분해온도보다 낮은 경우 증발연소된다.
  ㉢ 적용연료
    • 휘발유, 등유, 경유, 알코올(중유는 제외)
    • 나프탈렌, 벤젠
    • 양초

39 다음 중 흑연, 코크스, 목탄 등과 같이 대부분 탄소만으로 되어 있고, 휘발성분이 거의 없는 연소의 형태로 가장 적합한 것은?

① 자기연소 ② 확산연소
③ 표면연소 ④ 분해연소

해설 표면연소
  ㉠ 정의 : 고체연료 표면에 고온을 유지시켜 표면에서 반응을 일으켜 내부로 연소가 진행되는 연소방법이다.
  ㉡ 특징
    • 탄소만으로 되어 있고 휘발분이 적은 고체연료의 가장 대표적인 연소방법이다.
    • 고체연료 표면에 산소가 반응하여 불꽃 없이 적열 후 연소된다. 즉, 코크스나 석탄 등이 고온연소 시 고체 표면이 빨갛게 빛을 내면서 반응하는 연소로 화염이 없는 연소형태이다.
    • 증발, 분해되지 못하고 표면의 탄소로부터 직접 연소되는 현상이다.
  ㉢ 표면연소의 예
    • 코크스, 숯(목탄), 흑연
    • 금속
    • 석탄(분해연소와 탄소의 표면연소의 두 반응에서 이루어짐)

40 다음 알코올 연료 중 에테르, 아세톤, 벤젠 등 많은 유기물질을 용해하며, 무색의 독특한 냄새를 가지고, 모두 8종의 이성체가 존재하는 것은?

① Ethanol(C_2H_5OH) ② Propanol(C_3H_7OH)
③ Butanol(C_4H_9OH) ④ Pentanol($C_5H_{11}OH$)

해설 Pentanol($C_5H_{11}OH$)
  ㉠ 구조가 다른 8개의 이성질체가 있다.
  ㉡ 화합물의 혼합물을 아밀알코올이라고도 한다.
  ㉢ 물에 약간 녹으며, 특유의 쏘는 듯한 냄새가 나는 무색의 알코올이다.

정답 36 ② 37 ③ 38 ① 39 ③ 40 ④

제3과목 대기오염방지기술

41 여과집진장치에서 여과포 탈진방법의 유형이라고 볼 수 없는 것은?

① 진동형 ② 역기류형
③ 충격제트기류 분사형 ④ 승온형

해설 여과포 탈진방법
㉠ 간헐식 : 진동형, 역기류형, 역기류진동형
㉡ 연속식 : 역제트기류 분사형, 충격제트기류 분사형

42 사이클론에서 50%의 집진효율로 제거되는 입자의 최소 입경을 무엇이라 부르는가?

① critical diameter ② cut size diameter
③ average size diameter ④ analytical diameter

해설 절단입경(Cut Size Diameter)
Cyclone에서 50% 처리효율로 제거되는 입자의 크기, 즉 50% 분리한계입경이다.

43 98% 효율을 가진 전기집진기로 유량이 $5,000m^3/min$인 공기흐름을 처리하고자 한다. 표류속도(W_e)가 6.0cm/sec일 때 Deutsch 식에 의한 필요 집진면적은 얼마나 되겠는가?

① 약 $3,938m^2$ ② 약 $4,431m^2$
③ 약 $4,937m^2$ ④ 약 $5,433m^2$

해설 $\eta = 1 - \exp\left(-\dfrac{A \times W_e}{Q}\right)$

$0.98 = 1 - \exp\left(-\dfrac{A \times 0.06}{5,000/60}\right)$

$\ln 0.02 = -\dfrac{A \times 0.06}{5,000/60}$

$A = 5,433.37 m^2$

44 황 함유량 2.5%인 중유를 30ton/hr로 연소하는 보일러에서 배기가스를 NaOH 수용액으로 처리한 후 황 성분을 전량 Na_2SO_3로 회수할 경우, 이때 필요한 NaOH의 이론량은?(단, 황 성분은 전량 SO_2로 전환된다.)

① 1,750kg/hr ② 1,875kg/hr
③ 1,935kg/hr ④ 2,015kg/hr

해설 $S + O_2 \rightarrow SO_2 + 2NaOH \rightarrow Na_2SO_3 + H_2O$
$S \rightarrow 2NaOH$

$32kg : 2 \times 40kg$
$30,000 kg/hr \times 0.025 : NaOH(kg/hr)$
$NaOH(kg/hr)$
$= \dfrac{30,000 kg/hr \times 0.025 \times (2 \times 40)kg}{32kg} = 1,875 kg/hr$

45 Stokes 운동이라 가정하고, 직경 $20\mu m$, 비중 1.3인 입자의 표준대기 중 종말침강속도는 몇 m/s인가?(단, 표준공기의 점도와 밀도는 각각 $3.44 \times 10^{-5} kg/m \cdot s$, $1.3 kg/m^3$이다.)

① 1.64×10^{-2} ② 1.32×10^{-2}
③ 1.18×10^{-2} ④ 0.82×10^{-2}

해설 $V_g = \dfrac{d_p^2 (\rho_p - \rho)g}{18\mu}$

$d_p = 20\mu m \times m/10^6 \mu m = 20 \times 10^{-6} m$

$= \dfrac{(20 \times 10^{-6} m)^2 \times (1,300 - 1.3)kg/m^3 \times 9.8 m/sec^2}{18 \times 3.44 \times 10^{-5} kg/m \cdot sec}$

$= 0.82 \times 10^{-2} m/sec$

46 침강실의 길이가 5m인 중력집진장치를 사용하여 침강집진할 수 있는 먼지의 최소입경이 $140\mu m$였다. 이 길이를 2.5배로 변경할 경우 침강실에서 집진 가능한 먼지의 최소입경(μm)은?(단, 배출가스의 효율은 층류이고 길이 이외의 모든 설계조건은 동일하다.)

① 약 70 ② 약 89 ③ 약 99 ④ 약 129

해설 $d_p = \sqrt{\dfrac{18 \cdot V \cdot \mu \cdot H}{(\rho_p - \rho)g \cdot L}}$

$d_p \propto \left(\dfrac{1}{L}\right)^{1/2}$의 비례식이 성립되므로

$140 : \left(\dfrac{1}{5}\right)^{1/2} = X : \left(\dfrac{1}{12.5}\right)^{1/2}$

$X = 88.55 \mu m$

47 알루미나 담체에 탄산나트륨을 3.5~3.8% 정도 첨가하여 제조된 흡착제를 사용하여 SO_2와 NOx를 동시에 제거하는 공정은?

① 석회석 세정법
② Wellman-Lord법
③ Dual Acid Scrubbing
④ NOXSO 공정

정답 41 ④ 42 ② 43 ④ 44 ② 45 ④ 46 ② 47 ④

해설 **NOXSO 공정**
㉠ SOx와 NOx 제거를 위한 NOXSO 공정은 알루미나에 Na_2CO_3를 담지하여 만든 촉매를 사용한다.
㉡ 90~150℃의 유동층 반응기에서 이 촉매를 사용하여 제거한다.
㉢ 반응에 사용된 촉매는 600℃ 정도에서 수소나 메탄과 반응시키면 SO_2, H_2S, 황 등이 생성되며 재생된다.

48 총 집진율 93%를 얻기 위해 40% 효율을 가진 1차 전처리설비를 설치 시, 2차 처리장치의 효율(%)은?

① 58.3   ② 68.3   ③ 78.3   ④ 88.3

해설 $\eta_T = \eta_1 + \eta_2(1-\eta_1)$
$0.93 = 0.4 + \eta_2(1-0.4)$
$\eta_2 = 0.8833 \times 100 = 88.33\%$

49 충전탑 내 상부에서 흐르는 액체는 충전제 전체를 적시면서 고르게 분포하는 것이 가장 좋다. 균일한 액의 분포를 위하여 가장 이상적인 편류현상의 D/d는?(단, 충전탑의 지름 : D, 충전제의 지름 : d)

① 1~2 정도   ② 8~10 정도
③ 40~70 정도   ④ 50~100 정도

해설 편류현상은 [탑의 직경/충전제 직경]의 비가 8~10 범위일 때 최소가 된다.

50 원심력 집진장치에 사용되는 용어에 관한 설명으로 틀린 것은?

① 임계입경(Critical Diameter)은 100% 분리한계입경이라고도 한다.
② 분리계수가 클수록 집진율은 증가한다.
③ 분리계수는 입자에 작용하는 원심력을 관성력으로 나눈 값이다.
④ 사이클론에서 입자의 분리속도는 함진가스의 선회속도에는 비례하는 반면, 원통부 반경에는 반비례한다.

해설 **분리계수**
입자에 작용하는 원심력을 중력으로 나눈 값이다.

51 관성력집진장치의 집진율 향상조건으로 가장 거리가 먼 것은?

① 적당한 Dust Box의 형상과 크기가 필요하다.
② 기류의 방향전환 횟수가 많을수록 압력손실은 커지지만 집진율은 높아진다.
③ 보통 충돌 직전에 처리가스 속도가 크고, 처리 후 출구 가스 속도가 작을수록 집진율은 높아진다.
④ 함진가스의 충돌 또는 기류 방향 전환 직전의 가스속도가 작고, 방향 전환 시 곡률 반경이 클수록 미세입자 포집이 용이하다.

해설 함진가스의 충돌 또는 기류 방향 전환 직전의 가스속도가 적당히 빠르고, 방향 전환 시 곡률 반경이 작을수록 미세입자의 포집이 용이하다. 곡률 반경을 작게 한다는 것은 그만큼 설치간격이 좁게 되어 있음을 의미한다.

52 다음은 휘발유엔진 배기가스에 영향을 미치는 사항에 관한 설명이다. ( ) 안에 알맞은 것은?

( )의 역할은 광범위한 상태하에서 엔진이 만족스럽게 작동할 수 있는 혼합비로 연료증기와 공기의 균질혼합물을 제공하는 것이다.

① Wankel Engine   ② Charger
③ Carburetor   ④ ABS

해설 **카뷰레터(Carburetor)**
엔진의 전 RPM과 부하 영역에 걸쳐 엔진의 성능을 최적화하기 위하여 엔진 내부의 공기와 연료의 흐름을 제어하는 역할을 한다.

53 커닝험 보정계수에 대한 설명으로 가장 적합한 것은? (단, 커닝험 보정계수가 1 이상인 경우)

① 미세입자일수록 가스의 점성저항이 작아지므로 커닝험 보정계수가 작아진다.
② 미세입자일수록 가스의 점성저항이 커지므로 커닝험 보정계수가 작아진다.
③ 미세입자일수록 가스의 점성저항이 커지므로 커닝험 보정계수가 커진다.
④ 미세입자일수록 가스의 점성저항이 작아지므로 커닝험 보정계수가 커진다.

해설 커닝험 보정계수는 통상 1 이상이며, 이 값은 가스의 온도가 높을수록, 분진이 미세할수록, 가스분자의 직경이 작을수록, 가스 압력이 낮을수록 증가하게 된다.

54 활성탄의 가스흡착에서 흡착이 진행될 때 활성탄상의 온도 변화는?

① 활성탄의 온도가 증가된다.
② 활성탄의 온도가 감소된다.
③ 활성탄의 온도의 변화가 없다.
④ 활성탄의 온도는 감소하다가 변화가 없다.

정답 48 ④ 49 ② 50 ③ 51 ④ 52 ③ 53 ④ 54 ①

해설 활성탄의 가스흡착이 진행될 때 활성탄의 온도가 증가한다.

55 냄새물질의 화학구조에 대한 설명으로 가장 거리가 먼 것은?

① 골격이 되는 탄소수는 저분자일수록 관능기 특유의 냄새가 강하고 자극적이나 8~13에서 가장 냄새가 강하다.
② 불포화도(2중결합 및 3중결합의 수)가 높으면 냄새가 보다 강하게 난다.
③ 락톤 및 케톤화합물은 환상이 크게 되면 냄새가 강해진다.
④ 분자 내 수산기의 수가 증가할수록 냄새가 강하다.

해설 분자 내 수산기의 수는 1개일 때 가장 강하고 수가 증가하면 약해져서 무취에 이른다.

56 집진효율이 98%인 집진시설에서 처리 후 배출되는 먼지농도가 0.3g/m³일 때 유입된 먼지의 농도는 몇 g/m³인가?

① 10　　② 15
③ 20　　④ 25

해설 $\eta = 1 - \dfrac{C_o}{C_i}$

$C_i = \dfrac{C_o}{1-\eta} = \dfrac{0.3\text{g/m}^3}{(1-0.98)} = 15\text{g/m}^3$

57 유체의 점성에 관한 설명으로 옳지 않은 것은?

① 점성은 유체분자 상호 간에 작용하는 분자응집력과 인접 유체층 간의 분자운동에 의하여 생기는 운동량 수송에 기인한다.
② 액체의 점성계수는 주로 분자응집력에 의하므로 온도의 상승에 따라 낮아진다.
③ Hagen의 점성법칙은 점성의 결과로 생기는 전단응력은 유체의 속도구배에 반비례한다.
④ 점성계수는 온도에 의해 영향을 받지만 압력과 습도에는 거의 영향을 받지 않는다.

해설 Newton's 점성법칙
흐름의 각 점에서 유체의 점성으로 인한 전단응력은 속도기울기(전단속도)에 비례하고 속도기울기를 작게 하는 방향으로 전단응력이 작용하는 것을 뉴턴의 점성법칙이라 한다.

58 미세입자가 운동하는 경우에 작용하는 항력(drag force)에 관련된 내용으로 거리가 먼 것은?

① 레이놀즈수가 커질수록 항력계수는 증가한다.
② 항력계수가 커질수록 항력은 증가한다.
③ 입자의 투영면적이 클수록 항력은 증가한다.
④ 상대속도의 제곱에 비례하여 항력은 증가한다.

해설 일반적으로 레이놀즈수가 커질수록 항력계수는 감소하는 경향이 있다.

59 압력손실은 100~200mmH₂O 정도이고, 가스양 변동에도 비교적 적응성이 있으며, 흡수액에 고형분이 함유되어 있는 경우에는 흡수에 의해 침전물이 생기는 등 방해를 받는 세정장치로 가장 적합한 것은?

① 다공판탑　　② 제트스크러버
③ 충전탑　　　④ 벤츄리 스크러버

해설 충전탑(Packed Tower)
㉠ 충전탑의 원리는 충전물질의 표면을 흡수액으로 도포하여 흡수액의 얇은 층을 형성시킨 후 가스와 흡수액을 접촉시켜 흡수시키는 것으로 급수량이 적절하면 효과가 좋다.
㉡ 일반적으로 원통형의 탑 내에 여러 가지 충전재를 넣어 함진가스(가스유입속도 1m/sec 이하)와 세정액을 접촉시켜 세정하는 장치이다.
㉢ 액분산형 가스흡수장치에 속하며, 효율 증대를 위해서는 가스의 용해도를 증가시키고 액가스비를 증가시켜야 한다.
㉣ 온도의 변화가 큰 곳에는 적응성이 낮고, 희석열이 심한 곳에는 부적합하다.
㉤ 흡수액에 고형물이 함유되어 있는 경우에는 침전물이 생겨 성능이 저하할 수 있다.
㉥ 포말성 흡수액일 경우 단탑(Plate Tower)보다는 충전탑이 유리하다.
㉦ 압력손실은 100~200mmH₂O 정도이다.

60 A공장의 연마실에서 발생되는 배출가스의 먼지제거에 cyclone이 사용되고 있다. 유입폭이 40cm이고, 유효회전수 5회, 입구유입속도 10m/s로 가동 중인 공정조건에서 10μm 먼지입자의 부분집진효율은 몇 %인가? (단, 먼지의 밀도는 1.6g/cm³, 가스점도는 1.75×10^{-4} g/cm·s, 가스밀도는 고려하지 않음)

① 약 40　　② 약 45
③ 약 50　　④ 약 55

정답 55 ④　56 ②　57 ③　58 ①　59 ③　60 ①

해설 부분집진율(%)

$$= \frac{d_p^2(\rho_p-\rho)\pi \times V \times N_e}{9\mu B} \times 100$$

$$= \left[\frac{(10\mu m \times 10^{-6}m/\mu m)^2 \times (1{,}600 kg/m^3)}{9 \times 1.75 \times 10^{-5} kg/m \cdot sec \times 0.4m} \times 3.14 \times 10 m/sec \times 5\right] \times 100$$

$$= 0.3987 \times 100$$

$$= 39.88\%$$

제4과목 대기오염공정시험기준(방법)

61 휘발성 유기화합물(VOCs) 누출확인방법에 관한 설명으로 거리가 먼 것은?

① 검출불가능 누출농도는 누출원에서 VOCs가 대기 중으로 누출되지 않는다고 판단되는 농도로서 국지적 VOCs 배경농도의 최고 농도값이다.
② 휴대용 측정기기를 사용하여 개별 누출원으로부터의 직접적인 누출량을 측정한다.
③ 누출 농도는 VOCs가 누출되는 누출원 표면에서의 농도로서 대조화합물을 기초로 한 기기의 측정값이다.
④ 응답시간은 VOCs가 시료채취장치로 들어가 농도 변화를 일으키기 시작하여 기기계기판의 최종값이 90%를 나타내는 데 걸리는 시간이다.

해설 휴대용 측정기기를 사용하여 개별누출원으로부터 VOCs 누출을 확인한다.

62 자외선/가시선 분광법에서 적용되는 램버트-비어 (Lambert-Beer)의 법칙에 관계되는 식으로 옳은 것은? (단, I_o : 입사광의 강도, C : 농도, ε : 흡광계수, I_t : 투사광의 강도, l : 빛의 투사거리)

① $I_o = I_t \cdot 10^{-\varepsilon Cl}$
② $I_t = I_o \cdot 10^{-\varepsilon Cl}$
③ $C = \frac{I_t}{I_o} \cdot 10^{-\varepsilon l}$
④ $C = \frac{I_o}{I_t} \cdot 10^{-\varepsilon l}$

해설 램버트 비어(Lambert-Beer)의 법칙
강도 I_o 되는 단색광속이 그림과 같이 농도 C, 길이 l이 되는 용액층을 통과하면 이 용액에 빛이 흡수되어 입사광의 강도가 감소한다.

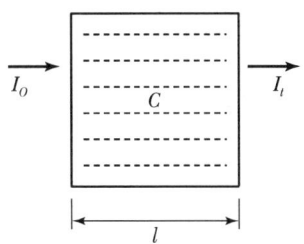

[흡광광도 분석방법 원리도]

$I_t = I_o \cdot 10^{-\varepsilon Cl}$

여기서, I_o : 입사광의 강도
I_t : 투사광의 강도
C : 농도
l : 빛의 투사거리
ε : 비례상수로서 흡광계수

63 대기오염공정시험기준의 총칙에 근거한 "방울수"의 의미로 가장 적합한 것은?

① 20℃에서 정제수 20방울을 떨어뜨릴 때 그 부피가 약 1mL 되는 것을 뜻한다.
② 20℃에서 정제수 10방울을 떨어뜨릴 때 그 부피가 약 1mL 되는 것을 뜻한다.
③ 0℃에서 정제수 10방울을 떨어뜨릴 때 그 부피가 약 1mL 되는 것을 뜻한다.
④ 0℃에서 정제수 1방울을 떨어뜨릴 때 그 부피가 약 1mL 되는 것을 뜻한다.

해설 방울수
20℃에서 정제수 20방울을 떨어뜨릴 때 그 부피가 약 1mL 되는 것을 뜻한다.

64 원자흡수분광광도법에서 화학적 간섭을 방지하는 방법으로 가장 거리가 먼 것은?

① 이온교환에 의한 방해물질 제거
② 표준첨가법의 이용
③ 미량의 간섭원소 첨가
④ 은폐제의 첨가

해설 원자흡수분광광도법(화학적 간섭을 피하는 방법)
㉠ 이온교환이나 용매추출 등에 의한 방해물질의 제거
㉡ 과량의 간섭원소의 첨가
㉢ 간섭을 피하는 양이온(예 : 라타늄, 스트론튬, 알칼리 원소 등) 음이온 또는 은폐제, 킬레이트제 등의 첨가
㉣ 목적원소의 용매추출
㉤ 표준첨가법의 이용

정답 61 ② 62 ② 63 ① 64 ③

65 고용량공기시료채취법을 사용하여 비산먼지를 측정하고자 한다. 풍속이 0.5m/s 미만 또는 10m/s 이상되는 시간이 전 채취시간의 50% 미만일 때 풍속에 대한 보정계수는?

① 0.8 ② 1.0 ③ 1.2 ④ 1.5

해설 **풍속에 대한 보정계수**

풍속범위	보정계수
풍속이 0.5m/s 미만 또는 10m/s 이상되는 시간이 전 채취시간의 50% 미만일 때	1.0
풍속이 0.5m/s 미만 또는 10m/s 이상되는 시간이 전 채취시간의 50% 이상일 때	1.2

66 다음 기체크로마토그래피의 장치 구성 중 가열장치가 필요한 부분과 그 이유로 가장 적합하게 연결된 것은?

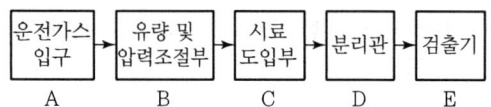

운전가스 입구(A) → 유량 및 압력조절부(B) → 시료 도입부(C) → 분리관(D) → 검출기(E)

① A, B, C – 운반가스 및 시료의 응축을 방지하기 위해
② A, C, D – 운반가스 응축을 방지하고, 시료를 기화하기 위해
③ C, D, E – 시료를 기화시키고, 기화된 시료의 응축 및 응결을 방지하기 위해
④ B, C, D – 운반가스 유량의 적절한 조절과 분리관 내 충진제의 흡착 및 흡수능을 높이기 위해

해설 ㉠ 가열장치가 필요한 부분 : 시료도입부, 분리관, 검출기
㉡ 이유 : 시료를 기화시키고, 기화된 시료의 응축 및 응결을 방지하기 위해

67 굴뚝배출가스의 연속자동측정 방법에서 측정항목과 측정방법이 잘못 연결된 것은?

① 염화수소 – 비분산적외선분석법
② 암모니아 – 이온전극법
③ 질소산화물 – 화학발광법
④ 아황산가스 – 용액전도율법

해설 **굴뚝배출가스의 연속자동측정방법에서 측정항목에 따른 측정방법**
㉠ 아황산가스 : 용액전도율법, 적외선흡수법, 자외선흡수법, 정전위전해법 및 불꽃광도법
㉡ 질소산화물 : 화학발광법, 적외선흡수법, 자외선흡수법 및 정전위전해법
㉢ 염화수소 : 이온전극법, 비분산적외선분석법
㉣ 암모니아 : 용액전도율법과 적외선가스분석법

68 대기오염공정시험기준상 일반시험방법에 관한 설명으로 옳은 것은?

① 상온은 15~25℃, 실온은 1~35℃로 하고, 찬 곳은 따로 규정이 없는 한 4℃ 이하의 곳을 뜻한다.
② 냉후(식힌 후)라 표시되어 있을 때는 보온 또는 가열 후 상온까지 냉각된 상태를 뜻한다.
③ 시험은 따로 규정이 없는 한 상온에서 조작하고 조작 직후 그 결과를 관찰한다.
④ 냉수는 4℃ 이하, 온수는 50~60℃, 열수는 100℃를 말한다.

해설 **온도의 표시**
㉠ 표준온도는 0℃, 상온은 15~25℃, 실온은 1~35℃로 하고, 찬 곳은 따로 규정이 없는 한 0~15℃의 곳을 뜻한다.
㉡ "냉후"(식힌 후)라 표시되어 있을 때는 보온 또는 가열 후 실온까지 냉각된 상태를 뜻한다.
㉢ 냉수는 15℃ 이하, 온수는 60~70℃, 열수는 약 100℃를 말한다.

69 굴뚝 등에서 배출되는 오염물질별 분석방법으로 옳지 않은 것은?

① 자외선/가시선분광법에 의한 암모니아 분석 시 분석용 시료 용액에 페놀－나이트로프루시드소듐 용액과 하이포아염소산소듐 용액을 가하고 암모늄 이온과 반응시킨다.
② 염화수소를 자외선/가시선분광법으로 분석 시 시료에 메틸알코올 10mL 등을 가하고 마개를 한 후 흔들어 잘 섞는다.
③ 이황화탄소를 자외선/가시선분광법으로 분석 시 황화수소를 제거하기 위해 흡수병 중 한 개는 전처리용으로 아세트산카드뮴용액을 넣는다.
④ 황산화물을 중화적정법으로 분석 시 이산화탄소가 공존하면 방해성분으로 작용한다.

해설 황산화물을 중화적정법으로 분석 시 이산화탄소가 공존해도 무방하다.

70 저용량 공기시료채취기에 의해 환경대기 중 먼지 채취 시 여과지 또는 샘플러 각 부분의 공기저항에 의하여 생기는 압력손실을 측정하여 유량계의 유량을 보정해야 한다. 유량계의 설정조건에서 1기압에서의 유량을 20L/min, 사용조건에 따른 유량계 내의 압력손실을 150mmHg라 할 때, 유량계의 눈금값은 얼마로 설정하여야 하는가?

① 16.3L/min ② 20.3L/min
③ 22.3L/min ④ 25.3L/min

해설 $Q_r = 20\sqrt{\dfrac{760}{760-\Delta P}} = 20\sqrt{\dfrac{760}{760-150}} = 22.32\text{L/min}$

71 굴뚝배출가스 중 질소산화물을 연속적으로 자동측정하는 방법 중 자외선흡수 분석계의 구성에 관한 설명으로 옳지 않은 것은?

① 광원 : 중수소방전관 또는 중압수은등을 사용한다.
② 시료셀 : 시료가스가 연속적으로 흘러갈 수 있는 구조로 되어 있으며 그 길이는 200~500mm이고, 셀의 창은 석영판과 같이 자외선 및 가시광선이 투과할 수 있는 재질이어야 한다.
③ 광학필터 : 프리즘과 회절격자 분광기 등을 이용하여 자외선 영역 또는 가시광선 영역의 단색광을 얻는 데 사용된다.
④ 합산증폭기 : 신호를 증폭하는 기능과 일산화질소 측정파장에서 아황산가스의 간섭을 보정하는 기능을 가지고 있다.

해설 **광학필터**
특정파장 영역의 흡수나 다층박막의 광학적 간섭을 이용하여 자외선 영역 또는 가시광선영역의 일정한 폭을 갖는 빛을 얻는 데 사용한다.

72 다음은 굴뚝 등에서 배출되는 질소산화물의 자동연속측정방법(자외선흡수분석계 사용)에 관한 설명이다. ( ) 안에 가장 적합한 물질은?

합산증폭기는 신호를 증폭하는 기능과 일산화질소 측정파장에서 ( )의 간섭을 보정하는 기능을 가지고 있다.

① 수분 ② 아황산가스
③ 이산화탄소 ④ 일산화탄소

해설 **굴뚝배출 질소산화물-자동연속측정방법(자외선흡수분석계)**
합산증폭기 : 신호를 증폭하는 기능과 일산화질소 측정파장에서 아황산가스의 간섭을 보정하는 기능이 있다.

73 굴뚝배출가스 중 먼지 측정 시 등속흡인 정도를 보기 위하여 등속흡인계수(%)를 산정한다. 이때 그 값이 몇 % 범위 내에 들지 않는 경우 다시 시료를 채취하여야 하는가?

① 90~105% ② 90~110%
③ 95~105% ④ 95~110%

해설 등속흡입계수는 95~110% 범위이어야 한다.

74 다음은 환경대기 중 유해 휘발성 유기화합물의 시험방법(고체흡착법)에서 사용되는 용어의 정의이다. ( ) 안에 알맞은 것은?

일정농도의 VOC가 흡착관에 흡착되는 초기 시점부터 일정시간이 흐르게 되면 흡착관 내부에 상당량의 VOC가 포화되기 시작하고 전체 VOC 양의 5%가 흡착관을 통과하게 되는데, 이 시점에서 흡착관 내부로 흘러간 총 부피를 ( )라 한다.

① 머무름부피(Retention Volume)
② 안전부피(Safe Sample Volume)
③ 파과부피(Breakthrough Volume)
④ 탈착부피(Desorption Volume)

해설 **파과부피(BV ; Breakthrough Volume)**
일정농도의 휘발성 유기화합물이 흡착관에 흡착되는 초기 시점부터 일정시간이 흐르게 되면 흡착관 내부에 상당량의 휘발성 유기화합물질이 포화되기 시작하고 전체 휘발성 유기화합물질 농도의 5%가 흡착관을 통과하게 되는데, 이 시점에서 흡착관 내부로 흘러간 총 부피를 파과부피라 한다.

75 흡광차분광법(DOAS)으로 측정 시 필요한 광원으로 옳은 것은?

① 1,800~2,850nm 파장을 갖는 Zeus 램프
② 200~900nm 파장을 갖는 Zeus 램프
③ 180~2,850nm 파장을 갖는 Xenon 램프
④ 200~900nm 파장을 갖는 Hollow cathode 램프

해설 **흡광차분광법(DOAS)**
일반적으로 빛을 조사하는 발광부와 50~1,000m 정도 떨어진 곳에 설치되는 수광부(또는 발·수광부와 반사경) 사이에 형성되는 빛의 이동경로(Path)를 통과하는 가스를 실시간으로 분석하며, 측정에 필요한 광원은 180~2,850nm 파장을 갖는 제논(Xenon) 램프를 사용하여 아황산가스, 질소산화물, 오존 등의 대기오염물질 분석에 적용한다.

76 다음 중 원자흡수분광광도법에 사용되는 분석장치인 것은?

① Stationary Liquid
② Detector Oven
③ Nebulizer-Chamber
④ Electron Capture Detector

정답 71 ③ 72 ② 73 ④ 74 ③ 75 ③ 76 ③

[해설] **분무실(Nebulizer-Chamber, Atomizer Chamber)**
분무기와 함께 분무된 시료용액의 미립자를 더욱 미세하게 해주는 한편 큰 입자와 분리시키는 작용을 갖는 장치이다.

77 굴뚝 배출가스 중 CS_2의 측정에 사용되는 흡수액은?(단, 자외선/가시선분광법으로 측정)

① 붕산 용액
② 가성소다 용액
③ 황산동 용액
④ 다이에틸아민구리 용액

[해설] 굴뚝 배출가스 중 CS_2의 측정에 사용되는 흡수액은 다이에틸아민구리 용액이다.

78 굴뚝배출가스 내의 질소산화물을 연속적으로 자동측정하는 방법 중 화학발광분석계의 구성에 관한 설명으로 거리가 먼 것은?

① 유량제어부는 시료가스 유량제어부와 오존가스 유량제어부가 있으며 이들은 각각 저항관, 압력조절기, 니들밸브, 면적유량계, 압력계 등으로 구성되어 있다.
② 반응조는 시료가스와 오존가스를 도입하여 반응시키기 위한 용기로서 이 반응에 의해 화학발광이 일어나고 내부압력조건에 따라 감압형과 상압형이 있다.
③ 오존발생기는 산소가스를 오존으로 변환시키는 역할을 하며, 에너지원으로서 무성방전관 또는 자외선발생기를 사용한다.
④ 검출기에는 화학발광을 선택적으로 투과시킬 수 있는 발광필터가 부착되어 있으며 전기신호를 발광도로 변환시키는 역할을 한다.

[해설] 검출기에는 화학발광을 선택적으로 투과시킬 수 있는 광학필터가 부착되어 있으며 발광도를 전기신호로 변환시키는 역할을 한다.

79 다음은 중금속 분석을 위한 전처리 방법 중 저온회화법에 관한 설명이다. ㉠, ㉡에 알맞은 것은?

> 시료를 채취한 여과지를 회화실에 넣고 약 (㉠)에서 회화한다. 셀룰로오스섬유제 여과지를 사용했을 때에는 그대로, 유리섬유제 또는 석영섬유제 여과지를 사용했을 때에는 적당한 크기로 자르고 250mL 원뿔형 비커에 넣은 다음 (㉡)를 가한다. 이것을 물중탕 중에서 약 30분간 가열하여 녹인다.

① ㉠ 200℃ 이하
  ㉡ 황산(2+1) 70mL 및 과망간산칼륨(0.025N) 5mL
② ㉠ 450℃ 이하
  ㉡ 황산(2+1) 70mL 및 과망간산칼륨(0.025N) 5mL
③ ㉠ 200℃ 이하
  ㉡ 염산(1+1) 70mL 및 과산화수소수(30%) 5mL
④ ㉠ 450℃ 이하
  ㉡ 염산(1+1) 70mL 및 과산화수소수(30%) 5mL

[해설] **저온회화법**
시료를 채취한 여과지를 회화실에 넣고 약 200℃ 이하에서 회화한다. 셀룰로오스섬유제 여과지를 사용했을 때에는 그대로, 유리섬유제 또는 석영섬유제 여과지를 사용했을 때에는 적당한 크기로 자르고 250mL 원뿔형 비커에 넣은 다음 염산(1+1) 70mL 및 과산화수소수(30%) 5mL를 가한다. 이것을 물중탕 중에서 약 30분간 가열하여 녹인다.

80 굴뚝 배출가스 중 수분의 부피백분율을 측정하기 위하여 흡습관에 배출가스 10L를 흡인하여 유입시킨 결과 흡습관의 중량 증가는 0.82g이었다. 이때 가스흡인은 건식 가스미터로 측정하여 그 가스미터의 가스 게이지압은 4mmH_2O이고, 온도는 27℃였다. 그리고 대기압은 760mmHg이었다면 이 배출가스 중 수분량(%)은?

① 약 10%   ② 약 13%
③ 약 16%   ④ 약 18%

[해설] **수분량(%)**
$$= \frac{1.244 m_a}{V_s \times \frac{273}{273+t} \times \frac{P_a + P_m}{760} + 1.244 m_a}$$
$$= \frac{1.244 \times 0.82}{10 \times \frac{273}{273+27} \times \frac{760 + 0.2942}{760} + 1.244 \times 0.82} \times 100$$
$$= 10.08\%$$

$$\left[0.2942 \text{mmHg} = \frac{760 \text{mmHg}}{10,332 \text{mmH}_2\text{O}} \times 4 \text{mmH}_2\text{O} \right]$$

정답 77 ④ 78 ④ 79 ③ 80 ①

제5과목 대기환경관계법규

81 대기환경보전법령상 비산 배출의 저감 대상 업종으로 거리가 먼 것은?

① 제1차 금속제조업 중 제강업
② 육상운송 및 파이프라인 운송업 중 파이프라인 운송업
③ 의약물질제조업 중 의약품제조업
④ 창고 및 운송 관련 서비스업 중 위험물품 보관업

해설 비산 배출의 저감대상 업종

분류	업종
코크스, 연탄 및 석유 정제품 제조업	원유 정제처리업
화학물질 및 화학제품 제조업 : 의약품 제외	• 석유화학계 기초화학물질 제조업 • 합성고무 제조업 • 합성수지 및 기타 플라스틱 물질 제조업 • 접착제 및 젤라틴 제조업
1차 금속 제조업	• 제철업 • 제강업 • 냉간 압연 및 압출 제품 제조업 • 알루미늄 압연, 압출 및 연신제품 제조업 • 강관 제조업
고무제품 및 플라스틱 제품 제조업	• 그 외 기타 고무제품 제조업 • 플라스틱 필름, 시트 및 판 제조업 • 벽 및 바닥 피복용 플라스틱 제품 제조업 • 플라스틱 포대, 봉투 및 유사제품 제조업 • 플라스틱 적층, 도포 및 기타 표면처리 제품 제조업 • 그 외 기타 플라스틱 제품 제조업
전기장비 제조업	• 축전지 제조업 • 기타 절연선 및 케이블 제조업
기타 운송장비 제조업	• 강선 건조업 • 선박 구성부분품 제조업 • 기타 선박 건조업
육상운송 및 파이프라인 운송업	파이프라인 운송업
창고 및 운송 관련 서비스업	위험물품 보관업
금속가공제품 제조업 : 기계 및 기구 제외	• 도장 및 기타 피막처리업 • 그 외 기타 분류 안 된 금속가공제품 제조업
섬유제품 제조업 : 의복 제외	직물 및 편조원단 염색 가공업
펄프, 종이 및 종이제품 제조업	• 적층, 합성 및 특수표면처리 종이 제조업 • 벽지 및 장판지 제조업
전자부품, 컴퓨터, 영상, 음향 및 통신장비 제조업	그 외 기타 전자부품 제조업
자동차 및 트레일러 제조업	• 자동차용 동력전달장치 제조업 • 그 외 기타 자동차 부품 제조업

82 대기환경보전법상 기후·생태계 변화 유발물질과 가장 거리가 먼 것은?

① 이산화질소   ② 메탄
③ 과불화탄소   ④ 염화불화탄소

해설 기후·생태계 변화 유발물질
지구온난화 등으로 생태계의 변화를 가져올 수 있는 기체상 물질로서 온실가스 및 환경부령이 정하는 것을 말한다.
㉠ 온실가스 : 이산화탄소, 메탄, 아산화질소, 수소불화탄소, 과불화탄소, 육불화황
㉡ 환경부령이 정하는 것 : 염화불화탄소, 수소염화불화탄소

83 환경정책기본법령상 대기환경기준(1시간 평균치 기준)의 연결로 옳은 것은?(단, ㉠ 아황산가스(SO_2), ㉡ 이산화질소(NO_2)이다.)

① ㉠ 0.05ppm 이하   ㉡ 0.06ppm 이하
② ㉠ 0.06ppm 이하   ㉡ 0.05ppm 이하
③ ㉠ 0.15ppm 이하   ㉡ 0.10ppm 이하
④ ㉠ 0.10ppm 이하   ㉡ 0.15ppm 이하

해설 대기환경기준

항목	기준	측정방법
아황산가스 (SO_2)	• 연간 평균치 0.02ppm 이하 • 24시간 평균치 0.05ppm 이하 • 1시간 평균치 0.15ppm 이하	자외선 형광법(Pulse U.V. Fluorescence Method)
일산화탄소 (CO)	• 8시간 평균치 9ppm 이하 • 1시간 평균치 25ppm 이하	비분산적외선 분석법 (Non-Dispersive Infrared Method)
이산화질소 (NO_2)	• 연간 평균치 0.03ppm 이하 • 24시간 평균치 0.06ppm 이하 • 1시간 평균치 0.10ppm 이하	화학발광법 (Chemiluminescence Method)

84 대기환경보전법령상 연료의 황 함유량이 1.0% 이하인 경우 기본부과금의 농도별 부과계수로 옳은 것은?(단, 연료를 연소하여 황산화물을 배출하는 시설(황산화물의 배출량을 줄이기 위하여 방지시설을 설치한 경우와 생산공정상 황산화물의 배출량이 줄어든다고 인정하는 경우는 제외))

① 0.2   ② 0.3   ③ 0.4   ④ 1.0

해설 기본부과금의 농도별 부과계수

구분	연료의 황 함유량(%)		
	0.5 이하	1.0 이하	1.0 초과
농도별 부과계수	0.2	0.4	1.0

정답 81 ③ 82 ① 83 ③ 84 ③

85 대기환경보전법령상 배출시설에서 발생하는 연간 대기오염물질발생량의 합계로 사업장을 분류할 때 다음 중 4종 사업장에 속하는 양은?

① 80톤 ② 50톤
③ 12톤 ④ 5톤

해설 **사업장 분류기준**

종별	오염물질발생량 구분
1종 사업장	대기오염물질발생량의 합계가 연간 80톤 이상인 사업장
2종 사업장	대기오염물질발생량의 합계가 연간 20톤 이상 80톤 미만인 사업장
3종 사업장	대기오염물질발생량의 합계가 연간 10톤 이상 20톤 미만인 사업장
4종 사업장	대기오염물질발생량의 합계가 연간 2톤 이상 10톤 미만인 사업장
5종 사업장	대기오염물질발생량의 합계가 연간 2톤 미만인 사업장

86 실내공기질 관리법규상 노인요양시설 내부의 쾌적한 공기질을 유지하기 위한 실내공기질 유지기준에 설정된 오염물질이 아닌 것은?

① 미세먼지(PM-10) ② 포름알데하이드
③ 아산화질소 ④ 총부유세균

해설 **실내공기질 유지기준 항목**
㉠ 미세먼지(PM-10)
㉡ 이산화탄소
㉢ 포름알데하이드
㉣ 총부유세균
㉤ 일산화탄소
㉥ 미세먼지(PM-2.5)

87 대기환경보전법규상 자동차 운행정지표지에 기재되는 사항이 아닌 것은?

① 점검 당시 누적주행거리
② 운행정지기간 중 주차장소
③ 자동차 소유자 성명
④ 자동차등록번호

해설 **자동차 운행정지표지 기재사항**
㉠ 점검 당시 누적주행거리
㉡ 운행정지기간 중 주차장소
㉢ 자동차등록번호

88 대기환경보전법규상 사업자가 스스로 방지시설을 설계·시공하고자 하는 경우에 시·도지사에 제출하여야 할 서류와 거리가 먼 것은?

① 기술능력 현황을 적은 서류
② 공정도
③ 배출시설의 공정도, 그 도면 및 운영규약
④ 원료(연료를 포함한다) 사용량, 제품생산량 및 오염물질 등의 배출량을 예측한 명세서

해설 **자가방지설비를 설계 시공하고자 하는 사업자가 시·도지사에게 제출해야 하는 서류**
㉠ 배출시설의 설치명세서
㉡ 공정도
㉢ 원료(연료를 포함한다) 사용량, 제품생산량 및 대기오염물질 등의 배출량을 예측한 명세서
㉣ 방지시설의 설치명세서와 그 도면
㉤ 기술능력 현황을 적은 서류

89 대기환경보전법령상 황 함유기준에 부적합한 유류를 판매하여 그 해당 유류의 회수처리명령을 받은 자는 시·도지사 등에게 그 명령을 받은 날부터 며칠 이내에 이행완료보고서를 제출하여야 하는가?

① 5일 이내에 ② 7일 이내에
③ 10일 이내에 ④ 30일 이내에

해설 황 함유기준에 부적합한 유류를 판매하여 그 해당 유류의 회수처리명령을 받은 자는 시·도지사 등에게 그 명령을 받은 날부터 5일 이내에 이행완료보고서를 제출하여야 한다.

90 대기환경보전법규상 자동차연료형 첨가제의 종류에 해당하지 않는 것은?

① 청정분산제 ② 옥탄가 향상제
③ 매연발생제 ④ 세척제

해설 **자동차연료형 첨가제의 종류**
㉠ 세척제
㉡ 청정분산제
㉢ 매연억제제
㉣ 다목적 첨가제
㉤ 옥탄가 향상제
㉥ 세탄가 향상제
㉦ 유동성 향상제
㉧ 윤활성 향상제

정답 85 ④ 86 ③ 87 ③ 88 ③ 89 ① 90 ③

91 환경정책기본법령상 아황산가스(SO_2)의 대기환경기준으로 옳게 연결된 것은?

- 24시간 평균치 : (㉠)ppm 이하
- 1시간 평균치 : (㉡)ppm 이하

① ㉠ 0.05 ㉡ 0.15
② ㉠ 0.06 ㉡ 0.10
③ ㉠ 0.07 ㉡ 0.12
④ ㉠ 0.08 ㉡ 0.12

해설 대기환경기준

항목	기준	측정방법
아황산 가스 (SO_2)	• 연간 평균치 0.02ppm 이하 • 24시간 평균치 0.05ppm 이하 • 1시간 평균치 0.15ppm 이하	자외선 형광법(Pulse U.V. Fluorescence Method)

92 환경정책기본법령상 이산화질소(NO_2)의 대기환경기준은?(단, 24시간 평균치 기준)

① 0.03ppm 이하
② 0.05ppm 이하
③ 0.06ppm 이하
④ 0.10ppm 이하

해설 이산화질소(NO_2) 대기환경기준
㉠ 연간 평균치 : 0.03ppm 이하
㉡ 24시간 평균치 : 0.06ppm 이하
㉢ 1시간 평균치 : 0.10ppm 이하

93 다음은 대기환경보전법규상 제작자동차의 배출가스 보증기간에 관한 사항이다. ( ) 안에 알맞은 것은?(단, 2016년 1월 1일 이후 제작자동차 기준)

배출가스 보증기간의 만료는 (㉠)을 기준으로 한다. 휘발유와 가스를 병용하는 자동차는 (㉡)사용 자동차의 보증기간을 적용한다.

① ㉠ 기간 또는 주행거리, 가동시간 중 나중 도달하는 것 ㉡ 휘발유
② ㉠ 기간 또는 주행거리, 가동시간 중 나중 도달하는 것 ㉡ 가스
③ ㉠ 기간 또는 주행거리, 가동시간 중 먼저 도달하는 것 ㉡ 휘발유
④ ㉠ 기간 또는 주행거리, 가동시간 중 먼저 도달하는 것 ㉡ 가스

해설 배출가스 보증기간의 만료는 기간 또는 주행거리, 가동시간 중 먼저 도달하는 것을 기준으로 한다. 휘발유와 가스를 병용하는 자동차는 가스사용 자동차의 보증기간을 적용한다.

94 대기환경보전법령상 기본부과금의 지역별 부과계수로 옳게 연결된 것은?(단, 지역구분은 「국토의 계획 및 이용에 관한 법률」에 따르고, 대표적으로 Ⅰ지역은 주거지역, Ⅱ지역은 공업지역, Ⅲ지역은 녹지지역이 해당한다.)

① Ⅰ지역-0.5, Ⅱ지역-1.0, Ⅲ지역-1.5
② Ⅰ지역-1.5, Ⅱ지역-0.5, Ⅲ지역-1.0
③ Ⅰ지역-1.0, Ⅱ지역-0.5, Ⅲ지역-1.5
④ Ⅰ지역-1.5, Ⅱ지역-1.0, Ⅲ지역-0.5

해설 기본부과금의 지역별 부과계수

구분	지역별 부과계수
Ⅰ지역	1.5
Ⅱ지역	0.5
Ⅲ지역	1.0

95 대기환경보전법규상 시·도지사가 설치하는 대기오염 측정망에 해당하지 않는 것은?

① 도시지역의 휘발성 유기화합물 등의 농도를 측정하기 위한 광화학대기오염물질측정망
② 도시지역의 대기오염물질 농도를 측정하기 위한 도시대기측정망
③ 도로변의 대기오염물질 농도를 측정하기 위한 도로변대기측정망
④ 대기 중의 중금속 농도를 측정하기 위한 대기중금속측정망

해설 시·도지사가 설치하는 대기오염 측정망
㉠ 도시지역의 대기오염물질 농도를 측정하기 위한 도시대기측정망
㉡ 도로변의 대기오염물질 농도를 측정하기 위한 도로변대기측정망
㉢ 대기 중의 중금속 농도를 측정하기 위한 대기중금속측정망

96 대기환경보전법규상 배출시설 가동 시에 방지시설을 가동하지 아니하거나 오염도를 낮추기 위하여 배출시설에서 배출되는 대기오염물질에 공기를 섞어 배출하는 행위에 대한 1차 행정처분 기준은?

① 조업정지 30일
② 조업정지 20일
③ 조업정지 10일
④ 경고

해설 행정처분기준
1차(조업정지 10일) → 2차(조업정지 30일) → 3차(허가 취소 또는 폐쇄)

정답 91 ① 92 ③ 93 ④ 94 ② 95 ① 96 ③

97 대기환경보전법규상 분체상 물질을 싣고 내리는 공정의 경우, 비산먼지 발생을 억제하기 위해 작업을 중지해야 하는 평균풍속(m/s)의 기준은?

① 2 이상   ② 5 이상   ③ 7 이상   ④ 8 이상

해설 분체상 물질을 싣고 내리는 공정의 경우 풍속이 평균초속 8m/sec 이상일 경우에는 작업을 중지할 것

98 대기환경보전법령상 대기오염경보에 관한 설명으로 옳지 않은 것은?

① 미세먼지(PM-10), 미세먼지(PM-2.5), 오존(O_3) 3개 항목 모두 오염물질 농도에 따라 주의보, 경보, 중대경보로 구분하고 경보발령의 경우 자동차 사용자제요청의 조치사항을 포함한다.
② 대기오염 경보 대상 오염물질은 미세먼지(PM-10), 미세먼지(PM-2.5), 오존(O_3)으로 한다.
③ 해당 지역의 대기자동측정소 PM-10 또는 PM-2.5의 권역별 평균농도가 경보 단계별 발령기준을 초과하면 해당 경보를 발령할 수 있다.
④ 오존 농도는 1시간당 평균농도를 기준으로 하며, 해당 지역의 대기자동측정소 오존 농도가 1개소라도 경보단계별 발령기준을 초과하면 해당 경보를 발령할 수 있다.

해설 대기오염경보 단계는 대기오염경보 대상 오염물질의 농도에 따라 다음 각 호와 같이 구분하되, 대기오염경보 단계별 오염물질의 농도기준은 환경부령으로 정한다.
㉠ 미세먼지(PM-10) : 주의보, 경보
㉡ 미세먼지(PM-2.5) : 주의보, 경보
㉢ 오존(O_3) : 주의보, 경보, 중대경보

99 대기환경보전법규상 자동차 연료·첨가제 또는 촉매제 검사기관의 지정기준 중 자동차 연료검사기관의 기술능력 및 검사장비기준으로 옳지 않은 것은?

① 검사원은 국가기술자격법 시행규칙에 따른 자동차, 화공, 안전관리(가스), 환경 분야의 기사 자격 이상을 취득한 사람이어야 한다.
② 검사원은 2명 이상이어야 하며, 그 중 한 명은 해당 검사업무에 5년 이상 종사한 경험이 있는 사람이어야 한다.
③ 휘발유·경유·바이오디젤(BD100) 검사를 위해 1ppm 이하 분석가능한 황함량분석기 1식을 갖추어야 한다.
④ 휘발유·경유·바이오디젤 검사기관과 LPG·CNG·바이오가스 검사기관의 기술능력 기준은 같으며, 두 검사 업무를 함께 하려는 경우에는 기술능력을 중복하여 갖추지 아니할 수 있다.

해설 검사원 중 2명 이상은 해당 검사업무에 5년 이상 종사한 경험이 있는 사람이어야 한다.

100 대기환경보전법규상 대기오염경보단계 중 오존의 중대경보 발령기준으로 옳은 것은?(단, 오존농도는 1시간 평균농도를 기준으로 한다.)

① 기상조건 등을 고려하여 해당 지역의 대기자동측정소 오존농도가 0.12ppm 이상인 때
② 기상조건 등을 고려하여 해당 지역의 대기자동측정소 오존농도가 0.15ppm 이상인 때
③ 기상조건 등을 고려하여 해당 지역의 대기자동측정소 오존농도가 0.3ppm 이상인 때
④ 기상조건 등을 고려하여 해당 지역의 대기자동측정소 오존농도가 0.5ppm 이상인 때

해설 **대기오염 경보단계 중 중대경보 발령기준(오존)**
기상조건 등을 고려하여 해당 지역의 대기자동측정소 오존농도가 0.5ppm 이상인 때

정답 97 ④   98 ①   99 ②   100 ④

2023년 2회 CBT 복원·예상문제

제1과목 대기오염개론

01 스테판-볼츠만의 법칙에 의하면 표면온도가 1,500K에서 1,800K가 되었다면, 흑체에서 복사되는 에너지는 약 몇 배가 되는가?
① 1.2배   ② 1.4배
③ 2.1배   ④ 3.2배

해설 스테판-볼츠만의 법칙
$E = \sigma T^4$ 이므로
$\left(\dfrac{T_2}{T_1}\right)^4 = \left(\dfrac{1,800}{1,500}\right)^4 = 2.07$배

02 지표 부근 대기의 일반적인 체류시간의 순서로 가장 적합한 것은?
① $O_2 > N_2O > CH_4 > CO$
② $O_2 > CH_4 > CO > N_2O$
③ $CO > O_2 > N_2O > CH_4$
④ $CO > CH_4 > O_2 > N_2O$

해설
㉠ O_2 : 6,000year
㉡ N_2O : 5~50year
㉢ CH_4 : 3~8year
㉣ CO : 0.5year

03 다음 분산모델 중 미국에서 개발한 것으로 광화학모델이며, 점오염원이나 면오염원에 적용하고, 도시지역의 오염물질 이동을 계산할 수 있는 것은?
① ISCLT   ② TCM
③ UAM   ④ RAMS

해설 UAM(Urban Airshed Model)
㉠ 점, 면 오염원에 적용한다.
㉡ 미국에서 개발되었고 광화학모델을 이용하여 계산하는 모델이다.
㉢ 도시지역에서 광화학반응을 고려하여 오염물질의 이동을 계산한다.

04 다음 대기오염물질의 분류 중 2차 오염물질에 해당하지 않는 것은?
① NOCl   ② 알데하이드
③ 케톤   ④ N_2O_3

해설 2차 오염물질
에어로졸(H_2SO_4 mist), O_3, PAN($CH_3COOONO_2$), 염화니트로실(NOCl), 과산화수소(H_2O_2), 아크롤레인(CH_2CHCHO), PBN($C_6H_5COOONO_2$), 알데하이드(Aldehydes ; RCHO), SO_2, NO_2
※ N_2O_3는 1차 오염물질이다.

05 석면폐증에 관한 설명으로 가장 거리가 먼 것은?
① 석면폐증은 폐의 석면분진 침착에 의한 섬유화이며, 흉막의 섬유화와는 무관하다.
② 석면폐증은 폐상엽에서 주로 발생하며, 전이되지 않는다.
③ 폐의 섬유화는 폐조직의 신축성을 감소시키고, 혈액으로의 산소공급을 불충분하게 한다.
④ 석면폐증은 비가역적이며, 석면 노출이 중단된 이후에도 악화되는 경우가 있다.

해설 석면폐증은 폐하엽에서 주로 발생하며 전이될 수 있다.

06 내경이 2m이고, 실제 높이가 45m인 연돌에서 15m/s로 배출되는 배기가스의 온도는 127℃, 대기 중의 공기압은 1기압, 기온은 27℃이다. 연돌 배출구에서의 풍속이 5m/s일 때, 유효연돌높이는?(단, Holland의 연기 상승높이 결정식은 다음과 같다.)

$$\Delta H = \dfrac{V_s \cdot d}{U}\left(1.5 + 2.68 \times 10^{-3} \cdot P\left(\dfrac{T_s - T_a}{T_s}\right) \times d\right)$$

① 74.1m   ② 67.1m
③ 65.1m   ④ 62.1m

해설 $H_e = H + \Delta H$

$\Delta H = \dfrac{V_s \cdot d}{U}\left[1.5 + 2.68 \times 10^{-3} \times P\left(\dfrac{T_s - T_a}{T_s}\right) \times d\right]$

$= \dfrac{15\text{m/sec} \times 2\text{m}}{5\text{m/sec}}[1.5 + 2.68 \times 10^{-3} \times 1,013.2\text{mb}$

정답 01 ③ 02 ① 03 ③ 04 ④ 05 ② 06 ④

$$\times \left(\frac{(273+127)-(273+27)}{273+127}\right) \times 2\mathrm{m}\right] = 17.15\mathrm{m}$$
$$= 45 + 17.15 = 62.15\mathrm{m}$$

07 지구온난화가 환경에 미치는 영향 중 옳은 것은?
① 온난화에 의한 해면 상승은 지역의 특수성에 관계없이 전 지구적으로 동일하게 발생한다.
② 대류권 오존의 생성반응을 촉진시켜 오존의 농도가 지속적으로 감소한다.
③ 기상조건의 변화는 대기오염의 발생횟수와 오염농도에 영향을 준다.
④ 기온상승과 토양의 건조화는 생물성장의 남방한계에는 영향을 주지만 북방한계에는 영향을 주지 않는다.

해설 ① 온난화에 의한 해면상승은 전 지구적으로 일정하지 않다.
② 대류권 오존의 생성반응을 촉진시켜 오존의 농도가 지속적으로 증가한다.
④ 기온상승과 토양의 건조화는 생물성장의 남방한계 및 북방한계에도 영향을 준다.

08 다음 중 CFCs(염화불화탄소)의 배출원과 거리가 먼 것은?
① 스프레이의 분사제 ② 우레탄 발포제
③ 형광등 안정기 ④ 냉장고의 냉매

해설 **CFCs(염화불화탄소) 배출원**
㉠ 냉장고 · 에어컨 냉매
㉡ 스프레이 분무제
㉢ 소화제, 발포제, 세정제

09 유효굴뚝높이 200m인 연돌에서 배출되는 가스양은 20m³/sec, SO_2 농도는 1,750ppm이다. $K_y = 0.07$, $K_z = 0.09$인 중립 대기조건에서 SO_2의 최대 지표농도 (ppb)는?(단, 풍속은 30m/sec이다.)
① 34ppb ② 22ppb
③ 15ppb ④ 9ppb

해설 $$C_{max} = \frac{2Q}{\pi \cdot e \cdot u \cdot H_e^2}\left(\frac{K_z}{K_y}\right)$$
$$= \frac{2 \times 20\mathrm{m}^3/\mathrm{sec} \times 1{,}750\mathrm{ppm}}{3.14 \times 2.72 \times 30\mathrm{m/sec} \times (200\mathrm{m})^2} \times \left(\frac{0.09}{0.07}\right)$$
$$= 0.00878\mathrm{ppm} \times 10^3\mathrm{ppb/ppm} = 8.78\mathrm{ppb}$$

10 암모니아가 식물에 미치는 영향으로 가장 거리가 먼 것은?
① 토마토, 메밀 등은 40ppm 정도의 암모니아 가스 농도에서 1시간 지나면 피해증상이 나타난다.
② 최초의 증상은 잎 선단부에 경미한 황화현상으로 나타난다.
③ 잎의 일부분에 영향이 나타나며, 강한 식물로는 겨자, 해바라기 등이 있다.
④ 암모니아의 독성은 HCl과 비슷한 정도이다.

해설 암모니아는 잎 전체에 영향이 나타나며 암모니아에 민감한 식물은 토마토, 해바라기 등이다.

11 역사적인 대기오염사건에 관한 설명으로 옳은 것은?
① 포자리카 사건은 MIC에 의한 피해이다.
② 런던스모그 사건은 복사역전 형태였다.
③ 뮤즈계곡 사건은 PAN이 주된 오염물질로 작용했다.
④ 도쿄 요코하마 사건은 PCB가 주된 오염물질로 작용했다.

해설 ① 포자리카 사건은 황화수소 누출사건이다.
③ 뮤즈계곡 사건은 SO_2이 주된 오염물질로 작용했다.
④ 도쿄 요코하마 사건은 SO_2이 주된 오염물질로 작용했다.

12 대기압력이 950mb인 높이에서 공기의 온도가 -10℃일 때 온위(potential temperature)는?(단, $\theta = T\left(\frac{1{,}000}{P}\right)^{0.288}$을 이용한다.)
① 약 267K ② 약 277K
③ 약 287K ④ 약 297K

해설 $$온위(\theta) = T\left(\frac{1{,}000}{P}\right)^{0.288}$$
$$= (273-10) \times \left(\frac{1{,}000}{950}\right)^{0.288} = 266.91\mathrm{K}$$

13 온실효과에 관한 설명 중 가장 적합한 것은?
① 실제 온실에서의 보온작용과 같은 원리이다.
② 일산화탄소의 기여도가 가장 큰 것으로 알려져 있다.
③ 온실효과 가스가 증가하면 대류권에서 적외선 흡수량이 많아져서 온실효과가 증대된다.
④ 가스차단기, 소화기 등에 주로 사용되는 NO_2는 온실효과에 대한 기여도가 CH_4 다음으로 크다.

정답 07 ③ 08 ③ 09 ④ 10 ③ 11 ② 12 ① 13 ③

해설 **온실효과**
㉠ 전 지구의 평균 지상기온은 지구가 태양으로부터 받고 있는 태양에너지와 지구가 적외선 형태로 우주로 방출하고 이는 에너지의 균형으로부터 결정된다. 이 균형은 대기 중의 CO_2, 수증기(H_2O) 등 흡수 기체가 큰 역할을 하고 있다.
㉡ 대기의 온실효과는 실제 온실에서의 보온작용과 같은 원리가 아니며, 온실기체가 대기 중에 계속 축적되어 발생하는 지구 대류권의 온도증가 현상이다.

14 다음 중 대기층의 구조에 관한 설명으로 옳은 것은?

① 지상 80km 이상을 열권이라고 한다.
② 오존층은 주로 지상 약 30~45km에 위치한다.
③ 대기층의 수직구조는 대기압에 따라 4개 층으로 나뉜다.
④ 일반적으로 지상에서부터 상층 10~12km까지를 성층권이라고 한다.

해설 ② 오존층은 주로 지상 약 20~25km에 위치한다.
③ 대기층의 수직구조는 수직 온도 분포에 따라 4개 층으로 구분한다.
④ 일반적으로 지상에서부터 상층 11~50km까지를 성층권이라 한다.

15 산성비에 대한 다음 설명 중 ( ) 안에 가장 적당한 말은?

산성비는 통상 (㉠) 이하의 강우를 말하며, 이는 자연 상태의 대기 중에 존재하는 (㉡)가 강우에 흡수되었을 때 나타나는 pH를 기준으로 한 것이다.

① ㉠ 7, ㉡ CO_2 ② ㉠ 7, ㉡ NO_2
③ ㉠ 5.6, ㉡ CO_2 ④ ㉠ 5.6, ㉡ CO

해설 산성비는 통상 5.6 이하의 강우를 말하며, 이는 자연 상태의 대기 중에 존재하는 CO_2가 강우에 흡수되었을 때 나타나는 pH를 기준으로 한 것이다.

16 다음 중 2차 대기오염물질에 해당하지 않는 것은?

① SO_3 ② H_2SO_4 ③ NO_2 ④ CO_2

해설 CO_2는 1차 대기오염물질이다.

17 국지풍에 관한 설명으로 옳지 않은 것은?

① 일반적으로 낮에 바다에서 육지로 부는 해풍은 밤에 육지에서 바다로 부는 육풍보다 강하다.
② 고도가 높은 산맥에 직각으로 강한 바람이 부는 경우에 산맥의 풍하 쪽으로 건조한 바람이 부는데 이러한 바람을 푄풍이라 한다.
③ 곡풍은 경사면 → 계곡 → 주계곡으로 수렴하면서 풍속이 가속되기 때문에 일반적으로 낮에 산 위쪽으로 부는 산풍보다 더 강하게 분다.
④ 열섬효과로 인하여 도시 중심부가 주위보다 고온이 되어 도시 중심부에서 상승기류가 발생하고 도시 주위의 시골에서 도시로 바람이 부는데 이를 전원풍이라 한다.

해설 산풍은 경사면 → 계곡 → 주계곡으로 수렴하면서 풍속이 가속되기 때문에 낮에 산 위쪽으로 부는 곡풍보다 더 강하다.

18 다음 중 일반적으로 대도시의 산성강우 속에 가장 높은 농도로 존재할 것으로 예상되는 이온성분은?(단, 산성강우는 pH 5.6 이하로 본다.)

① K^+ ② F^- ③ Na^+ ④ SO_4^{2-}

해설 **산성비의 주요 원인물질**
SO_4^{2-}(약 65%), NO_3^-(약 30%), Cl^-(약 5%)

19 50m의 높이가 되는 굴뚝 내의 배출가스 평균온도가 300℃, 대기온도가 20℃일 때 통풍력(mmH_2O)은?(단, 연소가스 및 공기의 비중을 1.3kg/Sm³라고 가정한다.)

① 약 15   ② 약 30   ③ 약 45   ④ 약 60

해설 $Z = 355H\left(\dfrac{1}{273+t_a} - \dfrac{1}{273+t_g}\right)$
$= 355 \times 50\left[\dfrac{1}{(273+20)} - \dfrac{1}{(273+300)}\right]$
$= 29.60 mmH_2O$

20 역전에 관한 설명으로 옳지 않은 것은?

① 복사역전층은 보통 가을로부터 봄에 걸쳐서 날씨가 좋고, 바람이 약하며, 습도가 적을 때 자정 이후 아침까지 잘 발생한다.
② 침강역전은 고기압 중심부분에서 기층이 서서히 침강하면서 기온이 단열변화로 승온되어 발생하는 현상이다.
③ 전선역전층은 빠른 속도로 움직이는 경향이 있어서 오염문제에 심각한 영향을 주지는 않는 편이다.
④ 해풍역전은 정체성 역전으로서 보통 오염물질을 오랫동안 정체시킨다.

해설 해풍역전은 이동성이므로 오염물질을 오랫동안 정체시키지 않는 편이다.

정답 14 ① 15 ③ 16 ④ 17 ③ 18 ④ 19 ② 20 ④

제2과목 연소공학

21 연소의 종류에 관한 설명으로 옳지 않은 것은?
① 포트액면연소는 액면에서 증발한 연료가스 주위를 흐르는 공기와 혼합하면서 연소하는 것으로 연소속도는 주위 공기의 흐름속도에 거의 비례하여 증가한다.
② 심지연소는 공급공기의 유속이 낮을수록, 공기의 온도가 높을수록 화염의 높이는 높아진다.
③ 증발연소는 일반적으로 가정용 석유스토브, 보일러 등 연료가 경질유이며, 소형인 것에 사용된다.
④ 분무연소는 연소장치를 작게 할 수 있는 장점은 있으나, 고부하의 연소는 불가능하다.

해설 분무연소는 연소장치를 작게 할 수 없으며 고부하의 연소는 가능하다.

22 공기를 사용하여 propane을 완전연소시킬 때 건조 연소가스 중의 $CO_{2\,max}(\%)$는?
① 13.76 ② 17.76
③ 18.25 ④ 22.85

해설 $C_3H_8 + 5O_2 \rightarrow 3CO_2 + 4H_2O$
$CO_{2\,max}(\%) = \dfrac{CO_2 \text{양}}{G_{od}} \times 100$
$G_{od} = 0.79 A_o + CO_2$
$= \left(0.79 \times \dfrac{5}{0.21}\right) + 3 = 21.81 Sm^3/Sm^3$
$= \dfrac{3}{21.81} \times 100 = 13.76\%$

23 저위발열량이 7,000kcal/Sm³의 가스연료의 이론연소온도(℃)는?(단, 이론연소가스양은 10Sm³/Sm³, 연료 연소가스의 평균정압비열은 0.35kcal/Sm³·℃, 기준온도는 15℃, 지금 공기는 예열되지 않으며, 연소가스는 해리되지 않음)
① 1,515 ② 1,825
③ 2,015 ④ 2,325

해설 이론연소온도(℃)
$= \dfrac{\text{저위발열량}}{\text{이론연소가스양} \times \text{평균정압비열}} + \text{기준온도}$
$= \dfrac{7,000 kcal/Sm^3}{10 Sm^3/Sm^3 \times 0.35 kcal/Sm^3 \cdot ℃} + 15℃ = 2,015℃$

24 연소가스 분석결과 CO_2는 17.5%, O_2는 7.5%일 때 $(CO_2)_{max}$(%)는?
① 19.6 ② 21.6 ③ 27.2 ④ 34.8

해설 $CO_{2\,max}(\%) = \dfrac{21 \times CO_2}{21 - O_2} = \dfrac{21 \times 17.5}{21 - 7.5} = 27.22\, CO_{2\,max}(\%)$

25 분자식 C_mH_n 인 탄화수소 1Sm³를 완전연소 시 이론공기량이 19Sm³인 것은?
① C_2H_4 ② C_2H_2
③ C_3H_8 ④ C_3H_4

해설 $C_3H_4 + 4O_2 \rightarrow 3CO_2 + 2H_2O$
$A_o(Sm^3) = \left(\dfrac{4 Sm^3/Sm^3}{0.21}\right) \times 1 Sm^3 = 19.05 Sm^3$

26 다음 연료의 연소 시 이론공기량의 개략치(Sm³/kg)가 가장 큰 것은?
① LPG ② 고로가스
③ 발생로가스 ④ 석탄가스

해설 연료의 이론공기량
① LPG : 20.8~24.7Sm³/Sm³
② 고로가스 : 0.7~0.9Sm³/Sm³
③ 발생로가스 : 0.93~1.29Sm³/Sm³
④ 석탄가스 : 주성분 H_2 및 CH_4
(H_2 : 2.4Sm³/Sm³, CH_4 : 9.5Sm³/Sm³)

27 미분탄 연소장치에 관한 설명으로 옳지 않은 것은?
① 설비비와 유지비가 많이 들고 재의 비산이 많아 집진장치가 필요하다.
② 부하변동의 적응이 어려워 대형과 대용량 설비에는 적합지 않다.
③ 연소제어가 용이하고 점화 및 소화 시 손실이 적다.
④ 스토커 연소에 적합하지 않은 점결탄과 저발열량탄 등도 사용할 수 있다.

해설 부하변동의 적응이 쉬워 대형과 대용량설비에 적합하다.

28 CH_4 : 30%, C_2H_6 : 30%, C_3H_8 : 40%인 혼합가스의 폭발범위로 가장 적합한 것은?(단, 르샤틀리에의 식 적용)

- CH_4 폭발범위 : 5~15%
- C_2H_6 폭발범위 : 3~12.5%
- C_3H_8 폭발범위 : 2.1~9.5%

정답 21 ④ 22 ① 23 ③ 24 ③ 25 ④ 26 ① 27 ② 28 ①

① 약 2.9~11.6%   ② 약 3.7~13.8%
③ 약 4.9~14.6%   ④ 약 5.8~15.4%

해설 ㉠ 폭발하한치(LEL)
$$\frac{100}{LEL} = \frac{30}{5} + \frac{30}{3} + \frac{40}{2.1}$$
$LEL = 2.85\%$
㉡ 폭발상한치(UEL)
$$\frac{100}{UEL} = \frac{30}{15} + \frac{30}{12.5} + \frac{40}{9.5}$$
$UEL = 11.61\%$
㉢ 폭발범위 : 2.85~11.61%

29 유동층 연소에 관한 설명으로 거리가 먼 것은?
① 사용연료의 입도범위가 넓기 때문에 연료를 미분쇄할 필요가 없다.
② 비교적 고온에서 연소가 행해지므로 열생성 NOx가 많고, 전열관의 부식이 문제가 된다.
③ 연료의 층내 체류시간이 길어 저발열량의 석탄도 완전연소가 가능하다.
④ 유동매체의 석회석 등의 탈황제를 사용하여 로 내 탈황도 가능하다.

해설 비교적 저온에서 연소가 행해지므로 열생성 NOx의 생성이 억제된다.

30 다음 중 연소와 관련된 설명으로 가장 적합한 것은?
① 공연비는 예혼합연소에 있어서의 공기와 연료의 질량비(또는 부피비)이다.
② 등가비가 1보다 큰 경우, 공기가 과잉인 경우로 열손실이 많아진다.
③ 등가비와 공기비는 상호 비례관계가 있다.
④ 최대탄산가스양(%)은 실제 건조연소가스양을 기준한 최대탄산가스의 용적백분율이다.

해설 ② 등가비가 1보다 큰 경우, 연료가 과잉인 경우로 열손실이 많지 않다.
③ 등가비와 공기비는 상호반비례관계가 있다.
④ 최대탄산가스양(%)은 이론건조연소가스양을 기준한 CO_2의 백분율을 의미한다.

31 다음 각종 연료 성분의 완전연소 시 단위체적당 고위발열량($kcal/Sm^3$)의 크기 순서로 옳은 것은?
① 일산화탄소 > 메탄 > 프로판 > 부탄
② 메탄 > 일산화탄소 > 프로판 > 부탄
③ 프로판 > 부탄 > 메탄 > 일산화탄소
④ 부탄 > 프로판 > 메탄 > 일산화탄소

해설 총발열량을 기준으로 할 때 연료의 고위발열량
㉠ 부탄 : 32,000 $kcal/m^3$
㉡ 프로판 : 24,300 $kcal/m^3$
㉢ 메탄 : 9,530 $kcal/m^3$
㉣ CO : 3,020 $kcal/m^3$

32 미분탄연소로에 사용되는 버너 중 접선기울형 버너 (Tangential Tilting Burner)에 관한 설명으로 거리가 먼 것은?
① 선회흐름을 보일러에 활용한 것으로 선회버너라고도 하며, 연소로 외벽 쪽으로 화염을 분산·형성한다.
② 사각연소로인 경우 각 모퉁이에 3~5개의 버너가 높이가 다르게 설치되어 있다.
③ 1차 공기 및 석탄 주입관 끝은 10~30° 정도의 각도범위에서 조정할 수 있도록 되어 있다.
④ 화염을 상하로 이동시켜서 과열을 방지할 수 있도록 되어 있다.

해설 접선기울형 버너(Tangential Tilting Burner)
㉠ 미분탄 연소로에 사용되는 버너 중 하나이며, 화염을 상하로 이동시켜서 과열을 방지할 수 있도록 되어 있다.
㉡ 사각연소로인 경우 각 모퉁이에 3~5개의 버너가 높이가 다르게 설치되어 있다.
㉢ 1차 공기 및 석탄 주입관 끝은 10~30° 정도의 각 범위에서 조정할 수 있도록 되어 있다.

33 기체연료의 연소장치 및 연소방식에 관한 설명으로 옳지 않은 것은?
① 확산연소는 주로 탄화수소가 적은 발생로가스, 고로가스에 적용되는 연소방식이고 천연가스에도 사용될 수 있다.
② 확산연소에 사용되는 버너 중 포트형은 기체연료와 공기를 다 같이 고온으로 예열할 수 있다.
③ 예혼합연소는 화염온도가 높아 연소부하가 큰 경우에 사용되고 화염 길이가 길고, 그을음 생성이 많다.
④ 예혼합연소에 사용되는 고압버너는 기체연료의 압력을 $2kg/cm^2$ 이상으로 공급하므로 연소실 내의 압력은 정압이다.

해설 예혼합연소는 화염온도가 높아 연소부하가 큰 경우에 사용되고, 화염 길이가 짧고 그을음 생성이 적다.

정답 29 ② 30 ① 31 ④ 32 ① 33 ③

34 클링커 장애(Clinker Trouble)가 가장 문제가 되는 연소장치는?

① 화격자 연소장치 ② 유동층 연소장치
③ 미분탄 연소장치 ④ 분무식 오일버너

해설 **화격자 연소장치의 단점**
㉠ 수분이 많거나 플라스틱같이 열에 쉽게 용해되는 물질에 의한 화격자 막힘의 염려가 있다.
㉡ 체류기간이 길고 교반력이 약하여 국부가열이 발생할 염려가 있다.
㉢ 고온 중에서 기계적 가동에 의해 금속부의 마모 및 손실이 심하게 나타난다.
㉣ 클링커 장애를 유발할 수 있다.

35 주어진 기체 중 연료 $1Sm^3$를 이론적으로 완전연소시키는 데 가장 적은 이론산소량(Sm^3)을 필요로 하는 것은? (단, 연소 시 모든 조건은 동일하다.)

① Methane ② Hydrogen
③ Ethane ④ Acetylene

해설 **연소반응식**
① Methane : $CH_4 + 2O_2 \rightarrow CO_2 + 2H_2O$
② Hydrogen : $H_2 + 0.5O_2 \rightarrow H_2O$
③ Ethane : $C_2H_6 + 3.5O_2 \rightarrow 2CO_2 + 3H_2O$
④ Acetylene : $C_2H_2 + 2.5O_2 \rightarrow 2CO_2 + H_2O$
위 반응식 중 Hydrogen의 반응 산소 mole 수가 가장 작다.

36 중유의 중량 성분 분석결과 탄소 : 82%, 수소 : 11%, 황 : 3%, 산소 : 1.5%, 기타 : 2.5%라면 이 중유의 완전연소 시 시간당 필요한 이론 공기량은?(단, 연료사용량 100L/hr, 연료비중 0.95이며, 표준상태 기준)

① 약 $630Sm^3$ ② 약 $720Sm^3$
③ 약 $860Sm^3$ ④ 약 $980Sm^3$

해설 $A_o = \dfrac{O_o}{0.21}$
$= \dfrac{(1.867 \times 0.82) + (5.6 \times 0.11) + (0.7 \times 0.03) - (0.7 \times 0.015)}{0.21}$
$= 10.27 Sm^3/kg \times 100L/hr \times 0.95kg/L$
$= 975.98 Sm^3/hr$

37 프로판 $1Sm^3$을 공기비 1.3으로 완전 연소시킬 경우, 발생되는 건조연소가스양(Sm^3)은?

① 약 23.7 ② 약 26.4
③ 약 28.9 ④ 약 33.7

해설 **연소반응식**
$C_3H_8 + 5O_2 \rightarrow 3CO_2 + 4H_2O$
$G_d = (m - 0.21)A_o + CO_2$양
$A_o = \dfrac{O_o}{0.21} = \dfrac{5}{0.21} = 23.81 Sm^3/Sm^3$
$= [(1.3 - 0.21) \times 23.81] + 3 = 28.9 Sm^3/Sm^3$

38 연소 시 발생하는 매연 또는 그을음 생성에 미치는 인자 등에 대한 설명으로 옳지 않은 것은?

① 산화하기 쉬운 탄화수소는 매연 발생이 적다.
② 탈수소가 용이한 연료일수록 매연이 잘 생기지 않는다.
③ 일반적으로 탄수소비(C/H)가 클수록 매연이 생기기 쉽다.
④ 중합 및 고리화합물 등이 매연이 잘 생긴다.

해설 탈수소가 쉬운 연료가 매연이 발생하기 쉽다.

39 연료 연소 시 검댕(그을음)의 발생에 관한 설명으로 옳지 않은 것은?

① 연료의 탄소/수소의 비가 작을수록 검댕이 발생하기 쉽다.
② 탄소-탄소 간의 결합이 절단되기보다 탈수소가 쉬운 연료일수록 검댕이 쉽게 발생한다.
③ 분해, 산화하기 쉬운 탄화수소 연료일수록 검댕 발생이 적다.
④ 천연가스<LPG<코크스<아탄<중유 순으로 검댕이 많이 발생한다.

해설 연료의 탄소/수소의 비가 클수록 검댕이 발생하기 쉽다.

40 부탄가스를 완전연소시키기 위한 공기연료비(Air Fuel Ratio)는?(단, 부피기준)

① 15.23 ② 20.15
③ 30.95 ④ 60.46

해설 C_4H_{10}의 **연소반응식**
$C_4H_{10} + 6.5O_2 \rightarrow 4CO_2 + 5H_2O$
1mol : 6.5mole
$AFR = \dfrac{산소의\ mole/0.21}{연료의\ mole}$
$= \dfrac{6.5/0.21}{1} = 30.95$

제3과목 대기오염방지기술

41 매시간 4ton의 중유를 연소하는 보일러의 배연 탈황에 수산화나트륨을 흡수제로 하여 부산물로서 아황산나트륨을 회수한다. 중유 중 황성분은 3.5%, 탈황률이 98%라면 필요한 수산화나트륨의 이론량(kg/h)은?(단, 중유 중 황성분은 연소 시 전량 SO_2로 전환되며, 표준상태를 기준으로 한다.)

① 230　　② 343
③ 452　　④ 553

해설
$S + O_2 \rightarrow SO_2 + 2NaOH \rightarrow Na_2SO_3 + H_2O$
$S \rightarrow 2NaOH$
32kg : 2×40kg
4,000kg/hr × 0.035 × 0.98 : NaOH(kg/hr)
$NaOH(kg/hr) = \dfrac{4,000 kg/hr \times 0.035 \times 0.98 \times (2 \times 40) kg}{32 kg}$
= 343kg/hr

42 표준형 평판 날개형보다 비교적 고속에서 가동되고, 후향 날개형을 정밀하게 변형시킨 것으로서 원심력 송풍기 중 효율이 가장 좋아 대형 냉난방 공기조화장치, 산업용 공기청정장치 등에 주로 이용되며, 에너지 절감효과가 뛰어난 송풍기 유형은?

① 비행기 날개형(Airfoil Blade)
② 방사 날개형(Radial Blade)
③ 프로펠러형(Propeller)
④ 전향 날개형(Forward Curved)

해설 비행기 날개형 송풍기(Airfoil Blade Fan)
㉠ 표준형 평판날개형보다 비교적 고속에서 가동되고, 후향날개형을 정밀하게 변형시킨 것으로서 원심력 송풍기 중 효율이 가장 좋아 대형 냉난방 공기조화장치, 산업용 공기청정장치 등에 주로 이용되며, 에너지 절감효과가 뛰어난 송풍기 유형이다.
㉡ 정압효율이 86% 정도로 원심력송풍기 중 가장 높다.
㉢ 운전 시 소음이 적기 때문에 청정한 공기 이송에 많이 사용된다.

43 촉매연소법에 관한 설명으로 거리가 먼 것은?

① 열소각법에 비해 체류시간이 훨씬 짧다.
② 열소각법에 비해 NOx 생성량을 감소시킬 수 있다.
③ 팔라듐, 알루미나 등은 촉매에 바람직하지 않은 원소이다.
④ 열소각법에 비해 점화온도를 낮춤으로써 운영 비용을 절감할 수 있다.

해설 팔라듐, 알루미나 등은 촉매에 바람직한 원소이며 할로겐 원소, 납, 아연, 비소 등은 촉매에 바람직하지 않은 성분이다.

44 습식 전기집진장치의 특징에 관한 설명으로 가장 거리가 먼 것은?

① 낮은 전기저항 때문에 발생하는 재비산을 방지할 수 있다.
② 처리가스 속도를 건식보다 2배 정도 높일 수 있다.
③ 집진극면이 청결하게 유지되며 강전계를 얻을 수 있다.
④ 먼지의 저항이 높기 때문에 역전리가 잘 발생된다.

해설 습식 전기집진장치는 재비산이나 역전리현상이 잘 발생되지 않는다.

45 다음 중 가스분산형 흡수장치에 해당하는 것은?

① 기포탑　　② 사이클론 스크러버
③ 분무탑　　④ 충전탑

해설 기체분산형 흡수장치는 다공판탑(Sieve Tower), 포종탑(Tray Tower), 기포탑(Bubbling Tower) 등이 있다.

46 전기집진장치의 장애현상 중 먼지의 비저항이 비정상적으로 높아 2차 전류가 현저하게 떨어질 때의 대책으로 다음 중 가장 적합한 것은?

① Baffle을 설치한다.　　② 방전극을 교체한다.
③ 스파크 횟수를 늘린다.　　④ 바나듐을 투입한다.

해설 2차 전류가 현저하게 떨어질 때의 대책
㉠ 스파크의 횟수를 늘린다.
㉡ 조습용 스프레이 수량을 늘린다.
㉢ 입구먼지농도를 적절히 조절한다.

47 다음은 흡착제에 관한 설명이다. ( ) 안에 가장 적합한 것은?

현재 분자체로 알려진 ( )이/가 흡착제로 많이 쓰이는데, 이것은 제조과정에서 그 결정구조를 조절하여 특정한 물질을 선택적으로 흡착시키거나 흡착속도를 다르게 할 수 있는 장점이 있으며, 극성이 다른 물질이나 포화 정도가 다른 탄화수소의 분리가 가능하다.

① Activated Carbon　　② Synthetic Zeolite
③ Silica Gel　　④ Activated Alumina

해설 합성제올라이트(Synthetic Zeolite)는 극성이 다른 물질이나 포화 정도가 다른 탄화수소의 분리가 가능하다.

정답 41 ②　42 ①　43 ③　44 ④　45 ①　46 ③　47 ②

48 Cl_2 농도가 0.5%인 배출가스 10,000Sm³를 $Ca(OH)_2$ 현탁액으로 세정 처리 시 필요한 $Ca(OH)_2$의 양은?

① 약 147.4kg/hr ② 약 155.3kg/hr
③ 약 160.3kg/hr ④ 약 165.2kg/hr

해설 $Cl_2 + Ca(OH)_2 \rightarrow CaOCl + H_2O$
22.4Sm³ : 74kg
10,000Sm³/hr × 0.005 : $Ca(OH)_2$ (kg/hr)
$Ca(OH)_2 = \dfrac{10,000Sm^3/hr \times 0.005 \times 74kg}{22.4Sm^3} = 165.18kg/hr$

49 원심형 송풍기의 성능에 대한 설명으로 옳은 것은?

① 송풍기의 풍량은 회전수의 제곱에 비례한다.
② 송풍기의 풍압은 회전수의 제곱에 비례한다.
③ 송풍기의 크기는 회전수의 제곱에 비례한다.
④ 송풍기의 동력은 회전수의 제곱에 비례한다.

해설 송풍기 상사법칙
㉠ 송풍기의 풍량은 회전수에 비례한다.
㉡ 송풍기의 풍압은 회전수의 제곱에 비례한다.
㉢ 송풍기의 동력은 회전수의 세제곱에 비례한다.

50 후드에서 오염물질을 흡인하는 요령으로 틀린 것은?

① 후드를 발생원에 근접시킨다.
② 국부적인 흡인방식을 택한다.
③ 충분한 포착속도를 유지한다.
④ 후드의 개구면적을 크게 한다.

해설 후드에서 오염물질을 흡인하는 요령
㉠ 후드를 발생원에 근접시킨다.
㉡ 국부적인 흡인방식을 택한다.
㉢ 충분한 포착속도를 유지한다.
㉣ 후드의 개구면적을 작게 한다.

51 벤츄리 스크러버의 액가스비를 크게 하는 요인으로 가장 거리가 먼 것은?

① 먼지 입자의 점착성이 클 때
② 먼지 입자의 친수성이 클 때
③ 먼지의 농도가 높을 때
④ 처리가스의 온도가 높을 때

해설 벤츄리 스크러버(Venturi Scrubber)에서의 액가스비(L/m³)는 일반적으로 분진의 입경이 작고, 친수성이 작을수록 크게 유지한다.

52 다른 VOC 제거장치와 비교하여 생물여과의 장단점으로 가장 거리가 먼 것은?

① CO 및 NOx 등을 포함하여 생성되는 오염부산물이 적거나 없다.
② 습도제어에 각별한 주의가 필요하다.
③ 고농도 오염물질의 처리에 적합하다.
④ 생체량 증가로 인해 장치가 막힐 수 있다.

해설 생물학적 처리방법은 저농도의 고유량 가스에 적합한 기술이다.

53 후드의 제어속도(Control Velocity)에 관한 설명으로 옳은 것은?

① 확산조건, 오염원의 주변 기류에는 영향이 크지 않다.
② 유해물질의 발생조건이 조용한 대기 중 거의 속도가 없는 상태로 비산하는 경우(가스, 흄 등)의 제어속도 범위는 1.5~2.5m/sec 정도이다.
③ 유해물질의 발생조건이 빠른 공기의 움직임이 있는 곳에서 활발히 비산하는 경우(분쇄기 등)의 제어속도 범위는 15~25m/sec 정도이다.
④ 오염물질의 발생속도를 이겨내고 오염물질을 후드 내로 흡입하는 데 필요한 최소의 기류속도를 말한다.

해설 ① 확산조건, 오염원의 주변 기류에 영향을 크게 받는다.
② 유해물질의 발생조건이 조용한 대기 중 거의 속도가 없는 상태로 비산하는 경우(가스, 흄 등)의 제어속도 범위는 0.25~0.5m/sec 정도이다.
③ 유해물질의 발생조건이 빠른 공기의 움직임이 있는 곳에서 활발히 비산하는 경우(분쇄기 등)의 제어속도 범위는 1.0~2.5m/sec 정도이다.

54 원심력 집진장치에서 압력손실의 감소 원인으로 가장 거리가 먼 것은?

① 장치 내 처리가스가 선회되는 경우
② 호퍼 하단 부위에 외기가 누입될 경우
③ 외통의 접합부 불량으로 함진가스가 누출될 경우
④ 내통이 마모되어 구멍이 뚫려 함진가스가 By-pass 될 경우

해설 원심력 집진장치에서 압력손실의 감소 원인
㉠ 호퍼 하단 부위에 외기가 누입될 경우
㉡ 외통의 접합부 불량으로 함진가스가 누출될 경우
㉢ 장치 내 처리가스가 원활하지 않게 선회되는 경우
㉣ 내통이 마모되어 구멍이 뚫려 함진가스가 By-pass될 경우

정답 48 ④ 49 ② 50 ④ 51 ② 52 ③ 53 ④ 54 ①

55 충전탑(Packed Tower)과 단탑(Plate Tower)을 비교 설명한 것으로 가장 거리가 먼 것은?

① 포말성 흡수액일 경우 충전탑이 유리하다.
② 흡수액에 부유물이 포함되어 있을 경우 단탑을 사용하는 것이 더 효율적이다.
③ 온도 변화에 따른 팽창과 수축이 우려될 경우에는 충전제 손상이 예상되므로 단탑이 유리하다.
④ 운전 시 용매에 의해 발생하는 용해열을 제거해야 할 경우 냉각오일을 설치하기 쉬운 충전탑이 유리하다.

[해설] 운전 시 용매에 의해 발생하는 용해열을 제거해야 할 경우 단탑이 유리하다.

56 충전탑에 사용되는 충전물에 관한 설명으로 옳지 않은 것은?

① 가스와 액체가 전체에 균일하게 분포될 수 있도록 하여야 한다.
② 충전물의 단면적은 기액 간의 충분한 접촉을 위해 작은 것이 바람직하다.
③ 하단의 충전물이 상단의 충전물에 의해 눌려있으므로 이 하중을 견디는 내강성이 있어야 하며, 또한 충전물의 강도는 충전물의 형상에도 관련이 있다.
④ 충분한 기계적 강도와 내식성이 요구되며 단위부피 내의 표면적이 커야 한다.

[해설] 충전물의 단면적은 기액 간의 충분한 접촉을 위해 큰 것이 바람직하다.

57 벤젠 소각 시 속도상수 k가 540℃에서 0.00011/s, 640℃에서 0.14/s일 때, 벤젠 소각에 필요한 활성화에너지(kcal/mol)는?(단, 벤젠의 연소반응은 1차 반응이라 가정하고, 속도상수 k는 다음 Arrhenius 식으로 표현된다. $k = A\exp(-E/RT)$)

① 95 ② 105
③ 115 ④ 130

[해설]
$$\ln\frac{K_2}{K_1} = -\frac{E_a}{R}\left(\frac{1}{T_1} - \frac{1}{T_2}\right)$$

$$\ln\frac{0.14/sec}{0.00011/sec} = -\frac{E_a}{1.987\times 10^{-3}\text{kcal/mol}\cdot K}\times\left(\frac{1}{273+540} - \frac{1}{273+640}\right)$$

$E_a = 105.42\text{kcal/mol}$

[활성화에너지 단위가 cal/mole인 경우 기체상수(R)는 1.987 kcal/mol·K를 적용함]

58 원심력집진장치에 관한 설명으로 옳지 않은 것은?

① 배기관경(내경)이 작을수록 입경이 작은 먼지를 제거할 수 있다.
② 점착성이 있는 먼지의 집진에는 적당치 않으며, 딱딱한 입자는 장치의 마모를 일으킨다.
③ 침강먼지 및 미세한 먼지의 재비산을 막기 위해 스키머와 회전깃, 살수설비 등을 설치하여 제진효율을 증대시킨다.
④ 고농도일 때는 직렬연결하여 사용하고, 응집성이 강한 먼지인 경우는 병렬연결하여 사용한다.

[해설] 고농도는 병렬로 연결하고, 응집성이 강한 먼지는 직렬로 연결(단수 3단 한계)하여 사용한다.

59 유수식 세정집진장치의 종류와 가장 거리가 먼 것은?

① 가스분수형
② 스크루형
③ 임펠러형
④ 로터형

[해설] 유수식 세정집진장치
장치 내에 일정량의 물을 채운 후 가스를 이 세정액에 유입시켜 분진가스를 제거시키는 방법으로 S임펠러형, 로터형, 나선가이드 베인형, 분수형 등이 있다.

60 다이옥신의 처리대책으로 가장 거리가 먼 것은?

① 촉매분해법 : 촉매로는 금속 산화물(V_2O_5, TiO_2 등), 귀금속(Pt, Pd)이 사용된다.
② 광분해법 : 자외선파장(250~340nm)이 가장 효과적인 것으로 알려져 있다.
③ 열분해방법 : 산소가 아주 적은 환원성 분위기에서 탈염소화, 수소첨가반응 등에 의해 분해시킨다.
④ 오존분해법 : 수중 분해 시 순수의 경우는 산성일수록, 온도는 20℃ 전후에서 분해속도가 커지는 것으로 알려져 있다.

[해설] 오존분해법
수중분해 시 순수의 경우는 염기성일수록, 온도는 높을수록 분해속도가 커지는 것으로 알려져 있다.

정답 55 ④ 56 ② 57 ② 58 ④ 59 ② 60 ④

제4과목 대기오염공정시험기준(방법)

61 다음 설명은 대기오염공정시험기준 총칙의 설명이다. ( ) 안에 들어갈 단어로 가장 적합하게 나열된 것은?

> 이 시험기준의 각 항에 표시한 검출한계는 (㉠), (㉡) 등을 고려하여 해당되는 각조의 조건으로 시험하였을 때 얻을 수 있는 (㉢)를 참고하도록 표시한 것이므로 실제 측정 시 채취량이 줄어들거나 늘어날 경우(㉢)가 조정될 수 있다.

	㉠	㉡	㉢		㉠	㉡	㉢
①	반복성	정밀성	바탕치	②	재현성	안정성	한계치
③	회복성	정량성	오차	④	재생성	정확성	바탕치

해설 공정시험기준 중 각 항에 표시한 검출한계는 재현성, 안정성 등을 고려하여 해당되는 각조의 조건으로 시험하였을 때 얻을 수 있는 한계치를 참고하도록 표시한 것이므로 실제 측정 시 채취량이 줄어들거나 늘어날 경우 한계치가 조정될 수 있다.

62 환경대기 중의 석면을 위상차현미경법으로 측정하는 방법에 관한 설명으로 옳지 않은 것은?

① 멤브레인 필터의 광굴절률은 약 5.0 이상을 원칙으로 한다.
② 채취지점은 바닥면으로부터 1.2~1.5m 되는 위치에서 측정하고, 대상시설의 측정지점은 2개소 이상을 원칙으로 한다.
③ 헝클어져 다발을 이루고 있는 섬유는 길이가 $5\mu m$ 이상이고, 길이와 폭의 비가 3:1 이상인 섬유를 석면섬유 개수로서 계수한다.
④ 석면먼지의 농도표시는 20℃, 1기압 상태의 기체 1mL 중에 함유된 석면섬유의 개수로 표시한다.

해설 멤브레인 필터의 광굴절률은 약 1.5이다.

63 다음 액체시약 중 비중이 가장 큰 것은?(단, 브롬의 원자량은 79.9, 염소는 35.5, 아이오딘(요오드)은 126.9이다.)

① 브롬화수소(HBr, 농도 : 49%)
② 염산(HCl, 농도 : 37%)
③ 질산(HNO_3, 농도 : 62%)
④ 아이오드화수소(HI, 농도 : 58%)

해설 시약의 농도

명칭	화학식	농도(%)	비중(약)
염산	HCl	35.0~37.0	1.18
질산	HNO_3	60.0~62.0	1.38
황산	H_2SO_4	95% 이상	1.84
초산(Acetic Acid)	CH_3COOH	99.0% 이상	1.05
인산	H_3PO_4	85.0% 이상	1.69
암모니아수	NH_4OH	28.0~30.0(NH_3로서)	0.90
과산화수소	H_2O_2	30.0~35.0	1.11
불화수소산	HF	46.0~48.0	1.14
아이오드화수소	HI	55.0~58.0	1.70
브롬화수소산	HBr	47.0~49.0	1.48
과염소산	$HClO_4$	60.0~62.0	1.54

64 굴뚝 배출가스 중 휘발성 유기화합물을 테들러백(Tedlar Bag)을 이용하여 채취하고자 할 때 가장 거리가 먼 것은?

① 진공용기는 1~10L의 테들러백을 담을 수 있어야 한다.
② 소각시설의 배출구같이 테들러백 내로 입자상 물질의 유입이 우려되는 경우에는 여과재를 사용하여 입자상 물질을 걸러주어야 한다.
③ 테들러백의 각 장치의 모든 연결부위는 유리 재질의 관을 사용하여 연결하고, 밀봉윤활유 등을 사용하여 누출이 없도록 하여야 한다.
④ 배출가스의 온도가 100℃ 미만으로 테들러백 내에 수분응축의 우려가 없는 경우 응축수트랩을 사용하지 않아도 무방하다.

해설 테들러백의 각 장치의 모든 연결부위는 밀봉 그리스(윤활유) 등을 사용하지 않고 불소수지 재질인 것을 사용하여 누출이 없어야 한다.

65 환경대기 시료채취방법 중 측정대상 기체와 선택적으로 흡수 또는 반응하는 용매에 시료가스를 일정 유량으로 통과시켜 채취하는 방법으로 채취관-여과재-채취부-흡입펌프-유량계(가스미터)로 구성되는 것은?

① 용기채취법
② 고체흡착법
③ 직접채취법
④ 용매채취법

해설 환경대기 중 가스상 물질 시료채취방법 중 용매채취법 장치의 구성순서
채취관-여과재-채취부-흡입펌프-유량계(가스미터)

정답 61 ② 62 ① 63 ④ 64 ③ 65 ④

66 굴뚝 내 배출가스 유속을 피토관으로 측정한 결과 그 동압이 35mmH₂O였다면 굴뚝 내의 유속(m/sec)은?(단, 배출가스온도는 225℃, 공기의 비중량은 1.3kg/Sm³, 피토관 계수는 0.98이다.)

① 28.5　　② 30.4
③ 32.6　　④ 35.8

해설
$$V(\text{m/sec}) = C\sqrt{\frac{2gh}{\gamma}}$$
$$= 0.98 \times \sqrt{\frac{2 \times 9.8\text{m/sec}^2 \times 35\text{mmH}_2\text{O}}{1.3\text{kg/Sm}^3 \times \frac{273}{273+225}}}$$
$$= 30.40 \text{m/sec}$$

67 링겔만 매연 농도법을 이용한 매연 측정에 관한 내용으로 옳지 않은 것은?

① 매연의 검은 정도는 6종으로 분류한다.
② 될 수 있는 한 바람이 불지 않을 때 측정한다.
③ 연돌구 배경의 검은 장해물을 피해 연기의 흐름에 직각인 위치에서 태양광선을 측면으로 받는 방향으로부터 농도표를 측정자 앞 16m에 놓는다.
④ 굴뚝 배출구에서 30~40m 떨어진 곳의 농도를 측정자의 눈높이에 수직이 되게 관측 비교한다.

해설 굴뚝배출구에서 30~45cm 떨어진 곳의 농도를 측정자의 눈높이에 수직이 되게 관측 비교한다.

68 굴뚝 배출가스 중 산소측정분석에 사용되는 화학분석법(오르자트분석법)에 관한 설명으로 옳지 않은 것은?

① 각각의 흡수액을 사용하여 탄산가스, 산소의 순으로 흡수한다.
② 탄산가스의 흡수액에는 수산화포타슘의 용액을 사용한다.
③ 산소 흡수액을 만들 때는 되도록 공기와의 접촉을 피한다.
④ 산소 흡수액은 물과 수산화소듐을 녹인 용액에 피로가롤을 녹인 용액으로 한다.

해설 오르자트 가스 분석계에 사용되는 산소 흡수액
물 100mL에 수산화포타슘 60g을 녹인 용액과 물 100mL에 피로가롤[C₆H₃(OH)₃, pyrogallol, 분자량 : 126.11, 특급] 12g을 녹인 용액을 혼합한 용액을 말한다.

69 광원에서 나오는 빛을 단색화장치에 의하여 좁은 파장범위의 빛만을 선택하여 어떤 액층을 통과시킬 때 입사광의 강도가 1이고, 투사광의 강도가 0.5였다. 이 경우 Lambert-Beer법칙을 적용하여 흡광도를 구하면?

① 0.3　　② 0.5
③ 0.7　　④ 1.0

해설 흡광도$(A) = \log\frac{1}{\text{투과도}} = \log\frac{1}{(1-0.5)} = 0.3$

70 굴뚝에서 배출되는 배출가스 중 무기불소화합물을 자외선/가시선 분광법으로 분석하여 다음과 같은 결과를 얻었다. 이때, 불소화합물의 농도(ppm, F)는?(단, 방해이온이 존재할 경우)

- 검정곡선에서 구한 불소화합물 이온의 질량 : 1mg
- 건조시료가스양 : 20L
- 분취한 액량 : 50mL

① 100　　② 155　　③ 250　　④ 295

해설
$$C = \frac{A_F \times 250/v}{V_s} \times 1{,}000 \times \frac{22.4}{19}$$
$$= \frac{1 \times 250/50}{20} \times 1{,}000 \times \frac{22.4}{19}$$
$$= 294.7 \text{ppm}$$

여기서, C : 불소화합물의 농도(ppm, F)
A_F : 검량선에서 구한 불소화합물이온의 질량(mg)
V_s : 건조시료가스양(L)
250 : 시료용액 전량(mL)
v : 분취한 액량(mL)

71 굴뚝의 측정공에서 피토관을 이용하여 측정한 조건이 다음과 같을 때 배출가스의 유속은?

- 동압 : 13mmH₂O
- 피토관 계수 : 0.85
- 가스의 밀도 : 1.2kg/m³

① 10.6m/sec　　② 12.4m/sec
③ 14.8m/sec　　④ 17.8m/sec

해설
$$V(\text{m/sec}) = C\sqrt{\frac{2gh}{\gamma}}$$
$$= 0.85 \times \sqrt{\frac{2 \times 9.8\text{m/sec}^2 \times 13\text{mmH}_2\text{O}}{1.2\text{kg/m}^3}}$$
$$= 12.39 \text{m/sec}$$

정답 66 ②　67 ④　68 ④　69 ①　70 ④　71 ②

72 굴뚝배출가스 중 분석대상가스별 흡수액과의 연결로 옳지 않은 것은?

① 불소화합물 – 수산화소듐용액(0.1N)
② 황화수소 – 아세틸아세톤용액(0.2N)
③ 벤젠 – 질산암모늄＋황산(1 → 5)
④ 브롬화합물 – 수산화소듐용액(질량분율 0.4%)

해설 황화수소는 아연아민 착염용액이 흡수액이다.

73 이론단수가 1,600인 분리관이 있다. 보유시간이 20분인 피크의 좌우변곡점에서 접선이 자르는 바탕선의 길이가 10mm일 때 기록지 이동속도는?(단, 이론단수는 모든 성분에 대하여 같다.)

① 2.5mm/min
② 5mm/min
③ 10mm/min
④ 15mm/min

해설 이론단수 $(n) = 16 \cdot \left(\dfrac{t_R}{W}\right)^2$ 의 공식을 이용한다.

$1{,}600 = 16 \times \left(\dfrac{t \times 20}{10}\right)^2$

t(기록지 이동속도) = 5mm/min

74 온도표시에 관한 설명으로 옳지 않은 것은?

① "냉후"(식힌 후)라 표시되어 있을 때는 보온 또는 가열 후 실온까지 냉각된 상태를 뜻한다.
② 상온은 15~25℃, 실온은 1~35℃로 한다.
③ 찬 곳(冷所)은 따로 규정이 없는 한 0~5℃를 뜻한다.
④ 온수(溫水)는 60~70℃이고, 열수(熱水)는 약 100℃를 말한다.

해설 찬 곳은 따로 규정이 없는 한 0~15℃의 곳을 뜻한다.

75 대기오염공정시험기준상 화학분석 일반사항에 관한 규정 중 옳은 것은?

① 상온은 15~25℃, 실온은 1~35℃, 찬 곳은 따로 규정이 없는 한 0~15℃의 곳을 뜻한다.
② 방울수라 함은 20℃에서 정제수 10방울을 떨어뜨릴 때 그 부피가 약 1mL 되는 것을 뜻한다.
③ "약"이란 그 무게 또는 부피에 대한 ±1% 이상의 차가 있어서는 안 된다.
④ 10억분율은 pphm으로 표시하고 따로 표시가 없는 한 기체일 때는 용량 대 용량(V/V), 액체일 때는 중량 대 중량(W/W)을 표시한 것을 뜻한다.

해설
② 방울수라 함은 20℃에서 정제수 20방울을 떨어뜨릴 때 그 부피가 약 10mL 되는 것을 뜻한다.
③ "약"이란 그 무게 또는 부피에 대하여 ±10% 이상의 차가 있어서는 안 된다.
④ 10억분율은 ppb로 표시하고 따로 표시가 없는 한 기체일 때는 용량 대 용량(V/V), 액체일 때는 중량 대 중량(W/W)을 표시한 것을 뜻한다.

76 굴뚝배출가스 중 오염물질 연속자동측정기기의 설치 위치 및 방법으로 옳지 않은 것은?

① 병합굴뚝에서 배출허용기준이 다른 경우에는 측정기기 및 유량계를 합쳐지기 전 각각의 지점에 설치하여야 한다.
② 분산굴뚝에서 측정기기는 나뉘기 전 굴뚝에 설치하거나, 나뉜 각각의 굴뚝에 설치하여야 한다.
③ 병합굴뚝에서 배출허용기준이 같은 경우에는 측정기기 및 유량계를 오염물질이 합쳐진 후 지점 또는 합쳐지기 전 지점에 설치하여야 한다.
④ 불가피하게 외부공기가 유입되는 경우에 측정기기는 외부공기 유입 후에 설치하여야 한다.

해설 불가피하게 외부공기가 유입되는 경우에 측정기기는 외부공기 유입 전에 설치하여야 하고, 표준산소농도를 적용받는 시설의 가스상 오염물질 측정기기는 산소측정기기의 측정시료와 동일한 시료로 측정할 수 있도록 하여야 한다.

77 굴뚝 배출가스 중 먼지를 시료채취장치 1형을 사용한 반자동식 채취에 의한 방법으로 측정할 경우 원통형 여과지의 전처리 조건으로 가장 적합한 것은?(단, 배출가스 온도가 (110±5)℃ 이상으로 배출된다.)

① (80±5)℃에서 충분히(1~3시간) 건조
② (100±5)℃에서 30분간 건조
③ (120±5)℃에서 30분간 건조
④ (110±5)℃에서 충분히(1~3시간) 건조

해설 **시료채취장치 1형을 사용한 경우**
원통형 여과지를 (110±5)℃에서 충분히 1~3시간 건조하고 데시케이터 내에서 실온까지 냉각하여 가능한 무게를 0.1mg까지 측정한 후 여과지홀더에 끼운다.

정답 72 ② 73 ② 74 ③ 75 ① 76 ④ 77 ④

78 흡광차분광법에 관한 설명으로 옳지 않은 것은?
① 일반 흡광광도법은 적분적이며 흡광차분광법은 미분적이라는 차이가 있다.
② 측정에 필요한 광원은 180~2,850nm 파장을 갖는 제논램프를 사용한다.
③ 분석장치는 분석기와 광원부로 나누어지며 분석기 내부는 분광기, 샘플 채취부, 검지부, 분석부, 통신부 등으로 구성된다.
④ 광원부는 발·수광부 및 광케이블로 구성된다.

해설 일반 흡광광도법은 미분적(일시적)이며 흡광차분광법(DOAS)은 적분적(연속적)이란 차이점이 있다.

79 굴뚝에서 배출되는 건조배출가스의 유량을 연속적으로 자동 측정하는 방법에 관한 설명으로 옳지 않은 것은?
① 건조배출가스 유량은 배출되는 표준상태의 건조배출가스양[Sm³(5분 적산치)]으로 나타낸다.
② 열선식 유속계를 이용하는 방법에서 시료채취부는 열선과 지주 등으로 구성되어 있으며, 열선은 직경 2~10μm, 길이 약 1mm의 텅스텐이나 백금선 등이 쓰인다.
③ 유량의 측정방법에는 피토관, 열선유속계, 와류유속계를 이용하는 방법이 있다.
④ 와류유속계를 사용할 때에는 압력계 및 온도계는 유량계 상류 측에 설치해야 하고, 일반적으로 온도계는 글로브식을, 압력계는 부르동관식을 사용한다.

해설 와류유속계를 사용할 경우 압력계 및 온도계는 유량계 하류 측에 설치해야 한다.

80 건식 가스미터를 사용하여 굴뚝에서 배출되는 가스상 물질을 시료채취하고자 할 때, 건조시료 가스 채취량을 구하기 위해 필요한 항목과 거리가 먼 것은?
① 가스미터의 게이지압
② 가스미터의 온도
③ 가스미터로 측정한 흡입가스양
④ 가스미터 온도에서의 포화수증기압

해설 건식 가스미터 사용 시
$$V_s = V \times \frac{273}{273+t} \times \frac{P_a + P_m}{760}$$
여기서, V : 가스미터로 측정한 흡입가스양(L)
V_s : 건조시료가스 채취량(L)
t : 가스미터의 온도(℃)
P_a : 대기압(mmHg)
P_m : 가스미터의 게이지압(mmHg)

제5과목 대기환경관계법규

81 대기환경보전법상 환경부령으로 정하는 제조기준에 맞지 아니하게 자동차 연료·첨가제 또는 촉매제를 제조한 자에 대한 벌칙기준으로 옳은 것은?
① 7년 이하의 징역이나 1억 원 이하의 벌금
② 5년 이하의 징역이나 5천만 원 이하의 벌금
③ 1년 이하의 징역이나 1천만 원 이하의 벌금
④ 300만 원 이하의 벌금

해설 대기환경보전법 제89조 참고

82 대기환경보전법규상 수도권대기환경청장, 국립환경과학원장 또는 한국환경공단이 설치하는 대기오염 측정망의 종류가 아닌 것은?
① 도시지역의 휘발성 유기화합물 등의 농도를 측정하기 위한 광화학대기오염물질측정망
② 기후·생태계 변화 유발물질의 농도를 측정하기 위한 지구대기측정망
③ 대기 중의 중금속 농도를 측정하기 위한 대기중금속측정망
④ 대기오염물질의 지역배경농도를 측정하기 위한 교외대기측정망

해설 **수도권대기환경청장, 국립환경과학원장 또는 한국환경공단이 설치하는 대기오염 측정망의 종류**
㉠ 대기오염물질의 지역배경농도를 측정하기 위한 교외대기측정망
㉡ 대기오염물질의 국가배경농도와 장거리 이동 현황을 파악하기 위한 국가배경농도측정망
㉢ 도시지역 또는 산업단지 인근지역의 특정대기유해물질(중금속을 제외한다)의 오염도를 측정하기 위한 유해대기물질측정망
㉣ 도시지역의 휘발성 유기화합물 등의 농도를 측정하기 위한 광화학대기오염물질측정망
㉤ 산성 대기오염물질의 건성 및 습성 침착량을 측정하기 위한 산성강하물측정망
㉥ 기후·생태계 변화유발물질의 농도를 측정하기 위한 지구대기측정망
㉦ 장거리 이동 대기오염물질의 성분을 집중 측정하기 위한 대기오염집중측정망

정답 78 ① 79 ④ 80 ④ 81 ① 82 ③

ⓞ 미세먼지(PM-2.5)의 성분 및 농도를 측정하기 위한 미세먼지성분측정망

83 다음은 대기환경보전법규상 첨가제·촉매제 제조기준에 맞는 제품의 표시방법이다. ( ) 안에 알맞은 것은?

> 표시크기는 첨가제 또는 촉매제 용기 앞면의 제품명 밑에 제품명 글자크기의 ( )에 해당하는 크기로 표시하여야 한다.

① 100분의 10 이상　　② 100분의 15 이상
③ 100분의 20 이상　　④ 100분의 30 이상

해설 첨가제 또는 촉매제 용기 앞면의 제품명 밑에 제품명 글자크기의 100분의 30 이상에 해당하는 크기로 표시하여야 한다.

84 실내공기질 관리법상 용어의 정의로 옳지 않은 것은?

① "공동주택"이라 함은 건축법 규정에 의한 공동주택을 말한다.
② "다중이용시설"이라 함은 불특정다수인이 이용하는 시설을 말한다.
③ "공기정화설비"라 함은 오염된 실내공기를 밖으로 내보내고 신선한 공기를 쾌적한 상태로 유지시키는 설비를 말하며, 환기설비와 동일한 의미로 사용되는 것을 말한다.
④ "오염물질"이라 함은 실내공간의 공기오염의 원인이 되는 가스와 떠다니는 입자상 물질 등으로서 환경부령이 정하는 것을 말한다.

해설 공기정화설비
실내공간의 오염물질을 없애주거나 줄이는 설비로서 환기설비의 안에 설치되거나, 환기설비와는 따로 설치된 것을 말한다.

85 대기환경보전법규상 특정대기유해물질에 해당하지 않는 것은?

① 크롬화합물　　② 석면
③ 황화수소　　　④ 스틸렌

해설 황화수소는 특정대기유해물질이 아니다.

86 대기환경보전법규상 특정대기유해물질에 해당하지 않는 것은?

① 아닐린　　　　② 아세트알데하이드
③ 1,3-부타디엔　④ 망간

해설 망간은 특정대기유해물질이 아니다.

87 대기환경보전법규상 배출시설을 설치·운영하는 사업자에 대하여 과징금을 부과할 때, "2종 사업장"에 대하여 부과하는 사업장 규모별 부과계수는?

① 0.4　② 0.7　③ 1.0　④ 1.5

해설 사업장 규모별 부과계수는 1종 사업장 : 2.0, 2종사업장 : 1.5, 3종 사업장 : 1.0, 4종 사업장 : 0.7, 5종 사업장 : 0.4로 한다.

88 악취방지법규상 지정악취물질이 아닌 것은?

① 아세트알데하이드　② 메틸메르캅탄
③ 톨루엔　　　　　　④ 벤젠

해설 지정악취물질의 종류
- 암모니아
- 황화수소
- 다이메틸다이설파이드
- 아세트알데하이드
- 프로피온알데하이드
- n-발레르알데하이드
- 톨루엔
- 메틸에틸케톤
- 뷰틸아세테이트
- n-뷰틸산
- i-발레르산
- 메틸메르캅탄
- 다이메틸설파이드
- 트라이메틸아민
- 스타이렌
- 뷰틸알데하이드
- i-발레르알데하이드
- 자일렌
- 메틸아이소뷰틸케톤
- 프로피온산
- n-발레르산
- i-뷰틸알코올

89 환경정책기본법령상 대기 환경기준 항목과 그 측정방법이 알맞게 짝지어진 것은?

① 아황산가스 : 원자흡수분광광도법
② 일산화탄소 : 비분산자외선분석법
③ 오존 : 자외선광도법
④ 미세먼지(PM-10) : 기체크로마토그래피

해설
① 아황산가스 : 자외선 형광법
② 일산화탄소 : 비분산적외선분석법
④ 미세먼지(PM-10) : 베타선 흡수법

90 환경정책기본법령상 "벤젠"의 대기환경기준($\mu g/m^3$)은? (단, 연간평균치)

① 0.1 이하　　② 0.15 이하
③ 0.5 이하　　④ 5 이하

해설 대기환경기준

항목	기준	측정방법
벤젠	연간 평균치 $5\mu g/m^3$ 이하	기체크로마토그래피 (Gas Chromatography)

정답　83 ④　84 ③　85 ③　86 ④　87 ④　88 ④　89 ③　90 ④

91 대기환경보전법규상 특별대책지역 또는 대기환경규제지역 안에서 "휘발성 유기화합물"을 배출하는 시설로서 대통령령이 정하는 시설을 설치하고자 할 경우 시·도지사 등에게 배출시설 설치신고서를 제출해야 하는 기간기준은?

① 시설 설치일 7일 전까지
② 시설 설치일 10일 전까지
③ 시설 설치 후 7일 이내
④ 시설 설치 후 10일 이내

해설 휘발성 유기화합물을 배출하는 시설을 설치하려는 자는 휘발성 유기화합물 배출시설 설치신고서에 휘발성 유기화합물 배출시설 설치명세서와 배출 억제·방지시설 설치명세서를 첨부하여 시설 설치일 10일 전까지 시·도지사 또는 대도시 시장에게 제출하여야 한다.

92 대기환경보전법령상 시·도지사가 대기오염물질기준 이내 배출량 조정 시 사업자가 제출한 확정배출량 자료가 명백히 거짓으로 판명되었을 경우에는 확정배출량을 현지조사하여 산정하되 확정배출량의 얼마에 해당하는 배출량을 기준 이내 배출량으로 산정하는가?

① 100분의 20
② 100분의 50
③ 100분의 120
④ 100분의 150

해설 사업자가 제출한 확정배출량에 관한 자료가 명백히 거짓으로 판명된 경우 : 확정배출량을 현지조사하여 산정하되, 확정배출량의 100분의 120에 해당하는 배출량으로 산정한 기준 이내 배출량

93 대기환경보전법상 한국자동차환경협회의 회원이 될 수 있는 자로 거리가 먼 것은?

① 배출가스저감장치 제작자
② 저공해엔진 제조·교체 등 배출가스저감사업 관련 사업자
③ 저공해자동차 판매사업자
④ 자동차 조기폐차 관련 사업자

해설 **한국자동차환경협회의 회원이 될 수 있는 자**
㉠ 배출가스저감장치 제작자
㉡ 저공해엔진 제조·교체 등 배출가스저감사업 관련 사업자
㉢ 전문정비사업자
㉣ 배출가스저감장치 및 저공해엔진 등과 관련된 분야의 전문가
㉤ 종합검사대행자
㉥ 종합검사 지정정비사업자
㉦ 자동차 조기폐차 관련 사업자

94 실내공기질 관리법규상 "의료기관"의 포름알데하이드($\mu g/m^3$) 실내공기질 유지기준은?

① 10 이하
② 25 이하
③ 100 이하
④ 150 이하

해설 **실내공기질 관리법상 유지기준**

오염물질 항목 다중이용시설	미세먼지 (PM-10) ($\mu g/m^3$)	미세먼지 (PM-2.5) ($\mu g/m^3$)	이산화 탄소 (ppm)	포름알데 하이드 ($\mu g/m^3$)	총 부유 세균 (CFU/m^3)	일산화 탄소 (ppm)
지하역사, 지하도상가, 철도역사의 대합실, 여객자동차터미널의 대합실, 항만시설 중 대합실, 공항시설 중 여객터미널, 도서관·박물관 및 미술관, 대규모점포, 장례식장, 영화상영관, 학원, 전시시설, 인터넷컴퓨터게임시설제공업의 영업시설, 목욕장업의 영업시설	100 이하	50 이하	1,000 이하	100 이하	—	10 이하
의료기관, 산후조리원, 노인요양시설, 어린이집	75 이하	35 이하		80 이하	800 이하	
실내주차장	200 이하	—		100 이하	—	25 이하
실내 체육시설, 실내 공연장, 업무시설, 둘 이상의 용도에 사용되는 건축물	200 이하	—		—	—	—

※ 법규 변경사항이므로 해설의 내용으로 학습하시기 바랍니다.

95 실내공기질 관리법규상 건축자재의 오염물질 방출기준 중 "페인트"의 ㉠ 톨루엔, ㉡ 총휘발성 유기화합물 기준으로 옳은 것은?(단, 단위는 $mg/m^2 \cdot h$)

① ㉠ 0.05 이하, ㉡ 20.0 이하
② ㉠ 0.05 이하, ㉡ 4.0 이하
③ ㉠ 0.08 이하, ㉡ 20.0 이하
④ ㉠ 0.08 이하, ㉡ 2.5 이하

정답 91 ② 92 ③ 93 ③ 94 ④ 95 ④

해설 **건축자재의 오염물질 방출기준**

오염물질 종류 구분	포름알데하이드 2016년 12월 31일까지	포름알데하이드 2017년 1월1일 부터	톨루엔	총휘발성 유기 화합물
접착제	0.05 이하	0.02 이하	0.08 이하	2.0 이하
페인트	0.05 이하	0.02 이하	0.08 이하	2.5 이하
실란트	0.05 이하	0.02 이하	0.08 이하	1.5 이하
퍼티	0.05 이하	0.02 이하	0.08 이하	20.0 이하
벽지	0.05 이하	0.02 이하	0.08 이하	4.0 이하
바닥재	0.05 이하	0.02 이하	0.08 이하	4.0 이하

위 표에서 오염물질의 종류별 측정단위는 $mg/m^2 \cdot h$로 한다. 다만, 실란트의 측정단위는 $mg/m \cdot h$로 한다.

96 대기환경보전법령상 청정연료를 사용하여야 하는 대상시설의 범위에 해당하지 않는 시설은?

① 산업용 열병합 발전시설
② 전체보일러의 시간당 총 증발량이 0.2톤 이상인 업무용 보일러
③ 「집단에너지사업법 시행령」에 따른 지역냉난방사업을 위한 시설
④ 「건축법시행령」에 따른 중앙집중난방방식으로 열을 공급받고 단지 내의 모든 세대의 평균 전용면적이 $40.0m^2$를 초과하는 공동주택

해설 **청정연료를 사용하여야 하는 대상시설의 범위**
㉠ 「건축법 시행령」에 따른 공동주택으로서 동일한 보일러를 이용하여 하나의 단지 또는 여러 개의 단지가 공동으로 열을 이용하는 중앙집중난방방식(지역냉난방방식을 포함한다)으로 열을 공급받고, 단지 내의 모든 세대의 평균 전용면적이 $40.0m^2$를 초과하는 공동주택
㉡ 「집단에너지사업법 시행령」에 따른 지역냉난방사업을 위한 시설
㉢ 전체 보일러의 시간당 총 증발량이 0.2톤 이상인 업무용보일러(영업용 및 공공용보일러를 포함하되, 산업용보일러는 제외한다)
㉣ 발전시설. 다만, 산업용 열병합 발전시설은 제외한다.

97 대기환경보전법규상 개선명령 등의 이행보고와 관련하여 환경부령으로 정하는 대기오염도 검사기관에 해당하지 않는 것은?

① 보건환경연구원　② 유역환경청
③ 한국환경공단　　④ 환경보전협회

해설 **대기오염도 검사기관**
㉠ 국립환경과학원
㉡ 특별시·광역시·특별자치시·도·특별자치도(이하 "시·도"라 한다)의 보건환경연구원
㉢ 유역환경청, 지방환경청 또는 수도권대기환경청
㉣ 한국환경공단

98 악취방지법규상 다음 지정악취물질의 배출허용기준(ppm)으로 옳지 않은 것은?(단, 공업지역)

① n-발레르알데하이드 : 0.02 이하
② 톨루엔 : 30 이하
③ 프로피온산 : 0.1 이하
④ i-발레르산 : 0.004 이하

해설 **지정악취 물질의 배출허용기준**

구분	배출허용기준 (ppm) 공업지역	배출허용기준 (ppm) 기타 지역	엄격한 배출허용 기준의 범위(ppm) 공업지역	적용 시기
암모니아	2 이하	1 이하	1~2	2005년 2월 10일 부터
메틸메르캅탄	0.004 이하	0.002 이하	0.002~0.004	
황화수소	0.06 이하	0.02 이하	0.02~0.06	
다이메틸설파이드	0.05 이하	0.01 이하	0.01~0.05	
다이메틸다이설파이드	0.03 이하	0.009 이하	0.009~0.03	
트라이메틸아민	0.02 이하	0.005 이하	0.005~0.02	
아세트알데하이드	0.1 이하	0.05 이하	0.05~0.1	
스타이렌	0.8 이하	0.4 이하	0.4~0.8	
프로피온알데하이드	0.1 이하	0.05 이하	0.05~0.1	
뷰틸알데하이드	0.1 이하	0.029 이하	0.029~0.1	
n-발레르알데하이드	0.02 이하	0.009 이하	0.009~0.02	
i-발레르알데하이드	0.006 이하	0.003 이하	0.003~0.006	
톨루엔	30 이하	10 이하	10~30	2008년 1월 1일 부터
자일렌	2 이하	1 이하	1~2	
메틸에틸케톤	35 이하	13 이하	13~35	
메틸아이소뷰틸케톤	3 이하	1 이하	1~3	
뷰틸아세테이트	4 이하	1 이하	1~4	
프로피온산	0.07 이하	0.03 이하	0.03~0.07	2010년 1월 1일 부터
n-뷰틸산	0.002 이하	0.001 이하	0.001~0.002	
n-발레르산	0.002 이하	0.0009 이하	0.0009~0.002	
i-발레르산	0.004 이하	0.001 이하	0.001~0.004	
i-뷰틸알코올	4.0 이하	0.9 이하	0.9~4.0	

99 대기환경보전법규상 대기환경규제지역을 관할하는 시·도지사 또는 대도시 시장이 그 지역의 환경기준을 달성·유지하기 위해 수립하는 실천계획에 포함되어야 할 사항과 가장 거리가 먼 것은?(단, 그 밖에 환경부장관이 정하는 사항 등은 제외한다.)

① 대기오염예측모형을 이용한 특정대기오염물질 배출량조사
② 대기오염원별 대기오염물질 저감계획 및 계획의 시행을 위한 수단
③ 일반 환경현황
④ 대기보전을 위한 투자계획과 대기오염물질 저감효과를 고려한 경제성 평가

정답 96 ①　97 ④　98 ③　99 ①

해설 **실천계획 수립 시 포함하여야 할 사항**
  ㉠ 일반 환경현황
  ㉡ 조사 결과 및 대기오염 예측모형을 이용하여 예측한 대기오염도
  ㉢ 대기오염원별 대기오염물질 저감계획 및 계획의 시행을 위한 수단
  ㉣ 계획달성연도의 대기질 예측 결과
  ㉤ 대기보전을 위한 투자계획과 대기오염물질 저감효과를 고려한 경제성 평가
  ㉥ 그 밖에 환경부장관이 정하는 사항

100 수도권 대기환경 개선에 관한 특별법상 수도권 대기환경관리위원회의 위원장은?

① 대통령
② 국무총리
③ 환경부장관
④ 한강유역환경청장

해설 **수도권대기환경관리위원회**
  ㉠ 정부는 수도권지역의 대기환경 개선을 위한 다음 각 호의 사항을 심의·조정하기 위하여 수도권대기환경관리위원회(이하 "위원회"라 한다)를 둔다.
    • 기본계획 및 시행계획
    • 사업장 오염물질 총량관리에 관한 사항
    • 그 밖에 수도권지역의 대기환경 개선을 위하여 필요한 사항으로서 대통령령으로 정하는 사항
  ㉡ 위원회는 환경부장관을 위원장으로 하고, 대통령령으로 정하는 관계 중앙행정기관의 차관과 서울특별시·인천광역시·경기도의 부시장 또는 부지사를 위원으로 한다.
  ㉢ 위원장은 위원회를 대표하며, 위원회의 사무를 총괄한다.
  ㉣ 위원회의 사무를 처리하기 위하여 대통령령으로 정하는 바에 따라 환경부에 사무기구를 둘 수 있다.

정답 100 ③

2023년 4회 CBT 복원·예상문제

대기환경 기사 기출문제

제1과목 대기오염개론

01 오존(O_3)의 특성과 광화학반응에 관한 설명으로 가장 거리가 먼 것은?
① 산화력이 강하여 눈을 자극하고 물에 난용성이다.
② 대기 중 지표면 오존의 농도는 NO_2로 산화된 NO양에 비례하여 증가한다.
③ 과산화기가 산소와 반응하여 오존이 생길 수도 있다.
④ 오존의 탄화수소 산화반응률은 원자상태의 산소에 의한 탄화수소의 산화보다 빠르다.

해설 오존의 탄화수소 산화반응률은 원자상태의 산소에 의한 탄화수소의 산화에 비해 상당히 느리게 진행된다.

02 바람을 일으키는 힘 중 전향력에 관한 설명으로 가장 거리가 먼 것은?
① 전향력은 운동방향은 변화시키지 않지만, 속도에는 영향을 미친다.
② 북반구에서는 항상 움직이는 물체의 운동방향의 오른쪽 직각방향으로 작용한다.
③ 전향력은 극지방에서 최대가 되고 적도지방에서 최소가 된다.
④ 전향력의 크기는 위도, 지구자전 각속도, 풍속의 함수로 나타낸다.

해설 전향력은 운동의 방향만 변화시키고 속도에는 영향을 미치지 않는다.

03 가스상 물질의 영향에 관한 설명으로 거리가 먼 것은?
① SO_2는 1ppm 정도에서도 수시간 내에 고등식물에게 피해를 준다.
② CO_2 독성은 10ppm 정도에서 인체와 식물에 해롭다.
③ CO는 100ppm까지는 1~3주간 노출되어도 고등식물에 대한 피해는 약한 편이다.
④ HCl은 SO_2보다 식물에 미치는 영향이 훨씬 적으며, 한계농도는 10ppm에서 수시간 정도이다.

해설 CO_2 자체만으로는 특별한 독성이 없으나 호흡기 중에 CO_2가 많아지면 상대적으로 O_2의 양이 부족해서 산소결핍증을 유발한다.

04 아래 그림은 고도에 따른 대기의 기온 변화를 나타낸 것이다. 다음 중 대기 중에 섞인 오염물질이 가장 잘 확산되는 기온변화 형태는?

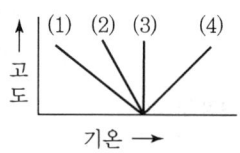

① (1) ② (2) ③ (3) ④ (4)

해설 그림상에서 (1)은 불안정 상태로 오염물질이 가장 잘 확산된다.

05 2,000m에서 대기압력(최초 기압)이 860mbar, 온도가 5℃, 비열비 K가 1.4일 때 온위(potential temperature)는?(단, 표준압력은 1,000mbar)
① 약 284K ② 약 290K
③ 약 294K ④ 약 309K

해설
$$온위(\theta) = T\left(\frac{1,000}{P}\right)^{0.288}$$
$$= (273+5) \times \left(\frac{1,000}{860}\right)^{0.288}$$
$$= 290.34K$$

06 질소산화물(NOx)에 관한 설명으로 옳지 않은 것은?
① NOx의 인위적 배출량 중 거의 대부분이 연소과정에서 발생된다.
② NOx는 그 자체도 인체에 해롭지만 광화학스모그의 원인물질로도 중요한 역할을 한다.
③ 연소과정에서 초기에 발생되는 NOx는 주로 NO이다.
④ 연소 시 연료 중 질소의 NO 변환율은 대체로 약 2~5% 범위이다.

해설 연소 시 연료 중 질소의 NO 변환율
30~50% 정도로 연료와 공기의 혼합특성, 연소장치의 특성 등에 따라 변화한다.

정답 01 ④ 02 ① 03 ② 04 ① 05 ② 06 ④

07 대기오염 농도를 추정하기 위한 상자모델에서 사용하는 가정으로 옳지 않은 것은?

① 고려되는 공간에서 오염물질의 농도는 균일하다.
② 오염물질의 배출원이 지면 전역에 균등히 분포되어 있다.
③ 오염물질의 분해는 0차 반응에 의한다.
④ 고려되는 공간의 수직단면에 직각방향으로 부는 바람의 속도가 일정하여 환기량이 일정하다.

해설 오염물질의 분해는 1차 반응에 의한다.

08 열섬현상에 관한 설명으로 가장 거리가 먼 것은?

① Dust dome effect라고도 하며, 직경 10km 이상의 도시에서 잘 나타나는 현상이다.
② 도시지역 표면의 열적 성질의 차이 및 지표면에서의 증발잠열의 차이 등으로 발생된다.
③ 태양의 복사열에 의해 도시에 추적된 열이 주변지역에 비해 크기 때문에 형성된다.
④ 대도시에서 발생하는 기후현상으로 주변지역보다 비가 적게 오며, 건조해져 코, 기관지 염증의 원인이 되며, 태양복사량과 관련된 비타민 C의 결핍을 초래한다.

해설 대도시에서 발생하는 기후현상으로 주변지역보다 비가 많이 오며, 건조해져 코, 기관지 염증의 원인이 되며 태양복사량과 관련된 비타민 D의 결핍을 초래한다.

09 지상으로부터 500m까지의 평균 기온감율이 0.85℃/100m이다. 100m 고도의 기온이 15℃라 하면 400m에서의 기온은?

① 13.30℃   ② 12.45℃
③ 11.45℃   ④ 10.45℃

해설 기온 = 15℃ − [0.85℃/100m × (400 − 100)m] = 12.45℃

10 다음 중 오존층 보호를 위한 국제환경협약으로만 옳게 연결된 것은?

① 바젤협약 – 비엔나협약
② 오슬로협약 – 비엔나협약
③ 비엔나협약 – 몬트리올의정서
④ 몬트리올의정서 – 람사협약

해설 오존층 보호를 위한 국제협약
㉠ 비엔나협약   ㉡ 몬트리올의정서
㉢ 런던회의   ㉣ 코펜하겐회의

11 다음 특정물질 중 오존 파괴지수가 가장 큰 것은?

① Halon-1211   ② Halon-1301
③ CCl₄   ④ HCFC-22

해설

	특정물질의 종류	화학식	오존 파괴지수
①	Halon-1211	CF_2BrCl	3.0
②	Halon-1301	CF_3Br	10.0
③	사염화탄소	CCl_4	1.1
④	HCFC-22	CHF_2Cl	0.055

12 다음 중 이산화탄소의 가장 큰 흡수원으로 옳은 것은?

① 토양   ② 동물
③ 해수   ④ 미생물

해설 탄소의 순환에서 탄소(CO_2)의 가장 큰 저장고 역할을 하는 부분은 해수이다.
이산화탄소는 바닷물에 상당히 잘 녹기 때문에 현재 해양은 대기가 함유하는 탄산가스의 약 60배를 함유하고 있으며 이 양은 식물에 의한 흡수량보다 훨씬 많다.

13 라돈에 관한 설명으로 가장 거리가 먼 것은?

① 무색, 무취의 기체로 액화되어도 색을 띠지 않는 물질이다.
② 공기보다 9배 정도 무거워 지표에 가깝게 존재한다.
③ 주로 토양, 지하수, 건축자재 등을 통하여 인체에 영향을 미치고 있으며 흙 속에서 방사선 붕괴를 일으킨다.
④ 일반적으로 인체의 조혈기능 및 중추신경계통에 가장 큰 영향을 미치는 것으로 알려져 있으며, 화학적으로 반응성이 크다.

해설 라돈
폐암을 유발시키는 물질이며 화학적으로 거의 반응을 일으키지 않는 불활성 물질로서 흙 속에서 방사선 붕괴를 일으키는 자연 방사능 물질이다.

14 다음 중 염소 또는 염화수소 배출 관련 업종으로 가장 거리가 먼 것은?

① 화학 공업   ② 소다 제조업
③ 시멘트 제조업   ④ 플라스틱 제조업

정답 07 ③ 08 ④ 09 ② 10 ③ 11 ② 12 ③ 13 ④ 14 ③

해설 염소 또는 염화수소 배출 관련 업종
　㉠ 소다 제조업
　㉡ 농약 제조업
　㉢ 화학 공업
　㉣ 플라스틱 제조업

15 대기오염가스를 배출하는 굴뚝의 유효고도가 87m에서 100m로 높아졌다면 굴뚝의 풍하 측 지상 최대 오염농도는 87m일 때의 것과 비교하면 몇 %가 되겠는가?(단, 기타 조건은 일정)

① 47%　② 62%　③ 76%　④ 88%

해설 $C_{\max} \simeq \dfrac{1}{H_e^2}$ 이므로

$$(\%) = \dfrac{\left(\dfrac{1}{100^2}\right)}{\left(\dfrac{1}{87^2}\right)} \times 100 = 75.69\%$$

16 수용모델의 분석법에 관한 설명으로 옳지 않은 것은?
① 광학현미경법은 입경이 $0.01\mu m$보다 큰 입자만을 대상으로 먼지의 형상, 모양 및 색깔별로 오염원을 구별할 수 있고, 미숙련 경험자도 쉽게 분석가능하다.
② 전자주사현미경은 광학현미경보다 작은 입자를 측정할 수 있고, 정상적으로 먼지의 오염원을 확인할 수 있다.
③ 시계열분석법은 대기오염 제어의 기능을 평가하고 특정 오염원의 경향을 추적할 수 있으며, 타 방법을 통해 제시된 오염원을 확인하는 데 매우 유용한 정성적 분석법이다.
④ 공간계열법은 시료채취기간 중 오염배출속도 및 기상학 등에 크게 의존하여 분산모델과 큰 연관성을 갖는다.

해설 광학현미경법으로는 입경이 $1\mu m$보다 큰 입자만을 대상으로 먼지의 형상, 모양 및 색깔별로 오염원을 구별할 수 있고, 숙련경험자만이 분석 가능하다.

17 포름알데하이드의 배출과 관련된 업종으로 가장 거리가 먼 것은?
① 피혁제조공업　　② 합성수지공업
③ 암모니아제조공업　④ 포르말린제조공업

해설 포름알데하이드(HCHO) 배출업종
　㉠ 피혁제조공업　㉡ 합성수지공업
　㉢ 섬유공업　　　㉣ 포르말린제조공업

18 일산화탄소에 관한 설명으로 옳지 않은 것은?
① 대류권 및 성층권에서의 광화학반응에 의하여 대기 중에서 제거된다.
② 물에 잘 녹아 강우의 영향을 크게 받으며, 다른 물질에 강하게 흡착하는 특징을 가진다.
③ 토양 박테리아의 활동에 의하여 이산화탄소로 산화되어 대기 중에서 제거된다.
④ 발생량과 대기 중의 평균농도로부터 대기 중 평균 체류시간이 약 1~3개월 정도일 것이라 추정되고 있다.

해설 CO는 물에 난용성이므로 강우에 의한 영향이 크지 않으며 다른 물질에 흡착현상도 일어나지 않는다.

19 가우시안 모델의 대기오염 확산방정식을 적용할 때 지면에 있는 오염원으로부터 바람 부는 방향으로 200m 떨어진 연기의 중심축상 지상 오염농도(mg/m³)는?(단, 오염물질의 배출량은 6g/s, 풍속은 3.5m/s, σ_y, σ_z는 각각 22.5m, 12m이다.)

① 0.96　② 1.41　③ 2.02　④ 2.46

해설 $C(x, y, z, H_e)$

$$= \dfrac{Q}{2\pi\sigma_y\sigma_z U}\exp\left[-\dfrac{1}{2}\left(\dfrac{y}{\sigma_y}\right)^2\right]$$
$$\times \left[\exp\left(-\dfrac{1}{2}\left(\dfrac{z-H_e}{\sigma_z}\right)^2\right) + \exp\left(-\dfrac{1}{2}\left(\dfrac{z+H_e}{\sigma_z}\right)^2\right)\right]$$

위 식에서
$\left.\begin{array}{c} y = z = 0 \\ H_e = 0 \end{array}\right]$ 이므로

$$C = \dfrac{Q}{\pi u \sigma_y \sigma_z}$$
$$= \dfrac{6\text{g/sec}}{3.14 \times 3.5\text{m/sec} \times 22.5\text{m} \times 12\text{m}}$$
$$= 2.021 \times 10^{-3}\text{g/m}^3 \times 1{,}000\text{mg/g} = 2.021\text{mg/m}^3$$

20 도시 대기오염물질 중 태양빛을 흡수하는 기체 중의 하나로서 파장 420nm 이상의 가시광선에 의해 광분해되는 물질로 대기 중 체류시간이 약 2~5일 정도인 것은?

① SO_2　② NO_2　③ CO_2　④ RCHO

해설 NO_2
　㉠ 공기에 대한 비중이 1.59이며, 질식성이 있고 적갈색의 자극성을 가진 가스이다.
　㉡ 대기 중 체류시간은 NO와 같이 약 2~5일 정도이며 파장 420nm 이상의 가시광선에 의해 광분해되는 물질이다.

제2과목 연소공학

21 다음 중 저온부식의 원인과 대책에 관한 설명으로 가장 거리가 먼 것은?

① 연소가스온도를 산노점온도보다 높게 유지해야 한다.
② 예열공기를 사용하거나 보온시공을 한다.
③ 저온부식이 일어날 수 있는 금속 표면은 피복을 한다.
④ 250℃ 이상의 전열면에 응축하는 황산, 질산 등에 의하여 발생된다.

해설 저온부식
150℃ 이하의 전열면에 응축하는 황산, 질산, 염산 등의 산성염에 의하여 발생한다.

22 액화석유가스(LPG)에 관한 설명으로 옳지 않은 것은?

① 비중이 공기보다 작고, 상온에서 액화가 되지 않는다.
② 액체에서 기체로 될 때 증발열이 발생한다.
③ 프로판, 부탄을 주성분으로 하는 혼합물이다.
④ 발열량이 20,000~30,000kcal/Sm³ 정도로 높다.

해설 비중이 공기보다 무겁고(공기보다 1.5~2.0배 정도) 상온에서 약간의 압력(10~20atm)을 가하면 쉽게 액화시킬 수 있다.

23 용적 100m³의 밀폐된 실내에서 황 함량 0.01%인 등유 200g을 완전연소시킬 때 실내의 평균 SO_2 농도(ppb)는?(단, 표준상태를 기준으로 하고, 황은 전량 SO_2로 전환된다.)

① 140
② 240
③ 430
④ 570

해설 SO_2농도(ppb) = $\dfrac{SO_2 \text{양}}{\text{실내용적}} \times 10^9$

$S + O_2 \rightarrow SO_2$
32kg : 22.4m³
0.2kg × 0.0001 : SO_2(m³)

$SO_2(m^3) = \dfrac{0.2kg \times 0.0001 \times 22.4m^3}{32kg}$
$= 0.000014m^3$

$= \dfrac{0.000014m^3}{100m^3} \times 10^9 = 140ppb$

24 휘발유, 등유, 알코올, 벤젠 등 액체연료의 연소방식에 해당하는 것은?

① 자기연소
② 확산연소
③ 증발연소
④ 표면연소

해설 액체연료의 연소형태
㉠ 액면연소
㉡ 분무연소
㉢ 증발연소
㉣ 등심연소

25 연료연소 시 매연 발생에 관한 설명으로 옳지 않은 것은?

① 연료의 C/H 비율이 클수록 매연이 발생하기 쉽다.
② 중합 및 고리화합물 등과 같이 반응이 일어나기 쉬운 탄화수소일수록 매연발생이 적다.
③ 분해하기 쉽거나 산화하기 쉬운 탄화수소는 매연발생이 적다.
④ 탄소결합을 절단하기보다는 탈수소가 쉬운 쪽이 매연이 발생하기 쉽다.

해설 탈수소, 중합반응 및 고리화합물 등과 같은 반응이 일어나기 쉬운 탄화수소일수록 매연이 잘 생긴다.

26 유압분무식 버너의 특징과 거리가 먼 것은?

① 유량조절범위가 1 : 10 정도로 넓어서 부하변동에 적응이 쉽다.
② 연료분사범위는 15~2,000L/h 정도이다.
③ 연료의 점도가 크거나 유압이 5kg/cm² 이하가 되면 분무화가 불량하다.
④ 구조가 간단하여 유지 및 보수가 용이한 편이다.

해설 유량조절범위가 환류식 1 : 3, 비환류식 1 : 2로 좁아서 부하변동에 적응하기 어렵다.

27 착화온도에 관한 설명으로 옳지 않은 것은?

① 휘발성분이 적고 고정탄소량이 많을수록 높아진다.
② 반응활성도가 작을수록 낮아진다.
③ 석탄의 탄화도가 증가하면 높아진다.
④ 공기의 산소농도가 높아지면 낮아진다.

해설 반응활성도가 클수록 착화온도는 낮아진다.

28 A기체연료 $2Sm^3$을 분석한 결과 C_3H_8 $1.7Sm^3$, CO $0.15Sm^3$, H_2 $0.14Sm^3$, O_2 $0.01Sm^3$이었다면 이 연료를 완전연소시켰을 때 생성되는 이론 습연소가스양(Sm^3)은?

① 약 $41Sm^3$ ② 약 $45Sm^3$
③ 약 $52Sm^3$ ④ 약 $57Sm^3$

해설 $G_{ow} = 0.79A_o + CO_2 + H_2O$
$(2Sm^3 = 1.7Sm^3 + 0.15Sm^3 + 0.14Sm^3 + 0.01Sm^3)$

C_3H_8 + $5O_2$ → $3CO_2$ + $4H_2O$
$1Sm^3$: $5Sm^3$: $3Sm^3$: $4Sm^3$
$1.7Sm^3$: $8.5Sm^3$: $5.1Sm^3$: $6.8Sm^3$

H_2 + $0.5O_2$ → H_2O
$1Sm^3$: $0.5Sm^3$: $1Sm^3$
$0.14Sm^3$: $0.07Sm^3$: $0.14Sm^3$

$A_o = \dfrac{1}{0.21}[(0.5 \times 0.14) + (0.5 \times 0.15)$
$+ (5 \times 1.7) - 0.01] = 41.12 Sm^3/Sm^3$

$CO_2 = 5.1 + 0.15 = 5.25 Sm^3/Sm^3$
$H_2O = 6.8 + 0.14 = 6.94 Sm^3/Sm^3$
$= (0.79 \times 41.12) + 5.25 + 6.94$
$= 44.68 Sm^3/Sm^3$

29 저 NOx 연소기술 중 배가스 순환기술에 관한 설명으로 거리가 먼 것은?

① 일반적으로 배가스 재순환비율은 연소공기대비 10~20%에서 운전된다.
② 희석에 의한 산소농도 저감효과보다는 화염온도 저하효과가 작기 때문에, 연료 NOx보다는 고온 NOx 억제효과가 작다.
③ 장점으로 대부분의 다른 연소제어기술과 병행해서 사용할 수 있다.
④ 저 NOx 버너와 같이 사용하는 경우가 많다.

해설 희석에 의한 산소농도 저감효과보다는 화염온도 저하효과가 크기 때문에 연료 NOx보다는 고온 NOx 억제효과가 크다.

30 화학반응속도는 일반적으로 Arrhenius식으로 표현된다. 어떤 반응에서 화학반응상수가 27℃일 때에 비하여 77℃일 때 3배가 되었다면 이 화학반응의 활성화에너지는?

① 2.3kcal/mole ② 4.6kcal/mole
③ 6.9kcal/mole ④ 13.2kcal/mole

해설 $\ln\dfrac{K_2}{K_1} = \dfrac{E_a}{R}\left(\dfrac{1}{T_1} - \dfrac{1}{T_2}\right)$

$\ln 3 = \dfrac{E_a}{1.9872 cal/mole \cdot K}\left(\dfrac{1}{273+27} - \dfrac{1}{273+77}\right)$

$E_a = 4,584.64 cal/mole \times kcal/1,000cal = 4.58 kcal/mole$

[활성화에너지 단위가 cal/mole인 경우 기체상수(R)는 1.9872 cal/mole·K를 적용함]

31 다음 중 $1Sm^3$의 중량이 2.59kg인 포화탄화수소 연료에 해당하는 것은?

① CH_4 ② C_2H_6
③ C_3H_8 ④ C_4H_{10}

해설 $1Sm^3$의 중량이 2.59kg → 밀도 = $\dfrac{분자량}{부피}$

분자량 = 밀도 × 부피
$= 2.59 kg/Sm^3 \times 22.4 Sm^3$
$= 58.02 kg$

분자량이 58인 물질은 보기 중 부탄(C_4H_{10})이다.

32 화격자 연소 중 상부 투입 연소(over feeding firing)에서 일반적인 층의 구성순서로 가장 적합한 것은?(단, 상부 → 하부)

① 석탄층 → 건류층 → 환원층 → 산화층 → 재층 → 화격자
② 화격자 → 석탄층 → 건류층 → 산화층 → 환원층 → 재층
③ 석탄층 → 건류층 → 산화층 → 환원층 → 재층 → 화격자
④ 화격자 → 건류층 → 석탄층 → 환원층 → 산화층 → 재층

해설 상부투입식 정상상태에서의 고정층은 상부로부터 석탄층, 건조층, 건류층, 환원층, 산화층, 회층(재층)으로 구성된다.

33 석유계 액체연료의 탄수소비(C/H)에 대한 설명 중 옳지 않은 것은?

① C/H 비가 클수록 이론공연비가 증가한다.
② C/H 비가 클수록 방사율이 크다.
③ 중질연료일수록 C/H 비가 크다.
④ C/H 비가 클수록 비교적 비점이 높은 연료이며, 매연이 발생되기 쉽다.

해설 C/H 비가 클수록 이론공연비가 감소한다.

정답 28 ② 29 ② 30 ② 31 ④ 32 ① 33 ①

34 다음 중 건타입(Gun Type) 버너에 관한 설명으로 틀린 것은?

① 형식은 유압식과 공기분무식을 합한 것이다.
② 유압은 보통 7kg/cm² 이상이다.
③ 연소가 양호하고, 전자동 연소가 가능하다.
④ 유량조절 범위가 넓어 대용량에 적합하다.

해설 건타입(Gun Type) 버너의 형식은 유압식과 공기분무식을 합한 것으로 유압은 보통 7kg/cm² 이상이며, 연소가 양호하고, 소형이며 전자동 연소가 가능하다는 특징이 있다.

35 절충식 방법으로서 연소용 공기의 일부를 미리 기체연료와 혼합하고 나머지 공기는 연소실 내에서 혼합하여 확산연소시키는 방식으로 소형 또는 중형 버너로 널리 사용되며, 기체연료 또는 공기의 분출속도에 의해 생기는 흡인력을 이용하여 공기 또는 연료를 흡인하는 것은?

① 확산연소   ② 예혼합연소
③ 유동층연소 ④ 부분예혼합연소

해설 부분예혼합연소
㉠ 연소용 공기의 일부를 미리 연료와 혼합하고, 나머지 공기는 연소실 내에서 혼합하여 확산연소시키는 방식으로 소형 또는 중형 버너로 사용되는 기체연료의 연소방식이다.
㉡ 소형 또는 중형버너로 널리 사용되며, 기체연료 또는 공기의 분출속도에 의해 생기는 흡인력을 이용하여 공기 또는 연료를 흡인한다.

36 Propane 1Sm³을 연소시킬 경우 이론 건조연소가스 중의 탄산가스 최대농도(%)는?

① 12.8% ② 13.8% ③ 14.8% ④ 15.8%

해설 $CO_{2\max}(\%) = \dfrac{CO_2 \text{양}}{G_{od}} \times 100$

$C_3H_8 + 5O_2 \rightarrow 3CO_2 + 4H_2O$

$G_{od} = 0.79A_o + CO_2\text{양}(Sm^3/Sm^3)$
$= \left(0.79 \times \dfrac{5}{0.21}\right) + 3 = 21.81 Sm^3/Sm^3$
$= \dfrac{3}{21.81} \times 100 = 13.76\%$

37 불꽃 점화기관에서의 연소과정 중 생기는 노킹현상을 효과적으로 방지하기 위한 기관구조에 대한 설명으로 가장 거리가 먼 것은?

① 말단가스를 고온으로 하기 위한 산화촉매시스템을 사용한다.
② 연소실을 구형(circular type)으로 한다.
③ 점화플러그는 연소실 중심에 부착시킨다.
④ 난류를 증가시키기 위해 난류 생성 pot를 부착시킨다.

해설 노킹현상의 방지대책으로 말단가스의 온도 및 압력을 내려야 한다.

38 A(g) → 생성물 반응에서 그 반감기가 $0.693/k$인 반응은?(단, k는 반응속도상수)

① 0차 반응   ② 1차 반응
③ 2차 반응   ④ 3차 반응

해설 $\ln\left(\dfrac{C_t}{C_o}\right) = -kt$
$\ln 0.5 = -k \times t$
$t = 0.693/k$ 이므로 1차 반응이다.

39 고체연료 연소장치 중 하급식 연소방법으로 연소과정이 미착화탄 → 산화층 → 환원층 → 회층으로 변하여 연소되고, 연료층을 항상 균일하게 제어할 수 있고, 저품질 연료도 유효하게 연소시킬 수 있어 쓰레기 소각로에 많이 이용되는 화격자 연소장치로 가장 적합한 것은?

① 포트식 스토커(Pot Stoker)
② 플라스마 스토커(Plasma Stoker)
③ 로터리 킬른(Rotary Kiln)
④ 체인 스토커(Chain Stoker)

해설 체인 스토커(Chain Stoker)
㉠ 고체연료 연소장치 중 하급식 연소방식이다.
㉡ 연소과정이 미착화탄 → 산화층 → 환원층 → 회층으로 변하여 연소된다.
㉢ 연료층을 항상 균일하게 제어할 수 있고, 저품질 연료도 유효하게 연소시킬 수 있어 쓰레기 소각로에 많이 이용되는 화격자연소장치이다.

40 저위발열량이 5,000kcal/Sm³인 기체연료의 이론연소온도(℃)는 약 얼마인가?(단, 이론연소가스양 15Sm³/Sm³, 연료연소가스의 평균정압비열 0.35kcal/Sm³·℃, 기준온도 0℃, 공기는 예열하지 않으며, 연소가스는 해리되지 않는다고 본다.)

① 952   ② 994
③ 1,008 ④ 1,118

정답 34 ④ 35 ④ 36 ② 37 ① 38 ② 39 ④ 40 ①

해설 이론연소온도(℃)
$$= \frac{저위발열량}{이론연소가스양 \times 평균정압비열} + 기준온도$$
$$= \frac{5,000 \text{kcal/Sm}^3}{15 \text{Sm}^3/\text{Sm}^3 \times 0.35 \text{kcal/Sm}^3 \cdot ℃} + 0℃$$
$$= 952.38℃$$

제3과목 대기오염방지기술

41 집진장치의 입구 쪽 처리가스유량이 300,000Sm³/hr, 먼지농도가 15g/Sm³이고, 출구 쪽의 처리된 가스의 유량은 305,000Sm³/hr, 먼지농도가 40mg/Sm³이었다. 이 집진장치의 집진율은 몇 %인가?

① 98.6　② 99.1　③ 99.7　④ 99.9

해설 $\eta = \left(1 - \frac{C_o \times Q_o}{C_i \times Q_i}\right) \times 100$
$= \left(1 - \frac{0.04 \times 305,000}{15 \times 300,000}\right) \times 100 = 99.73\%$

42 흡수장치의 종류 중 기체분산형 흡수장치에 해당하는 것은?

① Venturi Scrubber　② Spray Tower
③ Packed Tower　④ Plate Tower

해설 기체분산형 흡수장치
㉠ 다공판탑(Sieve Plate Tower)
㉡ 포종탑(Tray Tower)
㉢ 기포탑

43 직경 10μm 인 입자의 침강속도가 0.5cm/sec였다. 같은 조성을 지닌 30μm 입자의 침강속도는?(단, 스토크스 침강속도식 적용)

① 1.5cm/sec　② 2cm/sec
③ 3cm/sec　④ 4.5cm/sec

해설 $V_g = \frac{d_p^2(\rho_p - \rho)g}{18\mu}$ 에서 $V_g \propto d_p^2$ 이므로
0.5cm/sec : (10μm)² = 침강속도(cm/sec) : (30μm)²
침강속도(cm/sec) $= \frac{0.5 \text{cm/sec} \times (30\mu m)^2}{(10\mu m)^2} = 4.5 \text{cm/sec}$

44 다음 중 송풍기에 관한 법칙 표현으로 옳지 않은 것은? (단, 송풍기의 크기와 유체의 밀도는 일정하며, Q : 풍량, N : 회전수, W : 동력, V : 배출속도, ΔP : 정압)

① $W_1/N_1^3 = W_2/N_2^3$　② $Q_1/N_1 = Q_2/N_2$
③ $V_1/N_1^3 = V_2/N_2^3$　④ $\Delta P_1/N_1^2 = \Delta P_2/N_2^2$

해설 송풍기의 크기와 유체밀도가 일정할 때
㉠ 유량 : 송풍기의 회전속도에 비례한다.
$$Q_2 = Q_1 \times \left(\frac{N_2}{N_1}\right)$$
㉡ 풍압 : 송풍기의 회전속도의 2승에 비례한다.
$$P_{s2} = P_{s1} \times \left(\frac{N_2}{N_1}\right)^2$$
㉢ 동력 : 송풍기의 회전속도의 3승에 비례한다.
$$W_2 = W_1 \times \left(\frac{N_2}{N_1}\right)^3$$

45 배출가스 내의 NOx 제거방법 중 환원제를 사용하는 접촉환원법에 관한 설명으로 가장 거리가 먼 것은?

① 선택적 환원제로는 NH₃, H₂S 등이 있다.
② 선택적 접촉환원법에서 Al₂O₃계의 촉매는 SO₂, SO₃, O₂와 반응하여 황산염이 되기 쉽고, 촉매의 활성이 저하된다.
③ 선택적 접촉환원법은 과잉의 산소를 먼저 소모한 후 첨가된 반응물인 질소산화물을 선택적으로 환원시킨다.
④ 비선택적 접촉환원법의 촉매로는 Pt뿐만 아니라 Co, Ni, Cu, Cr 등의 산화물도 이용 가능하다.

해설 선택적 접촉환원법은 배기가스 중에 존재하는 산소와는 무관하게 NOx를 선택적으로 환원시키는 방법을 말한다.

46 다음 세정집진장치 중 입구유속(기본유속)이 가장 빠른 것은?

① Jet Scrubber　② Venturi Scrubber
③ Theisen Washer　④ Cyclone Scrubber

해설 벤츄리 스크러버(Venturi Scrubber)
가스입구에 벤츄리관을 삽입하고 배기가스를 벤츄리관의 목부에 유속 60~90m/sec로 빠르게 공급하여 목부 주변의 노즐로부터 세정액을 흡인 분사되게 함으로써 포집하는 방식, 즉 기본유속이 클수록 작은 액적이 형성되어 미세입자를 제거한다.

47 가스처리방법 중 흡착(물리적 기준)에 관한 내용으로 가장 거리가 먼 것은?

① 흡착열이 낮고 흡착과정이 가역적이다.
② 다분자 흡착이며 오염가스 회수가 용이하다.
③ 처리할 가스의 분압이 낮아지면 흡착량은 감소한다.
④ 처리가스의 온도가 올라가면 흡착량이 증가한다.

[해설] 일반적으로 물리적 흡착에서 흡착되는 양은 온도가 낮을수록, 압력이 높을수록 흡착이 잘 된다.

48 유해가스를 촉매연소법으로 처리할 때 촉매의 수명을 단축시키거나 효율을 감소시킬 수 있는 물질과 거리가 먼 것은?

① Fe ② Si ③ Pd ④ P

[해설] 촉매의 수명을 단축시키거나 효율을 감소시킬 수 있는 물질에는 납, 수은, 철, 규소, 인 등이 있으며 팔라듐(Pd)은 촉매제이다.

49 흡착과정에 대한 설명 중 틀린 것은?

① 파과곡선의 형태는 흡착탑의 경우에 따라서 비교적 기울기가 큰 것이 바람직하다.
② 포화점(Saturation Point)은 주어진 온도와 압력조건에서 흡착제가 가장 많은 양의 흡착질을 흡착하는 점이다.
③ 실제의 흡착은 비정상 상태에서 진행되므로 초기에는 흡착이 천천히 진행되다가 어느 정도 흡착이 진행되면 빠르게 이루어진다.
④ 흡착제층 전체가 포화되어 배출가스 중에 오염가스 일부가 남게 되는 점을 파과점(Break Point)이라 하고, 이 점 이후부터는 오염가스의 농도가 급격히 증가한다.

[해설] 실제의 흡착은 비정상 상태에서 진행되므로 초기에는 빠르게 진행되다가 어느 정도 흡착이 진행되면 서서히 이루어진다.

50 배연탈황법 중 석회석 주입법에 관한 설명으로 틀린 것은?

① 석회석 재생뿐만 아니라 부대설비가 많이 소요된다.
② 배출가스의 온도가 떨어지지 않는 장점이 있다.
③ 소규모 보일러나 노후된 보일러에 많이 사용되어 왔다.
④ 연소로 내에서 짧은 접촉시간을 가지며, 석회분말의 표면 안으로 아황산가스의 침투가 어렵다.

[해설] 배연탈황법 중 석회석 주입법은 부대시설은 적게 소요되고, 탈황효율은 40% 정도로서 아주 낮다.

51 냄새물질에 관한 다음 설명 중 가장 거리가 먼 것은?

① 물리화학적 자극량과 인간의 감각강도 관계는 Ranney 법칙과 잘 맞는다.
② 골격이 되는 탄소수는 저분자일수록 관능기 특유의 냄새가 강하고 자극적이며, 8~13에서 가장 향기가 강하다.
③ 분자 내 수산기의 수는 1개일 때 가장 강하고 수가 증가하면 약해져서 무취에 이른다.
④ 불포화도가 높으면 냄새가 보다 강하게 난다.

[해설] 물리화학적 자극량과 인간의 감각강도 관계는 Weber-fechner 법칙이 잘 맞는다.

52 8개 실로 분리된 충격 제트형 여과집진기에서 전체 처리 가스양 8,000m³/min, 여과속도 2m/min로 처리하기 위하여 직경 0.25m, 길이 12m 규격의 필터백(Filter Bag)을 사용하고 있다. 이때 집진장치의 각 실(House)에 필요한 필터백의 개수는?(단, 각 실의 규격은 동일함, 필터백은 짝수로 선택함)

① 50 ② 54
③ 58 ④ 64

[해설] 여과백 개수 = $\dfrac{처리가스양}{여과포\ 하나\ 처리가스양}$

$= \dfrac{8,000\text{m}^3/\text{min}}{(3.14 \times 0.25\text{m} \times 12\text{m}) \times 2\text{m/min}} = 425$

1개 실 여과백 개수 = $\dfrac{425}{8} = 53.13 ≒ 54$개

53 벤츄리 스크러버의 액가스비를 크게 하는 요인으로 옳지 않은 것은?

① 먼지입자의 친수성이 클 때
② 먼지의 입경이 작을 때
③ 먼지입자의 점착성이 클 때
④ 처리가스의 온도가 높을 때

[해설] 액가스비는 일반적으로 분진의 입경이 작고, 친수성이 작을수록 커진다.

54 자연 통풍력을 증대시키기 위한 방법과 가장 거리가 먼 것은?

① 굴뚝을 높이다.
② 굴뚝 통로를 단순하게 한다.
③ 굴뚝 안의 가스를 냉각시킨다.
④ 굴뚝가스의 체류시간을 증가시킨다.

정답 47 ④ 48 ③ 49 ③ 50 ① 51 ① 52 ② 53 ① 54 ③

[해설] **자연 통풍력 증대 방법**
㉠ 연돌의 높이를 높게 한다.
㉡ 연돌의 통로를 단순하게 한다.
㉢ 배기가스의 온도를 높게 한다.
㉣ 배기가스의 유속을 빠르게 한다.
㉤ 배기가스의 체류시간을 증가시킨다.

55 송풍기를 원심력형과 축류형으로 분류할 때 다음 중 축류형에 해당하는 것은?
① 프로펠러형 ② 방사경사형
③ 비행기날개형 ④ 전향날개형

[해설] **축류형 송풍기**
㉠ 프로펠러형 ㉡ 튜브형
㉢ 베인형 ㉣ 고정날개형

56 다음은 불소화합물 처리에 관한 설명이다. ( ) 안에 알맞은 화학식은?

> 사불화규소는 물과 반응해서 콜로이드 상태의 규산과 ( )이 생성된다.

① CaF_2 ② $NaHF_2$ ③ $NaSiF_6$ ④ H_2SiF_6

[해설] SiF_4가 물에 흡수될 때 생성되는 규산(SiO_2)이 수면에 고체막을 형성하여 충전제의 공극을 막고 흡수를 저해하므로 액분산형 장치 중에서 충전탑은 사용하지 말고, 분무탑(Spray Tower)을 사용하면 효과적이다.
$SiF_4 + 2H_2O \leftrightarrows SiO_2 + 4HF$
$2HF + SiF_4 \leftrightarrows H_2SiF_6$ (규불화수소산)

57 전기로에 설치된 백필터의 입구 및 출구 가스양과 먼지 농도가 다음과 같을 때 먼지의 통과율은?

> • 입구 가스양 : 11,400Sm³/hr
> • 출구 가스양 : 270Sm³/min
> • 입구 먼지농도 : 12,630mg/Sm³
> • 출구 먼지농도 : 1.11g/Sm³

① 10.5% ② 11.1% ③ 12.5% ④ 13.1%

[해설] 통과율(P)
$= \dfrac{C_o \times Q_o}{C_i \times Q_i} \times 100$
$= \dfrac{1.11\text{g/Sm}^3 \times (270\text{Sm}^3/\text{min} \times 60\text{min/hr})}{12.63\text{g/Sm}^3 \times 11,400\text{Sm}^3/\text{hr}} \times 100$
$= 12.49\%$

58 전기집진장치 내 먼지의 겉보기 이동속도는 0.11m/sec, 5m×4m인 집진판 182매를 설치하여 유량 9,000m³/min를 처리할 경우 집진효율은?(단, 내부 집진판은 양면 집진, 2개의 외부 집진판은 각 하나의 집진면을 가진다.)
① 98.0% ② 98.8% ③ 99.0% ④ 99.5%

[해설] $\eta = 1 - \exp\left(-\dfrac{A \times W_e}{Q}\right)$
집진판 개수 = 내부 양면(180×2) + 외부(2) = 362개
$= 1 - \exp\left(-\dfrac{5\text{m} \times 4\text{m} \times 362 \times 0.11\text{m/sec}}{9,000\text{m}^3/\text{min} \times \text{min}/60\text{sec}}\right)$
$= 0.9951 \times 100$
$= 99.51\%$

59 유체의 점도를 나타내는 단위 표현으로 틀린 것은?
① poise ② liter · atm
③ Pa · s ④ $\dfrac{\text{g}}{\text{cm} \cdot \text{sec}}$

[해설] **점도 단위**
㉠ N · s/m², kg/m · s, g/cm · s, kgf · sec/m²
㉡ 1Poise = 1g/cm · s = 1dyne · s/cm² = Pa · s
㉢ 1centipoise = 10^{-2} Poise = 1mg/mm · s

60 유해가스의 처리를 위해 흡착법에 사용되는 흡착제에 관한 설명으로 옳지 않은 것은?
① 활성탄이 가장 많이 사용되며, 주로 극성물질에 유효한 반면, 유기용제의 증기 제거는 낮다.
② 실리카겔은 250℃ 이하에서 물과 유기물을 잘 흡착한다.
③ 활성알루미나는 물과 유기물을 잘 흡착하며 175~325℃로 가열하여 재생시킬 수 있다.
④ 합성제올라이트는 극성이 다른 물질이나 포화 정도가 다른 탄화수소의 분리가 가능하다.

[해설] 활성탄이 가장 많이 사용되며, 주로 비극성물질에 유효하고, 유기용제의 증기제거에 효율이 좋다.

정답 55 ① 56 ④ 57 ③④ 58 ④ 59 ② 60 ①

제4과목 대기오염공정시험기준(방법)

61 굴뚝 배출가스 중 황산화물을 아르세나조Ⅲ법으로 측정할 때에 관한 설명으로 옳지 않은 것은?
① 흡수액은 과산화수소수를 사용한다.
② 지시약은 아르세나조Ⅲ을 사용한다.
③ 아세트산바륨용액으로 적정한다.
④ 이 시험법은 수산화소듐으로 적정하는 킬레이트침전법이다.

해설 이 시험법은 아세트산바륨용액으로 적정하는 킬레이트침전법이다.

62 다음은 이온크로마토그래피의 검출기에 관한 설명이다. ( ) 안에 가장 적합한 것은?

(㉠)는 고성능 액체크로마토그래피 분야에서 가장 널리 사용되는 검출기이며, 최근에는 이온크로마토그래피에서도 전기전도도 검출기와 병행하여 사용되기도 한다. 또한 (㉡)는 전이금속 성분의 발색반응을 이용하는 경우에 사용된다.

① ㉠ 자외선흡수검출기 ㉡ 가시선흡수검출기
② ㉠ 전기화학적 검출기 ㉡ 염광광도검출기
③ ㉠ 이온전도도검출기 ㉡ 전기화학적 검출기
④ ㉠ 광전흡수검출기 ㉡ 암페로메트릭검출기

해설 **이온크로마토그래피의 자외선 및 가시선 흡수 검출기(UV, VIS 검출기)**
㉠ 자외선흡수검출기(UV 검출기)는 고성능 액체크로마토그래피 분야에서 가장 널리 사용되는 검출기이며, 최근에는 이온크로마토그래피에서도 전기전도도 검출기와 병행하여 사용되기도 한다.
㉡ 가시선 흡수검출기(VIS 검출기)는 전이금속 성분의 발색반응을 이용하는 경우에 사용된다.

63 환경대기 중 먼지를 저용량 공기시료 채취기로 분당 20L씩 채취할 경우, 유량계의 눈금값 Q_r(L/mm)을 나타내는 식으로 옳은 것은?(단, 1기압에서의 기준이며, ΔP(mmHg)는 마노미터로 측정한 유량계 내의 압력손실이다.)

① $20\sqrt{\dfrac{760-\Delta P}{760}}$
② $20\sqrt{\dfrac{760}{760-\Delta P}}$
③ $760\sqrt{\dfrac{20/\Delta P}{760}}$
④ $760\sqrt{\dfrac{760}{20/\Delta P}}$

해설 **유량계의 눈금값**
$$Q_r = 20\sqrt{\dfrac{760}{760-\Delta P}}$$

64 비분산 적외선 분석계의 구성에서 ( ) 안에 들어갈 명칭을 옳게 나열한 것은?(단, 복광속 분석계)

광원 - (㉠) - (㉡) - 시료셀 - 검출기 - 증폭기 - 지시계

① ㉠ 광학섹터, ㉡ 회전섹터
② ㉠ 회전섹터, ㉡ 광학필터
③ ㉠ 광학필터, ㉡ 회전필터
④ ㉠ 회전섹터, ㉡ 광학섹터

해설 **비분산 적외선 분석계의 구성장치 순서**
광원 - 회전섹터 - 광학필터 - 시료셀 - 검출기 - 증폭기 - 지시계

65 유류 중의 황 함유량을 측정하기 위한 분석방법에 해당하는 것은?
① 광학기법
② 열탈착식 광도법
③ 방사선식 여기법
④ 자외선/가시선분광법

해설 **연료용 유류 중 황 함유량 분석방법**
㉠ 연소관식 공기법(중화적정법)
㉡ 방사선식 여기법(기기분석법)

66 원자흡수분광광도법에서 원자흡광분석시 스펙트럼의 불꽃 중에서 생성되는 목적원소의 원자증기 이외의 물질에 의하여 흡수되는 경우에 일어나는 간섭의 종류는?
① 이온학적 간섭
② 분광학적 간섭
③ 물리적 간섭
④ 화학적 간섭

해설 **원자흡수분광광도법 - 분광학적 간섭**
㉠ 분석에 사용하는 스펙트럼선이 다른 인접선과 완전히 분리되지 않는 경우 : 파장선택부의 분해능이 충분하지 않기 때문에 일어나며 검량선의 직선영역이 좁고 구부러져 있어 분석감도 정밀도도 저하된다. 이때는 다른 분석선을 사용하여 재분석하는 것이 좋다.
㉡ 분석에 사용하는 스펙트럼의 불꽃 중에서 생성되는 목적원소의 원자증기 이외의 물질에 의하여 흡수되는 경우 : 표준시료와 분석시료의 조성을 더욱 비슷하게 하며 간섭의 영향을 어느 정도까지 피할 수 있다.

정답 61 ④ 62 ① 63 ② 64 ② 65 ③ 66 ②

67 원자흡수분광광도법에서 사용하는 용어의 정의로 옳은 것은?

① 공명선(Resonance Line) : 원자가 외부로부터 빛을 흡수했다가 다시 먼저 상태로 돌아갈 때 방사하는 스펙트럼선
② 중공음극램프(Hollow Cathode Lamp) : 원자흡광분석의 광원이 되는 것으로 목적원소를 함유하는 중공음극 한 개 또는 그 이상을 고압의 질소와 함께 채운 방전관
③ 역화(Flame Back) : 불꽃의 연소속도가 작고 혼합기체의 분출속도가 클 때 연소현상이 내부로 옮겨지는 것
④ 멀티 패스(Multi-Path) : 불꽃 중에서 광로를 짧게 하고 반사를 증대시키기 위하여 반사현상을 이용하여 불꽃 중에 빛을 여러 번 투과시키는 것

해설 ② 중공음극램프(Hollow Cathode Lamp) : 원자흡광분석의 광원이 되는 것으로 목적원소를 함유하는 중공음극 한 개 또는 그 이상을 저압의 네온과 함께 채운 방전관
③ 역화(Flame Back) : 불꽃의 연소속도가 크고 혼합기체의 분출속도가 작을 때 연소현상이 내부로 옮겨지는 것
④ 멀티 패스(Multi-Path) : 불꽃 중에서의 광로를 길게 하고 흡수를 증대시키기 위하여 반사를 이용하여 불꽃 중에 빛을 여러 번 투과시키는 것

68 연료의 연소로부터 배출되는 굴뚝 배출가스 중 일산화탄소를 정전위전해법으로 분석하고자 할 때 주요 성능기준으로 옳지 않은 것은?

① 90% 응답 시간은 2분 30초 이내이다.
② 재현성은 측정범위 최대 눈금값의 ±2% 이내이다.
③ 적용범위는 최고 5%이다.
④ 전압 변동에 대한 안정성은 최대 눈금값의 ±1% 이내이다.

해설 ※ 법규 변경사항이므로 학습 안 하셔도 무방합니다.

69 굴뚝 배출가스 중 불소화합물의 자외선/가시선분광법에 관한 설명으로 옳지 않은 것은?

① 0.1M 수산화소듐 용액을 흡수액으로 사용한다.
② 흡수 파장은 620nm를 사용한다.
③ 란탄과 알리자린 콤플렉손을 가하여 이때 생기는 색의 흡광도를 측정한다.
④ 불소이온을 방해이온과 분리한 다음 묽은황산으로 pH 5~6으로 조절한다.

해설 배출가스 중 불소화합물(자외선/가시선분광법)
굴뚝에서 적절한 시료채취장치를 이용하여 얻은 시료 흡수액을 일정량으로 묽게 한 다음 완충액을 가하여 pH를 조절하고 란탄과 알리자린 콤플렉손을 가하여 생성되는 생성물의 흡광도를 분광광도계로 측정하는 방법이다. 흡수 파장은 620nm를 사용한다.

70 굴뚝배출가스 중 수분량이 체적백분율로 10%이고, 배출가스의 온도는 80℃, 시료채취량은 10L, 대기압은 0.6기압, 가스미터 게이지압은 25mmHg, 가스미터온도 80℃에서의 수증기포화압이 255mmHg라 할 때, 흡수된 수분량(g)은?

① 0.459
② 0.328
③ 0.205
④ 0.147

해설 $X_w(\%) = \dfrac{1.244 m_a}{V_m \times \dfrac{273}{273+t} \times \dfrac{P_a+P_m-P_v}{760} + 1.244 m_a} \times 100$

$10(\%) = \dfrac{1.244 m_a}{10 \times \dfrac{273}{273+80} \times \dfrac{0.6 \times 760+25-255}{760} + 1.244 m_a} \times 100$

$m_a = 0.205\text{g}$

71 다음은 자외선/가시선분광법에서 측광부에 관한 설명이다. ( ) 안에 가장 알맞은 것은?

측광부의 광전측광에는 광전관, 광전자증배관, 광전도셀 또는 광전지 등을 사용한다. 광전관, 광전자증배관은 주로 (㉠) 범위에서, 광전도셀은 (㉡) 범위에서, 광전지는 주로 (㉢) 범위 내에서의 광전측광에 사용된다.

① ㉠ 근적외파장
㉡ 자외파장
㉢ 가시파장
② ㉠ 가시파장
㉡ 근자외 내지 가시파장
㉢ 적외파장
③ ㉠ 근적외파장
㉡ 근자외파장
㉢ 가시 내지 근적외파장
④ ㉠ 자외 내지 가시파장
㉡ 근적외파장
㉢ 가시파장

정답 67 ① 68 ③ 69 ④ 70 ③ 71 ④

해설 측광부의 광전측광에는 광전관, 광전자증배관, 광전도셀 또는 광전지 등을 사용하고 필요에 따라 증폭기, 대수변환기가 있으며 지시계, 기록계 등을 사용한다. 또 광전관, 광전자증배관은 주로 자외 내지 가시파장 범위에서, 광전도셀은 근적외파장 범위에서, 광전지는 주로 가시파장 범위 내에서의 광전측광에 사용된다.

72 염산(1+4)라고 되어 있을 때, 실제 조제할 경우 어떻게 하는가?

① 염산 1mL를 물 2mL에 혼합한다.
② 염산 1mL를 물 3mL에 혼합한다.
③ 염산 1mL를 물 4mL에 혼합한다.
④ 염산 1mL를 물 5mL에 혼합한다.

해설 염산(1+4)라 표시한 것은 염산 1용량에 물 4용량을 혼합한 것이다.

73 다음은 환경대기 중 다환방향족탄화수소류(PAHs) – 기체크로마토그래피/질량분석법에 사용되는 용어의 정의이다. ( ) 안에 알맞은 것은?

> ( )은 추출과 분석 전에 각 시료, 공시료, 매체시료(matrix-spilked)에 더해지는 화학적으로 반응성이 없는 환경 시료 중에 없는 물질을 말한다.

① 내부표준물질(IS, internal standard)
② 외부표준물질(ES, external standard)
③ 대체표준물질(surrogate)
④ 속실렛(soxhlet) 추출물질

해설 대체표준물질(surrogate)은 추출과 분석 전에 각 시료, 공시료, 매체시료(matrix-spiked)에 더해지는 화학적으로 반응성이 없는 환경 시료 중에 없는 물질을 말한다.

74 다음은 비분산 적외선 분광분석법 중 응답시간(Response Time)의 성능기준을 나타낸 것이다. ㉠, ㉡에 알맞은 것은?

> 제로 조정용 가스를 도입하여 안정된 후 유로를 (㉠)로 바꾸어 기준 유량으로 분석계에 도입하여 그 농도를 눈금 범위 내의 어느 일정한 값으로부터 다른 일정한 값으로 갑자기 변화시켰을 때 스텝(step) 응답에 대한 소비시간이 1초 이내이어야 한다. 또 이때 최종 지시값에 대한 (㉡)을 나타내는 시간은 40초 이내이어야 한다.

① ㉠ 비교가스, ㉡ 10%의 응답
② ㉠ 스팬가스, ㉡ 10%의 응답
③ ㉠ 비교가스, ㉡ 90%의 응답
④ ㉠ 스팬가스, ㉡ 90%의 응답

해설 **응답시간의 성능기준**
제로 조정용 가스를 도입하여 안정된 후 유로를 스팬가스로 바꾸어 기준 유량으로 분석계에 도입하여 그 농도를 눈금 범위 내의 어느 일정한 값으로부터 다른 일정한 값으로 갑자기 변화시켰을 때 스텝(Step) 응답에 대한 소비시간이 1초 이내이어야 한다. 또 이때 최종 지시값에 대한 90%의 응답을 나타내는 시간은 40초 이내이어야 한다.

75 대기오염공정시험기준상 원자흡수분광광도법과 자외선 가시선 분광법을 동시에 적용할 수 없는 것은?

① 카드뮴화합물
② 니켈화합물
③ 페놀화합물
④ 구리화합물

해설 **페놀의 분석방법**
㉠ 기체크로마토그래피
㉡ 4-아미노 안티피린 자외선/가시선분광법

76 굴뚝배출가스 중 포름알데하이드 분석방법으로 옳지 않은 것은?

① 크로모트로핀산 자외선/가시선분광법은 배출가스를 크로모트로핀산을 함유하는 흡수발색액에 채취하고 가온하여 얻은 자색발색액의 흡광도를 측정하여 농도를 구한다.
② 아세틸아세톤 자외선/가시선분광법은 배출가스를 아세틸아세톤을 함유하는 흡수발색액에 채취하고 가온하여 얻은 황색발색액의 흡광도를 측정하여 농도를 구한다.
③ 흡수액 2,4-DNPH(Dinitrophenylhydrazine)과 반응하여 하이드라존 유도체를 생성하게 되고 이를 액체크로마토그래프로 분석한다.
④ 수산화나트륨용액(0.4W/V%)에 흡수·포집시켜 이용액을 산성으로 한 후 초산에틸로 용매를 추출해서 이온화검출기를 구비한 기체크로마토그래피로 분석한다.

해설 **배출가스 중 포름알데하이드 분석방법**
㉠ 고성능 액체크로마토그래프법
㉡ 크로모트로핀산 자외선/가시선분광법
㉢ 아세틸아세톤 자외선/가시선분광법

77 굴뚝 배출가스 중에 포함된 포름알데하이드 및 알데하이드류의 분석방법으로 거리가 먼 것은?

① 고성능액체크로마토그래피법
② 크로모트로핀산 자외선/가시선분광법
③ 나프틸에틸렌디아민법
④ 아세틸아세톤 자외선/가시선분광법

해설 **포름알데하이드 및 알데하이드류의 분석방법**
㉠ 고성능액체크로마토그래피법
㉡ 크로모트로핀산 자외선/가시선분광법
㉢ 아세틸아세톤 자외선/가시선분광법

78 크로모트로핀산 자외선/가시선분광법으로 굴뚝 배출가스 중 포름알데하이드를 정량할 때 흡수 발색액 제조에 필요한 시약은?

① CH_3COOH
② H_2SO_4
③ $NaOH$
④ NH_4OH

해설 크로모트로핀산($C_{10}H_8O_8S_2$, Chromotropic acid, 분자량 320) 1g을 80% 황산(H_2SO_4, sulfuric acid, 분자량 98.08)에 녹여 1,000mL로 한다.

79 어떤 사업장의 굴뚝에서 실측한 배출가스 중 A오염물질의 농도가 600ppm이었다. 이때 표준산소농도는 6%, 실측산소농도는 8%이었다면 이 사업장의 배출가스 중 보정된 A오염물질의 농도는?(단, A오염물질은 배출허용기준 중 표준산소농도를 적용받는 항목이다.)

① 약 486ppm
② 약 520ppm
③ 약 692ppm
④ 약 768ppm

해설 $C = C_a \times \dfrac{21 - O_s}{21 - O_a} = 600\text{ppm} \times \dfrac{21-6}{21-8} = 692.31\text{ppm}$

80 보통형(I형) 흡인노즐을 사용한 굴뚝 배출가스 흡입 시 10분간 채취한 흡입가스양(습식가스미터에서 읽은 값)이 60L였다. 이때 등속흡입이 행하여지기 위한 가스미터에 있어서의 등속흡입유량의 범위로 가장 적합한 것은? (단, 등속흡입 정도를 알기 위한 등속흡입계수 $I(\%) = \dfrac{V_m}{q_m \times t} \times 100$ 이다.)

① 3.3~5.3L/분
② 5.5~6.3L/분
③ 6.5~7.3L/분
④ 7.5~8.3L/분

해설 등속계수$(I, \%) = \dfrac{V_m}{q_m \times t} \times 100$

㉠ 95% 등속유량$(q_m) = \dfrac{V_m}{I \times t} = \dfrac{60\text{L}}{0.95 \times 10\text{min}} = 6.32\text{L/min}$

㉡ 110% 등속유량$(q_m) = \dfrac{V_m}{I \times t} = \dfrac{60\text{L}}{1.10 \times 10\text{min}} = 5.45\text{L/min}$

등속흡인유량범위 : 5.45~6.32L/min

제5과목 대기환경관계법규

81 대기환경보전법규상 배출허용기준 초과와 관련하여 개선명령을 받은 경우로서 개선하여야 할 사항이 배출시설 또는 방지시설인 경우 사업자가 시·도지사에게 제출하여야 하는 개선계획서에 포함 또는 첨부되어야 하는 사항으로 거리가 먼 것은?

① 배출시설 또는 방지시설의 개선명세서 및 설계도
② 대기오염물질 등의 처리방식 및 처리효율
③ 운영기기 진단계획
④ 공사기간 및 공사비

해설 **개선계획서에 포함 또는 첨부되어야 하는 사항**
㉠ 배출시설 또는 방지시설의 개선명세서 및 설계도
㉡ 대기오염물질의 처리방식 및 처리효율
㉢ 공사기간 및 공사비
㉣ 다음의 경우에는 이를 증명할 수 있는 서류
 • 개선기간 중 배출시설의 가동을 중단하거나 제한하여 대기오염물질의 농도나 배출량이 변경되는 경우
 • 개선기간 중 공법 등의 개선으로 대기오염물질의 농도나 배출량이 변경되는 경우

82 대기환경보전법규상 전기만을 동력으로 사용하는 자동차의 1회 충전 주행거리가 80km 이상 160km 미만인 경우 제 몇 종 자동차에 해당하는가?

① 제1종　② 제2종　③ 제3종　④ 제4종

해설 전기만을 동력으로 사용하는 자동차는 1회 충전 주행거리에 따라 다음과 같이 구분한다.

구분	1회 충전 주행거리
제1종	80km 미만
제2종	80km 이상 160km 미만
제3종	160km

83 실내공기질 관리법규상 신축 공동주택의 실내공기질 권고기준으로 옳은 것은?

① 스티렌 : 360μg/m³ 이하
② 포름알데하이드 : 360μg/m³ 이하
③ 자일렌 : 360μg/m³ 이하
④ 에틸벤젠 : 360μg/m³ 이하

[해설] 신축 공동주택의 실내공기질 권고기준
㉠ 포름알데하이드 : 210μg/m³ 이하
㉡ 벤젠 : 30μg/m³ 이하
㉢ 톨루엔 : 1,000μg/m³ 이하
㉣ 에틸벤젠 : 360μg/m³ 이하
㉤ 자일렌 : 700μg/m³ 이하
㉥ 스티렌 : 300μg/m³ 이하
㉦ 라돈 : 148Bq/m³ 이하

84 대기환경보전법규상 시멘트 수송의 경우 비산먼지 발생을 억제하기 위한 시설 및 필요한 조치기준으로 옳지 않은 것은?

① 적재함 상단으로부터 5cm 이하까지 적재물을 수평으로 적재할 것
② 수송차량은 세륜 및 측면 살수 후 운행하도록 할 것
③ 먼지가 흩날리지 아니하도록 공사장 안의 통행차량은 시속 40km 이하로 운행할 것
④ 적재함을 최대한 밀폐할 수 있는 덮개를 설치하여 적재물의 외부에서 보이지 아니할 것

[해설] 먼지가 흩날리지 아니하도록 공사장 안의 통행차량은 시속 20km 이하로 운행할 것

85 대기환경보전법규상 오존의 대기오염경보단계별 오염물질의 농도기준에 관한 설명으로 거리가 먼 것은?

① 경보가 발령된 지역의 기상조건 등을 고려하여 대기자동측정소의 오존농도가 0.12ppm 이상 0.3ppm 미만인 때에는 주의보로 전환한다.
② 오존농도는 24시간 평균농도를 기준으로 한다.
③ 해당 지역의 대기자동측정소 오존농도가 1개소라도 경보단계별 발령기준을 초과하면 해당 경보를 발령할 수 있다.
④ 중대경보단계는 기상조건 등을 고려하여 해당 지역의 대기자동측정소의 오존농도가 0.5ppm 이상일 때 발령한다.

[해설] 오존농도는 1시간당 평균농도를 기준으로 하며, 해당 지역의 대기자동측정소 오존농도가 1개소라도 경보단계별 발령기준을 초과하면 해당 경보를 발령할 수 있다.

86 대기환경보전법규상 측정기기의 부착·운영 등과 관련된 행정처분기준 중 "부식·마모·고장 또는 훼손되어 정상적인 작동을 하지 아니하는 측정기기를 정당한 사유 없이 7일 이상 방치하는 경우" 1차~4차 행정처분기준으로 옳은 것은?

① 경고 – 경고 – 경고 – 조업정지 5일
② 경고 – 경고 – 경고 – 조업정지 10일
③ 경고 – 조업정지 10일 – 조업정지 30일 – 허가 취소 또는 폐쇄
④ 경고 – 경고 – 조업정지 10일 – 조업정지 30일

[해설] 행정처분기준
1차(경고) → 2차(경고) → 3차(조업정지 10일) → 4차(조업정지 10일)

87 대기환경보전법령상 초과부과금 부과대상 오염물질이 아닌 것은?

① 이황화탄소   ② 시안화수소
③ 황화수소   ④ 메탄

[해설] 초과부과금 부과대상 오염물질
㉠ 황산화물   ㉡ 암모니아
㉢ 황화수소   ㉣ 이황화탄소
㉤ 먼지   ㉥ 불소화물
㉦ 염화수소   ㉧ 질소산화물
㉨ 시안화수소
※ 법규 변경사항이므로 해설의 내용으로 학습하시기 바랍니다.

88 대기환경보전법령상 대기오염물질 배출허용기준 일일유량의 산정방법(일일유량=측정유량×일일조업시간) 중 일일조업시간 표시에 대한 설명으로 가장 적합한 것은?

① 일일조업시간은 배출량을 측정하기 전 최근 조업한 7일 동안의 배출시설 조업시간 평균치를 시간으로 표시한다.
② 일일조업시간은 배출량을 측정하기 전 최근 조업한 15일 동안의 배출시설 조업시간 평균치를 시간으로 표시한다.
③ 일일소업시간은 배출량을 측성하기 전 최근 조업한 30일 동안의 배출시설 조업시간 평균치를 시간으로 표시한다.

정답 83 ④ 84 ③ 85 ② 86 ④ 87 ④ 88 ③

④ 일일조업시간은 배출량을 측정하기 전 최근 조업한 60일 동안의 배출시설 조업시간 평균치를 시간으로 표시한다.

해설 일일조업시간은 배출량을 측정하기 전 최근 조업한 30일 동안의 배출시설 조업시간 평균치를 시간으로 표시한다.

89 악취관리법상 악취배출시설 설치자가 환경부령으로 정하는 사항을 변경하려는 경우 변경신고를 해야 하는데 이 변경신고를 하지 아니한 경우 과태료 부과기준으로 옳은 것은?

① 50만 원 이하의 과태료
② 100만 원 이하의 과태료
③ 200만 원 이하의 과태료
④ 500만 원 이하의 과태료

해설 악취방지법 제30조 참고

90 대기환경보전법규상 위임업무 보고사항 중 "자동차 연료 및 첨가제의 제조·판매 또는 사용에 대한 규제현황" 업무의 보고횟수 기준은?

① 연 1회　　② 연 2회
③ 연 4회　　④ 수시

해설 위임업무 보고사항

업무내용	보고횟수	보고기일	보고자
환경오염사고 발생 및 조치 사항	수시	사고 발생 시	시·도지사, 유역환경청장 또는 지방환경청장
수입자동차 배출가스 인증 및 검사현황	연 4회	매 분기 종료 후 15일 이내	국립환경과학원장
자동차 연료 및 첨가제의 제조·판매 또는 사용에 대한 규제현황	연 2회	매 반기 종료 후 15일 이내	유역환경청장 또는 지방환경청장
자동차 연료 또는 첨가제의 제조기준 적합 여부 검사현황	• 연료 : 연 4회 • 첨가제 : 연 2회	• 연료 : 매 분기 종료 후 15일 이내 • 첨가제 : 매 반기 종료 후 15일 이내	국립환경과학원장
측정기기관리 대행법의 등록, 변경 등록 및 행정처분 현황	연 1회	다음 해 1월 15일까지	유역환경청장, 지방환경청장 또는 수도권 대기환경청장

91 악취방지법규상 지정악취물질의 배출허용기준 및 그 범위로 옳지 않은 것은?

항목	구분	배출허용기준(ppm)	
		공업지역	기타지역
㉠	암모니아	2 이하	1 이하
㉡	메틸메르캅탄	0.008 이하	0.005 이하
㉢	황화수소	0.06 이하	0.02 이하
㉣	트라이메틸아민	0.02 이하	0.005 이하

① ㉠　　② ㉡
③ ㉢　　④ ㉣

해설 지정악취물질의 배출허용기준

구분	배출허용기준(ppm)		엄격한 배출허용기준의 범위(ppm)
	공업지역	기타 지역	공업지역
암모니아	2 이하	1 이하	1~2
메틸메르캅탄	0.004 이하	0.002 이하	0.002~0.004
황화수소	0.06 이하	0.02 이하	0.02~0.06
트라이메틸아민	0.02 이하	0.005 이하	0.005~0.02

92 악취방지법규상 악취검사기관의 검사시설 및 장비가 부족하거나 고장 난 상태로 7일 이상 방치한 경우로서 규정에 의한 악취검사기관의 지정기준에 미치지 못하게 된 경우 3차 행정처분기준으로 가장 적합한 것은?

① 지정취소　　② 업무정지 3개월
③ 업무정지 6개월　　④ 업무정지 12개월

해설 행정처분 기준
1차(경고) → 2차(업무정지 1개월) → 3차(업무정지 3개월) → 4차(지정 취소)

93 대기환경보전법상 배출시설을 설치·운영하는 사업자에게 조업정지를 명하여야 하는 경우로서 그 조업정지가 공익에 현저한 지장을 줄 우려가 있다고 인정되는 경우, 조업정지처분에 갈음하여 시·도지사가 부과할 수 있는 최대 과징금 액수는?

① 5,000만 원　　② 1억 원
③ 2억 원　　④ 5억 원

해설 시·도지사는 배출시설을 설치·운영하는 사업자에 대하여 조업정지를 명하여야 하는 경우로서 그 조업정지가 주민의 생활,

대외적인 신용·고용·물가 등 국민경제, 그 밖에 공익에 현저한 지장을 줄 우려가 있다고 인정되는 경우 등 그 밖에 대통령령으로 정하는 경우에는 조업정지처분을 갈음하여 2억 원 이하의 과징금을 부과할 수 있다.

94 대기환경보전법규상 가스를 사용연료로 하는 경자동차의 배출가스 보증 적용기간기준으로 옳은 것은?(단, 2016년 1월 1일 이후 제작자동차 기준)

① 2년 또는 10,000km
② 2년 또는 160,000km
③ 6년 또는 10,000km
④ 10년 또는 192,000km

해설 배출가스 보증기간

가스	경자동차	10년 또는 192,000km
	소형 승용·화물자동차, 중형 승용·화물자동차	15년 또는 240,000km
	대형 승용·화물자동차, 초대형 승용·화물자동차	2년 또는 160,000km

95 대기환경보전법령상 경유를 사용하는 자동차의 배출가스 중 대통령령으로 정하는 오염물질의 종류에 해당하지 않는 것은?

① 탄화수소
② 알데하이드
③ 질소산화물
④ 일산화탄소

해설 자동차 배출허용기준 적용 오염물질(경유)
㉠ 일산화탄소 ㉡ 탄화수소
㉢ 질소산화물 ㉣ 매연
㉤ 입자상 물질

96 환경정책기본법상 환경부장관은 국가환경종합계획의 종합적·체계적 추진을 위해 얼마마다 환경보전중기종합계획을 수립하여야 하는가?

① 1년   ② 3년   ③ 5년   ④ 10년

해설 환경부장관은 국가환경종합계획의 종합적·체계적 추진을 위해 5년마다 환경보전중기종합계획을 수립하여야 한다.

97 실내공기질 관리법규상 "어린이집"의 실내공기질 유지기준으로 옳은 것은?

① PM-10($\mu g/m^3$) - 150 이하
② CO(ppm) - 25 이하
③ 총부유세균(CFU/m^3) - 800 이하
④ 포름알데하이드($\mu g/m^3$) - 150 이하

해설 실내공기질 관리법상 유지기준

오염물질 항목 다중이용시설	미세먼지 (PM-10) ($\mu g/m^3$)	미세먼지 (PM-2.5) ($\mu g/m^3$)	이산화 탄소 (ppm)	포름알데 하이드 ($\mu g/m^3$)	총 부유세균 (CFU/m^3)	일산화 탄소 (ppm)
지하역사, 지하도상가, 철도역사의 대합실, 여객자동차터미널의 대합실, 항만시설 중 대합실, 공항시설 중 여객터미널, 도서관·박물관 및 미술관, 대규모점포, 장례식장, 영화상영관, 학원, 전시시설, 인터넷컴퓨터게임시설제공업의 영업시설, 목욕장업의 영업시설	100 이하	50 이하	1,000 이하	100 이하	–	10 이하
의료기관, 산후조리원, 노인요양시설, 어린이집	75 이하	35 이하		80 이하	800 이하	
실내주차장	200 이하	–		100 이하	–	25 이하
실내 체육시설, 실내 공연장, 업무시설, 둘 이상의 용도에 사용되는 건축물	200 이하					

※ 법규 변경사항이므로 해설의 내용으로 학습하시기 바랍니다.

98 대기환경보전법규상 시·도지사가 설치하는 대기오염 측정망에 해당하는 것은?

① 대기 중의 중금속 농도를 측정하기 위한 대기중금속측정망
② 대기오염물질의 지역배경농도를 측정하기 위한 교외대기측정망
③ 도시지역의 휘발성 유기화합물 등의 농도를 측정하기 위한 광화학대기오염물질측정망
④ 산성 대기오염물질의 건성 및 습성 침착량을 측정하기 위한 산성강하물측정망

해설 특별시장·광역시장 등이 설치하는 대기오염 측정망의 종류
㉠ 도시지역의 대기오염물질 농도를 측정하기 위한 도시대기측정망
㉡ 도로변의 대기오염물질 농도를 측정하기 위한 도로변 대기측정망
㉢ 대기 중의 중금속 농도를 측정하기 위한 대기중금속측정망

정답 94 ④ 95 ② 96 ③ 97 ③ 98 ①

99 대기환경보전법령상 기본부과금의 농도별 부과계수 중 연료의 황 함유량이 1.0% 이하인 경우 농도별 부과계수로 옳은 것은?(단, 연료를 연소하여 황산화물을 배출하는 시설(황산화물의 배출량을 줄이기 위하여 방지시설을 설치한 경우와 생산공정상 황산화물의 배출량이 줄어든다고 인정하는 경우는 제외))

① 0.2　　② 0.4
③ 0.8　　④ 1.0

해설 기본부과금의 농도별 부과계수

구분	연료의 황 함유량(%)		
	0.5% 이하	1.0% 이하	1.0% 초과
농도별 부과계수	0.2	0.4	1.0

100 대기환경보전법령상 배출허용기준 초과와 관련하여 개선명령을 받은 사업자의 개선계획서 제출기한은?(단, 기간 연장은 제외)

① 명령을 받은 날부터 10일 이내
② 명령을 받은 날부터 15일 이내
③ 명령을 받은 날부터 30일 이내
④ 명령을 받은 날부터 60일 이내

해설 개선명령을 받은 사업자는 시·도지사에게 그 명령을 받은 날부터 15일 이내에 개선계획서를 제출하여야 한다.

정답　99 ②　100 ②

2022년 1회 기출문제

제1과목 대기오염개론

01 지구온난화가 환경에 미치는 영향에 관한 설명으로 옳은 것은?
① 지구온난화에 의한 해면상승은 지역의 특수성에 관계없이 전 지구적으로 동일하게 발생한다.
② 오존의 분해반응을 촉진시켜 대류권의 오존농도가 지속적으로 감소한다.
③ 기상조건의 변화는 대기오염 발생횟수와 오염농도에 영향을 준다.
④ 기온상승과 이에 따른 토양의 건조화는 남방계생물의 성장에는 영향을 주지만 북방계생물의 성장에는 영향을 주지 않는다.

해설
① 온난화에 의한 해면상승은 전 지구적으로 일정하지 않다.
② 대류권 오존의 생성반응을 촉진시켜 오존의 농도가 지속적으로 증가한다.
④ 기온상승과 토양의 건조화는 생물성장의 남방한계 및 북방한계에도 영향을 준다.

02 다음 중 PAN의 구조식은?
① $C_6H_5-\overset{\overset{O}{\|}}{C}-O-O-NO_2$
② $CH_3-\overset{\overset{O}{\|}}{C}-O-O-NO_2$
③ $C_2H_5-\overset{\overset{O}{\|}}{C}-O-O-NO_2$
④ $C_4H_8-\overset{\overset{O}{\|}}{C}-O-O-NO_2$

해설 PAN 구조식
$CH_3COOO + NO_2 \rightarrow CH_3COOONO_2$
$CH_3-\overset{\overset{O}{\|}}{C}-O-O-NO_2$

03 실내공기오염물질 중 라돈에 관한 설명으로 옳지 않은 것은?
① 무취의 기체로 액화 시 푸른색을 띤다.
② 화학적으로 거의 반응을 일으키지 않는다.
③ 일반적으로 인체에 폐암을 유발하는 것으로 알려져 있다.
④ 라듐의 핵분열 시 생성되는 물질로 반감기는 3.8일 정도이다.

해설 라돈(Radon) : Rn
㉠ 주기율표에서 원자번호가 86번으로 화학적으로 불활성 물질(거의 반응을 일으키지 않음)이며 흙속에서 방사선 붕괴를 일으키는 자연방사능 물질이다.
㉡ 무색무취의 사람이 매우 흡입하기 쉬운 기체로 액화되어도 색을 띠지 않는 물질이며, 토양, 콘크리트, 대리석, 지하수, 건축자재 등으로부터 공기 중으로 방출된다.

04 고도가 증가함에 따라 온위가 변하지 않고 일정할 때, 대기의 상태는?
① 안정
② 중립
③ 역전
④ 불안정

해설 중립
㉠ 환경감률이 건조단열감률 기온체감률 기울기가 같은 경우에 해당한다.
㉡ 수직 이동한 기류가 부력의 증감 없이 일정한 대기의 상태이다.
㉢ 고도 증가에 따라 온위가 변하지 않고 일정한 대기 상태이다.

05 흑체의 표면온도가 1,500K에서 1,800K으로 증가했을 경우, 흑체에서 방출되는 에너지는 몇 배가 되는가?(단, 스테판-볼츠만 법칙 기준)
① 1.2배
② 1.4배
③ 2.1배
④ 3.2배

해설 스테판-볼츠만의 법칙
$E = \sigma T^4$이므로
$\left(\dfrac{T_2}{T_1}\right)^4 = \left(\dfrac{1,800}{1,500}\right)^4 = 2.07$배

정답 01 ③ 02 ② 03 ① 04 ② 05 ③

06 Thermal NOx에 관한 내용으로 옳지 않은 것은?(단, 평형 상태 기준)

① 연소 시 발생하는 질소산화물의 대부분은 NO와 NO_2이다.
② 산소와 질소가 결합하여 NO가 생성되는 반응은 흡열반응이다.
③ 연소온도가 증가함에 따라 NO 생성량이 감소한다.
④ 발생원 근처에서는 NO/NO_2의 비가 크지만 발생원으로부터 멀어지면서 그 비가 감소한다.

해설 연소불꽃온도가 높을수록 NO 생성량이 많아진다. 즉, 온도가 높을 때가 낮을 때보다 많은 NO가 배출된다.

07 연기의 형태에 관한 설명으로 옳지 않은 것은?

① 지붕형 : 상층이 안정하고 하층이 불안정한 대기상태가 유지될 때 발생한다.
② 환상형 : 대기가 불안정하여 난류가 심할 때 잘 발생한다.
③ 원추형 : 오염의 단면분포가 전형적인 가우시안 분포를 이루며 대기가 중립조건일 때 잘 발생한다.
④ 부채형 : 하늘이 맑고 바람이 약한 안정한 상태일 때 잘 발생하며 상·하 확산폭이 적어 굴뚝 부근 지표의 오염도가 낮은 편이다.

해설 **지붕형(Lofting)**
굴뚝의 높이보다 더 낮게 지표 가까이에 역전(안정)이 이루어져 있고, 그 상공에는 대기가 불안정한 상태일 때 주로 발생하며 고도에 따른 온도분포가 훈증형(Fumigation)에 대한 조건과 반대이다.

08 대기오염모델 중 수용모델에 관한 설명으로 옳지 않은 것은?

① 오염물질의 농도 예측을 위해 오염원의 조업 및 운영상태에 대한 정보가 필요하다.
② 새로운 오염원, 불확실한 오염원과 불법배출 오염원을 정량적으로 확인, 평가할 수 있다.
③ 오염물질의 분석방법에 따라 현미경분석법과 화학분석법으로 구분할 수 있다.
④ 측정자료를 입력자료로 사용하므로 시나리오 작성이 곤란하다.

해설 **수용모델(Receptor Model)**
㉠ 새로운 오염원이나 불확실한 오염원과 불법배출 오염원을 정량적으로 확인, 평가할 수 있다.
㉡ 지형, 기상학적 정보가 없이도 사용 가능하다.
㉢ 현재나 과거에 일어났던 일을 추정하여 미래를 위한 전략을 세울 수 있으나, 미래 예측은 어렵다.
㉣ 오염원의 조업 및 운영상태에 대한 정보 없이도 사용 가능하다.
㉤ 측정자료를 입력자료로 사용하므로 시나리오 작성이 곤란하다.
㉥ 수용체 입장에서 평가가 현실적으로 이루어질 수 있다.
㉦ 환경과학 전반(입자상 및 가스상 물질, 가시도 문제 등)에 응용 가능하다.

09 Fick의 확산방정식의 기본 가정에 해당하지 않는 것은?

① 시간에 따른 농도변화가 없는 정상상태이다.
② 풍속이 높이에 반비례한다.
③ 오염물질이 점원에서 계속적으로 방출된다.
④ 바람에 의한 오염물질의 주 이동방향이 x축이다.

해설 **Fick의 확산방정식을 실제 대기에 적용시키기 위해 추가하는 가정**
㉠ 바람에 의한 오염물의 주 이동방향은 x축이다.
㉡ 확산과정은 안정상태(정상상태 : $dc/dt = 0$)이다.
㉢ 오염물은 연속적인 점오염원으로부터 계속적으로 방출된다.
㉣ 단열과정은 안정상태이고 풍속은 x, y, z 좌표시스템의 어느 점에서든 일정하다.(바람은 시간 경과에 따라 변하지 않으며 Plume의 단면 전체에 풍속은 균일함)
㉤ 오염물이 x축을 따라 이동하는 것은 하류(풍하)로의 확산에 의한 물질이동보다 더 강하다.

10 다음 악취물질 중 최소감지농도(ppm)가 가장 낮은 것은?

① 암모니아
② 황화수소
③ 아세톤
④ 톨루엔

해설 **최소감지농도**

화학물질	최소감지농도(ppm)
암모니아	0.1
황화수소	0.00041
아세톤	42
톨루엔	0.9

11 대표적인 대기오염물질인 CO_2에 관한 설명으로 옳지 않은 것은?

① 대기 중의 CO_2 농도는 여름에 감소하고 겨울에 증가한다.
② 대기 중의 CO_2 농도는 북반구가 남반구보다 높다.
③ 대기 중의 CO_2는 바다에 많은 양이 흡수되나 식물에게 흡수되는 양보다는 작다.
④ 대기 중의 CO_2 농도는 약 410ppm 정도이다.

해설 대기 중에 배출되는 CO_2는 식물에 의한 흡수보다 해수(바다)에 의한 흡수가 몇십 배 많다.

12 실내공기오염물질 중 석면의 위험성은 점점 커지고 있다. 다음에서 설명하는 석면의 분류에 해당하는 것은?

> 전 세계에서 생산되는 석면의 95% 정도에 해당하는 것으로 백석면이라고도 한다. 섬유다발의 형태로 가늘고 잘 휘어지며 이상적인 화학식은 $Mg_3(Si_2O_5)(OH)_4$이다.

① Chrysotile ② Amosite
③ Saponite ④ Crocidolite

해설 석면의 종류 및 특성

그룹	종류	화학식	특성	주요성분 Si Mg Fe
사문석 Serpentine	크리소타일(백석면) Chrysotile	$Mg_3(Si_2O_5)(OH)_4$ 흰색	• 가늘고 부드러운 섬유 • 휨 및 인장강도 큼 • 가장 많이 사용(미국에서 발견되는 석면 중 95% 정도) • 내열성(500℃에서 섬유조직하에 결정 생성) • 가직성 있고 광택은 비단광택	40 38 2
각섬석 Amphibole	아모사이트(갈석면) Amosite	$(FeMg)SiO_3$ 밝은 노란색	• 취성 및 고내열성 섬유 • 내열성, 내산성, 가직성 없음	50 2 40
	크로시도라이트(청석면) Crocidolite	$Na_2Fe(SiO_3)_2$ $FeSiO_3H_2O$ 청색	• 석면광물 중 가장 강함, 취성 • 내열성, 내산성, 부분적 가직성	50 - 40
	안소필라이트 Anthophylite	$(MgFe)_7Si_8O_{22}$ $(OH)_2$ 밝은 노란색	• 취성 흰색섬유 • 거의 사용치 않음	58 29 6
	트레모라이트 Tremolite	$Ca_2Mg_5Si_8O_{22}$ $(HO)_2$ 흰색	거의 사용치 않음	55 15 2
	악티노라이트 Actinolite	$CaO_3(MgFe)$ O_4SiO_2 흰색	거의 사용치 않음	55 15 2

13 일산화탄소 436ppm에 노출되어 있는 노동자의 혈중 카르복시헤모글로빈(COHb) 농도가 10%가 되는 데 걸리는 시간(h)은?

> 혈중 COHb 농도(%) $= \beta(1-e^{-\sigma t}) \times C_\infty$
> (여기서, $\beta = 0.15\%/ppm$, $\sigma = 0.402 h^{-1}$, C_∞의 단위는 ppm)

① 0.21 ② 0.41
③ 0.61 ④ 0.81

해설 %COHb $= \beta(1-e^{-\sigma t}) \times [CO]$
$10\% = 0.15\%/ppm \times (1-e^{-0.402 \times t}) \times 436 ppm$
$e^{-0.402 \times t} = 1 - 0.153$
$-0.402 hr^{-1} \times t = 0.847$
$t = 0.41 hr$

14 역전에 관한 설명으로 옳지 않은 것은?

① 침강역전은 고기압 기류가 상층에 장기간 체류하며 상층의 공기가 하강하여 발생하는 역전이다.
② 침강역전이 장기간 지속될 경우 오염물질이 장기 축적될 수 있다.
③ 복사역전은 주로 지표 부근에서 발생하므로 대기오염에 많은 영향을 준다.
④ 복사역전은 주로 구름이 많은 날 일출 후, 겨울보다 여름에 잘 발생한다.

해설 복사역전
㉠ 지표에 접한 공기가 그보다 상층의 공기에 비하여 더 차가워져 생기는 현상이며 지표 가까이에 형성되므로 지표역전(접지역전)이라고도 한다.
㉡ 일출 직전에 하늘이 맑고 습도가 낮고, 바람이 없는 경우에 강하게 생성된다.

15 납이 인체에 미치는 영향에 관한 설명으로 옳지 않은 것은?

① 일반적으로 납 중독증상은 Hunter-Russel 증후군으로 일컬어지고 있다.
② 납 중독의 해독제로 Ca-EDTA, 페니실아민, DMSA 등을 사용한다.
③ 헤모글로빈의 기본요소인 포르피린 고리의 형성을 방해하여 빈혈을 유발한다.
④ 세포 내의 SH기와 결합하여 헴(Heme) 합성에 관여하는 효소를 포함한 여러 효소작용을 방해한다.

해설 헌터루셀 증후군(Hunter-Russel Syndrome)은 수은중독 증상이다.

정답 12 ① 13 ② 14 ④ 15 ①

16 산성강우에 관한 내용 중 ( ) 안에 알맞은 것을 순서대로 나열한 것은?

> 일반적으로 산성강우는 pH ( ) 이하의 강우를 말하며, 기준이 되는 이 값은 대기 중의 ( )가 강우에 포함되어 있을 때의 산도이다.

① 7.0, CO_2
② 7.0, NO_2
③ 5.6, CO_2
④ 5.6, NO_2

해설 산성비는 통상 pH 5.6 이하의 강우를 말하며, 이는 자연상태의 대기 중에 존재하는 CO_2가 강우에 흡수되었을 때 나타나는 pH를 기준으로 한 것이다.

17 굴뚝의 반경이 1.5m, 실제높이가 50m, 굴뚝높이에서의 풍속이 180m/min일 때, 유효굴뚝높이를 24m 증가시키기 위한 배출가스의 속도(m/s)는?(단, $\Delta H = 1.5 \times \dfrac{V_s}{U} \times D$, ΔH : 연기상승높이, V_s : 배출가스의 속도, U : 굴뚝높이에서의 풍속, D : 굴뚝의 직경)

① 5
② 16
③ 33
④ 49

해설 $\Delta H = 1.5 \times \dfrac{W_s}{U} \times D$

$24\text{m} = 1.5 \times \dfrac{W_s}{(180\text{m/min} \times \text{min/60sec})} \times (1.5\text{m} \times 2)$

W_s(굴뚝 배출가스 속도) $= 16\text{m/sec}$

18 지상 50m에서의 온도가 23℃, 지상 10m에서의 온도가 23.3℃일 때, 대기안정도는?

① 미단열
② 과단열
③ 안정
④ 중립

해설 평균감률 $= \dfrac{(23-23.2)℃}{(50-10)\text{m}} = \dfrac{-0.2℃}{40\text{m}} = \dfrac{-0.5℃}{100\text{m}}$

대기상태는 미단열이다.

19 다음은 탄화수소가 관여하지 않을 때 이산화질소의 광화학반응을 도식화하여 나타낸 것이다. ㉠, ㉡에 알맞은 분자식은?

> $NO_2 + h\nu \rightarrow$ (㉡) $+ O^*$
> $O^* + O_2 + M \rightarrow$ (㉠) $+ M$
> (㉡) $+$ (㉠) $\rightarrow NO_2 + O_2$

① ㉠ SO_3, ㉡ NO
② ㉠ NO, ㉡ SO_3
③ ㉠ O_3, ㉡ NO
④ ㉠ NO, ㉡ O_3

해설 $NO_2 + h\nu \rightarrow NO + O$
$O + O_2 \rightarrow O_3$
$O_3 + NO \rightarrow NO_2 + O_2$

20 황산화물(SOx)에 관한 설명으로 옳지 않은 것은?

① SO_2는 금속에 대한 부식성이 강하며 표백제로 사용되기도 한다.
② 황 함유 광석이나 황 함유 화석연료의 연소에 의해 발생한다.
③ 일반적으로 대류권에서 광분해되지 않는다.
④ 대기 중의 SO_2는 수분과 반응하여 SO_3로 산화된다.

해설 대기 중의 SO_2는 물에 잘 녹고 반응성이 크므로 입자상 물질의 표면이나 물방울에 흡착된 후 비균질 반응에 의해 대부분 황산염(SO_4^{2-})으로 산화된다.

제2과목 연소공학

21 탄소 : 79%, 수소 : 14%, 황 : 3.5%, 산소 : 2.2%, 수분 : 1.3%로 구성된 연료의 저발열량은?(단, Dulong 식 적용)

① 9,100kcal/kg
② 9,700kcal/kg
③ 10,400kcal/kg
④ 11,200kcal/kg

해설 ㉠ 고위발열량(H_h)

$H_h = 8,100C + 34,000\left(H - \dfrac{O}{8}\right) + 2,500S \text{ (kcal/kg)}$

$= (8,100 \times 0.79) + 34,000\left(0.14 - \dfrac{0.022}{8}\right)$
$\quad + (2,500 \times 0.035)$
$= 11,153\text{kcal/kg}$

㉡ 저위발열량(H_l)

$H_l = H_h - 600(9H + W)$
$= 11,153 - 600[(9 \times 0.14) + 0.013]$
$= 10,389.2\text{kcal/kg}$

22 액체연료의 일반적인 특징으로 옳지 않은 것은?

① 인화 및 역화의 위험이 크다.
② 고체연료에 비해 점화, 소화 및 연소 조절이 어렵다.
③ 연소온도가 높아 국부적인 과열을 일으키기 쉽다.
④ 고체연료에 비해 단위 부피당 발열량이 크고 계량이 용이하다.

해설 액체연료의 특징
㉠ 장점
- 타 연료에 비하여 발열량이 높다.
- 석탄 연소에 비하여 매연발생이 적다.
- 연소효율 및 열효율이 높다.
- 회분이 거의 없어 재가 발생하지 않고 기체연료에 비해 밀도가 커 저장에 큰 장소를 필요로 하지 않으며 연료의 수송도 간편하다.
- 점화, 소화, 연소 조절이 용이하며 일정한 품질을 구할 수 있다.
- 계량과 기록이 쉽고 저장 중 변질이 적다.

㉡ 단점
- 역화, 화재(인화)가 발생할 수 있어 위험이 크며 연소온도가 높아 국부가열의 위험성이 존재한다.
- 중질유의 연소에서는 황 성분으로 인하여 SO_2, 매연이 다량 발생한다.
- 국내 자원이 적고, 수입에의 의존 비율이 높으며 소량의 재 중에 금속산화물이 장해원인이 될 수 있다.
- 사용버너에 따라 소음이 발생된다.

23 연소공학에서 사용되는 무차원수 중 Nusselt Number의 의미는?

① 압력과 관성력의 비
② 대류 열전달과 전도 열전달의 비
③ 관성력과 중력의 비
④ 열 확산계수와 질량 확산계수의 비

해설 너셀수(Nusselt Number ; Nt)
㉠ 전도열 이동속도에 대한 대류열 이동속도의 비
㉡ 강제대류 열전달에서 Nt가 클수록 대류 열전달이 활발함
㉢ 관계식
$$Nt = \frac{hL}{k} = \frac{대류계수}{전도계수}$$

24 다음 연료 중 $(CO_2)_{max}(\%)$가 가장 큰 것은?

① 고로가스   ② 코크스로가스
③ 갈탄   ④ 역청탄

해설 각종 연료의 $(CO_2)max$ 값(%)

연료	$(CO_2)_{max}$ 값(%)	연료	$(CO_2)_{max}$ 값(%)
탄소	21.0	코크스	20.0~20.5
목탄	19.0~21.0	연료유	15.0~16.0
갈탄	19.0~19.5	코크스로가스	11.0~11.5
역청탄	18.5~19.0	발생로 가스	18.0~19.0
무연탄	19.0~20.0	고로가스	24.0~25.0

25 연소에 관한 설명으로 옳은 것은?

① 공연비는 공기와 연료의 질량비(또는 부피비)로 정의되며 예혼합연소에서 많이 사용된다.
② 등가비가 1보다 큰 경우 NOx 발생량이 증가한다.
③ 등가비와 공기비는 비례관계에 있다.
④ 최대탄산가스율은 실제 습연소가스양과 최대탄산가스양의 비율이다.

해설 ② 등가비가 1보다 큰 경우 NOx 발생량이 감소한다.
③ 등가비와 공기비는 반비례관계에 있다.
④ 최대탄산가스율은 이론건조연소가스양 중 CO_2의 백분율을 의미한다.

26 프로판 : 부탄 = 1 : 1의 부피비로 구성된 LPG를 완전연소시켰을 때 발생하는 연소가스의 CO_2 농도가 13%이었다. 이 LPG $1m^3$를 완전연소할 때, 생성되는 건조연소가스양(m^3)은?

① 12   ② 19
③ 27   ④ 38

해설
$\underline{C_3H_8} + 5O_2 \rightarrow \underline{3CO_2} + 4H_2O$
0.5Sm³   1.5Sm³

$\underline{C_4H_{10}} + 6.5O_2 \rightarrow \underline{4CO_2} + 5H_2O$
0.5Sm³   2Sm³

$CO_2(\%) = \frac{CO_2 양}{G_d} \times 100$

$13\% = \frac{1.5+2}{G_d} \times 100$

$G_d = 26.92 Sm^3/Sm^3 \times 1Sm^3 = 26.92 Sm^3$

27 공기의 산소농도가 부피기준으로 20%일 때, 메탄의 질량기준 공연비는?(단, 공기의 분자량은 28.95g/mol)

① 1   ② 18
③ 38   ④ 40

정답 22 ② 23 ② 24 ① 25 ① 26 ③ 27 ②

해설 CH4 연속반응식

$$\underset{1\text{mole}}{CH_4} + \underset{1\text{mole}}{2O_2} \rightarrow CO_2 + 2H_2O$$

부피기준 $AFR = \dfrac{\text{산소의 mole}/0.2}{\text{연료의 mole}} = \dfrac{2/0.2}{1}$
$= 10\text{mole air/mole fuel}$

질량기준 $AFR = 10 \times \dfrac{28.95}{16} = 18.09\text{kg air/kg fuel}$

28 다음 탄화수소 중 탄화수소 $1m^3$를 완전연소할 때 필요한 이론공기량이 $19m^3$인 것은?
① C_2H_4 ② C_2H_2
③ C_3H_8 ④ C_3H_4

해설 $C_3H_4 + 4O_2 \rightarrow 3CO_2 + 2H_2O$
$22.4Sm^3 : 4 \times 22.4Sm^3$
$1m^3 : O_o(m^3)$

이론산소량$(m^3) = \dfrac{1m^3 \times (4 \times 22.4)Sm^3}{22.4Sm^3} = 4m^3$

이론공기량$(m^3) = \dfrac{4}{0.21} = 19.05m^3$

29 $A(g) \rightarrow$ 생성물 반응의 반감기가 $0.693/k$일 때, 이 반응은 몇 차 반응인가?(단, k는 반응속도상수)
① 0차 반응   ② 1차 반응
③ 2차 반응   ④ 3차 반응

해설 $\ln\left(\dfrac{C_t}{C_o}\right) = -kt$
$\ln 0.5 = -k \times t$
$t = 0.693/k$ 이므로 1차 반응이다.

30 기체연료의 연소에 관한 설명으로 옳지 않은 것은?
① 예혼합연소에는 포트형과 버너형이 있다.
② 확산연소는 화염이 길고 그을음이 발생하기 쉽다.
③ 예혼합연소는 화염온도가 높아 연소부하가 큰 경우에 사용 가능하다.
④ 예혼합연소는 혼합기의 분출속도가 느릴 경우 역화의 위험이 있다.

해설 기체연료 연소장치
㉠ 확산 연소장치 ─ 포트형
　　　　　　　　└ 버너형 ─ 선회 버너
　　　　　　　　　　　　　└ 방사형 버너
㉡ 예혼합 연소장치 ─ 저압버너
　　　　　　　　　　├ 고압버너
　　　　　　　　　　└ 송풍버너

31 매연 발생에 관한 일반적인 내용으로 옳지 않은 것은?
① $-C-C-$(사슬모양)의 탄소결합을 절단하기 쉬운 쪽이 탈수소가 쉬운 쪽보다 매연이 잘 발생한다.
② 연료의 C/H 비가 클수록 매연이 잘 발생한다.
③ LPG를 연소할 때보다 코크스를 연소할 때 매연의 발생빈도가 더 높다.
④ 산화하기 쉬운 탄화수소는 매연 발생이 적다.

해설 $-C-C-$의 탄소결합을 절단하기보다는 탈수소가 쉬운 쪽의 매연이 생기기 쉽다.

32 고체연료의 일반적인 특징으로 옳지 않은 것은?
① 연소 시 많은 공기가 필요하므로 연소 장치가 대형화 된다.
② 석탄을 이탄, 갈탄, 역청탄, 무연탄, 흑연으로 분류할 때 무연탄의 탄화도가 가장 작다.
③ 고체연료는 액체연료에 비해 수소함유량이 작다.
④ 고체연료는 액체연료에 비해 산소함유량이 크다.

해설 석탄을 이탄, 갈탄, 역청탄, 무연탄, 흑연으로 분류할 때 무연탄의 탄화도가 가장 크다.

33 메탄 : 50%, 에탄 : 30%, 프로판 : 20%로 구성된 혼합가스의 폭발범위는?(단, 메탄의 폭발범위는 5~15%, 에탄의 폭발범위는 3~12.5%, 프로판의 폭발범위는 2.1~9.5%, 르샤틀리에의 식 적용)
① 1.2~8.6%   ② 1.9~9.6%
③ 2.5~10.8%   ④ 3.4~12.8%

해설 ㉠ 폭발하한치(LEL)
$\dfrac{100}{LEL} = \dfrac{50}{5} + \dfrac{30}{3} + \dfrac{20}{2.1}$
$LEL = 3.4\%$

㉡ 폭발상한치(UEL)
$\dfrac{100}{UEL} = \dfrac{50}{15} + \dfrac{30}{12.5} + \dfrac{20}{9.5}$
$UEL = 12.8\%$

34 다음 기체연료 중 고위발열량$(kcal/Sm^3)$이 가장 낮은 것은?
① 메탄   ② 에탄
③ 프로판   ④ 에틸렌

정답 28 ④　29 ②　30 ①　31 ①　32 ②　33 ④　34 ①

해설 총발열량을 기준으로 할 때 연료의 발열량
㉠ 기체연료는 탄소수 및 수소수가 많을수록 발열량이 증가된다.
㉡ C_2H_6(Ethane) > C_2H_4(Ethylene) > C_2H_2(Acetylene) > CH_4(Methane)

35 S성분을 2wt% 함유한 중유를 1시간에 10t씩 연소시켜 발생하는 배출가스 중의 SO_2를 $CaCO_3$를 사용하여 탈황할 때, 이론적으로 소요되는 $CaCO_3$의 양(kg/h)은?(단, 중유 중의 S성분은 전량 SO_2로 산화됨, 탈황률은 95%)

① 594 ② 625
③ 694 ④ 725

해설 S → $CaCO_3$
32kg : 100kg
10,000kg/hr × 0.02 × 0.95 : $CaCO_3$(kg/hr)

$CaCO_3$(kg/hr) = $\frac{10,000 \text{kg/hr} \times 0.02 \times 0.95 \times 100\text{kg}}{32\text{kg}}$

= 593.75kg/hr

36 2.0MPa, 370℃의 수증기를 1시간에 30t씩 생성하는 보일러의 석탄 연소량이 5.5t/h이다. 석탄의 발열량이 20.9MJ/kg, 발생수증기와 급수의 비엔탈피는 각각 3,183kJ/kg, 84kJ/kg일 때, 열효율은?

① 65% ② 70%
③ 75% ④ 80%

해설 열효율(%) = $\frac{\text{발생된 열량}}{\text{연료의 연소열량}} \times 100$

= $\frac{30,000\text{kg/hr} \times (3,183 - 84)\text{kJ/kg}}{5.5 \times 10^3 \text{kg/hr} \times 20.9 \times 10^3 \text{kJ/kg}} \times 100$

= 80.87%

37 연료를 2.0의 공기비로 완전연소시킬 때, 배출가스 중의 산소농도(%)는?(단, 배출가스에는 일산화탄소가 포함되어 있지 않음)

① 7.5 ② 9.5
③ 10.5 ④ 12.5

해설 완전연소 공기비(m)
$m = \frac{21}{21 - O_2}$
$2 = \frac{21}{21 - O_2}$
$O_2 = 10.5\%$

38 액체연료의 연소방식을 기화연소방식과 분무화연소방식으로 분류할 때 기화연소방식에 해당하지 않는 것은?

① 심지식 연소 ② 유동식 연소
③ 증발식 연소 ④ 포트식 연소

해설 기화연소방식
㉠ 포트식 연소 ㉡ 심지식 연소
㉢ 증발식 연소 ㉣ 월프레임형 버너

39 어떤 2차 반응에서 반응물질의 10%가 반응하는 데 250s가 걸렸을 때, 반응물질의 90%가 반응하는 데 걸리는 시간(s)은?(단, 기타 조건은 동일)

① 5,500 ② 2,500
③ 20,300 ④ 28,300

해설 $\frac{1}{C_t} - \frac{1}{C_o} = -k \times t$

$\frac{1}{0.9} - \frac{1}{1} = -k \times 250\text{sec}$

$k = -0.0004444\text{sec}^{-1}$

$\frac{1}{0.1} - \frac{1}{1} = 0.0004444 \times t$

$t = 20,250\text{sec}$

40 연소에 관한 설명으로 옳지 않은 것은?

① $(CO_2)_{max}$는 연료의 조성에 관계없이 일정하다.
② $(CO_2)_{max}$는 연소방식에 관계없이 일정하다.
③ 연소가스 분석을 통해 완전연소, 불완전연소를 판정할 수 있다.
④ 실제공기량은 연료의 조성, 공기비 등을 사용하여 구한다.

해설 $(CO_2)_{max}$는 연료의 조성에 따라 다른 값을 갖는다.

정답 35 ① 36 ④ 37 ③ 38 ② 39 ③ 40 ①

제3과목   대기오염방지기술

41 80%의 집진효율을 갖는 2개의 집진장치를 연결하여 먼지를 제거하고자 한다. 집진장치를 직렬 연결한 경우(A)와 병렬 연결한 경우(B)에 관한 내용으로 옳지 않은 것은?(단, 두 집진장치의 처리가스양은 동일)

① A방식의 총 집진효율은 94%이다.
② A방식은 높은 처리효율을 얻기 위한 것이다.
③ B방식은 처리가스의 양이 많은 경우 사용된다.
④ B방식의 총 집진효율은 단일집진장치와 동일하게 80%이다.

해설 A방식 집진효율 $= \eta_1 + \eta_2(1-\eta_1)$
$= 0.8 + [0.8 \times (1-0.8)]$
$= 0.96 \times 100 = 96\%$

B방식 집진효율 $= \dfrac{\eta_1 + \eta_2}{2} = \dfrac{0.8 + 0.8}{2}$
$= 0.8 \times 100 = 80\%$

42 중력집진장치에 관한 설명으로 옳지 않은 것은?

① 배출가스의 점도가 높을수록 집진효율이 증가한다.
② 침강실 내의 처리가스 속도가 느릴수록 미립자를 포집할 수 있다.
③ 침강실의 높이가 낮고 길이가 길수록 집진효율이 높아진다.
④ 배출가스 중의 입자상 물질을 중력에 의해 자연 침강하도록 하여 배출가스로부터 입자상 물질을 분리·포집한다.

해설 중력집진장치는 배출가스의 점도가 낮을수록 집진효율이 증가한다.

43 여과집진장치의 특징으로 옳지 않은 것은?

① 수분이나 여과속도에 대한 적응성이 높다.
② 폭발성, 점착성 및 흡습성 먼지의 제거가 어렵다.
③ 다양한 여과재의 사용으로 설계 시 융통성이 있다.
④ 여과재의 교환이 필요해 중력집진장치에 비해 유지비가 많이 든다.

해설 **여과집진장치의 장단점**
㉠ 장점
- 집진효율이 높고 미세입자 제거가 가능하다.
- 세정집진장치보다 압력손실과 동력소모가 적다.
- 다양한 여과재의 사용으로 인하여 설계 시 융통성이 있다.
- 건식 공정이므로 포집먼지의 처리가 쉽고 설치 적용 범위가 광범위하다.
- 연속집진방식일 경우 먼지부하의 변동이 있어도 운전효율에는 영향이 없다.
- 여과재에 표면처리하여 가스상 물질을 처리할 수도 있다.

㉡ 단점
- 여과재의 교환으로 유지비가 고가이다.
- 수분이나 여과속도에 대한 적응성이 낮다.
- 가스의 온도에 따라 여과재의 사용이 제한된다. 즉, 250℃ 이상 고온가스처리의 경우 고가의 특수여과백을 사용해야 한다.
- 점착성, 흡습성, 폭발성, 발화성(산화성 먼지농도 $50g/m^3$ 이상일 경우) 입자의 제거는 곤란하다.
- 가스가 노점온도 이하가 되면 수분이 생성되므로 주의를 요한다.

44 동일한 밀도를 가진 먼지입자 A, B가 있다. 먼지입자 B의 지름이 먼지입자 A 지름의 100배일 때, 먼지입자 B의 질량은 먼지입자 A 질량의 몇 배인가?

① 100
② 10,000
③ 1,000,000
④ 100,000,000

해설 중력$(F_g) = mg$
중력$(F_g) = \dfrac{1}{6}\pi d_p^3 \rho_p g$
m(질량)은 입경의 3승에 비례하므로
$100^3 = 1,000,000$

45 공장 배출가스 중의 일산화탄소를 백금계 촉매를 사용하여 처리할 때, 촉매독으로 작용하는 물질에 해당하지 않는 것은?

① Ni
② Zn
③ As
④ S

해설 **일산화탄소 처리**
㉠ 배출가스 중의 CO를 제거하는 방법 중 가장 실질적이고 확실한 방법은 백금계 촉매를 사용하여 무해한 CO_2로 산화시켜 제거하는 방법이다.
㉡ CO를 백금계 촉매를 사용하여 CO_2로 완전산화시켜서 처리 시 촉매독으로 작용하는 물질은 Hg, Pb, Zn, As, S, 할로겐물질(F, Cl, Br), 먼지 등이므로 사전에 제거할 필요성이 있다.

정답 41 ①   42 ①   43 ①   44 ③   45 ①

46 전기집진장치에서 발생하는 각종 장애현상에 대한 대책으로 옳지 않은 것은?

① 재비산 현상이 발생할 때에는 처리가스의 속도를 낮춘다.
② 부착된 먼지로 불꽃이 빈발하여 2차 전류가 불규칙하게 흐를 때에는 먼지를 충분하게 탈리시킨다.
③ 먼지의 비저항이 비정상적으로 높아 2차 전류가 현저히 떨어질 때에는 스파크 횟수를 줄인다.
④ 역전리 현상이 발생할 때에는 집진극의 타격을 강하게 하거나 타격빈도를 늘린다.

해설 먼지의 비저항이 비정상적으로 높아 2차 전류가 현저하게 떨어질 경우 스파크 횟수를 늘린다.

47 배출가스 중의 NOx를 저감하는 방법으로 옳지 않은 것은?

① 2단 연소시킨다.
② 배출가스를 재순환시킨다.
③ 연소용 공기의 예열온도를 낮춘다.
④ 과잉공기량을 많게 하여 연소시킨다.

해설 배출가스 중의 NOx를 저감하기 위해서는 과잉공기량을 적게 하여 질소와 산소가 반응할 수 있는 기회를 적게 한다.

48 후드의 압력손실이 3.5mmH₂O, 동압이 1.5mmH₂O일 때, 유입계수는?

① 0.234   ② 0.315
③ 0.548   ④ 0.734

해설 후드압력손실(ΔP) = $F \times VP$

$F = \dfrac{\Delta P}{VP} = \dfrac{3.5}{1.5} = 2.33$

유입계수(C_e) = $\sqrt{\dfrac{1}{1+F}} = \sqrt{\dfrac{1}{1+2.33}} = 0.548$

49 상온에서 유체가 내경이 50cm인 강관 속을 2m/s의 속도로 흐르고 있을 때, 유체의 질량유속(kg/s)은?(단, 유체의 밀도는 1g/cm³)

① 452.9   ② 415.3
③ 392.7   ④ 329.6

해설 질량유속(kg/sec)

$= 2\text{m/sec} \times \left(\dfrac{3.14 \times 0.5^2}{4}\right)\text{m}^2 \times \dfrac{1\text{g}}{\text{cm}^3} \times \dfrac{10^6 \text{cm}^3}{\text{m}^3} \times \dfrac{1\text{kg}}{1,000\text{g}}$

$= 392.5 \text{kg/sec}$

50 원심력집진장치(Cyclone)의 집진효율에 관한 내용으로 옳지 않은 것은?

① 유입속도가 빠를수록 집진효율이 증가한다.
② 원통의 직경이 클수록 집진효율이 증가한다.
③ 입자의 직경과 밀도가 클수록 집진효율이 증가한다.
④ Blow-down 효과를 적용했을 때 집진효율이 증가한다.

해설 Cyclone 운전조건에 따른 집진효율 변화
㉠ 유속 증가 → 집진효율 증가
㉡ 가스점도 증가 → 집진효율 감소
㉢ 분진밀도 증가 → 집진효율 증가
㉣ 분진량 증가 → 집진효율 증가
㉤ 온도 증가 → 집진효율 증가
㉥ 원통직경 증가 → 집진효율 감소

51 액측 저항이 지배적으로 클 때 사용이 유리한 흡수장치는?

① 충전탑   ② 분무탑
③ 벤츄리스크러버   ④ 다공판탑

해설 가스분산형 흡수장치
㉠ 다공판탑(Sieve Plate Tower)
㉡ 포종탑(Tray Tower)
㉢ 기포탑(Bubbling Tower)

52 충전탑 내의 충전물이 갖추어야 할 조건으로 옳지 않은 것은?

① 공극률이 클 것   ② 충전밀도가 작을 것
③ 압력손실이 작을 것   ④ 비표면적이 클 것

해설 충전물의 구비조건
㉠ 단위용적에 대한 표면적이 클 것
㉡ 액가스 분포를 균일하게 유지할 수 있을 것
㉢ 가스 및 액체에 대하여 내식성이 있을 것
㉣ 충전밀도가 클 것
㉤ 충분한 화학적 저항성을 가질 것

53 여과집진장치의 여과포 탈진방법으로 적합하지 않은 것은?

① 진동형
② 역기류형
③ 충격제트기류 분사형(Pulse Jet)
④ 승온형

해설 여과포 탈진방법
㉠ 간헐식 : 진동형, 역기류형, 역기류진동형
㉡ 연속식 : 역제트기류 분사형, 충격제트기류 분사형

정답 46 ③ 47 ④ 48 ③ 49 ③ 50 ② 51 ④ 52 ② 53 ④

54 Scale 방지대책(습식석회석법)으로 옳지 않은 것은?
① 순환액의 pH 변동을 크게 한다.
② 탑 내에 내장물을 가능한 설치하지 않는다.
③ 흡수액량을 증가시켜 탑 내 결착을 방지한다.
④ 흡수탑 순환액에 산화탑에서 생성된 석고를 반송하고 슬러리의 석고농도를 5% 이상으로 유지하여 석고의 결정화를 촉진한다.

[해설] 스켈링을 방지하기 위해서는 순환액의 pH 값 변동을 작게 한다.

55 대기오염물질의 입경을 현미경법으로 측정할 때, 입자의 투영면적을 2등분하는 선의 길이로 나타내는 입경은?
① Feret경 ② 장축경
③ Heyhood경 ④ Martin경

[해설] 마틴 직경(Martin Diameter)
㉠ 입자의 면적을 2등분하는 선의 길이, 즉 입자의 2차원 투영상을 구하여 그 투영면적을 2등분한 선분 중 어떤 기준선과 평행인 것의 길이를 의미한다.(입자상 물질의 그림자를 2개의 등면적으로 나눈 선의 길이)
㉡ 최단거리를 측정하므로 과소평가할 수 있는 단점이 있다.

56 유입구 폭이 20cm, 유효회전수가 8인 원심력집진장치(Cyclone)를 사용하여 다음 조건의 배출가스를 처리할 때, 절단입경(μm)은?

• 배출가스의 유입속도 : 30m/s
• 배출가스의 점도 : 2×10^{-5} kg/m·s
• 배출가스의 밀도 : 1.2kg/m³
• 먼지입자의 밀도 : 2.0g/cm³

① 2.78 ② 3.46
③ 4.58 ④ 5.32

[해설] $d_{p_{50}} = \left(\dfrac{9\mu B}{2\pi V(\rho_p - \rho)N}\right)^{0.5} \times 10^6$

$= \left(\dfrac{9 \times 2 \times 10^{-5} \text{kg/m·sec} \times 0.2\text{m}}{2 \times 3.14 \times 30\text{m/sec} \times (2,000-1.2)\text{kg/m}^3 \times 8}\right)^{0.5}$

$\times 10^6 \mu m/m = 3.46 \mu m$

57 직경이 30cm, 높이가 10인 원통형 여과집진장치를 사용하여 배출가스를 처리하고자 한다. 배출가스의 유량이 750m³/min, 여과속도가 3.5cm/s일 때, 필요한 여과포의 개수는?

① 32개 ② 38개
③ 45개 ④ 50개

[해설] 총여과면적 = $\dfrac{처리가스양}{여과속도}$

$= \dfrac{750\text{m}^3/\text{min}}{3.5\text{cm/sec} \times 60\text{sec/min} \times \text{m}/100\text{cm}}$

$= 357.14\text{m}^2$

여과포 소요개수 = $\dfrac{전체\ 여과면적}{여과포\ 하나당\ 면적(3.14 \times D \times L)}$

$= \dfrac{357.14\text{m}^2}{3.14 \times 0.3\text{m} \times 10\text{m}} = 37.9(38개)$

58 세정집진장치에 관한 설명으로 옳지 않은 것은?
① 분무탑은 침전물이 발생하는 경우에 사용이 적합하다.
② 벤튜리스크러버는 점착성, 조해성 먼지의 제거에 효과적이다.
③ 제트스크러버는 처리가스양이 많은 경우에 사용이 적합하다.
④ 충전탑은 온도 변화가 크고 희석열이 큰 곳에는 사용이 적합하지 않다.

[해설] 제트스크러버는 처리가스양이 소량인 경우에 적용한다.

59 공기의 평균분자량이 28.85일 때, 공기 100Sm³의 무게(kg)는?
① 126.8 ② 127.8
③ 128.8 ④ 129.8

[해설] 무게(kg) = $100\text{Sm}^3 \times \dfrac{28.85\text{kg}}{22.4\text{Sm}^3} = 128.8\text{kg}$

60 점성계수가 1.8×10^{-5} kg/m·s, 밀도가 1.3kg/m³인 공기를 안지름이 100mm인 원형 파이프를 사용하여 수송할 때, 층류가 유지될 수 있는 최대 공기유속(m/s)은?
① 0.1 ② 0.3
③ 0.6 ④ 0.9

[해설] $Re = \dfrac{\rho v D}{\mu}$

$V(\text{m/sec}) = \dfrac{Re\mu}{\rho D}$

$= \dfrac{2,100 \times 1.8 \times 10^{-5}\text{kg/m·sec}}{1.3\text{kg/m}^3 \times 0.1\text{m}} = 0.29\text{m/sec}$

정답 54 ① 55 ④ 56 ② 57 ② 58 ③ 59 ③ 60 ②

제4과목   대기오염공정시험기준(방법)

61 배출가스 중의 수분량을 별도의 흡습관을 이용하여 분석하고자 한다. 측정조건과 측정결과가 다음과 같을 때, 배출가스 중 수증기의 부피 백분율(%)은?(단, 0℃, 1atm 기준)

- 흡입한 건조가스양(건식가스미터에서 읽은 값) : 20L
- 측정 전 흡습관의 질량 : 96.16g
- 측정 후 흡습관의 질량 : 97.69g

① 6.4　　② 7.1
③ 8.7　　④ 9.5

해설 습배출가스 중 수증기백분율(X_w)

$$X_w(\%) = \frac{\frac{22.4}{18}m_a}{V_m + \frac{22.4}{18}m_a} \times 100$$

$$= \frac{1.244 \times (97.69 - 96.16)}{20 + [1.244 \times (97.69 - 96.16)]} \times 100 = 8.69\%$$

62 원자흡수분광광도법의 원자흡광분석장치 구성에 포함되지 않는 것은?

① 분리관　　② 광원부
③ 분광기　　④ 시료원자화부

해설 원자흡수분석장치는 광원부, 시료원자화부, 파장선택부(분광부), 측광부로 구성된다.

63 대기오염공정시험기준 총칙상의 내용으로 옳지 않은 것은?

① 액의 농도를 (1 → 2)로 표시한 것은 용질 1g 또는 1mL를 용매에 녹여 전량을 2mL로 하는 비율을 뜻한다.
② 황산 (1 : 2)라 표시한 것은 황산 1용량에 정제수 2용량을 혼합한 것이다.
③ 시험에 사용하는 표준품은 원칙적으로 특급시약을 사용한다.
④ 방울수라 함은 4℃에서 정제수 20방울을 떨어뜨릴 때 부피가 약 1mL 되는 것을 뜻한다.

해설 방울수
20℃에서 정제수 20방울을 떨어뜨릴 때 그 부피가 약 10mL 되는 것을 뜻한다.

64 이온크로마토그래피에 관한 설명으로 옳지 않은 것은?

① 분리관의 재질로 스테인리스관이 널리 사용되며 에폭시수지관 또는 유리관은 사용할 수 없다.
② 일반적으로 용리액조로 폴리에틸렌이나 경질 유리제를 사용한다.
③ 송액펌프는 맥동이 적은 것을 사용한다.
④ 검출기는 일반적으로 전도도 검출기를 많이 사용하고 그 외 자외선/가시선 흡수검출기, 전기화학적 검출기 등이 사용된다.

해설 이온크로마토그래피의 분리관 재질
㉠ 내압성, 내부식성으로 용리액 및 시료액과 반응성이 적은 것을 선택한다.
㉡ 에폭시수지관 또는 유리관이 사용된다.
㉢ 일부는 스테인리스관이 사용되지만 금속이온 분리용으로는 좋지 않다.

65 굴뚝 배출가스 중의 이산화황을 연속적으로 자동 측정할 때 사용하는 용어 정의로 옳지 않은 것은?

① 검출한계 : 제로드리프트의 2배에 해당하는 지시치가 갖는 이산화황의 농도를 말한다.
② 제로드리프트 : 연속자동측정기가 정상적으로 가동되는 조건하에서 제로가스를 일정시간 흘려준 후 발생한 출력신호가 변화한 정도를 말한다.
③ 경로(Path) 측정시스템 : 굴뚝 또는 덕트 단면 직경의 5% 이하의 경로를 따라 오염물질 농도를 측정하는 배출가스 연속자동측정시스템을 말한다.
④ 제로가스 : 정제된 공기나 순수한 질소를 말한다.

해설 경로(Path) 측정시스템
굴뚝 또는 덕트 단면 직경의 10% 이상의 경로를 따라 오염물질 농도를 측정하는 배출가스 연속자동측정시스템을 말한다.

66 기체크로마토그래피의 정성분석에 관한 내용으로 옳지 않은 것은?

① 동일 조건에서 특정한 미지성분의 머무름 값과 예측되는 물질의 봉우리의 머무름 값을 비교해야 한다.
② 머무름 값의 표시는 무효부피(Dead Volume)의 보정 유무를 기록해야 한다.
③ 일반적으로 5~30분 정도에서 측정하는 봉우리의 머무름시간은 반복시험을 할 때 ±10% 오차범위 이내이어야 한다.

④ 머무름시간을 측정할 때는 3회 측정하여 그 평균치를 구한다.

해설 보유시간을 측정할 때는 3회 측정하여 그 평균치를 구한다. 일반적으로 5~30분 정도에서 측정하는 봉우리의 보유시간은 반복 시험을 할 때 ±3% 오차범위 이내이어야 한다.

67 특정 발생원에서 일정한 굴뚝을 거치지 않고 외부로 비산되는 먼지의 농도를 고용량공기 시료채취법으로 분석하고자 한다. 측정조건과 결과가 다음과 같을 때 비산먼지의 농도($\mu g/m^3$)는?

- 채취시간 : 24시간
- 채취개시 직후의 유량 : 1.8m^3/min
- 채취종료 직전의 유량 : 1.2m^3/min
- 채취 후 여과지의 질량 : 3.828g
- 채취 전 여과지의 질량 : 3.419g
- 대조위치에서의 먼지농도 : 0.15$\mu g/m^3$
- 전 시료채취기간 중 주 풍향이 90° 이상 변함
- 풍속이 0.5m/s 미만 또는 10m/s 이상 되는 시간이 전 채취시간의 50% 미만임

① 185.76 ② 283.80
③ 294.81 ④ 372.70

해설 비산먼지농도($\mu g/m^3$)
$= (C_H - C_B) \times W_D \times W_S$

$C_H = \dfrac{(3.828 - 3.419)\text{g} \times 10^6 \mu g/g}{\left(\dfrac{1.8+1.2}{2}\right)\text{m}^3/\text{min} \times 1,440\text{min}} = 189.35 \mu g/m^3$

$= (189.35 - 0.15)\mu g/m^3 \times 1.5 \times 1.0 = 284.03 \mu g/m^3$

68 굴뚝 배출가스 중의 질소산화물을 분석하기 위한 시험방법은?

① 아르세나조Ⅲ법
② 비분산적외선분광분석법
③ 4-피리딘카복실산-피라졸론법
④ 아연환원 나프틸에틸렌다이아민법

해설 **배출가스 중 질소산화물 분석방법**
㉠ 아연환원 나프틸에틸렌다이아민법
㉡ 페놀디설폰산법
㉢ 화학발광법
㉣ 전기화학식(정전위 전해법)
㉤ 적외선흡수법
㉥ 자외선흡수법

69 환경대기 중의 탄화수소 농도를 측정하기 위한 주 시험방법은?

① 총탄화수소 측정법 ② 비메탄 탄화수소 측정법
③ 활성 탄화수소 측정법 ④ 비활성 탄화수소 측정법

해설 **환경대기 중 탄화수소 측정방법(자동연속측정법)**
㉠ 총탄화수소 측정법
㉡ 비메탄 탄화수소 측정법(주 시험방법)
㉢ 활성 탄화수소 측정법

70 대기오염공정시험기준상의 용어 정의로 옳지 않은 것은?

① "밀폐용기"라 함은 물질을 취급 또는 보관하는 동안에 이물이 들어가거나 내용물이 손실되지 않도록 보호하는 용기를 뜻한다.
② "감압 또는 진공"이라 함은 따로 규정이 없는 한 15mmHg 이하를 뜻한다.
③ "함량이 될 때까지 건조한다"라 함은 따로 규정이 없는 한 보통의 건조방법으로 1시간 더 건조 또는 강열할 때 전후 무게의 차가 매 g당 0.3mg 이하일 때를 뜻한다.
④ "정량적으로 씻는다"라 함은 어떤 조작에서 다음 조작으로 넘어갈 때 사용한 비커, 플라스크 등의 용기 및 여과막 등에 부착한 정량대상 성분을 증류수로 깨끗이 씻어 그 세액을 합하는 것을 뜻한다.

해설 **정량적으로 씻는다**
어떤 조작으로부터 다음 조작으로 넘어갈 때 사용한 비커, 플라스크 등의 용기 및 여과막 등에 부착한 정량대상 성분을 사용한 용매로 씻어 그 씻어낸 용액을 합하고 먼저 사용한 같은 용매를 채워 일정용량으로 하는 것

71 원자흡수분광광도법의 분석원리로 옳은 것은?

① 시료를 해리 및 증기화시켜 생긴 기저상태의 원자가 이 원자증기층을 투과하는 특유 파장의 빛을 흡수하는 현상을 이용하여 시료 중의 원소농도를 정량한다.
② 기체시료를 운반가스에 의해 관 내에 전개시켜 각 성분을 분석한다.
③ 선택성 검출기를 이용하여 시료 중의 특정 성분에 의한 적외선 흡수량 변화를 측정하여 그 성분의 농도를 구한다.
④ 발광부와 수광부 사이에 형성되는 빛의 이동경로를 통과하는 가스를 실시간으로 분석한다.

정답 67 ② 68 ④ 69 ② 70 ④ 71 ①

해설 **원자흡수분광광도법**
이 시험방법은 시료를 적당한 방법으로 해리시켜 중성원자로 증기화하여 생긴 기저상태(Ground State or Normal State)의 원자가 이 원자 증기층을 투과하는 특유 파장의 빛을 흡수하는 현상을 이용하여 광전측광과 같은 개개의 특유 파장에 대한 흡광도를 측정하여 시료 중의 원소 농도를 정량하는 방법으로 대기 또는 배출 가스 중의 유해 중금속, 기타 원소의 분석에 적용한다.

72 굴뚝연속자동측정기기의 설치방법으로 옳지 않은 것은?

① 응축된 수증기가 존재하지 않는 곳에 설치한다.
② 먼지와 가스상 물질을 모두 측정하는 경우 측정위치는 먼지를 따른다.
③ 수직굴뚝에서 가스상 물질의 측정위치는 굴뚝 하부 끝에서 위를 향하여 굴뚝 내경의 1/2배 이상이 되는 지점으로 한다.
④ 수평굴뚝에서 가스상 물질의 측정위치는 외부공기가 새어들지 않고 요철이 없는 곳으로 굴뚝의 방향이 바뀌는 지점으로부터 굴뚝 내경의 2배 이상 떨어진 곳을 선정한다.

해설 **굴뚝연속자동측정기기(가스상 물질 측정위치)**
㉠ 수직굴뚝 : 측정위치는 굴뚝 하부 끝에서 위를 향하여 굴뚝 내경의 2배 이상이 되고, 상부 끝단으로부터 아래를 향하여 굴뚝 상부 내경의 1/2배 이상이 되는 지점으로 한다.
㉡ 수평굴뚝 : 측정위치는 외부 공기가 새어들지 않고 굴뚝에 요철부분이 없는 곳으로서 굴뚝의 방향이 바뀌는 지점으로부터 굴뚝 내경의 2배 이상 떨어진 곳을 선정한다.

73 다음 중 2,4-다이나이트로페닐하이드라진(DNPH)과 반응하여 생성된 하이드라존 유도체를 액체크로마토그래피로 분석하여 정량하는 물질은?

① 아민류   ② 알데하이드류
③ 벤젠   ④ 다이옥신류

해설 **환경대기 중 알데하이드류 – 고성능액체크로마토그래피법**
알데하이드류를 측정하기 위한 시험법으로서 알데하이드 물질을 2,4-다이나이트로페닐하이드라진(DNPH) 유도체를 형성하게 하여 고성능액체크로마토그래피(HPLC ; High Performance Liquid Chromatography)로 분석한다.

74 배출가스 중의 염소를 오르토톨리딘법으로 분석할 때 분석에 영향을 미치지 않는 물질은?

① 오존   ② 이산화질소
③ 황화수소 ④ 암모니아

해설 **배출가스 중 염소분석방법(오르토톨리딘법) 영향 물질**
배출가스 중 브로민, 아이오딘, 오존, 이산화질소 및 이산화염소 등의 산화성 가스나 황화수소, 이산화황 등의 환원성 가스가 공존하면 영향을 받으므로 그 영향을 무시하거나 제거할 수 있는 경우에 적용하며, 배출가스 시료채취 종료 후 10분 이내에 측정할 수 있는 경우에 적용한다.

75 피토관을 사용하여 굴뚝 배출가스의 평균유속을 측정하고자 한다. 측정조건과 결과가 다음과 같을 때, 배출가스의 평균유속(m/s)은?

- 동압 : 13mmH$_2$O
- 피토관계수 : 0.85
- 배출가스의 밀도 : 1.2kg/Sm^3

① 10.6   ② 12.4
③ 14.8   ④ 17.8

해설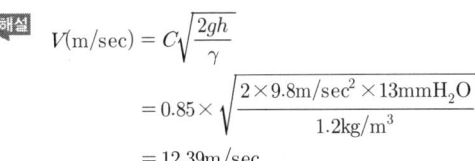

$$V(\text{m/sec}) = C\sqrt{\frac{2gh}{\gamma}}$$
$$= 0.85 \times \sqrt{\frac{2 \times 9.8\text{m/sec}^2 \times 13\text{mmH}_2\text{O}}{1.2\text{kg/m}^3}}$$
$$= 12.39\text{m/sec}$$

76 위상차현미경법으로 환경대기 중의 석면을 분석할 때 계수대상물의 식별방법에 관한 내용으로 옳지 않은 것은? (단, 적정한 분석능력을 가진 위상차현미경을 사용하는 경우)

① 구부러져 있는 단섬유는 곡선에 따라 전체 길이를 재서 판정한다.
② 섬유가 헝클어져 정확한 수를 헤아리기 힘들 때에는 0개로 판정한다.
③ 길이가 7μm 이하인 단섬유는 0개로 판정한다.
④ 섬유가 그래티큘 시야의 경계선에 물린 경우 그래티큘 시야 안으로 한쪽 끝만 들어와 있는 섬유는 1/2개로 인정한다.

해설 단섬유의 경우 길이 5μm 이상의 섬유는 1개로 판정한다.

77 직경이 0.5m, 단면이 원형인 굴뚝에서 배출되는 먼지 시료를 채취할 때, 측정점 수는?

① 1   ② 2
③ 3   ④ 4

정답 72 ③   73 ②   74 ④   75 ②   76 ③   77 ①

해설 **원형 단면의 측정점 수**

굴뚝 직경 2R(m)	반경 구분 수	측정점 수
1 이하	1	4
1 초과 2 이하	2	8
2 초과 4 이하	3	12
4 초과 4.5 이하	4	16
4.5 초과	5	20

※ 굴뚝 단면적이 $0.25m^2$ 이하로 소규모일 경우에는 그 굴뚝 단면의 중심을 대표점으로 하여 1점만 측정한다.

78 굴뚝 배출가스 중의 카드뮴화합물을 원자흡수분광광도법으로 분석하고자 한다. 채취한 시료에 유기물이 함유되지 않았을 때 분석용 시료 용액의 전처리 방법은?

① 질산법
② 과망간산칼륨법
③ 질산-과산화수소수법
④ 저온회화법

해설 **시료의 성상별 전처리방법**

성상	처리방법
타르, 기타 소량의 유기물을 함유하는 것	질산-염산법, 질산-과산화수소수법, 마이크로파 산분해법
유기물을 함유하지 않는 것	질산법, 마이크로파 산분해법
• 다량의 유기물 유리탄소를 함유하는 것 • 셀룰로오스 섬유제 여과지를 사용한 것	저온 회화법

79 자외선/가시선분광법에 사용되는 장치에 관한 내용으로 옳지 않은 것은?

① 시료부는 시료액을 넣은 흡수셀 1개와 셀홀더, 시료실로 구성되어 있다.
② 자외부의 광원으로 주로 중수소 방전관을 사용한다.
③ 파장 선택을 위해 단색화장치 또는 필터를 사용한다.
④ 가시부와 근적외부의 광원으로 주로 텅스텐램프를 사용한다.

해설 **자외선/가시선분광장치의 시료부**
㉠ 시료액을 넣은 흡수셀(시료셀)
㉡ 대조액을 넣은 흡수셀(대조셀)
㉢ 셀홀더(셀을 보호하기 위함)
㉣ 시료실

80 환경대기 중의 벤조(a)피렌을 분석하기 위한 시험방법은?

① 이온크로마토그래피법
② 비분산적외선분광분석법
③ 흡광차분광법
④ 형광분광광도법

해설 **환경대기 중의 벤조(a)피렌 시험방법**
㉠ 기체크로마토그래피법(주 시험방법)
㉡ 형광분광광도법

제5과목 대기오염공정시험기준(방법)

81 실내공기질 관리법령상 건축자재의 오염물질 방출 기준 중 ( ) 안에 알맞은 것은?(단, 단위는 $mg/m^2 \cdot h$)

오염물질	접착제	페인트
톨루엔	0.08 이하	(㉠)
총휘발성 유기화합물	(㉡)	(㉢)

① ㉠ 0.02 이하, ㉡ 0.05 이하, ㉢ 1.5 이하
② ㉠ 0.05 이하, ㉡ 0.1 이하, ㉢ 2.0 이하
③ ㉠ 0.08 이하, ㉡ 2.0 이하, ㉢ 2.5 이하
④ ㉠ 0.10 이하, ㉡ 2.5 이하, ㉢ 4.0 이하

해설 **건축자재의 오염물질 방출기준**

오염물질 종류 구분	포름알데 하이드	톨루엔	총휘발성 유기화합물
접착제	0.02 이하	0.08 이하	2.0 이하
페인트	0.02 이하	0.08 이하	2.5 이하
실란트	0.02 이하	0.08 이하	1.5 이하
퍼티	0.02 이하	0.08 이하	20.0 이하
벽지	0.02 이하	0.08 이하	4.0 이하
바닥재	0.02 이하	0.08 이하	4.0 이하

측정단위 : $mg/m^2 \cdot hr$(단, 실란트 : $mg/m \cdot hr$)

82 대기환경보전법령상 경유를 사용하는 자동차에 대해 대통령령으로 정하는 오염물질에 해당하지 않는 것은?

① 탄화수소
② 알데하이드
③ 질소산화물
④ 일산화탄소

해설 **자동차 배출허용기준 적용 오염물질(경유)**
㉠ 일산화탄소   ㉡ 탄화수소
㉢ 질소산화물   ㉣ 매연
㉤ 입자상 물질

정답 78 ① 79 ① 80 ④ 81 ③ 82 ②

83 대기환경보전법령상의 운행차 배출허용기준으로 옳지 않은 것은?

① 휘발유와 가스를 같이 사용하는 자동차의 배출가스 측정 및 배출허용기준은 가스의 기준을 적용한다.
② 건설기계 중 덤프트럭, 콘크리트믹스트럭, 콘크리트 펌프트럭의 배출허용기준은 화물자동차 기준을 적용한다.
③ 희박연소 방식을 적용하는 자동차는 공기과잉률 기준을 적용하지 않는다.
④ 알코올만 사용하는 자동차는 탄화수소 기준을 적용한다.

해설 알코올만 사용하는 자동차는 탄화수소 기준을 적용하지 아니한다.

84 악취방지법령상 악취배출시설의 변경신고를 해야 하는 경우에 해당하지 않는 것은?

① 악취배출시설을 폐쇄하는 경우
② 사업장의 명칭을 변경하는 경우
③ 환경담당자의 교육사항을 변경하는 경우
④ 악취배출시설 또는 악취방지시설을 임대하는 경우

해설 악취배출시설의 변경신고를 하여야 하는 경우
㉠ 악취배출시설의 악취방지계획서 또는 악취방지시설을 변경(사용하는 원료의 변경으로 인한 경우를 포함한다)하는 경우
㉡ 악취배출시설을 폐쇄하거나, 시설 규모의 기준에서 정하는 공정을 추가하거나 폐쇄하는 경우
㉢ 사업장의 명칭 또는 대표자를 변경하는 경우
㉣ 악취배출시설 또는 악취방지시설을 임대하는 경우

85 대기환경보전법령상 사업장별 환경기술인의 자격기준에 관한 설명으로 옳지 않은 것은?

① 대기오염물질 배출시설 중 일반보일러만 설치한 사업장은 5종 사업장에 해당하는 기술인을 둘 수 있다.
② 2종 사업장의 환경기술인 자격기준은 대기환경산업기사 이상의 기술자격 소지자 1명 이상이다.
③ 대기환경기술인이 「물환경보전법」에 따른 수질환경기술인의 자격을 갖춘 경우에는 수질환경기술인을 겸임할 수 있다.
④ 1종 사업장과 2종 사업장 중 1개월 동안 실제 작업한 날만을 계산하여 1일 평균 12시간 이상 작업하는 경우에는 해당 사업장의 기술인을 각각 2명 이상 두어야 한다.

해설 1종 사업장과 2종 사업장 중 1개월 동안 실제 작업한 날만을 계산하여 1일 평균 17시간 이상 작업하는 경우에는 해당 사업장의 기술인을 각각 2명 이상 두어야 한다.

86 대기환경보전법령상 오존의 대기오염 중대경보해제기준에 관한 내용 중 ( ) 안에 알맞은 것은?

중대경보가 발령된 지역의 기상조건 등을 고려하여 대기자동측정소의 오존농도가 (㉠)ppm 이상 (㉡)ppm 미만일 때는 경보로 전환한다.

① ㉠ 0.3, ㉡ 0.5   ② ㉠ 0.5, ㉡ 1.0
③ ㉠ 1.0, ㉡ 1.2   ④ ㉠ 1.2, ㉡ 1.5

해설 대기오염경보단계(오존)

구분	발령기준	해제기준
주의보	기상조건 등을 고려하여 해당 지역의 대기자동측정소 오존농도가 0.12ppm 이상인 때	주의보가 발령된 지역의 기상조건 등을 검토하여 대기자동측정소의 오존농도가 0.12ppm 미만인 때
경보	기상조건 등을 고려하여 해당 지역의 대기자동측정소 오존농도가 0.3ppm 이상인 때	경보가 발령된 지역의 기상조건 등을 고려하여 대기자동측정소의 오존농도가 0.12ppm 이상 0.3ppm 미만인 때는 주의보로 전환
중대경보	기상조건 등을 고려하여 해당 지역의 대기자동측정소 오존농도가 0.5ppm 이상인 때	중대경보가 발령된 지역의 기상조건 등을 고려하여 대기자동측정소의 오존농도가 0.3ppm 이상 0.5ppm 미만인 때는 경보로 전환

87 대기환경보전법령상 배출시설로부터 나오는 특정대기유해물질로 인해 환경기준의 유지가 곤란하다고 인정되어 시·도지사가 특정대기 유해물질을 배출하는 배출시설의 설치를 제한할 수 있는 경우에 관한 내용 중 ( ) 안에 알맞은 것은?

배출시설 설치 지점으로부터 반경 1킬로미터 안의 상주인구가 2만 명 이상인 지역으로서 특정대기유해물질 중 한 가지 종류의 물질을 연간 (ⓐ) 이상 배출하거나 두 가지 이상의 물질을 연간 (ⓑ) 이상 배출하는 시설을 설치하는 경우

① ⓐ 5톤, ⓑ 10톤   ② ⓐ 5톤, ⓑ 20톤
③ ⓐ 10톤, ⓑ 20톤   ④ ⓐ 10톤, ⓑ 25톤

정답 83 ④ 84 ③ 85 ④ 86 ① 87 ④

해설 배출시설 설치의 제한
㉠ 배출시설 설치 지점으로부터 반경 1킬로미터 안의 상주인구가 2만 명 이상인 지역으로서 특정대기유해물질 중 한 가지 종류의 물질을 연간 10톤 이상 배출하거나 두 가지 이상의 물질을 연간 25톤 이상 배출하는 시설을 설치하는 경우
㉡ 대기오염물질(먼지·황산화물 및 질소산화물만 해당한다)의 발생량 합계가 연간 10톤 이상인 배출시설을 특별대책지역에 설치하는 경우

88 대기환경보전법령상 자동차 결함확인검사에 관한 내용 중 환경부장관이 관계 중앙행정기관의 장과 협의하여 정하는 사항에 해당하지 않는 것은?

① 대상 자동차의 선정기준
② 자동차의 검사방법
③ 자동차의 검사수수료
④ 자동차의 배출가스 성분

해설 결함확인검사 대상 자동차의 선정기준, 검사방법, 검사절차, 검사기준, 판정방법, 검사수수료 등에 필요한 사항은 환경부령으로 정한다.

89 악취방지법령상 지정악취물질과 배출허용기준(ppm)의 연결이 옳지 않은 것은?(단, 공업지역 기준, 기타 사항은 고려하지 않음)

① n-발레르알데하이드 : 0.02 이하
② 톨루엔 : 30 이하
③ 프로피온산 : 0.1 이하
④ i-발레르산 : 0.004 이하

해설 지정악취물질의 배출허용기준

구분	배출허용기준 (ppm)		엄격한 배출허용기준의 범위(ppm)	적용 시기
	공업지역	기타 지역	공업지역	
암모니아	2 이하	1 이하	1~2	2005년 2월 10일 부터
메틸메르캅탄	0.004 이하	0.002 이하	0.002~0.004	
황화수소	0.06 이하	0.02 이하	0.02~0.06	
다이메틸설파이드	0.05 이하	0.01 이하	0.01~0.05	
다이메틸다이설파이드	0.03 이하	0.009 이하	0.009~0.03	

90 환경정책기본법령에서 환경기준을 확인할 수 있는 항목에 해당하지 않는 것은?

① 납
② 일산화탄소
③ 오존
④ 탄화수소

해설 대기환경기준

항목	기준	측정방법
아황산가스 (SO$_2$)	• 연간 평균치 : 0.02ppm 이하 • 24시간 평균치 : 0.05ppm 이하 • 1시간 평균치 : 0.15ppm 이하	자외선 형광법 (Pulse UV Fluorescence Method)
일산화탄소 (CO)	• 8시간 평균치 : 9ppm 이하 • 1시간 평균치 : 25ppm 이하	비분산 적외선 분석법 (Non-Dispersive Infrared Method)
이산화질소 (NO$_2$)	• 연간 평균치 : 0.03ppm 이하 • 24시간 평균치 : 0.06ppm 이하 • 1시간 평균치 : 0.10ppm 이하	화학 발광법 (Chemiluminescence Method)
미세먼지 (PM-10)	• 연간 평균치 : 50$\mu g/m^3$ 이하 • 24시간 평균치 : 100$\mu g/m^3$ 이하	베타선 흡수법 (β-Ray Absorption Method)
미세먼지 (PM-2.5)	• 연간 평균치 : 15$\mu g/m^3$ 이하 • 24시간 평균치 : 35$\mu g/m^3$ 이하	중량 농도법 또는 이에 준하는 자동 측정법
오존 (O$_3$)	• 8시간 평균치 : 0.06ppm 이하 • 1시간 평균치 : 0.1ppm 이하	자외선 광도법 (UV Photometric Method)
납 (Pb)	연간 평균치 : 0.5$\mu g/m^3$ 이하	원자흡광광도법 (Atomic Absorption Spectrophotometry)
벤젠	연간 평균치 : 5$\mu g/m^3$ 이하	기체크로마토그래피 (Gas Chromatography)

91 대기환경보존법령상 과징금 처분에 관한 내용이다. ( ) 안에 알맞은 것은?

환경부장관은 자동차제작자가 거짓으로 자동차의 배출가스가 배출가스보증기간에 제작차 배출허용기준에 맞게 유지될 수 있다는 인증을 받은 경우 그 자동차 제작자에 대하여 매출액에 (㉠)(을)를 곱한 금액을 초과하지 않는 범위에서 과징금을 부과할 수 있다. 이때 과징금의 금액은 (㉡)을 초과할 수 없다.

① ㉠ 100분의 3, ㉡ 100억 원
② ㉠ 100분의 3, ㉡ 500억 원
③ ㉠ 100분의 5, ㉡ 100억 원
④ ㉠ 100분의 5, ㉡ 500억 원

해설 제작자동차 과징금 처분
㉠ 환경부장관은 자동차제작자가 다음의 어느 하나에 해당하는 경우에는 그 자동차제작자에 대하여 매출액에 100분의 5를 곱한 금액을 초과하지 아니하는 범위에서 과징금을 부과할 수 있다. 이 경우 과징금의 금액은 500억 원을 초과할 수 없다.
• 인증을 받지 아니하고 자동차를 제작하여 판매한 경우

정답 88 ④ 89 ③ 90 ④ 91 ④

• 거짓이나 그 밖의 부정한 방법으로 인증 또는 변경인증을 받은 경우
• 인증받은 내용과 다르게 자동차를 제작하여 판매한 경우
ⓒ 매출액의 산정, 위반행위의 정도 등에 따른 과징금의 금액과 그 밖에 필요한 사항은 대통령령으로 정한다.

92 대기환경보전법령상 공급지역 또는 사용시설에 황 함유기준을 초과하는 연료를 공급·판매한 자에 대한 벌칙기준은?

① 7년 이하의 징역 또는 1억 원 이하의 벌금에 처한다.
② 5년 이하의 징역 또는 3천만 원 이하의 벌금에 처한다.
③ 3년 이하의 징역 또는 3천만 원 이하의 벌금에 처한다.
④ 500만 원 이하의 벌금에 처한다.

해설 대기환경보전법 제90조의2 참고

93 대기환경보전법령상 자동차의 운행정지에 관한 내용 중 ( ) 안에 알맞은 것은?

> 환경부장관, 특별시장·광역시장·특별자치시장·특별자치도지사·시장·군수·구청장은 운행차의 배출가스가 운행차 배출허용기준을 초과하여 개선명령을 받은 자동차 소유자가 이에 따른 확인검사를 환경부령으로 정하는 기간 이내에 받지 않는 경우 ( )의 기간을 정하여 해당 자동차의 운행정지를 명할 수 있다.

① 5일 이내   ② 7일 이내
③ 10일 이내 ④ 15일 이내

해설 환경부장관, 특별시장·광역시장·특별자치시장·특별자치도지사·시장·군수·구청장은 운행차 배출허용기준 초과에 따른 개선명령을 받은 자동차 소유자가 이에 따른 확인검사를 환경부령으로 정하는 기간 이내에 받지 아니하는 경우에는 10일 이내의 기간을 정하여 해당 자동차의 운행정지를 명할 수 있다.

94 대기환경보전법령상 환경기술인의 교육에 관한 내용으로 옳지 않은 것은?(단, 정보통신매체를 이용하여 원격교육을 하는 경우는 제외)

① 환경기술인으로 임명된 날부터 1년 이내에 1회 신규교육을 받아야 한다.
② 환경기술인은 환경보전협회, 환경부장관, 시·도지사가 교육을 실시할 능력이 있다고 인정하여 위탁하는 기관에서 실시하는 교육을 받아야 한다.
③ 교육과정의 교육기간은 7일 정도로 한다.
④ 교육대상이 된 사람이 그 교육을 받아야 하는 기한의 마지막 날 이전 3년 이내에 동일한 교육을 받았을 경우에는 해당 교육을 받은 것으로 본다.

해설 환경기술인의 교육과정은 4일 이내로 한다.

95 대기환경보전법령상 배출시설 설치신고를 하려는 자가 배출시설 설치신고서에 첨부하여 환경부장관 또는 시·도지사에게 제출해야 하는 서류에 해당하지 않는 것은?

① 질소산화물 배출농도 및 배출량을 예측한 명세서
② 방지시설의 연간 유지관리 계획서
③ 방지시설의 일반도
④ 배출시설 및 대기오염방지시설의 설치명세서

해설 배출시설 설치신고를 하고자 하는 경우 설치신고서에 포함되어야 하는 사항
㉠ 원료(연료를 포함한다)의 사용량 및 제품 생산량과 오염물질 등의 배출량을 예측한 명세서
㉡ 배출시설 및 방지시설의 설치명세서
㉢ 방지시설의 일반도
㉣ 방지시설의 연간 유지관리 계획서
㉤ 사용 연료의 성분 분석과 황산화물 배출농도 및 배출량 등을 예측한 명세서
㉥ 배출시설설치허가증(변경허가를 신청하는 경우에만 해당한다)

96 대기환경보전법령상 "3종 사업장"에 해당하는 경우는?

① 대기오염물질발생량의 합계가 연간 9톤인 사업장
② 대기오염물질발생량의 합계가 연간 11톤인 사업장
③ 대기오염물질발생량의 합계가 연간 22톤인 사업장
④ 대기오염물질발생량의 합계가 연간 52톤인 사업장

해설 **사업장 분류기준**

종별	오염물질발생량 구분
1종 사업장	대기오염물질발생량의 합계가 연간 80톤 이상인 사업장
2종 사업장	대기오염물질발생량의 합계가 연간 20톤 이상 80톤 미만인 사업장
3종 사업장	대기오염물질발생량의 합계가 연간 10톤 이상 20톤 미만인 사업장
4종 사업장	대기오염물질발생량의 합계가 연간 2톤 이상 10톤 미만인 사업장
5종 사업장	대기오염물질발생량의 합계가 연간 2톤 미만인 사업장

정답 92 ③ 93 ③ 94 ③ 95 ① 96 ②

97 대기환경보전법령상 특정대기오염물질의 배출허용기준이 300(12)ppm일 때, (12)의 의미는?

① 해당배출허용농도(백분율)
② 해당배출허용농도(ppm)
③ 표준산소농도(O_2의 백분율)
④ 표준산소농도(O_2의 ppm)

해설 배출허용기준 난의 ( )는 표준산소농도(O_2의 백분율)를 말한다.

98 대기환경보전법령상 대기오염경보단계 중 '경보 발령' 단계의 조치사항으로 옳지 않은 것은?

① 주민의 실외활동 제한 요청
② 자동차 사용의 제한
③ 사업장의 연료사용량 감축 권고
④ 사업장의 조업시간 단축명령

해설 **경보단계별 조치사항**
㉠ 주의보 발령 : 주민의 실외활동 및 자동차 사용의 자제 요청 등
㉡ 경보 발령 : 주민의 실외활동 제한 요청, 자동차 사용의 제한 및 사업장의 연료사용량 감축 권고 등
㉢ 중대경보 발령 : 주민의 실외활동 금지 요청, 자동차의 통행 금지 및 사업장의 조업시간 단축명령 등

99 대기환경보전법령상 대기오염방지시설에 해당하지 않는 것은?

① 흡착에 의한 시설
② 응축에 의한 시설
③ 응집에 의한 시설
④ 촉매반응을 이용하는 시설

해설 **대기오염 방지시설**
- 중력집진시설
- 관성력집진시설
- 원심력집진시설
- 세정집진시설
- 여과집진시설
- 전기집진시설
- 음파집진시설
- 흡수에 의한 시설
- 흡착에 의한 시설
- 직접연소에 의한 시설
- 촉매반응을 이용하는 시설
- 응축에 의한 시설
- 산화·환원에 의한 시설
- 미생물을 이용한 처리시설
- 연소조절에 의한 시설

100 실내공기질 관리법령상 실내공기질의 측정에 관한 내용 중 ( ) 안에 알맞은 것은?

다중이용시설의 소유자 등은 실내공기질 측정대상 오염물질이 실내공기질 권고기준의 오염물질항목에 해당하는 경우 실내공기질을 (ⓐ) 측정해야 한다. 또한 실내공기질 측정결과를 (ⓑ) 보존해야 한다.

① ⓐ 연 1회, ⓑ 10년간
② ⓐ 연 2회, ⓑ 5년간
③ ⓐ 2년에 1회, ⓑ 10년간
④ ⓐ 2년에 1회, ⓑ 5년간

해설 **실내공기질 측정**
㉠ 실내공기질의 측정대상 오염물질은 실내공간오염물질로 한다.
㉡ 다중이용시설의 소유자 등은 측정을 하는 경우에는 측정대상 오염물질이 유지기준의 오염물질항목에 해당하면 1년에 한 번, 권고기준의 오염물질항목에 해당하면 2년에 한 번 측정하여야 한다.
㉢ 다중이용시설의 소유자 등은 실내공기질 측정결과를 10년간 보존하여야 한다.

2022년 2회 기출문제

제1과목 대기오염개론

01 가우시안 확산모델에 관한 내용으로 옳지 않은 것은?
① 확산계수(σ_y, σ_z)를 구하기 위한 시료 채취시간을 10분 정도로 한다.
② 고도에 따른 풍속 변화가 Power Law를 따른다고 가정한다.
③ 오염물질이 배출원에서 연속적으로 배출된다고 가정한다.
④ 경계조건을 달리 설정함으로써 오염원의 위치와 형태에 따른 오염물질의 농도를 예측할 수 있다.

해설 바람에 의한 오염물질의 주 이동방향은 X축(풍하방향)이며, 고도변화에 따른 풍속의 변화는 무시한다.

02 PAN에 관한 내용으로 옳지 않은 것은?
① 대기 중의 광화학반응으로 생성된다.
② PAN의 지표식물에는 강낭콩, 상추, 시금치 등이 있다.
③ 황산화물의 일종으로 가시광선을 흡수해 가시거리를 단축시킨다.
④ 사람의 눈에 통증을 일으키며 식물의 잎에 흑반병을 발생시킨다.

해설 PAN은 질소산화물의 일종으로 빛을 분산(흡수)시키므로 가시거리를 단축시킨다.

03 오존의 반응을 나타낸 다음 도식 중 ( ) 안에 알맞은 것은?

㉠ $CClF_3 \xrightarrow{hv} CFCl_2 + (\ )$
　　$(\ ) + O_3 \longrightarrow ClO + O_2$
　　$ClO + O \cdot \longrightarrow (\ ) + O_2$
㉡ $CF_3Br \xrightarrow{hv} CF_3 + (\ )$
　　$(\ ) + O_3 \longrightarrow BrO + O_2$
　　$BrO + O \cdot \longrightarrow (\ ) + O_2$

① ㉠ : F·, ㉡ : C·
② ㉠ : C·, ㉡ : F·
③ ㉠ : Cl·, ㉡ : Br·
④ ㉠ : F·, ㉡ : Br·

해설 **오존파괴반응식**
㉠ $CClF_3 \xrightarrow{hv} CFCl_2 + Cl\cdot$
　　$Cl\cdot + O_3 \longrightarrow \cdot ClO + O_2$
　　$\cdot ClO + O \longrightarrow O_2 + Cl\cdot$
㉡ $CF_3Br \xrightarrow{hv} CF_3 + Br\cdot$
　　$Br\cdot + O_3 \longrightarrow \cdot BrO + O_2$
　　$\cdot BrO + O \longrightarrow O_2 + Br\cdot$

04 Stokes 직경의 정의로 옳은 것은?
① 구형이 아닌 입자와 침강속도가 같고 밀도가 $1g/cm^3$인 구형입자의 직경
② 구형이 아닌 입자와 침강속도가 같고 밀도가 $10g/cm^3$인 구형입자의 직경
③ 침강속도가 $1cm/s$이고 구형이 아닌 입자와 밀도가 같은 구형입자의 직경
④ 구형이 아닌 입자와 침강속도가 같고 밀도가 같은 구형입자의 직경

해설 **Stokes 직경**
㉠ 입자 형태가 구형이 아니더라도 동일한 침강속도 및 밀도를 갖는 구형입자의 직경을 Stokes 직경이라 한다.
㉡ 스토크 직경의 단점은 입경의 크기가 입자의 밀도에 따라 달라지므로 계산 시 입자 밀도도 고려해야 한다는 점이다.

05 다음에서 설명하는 굴뚝에서 배출되는 연기의 모양은?

- 대기가 중립조건일 때 나타난다.
- 오염물질이 멀리 퍼져 나가고 지면 가까이에는 오염의 영향이 거의 없다.
- 오염의 단면분포가 전형적인 가우시안 분포를 이룬다.

① 환상형　② 원추형
③ 지붕형　④ 부채형

정답 01 ②　02 ③　03 ③　04 ④　05 ②

해설 Coning(원추형)
  ㉠ 대기상태가 중립인 경우 연기의 배출형태이다.
  ㉡ 발생시기는 바람이 다소 강하거나 구름이 많이 낀 날에 자주 관찰된다.
  ㉢ 연기 Plume 내의 오염물의 단면분포가 전형적인 가우시안 분포를 나타낸다.
  ㉣ 연기의 이동이 수직보다 수평이 크기 때문에 오염물질이 먼 거리까지 이동할 수 있다.

06 공장에서 대량의 H₂S 가스가 누출되어 발생한 대기오염 사건은?
  ① 도노라 사건 ② 포자리카 사건
  ③ 요코하마 사건 ④ 보팔시 사건

해설 포자리카 사건
멕시코 공업지역에서 발생한 오염사건으로 H₂S가 대량으로 인근 마을로 누출되어 기온역전으로 인한 피해를 일으켰다.

07 20℃, 750mmHg에서 이산화황의 농도를 측정한 결과 0.02ppm이었다. 이를 mg/m³로 환산한 값은?
  ① 0.008 ② 0.013
  ③ 0.053 ④ 0.157

해설 $SO_2(mg/m^3) = 0.02mL/m^3 \times \frac{64mg}{22.4mL} \times \frac{273}{273+20} \times \frac{750}{760}$
$= 0.053mg/m^3$

08 자동차 배출가스 저감기술에 관한 내용으로 옳지 않은 것은?
  ① 입자상물질 여과장치는 세라믹 필터나 금속필터를 사용하여 입자상 물질을 포집하는 장치이다.
  ② 후처리 버너는 엔진의 배기계통에 장착하여 배출가스 중의 가연성분을 제거하는 장치이다.
  ③ 디젤 산화촉매는 자동차 배출가스 중의 HC, CO를 탄산가스와 물로 산화시켜 정화한다.
  ④ EBD는 촉매의 존재하에 NOx와 선택적으로 반응할 수 있는 환원제를 주입하여 NOx를 N₂로 환원하는 장치이다.

해설 선택적 촉매환원(SCR)은 촉매 존재하에 NOx와 선택적으로 반응할 수 있는 환원제를 주입하여 NOx를 N₂로 환원하는 장치이다.

09 다음 NOx의 광분해 사이클 중 ( ) 안에 알맞은 빛의 종류는?

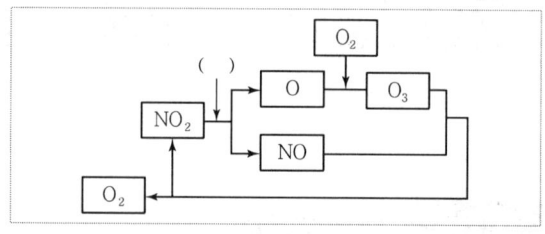

  ① 가시광선 ② 자외선
  ③ 적외선 ④ β선

해설 질소산화물의 광화학 반응
$NO_2 + h\nu$(자외선) $\rightarrow NO + O$: 광분해반응
$O + O_2 \rightarrow O_3$: O_3 생성반응
$O_3 + NO \rightarrow NO_2 + O_2$: 순환반응

10 먼지 농도가 40μg/m³, 상대습도가 70%일 때, 가시거리(km)는?(단, 계수 A는 1.2)
  ① 19 ② 23
  ③ 30 ④ 67

해설 가시거리(km) $= \frac{1,000 \times A}{G} = \frac{1,000 \times 1.2}{40\mu g/m^3} = 30km$

11 다이옥신에 관한 내용으로 옳지 않은 것은?
  ① 250~340nm의 자외선 영역에서 광분해될 수 있다.
  ② 2개의 벤젠고리와 산소, 2개 이상의 염소가 결합된 화합물이다.
  ③ 완전분해되더라도 연소가스 배출 시 저온에서 재생될 수 있다.
  ④ 증기압이 높고 물에 잘 녹는다.

해설 다이옥신은 낮은 증기압, 낮은 수용성을 가지고 있다.

12 하루 동안 시간에 따른 대기오염물질의 농도변화를 나타낸 그래프이다. A, B, C에 해당하는 물질은?

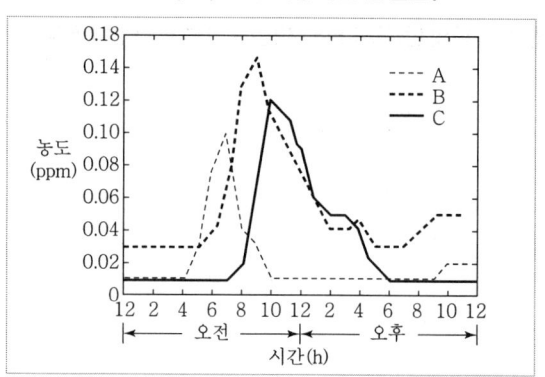

① A = NO_2, B = O_3, C = NO
② A = NO, B = NO_2, C = O_3
③ A = NO_2, B = NO, C = O_3
④ A = O_3, B = NO, C = NO_2

해설

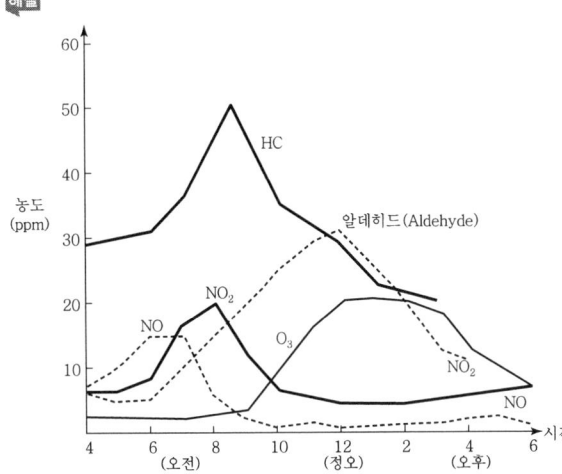

13 지상 100m에서의 기온이 20℃일 때, 지상 300m에서의 기온(℃)은?(단, 지상에서부터 600m까지의 평균기온 감률은 0.88℃/100m)

① 15.5
② 16.2
③ 17.5
④ 18.2

해설 기온 = $20℃ - [0.88℃/100m × (300-100)m] = 18.24℃$

14 다음 중 불화수소의 가장 주된 배출원은?

① 알루미늄공업
② 코크스연소로
③ 농약
④ 석유정제업

해설 **불소화합물의 주요 발생업종**
알루미늄공업, 유리공업, 비료공업, 요업 등

15 1~2μm 이하인 미세입자의 경우 세정(Rain Out) 효과가 작은 편이다. 그 이유로 가장 적합한 것은?

① 응축효과가 크기 때문에
② 휘산효과가 크기 때문에
③ 부정형의 입자가 많기 때문에
④ 브라운 운동을 하기 때문에

해설 1~2μm 이하인 미세입자는 브라운 운동(불규칙적인 운동)을 하기 때문에 세정효과가 작다.

16 파스킬(Pasquill)의 대기안정도에 관한 내용으로 옳지 않은 것은?

① 낮에는 풍속이 약할수록(2m/s 이하), 일사량이 강할수록 대기가 안정하다.
② 낮에는 일사량과 풍속으로, 야간에는 운량, 운고, 풍속으로부터 안정도를 구분한다.
③ 안정도는 A~F까지 6단계로 구분하며 A는 매우 불안정한 상태, F는 가장 안정한 상태를 뜻한다.
④ 지표가 거칠고 열섬효과가 있는 도시나 지면의 성질이 균일하지 않은 곳에서는 오차가 크게 나타날 수 있다.

해설 낮에는 풍속이 2m/sec 이하로 약할수록, 일사량이 강할수록 대기안정도 등급은 강한 불안정 상태를 나타낸다.

17 오존과 오존층에 관한 내용으로 옳지 않은 것은?

① 1돕슨단위는 지구 대기 중의 오존총량을 0℃, 1atm에서 두께로 환산했을 때 0.01mm에 상당하는 양이다.
② 대기 중의 오존배경농도는 0.01~0.04ppm 정도이다.
③ 오존의 생성과 소멸이 계속적으로 일어나면서 오존층의 오존농도가 유지된다.
④ 오존층은 성층권에서 오존의 농도가 가장 높은 지상 50~60km 구간을 말한다.

해설 오존의 밀도는 지상 20~25km 부근이 가장 높고, 이와 같이 오존이 많이 분포한 층을 오존층이라 한다.

18 부피가 100m^3인 복사실에서 분당 0.2mg의 오존을 배출하는 복사기를 연속적으로 사용하고 있다. 복사기를 사용하기 전 복사실의 오존농도가 0.1ppm일 때, 복사기를 5시간 사용한 후 복사실의 오존농도(ppb)는?(단, 0℃, 1기압 기준, 환기를 고려하지 않음)

① 260
② 380
③ 420
④ 520

해설 오존농도 = 복사기 사용 전 농도 + 복사기 사용으로 증가된 농도
사용 전 농도(ppb) = $0.1ppm × 10^3 ppb/ppm = 100ppb$
증가 농도 = $\dfrac{0.2mg/min × 5hr × 60min/hr}{100m^3}$
         = $0.6mg/m^3$
증가 농도(ppb) = $0.6mg/m^3 × \dfrac{22.4mL}{48mg} × 10^3 ppb/ppm$
              = $280ppb$
∴ 오존농도 = $100 + 280 = 380ppb$

정답 13 ④ 14 ① 15 ④ 16 ① 17 ④ 18 ②

19 인체에 다음과 같은 피해를 유발하는 오염물질은?

> 헤모글로빈의 기본요소인 포르피린 고리의 형성을 방해함으로써 인체 내 헤모글로빈의 형성을 억제하여 빈혈이 발생할 수 있다.

① 다이옥신 ② 납
③ 망간 ④ 바나듐

해설 납(Pb)의 특성
㉠ 대부분의 납화합물은 물에 잘 녹지 않고 융점은 327℃, 끓는점은 1,620℃이며 무기납과 유기납으로 구분한다.
㉡ 소화기로 섭취된 납은 입자의 크기에 따라 다르지만 약 10% 정도만이 소장에서 흡수되고, 나머지는 대변으로 배출된다.
㉢ 세포 내에서 SH기와 결합하여 포르피린과 Heme 합성에 관여하는 효소를 포함한 여러 세포의 효소작용을 방해하고 적혈구 내의 전해질이 감소되어 적혈구 생존기간이 짧아지고 심한 경우 용혈성 빈혈이 나타나기도 한다.(인체혈액 헤모글로빈의 기본요소인 포르피린 고리의 형성을 방해함으로써 헤모글로빈의 형성을 억제함)
㉣ 헴(Heme) 합성의 장해로 주요증상은 빈혈증이며 혈색소량의 감소, 적혈구의 생존기간 단축, 파괴가 촉진된다. 즉, 헤모글로빈의 형성을 억제한다.

20 다음 중 복사역전이 가장 발생하기 쉬운 조건은?

① 하늘이 흐리고, 바람이 강하며, 습도가 낮을 때
② 하늘이 흐리고, 바람이 약하며, 습도가 높을 때
③ 하늘이 맑고, 바람이 강하며, 습도가 높을 때
④ 하늘이 맑고, 바람이 약하며, 습도가 낮을 때

해설 복사역전
㉠ 지표에 접한 공기가 그보다 상공의 공기에 비하여 더 차가워져 생기는 현상이며 지표 가까이에 형성되므로 지표역전(접지역전)이라고도 한다.
㉡ 일출 직전에 하늘이 맑고 습도가 낮고, 바람이 없는 경우에 강하게 생성된다.

제2과목 연소공학

21 다음 내용과 관련 있는 무차원 수는?(단, μ : 점성계수, ρ : 밀도, D : 확산계수)

> · 정의 : $\dfrac{\mu}{\rho D}$
> · 의미 : $\dfrac{\text{운동량의 확산속도}}{\text{물질의 확산속도}}$

① Schmidt Number ② Nusselt Number
③ Grashof Number ④ Karlovitz Number

해설 슈미트 수(Schmidt Number)
슈미트 수는 물체 표면에 형성되는 경계층 내의 물질이동과 상관관계를 나타내는 무차원수이다.
$Sn = \dfrac{\mu}{\rho D} = \dfrac{\text{운동량의 확산속도}}{\text{물질의 확산속도}}$

22 어떤 연료의 배출가스가 CO_2 : 13%, O_2 : 6.5%, N_2 : 80.5%로 이루어졌을 때, 과잉공기계수는?(단, 연료는 완전연소됨)

① 1.54 ② 1.44 ③ 1.34 ④ 1.24

해설 과잉공기계수$(m) = \dfrac{N_2}{N_2 - 3.76 O_2}$
$= \dfrac{80.5}{80.5 - (3.76 \times 6.5)} = 1.44$

23 연료의 연소과정에서 공기비가 너무 낮은 경우 발생하는 현상은?

① CO, 매연의 발생량이 증가한다.
② 연소실 내의 온도가 감소한다.
③ SOx, NOx 발생량이 증가한다.
④ 배출가스에 의한 열손실이 증가한다.

해설 ㉠ 공기비가 클 경우
· 연소실 내 연소온도가 낮아진다.
· 통풍력이 증대되어 배기가스에 의한 열손실이 증대한다.
· 배기가스 중 황산화물(SO_2), 질소산화물(NO_2)의 함량이 증가하여 연소장치의 전열면 부식이 촉진된다.
㉡ 공기비가 작을 경우
· 불완전 연소로 인하여 배기가스 내 매연의 발생이 크다.
· 불완전 연소로 인하여 연소가스의 폭발위험성이 크다.
· 연소배출가스 중의 CO, HC의 오염물질 농도가 증가한다.
· 열손실에 큰 영향을 준다.

24 연료의 일반적인 특징으로 옳은 것은?

① 석탄의 휘발분이 많을수록 매연발생량이 적다.
② 공기의 산소농도가 높을수록 석탄의 착화온도가 낮다.
③ C/H비가 클수록 이론공연비가 증가한다.
④ 중유는 점도를 기준으로 A, B, C 중유로 구분할 수 있으며 이 중 A중유의 점도가 가장 높다.

해설 ① 석탄의 휘발분이 많을수록 매연발생량이 많다.
③ C/H비가 클수록 이론공연비가 감소한다.
④ 중유는 점도를 기준으로 A, B, C 중유로 구분할 수 있으며 이 중 A중유의 점도가 가장 낮다.

25 다음 중 착화온도가 가장 높은 연료는?

① 수소   ② 휘발유
③ 무연탄   ④ 목재

해설 ㉠ 탄화도가 클수록 착화온도가 높아지므로 무연탄의 탄화도가 가장 크고 이탄이 목재를 제외하고 가장 작다.
㉡ 탄화도의 크기
무연탄 > 역청탄(유연탄) > 갈탄 > 이탄 > 목재
㉢ 연료의 착화온도

구분	착화온도
고체연료	• 코크스 : 500~600℃ • 무연탄 : 370~500℃ • 목탄 : 320~400℃ • 역청탄 : 250~400℃ • 갈탄 : 250~350℃, 갈탄(건조) : 250~400℃ • 이탄 : 250~300℃
액체연료	• 경유 : 592℃ • B중유 : 530~580℃ • A중유 : 530℃ • 휘발유 : 500~550℃ • 등유 : 400~500℃
기체연료	• 도시가스 : 600~650℃ • 코크스 : 560℃ • 수소가스 : 550℃ • 프로판가스 : 493℃ • LPG(석유가스) : 440~480℃

26 굴뚝 배출가스 중의 HCl 농도가 200ppm이다. 세정기를 사용하여 배출가스 중의 HCl 농도를 32mg/m³로 저감했을 때, 세정기의 HCl 제거효율(%)은?(단, 0℃, 1atm 기준)

① 75   ② 80
③ 85   ④ 90

해설
HCl의 제거효율(%) = $\left(1 - \dfrac{C_o}{C_i}\right) \times 100$

$C_i = 200 \text{ppm}$

$C_o = 32 \text{mg/m}^3 \times \dfrac{22.4 \text{mL}}{36.5 \text{mg}} = 19.64 \text{ppm}$

∴ HCl의 제거효율(%) = $\left(1 - \dfrac{19.64}{200}\right) \times 100 = 90.18\%$

27 석탄의 유동층 연소방식에 관한 설명으로 옳지 않은 것은?

① 부하변동에 적응력이 낮다.
② 유동매체의 손실로 인한 보충이 필요하다.
③ 유동매체를 석회석으로 할 경우 노내에서 탈황이 가능하다.
④ 공기소비량이 많아 화격자 연소장치에 비해 배출가스 양이 많은 편이다.

해설 공기소비량이 적어 화격자 연소장치에 비해 배출가스양이 적은 편이다.

28 디젤기관의 노킹현상을 방지하기 위한 방법으로 옳은 것은?

① 착화지연기간을 증가시킨다.
② 세탄가가 낮은 연료를 사용한다.
③ 압축비와 압축압력을 높게 한다.
④ 연료 분사개시 때 분사량을 증가시킨다.

해설 **디젤엔진의 노킹방지 대책**
㉠ 세탄가가 높은 연료를 사용한다.
㉡ 분사 개시 때 분사량을 감소시킨다.
㉢ 급기온도를 높인다.
㉣ 기관의 압축비를 크게 하여 압축압력 및 압축온도를 높인다.
㉤ 회전속도를 감소시킨다.
㉥ 분사 개시 때 분사량을 감소시켜 착화지연을 가능한 한 짧게 한다.
㉦ 분사시기를 알맞게 조정한다.
㉧ 흡입공기에 와류가 일어나도록 한다.
㉨ 착화지연기간 및 급격연소시간의 분사량을 감소시킨다.

29 기체연료의 특징으로 옳지 않은 것은?

① 적은 과잉공기로 완전연소가 가능하다.
② 연료의 예열이 쉽고 연소 조절이 비교적 용이하다.
③ 공기와 혼합하여 점화할 때 누설에 의한 역화·폭발 등의 위험이 크다.
④ 운송이나 저장이 편리하고 수송을 위한 부대설비 비용이 액체연료에 비해 적게 소요된다.

정답 24 ② 25 ① 26 ④ 27 ④ 28 ③ 29 ④

해설 기체연료의 장단점
  ㉠ 장점
  - 적은 과잉공기(공기비)로 완전연소가 가능하며 연료의 예열이 쉽다.
  - 연료 속에 회분 및 유황 함유량이 적어 배연가스 중 SO_2 등 대기오염물질 발생량이 매우 적다.
  - 연소효율이 높고 연소조절, 점화 및 소화가 용이하다.
  - 저발열량의 것(저질연료)으로도 고온을 얻을 수 있고 전열효율을 높일 수 있다.
  - 연소율의 가연범위(Turn-down Ratio, 부하 변동범위)가 넓다.
  ㉡ 단점
  - 다른 연료에 비해 연료밀도가 낮아 수송효율이 낮고, 취급이 곤란하며 위험성이 크다.
  - 공기와 혼합해서 점화하면 폭발 등의 위험이 있다.
  - 저장이 곤란하고 시설비가 많이 든다.

30 수소 8%, 수분 2%로 구성된 고체연료의 고발열량이 8,000kcal/kg일 때, 이 연료의 저발열량(kcal/kg)은?
① 7,984 ② 7,779 ③ 7,556 ④ 6,835

해설 $H_l = H_h - 600(9H + W)$
$= 8,000 - 600[(9 \times 0.08) + 0.02]$
$= 7,556 \text{kcal/kg}$

31 반응물의 농도가 절반으로 감소하는 데 1,000s가 걸렸을 때, 반응물의 농도가 초기의 1/250로 감소할 때까지 걸리는 시간(s)은?(단, 1차 반응 기준)
① 6,650 ② 6,966 ③ 7,470 ④ 7,966

해설 $\ln \dfrac{C_t}{C_o} = -k \times t$
$\ln 0.5 = -k \times 1,000 \text{sec}$
$k = 6.93 \times 10^{-4} \text{sec}^{-1}$
$\ln \dfrac{1/250}{1} = -6.93 \times 10^{-4} \text{sec}^{-1} \times t$
$t = 7,967.47 \text{sec}$

32 일반적인 디젤기관의 특징으로 옳지 않은 것은?
① 가솔린기관에 비해 납 발생량이 적은 편이다.
② 압축비가 높아 가솔린기관에 비해 소음과 진동이 큰 편이다.
③ NOx는 가속 시 특히 많이 배출되며 HC는 감속 시 특히 많이 배출된다.
④ 연료를 공기와 혼합하여 실린더에 흡입·압축시킨 후 점화플러그에 의해 강제로 연소·폭발시키는 방식이다.

해설 디젤기관은 공기만을 실린더에 흡입 후 압축시킨 연료를 미세한 입자형태로 분사시켜 자연발화로 연소·폭발시키는 방식이다.

33 C : 85%, H : 10%, O : 3%, S : 2%의 무게비로 구성된 액체연료를 1.3의 공기비로 완전연소할 때 발생하는 실제 습연소가스양(Sm^3/kg)은?
① 8.6 ② 9.8 ③ 10.4 ④ 13.8

해설 실제 습연소가스양(G_w)
$G_w (Sm^3/kg) = mA_0 + 5.6H + 0.7O + 0.8N + 1.244W$
$A_0 = \dfrac{1}{0.21}[(1.867 \times 0.85) + (5.6 \times 0.1)$
$\qquad - (0.7 \times 0.05) + (0.7 \times 0.03)]$
$= 10.157 Sm^3/kg$
$= (1.3 \times 10.157) + (5.6 \times 0.1) + (0.7 \times 0.05)$
$= 13.80 Sm^3/kg$

34 C : 85%, H : 7%, O : 5%, S : 3%의 무게비로 구성된 중유의 이론적인 $(CO_2)_{max}$(%)는?
① 9.6 ② 12.6 ③ 17.6 ④ 20.6

해설 $CO_{2\max}(\%) = \dfrac{CO_2}{G_{od}} \times 100$
$CO_2 = 1.867 \times 0.85 = 1.587 Sm^3/kg$
$SO_2 = 0.7 \times 0.03 = 0.021 Sm^3/kg$
$G_{od} = 0.79 A_o + CO_2 + SO_2$
$A_o = \dfrac{1}{0.21}[(1.867 \times 0.85) + (5.6 \times 0.07)$
$\qquad + (0.7 \times 0.03) + (0.7 \times 0.05)]$
$= 9.357 Sm^3/kg$
$= (0.79 \times 9.357) + 1.587 + 0.021$
$= 9.0 Sm^3/kg$
$CO_{2\max}(\%) = \dfrac{1.587}{9.0} \times 100 = 17.63\%$

35 확산형 가스버너 중 포트형에 관한 내용으로 옳지 않은 것은?
① 포트 입구의 크기가 작으면 슬래그가 부착하여 막힐 우려가 있다.
② 기체연료와 연소용 공기를 버너 내에서 혼합시킨 뒤 노내에 주입시킨다.
③ 밀도가 큰 공기 출구는 상부에, 밀도가 작은 가스 출구는 하부에 배치되도록 한다.

정답 30 ③ 31 ④ 32 ④ 33 ④ 34 ③ 35 ②

④ 버너 자체가 노 벽과 함께 내화벽돌로 조립되어 노 내부에 개구된 것으로 가스와 공기를 함께 가열할 수 있는 장점이 있다.

[해설] 포트형은 기체연료와 연소용 공기를 버너 내에서 혼합하지 않고 내화재료로 제작된 넓은 화구에서 공기와 가스를 연소실로 보내어 혼합하여 연소시키는 방법이다.

36 기체연료의 연소형태로 옳은 것은?
① 증발연소   ② 표면연소
③ 분해연소   ④ 예혼합연소

[해설] 기체연료의 연소형태
㉠ 확산연소
㉡ 예혼합연소
㉢ 부분 예혼합연소

37 부탄가스를 완전연소시킬 때, 부피 기준 공기연료비(AFR)는?
① 15.23   ② 20.15
③ 30.95   ④ 60.46

[해설] C_4H_{10}의 연소반응식
$C_4H_{10} + 6.5O_2 \rightarrow 4CO_2 + 5H_2O$
1mol : 6.5mole
$AFR = \dfrac{\text{산소의 mole}/0.21}{\text{연료의 mole}}$
$= \dfrac{6.5/0.21}{1} = 30.95$

38 COM(Coal Oil Mixture) 연료의 연소에 관한 내용으로 옳지 않은 것은?
① 재와 매연 발생 등의 문제점을 갖는다.
② 중유만을 사용할 때보다 미립화 특성이 양호하다.
③ 중유 전용 보일러를 사용하는 곳에 별도의 개조 없이 사용할 수 있다.
④ 화염길이는 미분탄연소에 가깝고 화염 안정성은 중유 연소에 가깝다.

[해설] COM 연소
재의 처리가 용이하지 않고 중유 전용 보일러의 경우 별도의 개조가 필요하다.

39 가동(이동식)화격자의 일반적인 특징으로 옳지 않은 것은?
① 역동식화격자는 폐기물의 교반 및 연소조건이 불량하여 소각효율이 낮다.
② 회전롤러식화격자는 여러 개의 드럼을 횡축으로 배열하고 폐기물을 드럼의 회전에 따라 순차적으로 이송한다.
③ 병렬요동식화격자는 고정화격자와 가동화격자를 횡방향으로 나란히 배치하고 가동화격자를 전후로 왕복운동시킨다.
④ 계단식화격자는 고정화격자와 가동화격자를 교대로 배치하고 가동화격자를 왕복운동시켜 폐기물을 이송한다.

[해설] 역동식화격자는 폐기물의 교반 및 연소조건이 양호하여 소각효율이 높으나 화격자의 마모가 심하다.

40 황의 농도가 3wt%인 중유를 매일 100kL씩 사용하는 보일러에 황의 농도가 1.5wt%인 중유를 30% 섞어 사용할 때, SO_2 배출량(kL)은 몇 % 감소하는가?(단, 중유의 황성분은 모두 SO_2로 전환, 중유의 비중은 1.0)
① 30%   ② 25%
③ 15%   ④ 10%

[해설]
• 황 함량 3%일 때
$S + O_2 \rightarrow SO_2$
32kg : 22.4Sm³
$100kL \times 1,000kg/m^3 \times 0.03 : SO_2(Sm^3)$
$SO_2(Sm^3) = \dfrac{100kL \times 1,000kg/m^3 \times 0.03 \times 22.4Sm^3}{32kg}$
$= 2,100 Sm^3$

• 황 함량 3%(70%) + 1.5%(30%)일 때
32kg : 22.4Sm³
$100kL \times 1,000kg/m^3 \times [(0.03 \times 0.7) + (0.015 \times 0.3)]$
$: SO_2(Sm^3)$
$SO_2(Sm^3)$
$= \dfrac{100kL \times 1,000kg/m^3 \times [(0.03 \times 0.7) + (0.015 \times 0.3)] \times 22.4Sm^3}{32kg}$
$= 1,785 Sm^3$

• 감소율(%) $= \left(\dfrac{2,100 - 1,785}{2,100}\right) \times 100 = 15\%$

정답 36 ④ 37 ③ 38 ③ 39 ① 40 ③

제3과목 대기오염방지기술

41 유체의 흐름에서 레이놀즈(Reynolds) 수와 관련이 가장 적은 것은?

① 관의 직경
② 유체의 속도
③ 관의 길이
④ 유체의 밀도

해설 레이놀즈 수(Re)

$Re = \dfrac{\rho v D}{\mu} = \dfrac{vD}{v}$ (무차원)

여기서, ρ : 유체밀도
D : 유체가 흐르는 직경(관의 직경)
v : 유체의 평균속도
μ : 유체의 점성계수
v : 유체의 동점성계수

42 분무탑에 관한 설명으로 옳지 않은 것은?

① 구조가 간단하고 압력손실이 작은 편이다.
② 침전물이 생기는 경우에 적합하고 충전탑에 비해 설비비, 유지비가 적게 든다.
③ 분무에 상당한 동력이 필요하고 가스 유출 시 비말동반의 위험이 있다.
④ 가스분산형 흡수장치로 CO, NO, N_2 등의 용해도가 낮은 가스에 적용된다.

해설 분무탑은 액분산형 흡수장치로 물에 대한 용해도가 크고 가스측 저항이 큰 경우에 사용하는 것이 유리하다.

43 자동차 배출가스 중의 질소산화물을 선택적 촉매환원법으로 처리할 때 사용되는 환원제로 적합하지 않은 것은?

① CO_2
② NH_3
③ H_2
④ H_2S

해설 선택적 촉매환원법(SCR)에서 사용되는 환원제
㉠ NH_3
㉡ H_2S
㉢ CO
㉣ H_2

44 다음 먼지의 입경측정방법 중 직접측정법은?

① 현미경측정법
② 관성충돌법
③ 액상침강법
④ 광산란법

해설 입경측정방법
㉠ 직접측정법
 • 표준체측정법 • 현미경측정법

㉡ 간접측정법
 • 관성충돌법 • 액상침강법 • 광산란법

45 여과집진장치를 사용하여 배출가스의 먼지농도를 $10g/m^3$에서 $0.5g/m^3$로 감소시키고자 한다. 여과집진장치의 먼지부하가 $300g/m^2$이 되었을 때 탈진할 경우, 탈진주기(min)는?(단, 겉보기 여과속도는 2cm/s)

① 26
② 34
③ 43
④ 46

해설 $L_d = C_i \times V_f \times \eta \times t$

$t(\min) = \dfrac{L_d}{C_i \times V_f \times \eta}$

$= \dfrac{300g/m^2}{10g/m^3 \times 0.02m/sec \times 0.95 \times 60sec/min}$

$= 26.3 \min$

$\eta = \left(1 - \dfrac{C_o}{C_i}\right) \times 100 = \left(1 - \dfrac{0.5}{10}\right) \times 100 = 95\%$

46 집진효율이 90%인 전기집진장치의 집진면적을 2배로 증가시켰을 때, 집진효율(%)은?(단, Deutsch-Anderson 식 적용, 기타 조건은 동일)

① 93
② 95
③ 97
④ 99

해설 $\eta = 1 - \exp\left(-\dfrac{AW}{Q}\right)$

$\exp\left(-\dfrac{AW}{Q}\right) = 1 - \eta$ 양변에 ln을 취하면

$-\dfrac{AW}{Q} = \ln(1-\eta)$, 기타 조건 동일

$A = -\dfrac{Q}{W}\ln(1-\eta)$

$2 = \dfrac{-\dfrac{Q}{W}\ln(1-\eta)}{-\dfrac{Q}{W}\ln(1-0.9)}$

$\eta = 0.99 \times 100 = 99\%$

47 먼지의 입경분포(누적분포)를 나타내는 식은?

① Rayleigh 분포식
② Freundlich 분포식
③ Rosin-Rammler 분포식
④ Cunningham 분포식

정답 41 ③ 42 ④ 43 ① 44 ① 45 ① 46 ④ 47 ③

해설 로진-레믈러(Rosin-Rammler) 분포
실제의 입경분포는 불규칙적인 분포를 보여 이 불규칙적인 분포를 해석하기 위하여 로진-레믈러 분포를 이용하며, 누적확률 그래프상에서 입경이 큰 입자에서부터 작은 입자로 누적하여 분포확률을 나타낸다.

48 먼지의 폭발에 관한 설명으로 옳지 않은 것은?

① 비표면적이 큰 먼지일수록 폭발하기 쉽다.
② 산화속도가 빠르고 연소열이 큰 먼지일수록 폭발하기 쉽다.
③ 가스 중에 분산·부유하는 성질이 큰 먼지일수록 폭발하기 쉽다.
④ 대전성이 작은 먼지일수록 폭발하기 쉽다.

해설 대전성이 큰 먼지일수록 폭발하기 쉽다.

49 여과집진장치의 탈진방식 중 간헐식에 관한 설명으로 옳지 않은 것은?

① 간헐식 중 진동형은 여포의 음파진동, 횡진동, 상하진동에 의해 포집된 먼지를 털어내는 방식으로 점착성 먼지에는 사용할 수 없다.
② 집진실을 여러 개의 방으로 구분하고 방 하나씩 처리가스의 흐름을 차단하여 순차적으로 탈진하는 방식이다.
③ 간헐식 중 역기류형은 여포의 먼지를 0.03~0.10초 정도의 짧은 시간 내에 높은 충격 분출압을 주어 제거하는 방식이다.
④ 연속식에 비해 먼지의 재비산이 적고 높은 집진효율을 얻을 수 있다.

해설 여포의 먼지를 0.03~0.1초 정도의 짧은 시간 내에 높은 충격 분출압을 주어 제거하는 탈진방식은 충격제트기류 분사형(Pulse Jet Type)이다.

50 다음은 어떤 법칙에 관한 내용인가?

> 휘발성인 에탄올을 물에 녹인 용액의 증기압은 물의 증기압보다 높다. 그러나 비휘발성인 설탕을 물에 녹인 용액인 설탕물의 증기압은 물보다 낮다.

① 헨리의 법칙
② 렌츠의 법칙
③ 샤를의 법칙
④ 라울의 법칙

해설 라울의 법칙(Raoult's law)
비휘발성, 비전해질 용질을 용매에 녹여 만든 묽은 용액의 용매 증기압력은 순수한 용매의 증기압력보다 작고, 그 차이인 증기압력 내림값은 용질의 몰분율에 비례한다는 법칙이다.

51 회전식 세정집진장치에서 직경이 10cm인 회전판이 9,620rpm으로 회전할 때 형성되는 물방울의 직경(μm)은?

① 93
② 104
③ 208
④ 316

해설 $d_w = \dfrac{200}{N \times \sqrt{R}} \times 10^4 = \dfrac{200}{9,620\text{rpm} \times \sqrt{5\text{cm}}} \times 10^4$
$= 92.98\mu m$

52 유해가스 처리에 사용되는 흡수액의 조건으로 옳지 않은 것은?

① 용해도가 커야 한다.
② 휘발성이 작아야 한다.
③ 점성이 커야 한다.
④ 용매와 화학적 성질이 비슷해야 한다.

해설 흡수액의 구비조건
㉠ 용해도가 높을 것
㉡ 휘발성이 작을 것
㉢ 부식성이 없을 것
㉣ 점성이 작고 화학적으로 안정되고 독성이 없을 것
㉤ 가격이 저렴하고 용매의 화학적 성질과 비슷할 것

53 지름이 20cm, 유효높이가 3m인 원통형 백필터를 사용하여 배출가스 4m³/s를 처리하고자 한다. 여과속도를 0.04m/s로 할 때, 필요한 백필터의 개수는?

① 53
② 54
③ 70
④ 71

해설 Bag Filter 수 = $\dfrac{\text{처리가스양}}{\text{여과포 하나당 가스양}}$
$= \dfrac{4\text{m}^3/\text{sec}}{(3.14 \times 0.2\text{m} \times 3\text{m}) \times 0.04\text{m/sec}}$
$= 53.08(54개)$

54 처리가스양이 10^6m³/h, 입구 먼지농도가 2g/m³, 출구 먼지농도가 0.4g/m³, 총 압력손실이 72mmH$_2$O일 때, Blower의 소요동력(kW)은?

① 425
② 375
③ 245
④ 187

해설 소요동력(kW) = $\dfrac{Q \times \Delta P}{6,120 \times \eta} \times \alpha$
$= \dfrac{1 \times 10^6 \text{Sm}^3/\text{hr} \times \text{hr}/60\text{min} \times 72\text{mmH}_2\text{O}}{6,120 \times 0.8}$
$= 245.1\text{kW}$

정답 48 ④ 49 ③ 50 ④ 51 ① 52 ③ 53 ② 54 ③

55 탈취방법 중 수세법에 관한 설명으로 옳지 않은 것은?

① 용해도가 높고 친수성 극성기를 가진 냄새성분의 제거에 사용할 수 있다.
② 주로 분뇨처리장, 계란건조장, 주물공장 등의 악취제거에 적용된다.
③ 수온변화에 따라 탈취효과가 크게 달라지는 것이 단점이다.
④ 조작이 간단하며 처리효율이 우수하여 주로 단독으로 사용된다.

해설 수세법은 조작이 간단하며 처리효율이 제한적이어서 주로 전처리로 사용된다.

56 다이옥신 제어방법에 관한 설명으로 옳지 않은 것은?

① 250~340nm의 자외선을 조사하여 다이옥신을 분해할 수 있다.
② 다이옥신의 발생을 억제하기 위해 PVC, PCB가 포함된 제품을 소각하지 않는다.
③ 소각로에서 접촉촉매산화를 유도하기 위해 철, 니켈 성분을 함유한 쓰레기를 투입한다.
④ 다이옥신은 저온에서 재생될 수 있으므로 소각로를 고온으로 유지해야 한다.

해설 다이옥신을 제어하기 위해서는 소각로 연소 전에 철, 니켈 성분을 함유한 쓰레기를 사전에 제거한다.

57 다음 중 알칼리용액을 사용한 처리가 가장 적합하지 않은 오염물질은?

① HCl   ② Cl_2 ③ HF   ④ CO

해설 일산화탄소 처리
㉠ 배출가스 중의 CO를 제거하는 방법 중 가장 실질적이고 확실한 방법은 백금계 촉매를 사용하여 무해한 CO_2로 산화시켜 제거하는 방법이다.
㉡ CO를 백금계 촉매를 사용하여 CO_2로 완전산화시켜서 처리 시 촉매독으로 작용하는 물질은 Hg, Pb, Zn, As, S, 할로겐물질(F, Cl, Br), 먼지 등이므로 사전에 제거할 필요성이 있다.

58 원심력 집진장치에 블로 다운(Blow Down)을 적용하여 얻을 수 있는 효과에 해당하지 않는 것은?

① 유효원심력 감소를 통한 운영비 절감
② 원심력 집진장치 내의 난류 억제
③ 포집된 먼지의 재비산 방지
④ 원심력 집진장치 내의 먼지부착에 의한 장치폐쇄 방지

해설 블로 다운(Blow Down) 방식 적용 효과
㉠ 원심력 집진장치 내의 난류 억제(집진된 먼지의 재비산 방지, 유효원심력 증가)
㉡ 원심력 집진장치 내의 먼지부착에 의한 장치폐쇄 방지
㉢ 유효원심력 증가에 의한 집진효율 향상

59 복합 국소배기장치에 사용되는 댐퍼조절평형법(또는 저항조절평형법)의 특징으로 옳지 않은 것은?

① 오염물질 배출원이 많아 여러 개의 가지 덕트를 주 덕트에 연결할 필요가 있을 때 주로 사용한다.
② 덕트의 압력손실이 클 때 주로 사용한다.
③ 공정 내에 방해물이 생겼을 때 설계변경이 용이하다.
④ 설치 후 송풍량 조절이 불가능하다.

해설 저항조절평형법(댐퍼조절평형법, 덕트균형유지법)
㉠ 정의
각 덕트에 댐퍼를 부착하여 압력을 조정, 평형을 유지하는 방법이다.
㉡ 특징
• 후드를 추가 설치해도 쉽게 정압조절이 가능하다.
• 사용하지 않는 후드를 막아 다른 곳에 필요한 정압을 보낼 수 있어 현장에서 가장 편리하게 사용할 수 있는 압력균형방법이다.
• 총 압력손실 계산은 압력손실이 가장 큰 분지관을 기준으로 산정한다.
㉢ 적용
분지관의 수가 많고 덕트의 압력손실이 클 때 사용한다.(배출원이 많아서 여러 개의 후드를 주관에 연결한 경우)
㉣ 장점
• 시설 설치 후 변경에 유연하게 대처가 가능하다.
• 최소설계풍량으로 평형유지가 가능하다.
• 공장 내부의 작업공정에 따라 적절한 덕트 위치 변경이 가능하다.
• 설계 계산이 간편하고, 고도의 지식을 요하지 않는다.
• 설치 후 송풍량의 조절이 비교적 용이하다. 즉, 임의의 유량을 조절하기가 용이하다.
• 덕트의 크기를 바꿀 필요가 없기 때문에 반송속도를 그대로 유지한다.
㉤ 단점
• 평형상태 시설에 댐퍼를 잘못 설치 시 또는 임의의 댐퍼 조정 시 평형상태가 파괴될 수 있다.
• 부분적 폐쇄댐퍼는 침식, 분진퇴적의 원인이 된다.
• 최대저항경로 선정이 잘못되어도 설계 시 쉽게 발견할 수 없다.
• 댐퍼가 노출되어 있는 경우가 많아 누구나 쉽게 조절할 수 있어 정상기능을 저해할 수 있다.

정답 55 ④   56 ③   57 ④   58 ①   59 ④

60 후드의 설치 및 흡인에 관한 내용으로 옳지 않은 것은?

① 발생원에 최대한 접근시켜 흡인한다.
② 주 발생원을 대상으로 국부적인 흡인방식을 취한다.
③ 후드의 개구면적을 넓게 한다.
④ 충분한 포착속도(Capture Velocity)를 유지한다.

해설 후드 개구면적을 작게 하여 흡인속도를 크게 한다.

제4과목 대기오염공정시험기준(방법)

61 자외선/가시선 분광법에 따라 10mm 셀을 사용하여 측정한 시료의 흡광도가 0.1이었다. 동일한 시료에 대해 동일한 조건에서 20mm 셀을 사용하여 측정한 흡광도는?

① 0.05   ② 0.10   ③ 0.12   ④ 0.20

해설 $A = \varepsilon \times C \times L$ 관계에서
0.1 : 10mm = 흡광도(A) : 20mm
흡광도(A) = 0.20

62 대기오염공정시험기준 총칙상의 시험기재 및 용어에 관한 내용으로 옳지 않은 것은?

① 시험조작 중 "즉시"란 30초 이내에 표시된 조작을 하는 것을 뜻한다.
② "정확히 단다"라 함은 규정한 양의 검체를 취하여 분석용 저울로 0.1mg까지 다는 것을 뜻한다.
③ 액체성분의 양을 "정확히 취한다" 함은 메스피펫, 메스실린더 또는 이와 동등 이상의 정도를 갖는 용량계를 사용하여 조작하는 것을 뜻한다.
④ "항량이 될 때까지 건조한다"라 함은 따로 규정이 없는 한 보통의 건조방법으로 1시간 더 건조 또는 강열할 때 전후 무게의 차가 매 g당 0.3mg 이하일 때를 뜻한다.

해설 시험의 기재 용어
㉠ 정확히 단다.
규정한 양의 정체를 취하여 분석용 저울로 0.1mg까지 다는 것
㉡ 정확히 취한다.
홀피펫, 메스플라스크 또는 이와 동등 이상의 정도를 갖는 용량계를 사용하여 조작하는 것
㉢ 항량이 될 때까지 건조한다 또는 강열한다.
같은 조건에서 1시간 더 건조 또는 강열할 때 전후 무게의 차가 g당 0.3mg 이하
㉣ 즉시
30초 이내에 표시된 조작을 하는 것을 의미
㉤ 감압 또는 진공
15mmHg 이하

63 다음 중 여과재로 "카보런덤"을 사용하는 분석대상물질은?

① 비소   ② 브로민
③ 벤젠   ④ 이황화탄소

해설 분석대상가스의 종류별 채취관 및 연결관 등의 재질

분석대상가스, 공존가스	채취관, 연결관의 재질	여과재	비고
암모니아	①②③④⑤⑥	ⓐⓑⓒ	① 경질유리
일산화탄소	①②③④⑤⑥⑦	ⓐⓑⓒ	② 석영
염화수소	①② ⑤⑥⑦	ⓐⓑⓒ	③ 보통강철
염소	①② ⑤⑥⑦	ⓐⓑⓒ	④ 스테인리스강
황산화물	①② ④⑤⑥⑦	ⓐⓑⓒ	⑤ 세라믹
질소산화물	①② ④⑤⑥	ⓐⓑⓒ	⑥ 불소수지
이황화탄소	①② ⑥	ⓐⓑ	⑦ 염화비닐수지
포름알데하이드	①② ⑥	ⓐⓑ	⑧ 실리콘수지
황화수소	①② ④⑤⑥⑦	ⓐⓑⓒ	⑨ 네오프렌
불소화합물	④ ⑥	ⓒ	ⓐ 알칼리 성분이 없는 유리솜 또는 실리카솜
시안화수소	①② ④⑤⑥⑦	ⓐⓑⓒ	
브롬	①② ⑥	ⓐⓑ	
벤젠	①②	ⓐⓑ	ⓑ 소결유리
페놀	①② ④ ⑥	ⓐⓑ	ⓒ 카보런덤
비소	①② ④⑤⑥⑦	ⓐⓑⓒ	

64 기체 중의 오염물질농도를 mg/m³로 표시했을 때 m³이 의미하는 것은?

① 100℃, 1atm에서의 기체용적
② 표준상태에서의 기체용적
③ 상온에서의 기체용적
④ 절대온도, 절대압력하에서의 기체용적

해설 기체 중의 농도를 mg/m³로 표시했을 때 m³는 표준상태(0℃, 760mmHg)의 기체용적을 뜻하고 Sm³로 표시한다. Am³로 표시한 것은 실측상태(온도·압력)의 기체용적을 뜻한다.

65 환경대기 중의 아황산가스 측정방법에 해당하지 않는 것은?

① 적외선형광법   ② 용액전도율법
③ 불꽃광도법   ④ 흡광차분광법

해설 환경대기 중 아황산가스 측정방법(자동연속측정법)
㉠ 수동 및 반자동측정법
• 파라로자닐린법(Pararosaniline Method)(주 시험방법)
• 산정량 수동법(Acidimetric Method)

정답 60 ③ 61 ④ 62 ③ 63 ① 64 ② 65 ①

- 산정량 반자동법(Acidimetric Method)
ⓒ 자동연속측정법
- 용액전도율법(Conductivity Method)
- 불꽃광도법(Flame Photometric Detector Method)
- 자외선형광법(Pulse U.V.Fluorescence Method)(주 시험방법)
- 흡광차분광법(Differential Optical Absorption Spectroscopy ; DOAS)

66 이온크로마토그래프의 일반적인 장치구성을 순서대로 나열한 것은?

① 펌프-시료주입장치-용리액조-분리관-검출기-서프레서
② 용리액조-펌프-시료주입장치-분리관-서프레서-검출기
③ 시료주입장치-펌프-용리액조-서프레서-분리관-검출기
④ 분리관-시료주입장치-펌프-용리액조-검출기-서프레서

해설 이온크로마토그래피 장치구성 순서
용리액조-펌프-시료주입장치-분리관-서프레서-검출기

67 배출가스 중의 휘발성유기화합물(VOCs) 시료채취방법에 관한 내용으로 옳지 않은 것은?

① 흡착관법의 시료채취량은 1~5L 정도로, 시료흡입속도는 100~250mL/min 정도로 한다.
② 흡착관법에서 누출시험을 실시한 후 시료를 도입하기 전에 가열한 시료채취관 및 연결관을 시료로 충분히 치환해야 한다.
③ 시료채취주머니방법에 사용되는 시료채취주머니는 빛이 들어가지 않도록 차단해야 하며 시료채취 이후 24시간 이내에 분석이 이루어지도록 해야 한다.
④ 시료채취주머니방법에 사용되는 시료채취주머니는 새것을 사용하는 것을 원칙으로 하되 재사용하는 경우 수소나 아르곤가스를 채운 후 6시간 동안 놓아둔 후 퍼지(Purge)시키는 조작을 반복해야 한다.

해설 시료채취주머니방법에 사용되는 시료채취주머니는 새것을 사용하는 것을 원칙으로 하되 재사용 시에는 제조기체와 동등 이상의 순도를 가진 질소나 헬륨기체를 채운 후 24시간 혹은 그 이상 동안 시료채취주머니를 놓아둔 후 퍼지(Purge)시키는 조작을 반복해야 한다.

68 환경대기 중의 유해 휘발성유기화합물을 고체흡착 용매추출법으로 분석할 때 사용하는 추출용매는?

① CS_2
② PCB
③ C_2H_5OH
④ C_6H_{14}

해설 환경대기 중 유해 휘발성유기화합물(VOC)의 시험방법(고체흡착용매추출법)
본 방법은 일정량의 흡착제로 충전된 흡착관을 사용하여 분석대상의 휘발성유기화합물질을 선택적으로 채취하고 채취된 시료를 이황화탄소(CS_2) 추출용매를 가하여 분석물질을 추출하여 낸다. 일반적으로 추출된 용매 중의 여러 가지 화합물들을 이온화시키고 그 이온들을 질량 대 전하비(m/z)에 따라 질량스펙트럼(Mass Spectrum)을 얻어낸다. 얻은 스펙트럼을 가지고 정성과 정량분석을 한다. 또는 전자포획검출기(ECD)나 수소염이온화검출기(FID) 등으로 분석한다.

69 대기오염공정시험기준 총칙상의 온도에 관한 내용으로 옳지 않은 것은?

① 상온은 15~25℃, 실온은 1~35℃로 한다.
② 온수는 60~70℃, 열수는 약 100℃를 말한다.
③ 찬 곳은 따로 규정이 없는 한 0~30℃의 곳을 뜻한다.
④ 냉후(식힌 후)라 표시되어 있을 때는 보온 또는 가열 후 실온까지 냉각된 상태를 뜻한다.

해설 온도의 표시
ⓒ 표준온도는 0℃, 상온은 15~25℃, 실온은 1~35℃로 하고, 찬 곳은 따로 규정이 없는 한 0~15℃의 곳을 뜻한다.
ⓒ "냉후"(식힌 후)라 표시되어 있을 때는 보온 또는 가열 후 실온까지 냉각된 상태를 뜻한다.
ⓒ 냉수는 15℃ 이하, 온수는 60~70℃, 열수는 약 100℃를 말한다.

70 환경대기 중의 다환방향족탄화수소류를 기체크로마토그래피/질량분석법으로 분석할 때 사용되는 용어에 관한 설명 중 ( ) 안에 알맞은 것은?

( )은 추출과 분석 전에 각 시료, 바탕시료, 매체시료(Matrix-Spiked)에 더해지는 화학적으로 반응성이 없는 환경시료 중에 없는 물질을 말한다.

① 절대표준물질
② 외부표준물질
③ 매체표준물질
④ 대체표준물질

해설 대체표준물질(Surrogate)
추출과 분석 전에 각 시료, 공시료, 매체시료(Matrix-Spiked)에 더해지는 화학적으로 반응성이 없는 환경 시료 중에 없는 물질을 말한다.

정답 66 ② 67 ④ 68 ① 69 ③ 70 ④

71 4-아미노안티피린 용액과 헥사사이아노철(Ⅲ) 산포타슘 용액을 순서대로 가해 얻은 적색 액의 흡광도를 측정하여 농도를 계산하는 오염물질은?

① 배출가스 중 페놀화합물
② 배출가스 중 브로민 화합물
③ 배출가스 중 에틸렌옥사이드
④ 배출가스 중 다이옥신 및 퓨란류

해설 **배출가스 중 페놀화합물(4-아미노안티피린 자외선/가시선 분광법)**
배출가스 중의 페놀화합물을 측정하는 방법으로서 배출가스를 수산화소듐 용액에 흡수시켜 이 용액의 pH를 10±0.2로 조절한 후 여기에 4-아미노안티피린 용액과 헥사사이아노철(Ⅲ) 산포타슘 용액을 순서대로 가하여 얻은 적색 액을 510nm의 파장에서 흡광도를 측정하여 페놀화합물의 농도를 계산한다.

72 굴뚝 내부 단면의 가로길이가 2m, 세로길이가 1.5m일 때, 굴뚝의 환산직경(m)은?(단, 굴뚝 단면은 사각형이며, 상하 면적이 동일함)

① 1.5
② 1.7
③ 1.9
④ 2.0

해설 환산직경 $= \dfrac{2ab}{a+b} = \dfrac{2 \times 2\text{m} \times 1.5\text{m}}{2\text{m} + 1.5\text{m}} = 1.71\text{m}$

73 원자흡수분광광도법에서 사용하는 용어 정의로 옳지 않은 것은?

① 충전가스 : 중공음극램프에 채우는 가스
② 선프로파일 : 파장에 대한 스펙트럼선의 폭을 나타내는 곡선
③ 공명선 : 원자가 외부로부터 빛을 흡수했다가 다시 먼저 상태로 돌아갈 때 방사하는 스펙트럼선
④ 역화 : 불꽃의 연소속도가 크고 혼합기체의 분출속도가 작을 때 연소현상이 내부로 옮겨지는 것

해설 **선프로파일(Line Profile)**
파장에 대한 스펙트럼선의 강도를 나타내는 곡선

74 유류 중의 황함유량 분석방법 중 방사선여기법에 관한 내용으로 옳지 않은 것은?

① 여기법 분석계의 전원 스위치를 넣고 1시간 이상 안정화시킨다.
② 석유 제품의 시료채취 시 증기의 흡입은 될 수 있는 한 피해야 한다.
③ 시료에 방사선을 조사하고 여기된 황 원자에서 발생하는 γ선의 강도를 측정한다.
④ 시료를 충분히 교반한 후 준비된 시료셀에 기포가 들어가지 않도록 주의하여 액층의 두께가 5~20mm가 되도록 시료를 넣는다.

해설 시료에 방사선을 조사하고, 여기된 황의 원자에서 발생하는 X선의 강도를 측정한다.

75 환경대기 중의 금속화합물 분석을 위한 주 시험방법은?

① 원자흡수분광광도법
② 자외선/가시선 분광법
③ 이온크로마토그래피법
④ 비분산적외선분광분석법

해설 **환경대기 중 금속화합물의 주 시험방법**
원자흡수분광광도법

76 굴뚝 배출가스 중의 질소산화물을 연속적으로 자동측정하는 데 사용되는 자외선흡수분석계의 구성에 관한 내용으로 옳지 않은 것은?

① 광원 : 중수소방전관 또는 중압수은 등을 사용한다.
② 시료셀 : 시료가스가 연속적으로 흘러갈 수 있는 구조로 되어 있으며 그 길이는 200~500mm이고 셀의 창은 자외선 및 가시광선이 투과할 수 있는 재질이어야 한다.
③ 광학필터 : 프리즘과 회절격자 분광기 등을 이용하여 자외선 또는 적외선 영역의 단색광을 얻는 데 사용된다.
④ 합산증폭기 : 신호를 증폭하는 기능과 일산화질소 측정파장에서 아황산가스의 간섭을 보정하는 기능을 가지고 있다.

해설 **광학필터**
특정파장 영역의 흡수나 다층박막의 광학적 간섭을 이용하여 자외선 영역 또는 가시광선 영역의 일정한 폭을 갖는 빛을 얻는 데 사용한다.

77 굴뚝에서 배출되는 건조배출가스의 유량을 연속적으로 자동 측정하는 방법에 관한 내용으로 옳지 않은 것은?

① 유량 측정방법에는 피토관, 열선유속계, 와류유속계를 사용하는 방법이 있다.

정답 71 ① 72 ② 73 ② 74 ③ 75 ① 76 ③ 77 ②

② 와류유속계를 사용할 때에는 압력계와 온도계를 유량계 상류 측에 설치해야 한다.
③ 건조배출가스 유량은 배출되는 표준상태의 건조배출가스양[Sm^3(5분 적산치)]으로 나타낸다.
④ 열선유속계를 사용하는 방법에서 시료채취부는 열선과 지주 등으로 구성되어 있으며 열선으로 텅스텐이나 백금선 등이 사용된다.

해설 와류유속계를 사용할 경우 압력계 및 온도계는 유량계 하류 측에 설치해야 한다.

78 굴뚝 단면이 상하 동일 단면적의 원형인 경우 굴뚝 배출시료 측정점에 관한 설명으로 옳지 않은 것은?

① 굴뚝 직경이 1.5m인 경우 측정점수는 8점이다.
② 굴뚝 직경이 3m인 경우 반경 구분수는 3이다.
③ 굴뚝 직경이 4.5m를 초과할 경우 측정점수는 20점이다.
④ 굴뚝 단면적이 1m^2 이하로 소규모일 경우 굴뚝 단면의 중심을 대표점으로 하여 1점만 측정한다.

해설 굴뚝 단면적이 0.25m^2 이하로 소규모일 경우에는 그 굴뚝 단면의 중심을 대표점으로 하여 1점만 측정한다.

79 비분산적외선분광분석법에서 사용하는 용어 정의로 옳지 않은 것은?

① 정필터형 : 측정성분이 흡수되는 적외선을 그 흡수파장에서 측정하는 방식
② 비분산 : 빛을 프리즘이나 회절격자와 같은 분산소자에 의해 분산하지 않는 것
③ 비교가스 : 시료 셀에서 적외선 흡수를 측정하는 경우 대조가스로 사용하는 것으로 적외선을 흡수하지 않는 가스
④ 반복성 : 동일한 방법과 조건에서 동일한 분석계를 사용하여 여러 측정대상을 장시간에 걸쳐 반복적으로 측정하는 경우 각각의 측정치가 일치하는 정도

해설 **반복성**
동일한 분석계를 이용하여 동일한 측정대상을 동일한 방법과 조건으로 비교적 단시간에 반복적으로 측정하는 경우로서 개개의 측정치가 일치하는 정도

80 기체크로마토그래피의 고정상 액체가 만족시켜야 할 조건에 해당하지 않는 것은?

① 화학적 성분이 일정해야 한다.
② 사용온도에서 점성이 작아야 한다.
③ 사용온도에서 증기압이 높아야 한다.
④ 분석대상 성분을 완전히 분리할 수 있어야 한다.

해설 **고정상 액체의 구비조건**
㉠ 분석대상 성분을 완전히 분리할 수 있는 것이어야 한다.
㉡ 사용온도에서 증기압이 낮고, 점성이 작은 것이어야 한다.
㉢ 화학적으로 안정된 것이어야 한다.
㉣ 화학적 성분이 일정한 것이어야 한다.

제5과목 대기환경관계법규

81 대기환경보전법령상 사업장별 환경기술인의 자격기준에 관한 내용으로 옳지 않은 것은?

① 4종 사업장과 5종 사업장 중 기준 이상의 특정대기유해물질이 포함된 오염물질을 배출하는 경우 3종 사업장에 해당하는 기술인을 두어야 한다.
② 1종 사업장과 2종 사업장 중 1개월 동안 실제 작업한 날만을 계산하여 1일 평균 17시간 이상 작업하는 경우 해당 사업장의 기술인을 각각 2명 이상 두어야 한다.
③ 대기환경기술인이 소음 · 진동관리법에 따른 소음 · 진동환경기술인 자격을 갖춘 경우에는 소음 · 진동환경기술인을 겸임할 수 있다.
④ 전체 배출시설에 대해 방지시설 설치 면제를 받은 사업장과 배출시설에서 배출되는 오염물질 등을 공동방지시설에서 처리하는 사업장은 5종 사업장에 해당하는 기술인을 둘 수 없다.

해설 전체 배출시설에 대하여 방지시설 설치 면제를 받은 사업장과 배출시설에서 배출되는 오염물질 등을 공동방지시설에서 처리하게 하는 사업장은 5종 사업장에 해당하는 기술인을 둘 수 있다.

82 대기환경보전법령상 대기오염물질 발생량 산정에 필요한 항목에 해당하지 않는 것은?

① 배출시설의 시간당 대기오염물질 발생량
② 일일 조업시간
③ 배출허용기준 초과 횟수
④ 연간 가동일수

해설 대기오염물질 발생량 산정
배출시설의 시간당 대기오염물질 발생량 × 일일 조업시간 × 연간 가동일수

83 대기환경보전법령상 배출부과금 납부의무자가 납부기한 전에 배출부과금을 납부할 수 없다고 인정되어 징수를 유예하거나 그 금액을 분할납부하게 할 수 있는 경우에 해당하지 않는 것은?
① 천재지변으로 사업자의 재산에 중대한 손실이 발생한 경우
② 사업에 손실을 입어 경영상으로 심각한 위기에 처하게 된 경우
③ 배출부과금이 납부의무자의 자본금을 1.5배 이상 초과하는 경우
④ 징수유예나 분할납부가 불가피하다고 인정되는 경우

해설 배출부과금의 징수유예나 분할납부가 불가피하다고 인정되는 경우

84 환경정책기본법령상 일산화탄소(CO)의 대기환경기준(ppm)은?(단, 1시간 평균치 기준)
① 0.25 이하
② 0.5 이하
③ 25 이하
④ 50 이하

해설 대기환경기준

항목	기준	측정방법
아황산가스 (SO$_2$)	• 연간 평균치 : 0.02ppm 이하 • 24시간 평균치 : 0.05ppm 이하 • 1시간 평균치 : 0.15ppm 이하	자외선 형광법 (Pulse UV Fluorescence Method)
일산화탄소 (CO)	• 8시간 평균치 : 9ppm 이하 • 1시간 평균치 : 25ppm 이하	비분산 적외선 분석법 (Non-Dispersive Infrared Method)
이산화질소 (NO$_2$)	• 연간 평균치 : 0.03ppm 이하 • 24시간 평균치 : 0.06ppm 이하 • 1시간 평균치 : 0.10ppm 이하	화학 발광법 (Chemiluminescence Method)

85 실내공기질 관리법령상 공항시설 중 여객터미널에 대한 라돈의 실내공기질 권고기준은?(단, 단위는 Bq/m³)
① 100 이하
② 148 이하
③ 200 이하
④ 248 이하

해설 실내공기질 권고기준

오염물질 항목 다중이용시설	이산화탄소 (ppm)	라돈 (Bq/m³)	총휘발성 유기화합물 ($\mu g/m^3$)	곰팡이 (CFU/m³)
지하역사, 지하도상가, 철도역사의 대합실, 여객자동차터미널의 대합실, 항만시설 중 대합실, 공항시설 중 여객터미널, 도서관·박물관 및 미술관, 대규모점포, 장례식장, 영화상영관, 학원, 전시시설, 인터넷컴퓨터게임시설제공업의 영업시설, 목욕장업의 영업시설	0.1 이하	148 이하	500 이하	—
의료기관, 어린이집, 노인요양시설, 산후조리원	0.05 이하		400 이하	500 이하
실내주차장	0.3 이하		1,000 이하	—

86 대기환경보전법령상 사업자가 스스로 방지시설을 설계·시공하려는 경우 시·도지사에게 제출해야 하는 서류에 해당하지 않는 것은?
① 기술능력 현황을 적은 서류
② 공정도
③ 배출시설의 위치 및 운영에 관한 규약
④ 원료(연료를 포함) 사용량, 제품생산량 및 대기오염물질 등의 배출량을 예측한 명세서

해설 자가방지시설비를 설계·시공하고자 하는 사업자가 시·도지사에게 제출해야 하는 서류
㉠ 배출시설의 설치명세서
㉡ 공정도
㉢ 원료(연료를 포함한다) 사용량, 제품생산량 및 대기오염물질 등의 배출량을 예측한 명세서
㉣ 방지시설의 설치명세서와 그 도면
㉤ 기술능력 현황을 적은 서류

87 대기환경보전법령상 위임업무의 보고 횟수기준이 '수시'인 업무내용은?

① 환경오염사고 발생 및 조치사항
② 자동차 연료 및 첨가제의 제조·판매 또는 사용에 대한 규제현황
③ 자동차 첨가제의 제조기준 적합 여부 검사현황
④ 수입자동차의 배출가스 인증 및 검사현황

해설 **위임업무 보고사항**

업무내용	보고횟수	보고기일	보고자
환경오염사고 발생 및 조치 사항	수시	사고발생 시	시·도지사, 유역환경청장 또는 지방환경청장
수입자동차 배출가스 인증 및 검사 현황	연 4회	매 분기 종료 후 15일 이내	국립환경과학원장
자동차 연료 및 첨가제의 제조·판매 또는 사용에 대한 규제현황	연 2회	매 반기 종료 후 15일 이내	유역청장 또는 지방환경청장
자동차 연료 또는 첨가제의 제조기준 적합 여부 검사 현황	• 연료 : 연 4회 • 첨가제 : 연 2회	• 연료 : 매 분기 종료 후 15일 이내 • 첨가제 : 매 반기 종료 후 15일 이내	국립환경과학원장
측정기기 관리대행업의 등록, 변경등록 및 행정처분 현황	연 1회	다음 해 1월 15일까지	유역환경청장, 지방환경청장 또는 수도권 대기환경청장

88 대기환경보전법령상 1년 이하의 징역이나 1천만 원 이하의 벌금에 처하는 경우에 해당하지 않는 것은?

① 배출시설의 설치를 완료한 후 가동개시 신고를 하지 않고 조업한 자
② 환경상의 위해가 발생하여 제조·판매 또는 사용을 규제당한 자동차 연료·첨가제 또는 촉매제를 제조하거나 판매한 자
③ 측정기기 관리대행업의 등록 또는 변경등록을 하지 않고 측정기기 관리업무를 대행한 자
④ 환경부장관에게 받은 이륜자동차정기검사명령을 이행하지 않은 자

해설 대기환경보전법 제91조 참고

89 대기환경보전법령상 석탄사용시설의 설치기준에 관한 내용으로 옳지 않은 것은?(단, 유효굴뚝높이가 440m 미만인 경우)

① 배출시설의 굴뚝높이는 100m 이상으로 한다.
② 석탄저장은 옥내저장시설(밀폐형 저장시설 포함) 또는 지하저장시설에 해야 한다.
③ 굴뚝에서 배출되는 아황산가스, 질소산화물, 먼지 등의 농도를 확인할 수 있는 기기를 설치해야 한다.
④ 석탄연소재는 덮개가 있는 차량을 이용하여 운반해야 한다.

해설 **석탄사용시설의 설치기준**
㉠ 배출시설의 굴뚝높이는 100m 이상으로 하되, 굴뚝상부 안지름, 배출가스 온도 및 속도 등을 고려한 유효굴뚝높이(굴뚝의 실제 높이에 배출가스의 상승고도를 합산한 높이를 말한다. 이하 같다)가 440m 이상인 경우에는 굴뚝높이를 60m 이상 100m 미만으로 할 수 있다. 이 경우 유효굴뚝높이 및 굴뚝높이 산정방법 등에 관하여는 국립환경과학원장이 정하여 고시한다.
㉡ 석탄의 수송은 밀폐 이송시설 또는 밀폐통을 이용하여야 한다.
㉢ 석탄저장은 옥내저장시설(밀폐형 저장시설 포함) 또는 지하저장시설에 저장하여야 한다.
㉣ 석탄연소재는 밀폐통을 이용하여 운반하여야 한다.
㉤ 굴뚝에서 배출되는 아황산가스(SO_2), 질소산화물(NO_x), 먼지 등의 농도를 확인할 수 있는 기기를 설치하여야 한다.

90 실내공기질 관리법령의 적용대상에 해당하지 않는 것은?

① 지하역사
② 병상 수가 100개인 의료기관
③ 철도역사의 연면적 1천5백 제곱미터인 대합실
④ 공항시설 중 연면적 1천5백 제곱미터인 여객터미널

해설 철도역사의 연면적 2천 제곱미터 이상인 대합실

91 대기환경보전법령상 자가측정의 대상·항목 및 방법에 관한 내용으로 옳지 않은 것은?

① 굴뚝 자동측정기기를 설치하여 먼지항목에 대한 자동측정자료를 전송하는 배출구의 경우 매연항목에 대해서도 자가측정을 한 것으로 본다.
② 안전상의 이유로 자가측정이 곤란하다고 인정받은 방지시설설치면제사업장의 경우 대행기관을 통해 연 1회 이상 자가측정을 해야 한다.
③ 굴뚝 자동측정기기를 설치한 배출구의 경우 자동측정

정답 87 ① 88 ④ 89 ④ 90 ③ 91 ②

자료를 전송하는 항목에 한정하여 자동측정자료를 자가측정자료에 우선하여 활용해야 한다.
④ 측정대상시설이 중유 등 연료유만을 사용하는 시설인 경우 황산화물에 대한 자가측정은 연료의 황함유분석표로 갈음할 수 있다.

[해설] 방지시설설치면제사업장은 해당 시설에 대하여 연 1회 이상 자가측정을 해야 한다. 다만, 물리적 또는 안전상의 이유로 자가측정이 곤란하거나 대기오염물질 발생을 저감하는 장치를 상시 가동하는 등의 사유로 자가측정이 필요하지 않다고 환경부장관 또는 시·도지사가 인정하는 경우에는 그렇지 않다.

92 대기환경보전법령상 "온실가스"에 해당하지 않는 것은?
① 수소불화탄소　② 과염소산
③ 육불화황　　　④ 메탄

[해설] 기후·생태계 변화 유발물질
지구온난화 등으로 생태계의 변화를 가져올 수 있는 기체상 물질로서 온실가스 및 환경부령이 정하는 것을 말한다.
㉠ 온실가스 : 이산화탄소, 메탄, 아산화질소, 수소불화탄소, 과불화탄소, 육불화황
㉡ 환경부령이 정하는 것 : 염화불화탄소, 수소염화불화탄소

93 대기환경보전법령상 인증을 면제할 수 있는 자동차에 해당하는 것은?
① 항공기 지상 조업용 자동차
② 국가대표 선수용 자동차로서 문화체육관광부장관의 확인을 받은 자동차
③ 여행자 등이 다시 반출할 것을 조건으로 일시 반입하는 자동차
④ 주한 외국군인의 가족이 사용하기 위해 반입하는 자동차

[해설] 인증을 면제할 수 있는 자동차
㉠ 군용 및 경호업무용 등 국가의 특수한 공용 목적으로 사용하기 위한 자동차와 소방용 자동차
㉡ 주한 외국 공관 또는 외교관이나 그 밖에 이에 준하는 대우를 받는 자가 공용 목적으로 사용하기 위한 자동차로서 외무부장관의 확인을 받은 자동차
㉢ 주한 외국 군대의 구성원이 공용 목적으로 사용하기 위한 자동차
㉣ 수출용 자동차와 박람회나 그 밖에 이에 준하는 행사에 참가하는 자가 전시의 목적으로 일시 반입하는 자동차
㉤ 여행자 등이 다시 반출할 것을 조건으로 일시 반입하는 자동차
㉥ 자동차 제작자 및 자동차 관련 연구기관 등이 자동차의 개발 또는 전시 등 주행 외의 목적으로 사용하기 위하여 수입하는 자동차
㉦ 외국에서 1년 이상 거주한 자가 주거(住居)를 옮기기 위하여 이주물품으로 반입하는 1대의 자동차

94 대기환경보전법령상 자동차 운행정지표지의 바탕색은?
① 회색　② 녹색
③ 노란색　④ 흰색

[해설] 자동차 운행정지표지의 바탕색은 노란색으로, 문자는 검은색으로 한다.

95 대기환경보전법령상 자동차연료형 첨가제의 종류에 해당하지 않는 것은?(단, 기타 사항은 고려하지 않음)
① 세탄가 첨가제　② 다목적 첨가제
③ 청정분산제　　④ 유동성 향상제

[해설] 자동차연료형 첨가제의 종류
㉠ 세척제　　　　㉡ 청정분산제
㉢ 매연억제제　　㉣ 다목적 첨가제
㉤ 옥탄가 향상제　㉥ 세탄가 향상제
㉦ 유동성 향상제　㉧ 윤활성 향상제

96 대기환경보전법령상의 용어 정의로 옳지 않은 것은?
① 가스 : 물질이 연소·합성·분해될 때 발생하거나 물리적 성질로 인해 발생하는 기체상물질
② 기후·생태계 변화유발물질 : 지구온난화 등으로 생태계의 변화를 가져올 수 있는 기체상물질로서 온실가스와 환경부령으로 정하는 것
③ 휘발성유기화합물 : 석유화학제품, 유기용제, 그 밖의 물질로서 관계 중앙행정기관의 장이 고시하는 것
④ 매연 : 연소할 때 생기는 유리탄소가 주가 되는 미세한 입자상물질

[해설] 휘발성유기화합물
탄화수소 중 석유화학제품, 유기용제, 그 밖의 물질로서 환경부장관이 관계 중앙행정기관의 장과 협의하여 고시하는 것을 말한다.

97 대기환경보전법령상 초과부과금의 산정에 필요한 오염물질 1kg당 부과금액이 가장 높은 것은?
① 시안화수소　② 암모니아
③ 먼지　　　　④ 이황화탄소

정답 92 ② 93 ③ 94 ③ 95 ① 96 ③ 97 ①

해설 초과부과금 산정기준

오염물질	구분	오염물질 1킬로그램당 부과금액
황산화물		500
먼지		770
질소산화물		2,130
암모니아		1,400
황화수소		6,000
이황화탄소		1,600
특정유해물질	불소화물	2,300
	염화수소	7,400
	시안화수소	7,300

98 악취방지법령상의 용어 정의로 옳지 않은 것은?

① "통합악취"란 두 가지 이상의 악취물질이 함께 작용하여 사람의 후각을 자극하여 불쾌감과 혐오감을 주는 냄새를 말한다.
② "악취배출시설"이란 악취를 유발하는 시설, 기계, 기구, 그 밖의 것으로서 환경부장관이 관계 중앙행정기관의 장과 협의하여 환경부령으로 정하는 것을 말한다.
③ "악취"란 황화수소, 메르캅탄류, 아민류, 그 밖에 자극성이 있는 물질이 사람의 후각을 자극하여 불쾌감과 혐오감을 주는 냄새를 말한다.
④ "지정악취물질"이란 악취의 원인이 되는 물질로서 환경부령으로 정하는 것을 말한다.

해설 "복합 악취"란 두 가지 이상의 악취물질이 함께 작용하여 사람의 후각을 자극하여 불쾌감과 혐오감을 주는 냄새를 말한다.

99 대기환경보전법령상 특정대기유해물질에 해당하지 않는 것은?

① 프로필렌 옥사이드 ② 니켈 및 그 화합물
③ 아크롤레인 ④ 1,3-부타디엔

해설 아크롤레인은 특정대기유해물질에 해당하지 않는다.

100 악취방지법령상 지정악취물질과 배출허용기준, 엄격한 배출허용기준 범위의 연결이 옳지 않은 것은?(단, 공업지역 기준)

	지정악취물질	배출허용기준 (ppm)	엄격한 배출허용기준 범위(ppm)
①	㉠ 톨루엔	30 이하	10~30
②	㉡ 프로피온산	0.07 이하	0.03~0.07
③	㉢ 스타이렌	0.8 이하	0.4~0.8
④	㉣ 뷰틸아세테이트	5 이하	1~5

해설 지정악취물질의 배출허용기준

구분	배출허용기준 (ppm)		엄격한 배출허용기준의 범위(ppm)	적용시기
	공업지역	기타 지역	공업지역	
암모니아	2 이하	1 이하	1~2	2005년 2월 10일부터
메틸메르캅탄	0.004 이하	0.002 이하	0.002~0.004	
황화수소	0.06 이하	0.02 이하	0.02~0.06	
다이메틸설파이드	0.05 이하	0.01 이하	0.01~0.05	
다이메틸다이설파이드	0.03 이하	0.009 이하	0.009~0.03	
트라이메틸아민	0.02 이하	0.005 이하	0.005~0.02	
아세트알데히드	0.1 이하	0.05 이하	0.05~0.1	
스타이렌	0.8 이하	0.4 이하	0.4~0.8	
프로피온알데히드	0.1 이하	0.05 이하	0.05~0.1	
뷰틸알데히드	0.1 이하	0.029 이하	0.029~0.1	
n-발레르알데히드	0.02 이하	0.009 이하	0.009~0.02	
i-발레르알데히드	0.006 이하	0.003 이하	0.003~0.006	
톨루엔	30 이하	10 이하	10~30	2008년 1월 1일부터
자일렌	2 이하	1 이하	1~2	
메틸에틸케톤	35 이하	13 이하	13~35	
메틸아이소뷰틸케톤	3 이하	1 이하	1~3	
뷰틸아세테이트	4 이하	1 이하	1~4	2008년 1월 1일부터
프로피온산	0.07 이하	0.03 이하	0.03~0.07	2010년 1월 1일부터
n-뷰틸산	0.002 이하	0.001 이하	0.001~0.002	
n-발레르산	0.002 이하	0.0009 이하	0.0009~0.002	
i-발레르산	0.004 이하	0.001 이하	0.001~0.004	
i-뷰틸알코올	4.0 이하	0.9 이하	0.9~4.0	

정답 98 ① 99 ③ 100 ④

2022년 4회 CBT 복원·예상문제

대기환경 기사 기출문제

제1과목 대기오염개론

01 굴뚝 유효높이를 3배로 증가시키면 지상 최대오염도는 어떻게 변화되는가?(단, Sutton식에 의함)
① 처음의 3배 ② 처음의 1/3
③ 처음의 9배 ④ 처음의 1/9

해설 최대착지농도(C_{max})와 유효굴뚝높이(H_e)의 관계
$C_{max} \propto \dfrac{1}{H_e^2} = \dfrac{1}{3^2} = \dfrac{1}{9}$ (기존의 1/9)

02 지표 부근 대기의 일반적인 체류시간의 순서로 가장 적합한 것은?
① $O_2 > N_2O > CH_4 > CO$
② $O_2 > CH_4 > CO > N_2O$
③ $CO > O_2 > N_2O > CH_4$
④ $CO > CH_4 > O_2 > N_2O$

해설 ㉠ O_2 : 6,000year ㉡ N_2O : 5~50year
㉢ CH_4 : 3~8year ㉣ CO : 0.5year

03 파장이 5,240Å인 빛 속에서 상대습도가 70% 이하인 경우 밀도가 1,700mg/cm³이고, 직경이 0.4μm인 기름방울의 분산면적비가 4.5일 때, 가시거리가 959m이라면 먼지농도(mg/m³)는?
① 0.21 ② 0.31 ③ 0.41 ④ 0.51

해설 $L_v = \dfrac{5.2 \times \rho \times r}{k \times G}$

$G(\text{농도}) = \dfrac{5.2 \times \rho \times r}{k \times L_v}$

$\rho = 1,700 \text{mg/cm}^3 \times 10^6 \text{cm}^3/\text{m}^3$
$= 1,700 \times 10^6 \text{mg/m}^3$
$r = 0.4\mu m \times 0.5 = 0.2\mu m$

$= \dfrac{5.2 \times 1,700 \times 10^6 \text{mg/m}^3 \times 0.2\mu m}{4.5 \times 959 \text{m} \times 10^6 \mu m/\text{m}}$
$= 0.41 \text{mg/m}^3$

04 광화학반응과 관련된 오염물질 일변화의 일반적인 특징으로 가장 거리가 먼 것은?
① NO_2와 HC의 반응에 의해 오후 3시경을 전후로 NO가 최대로 발생하기 시작한다.
② NO에서 NO_2로의 산화가 거의 완료되고 NO_2가 최고농도에 도달하는 때부터 O_3가 증가되기 시작한다.
③ Aldehyde는 O_3 생성에 앞서 반응 초기부터 생성되며 탄화수소의 감소에 대응한다.
④ 주요 생성물로는 PAN, Aldehyde, 과산화기 등이 있다.

해설 NO와 HC의 반응에 의해 오전 7시경을 전후로 NO_2가 상당한 비율로 발생하기 시작한다.

05 대기오염물의 분산과정에서 최대 혼합깊이(Maximum mixing depth)를 가장 적합하게 표현한 것은?
① 열부상 효과에 의한 대류혼합층의 높이
② 풍향에 의한 대류혼합층의 높이
③ 기압의 변화에 의한 대류혼합층의 높이
④ 오염물 간 화학반응에 의한 대류혼합층의 높이

해설 열부상효과에 의하여 대류에 의한 혼합층의 깊이가 결정되는데 이를 최대 혼합깊이(MMD)라 한다.

06 다음 중 PAN(Peroxy Acetyl Nitrate)의 구조식을 옳게 나타낸 것은?

① $\text{C}_6\text{H}_5 - \overset{\overset{\text{O}}{\|}}{\text{C}} - \text{O} - \text{O} - \text{NO}_2$

② $\text{CH}_3 - \overset{\overset{\text{O}}{\|}}{\text{C}} - \text{O} - \text{O} - \text{NO}_2$

③ $\text{C}_2\text{H}_5 - \overset{\overset{\text{O}}{\|}}{\text{C}} - \text{O} - \text{O} - \text{NO}_2$

④ $\text{C}_4\text{H}_8 - \overset{\overset{\text{O}}{\|}}{\text{C}} - \text{O} - \text{O} - \text{NO}_2$

정답

해설 **PAN 구조식**
CH₃COOO + NO₂ → CH₃COOONO₂

$$CH_3-\overset{O}{\underset{\|}{C}}-O-O-NO_2$$

07 역사적으로 유명한 대기오염사건 중 LA smog 사건에 대한 설명으로 옳지 않은 것은?

① 아침, 저녁 환원반응에 의한 발생
② 자동차 등의 석유연료의 소비 증가
③ 침강역전 상태
④ Aldehyde, O₃ 등의 옥시던트 발생

해설 LA Smog 발생시간은 주간(한낮)이며, 산화반응에 의한 발생이다.

08 가솔린 연료를 사용하는 차량은 엔진 가동형태에 따라 오염물질 배출량은 달라진다. 다음 중 통상적으로 탄화수소가 제일 많이 발생하는 엔진 가동형태는?

① 정속(60km/h) ② 가속
③ 정속(40km/h) ④ 감속

해설 **자동차 배기가스**
㉠ NOx : 가속 시   ㉡ CO : 공회전 시
㉢ HC : 감속 시

09 Down Wash 현상에 관한 설명은?

① 원심력집진장치에서 처리가스양의 5~10% 정도를 흡인하여 줌으로써 유효원심력을 증대시키는 방법이다.
② 굴뚝의 높이가 건물보다 높은 경우 건물 뒤편에 공동현상이 생기고 이 공동에 대기오염물질의 농도가 낮아지는 현상을 말한다.
③ 굴뚝 아래로 오염물질이 휘날리어 굴뚝 밑 부분에 오염물질의 농도가 높아지는 현상을 말한다.
④ 해가 뜬 후 지표면이 가열되어 대기가 지면으로부터 열을 받아 지표면 부근부터 역전층이 해소되는 현상을 말한다.

해설 **Down Wash(세류현상)**
오염물질의 토출속도에 비해 굴뚝높이에서의 풍속이 크면 연기가 굴뚝 아래로 향하여 오염물질이 흩날리어 굴뚝 밑부분에 오염물질의 농도가 높아지는 현상을 말한다.($V_s/U<1~2$인 경우에 생김)

10 광화학물질인 PAN에 관한 설명으로 옳지 않은 것은?

① PAN의 분자식은 C₆H₅COOONO₂이다.
② 식물의 경우 주로 생활력이 왕성한 초엽에 피해가 크다.
③ 식물의 영향은 잎의 밑부분이 은(백)색 또는 청동색이 되는 경향이 있다.
④ 눈에 통증을 일으키며 빛을 분산시키므로 가시거리를 단축시킨다.

해설 PAN은 peroxyacetyl nitrate의 약자이며, CH₃COOONO₂의 분자식을 갖는다.

11 다음 대기오염물질 중 바닷물의 물보라 등이 배출원이며, 1차 오염물질에 해당하는 것은?

① N₂O₃   ② 알데하이드
③ HCN   ④ NaCl

해설 **1차 오염물질**
㉠ 정의 : 발생원에서 직접 대기로 배출되는 오염물질
㉡ 종류 : 에어로졸(입자상 물질), SO₂, NOx, NH₃, CO, HCl, Cl₂, N₂O₃, HNO₃, CS₂, H₂SO₄, HC, NaCl(바닷물의 물보라 등이 배출원), CO₂, Pb, Zn, Hg 등

12 대기환경보호를 위한 국제의정서와 설명의 연결이 옳지 않은 것은?

① 소피아 의정서 – CFC 감축의무
② 교토 의정서 – 온실가스 감축목표
③ 몬트리올 의정서 – 오존층 파괴물질의 생산 및 사용의 규제
④ 헬싱키 의정서 – 유황 배출량 또는 국가 간 이동량 최저 30% 삭감

해설 **소피아 의정서**
질소산화물 배출량 또는 국가 간 이동량의 최저 30% 삭감에 관한 국가 간 장거리 이동 대기오염 협약이다.

13 먼지의 농도가 0.075mg/m³인 지역의 상대습도가 70%일 때, 가시거리는?(단, 계수 = 1.2로 가정)

① 4km   ② 16km   ③ 30km   ④ 42km

해설
$$L_v(km) = \frac{A \times 10^3}{G}$$
$$= \frac{1.2 \times 10^3}{0.075mg/m^3 \times 10^3\mu g/mg} = 16km$$

정답 07 ① 08 ④ 09 ③ 10 ① 11 ④ 12 ① 13 ②

14 다음 중 CFC-12의 올바른 화학식은?

① CF_3Br
② CF_3Cl
③ CF_2Cl_2
④ $CHFCl_2$

해설 CFC-12에서 2가 의미하는 것이 불소(F) 수이기 때문에 CF_2Cl_2로 선택한다.

15 다음과 같이 인체에 피해를 유발시킬 수 있는 오염물질로 가장 적합한 것은?

> 혈액 헤모글로빈의 기본요소인 포르피린 고리의 형성을 방해함으로써 인체 내 헤모글로빈의 형성을 억제하여 만성빈혈이 발생할 수 있다.

① 다이옥신
② 납
③ 망간
④ 바나듐

해설 납(Pb)의 특성
㉠ 대부분의 납화합물은 물에 잘 녹지 않고 융점은 327℃, 끓는점은 1,620℃이며 무기납과 유기납으로 구분한다.
㉡ 소화기로 섭취된 납은 입자의 크기에 따라 다르지만 약 10% 정도만이 소장에서 흡수되고, 나머지는 대변으로 배출된다.
㉢ 세포 내에서 SH기와 결합하여 포르피린과 Heme 합성에 관여하는 효소를 포함한 여러 세포의 효소작용을 방해하고 적혈구 내의 전해질이 감소되어 적혈구 생존기간이 짧아지고 심한 경우 용혈성 빈혈이 나타나기도 한다.(인체혈액 헤모글로빈의 기본요소인 포르피린 고리의 형성을 방해함으로써 헤모글로빈의 형성을 억제함)
㉣ 헴(Heme) 합성의 장해로 주요증상은 빈혈증이며 혈색소량의 감소, 적혈구의 생존기간 단축, 파괴가 촉진된다. 즉, 헤모글로빈의 형성을 억제한다.

16 다음 Dobson unit에 관한 설명 중 ( ) 안에 알맞은 것은?

> 1Dobson은 지구 대기 중 오존의 총량을 0℃, 1기압의 표준상태에서 두께로 환산했을 때 ( )에 상당하는 양을 의미한다.

① 0.01mm
② 0.1mm
③ 0.1cm
④ 1cm

해설 Dobson Unit(DU)
1 Dobson은 지구 대기 중 오존의 총량을 0℃, 1기압의 표준상태에서 두께로 환산했을 때 0.01mm(10㎛)에 상당하는 양을 의미한다.

17 지표에 도달하는 일사량의 변화에 영향을 주는 요소와 가장 거리가 먼 것은?

① 계절
② 대기의 두께
③ 지표면의 상태
④ 태양의 입사각의 변화

해설 지표에 도달하는 일사량의 변화에 영향을 주는 요소
㉠ 태양 입사각의 변화
㉡ 계절
㉢ 대기의 두께(optical air mass)

18 황산화물의 각종 영향에 대한 설명으로 옳지 않은 것은?

① 공기가 SO_2를 함유하면 부식성이 강하게 된다.
② SO_2는 대기 중의 분진과 반응하여 황산염이 형성됨으로써 대부분의 금속을 부식시킨다.
③ 대기에서 형성되는 아황산 및 황산은 석회, 대리석, 시멘트 등 각종 건축재료를 약화시킨다.
④ 황산화물은 대기 중 또는 금속의 표면에서 황산으로 변함으로써 부식성을 더욱 약하게 한다.

해설 황산화물은 대기 중 또는 금속의 표면에서 황산으로 변함으로써 부식성을 더 강하게 한다.

19 광화학적 산화제와 2차 대기오염물질에 관한 설명으로 옳지 않은 것은?

① 오존은 산화력이 강하므로 눈을 자극하고, 폐수종과 폐충혈 등을 유발시킨다.
② PAN은 강산화제로 작용하며, 빛을 흡수하여 가시거리를 증가시키며, 고엽에 특히 피해가 큰 편이다.
③ 오존은 성숙한 잎에 피해가 크며, 섬유류의 퇴색작용과 직물의 셀룰로오스를 손상시킨다.
④ 자외선이 강할 때, 빛의 지속시간이 긴 여름철에, 대기가 안정되었을 때 대기 중 광산화제의 농도가 높아진다.

해설 PAN(질산과산화아세틸)
㉠ 강산화제 역할을 하며 대기 중에서의 농도는 0.1ppm 내외이다.
㉡ 어린잎에 민감하며 지표식물로는 시금치, 상추, 셀러리 등이 있다.
㉢ 빛을 흡수(분산)시키므로 가시거리를 감소시킨다.

정답 14 ③ 15 ② 16 ① 17 ③ 18 ④ 19 ②

20 오존에 관한 설명으로 옳지 않은 것은?(단, 대류권 내 오존 기준)

① 보통 지표오존의 배경농도는 1~2ppm 범위이다.
② 오존은 태양빛, 자동차 배출원인 질소산화물과 휘발성유기화합물 등에 의해 일어나는 복잡한 광화학반응으로 생성된다.
③ 오염된 대기 중 오존농도에 영향을 주는 것은 태양빛의 강도, NO_2/NO의 비, 반응성 탄화수소농도 등이다.
④ 국지적인 광화학스모그로 생성된 Oxidant의 지표물질이다.

해설 지표대기 중 O_3의 배경농도는 0.04ppm 정도이다.

제2과목 연소공학

21 수소 8%, 수분 2%가 포함된 고체연료의 고위발열량이 8,000kcal/kg일 때 이 연료의 저위발열량은?

① 7,984kcal/kg   ② 7,779kcal/kg
③ 7,556kcal/kg   ④ 6,835kcal/kg

해설 $H_l = H_h - 600(9H + W)$
$= 8,000 - 600[(9 \times 0.08) + 0.02]$
$= 7,556$kcal/kg

22 유류버너 중 회전식 버너에 관한 설명으로 옳지 않은 것은?

① 연료유의 점도가 작을수록 분무화 입경이 작아진다.
② 분무는 기계적 원심력과 공기를 이용한다.
③ 유압식 버너에 비하여 연료유의 분무화 입경이 1/10 이하로 매우 작다.
④ 분무각도는 40°~80° 정도로 크며, 유량조절범위도 1 : 5 정도로 비교적 큰 편이다.

해설 유압식 버너에 비해 분무입자가 비교적 크다.

23 탄소 85%, 수소 15%인 경유(1kg)를 공기과잉계수 1.1로 연소했더니 탄소 1%가 검댕(그을음)으로 된다. 건조배기가스 1Sm³ 중 검댕의 농도(g/Sm³)는?

① 약 0.72   ② 약 0.86
③ 약 1.72   ④ 약 1.86

해설 그을음 농도(g/Sm³)
$= \dfrac{C_d \text{ g/kg}}{G_d \text{ Sm}^3/\text{kg}}$

그을음 발생량(C_d) = $0.85 \times 0.01 \times 10^3 = 8.5$g/kg
건연소가스양(G_d) = $G_{od} + (m-1)A_o$
$G_{od} = 0.79A_o + CO_2$
$= (0.79 \times 11.557) + (1.867 \times 0.85)$
$= 10.717$ Sm³/kg
$A_o = (1.867 \times 0.85 + 5.6 \times 0.15)$
$\times \dfrac{1}{0.21} = 11.557$ Sm³/kg
$= 10.717 + (1.1 - 1) \times 11.557$
$= 11.8727$ Sm³/kg

$= \dfrac{8.5 \text{ g/kg}}{11.8727 \text{ Sm}^3/\text{kg}} = 0.72$g/Sm³

24 옥탄가에 대한 설명으로 옳지 않은 것은?

① n-Paraffine에서는 탄소수가 증가할수록 옥탄가는 저하하여 C_7에서 옥탄가는 0이다.
② 방향족 탄화수소의 경우 벤젠고리의 측쇄가 C_3까지는 옥탄가가 증가하지만 그 이상이면 감소한다.
③ Naphthene계는 방향족 탄화수소보다는 옥탄가가 작지만 n-Paraffine계보다는 큰 옥탄가를 가진다.
④ iso-Paraffine에서는 methyl 가지가 적을수록, 중앙에 집중하지 않고 분산될수록 옥탄가가 증가한다.

해설 iso-Paraffine에서는 Methyl기 가지가 많을수록, 중앙에 집중될수록 옥탄가가 증가한다.

25 과잉공기가 지나칠 때 나타나는 현상으로 거리가 먼 것은?

① 연소실 내의 온도가 저하된다.
② 배기가스에 의한 열손실이 증가된다.
③ 배기가스의 온도가 높아지고 매연이 증가한다.
④ 열효율이 감소되고 배기가스 중 NOx 증가의 가능성이 있다.

해설 과잉공기가 지나칠 때는 배기가스의 온도가 낮아지고 매연이 감소한다.

26 탄화도의 증가에 따른 연소특성의 변화에 대한 설명으로 옳지 않은 것은?

① 착화온도는 상승한다.
② 발열량은 증가한다.

정답 20 ① 21 ③ 22 ③ 23 ① 24 ④ 25 ③ 26 ④

③ 산소의 양이 줄어든다.
④ 연료비(고정탄소%/휘발분%)는 감소한다.

해설 탄화도가 높아질 경우 연료비 $\left(\dfrac{고정탄소(\%)}{휘발분(\%)}\right)$가 증가한다.

27 탄소, 수소의 중량 조성이 각각 86%, 14%인 액체연료를 매시 30kg 연소한 경우 배기가스의 분석치가 CO_2 12.5%, O_2 3.5%, N_2 84%라면 매시간 필요한 공기량(Sm^3/hr)은?

① 약 794 ② 약 675
③ 약 591 ④ 약 406

해설 실제공기량(A)
$= m \times A_o$
$m = \dfrac{N_2}{N_2 - 3.76 O_2} = \dfrac{84}{84 - (3.76 \times 3.5)} = 1.186$
$A_o = \dfrac{1}{0.21}[(1.867 \times 0.86) + (5.6 \times 0.14)] = 11.38 Sm^3/kg$
$= 1.186 \times 11.38 Sm^3/kg \times 30 kg/hr$
$= 404.87 Sm^3/hr$

28 연료의 특성에 대한 설명으로 옳은 것은?
① 석탄의 비중은 탄화도가 진행될수록 작아진다.
② 중유의 비중이 클수록 유동점과 잔류탄소는 감소한다.
③ 중유 중 잔류탄소의 함량이 많아지면 점도가 낮아진다.
④ 메탄은 프로판에 비해 이론공기량이 적다.

해설 ① 석탄의 비중은 탄화도가 진행될수록 커진다.
② 중유의 비중이 클수록 유동점과 잔류탄소는 증가한다.
③ 중유 중 잔류탄소의 함량이 많아지면 점도가 커진다.

29 폐열회수장치가 설치된 소각로의 특징에 관한 설명으로 거리가 먼 것은?(단, 폐열회수를 안하는 소각로와 비교)
① 연소가스 배출 부분과 수증기 보일러관에서 부식의 염려가 없다.
② 열 회수로 연소가스의 온도와 부피를 줄일 수 있다.
③ 공기와 연소가스의 양이 비교적 적으므로 용량이 작은 송풍기를 쓸 수 있다.
④ 수증기 생산을 위한 수냉로벽, 보일러 등 설비가 필요하다.

해설 연소가스 배출 부분과 수증기보일러관에서 부식이 발생한다.

30 기체연료의 일반적 특징으로 가장 거리가 먼 것은?
① 저발열량의 것으로 고온을 얻을 수 있다.
② 연소효율이 높고 검댕이 거의 발생하지 않으나, 많은 과잉공기가 소모된다.
③ 저장이 곤란하고 시설비가 많이 드는 편이다.
④ 연료 속에 황이 포함되지 않은 것이 많고, 연소 조절이 용이하다.

해설 연소효율이 높고 검댕이 거의 발생하지 않으며 적은 과잉공기로 완전연소가 가능하다.

31 액체연료의 연소형태와 거리가 먼 것은?
① 액면연소 ② 표면연소
③ 분무연소 ④ 증발연소

해설 액체연료의 연소형태
㉠ 액면연소 ㉡ 분무연소
㉢ 증발연소 ㉣ 등심연소

32 다음 중 기체연료의 연소장치로서 천연가스와 같은 고발열량 연료를 연소시키는 데 가장 적합하게 사용되는 버너의 종류는?
① 선회형 버너 ② 방사형 버너
③ 회전식 버너 ④ 건타입 버너

해설 방사형 버너
천연가스와 같은 고발열량 연료를 연소시키는 데 가장 적합한 버너이다.

33 연료의 연소 시 질소산화물(NOx)의 발생을 줄이는 방법으로 가장 거리가 먼 것은?
① 예열연소 ② 2단연소
③ 저산소연소 ④ 배가스 재순환

해설 질소산화물은 고온생성 물질이기 때문에 예열연소는 질소산화물 발생을 줄이는 방법이 아니다. 즉 예열연소는 질소산화물을 증가시킨다.

34 가연기체와 공기 혼합기체의 가연한계(vol%)가 가장 넓은 것은?
① 메탄 ② 아세틸렌
③ 벤젠 ④ 톨루엔

정답 27 ④ 28 ④ 29 ① 30 ② 31 ② 32 ② 33 ① 34 ②

해설 기체의 폭발한계값(상온, 1atm)

가스	폭발하한치(%)	폭발상한치(%)
일산화탄소(CO)	12.5	74.0
수소(H_2)	4.0	75.0
메탄(CH_4)	5.0	15.0
아세틸렌(C_2H_2)	2.5	81.0
에틸렌(C_2H_4)	2.7	36.0
에탄(C_2H_6)	3.0	12.4
프로필렌(C_3H_6)	2.2	9.7
프로판(C_3H_8)	2.1	9.5
부틸렌(C_4H_8)	1.7	9.9
부탄(C_4H_{10})	1.8	8.5

35 메탄 3.0Sm³을 완전연소시킬 때 발생되는 이론 습연소 가스양(Sm³)은?

① 약 25.6 ② 약 28.6
③ 약 31.6 ④ 약 34.6

해설 $CH_4 + 2O_2 \rightarrow CO_2 + 2H_2O$

$G_{ow} = 0.79A_o + CO_2 + H_2O(Sm^3/Sm^3)$

$A_o = \dfrac{2}{0.21} = 9.52 Sm^3/Sm^3$

$= (0.79 \times 9.52) + 1 + 2$

$= 10.52 Sm^3/Sm^3 \times 3Sm^3$

$= 31.56 Sm^3$

36 폐타이어를 연료화하는 주된 방식과 가장 거리가 먼 것은?

① 가압분해 증류 방식
② 액화법에 의한 연료추출 방식
③ 열분해에 의한 오일추출 방식
④ 직접 연소 방식

해설 가압분해 증류방식은 폐타이어 연료화에 적용하기는 곤란하다.

37 메탄 1mol이 완전연소할 때 AFR은?(단, 몰 기준)

① 6.5 ② 7.5
③ 8.5 ④ 9.5

해설 CH_4의 연소반응식

$CH_4 + 2O_2 \rightarrow CO_2 + 2H_2O$

1mole : 2mole

$AFR = \dfrac{\text{산소의 mole}/0.21}{\text{연료의 mole}} = \dfrac{2/0.21}{1} = 9.52$

38 가연성 가스의 폭발범위와 위험성에 대한 설명으로 가장 거리가 먼 것은?

① 하한값은 낮을수록, 상한값은 높을수록 위험하다.
② 폭발범위가 넓을수록 위험하다.
③ 온도와 압력이 낮을수록 위험하다.
④ 불연성 가스를 첨가하면 폭발범위가 좁아진다.

해설 폭발범위에 따른 위험성은 온도와 압력이 높을수록 위험하다.

39 어떤 화학반응 과정에서 반응물질이 25% 분해하는 데 41.3분 걸린다는 것을 알았다. 이 반응이 1차라고 가정할 때, 속도상수 k는?

① $1.437 \times 10^{-4} s^{-1}$ ② $1.232 \times 10^{-4} s^{-1}$
③ $1.161 \times 10^{-4} s^{-1}$ ④ $1.022 \times 10^{-4} s^{-1}$

해설 $\ln \dfrac{C_t}{C_o} = -k \cdot t$

$\ln \dfrac{0.75 C_o}{C_o} = -k \times 41.3 \text{min}$

$k = 6.966 \times 10^{-3} \text{min}^{-1} \times \text{min}/60\text{sec} = 1.1609 \times 10^{-4} \text{sec}^{-1}$

40 석탄의 물리화학적인 성상에 관한 설명으로 옳은 것은?

① 연료 조성 변화에 따른 연소특성으로서 회분은 착화불량과 열손실을, 고정탄소는 발열량 저하 및 연소불량을 초래한다.
② 석탄회분의 용융 시 SiO_2, Al_2O_3 등의 산성산화물량이 많으면 회분의 용융점이 상승한다.
③ 석탄을 고온 건류하여 코크스를 생산할 때 온도는 250~300℃ 정도이다.
④ 석탄의 휘발분은 매연 발생에 영향을 주지 않는다.

해설 ① 연료 조성 변화에 따른 연소특성으로 수분은 착화불량과 열손실을, 회분은 발열량 저하 및 연소불량을 초래한다.
② 코크스란 점결탄을 주성분으로 하는 원료탄(역청탄)을 고온(≒1,000℃) 건류하여 얻어진 2차 연료이다.
④ 석탄의 휘발분은 매연 발생의 요인이 된다.

정답 35 ③ 36 ① 37 ④ 38 ③ 39 ③ 40 ②

제3과목 대기오염방지기술

41 다음 중 접선유입식 원심력 집진장치의 특징을 옳게 설명한 것은?

① 장치의 압력손실은 5,000mmH₂O이다.
② 장치 입구의 가스속도는 18~20cm/s이다.
③ 입구모양에 따라 나선형과 와류형으로 분류된다.
④ 도익선회식이라고도 하며, 반전형과 직진형이 있다.

[해설] ① 장치의 압력손실은 50~100mmH₂O이다.
② 장치입구의 가스속도는 7~15m/sec이다.
④ 도익선회식은 축류식을 말하며 반전형과 직진형이 있다.

42 세정집진장치 중 액가스비가 10~50L/m³ 정도로 다른 가압수식에 비해 10배 이상이며, 다량의 세정액이 사용되어 유지비가 고가이므로 처리가스양이 많지 않을 때 사용하는 것은?

① Venturi Scrubber
② Theisen Washer
③ Jet Scrubber
④ Impulse Scrubber

[해설] 제트스크러버(Jet Scrubber)
㉠ 이젝터(Ejector)를 사용하여 물(세정액)을 고압분무하여 승압효과에 의해 수적과 접촉 포집하는 방식으로 기본유속이 클수록 작은 액적이 형성되어 미세입자를 제거한다.
㉡ 가스저항이 적고, 세정수량이 다른 세정장치에 비해 10~20배 정도로 많아 동력비가 많이 소요된다.
㉢ 액가스비는 10~50L/m³ 정도로 액가스비가 가장 크다.

43 배출가스 중 염화수소의 농도가 500ppm이다. 배출허용기준이 100mg/Sm³일 때, 최소한 몇 %를 제거해야 배출허용기준을 만족시킬 수 있는가?(단, 표준상태 기준이며, 기타 조건은 동일하다.)

① 약 68% ② 약 78% ③ 약 88% ④ 약 98%

[해설] 제거효율(%) $= \left(1 - \dfrac{C_o}{C_i}\right) \times 100$

$C_o = 100\text{mg/Sm}^3 \times \dfrac{22.4\text{mL}}{36.5\text{mg}} = 61.37\text{ppm}$

$= \left(1 - \dfrac{61.37}{500}\right) \times 100 = 87.73\%$

44 다음 유해가스 처리에 관한 설명 중 가장 거리가 먼 것은?

① 염화인(PCl₃)은 물에 대한 용해도가 낮아 암모니아를 불어 넣어 병류식 충전탑에서 흡수처리한다.
② 시안화수소는 물에 대한 용해도가 매우 크므로 가스를 물로 세정하여 처리한다.
③ 아크롤레인은 그대로 흡수가 불가능하며 NaClO 등의 산화제를 혼입한 가성소다용액으로 흡수 제거한다.
④ 이산화셀렌은 코트렐집진기로 포집, 결정으로 석출, 물에 잘 용해되는 성질을 이용해 스크러버에 의해 세정하는 방법 등이 이용된다.

[해설] 염화인(PCl₃)은 물에 대한 용해도가 높아 물에 의하여 가수분해되어 흡수처리한다.

45 다음 발생 먼지 종류 중 일반적으로 S/Sb가 가장 큰 것은?(단, S는 진비중, Sb는 겉보기 비중)

① 미분탄보일러 ② 시멘트킬른
③ 카본블랙 ④ 골재 드라이어

[해설] 먼지의 진비중(S)/겉보기비중(Sb)
① 미분탄보일러 : 4.0
② 시멘트킬른 : 5.0
③ 카본블랙 : 76
④ 골재 드라이어 : 2.7

46 평판형 전기집진장치의 집진판 사이의 간격이 10cm, 가스의 유속은 3m/s, 입자가 집진극으로 이동하는 속도가 4.8cm/s일 때, 층류영역에서 입자를 완전히 제거하기 위한 이론적인 집진극의 길이(m)는?

① 1.34 ② 2.14 ③ 3.13 ④ 4.29

[해설] $L = \dfrac{R \times V}{W_e}$

$= \dfrac{(10\text{cm}/2) \times \text{m}/100\text{cm} \times 3\text{m/sec}}{0.048\text{m/sec}} = 3.13\text{m}$

47 하전식 전기집진장치에 관한 설명으로 옳지 않은 것은?

① 1단식은 역전리의 억제는 효과적이나 재비산 방지는 곤란하다.
② 2단식은 비교적 함진농도가 낮은 가스 처리에 유용하다.
③ 2단식은 1단식에 비해 오존의 생성을 감소시킬 수 있다.
④ 1단식은 보통 산업용으로 많이 쓰인다.

[해설] 1단식은 역전리가 발생하나 집진극에서 재비산 방지가 이루어진다.

정답 41 ③ 42 ③ 43 ③ 44 ① 45 ③ 46 ③ 47 ①

48 전기집진장치의 각종 장해에 따른 대책으로 가장 거리가 먼 것은?

① 미분탄 연소 등에 따라 역전리 현상이 발생할 때에는 집진극의 타격을 강하게 하거나, 빈도수를 늘린다.
② 재비산이 발생할 때에는 처리가스의 속도를 낮추어 준다.
③ 먼지의 비저항이 비정상적으로 높아 2차 전류가 현저히 떨어질 때에는 조습용 스프레이의 수량을 줄인다.
④ 먼지의 비저항이 비정상적으로 높아 2차 전류가 현저히 떨어질 때에는 스파크 횟수를 늘린다.

해설 먼지의 비저항이 비정상적으로 높아 2차 전류가 현저히 떨어질 때에는 조습용 스프레이의 수량을 늘린다.

49 불화수소가스를 함유한 용해성이 높은 가스를 충전탑에서 흡수처리할 때 기상총괄단위수(N_{OG})를 10, 기상총괄이동단위높이(H_{OG})를 0.5m로 할 때 충전탑의 높이(m)는?

① 5 ② 5.5 ③ 10 ④ 10.5

해설 $H = H_{OG} + N_{OG} = 0.5m \times 10 = 5m$

50 배출가스 중의 NOx제거법에 관한 설명으로 틀린 것은?

① 비선택적인 촉매환원에서는 NOx뿐만 아니라, O_2까지 소비된다.
② 선택적 촉매환원법은 TiO_2와 V_2O_5를 혼합하여 제조한 촉매에 NH_3, H_2, CO, H_2S 등의 환원가스를 작용시켜 NOx를 N_2로 환원시키는 방법이다.
③ 선택적 촉매환원법의 최적온도 범위는 700~850℃ 정도이며, 보통 50% 정도의 NOx를 저감시킬 수 있다.
④ 배출가스 중의 NOx 제거는 연소 조절에 의한 제어법보다 더 높은 NOx 제거효율이 요구되는 경우나 연소방식을 적용할 수 없는 경우에 사용된다.

해설 선택적 촉매환원법의 최적온도 범위는 275~450℃ 정도이며, 최적조건에서 약 90% 정도의 효율이 있다.

51 VOCs를 98% 이상 제어하기 위한 VOCs 제어기술과 가장 거리가 먼 것은?

① 후연소
② 루프(Loop) 산화
③ 재생(Regenerative) 열산화
④ 저온(Cryogenic) 응축

해설 루프(Loop) 산화는 산성가스를 전환시키는 방법이다.

52 분무탑에 관한 설명으로 옳지 않은 것은?

① 구조가 간단하고 압력손실이 적은 편이다.
② 침전물이 생기는 경우에 적합하며, 충전탑에 비해 설비비 및 유지비가 적게 드는 장점이 있다.
③ 분무에 큰 동력이 필요하고, 가스의 유출 시 비말 동반이 많다.
④ 분무액과 가스의 접촉이 균일하여 효율이 우수하다.

해설 **분무탑**
원통형의 탑 내에 흡수액을 분사할 수 있는 다수의 노즐을 설치하여 세정액을 살수하고, 오염가스는 하부에서 상부로 살수층을 통과하게 하여 오염가스와 흡수액을 접촉시켜 처리하는 장치다. 구조가 간단하며, 압력손실이 작은 반면 분무노즐이 막히기 쉽고, 노즐에 따라 흡수효율에 영향을 주고, 효율이 낮은 단점이 있다.

53 원형 Duct의 기류에 의한 압력손실에 관한 설명으로 옳지 않은 것은?

① 길이가 길수록 압력손실은 커진다.
② 유속이 클수록 압력손실은 커진다.
③ 직경이 클수록 압력손실은 작아진다.
④ 곡관이 많을수록 압력손실은 작아진다.

해설 곡관이 많을수록 압력손실은 커진다.

54 벤츄리 스크러버(Venturi Scrubber)에 관한 설명으로 가장 거리가 먼 것은?

① 목부의 처리가스 속도는 보통 60~90m/s이다.
② 물방울 입경과 먼지 입경의 비는 충돌효율 면에서 10 : 1 전후가 좋다.
③ 액가스비는 보통 0.3~1.5L/m^3 정도, 압력손실은 300~800mmH_2O 전후이다.
④ 가압수식 중에서 집진율이 가장 높아 대단히 광범위하게 사용되며, 소형으로 대용량의 가스처리가 가능하다.

해설 물방울 입경과 먼지 입경의 비는 충돌효율 면에서 150 : 1 전후가 좋다.

정답 48 ③ 49 ① 50 ③ 51 ② 52 ④ 53 ④ 54 ②

55 먼지의 발생원을 자연적 및 인위적으로 구분할 때, 그 발생원이 다른 것은?

① 질소산화물과 탄화수소의 반응에 의해 $0.2\mu m$ 이하의 입자가 발생한다.
② 화산의 폭발에 의해서 분진과 SO_2가 발생한다.
③ 사막지역과 같이 지면의 먼지가 바람에 날릴 경우 통상 $0.3\mu m$ 이상의 입자상 물질이 발생한다.
④ 자연적으로 발생한 O_3과 자연대기 중 탄화수소물(HC) 간의 광화학적 기체반응에 의해 $0.2\mu m$ 이하의 입자가 발생한다.

해설 ① 인위적 발생원
②, ③, ④ 자연적 발생원

56 다음과 같은 특성을 가진 유해물질은?

- 인화성이 있고, 연소 시 유독가스를 발생시킨다.
- 무색의 비점(26℃ 정도)이 낮은 액체이고, 그 증기는 약간 방향성을 가진다.
- 물, 알코올, 에테르 등과 임의의 비율로도 혼합되며, 그 수용액은 극히 약한 산성을 나타낸다.
- 폭발성도 강하고, 물에 대한 용해도가 매우 크다.

① 시안화수소(HCN) ② 아세트산(CH_3COOH)
③ 벤젠(C_6H_6) ④ 염소(Cl_2)

해설 시안화수소(HCN)
㉠ 상온에서 무색투명한 액체(일부 기체)로 복숭아씨 냄새 비슷한 자극취를 내며 비중은 약 0.7 정도이다.
㉡ 유성섬유, 플라스틱, 시안염 제조에 사용되며 원형질(Protoplasmic) 독성이 나타난다.
㉢ 독성은 두통, 갑상선 비대, 코 및 피부자극 등이며 중추신경계의 기능 마비를 일으켜 심한 경우 사망에 이른다.
㉣ 호기성 세포가 산소 이용에 관여하는 시토크롬 산화제를 억제한다. 즉, 시안이온이 존재하여 산소를 얻을 수 없다.

57 여과집진장치의 탈진방식 중 간헐식에 관한 설명으로 옳지 않은 것은?

① 간헐식 중 진동형은 여포의 음파진동, 횡진동, 상하진동에 의해 포집된 먼지층을 털어내는 방식으로 접착성 먼지의 집진에는 사용할 수 없다.
② 집진실을 여러 개의 방으로 구분하고 방 하나씩 처리가스의 흐름을 차단하여 순차적으로 탈진하는 방식이며, 여포의 수명은 연속식에 비해 길다.
③ 간헐식 중 역기류형의 적정 여과속도는 3~5cm/sec이고, Glass Fiber는 역기류형 중 가장 저항력이 강하다.
④ 연속식에 비하여 먼지의 재비산이 적고, 높은 집진율을 얻을 수 있다.

해설 역기류형의 적정 여과속도는 0.5~1.5cm/sec이며, 역기류가 강할 경우에는 Glass Fiber를 적용하는 데 한계가 있다.

58 환기시설 설계에 사용되는 보충용 공기에 관한 설명으로 옳지 않은 것은?

① 보충용 공기가 배기용 공기보다 약 10~15% 정도 많도록 조절하여 실내를 약간 양압으로 하는 것이 좋다.
② 여름에는 보통 외부공기를 그대로 공급하지만, 공정 내의 열부하가 커서 제어해야 하는 경우에는 보충용 공기를 냉각하여 공급한다.
③ 보충용 공기는 환기시설에 의해 작업장 내에서 배기된 만큼의 공기를 작업장 내로 재공급해야 하는데 이 공기의 양을 말한다.
④ 보충용 공기의 유입구는 작업장이나 다른 건물의 배기구에서 나온 유해물질의 유입을 유도할 수 있는 위치로서 바닥에서 1~1.2m 정도에서 유입되도록 한다.

해설 보충용 공기의 유입구는 작업장이나 다른 건물의 배기구에서 나온 유해물질의 유입을 방지할 수 있는 위치로 한다.

59 악취 및 휘발성 유기화합물질 제거에 일반적으로 가장 많이 사용되는 흡착제는?

① 제올라이트 ② 활성백토
③ 실리카겔 ④ 활성탄

해설 활성탄이 가장 많이 사용되고, 주로 비극성물질에 유효하며, 유기용제의 증기제거에 효율이 좋다.

60 온도 25℃인 염산액적을 포함한 배출가스 $1.5m^3/sec$를 폭 9m, 높이 7m, 길이 10m인 침강집진기로 집진제거한다. 염산 비중이 1.6이라면 이 침강집진기가 집진할 수 있는 최소제거입경(μm)은?(단, 25℃에서의 공기점도는 $1.85 \times 10^{-5} kg/m \cdot sec$)

① 약 12 ② 약 19
③ 약 32 ④ 약 42

정답 55 ① 56 ① 57 ③ 58 ④ 59 ④ 60 ②

해설 $d_{p\min}(\mu m)$
$= \left[\dfrac{18\mu Q}{(\rho_p-\rho)gWL}\right]^{1/2} \times 10^6 \mu m/m$

$= \left[\dfrac{18\times 1.85\times 10^{-5}\text{kg/m}\cdot\sec \times 1.5\text{m}^3/\sec}{(1,600-1.19)\text{kg/m}^3 \times 9.8\text{m/sec}^2 \times 9\text{m}\times 10\text{m}}\right]^{1/2} \times 10^6 \mu m/m$

$= 18.82 \mu m$

제4과목 대기오염공정시험기준(방법)

61 대기오염공정시험기준 중 환경대기 내의 아황산가스 측정방법으로 옳지 않은 것은?

① 적외선 형광법 ② 용액 전도율법
③ 불꽃광도법   ④ 자외선 형광법

해설 환경대기 중 아황산가스 측정방법(자동연속측정법)
㉠ 수동 및 반자동측정법
 • 파라로자닐린법(Pararosaniline Method)(주 시험방법)
 • 산정량 수동법(Acidimetric Method)
 • 산정량 반자동법(Acidimetric Method)
㉡ 자동연속측정법
 • 용액 전도율법(Conductivity Method)
 • 불꽃광도법(Flame Photometric Detector Method)
 • 자외선형광법(Pulse U.V.Fluorescence Method)(주시험방법)
 • 흡광차분광법(DOAS ; Differential Optical Absorption Spectroscopy)

62 기체-고체 크로마토그래피에서 분리관 내경이 3mm일 경우 사용되는 흡착제 및 담체의 입경범위(μm)로 가장 적합한 것은?(단, 흡착성 고체분말, 100~80mesh 기준)

① 120~149μm ② 149~177μm
③ 177~250μm ④ 250~590μm

해설 분리관의 내경에 따른 흡착제 및 담체의 입경 범위

분리관 내경(mm)	흡착제 및 담체의 입경 범위(μm)
3	149~177(100~80mesh)
4	177~250(80~60mesh)
5~6	250~590(60~28mesh)

63 질산은 적정법으로 배출가스 중의 시안화수소를 분석할 때 필요시약으로 거리가 먼 것은?

① 수산화소듐 용액
② 아세트산
③ p-다이메틸아미노 벤질리덴 로다닌의 아세톤 용액
④ 차아염소산소듐 용액

해설 질산은 적정법으로 배출가스 중의 시안화수소를 분석할 때 필요한 시약
㉠ 아세트산(99.7%)
㉡ 수산화소듐 용액
㉢ 0.01N 질산은 용액
㉣ p-다이메틸아미노 벤질리덴 로다닌의 아세톤 용액
㉤ 수산화소듐용액

64 배출가스 중 납화합물의 자외선/가시선 분광법에 관한 설명이다. ( ) 안에 알맞은 것은?

> 납 이온을 시안화포타슘용액 중에서 디티존에 적용시켜서 생성되는 납 디티존 착염을 클로로포름으로 추출하고, 과량의 디티존은 (㉠)(으)로 씻어내어, 납착염의 흡수도를 (㉡)에서 측정하여 정량하는 방법이다.

① ㉠ 시안화포타슘용액 ㉡ 520nm
② ㉠ 사염화탄소   ㉡ 520nm
③ ㉠ 시안화포타슘용액 ㉡ 400nm
④ ㉠ 사염화탄소   ㉡ 400nm

해설 납 이온을 시안화포타슘용액 중에서 디티존에 적용시켜서 생성되는 납 디티존 착염을 클로로포름으로 추출하고, 과량의 디티존은 시안화포타슘용액으로 씻어내어, 납착염의 흡수도를 520nm에서 측정하여 정량하는 방법이다.

65 어떤 사업장의 굴뚝에서 배출되는 오염물질의 농도가 600ppm이고 표준산소농도가 6%, 실측산소농도가 8%일 때, 보정된 오염물질의 농도(ppm)는?

① 692.3   ② 722.3
③ 832.3   ④ 862.3

해설 $C = C_a \times \dfrac{21-O_s}{21-O_a} = 600\text{ppm} \times \dfrac{21-6}{21-8} = 692.31\text{ppm}$

66 다음은 굴뚝 배출가스 중의 질소산화물에 대한 아연 환원 나프틸에틸렌다이아민 분석방법이다. ( ) 안에 들어갈 말로 올바르게 연결된 것은?

> 시료 중의 질소산화물을 오존 존재 하에서 물에 흡수시켜 (㉠)으로 만든다. 이 (㉠)을 (㉡)을 사용하여 (㉢)으로 환원한 후 설파닐아마이드(sulfanilamide) 및 나프틸에틸렌다이아민(naphtyl ethylene diamine)을 반응시켜 얻어진 착색의 흡광도로부터 질소산화물을 정량하는 방법이다.

	㉠	㉡	㉢
①	아질산이온	분말금속아연	질산이온
②	아질산이온	분말황산아연	질산이온
③	질산이온	분말황산아연	아질산이온
④	질산이온	분말금속아연	아질산이온

해설 아연 환원 나프틸에틸렌다이아민 분석방법
시료 중의 질소산화물을 오존 존재 하에서 물에 흡수시켜 질산이온으로 만들고 분말금속아연을 사용하여 아질산 이온으로 환원한 후 설파닐아마이드(sulfanilamide) 및 나프틸에틸렌다이아민(naphtyl ethylene diamine)을 반응시켜 얻어진 착색의 흡광도로부터 질소산화물을 정량하는 방법이다.

67 굴뚝반경(단면이 원형)이 3m인 경우, 배출가스 중 먼지 측정을 위한 굴뚝 측정점 수로 적합한 것은?

① 20 ② 16
③ 12 ④ 8

해설 원형 단면의 측정점 수

굴뚝직경 $2R$(m)	반경 구분 수	측정점 수
1 이하	1	4
1 초과 2 이하	2	8

68 대기오염공정시험기준에서 규정한 환경대기 중 금속성분을 위한 주 시험방법은?

① 원자흡수분광광도법
② 자외선/가시선분광법
③ 이온크로마토그래피
④ 유도결합플라스마 원자발광분광법

해설 금속성분의 주 시험방법
원자흡수분광광도법

69 비분산적외선분광분석법에서 용어의 정의 중 "측정성분이 흡수되는 적외선을 그 흡수파장에서 측정하는 방식"을 의미하는 것은?

① 정필터형 ② 복광필터형
③ 회절격자형 ④ 적외선흡광형

해설 정필터형은 측정성분이 흡수되는 적외선을 그 흡수파장에서 측정하는 방식이다.

70 어떤 굴뚝 배출가스의 유속을 피토관으로 측정하고자 한다. 동압 측정 시 확대율이 10배인 경사 마노미터를 사용하여 액주 55mm를 얻었다. 동압은 약 몇 mmH₂O인가?(단, 경사 마노미터에는 비중 0.85의 톨루엔을 사용한다.)

① 7.0 ② 6.5
③ 5.5 ④ 4.7

해설 동압(mmH₂O)
$= 액주거리 \times 비중 \times \dfrac{1}{확대율} = 55mm \times 0.85 \times \dfrac{1}{10}$
$= 4.68 mmH_2O$

71 굴뚝에서 배출되는 가스에 대한 시료채취 시 주의해야 할 사항으로 거리가 먼 것은?

① 굴뚝 내의 압력이 매우 큰 부압($-330 mmH_2O$ 정도 이하)인 경우에는 시료채취용 굴뚝을 부설한다.
② 굴뚝 내의 압력이 부압($-$)인 경우에는 채취구를 열었을 때 유해가스가 분출될 염려가 있으므로 충분한 주의를 필요로 한다.
③ 가스미터는 $100 mmH_2O$ 이내에서 사용한다.
④ 시료가스의 양을 재기 위하여 쓰는 채취병은 미리 0℃ 때의 참부피를 구해둔다.

해설 굴뚝 내의 압력이 정압 (+)인 경우에는 채취구를 열었을 때 유해가스가 분출될 염려가 있으므로 충분한 주의가 필요하다.

72 굴뚝 배출가스 중 먼지를 반자동식 측정법으로 채취하고자 할 경우, 먼지시료채취 기록지 서식에 기재되어야 할 항목과 거리가 먼 것은?

① 배출가스 온도(℃)
② 오리피스 압차(mmH_2O)
③ 여과지 표면적(cm^2)
④ 수분량(%)

정답 66 ④ 67 ① 68 ① 69 ① 70 ④ 71 ② 72 ③

해설 먼지시료채취 기록지

```
공장명 _____          피토관계수 _____
측정대상명 _____      기온, ℃ _____
작성자명 _____        기압, mmHg _____
측정일 _____          수분량, % _____
측정번호 _____        흡입관 길이, m _____
오리피스미터 ⊿H _____ 흡입노즐 직경, cm _____
                          배출가스정압, mmHg _____
산소량(%) _____       굴뚝단면 및
등속흡입계수(%) _____ 측정점 배열    여과지 번호 _____
```

73 기체크로마토그래피로 굴뚝 배출가스 중 일산화탄소를 분석 시 분석기기 및 기구 등의 사용에 관한 설명과 가장 거리가 먼 것은?

① 운반가스 : 부피분율 99.9% 이상의 헬륨
② 충전제 : 활성알루미나(Al_2O_3 93.1%, SiO_2 0.02%)
③ 검출기 : 메테인화 반응장치가 있는 불꽃이온화 검출기
④ 분리관 : 내면을 잘 세척한 안지름 2~4mm, 길이 0.5~1.5m인 스테인리스강 재질관

해설 충전제는 합성제올라이트(molecular sieve 5A, 13X 등이 있음)를 사용한다.

74 환경대기 중의 석면시험방법 중 위상차현미경법을 통한 계수대상물의 식별방법에 관한 설명으로 옳지 않은 것은?(단, 적정한 분석능력을 가진 위상차현미경 등을 사용한 경우)

① 단섬유인 경우 구부러져 있는 섬유는 곡선에 따라 전체 길이를 재어서 판정한다.
② 헝클어져 다발을 이루고 있는 경우로서 섬유가 헝클어져 정확한 수를 헤아리기 힘들 때에는 0개로 판정한다.
③ 섬유에 입자가 부착하고 있는 경우 입자의 폭이 $3\mu m$를 넘는 것은 1개로 판정한다.
④ 섬유가 그래티큘 시야의 경계선에 물린 경우 그래티큘 시야 안으로 한쪽 끝만 들어와 있는 섬유는 1/2개로 인정한다.

해설 섬유에 입자가 부착하고 있는 경우 입자의 폭이 $3\mu m$를 넘지 않는 것은 1개로 판정한다.

75 대기오염공정시험기준상 굴뚝 배출가스 중 일산화탄소 분석방법으로 옳지 않은 것은?

① 자외선가시선분광법   ② 정전위 전해법
③ 비분산형 적외선분석법 ④ 기체크로마토그래피법

해설 굴뚝배출가스 중 일산화탄소 분석방법
㉠ 비분산형 적외선 분석법
㉡ 정전위전해법
㉢ 기체크로마토그래피법

76 굴뚝에서 배출되는 가스 중 이황화탄소(CS_2)를 채취하기 위한 흡수액은?(단, 자외선/가시선분광법 기준)

① 페놀디술폰산 용액
② p-다이메틸아미노 벤질리덴 로다닌의 아세톤용액
③ 다이에틸아민구리 용액
④ 수산화소듐용액

해설 이황화탄소(CS_2)의 흡수액은 다이에틸아민구리 용액이다.

77 배출가스 중 다이옥신 및 퓨란류 분석을 위한 시료채취방법에 관한 설명으로 옳지 않은 것은?

① 흡인노즐에서 흡인하는 가스의 유속은 측정점의 배출가스유속에 대해 상대오차 -5~+5%의 범위 내로 한다.
② 최종배출구에서의 시료채취 시 흡인기체량은 표준상태(0℃, 1기압)에서 4시간 평균 $3m^3$ 이상으로 한다.
③ 덕트 내의 압력이 부압인 경우에는 흡인장치를 덕트 밖으로 빼낸 후에 흡인펌프를 정지시킨다.
④ 배출가스 시료를 채취하는 동안에 각 흡수병은 얼음 등으로 냉각시키며, XAD-2 수지 흡착관은 -50℃ 이하로 유지하여야 한다.

해설 배출가스 시료를 채취하는 동안에 각 흡수병은 얼음 등으로 냉각시킨다. XAD-2 수지 포집관부는 30℃ 이하로 유지하여야 한다.

78 굴뚝배출가스 중 황화수소를 아이오딘 적정법으로 분석할 때 종말점의 판단을 위한 지시약은?

① 아르세나조Ⅲ   ② 메틸렌 레드
③ 녹말 용액   ④ 메틸렌 블루

해설 적정의 종말점 부근에서 액이 엷은 황색으로 되었을 때 녹말 용액 3mL를 가하여 생긴 청색이 없어질 때를 종말점으로 한다.

79 기체크로마토그래피의 장치구성에 관한 설명으로 가장 거리가 먼 것은?

① 방사성 동위원소를 사용하는 검출기를 수용하는 검출기 오븐에 대하여는 온도조절기구와는 별도로 독립작용을 할 수 있는 과열방지기구를 설치해야 한다.

정답 73 ② 74 ③ 75 ① 76 ③ 77 ④ 78 ③ 79 ③

② 분리관오븐의 온도조절 정밀도는 ±0.5℃ 범위 이내 전원 전압변동 10%에 대하여 온도 변화 ±0.5℃ 범위 이내(오븐의 온도가 150℃ 부근일 때)이어야 한다.
③ 보유시간을 측정할 때는 10회 측정하여 그 평균치를 구한다. 일반적으로 5~30분 정도에서 측정하는 봉우리의 보유시간은 반복시험을 할 때 ±5% 오차범위 이내이어야 한다.
④ 불꽃이온화 검출기는 대부분의 화합물에 대하여 열전도도 검출기보다 약 1,000배 높은 감도를 나타내고 대부분의 유기화합물의 검출이 가능하므로 흔히 사용된다.

해설 보유시간을 측정할 때는 3회 측정하여 그 평균치를 구한다. 일반적으로 5~30분 정도에서 측정하는 봉우리의 보유시간은 반복시험을 할 때 ±3% 오차범위 이내이어야 한다.

80 환경대기 중 시료채취위치 선정기준으로 옳지 않은 것은?

① 주위에 건물 등이 밀집되어 있을 때는 건물 바깥벽으로부터 적어도 1.5m 이상 떨어진 곳에 채취점을 선정한다.
② 시료의 채취높이는 그 부근의 평균오염도를 나타낼 수 있는 곳으로서 가능한 1.5~30m 범위로 한다.
③ 주위에 장애물이 있을 경우에는 채취 위치로부터 장애물까지의 거리가 그 장애물 높이의 1.5배 이상이 되도록 한다.
④ 주위에 장애물이 있는 경우에는 채취점과 장애물 상단을 연결하는 직선이 수평선과 이루는 각도가 30° 이하 되는 곳을 선정한다.

해설 주위에 건물이나 수목 등의 장애물이 있을 경우에는 채취위치로부터 장애물까지의 거리가 그 장애물 높이의 2배 이상 또는 채취점과 장애물 상단을 연결하는 직선이 수평선과 이루는 각도가 30° 이하 되는 곳을 선정한다.

제5과목 대기환경관계법규

81 대기환경보전법규상 위임업무 보고사항 중 자동차 연료 및 첨가제의 제조·판매 또는 사용에 대한 규제현황의 보고횟수 기준은?

① 연 1회
② 연 2회
③ 연 4회
④ 연 12회

해설 위임업무 보고사항

업무내용	보고횟수	보고기일	보고자
환경오염사고 발생 및 조치 사항	수시	사고 발생 시	시·도지사, 유역환경청장 또는 지방환경청장
수입자동차 배출가스 인증 및 검사 현황	연 4회	매 분기 종료 후 15일 이내	국립환경과학원장
자동차 연료 및 첨가제의 제조·판매 또는 사용에 대한 규제현황	연 2회	매 반기 종료 후 15일 이내	유역환경청장 또는 지방환경청장
자동차 연료 또는 첨가제의 제조기준 적합 여부 검사 현황	• 연료 : 연 4회 • 첨가제 : 연 2회	• 연료 : 매 분기 종료 후 15일 이내 • 첨가제 : 매 반기 종료 후 15일 이내	국립환경과학원장
측정기기관리 대행법의 등록, 변경등록 및 행정처분 현황	연 1회	다음 해 1월 15일까지	유역환경청장, 지방환경청장 또는 수도권대기환경청장

82 악취방지법상 악취 배출허용기준 초과와 관련하여 받은 개선명령을 이행하지 아니한 자에 대한 벌칙기준으로 옳은 것은?

① 300만 원 이하의 벌금에 처한다.
② 500만 원 이하의 벌금에 처한다.
③ 1,000만 원 이하의 벌금에 처한다.
④ 1년 이하의 징역 또는 1천만 원 이하의 벌금에 처한다.

해설 악취방지법 제28조 참고

83 대기환경보전법상 환경기술인 등의 교육을 받게 하지 아니한 자에 대한 과태료 부과기준은?

① 30만 원 이하의 과태료를 부과한다.
② 50만 원 이하의 과태료를 부과한다.
③ 100만 원 이하의 과태료를 부과한다.
④ 200만 원 이하의 과태료를 부과한다.

해설 대기환경보전법 제94조 참고

84 대기환경보전법령상 초과부과금 산정기준 중 1킬로그램당 부과금액이 가장 적은 것은?

① 염화수소　　② 황화수소
③ 시안화수소　④ 이황화탄소

해설 초과부과금 산정기준

오염물질	구분	오염물질 1킬로그램당 부과금액
황산화물		500
먼지		770
질소산화물		2,130
암모니아		1,400
황화수소		6,000
이황화탄소		1,600
특정유해물질	불소화물	2,300
	염화수소	7,400
	시안화수소	7,300

※ 법규 변경사항이므로 해설의 내용으로 학습하시기 바랍니다.

85 대기환경보전법령상 3종 사업장의 환경기술인의 자격기준에 해당되는 자는?

① 환경기능사
② 1년 이상 대기분야 환경 관련 업무에 종사한 자
③ 2년 이상 대기분야 환경 관련 업무에 종사한 자
④ 피고용인 중에서 임명하는 자

해설 3종 사업장 환경기술인 자격기준
㉠ 대기환경산업기사
㉡ 환경기능사
㉢ 3년 이상 대기분야 환경 관련 업무에 종사한 자

86 환경정책기본법상 시·도지사가 해당 지역의 환경적 특수성을 고려하여 규정에 의한 환경기준보다 확대·강화된 별도의 환경기준을 설정할 경우, 누구에게 보고하여야 하는가?

① 환경부장관　　② 보건복지부장관
③ 국토교통부장관　④ 국무총리

해설 특별시장·광역시장·도지사·특별자치도지사(이하 "시·도지사"라 한다)는 지역환경기준을 설정하거나 변경한 경우에는 이를 지체 없이 환경부장관에게 보고하여야 한다.

87 다음은 실내공기질 관리법상 측정기기의 부착 및 운영·관리와 규제의 재검토 사항이다. ( ) 안에 가장 적합한 것은?

환경부장관은 다중이용시설의 실내공기질 실태를 파악하기 위하여 다중이용시설의 소유자·점유자 등 관리책임이 있는 자에게 환경부령으로 정하는 측정기기를 부탁하고, 환경부령으로 정하는 기준에 따라 운영·관리할 것을 권고할 수 있다. 환경부장관은 위에 따른 측정기기의 부착 및 운영·관리에 대하여 2017년 1월 1일을 기준으로 ( ) 그 타당성을 검토하여 개선 등의 조치를 하여야 한다.

① 1년마다　　② 2년마다
③ 3년마다　　④ 5년마다

해설 실내공기질관리법상 측정기기의 타당성 검토는 5년마다 한다.

88 다음은 대기환경보전법상 실천계획의 수립·시행 및 평가에 관한 사항이다. ( ) 안에 알맞은 것은?

대기환경규제지역을 관할하는 시·도지사 또는 대도시 시장은 그 지역이 대기환경규제지역으로 지정·고시된 후 (㉠) 이내에 그 지역의 환경기준을 달성·유지하기 위한 계획을 (㉡)으로 정하는 내용과 절차에 따라 수립하고, 환경부장관의 승인을 받아 시행하여야 한다. 이를 변경하는 경우에도 또한 같다.

① ㉠ 2년, ㉡ 대통령령
② ㉠ 2년, ㉡ 환경부령
③ ㉠ 5년, ㉡ 대통령령
④ ㉠ 5년, ㉡ 환경부령

해설 대기환경규제지역을 관할하는 시·도지사 또는 대도시 시장은 그 지역이 대기환경규제지역으로 지정·고시된 후 2년 이내에 그 지역의 환경기준을 달성·유지하기 위한 계획(이하 "실천계획"이라 한다)을 환경부령으로 정하는 내용과 절차에 따라 수립하고, 환경부장관의 승인을 받아 시행하여야 한다. 이를 변경하는 경우에도 또한 같다.

정답 83 ③　84 ④　85 ①　86 ①　87 ④　88 ②

89 대기환경보전법령상 비산먼지 발생사업으로서 "대통령령으로 정하는 사업" 중 환경부령으로 정하는 사업과 가장 거리가 먼 것은?

① 비금속물질의 채취업, 제조업 및 가공업
② 제1차 금속제조업
③ 운송장비제조업
④ 목재 및 광석의 운송업

해설 **비산먼지 발생사업**
㉠ 시멘트·석회·플라스터 및 시멘트 관련 제품의 제조업 및 가공업
㉡ 비금속물질의 채취업, 제조업 및 가공업
㉢ 제1차 금속 제조업
㉣ 비료 및 사료제품의 제조업
㉤ 건설업(지반 조성공사, 건축물 축조 및 토목공사, 조경공사로 한정한다)
㉥ 시멘트, 석탄, 토사, 사료, 곡물 및 고철의 운송업
㉦ 운송장비제조업
㉧ 저탄시설의 설치가 필요한 사업
㉨ 고철, 곡물, 사료, 목재 및 광석의 하역업 또는 보관업
㉩ 금속제품의 제조업 및 가공업
㉪ 폐기물 매립시설 설치·운영 사업

90 대기환경보전법상 평균 배출허용기준을 초과한 자동차 제작자에 대한 상환명령을 이행하지 아니하고 자동차를 제작한 자에 대한 벌칙기준으로 옳은 것은?

① 7년 이하의 징역이나 1억 원 이하의 벌금에 처한다.
② 5년 이하의 징역이나 5천만 원 이하의 벌금에 처한다.
③ 3년 이하의 징역이나 3천만 원 이하의 벌금에 처한다.
④ 1년 이하의 징역이나 1천만 원 이하의 벌금에 처한다.

해설 대기환경보전법 제89조 참고

91 대기환경보전법규상 관제센터로 측정결과를 자동전송하지 않는 먼지·황산화물 및 질소산화물의 연간 발생량의 합계가 80톤 이상인 사업장 배출구의 자가측정횟수 기준은?(단, 기타사항 등은 제외)

① 매일 1회 이상
② 매주 1회 이상
③ 매월 2회 이상
④ 2개월마다 1회 이상

해설 관제센터로 측정결과를 자동전송하지 않는 사업장의 배출구

구분	배출구별 규모	측정횟수	측정항목
제1종 배출구	먼지·황산화물 및 질소산화물의 연간 발생량 합계가 80톤 이상인 배출구	매주 1회 이상	배출허용기준이 적용되는 대기오염물질. 다만, 비산먼지는 제외한다.
제2종 배출구	먼지·황산화물 및 질소산화물의 연간 발생량 합계가 20톤 이상 80톤 미만인 배출구	매월 2회 이상	
제3종 배출구	먼지·황산화물 및 질소산화물의 연간 발생량 합계가 10톤 이상 20톤 미만인 배출구	2개월마다 1회 이상	
제4종 배출구	먼지·황산화물 및 질소산화물의 연간 발생량 합계가 2톤 이상 10톤 미만인 배출구	반기마다 1회 이상	
제5종 배출구	먼지·황산화물 및 질소산화물의 연간 발생량 합계가 2톤 미만인 배출구	반기마다 1회 이상	

92 대기환경보전법령상 사업장별 환경기술인의 자격기준에 관한 사항으로 거리가 먼 것은?

① 2종 사업장의 환경기술인의 자격기준은 대기환경산업기사 이상의 기술자격 소지자 1명 이상이다.
② 4종 사업장과 5종 사업장 중 환경부령으로 정하는 기준 이상의 특정대기유해물질이 포함된 오염물질을 배출하는 경우에는 3종 사업장에 해당하는 기술인을 두어야 한다.
③ 1종 사업장과 2종 사업장 중 1개월 동안 실제 작업한 날만을 계산하여 1일 평균 17시간 이상 작업하는 경우에는 해당 사업장의 기술인을 각각 2명 이상 두어야 한다.
④ 공동방지시설에서 각 사업장의 대기오염물질 발생량의 합계가 4종 사업장과 5종 사업장의 규모에 해당하는 경우에는 5종 사업장에 해당하는 기술인을 두어야 한다.

해설 공동방지시설에서 각 사업장의 대기오염물질 발생량의 합계가 4종 사업장과 5종 사업장의 규모에 해당하는 경우에는 3종 사업장에 해당하는 기술인을 두어야 한다.

93 대기환경보전법상 장거리이동대기오염물질 대책위원회에 관한 사항으로 옳지 않은 것은?

① 위원회는 위원장 1명을 포함한 25명 이내의 위원으로 구성한다.
② 위원회의 위원장은 환경부장관이 되고, 위원은 환경부령으로 정하는 중앙행정기관의 공무원 등으로서 환경부장관이 위촉하거나 임명하는 자로 한다.

정답 89 ④ 90 ① 91 ② 92 ④ 93 ②

③ 위원회와 실무위원회 및 장거리이동대기 오염물질연구단의 구성 및 운영 등에 관하여 필요한 사항은 대통령으로 정한다.
④ 환경부장관은 장거리이동대기오염물질 피해방지를 위하여 5년마다 관계 중앙행정기관의 장과 협의하고 시·도지사의 의견을 들어야 한다.

해설 위원회의 위원장은 환경부차관이 되고, 위원은 다음 각 호의 자로서 환경부장관이 위촉하거나 임명하는 자로 한다.
㉠ 대통령령으로 정하는 중앙행정기관의 공무원
㉡ 대통령령으로 정하는 분야의 학식과 경험이 풍부한 전문가

94 다음은 대기환경보전법령상 시·도지사가 배출시설의 설치를 제한할 수 있는 경우이다. ( ) 안에 가장 알맞은 것은?

> 배출시설 설치 지점으로부터 반경 1킬로미터 안의 상주인구가 (㉠)인 지역으로서 특정 대기유해물질 중 한 가지 종류의 물질을 연간 (㉡) 배출하거나 두 가지 이상의 물질을 연간 (㉢) 배출하는 시설을 설치하는 경우

① ㉠ 1만 명 이상 ㉡ 5톤 이상   ㉢ 10톤 이상
② ㉠ 1만 명 이상 ㉡ 10톤 이상 ㉢ 20톤 이상
③ ㉠ 2만 명 이상 ㉡ 5톤 이상   ㉢ 10톤 이상
④ ㉠ 2만 명 이상 ㉡ 10톤 이상 ㉢ 25톤 이상

해설 시·도지사가 배출시설의 설치를 제한할 수 있는 경우
㉠ 배출시설 설치 지점으로부터 반경 1킬로미터 안의 상주 인구가 2만 명 이상인 지역으로서 특정대기유해물질 중 한 가지 종류의 물질을 연간 10톤 이상 배출하거나 두 가지 이상의 물질을 연간 25톤 이상 배출하는 시설을 설치하는 경우
㉡ 대기오염물질(먼지·황산화물 및 질소산화물만 해당한다)의 발생량 합계가 연간 10톤 이상인 배출시설을 특별대책지역에 설치하는 경우

95 대기환경보전법규상 수도권대기환경청장, 국립환경과학원장 또는 한국환경공단이 설치하는 대기오염 측정망의 종류에 해당하지 않는 것은?

① 대기오염물질의 지역배경농도를 측정하기 위한 교외대기측정망
② 대기 중의 중금속 농도를 측정하기 위한 대기중금속측정망
③ 미세먼지(PM-2.5)의 성분 및 농도를 측정하기 위한 미세먼지성분측정망
④ 산성 대기오염물질의 건성 및 습성 침착량을 측정하기 위한 산성강하물측정망

해설 수도권대기환경청장, 국립환경과학원장 또는 한국환경공단이 설치하는 대기오염 측정망의 종류
㉠ 대기오염물질의 지역배경농도를 측정하기 위한 교외대기측정망
㉡ 대기오염물질의 국가배경농도와 장거리이동 현황을 파악하기 위한 국가배경농도측정망
㉢ 도시지역 또는 산업단지 인근지역의 특정대기유해물질(중금속을 제외한다)의 오염도를 측정하기 위한 유해대기물질측정망
㉣ 도시지역의 휘발성 유기화합물 등의 농도를 측정하기 위한 광화학대기오염물질측정망
㉤ 산성 대기오염물질의 건성 및 습성 침착량을 측정하기 위한 산성강하물측정망
㉥ 기후·생태계 변화유발물질의 농도를 측정하기 위한 지구대기측정망
㉦ 장거리이동 대기오염물질의 성분을 집중 측정하기 위한 대기오염집중측정망
㉧ 미세먼지(PM-2.5)의 성분 및 농도를 집중측정하기 위한 미세먼지성분측정망

96 대기환경보전법령상 배출시설 설치신고를 하고자 하는 경우 설치신고서에 포함되어야 하는 사항과 가장 거리가 먼 것은?

① 배출시설 및 방지시설의 설치명세서
② 방지시설의 일반도
③ 방지시설의 연간 유지관리 계획서
④ 유해오염물질 확정 배출농도 내역서

해설 배출시설 설치신고를 하고자 하는 경우 설치신고서에 포함되어야 하는 사항
㉠ 원료(연료를 포함한다)의 사용량 및 제품 생산량과 오염물질 등의 배출량을 예측한 명세서
㉡ 배출시설 및 방지시설의 설치명세서
㉢ 방지시설의 일반도
㉣ 방지시설의 연간 유지관리 계획서
㉤ 사용 연료의 성분 분석과 황산화물 배출농도 및 배출량 등을 예측한 명세서
㉥ 배출시설설치허가증(변경허가를 신청하는 경우에만 해당한다)

97 대기환경보전법령상 사업장별 환경기술인의 자격기준에 관한 설명으로 옳지 않은 것은?

① 4종 사업장과 5종 사업장 중 특정대기유해물질이 환경부령으로 정하는 기준 이상으로 포함된 오염물질을 배출하는 경우에는 3종 사업장에 해당하는 기술인을 두어야 한다.
② 1종 사업장과 2종 사업장 중 1개월 동안 실제 작업한 날만을 계산하는 1일 평균 17시간 이상 작업하는 경우에

2022년 4회

는 해당 사업장의 기술인을 각각 1명 이상 두어야 한다.
③ 공동방지시설에서 각 사업장의 대기오염물질 발생량의 합계가 4종 사업장과 5종 사업장의 규모에 해당하는 경우에는 3종 사업장에 해당하는 기술인을 두어야 한다.
④ 배출시설 중 일반보일러만 설치한 사업장과 대기 오염물질 중 먼지만 발생하는 사업장은 5종 사업장에 해당하는 기술인을 둘 수 있다.

해설 1종 사업장과 2종 사업장 중 1개월 동안 실제 작업한 날만을 계산하여 1일 평균 17시간 이상 작업하는 경우에는 해당 사업장의 기술인을 각각 2명 이상 두어야 한다.

98 대기환경보전법상 기후·생태계 변화 유발물질이라 볼 수 없는 것은?

① 이산화탄소
② 아산화질소
③ 탄화수소
④ 메탄

해설 기후·생태계 변화 유발물질
지구온난화 등으로 생태계의 변화를 가져올 수 있는 기체상 물질로서 온실가스 및 환경부령이 정하는 것을 말한다.
㉠ 온실가스 : 이산화탄소, 메탄, 아산화질소, 수소불화탄소, 과불화탄소, 육불화황
㉡ 환경부령으로 정하는 것 : 염화불화탄소, 수소염화불화탄소

99 환경정책기본법령상 대기 중 미세먼지(PM-10)의 환경기준으로 적절한 것은?(단, 연간 평균치)

① $150\mu g/m^3$ 이하
② $120\mu g/m^3$ 이하
③ $70\mu g/m^3$ 이하
④ $50\mu g/m^3$ 이하

해설 대기환경기준

항목	미세먼지(PM-10)
기준	• 연간 평균치 : $50\mu g/m^3$ 이하 • 24시간 평균치 : $100\mu g/m^3$ 이하
측정방법	베타선 흡수법(β-Ray Absorption Method)

100 대기환경보전법상 다음 용어의 뜻으로 거리가 먼 것은?

① 대기오염물질 : 대기 중에 존재하는 물질 중 심사·평가 결과 대기오염의 원인으로 인정된 가스·입자상 물질로서 환경부령으로 정하는 것을 말한다.
② 기후·생태계 변화 유발물질 : 지구온난화 등으로 생태계의 변화를 가져올 수 있는 기체상 물질로서 온실가스와 환경부령으로 정하는 것을 말한다.
③ 매연 : 연소할 때에 생기는 유리 탄소가 주가 되는 미세한 입자상 물질을 말한다.
④ 촉매제 : 자동차에서 배출되는 대기오염물질을 줄이기 위하여 자동차에 부착 또는 교체하는 장치로서 환경부령으로 정하는 저감효율에 적합한 장치를 말한다.

해설 촉매제
배출가스를 줄이는 효과를 높이기 위하여 배출가스 저감장치에 사용되는 화학물질로서 환경부령으로 정하는 것을 말한다.

정답 98 ③ 99 ④ 100 ④

2021년 1회 기출문제

제1과목 　대기오염개론

01 다음에서 설명하는 오염물질로 가장 적합한 것은?

- 부드러운 청회색의 금속으로 밀도가 크고 내식성이 강하다.
- 소화기로 섭취되면 대략 10% 정도가 소장에서 흡수되고, 나머지는 대변으로 배출된다. 세포 내에서는 SH기와 결합하여 헴(Heme) 합성에 관여하는 효소 등 여러 효소작용을 방해한다.
- 인체에 축적되면 적혈구 형성을 방해하며, 심하면 복통, 빈혈, 구토를 일으키고 뇌세포에 손상을 준다.

① Cr　　　　　　② Hg
③ Pb　　　　　　④ Al

해설 납(Pb)의 특성
㉠ 대부분의 납화합물은 물에 잘 녹지 않고 융점은 327℃, 끓는점은 1,620℃이며 무기납과 유기납으로 구분한다.
㉡ 소화기로 섭취된 납은 입자의 크기에 따라 다르지만 약 10% 정도만이 소장에서 흡수되고, 나머지는 대변으로 배출된다.
㉢ 세포 내에서 SH기와 결합하여 포르피린과 Heme 합성에 관여하는 효소를 포함한 여러 세포의 효소작용을 방해하고 적혈구 내의 전해질이 감소되어 적혈구 생존기간이 짧아지고 심한 경우 용혈성 빈혈이 나타나기도 한다. (인체혈액 헤모글로빈의 기본요소인 포르피린 고리의 형성을 방해함으로써 헤모글로빈의 형성을 억제함)
㉣ 헴(Heme) 합성의 장해로 주요증상은 빈혈증이며 혈색소량의 감소, 적혈구의 생존기간 단축, 파괴가 촉진된다. 즉, 헤모글로빈의 형성을 억제한다.

02 국지풍에 관한 설명으로 옳지 않은 것은?

① 일반적으로 낮에 바다에서 육지로 부는 해풍은 밤에 육지에서 바다로 부는 육풍보다 강하다.
② 고도가 높은 산맥에 직각으로 강한 바람이 부는 경우에 산맥의 풍하 쪽으로 건조한 바람이 부는데 이러한 바람을 푄풍이라 한다.
③ 곡풍은 경사면 → 계곡 → 주계곡으로 수렴하면서 풍속이 가속되기 때문에 일반적으로 낮에 산 위쪽으로 부는 산풍보다 더 강하게 분다.
④ 열섬효과로 인하여 도시 중심부가 주위보다 고온이 되어 도시 중심부에서 상승기류가 발생하고 도시 주위의 시골에서 도시로 바람이 부는데 이를 전원풍이라 한다.

해설 산풍은 경사면 → 계곡 → 주계곡으로 수렴하면서 풍속이 가속되기 때문에 낮에 산 위쪽으로 부는 곡풍보다 더 강하다.

03 다음에서 설명하는 대기분산모델로 가장 적합한 것은?

- 가우시안 모델식을 적용한다.
- 적용 배출원의 형태는 점, 선, 면이다.
- 미국에서 최근에 널리 이용되는 범용적인 모델로 장기농도 계산용이다.

① RAMS　　　　② ISCLT
③ UAM　　　　　④ AUSPLUME

해설 ISCLT(Industrial Complex Model for Long Term)
㉠ 점, 선, 면(주로 면) 오염원에 적용한다.
㉡ 가우시안 모델로서 미국에서 널리 이용되는 범용적인 모델이다.
㉢ 주로 장기농도 계산용의 모델이다.
㉣ AQDM과 CDM을 합친 모델로 Pasquill 안정도 등급에 의한 농도를 계산한다.

04 0℃, 1기압에서 SO_2 10ppm은 몇 mg/m^3인가?

① 19.62　　　　② 28.57
③ 37.33　　　　④ 44.14

해설 농도(mg/m^3) = $10ppm(mL/m^3) \times \dfrac{64mg}{22.4mL}$ = $28.57mg/m^3$

05 굴뚝에서 배출되는 연기의 형태 중 환상형(Looping)에 관한 설명으로 옳은 것은?

① 대기가 과단열감률 상태일 때 나타나므로 맑은 날 오후에 발생하기 쉽다.
② 상층이 불안정, 하층이 안정일 경우에 나타나며, 지표 부근의 오염물질 농도가 가장 낮다.

정답 01 ③　02 ③　03 ②　04 ②　05 ①

③ 전체 대기층이 중립 상태일 때 나타나며, 매연 속의 오염물질 농도는 가우시안 분포를 갖는다.
④ 전체 대기층이 매우 안정할 때 나타나며, 상하 확산 폭이 적어 굴뚝의 높이가 낮을 경우 지표 부근에 심각한 오염문제를 야기한다.

해설
② 지붕형(Lofting)
③ 원추형(Conning)
④ 부채형(Fanning)

06 포름알데하이드의 배출과 관련된 업종으로 가장 거리가 먼 것은?

① 피혁제조공업 ② 합성수지공업
③ 암모니아제조공업 ④ 포르말린제조공업

해설 포름알데하이드(HCHO) 배출업종
㉠ 피혁제조공업 ㉡ 합성수지공업
㉢ 섬유공업 ㉣ 포르말린제조공업

07 시골에서 먼지농도를 측정하기 위하여 공기를 0.15m/s의 속도로 12시간 동안 여과지에 여과시켰을 때, 사용된 여과지의 빛 전달률이 깨끗한 여과지의 80%로 감소했다. 1,000m당 Coh는?

① 0.2 ② 0.6
③ 1.1 ④ 1.5

해설
$$Coh_{1000} = \frac{\log(1/t)/0.01}{L} \times 1,000$$

광화학적 밀도 $= \log\frac{1}{0.8} = 0.0969$

총 이동거리$(L) = 0.15\text{m/sec} \times 12\text{hr} \times 3,600\text{sec/hr}$
$= 6,480\text{m}$

$$= \frac{\left(\frac{0.0969}{0.01}\right)}{6,480} \times 1,000 = 1.50$$

08 다음에서 설명하는 오염물질로 가장 적합한 것은?

- 매우 낮은 농도에서 피해를 일으킬 수 있으며, 주된 증상으로 상편생장, 전두운동의 저해, 황화현상, 줄기의 신장저해, 성장 감퇴 등이 있다.
- 0.1ppm 정도의 저농도에서도 스위트피와 토마토에 상편생장을 일으킨다.

① 오존 ② 에틸렌
③ 아황산가스 ④ 불소화합물

해설 에틸렌(C_2H_4)
㉠ 매우 낮은 농도에서 피해를 나타내며, 주된 증상으로 상편생장, 전두운동의 저해, 황화현상과 빠른 낙엽, 줄기의 신장저해, 성장감퇴 등이 있다.
㉡ 잎의 모든 부분에 피해가 나타나며 증상으로는 잎의 기형화, 꽃의 탈리 등이 나타난다.
㉢ 어린 가지의 성장을 억제시키며 이상낙엽을 유발한다.
㉣ 대표적 지표식물은 스위트피, 토마토, 메밀 등이다.(0.1ppm 정도의 저농도에서도 스위트피와 토마토에 상편생장을 일으킴)
㉤ 에틸렌가스에 대한 저항성이 가장 큰 식물은 양배추이다.

09 빈의 변위법칙에 관한 식은?

① $\lambda = 2,897/T$
(λ : 최대에너지가 복사될 때의 파장, T : 흑체의 표면온도)

② $E = \sigma T^4$
(E : 흑체의 단위표면적에서 복사되는 에너지, σ : 상수, T : 흑체의 표면온도)

③ $I = I_0 \exp(-K\rho L)$
(I_0, I : 각각 입사 전후의 빛의 복사속밀도, K : 감쇠상수, ρ : 매질의 밀도, L : 통과거리)

④ $R = K(1-\alpha) - L$
(R : 순복사, K : 지표면에 도달한 일사량, α : 지표의 반사율, L : 지표로부터 방출되는 장파복사)

해설 빈의 변위법칙(Wien's Displacement Law)
㉠ 정의 : 최대에너지 파장과 흑체 표면의 절대온도와는 반비례함을 나타내는 법칙으로 파장의 길이가 짧을수록 표면온도가 높은 물체이다.
㉡ 관련 식 : $\lambda_m = \dfrac{a}{T} = \dfrac{2,897}{T}$
여기서, λ_m : 복사에너지 중 에너지 강도가 최대가 되는 파장 (μm)
T : 흑체의 표면온도(K)
a : 비례상수

10 2차 대기오염물질에 해당하는 것은?

① H_2S ② H_2O_2
③ NH_3 ④ $(CH_3)_2S$

해설 대표적 2차 오염물질
㉠ 에어로졸(H_2SO_4 Mist) ㉡ O_3
㉢ PAN, PBN ㉣ NOCl
㉤ H_2O_2 ㉥ 아크롤레인
㉦ 알데하이드 ㉧ SO_2
㉨ 케톤

정답 06 ③ 07 ④ 08 ② 09 ① 10 ②

11 다음에서 설명하는 오염물질로 가장 적합한 것은?

> - 분자량이 98.9이고, 비등점이 약 8℃인 독특한 풀냄새가 나는 무색(시판용품은 담황록색) 기체(액화가스)이다.
> - 수분이 존재하면 가수분해되어 염산을 생성하여 금속을 부식시킨다.

① 페놀　　　　② 석면
③ 포스겐　　　④ T.N.T

해설 포스겐($COCl_2$)
㉠ 분자량이 98.9이며, 독특한 풀냄새가 나는 무색(시판용품은 담황록색)의 기체(액화가스)로 끓는점은 약 8.2℃, 융점은 −128℃이며 화학반응성, 인화성, 폭발성 및 부식성이 강하다.
㉡ 포스겐 자체는 자극성이 경미하고, 건조상태에서는 부식성이 없으나, 수분이 존재하면 가수분해되어 염산이 생기므로 금속을 부식시킨다.
㉢ 최루, 흡입에 의한 재채기, 호흡곤란 등의 급성중독 증상을 나타내며 몇 시간 후에 폐수종을 일으켜 사망할 수 있다.

12 불안정한 조건에서 굴뚝의 안지름이 5m, 가스 온도가 173℃, 가스 속도가 10m/s, 기온이 17℃, 풍속이 36km/h일 때, 연기의 상승높이(m)는?(단, 불안정 조건 시 연기의 상승높이는 $\Delta H = 150\dfrac{F}{U^3}$이며, F는 부력을 나타낸다.)

① 34　　　　② 40
③ 49　　　　④ 56

해설 $\Delta H = 150 \times \dfrac{F}{U^3}$

$$F = g \times \left(\dfrac{D}{2}\right)^2 \times V_s \times \left(\dfrac{T_s - T_a}{T_a}\right)$$

$$= 9.8 m/sec^2 \times \left(\dfrac{5m}{2}\right)^2 \times 10 m/sec$$

$$\times \left(\dfrac{(273+173)-(273+17)}{273+17}\right)$$

$$= 329.48 m^4/sec^3$$

$$= 150 \times \dfrac{329.48 m^4/sec^3}{(36 km/hr \times hr/3,600 sec \times 1,000 m/km)^3}$$

$$= 49.42 m$$

13 다음 중 오존 파괴지수가 가장 큰 것은?

① CCl_4　　　　② $CHFCl_2$
③ CH_2FCl　　④ $C_2H_2FCl_3$

해설 ① CCl_4 : 1.1
② $CHFCl_2$: 0.04
③ CH_2FCl : 0.055
④ $C_2H_2FCl_3$: 0.007~0.05

14 Fick의 확산방정식을 실제 대기에 적용시키기 위하여 필요한 가정 조건으로 가장 거리가 먼 것은?

① 바람에 의한 오염물질의 주 이동방향이 x축이다.
② 오염물질은 점배출원으로부터 연속적으로 배출된다.
③ 풍향, 풍속, 온도, 시간에 따른 농도변화가 없는 정상상태이다.
④ 하류로의 확산은 바람이 부는 방향(x축)의 확산보다 강하다.

해설 Fick의 확산방정식을 실제 대기에 적용시키기 위해 추가하는 가정
㉠ 바람에 의한 오염물의 주 이동방향은 x축이다.
㉡ 확산과정은 안정상태(정상상태 : $dc/dt = 0$)이다.
㉢ 오염물은 연속적인 점오염원으로부터 계속적으로 방출된다.
㉣ 단열과정은 안정상태이고 풍속은 x, y, z 좌표시스템의 어느 점에서든 일정하다.(바람은 시간 경과에 따라 변하지 않으며 Plume의 단면 전체에 풍속은 균일함)
㉤ 오염물이 x축을 따라 이동하는 것은 하류(풍하)로의 확산에 의한 물질이동보다 더 강하다.

15 일산화탄소에 관한 설명으로 옳지 않은 것은?

① 대류권 및 성층권에서의 광화학반응에 의하여 대기 중에서 제거된다.
② 물에 잘 녹아 강우의 영향을 크게 받으며, 다른 물질에 강하게 흡착하는 특징을 가진다.
③ 토양 박테리아의 활동에 의하여 이산화탄소로 산화되어 대기 중에서 제거된다.
④ 발생량과 대기 중의 평균농도로부터 대기 중 평균 체류시간이 약 1~3개월 정도일 것이라 추정되고 있다.

해설 CO는 물에 난용성이므로 강우에 의한 영향이 크지 않으며 다른 물질에 흡착현상도 일어나지 않는다.

16 역사적인 대기오염 사건에 관한 설명으로 가장 적합하지 않은 것은?

① 로스앤젤레스 사건은 자동차에서 배출되는 질소산화물, 탄화수소 등에 의하여 침강성 역전 조건에서 발생했다.
② 뮤즈계곡 사건은 공장에서 배출되는 아황산가스, 황산, 미세입자 등에 의하여 기온역전, 무풍상태에서 발생했다.
③ 런던 사건은 석탄연료의 연소 시 배출되는 아황산가스, 먼지 등에 의하여 복사성 역전, 높은 습도, 무풍상태에서 발생했다.
④ 보팔 사건은 공장조업사고로 황화수소가 다량 누출되어 발생하였으며 기온역전, 지형상 분지 등의 조건으로 많은 인명피해를 유발했다.

해설 1984년 인도의 보팔시에서 발생한 대기오염 사건의 주원인물질은 메틸이소시아네이트(MIC)이다.

17 지표면의 오존 농도가 증가하는 원인으로 가장 거리가 먼 것은?

① CO
② NOx
③ VOCs
④ 태양열 에너지

해설 지표 오존 농도 증가 원인
㉠ NOx
㉡ VOCs(HC : 올레핀계)
㉢ 태양열 에너지(자외선 380~400nm)

18 세류현상(Down Wash)이 발생하지 않는 조건은?

① 오염물질의 토출속도가 굴뚝높이에서의 풍속과 같을 때
② 오염물질의 토출속도가 굴뚝높이에서의 풍속의 2.0배 이상일 때
③ 굴뚝높이에서의 풍속이 오염물질 토출속도의 1.5배 이상일 때
④ 굴뚝높이에서의 풍속이 오염물질 토출속도의 2.0배 이상일 때

해설 세류현상(Down Wash)은 오염물질의 토출속도가 굴뚝높이 풍속의 2.0배 이상일 때 발생하지 않는다.

19 고도에 따른 대기층의 명칭을 순서대로 나열한 것은? (단, 낮은 고도 → 높은 고도)

① 지표 → 대류권 → 성층권 → 중간권 → 열권
② 지표 → 대류권 → 중간권 → 성층권 → 열권
③ 지표 → 성층권 → 대류권 → 중간권 → 열권
④ 지표 → 성층권 → 중간권 → 대류권 → 열권

해설 대기의 수직온도분포에 따라 지표면으로부터 상공으로의 권역은 대류권 → 성층권 → 중간권 → 열권으로 구분할 수 있다.

20 다음 오존파괴물질 중 평균수명(년)이 가장 긴 것은?

① CFC-11
② CFC-115
③ HCFC-123
④ CFC-124

해설 오존파괴물질의 평균수명
㉠ CFC-123($C_2HF_3Cl_2$) : 1.6년
㉡ CFC-124(C_2HF_4Cl) : 6.6년
㉢ CFC-11($CFCl_3$) : 50~60년
㉣ CFC-115(C_2F_5Cl) : 400~550년

제2과목 연소공학

21 옥탄가에 관한 설명이다. ( ) 안에 들어갈 말로 옳은 것은?

> 옥탄가는 시험 가솔린의 노킹 정도를 (㉠)과 (㉡)의 혼합표준연료의 노킹 정도와 비교했을 때, 공급 가솔린과 동등한 노킹 정도를 나타내는 혼합표준연료 중의 (㉠)%를 말한다.

① ㉠ iso-octane, ㉡ n-butane
② ㉠ iso-octane, ㉡ n-heptane
③ ㉠ iso-propane, ㉡ n-pentane
④ ㉠ iso-pentane, ㉡ n-butane

해설 옥탄가는 이소옥탄, 노말헵탄의 혼합물이 나타내는 옥탄가를 이소옥탄의 부피로 나타낸다.

22 다음 회분 성분 중 백색에 가깝고 융점이 높은 것은?

① CaO
② SiO₂
③ CaCO₃
④ Fe₂O₃

해설 SiO₂(이산화규소)
SiO₂는 규소의 산화물로 실리카라고도 하며 지구의 지각 대부분을 차지하는 광물이다. 또한 백색에 가깝고 융점은 SiO₂의 농도에 따라 달라지며 일반적으로 약 1,650℃ 정도로 높다.

23 액화석유가스(LPG)에 관한 설명으로 옳지 않은 것은?

① 천연가스 회수, 나프타 분해, 석유정제 시 부산물로부터 얻어진다.
② 비중은 공기의 1.5~2.0배 정도로 누출 시 인화 폭발의 위험이 크다.
③ 액체에서 기체로 될 때 증발열이 있으므로 사용하는 데 유의할 필요가 있다.
④ 메탄, 에탄올을 주성분으로 하는 혼합물로 1atm에서 −168℃ 정도로 냉각하면 쉽게 액화된다.

해설 액화석유가스(LPG)는 상온에서 약간의 압력(10~20atm)을 가하면 쉽게 액화시킬 수 있다.

24 고체연료의 연소방법 중 유동층 연소에 관한 설명으로 옳지 않은 것은?

① 재나 미연탄소의 배출이 많다.
② 미분탄연소에 비해 연소온도가 높아 NOx 생성을 억제하는 데 불리하다.
③ 미분탄연소와는 달리 고체연료를 분쇄할 필요가 없고 이에 따른 동력손실이 없다.
④ 석회석입자를 유동층매체로 사용할 때, 별도의 배연탈황 설비가 필요하지 않다.

해설 비교적 저온에서 연소가 행해지므로 열성성 NOx의 생성이 억제된다.

25 디젤노킹을 억제할 수 있는 방법으로 옳지 않은 것은?

① 회전속도를 높인다.
② 급기온도를 높인다.
③ 기관의 압축비를 크게 하여 압축압력을 높인다.
④ 착화지연기간 및 급격연소시간의 분사량을 적게 한다.

해설 디젤엔진의 노킹방지 대책
㉠ 세탄가가 높은 연료를 사용한다.
㉡ 분사 개시 때 분사량을 감소시킨다.
㉢ 급기온도를 높인다.
㉣ 기관의 압축비를 크게 하여 압축압력 및 압축온도를 높인다.
㉤ 회전속도를 감소시킨다.
㉥ 분사개시 때 분사량을 감소시켜 착화지연을 가능한 한 짧게 한다.
㉦ 분사시기를 알맞게 조정한다.
㉧ 흡입공기에 와류가 일어나도록 한다.
㉨ 착화지연기간 및 급격연소시간의 분사량을 감소시킨다.

26 회전식 버너에 관한 설명으로 옳지 않은 것은?

① 분무각도가 40~80°로 크고, 유량조절범위도 1 : 5 정도로 비교적 넓은 편이다.
② 연료유는 0.3~0.5kg/cm² 정도로 가압하여 공급하며, 직결식의 분사유량은 1,000L/h 이하이다.
③ 연료유의 점도가 크고, 분무컵의 회전수가 작을수록 분무상태가 좋아진다.
④ 3,000~10,000rpm으로 회전하는 컵모양의 분무컵에 송입되는 연료유가 원심력으로 비산됨과 동시에 송풍기에서 나오는 1차 공기에 의해 분무되는 형식이다.

해설 회전식 버너는 연료유의 점도가 작고, 분무컵의 회전수가 클수록 분무상태가 좋아진다.

27 액체연료에 관한 설명으로 옳지 않은 것은?

① 회분이 거의 없으며 연소, 소화, 점화의 조절이 쉽다.
② 화재, 역화의 위험이 크고, 연소 온도가 높기 때문에 국부가열의 위험이 존재한다.
③ 기체연료에 비해 밀도가 커 저장에 큰 장소가 필요하지 않고 연료의 수송도 간편한 편이다.
④ 완전연소 시 다량의 과잉공기가 필요하므로 연소장치가 대형화되는 단점이 있으며, 소화가 용이하지 않다.

해설 액체연료의 특징
㉠ 장점
• 타 연료에 비하여 발열량이 높다.
• 석탄 연소에 비하여 매연발생이 적다.
• 연소효율 및 열효율이 높다.
• 회분이 거의 없어 재가 발생하지 않고 기체연료에 비해 밀도가 커 저장에 큰 장소를 필요로 하지 않으며 연료의 수송도 간편하다.

정답 22 ② 23 ④ 24 ② 25 ① 26 ③ 27 ④

- 점화, 소화, 연소 조절이 용이하며 일정한 품질을 구할 수 있다.
- 계량과 기록이 쉽고 저장 중 변질이 적다.

ⓒ 단점
- 역화, 화재(인화)가 발생할 수 있어 위험이 크며 연소온도가 높아 국부가열의 위험성이 존재한다.
- 중질유의 연소에서는 황 성분으로 인하여 SO_2, 매연이 다량 발생한다.
- 국내 자원이 적고, 수입에의 의존 비율이 높으며 소량의 재 중에 금속산화물이 장해원인이 될 수 있다.
- 사용버너에 따라 소음이 발생된다.

28 폭굉 유도 거리(DID)가 짧아지는 요건으로 가장 거리가 먼 것은?

① 압력이 높다.
② 점화원의 에너지가 강하다.
③ 정상의 연소속도가 작은 단일가스이다.
④ 관 속에 방해물이 있거나 관 내경이 작다.

해설 폭굉 유도 거리가 짧아지는 조건
㉠ 정상연소 속도가 큰 혼합물일 경우
㉡ 점화원의 에너지가 큰 경우
㉢ 압력이 높을 경우
㉣ 관경이 작을 경우
㉤ 관 속에 방해물이 있을 경우

29 석탄의 탄화도가 증가할수록 나타나는 성질로 옳지 않은 것은?

① 착화온도가 높아진다.
② 연소속도가 느려진다.
③ 수분이 감소하고 발열량이 증가한다.
④ 연료비(고정탄소(%)/휘발분(%))가 감소한다.

해설 탄화도가 높아질 경우의 현상
㉠ 착화온도가 높아진다.
㉡ 고정탄소가 증가한다.
㉢ 발열량이 증가한다.
㉣ 연료비[고정탄소(%)/휘발분(%)]가 증가한다.
㉤ 연소속도가 늦어진다.
㉥ 수분 및 휘발분이 감소한다.
㉦ 비열이 감소한다.
㉧ 산소의 양이 감소한다.
㉨ 매연발생률이 감소한다.

30 당량비(ϕ)에 관한 설명으로 옳지 않은 것은?

① $\phi > 1$ 경우는 불완전연소가 된다.
② $\phi > 1$ 경우는 연료가 과잉인 경우이다.
③ $\phi < 1$ 경우는 공기가 부족한 경우이다.
④ $\phi = \dfrac{실제의\ 연료량/산화제}{완전연소를\ 위한\ 이상적\ 연료량/산화제}$ 이다.

해설 ϕ에 따른 특성
㉠ $\phi = 1$
- $m = 1$
- 완전연소에 알맞은 연료와 산화제가 혼합된 경우로 이상적 연소형태이다.

㉡ $\phi > 1$
- $m < 1$
- 연료가 과잉으로 공급된 경우로 불완전 연소형태이다.
- 일반적으로 CO는 증가하고 NO는 감소한다.

㉢ $\phi < 1$
- $m > 1$
- 공기가 과잉으로 공급된 경우로 완전 연소형태이다.
- CO는 완전연소를 기대할 수 있어 최소가 되나, NO는 증가한다.

31 고위발열량이 12,000kcal/kg인 연료 1kg의 성분을 분석한 결과 탄소가 87.7%, 수소가 12%, 수분이 0.3%이었다. 이 연료의 저위발열량(kcal/kg)은?

① 10,350
② 10,820
③ 11,020
④ 11,350

해설 $H_l = H_h - 600(9H + W)$
$= 12,000 - 600[(9 \times 0.12) + 0.003]$
$= 11,350.2 \text{kcal/kg}$

32 분무화 연소방식에 해당하지 않는 것은?

① 유압 분무화식
② 충돌 분무화식
③ 여과 분무화식
④ 이류체 분무화식

해설 분무화 연소방식
㉠ 유압 분무화식
㉡ 충돌 분무화식
㉢ 이류체 분무화식

정답 28 ③ 29 ④ 30 ③ 31 ④ 32 ③

33 기체연료의 연소방법 중 예혼합연소에 관한 설명으로 옳지 않은 것은?

① 화염길이가 길고 그을음이 발생하기 쉽다.
② 역화의 위험이 있어 역화방지기를 부착해야 한다.
③ 화염온도가 높아 연소부하가 큰 곳에 사용 가능하다.
④ 연소기 내부에서 연료와 공기의 혼합비가 변하지 않고 균일하게 연소된다.

해설 예혼합연소
㉠ 화염온도가 높아 연소부하가 큰 경우에 사용이 가능하다.
㉡ 혼합기의 분출속도가 느릴 경우 역화의 위험이 있어 역화방지기를 부착해야 한다.(기체연료의 연소방법 중 역화 위험이 가장 큼)
㉢ 연소조절이 쉽다.(연료와 공기의 혼합비가 일정하여 균일하게 연소됨)
㉣ 화염이 짧고, 완전연소로 인한 그을음 생성량은 적다.

34 연소에 관한 설명으로 옳지 않은 것은?

① 표면연소는 휘발분 함유율이 적은 물질의 표면 탄소분부터 직접 연소되는 형태이다.
② 다단연소는 공기 중의 산소 공급 없이 물질 자체가 함유하고 있는 산소를 사용하여 연소하는 형태이다.
③ 증발연소는 비교적 융점이 낮은 고체연료가 연소하기 전에 액상으로 융해한 후 증발하여 연소하는 형태이다.
④ 분해연소는 분해온도가 증발온도보다 낮은 고체연료가 기상 중에 화염을 동반하여 연소할 경우 관찰되는 연소 형태이다.

해설 다단연소
연료과잉 상태에서 산소(O_2) 농도 감소에 의한 질소산화물(NOx)의 발생 저감을 유도한 후에 충분한 공기를 공급하여 완전연소를 유도하여 연소효율의 저하 없이 발생되는 질소산화물(NOx)의 농도를 낮게 유지하는 방법이다.

35 S함량이 5%인 B-C유 400kL를 사용하는 보일러에 S함량이 1%인 B-C유를 50% 섞어서 사용하면 SO_2의 배출량은 몇 % 감소하는가?(단, 기타 연소조건은 동일하며, S는 연소 시 전량 SO_2로 변환되고, S함량에 무관하게 B-C유의 비중은 0.95이다.)

① 30% ② 35%
③ 40% ④ 45%

해설 ㉠ 황 함량 5%일 때
$S + O_2 \to SO_2$
32kg : 22.4Sm³
400kL × 950kg/m³ × 0.05 : SO_2(Sm³)
$SO_2 = 13,300$ Sm³

㉡ 황 함량 5%(50%) + 1%(50%)일 때
32kg : 22.4Sm³
400kL × 950kg/m³ × [(0.05 × 0.5) + (0.01 × 0.5)] : SO_2(Sm³)
$SO_2 = 7,980$ Sm³

㉢ 감소율(%) = $\frac{13,300 - 7,980}{13,300} \times 100 = 40\%$

36 C 85%, H 11%, S 2%, 회분 2%의 무게비로 구성된 B-C유 1kg을 공기비 1.3으로 완전연소시킬 때, 건조배출가스 중의 먼지농도(g/Sm³)는?(단, 모든 회분 성분은 먼지가 된다.)

① 0.82 ② 1.53
③ 5.77 ④ 10.23

해설 먼지농도(g/Sm³)
$= \frac{\text{먼지발생량(g/kg)}}{G_d (\text{Sm}^3/\text{kg})}$

먼지발생량 = $\frac{0.02\text{kg} \times 10^3 \text{g/kg}}{\text{kg}} = 20$ g/kg

$G_d = G_{od} + (m-1)A_0$

$A_0 = \frac{(1.867 \times 0.85) + (5.6 \times 0.11) + (0.7 \times 0.02)}{0.21}$
$= 10.56$ Sm³/kg

$G_{od} = 0.79 A_0 + CO_2 + SO_2$
$= (0.79 \times 10.56) + (1.867 \times 0.85) + (0.7 \times 0.02)$
$= 9.94$ Sm³/kg

$= 9.94 + (1.3 - 1) \times 10.56 = 13.11$ Sm³/kg

$= \frac{20 \text{g/kg}}{13.11 \text{Sm}^3/\text{kg}} = 1.53$ g/Sm³

37 표준상태에서 CO_2 50kg의 부피(m³)는?(단, CO_2는 이상기체라 가정한다.)

① 12.73 ② 22.40
③ 25.45 ④ 44.80

해설 부피(m³) = $50\text{kg} \times \frac{22.4 \text{m}^3}{44 \text{kg}} = 25.45$ m³

2021년 1회

38 고체연료의 화격자 연소장치 중 연료가 화격자 → 석탄층 → 건류층 → 산화층 → 환원층을 거치며 연소되는 것으로, 연료층을 항상 균일하게 제어할 수 있고 저품질 연료도 유효하게 연소시킬 수 있어 쓰레기 소각로에 많이 이용되는 장치로 가장 적합한 것은?

① 체인 스토커(Chain Stoker)
② 포트식 스토커(Pot Stoker)
③ 산포식 스토커(Spreader Stoker)
④ 플라스마 스토커(Plasma Stoker)

해설 체인 스토커(Chain Stoker)
㉠ 고체연료 연소장치 중 하급식 연소방식이다.
㉡ 연소과정이 미착화탄 → 산화층 → 환원층 → 회층으로 변하여 연소된다.
㉢ 연료층을 항상 균일하게 제어할 수 있고, 저품질 연료도 유효하게 연소시킬 수 있어 쓰레기 소각로에 많이 이용되는 화격자연소장치이다.

39 어떤 액체연료의 연소 배출가스 성분을 분석한 결과 CO_2가 12.6%, O_2가 6.4%일 때, $(CO_2)_{max}$(%)는?(단, 연료는 완전연소된다.)

① 11.5   ② 13.2
③ 15.3   ④ 18.1

해설 $CO_{2max}(\%) = \dfrac{21 \times CO_2}{21 - O_2} = \dfrac{21 \times 12.6}{21 - 6.4} = 18.12$

40 다음 중 황함량이 가장 낮은 연료는?

① LPG   ② 중유
③ 경유   ④ 휘발유

해설 연료 중 황함량이 낮은 연료는 일반적으로 기체연료이다.

제3과목 대기오염방지기술

41 유체의 점성에 관한 설명으로 옳지 않은 것은?

① 액체의 온도가 높아질수록 점성계수는 감소한다.
② 점성계수는 압력과 습도의 영향을 거의 받지 않는다.
③ 유체 내에 발생하는 전단응력은 유체의 속도구배에 반비례한다.
④ 점성은 유체분자 상호 간에 작용하는 응집력과 인접 유체층 간의 운동량 교환에 기인한다.

해설 Hagen의 점성법칙에서 점성의 결과로 생기는 전단응력은 유체의 속도구배에 비례한다.

42 송풍기 회전수(N)와 유체밀도(ρ)가 일정할 때 성립하는 송풍기 상사법칙을 나타내는 식은?(단, Q : 유량, P : 풍압, L : 동력, D : 송풍기의 크기)

① $Q_2 = Q_1 \times \left[\dfrac{D_1}{D_2}\right]^2$ ② $P_2 = P_1 \times \left[\dfrac{D_1}{D_2}\right]^2$

③ $Q_2 = Q_1 \times \left[\dfrac{D_2}{D_1}\right]^3$ ④ $L_2 = L_1 \times \left[\dfrac{D_2}{D_1}\right]^3$

해설 송풍기 회전수, 유체(공기)의 중량이 일정할 때
㉠ 풍량은 송풍기 크기(회전차 직경)의 세제곱에 비례한다.
$$\dfrac{Q_2}{Q_1} = \left(\dfrac{D_2}{D_1}\right)^3 \qquad Q_2 = Q_1 \times \left(\dfrac{D_2}{D_1}\right)^3$$
여기서, D_1 : 변경 전 송풍기의 크기(회전차 직경)
D_2 : 변경 후 송풍기의 크기(회전차 직경)
㉡ 풍압(전압)은 송풍기 크기(회전차 직경)의 제곱에 비례한다.
$$\dfrac{FTP_2}{FTP_1} = \left(\dfrac{D_2}{D_1}\right)^2 \qquad FTP_2 = FTP_1 \times \left(\dfrac{D_2}{D_1}\right)^2$$
여기서, FTP_1 : 송풍기 크기 변경 전 풍압(mmH$_2$O)
FTP_2 : 송풍기 크기 변경 후 풍압(mmH$_2$O)
㉢ 동력은 송풍기 크기(회전차 직경)의 오제곱에 비례한다.
$$\dfrac{kW_2}{kW_1} = \left(\dfrac{D_2}{D_1}\right)^5 \qquad kW_2 = kW_1 \times \left(\dfrac{D_2}{D_1}\right)^5$$
여기서, kW_1 : 송풍기 크기 변경 전 동력(kW)
kW_2 : 송풍기 크기 변경 후 동력(kW)

정답 38 ①　39 ④　40 ①　41 ③　42 ③

43 사이클론(Cyclone)의 운전조건과 치수가 집진율에 미치는 영향으로 옳지 않은 것은?

① 동일한 유량일 때 원통의 직경이 클수록 집진율이 증가한다.
② 입구의 직경이 작을수록 처리가스의 유입속도가 빨라져 집진율과 압력손실이 증가한다.
③ 함진가스의 온도가 높아지면 가스의 점도가 커져 집진율이 감소하나 그 영향은 크지 않은 편이다.
④ 출구의 직경이 작을수록 집진율이 증가하지만 동시에 압력손실이 증가하고 함진가스의 처리능력이 감소한다.

해설 Cyclone 운전조건에 따른 집진효율 변화
㉠ 유속 증가 → 집진효율 증가
㉡ 가스점도 증가 → 집진효율 감소
㉢ 분진밀도 증가 → 집진효율 증가
㉣ 분진량 증가 → 집진효율 증가
㉤ 온도 증가 → 집진효율 증가
㉥ 원통직경 증가 → 집진효율 감소

44 사이클론(Cyclone)의 가스유입속도를 4배로 증가시키고 유입구의 폭을 3배로 늘렸을 때, 처음 Lapple의 절단입경 d_p에 대한 나중 Lapple의 절단입경 d_p'의 비는?

① 0.87
② 0.93
③ 1.18
④ 1.26

해설 절단입경식 $d_{p50} = \left(\dfrac{9\mu_g W}{2\pi N(\rho_p - \rho)V}\right)^{0.5}$ 에서 가스유입속도 및 유입구 폭을 고려하여 계산하면 $d_p' \propto \left(\dfrac{3}{4}\right)^{0.5} = 0.87$ (처음의 0.87배)

45 임의로 충진한 충진탑에서 혼합물을 물리적으로 분리할 때, 액의 분배가 원활하게 이루어지지 못하면 어떤 현상이 발생할 수 있는가?

① Mixing 현상
② Flooding 현상
③ Blinding 현상
④ Channeling 현상

해설 편류현상(Channeling Effect)
㉠ 탑상부에서 흡수액 주입 시 한쪽으로만 흐르는 현상으로 효율이 저감된다.
㉡ 편류현상을 최소화하기 위해서는 주입구를 분산(최소 5개)시켜야 하며 탑의 직경(D)과 충전물 직경(d)의 비(D/d)가 8~10(9~10) 정도 되어야 한다.
㉢ 불규칙적 충전방법은 충전밀도가 낮아 액이 내벽 쪽으로 흐르므로 일정간격으로 액 재분배기를 설치한다.

46 입경측정방법 중 관성충돌법(Cascade Impactor)에 관한 설명으로 옳지 않은 것은?

① 입자의 질량크기분포를 알 수 있다.
② 되튐으로 인한 시료의 손실이 일어날 수 있다.
③ 관성충돌을 이용하여 입경을 간접적으로 측정하는 방법이다.
④ 시료채취가 용이하고 채취 준비에 많은 시간이 소요되지 않는 장점이 있으나, 단수를 임의로 설계하기가 어렵다.

해설 입경측정방법 중 관성충돌법은 시료채취가 까다롭고 채취준비 시간이 과다하게 소요되며 단수의 임의 설계가 용이하다.

47 다음 여과포의 재질 중 최고사용온도가 가장 높은 것은?

① 오론
② 목면
③ 비닐론
④ 나일론(폴리아미드계)

해설 여과포의 최고사용온도
① 오론 : 150℃
② 목면 : 80℃
③ 비닐론 : 100℃
④ 나일론(폴리아미드계) : 110℃

48 유해가스를 처리할 때 사용하는 충전탑(Packed Tower)에 관한 내용으로 옳지 않은 것은?

① 충전탑에서 Hold-up은 탑의 단위면적당 충전재의 양을 의미한다.
② 흡수액에 고형물이 함유되어 있는 경우에는 침전물이 생기는 방해를 받는다.
③ 충전물을 불규칙적으로 충전했을 때 접촉면적과 압력손실이 커진다.
④ 일정량의 흡수액을 흘릴 때 유해가스의 압력손실은 가스속도의 대수 값에 비례하며, 가스속도가 증가할 때 나타나는 첫 번째 파괴점(Break Point)을 Loading Point라 한다.

해설 충전탑에서 Hold-up이라는 것은 충전층 내의 액보유량을 의미한다.

49 하전식 전기집진장치에 관한 설명으로 옳지 않은 것은?

① 2단식은 1단식에 비해 오존의 생성이 적다.
② 1단식은 일반적으로 산업용에 많이 사용된다.
③ 2단식은 비교적 함진 농도가 낮은 가스처리에 유용하다.
④ 1단식은 역전리 억제에는 효과적이나 재비산 방지는 곤란하다.

[해설] 1단식은 역전리가 발생하나 집진극에서 재비산 방지가 이루어진다.

50 사이클론(Cyclone)을 사용하여 입자상 물질을 집진할 때, 입경에 따라 집진효율이 달라진다. 집진효율이 50%인 입경을 나타내는 용어는?

① Stokes Diameter
② Critical Diameter
③ Cut Size Diameter
④ Aerodynamic Diameter

[해설] Cut Size Diameter는 50% 분리한계 입경을 의미한다.

51 일정한 온도하에서 어떤 유해가스와 물이 평형을 이루고 있다. 가스 분압이 38mmHg이고 Henry 상수가 0.01atm·m³/kg·mol일 때, 액 중 유해가스 농도(kg·mol/m³)는?

① 3.8 ② 4.0
③ 5.0 ④ 5.8

[해설] $P = H \cdot C$

$$C = \frac{P}{H} = \frac{38\text{mmHg} \times \frac{1\text{atm}}{760\text{mmHg}}}{0.01\text{atm} \cdot \text{m}^3/\text{kg} \cdot \text{mol}} = 5.0 \text{kg} \cdot \text{mol/m}^3$$

52 광학현미경을 사용하여 분진의 입경을 측정할 수 있다. 이때 입자의 투영면적을 2등분하는 선의 거리로 나타낸 분진의 입경은?

① Feret경 ② Martin경
③ 등면적경 ④ Heyhood경

[해설] 마틴 직경(Martin Diameter)
㉠ 입자의 면적을 2등분하는 선의 길이, 즉 입자의 2차원 투영상을 구하여 그 투영면적을 2등분한 선분 중 어떤 기준선과 평행인 것의 길이를 의미한다.(입자상 물질의 그림자를 2개의 등면적으로 나눈 선의 길이)
㉡ 최단거리를 측정하므로 과소평가할 수 있는 단점이 있다.

53 촉매산화식 탈취공정에 관한 설명으로 옳지 않은 것은?

① 대부분의 성분은 탄산가스와 수증기가 되기 때문에 배수처리가 필요 없다.
② 비교적 고온에서 처리하기 때문에 직접연소식에 비해 질소산화물의 발생량이 많다.
③ 광범위한 가스 조건하에서 적용이 가능하며 저농도에서도 뛰어난 탈취효과를 발휘할 수 있다.
④ 처리하고자 하는 대상가스 중의 악취성분 농도나 발생상황에 대응하여 최적의 촉매를 선정함으로써 뛰어난 탈취효과를 확보할 수 있다.

[해설] 촉매연소법(촉매산화법)
㉠ 가연성 유해 가스를 촉매에 의해 비교적 저온(400~500℃) 정도에서 불꽃 없이 산화시키는 방법으로 직접연소법에 비해 낮은 온도, 짧은 체류시간에서도 처리가 가능하며 저농도의 가연물질과 공기를 함유한 기체물질에 대하여 적용된다.
㉡ 활성도가 높은 촉매를 사용하는 것이 바람직하지만 내열성과 촉매독의 문제가 있다.
㉢ 직접연소법과 비교하여 연료소비량이 적기 때문에 운전비가 절감되지만 촉매의 수명이 문제가 된다.
㉣ 높은 온도의 예열이 필요 없으며 직접연소법에 비해 NOx 발생량이 적고 낮은 농도로 배출할 수 있다.

54 유량이 5,000m³/h인 가스를 충전탑을 사용하여 처리하고자 한다. 충전탑 내의 가스 유속을 0.34m/s로 할 때, 충전탑의 직경(m)은?

① 1.9 ② 2.3
③ 2.8 ④ 3.5

[해설] $A = \dfrac{Q}{V} = \dfrac{5,000\text{m}^3/\text{hr} \times \text{hr}/3,600\text{sec}}{0.34\text{m/sec}} = 4.085\text{m}^2$

$A = \dfrac{3.14 \times D^2}{4}$

$D = \sqrt{\dfrac{A \times 4}{3.14}} = \sqrt{\dfrac{4.085\text{m}^2 \times 4}{3.14}} = 2.28\text{m}$

55 시멘트산업에서 일반적으로 사용하는 전기집진장치의 배출가스 조절제는?

① 물(수증기) ② SO_3 가스
③ 암모늄염 ④ 가성소다

[해설] 시멘트산업에서 분진의 비저항은 고비저항이므로 조절제로 물(수증기)을 사용한다.

정답 49 ④ 50 ③ 51 ③ 52 ② 53 ② 54 ② 55 ①

56 가연성 유해가스를 제거하기 위한 방법 중 촉매산화법에 관한 설명으로 옳지 않은 것은?

① 압력손실이 커서 운영 비용이 많이 든다.
② 체류시간은 연소 장치에서 요구되는 것보다 짧다.
③ 촉매로는 백금, 팔라듐 등의 귀금속이 활성이 크기 때문에 널리 사용된다.
④ 촉매들은 운전 시 상한온도가 있기 때문에 촉매층을 통과할 때 온도가 과도하게 올라가지 않도록 한다.

해설 압력손실이 비교적 작아 운영 비용을 절감할 수 있다.

57 직경이 1.2m인 직선덕트를 사용하여 가스를 15m/s의 속도로 수송할 때, 길이 100m당 압력손실(mmHg)은?(단, 덕트의 관마찰계수 = 0.005, 가스의 밀도 = 1.3kg/m³)

① 0.46
② 1.46
③ 2.46
④ 3.46

해설 압력손실(mmH₂O) = $\lambda \times \dfrac{L}{D} \times \dfrac{\gamma V^2}{2g}$

$= 0.005 \times \dfrac{100}{1.2} \times \dfrac{1.3 \times 15^2}{2 \times 9.8}$

$= 6.218 \text{mmH}_2\text{O}$

압력손실(mmHg) = $6.218 \text{mmH}_2\text{O} \times \dfrac{760 \text{mmHg}}{10,332 \text{mmH}_2\text{O}}$

$= 0.46 \text{mmHg}$

58 20℃, 1기압에서 공기의 동점성계수는 1.5×10^{-5} m²/s 이다. 관의 지름이 50mm일 때, 그 관을 흐르는 공기의 속도(m/s)는?(단, 레이놀즈 수 = 3.5×10^4)

① 4.0
② 6.5
③ 9.0
④ 10.5

해설 $Re = \dfrac{VD}{\nu}$

$V = \dfrac{Re \times \nu}{D} = \dfrac{3.5 \times 10^4 \times 1.5 \times 10^{-5} \text{m}^2/\text{sec}}{0.05\text{m}} = 10.62 \text{m/sec}$

59 탈취방법 중 수세법에 관한 설명으로 옳지 않은 것은?

① 고농도의 악취가스 전처리에 효과적이다.
② 조작이 간단하며 탈취효율이 우수하여 전처리과정 없이 사용된다.
③ 수온에 따라 탈취효과가 달라지고 압력손실이 큰 것이 단점이다.
④ 알데히드류, 저급유기산류, 페놀 등 친수성 극성기를 가지는 성분을 제거할 수 있다.

해설 조작이 간단하고 대상악취물질에 대한 제한성이 작고, 산성가스 및 염기성가스의 별도처리가 필요하다.

60 가스분산형 흡수장치로만 짝지어진 것은?

① 단탑, 기포탑
② 기포탑, 충전탑
③ 분무탑, 단탑
④ 분무탑, 충전탑

해설 기체분산형 흡수장치에는 다공판탑(Sieve Plate Tower), 포종탑(Tray Tower), 기포탑 등이 있다.

제4과목 대기오염공정시험기준(방법)

61 이온크로마토그래피의 검출기에 관한 설명이다. ( ) 안에 들어갈 내용으로 가장 적합한 것은?

> (㉠)는 고성능 액체크로마토그래피 분야에서 가장 널리 사용되는 검출기로, 최근에는 이온크로마토그래피에서도 전기전도도 검출기와 병행하여 사용되기도 한다. 또한 (㉡)는 전이금속 성분의 발색반응을 이용하는 경우에 사용된다.

① ㉠ 광학검출기, ㉡ 암페로메트릭 검출기
② ㉠ 전기화학적 검출기, ㉡ 염광광도 검출기
③ ㉠ 자외선 흡수검출기, ㉡ 가시선 흡수검출기
④ ㉠ 전기전도도 검출기, ㉡ 전기화학적 검출기

해설 **이온크로마토그래피의 자외선 및 가시선 흡수검출기(UV, VIS 검출기)**
㉠ 자외선 흡수검출기(UV 검출기)는 고성능 액체크로마토그래피 분야에서 가장 널리 사용되는 검출기이며, 최근에는 이온크로마토그래피에서도 전기전도도 검출기와 병행하여 사용되기도 한다.
㉡ 가시선 흡수검출기(VIS 검출기)는 전이금속 성분의 발색반응을 이용하는 경우에 사용된다.

62 굴뚝 배출가스 중의 황산화물을 분석하는 데 사용하는 시료흡수용 흡수액은?

① 질산용액
② 붕산용액
③ 과산화수소수
④ 수산화나트륨용액

해설 굴뚝 배출가스 중 황산화물
㉠ 분석방법 : 침전적정법, 중화적정법
㉡ 흡수액 : 과산화수소수용액(3%)

63 자외선/가시선 분광법에 관한 설명으로 옳지 않은 것은? (단, I_o : 입사광의 강도, I_t : 투사광의 강도)

① $\dfrac{I_t}{I_o}$를 투과도(t)라 한다.
② $\log \dfrac{I_t}{I_o}$을 흡광도(A)라 한다.
③ 투과도(t)를 백분율로 표시한 것을 투과 퍼센트라 한다.
④ 자외선/가시선 분광법은 램버트-비어 법칙을 응용한 것이다.

해설 흡광도(A) = $\log \dfrac{1}{\left(\dfrac{I_t}{I_o}\right)} = \log \dfrac{I_o}{I_t}$

64 오염물질 A의 실측 농도가 250mg/Sm³이고, 그때의 실측 산소농도가 3.5%이다. 오염물질 A의 보정농도(mg/Sm³)는?(단, 오염물질 A는 표준산소농도를 적용받으며, 표준산소농도는 4%이다.)

① 219 ② 243
③ 247 ④ 286

해설 농도(mg/Sm³) = $C_a \times \dfrac{21-O_s}{21-O_a}$

= 250mg/Sm³ × $\dfrac{21-4}{21-3.5}$

= 242.86mg/Sm³

65 비분산 적외선 분석계의 구성에서 ( ) 안에 들어갈 기기로 옳은 것은?(단, 복광속 분석계 기준)

광원 → (㉠) → (㉡) → 시료셀 → 검출기 → 증폭기 → 지시계

① ㉠ 광학섹터, ㉡ 회전필터
② ㉠ 회전섹터, ㉡ 광학필터
③ ㉠ 광학필터, ㉡ 회전필터
④ ㉠ 회전섹터, ㉡ 광학섹터

해설 비분산 적외선 분석계의 구성장치 순서
광원-회전섹터-광학필터-시료셀-검출기-증폭기-지시계

66 배출가스 중의 건조시료가스 채취량을 건식 가스미터를 사용하여 측정할 때 필요한 항목에 해당하지 않는 것은?

① 가스미터의 온도
② 가스미터의 게이지압
③ 가스미터로 측정한 흡입가스양
④ 가스미터 온도에서의 포화수증기압

해설 건식 가스미터 사용 시

$V_s = V \times \dfrac{273}{273+t} \times \dfrac{P_a + P_m}{760}$

여기서, V : 가스미터로 측정한 흡입가스양(L)
V_s : 건조시료가스 채취량(L)
t : 가스미터의 온도(℃)
P_a : 대기압(mmHg)
P_m : 가스미터의 게이지압(mmHg)

67 대기 중의 가스상 물질을 용매채취법에 따라 채취할 때 사용하는 순간유량계 중 면적식 유량계는?

① 노즐식 유량계
② 오리피스 유량계
③ 게이트식 유량계
④ 미스트식 가스미터

해설 순간유량계
㉠ 면적식 유량계(Area Type) : 부자식(Floater), 피스톤식 또는 게이트식 유량계를 사용한다.
㉡ 기타 유량계 : 오리피스(Orifice) 유량계, 벤투리(Venturi) 식 유량계 또는 노즐(Flow Nozzle)식 유량계를 사용한다.

68 굴뚝을 통해 대기 중으로 배출되는 가스상의 시료를 채취할 때 사용하는 도관에 관한 설명으로 옳지 않은 것은?

① 도관의 안지름은 도관의 길이, 흡인가스의 유량, 응축수에 의한 막힘, 또는 흡인펌프의 능력 등을 고려해서 4~25mm로 한다.
② 하나의 도관으로 여러 개의 측정기를 사용할 경우 각 측정기 앞에서 도관을 병렬로 연결하여 사용한다.
③ 도관의 길이는 가능한 한 먼 곳의 시료채취구에서도 채취가 용이하도록 100m 정도로 가급적 길게 하되, 200m를 넘지 않도록 한다.
④ 도관은 가능한 한 수직으로 연결해야 하고 부득이 구부러진 관을 사용할 경우에는 응축수가 흘러나오기 쉽도록 경사지게(5° 이상) 한다.

해설 도관(연결관)의 길이는 되도록 짧게 하고 부득이 길게 쓰는 경우에는 이음매가 없는 배관을 써서 접속부분을 적게 하고 받침기구로 고정해 사용해야 하며 76m를 넘지 않도록 한다.

69 굴뚝 배출가스 중의 염화수소를 분석하는 방법 중 자외선/가시선 분광법(흡광광도법)에 해당하는 것은?

① 질산은법
② 4-아미노안티피린법
③ 싸이오시안산제이수은법
④ 란탄-알리자린 콤플렉손법

해설 굴뚝 배출가스 중 염화수소 분석방법
㉠ 이온크로마토그래피법
㉡ 싸이오시안산제이수은법(자외선/가시선 분광법)

70 굴뚝 배출가스 중의 질소산화물을 연속자동측정할 때 사용하는 화학발광 분석계의 구성에 관한 설명으로 옳지 않은 것은?

① 반응조는 시료가스와 오존가스를 도입하여 반응시키기 위한 용기로서 내부압력조건에 따라 감압형과 상압형으로 구분된다.
② 오존발생기는 산소가스를 오존으로 변환시키는 역할을 하며, 에너지원으로서 무성방전관 또는 자외선발생기를 사용한다.
③ 검출기에는 화학발광을 선택적으로 투과시킬 수 있는 발광필터가 부착되어 있어 전기신호를 발광도로 변환시키는 역할을 한다.
④ 유량제어부는 시료가스 유량제어부와 오존가스 유량제어부가 있으며 이들은 각각 저항관, 압력조절기, 니들밸브, 면적유량계, 압력계 등으로 구성되어 있다.

해설 검출기에는 화학발광을 선택적으로 투과시킬 수 있는 광학필터가 부착되어 있으며 발광도를 전기신호로 변환시키는 역할을 한다.

71 굴뚝 배출가스 중의 질소산화물을 아연환원 나프틸에틸렌다이아민법에 따라 분석할 때에 관한 설명이다. ( ) 안에 들어갈 내용으로 옳은 것은?

> 시료 중의 질소산화물을 오존 존재하에서 물에 흡수시켜 (㉠)으로 만들고 (㉡)을 사용하여 (㉢)으로 환원한 후 설파닐아미드(sulfanilamide) 및 나프틸에틸렌다이아민(naphthyl ethylene diamine)을 반응시켜 얻어진 착색의 흡광도로부터 질소산화물을 정량한다.

① ㉠ 아질산이온, ㉡ 분말금속아연, ㉢ 질산이온
② ㉠ 아질산이온, ㉡ 분말황산아연, ㉢ 질산이온
③ ㉠ 질산이온, ㉡ 분말황산아연, ㉢ 아질산이온
④ ㉠ 질산이온, ㉡ 분말금속아연, ㉢ 아질산이온

해설 아연 환원 나프틸에틸렌다이아민 분석방법
시료 중의 질소산화물을 오존 존재하에서 물에 흡수시켜 질산이온으로 만들고 분말금속아연을 사용하여 아질산이온으로 환원한 후 설파닐아미드(sulfanilamide) 및 나프틸에틸렌다이아민(naphthyl ethylene diamine)을 반응시켜 얻어진 착색의 흡광도로부터 질소산화물을 정량하는 방법이다.

72 대기오염공정시험기준 총칙상의 시험 기재 및 용어에 관한 내용으로 옳지 않은 것은?

① 시험조작 중 "즉시"란 30초 이내에 표시된 조작을 하는 것을 뜻한다.
② "감압 또는 진공"이라 함은 따로 규정이 없는 한 50 mmHg 이하를 뜻한다.
③ 용액의 액성표시는 따로 규정이 없는 한 유리전극법에 의한 pH미터로 측정한 것을 뜻한다.
④ 액체성분의 양을 "정확히 취한다"는 홀피펫, 눈금플라스크 또는 이와 동등 이상의 정도를 갖는 용량계를 사용하여 조작하는 것을 뜻한다.

정답 68 ③ 69 ③ 70 ③ 71 ④ 72 ②

해설 "감압 또는 진공"이라 함은 따로 규정이 없는 한 15mmHg 이하를 뜻한다.

73 대기오염공정시험기준 총칙상의 용어 정의로 옳지 않은 것은?

① 냉수는 4℃ 이하, 온수는 60~70℃, 열수는 약 100℃를 말한다.
② 시험에 사용하는 시약은 따로 규정이 없는 한 특급 또는 1급 이상 또는 이와 동등한 규격의 것을 사용하여야 한다.
③ 기체 중의 농도를 mg/m^3로 나타냈을 때 m^3는 표준상태의 기체 용적을 뜻하는 것으로 Sm^3로 표시한 것과 같다.
④ ppm의 기호는 따로 표시가 없는 한 기체일 때는 용량 대 용량(V/V), 액체일 때는 중량 대 중량(W/W)으로 표시한 것을 뜻한다.

해설 **온도의 표시**
㉠ 표준온도는 0℃, 상온은 15~25℃, 실온은 1~35℃로 하고, 찬 곳은 따로 규정이 없는 한 0~15℃의 곳을 뜻한다.
㉡ "냉후"(식힌 후)라 표시되어 있을 때는 보온 또는 가열 후 실온까지 냉각된 상태를 뜻한다.
㉢ 냉수는 15℃ 이하, 온수는 60~70℃, 열수는 약 100℃를 말한다.

74 대기 중의 유해 휘발성 유기화합물을 고체흡착법에 따라 분석할 때 사용하는 용어의 정의이다. ( ) 안에 들어갈 내용으로 가장 적합한 것은?

> 일정농도의 VOC가 흡착관에 흡착되는 초기 시점부터 일정시간이 흐르게 되면 흡착관 내부에 상당량의 VOC가 포화되기 시작하고 전체 VOC양의 5%가 흡착관을 통과하게 되는데, 이 시점에서 흡착관 내부로 흘러간 총 부피를 ( )라 한다.

① 머무름부피(Retention Volume)
② 안전부피(Safe Sample Volume)
③ 파과부피(Breakthrough Volume)
④ 탈착부피(Desorption Volume)

해설 **파과부피(BV ; Breakthrough Volume)**
일정농도의 휘발성 유기화합물이 흡착관에 흡착되는 초기 시점부터 일정시간이 흐르게 되면 흡착관 내부에 상당량의 휘발성 유기화합물질이 포화되기 시작하고 전체 휘발성 유기화합물질 농도의 5%가 흡착관을 통과하게 되는데, 이 시점에서 흡착관 내부로 흘러간 총 부피를 파과부피라 한다.

75 굴뚝 배출가스 중의 일산화탄소를 분석하는 방법에 해당하지 않는 것은?

① 정전위전해법
② 자외선/가시선 분광법
③ 비분산형 적외선 분석법
④ 기체크로마토그래피법

해설 **굴뚝 배출가스 중 일산화탄소 분석방법**
㉠ 비분산형 적외선 분석법
㉡ 정전위전해법
㉢ 기체크로마토그래피법

76 굴뚝 배출가스 중의 무기 불소화합물을 자외선/가시선 분광법에 따라 분석하여 얻은 결과이다. 불소화합물의 농도(ppm)는?(단, 방해이온이 존재할 경우이다.)

- 검정곡선에서 구한 불소화합물 이온의 질량 : 1mg
- 건조시료가스양 : 20L
- 분취한 액량 : 50mL

① 100 ② 155
③ 250 ④ 295

해설
$$C = \frac{A_F \times 250/v}{V_s} \times 1,000 \times \frac{22.4}{19}$$
$$= \frac{1 \times 250/50}{20} \times 1,000 \times \frac{22.4}{19}$$
$$= 294.7 \text{ppm}$$

여기서, C : 불소화합물의 농도(ppm, F)
A_F : 검량선에서 구한 불소화합물이온의 질량(mg)
V_s : 건조시료가스양(L)
250 : 시료용액 전량(mL)
v : 분취한 액량(mL)

정답 73 ① 74 ③ 75 ② 76 ④

77 원자흡수분광법에 따라 분석하여 얻은 측정결과이다. 대기 중의 납 농도(mg/m^3)는?

- 분석용 시료용액 : 100mL
- 표준시료 가스양 : 500L
- 시료용액 흡광도에 상당하는 납 농도 : 0.0125mg Pb/mL

① 2.5 ② 5.0
③ 7.5 ④ 9.5

해설 납 농도(mg/m^3) = $C_s \times \dfrac{V_f}{V_s} \times \dfrac{1}{1,000}$

$= \dfrac{0.0125 mgPb/mL \times 100mL}{500L \times m^3/1,000L} \times \dfrac{1}{1,000}$

$= 2.5 mg/m^3$

78 대기 중의 다환방향족 탄화수소(PAH)를 기체크로마토그래피법에 따라 분석하고자 한다. 다음 중 체류시간(Retention Time)이 가장 긴 것은?

① 플루오렌(Fluorene)
② 나프탈렌(Naphthalene)
③ 안트라센(Anthracene)
④ 벤조(a)피렌(Benzo(a)pyrene)

해설 벤조피렌은 높은 발암성을 가지고 있으며 기체크로마토그래피법으로 분석 시 체류시간이 길다.

79 굴뚝 배출가스 중의 일산화탄소를 기체크로마토그래피법에 따라 분석할 때에 관한 설명으로 옳지 않은 것은?

① 부피분율 99.9% 이상의 헬륨을 운반가스로 사용한다.
② 활성알루미나(Al_2O_3 93.1%, SiO_2 0.02%)를 충전제로 사용한다.
③ 메테인화 반응장치가 있는 불꽃이온화 검출기를 사용한다.
④ 내면을 잘 세척한 안지름이 2~4mm, 길이가 0.5~1.5m인 스테인리스강 재질관을 분리관으로 사용한다.

해설 **굴뚝 배출가스 중의 일산화탄소**
기체크로마토그래피법으로 분석 시 충전제는 합성제올라이트(Molecular Sieve 5A, 13X 등)를 사용한다.

80 이온크로마토그래피의 설치조건(기준)으로 옳지 않은 것은?

① 대형변압기, 고주파가열 등으로부터 전자유도를 받지 않아야 한다.
② 부식성 가스 및 먼지발생이 적고, 진동이 없으며 직사광선을 피해야 한다.
③ 실온 10~25℃, 상대습도 30~85% 범위로 급격한 온도 변화가 없어야 한다.
④ 공급전원은 기기의 사양에 지정된 전압, 전기용량 및 주파수로 전압 변동은 40% 이하이고, 급격한 주파수 변동이 없어야 한다.

해설 공급전원은 기기의 사양에 지정된 전압, 전기용량 및 주파수로 전압 변동은 10% 이하이고 주파수 변동이 없어야 한다.

제5과목 대기환경관계법규

81 대기환경보전법령상 환경기술인 등의 교육을 받게 하지 아니한 자에 대한 행정처분기준으로 옳은 것은?

① 50만 원 이하의 과태료를 부과한다.
② 100만 원 이하의 과태료를 부과한다.
③ 100만 원 이하의 벌금에 처한다.
④ 200만 원 이하의 벌금에 처한다.

해설 대기환경보전법 제94조 참조

82 대기환경보전법령상 수도권대기환경청장, 국립환경과학원장 또는 한국환경공단이 설치하는 대기오염 측정망의 종류가 아닌 것은?

① 도시지역의 휘발성 유기화합물 등의 농도를 측정하기 위한 광화학대기오염물질측정망
② 기후·생태계 변화 유발물질의 농도를 측정하기 위한 지구대기측정망
③ 대기 중의 중금속 농도를 측정하기 위한 대기중금속측정망
④ 대기오염물질의 지역배경농도를 측정하기 위한 교외대기측정망

정답 77 ① 78 ④ 79 ② 80 ④ 81 ② 82 ③

해설 수도권대기환경청장, 국립환경과학원장 또는 한국환경공단이 설치하는 대기오염 측정망의 종류
㉠ 대기오염물질의 지역배경농도를 측정하기 위한 교외대기측정망
㉡ 대기오염물질의 국가배경농도와 장거리 이동 현황을 파악하기 위한 국가배경농도측정망
㉢ 도시지역 또는 산업단지 인근지역의 특정대기유해물질(중금속을 제외한다)의 오염도를 측정하기 위한 유해대기물질측정망
㉣ 도시지역의 휘발성 유기화합물 등의 농도를 측정하기 위한 광화학대기오염물질측정망
㉤ 산성 대기오염물질의 건성 및 습성 침착량을 측정하기 위한 산성강하물측정망
㉥ 기후·생태계 변화 유발물질의 농도를 측정하기 위한 지구대기측정망
㉦ 장거리 이동 대기오염물질의 성분을 집중 측정하기 위한 대기오염집중측정망
㉧ 미세먼지(PM-2.5)의 성분 및 농도를 측정하기 위한 미세먼지성분측정망

83 대기환경보전법령상 개선명령의 이행보고와 관련하여 환경부령으로 정하는 대기오염도 검사기관에 해당하지 않는 것은?
① 보건환경연구원
② 유역환경청
③ 한국환경공단
④ 환경보전협회

해설 대기오염도 검사기관
㉠ 국립환경과학원
㉡ 특별시·광역시·특별자치시·도·특별자치도(이하 "시·도"라 한다)의 보건환경연구원
㉢ 유역환경청, 지방환경청 또는 수도권대기환경청
㉣ 한국환경공단

84 대기환경관계법령상 비산먼지 발생을 억제하기 위한 시설의 설치 및 필요한 조치에 관한 기준 중 시멘트 수송공정에서 적재물은 적재함 상단으로부터 수평으로 몇 cm 이하까지 적재하여야 하는가?
① 5cm 이하
② 10cm 이하
③ 20cm 이하
④ 30cm 이하

해설 시멘트 수송공정에서 적재함 상단으로부터 5cm 이하까지 적재물을 수평으로 적재하여야 한다.

85 대기환경보전법령상 분체상 물질을 싣고 내리는 공정의 경우, 비산먼지 발생을 억제하기 위해 작업을 중지해야 하는 평균풍속(m/s)의 기준은?
① 2 이상
② 5 이상
③ 7 이상
④ 8 이상

해설 풍속이 평균초속 8m 이상일 경우에는 작업을 중지하여야 한다.

86 대기환경보전법령상 장거리이동 대기오염물질 대책위원회의 위원에는 대통령령으로 정하는 분야의 학식과 경험이 풍부한 전문가를 위촉할 수 있다. 여기서 나타내는 "대통령령으로 정하는 분야"와 가장 거리가 먼 것은?
① 예방의학분야
② 유해화학물질분야
③ 국제협력 분야 및 언론분야
④ 해양분야

해설 장거리이동 대기오염물질 대책위원회(대통령령으로 정하는 분야)
㉠ 산림분야   ㉡ 대기환경분야
㉢ 기상분야   ㉣ 예방의학분야
㉤ 보건분야   ㉥ 화학사고분야
㉦ 해양분야   ㉧ 국제협력 및 언론분야

87 대기환경보전법령상 대기오염경보에 관한 설명으로 틀린 것은?
① 시·도지사는 당해 지역에 대하여 대기오염경보를 발령할 수 있다.
② 지역의 대기오염 발생 특성 등을 고려하여 특별시, 광역시 등의 조례로 경보단계별 조치사항을 일부 조정할 수 있다.
③ 대기오염경보의 대상지역, 대상오염물질, 발령기준, 경보단계 및 경보단계별 조치 등에 필요한 사항은 환경부령으로 정한다.
④ 경보단계 중 경보발령의 경우에는 주민의 실외활동 제한 요청, 자동차 사용의 제한 및 사업장의 연료사용량 감축 권고 등의 조치를 취하여야 한다.

해설 대기오염경보의 대상지역, 대상오염물질, 발령기준, 경보단계 및 경보단계별 조치 등에 필요한 사항은 대통령령으로 정한다.

정답 83 ④ 84 ① 85 ④ 86 ② 87 ③

88 대기환경보전법령상 기후·생태계 변화 유발물질 중 "환경부령으로 정하는 것"에 해당하는 것은?

① 염화불화탄소와 수소염화불화탄소
② 염화불화산소와 수소염화불화산소
③ 불화염화수소와 불화염소화수소
④ 불화염화수소와 불화수소화탄소

해설 **기후·생태계 변화 유발물질**
지구온난화 등으로 생태계의 변화를 가져올 수 있는 기체상 물질로서 온실가스 및 환경부령이 정하는 것을 말한다.
㉠ 온실가스 : 이산화탄소, 메탄, 아산화질소, 수소불화탄소, 과불화탄소, 육불화황
㉡ 환경부령이 정하는 것 : 염화불화탄소, 수소염화불화탄소

89 대기환경보전법령상 장거리이동 대기오염물질 대책위원회에 관한 사항으로 틀린 것은?

① 위원회는 위원장 1명을 포함한 25명 이내의 위원으로 구성한다.
② 위원회의 위원장은 환경부장관이 되고, 위원은 환경부령으로 정하는 중앙행정기관의 공무원 등으로서 환경부장관이 위촉하거나 임명하는 자로 한다.
③ 위원회와 실무위원회 및 장거리이동 대기오염물질 연구단의 구성 및 운영 등에 관하여 필요한 사항은 대통령령으로 정한다.
④ 환경부장관은 장거리이동 대기오염물질 피해방지를 위하여 5년마다 관계중앙행정기관의 장과 협의하고 시·도지사의 의견을 들어야 한다.

해설 위원회의 위원장은 환경부차관이 되고 위원은 대통령령으로 정하는 중앙행정기관의 공무원, 대통령령으로 정하는 분야의 학식과 경험이 풍부한 전문가로서 환경부장관이 위촉하거나 임명하는 자로 한다.

90 실내공기질 관리법령상 신축 공동주택의 실내공기질 권고기준 중 "에틸벤젠" 기준으로 옳은 것은?

① $210\mu g/m^3$ 이하
② $300\mu g/m^3$ 이하
③ $360\mu g/m^3$ 이하
④ $700\mu g/m^3$ 이하

해설 **신축 공동주택의 실내공기질 권고기준**
㉠ 포름알데하이드 : $210\mu g/m^3$ 이하
㉡ 벤젠 : $30\mu g/m^3$ 이하
㉢ 톨루엔 : $1,000\mu g/m^3$ 이하
㉣ 에틸벤젠 : $360\mu g/m^3$ 이하
㉤ 자일렌 : $700\mu g/m^3$ 이하
㉥ 스티렌 : $300\mu g/m^3$ 이하
㉦ 라돈 : $148Bq/m^3$ 이하

91 대기환경보전법령상 환경부장관은 오염물질 측정기기의 운영·관리기준을 지키지 않는 사업자에 대해 조치명령을 하는 경우, 부득이한 사유인 경우 신청에 의한 연장기간까지 포함하여 최대 몇 개월의 범위에서 개선기간을 정할 수 있는가?

① 3개월
② 6개월
③ 9개월
④ 12개월

해설 ㉠ 측정기기의 개선기간 : 6개월, 연장 6개월
㉡ 배출시설 및 방지시설의 개선기간 : 1년, 연장 1년

92 대기환경보전법령상 그 배출시설이 발전소의 발전 설비로서 국민경제에 현저한 지장을 줄 우려가 있어 조업정지처분을 갈음하여 과징금을 부과할 때, 3종 사업장인 경우 조업정지 1일당 과징금 부과금액 기준으로 옳은 것은?

① 900만 원
② 600만 원
③ 450만 원
④ 300만 원

해설 과징금은 행정처분기준에 따라 조업정지일수에 1일당 부과금액(300만 원)과 사업장 규모별 부과계수를 곱하여 산정한다.

93 대기환경보전법령상 위임업무 보고사항 중 "자동차 연료 및 첨가제의 제조·판매 또는 사용에 대한 규제현황" 업무의 보고횟수 기준은?

① 연 1회
② 연 2회
③ 연 4회
④ 수시

해설 위임업무 보고사항

업무내용	보고횟수	보고기일	보고자
환경오염사고 발생 및 조치 사항	수시	사고발생 시	시·도지사, 유역환경청장 또는 지방환경청장
수입자동차 배출가스 인증 및 검사 현황	연 4회	매 분기 종료 후 15일 이내	국립환경과학원장
자동차 연료 및 첨가제의 제조·판매 또는 사용에 대한 규제현황	연 2회	매 반기 종료 후 15일 이내	유역청장 또는 지방환경청장
자동차 연료 또는 첨가제의 제조기준 적합 여부 검사 현황	• 연료 : 연 4회 • 첨가제 : 연 2회	• 연료 : 매 분기 종료 후 15일 이내 • 첨가제 : 매 반기 종료 후 15일 이내	국립환경과학원장
측정기기 관리대행업의 등록, 변경등록 및 행정처분 현황	연 1회	다음 해 1월 15일까지	유역환경청장, 지방환경청장 또는 수도권 대기환경청장

94 대기환경보전법령상 비산먼지 발생사업으로서 "대통령령으로 정하는 사업" 중 환경부령으로 정하는 사업과 가장 거리가 먼 것은?

① 비금속물질의 채취업, 제조업 및 가공업
② 제1차 금속 제조업
③ 운송장비 제조업
④ 목재 및 광석의 운송업

해설 비산먼지 발생사업
㉠ 시멘트·석회·플라스터 및 시멘트 관련 제품의 제조업 및 가공업
㉡ 비금속물질의 채취업, 제조업 및 가공업
㉢ 제1차 금속 제조업
㉣ 비료 및 사료제품의 제조업
㉤ 건설업(지반 조성공사, 건축물 축조 및 토목공사, 조경공사로 한정한다)
㉥ 시멘트, 석탄, 토사, 사료, 곡물 및 고철의 운송업
㉦ 운송장비제조업
㉧ 저탄시설의 설치가 필요한 사업
㉨ 고철, 곡물, 사료, 목재 및 광석의 하역업 또는 보관업
㉩ 금속제품의 제조업 및 가공업
㉪ 폐기물 매립시설 설치·운영 사업

95 환경정책기본법령상 대기환경기준에 해당되지 않은 항목은?

① 탄화수소(HC)
② 아황산가스(SO_2)
③ 일산화탄소(CO)
④ 이산화질소(NO_2)

해설 대기환경기준

항목	기준	측정방법
아황산가스(SO_2)	• 연간 평균치 : 0.02ppm 이하 • 24시간 평균치 : 0.05ppm 이하 • 1시간 평균치 : 0.15ppm 이하	자외선 형광법 (Pulse UV Fluorescence Method)
일산화탄소(CO)	• 8시간 평균치 : 9ppm 이하 • 1시간 평균치 : 25ppm 이하	비분산 적외선 분석법 (Non-Dispersive Infrared Method)
이산화질소(NO_2)	• 연간 평균치 : 0.03ppm 이하 • 24시간 평균치 : 0.06ppm 이하 • 1시간 평균치 : 0.10ppm 이하	화학 발광법 (Chemiluminescence Method)
미세먼지(PM-10)	• 연간 평균치 : $50\mu g/m^3$ 이하 • 24시간 평균치 : $100\mu g/m^3$ 이하	베타선 흡수법 (β-Ray Absorption Method)
미세먼지(PM-2.5)	• 연간 평균치 : $15\mu g/m^3$ 이하 • 24시간 평균치 : $35\mu g/m^3$ 이하	중량 농도법 또는 이에 준하는 자동 측정법
오존(O_3)	• 8시간 평균치 : 0.06ppm 이하 • 1시간 평균치 : 0.1ppm 이하	자외선 광도법 (UV Photometric Method)
납(Pb)	연간 평균치 : $0.5\mu g/m^3$ 이하	원자흡광광도법 (Atomic Absorption Spectrophotometry)
벤젠	연간 평균치 : $5\mu g/m^3$ 이하	기체크로마토그래피 (Gas Chromatography)

96 실내공기질 관리법령상 "의료기관"의 라돈(Bq/m^3) 항목 실내공기질 권고기준은?

① 148 이하
② 400 이하
③ 500 이하
④ 1,000 이하

해설 실내공기질 권고기준

오염물질 항목 다중이용시설	이산화탄소 (ppm)	라돈 (Bq/m³)	총휘발성 유기화합물 (μg/m³)	곰팡이 (CFU/m³)
지하역사, 지하도상가, 철도역사의 대합실, 여객자동차터미널의 대합실, 항만시설 중 대합실, 공항시설 중 여객터미널, 도서관·박물관 및 미술관, 대규모점포, 장례식장, 영화상영관, 학원, 전시시설, 인터넷컴퓨터게임시설제공업의 영업시설, 목욕장업의 영업시설	0.1 이하	148 이하	500 이하	–
의료기관, 어린이집, 노인요양시설, 산후조리원	0.05 이하		400 이하	500 이하
실내주차장	0.3 이하		1,000 이하	–

97 대기환경보전법령상 배출시설 설치신고를 하고자 하는 경우 배출시설 설치신고서에 포함되어야 하는 사항과 가장 거리가 먼 것은?

① 배출시설 및 방지시설의 설치명세서
② 방지시설의 일반도
③ 방지시설의 연간 유지관리 계획서
④ 유해오염물질 확정 배출농도 내역서

해설 대기배출시설의 설치허가 제출서류
㉠ 원료(연료를 포함한다)의 사용량 및 제품 생산량과 오염물질 등의 배출량을 예측한 명세서
㉡ 배출시설 및 방지시설의 설치명세서
㉢ 방지시설의 일반도
㉣ 방지시설의 연간 유지관리 계획서
㉤ 사용 연료의 성분 분석과 황산화물 배출농도 및 배출량 등을 예측한 명세서
㉥ 배출시설설치허가증(변경허가를 신청하는 경우에만 해당한다)

98 환경정책기본법령상 오존(O_3)의 환경기준 중 8시간 평균치 기준(㉠)과 1시간 평균치 기준(㉡)으로 옳은 것은?

① ㉠ 0.06ppm 이하, ㉡ 0.03ppm 이하
② ㉠ 0.06ppm 이하, ㉡ 0.1ppm 이하
③ ㉠ 0.03ppm 이하, ㉡ 0.03ppm 이하
④ ㉠ 0.03ppm 이하, ㉡ 0.1ppm 이하

해설 대기환경기준

항목	기준	측정방법
아황산가스 (SO_2)	• 연간 평균치 : 0.02ppm 이하 • 24시간 평균치 : 0.05ppm 이하 • 1시간 평균치 : 0.15ppm 이하	자외선 형광법 (Pulse UV Fluorescence Method)
일산화탄소 (CO)	• 8시간 평균치 : 9ppm 이하 • 1시간 평균치 : 25ppm 이하	비분산 적외선 분석법 (Non-Dispersive Infrared Method)
이산화질소 (NO_2)	• 연간 평균치 : 0.03ppm 이하 • 24시간 평균치 : 0.06ppm 이하 • 1시간 평균치 : 0.10ppm 이하	화학 발광법 (Chemiluminescence Method)
미세먼지 (PM-10)	• 연간 평균치 : 50μg/m³ 이하 • 24시간 평균치 : 100μg/m³ 이하	베타선 흡수법 (β-Ray Absorption Method)
미세먼지 (PM-2.5)	• 연간 평균치 : 15μg/m³ 이하 • 24시간 평균치 : 35μg/m³ 이하	중량 농도법 또는 이에 준하는 자동 측정법
오존 (O_3)	• 8시간 평균치 : 0.06ppm 이하 • 1시간 평균치 : 0.1ppm 이하	자외선 광도법 (UV Photometric Method)
납 (Pb)	연간 평균치 : 0.5μg/m³ 이하	원자흡광광도법 (Atomic Absorption Spectrophotometry)
벤젠	연간 평균치 : 5μg/m³ 이하	기체크로마토그래피 (Gas Chromatography)

99 대기환경보전법령상 운행차배출허용기준을 초과하여 개선명령을 받은 자동차에 대한 운행정지표지의 색상기준으로 옳은 것은?

① 바탕색은 노란색, 문자는 검은색
② 바탕색은 흰색, 문자는 검은색
③ 바탕색은 초록색, 문자는 흰색
④ 바탕색은 노란색, 문자는 흰색

해설 자동차 운행정지표지의 바탕색은 노란색으로, 문자는 검은색으로 한다.

100 실내공기질 관리법령상 이 법의 적용대상이 되는 시설 중 "대통령령이 정하는 규모의 것"에 해당하지 않는 것은?

① 여객자동차터미널의 연면적 1천 5백 제곱미터 이상인 대합실
② 공항시설 중 연면적 1천 5백 제곱미터 이상인 여객터미널
③ 연면적 430제곱미터 이상인 어린이집
④ 연면적 2천 제곱미터 이상이거나 병상수 100개 이상인 의료기관

해설 대통령령이 정하는 규모의 다중이용시설
- 모든 지하역사(출입통로 · 대합실 · 승강장 및 환승통로와 이에 딸린 시설을 포함한다)
- 연면적 2천 제곱미터 이상인 지하도상가(지상건물에 딸린 지하층의 시설을 포함한다. 이하 같다). 이 경우 연속되어 있는 둘 이상의 지하도상가의 연면적 합계가 2천 제곱미터 이상인 경우를 포함한다.
- 철도역사의 연면적 2천 제곱미터 이상인 대합실
- 여객자동차터미널의 연면적 2천 제곱미터 이상인 대합실
- 항만시설 중 연면적 5천 제곱미터 이상인 대합실
- 공항시설 중 연면적 1천 5백 제곱미터 이상인 여객터미널
- 연면적 3천 제곱미터 이상인 도서관
- 연면적 3천 제곱미터 이상인 박물관 및 미술관
- 연면적 2천 제곱미터 이상이거나 병상 수 100개 이상인 의료기관
- 연면적 500제곱미터 이상인 산후조리원
- 연면적 1천 제곱미터 이상인 노인요양시설
- 연면적 430제곱미터 이상인 국공립어린이집, 법인어린이집, 직장어린이집 및 민간어린이집
- 모든 대규모점포
- 연면적 1천 제곱미터 이상인 장례식장(지하에 위치한 시설로 한정한다)
- 모든 영화상영관(실내 영화상영관으로 한정한다)
- 연면적 1천 제곱미터 이상인 학원
- 연면적 2천 제곱미터 이상인 전시시설(옥내시설로 한정한다)
- 연면적 300제곱미터 이상인 인터넷컴퓨터게임시설제공업의 영업시설
- 연면적 2천 제곱미터 이상인 실내주차장(기계식 주차장은 제외한다)
- 연면적 3천 제곱미터 이상인 업무시설
- 연면적 2천 제곱미터 이상인 둘 이상의 용도(「건축법」에 따라 구분된 용도를 말한다)에 사용되는 건축물
- 객석 수 1천 석 이상인 실내 공연장
- 관람석 수 1천 석 이상인 실내 체육시설
- 연면적 1천 제곱미터 이상인 목욕장업의 영업시설

정답 100 ①

2021년 2회 기출문제

제1과목　대기오염개론

01 대기 압력이 990mb인 높이에서의 온도가 22℃일 때, 온위(K)은?
① 275.63
② 280.63
③ 286.46
④ 295.86

해설　온위$(\theta) = T\left(\dfrac{1,000}{P}\right)^{0.288}$
$= (273+22) \times \left(\dfrac{1,000}{990}\right)^{0.288} = 295.86\text{K}$

02 자동차 배출가스 정화장치인 삼원촉매장치에 관한 내용으로 옳지 않은 것은?
① HC는 CO_2와 H_2O로 산화되며, NOx는 N_2로 환원된다.
② 우수한 효율을 얻기 위해서는 엔진에 공급되는 공기연료비가 이론공연비이어야 한다.
③ 두 개의 촉매 층이 직렬로 연결되어 CO, HC, NOx를 동시에 처리할 수 있다.
④ 일반적으로 로듐 촉매는 CO와 HC를 저감시키는 반응을 촉진시키고 백금 촉매는 NOx를 저감시키는 반응을 촉진시킨다.

해설　일반적으로 로듐(Rh) 촉매는 NOx(NO)를 저감시키는 반응을 촉진시키고 백금(Pt) 촉매는 CO와 HC를 저감시키는 반응을 촉진시킨다.

03 다음 중 오존층 보호와 가장 거리가 먼 것은?
① 헬싱키 의정서
② 런던 회의
③ 비엔나 협약
④ 코펜하겐 회의

해설　오존층 보호를 위한 국제협약
㉠ 비엔나 협약
㉡ 몬트리올 의정서
㉢ 런던 회의
㉣ 코펜하겐 회의

04 다음 중 오존파괴지수가 가장 작은 물질은?
① CCl_4
② CF_3Br
③ CF_2BrCl
④ $CHFClCF_3$

해설　오존파괴지수(ODP)
- CCl_4 : 1.1
- CF_3Br : 10.0
- CF_2BrCl : 3.0
- $CHFClCF_3$: 0.02~0.04

05 산성비에 관한 설명으로 가장 거리가 먼 것은?
① 산성비는 대기 중에 배출되는 황산화물과 질소산화물이 황산, 질산 등의 산성물질로 변하여 발생한다.
② 산성비 문제를 해결하기 위하여 질소산화물 배출량 또는 국가 간 이동량을 최저 30% 삭감하는 몬트리올 의정서가 채택되었다.
③ 산성비가 토양에 내리면 토양은 Ca^{2+}, Mg^{2+}, Na^+, K^+ 등의 교환성염기를 방출하고, 그 교환 자리에 H^+가 치환된다.
④ 일반적으로 산성비란 pH가 5.6 이하인 강우를 뜻하는데, 이는 자연 상태에 존재하는 CO_2가 빗방울에 흡수되어 평형을 이루었을 때의 pH를 기준으로 한 것이다.

해설　헬싱키 의정서
1987년에 발효된 협약으로 스웨덴 호수의 산성도 증가의 주요 요인이 인접 국가로부터 이동되는 장거리 이동 오염물질에 상당부분 기인한다는 결론에 따라 유황 배출 또는 월경이동을 최저 30% 삭감하도록 한 협약이다.

06 1984년 인도 중부지방의 보팔시에서 발생한 대기오염사건의 원인물질은?
① CH_3CNO
② SOx
③ H_2S
④ $COCl_2$

해설　보팔사건의 원인물질
메틸이소시아네이트(Methyl Isocyanate, MIC, CH_3CNO)

정답　01 ④　02 ④　03 ①　04 ④　05 ②　06 ①

07 리처드슨수(Ri)에 관한 내용으로 옳지 않은 것은?

① Ri수가 0에 접근하면 분산이 줄어든다.
② Ri수가 0일 때 대기는 중립상태가 되고 기계적 난류가 지배적이다.
③ Ri수가 큰 양의 값을 가지면 대류가 지배적이어서 강한 수직운동이 일어난다.
④ Ri수는 무차원수로 대류 난류를 기계적 난류로 전환시키는 비율을 나타낸 것이다.

해설) Ri수가 큰 음의 값을 가지면 바람이 약하게 되어 강한 수직운동이 일어난다.

08 대기 중의 광화학반응에서 탄화수소와 반응하여 2차 오염물질을 형성하는 화학종과 가장 거리가 먼 것은?

① CO
② −OH
③ NO
④ NO_2

해설) 대기 중의 광화학반응에서 탄화수소와 반응하여 2차 오염물질을 형성하는 화학종은 −OH, NO, NO_2 등이며 CO는 광화학반응에 의하여 대기 중에서 제거된다.

09 입자상물질의 농도가 $0.25mg/m^3$이고, 상대습도가 70%일 때, 가시거리(km)는?(단, 상수 A는 1.3)

① 4.3
② 5.2
③ 6.5
④ 7.2

해설) 가시거리$(km) = \dfrac{A \times 10^3}{G}$

$= \dfrac{1.3 \times 10^3}{0.25mg/m^3 \times 10^3 \mu g/mg} = 5.2 km$

10 대기오염물질은 발생방법에 따라 1차 오염물질과 2차 오염물질로 구분할 수 있다. 2차 오염물질에 해당하는 것은?

① CO
② H_2S
③ NOCl
④ $(CH_3)_2S$

해설) **대표적 2차 오염물질**
㉠ 에어로졸(H_2SO_4 Mist)
㉡ O_3
㉢ PAN, PBN
㉣ NOCl
㉤ H_2O_2
㉥ 아크롤레인
㉦ 알데하이드
㉧ SO_2
㉨ 케톤

11 탄화수소가 관여하지 않을 경우 NO_2의 광화학 반응식이다. ㉠~㉣에 알맞은 것은?(단, O는 산소원자)

[㉠] + $h\nu$ → [㉡] + O
O + [㉢] → [㉣]
[㉣] + [㉡] → [㉠] + [㉢]

① ㉠ NO, ㉡ NO_2, ㉢ O_3, ㉣ O_2
② ㉠ NO_2, ㉡ NO, ㉢ O_2, ㉣ O_3
③ ㉠ NO, ㉡ NO_2, ㉢ O_2, ㉣ O_3
④ ㉠ NO_2, ㉡ NO, ㉢ O_3, ㉣ O_2

해설) $NO_2 + h\nu → NO + O$
$O + O_2 → O_3$
$O_3 + NO → NO_2 + O_2$

12 표준상태에서 일산화탄소 12ppm은 몇 $\mu g/Sm^3$인가?

① 12,000
② 15,000
③ 20,000
④ 22,400

해설) 농도$(\mu g/Sm^3) = 12 mL/m^3 \times \dfrac{28mg}{22.4mL} \times 10^3 \mu g/mg$

$= 15,000 \mu g/m^3$

13 열섬효과에 관한 내용으로 가장 거리가 먼 것은?

① 구름이 많고 바람이 강한 주간에 주로 발생한다.
② 일교차가 심한 봄, 가을이나 추운 겨울에 주로 발생한다.
③ 교외지역에 비해 도시지역에 고온의 공기층이 형성된다.
④ 직경이 10km 이상인 도시에서 자주 나타나는 현상이다.

해설) 열섬현상은 고기압의 영향으로 하늘이 맑고 바람이 약한 때에 잘 발생한다.

14 질소산화물(NOx)에 관한 내용으로 옳지 않은 것은?

① NO_2는 적갈색의 자극성 기체로 NO보다 독성이 강하다.
② 질소산화물은 Fuel NOx와 Thermal NOx로 구분될 수 있다.
③ NO는 혈액 중 헤모글로빈과의 결합력이 CO보다 강하다.
④ N_2O는 무색, 무취의 기체로 대기 중에서 반응성이 매우 크다.

해설) N_2O는 투명하고 감미로운 향기와 단맛을 지니고 있으며 대류권에서 태양에너지에 대하여 매우 안정하여 반응성이 크지 않다.

정답 07 ③ 08 ① 09 ② 10 ③ 11 ② 12 ② 13 ① 14 ④

15 납이 인체에 미치는 영향에 관한 일반적인 내용으로 가장 거리가 먼 것은?

① 신경, 근육 장애가 발생하며 경련이 나타난다.
② 헤모글로빈의 기본요소인 포르피린 고리의 형성을 방해한다.
③ 인체 내 노출된 납의 99% 이상은 뇌에 축적된다.
④ 세포 내의 SH기와 결합하여 헴(Heme) 합성에 관여하는 효소를 포함한 여러 세포의 효소작용을 방해한다.

[해설] 인체 내 노출된 납의 90% 이상은 뼈 조직에 축적된다.

16 고도가 높아짐에 따라 기온이 급격히 떨어져 대기가 불안정하고 난류가 심할 때, 연기의 확산 형태는?

① 상승형(Lofting) ② 환상형(Looping)
③ 부채형(Fanning) ④ 훈증형(Fumigation)

[해설] **Looping(환상형)**
- 공기의 상층으로 갈수록 기온이 급격히 떨어져서 대기상태가 크게 불안정하게 되며, 연기는 상하좌우 방향으로 크고 불규칙하게 난류를 일으키며 확산되는 형태이다.
- 대기가 불안정하여 난류가 심할 때, 즉 풍속이 매우 강하여 혼합이 크게 일어날 때 발생한다.
- 오염물질의 연직 확산이 굴뚝 부근의 지표면에서는 국지적, 일시적인 고농도 현상이 발생되기도 한다.(순간 농도는 가장 높음)
- 지표면이 가열되고 바람이 약한 맑은 날 낮(오후)에 주로 일어난다.
- 과단열감률조건(환경감률이 건조단열감률보다 큰 경우)일 때, 즉 대기가 불안정할 때 발생한다.

17 가우시안모델을 전개하기 위한 기본적인 가정으로 가장 거리가 먼 것은?

① 연기의 확산은 정상상태이다.
② 풍하방향으로의 확산은 무시한다.
③ 고도가 높아짐에 따라 풍속이 증가한다.
④ 오염분포의 표준편차는 약 10분간의 대표치이다.

[해설] 바람에 의한 오염물질의 주 이동방향은 X축(풍하방향)이며, 고도 변화에 따른 풍속의 변화는 무시한다.

18 물질의 특성에 관한 설명으로 옳은 것은?

① 디젤 차량에서는 탄화수소, 일산화탄소, 납이 주로 배출된다.
② 염화수소는 플라스틱 공업, 소다 공업 등에서 주로 배출된다.
③ 탄소의 순환에서 가장 큰 저장고 역할을 하는 부분은 대기이다.
④ 불소는 자연상태에서 단분자로 존재하며 활성탄 제조 공정, 연소공정 등에서 주로 배출된다.

[해설] ① 디젤 차량에서는 일반적으로 NOx, 매연이 다량 배출되고 CO, HC는 휘발유 차량에 비하여 상대적으로 적게 배출된다.
③ 탄소의 순환에서 탄소(CO_2로서)의 가장 큰 저장고 역할을 하는 부분은 해수이다.
④ 불소는 반응성이 풍부하므로 단분자로는 거의 존재하지 않으며 인산비료, 알루미늄, 각종 중금속의 제조공정에서 발생한다.

19 바람에 관한 내용으로 옳지 않은 것은?

① 경도풍은 기압경도력, 전향력, 원심력이 평형을 이루어 부는 바람이다.
② 해륙풍 중 해풍은 낮 동안 햇빛에 더워지기 쉬운 육지쪽 지표상에 상승기류가 형성되어 바다에서 육지로 부는 바람이다.
③ 지균풍은 마찰력이 무시될 수 있는 고공에서 기압경도력과 전향력이 평형을 이루어 등압선에 평행하게 직선운동을 하는 바람이다.
④ 산풍은 경사면 → 계곡 → 주계곡으로 수렴하면서 풍속이 감소되기 때문에 낮에 산 위쪽으로 부는 곡풍보다 세기가 약하다.

[해설] **산곡풍**
(1) 곡풍
  ㉠ 산의 사면(비탈면)을 따라 상승하는 바람이다. 즉, 골짜기에서 정상부분으로 분다.
  ㉡ 주로 낮에 분다.
  ㉢ 일출이 시작되면 산 정상에서의 가열이 크므로 상승하는 기류가 생성된다.
(2) 산풍
  ㉠ 밤에 경사면이 빨리 냉각되어 경사면 위의 공기 온도가 같은 고도의 경사면에서 떨어져 있는 공기의 온도보다 차가워져 경사면 위의 공기 전체가 아래로 침강하게 되어 부는 바람이다.
  ㉡ 사면 상부에서부터 장파 복사냉각이 시작되어 중력에 의한 하강기류가 생겨 부는 바람이다. 즉, 경사면 → 계곡 → 주계곡으로 수렴하면서 풍속이 가속되기 때문에 낮에 산 위쪽으로 부는 곡풍보다 더 강하다.
  ㉢ 주로 밤에 분다.

정답 15 ③ 16 ② 17 ③ 18 ② 19 ④

20 대기 중의 오존층 파괴에 관한 설명으로 옳지 않은 것은?

① 오존층의 두께는 적도지방이 극지방보다 얇다.
② 오존층 파괴물질이 오존층을 파괴하는 자유라디칼을 생성시킨다.
③ 성층권의 오존층 농도가 감소하면 지표면에 보다 많은 양의 자외선이 도달한다.
④ 프레온가스의 대체물질인 HCFCs(hydrochlorofluoro-carbons)는 오존층 파괴능력이 없다.

[해설] 프레온가스의 대체물질인 HCFCs도 오존층 파괴능력이 있다. (ODP가 약 0.003~0.11 정도)

제2과목 연소공학

21 석탄의 탄화도가 증가할수록 나타나는 성질로 옳지 않은 것은?

① 휘발분이 감소한다.
② 발열량이 증가한다.
③ 착화온도가 낮아진다.
④ 고정탄소의 양이 증가한다.

[해설] 탄화도가 높아질 경우의 현상
㉠ 착화온도가 높아진다.
㉡ 고정탄소가 증가한다.
㉢ 발열량이 높아진다.
㉣ 연료비[고정탄소(%)/휘발분(%)]가 증가한다.
㉤ 연소속도가 늦어진다.
㉥ 수분 및 휘발분이 감소한다.
㉦ 비열이 감소한다.
㉧ 산소의 양이 감소한다.
㉨ 매연 발생률이 감소한다.

22 착화온도에 관한 설명으로 옳지 않은 것은?

① 발열량이 낮을수록 높아진다.
② 산소농도가 높을수록 낮아진다.
③ 반응활성도가 클수록 높아진다.
④ 분자구조가 간단할수록 높아진다.

[해설] 착화점(착화온도)이 낮아지는 조건
㉠ 동질물질인 경우 화학적으로 발열량이 클수록
㉡ 화학결합의 활성도가 클수록(반응활성도가 클수록)
㉢ 공기 중의 산소농도 및 압력이 높을수록
㉣ 분자구조가 복잡할수록(분자량이 클수록)
㉤ 비표면적이 클수록
㉥ 열전도율이 낮을수록
㉦ 석탄의 탄화도가 작을수록
㉧ 공기압, 가스압 및 습도가 낮을수록
㉨ 활성화에너지가 작을수록

23 확산형 가스버너 중 포트형에 관한 설명으로 가장 거리가 먼 것은?

① 가스와 공기를 함께 가열할 수 있다.
② 포트의 입구가 작으면 슬래그가 부착되어 막힐 우려가 있다.
③ 역화의 위험이 있기 때문에 반드시 역화방지기를 부착해야 한다.
④ 밀도가 큰 가스 출구는 상부에, 밀도가 작은 가스 출구는 하부에 배치되도록 설계한다.

[해설] 확산형 가스버너는 역화의 위험이 없으며 가스와 공기를 예열할 수 있다.

24 공기 중의 산소 공급 없이 연료 자체가 함유하고 있는 산소를 이용하여 연소하는 연소형태는?

① 자기연소   ② 확산연소
③ 표면연소   ④ 분해연소

[해설] 자기연소(내부연소)
(1) 정의
  외부 공기 없이 고체 자체의 산소 분해에 의하여 연소하면서 내부로 연소가 폭발적으로 진행되는 형태이다.
(2) 자기연소의 예
  ㉠ 니트로글리세린(Nitroglycerine)
  ㉡ 화약, 폭약(TNT)

25 석탄·석유 혼합연료(COM)에 관한 설명으로 가장 적합한 것은?

① 별도의 탈황, 탈질 설비가 필요 없다.
② 별도의 개조 없이 중유 전용 연소시설에 사용될 수 있다.
③ 미분쇄한 석탄에 물과 첨가제를 섞어서 액체화시킨 연료이다.
④ 연소가스의 연소실 내 체류시간 부족, 분사변의 폐쇄와 마모 등의 문제점을 갖는다.

[정답] 20 ④ 21 ③ 22 ③ 23 ③ 24 ① 25 ④

해설 ① 별도의 탈황, 탈질 설비가 필요하다.
② 중유 전용 보일러의 경우 별도로 개조가 필요하다.
③ COM은 주로 석탄 분말과 중유의 혼합 연료이다.

26 저발열량이 6,000kcal/Sm³, 평균정압비열이 0.38kcal/Sm³·℃인 가스연료의 이론연소온도(℃)는?(단, 이론연소가스양은 10Sm³/Sm³, 연료와 공기의 온도는 15℃, 공기는 예열되지 않으며 연소가스는 해리되지 않음)

① 1,385 ② 1,412
③ 1,496 ④ 1,594

해설 이론연소온도(℃)
$= \dfrac{\text{저위발열량}}{\text{이론연소가스양} \times \text{연소가스평균정압비열}} + \text{실제온도}$
$= \dfrac{6,000\text{kcal/Sm}^3}{10\text{Sm}^3/\text{Sm}^3 \times 0.38\text{kcal/Sm}^3 \cdot ℃} + 15℃$
$= 1,593.95℃$

27 기체연료의 일반적인 특징으로 거리가 먼 것은?
① 적은 과잉공기로 완전연소가 가능하다.
② 연소 조절, 점화 및 소화가 용이한 편이다.
③ 연료의 예열이 쉽고, 저질 연료로 고온을 얻을 수 있다.
④ 누설에 의한 역화·폭발 등의 위험이 작고, 설비비가 많이 들지 않는다.

해설 **기체연료의 장단점**
㉠ 장점
 • 적은 과잉공기(공기비)로 완전연소가 가능하며 연료의 예열이 쉽다.
 • 연료 속에 회분 및 유황 함유량이 적어 배연가스 중 SO_2 등 대기오염물질 발생량이 매우 적다.
 • 연소효율이 높고 연소조절, 점화 및 소화가 용이하다.
 • 저발열량의 것(저질 연료)으로도 고온을 얻을 수 있고 전열효율을 높일 수 있다.
 • 연소율의 가연범위(Turn-down Ratio, 부하변동범위)가 넓다.
㉡ 단점
 • 다른 연료에 비해 연료밀도가 낮아 수송효율이 낮고, 취급이 곤란하며 위험성이 크다.
 • 공기와 혼합해서 점화하면 폭발 등의 위험이 있다.
 • 저장이 곤란하고 시설비가 많이 든다.

28 중유를 A, B, C 중유로 구분할 때, 구분기준은?
① 점도 ② 비중
③ 착화온도 ④ 유황함량

해설 중유는 점도를 기준으로 A유, B유, C유로 구분한다.

29 중유를 사용하는 가열로의 배출가스를 분석한 결과 N_2 : 80%, CO : 12%, O_2 : 8%의 부피비를 얻었다. 공기비는?
① 1.1 ② 1.4
③ 1.6 ④ 2.0

해설 $m = \dfrac{N_2}{N_2 - 3.76(O_2 - 0.5CO)}$
$= \dfrac{80}{80 - 3.76[8 - (0.5 \times 12)]}$
$= 1.104$

30 메탄 1mol이 완전연소할 때, AFR은?(단, 부피 기준)
① 6.5 ② 7.5
③ 8.5 ④ 9.5

해설 CH_4의 연소반응식
$CH_4 + 2O_2 \rightarrow CO_2 + 2H_2O$
1mole : 2mole
$AFR = \dfrac{\text{산소의 mole}/0.21}{\text{연료의 mole}} = \dfrac{2/0.21}{1} = 9.52$

31 프로판과 부탄을 1 : 1의 부피비로 혼합한 연료를 연소했을 때, 건조 배출가스 중의 CO_2 농도가 10%이다. 이 연료 4m³를 연소했을 때 생성되는 건조 배출가스의 양(Sm³)은?(단, 연료 중의 C 성분은 전량 CO_2로 전환)
① 105 ② 140
③ 175 ④ 210

해설 $C_3H_8 + 5O_2 \rightarrow 3CO_2 + 4H_2O$
0.5Sm³   1.5Sm³
$C_4H_{10} + 6.5O_2 \rightarrow 4CO_2 + 5H_2O$
0.5Sm³   2Sm³
$CO_2(\%) = \dfrac{CO_2 \text{양}}{G_d} \times 100$
$10\% = \dfrac{1.5 + 2}{G_d} \times 100$
$G_d = 35\text{Sm}^3/\text{Sm}^3 \times 4\text{Sm}^3 = 140\text{Sm}^3$

32 C : 85%, H : 10%, S : 5%의 중량비를 갖는 중유 1kg을 1.3의 공기비로 완전연소시킬 때, 건조 배출가스 중의 이산화황 부피분율(%)은?(단, 황 성분은 전량 이산화황으로 전환)

① 0.18   ② 0.27
③ 0.34   ④ 0.45

해설
$$SO_2(\%) = \frac{SO_2}{G_d} \times 100$$
$$= \frac{0.7 \times S}{G_d} \times 100$$
$$G_d = G_{od} + (m-1)A_o$$
$$G_{od} = 0.79A_o + CO_2 + SO_2$$
$$A_o = \frac{1}{0.21}[(1.867 \times 0.85) + (5.6 \times 0.1) + (0.7 \times 0.05)]$$
$$= 10.39 Sm^3/kg$$
$$= (0.79 \times 10.39) + (1.867 \times 0.85) + (0.7 \times 0.05) = 9.83 Sm^3/kg$$
$$= 9.83 + [(1.3-1) \times 10.39]$$
$$= 12.95 Sm^3/kg$$
$$= \frac{0.7 \times 0.05}{12.95} \times 100 = 0.27\%$$

33 액화석유가스(LPG)에 관한 설명으로 가장 거리가 먼 것은?

① 발열량이 높고, 유황분이 적은 편이다.
② 증발열이 5~10kcal/kg으로 작아 취급이 용이하다.
③ 비중이 공기보다 커서 누출 시 인화ㆍ폭발의 위험성이 높은 편이다.
④ 천연가스에서 회수되거나 나프타의 열분해에 의해 얻어지기도 하지만 대부분 석유 정제 시 부산물로 얻어진다.

해설 액화석유가스(LPG)는 액체에서 기체로 될 때 증발열이 약 90~100kcal/kg으로 커서 취급이 어렵다.

34 수소 13%, 수분 0.7%가 포함된 중유의 고발열량이 5,000 kcal/kg일 때, 이 중유의 저발열량(kcal/kg)은?

① 4,126   ② 4,294
③ 4,365   ④ 4,926

해설
$$H_l = H_h - 600(9H + W)$$
$$= 5,000 - 600[(9 \times 0.13) + 0.007]$$
$$= 4,293.8 kcal/kg$$

35 매연 발생에 관한 설명으로 옳지 않은 것은?

① 연료의 C/H 비가 클수록 매연이 발생하기 쉽다.
② 분해되기 쉽거나 산화되기 쉬운 탄화수소는 매연 발생이 적다.
③ 탄소결합을 절단하기보다 탈수소가 쉬운 쪽이 매연이 발생하기 쉽다.
④ 중합 및 고리화합물 등과 같이 반응이 일어나기 쉬운 탄화수소일수록 매연 발생이 적다.

해설 탈수소, 중합반응 및 고리화합물 등과 같은 반응이 일어나기 쉬운 탄화수소일수록 매연이 잘 생긴다.

36 불꽃점화기관에서 연소과정 중 발생하는 노킹 현상을 방지하기 위한 기관의 구조에 관한 설명으로 가장 거리가 먼 것은?

① 연소실을 구형(Circular Type)으로 한다.
② 점화 플러그를 연소실 중심에 설치한다.
③ 난류를 증가시키기 위해 난류생성 Pot을 부착시킨다.
④ 말단가스를 고온으로 하기 위해 삼원촉매시스템을 사용한다.

해설 화염전파속도를 빠르게 하거나 화염전파거리를 단축시켜 말단가스가 고온ㆍ고압에 노출되는 시간을 짧게 한다.

37 연소 배출가스의 성분 분석 결과 CO_2가 30%, O_2가 7%일 때, $(CO_2)_{max}(\%)$는?(단, 완전연소 기준)

① 35   ② 40
③ 45   ④ 50

해설
$$(CO_2)_{max}(\%) = \frac{21 \times CO_2}{21 - O_2} = \frac{21 \times 30}{21 - 7} = 45 CO_{2max}(\%)$$

38 가연성 가스의 폭발범위와 그 위험도에 관한 설명으로 옳지 않은 것은?

① 폭발하한값이 높을수록 위험도가 증가한다.
② 일반적으로 가스의 온도가 높아지면 폭발범위가 넓어진다.
③ 폭발한계농도 이하에서는 폭발성 혼합가스를 생성하기 어렵다.
④ 가스 압력이 높아졌을 때 폭발하한값은 크게 변하지 않으나 폭발상한값은 높아진다.

정답 32 ② 33 ② 34 ② 35 ④ 36 ④ 37 ③ 38 ①

해설 **가연성 가스의 폭발범위에 따른 위험도 증가 요인**
㉠ 폭발하한농도가 낮을수록 위험도 증가
㉡ 폭발상한과 폭발하한의 차이가 클수록 위험도 증가
㉢ 가스 온도가 높고 압력이 클수록 폭발범위 증가
㉣ 폭발한계농도 이하에서는 폭발성 혼합가스를 생성하기 어려움

39 액체연료의 연소버너에 관한 설명으로 가장 거리가 먼 것은?

① 유압분무식 버너는 유량조절 범위가 좁은 편이다.
② 회전식 버너는 유압식 버너에 비해 연료유의 분무화 입경이 크다.
③ 고압공기식 버너의 분무각도는 40~90° 정도로 저압공기식 버너에 비해 넓은 편이다.
④ 저압공기식 버너는 주로 소형 가열로에 이용되고, 분무에 필요한 공기량은 이론연소공기량의 30~50% 정도이다.

해설 **고압공기식 버너(고압기류 분무식 버너)**
분무매체(증기 또는 공기)에 압력으로 연료를 분사, 분무하여 연소시키는 버너이며 분무매체의 압력이 높은 것이 고압공기식 버너이다.
㉠ 연료분사범위(연소용량)
  • 외부혼합식 : 3~500L/hr
  • 내부혼합식 : 10~1,200L/hr
㉡ 유량조절범위
  1 : 10 정도로 커서 부하 변동에 적응이 용이하다.
㉢ 유압
  2~8kg/cm² 정도(증기압 또는 공기압 2~10kg/cm²)
㉣ 분사(분무) 각도
  30°(20~30°) 정도
㉤ 특성
  • 고점도 사용에도 적합하다.(연료유의 점도가 큰 경우도 분무화가 용이함)
  • 장염(가장 좁은 각도의 긴 화염)이나 연소 시 소음이 크게 발생된다.
  • 제강용평로, 연속가열로, 유리용해로 등의 대형 가열로에 많이 사용된다.
  • 분무에 필요한 1차 공기량은 이론연소공기량의 7~12% 정도이다.
  • 외부혼합식보다 내부혼합식의 버너가 분무화가 양호하다.
  • 무화 시 무화매체를 증기로 하면 연료가 예열되어 연소효율을 증가시킬 수 있다.

40 등가비(ϕ, equivalent ratio)에 관한 내용으로 옳지 않은 것은?

① 등가비(ϕ)는 $\dfrac{\text{실제연료량/산화제}}{\text{완전연소를 위한 이상적 연료량/산화제}}$ 로 정의된다.
② $\phi < 1$일 때, 공기 과잉이며 일산화탄소(CO) 발생량이 적다.
③ $\phi > 1$일 때, 연료 과잉이며 질소산화물(NOx) 발생량이 많다.
④ $\phi = 1$일 때, 연료와 산화제의 혼합이 이상적이며 연료가 완전연소된다.

해설 **등가비(ϕ)에 따른 특성**
㉠ $\phi = 1$
  • $m = 1$
  • 완전연소에 알맞은 연료와 산화제가 혼합된 경우로 이상적 연소 형태이다.
㉡ $\phi > 1$
  • $m < 1$
  • 연료가 과잉으로 공급된 경우로 불완전연소 형태이다.
  • 일반적으로 CO는 증가하고 NO는 감소한다.
㉢ $\phi < 1$
  • $m > 1$
  • 공기가 과잉으로 공급된 경우로 완전연소 형태이다.
  • CO는 완전연소를 기대할 수 있어 최소가 되나, NO는 증가한다.

제3과목 대기오염방지기술

41 집진율이 85%인 사이클론과 집진율이 96%인 전기집진장치를 직렬로 연결하여 입자를 제거할 경우, 총 집진효율(%)은?

① 90.4
② 94.4
③ 96.4
④ 99.4

해설 $\eta_T = \eta_1 + \eta_2(1-\eta_1)$
$= 0.85 + [0.96(1-0.85)]$
$= 0.994 \times 100 = 99.4\%$

정답 39 ③ 40 ③ 41 ④

42 다음에서 설명하는 후드 형식으로 가장 적합한 것은?

> 작업을 위한 하나의 개구면을 제외하고 발생원 주위를 전부 에워싼 것으로 그 안에서 오염물질이 발산된다. 오염물질의 송풍 시 낭비되는 부분이 적은데 이는 개구면 주변의 벽이 라운지 역할을 하고, 측벽은 외부로부터의 분기류에 의한 방해에 대한 방해판 역할을 하기 때문이다.

① Slot형 후드
② Booth형 후드
③ Canopy형 후드
④ Exterior형 후드

해설 포집형 후드(Booth형)
포위형과 동일한 형태에서 후드의 한쪽 면을 개구부로 구성한 후드이다. 이 방식은 후드의 외부 작업이 필요한 유독한 물질의 처리공정에 적합하다.

43 다음에서 설명하는 송풍기 유형은?

> 후향 날개형을 정밀하게 변형시킨 것으로 원심력 송풍기 중 효율이 가장 좋아 대형 냉난방 공기조화장치, 산업용 공기청정장치 등에 주로 사용되며, 에너지 절감효과가 뛰어나다.

① 프로펠러형(Propeller)
② 비행기 날개형(Airfoil Blade)
③ 방사 날개형(Radial Blade)
④ 전향 날개형(Forward Curved)

해설 비행기 날개형 송풍기(Airfoil Blade Fan)
㉠ 표준형 평판날개형보다 비교적 고속에서 가동되고, 후향 날개형을 정밀하게 변형시킨 것으로서 원심력 송풍기 중 효율이 가장 좋아 대형 냉난방 공기조화장치, 산업용 공기청정장치 등에 주로 이용되며, 에너지 절감효과가 뛰어난 송풍기 유형이다.
㉡ 정압효율이 86% 정도로 원심력송풍기 중 가장 높다.
㉢ 운전 시 소음이 적기 때문에 청정한 공기 이송에 많이 사용된다.

44 전기집진기의 음극(−) 코로나 방전에 관한 내용으로 옳은 것은?

① 주로 공기정화용으로 사용된다.
② 양극(+) 코로나 방전에 비해 전계강도가 약하다.
③ 양극(+) 코로나 방전에 비해 불꽃 개시 전압이 낮다.
④ 양극(+) 코로나 방전에 비해 코로나 개시 전압이 낮다.

해설 부(−)코로나 방전을 이용하면 오존의 발생량은 증가하지만 코로나 방전 개시 전압이 낮아진다.

45 층류의 흐름인 공기 중을 입경이 $2.2\mu m$, 밀도가 $2,400$ g/L인 구형 입자가 자유낙하고 있다. 구형 입자의 종말속도(m/s)는?(단, $20°C$에서 공기의 밀도는 $1.29g/L$, 공기의 점도는 1.81×10^{-4}poise)

① 3.5×10^{-6}
② 3.5×10^{-5}
③ 3.5×10^{-4}
④ 3.5×10^{-3}

해설
$$V_g = \frac{d_p^2(\rho_p - \rho)g}{18\mu}$$

$d_p = 2.2\mu m \times m/10^6\mu m = 2.2 \times 10^{-6} m$

$\rho_p = 2,400 g/L = 2,400 kg/m^3$

$\mu = 1.81 \times 10^{-4} poise = 1.81 \times 10^{-5} kg/m \cdot sec$

$\rho = 1.29 kg/Sm^3 \times \frac{273}{273+20} = 1.2 kg/m^3$

$$= \frac{(2.2 \times 10^{-6})^2 \times (2,400 - 1.2)kg/m^3 \times 9.8 m/sec^2}{18 \times 1.81 \times 10^{-5} kg/m \cdot sec}$$

$= 3.49 \times 10^{-4} m/sec$

46 유해가스 흡수장치 중 충전탑(Packed Tower)에 관한 설명으로 옳지 않은 것은?

① 온도의 변화가 큰 곳에는 적응성이 낮고, 희석열이 심한 곳에는 부적합하다.
② 충전제에 흡수액을 미리 분사시켜 엷은 층을 형성시킨 후 가스를 유입시켜 기·액 접촉을 극대화한다.
③ 액분산형 가스흡수장치에 속하며, 효율을 높이기 위해서는 가스의 용해도를 증가시켜야 한다.
④ 흡수액을 통과시키면서 가스유속을 증가시킬 때, 충전층 내의 액보유량이 증가하는 것을 Flooding이라 한다.

해설 충전탑 관련 용어
㉠ Hold-up : 충전층(Packing) 내의 세정액 보유량을 의미한다.
㉡ Loading Point : 부하점이라 하며 세정액의 Hold-up이 증가하여 압력손실이 급격하게 증가되는 첫 번째 파괴점을 말한다.
㉢ Flooding Point : 범람점이라 하며 충전층 내의 가스속도가 과도하여 세정액이 비말동반을 일으켜 흘러넘쳐 향류조작 자체가 불가능한 두 번째 파괴점을 말한다.
㉣ 충전탑의 Loading Point, Flooding Point

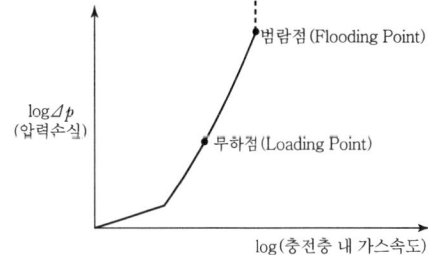

47 미세입자가 운동하는 경우에 작용하는 마찰저항력(Drag Force)에 관한 내용으로 가장 거리가 먼 것은?

① 마찰저항력은 항력계수가 커질수록 증가한다.
② 마찰저항력은 입자의 투영면적이 커질수록 증가한다.
③ 마찰저항력은 레이놀즈수가 커질수록 증가한다.
④ 마찰저항력은 상대속도의 제곱에 비례하여 증가한다.

해설 일반적으로 레이놀즈수가 커질수록 항력계수는 감소하는 경향이 있다.

48 유해가스 처리에 사용되는 흡수액의 조건으로 옳은 것은?

① 점성이 커야 한다.
② 끓는점이 높아야 한다.
③ 용해도가 낮아야 한다.
④ 어는점이 높아야 한다.

해설 흡수액의 구비조건
㉠ 용해도가 높을 것
㉡ 휘발성이 작을 것
㉢ 부식성이 없을 것
㉣ 점성이 작고 화학적으로 안정되고 독성이 없을 것
㉤ 가격이 저렴하고 용매의 화학적 성질과 비슷할 것

49 다이옥신의 처리방법에 관한 내용으로 옳지 않은 것은?

① 촉매분해법 : 금속산화물(V_2O_5, TiO_2), 귀금속(Pt, Pd)이 촉매로 사용된다.
② 오존분해법 : 산성 조건일수록 분해속도가 빨라지는 것으로 알려져 있다.
③ 광분해법 : 자외선파장(250~340nm)이 가장 효과적인 것으로 알려져 있다.
④ 열분해방법 : 산소가 아주 적은 환원성 분위기에서 탈염소화, 수소첨가반응 등에 의해 분해시킨다.

해설 오존분해법
수중분해 시 순수의 경우는 염기성일수록, 온도는 높을수록 분해속도가 커지는 것으로 알려져 있다.

50 원형 덕트(duct)의 기류에 의한 압력손실에 관한 내용으로 옳지 않은 것은?

① 곡관이 많을수록 압력손실이 작아진다.
② 관의 길이가 길수록 압력손실은 커진다.
③ 유체의 유속이 클수록 압력손실은 커진다.
④ 관의 직경이 클수록 압력손실은 작아진다.

해설 곡관이 많을수록 압력손실은 커진다.

51 배출가스 중의 일산화탄소를 제거하는 방법 중 가장 실질적이고, 확실한 것은?

① 활성탄 등의 흡착제를 사용하여 흡착 제거
② 벤투리스크러버나 충전탑 등으로 세정하여 제거
③ 탄산나트륨을 사용하는 시보드법을 적용하여 제거
④ 백금계 촉매를 사용하여 무해한 이산화탄소로 산화시켜 제거

해설 일산화탄소 처리
㉠ 배출가스 중의 CO를 제거하는 방법 중 가장 실질적이고 확실한 방법은 백금계 촉매를 사용하여 무해한 CO_2로 산화시켜 제거하는 방법이다.
㉡ CO를 백금계 촉매를 사용하여 CO_2로 완전산화시켜서 처리 시 촉매독으로 작용하는 물질은 Hg, Pb, Zn, As, S, 할로겐물질(F, Cl, Br), 먼지 등이므로 사전에 제거할 필요성이 있다.

52 NO 농도가 250ppm인 배기가스 2,000Sm³/min을 CO를 이용한 선택적 접촉 환원법으로 처리하고자 한다. 배기가스 중의 NO를 완전히 처리하기 위해 필요한 CO의 양(Sm^3/h)은?

① 30 ② 35
③ 40 ④ 45

해설 NO 제거량 = $250ppm \times 10^{-6} \times 2,000Sm^3/min \times 60min/hr$
= $30Sm^3/hr$

$2NO + 2CO \rightarrow N_2 + 2CO_2$
$2 \times 22.4Sm^3 : 2 \times 22.4Sm^3$
$30Sm^3/hr : CO(Sm^3/hr)$

$CO(Sm^3/hr) = \dfrac{30Sm^3/hr \times (2 \times 22.4)Sm^3}{2 \times 22.4Sm^3} = 30Sm^3/hr$

53 유해가스의 처리에 사용되는 흡착제에 관한 일반적인 설명으로 가장 거리가 먼 것은?

① 실리카겔은 250℃ 이하에서 물과 유기물을 잘 흡착한다.
② 활성탄은 극성물질 제거에는 효과적이지만, 유기용매 회수에는 효과적이지 않다.
③ 활성 알루미나는 기체 건조에 주로 사용되며 가열로 재생시킬 수 있다.
④ 합성 제올라이트는 극성이 다른 물질이나 포화 정도가 다른 탄화수소의 분리에 효과적이다.

정답 47 ③ 48 ② 49 ② 50 ① 51 ④ 52 ① 53 ②

해설 활성탄은 주로 비극성물질에 유효하며 혼합가스 내의 유기성 가스의 흡착에 주로 사용된다. 유기용제의 증기 제거 기능이 높다.

54 집진장치의 압력손실이 300mmH₂O, 처리가스양이 500 m³/min, 송풍기 효율이 70%, 여유율이 1.0이다. 송풍기를 하루에 10시간씩 30일을 가동할 때, 전력요금(원)은?(단, 전력요금은 1kWh당 50원)

① 525,210
② 1,050,420
③ 31,512,605
④ 22,058,823

해설 송풍기 동력(kW) = $\frac{Q \times \Delta P}{6,120 \times \eta} \times \alpha$

$= \frac{500 \times 300}{6,120 \times 0.7} \times 1.0 ≒ 35kW$

전력요금(원) = $35kW \times 300hr \times \frac{50원}{1kWh} = 525,000원$

55 여과집진장치의 탈진방식에 관한 설명으로 옳지 않은 것은?

① 간헐식은 먼지의 재비산이 적고 높은 집진율을 얻을 수 있다.
② 연속식은 탈진 시 먼지의 재비산이 일어나 간헐식에 비해 집진율이 낮고 여포의 수명이 짧은 편이다.
③ 연속식은 포집과 탈진이 동시에 이루어져 압력손실의 변동이 크므로 고농도, 저용량의 가스 처리에 효율적이다.
④ 간헐식의 여포 수명은 연속식에 비해서는 긴 편이고, 점성이 있는 조대먼지를 탈진할 경우 여포손상의 가능성이 있다.

해설 연속식은 포집과 탈진이 동시에 이루어지므로 압력손실이 거의 일정하고 고농도, 대용량의 가스를 처리할 수 있다.

56 전기집진장치에서 먼지의 전기비저항이 높은 경우 전기비저항을 낮추기 위해 일반적으로 주입하는 물질과 가장 거리가 먼 것은?

① NH₃
② NaCl
③ H₂SO₄
④ 수증기

해설 먼지의 전기비저항이 높은 경우 전기비저항을 낮추기 위해 비저항조절제(물 또는 수증기, 소다회, 트리에틸아민, 황산, 이산화황, NaCl 등)를 사용한다.

57 다음 그림과 같은 배기시설에서 관 DE를 지나는 유체의 속도는 관 BC를 지나는 유체속도의 몇 배인가?(단, ϕ는 관의 직경, Q는 유량, 마찰 손실과 밀도 변화는 무시)

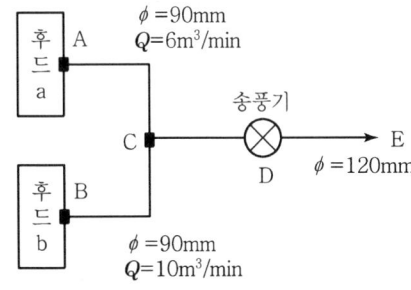

① 0.8
② 0.9
③ 1.2
④ 1.5

해설 DE의 속도(V) = $\frac{Q}{A} = \frac{(6+10)m^3/min}{\left(\frac{3.14 \times 0.12^2}{4}\right)m^2} = 1,415.43m/min$

BC의 속도(V) = $\frac{Q}{A} = \frac{10m^3/min}{\left(\frac{3.14 \times 0.09^2}{4}\right)m^2} = 1,572.70m/min$

유체속도비 = $\frac{1,415.43m/min}{1,572.70m/min} ≒ 0.9$

58 사이클론(Cyclone)에서 50%의 집진효율로 제거되는 입자의 최소 입경을 나타내는 용어는?

① Critical Diameter
② Average Diameter
③ Cut Size Diameter
④ Analytical Diameter

해설 Cut Size Diameter는 50% 분리한계 입경을 의미한다.

59 환기시설의 설계에 사용하는 보충용 공기에 관한 설명으로 가장 거리가 먼 것은?

① 환기시설에 의해 작업장에서 배기된 만큼의 공기를 작업장 내로 재공급하여야 하는데 이를 보충용 공기라 한다.
② 보충용 공기는 일반 배기가스용 공기보다 많도록 조절하여 실내를 약간 양(+)압으로 하는 것이 좋다.
③ 보충용 공기의 유입구는 작업장이나 다른 건물의 배기구에서 나온 유해물질의 유입을 유도하기 위해서 최대한 바닥에 가깝도록 한다.
④ 여름에는 보통 외부공기를 그대로 공급하지만, 공정 내의 열부하가 커서 제어해야 하는 경우에는 보충용 공기를 냉각하여 공급한다.

해설 보충용 공기의 유입구는 작업장이나 다른 건물의 배기구에서 나온 유해물질의 유입을 방지할 수 있는 위치로 한다.

60 배출가스 내의 NOx 제거방법 중 건식법에 관한 설명으로 옳지 않은 것은?

① 현재 상용화된 대부분의 선택적 촉매 환원법(SCR)은 환원제로 NH_3 가스를 사용한다.
② 흡착법은 흡착제로 활성탄, 실리카겔 등을 사용하며, 특히 NO를 제거하는데 효과적이다.
③ 선택적 촉매 환원법(SCR)은 촉매층에 배기가스와 환원제를 통과시켜 NOx를 N_2로 환원시키는 방법이다.
④ 선택적 비촉매 환원법(SNCR)의 단점은 배출가스가 고온이어야 하고, 온도가 낮을 경우 미반응된 NH_3가 배출될 수 있다는 것이다.

해설 흡착법에서 NO_2는 흡착이 가능하나, NO는 흡착이 곤란하다.

제4과목 대기오염공정시험기준(방법)

61 굴뚝배출가스 중의 브롬화합물 분석에 사용되는 흡수액은?

① 붕산 용액
② 수산화소듐 용액
③ 다이에틸아민동 용액
④ 황산+과산화수+증류수

해설 굴뚝배출가스 중 브롬화합물 분석에 사용되는 흡수액은 수산화소듐 용액(질량분율 0.4%)이다.

62 불꽃이온화검출기법에 따라 분석하여 얻은 대기 시료에 대한 측정결과이다. 대기 중의 일산화탄소 농도(ppm)는?

- 교정용 가스 중의 일산화탄소 농도 : 30ppm
- 시료 공기 중의 일산화탄소 피크 높이 : 10mm
- 교정용 가스 중의 일산화탄소 피크 높이 : 20mm

① 15   ② 35
③ 40   ④ 60

해설 $CO(ppm) = 30ppm \times \dfrac{10mm}{20mm} = 15ppm$

63 굴뚝배출가스 중의 산소를 오르자트 분석법에 따라 분석할 때에 관한 설명으로 옳지 않은 것은?

① 탄산가스 흡수액으로 수산화포타슘 용액을 사용한다.
② 산소 흡수액을 만들 때는 되도록 공기와의 접촉을 피한다.
③ 각각의 흡수액을 사용하여 탄산가스, 산소 순으로 흡수한다.
④ 산소 흡수액은 물에 수산화소듐을 녹인 용액과 물에 피로갈롤을 녹인 용액을 혼합한 용액으로 한다.

해설 **산소흡수액**
물 100mL에 수산화포타슘 60g을 녹인 용액과 물 100mL에 피로갈롤[$C_6H_3(OH)_3$, Pyrogallol, 분자량 : 126.11, 특급] 12g을 녹인 용액을 혼합한 용액을 말한다.

64 염산(1+4) 용액을 조제하는 방법은?

① 염산 1용량에 물 2용량을 혼합한다.
② 염산 1용량에 물 3용량을 혼합한다.
③ 염산 1용량에 물 4용량을 혼합한다.
④ 염산 1용량에 물 5용량을 혼합한다.

해설 **염산(1+4)용액**
㉠ 액체상 성분의 용량 비율 혼합이다.
㉡ 염산 1용량에 물 4용량을 혼합한다.

65 굴뚝배출가스 중의 폼알데하이드를 크로모트로핀산 자외선/가시선분광법에 따라 분석할 때, 흡수 발색액 제조에 필요한 시약은?

① H_2SO_4 ② NaOH
③ NH_4OH ④ CH_3COOH

해설 크로모트로핀산($C_{10}H_8O_8S_2$, Chromotropic Acid, 분자량 320) 1g을 80% 황산(H_2SO_4, Sulfuric Acid, 분자량 98.08)에 녹여 1,000mL로 한다.

66 흡광차분광법에 따라 분석하는 대기오염물질과 그 물질에 대한 간섭성분의 연결이 옳은 것은?

① 오존(O_3)−벤젠(C_6H_6)의 영향
② 아황산가스(SO_2)−오존(O_3)의 영향
③ 일산화탄소(CO)−수분(H_2O)의 영향
④ 질소산화물(NOx)−톨루엔($C_6H_5CH_3$)의 영향

해설 **흡광차분광법 간섭물질의 영향**
㉠ SO_2에 대한 O_3의 영향
㉡ O_3에 대한 수분의 영향
㉢ O_3에 대한 톨루엔의 영향

정답 60 ② 61 ② 62 ① 63 ④ 64 ③ 65 ① 66 ②

67 기체크로마토그래피의 장치 구성에 관한 설명으로 옳지 않은 것은?

① 분리관 오븐의 온도조절 정밀도는 전원 전압 변동 10%에 대하여 온도변화가 ±0.5℃ 범위 이내(오븐의 온도가 150℃ 부근일 때)이어야 한다.
② 방사성 동위원소를 사용하는 검출기를 수용하는 검출기 오븐의 경우 온도조절 기구와 별도로 독립 작용할 수 있는 과열방지기구를 설치하여야 한다.
③ 보유시간을 측정할 때는 10회 측정하여 그 평균치를 구하며 일반적으로 5~30분 정도에서 측정하는 봉우리의 보유시간은 반복 시험할 때 ±5% 오차범위 이내이어야 한다.
④ 불꽃이온화검출기는 대부분의 화합물에 대하여 열전도도 검출기보다 약 1,000배 높은 감도를 나타내고 대부분의 유기화합물을 검출할 수 있기 때문에 흔히 사용된다.

해설 보유시간을 측정할 때는 3회 측정하여 그 평균치를 구한다. 일반적으로 5~30분 정도에서 측정하는 봉우리의 보유시간은 반복 시험을 할 때 ±3% 오차범위 이내이어야 한다.

68 휘발성유기화합물질(VOCs)의 누출확인방법에 관한 설명으로 옳지 않은 것은?

① 교정가스는 기기 표시치를 교정하는 데 사용되는 불활성 기체이다.
② 누출농도는 VOCs가 누출되는 누출원 표면에서의 VOCs 농도로서 대조화합물을 기초로 한 기기의 측정값이다.
③ 응답시간은 VOCs가 시료채취장치로 들어가 농도 변화를 일으키기 시작하여 기기계기판의 최종값이 90%를 나타내는 데 걸리는 시간이다.
④ 검출불가능 누출농도는 누출원에서 VOCs가 대기 중으로 누출되지 않는다고 판단되는 농도로서 국지적 VOCs 배경농도의 최고값이다.

해설 교정가스
미지 농도로 기기 표시치를 교정하는 데 사용되는 VOC 화합물로서 일반적으로 누출농도와 유사한 농도의 대조화합물이다.

69 원자흡수분광광도법에 따라 원자흡광분석을 수행할 때, 빛이 스펙트럼의 불꽃 중에서 생성되는 목적원소의 원자증기 이외의 물질에 의하여 흡수되는 경우에 일어나는 간섭은?

① 물리적 간섭   ② 화학적 간섭
③ 이온학적 간섭   ④ 분광학적 간섭

해설 원자흡수분광광도법 – 분광학적 간섭
㉠ 분석에 사용하는 스펙트럼선이 다른 인접선과 완전히 분리되지 않는 경우 : 파장선택부의 분해능이 충분하지 않기 때문에 일어나며 검량선의 직선영역이 좁고 구부러져 있어 분석감도 정밀도도 저하된다. 이때는 다른 분석선을 사용하여 재분석하는 것이 좋다.
㉡ 분석에 사용하는 스펙트럼의 불꽃 중에서 생성되는 목적원소의 원자증기 이외의 물질에 의하여 흡수되는 경우 : 표준시료와 분석시료의 조성을 더욱 비슷하게 하며 간섭의 영향을 어느 정도까지 피할 수 있다.

70 굴뚝배출가스 중의 오염물질과 연속자동측정방법의 연결이 옳지 않은 것은?

① 염화수소 – 이온전극법
② 불화수소 – 자외선흡수법
③ 아황산가스 – 불꽃광도법
④ 질소산화물 – 적외선흡수법

해설 굴뚝배출가스 중의 오염물질과 연속자동측정방법
㉠ 아황산가스 : 용액전도율법, 적외선흡수법, 자외선흡수법, 정전위전해법, 불꽃광도법
㉡ 질소산화물 : 화학발광법, 적외선흡수법, 자외선흡수법, 정전위전해법
㉢ 염화수소 : 이온전극법, 비분산적외선분석법
㉣ 불화수소 : 이온전극법
㉤ 암모니아 : 용액전도율법, 적외선가스분석법
㉥ 먼지 : 광산란적분법, 베타(β)선흡수법, 광투과법

71 굴뚝배출가스 중의 암모니아를 중화적정법에 따라 분석할 때에 관한 설명으로 옳은 것은?

① 다른 염기성가스나 산성가스의 영향을 받지 않는다.
② 분석용 시료용액을 황산으로 적정하여 암모니아를 정량한다.
③ 시료채취량이 40L일 때 암모니아의 농도가 1~5ppm인 것의 분석에 적합하다.
④ 페놀프탈레인 용액과 메틸레드 용액을 1 : 2의 부피비로 섞은 용액을 지시약으로 사용한다.

정답 67 ③ 68 ① 69 ④ 70 ② 71 ②

해설 ① 다른 염기성가스나 산성가스의 영향을 무시할 수 있는 경우에 적합하다.
③ 시료채취량이 40L인 경우 시료 중의 암모니아의 농도가 약 100ppm 이상인 것의 분석에 적합하다.
④ 메틸레드 용액과 메틸렌블루 용액을 2 : 1의 부피비로 섞은 용액을 지시약으로 사용한다.

72 환경대기 중의 벤조(a)피렌 농도를 측정하기 위한 주 시험방법으로 가장 적합한 것은?

① 이온크로마토그래피법
② 기체크로마토그래피법
③ 흡광차분광법
④ 용매포집법

해설 환경대기 중의 벤조(a)피렌 시험방법
㉠ 기체크로마토그래피법(주 시험방법)
㉡ 형광분광광도법

73 굴뚝배출가스 중의 일산화탄소 분석방법에 해당하지 않는 것은?

① 이온크로마토그래피법
② 기체크로마토그래피법
③ 비분산형적외선분석법
④ 정전위전해법

해설 굴뚝배출가스 중 일산화탄소 분석방법
㉠ 비분산형적외선분석법
㉡ 정전위전해법
㉢ 기체크로마토그래피법

74 굴뚝 A의 배출가스에 대한 측정결과이다. 피토관으로 측정한 배출가스의 유속(m/s)은?

- 배출가스 온도 : 150℃
- 비중이 0.85인 톨루엔을 사용했을 때의 경사마노미터 동압 : 7.0mm 톨루엔주
- 피토관 계수 : 0.8584
- 배출가스의 밀도 : 1.3kg/Sm³

① 8.3
② 9.4
③ 10.1
④ 11.8

해설
$h(동압) = 액주거리 \times 톨루엔비중 \times \dfrac{1}{확대율}$
$= 7.0mm \times 0.85 = 5.95mmH_2O$
$\gamma(kg/m^3) = 1.3kg/Sm^3 \times \dfrac{273}{273+150} = 0.84kg/m^3$
$v(m/sec) = C\sqrt{\dfrac{2gh}{\gamma}}$
$= 0.8584 \times \sqrt{\dfrac{2 \times 9.8m/sec^2 \times 5.95mmH_2O}{0.84kg/m^3}}$
$= 10.11m/sec$

75 굴뚝배출가스 중의 황산화물을 아르세나조Ⅲ 법에 따라 분석할 때에 관한 설명으로 옳지 않은 것은?

① 아세트산바륨 용액으로 적정한다.
② 과산화수소수를 흡수액으로 사용한다.
③ 아르세나조Ⅲ을 지시약으로 사용한다.
④ 이 시험법은 오르토톨리딘법이라고도 불린다.

해설 이 시험법은 아세트산바륨 용액으로 적정하는 킬레이트 침전법이다.

76 배출가스 중의 금속원소를 원자흡수분광광도법에 따라 분석할 때, 금속원소와 측정파장의 연결이 옳은 것은?

① Pb – 357.9nm
② Cu – 228.8nm
③ Ni – 217.0nm
④ Zn – 213.8nm

해설 원자흡수분광광도법의 측정파장
㉠ Cu(324.8nm)
㉡ Pb(217.0nm, 283.3nm)
㉢ Ni(232.0nm)
㉣ Zn(213.8nm)
㉤ Fe(248.3nm)
㉥ Cd(228.8nm)
㉦ Cr(357.9nm)

77 분석대상가스와 채취관 및 도관 재질의 연결이 옳지 않은 것은?

① 일산화탄소 – 석영
② 이황화탄소 – 보통강철
③ 암모니아 – 스테인리스강
④ 질소산화물 – 스테인리스강

해설 분석대상가스의 종류별 채취관 및 도관 등의 재질

분석대상가스, 공존가스	채취관, 도관의 재질	여과재	비고
암모니아	①②③④⑤⑥	ⓐ ⓑ ⓒ	① 경질유리
일산화탄소	①②③④⑤⑥⑦	ⓐ ⓑ ⓒ	② 석영
염화수소	①② ⑤⑥⑦	ⓐ ⓑ ⓒ	③ 보통강철
염소	①② ⑤⑥⑦	ⓐ ⓑ ⓒ	④ 스테인리스강
황산화물	①② ④⑤⑥⑦	ⓐ ⓑ ⓒ	⑤ 세라믹
질소산화물	①② ④⑤⑥	ⓐ ⓑ ⓒ	⑥ 불소수지
이황화탄소	①② ⑥	ⓐ ⓑ	⑦ 염화비닐수지
포름알데하이드	①② ⑥	ⓐ ⓑ	⑧ 실리콘수지
황화수소	①② ④⑤⑥⑦	ⓐ ⓑ ⓒ	⑨ 네오프렌
불소화합물	④ ⑥	ⓒ	ⓐ 알칼리 성분이 없는 유리솜 또는 실리카솜
시안화수소	①② ④⑤⑥⑦	ⓐ ⓑ ⓒ	
브롬	①② ⑥	ⓐ ⓑ	
벤젠	①② ⑥	ⓐ ⓑ	ⓑ 소결유리
페놀	①② ④ ⑥	ⓐ ⓑ	ⓒ 카보런덤
비소	①② ④⑤⑥⑦	ⓐ ⓑ ⓒ	

78 대기오염공정시험기준 총칙에 관한 내용으로 옳지 않은 것은?

① 정확히 단다. – 분석용 저울로 0.1mg까지 측정
② 용액의 액성 표시 – 유리전극법에 의한 pH미터로 측정
③ 액체성분의 양을 정확히 취한다 – 피펫, 삼각플라스크를 사용해 조작
④ 여과용 기구 및 기기를 기재하지 아니하고 여과한다 – KS M 7602 거름종이 5종 또는 이와 동등한 여과지를 사용해 여과

해설 액체 성분의 양을 "정확히 취한다."라 함은 홀피펫, 눈금플라스크 또는 이와 동등 이상의 정도를 갖는 용량계를 사용하여 조작하는 것을 뜻한다.

79 원자흡수분광광도법에 사용되는 불꽃을 만들기 위한 가연성가스와 조연성가스의 조합 중, 불꽃 온도가 높아서 불꽃 중에서 해리하기 어려운 내화성산화물을 만들기 쉬운 원소의 분석에 가장 적합한 것은?

① 수소(H_2) – 산소(O_2)
② 프로판(C_3H_8) – 공기(Air)
③ 아세틸렌(C_2H_2) – 공기(Air)
④ 아세틸렌(C_2H_2) – 아산화질소(N_2O)

해설 원자흡광분석에 사용되는 불꽃을 만들기 위한 조연성가스와 가연성가스의 조합
수소–공기, 수소–공기–알곤, 수소–산소, 아세틸렌–공기, 아세틸렌–산소, 아세틸렌–아산화질소, 프로판–공기, 석탄가스–공기 등이 있다. 이들 가운데 수소–공기, 아세틸렌–공기, 아세틸렌–아산화질소 및 프로판–공기가 가장 널리 이용된다. 이 중에서도 수소–공기와 아세틸렌–공기는 거의 대부분의 원소분석에 유효하게 사용되며 수소–공기는 원자 외 영역에서의 불꽃 자체에 의한 흡수가 적기 때문에 이 파장영역에서 분석선을 갖는 원소의 분석에 적당하다. 아세틸렌–아산화질소 불꽃은 불꽃의 온도가 높기 때문에 불꽃 중에서 해리하기 어려운 내화성 산화물(Refractory Oxide)을 만들기 쉬운 원소의 분석에 적당하다. 프로판–공기 불꽃은 불꽃 온도가 낮고 일부 원소에 대하여 높은 감도를 나타낸다.

80 배출가스 중의 먼지를 원통여지 포집기로 포집하여 얻은 측정결과이다. 표준상태에서의 먼지농도(mg/m³)는?

- 대기압 : 765mmHg
- 가스미터의 가스게이지압 : 4mmHg
- 15℃에서의 포화수증기압 : 12.67mmHg
- 가스미터의 흡인가스온도 : 15℃
- 먼지 포집 전의 원통여지 무게 : 6.2721g
- 먼지 포집 후의 원통여지 무게 : 6.2963g
- 습식가스미터에서 읽은 흡인가스양 : 50L

① 386
② 436
③ 513
④ 558

해설 시료 가스양(V_s)

$$V_s = 50L \times \frac{273}{273+15} \times \frac{765+4-12.67}{765} \times m^3/1{,}000L$$
$$= 0.04686 m^3$$

$$먼지농도(mg/m^3) = \frac{(6.2963-6.2721)g \times 1{,}000mg/g}{0.04686 m^3}$$
$$= 516.43 mg/m^3$$

제5과목 대기환경관계법규

81 환경정책기본법령상 시·도로부터 해당 지역의 환경적 특수성을 고려하여 필요하다고 인정되어 보다 확대·강화된 별도의 환경기준을 설정 또는 변경한 경우 누구에게 보고하여야 하는가?

① 국무총리
② 환경부장관
③ 보건복지부장관
④ 국토교통부장관

해설 특별시장·광역시장·도지사·특별자치도지사(이하 "시·도지사"라 한다)는 지역환경기준을 설정하거나 변경한 경우에는 이를 지체 없이 환경부장관에게 보고하여야 한다.

정답 78 ③ 79 ④ 80 ③ 81 ②

82 대기환경보전법령상 한국환경공단이 환경부장관에게 보고하여야 하는 위탁업무 보고사항 중 "결함확인검사 결과"의 보고기일 기준은?

① 매 반기 종료 후 15일 이내
② 매 분기 종료 후 15일 이내
③ 다음 해 1월 15일까지
④ 위반사항 적발 시

해설 사업장 분류기준

종별	오염물질발생량 구분
1종 사업장	대기오염물질발생량의 합계가 연간 80톤 이상인 사업장
2종 사업장	대기오염물질발생량의 합계가 연간 20톤 이상 80톤 미만인 사업장
3종 사업장	대기오염물질발생량의 합계가 연간 10톤 이상 20톤 미만인 사업장
4종 사업장	대기오염물질발생량의 합계가 연간 2톤 이상 10톤 미만인 사업장
5종 사업장	대기오염물질발생량의 합계가 연간 2톤 미만인 사업장

83 대기환경보전법령상 배출시설의 변경신고를 하여야 하는 경우에 해당하지 않는 것은?

① 배출시설 또는 방지시설을 임대하는 경우
② 사업장의 명칭이나 대표자를 변경하는 경우
③ 종전의 연료보다 황함유량이 낮은 연료로 변경하는 경우
④ 배출시설에서 허가받은 오염물질 외의 새로운 대기오염물질이 배출되는 경우

해설 배출시설의 변경신고를 하여야 하는 경우
㉠ 같은 배출구에 연결된 배출시설을 증설 또는 교체하거나 폐쇄하는 경우. 다만, 배출시설의 규모[허가 또는 변경허가를 받은 배출시설과 같은 종류의 배출시설로서 같은 배출구에 연결되어 있는 배출시설(방지시설의 설치를 면제받은 배출시설의 경우에는 면제받은 배출시설)의 총 규모를 말한다]를 10퍼센트 미만으로 증설 또는 교체하거나 폐쇄하는 경우로서 다음 각 목의 모두에 해당하는 경우에는 그러하지 아니하다.
  가. 배출시설의 증설·교체·폐쇄에 따라 변경되는 대기오염물질의 양이 방지시설의 처리용량 범위 내일 것
  나. 배출시설은 증설·교체로 인하여 다른 법령에 따른 설치제한을 받는 경우가 아닐 것
㉡ 배출시설에서 허가받은 오염물질 외의 새로운 대기오염물질이 배출되는 경우
㉢ 방지시설을 증설·교체하거나 폐쇄하는 경우
㉣ 사업장의 명칭이나 대표자를 변경하는 경우
㉤ 사용하는 원료나 연료를 변경하는 경우. 다만, 새로운 대기오염물질을 배출하지 아니하고 배출량이 증가되지 아니하는 원료로 변경하는 경우 또는 종전의 연료보다 황함유량이 낮은 연료로 변경하는 경우는 제외한다.
㉥ 배출시설 또는 방지시설을 임대하는 경우
㉦ 그 밖의 경우로서 배출시설 설치허가증에 적힌 허가사항 및 일일조업시간을 변경하는 경우

84 환경정책기본법령상 "일정한 지역에서 환경오염 또는 환경훼손에 대하여 환경이 스스로 수용, 정화 및 복원하여 환경의 질을 유지할 수 있는 한계"를 의미하는 것은?

① 환경기준   ② 환경한계
③ 환경용량   ④ 환경표준

해설 환경용량
일정한 지역에서 환경오염 또는 환경훼손에 대하여 환경이 스스로 수용, 정화 및 복원하여 환경의 질을 유지할 수 있는 한계를 말한다.

85 대기환경보전법령상의 자동차 연료·첨가제 또는 촉매제 검사기관의 지정기준 중 자동차연료 검사기관의 기술능력 및 검사장비기준에 관한 내용으로 옳지 않은 것은?

① 검사원은 2명 이상이어야 하며, 그 중 한 명은 해당 검사 업무에 10년 이상 종사한 경험이 있는 사람이어야 한다.
② 휘발유·경유·바이오디젤(BD100)검사장비로 1ppm 이하 분석이 가능한 황함량분석기 1식을 갖추어야 한다.
③ 검사원은 자동차, 화공, 안전관리(가스), 환경 분야의 기사 자격 이상을 취득한 사람이어야 한다.
④ 휘발유·경유·바이오디젤 검사기관과 LPG·CNG·바이오가스 검사기관의 기술능력기준은 같으며, 두 검사 업무를 함께 하려는 경우에는 기술능력을 중복하여 갖추지 아니할 수 있다.

해설 검사원은 4명 이상이어야 하며, 그 중 2명 이상은 해당 검사 업무에 5년 이상 종사한 경험이 있는 사람이어야 한다.

86 환경정책기본법령상 일산화탄소의 대기환경기준은?(단, 8시간 평균치 기준)

① 5ppm 이하   ② 9ppm 이하
③ 25ppm 이하   ④ 35ppm 이하

정답 82 ④ 83 ③ 84 ③ 85 ① 86 ②

해설 대기환경기준

항목	기준	측정방법
아황산 가스 (SO_2)	• 연간 평균치 : 0.02ppm 이하 • 24시간 평균치 : 0.05ppm 이하 • 1시간 평균치 : 0.15ppm 이하	자외선 형광법 (Pulse UV Fluorescence Method)
일산화 탄소 (CO)	• 8시간 평균치 : 9ppm 이하 • 1시간 평균치 : 25ppm 이하	비분산 적외선 분석법 (Non-Dispersive Infrared Method)
이산화 질소 (NO_2)	• 연간 평균치 : 0.03ppm 이하 • 24시간 평균치 : 0.06ppm 이하 • 1시간 평균치 : 0.10ppm 이하	화학 발광법 (Chemiluminescence Method)
미세먼지 (PM-10)	• 연간 평균치 : $50\mu g/m^3$ 이하 • 24시간 평균치 : $100\mu g/m^3$ 이하	베타선 흡수법 (β-Ray Absorption Method)
미세먼지 (PM-2.5)	• 연간 평균치 : $15\mu g/m^3$ 이하 • 24시간 평균치 : $35\mu g/m^3$ 이하	중량 농도법 또는 이에 준하는 자동 측정법
오존 (O_3)	• 8시간 평균치 : 0.06ppm 이하 • 1시간 평균치 : 0.1ppm 이하	자외선 광도법 (UV Photometric Method)
납 (Pb)	연간 평균치 : $0.5\mu g/m^3$ 이하	원자흡광광도법 (Atomic Absorption Spectrophotometry)
벤젠	연간 평균치 : $5\mu g/m^3$ 이하	기체크로마토그래피 (Gas Chromatography)

87 대기환경보전법령상 배출허용기준 초과와 관련하여 개선명령을 받은 경우로서 개선하여야 할 사항이 배출시설 또는 방지시설인 경우 사업자가 시·도지사에게 제출하여야 하는 개선계획서에 포함 또는 첨부되어야 하는 사항에 해당하지 않는 것은?

① 배출시설 또는 방지시설의 개선명세서 및 설계도
② 대기오염물질의 처리방식 및 처리효율
③ 운영기기 진단계획
④ 공사기간 및 공사비

해설 개선계획서에 포함 또는 첨부되어야 하는 사항
㉠ 배출시설 또는 방지시설의 개선명세서 및 설계도
㉡ 대기오염물질의 처리방식 및 처리효율
㉢ 공사기간 및 공사비
㉣ 다음의 경우에는 이를 증명할 수 있는 서류
  • 개선기간 중 배출시설의 가동을 중단하거나 제한하여 대기오염물질의 농도나 배출량이 변경되는 경우
  • 개선기간 중 공법 등의 개선으로 대기오염물질의 농노나 배출량이 변경되는 경우

88 대기환경보전법령상 비산먼지 발생사업에 해당하지 않는 것은?

① 화학제품제조업 중 석유정제업
② 제1차 금속제조업 중 금속주조업
③ 비료 및 사료 제품의 제조업 중 배합사료제조업
④ 비금속물질의 채취·제조·가공업 중 일반도자기제조업

해설 비산먼지 발생사업
㉠ 시멘트·석회·플라스터 및 시멘트 관련 제품의 제조업 및 가공업
㉡ 비금속물질의 채취업, 제조업 및 가공업
㉢ 제1차 금속 제조업
㉣ 비료 및 사료제품의 제조업
㉤ 건설업(지반조성공사, 건축물 축조 및 토목공사, 조경공사로 한정한다)
㉥ 시멘트, 석탄, 토사, 사료, 곡물 및 고철의 운송업
㉦ 운송장비제조업
㉧ 저탄시설의 설치가 필요한 사업
㉨ 고철, 곡물, 사료, 목재 및 광석의 하역업 또는 보관업
㉩ 금속제품의 제조업 및 가공업
㉪ 폐기물 매립시설 설치·운영 사업

89 대기환경보전법령상 일일유량은 측정유량과 일일조업시간의 곱으로 환산한다. 이때, 일일조업시간의 표시기준은?

① 배출량을 측정하기 전 최근 조업한 1일 동안의 배출시설 조업시간 평균치를 시간으로 표시한다.
② 배출량을 측정하기 전 최근 조업한 7일 동안의 배출시설 조업시간 평균치를 시간으로 표시한다.
③ 배출량을 측정하기 전 최근 조업한 30일 동안의 배출시설 조업시간 평균치를 시간으로 표시한다.
④ 배출량을 측정하기 전 최근 조업한 전체 기간의 배출시설 조업시간 평균치를 시간으로 표시한다.

해설 일일조업시간은 배출량을 측정하기 전 최근 조업한 30일 동안의 배출시설 조업시간 평균치를 시간으로 표시한다.

정답 87 ③ 88 ① 89 ③

90 대기환경보전법령상 환경기술인의 임명기준에 관한 내용이다. ( ) 안에 알맞은 말은?(단, 1급은 기사, 2급은 산업기사와 동일)

> 환경기술인을 바꾸어 임명하는 경우에는 그 사유가 발생한 날부터 (Ⓐ) 이내에 임명하여야 한다. 다만, 환경기사 1급 또는 2급 이상의 자격이 있는 자를 임명하여야 하는 사업장으로서 (Ⓐ) 이내에 채용할 수 없는 부득이한 사정이 있는 경우에는 (Ⓑ)의 범위에서 규정에 적합한 환경기술인을 임명할 수 있다.

① Ⓐ 5일, Ⓑ 30일　　② Ⓐ 5일, Ⓑ 60일
③ Ⓐ 10일, Ⓑ 30일　④ Ⓐ 10일, Ⓑ 60일

해설 환경기술인의 자격기준 및 임명기간
㉠ 최초로 배출시설을 설치한 경우에는 가동개시 신고를 할 때
㉡ 환경기술인을 바꾸어 임명하는 경우에는 그 사유가 발생한 날부터 5일 이내. 다만, 환경기사 1급 또는 2급 이상의 자격이 있는 자를 임명하여야 하는 사업장으로서 5일 이내에 채용할 수 없는 부득이한 사정이 있는 경우에는 30일의 범위에서 4종·5종 사업장의 기준에 준하여 환경기술인을 임명할 수 있다.

91 대기환경보전법령상 특정대기유해물질에 해당하지 않는 것은?

① 염소 및 염화수소　② 아크릴로니트릴
③ 황화수소　　　　　④ 이황화메틸

해설 황화수소는 특정대기유해물질이 아니다.

92 대기환경보전법령상 수도권대기환경청장, 국립환경과학원장 또는 한국환경공단이 설치하는 대기오염 측정망에 해당하지 않는 것은?

① 대기오염물질의 지역배경농도를 측정하기 위한 교외대기측정망
② 도시지역의 대기오염물질 농도를 측정하기 위한 도시대기측정망
③ 산성 대기오염물질의 건성 및 습성 침착량을 측정하기 위한 산성강하물측정망
④ 도시지역의 휘발성유기화합물 등의 농도를 측정하기 위한 광화학대기오염물질측정망

해설 수도권대기환경청장, 국립환경과학원장 또는 한국환경공단이 설치하는 대기오염 측정망의 종류
㉠ 대기오염물질의 지역배경농도를 측정하기 위한 교외대기측정망

㉡ 대기오염물질의 국가배경농도와 장거리 이동 현황을 파악하기 위한 국가배경농도측정망
㉢ 도시지역 또는 산업단지 인근지역의 특정대기유해물질(중금속을 제외한다)의 오염도를 측정하기 위한 유해대기물질측정망
㉣ 도시지역의 휘발성 유기화합물 등의 농도를 측정하기 위한 광화학대기오염물질측정망
㉤ 산성 대기오염물질의 건성 및 습성 침착량을 측정하기 위한 산성강하물측정망
㉥ 기후·생태계 변화유발물질의 농도를 측정하기 위한 지구대기측정망
㉦ 장거리 이동 대기오염물질의 성분을 집중 측정하기 위한 대기오염집중측정망
㉧ 미세먼지(PM-2.5)의 성분 및 농도를 측정하기 위한 미세먼지성분측정망

93 대기환경보전법령상 배출부과금을 부과할 때 고려하여야 하는 사항에 해당하지 않는 것은?(단, 그 밖에 대기환경의 오염 또는 개선과 관련되는 사항으로서 환경부령으로 정하는 사항은 제외)

① 사업장 운영현황
② 배출허용기준 초과 여부
③ 대기오염물질의 배출기간
④ 배출되는 대기오염물질의 종류

해설 배출부과금 부과 시 고려사항
㉠ 배출허용기준 초과 여부
㉡ 배출되는 오염물질의 종류
㉢ 오염물질의 배출기간
㉣ 오염물질의 배출량
㉤ 자가측정을 하였는지 여부
㉥ 그 밖에 대기환경의 오염 또는 개선과 관련되는 사항으로서 환경부령으로 정하는 사항

94 악취방지법령상 지정악취물질과 배출허용기준의 연결이 옳지 않은 것은?

항목	구분	배출허용기준(ppm)	
		공업지역	기타 지역
㉠	암모니아	2 이하	1 이하
㉡	메틸메르캅탄	0.008 이하	0.005 이하
㉢	황화수소	0.06 이하	0.02 이하
㉣	트라이메틸아민	0.02 이하	0.005 이하

① ㉠　② ㉡
③ ㉢　④ ㉣

해설 지정악취물질의 배출허용기준

구분	배출허용기준 (ppm)		엄격한 배출허용 기준의 범위 (ppm)
	공업지역	기타 지역	공업지역
암모니아	2 이하	1 이하	1~2
메틸메르캅탄	0.004 이하	0.002 이하	0.002~0.004
황화수소	0.06 이하	0.02 이하	0.02~0.06
트라이메틸아민	0.02 이하	0.005 이하	0.005~0.02

95 대기환경보전법령상 환경부장관이 사업장에서 배출되는 대기오염물질을 총량으로 규제하고자 할 때 고시하여야 하는 사항에 해당하지 않는 것은?

① 총량규제구역
② 측정망 설치계획
③ 총량규제 대기오염물질
④ 대기오염물질의 저감계획

해설 대기오염물질을 총량으로 규제하는 고시사항
㉠ 총량규제구역
㉡ 총량규제 대기오염물질
㉢ 대기오염물질의 저감계획
㉣ 그 밖에 총량규제구역의 대기관리를 위하여 필요한 사항

96 대기환경보전법령상 환경부장관이 배출시설의 설치를 제한할 수 있는 경우에 관한 사항이다. ( ) 안에 알맞은 말은?

> 배출시설 설치 지점으로부터 반경 1킬로미터 안의 상주인구가 (㉠)명 이상인 지역으로서 특정대기유해물질 중 한 가지 종류의 물질을 연간 (㉡) 이상 배출하는 시설을 설치하는 경우

① ㉠ 1만, ㉡ 1톤
② ㉠ 1만, ㉡ 10톤
③ ㉠ 2만, ㉡ 1톤
④ ㉠ 2만, ㉡ 10톤

해설 배출시설 설치의 제한
㉠ 배출시설 설치 지점으로부터 반경 1킬로미터 안의 상주인구가 2만 명 이상인 지역으로서 특정대기유해물질 중 한 가지 종류의 물질을 연간 10톤 이상 배출하거나 두 가지 이상의 물질을 연간 25톤 이상 배출하는 시설을 설치하는 경우
㉡ 대기오염물질(먼지·황산화물 및 질소산화물만 해당한다)의 발생량 합계가 연간 10톤 이상인 배출시설을 특별대책지역에 설치하는 경우

97 실내공기질 관리법령상 "실내주차장"에서 미세먼지(PM-10)의 실내공기질 유지기준은?

① $200\mu g/m^3$ 이하
② $150\mu g/m^3$ 이하
③ $100\mu g/m^3$ 이하
④ $25\mu g/m^3$ 이하

해설 실내공기질 유지기준

오염물질 항목 / 다중이용시설	미세먼지 (PM-10) ($\mu g/m^3$)	미세먼지 (PM-2.5) ($\mu g/m^3$)	이산화탄소 (ppm)	포름알데하이드 ($\mu g/m^3$)	총 부유세균 (CFU/m^3)	일산화탄소 (ppm)
지하역사, 지하도상가, 철도역사의 대합실, 여객자동차터미널의 대합실, 항만시설 중 대합실, 공항시설 중 여객터미널, 도서관·박물관 및 미술관, 대규모점포, 장례식장, 영화상영관, 학원, 전시시설, 인터넷컴퓨터게임시설제공업의 영업시설, 목욕장업의 영업시설	100 이하	50 이하	1,000 이하	100 이하	—	10 이하
의료기관, 산후조리원, 노인요양시설, 어린이집	75 이하	35 이하		80 이하	800 이하	
실내주차장	200 이하	—		100 이하	—	25 이하
실내 체육시설, 실내 공연장, 업무시설, 둘 이상의 용도에 사용되는 건축물	200 이하	—	—	—	—	—

98 대기환경보전법령상 대기오염경보 발령 시 포함되어야 할 사항에 해당하지 않는 것은?(단, 기타사항은 제외)

① 대기오염경보단계
② 대기오염경보의 대상지역
③ 대기오염경보의 경보대상기간
④ 대기오염경보단계별 조치사항

해설 대기오염경보 발령 시 포함되어야 할 사항
㉠ 대기오염경보의 대상지역
㉡ 대기오염경보단계 및 대기오염물질의 농도
㉢ 대기오염경보단계별 조치사항
㉣ 그 밖에 시·도지사가 필요하다고 인정하는 사항

정답 95 ② 96 ④ 97 ① 98 ③

99 대기환경보전법령상 4종 사업장의 분류기준에 해당하는 것은?

① 대기오염물질발생량의 합계가 연간 80톤 이상 100톤 미만
② 대기오염물질발생량의 합계가 연간 20톤 이상 80톤 미만
③ 대기오염물질발생량의 합계가 연간 10톤 이상 20톤 미만
④ 대기오염물질발생량의 합계가 연간 2톤 이상 10톤 미만

해설 사업장 분류기준

종별	오염물질발생량 구분
1종 사업장	대기오염물질발생량의 합계가 연간 80톤 이상인 사업장
2종 사업장	대기오염물질발생량의 합계가 연간 20톤 이상 80톤 미만인 사업장
3종 사업장	대기오염물질발생량의 합계가 연간 10톤 이상 20톤 미만인 사업장
4종 사업장	대기오염물질발생량의 합계가 연간 2톤 이상 10톤 미만인 사업장
5종 사업장	대기오염물질발생량의 합계가 연간 2톤 미만인 사업장

100 실내공기질 관리법령상 노인요양시설의 실내공기질 유지기준이 되는 오염물질 항목에 해당하지 않는 것은?

① 미세먼지(PM-10) ② 폼알데하이드
③ 아산화질소 ④ 총부유세균

해설 실내공기질 유지기준

오염물질 항목 다중이용시설	미세먼지 (PM-10) ($\mu g/m^3$)	미세먼지 (PM-2.5) ($\mu g/m^3$)	이산화 탄소 (ppm)	폼알데 하이드 ($\mu g/m^3$)	총 부유 세균 (CFU/m^3)	일산화 탄소 (ppm)
지하역사, 지하도상가, 철도역사의 대합실, 여객자동차터미널의 대합실, 항만시설 중 대합실, 공항시설 중 여객터미널, 도서관·박물관 및 미술관, 대규모점포, 장례식장, 영화상영관, 학원, 전시시설, 인터넷컴퓨터게임시설제공업의 영업시설, 목욕장업의 영업시설	100 이하	50 이하	1,000 이하	100 이하	-	10 이하
의료기관, 산후조리원, 노인요양시설, 어린이집	75 이하	35 이하		80 이하	800 이하	
실내주차장	200 이하	-		100 이하	-	25 이하
실내 체육시설, 실내 공연장, 업무시설, 둘 이상의 용도에 사용되는 건축물	200 이하	-	-	-	-	-

정답 99 ④ 100 ③

2021년 4회 기출문제

제1과목 대기오염개론

01 온실효과와 지구온난화에 관한 설명으로 옳은 것은?
① CH_4가 N_2O보다 지구온난화에 기여도가 낮다.
② 지구온난화지수(GWP)는 SF_6가 HFCs보다 작다.
③ 대기의 온실효과는 실제 온실에서의 보온작용과 같은 원리이다.
④ 북반구에서 대기 중의 CO_2 농도는 여름에 감소하고 겨울에 증가하는 경향이 있다.

해설
① CH_4가 N_2O보다 지구온난화에 기여도가 높다.
② 지구온난화지수(GWP)는 SF_6가 HFCs보다 크다.
③ 대기의 온실효과는 실제 온실에서의 보온작용과 같은 원리가 아니다.

02 대기오염물질의 확산을 예측하기 위한 바람장미에 관한 내용으로 옳지 않은 것은?
① 풍향은 바람이 불어오는 쪽으로 표시한다.
② 풍속이 0.2m/s 이하일 때를 정온(Calm)이라 한다.
③ 가장 빈번히 관측된 풍향을 주풍이라 하고 막대의 굵기를 가장 굵게 표시한다.
④ 바람장미는 풍향별로 관측된 바람의 발생빈도와 풍속을 16방향인 막대기형으로 표시한 기상도형이다.

해설 바람장미(Wind Rose)
㉠ 바람장미는 풍향별로 관측된 바람의 발생빈도와 풍속을 16방향인 막대기형으로 표시한 기상도형이다.
㉡ 풍향은 중앙에서 바람이 불어오는 쪽으로 막대모양으로 표시하고, 풍향 중 주풍은 가장 빈번히 관측된 풍향을 말하며 막대의 길이가 가장 긴 방향이다.
㉢ 관측된 풍향별로 발생빈도를 %로 표시한 것을 방향량(Vector) 이라 하며, 바람장미의 중앙에 숫자로 표시한 것을 무풍률이라 한다.
㉣ 풍속은 막대의 굵기로 표시하며 풍속이 0.2m/sec 이하일 때를 정온(Calm) 상태로 본다.

03 다음 중 광화학반응과 가장 관련이 깊은 탄화수소는?
① Parafin계 탄화수소
② Olefin계 탄화수소
③ Acetylene계 탄화수소
④ 지방족 탄화수소

해설 올레핀(Olefin)계 탄화수소가 광화학 활성이 가장 강하다.

04 광화학반응으로 생성되는 오염물질에 해당하지 않는 것은?
① 케톤
② PAN
③ 과산화수소
④ 염화불화탄소

해설 대표적 2차 오염물질
㉠ 에어로졸(H_2SO_4 Mist) ㉡ O_3
㉢ PAN, PBN ㉣ NOCl
㉤ H_2O_2 ㉥ 아크롤레인
㉦ 알데하이드 ㉧ SO_2
㉨ 케톤

05 다음 중 오존파괴지수가 가장 큰 것은?
① CFC-113
② CFC-114
③ Halon-1211
④ Halon-1301

해설 오존층 파괴지수(ODP)
① CFC-113 : 0.8
② CFC-114 : 1.0
③ Halon-1211 : 3.0
④ Halon-1301 : 10.0

06 LA 스모그에 관한 내용으로 가장 적합하지 않은 것은?
① 화학반응은 산화반응이다.
② 복사역전 조건에서 발생했다.
③ 런던스모그에 비해 습도가 낮은 조건에서 발생했다.
④ 석유계 연료에서 유래되는 질소산화물이 주원인물질이다.

정답 01 ④ 02 ③ 03 ② 04 ④ 05 ④ 06 ②

해설 **London Smog와 LA Smog의 비교**

구분	London형	LA형
특징	Smoke+Fog의 합성	광화학작용(2차성 오염물질의 스모그 형성)
반응·화학반응	• 열적 환원반응 • 연기+안개 → 환원형 Smog	• 광화학적 산화반응 • HC+NOx+$h\nu$ → 산화형 Smog
발생 시 기온	4℃ 이하	24℃ 이상(25~30℃)
발생 시 습도	85% 이상	70% 이하
발생 시간	새벽~이른 아침, 저녁	주간(한낮)
발생 계절	겨울(12~1월)	여름(7~9월)
일사량	없을 때	강한 햇빛
풍속	무풍	3m/sec 이하
역전 종류	복사성 역전(방사형): 접지역전	침강성 역전(하강형)
주 오염 배출원	• 공장 및 가정난방 • 석탄 및 석유계 연료의 연소	• 자동차 배기가스 • 석유계 연료의 연소
시정 거리	100m 이하	1.6~0.8km 이하
Smog 형태	차가운 취기가 있는 농무형	회청색의 농무형
피해	• 호흡기 장애, 만성기관지염, 폐렴 • 심각한 사망률(인체에 대해 직접적 피해)	• 점막자극, 시정악화 • 고무제품 손상, 건축물 손상

07 가우시안 모델을 적용하기 위한 가정으로 가장 적합하지 않은 것은?

① 고도변화에 따른 풍속변화는 무시한다.
② 수평방향의 난류확산보다 대류에 의한 확산이 지배적이다.
③ 배출된 오염물질은 흘러가는 동안 없어지거나 다른 물질로 바뀌지 않는다.
④ 이류방향으로의 오염물질 확산을 무시하고 풍하방향으로의 확산만을 고려한다.

해설 연직방향의 풍속은 통상 수평방향의 풍속보다 상대적으로 크기가 작기 때문에 연직방향의 풍속은 무시한다.

08 먼지의 농도를 측정하기 위해 공기를 0.3m/s의 속도로 1.5시간 동안 여과지에 여과시킨 결과 여과지의 빛 전달률이 깨끗한 여과지의 80%로 감소했다. 1,000m당 Coh는?

① 6.0 ② 3.0
③ 2.5 ④ 1.5

해설 $Coh_{1,000} = \dfrac{\log\left(\dfrac{1}{t}\right)}{0.01} \times 1,000$

광학적 밀도 $= \log\dfrac{1}{0.8} = 0.0969$

총이동거리(L) $= 0.3\text{m/sec} \times 1.5\text{hr}$
$\times 3,600\text{sec/hr} = 1,620\text{m}$

$= \dfrac{\left(\dfrac{0.0969}{0.01}\right)}{1,620} \times 1,000 = 5.98$

09 일반적인 자동차 배출가스의 구성 중 자동차가 공회전할 때 특히 많이 배출되는 오염물질은?

① 일산화탄소 ② 탄화수소
③ 질소산화물 ④ 이산화탄소

해설 **자동차 배기가스**
㉠ NOx : 가속 시
㉡ CO : 공회전 시
㉢ HC : 감속 시

10 산성비에 관한 설명 중 ( ) 안에 알맞은 것은?

> 일반적으로 산성비는 pH (㉠) 이하의 강우를 말하며, 이는 자연상태의 대기 중에 존재하는 (㉡)가 강우에 흡수되었을 때의 pH를 기준으로 한 것이다.

① ㉠ 3.6, ㉡ CO_2 ② ㉠ 3.6, ㉡ NO_2
③ ㉠ 5.6, ㉡ CO_2 ④ ㉠ 5.6, ㉡ NO_2

해설 산성비는 통상 pH 5.6 이하의 강우를 말하며, 이는 자연상태의 대기 중에 존재하는 CO_2가 강우에 흡수되었을 때 나타나는 pH를 기준으로 한 것이다.

11 온위에 관한 내용으로 옳지 않은 것은?(단, θ는 온위(K), T는 절대온도(K), P는 압력(mb))

① 온위는 밀도와 비례한다.
② $\theta = T\left(\dfrac{1,000}{P}\right)^{0.288}$로 나타낼 수 있다.
③ 고도가 높아질수록 온위가 높아지면 대기는 안정하다.
④ 표준압력(1,000mb)에서 어느 고도의 공기를 건조단열적으로 끌어내리거나 끌어올려 1,000mb 고도에 가져갔을 때 나타나는 온도를 온위라고 한다.

정답 07 ④ 08 ① 09 ① 10 ③ 11 ①

해설 밀도는 온위에 반비례하므로 온위가 높을수록 공기밀도는 작아진다.

12 표준상태에서 NO_2 농도가 $0.5g/m^3$이다. 150℃, 0.8atm에서 NO_2 농도(ppm)는?

① 126   ② 492
③ 570   ④ 595

해설 $NO_2(ppm) = 500mg/m^3 \times \dfrac{22.4mL}{46mg} \times \dfrac{273}{273+150} \times \dfrac{0.8}{1}$
$= 125.71 mL/m^3 (ppm)$

13 불화수소(HF) 배출과 가장 관련 있는 산업은?

① 소다공업   ② 도금공장
③ 플라스틱공업   ④ 알루미늄공업

해설 **불소화합물의 주요 발생업종**
알루미늄공업, 유리공업, 비료공업, 요업 등

14 환기를 위한 실내공기오염의 지표가 되는 물질은?

① SO_2 ② NO_2
③ CO   ④ CO_2

해설 실내공기오염의 지표가 되는 물질은 CO_2이다.

15 환경기온감률이 다음과 같을 때 가장 안정한 조건은?

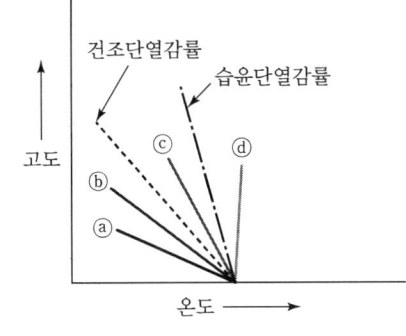

① ⓐ   ② ⓑ
③ ⓒ   ④ ⓓ

해설 고도가 높아질수록 기온도 증가되는 대기의 상태는 안정으로 ⓓ에 해당한다.

16 유효굴뚝높이가 1m인 굴뚝에서 배출되는 오염물질의 최대착지농도를 현재의 1/10로 낮추고자 할 때, 유효굴뚝높이를 몇 m 증가시켜야 하는가?(단, Sutton의 확산방정식 사용, 기타 조건은 동일)

① 0.04   ② 0.20
③ 1.24   ④ 2.16

해설 $C_{\max} = \dfrac{1}{H_e^2}$

$H_e = \dfrac{1}{\sqrt{C_{\max}}} = \dfrac{1}{\sqrt{\dfrac{1}{10}}} = 3.162$

유효굴뚝높이 $= 1m \times 3.162 = 3.162m$
증가높이 $= 3.162 - 1 = 2.162m$

17 지균풍에 관한 설명으로 가장 적합하지 않은 것은?

① 등압선에 평행하게 직선운동을 하는 수평의 바람이다.
② 고공에서 발생하기 때문에 마찰력의 영향이 거의 없다.
③ 기압경도력과 전향력의 크기가 같고 방향이 반대일 때 발생한다.
④ 북반구에서 지균풍은 오른쪽에 저기압, 왼쪽에 고기압을 두고 분다.

해설 북반구에서 지균풍은 왼쪽에 저기압, 오른쪽에 고기압을 두고 분다.

18 유효굴뚝높이가 60m인 굴뚝으로부터 SO_2가 125g/s의 속도로 배출되고 있다. 굴뚝높이에서의 풍속이 6m/s일 때, 이 굴뚝으로부터 500m 떨어진 연기중심선상에서 오염물질의 지표농도($\mu g/m^3$)는?(단, 가우시안 모델식 사용, 수평확산계수(σ_y)는 36m, 수직확산계수(σ_z)는 18.5m, 배출되는 SO_2는 화학적으로 반응하지 않음)

① 52   ② 66
③ 2,483   ④ 9,957

해설 $C(x,y,z,H_e) = \dfrac{Q}{2\pi\sigma_y\sigma_z U}\exp\left[-\dfrac{1}{2}\left(\dfrac{y}{\sigma_y}\right)^2\right]$
$\times \left[\exp\left(-\dfrac{1}{2}\left(\dfrac{z-H_e}{\sigma_z}\right)^2\right) + \exp\left(-\dfrac{1}{2}\left(\dfrac{z+H_e}{\sigma_z}\right)^2\right)\right]$

$y=0, z=0$이므로

정답 12 ① 13 ④ 14 ④ 15 ④ 16 ④ 17 ④ 18 ①

$$C = \frac{Q}{\pi \sigma_y \sigma_z U} \exp\left[-\frac{1}{2}\left(\frac{H_e}{\sigma_z}\right)^2\right]$$
$$= \frac{125 \times 10^{-6} \mu g/s}{3.14 \times 36m \times 18.5m \times 6m/sec} \exp\left[-\frac{1}{2}\left(\frac{60}{18.5}\right)^2\right]$$
$$= 51.766 \mu g/m^3$$

19 냄새물질에 관한 일반적인 설명으로 옳지 않은 것은?

① 분자량이 작을수록 냄새가 강하다.
② 분자 내에 황 또는 질소가 있으면 냄새가 강하다.
③ 불포화도(이중결합 및 삼중결합의 수)가 높을수록 냄새가 강하다.
④ 분자 내 수산기의 수가 1개일 때 냄새가 가장 약하고 수산기의 수가 증가할수록 냄새가 강해진다.

해설 분자 내 수산기의 수는 1개일 때 가장 강하고 수가 증가하면 약해져서 무취에 이른다.

20 광화학반응에 의해 고농도 오존이 나타날 수 있는 조건에 해당하지 않는 것은?

① 무풍상태일 때
② 일사량이 강할 때
③ 대기가 불안정할 때
④ 질소산화물과 휘발성 유기화합물의 배출이 많을 때

해설 광화학반응에 의해 고농도 오존이 발생하기 쉬운 기상조건
㉠ 기온이 25℃ 이상이고, 상대습도가 75% 이하일 때
㉡ 기압경도가 완만하여 풍속 4m/sec 이하의 약풍이 지속될 때
㉢ 시간당 일사량이 5MJ/m^2 이상으로 일사가 강할 때
㉣ 대기가 안정하고 전선성 혹은 침강성의 역전이 존재할 때

제2과목 연소공학

21 화염으로부터 열을 받으면 가연성 증기가 발생하는 연소로 휘발유, 등유, 알코올, 벤젠 등 액체연료의 연소형태는?

① 증발연소   ② 자기연소
③ 표면연소   ④ 확산연소

해설 증발연소
㉠ 정의
  화염으로부터 열을 받으면 액체연료가 액면에서 증발하여 가연성 증기로 되어 산소와 반응한 후 착화되어 화염이 발생하고 증발이 촉진되면서 연소, 즉 물질이 직접 기화하면서 연소가 이루어지는 것을 의미한다.
㉡ 특징
  • 연료의 증발속도가 연소속도보다 빠르면 불완전 연소가 된다.
  • 증발온도가 열분해온도보다 낮은 경우 증발연소된다.
㉢ 적용연료
  • 휘발유, 등유, 경유, 알코올(중유는 제외)
  • 나프탈렌, 벤젠
  • 양초

22 가연성 가스의 폭발범위에 관한 일반적인 설명으로 옳지 않은 것은?

① 가스의 온도가 높아지면 폭발범위가 넓어진다.
② 폭발한계농도 이하에서는 폭발성 혼합가스가 생성되기 어렵다.
③ 폭발상한과 폭발하한의 차이가 클수록 위험도가 증가한다.
④ 가스의 압력이 높아지면 상한값은 크게 변하지 않으나 하한값이 높아진다.

해설 압력이 상압(1기압)보다 높아질 때 폭발범위의 변위가 크며 가스의 압력이 대기압 이하로 낮아지는 경우는 폭발범위가 작아진다.

23 자동차 내연기관에서 휘발유(C_8H_{18})가 완전연소될 때 무게 기준의 공기연료비(AFR)는?(단, 공기의 분자량은 28.95)

① 15   ② 30
③ 40   ④ 60

해설 $C_8H_{18} + 12.5O_2 \rightarrow 8CO_2 + 9H_2O$

$$AFR(부피) = \frac{산소의\ mole/0.21}{연료의\ mole} = \frac{12.5/0.21}{1}$$
$$= 59.5 mole\ air/mole\ fuel$$

$$AFR(무게) = 59.5 \times \frac{28.95}{114} = 15.14 kg\ air/kg\ fuel$$

[114 : 옥탄 분자량, 28.95 : 건조공기 분자량]

24 등가비(ϕ)에 관한 내용으로 옳지 않은 것은?

① ϕ = 공기비(m)
② ϕ = 1일 때 완전연소
③ ϕ < 1일 때 공기가 과잉
④ ϕ > 1일 때 연료가 과잉

정답 19 ④ 20 ③ 21 ① 22 ④ 23 ① 24 ①

해설 ϕ에 따른 특성

㉠ $\phi = 1$
- $m = 1$
- 완전연소에 알맞은 연료와 산화제가 혼합된 경우로 이상적 연소형태이다.

㉡ $\phi > 1$
- $m < 1$
- 연료가 과잉으로 공급된 경우로 불완전 연소형태이다.
- 일반적으로 CO는 증가하고 NO는 감소한다.

㉢ $\phi < 1$
- $m > 1$
- 공기가 과잉으로 공급된 경우로 완전 연소형태이다.
- CO는 완전연소를 기대할 수 있어 최소가 되나, NO는 증가한다.

25 기체연료의 종류에 관한 설명으로 가장 적합한 것은?

① 수성가스는 코크스를 용광로에 넣어 선철을 제조할 때 발생하는 기체연료이다.
② 석탄가스는 석유류를 열분해, 접촉분해 및 부분 연소시킬 때 발생하는 기체연료이다.
③ 고로가스는 고온으로 가열된 무연탄이나 코크스 등에 수증기를 반응시켜 얻은 기체연료이다.
④ 발생로가스는 코크스나 석탄, 목재 등을 적열상태로 가열하여 공기 또는 산소를 보내 불완전 연소시켜 얻은 기체연료이다.

해설 ① 수성가스는 고온으로 가열된 무연탄이나 코크스 등에 수증기를 반응시켜 발생하는 가스이다.
② 석탄가스는 석탄을 건류할 때 생성되는 가스를 총칭한다.
③ 고로가스는 제철용 고로에서 얻어지는 부산물 가스이다. 즉 용광로에서 선철을 제조할 때 발생한다.

26 공기비가 클 때 나타나는 현상으로 가장 적합하지 않은 것은?

① 연소실 내의 온도 감소
② 배기가스에 의한 열손실 증가
③ 가스폭발의 위험 증가와 매연 발생
④ 배기가스 내의 SO_2, NO_2 함량 증가로 인한 부식 촉진

해설 공기비의 영향

㉠ 공기비가 클 경우(과잉공기량의 공급이 많을 경우)
- 공연비가 커지고 연소실 내 연소온도가 낮아진다.
- 통풍력이 증대되어 배기가스에 의한 열손실이 증대한다.
- 배기가스 중 황산화물(SO_2), 질소산화물(NO_2)의 함량이 증가하여 연소장치의 전열면 부식이 촉진된다.
- CH_4, CO 및 C 등 연료 중의 가연성 물질의 농도가 감소되는 경향을 보인다.
- 에너지 손실이 커진다.
- 연소가스의 희석 효과가 높아진다.
- 화염의 크기는 작아지고 완전연소가 가능해진다.

㉡ 공기비가 작을 경우
- 불완전 연소로 인하여 배기가스 내 매연의 발생이 크다.
- 불완전 연소로 인하여 연소가스의 폭발위험성이 크다.
- 연소배출가스 중의 CO, HC의 오염물질 농도가 증가한다.
- 열손실에 큰 영향을 주어 연소효율이 저하된다.
- 가연성분과 산소의 접촉이 원활하게 이루어지지 못한다.

27 과잉산소량(잔존산소량)을 나타내는 표현은?(단, A: 실제공기량, A_0: 이론공기량, m: 공기비($m > 1$), 표준상태, 부피 기준)

① $0.21mA_0$
② $0.21mA$
③ $0.21(m-1)A_0$
④ $0.21(m-1)A$

해설 과잉공기량(A^+) $= A - A_0 = mA_0 - A_0 = A_0(m-1)$

$m = 1 + \left(\dfrac{A^+}{A_0}\right)$

과잉산소량(잔존산소량) $= 0.21(m-1)A_0$

28 C : 80%, H : 15%, S : 5%의 무게비로 구성된 중유 1kg을 1.1의 공기비로 완전연소시킬 때, 건조배출가스 중의 SO_2 농도(ppm)는?(단, 모든 S성분은 SO_2가 됨)

① 3,026
② 3,530
③ 4,126
④ 4,530

해설 SO_2 (ppm)

$= \dfrac{SO_2}{G_d} \times 100 = \dfrac{0.7 \times S}{G_d} \times 10^6$

$G_d = mA_0 - 5.6H$

$A_0 = \dfrac{1}{0.21}[(1.867 \times 0.8) + (5.6 \times 0.15) + (0.7 \times 0.05)]$

$= 11.28 Sm^3/kg \times 1kg = 11.28 Sm^3$

$= (1.1 \times 11.28) - (5.6 \times 0.15) = 11.57 Sm^3$

$= \dfrac{(0.7 \times 0.05)}{11.57} \times 10^6 = 3,025.06 ppm$

정답 25 ④ 26 ③ 27 ③ 28 ①

29 고체연료 중 코크스에 관한 설명으로 가장 적합하지 않은 것은?

① 주성분은 탄소이다.
② 원료탄보다 회분의 함량이 많다.
③ 연소 시에 매연이 많이 발생한다.
④ 원료탄을 건류하여 얻어지는 2차 연료로 코크스로에서 제조된다.

해설 코크스는 열분해에 의해 얻어진 고체연료이므로 매연 발생이 거의 없다.

30 화격자 연소에 관한 설명으로 가장 적합하지 않은 것은?

① 상부투입식은 투입되는 연료와 공기가 향류로 교차하는 형태이다.
② 상부투입식의 경우 화격자 상에 고정층을 형성해야 하므로 분체상의 석탄을 그대로 사용할 수 없다.
③ 정상상태에서 상부투입식은 상부로부터 석탄층 → 건조층 → 건류층 → 환원층 → 산화층 → 회층의 구성순서를 갖는다.
④ 하부투입식은 저융점의 회분을 많이 포함한 연료의 연소에 적합하며 착화성이 나쁜 연료도 유용하게 사용 가능하다.

해설 하부투입식은 수분이 많고 저위발열량이 낮은 연료, 난연성 및 착화하기 어려운 연료 연소에 적합하다.

31 CH_4의 최대탄산가스율(%)은?(단, CH_4는 완전연소함)

① 11.7 ② 21.8
③ 34.5 ④ 40.5

해설 $CH_4 + 2O_2 \rightarrow CO_2 + 2H_2O$

$CO_{2max} = \dfrac{CO_2}{G_{od}} \times 100$

$G_{od} = 0.79A_0 + CO_2$양
$= \left(0.79 \times \dfrac{2}{0.21}\right) + 1 = 8.52Sm^3/Sm^3$

$= \dfrac{1}{8.52} \times 100 = 11.74\%$

32 다음 조건을 갖는 기체연료의 이론연소온도(℃)는?

- 연료의 저발열량 : 7,500kcal/Sm³
- 연료의 이론연소가스양 : 10.5Sm³/Sm³
- 연료연소가스의 평균정압비열 : 0.35kcal/Sm³·℃
- 기준온도 : 25℃
- 공기는 예열되지 않고, 연소가스는 해리되지 않음

① 1,916 ② 2,066
③ 2,196 ④ 2,256

해설 이론연소온도(℃)
$= \dfrac{\text{저위발열량}}{\text{이론연소가스양} \times \text{평균정압비열}} + \text{기준온도}$

$= \dfrac{7,500kcal/Sm^3}{10.5Sm^3/Sm^3 \times 0.35kcal/Sm^3 \cdot ℃} + 25℃ = 2,065.8℃$

33 가솔린 기관의 노킹현상을 방지하기 위한 방법으로 가장 적합하지 않은 것은?

① 화염속도를 빠르게 한다.
② 말단 가스의 온도와 압력을 낮춘다.
③ 혼합기의 자기착화온도를 높게 한다.
④ 불꽃진행거리를 길게 하여 말단가스가 고온·고압에 충분히 노출되도록 한다.

해설 가솔린 기관의 노킹현상을 방지하기 위해서는 화염전파속도를 빠르게 하거나 불꽃진행거리(화염전파거리)를 단축시켜 말단가스가 고온·고압에 노출되는 시간을 짧게 한다.

34 C_2H_6의 고발열량이 15,520kcal/Sm³일 때, 저발열량(kcal/Sm³)은?

① 18,380 ② 16,560
③ 14,080 ④ 12,820

해설 $C_2H_6 + 3.5O_2 \rightarrow 2CO_2 + 3H_2O$
$H_l = H_h - 480\Sigma H_2O = 15,520 - (480 \times 3) = 14,080kcal/Sm^3$

35 89%의 탄소와 11%의 수소로 이루어진 액체연료를 1시간에 187kg씩 완전연소할 때 발생하는 배출가스의 조성을 분석한 결과 CO_2 : 12.5%, O_2 : 3.5%, N_2 : 84%이었다. 이 연료를 2시간 동안 완전연소시켰을 때 실제 소요된 공기량(Sm^3)은?

① 1,205 ② 2,410
③ 3,610 ④ 4,810

정답 29 ③ 30 ④ 31 ① 32 ② 33 ④ 34 ③ 35 ④

해설 실제공기량(A)

$A = m \times A_o$

$m = \dfrac{N_2}{N_2 - 3.76O_2} = \dfrac{84}{84 - (3.76 \times 3.5)} = 1.186$

$A_o = \dfrac{1}{0.21}(1.867C + 5.6H)$

$\quad = \dfrac{1}{0.21}[(1.867 \times 0.89) + (5.6 \times 0.11)] = 10.85 Sm^3/kg$

$= 1.186 \times 10.85 Sm^3/kg \times 187 kg/hr \times 2hr = 4,812.66 Sm^3$

36 연소에 관한 용어 설명으로 옳지 않은 것은?

① 유동점은 저온에서 중유를 취급할 경우의 난이도를 나타내는 척도가 될 수 있다.
② 인화점은 액체연료의 표면에 인위적으로 불씨를 가했을 때 연소하기 시작하는 최저온도이다.
③ 발열량은 연료가 완전연소할 때 단위중량 혹은 단위부피당 발생하는 열량으로 잠열을 포함하는 저발열량과 포함하지 않는 고발열량으로 구분된다.
④ 발화점은 공기가 충분한 상태에서 연료를 일정온도 이상으로 가열했을 때 외부에서 점화하지 않더라도 연료 자신의 연소열에 의해 연소가 일어나는 최저온도이다.

해설 발열량은 연료가 완전연소할 때 단위중량 혹은 단위부피당 발생하는 열량으로 잠열을 포함하는 고발열량과 포함하지 않는 저발열량으로 구분된다.

37 석탄의 유동층 연소에 관한 설명으로 가장 적합하지 않은 것은?

① 부하변동에 쉽게 적응할 수 없다.
② 유동매체의 보충이 필요하지 않다.
③ 유동매체를 석회석으로 할 경우 노 내에서 탈황이 가능하다.
④ 비교적 저온에서 연소가 행해지기 때문에 화격자 연소에 비해 Thermal NOx 발생량이 적다.

해설 유동층 연소는 유동매체의 손실로 인한 보충이 필요하다.

38 석유류의 특성에 관한 내용으로 옳은 것은?

① 일반적으로 인화점은 예열온도보다 약간 높은 것이 좋다.
② 인화점이 낮을수록 역화의 위험성이 낮아지고 착화가 곤란하다.
③ 일반적으로 API가 10° 미만이면 경질유, 40° 이상이면 중질유로 분류된다.
④ 일반적으로 경질유는 방향족계 화합물을 50% 이상 함유하고 중질유에 비해 밀도와 점도가 높은 편이다.

해설 ② 인화점이 높으면(140℃ 이상) 착화가 곤란하고, 낮으면 연소는 잘되나 역화의 위험이 있다.
③ 일반적으로 API가 34° 이상이면 경질유, API가 30° 이하이면 중질유로 분류한다.
④ 일반적으로 경질유는 방향족계 화합물을 10% 미만 함유하고 밀도 및 점도가 낮은 편이다.

39 25℃에서 탄소가 연소하여 일산화탄소가 될 때 엔탈피 변화량(kJ)은?

$C + O_2(g) \rightarrow CO_2(g)$	$\Delta H = -393.5 kJ$
$CO + 1/2O_2(g) \rightarrow CO_2(g)$	$\Delta H = -283.0 kJ$

① -676.5
② -110.5
③ 110.5
④ 676.5

해설 엔탈피(H)는 상태함수이므로 처음 상태와 마지막 상태만 같다면 총 엔탈피 변화는 같다.
엔탈피 변화량(ΔH) = ΔQ (엔탈피는 System의 열량 변화)
$\Delta H = -393.5 - (-283.0) = -110.5 kJ$

40 액체연료를 비점(℃)이 큰 순서대로 나열한 것은?

① 등유 > 중유 > 휘발유 > 경유
② 중유 > 경유 > 등유 > 휘발유
③ 경유 > 휘발유 > 중유 > 등유
④ 휘발유 > 경유 > 등유 > 중유

해설 액체연료의 비점
중유(230~360℃) > 경유(200~320℃) > 등유(150~280℃) > 휘발유(30~200℃)

정답 36 ③ 37 ② 38 ① 39 ② 40 ②

제3과목 대기오염방지기술

41 질소산화물(NOx) 저감방법으로 가장 적합하지 않은 것은?

① 연소영역에서의 산소 농도를 높인다.
② 부분적인 고온영역이 없게 한다.
③ 고온영역에서 연소가스의 체류시간을 짧게 한다.
④ 유기질소화합물을 함유하지 않는 연료를 사용한다.

해설 NOx를 저감하기 위해서는 연소영역에서 산소 농도를 낮추어야 한다.

42 유해가스를 처리하는 흡수장치의 효율을 높이기 위한 흡수액의 조건은?

① 점성이 커야 한다.
② 어는점이 높아야 한다.
③ 휘발성이 적어야 한다.
④ 가스의 용해도가 낮아야 한다.

해설 흡수액(세정액)의 구비조건
㉠ 용해도가 커야 한다.
㉡ 점도(점성)가 작고 화학적으로 안정해야 한다.
㉢ 독성이 없고 휘발성이 낮아야 한다.
㉣ 착화성, 부식성이 없어야 한다.
㉤ 빙점(어는점)은 낮고 비점(끓는점)은 높아야 한다.
㉥ 가격이 저렴하고 사용이 편리해야 한다.
㉦ 용매의 화학적 성질과 비슷해야 한다.

43 먼지의 자유낙하에서 종말침강속도에 관한 설명으로 옳은 것은?

① 입자가 바닥에 닿는 순간의 속도
② 입자의 가속도가 0이 될 때의 속도
③ 입자의 속도가 0이 되는 순간의 속도
④ 정지된 다른 입자와 충돌하는 데 필요한 최소한의 속도

해설 Stokes 종말침강속도는 층류영역에서 구형 입자가 자유낙하 시 구형 입자의 표면에 충돌하는 상대적 가스속도가 0이라는 가정 하에 성립하는 속도를 말하며 입자의 가속도가 0이 될 때의 속도를 의미한다.

44 후드에 의한 먼지 흡입에 관한 설명으로 옳지 않은 것은?

① 국소적인 흡인방식을 취한다.
② 배풍기에 충분한 여유를 둔다.
③ 후드를 발생원에 가깝게 설치한다.
④ 후드의 개구면적을 가능한 크게 한다.

해설 흡인속도를 크게 하기 위하여 가능하면 개구면적을 좁게 한다.

45 집진장치의 입구 쪽 처리가스 유량이 300,000m³/h, 먼지 농도가 15g/m³이고, 출구 쪽 처리된 가스의 유량이 305,000m³/h, 먼지 농도가 40mg/m³일 때, 집진효율(%)은?

① 89.6 ② 95.3
③ 99.7 ④ 103.2

해설
$$\eta = \left(1 - \frac{C_o \times Q_o}{C_i \times Q_o}\right) \times 100$$
$$= \left(1 - \frac{0.04 \times 305,000}{15 \times 300,000}\right) \times 100 = 99.73\%$$

46 직경이 $10\mu m$인 구형 입자가 20℃ 층류영역의 대기 중에서 낙하하고 있다. 입자의 종말침강속도(m/s)와 레이놀즈수를 순서대로 나열한 것은?(단, 20℃에서 입자의 밀도 = 1,800kg/m³, 공기의 밀도 = 1.2kg/m³, 공기의 점도 = 1.8×10^{-5}kg/m · s)

① 5.44×10^{-3}, 3.63×10^{-3}
② 5.44×10^{-3}, 2.44×10^{-6}
③ 3.63×10^{-6}, 2.44×10^{-6}
④ 3.63×10^{-6}, 3.63×10^{-3}

해설 ㉠ 종말침강속도(V)
$$V = \frac{d_p^2(\rho_p - \rho)g}{18\mu}$$
$$= \frac{(10 \times 10^{-6})^2 m^2 \times (1,800 - 1.2)kg/m^3 \times 9.8m/sec^2}{18 \times 1.8 \times 10^{-5} kg/m \cdot sec}$$
$$= 5.44 \times 10^{-3} m/sec$$

㉡ 레이놀즈수(Re)
$$Re = \frac{\rho V D}{\mu}$$
$$= \frac{1.2 kg/m^3 \times 5.44 \times 10^{-3} m/sec \times (10 \times 10^{-6})m}{1.8 \times 10^{-5} kg/m \cdot sec}$$
$$= 3.63 \times 10^{-3}$$

정답 41 ① 42 ③ 43 ② 44 ④ 45 ③ 46 ①

47 표준상태의 공기가 내경이 50cm인 강관 속을 2m/s의 속도로 흐르고 있을 때, 공기의 질량유속(kg/s)은?
(단, 공기의 평균분자량=29)

① 0.34
② 0.51
③ 0.78
④ 0.97

해설 질량유속(kg/sec) = $2m/sec \times \left(\frac{3.14 \times 0.5^2}{4}\right)m^2 \times \frac{29kg}{22.4m^3}$
= 0.508kg/sec

48 여과집진장치의 탈진방식 중 간헐식에 관한 설명으로 옳지 않은 것은?

① 연속식에 비해 먼지의 재비산이 적고 높은 집진효율을 얻을 수 있다.
② 고농도, 대량 가스처리에 적합하며 점성이 있는 조대먼지의 탈진에 효과적이다.
③ 진동형은 여과포의 음파진동, 횡진동, 상하진동에 의해 포집된 먼지를 털어내는 방식이다.
④ 역기류형은 단위집진실에 처리가스의 공급을 중단시킨 후 순차적으로 탈진하는 방식이다.

해설 소량 가스처리에 적합하며, 점성이 있는 조대먼지의 탈진에 비효과적이다.

49 촉매소각법에 관한 일반적인 설명으로 옳지 않은 것은?

① 열소각법에 비해 연소 반응시간이 짧다.
② 열소각법에 비해 Thermal NOx 생성량이 적다.
③ 백금, 코발트는 촉매로 바람직하지 않은 물질이다.
④ 촉매제가 고가이므로 처리가스양이 많은 경우에는 부적합하다.

해설 촉매는 백금, 코발트, 니켈 등이 있으며, 고가이지만 성능이 우수한 백금계의 것이 많이 이용된다.

50 물리적 흡착에 의한 가스처리에 관한 설명으로 옳지 않은 것은?

① 처리가스의 분압이 낮아지면 흡착량이 감소한다.
② 처리가스의 온도가 높아지면 흡착량이 증가한다.
③ 흡착과정이 가역적이기 때문에 흡착제의 재생이 가능하다.
④ 다분자층 흡착이며 화학적 흡착에 비해 오염가스의 회수가 용이하다.

해설 일반적으로 물리적 흡착에서 흡착되는 양은 온도가 낮을수록, 압력이 높을수록 흡착이 잘 된다.

51 원심력집진장치(Cyclone)의 집진효율에 관한 내용으로 옳은 것은?

① 원통의 직경이 클수록 집진효율이 증가한다.
② 입자의 밀도가 클수록 집진효율이 감소한다.
③ 가스의 온도가 높을수록 집진효율이 증가한다.
④ 가스의 유입속도가 클수록 집진효율이 증가한다.

해설 ① 원통의 직경이 클수록 집진효율이 감소한다.
② 입자의 밀도가 클수록 집진효율이 증가한다.
③ 가스의 온도가 높을수록 집진효율이 감소한다.

52 세정집진장치의 장점으로 가장 적합한 것은?

① 점착성 및 조해성 먼지의 제거가 용이하다.
② 별도의 폐수처리시설이 필요하지 않다.
③ 먼지에 의한 폐쇄 등의 장애가 일어날 확률이 낮다.
④ 소수성 먼지에 대해 높은 집진효율을 얻을 수 있다.

해설 ② 별도의 폐수처리시설이 필요하다.
③ 먼지에 의한 폐쇄 등의 장애가 일어날 확률이 높다.
④ 친수성 먼지에 대해 높은 집진효율을 얻을 수 있다.

53 흡인통풍의 장점으로 가장 적합하지 않은 것은?

① 통풍력이 크다.
② 연소용 공기를 예열할 수 있다.
③ 굴뚝의 통풍저항이 큰 경우에 적합하다.
④ 노 내압이 부압(-)으로 역화의 우려가 없다.

해설 가압통풍이 연소용 공기를 예열할 수 있다.

54 원통형 전기집진장치의 집진극 직경이 10cm이고 길이가 0.75m이다. 배출가스의 유속이 2m/s이고 먼지의 겉보기 이동속도가 10cm/s일 때, 이 집진장치의 실제 집진효율(%)은?

① 78
② 86
③ 95
④ 99

정답 47 ② 48 ② 49 ③ 50 ② 51 ④ 52 ① 53 ② 54 ①

해설 집진효율(%) $= 1 - \exp\left(-\dfrac{AW}{Q}\right)$

$A = \pi DL = 3.14 \times 0.1\text{m} \times 0.75\text{m} = 0.236\text{m}^2$
$W = 10\text{cm/sec} \times \text{m}/100\text{cm} = 0.1\text{m/sec}$
$Q = AV = \left(\dfrac{3.14 \times 0.1^2}{4}\right)\text{m}^2 \times 2\text{m/sec}$
$\quad = 0.0157\text{m}^3/\text{sec}$
$= 1 - \exp\left(-\dfrac{0.236 \times 0.1}{0.0157}\right)$
$= 0.7775 \times 100 = 77.75\%$

55 외기 유입이 없을 때 집진효율이 88%인 원심력집진장치(Cyclone)가 있다. 이 원심력집진장치에 외기가 10% 유입되었을 때, 집진효율(%)은?(단, 외기가 10% 유입되었을 때 먼지통과율은 외기가 유입되지 않은 경우의 3배)

① 54   ② 64
③ 75   ④ 83

해설 ㉠ 외기유입이 없을 경우 통과율 = 100 − 88 = 12%
㉡ 외기유입이 있을 경우 통과율 = 12% × 3 = 36%
집진효율 = 100 − 통과율 = 100 − 36 = 64%

56 불소화합물 처리에 관한 내용이다. ( ) 안에 들어갈 화학식으로 가장 적합한 것은?

사불화규소는 물과 반응해서 콜로이드 상태의 규산과 ( )을(를) 생성한다.

① CaF_2 ② $NaHF_2$
③ $NaSiF_6$ ④ H_2SiF_6

해설 SiF_4가 물에 흡수될 때 생성되는 규산(SiO_2)이 수면에 고체막을 형성하여 충전제의 공극을 막고 흡수를 저해하므로 액분산형 장치 중에서 충전탑은 사용하지 말고, 분무탑(Spray Tower)을 사용하면 효과적이다.
$SiF_4 + 2H_2O \rightleftarrows SiO_2 + 4HF$
$2HF + SiF_4 \rightleftarrows H_2SiF_6$ (규불화수소산)

57 유체의 점도를 나타내는 단위에 해당하지 않는 것은?

① poise   ② Pa · s
③ L · atm   ④ g/cm · s

해설 점도 단위
㉠ N · s/m², kg/m · s, g/cm · s, kgf · sec/m²
㉡ 1poise = 1g/cm · s = 1dyne · s/cm² = Pa · s
㉢ 1centipoise = 10^{-2} poise = 1mg/mm · s

58 중력집진장치에 관한 설명으로 가장 적합하지 않은 것은?

① 배기가스의 점도가 낮을수록 집진효율이 증가한다.
② 함진가스의 온도변화에 의한 영향을 거의 받지 않는다.
③ 침강실의 높이가 낮고, 길이가 길수록 집진효율이 증가한다.
④ 함진가스의 유량, 유입속도 변화에 거의 영향을 받지 않는다.

해설 중력집진장치는 함진가스의 유량, 유입속도 변화에 적응성이 낮아 민감하다.

59 처리가스양이 30,000m³/hr, 압력손실이 300mmH₂O인 집진장치를 효율이 47%인 송풍기로 운전할 때, 송풍기의 소요동력(kW)은?

① 38   ② 43
③ 49   ④ 52

해설 $kW = \dfrac{\Delta P \times Q}{6{,}120 \times \eta} \times \alpha$
$= \dfrac{300 \times (30{,}000\text{m}^3/\text{hr} \times \text{hr}/60\text{min})}{6{,}120 \times 0.47} \times 1.0$
$= 52.15\text{kW}$

60 먼지의 입경측정 방법을 직접측정법과 간접측정법으로 구분할 때, 직접측정법에 해당하는 것은?

① 광산란법   ② 관성충돌법
③ 액상침강법   ④ 표준체측정법

해설 입경측정방법
㉠ 직접측정법
 • 표준체측정법
 • 현미경측정법
㉡ 간접측정법
 • 관성충돌법
 • 액상침강법
 • 광산란법

제4과목 대기오염공정시험기준(방법)

[Note] 2021년 9월 10일 대기공정시험기준 전면개정에 따라 문제풀이 전에 반드시 핵심요점 또는 본문내용을 확인하시기 바랍니다.

61 배출가스 중의 수은화합물을 냉증기 원자흡수분광광도법에 따라 분석할 때 사용하는 흡수액은?

① 질산암모늄+황산 용액
② 과망간산포타슘+황산 용액
③ 시안화포타슘+디티존 용액
④ 수산화칼슘+피로가롤 용액

해설 배출가스 중 수은화합물을 냉증기 원자흡수분광광도법에 따라 분석할 때 흡수액
4% 과망간산포타슘+10% 황산 용액

62 비분산적외선분석계의 장치구성에 관한 설명으로 옳지 않은 것은?

① 비교셀은 시료셀과 동일한 모양을 가지며 산소를 봉입하여 사용한다.
② 광원은 원칙적으로 흑체발광으로 니크롬선 또는 탄화규소의 저항체에 전류를 흘려 가열한 것을 사용한다.
③ 광학필터는 시료가스 중에 포함되어 있는 간섭물질가스의 흡수파장역 적외선을 흡수 제거하기 위해 사용한다.
④ 회전섹터는 시료광속과 비교광속을 일정주기로 단속시켜 광학적으로 변조시키는 것으로 측정 광신호의 증폭에 유효하고 잡신호의 영향을 줄일 수 있다.

해설 비분산적외선분석계
비교셀은 시료셀과 동일한 모양을 가지며 아르곤 또는 질소 같은 불활성 기체를 봉입하여 사용한다.

63 다음 자료를 바탕으로 구한 비산먼지의 농도(mg/m^3)는?

- 채취먼지량이 가장 많은 위치에서의 먼지농도 : 115 mg/m^3
- 대조위치에서의 먼지농도 : 0.15mg/m^3
- 전 시료채취기간 중 주 풍향이 90° 이상 변함
- 풍속이 0.5m/s 미만 또는 10m/s 이상이 되는 시간이 전 채취시간의 50% 이상임

① 114.9
② 137.8
③ 165.4
④ 206.7

해설 비산먼지농도(mg/m^3)
$= (C_H - C_B) \times W_D \times W_S$
$= (116 - 0.15)mg/m^3 \times 1.5 \times 1.2 = 206.73mg/m^3$

64 대기오염공정시험기준상의 용어 정의 및 규정에 관한 내용으로 옳은 것은?

① "약"이란 그 무게 또는 부피에 대해 ±1% 이상의 차가 있어서는 안 된다.
② 상온은 15~25℃, 실온은 1~35℃, 찬 곳은 따로 규정이 없는 한 0~15℃의 곳을 뜻한다.
③ 방울수라 함은 20℃에서 정제수 10방울을 떨어뜨릴 때 그 부피가 약 1mL 되는 것을 뜻한다.
④ 10억분율은 pphm으로 표시하고 따로 표시가 없는 한 기체일 때는 용량 대 용량(V/V), 액체일 때는 중량 대 중량(W/W)을 표시한 것을 뜻한다.

해설 ① "약"이란 그 무게 또는 부피에 대하여 ±10% 이상의 차가 있어서는 안 된다.
③ 방울수라 함은 20℃에서 정제수 20방울을 떨어뜨릴 때 그 부피가 약 10mL 되는 것을 뜻한다.
④ 10억분율은 ppb로 표시하고 따로 표시가 없는 한 기체일 때는 용량 대 용량(V/V), 액체일 때는 중량 대 중량(W/W)을 표시한 것을 뜻한다.

65 가로 길이가 3m, 세로 길이가 2m인 상·하 동일 단면적의 사각형 굴뚝이 있다. 이 굴뚝의 환산직경(m)은?

① 2.2
② 2.4
③ 2.6
④ 2.8

해설 환산직경 $= \dfrac{2ab}{a+b} = \dfrac{2 \times 3m \times 2m}{3m + 2m} = 2.4m$

66 굴뚝 배출가스 중의 황산화물 시료채취에 관한 일반적인 내용으로 옳지 않은 것은?

① 채취관과 삼방콕 등 가열하는 실리콘을 제외한 보통 고무관을 사용한다.
② 시료가스 중의 황산화물과 수분이 응축되지 않도록 시료가스 채취관과 콕 사이를 가열할 수 있는 구조로 한다.
③ 시료채취관은 유리, 석영, 스테인리스강 등 시료가스 중의 황산화물에 의해 부식되지 않는 재질을 사용한다.
④ 시료가스 중에 먼지가 섞여 들어가는 것을 방지하기 위해 채취관의 앞 끝에 알칼리(Alkali)가 없는 유리솜 등의 적당한 여과재를 넣는다.

정답 61 ② 62 ① 63 ④ 64 ② 65 ② 66 ①

해설 채취관과 어댑터, 삼방콕 등 가열하는 접속부분은 갈아맞춤 또는 실리콘 고무관을 사용하고 보통 고무관을 사용하면 안 된다.

67 배출가스 중의 산소를 오르자트 분석법에 따라 분석할 때 사용하는 산소흡수액은?

① 입상아연+피로가롤 용액
② 수산화소듐 용액+피로가롤 용액
③ 염화제일주석 용액+피로가롤 용액
④ 수산화포타슘 용액+피로가롤 용액

해설 **산소흡수액**
물 100mL에 수산화포타슘 60g을 녹인 용액과 물 100mL에 피로가롤($C_6H_3(OH)_3$, Pyrogallol, 분자량 : 126.11, 특급) 12g을 녹인 용액을 혼합한 용액을 말한다.

68 굴뚝 배출가스 중의 포름알데하이드 및 알데하이드류의 분석방법에 해당하지 않는 것은?

① 차아염소산염 자외선/가시선분광법
② 아세틸아세톤 자외선/가시선분광법
③ 크로모트로핀산 자외선/가시선분광법
④ 고성능 액체크로마토그래피법

해설 **배출가스 중 포름알데하이드 분석방법**
㉠ 고성능 액체크로마토그래피법
㉡ 크로모트로핀산 자외선/가시선분광법
㉢ 아세틸아세톤 자외선/가시선분광법

69 환경대기 중의 시료채취 시 주의사항으로 옳지 않은 것은?

① 시료채취 유량은 규정하는 범위 내에서 되도록 많이 채취하는 것을 원칙으로 한다.
② 악취물질의 채취는 되도록 짧은 시간 내에 끝내고 입자상 물질 중의 금속성분이나 발암성 물질 등은 되도록 장시간 채취한다.
③ 입자상 물질을 채취할 경우에는 채취관 벽에 분진이 부착 또는 퇴적하는 것을 피하고 특히 채취관을 수평방향으로 연결할 경우에는 되도록 관의 길이를 길게 하고 곡률반경을 작게 한다.
④ 바람이나 눈, 비로부터 보호하기 위해 측정기기는 실내에 설치하고 채취구를 밖으로 연결할 경우 채취관 벽과의 반응, 흡착, 흡수 등에 의한 영향을 최소한도로 줄일 수 있는 재질과 방법을 선택한다.

해설 입자상 물질을 채취할 경우에는 채취관 벽에 분진이 부착 또는 퇴적하는 것을 피하고 특히 채취관을 수평방향으로 연결할 경우에는 되도록 관의 길이를 짧게 하고 곡률반경은 크게 한다.

70 분석대상가스가 암모니아인 경우 사용 가능한 채취관의 재질에 해당하지 않는 것은?

① 석영
② 불소수지
③ 실리콘수지
④ 스테인리스강

해설 **분석대상가스의 종류별 채취관 및 도관 등의 재질**

분석대상가스, 공존가스	채취관, 도관의 재질	여과재	비고
암모니아	①②③④⑤⑥	ⓐⓑⓒ	① 경질유리
일산화탄소	①②③④⑤⑥⑦	ⓐⓑⓒ	② 석영
염화수소	①② ⑤⑥⑦	ⓐⓑⓒ	③ 보통강철
염소	①② ⑤⑥⑦	ⓐⓑⓒ	④ 스테인리스강
황산화물	①② ④⑤⑥⑦	ⓐⓑⓒ	⑤ 세라믹
질소산화물	①② ④⑤⑥	ⓐⓑⓒ	⑥ 불소수지
이황화탄소	①② ⑥	ⓐⓑ	⑦ 염화비닐수지
포름알데하이드	①② ⑥	ⓐⓑ	⑧ 실리콘수지
황화수소	①② ④⑤⑥⑦	ⓐⓑⓒ	⑨ 네오프렌
불소화합물	④ ⑥	ⓒ	ⓐ 알칼리 성분이 없는 유리솜 또는 실리카솜
시안화수소	①② ④⑤⑥⑦	ⓐⓑⓒ	
브롬	①② ⑥	ⓐⓑ	
벤젠	①② ⑥	ⓐⓑ	ⓑ 소결유리
페놀	①② ④ ⑥	ⓐⓑ	ⓒ 카보런덤
비소	①② ④⑤⑥⑦	ⓐⓑⓒ	

71 환경대기 중의 석면을 위상차현미경법에 따라 측정할 때에 관한 설명으로 옳지 않은 것은?

① 시료채취 시 시료 포집면이 주 풍향을 향하도록 설치한다.
② 시료채취지점에서의 실내기류는 0.3m/s 이내가 되도록 한다.
③ 포집한 먼지 중 길이가 $10\mu m$ 이하이고 길이와 폭의 비가 5 : 1 이하인 섬유를 석면섬유로 계수한다.
④ 시료채취는 해당 시설의 실제 운영조건과 동일하게 유지되는 일반 환경상태에서 수행하는 것을 원칙으로 한다.

해설 석면은 포집한 먼지 중 길이 $5\mu m$ 이상이고, 길이와 폭의 비가 3 : 1 이상인 섬유를 석면섬유로서 계수한다.

정답 67 ④ 68 ① 69 ③ 70 ③ 71 ③

72 단색화 장치를 사용하여 광원에서 나오는 빛 중 좁은 파장범위의 빛만을 선택한 뒤 액층에 통과시켰다. 입사광의 강도가 1이고, 투사광의 강도가 0.5일 때, 흡광도는? (단, Lambert-Beer 법칙 적용)

① 0.3 ② 0.5
③ 0.7 ④ 1.0

해설 흡광도$(A) = \log\dfrac{1}{투과도} = \log\dfrac{1}{(1-0.5)} = 0.3$

73 유류 중의 황 함유량을 측정하기 위한 분석방법에 해당하는 것은?

① 광학기법 ② 열탈착식 광도법
③ 방사선식 여기법 ④ 자외선/가시선분광법

해설 연료용 유류 중 황 함유량 분석방법
㉠ 연소관식 공기법(중화적정법)
㉡ 방사선식 여기법(기기분석법)

74 피토관으로 측정한 결과 덕트(Duct) 내부 가스의 동압이 13mmH₂O이고 유속이 20m/s이었다. 덕트의 밸브를 모두 열었을 때 동압이 26mmH₂O일 때, 덕트의 밸브를 모두 열었을 때의 가스 유속(m/s)은?

① 23.2 ② 25.0
③ 27.1 ④ 28.3

해설 $V = C\sqrt{\dfrac{2gh}{\gamma}}$ 에서 $V \propto \sqrt{h}$

$20\text{m/sec} : \sqrt{13\text{mmH}_2\text{O}} = V : \sqrt{26\text{mmH}_2\text{O}}$

$V(\text{m/sec}) = \dfrac{20\text{m/sec} \times \sqrt{26\text{mmH}_2\text{O}}}{\sqrt{13\text{mmH}_2\text{O}}} = 28.28\text{m/sec}$

75 흡광차분광법에 관한 설명으로 옳지 않은 것은?

① 광원부는 발·수광부 및 광케이블로 구성된다.
② 광원으로 180~2,850nm 파장을 갖는 제논램프를 사용한다.
③ 일반 흡광광도법은 적분적이며 흡광차분광법은 미분적이라는 차이가 있다.
④ 분석장치는 분석기와 광원부로 나누어지며 분석기 내부는 분광기, 샘플 채취부, 검지부, 분석부, 통신부 등으로 구성된다.

해설 일반 흡광광도법은 미분적(일시적)이며 흡광차분광법(DOAS)은 적분적(연속적)이란 차이점이 있다.

76 원자흡수분광광도법에 따라 분석할 때, 분석오차를 유발하는 원인으로 가장 적합하지 않은 것은?

① 검정곡선 작성의 잘못
② 공존물질에 의한 간섭영향 제거
③ 광원부 및 파장선택부의 광학계 조정 불량
④ 가연성 가스 및 조연성 가스의 유량 또는 압력의 변동

해설 원자흡수분광광도법의 분석오차 원인
㉠ 표준시료의 선택의 부적당 및 제조의 잘못
㉡ 분석시료의 처리방법과 희석의 부적당
㉢ 표준시료와 분석시료의 조성이나 물리적·화학적 성질의 차이
㉣ 공존물질에 의한 간섭
㉤ 광원램프의 드리프트(Drift) 열화
㉥ 광원부 및 파장선택부의 광학계 조정 불량
㉦ 측광부의 불안정 또는 조절 불량
㉧ 분무기 또는 버너의 오염이나 폐색
㉨ 가연성 가스 및 조연성 가스의 유량이나 압력의 변동
㉩ 불꽃을 투과하는 광속의 위치 조정 불량
㉪ 검량선 작성의 잘못
㉫ 계산의 잘못

77 어떤 사업장의 굴뚝에서 배출되는 오염물질의 농도가 600ppm이고 표준산소농도가 6%, 실측산소농도가 8%일 때, 보정된 오염물질의 농도(ppm)는?

① 692.3 ② 722.3
③ 832.3 ④ 862.3

해설 $C = C_a \times \dfrac{21 - O_s}{21 - O_a} = 600\text{ppm} \times \dfrac{21-6}{21-8} = 692.31\text{ppm}$

78 이온크로마토그래피법에 관한 일반적인 설명으로 옳지 않은 것은?

① 검출기로 수소염이온화검출기(FID)가 많이 사용된다.
② 용리액조, 송액펌프, 시료주입장치, 분리관, 서프레서, 검출기, 기록계로 구성되어 있다.
③ 강수(비, 눈, 우박 등), 대기먼지, 하천수 중의 이온성분을 정성, 정량 분석하는 데 사용된다.
④ 용리액조는 이온성분이 용출되지 않는 재질로서 용리액을 직접 공기과 접촉시키지 않는 밀폐된 것을 선택한다.

정답 72 ① 73 ③ 74 ④ 75 ③ 76 ② 77 ① 78 ①

해설 이온크로마토그래피의 원리 및 적용범위
이동상으로는 액체를, 그리고 고정상으로는 이온교환수지를 사용하여 이동상에 녹는 혼합물을 고분리능 고정상이 충전된 분리관 내로 통과시켜 시료성분의 용출상태를 전도도 검출기 또는 광학 검출기로 검출하여 그 농도를 정량하는 방법이다. 일반적으로 강수물(비, 눈, 우박 등), 대기먼지, 하천수 중의 이온성분을 정성, 정량 분석하는 데 이용한다.

79 굴뚝연속자동측정기기에 사용되는 도관에 관한 설명으로 옳지 않은 것은?
① 도관은 가능한 짧은 것이 좋다.
② 냉각도관은 될 수 있는 한 수직으로 연결한다.
③ 기체-액체 분리관은 도관의 부착위치 중 가장 높은 부분에 부착한다.
④ 응축수의 배출에 사용하는 펌프는 내구성이 좋아야 하고, 이때 응축수 트랩은 사용하지 않아도 된다.

해설 기체-액체 분리관은 연결관의 부착위치 중 가장 낮은 부분 또는 최저온도의 부분에 부착하여 응축수를 급속히 냉각시키고 배관계의 밖으로 빨리 방출시킨다.

80 환경대기 시료채취방법 중 측정대상 기체와 선택적으로 흡수 또는 반응하는 용매에 시료가스를 일정 유량으로 통과시켜 채취하는 방법으로 채취관 – 여과재 – 채취부 – 흡입펌프 – 유량계(가스미터)로 구성되는 것은?
① 용기채취법
② 고체흡착법
③ 직접채취법
④ 용매채취법

해설 환경대기 중 가스상 물질 시료채취방법 중 용매채취법 장치의 구성순서
채취관 – 여과재 – 채취부 – 흡입펌프 – 유량계(가스미터)

제5과목 대기환경관계법규

81 대기환경보전법령상 환경기술인의 준수사항으로 옳지 않은 것은?
① 배출시설 및 방지시설의 운영기록을 사실에 기초하여 작성하여야 한다.
② 환경기술인을 공동으로 임명한 경우 환경기술인이 해당 사업장에 번갈아 근무해서는 안 된다.
③ 배출시설 및 방지시설을 정상가동하여 대기오염물질 등의 배출이 배출허용기준에 맞도록 해야 한다.
④ 자가측정 시 사용한 여과지는 환경오염공정시험기준에 따라 기록한 시료채취 기록지와 함께 날짜별로 보관·관리해야 한다.

해설 환경기술인의 준수사항
㉠ 배출시설 및 방지시설을 정상가동하여 대기오염물질 등의 배출이 배출허용기준에 맞도록 할 것
㉡ 배출시설 및 방지시설의 운영기록을 사실에 기초하여 작성할 것
㉢ 자가측정은 정확히 할 것(법 제39조에 따라 자가측정을 대행하는 경우에도 또한 같다)
㉣ 자가측정한 결과를 사실대로 기록할 것(자가측정을 대행하는 경우에도 또한 같다)
㉤ 자가측정 시에 사용한 여과지는 「환경분야 시험·검사 등에 관한 법률」상 환경오염공정시험기준에 따라 기록한 시료채취 기록지와 함께 날짜별로 보관·관리할 것(자가측정을 대행한 경우에도 또한 같다)
㉥ 환경기술인은 사업장에 상근할 것. 다만, 「기업활동 규제완화에 관한 특별조치법」상 환경기술인을 공동으로 임명한 경우 그 환경기술인은 해당 사업장에 번갈아 근무하여야 한다.

82 대기환경보전법령상 환경부장관 또는 시·도지사가 배출부과금의 납부의무자가 납부기한 전에 배출부과금을 납부할 수 없다고 인정하여 징수를 유예하거나 징수금액을 분할 납부하게 할 경우에 관한 설명으로 옳지 않은 것은?
① 부과금의 분할납부 기한 및 금액과 그 밖에 부과금의 부과·징수에 필요한 사항은 환경부장관 또는 시·도지사가 정한다.
② 초과부과금의 징수유예기간은 유예한 날의 다음 날부터 2년 이내이며 그 기간 중의 분할납부 횟수는 12회 이내이다.
③ 기본부과금의 징수유예기간은 유예한 날의 다음 날부터 다음 부과기간의 개시일 전일까지이며 그 기간 중의 분할납부 횟수는 4회 이내이다.
④ 징수유예기간 내에 징수할 수 없다고 인정되어 징수유예기간을 연장하거나 분할납부 횟수를 증가시킬 경우 징수유예기간의 연장은 유예한 날의 다음 날부터 5년 이내이며 분할납부 횟수는 30회 이내이다.

정답 79 ③ 80 ④ 81 ② 82 ④

해설 시·도지사는 배출부과금이 납부의무자의 자본금 또는 출자총액을 2배 이상 초과하는 경우로서 사업상 손실로 인해 경영상 심각한 위기에 처하여 징수유예기간 내에도 징수할 수 없다고 인정되면 징수유예기간을 연장하거나 분할납부의 횟수를 늘릴 수 있다. 이에 따른 징수유예기간의 연장은 유예한 날의 다음 날부터 3년 이내로 하며, 분할납부의 횟수는 18회 이내로 한다.

83 대기환경보전법령상 "자동차 사용의 제한 및 사업장의 연료사용량 감축 권고" 등의 조치사항이 포함되어야 하는 대기오염경보단계는?

① 경계 발령 ② 경보 발령
③ 주의보 발령 ④ 중대경보 발령

해설 경보단계별 조치사항
㉠ 주의보 발령 : 주민의 실외활동 및 자동차 사용의 자제 요청 등
㉡ 경보 발령 : 주민의 실외활동 제한 요청, 자동차 사용의 제한 및 사업장의 연료사용량 감축 권고 등
㉢ 중대경보 발령 : 주민의 실외활동 금지 요청, 자동차의 통행 금지 및 사업장의 조업시간 단축명령 등

84 대기환경보전법령상 일일기준초과배출량 및 일일유량의 산정방법으로 옳지 않은 것은?

① 측정유량의 단위는 m^3/h로 한다.
② 먼지를 제외한 그 밖의 오염물질의 배출농도 단위는 ppm으로 한다.
③ 특정대기유해물질의 배출허용기준초과 일일오염물질 배출량은 소수점 이하 넷째 자리까지 계산한다.
④ 일일조업시간은 배출량을 측정하기 전 최근 조업한 3개월 동안의 배출시설 조업시간 평균치를 일 단위로 표시한다.

해설 일일유량 산정을 위한 일일조업시간은 배출량을 측정하기 전 최근 조업한 30일 동안의 배출시설 조업시간 평균치를 시간으로 표시한다.

85 환경정책기본법령상 SO_2의 대기환경기준은?(단, ㉠ 연간 평균치, ㉡ 24시간 평균치, ㉢ 1시간 평균치)

① ㉠ : 0.02ppm 이하, ㉡ : 0.05ppm 이하,
   ㉢ : 0.15ppm 이하
② ㉠ : 0.03ppm 이하, ㉡ : 0.06ppm 이하,
   ㉢ : 0.10ppm 이하
③ ㉠ : 0.05ppm 이하, ㉡ : 0.10ppm 이하,
   ㉢ : 0.12ppm 이하
④ ㉠ : 0.06ppm 이하, ㉡ : 0.10ppm 이하,
   ㉢ : 0.12ppm 이하

해설 대기환경기준

항목	기준	측정방법
아황산가스 (SO_2)	• 연간 평균치 : 0.02ppm 이하 • 24시간 평균치 : 0.05ppm 이하 • 1시간 평균치 : 0.15ppm 이하	자외선 형광법 (Pulse UV Fluorescence Method)
일산화탄소 (CO)	• 8시간 평균치 : 9ppm 이하 • 1시간 평균치 : 25ppm 이하	비분산 적외선 분석법 (Non-Dispersive Infrared Method)
이산화질소 (NO_2)	• 연간 평균치 : 0.03ppm 이하 • 24시간 평균치 : 0.06ppm 이하 • 1시간 평균치 : 0.10ppm 이하	화학 발광법 (Chemiluminescence Method)
미세먼지 (PM-10)	• 연간 평균치 : $50\mu g/m^3$ 이하 • 24시간 평균치 : $100\mu g/m^3$ 이하	베타선 흡수법 (β-Ray Absorption Method)
미세먼지 (PM-2.5)	• 연간 평균치 : $15\mu g/m^3$ 이하 • 24시간 평균치 : $35\mu g/m^3$ 이하	중량 농도법 또는 이에 준하는 자동 측정법
오존 (O_3)	• 8시간 평균치 : 0.06ppm 이하 • 1시간 평균치 : 0.1ppm 이하	자외선 광도법 (UV Photometric Method)
납 (Pb)	연간 평균치 : $0.5\mu g/m^3$ 이하	원자흡광광도법 (Atomic Absorption Spectrophotometry)
벤젠	연간 평균치 : $5\mu g/m^3$ 이하	기체크로마토그래피 (Gas Chromatography)

86 대기환경보전법령상 배출시설 및 방지시설 등과 관련된 1차 행정처분기준이 조업정지에 해당하지 않는 경우는?

① 방지시설을 설치해야 하는 자가 방지시설을 임의로 철거한 경우
② 배출허용기준을 초과하여 개선명령을 받은 자가 개선명령을 이행하지 않은 경우
③ 방지시설을 설치해야 하는 자가 방지시설을 설치하지 않고 배출시설을 가동하는 경우
④ 배출시설 가동개시 신고를 해야 하는 자가 가동개시 신고를 하지 않고 조업하는 경우

해설 ④의 1차 행정처분기준은 경고이다.

87 실내공기질 관리법령상 공동주택 소유자에게 권고하는 실내 라돈 농도의 기준은?

① 1세제곱미터당 148베크렐 이하
② 1세제곱미터당 348베크렐 이하
③ 1세제곱미터당 548베크렐 이하
④ 1세제곱미터당 848베크렐 이하

해설 실내공기질 권고기준

오염물질 항목 다중이용시설	이산화탄소 (ppm)	라돈 (Bq/m³)	총휘발성 유기화합물 (μg/m³)	곰팡이 (CFU/m³)
지하역사, 지하도상가, 철도역사의 대합실, 여객자동차터미널의 대합실, 항만시설 중 대합실, 공항시설 중 여객터미널, 도서관·박물관 및 미술관, 대규모점포, 장례식장, 영화상영관, 학원, 전시시설, 인터넷컴퓨터게임시설제공업의 영업시설, 목욕장의 영업시설	0.1 이하	148 이하	500 이하	-
의료기관, 어린이집, 노인요양시설, 산후조리원	0.05 이하		400 이하	500 이하
실내주차장	0.3 이하		1,000 이하	-

88 대기환경보전법령상 첨가제·촉매제 제조기준에 맞는 제품의 표시방법에 관한 내용 중 ( ) 안에 알맞은 것은?

> 표시크기는 첨가제 또는 촉매제 용기 앞면의 제품명 밑에 제품명 글자크기의 ( )에 해당하는 크기이어야 한다.

① 100분의 50 이상 ② 100분의 30 이상
③ 100분의 15 이상 ④ 100분의 5 이상

해설 첨가제·촉매제 제조기준에 맞는 제품의 표시방법
㉠ 표시방법
첨가제 또는 촉매제 용기 앞면 제품명 밑에 한글로 "「대기환경보전법 시행규칙」별표 33의 첨가제 또는 촉매제 제조기준에 맞게 제조된 제품임. 국립환경과학원장(또는 검사를 한 검사기관의 명칭) 제○○호"로 적어 표시하여야 한다.

㉡ 표시크기
첨가제 또는 촉매제 용기 앞면의 제품명 밑에 제품명 글자크기의 100분의 30 이상에 해당하는 크기로 표시하여야 한다.
㉢ 표시색상
첨가제 또는 촉매제 용기 등의 도안 색상과 보색관계에 있는 색상으로 하여 선명하게 표시하여야 한다.

89 대기환경보전법령상 비산먼지 발생사업으로서 "대통령령으로 정하는 사업" 중 환경부령으로 정하는 사업과 가장 거리가 먼 것은?

① 비금속물질의 채취업, 제조업 및 가공업
② 제1차 금속제조업
③ 운송장비제조업
④ 목재 및 광석의 운송업

해설 비산먼지 발생사업
㉠ 시멘트·석회·플라스터 및 시멘트 관련 제품의 제조업 및 가공업
㉡ 비금속물질의 채취업, 제조업 및 가공업
㉢ 제1차 금속 제조업
㉣ 비료 및 사료제품의 제조업
㉤ 건설업(지반 조성공사, 건축물 축조 및 토목공사, 조경공사로 한정한다)
㉥ 시멘트, 석탄, 토사, 사료, 곡물 및 고철의 운송업
㉦ 운송장비제조업
㉧ 저탄시설의 설치가 필요한 사업
㉨ 고철, 곡물, 사료, 목재 및 광석의 하역업 또는 보관업
㉩ 금속제품의 제조업 및 가공업
㉪ 폐기물 매립시설 설치·운영 사업

90 대기환경보전법령상 제조기준에 맞지 않는 첨가제 또는 촉매제임을 알면서 사용한 자에 대한 과태료 부과기준은?

① 1천만 원 이하의 과태료
② 500만 원 이하의 과태료
③ 300만 원 이하의 과태료
④ 200만 원 이하의 과태료

해설 대기환경보전법 제94조 참조

정답 87 ① 88 ② 89 ④ 90 ④

91 대기환경보전법령상 자동차연료형 첨가제의 종류에 해당하지 않는 것은?(단, 그 밖에 환경부장관이 자동차의 성능을 향상시키거나 배출가스를 줄이기 위해 필요하다고 정하여 고시하는 경우를 제외)

① 세척제 ② 청정분산제
③ 매연발생제 ④ 옥탄가 향상제

해설 자동차연료형 첨가제의 종류
㉠ 세척제 ㉡ 청정분산제
㉢ 매연억제제 ㉣ 다목적 첨가제
㉤ 옥탄가 향상제 ㉥ 세탄가 향상제
㉦ 유동성 향상제 ㉧ 윤활성 향상제

92 악취방지법령상 지정악취물질에 해당하지 않는 것은?

① 메틸메르캅탄 ② 트라이메틸아민
③ 아세트알데하이드 ④ 아닐린

해설 지정악취물질의 종류
- 암모니아
- 메틸메르캅탄
- 황화수소
- 다이메틸설파이드
- 다이메틸다이설파이드
- 트라이메틸아민
- 아세트알데하이드
- 스타이렌
- 프로피온알데하이드
- 뷰틸알데하이드
- n-발레르알데하이드
- i-발레르알데하이드
- 톨루엔
- 자일렌
- 메틸에틸케톤
- 메틸아이소뷰틸케톤
- 뷰틸아세테이트
- 프로피온산
- n-뷰틸산
- n-발레르산
- i-발레르산
- i-뷰틸알코올

93 실내공기질 관리법령의 적용 대상이 되는 대통령령으로 정하는 규모의 다중이용시설에 해당하지 않는 것은?

① 모든 지하역사
② 여객자동차터미널의 연면적 2천2백 제곱미터인 대합실
③ 철도역사의 연면적 2천2백 제곱미터인 대합실
④ 공항시설 중 연면적 1천1백 제곱미터인 여객터미널

해설 대통령령이 정하는 규모의 다중이용시설
- 모든 지하역사(출입통로·대합실·승강장 및 환승통로와 이에 딸린 시설을 포함한다)
- 연면적 2천 제곱미터 이상인 지하도상가(지상건물에 딸린 지하층의 시설을 포함한다. 이하 같다). 이 경우 연속되어 있는 둘 이상의 지하도상가의 연면적 합계가 2천 제곱미터 이상인 경우를 포함한다.
- 철도역사의 연면적 2천 제곱미터 이상인 대합실
- 여객자동차터미널의 연면적 2천 제곱미터 이상인 대합실
- 항만시설 중 연면적 5천 제곱미터 이상인 대합실
- 공항시설 중 연면적 1천 5백 제곱미터 이상인 여객터미널
- 연면적 3천 제곱미터 이상인 도서관
- 연면적 3천 제곱미터 이상인 박물관 및 미술관
- 연면적 2천 제곱미터 이상이거나 병상 수 100개 이상인 의료기관
- 연면적 500제곱미터 이상인 산후조리원
- 연면적 1천 제곱미터 이상인 노인요양시설
- 연면적 430제곱미터 이상인 국공립어린이집, 법인어린이집, 직장어린이집 및 민간어린이집
- 모든 대규모점포
- 연면적 1천 제곱미터 이상인 장례식장(지하에 위치한 시설로 한정한다)
- 모든 영화상영관(실내 영화상영관으로 한정한다)
- 연면적 1천 제곱미터 이상인 학원
- 연면적 2천 제곱미터 이상인 전시시설(옥내시설로 한정한다)
- 연면적 300제곱미터 이상인 인터넷컴퓨터게임시설제공업의 영업시설
- 연면적 2천 제곱미터 이상인 실내주차장(기계식 주차장은 제외한다)
- 연면적 3천 제곱미터 이상인 업무시설
- 연면적 2천 제곱미터 이상인 둘 이상의 용도(「건축법」에 따라 구분된 용도를 말한다)에 사용되는 건축물
- 객석 수 1천 석 이상인 실내 공연장
- 관람석 수 1천 석 이상인 실내 체육시설
- 연면적 1천 제곱미터 이상인 목욕장업의 영업시설

94 대기환경보전법령상 시·도지사가 설치하는 대기오염측정망에 해당하는 것은?

① 대기 중의 중금속 농도를 측정하기 위한 대기중금속측정망
② 대기오염물질의 지역배경농도를 측정하기 위한 교외대기측정망
③ 도시지역의 휘발성 유기화합물 등의 농도를 측정하기 위한 광화학대기오염물질측정망
④ 산성 대기오염물질의 건성 및 습성 침착량을 측정하기 위한 산성강하물측정망

해설 시·도지사가 설치하는 대기오염 측정망
㉠ 도시지역의 대기오염물질 농도를 측정하기 위한 도시대기측정망
㉡ 도로변의 대기오염물질 농도를 측정하기 위한 도로변대기측정망
㉢ 대기 중의 중금속 농도를 측정하기 위한 대기중금속측정망

95 대기환경보전법령상 배출시설 설치허가를 받은 자가 변경신고를 해야 하는 경우에 해당하지 않는 것은?

① 배출시설 또는 방지시설을 임대하는 경우
② 사업장의 명칭이나 대표자를 변경하는 경우
③ 종전의 연료보다 황함유량이 높은 연료로 변경하는 경우
④ 배출시설의 규모를 10% 미만으로 폐쇄함에 따라 변경되는 대기오염물질의 양이 방지시설의 처리용량 범위 내일 경우

해설 배출시설의 변경신고를 하여야 하는 경우
㉠ 같은 배출구에 연결된 배출시설을 증설 또는 교체하거나 폐쇄하는 경우. 다만, 배출시설의 규모[허가 또는 변경허가를 받은 배출시설과 같은 종류의 배출시설로서 같은 배출구에 연결되어 있는 배출시설(방지시설의 설치를 면제받은 배출시설의 경우에는 면제받은 배출시설)의 총 규모를 말한다]를 10퍼센트 미만으로 증설 또는 교체하거나 폐쇄하는 경우로서 다음 각 목의 모두에 해당하는경우에는 그러하지 아니한다.
　가. 배출시설의 증설·교체·폐쇄에 따라 변경되는 대기오염물질의 양이 방지시설의 처리용량 범위 내일 것
　나. 배출시설은 증설·교체로 인하여 다른 법령에 따른 설치 제한을 받는 경우가 아닐 것
㉡ 배출시설에서 허가받은 오염물질 외의 새로운 대기오염물질이 배출되는 경우
㉢ 방지시설을 증설·교체하거나 폐쇄하는 경우
㉣ 사업장의 명칭이나 대표자를 변경하는 경우
㉤ 사용하는 원료나 연료를 변경하는 경우. 다만, 새로운 대기오염물질을 배출하지 아니하고 배출량이 증가되지 아니하는 원료로 변경하는 경우 또는 종전의 연료보다 황함유량이 낮은 연료로 변경하는 경우는 제외한다.
㉥ 배출시설 또는 방지시설을 임대하는 경우
㉦ 그 밖의 경우로서 배출시설 설치허가증에 적힌 허가사항 및 일일조업시간을 변경하는 경우

96 대기환경보전법령상 초과부과금 부과대상이 되는 오염물질에 해당하지 않는 것은?

① 일산화탄소　② 암모니아
③ 시안화수소　④ 먼지

해설 초과부과금 부과대상 오염물질
㉠ 황산화물　㉡ 먼지
㉢ 암모니아　㉣ 황화수소
㉤ 이황화탄소　㉥ 불소화물
㉦ 염화수소　㉧ 질소산화물
㉨ 시안화수소

97 환경부장관은 라돈으로 인한 건강피해가 우려되는 시·도가 있는 경우 해당 시·도지사에게 라돈관리계획을 수립하여 시행하도록 요청할 수 있다. 이때, 라돈관리계획에 포함되어야 하는 사항에 해당하지 않는 것은?(단, 그 밖에 라돈관리를 위해 시·도지사가 필요하다고 인정하는 사항은 제외)

① 다중이용시설 및 공동주택 등의 현황
② 라돈으로 인한 건강피해의 방지 대책
③ 인체에 직접적인 영향을 미치는 라돈의 양
④ 라돈의 실내 유입 차단을 위한 시설 개량에 관한 사항

해설 라돈관리계획 포함사항
㉠ 다중이용시설 및 공동주택 등의 현황
㉡ 라돈으로 인한 실내공기오염 및 건강피해의 방지 대책
㉢ 라돈의 실내 유입 차단을 위한 시설 개량에 관한 사항
㉣ 그 밖에 라돈관리를 위하여 시·도지사가 필요하다고 인정하는 사항

98 실내공기질 관리법령상 의료기관의 포름알데하이드 실내공기질 유지기준은?

① $10\mu g/m^3$ 이하　② $20\mu g/m^3$ 이하
③ $80\mu g/m^3$ 이하　④ $150\mu g/m^3$ 이하

해설 실내공기질 유지기준

오염물질 항목 다중이용시설	미세먼지 (PM-10) ($\mu g/m^3$)	미세먼지 (PM-2.5) ($\mu g/m^3$)	이산화 탄소 (ppm)	포름알데 하이드 ($\mu g/m^3$)	총 부유 세균 (CFU/m^3)	일산화 탄소 (ppm)
지하역사, 지하도상가, 철도역사의 대합실, 여객자동차터미널의 대합실, 항만시설 중 대합실, 공항시설 중 여객터미널, 도서관·박물관 및 미술관, 대규모점포, 장례식장, 영화상영관, 학원, 전시시설, 인터넷컴퓨터게임시설제공업의 영업시설, 목욕장업의 영업시설	100 이하	50 이하	1,000 이하	100 이하	—	10 이하
의료기관, 산후조리원, 노인요양시설, 어린이집	75 이하	35 이하		80 이하	800 이하	
실내주차장	200 이하	—		100 이하		25 이하
실내 체육시설, 실내 공연장, 업무시설, 둘 이상의 용도에 사용되는 건축물	200 이하	—				

99 대기환경보전법령상 대기오염 방지시설에 해당하지 않는 것은?(단, 환경부장관이 인정하는 기타 시설은 제외)

① 흡착에 의한 시설
② 응집에 의한 시설
③ 촉매반응을 이용하는 시설
④ 미생물을 이용한 처리시설

해설 대기오염 방지시설
- 중력집진시설
- 원심력집진시설
- 여과집진시설
- 음파집진시설
- 흡착에 의한 시설
- 촉매반응을 이용하는 시설
- 산화·환원에 의한 시설
- 연소조절에 의한 시설
- 관성력집진시설
- 세정집진시설
- 전기집진시설
- 흡수에 의한 시설
- 직접연소에 의한 시설
- 응축에 의한 시설
- 미생물을 이용한 처리시설

100 대기환경보전법령상의 용어 정의로 옳은 것은?

① "온실가스"란 적외선 복사열을 흡수하거나 다시 방출하여 온실효과를 유발하는 대기 중의 가스상 물질로서 이산화탄소, 메탄, 아산화질소, 수소불화탄소, 과불화탄소, 육불화황을 말한다.
② "기후·생태계변화유발물질"이란 지구온난화 등으로 생태계의 변화를 가져올 수 있는 액체상 물질로서 환경부령으로 정하는 것을 말한다.
③ "매연"이란 연소할 때에 생기는 탄소가 주가 되는 기체상 물질을 말한다.
④ "검댕"이란 연소할 때에 생기는 탄소가 응결하여 생성된 지름이 $10\mu m$ 이상인 기체상 물질을 말한다.

해설 ② "기후·생태계 변화유발물질"이란 지구온난화 등으로 생태계의 변화를 가져올 수 있는 기체상 물질로서 온실가스와 환경부령으로 정하는 것을 말한다.
③ "매연"이란 연소할 때에 생기는 유리탄소가 주가 되는 미세한 입자상 물질을 말한다.
④ "검댕"이란 연소할 때에 생기는 유리탄소가 응결하여 입자의 지름이 $1\mu m$ 이상이 되는 입자상 물질을 말한다.

정답 99 ② 100 ①

2020년 통합 1·2회 기출문제

제1과목 대기오염개론

01 도시 대기오염물질의 광화학반응에 관한 설명으로 옳지 않은 것은?

① O_3는 파장 200~320nm에서 강한 흡수가, 450~700nm에서는 약한 흡수가 일어난다.
② PAN은 알데히드의 생성과 동시에 생기기 시작하며, 일반적으로 오존농도와는 관계가 없다.
③ NO_2는 도시 대기오염물질 중에서 가장 중요한 태양빛 흡수 기체로서 파장 420nm 이상의 가시광선에 의하여 NO와 O로 광분해한다.
④ SO_3는 대기 중의 수분과 쉽게 반응하여 황산을 생성하고 수분을 더 흡수하여 중요한 대기오염물질의 하나인 황산입자 또는 황산미스트를 생성한다.

해설 PAN은 대기 중 탄화수소로부터의 광화학반응으로 생성되며, 일반적으로 오존농도와 관계가 많다.

02 실내공기 오염물질인 라돈에 관한 설명으로 가장 거리가 먼 것은?

① 무색, 무취의 기체로 액화되어도 색을 띠지 않는 물질이다.
② 반감기는 3.8일로 라듐이 핵분열 할 때 생성되는 물질이다.
③ 자연계에 널리 존재하며, 건축자재 등을 통하여 인체에 영향을 미치고 있다.
④ 주기율표에서 원자번호가 238번으로, 화학적으로 활성이 큰 물질이며, 흙 속에서 방사선 붕괴를 일으킨다.

해설 라돈(Radon) : Rn
㉠ 주기율표에서 원자번호가 86번으로 화학적으로 불활성 물질(거의 반응을 일으키지 않음)이며 흙속에서 방사선 붕괴를 일으키는 자연방사능 물질이다.
㉡ 무색무취의 사람이 매우 흡입하기 쉬운 기체로 액화되어도 색을 띠지 않는 물질이며, 토양, 콘크리트, 대리석, 지하수, 건축자재 등으로부터 공기 중으로 방출된다.

03 산성비가 토양에 미치는 영향에 관한 설명으로 옳지 않은 것은?

① Al^{3+}은 뿌리의 세포분열이나 Ca 또는 P의 흡수나 흐름을 저해한다.
② 교환성 Al은 산성의 토양에만 존재하는 물질이고, 교환성 H와 함께 토양 산성화의 주요한 요인이 된다.
③ 토양의 양이온 교환기는 강산적 성격을 갖는 부분과 약산적 성격을 갖는 부분으로 나누는데, 결정도가 낮은 점토광물은 강산적이다.
④ 산성강수가 가해지면 토양은 산적 성격이 약한 교환기부터 순서적으로 Ca^{2+}, Mg^{2+}, Ka^+, K^+ 등의 교환성 염기를 방출하고, 대신 그 교환 자리에 H^+가 흡착되어 치환된다.

해설 토양의 양이온 교환기는 강산적 성격을 갖는 부분과 약산적 성격을 갖는 부분으로 나누는데, 결정성의 점토광물은 강산적이고, 결정도가 낮은 점토광물은 약산적이다.

04 대기 중 각 오염원의 영향평가를 해결하기 위한 수용모델에 관한 설명으로 옳지 않은 것은?

① 지형, 기상학적 정보 없이도 사용 가능하다.
② 수용체 입장에서 영향평가가 현실적으로 이루어질 수 있다.
③ 오염원의 조업 및 운영 상태에 대한 정보 없이도 사용 가능하다.
④ 측정 자료를 입력 자료로 사용하므로 배출원 조건의 시나리오 작성이 용이하다.

해설 **수용모델(Receptor Model)**
㉠ 새로운 오염원이나 불확실한 오염원과 불법배출 오염원을 정량적으로 확인, 평가할 수 있다.
㉡ 지형, 기상학적 정보가 없이도 사용 가능하다.
㉢ 현재나 과거에 일어났던 일을 추정하여 미래를 위한 전략을 세울 수 있으나, 미래 예측은 어렵다.
㉣ 오염원의 조업 및 운영상태에 대한 정보 없이도 사용 가능하다.
㉤ 측정자료를 입력자료로 사용하므로 시나리오 작성이 곤란하다.
㉥ 수용체 입장에서 평가가 현실적으로 이루어질 수 있다.
㉦ 환경과학 전반(입자상 및 가스상 물질, 가시도 문제 등)에 응용 가능하다.

정답 01 ② 02 ④ 03 ③ 04 ④

05 전기자동차의 일반적 특성으로 가장 거리가 먼 것은?

① 내연기관에 비해 소음과 진동이 적다.
② CO_2나 NOx를 배출하지 않는다.
③ 충전 시간이 오래 걸리는 편이다.
④ 대형차에 잘 맞으며, 자동차 수명보다 전지 수명이 길다.

해설 전기자동차는 대형차에 맞지 않으며, 자동차 수명보다 전지 수명이 짧고 전지를 교환해야 하는 단점이 있다.

06 Panofsky에 의한 리차드슨 수(Ri)의 크기와 대기의 혼합 간의 관계에 관한 설명으로 옳지 않은 것은?

① $Ri=0$: 수직방향의 혼합이 없다.
② $0<Ri<0.25$: 성층에 의해 약화된 기계적 난류가 존재한다.
③ $Ri<-0.04$: 대류난류에 의한 혼합이 지배적이다.
④ $-0.03<Ri<0$: 기계적 난류와 대류가 존재하나 기계적 난류가 혼합을 주로 일으킨다.

해설 $Ri=0$은 중립상태이며 기계적 난류(강제대류)가 지배적인 상태이다.

07 LA 스모그에 관한 설명으로 옳지 않은 것은?

① 광화학적 산화반응으로 발생한다.
② 주 오염원은 자동차 배기가스이다.
③ 주로 새벽이나 초저녁에 자주 발생한다.
④ 기온이 24℃ 이상이고, 습도가 70% 이하로 낮은 상태일 때 잘 발생한다.

해설 London Smog와 LA Smog의 비교

구분	London 형	LA 형
특징	Smoke + Fog의 합성	광화학작용(2차성 오염물질의 스모그 형성)
반응·화학 반응	• 열적 환원반응 • 연기 + 안개 → 환원형 Smog	• 광화학적 산화반응 • HC + NOx + $h\nu$ → 산화형 Smog
발생 시 기온	4℃ 이하	24℃ 이상(25~30℃)
발생 시 습도	85% 이상	70% 이하
발생 시간	새벽~이른 아침, 저녁	주간(한낮)
발생 계절	겨울(12~1월)	여름(7~9월)

일사량	없을 때	강한 햇빛
풍속	무풍	3m/sec 이하
역전 종류	복사성 역전(방사형) : 접지역전	침강성 역전(하강형)
주 오염 배출원	• 공장 및 가정난방 • 석탄 및 석유계 연료의 연소	• 자동차 배기가스 • 석유계 연료의 연소
시정 거리	100m 이하	1.6~0.8km 이하
Smog 형태	차가운 취기가 있는 농무형	회청색의 농무형
피해	• 호흡기 장애, 만성기관지염, 폐렴 • 심각한 사망률(인체에 대해 직접적 피해)	• 점막자극, 시정악화 • 고무제품 손상, 건축물 손상

08 대기오염사건과 대표적인 주 원인물질 또는 전구물질의 연결이 옳지 않은 것은?

① 뮤즈계곡 사건 – SO_2
② 도노라 사건 – NO_2
③ 런던 스모그 사건 – SO_2
④ 보팔 사건 – MIC(Methyl Isocyanate)

해설 도노라(Donora) 사건의 주 원인물질
㉠ 아황산가스(SO_2)
㉡ 황산 미스트(H_2SO_4 mist)

09 다음 오염물질 중 온실효과를 유발하는 것으로 가장 거리가 먼 것은?

① 메탄   ② CFCs
③ 이산화탄소   ④ 아황산가스

해설 대표적 지구온실가스
CO_2, CH_4, CFC, N_2O, O_3(대류권), 수증기

10 다음 중 2차 오염물질(secondary pollutants)은?

① SiO_2 ② N_2O_3
③ NaCl   ④ NOCl

해설 대표적 2차 오염물질
㉠ 에어로졸(H_2SO_4 Mist)   ㉡ O_3
㉢ PAN, PBN   ㉣ NOCl
㉤ H_2O_2 ㉥ 아크롤레인
㉦ 알데하이드   ㉧ SO_3
㉨ 케톤

정답 05 ④ 06 ① 07 ③ 08 ② 09 ④ 10 ④

11 대기오염원의 영향을 평가하는 방법 중 분산모델에 관한 설명으로 가장 거리가 먼 것은?

① 오염물의 단기간 분석 시 문제가 된다.
② 지형 및 오염원의 조업조건에 영향을 받는다.
③ 먼지의 영향평가는 기상의 불확실성과 오염원이 미확인인 경우에 문제점을 가진다.
④ 현재나 과거에 일어났던 일을 추정, 미래를 위한 전략은 세울 수 있으나 미래 예측은 어렵다.

해설 분산모델 특징
㉠ 2차 오염원의 확인이 가능하다.
㉡ 지형 및 오염원의 작업조건에 영향을 받는다.
㉢ 미래의 대기질을 예측할 수 있다.
㉣ 새로운 오염원이 지역 내에 생길 때, 매번 재평가를 하여야 한다.
㉤ 점, 선, 면 오염원의 영향을 평가할 수 있다.
㉥ 단기간 분석 시 문제가 된다.
㉦ 특정오염원의 영향을 평가할 수 있는 잠재력을 가지고 있으나 기상과 관련하여 대기중의 무작위적인 특성을 적절하게 묘사할 수 없으므로 결과에 대한 불확실성이 크다.
㉧ 먼지의 영향평가는 기상의 불확실성과 오염원이 미확인인 경우에 문제점을 가진다.

12 다음 [보기]가 설명하는 오염물질로 옳은 것은?

[보기]
- 상온에서 무색이며 투명하여 순수한 경우에는 냄새가 거의 없지만 일반적으로 불쾌한 자극성 냄새를 가진 액체
- 햇빛에 파괴될 정도로 불안정하지만 부식성은 비교적 약함
- 끓는점은 약 46℃이며, 그 증기는 공기보다 약 2.64배 정도 무거움

① $COCl_2$
② Br_2
③ SO_2
④ CS_2

해설 CS_2(이황화탄소)
㉠ 분자량 76.14, 녹는점 −111.53℃, 끓는점 46.25℃, 인화점 −30℃이다. 상온에서 무색투명하고 휘발성이 강하면서 순수한 경우에는 냄새가 거의 없지만 일반적으로 불쾌한 냄새가 나는 유독성 액체로 공기 중에서 서서히 분해되어 황색을 나타낸다.(상온에서도 빛에 의해 서서히 분해되며 인화되기 쉽다.)
㉡ 주로 비스코스레이온과 셀로판 제조공정 중에 사용되어 배출하는 오염물질이며 사염화탄소 생산 시 원료로도 사용되어 배출된다.

㉢ 햇빛에 파괴될 정도로 불안정하지만, 부식성은 비교적 약하다.
㉣ CS_2의 증기는 공기보다 약 2.64배 정도 무겁다.

13 실제 굴뚝높이가 50m, 굴뚝내경 5m, 배출가스의 분출속도가 12m/s, 굴뚝 주위의 풍속이 4m/s라고 할 때, 유효 굴뚝의 높이(m)는?(단, $\Delta H = 1.5 \times D \times \left(\dfrac{V_s}{U}\right)$이다.)

① 22.5
② 27.5
③ 72.5
④ 82.5

해설 $H_e = H + \Delta H$

$\Delta H = 1.5 \times D \times \left(\dfrac{V_s}{U}\right)$
$= 1.5 \times 5 \times \dfrac{12}{4} = 22.5m$
$= 50 + 22.5 = 72.5m$

14 대기압력이 900mb인 높이에서의 온도가 25℃일 때 온위(potential temperature, K)는?(단, $\theta = T\left(\dfrac{1,000}{P}\right)^{0.288}$)

① 307.2
② 377.8
③ 421.4
④ 487.5

해설 온위$(\theta) = T\left(\dfrac{1,000}{P}\right)^{0.288}$
$= (273+25) \times \left(\dfrac{1,000}{900}\right)^{0.288}$
$= 307.18K$

15 20℃, 750mmHg에서 측정한 NO의 농도가 0.5ppm이다. 이때 NO의 농도($\mu g/Sm^3$)는?

① 약 463
② 약 524
③ 약 553
④ 약 616

해설 $NO(\mu g/Sm^3)$
$= 0.5mL/m^3 \times \dfrac{30mg}{22.4mL} \times \dfrac{273}{273+20}$
$\times \dfrac{750}{760} \times 10^3 \mu g/mg$
$= 615.72 \mu g/m^3$

16 열섬효과에 관한 설명으로 옳지 않은 것은?

① 열섬현상은 고기압의 영향으로 하늘이 맑고 바람이 약한 때에 잘 발생한다.
② 열섬효과로 도시 주위의 시골에서 도시로 바람이 부는데, 이를 전원풍이라 한다.
③ 도시의 지표면은 시골보다 열용량이 작고 열전도율이 높아 열섬효과의 원인이 된다.
④ 도시에서는 인구와 산업의 밀집지대로서 인공적인 열이 시골에 비하여 월등하게 많이 공급된다.

해설 도시의 지표면은 시골보다 열용량이 크고 열전도율이 높아 열섬효과의 원인이 된다.

17 대기 중에 존재하는 가스상 오염물질 중 염화수소와 염소에 관한 설명으로 옳지 않은 것은?

① 염소는 강한 산화력을 이용하여 살균제, 표백제로 쓰인다.
② 염화수소가 대기 중에 노출될 경우 백색의 연무를 형성하기도 한다.
③ 염소는 상온에서 적갈색을 띠는 액체로 휘발성과 부식성이 강하다.
④ 염화수소는 무색으로서 자극성 냄새가 있으며 상온에서 기체이다. 전지, 약품, 비료 등에 사용된다.

해설 상온에서 강한 자극성 냄새가 나는 황록색 기체이며 피부나 점막에 부식성, 자극성 작용을 한다.

18 지름이 $1.0\mu m$이고 밀도가 $10^6 g/m^3$인 물방울이 공기 중에서 지표로 자유낙하 할 때 Reynolds수는?(단, 공기의 점도는 $0.0172 g/m \cdot s$, 밀도는 $1.29 kg/m^3$이다.)

① 1.9×10^{-6}
② 2.4×10^{-6}
③ 1.9×10^{-5}
④ 2.4×10^{-5}

해설 $Re = \dfrac{DV\rho}{\mu}$

$V = \dfrac{dp^2(\rho_p - \rho)g}{18 \times \mu}$

$= \dfrac{(1.0 \times 10^{-6})^2 \times (1,000 - 1.29) \times 9.8}{18 \times 1.72 \times 10^{-5}}$

$= 3.16 \times 10^{-5} \text{m/sec}$

$\mu = 0.0172 g/m \cdot sec \times kg/1,000g$
$= 1.72 \times 10^{-5} kg/m \cdot sec$

$= \dfrac{(1 \times 10^{-6}) \times (3.16 \times 10^{-5}) \times 1.29}{1.72 \times 10^{-5}}$

$= 2.37 \times 10^{-6}$

19 디젤 자동차의 배출가스 후처리기술로 옳지 않은 것은?

① 매연여과장치
② 습식흡수방법
③ 산화촉매장치
④ 선택적 촉매환원

해설 디젤 자동차의 후처리기술
㉠ 디젤산화 촉매
㉡ 선택적 촉매환원
㉢ 매연여과장치
㉣ 산화촉매장치

20 다음 중 주로 연소 시 배출되는 무색의 기체로 물에 매우 난용성이며, 혈액 중의 헤모글로빈과 결합력이 강해 산소 운반능력을 감소시키는 물질은?

① HC
② NO
③ PAN
④ 알데히드

해설 NO(일산화질소)
㉠ NO는 주로 연소 시에 배출되는 무색의 기체로 물에 난용성이며 비중은 1.27이고 혈중 헤모글로빈과의 결합력이 CO보다 수백 배 더 강하여 NO-Hb를 생성, 체내의 산소운반능력을 감소시키는 역할을 한다.
㉡ NO의 독성은 NO_2 독성의 1/5 정도이며 O_3의 1/10~1/15 정도이다.

제2과목 연소공학

21 기체연료의 특징 및 종류에 관한 설명으로 옳지 않은 것은?

① 부하의 변동범위가 넓고 연소의 조절이 용이한 편이다.
② 천연가스는 화염전파속도가 크며, 폭발범위가 크므로 1차 공기를 적게 혼합하는 편이 유리하다.
③ 액화천연가스는 메탄을 주성분으로 하는 천연가스를 1기압하에서 -168℃ 근처에서 냉각, 액화시켜 대량 수송 및 저장을 가능하게 한 것이다.
④ 액화석유가스는 액체에서 기체로 될 때 증발열(90~100kcal/kg)이 있으므로 사용하는 데 유의할 필요가 있다.

정답 16 ③ 17 ③ 18 ② 19 ② 20 ② 21 ②

해설 천연가스는 화염전파속도가 36.4cm/sec로 늦어 안전한 편이며 다른 기체 연료보다 폭발한계가 5~15%로 좁다.

22 액화석유가스에 관한 설명으로 옳지 않은 것은?
① 저장설비비가 많이 든다.
② 황분이 적고 독성이 없다.
③ 비중이 공기보다 가볍고, 누출될 경우 쉽게 인화 폭발될 수 있다.
④ 유지 등을 잘 녹이기 때문에 고무 패킹이나 유지로 된 도포제로 누출을 막는 것은 어렵다.

해설 액화석유가스(LPG)는 비중이 공기보다 무거워 누출 시 인화·폭발의 위험성이 높은 편이다.

23 저위발열량이 5,000kcal/Sm³인 기체연료의 이론 연소온도(℃)는 약 얼마인가?(단, 이론연소가스양은 15Sm³/Sm³, 연료연소가스의 평균정압 비열은 0.35kcal/Sm³·℃, 기준온도는 0℃, 공기는 예열하지 않으며, 연소가스는 해리되지 않는다고 본다.)
① 952
② 994
③ 1,008
④ 1,118

해설 이론연소온도(℃)
$= \dfrac{\text{저위발열량}}{\text{이론연소가스양} \times \text{평균정압비열}} + \text{기준온도}$
$= \dfrac{5,000\text{kcal/Sm}^3}{15\text{Sm}^3/\text{Sm}^3 \times 0.35\text{kcal/Sm}^3 \cdot ℃} + 0℃$
$= 952.38℃$

24 프로판 2kg을 과잉공기계수 1.31로 완전 연소시킬 때 발생하는 습연소가스양(kg)은?
① 약 24
② 약 32
③ 약 38
④ 약 43

해설 연소반응식
$C_3H_8 + 5O_2 \rightarrow 3CO_2 + H_2O$
44kg : 5×32kg : 3×44kg : 4×18kg
2kg : O_o(kg) : CO_2(kg) : H_2O(kg)
$G_w = (m - 0.232)A_o + CO_2 + H_2O$
$O_o = \dfrac{2\text{kg} \times (5 \times 32)\text{kg}}{44\text{kg}} = 7.27\text{kg}$
$A_o = \dfrac{7.27}{0.232} = 31.34\text{kg}$

$CO_2 = \dfrac{2\text{kg} \times (3 \times 44)\text{kg}}{44\text{kg}} = 6\text{kg}$
$H_2O = \dfrac{2\text{kg} \times (4 \times 18)\text{kg}}{44\text{kg}} = 3.27\text{kg}$
$= [(1.31 - 0.232) \times 31.34] + 6 + 3.27 = 43.05\text{kg}$

25 옥탄(C_8H_{18})을 완전연소시킬 때의 AFR(Air Fuel Ratio)은?(단, 무게비 기준으로 한다.)
① 15.1
② 30.8
③ 45.3
④ 59.5

해설 $C_8H_{18} + 12.5O_2 \rightarrow 8CO_2 + 9H_2O$
$AFR(\text{부피}) = \dfrac{\text{산소의 mole}/0.21}{\text{연료의 mole}} = \dfrac{12.5/0.21}{1}$
$= 59.5 \text{mole air/mole fuel}$
$AFR(\text{무게}) = 59.5 \times \dfrac{28.95}{114}$
$= 15.14 \text{kg air/kg fuel}$
[114 : 옥탄 분자량, 28.95 : 건조공기 분자량]

26 어떤 액체연료를 보일러에서 완전연소시켜 그 배출가스를 Orsat 분석 장치로서 분석하여 CO_2 15%, O_2 5%의 결과를 얻었다면, 이때 과잉공기계수는?(단, 일산화탄소 발생량은 없다.)
① 1.12
② 1.19
③ 1.25
④ 1.31

해설 $m = \dfrac{21}{21 - O_2} = \dfrac{21}{21 - 5} = 1.3125$

27 착화온도(발화점)에 대한 특성으로 옳지 않은 것은?
① 분자구조가 복잡할수록 착화온도는 낮아진다.
② 산소농도가 낮을수록 착화온도는 낮아진다.
③ 발열량이 클수록 착화온도는 낮아진다.
④ 화학 반응성이 클수록 착화온도는 낮아진다.

해설 **착화점(착화온도)가 낮아지는 조건**
㉠ 동질물질인 경우 화학적으로 발열량이 클수록
㉡ 화학결합의 활성도가 클수록(반응활성도가 클수록)
㉢ 공기 중의 산소농도 및 압력이 높을수록
㉣ 분자구조가 복잡할수록(분자량이 클수록)
㉤ 비표면적이 클수록
㉥ 열전도율이 낮을수록
㉦ 석탄의 탄화도가 작을수록

정답 22 ③ 23 ① 24 ④ 25 ① 26 ④ 27 ②

ⓒ 공기압, 가스압 및 습도가 낮을수록
ⓔ 활성화에너지가 작을수록

28 황화수소의 연소반응식이 다음 [보기]와 같을 때 황화수소 $1Sm^3$의 이론연소공기량(Sm^3)은?

[보기] $2H_2S + 3O_2 = 2SO_2 + 2H_2O$

① 5.54
② 6.42
③ 7.14
④ 8.92

해설 $2H_2S + 3O_2 = 2SO_2 + 2H_2O$
$2m^3 : 3Sm^3$
$1m^3 : O_o$ $O_o = 1.5Sm^3$
$A_o = O_o \times \dfrac{1}{0.21} = 1.5 \times \dfrac{1}{0.21} = 7.14Sm^3$

29 액체연료의 특징으로 옳지 않은 것은?

① 저장 및 계량, 운반이 용이하다.
② 점화, 소화 및 연소의 조절이 쉽다.
③ 발열량이 높고 품질이 대체로 일정하며 효율이 높다.
④ 소량의 공기로 완전연소되며 검댕발생이 없다.

해설 액체연료의 특징
㉠ 장점
• 타 연료에 비하여 발열량이 높다.
• 석탄 연소에 비하여 매연발생이 적다.
• 연소효율 및 열효율이 높다.
• 회분이 거의 없어 재가 발생하지 않고 기체연료에 비해 밀도가 커 저장에 큰 장소를 필요로 하지 않으며 연료의 수송도 간편하다.
• 점화, 소화, 연소 조절이 용이하며 일정한 품질을 구할 수 있다.
• 계량과 기록이 쉽고 저장 중 변질이 적다.
㉡ 단점
• 역화, 화재(인화)가 발생할 수 있어 위험이 크며 연소온도가 높아 국부가열의 위험성이 존재한다.
• 중질유의 연소에서는 황 성분으로 인하여 SO_2, 매연이 다량 발생한다.
• 국내 자원이 적고, 수입에의 의존 비율이 높으며 소량의 재 중에 금속산화물이 장해원인이 될 수 있다.
• 사용버너에 따라 소음이 발생된다.

30 C 80%, H 20%로 구성된 액체 탄화수소 연료 1kg을 완전연소시킬 때 발생하는 CO_2의 부피(Sm^3)는?

① 1.2
② 1.5
③ 2.6
④ 2.9

해설 $C + O_2 \rightarrow CO_2$
12kg : $22.4Sm^3$
0.8kg : $CO_2(Sm^3)$
$CO_2(Sm^3) = \dfrac{0.8kg \times 22.4Sm^3}{12kg} = 1.49Sm^3$

31 함량 3%의 벙커 C유 100kL를 사용하는 보일러에 S 함량 1%인 벙커 C유로 30% 섞어 사용하면 SO_2 배출량은 몇 % 감소하는가?(단, 벙커 C유 비중 0.95, 벙커 C유 함유 S는 모두 SO_2로 전환된다.)

① 16
② 20
③ 25
④ 28

해설 SO_2 감소량(%)
$= \left(1 - \dfrac{나중사용}{초기사용}\right) \times 100$
초기사용 : S 3% → 100%
나중사용 : S 3%(70%) + S 1%(30%)
$= \left(1 - \dfrac{(0.03 \times 70kL) + (0.01 \times 30kL)}{0.03 \times 100kL}\right) \times 100$
$= 20\%$

32 프로판과 부탄이 용적비 3 : 2로 혼합된 가스 $1Sm^3$가 이론적으로 완전연소할 때 발생하는 CO_2의 양(Sm^3)은?

① 2.7
② 3.2
③ 3.4
④ 4.1

해설 Propane(C_3H_8) 연소방정식
$C_3H_8 + 5O_2 \rightarrow 3CO_2 + 4H_2O$
Butane(C_4H_{10}) 연소방정식
$C_4H_{10} + 6.5O_2 \rightarrow 4CO_2 + 5H_2O$
$CO_2(Sm^3) = \left(3 \times \dfrac{3}{5}\right) + \left(4 \times \dfrac{2}{5}\right) = 3.4Sm^3$

33 연소 시 매연 발생량이 가장 적은 탄화수소는?

① 나프텐계
② 올레핀계
③ 방향족계
④ 파라핀계

정답 28 ③ 29 ④ 30 ② 31 ② 32 ③ 33 ④

해설 매연은 탄수소비가 클수록 발생량이 많다.
[올레핀계 > 나프텐계 > 파라핀계]

34 다음 연소장치 중 일반적으로 가장 큰 공기비를 필요로 하는 것은?
① 오일버너 ② 가스버너
③ 미분탄버너 ④ 수평수동화격자

해설 연소장치와 공기비

연소 방법	가스버너	유류 버너	미분탄버너	이동 화격자	수평수동 화격자
공기비 (m)	1.1~1.2	1.2~1.4	1.2~1.4	1.3~1.6	1.5~2.0
CO_2 (%)	8~20	11~14	11~15	10~14	8~10

35 액체연료 연소장치 중 건타입(Gun type)버너에 관한 설명으로 옳지 않은 것은?
① 유압은 보통 $7kg/cm^2$ 이상이다.
② 연소가 양호하고 전자동 연소가 가능하다.
③ 형식은 유압식과 공기분무식을 합한 것이다.
④ 유량조절 범위가 넓어 대형 연소에 사용한다.

해설 건타입(Gun Type) 버너
형식은 유압식과 공기분무식을 합한 것으로 유압은 보통 $7kg/cm^2$ 이상이며, 연소가 양호하고 소형이며 전자동 연소가 가능하다.

36 기체연료의 연소방식 중 확산연소에 관한 설명으로 옳지 않은 것은?
① 역화의 위험성이 없다.
② 붉고 긴 화염을 만든다.
③ 가스와 공기를 예열할 수 없다.
④ 연료의 분출속도가 클 경우에는 그을음이 발생하기 쉽다.

해설 확산연소법
㉠ 정의
가연성 연료와 외부공기가 서로 확산에 의해 혼합하면서 화염을 형성하는 연소형태, 즉 연료를 버너노즐로부터 분리시켜 외부공기와 일정속도로 혼합하여 연소하는 방법이다.(버너 내에서 공기와 혼합시키지 않고 버너노즐에서 연료가스를 분사하고 연료와 공기를 일정속도로 혼합하여 연소)

㉡ 특징
- 연소용 공기와 기체연료(가스)를 예열할 수 있다.
- 화염이 길다.
- 그을음이 발생하기 쉽다.(연료분출속도가 큰 경우)
- 역화(Back Fire)의 위험이 없다.
- 주로 탄화수소가 적은 발생로가스, 고로가스 등에 적용되는 연소방식이다.

37 다음 연소의 종류 중 흑연, 코크스, 목탄 등과 같이 대부분 탄소만으로 되어 있는 고체연료에서 관찰되는 연소형태는?
① 표면연소 ② 내부연소
③ 증발연소 ④ 자기연소

해설 표면연소
㉠ 정의 : 고체연료 표면에 고온을 유지시켜 표면에서 반응을 일으켜 내부로 연소가 진행되는 연소방법이다.
㉡ 특징
- 탄소만으로 되어 있고 휘발분이 적은 고체연료의 가장 대표적인 연소방법이다.
- 고체연료 표면에 산소가 반응하여 불꽃 없이 적열 후 연소된다. 즉, 코크스나 석탄 등이 고온연소 시 고체 표면이 빨갛게 빛을 내면서 반응하는 연소로 화염이 없는 연소형태이다.
- 증발, 분해되지 못하고 표면의 탄소로부터 직접 연소되는 현상이다.
㉢ 표면연소의 예
- 코크스, 숯(목탄), 흑연
- 금속
- 석탄(분해연소와 탄소의 표면연소의 두 반응에서 이루어짐)

38 어떤 물질의 1차 반응에서 반감기가 10분이었다. 반응물이 1/10 농도로 감소할 때까지 얼마의 시간(분)이 걸리겠는가?
① 6.9 ② 33.2
③ 693 ④ 3323

해설
$\ln \dfrac{C_t}{C_0} = -kt$

$\ln 0.5 = -k \times 10\min$

$k = 0.06931\min^{-1}$

$\ln \dfrac{1}{10} = -0.06931\min^{-1} \times t$

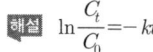

$t = 33.22\min$

정답 34 ④ 35 ④ 36 ③ 37 ① 38 ②

39 다음 기체연료 중 고위발열량(kcal/Sm³)이 가장 낮은 것은?

① Ethane
② Ethylene
③ Acetylene
④ Methane

해설 총발열량을 기준으로 할 때 연료의 발열량
㉠ 기체연료는 탄소수 및 수소수가 많을수록 발열량이 증가된다.
㉡ C_2H_6(Ethane) > C_2H_4(Ethylene) > C_2H_2(Acetylene) > CH_4(Methane)

40 유류연소버너 중 유압식 버너에 관한 설명으로 가장 거리가 먼 것은?

① 대용량 버너 제작이 용이하다.
② 유압은 보통 50~90kg/cm² 정도이다.
③ 유량 조절 범위가 좁아(환류식 1 : 3, 비환류식 1 : 2) 부하변동에 적응하기 어렵다.
④ 연료유의 분사각도는 기름의 압력, 점도 등으로 약간 달라지지만 40~90° 정도의 넓은 각도로 할 수 있다.

해설 유압식 버너의 유압은 보통 5~30kg/cm² 정도이다.

제3과목 대기오염방지기술

41 국소배기시설에서 후드의 유입계수가 0.84, 속도압이 10mmH₂O일 때 후드에서의 압력손실(mmH₂O)은?

① 4.2
② 8.4
③ 16.8
④ 33.6

해설 $\Delta P = F \times VP \left(\dfrac{\gamma V^2}{2g} \right)$

$F = \dfrac{1}{C_e^2} - 1 = \dfrac{1}{0.84^2} - 1 = 0.417$

$= 0.417 \times 10 mmH_2O = 4.17 mmH_2O$

42 환기 및 후드에 관한 설명으로 옳지 않은 것은?

① 폭이 넓은 오염원 탱크에서는 주로 '밀고 당기는(push/pull)' 방식의 환기공정이 요구된다.
② 후드는 일반적으로 개구면적을 좁게 하여 흡인속도를 크게 하고, 필요시 에어커튼을 이용한다.
③ 폭이 좁고 긴 직사각형의 슬롯후드(slot hood)는 전기도금공정과 같은 상부개방형 탱크에서 방출되는 유해물질을 포집하는 데 효율적으로 이용된다.
④ 천개형 후드는 포착형보다 유입공기의 속도가 빠를 때 사용되며, 주로 저온의 오염공기를 배출하고 과잉습도를 제거할 때 제한적으로 사용된다.

해설 천개형 후드
작업공정에서 발생되는 오염물질의 발생 상태를 조사한 후 오염물질이 운동량(관성력)이나 열 상승력(열부력)에 의한 상승기류)을 가지고 자체적으로 발생될 때, 일정하게 발생되는 방향 쪽에 후드의 입구를 설치함으로써 보다 적은 풍량으로 오염물질을 포집할 수 있도록 설계한 후드이며 필요송풍량 계산 시 제어속도의 개념이 필요 없다.

43 먼지의 입경분포에 관한 설명으로 옳지 않은 것은?

① 대수정규분포는 미세한 입자의 특성과 잘 일치한다.
② 빈도분포는 먼지의 입경분포를 적당한 입경간격의 개수 또는 질량의 비율로 나타내는 방법이다.
③ 먼지의 입경분포를 나타내는 방법 중 적산분포에는 정규분포, 대수정규분포, Rosin Rammler 분포가 있다.
④ 적산분포(R)는 일정한 입경보다 큰 입자가 전체의 입자에 대하여 몇 % 있는가를 나타내는 것으로 입경분포가 0이면 $R = 100\%$이다.

해설 대수정규분포는 미세입경 범위는 확대, 조대입경범위는 축소하여 나타내는 방법이다.

44 세정집진장치의 특징으로 옳지 않은 것은?

① 압력손실이 작아 운전비가 적게 든다.
② 소수성 입자의 집진율이 낮은 편이다.
③ 점착성 및 조해성 분진의 처리가 가능하다.
④ 연소성 및 폭발성 가스의 처리가 가능하다.

해설 세정집진장치는 압력손실이 커서 동력상승에 따른 운전비용이 고가이다.

45 염소농도 0.2%인 굴뚝 배출가스 3,000Sm³/h를 수산화칼슘용액을 이용하여 염소를 제거하고자 할 때, 이론적으로 필요한 시간당 수산화칼슘의 양(kg/h)은?(단, 처리효율은 100%로 가정한다.)

정답 39 ④ 40 ② 41 ① 42 ④ 43 ① 44 ① 45 ③

① 16.7　　② 18.2
③ 19.8　　④ 23.1

해설
$2Cl_2 + 2Ca(OH)_2 \rightarrow CaCl_2 + Ca(OCl)_2 + 2H_2O$
$2 \times 22.4 Sm^3 : 2 \times 74 kg$
$3,000 Sm^3/hr \times 0.002 : Ca(OH)_2 (kg/hr)$
$Ca(OH)_2 (kg/hr)$
$= \dfrac{3,000 Sm^3/hr \times 0.002 \times (2 \times 74) kg}{2 \times 22.4 Sm^3}$
$= 19.82 kg/hr$

46 다음은 활성탄의 고온 활성화 재생방법으로 적용될 수 있는 다단로(multi-hearth furnace)와 회전로(rotary kiln)의 비교표이다. 비교 내용 중 옳지 않은 것은?

구분		다단로	회전로
㉠	온도 유지	여러 개의 버너로 구분된 반응영역에서 온도 분포 조절이 가능하고 열효율이 높음	단 1개의 버너로 열 공급 영역별 온도유지가 불가능하고 열효율이 낮음
㉡	수증기 공급	반응영역에서 일정하게 분사	입구에서만 공급하므로 일정치 않음
㉢	입도 분포	입도에 비례하여 큰 입자가 빨리 배출	입도 분포에 관계없이 체류시간을 동일하게 유지 가능
㉣	품질	고품질 입상재생설비로 적합	고품질 입상재생설비로 부적합

① ㉠　　② ㉡
③ ㉢　　④ ㉣

해설

구분	다단로	회전로
입도 분포	입도 분포에 관계없이 체류시간을 동일하게 유지 가능	입도에 반비례하여 큰 입자가 빨리 배출되므로 체류시간 일정치 않음

47 중력침전을 결정하는 중요 매개변수는 먼지입자의 침전속도이다. 다음 중 먼지의 침전속도 결정과 가장 관계가 깊은 것은?
① 입자의 온도
② 대기의 분압
③ 입자의 유해성
④ 입자의 크기와 밀도

해설 침강속도$(V) = \dfrac{dp^2(\rho_p - \rho)g}{18\mu g}$ 에서 침강속도는 입자크기의 제곱에 비례, 입자와 공기 밀도 차이에 비례한다.

48 처리가스양이 $25,420 m^3/h$, 압력손실이 $100 mmH_2O$인 집진장치의 송풍기 소요동력(kW)은 약 얼마인가? (단, 송풍기 효율은 60%, 여유율은 1.3이다.)
① 9　　② 12
③ 15　　④ 18

해설 소요동력$(kW) = \dfrac{Q \times \Delta P}{6,120 \times \eta} \times \alpha$
$Q = 25,420 m^3/hr \times hr/60min$
$= 423.67 m^3/min$
$= \dfrac{423.67 \times 100}{6,120 \times 0.6} \times 1.3 = 15.0 kW$

49 벤투리 스크러버의 액가스비를 크게 하는 요인으로 가장 거리가 먼 것은?
① 먼지의 농도가 높을 때
② 처리가스의 온도가 높을 때
③ 먼지입자의 친수성이 클 때
④ 먼지입자의 점착성이 클 때

해설 벤투리 스크러버(Venturi Scrubber)에서의 액가스비(L/m^3)는 일반적으로 분진의 입경이 작고, 친수성이 작을수록 크게 유지한다.

50 탈취방법 중 촉매연소법에 관한 설명으로 옳지 않은 것은?
① 직접연소법에 비해 질소산화물의 발생량이 높고, 고농도로 배출된다.
② 직접연소법에 비해 연료소비량이 적어 운전비는 절감되나, 촉매독이 문제가 된다.
③ 적용 가능한 악취성분은 가연성 악취성분, 황화수소, 암모니아 등이 있다.
④ 촉매는 백금, 코발트, 니켈 등이 있으며, 고가이지만 성능이 우수한 백금계의 것이 많이 이용된다.

해설 촉매연소법(촉매산화법)
㉠ 가연성 유해 가스를 촉매에 의해 비교적 저온(400~500℃) 정도에서 불꽃 없이 산화시키는 방법으로 직접연소법에 비해 낮은 온도, 짧은 체류시간에서도 처리가 가능하며 저농도의

가연물질과 공기를 함유한 기체물질에 대하여 적용된다.
ⓒ 활성도가 높은 촉매를 사용하는 것이 바람직하지만 내열성과 촉매독의 문제가 있다.
ⓒ 직접연소법과 비교하여 연료소비량이 적기 때문에 운전비가 절감되지만 촉매의 수명이 문제가 된다.
ⓔ 높은 온도의 예열이 필요 없으며 직접연소법에 비해 NOx 발생량이 적고 낮은 농도로 배출할 수 있다.

51 80%의 효율로 제진하는 전기집진장치의 집진면적을 2배로 증가시키면 집진효율(%)은 얼마로 향상되는가?
① 92 ② 94
③ 96 ④ 89

해설 $\eta = 1 - \exp\left(-\frac{AW}{Q}\right)$

$\exp\left(-\frac{AW}{Q}\right) = 1 - \eta$ 양변에 ln을 취하면

$-\frac{AW}{Q} = \ln(1-\eta)$, 기타 조건 동일

$A = -\frac{Q}{W}\ln(1-\eta)$

$2 = \frac{-\frac{Q}{W}\ln(1-\eta)}{-\frac{Q}{W}\ln(1-0.8)}$

$\eta = 0.96 \times 100 = 96\%$

52 굴뚝 배출 가스양은 $2,000 Sm^3/h$, 이 배출가스 중 HF 농도는 $500mL/Sm^3$이다. 이 배출가스를 $50m^3$의 물로 세정할 때 24시간 후 순환수인 폐수는 pH는?(단, HF는 100% 전리되며, HF 이외의 영향은 무시한다.)
① 약 1.3 ② 약 1.7
③ 약 2.1 ④ 약 2.6

해설 배출가스 중 HF 양(g)
$= 2,000 Sm^3/hr \times 500mL/Sm^3 \times \frac{20g}{22,400mL} \times 24hr$
$= 21,428.57g$

HF의 mol 수
$= 21,428.57g \times \frac{1mol}{20g} = 1,071.43 mol$

세정순환수 중 HF 몰농도(M)
$= \frac{1,071.43 mol}{50,000L} = 0.0214M$

$HF \rightarrow H^+ + F^-$ 반응에서 HF 100% 전리
$[H^+] = [HF]$
$pH = -\log[H^+] = -\log[HF^+]$
$= -\log(0.0214) = 1.67$

53 사이클론의 원추부 높이가 1.4m, 유입구 높이가 15cm, 원통부 높이가 1.4m일 때 외부선회류의 회전수는?(단, $N = \frac{1}{H}\left[H_B + \frac{H_C}{2}\right]$)
① 6회 ② 11회
③ 14회 ④ 18회

해설 $N = \frac{1}{\text{유입구 높이}(H)} \times \left(\text{원통부 높이} + \frac{\text{원추부 높이}}{2}\right)$
$= \frac{1}{0.15} \times \left(1.4 + \frac{1.4}{2}\right) = 14회$

54 헨리의 법칙에 관한 설명으로 옳지 않은 것은?
① 비교적 용해도가 적은 기체에 적용된다.
② 헨리상수의 단위는 $atm/m^3 \cdot kmol$이다.
③ 헨리상수의 값은 온도가 높을수록, 용해도가 작을수록 커진다.
④ 온도와 기체의 부피가 일정할 때 기체의 용해도는 용매와 평형을 이루고 있는 기체의 분압에 비례한다.

해설 헨리상수의 단위는 $atm \cdot m^3/kmol$이다.

55 다음은 물리흡착과 화학흡착의 비교표이다. 비교 내용 중 옳지 않은 것은?

구분	물리흡착	화학흡착
⊙ 온도범위	낮은 온도	대체로 높은 온도
ⓒ 흡착층	단일 분자층	여러 층이 가능
ⓒ 가역정도	가역성이 높음	가역성이 낮음
ⓔ 흡착열	낮음	높음(반응열 정도)

① ⊙ ② ⓒ
③ ⓒ ④ ⓔ

해설 물리적 흡착은 다분자층 흡착이며, 화학적 흡착은 단분자층 흡착이다.

정답 51 ③ 52 ② 53 ③ 54 ② 55 ②

56 직경이 D인 구형입자의 비표면적(S_v, m^2/m^3)에 관한 설명으로 옳지 않은 것은?(단, ρ는 구형입자의 밀도이다.)

① $S_v = \dfrac{3\rho}{D}$ 로 나타낸다.
② 입자가 미세할수록 부착성이 커진다.
③ 먼지의 입경과 비표면적은 반비례 관계이다.
④ 비표면적이 크게 되면 원심력 집진장치의 경우에는 장치벽면을 폐색시킨다.

해설 $S_w = \dfrac{A(표면적)}{M(질량)} = \dfrac{6 \times \pi \times dp^2}{\pi \times dp^3 \times \rho_p}$
$= \dfrac{6}{dp \times \rho_p}$

57 접선유입식 원심력 집진장치의 특징에 관한 설명 중 옳은 것은?

① 장치의 압력손실은 5,000mmH₂O이다.
② 장치 입구의 가스속도는 18~20cm/s이다.
③ 유입구 모양에 따라 나선형과 와류형으로 분류된다.
④ 도익선회식이라고도 하며 반전형과 직진형이 있다.

해설 ① 장치의 압력손실은 50~100mmH₂O이다.
② 장치입구의 가스속도는 7~15m/sec이다.
④ 도익선회식은 축류식을 말하며 반전형과 직진형이 있다.

58 다음 중 유해물질 처리방법으로 가장 거리가 먼 것은?

① CO는 백금계의 촉매를 사용하여 연소시켜 제거한다.
② Br₂는 산성수용액에 의한 선정법으로 제거한다.
③ 이황화탄소는 암모니아를 불어넣는 방법으로 제거한다.
④ 아크롤레인은 NaClO 등의 산화제를 혼입한 가성소다 용액으로 흡수 제거한다.

해설 Br₂(브롬)은 알칼리(가성소다) 수용액을 이용하여 처리한다.

59 A집진장치의 입구 및 출구의 배출가스 중 먼지의 농도가 각각 15g/Sm³, 150mg/Sm³이었다. 또한 입구 및 출구에서 채취한 먼지시료 중에 포함된 0~5μm의 입경분포의 중량 백분율이 각각 10%, 60%이었다면 이 집진장치의 0~5μm의 입경범위의 먼지시료에 대한 부분집진율(%)은?

① 90 ② 92
③ 94 ④ 96

해설 $\eta_f(\%) = \left(1 - \dfrac{C_o f_o}{C_i f_i}\right) \times 100$
$= \left(1 - \dfrac{150 \times 0.6}{15,000 \times 0.1}\right) \times 100 = 94\%$

60 다음 악취물질 중 공기 중의 최소 감지 농도가 가장 낮은 것은?

① 염소 ② 암모니아
③ 황화수소 ④ 이황화탄소

해설 **최소감지농도**
① 염소 : 0.314ppm
② 암모니아 : 0.1ppm
③ 황화수소 : 0.00041ppm
④ 이황화탄소 : 0.21ppm

제4과목 대기오염공정시험기준(방법)

61 배출가스 중 이황화탄소를 자외선가시선분광법으로 정량할 때 흡수액으로 옳은 것은?

① 아연아민착염 용액
② 제일염화주석 용액
③ 다이에틸아민구리 용액
④ 수산화제이철암모늄 용액

해설 **굴뚝배출가스 중 이황화탄소 분석방법 중 자외선/가시선분광법**
㉠ 다이에틸아민구리 용액에서 시료가스를 흡수시켜 생성된 다이에틸 다이싸이오카밤산구리의 흡광도를 435nm의 파장에서 측정한다.
㉡ 이황화탄소 농도 1ppm이상의 배출가스 분석에 적합하다.
㉢ 시료가스채취량이 10L인 경우 배출가스 중의 이황화탄소 농도 3~60ppm의 분석에 적합하다.
㉣ 이황화탄소의 방법검출한계는 0.2ppm 이하이어야 한다.
㉤ 황화수소를 제거하기 위해 아세트산카드뮴용액을 넣는다.

62 대기오염공정시험기준상 비분산적외선분광분석법에서 응답시간에 관한 설명이다. ( ) 안에 알맞은 것은?

> 응답시간은 제로 조정용 가스를 도입하여 안정된 후 유로를 스팬가스로 바꾸어 기준 유량으로 분석계에 도입하여 그 농도를 눈금 범위 내의 어느 일정한 값으로부터 다른 일정한 값으로 갑자기 변화시켰을 때 스텝(step) 응답에 대한 소비시간이 (㉠) 이내이어야 한다. 또 이때 최종 지시값에 대한 90%의 응답을 나타내는 시간은 (㉡) 이내이어야 한다.

① ㉠ 1초, ㉡ 1분 ② ㉠ 1초, ㉡ 40초
③ ㉠ 10초, ㉡ 1분 ④ ㉠ 10초, ㉡ 40초

해설 비분산적외선분광분석기의 성능기준(응답시간)
㉠ 제로 조정용 가스를 도입하여 안정된 후 유로를 스팬가스로 바꾸어 기준유량으로 분석계에 도입하여 그 농도를 눈금 범위 내의 어느 일정한 값으로부터 다른 일정한 값으로 갑자기 변화시켰을 때 스텝(step) 응답에 대한 소비시간이 1초 이내이어야 한다.
㉡ 최종 지시치에 대한 90%의 응답을 나타내는 시간은 40초 이내이어야 한다.

63 기체크로마토그래피의 장치구성에 관한 설명으로 옳지 않은 것은?

① 분리관유로는 시료도입부, 분리관, 검출기기배관으로 구성되며, 배관의 재료는 스테인레스강이나 유리 등 부식에 대한 저항이 큰 것이어야 한다.
② 분리관(column)은 충전물질을 채운 내경 2~7mm의 시료에 대하여 불활성금속, 유리 또는 합성수지관으로 각 분석방법에서 규정하는 것을 사용한다.
③ 운반가스는 일반적으로 열전도도형 검출기(TCD)에서는 순도 99.8% 이상의 아르곤이나 질소를, 수소염이온화 검출기(FID)에서는 순도 99.8% 이상의 수소를 사용한다.
④ 주사기를 사용하는 시료도입부는 실리콘고무와 같은 내열성 탄성체격막이 있는 시료 기화실로서 분리관온도와 동일하거나 또는 그 이상의 온도를 유지할 수 있는 가열기구가 갖추어져야 한다.

해설 운반가스
충전물이나 시료에 대하여 불활성이고 사용하는 검출기의 작동에 적합한 것을 사용한다. 일반적으로 열전도도형 검출기(TCD)에서도 순도 99.8% 이상의 수소나 헬륨을, 불꽃 이온화 검출기(FID)에서는 순도 99.8% 이상의 질소 또는 헬륨을 사용하며, 기타 검출기에서는 각각 규정하는 가스를 사용한다.

64 굴뚝배출가스 중 수분량이 체적백분율로 10%이고, 배출가스의 온도는 80℃, 시료채취량은 10L, 대기압은 0.6기압, 가스미터 게이지압은 25mmHg, 가스미터온도 80℃에서의 수증기포화압이 255mmHg라 할 때, 흡수된 수분량(g)은?

① 0.15 ② 0.21
③ 0.33 ④ 0.46

해설
$$X_w(\%) = \frac{1.244 m_a}{V_m \times \frac{273}{273+t} \times \frac{P_a + P_m - P_v}{760} + 1.244 m_a} \times 100$$

$$10(\%) = \frac{1.244 m_a}{10 \times \frac{273}{273+80} \times \frac{0.6 \times 760 + 25 - 255}{760} + 1.244 m_a} \times 100$$

$m_a = 0.205g$

65 대기오염공정시험기준상 원자흡수분광광도법 분석 장치 중 시료원자화 장치에 관한 설명으로 옳지 않은 것은?

① 시료원자화장치 중 버너의 종류로 전분무버너와 예혼합버너가 있다.
② 내화성 산화물을 만들기 쉬운 원소의 분석에 적당한 불꽃은 프로판-공기 불꽃이다.
③ 빛이 투과하는 불꽃의 길이를 10cm 이상으로 해 주려면 멀티패스(Multi Path)방식을 사용한다.
④ 분석의 감도를 높여주고 안정한 측정치를 얻기 위하여 불꽃 중에 빛을 투과시킬 때 불꽃 중에서의 유효길이를 되도록 길게 한다.

해설 원자흡수분석장치 시료원자화부 불꽃
㉠ 수소-공기와 아세틸렌-공기 : 거의 대부분의 원소분석에 유효하게 사용
㉡ 수소-공기 : 원자 외 영역에서의 불꽃 자체에 의한 흡수가 적기 때문에 이 파장영역에서 분석선을 갖는 원소의 분석
㉢ 아세틸렌-아산화질소 : 불꽃의 온도가 높기 때문에 불꽃 중에서 해리하기 어려운 내화성 산화물(Refractory Oxide)을 만들기 쉬운 원소의 분석
㉣ 프로판-공기 : 불꽃온도가 낮고 일부 원소에 대하여 높은 감도를 나타냄

66 배출가스 중 가스상 물질의 시료 채취방법 중 다음 분석물질별 흡수액과의 연결이 옳지 않은 것은?

	분석물질	흡수액
㉠	불소화합물	수산화소듐용액(0.1N)
㉡	벤젠	질산암모늄+황산(1→5)
㉢	비소	수산화칼륨용액(0.4W/V%)
㉣	황화수소	아연아민착염용액

① ㉠ ② ㉡
③ ㉢ ④ ㉣

해설 비소의 흡수액은 수산화소듐용액(0.4%)이다.

67 배출가스 중 질소산화물 농도 측정방법으로 옳지 않은 것은?

① 화학발광법
② 자외선형광법
③ 적외선흡수법
④ 아연환원 나프틸에틸렌다이아민법

해설 배출가스 중 질소산화물 분석방법
㉠ 아연환원 나프틸에틸렌다이아민법
㉡ 페놀디설폰산법
㉢ 화학발광법
㉣ 전기화학식(정전위 전해법)
㉤ 적외선흡수법
㉥ 자외선흡수법

68 액의 농도에 관한 설명으로 옳지 않은 것은?

① 단순히 용액이라 기재하고 그 용액의 이름을 밝히지 않은 것은 수용액을 뜻한다.
② 혼액(1+2)은 액체상의 성분을 각각 1용량 대 2용량의 비율로 혼합한 것을 뜻한다.
③ 황산(1:7)은 용질이 액체일 때 1mL를 용매에 녹여 전량을 7mL로 하는 것을 뜻한다.
④ 액의 농도를 (1→5)로 표시한 것은 그 용질의 성분이 고체일 때는 1g을 용매에 녹여 전량을 5mL로 하는 비율을 말한다.

해설 황산(1:7)은 황산 1용량에 물 7용량을 혼합한 것이다.

69 대기오염공정시험기준상 분석시험에 있어 기재 및 용어에 관한 설명으로 옳은 것은?

① 시험조작 중 "즉시"란 10초 이내에 표시된 조작을 하는 것을 뜻한다.
② "감압 또는 진공"이라 함은 따로 규정이 없는 한 10mmHg 이하를 뜻한다.
③ 용액의 액성표시는 따로 규정이 없는 한 유리전극법에 의한 pH미터로 측정한 것을 뜻한다.
④ "정확히 단다"라 함은 규정한 양의 검체를 취하여 분석용 저울로 0.3mg까지 다는 것을 뜻한다.

해설 시험의 기재 용어
㉠ 정확히 단다.
규정한 양의 검체를 취하여 분석용 저울로 0.1mg까지 다는 것
㉡ 정확히 취한다.
홀피펫, 메스플라스크 또는 이와 동등 이상의 정도를 갖는 용량계를 사용하여 조작하는 것
㉢ 항량이 될 때까지 건조한다 또는 강열한다.
같은 조건에서 1시간 더 건조 또는 강열할 때 전후 무게의 차가 g당 0.3mg 이하
㉣ 즉시
30초 이내에 표시된 조작을 하는 것을 의미
㉤ 감압 또는 진공
15mmHg 이하

70 배출허용기준 중 표준산소농도를 적용받는 항목에 대한 배출가스양 보정식으로 옳은 것은?(단, Q : 배출가스유량(Sm^3/일), Q_a : 실측배출가스유량(Sm^3/일), O_s : 표준산소농도(%), O_a : 실측산소농도(%))

① $Q = Q_a \times \dfrac{Q_s - 21}{O_a - 21}$ ② $Q = Q_a \times \dfrac{O_a - 21}{O_s - 21}$

③ $Q = Q_a \div \dfrac{21 - O_s}{21 - O_a}$ ④ $Q = Q_a \div \dfrac{21 - O_a}{21 - O_s}$

해설 배출가스유량 보정식
= 실측배출가스유량 ÷ $\left(\dfrac{21 - 표준산소농도}{21 - 실측산소농도}\right)$

71 원자흡광분석에서 발생하는 간섭 중 분석에 사용하는 스펙트럼의 불꽃 중에서 생성되는 목적원소의 원자증기 이외의 물질에 의하여 흡수되는 경우에 발생되는 것은?

① 물리적 간섭 ② 화학적 간섭
③ 분광학적 간섭 ④ 이온학적 간섭

정답 66 ③ 67 ② 68 ③ 69 ③ 70 ③ 71 ③

해설 원자흡수분광광도법 – 분광학적 간섭
㉠ 분석에 사용하는 스펙트럼선이 다른 인접선과 완전히 분리되지 않는 경우 : 파장선택부의 분해능이 충분하지 않기 때문에 일어나며 검량선의 직선영역이 좁고 구부러져 있어 분석감도 정밀도도 저하된다. 이때는 다른 분석선을 사용하여 재분석하는 것이 좋다.
㉡ 분석에 사용하는 스펙트럼의 불꽃 중에서 생성되는 목적원소의 원자증기 이외의 물질에 의하여 흡수되는 경우 : 표준시료와 분석시료의 조성을 더욱 비슷하게 하며 간섭의 영향을 어느 정도까지 피할 수 있다.

72 배출가스 중 암모니아를 인도페놀법으로 분석할 때 암모니아와 같은 양으로 공존하면 안 되는 물질은?

① 아민류　　② 황화수소
③ 아황산가스　　④ 이산화질소

해설 암모니아 농도에 대하여 이산화질소가 100배 이상, 아민류가 수십 배 이상, 이산화황 10배 이상, 황화수소가 같은 양 이상 각각 공존하지 않는 경우에 적합하다.

73 공정시험방법상 환경대기 중의 탄화수소 농도를 측정하기 위한 주 시험법은?

① 총탄화수소 측정법
② 활성 탄화수소 측정법
③ 비활성 탄화수소 측정법
④ 비메탄 탄화수소 측정법

해설 환경대기 중 탄화수소 측정방법(자동연속측정법)
㉠ 총탄화수소 측정법
㉡ 비메탄 탄화수소 측정법(주 시험방법)
㉢ 활성 탄화수소 측정법

74 굴뚝 배출가스 유속을 피토관으로 측정한 결과가 다음과 같을 때 배출가스 유속(m/s)은?

- 동압 : 100mmH$_2$O
- 배출가스 온도 : 295℃
- 표준상태 배출가스 밀도 : 1.2kg/m³(0℃, 1기압)
- 피토관 계수 : 0.87

① 43.7　　② 48.2
③ 50.7　　④ 54.3

해설
$$V = C\sqrt{\frac{2gh}{\gamma}}$$
$$= 0.87 \times \sqrt{\frac{2 \times 9.8 \times 100}{1.2 \times \frac{273}{273+295}}}$$
$$= 50.72 \text{m/sec}$$

75 대기 및 굴뚝 배출 기체 중의 오염물질을 연속적으로 측정하는 비분산 정필터형 적외선 가스 분석계(고정형)의 성능 유지조건에 대한 설명으로 옳은 것은?

① 최대눈금 범위를 ±5% 이하에 해당하는 농도변화를 검출할 수 있는 감도를 지녀야 한다.
② 측정가스의 유량이 표시한 기준유량에 대하여 ±10% 이내에서 변동하여도 성능에 지장이 있어서는 안 된다.
③ 동일 조건에서 제로가스를 연속적으로 도입하여 24시간 연속 측정하는 동안 전체 눈금의 ±5% 이상의 지시변화가 없어야 한다.
④ 전압변동에 대한 안정성 측면에서 전원전압이 설정전압의 ±10% 이내로 변화하였을 때 지시값 변화는 전체 눈금의 ±1% 이내이어야 한다.

해설
① 최대눈금 범위를 ±1% 이하에 해당하는 농도변화를 검출할 수 있는 감도를 지녀야 한다.
② 측정가스의 유량이 표시한 기준유량에 대하여 ±2% 이내에서 변동하여도 성능에 지장이 있어서는 안 된다.
③ 동일 조건에서 제로가스를 연속적으로 도입하여 고정형은 24시간, 이동형은 4시간 연속 측정하는 동안에 전체 눈금의 ±2% 이상의 지시 변화가 없어야 한다.

76 다음 중 굴뚝에서 배출되는 가스의 유량을 측정하는 기기가 아닌 것은?

① 피토관　　② 열선 유속계
③ 와류 유속계　　④ 위상차 유속계

해설 초음파 유속계는 위상차를 측정하여 유량을 구하는 측정기기이다.

77 굴뚝배출가스 중 아황산가스의 자동연속 측정방법 중 자외선 흡수분석계에 관한 설명으로 옳지 않은 것은?

① 광원 : 저압수소방전관 또는 서압수은등이 사용된다.
② 분광기 : 프리즘 또는 회절격자분광기를 이용하여 자외선영역 또는 가시광선영역의 단색광을 얻는 데 사용된다.

정답 72 ②　73 ④　74 ③　75 ④　76 ④　77 ①

③ 검출기 : 자외선 및 가시광선에 감도가 좋은 광전자 증배관 또는 광전관이 이용된다.
④ 시료셀 : 시료셀은 200~500mm의 길이로 시료가스가 연속적으로 통과할 수 있는 구조로 되어 있다.

해설 광원
중수소방전관 또는 중압수은등이 사용된다.

78 적정법에 의한 배출가스 중 브롬화합물의 정량 시 과잉의 하이포아염소산염을 환원시키는데 사용하는 것은?

① 염산
② 포름산소듐
③ 수산화소듐
④ 암모니아수

해설 배출가스 중 브롬화합물(적정법)
배출가스 중 브롬화합물을 수산화소듐 용액에 흡수시킨 다음 브롬을 하이포아염소산소듐 용액을 사용하여 브롬산이온으로 산화시키고 과잉의 하이포아염소산염은 포름산소듐으로 환원시켜 이 브롬산 이온을 아이오딘 적정법으로 정량하는 방법이다.

79 화학반응 공정 등에서 배출되는 굴뚝 배출가스 중 일산화탄소 분석방법에 따른 정량범위로 틀린 것은?

① 정전위전해법 : 0~200ppm
② 비분산형 적외선분석법 : 0~1,000ppm
③ 기체크로마토그래피 TCD의 경우 : 0.1% 이상
④ 기체크로마토그래피 FID의 경우 : 0~2,000ppm

해설 정전위전해법의 정량범위는 0~1,000ppm이다.

80 다음은 배출가스 중 입자상 아연화합물의 자외선가시선 분광법에 관한 설명이다. ( ) 안에 알맞은 것은?

> 아연이온을 (㉠)과 반응시켜 생성되는 아연착색물질을 사염화탄소로 추출한 후 그 흡수도를 파장 (㉡)에서 측정하여 정량하는 방법이다.

① ㉠ 디티존, ㉡ 460nm
② ㉠ 디티존, ㉡ 535nm
③ ㉠ 디에틸디티오카바민산나트륨, ㉡ 460nm
④ ㉠ 디에틸디티오카바민산나트륨, ㉡ 535nm

해설 아연이온을 디티존과 반응시켜 생성되는 아연착색물질을 사염화탄소로 추출한 후 그 흡수도를 파장 535nm에서 측정하여 정량하는 방법이다.

제5과목 대기환경관계법규

81 환경정책기본법령상 일산화탄소(CO)의 대기환경기준은?(단, 8시간 평균치이다.)

① 0.15ppm 이하
② 0.3ppm 이하
③ 9ppm 이하
④ 25ppm 이하

해설 대기환경기준

항목	기준	측정방법
아황산가스 (SO_2)	• 연간 평균치 : 0.02ppm 이하 • 24시간 평균치 : 0.05ppm 이하 • 1시간 평균치 : 0.15ppm 이하	자외선 형광법 (Pulse UV Fluorescence Method)
일산화탄소 (CO)	• 8시간 평균치 : 9ppm 이하 • 1시간 평균치 : 25ppm 이하	비분산 적외선 분석법 (Non-Dispersive Infrared Method)
이산화질소 (NO_2)	• 연간 평균치 : 0.03ppm 이하 • 24시간 평균치 : 0.06ppm 이하 • 1시간 평균치 : 0.10ppm 이하	화학 발광법 (Chemiluminescence Method)
미세먼지 (PM-10)	• 연간 평균치 : $50\mu g/m^3$ 이하 • 24시간 평균치 : $100\mu g/m^3$ 이하	베타선 흡수법 (β-Ray Absorption Method)
미세먼지 (PM-2.5)	• 연간 평균치 : $15\mu g/m^3$ 이하 • 24시간 평균치 : $35\mu g/m^3$ 이하	중량 농도법 또는 이에 준하는 자동 측정법
오존 (O_3)	• 8시간 평균치 : 0.06ppm 이하 • 1시간 평균치 : 0.1ppm 이하	자외선 광도법 (UV Photometric Method)
납 (Pb)	연간 평균치 : $0.5\mu g/m^3$ 이하	원자흡광광도법 (Atomic Absorption Spectrophotometry)
벤젠	연간 평균치 : $5\mu g/m^3$ 이하	기체크로마토그래피 (Gas Chromatography)

82 실내공기질 관리법규상 "영화상영관"의 실내공기질 유지기준($\mu g/m^3$)은?(단, 항목은 미세먼지(PM-10)($\mu g/m^3$)이다.)

① 10 이하
② 100 이하
③ 150 이하
④ 200 이하

해설 실내공기질 유지기준

오염물질 항목 다중이용시설	미세먼지 (PM-10) ($\mu g/m^3$)	미세먼지 (PM-2.5) ($\mu g/m^3$)	이산화 탄소 (ppm)	포름알데 하이드 ($\mu g/m^3$)	총 부유 세균 (CFU/m^3)	일산화 탄소 (ppm)
지하역사, 지하도상가, 철도역사의 대합실, 여객자동차터미널의 대합실, 항만시설 중 대합실, 공항시설 중 여객터미널, 도서관·박물관 및 미술관, 대규모점포, 장례식장, 영화상영관, 학원, 전시시설, 인터넷컴퓨터게임시설제공업의 영업시설, 목욕장업의 영업시설	100 이하	50 이하	1,000 이하	100 이하	—	10 이하
의료기관, 산후조리원, 노인요양시설, 어린이집	75 이하	35 이하		80 이하	800 이하	
실내주차장	200 이하	—		100 이하	—	25 이하
실내 체육시설, 실내 공연장, 업무시설, 둘 이상의 용도에 사용되는 건축물	200 이하	—	—	—	—	—

83 대기환경보전법규상 사업자는 자가측정 시 사용한 여과지 및 시료채취기록지는 환경오염공정시험기준에 따라 측정한 날부터 얼마 동안 보존(기준)하여야 하는가?

① 2년　　② 1년
③ 6개월　　④ 3개월

해설 사업자가 배출오염물질의 자가측정에 관한 기록과 측정 시 사용한 여과지 및 시료채취기록지의 보존기간은 「환경분야 시험·검사 등에 관한 법률」에 따른 환경오염공정시험기준에 따라 최종 기재하거나 측정한 날부터 6개월로 한다.

84 환경정책기본법령상 각 항목별 대기환경기준으로 옳지 않은 것은?(단, 기준치는 24시간 평균치이다.)

① 아황산가스(SO_2) : 0.05ppm 이하
② 이산화질소(NO_2) : 0.06ppm 이하
③ 오존(O_3) : 0.06ppm 이하
④ 미세먼지(PM-10) : 100$\mu g/m^3$ 이하

해설 대기환경기준

항목	기준	측정방법
오존 (O_3)	• 8시간 평균치 : 0.06ppm 이하 • 1시간 평균치 : 0.1ppm 이하	자외선 광도법 (UV Photometric Method)

85 실내공기질 관리법규상 "산후조리원"의 현행 실내공기질 권고기준으로 옳지 않은 것은?

① 라돈(Bq/m^3) : 0.5 이하
② 이산화질소(ppm) : 0.05 이하
③ 총휘발성유기화합물($\mu g/m^3$) : 400 이하
④ 곰팡이(CFU/m^3) : 500 이하

해설 실내공기질 권고기준

오염물질 항목 다중이용시설	이산화 탄소 (ppm)	라돈 (Bq/m^3)	총휘발성 유기화합물 ($\mu g/m^3$)	곰팡이 (CFU/m^3)
지하역사, 지하도상가, 철도역사의 대합실, 여객자동차터미널의 대합실, 항만시설 중 대합실, 공항시설 중 여객터미널, 도서관·박물관 및 미술관, 대규모점포, 장례식장, 영화상영관, 학원, 전시시설, 인터넷컴퓨터게임시설제공업의 영업시설, 목욕장업의 영업시설	0.1 이하	148 이하	500 이하	—
의료기관, 어린이집, 노인요양시설, 산후조리원	0.05 이하		400 이하	500 이하
실내주차장	0.3 이하		1,000 이하	—

86 대기환경보전법령상 대기오염 경보단계의 3가지 유형 중 "경보발령"시 조치사항으로 가장 거리가 먼 것은?

① 주민의 실외활동 제한요청
② 자동차 사용의 제한
③ 사업장의 연료사용량 감축권고
④ 사업장의 조업시간 단축명령

정답　83 ③　84 ③　85 ①　86 ④

해설 경보단계별 조치사항
- ⊙ 주의보 발령 : 주민의 실외활동 및 자동차 사용의 자제 요청 등
- ⊙ 경보 발령 : 주민의 실외활동 제한 요청, 자동차 사용의 제한 및 사업장의 연료사용량 감축 권고 등
- ⊙ 중대경보 발령 : 주민의 실외활동 금지 요청, 자동차의 통행 금지 및 사업장의 조업시간 단축명령 등

87 대기환경보전법령상 초과부과금의 부과대상이 되는 오염물질이 아닌 것은?

① 황산화물
② 염화수소
③ 황화수소
④ 페놀

해설 초과부과금 부과대상 오염물질
- ⊙ 황산화물
- ⊙ 먼지
- ⊙ 암모니아
- ⊙ 황화수소
- ⊙ 이황화탄소
- ⊙ 불소화물
- ⊙ 염화수소
- ⊙ 질소산화물
- ⊙ 시안화수소

88 다음은 대기환경보전법규상 미세먼지(PM-10)의 "주의보" 발령기준 및 해제기준이다. ( ) 안에 알맞은 것은?

- 발령기준 : 기상조건 등을 고려하여 해당지역의 대기자동측정소 PM-10 시간당 평균농도가 (⊙) 지속인 때
- 해제기준 : 주의보가 발령된 지역의 기상조건 등을 검토하여 대기자동측정소의 PM-10 시간당 평균농도가 (⊙)인 때

① ⊙ $150\mu g/m^3$ 이상 2시간 이상, ⊙ $100\mu g/m^3$ 미만
② ⊙ $150\mu g/m^3$ 이상 1시간 이상, ⊙ $150\mu g/m^3$ 미만
③ ⊙ $100\mu g/m^3$ 이상 2시간 이상, ⊙ $100\mu g/m^3$ 미만
④ ⊙ $100\mu g/m^3$ 이상 1시간 이상, ⊙ $80\mu g/m^3$ 미만

해설 대기오염 경보단계별 대기오염물질 농도기준

대상 물질	경보 단계	발령기준	해제기준
미세먼지 (PM-10)	주의보	기상조건 등을 고려하여 해당 지역의 대기자동측정소 PM-10 시간당 평균농도가 $150\mu g/m^3$ 이상 2시간 이상 지속인 때	주의보가 발령된 지역의 기상조건 등을 검토하여 대기자동측정소의 PM-10 시간당 평균농도가 $100\mu g/m^3$ 미만인 때
	경보	기상조건 등을 고려하여 해당 지역의 대기자동측정소 PM-10 시간당 평균농도가 $300\mu g/m^3$ 이상 2시간 이상 지속인 때	경보가 발령된 지역의 기상조건 등을 검토하여 대기자동측정소의 PM-10 시간당 평균농도가 $150\mu g/m^3$ 미만인 때는 주의보로 전환

89 다음은 대기환경보전법규상 고체연료 사용시설 설치기준이다. ( ) 안에 가장 적합한 것은?

석탄사용시설의 경우 배출시설의 굴뚝높이는 100m 이상으로 하되, 굴뚝상부안지름, 배출가스 온도 및 속도 등을 고려한 유효굴뚝높이가 ( )인 경우에는 굴뚝높이를 60m 이상 100m 미만으로 할 수 있다.

① 150m 이상
② 220m 이상
③ 350m 이상
④ 440m 이상

해설 석탄사용시설의 경우 배출시설의 굴뚝높이는 100m 이상으로 하되, 굴뚝상부 안지름, 배출가스 온도 및 속도 등을 고려한 유효굴뚝높이(굴뚝의 실제 높이에 배출가스의 상승고도를 합산한 높이를 말한다. 이하 같다)가 440m 이상인 경우에는 굴뚝높이를 60m 이상 100m 미만으로 할 수 있다. 기타 고체연료 사용시설의 경우는 배출시설의 굴뚝높이는 20m 이상이어야 한다.

90 대기환경보전법규상 한국환경공단이 환경부장관에게 행하는 위탁업무 보고사항 중 "자동차배출가스 인증생략 현황"의 보고 횟수 기준은?

① 수시
② 연 1회
③ 연 2회
④ 연 4회

해설 **위탁업무 보고사항**

업무내용	보고 횟수	보고기일
수시검사, 결함확인 검사, 부품결함 보고서류의 접수	수시	위반사항 적발 시
결함확인검사 결과	수시	위반사항 적발 시
자동차배출가스 인증생략 현황	연 2회	매 반기 종료 후 15일 이내
자동차 시험검사 현황	연 1회	다음 해 1월 15일까지

91 대기환경보전법령상 대기오염물질발생량의 합계가 연간 25톤인 사업장은 몇 종 사업장에 해당하는가?

① 2종사업장　　② 3종사업장
③ 4종사업장　　④ 5종사업장

해설 **사업장 분류기준**

종별	오염물질발생량 구분
1종 사업장	대기오염물질발생량의 합계가 연간 80톤 이상인 사업장
2종 사업장	대기오염물질발생량의 합계가 연간 20톤 이상 80톤 미만인 사업장
3종 사업장	대기오염물질발생량의 합계가 연간 10톤 이상 20톤 미만인 사업장
4종 사업장	대기오염물질발생량의 합계가 연간 2톤 이상 10톤 미만인 사업장
5종 사업장	대기오염물질발생량의 합계가 연간 2톤 미만인 사업장

92 대기환경보전법규상 수도권대기환경청장, 국립환경과학원장 또는 한국환경공단이 설치하는 대기오염 측정망에 해당하는 것은?

① 도시지역의 휘발성유기화합물 등의 농도를 측정하기 위한 광화학대기오염물질측정망
② 도시지역의 대기오염물질 농도를 측정하기 위한 도시대기측정망
③ 도로변의 대기오염물질 농도를 측정하기 위한 도로변대기측정망
④ 대기 중의 중금속 농도를 측정하기 위한 대기중금속측정망

해설 **수도권대기환경청장, 국립환경과학원장 또는 한국환경공단이 설치하는 대기오염 측정망의 종류**
㉠ 대기오염물질의 지역배경농도를 측정하기 위한 교외대기측정망
㉡ 대기오염물질의 국가배경농도와 장거리 이동 현황을 파악하기 위한 국가배경농도측정망
㉢ 도시지역 또는 산업단지 인근지역의 특정대기유해물질(중금속을 제외한다)의 오염도를 측정하기 위한 유해대기물질측정망
㉣ 도시지역의 휘발성 유기화합물 등의 농도를 측정하기 위한 광화학대기오염물질측정망
㉤ 산성 대기오염물질의 건성 및 습성 침착량을 측정하기 위한 산성강하물측정망
㉥ 기후·생태계 변화유발물질의 농도를 측정하기 위한 지구대기측정망
㉦ 장거리 이동 대기오염물질의 성분을 집중 측정하기 위한 대기오염집중측정망
㉧ 미세먼지(PM-2.5)의 성분 및 농도를 측정하기 위한 미세먼지성분측정망

93 대기환경보전법령상 기본부과금 산정기준 중 "수산자원보호구역"의 지역별 부과계수는?(단, 지역구분은 국토의 계획 및 이용에 관한 법률에 의한다.)

① 0.5　　② 1.0
③ 1.5　　④ 2.0

해설 **기본부과금의 지역별 부과계수**

구분	지역별 부과계수
Ⅰ 지역	1.5
Ⅱ 지역	0.5
Ⅲ 지역	1.0

"수산자원보호구역"은 Ⅱ지역에 해당한다.

94 대기환경보전법상 제작차배출허용기준에 맞지 아니하게 자동차를 제작한 자에 대한 벌칙기준은?

① 7년 이하의 징역이나 1억 원 이하의 벌금에 처한다.
② 5년 이하의 징역이나 5천만 원 이하의 벌금에 처한다.
③ 3년 이하의 징역이나 3천만 원 이하의 벌금에 처한다.
④ 1년 이하의 징역이나 1천만 원 이하의 벌금에 처한다.

해설 대기환경보전법 제89조 참조

정답 91 ①　92 ①　93 ①　94 ①

95 다음은 대기환경보전법상 기존 휘발성유기화합물 배출시설 규제에 관한 사항이다. ( ) 안에 알맞은 것은?

> 특별대책지역, 대기관리권역 또는 휘발성유기화합물 배출규제 추가지역으로 지정·고시될 당시 그 지역에서 휘발성유기화합물을 배출하는 시설을 운영하고 있는 자는 특별대책지역, 대기관리권역 또는 휘발성유기화합물 배출규제 추가지역으로 지정·고시된 날부터 ( )에 시·도지사 등에게 휘발성유기화합물 배출시설 설치 신고를 하여야 한다.

① 15일 이내
② 1개월 이내
③ 2개월 이내
④ 3개월 이내

해설 특별대책지역, 대기관리권역 또는 휘발성유기화합물 배출규제 추가지역으로 지정·고시된 날부터 3개월 이내에 시·도지사 등에게 휘발성유기화합물 배출시설 설치신고를 하여야 한다.

96 악취방지법상 악취검사를 위한 관계 공무원의 출입·채취 및 검사를 거부 또는 방해하거나 기피한 자에 대한 벌칙기준은?

① 100만 원 이하의 벌금
② 200만 원 이하의 벌금
③ 300만 원 이하의 벌금
④ 1000만 원 이하의 벌금

해설 악취방지법 제28조 참조

97 실내공기질 관리법규상 신축 공동주택의 오염물질 항목별 실내공기질 권고기준으로 옳지 않은 것은?

① 포름알데히드 : $300\mu g/m^3$ 이하
② 에틸벤젠 : $360\mu g/m^3$ 이하
③ 자일렌 : $700\mu g/m^3$ 이하
④ 벤젠 : $30\mu g/m^3$ 이하

해설 신축 공동주택의 실내공기질 권고기준
㉠ 포름알데히드 : $210\mu g/m^3$ 이하
㉡ 벤젠 : $30\mu g/m^3$ 이하
㉢ 톨루엔 : $1,000\mu g/m^3$ 이하
㉣ 에틸벤젠 : $360\mu g/m^3$ 이하
㉤ 자일렌 : $700\mu g/m^3$ 이하
㉥ 스티렌 : $300\mu g/m^3$ 이하
㉦ 라돈 : $148Bq/m^3$ 이하

98 다음은 대기환경보전법규상 비산먼지 발생을 억제하기 위한 시설의 설치 및 필요한 조치에 관한 엄격한 기준이다. ( ) 안에 알맞은 것은?

> 배출공정 중 "싣기와 내리기 공정"은 싣거나 내리는 장소 주위에 고정식 또는 이동식 물뿌림시설(물뿌림 반경 (㉠) 이상, 수압 (㉡) 이상)을 설치하여야 한다.

① ㉠ 1m, ㉡ $2kg/cm^2$
② ㉠ 3m, ㉡ $2kg/cm^2$
③ ㉠ 5m, ㉡ $2kg/cm^2$
④ ㉠ 7m, ㉡ $5kg/cm^2$

해설 싣거나 내리는 장소 주위에 고정식 또는 이동식 물뿌림시설(물뿌림반경 7m 이상, 수압 $5kg/cm^2$ 이상)을 설치하여야 한다.

99 대기환경보전법령상 인증을 생략할 수 있는 자동차에 해당하지 않는 것은?

① 훈련용 자동차로서 문화체육관광부장관의 확인을 받은 자동차
② 주한 외국군인의 가족이 사용하기 위하여 반입하는 자동차
③ 자동차제작자 및 자동차 관련 연구기관 등이 자동차의 개발 또는 전시 등 주행 외의 목적으로 사용하기 위하여 수입하는 자동차
④ 항공기 지상 조업용 자동차

해설 인증을 생략할 수 있는 자동차
㉠ 국가대표 선수용 자동차 또는 훈련용 자동차로서 문화체육관광부장관의 확인을 받은 자동차
㉡ 외국에서 국내의 공공기관 또는 비영리단체에 무상으로 기증한 자동차
㉢ 외교관 또는 주한 외국군인의 가족이 사용하기 위하여 반입하는 자동차
㉣ 항공기 지상 조업용 자동차
㉤ 인증을 받지 아니한 자가 그 인증을 받은 자동차의 원동기를 구입하여 제작하는 자동차
㉥ 국제협약 등에 따라 인증을 생략할 수 있는 자동차
㉦ 그 밖에 환경부장관이 인증을 생략할 필요가 있다고 인정하는 자동차

100 다음은 대기환경보전법령상 시·도지사가 배출시설의 설치를 제한할 수 있는 경우이다. ( ) 안에 알맞은 것은?

> 배출시설 설치지점으로부터 반경 1킬로미터 안의 상주인구가 (㉠) 이상인 지역으로서 특정대기유해물질 중 한 가지 종류의 물질을 연간 (㉡) 이상 배출하거나 두 가지 이상의 물질을 연간 (㉢) 이상 배출하는 시설을 설치하는 경우는 시·도지사가 배출시설의 설치를 제한할 수 있다.

① ㉠ 2만 명, ㉡ 10톤, ㉢ 25톤
② ㉠ 2만 명, ㉡ 5톤, ㉢ 15톤
③ ㉠ 1만 명, ㉡ 10톤, ㉢ 25톤
④ ㉠ 1만 명, ㉡ 5톤, ㉢ 15톤

해설 시·도지사가 배출시설의 설치를 제한할 수 있는 경우
㉠ 배출시설 설치 지점으로부터 반경 1킬로미터 안의 상주인구가 2만 명 이상인 지역으로서 특정대기유해물질 중 한 가지 종류의 물질을 연간 10톤 이상 배출하거나 두 가지 이상의 물질을 연간 25톤 이상 배출하는 시설을 설치하는 경우
㉡ 대기오염물질(먼지·황산화물 및 질소산화물만 해당한다)의 발생량 합계가 연간 10톤 이상인 배출시설을 특별대책지역에 설치하는 경우

정답 100 ①

2020년 3회 기출문제

대기환경 기사 기출문제

제1과목 | 대기오염개론

01 햇빛이 지표면에 도달하기 전에 자외선의 대부분을 흡수함으로써 지표생물권을 보호하는 대기권의 명칭은?
① 대류권 ② 성층권
③ 중간권 ④ 열권

해설 성층권(오존층)
㉠ 오존농도의 고도분포는 지상 약 20~25km 내에서 평균적으로 약 10ppm(10,000ppb)의 최대 농도를 나타낸다.
㉡ 오존의 생성 및 분해반응에 의해 자연상태의 성층권 영역에서는 일정한 수준의 오존량이 평형을 이루어, 다른 대기권 영역에 비해 농도가 높은 오존층이 생긴다.
㉢ 지구 전체의 평균오존량은 약 300Dobson 전후이지만, 지리적 또는 계절적으로는 평균치의 ±50% 정도까지 변화한다(적도 200Dobson, 극지방 400Dobson).
㉣ 290nm 이하(약 $0.3\mu m$ 이하)의 단파장인 UV-C는 대기 중의 산소와 오존분자 등의 가스 성분에 의해 그 대부분이 흡수되어 지표면에 거의 도달하지 않는다. 즉, 오존층의 O_3는 주로 자외선 파장(200~290nm)의 태양빛을 흡수하여 대류권 지상의 생명체를 보호한다.
㉤ 오존층에서는 오존의 생성과 소멸이 계속적으로 일어나면서 오존의 농도를 유지한다.
㉥ 성층권의 오존층이 대부분 자외선을 차단한 후 대류권으로 들어오는 태양빛의 파장은 280 nm 이상이다. 즉, 약 $0.3\mu m$ 이하의 단파장에서 성층권의 오존층에 의한 태양빛의 흡수가 일어난다.

02 44m 높이의 연돌에서 배출되는 가스의 평균온도가 250℃이고, 대기의 온도가 25℃일 때, 이 굴뚝의 통풍력(mmH₂O)은?(단, 표준상태의 가스와 공기의 밀도는 1.3kg/Sm³이고, 굴뚝 안에서의 마찰손실은 무시한다.)
① 약 12.4
② 약 15.8
③ 약 22.5
④ 약 30.7

해설 통풍력(mmH₂O)
$= 355H\left(\dfrac{1}{273+t_a} - \dfrac{1}{273+t_g}\right)$
$= 355 \times 44\left[\dfrac{1}{(273+25)} - \dfrac{1}{(273+250)}\right]$
$= 22.55 \text{mmH}_2\text{O}$

03 다음 대기오염물질과 관련되는 주요 배출업종을 연결한 것으로 가장 적합한 것은?
① 벤젠 - 도장공업
② 염소 - 주유소
③ 시안화수소 - 유리공업
④ 이황화탄소 - 구리정련

해설 대기오염물질과 주요 배출업종
㉠ 벤젠 : 포르말린 제조업, 도장공업, 석유정제업
㉡ 염소 : 소다공법, 농약 제조업
㉢ 시안화수소 : 청산 제조업, 가스공업, 제철공업, 화학공업
㉣ 이황화탄소 : 비스코스 섬유공업, 이황화탄소 제조공장

04 대기가 가시광선을 통과시키고 적외선을 흡수하여 열을 밖으로 나가지 못하게 함으로써 보온 작용을 하는 것을 무엇이라 하는가?
① 온실효과 ② 복사균형
③ 단파복사 ④ 대기의 창

해설 온실효과
㉠ 전 지구의 평균 지상기온은 지구가 태양으로부터 받고 있는 태양에너지와 지구가 적외선 형태로 우주로 방출하고 있는 에너지의 균형으로부터 결정된다. 이 균형은 대기 중의 CO_2, 수증기(H_2O) 등 흡수 기체가 큰 역할을 하고 있다.
㉡ 대기의 온실효과는 실제 온실에서의 보온작용과 같은 원리가 아니며, 온실기체가 대기 중에서 계속 축적되어 발생하는 지구대류권의 온도증가 현상이다.

정답 01 ② 02 ③ 03 ① 04 ①

05 대기오염이 식물에 미치는 영향에 관한 설명으로 가장 거리가 먼 것은?

① SO_2는 회백색 반점을 생성하며, 피해부분은 엽육세포이다.
② PAN은 유리화, 은백색 광택을 나타내며, 주로 해면연조직에 피해를 준다.
③ NO_2는 불규칙 흰색 또는 갈색으로 변화되며, 피해부분은 엽육세포이다.
④ HF는 SO_2와 같이 잎 안쪽 부분에 반점을 나타내기 시작하며, 늙은 잎에 특히 민감하고, 밤이 낮보다 피해가 크다.

해설 HF는 주로 잎의 끝이나 가장자리의 발육부진이 두드러지며 균에 의한 병이 발생한다. 불화수소는 식물의 잎을 주로 갈색 또는 상아색으로 변색시키며(황화현상) 특히 어린잎에 현저하다.

06 오존에 관한 설명으로 옳지 않은 것은?

① 대기 중 오존은 온실가스로 작용한다.
② 대기 중에서 오존의 배경농도는 0.1~0.2ppm범위이다.
③ 단위체적당 대기 중에 포함된 오존의 분자수(mol/cm³)로 나타낼 경우 지상 약 25km 고도에서 가장 높은 농도를 나타낸다.
④ 오존전량(Total Overhead Amount)은 일반적으로 적도 지역에서 낮고, 극지의 인근 지점에서는 높은 경향을 보인다.

해설 대기 중 오존의 배경농도는 약 20~50ppb 또는 10~20ppb (0.02~0.05ppm 또는 0.01~0.02ppm) 정도이나 계절, 위도에 따라 차이가 난다.

07 다음 황화합물에 관한 설명 중 ( ) 안에 가장 알맞은 것은?

> 전 지구적으로 해양을 통해 자연적 발생원 중 가장 많은 양의 황화합물이 ( )의 형태로 배출되고 있다.

① H_2S
② CS_2
③ OCS
④ $(CH_3)_2S$

해설 전 지구적으로 해양을 통해 자연적 발생원 중 가장 많은 양의 황화합물이 DMS[$(CH_3)_2S$] 형태로 배출되고 있다.

08 다음 중 지구온난화지수가 가장 큰 것은?

① CH_4
② SF_6
③ N_2O
④ HFCs

해설 GWP(지구온난화지수)
㉠ 같은 질량일 경우 온실가스별로 지구온난화에 영향을 미치는 정도를 나타낸 수치로 이 값이 클수록 지구온난화에 대한 기여도가 크다는 의미이다.
㉡ 이산화탄소 1을 기준으로 하여 메탄(CH_4) 21, 아산화질소(N_2O) 310, 수소불화탄소(HFC) 140~11,700, 과불화탄소(PFC) 6,500~9,200(11,700), 육불화황(SF_6) 23,900 등이다.

09 시정장애에 관한 설명 중 옳지 않은 것은?

① 시정장애 직접 원인은 부유분진 중 극미세먼지 때문이다.
② 시정장애 물질들은 주민의 호흡기계 건강에 영향을 미친다.
③ 빛이 대기를 통과할 때 시정장애 물질들은 빛을 산란 또는 흡수한다.
④ 2차 오염물질들이 서로 반응, 응축, 응집하여 생성된 물질들이 직접적인 원인이다.

해설 2차 오염물질의 입경분포, 화학성분, 수분함량 등의 여러 가지 인자들이 시정장애 현상에 영향을 미친다.

10 석면이 가지고 있는 일반적인 특성과 거리가 먼 것은?

① 절연성
② 내화성 및 단열성
③ 흡습성 및 저인장성
④ 화학적 불활성

해설 석면
자연계에서 산출되는 길고 가늘며, 강한 섬유상 물질로서 굴절성, 내열성, 내압성, 절연성, 불활성이 높고 산·알칼리 등 화학약품에 대한 저항성이 강하다.

11 A굴뚝으로부터 배출되는 SO_2가 풍하 측 5,000m 지점에서 지표 최고 농도를 나타냈을 때, 유효굴뚝 높이(m)는?(단, Sutton의 확산식을 사용하고, 수직확산계수는 0.07, 대기안정도지수(n)는 0.25이다.)

① 약 120
② 약 140
③ 약 160
④ 약 180

정답 05 ④ 06 ② 07 ④ 08 ② 09 ④ 10 ③ 11 ①

해설
$$X_{\max} = \left(\frac{H_e}{K_z}\right)^{\frac{2}{2-n}}$$

$$5{,}000 = \left(\frac{H_e}{0.07}\right)^{\frac{2}{2-0.25}}$$

$$H_e = 120.70\text{m}$$

12 산성비에 관한 설명 중 옳은 것은?

① 산성비 생성의 주요 원인물질은 다이옥신, 중금속 등이다.
② 일반적으로 산성비에 대한 내성은 침엽수가 활엽수보다 강하다.
③ 산성비란 정상적인 빗물의 pH 7보다 낮게 되는 경우를 말한다.
④ 산성비로 인해 호수나 강이 산성화되면 물고기 먹이가 되는 플랑크톤의 생장을 촉진한다.

해설
① 산성비 생성의 주요 원인물질은 H_2SO_4, HNO_3, HCl 등이다.
③ 산성비란 정상적인 빗물의 pH가 5.6보다 낮게 되는 경우를 말한다.
④ 산성비로 인해 호수나 강이 산성화되면 물고기 먹이가 되는 플랑크톤의 생장을 억제한다.

13 다음 [보기]가 설명하는 주위 대기조건에 따른 연기의 배출형태를 옳게 나열한 것은?

[보기]
㉠ 지표면 부근에 대류가 활발하여 불안정하지만, 그 상층은 매우 안정하여 오염물의 확산이 억제되는 대기조건에서 발생한다. 발생시간 동안 상대적으로 지표면의 오염물질농도가 일시적으로 높아질 수 있는 형태
㉡ 대기상태가 중립인 경우에 나타나며, 바람이 다소 강하거나 구름이 많이 낀 날 자주 볼 수 있는 형태

① ㉠ 지붕형, ㉡ 원추형
② ㉠ 훈증형, ㉡ 원추형
③ ㉠ 구속형, ㉡ 훈증형
④ ㉠ 부채형, ㉡ 훈증형

해설
㉠ Fumigation(훈증형)
• 대기의 하층은 불안정, 그 상층은 안정상태일 경우에 나타나는 연기의 형태이다. 상층에서 역전이 발생하여 굴뚝에서 배출되는 연기가 아래쪽으로만 확산되는 형태로서 보통 30분 이상 지속되지는 않는다.
• 오염물질 배출구 바로 주위에서 오염 정도가 심하며 오염물질의 배출 높이가 역전층 높이보다 낮은 곳에 위치하는 경우에 지표면에서의 오염물질 농도가 일시적으로 높아질 수 있다.
• 하늘이 맑고 바람이 약한 날의 아침에 주로 발생한다.

㉡ Conning(원추형)
• 대기상태가 중립인 경우 연기의 배출형태이다.
• 바람이 다소 강하거나 구름이 많이 낀 날에 자주 관찰된다.
• 연기 Plume 내 오염물의 단면분포가 전형적인 가우시안 분포를 나타낸다.

14 상온에서 녹황색이고 강한 자극성 냄새를 내는 기체로서 공기보다 무겁고 표백작용이 강한 오염물질은?

① 염소 ② 아황산가스
③ 이산화질소 ④ 포름알데하이드

해설 염소(Cl_2)
㉠ 상온에서 강한 자극성 냄새가 나는 황록색(녹황색) 기체이며 산화제, 표백제, 수돗물의 살균제 및 염소화합물 제조에 이용한다.
㉡ 물에 대한 용해도는 0.7% 정도이고 피부나 점막에 부식성, 자극성 작용을 한다(부식성은 염화수소의 20배).
㉢ 염소는 암모니아에 비해 훨씬 수용성이 약하므로 후두에 부종만을 일으키기보다는 호흡기계 전체에 영향을 미친다.

15 다음 ( ) 안에 들어갈 용어로 옳은 것은?

지구의 평균 지상기온은 지구가 태양으로부터 받고 있는 태양에너지와 지구가 (㉠) 형태로 우주로 방출하고 있는 에너지의 균형으로부터 결정된다. 이 균형은 대기 중의 (㉡), 수증기 등, (㉠)을(를) 흡수하는 기체가 큰 역할을 하고 있다.

① ㉠ 자외선, ㉡ CO
② ㉠ 적외선, ㉡ CO
③ ㉠ 자외선, ㉡ CO_2
④ ㉠ 적외선, ㉡ CO_2

해설 온실효과
㉠ 전 지구의 평균 지상기온은 지구가 태양으로부터 받고 있는 태양에너지와 지구가 적외선 형태로 우주로 방출하고 있는 에너지의 균형으로부터 결정된다. 이 균형은 대기 중의 CO_2, 수증기(H_2O) 등 흡수 기체가 큰 역할을 하고 있다.
㉡ 대기의 온실효과는 실제 온실에서의 보온작용과 같은 원리가 아니며, 온실기체가 대기 중에서 계속 축적되어 발생하는 지구대류권의 온도증가 현상이다.

16 로스앤젤레스 스모그 사건에 대한 설명 중 옳지 않은 것은?

① 대기는 침강성 역전 상태였다.
② 주 오염성분은 NOx, O₃, PAN, 탄화수소이다.
③ 광화학적 및 열적 산화반응을 통해서 스모그가 형성되었다.
④ 주 오염 발생원은 가정 난방용 석탄과 화력발전소의 매연이다.

해설 London Smog와 LA Smog의 비교

구분	London 형	LA 형
특징	Smoke+Fog의 합성	광화학작용(2차성 오염물질의 스모그 형성)
반응·화학반응	• 열적 환원반응 • 연기+안개 → 환원형 Smog	• 광화학적 산화반응 • HC+NOx+$h\nu$ → 산화형 Smog
발생 시 기온	4℃ 이하	24℃ 이상(25~30℃)
발생 시 습도	85% 이상	70% 이하
발생 시간	새벽~이른 아침, 저녁	주간(한낮)
발생 계절	겨울(12~1월)	여름(7~9월)
일사량	없을 때	강한 햇빛
풍속	무풍	3m/sec 이하
역전 종류	복사성 역전(방사형): 접지역전	침강성 역전(하강형)
주 오염 배출원	• 공장 및 가정난방 • 석탄 및 석유계 연료의 연소	• 자동차 배기가스 • 석유계 연료의 연소
시정 거리	100m 이하	1.6~0.8km 이하
Smog 형태	차가운 취기가 있는 농무형	회청색의 농무형
피해	• 호흡기 장애, 만성기관지염, 폐렴 • 심각한 사망률(인체에 대해 직접적 피해)	• 점막자극, 시정악화 • 고무제품 손상, 건축물 손상

17 다음 ( ) 안에 가장 적합한 물질은?

> 방향족 탄화수소 중 ( )은 대표적인 발암 물질이며, 환경 호르몬으로 알려져 있고, 연소과정에서 생성된다. 숯불에 구운 쇠고기 등 가열로 검게 탄 식품, 담배연기, 자동차 배기가스, 석탄타르 등에 포함되어 있다.

① 벤조피렌 ② 나프탈렌
③ 안트라센 ④ 톨루엔

해설 벤조피렌
㉠ 탄화수소류 중 대표적인 발암물질이다.
㉡ 환경호르몬이다.
㉢ 연소과정에서 생성된다.
㉣ 숯불에 구운 쇠고기 등 가열로 검게 탄 식품, 담배연기, 자동차 배기가스, 석탄타르 등에 포함되어 있다.

18 빛의 소멸계수(σ_{ext})가 0.45km⁻¹인 대기에서, 시정거리의 한계를 빛의 강도가 초기 강도의 95%가 감소했을 때의 거리라고 정의할 경우 이때 시정거리의 한계(km)는?(단, 광도는 Lambert-Beer의 법칙을 따르며, 자연대수로 적용한다.)

① 약 0.1 ② 약 6.7
③ 약 8.7 ④ 약 12.4

해설 Beer-Lambert 법칙
$I = I_0 \cdot \exp[-b_{ext} \cdot X]$
$(1-0.95) = 1 \times \exp(-0.45 \times X)$
$\ln 0.05 = -0.45X$
$X(\text{km}) = 6.66\text{km}$

19 안료, 색소, 의약품 제조공업에 이용되며 색소침착, 손·발바닥의 각화, 피부암 등을 일으키는 물질로 옳은 것은?

① 납 ② 크롬
③ 비소 ④ 니켈

해설 비소(As)
은빛 광택을 내는 비금속(유사금속: Metaled)으로서 가열하면 녹지 않고 승화되며 피부, 특히 겨드랑이나 국부 등에 습진형 피부염이 생기며 피부암이 유발되는 물질이며, 대표적인 인체의 국소증상으로 손·발바닥에 나타나는 각화증, 각막궤양, 비중격천공, Mee's Line, 탈모 등을 유발하는 물질이다.

20 Fick의 확산방정식을 실제 대기에 적용시키기 위한 추가적 가정에 대한 내용과 가장 거리가 먼 것은?

① 오염물질은 플룸(plum) 내에서 소멸된다.
② 바람에 의한 오염물의 주 이동방향은 x축이다.
③ 풍향, 풍속, 온도, 시간에 따른 농도변화가 없는 정상상태 분포를 가정한다.
④ 풍속은 x, y, z 좌표시스템 내의 어느 점에서든 일정하다.

정답 16 ④ 17 ① 18 ② 19 ③ 20 ①

해설 Fick의 확산방정식을 실제 대기에 적용시키기 위해 추가하는 가정
㉠ 바람에 의한 오염물의 주 이동방향은 x축이다.
㉡ 확산과정은 안정상태(정상상태 : $dc/dt = 0$)이다.
㉢ 오염물은 연속적인 점오염원으로부터 계속적으로 방출된다.
㉣ 단열과정은 안정상태이고 풍속은 x, y, z 좌표시스템의 어느 점에서든 일정하다.(바람은 시간 경과에 따라 변하지 않으며 Plume의 단면 전체에 풍속은 균일함)
㉤ 오염물이 x축을 따라 이동하는 것은 하류(풍하)로의 확산에 의한 물질이동보다 더 강하다.

제2과목 연소공학

21 연료의 연소 시 과잉공기의 비율을 높여 생기는 현상으로 옳지 않은 것은?

① 에너지 손실이 커진다.
② 연소가스의 희석효과가 높아진다.
③ 공연비가 커지고 연소온도가 낮아진다.
④ 화염의 크기가 커지고 연소가스 중 불완전 연소물질의 농도가 증가한다.

해설 공기비의 영향
㉠ 공기비가 클 경우(과잉공기량의 공급이 많을 경우)
 • 공연비가 커지고 연소실 내 연소온도가 낮아진다.
 • 통풍력이 증대되어 배기가스에 의한 열손실이 증대한다.
 • 배기가스 중 황산화물(SO_2), 질소산화물(NO_2)의 함량이 증가하여 연소장치의 전열면 부식이 촉진된다.
 • CH_4, CO 및 C 등 연료 중의 가연성 물질의 농도가 감소되는 경향을 보인다.
 • 에너지 손실이 커진다.
 • 연소가스의 희석 효과가 높아진다.
 • 화염의 크기는 작아지고 완전연소가 가능해진다.
㉡ 공기비가 작을 경우
 • 불완전 연소로 인하여 배기가스 내 매연의 발생이 크다.
 • 불완전 연소로 인하여 연소가스의 폭발위험성이 크다.
 • 연소배출가스 중의 CO, HC의 오염물질 농도가 증가한다.
 • 열손실에 큰 영향을 주어 연소효율이 저하된다.
 • 가연성분과 산소의 접촉이 원활하게 이루어지지 못한다.

22 다음 가스 중 $1Sm^3$를 완전연소할 때 가장 많은 이론공기량(Sm^3)이 요구되는 것은?(단, 가스는 순수가스임)

① 에탄 ② 프로판
③ 에틸렌 ④ 아세틸렌

해설 연소반응식
① 에탄 : $C_2H_6 + 3.5O_2 \rightarrow 2CO_2 + 3H_2O$
② 프로판 : $C_3H_8 + 5O_2 \rightarrow 3CO_2 + 4H_2O$
③ 에틸렌 : $C_2H_4 + 3O_2 \rightarrow 2CO_2 + 2H_2O$
④ 아세틸렌 : $C_2H_2 + 2.5O_2 \rightarrow 2CO_2 + H_2O$
위 반응식 중 프로판의 반응산소 mole수가 가장 크다.

23 기체연료 연소방식 중 예혼합연소에 관한 설명으로 옳지 않은 것은?

① 연소조절이 쉽고 화염길이가 짧다.
② 역화의 위험이 없으며 공기를 예열할 수 있다.
③ 화염온도가 높아 연소부하가 큰 경우에 사용이 가능하다.
④ 연소기 내부에서 연료와 공기의 혼합비가 변하지 않고 균일하게 연소된다.

해설 예혼합연소
㉠ 화염온도가 높아 연소부하가 큰 경우에 사용이 가능하다.
㉡ 혼합기의 분출속도가 느릴 경우 역화의 위험이 있어 역화방지기를 부착해야 한다.(기체연료의 연소방법 중 역화 위험이 가장 큼)
㉢ 연소조절이 쉽다.(연료와 공기의 혼합비가 일정하여 균일하게 연소됨)
㉣ 화염이 짧고, 완전연소로 인한 그을음 생성량은 적다.

24 가스의 조성이 CH_4 70%, C_2H_6 20%, C_3H_8 10%인 혼합가스의 폭발범위로 가장 적합한 것은?(단, CH_4 폭발범위는 5~15%, C_2H_6 폭발범위는 3~12.5%, C_3H_8 폭발범위는 2.1~9.5%이며, 르샤틀리에의 식을 적용한다.)

① 약 2.9~12% ② 약 3.1~13%
③ 약 3.9~13.7% ④ 약 4.7~7.8%

해설 ㉠ 폭발하한치(LEL)
$$\frac{100}{LEL} = \frac{70}{5} + \frac{20}{3} + \frac{10}{2.1}$$
$LEL = 3.93\%$
㉡ 폭발상한치(UEL)
$$\frac{100}{UEL} = \frac{70}{15} + \frac{20}{12.5} + \frac{10}{9.5}$$
$UEL = 13.66\%$
㉢ 폭발범위 : 3.93~13.66%

25 다음 설명에 해당하는 기체연료는?

- 고온으로 가열된 무연탄이나 코크스 등에 수증기를 반응시켜 얻은 기체연료이다.
- 반응식
  $C + H_2O \rightarrow CO + H_2 + Q$
  $C + 2H_2O \rightarrow CO_2 + 2H_2 + Q$

① 수성가스   ② 오일가스
③ 고로가스   ④ 발생로가스

해설 수성가스
수소와 일산화탄소의 혼합가스로 석탄이나 코크스에 고온으로 가열한 수증기를 통과시켜 얻는다.

26 다음 중 기체연료의 확산연소에 사용되는 버너 형태로 가장 적합한 것은?

① 심지식 버너   ② 회전식 버너
③ 포트형 버너   ④ 증기 분무식 버너

해설 확산연소법의 버너 형태 종류
㉠ 포트형
㉡ 버너형

27 연소실 열발생률에 대한 설명으로 옳은 것은?

① 연소실의 단위면적, 단위시간당 발생되는 열량이다.
② 연소실의 단위용적, 단위시간당 발생되는 열량이다.
③ 단위시간에 공급된 연료의 중량을 연소실 용적으로 나눈 값이다.
④ 연소실에 공급된 연료의 발열량을 연소실 면적으로 나눈 값이다.

해설 연소실 열발생률(연소실 열부하율)
1시간 동안 단위부피당 발생되는 평균열량을 의미한다.

$$열부하율(kcal/m^3 \cdot hr) = \frac{H_l \times G'}{V}$$

여기서, H_l : 저위발열량(kcal/kg)
V : 연소실 용적(m^3)
G' : 시간당 연료량(kg/hr)

28 1.5%(무게기준) 황분을 함유한 석탄 1,143kg을 이론적으로 완전연소시킬 때 SO_2 발생량(Sm^3)은?(단, 표준상태 기준이며, 황분은 전량 SO_2로 전환된다.)

① 12   ② 18
③ 21   ④ 24

해설 $S + O_2 \rightarrow SO_2$
32kg : 22.4Sm^3
1,143kg × 0.015 : $SO_2(Sm^3)$

$$SO_2(Sm^3) = \frac{1,143kg \times 0.015 \times 22.4Sm^3}{32kg} = 12Sm^3$$

29 쓰레기 이송방식에 따라 가동화격자(Moving Stoker)를 분류할 때 다음 [보기]가 설명하는 화격자 방식은?

[보기]
- 고정화격자와 가동화격자를 횡방향으로 나란히 배치하고, 가동화격자를 전후로 왕복운동 시킨다.
- 비교적 강한 교반력과 이송력을 갖고 있으며, 화격자의 눈이 메워짐이 별로 없다는 이점이 있으나, 낙진량이 많고, 냉각작용이 부족하다.

① 직렬식   ② 병렬요동식
③ 부채반전식   ④ 회전 롤러식

해설 병렬요동식 화격자
㉠ 고정화격자와 가동화격자를 횡방향으로 나란히 배치하고 가동화격자를 전후로 왕복운동시킨다.
㉡ 비교적 강한 이송력을 갖고 있고, 화격자 눈의 메워짐이 별로 없다는 장점은 있으나 낙진량이 많고 냉각작용이 부족하다.

30 코크스나 목탄 등이 고온으로 될 때 빨간 짧은 불꽃을 내면서 연소하는 것으로, 휘발성분이 없는 고체연료의 연소형태는?

① 자기연소   ② 분해연소
③ 표면연소   ④ 내부연소

해설 표면연소
㉠ 정의 : 고체연료 표면에 고온을 유지시켜 표면에서 반응을 일으켜 내부로 연소가 진행되는 연소방법이다.
㉡ 특징
- 탄소만으로 되어 있고 휘발분이 적은 고체연료의 가장 대표적인 연소방법이다.
- 고체연료 표면에 산소가 반응하여 불꽃 없이 적열 후 연소된다. 즉, 코크스나 석탄 등이 고온연소 시 고체 표면이 빨갛게 빛을 내면서 반응하는 연소로 화염이 없는 연소형태이다.
- 증발, 분해되지 못하고 표면의 탄소로부터 직접 연소되는 현상이다.

정답 25 ① 26 ③ 27 ② 28 ① 29 ② 30 ③

ⓒ 표면연소의 예
- 코크스, 숯(목탄), 흑연
- 금속
- 석탄(분해연소와 탄소의 표면연소의 두 반응에서 이루어짐)

31 다음 연료 중 착화온도(℃)의 대략적인 범위가 옳지 않은 것은?

① 목탄 : 320~370℃
② 중유 : 430~480℃
③ 수소 : 580~600℃
④ 메탄 : 650~750℃

해설 연료의 착화온도
ⓐ 고체연료
- 코크스 : 500~600℃
- 무연탄 : 370~500℃
- 목탄 : 320~400℃
- 역청탄 : 250~400℃
- 갈탄 : 250~350℃
- 갈탄(건조) : 250~400℃
ⓑ 액체연료
- 경유 : 592℃
- B중유 : 530~580℃
- A중유 : 530℃
- 휘발유 : 500~550℃
- 등유 : 400~500℃
ⓒ 기체연료
- 도시가스 : 600~650℃
- 코크스 : 560℃
- 수소가스 : 550℃
- 프로판가스 : 493℃
- LPG(석유가스) : 440~480℃
- 천연가스(주 : 메탄) : 650~750℃
- 발생로가스 : 700~800℃

32 벙커 C유에 2.5%, S성분이 함유되어 있을 때 건조연소가스양 중의 SO₂양(%)은?(단, 공기비는 1.3, 이론공기량은 12Sm³/kg-oil, 이론건조연소가스양은 12.5Sm³/kg-oil이고, 연료 중의 황성분은 95%가 연소되어 SO₂로 된다.)

① 약 0.1
② 약 0.2
③ 약 0.3
④ 약 0.4

해설
$SO_2(\%) = \dfrac{SO_2}{G_d} \times 100 = \dfrac{0.7S}{G_d} \times 100$

$G_d = G_{od} + (m-1)A_o$
$= 12.5 + [(1.3-1) \times 12]$
$= 16.1 Sm^3/kg$

$= \dfrac{0.7 \times 0.025 \times 0.95}{16.1} \times 100$
$= 0.10\%$

33 배기장치의 송풍기에서 1,000Sm³/min의 배기가스를 배출하고 있다. 이 장치의 압력손실은 250mmH₂O이고, 송풍기의 효율이 65%라면 이 장치를 움직이는 데 소요되는 동력(kW)은?

① 43.61
② 55.36
③ 62.84
④ 78.57

해설 소요동력$(kW) = \dfrac{Q \times \Delta P}{6,120 \times \eta} \times \alpha$
$= \dfrac{1,000 \times 250}{6,120 \times 0.65} \times 1.0$
$= 62.85 kW$

34 [보기]에서 설명하는 내용으로 가장 적합한 유류연소버너는?

[보기]
- 화염의 형식 : 가장 좁은 각도의 긴 화염이다.
- 유량조절범위 : 약 1:10 정도이며, 대단히 넓다.
- 용도 : 제강용평로, 연속가열로, 유리용해로 등의 대형가열로 등에 많이 사용된다.

① 유압식
② 회전식
③ 고압기류식
④ 저압기류식

해설 고압공기식 버너(고압기류 분무식 버너)
분무매체(증기 또는 공기)에 압력으로 분사, 분무화시켜 연소시키는 버너이며 분무매체의 압력이 높은 것이 고압공기식 버너이다.
ⓐ 연료분사범위(연소용량)
- 외부혼합식 : 3~500L/hr
- 내부혼합식 : 10~1,200L/hr
ⓑ 유량조절범위
1 : 10 정도로 커서 부하변동에 적응이 용이하다.
ⓒ 유압
2~8kg/cm² 정도(증기압 또는 공기압 2~10kg/cm²)
ⓓ 분사(분무) 각도
30°(20~30°) 정도

㉤ 특성
- 고점도 사용에도 적합하다.(연료유의 점도가 큰 경우도 분무화가 용이함)
- 장염(가장 좁은 각도의 긴 화염)이나 연소 시 소음이 크게 발생된다.
- 제강용평로, 연속가열로, 유리용해로 등의 대형가열로에 많이 사용된다.
- 분무에 필요한 1차 공기량은 이론연소공기량의 7~12% 정도이다.
- 외부혼합식보다 내부혼합식의 버너가 양호한 분무화가 된다.
- 무화 시 무화매체를 증기로 하면 연료가 예열되어 연소효율을 증가시킬 수 있다.

35 유동층 연소에서 부하변동에 대한 적응성이 좋지 않은 단점을 보완하기 위한 방법으로 가장 거리가 먼 것은?

① 층의 높이를 변화시킨다.
② 층 내의 연료비율을 고정시킨다.
③ 공기분산판을 분할하여 층을 부분적으로 유동시킨다.
④ 유동층을 몇 개의 셀로 분할하여 부하에 따라 작동시키는 수를 변화시킨다.

해설 유동층 연소에서 부하변동에 대한 적응성이 좋지 않은 단점을 보완하기 위해서는 층 내의 연료비율을 변경시켜야 한다.

36 탄소 80%, 수소 15%, 산소 5% 조성을 갖는 액체연료의 $(CO_2)_{max}$(%)는?(단, 표준상태 기준)

① 12.7 ② 13.7
③ 14.7 ④ 15.7

해설 $CO_{2\max}(\%) = \dfrac{1.867 \times C}{G_{od}} \times 100$

$G_{od} = A_o - 5.6H$

$A_o = \dfrac{1}{0.21}[(1.867 \times 0.8) + (5.6 \times 0.15) - (0.7 \times 0.05)]$

$= 10.95 \text{Sm}^3/\text{kg}$

$= 10.95 - (5.6 \times 0.15)$

$= 10.11 \text{Sm}^3/\text{kg}$

$= \dfrac{1.867 \times 0.8}{10.11} \times 100 = 14.77\%$

37 메탄 1mol이 공기비 1.2로 연소할 때의 등가비는?

① 0.63 ② 0.83
③ 1.26 ④ 1.62

해설 등가비$(\phi) = \dfrac{1}{m} = \dfrac{1}{1.2} = 0.83$

38 메탄의 고위발열량이 9,900kcal/Sm³이라면 저위발열량(kcal/Sm³)은?

① 8,540 ② 8,620
③ 8,790 ④ 8,940

해설 $CH_4 + O_2 \rightarrow CO_2 + 2H_2O$

$H_l(\text{kcal/Sm}^3) = H_h - 480\sum H_2O$

$= 9,900\text{kcal/Sm}^3 - (480 \times 2)\text{kcal/Sm}^3$

$= 8,940\text{kcal/Sm}^3$

39 액화천연가스의 대부분을 차지하는 구성성분은?

① CH_4 ② C_2H_6
③ C_3H_8 ④ C_4H_{10}

해설 액화천연가스는 메탄을 주성분으로 하는 천연가스를 1기압하에서 -160℃ 근처에서 냉각, 액화시켜 대량수송 및 저장을 가능하게 한 것이다.

40 H_2 40%, CH_4 20%, C_3H_8 20%, CO 20%의 부피조성을 가진 기체연료 1Sm³을 공기비 1.1로 연소시킬 때 필요한 실제공기량(Sm³)은?

① 약 8.1 ② 약 8.9
③ 약 10.1 ④ 약 10.9

해설 실제공기량(A)

$A = m \times A_o$

$m = 1.1$

$A_o(\text{Sm}^3/\text{Sm}^3) = \dfrac{1}{0.21}[0.5H_2 + 0.5CO + 2CH_4 + 5C_3H_8]$

$= \dfrac{1}{0.21}[(0.5 \times 0.4) + (0.5 \times 0.2) + (2 \times 0.2) + (5 \times 0.2)]$

$= 8.10 \text{Sm}^3/\text{Sm}^3$

$= 1.1 \times 8.10 \text{Sm}^3/\text{Sm}^3$

$= 8.90 \text{Sm}^3/\text{Sm}^3$

정답 35 ② 36 ③ 37 ② 38 ④ 39 ① 40 ②

제3과목 대기오염방지기술

41 전기집진장치로 함진가스를 처리할 때 입자의 겉보기 고유저항이 높을 경우의 대책으로 옳지 않은 것은?

① 아황산가스를 조절제로 투입한다.
② 처리가스의 습도를 높게 유지한다.
③ 탈진의 빈도를 늘리거나 타격강도를 높인다.
④ 암모니아를 조절제로 주입하고, 건식집진장치를 사용한다.

해설 암모니아를 조절제로 주입하고, 건식집진장치를 사용하는 경우는 겉보기 고유저항이 낮을 때 대책이다.

42 다음 각 집진장치의 유속과 집진특성에 대한 설명 중 옳지 않은 것은?

① 건식 전기집진장치는 재비산 한계 내에서 기본유속을 정한다.
② 벤투리스크러버와 제트스크러버는 기본유속이 작을수록 집진율이 높다.
③ 중력집진장치와 여과집진장치는 기본유속이 작을수록 미세한 입자를 포집한다.
④ 원심력집진장치는 적정 한계 내에서는 입구유속이 빠를수록 효율은 높은 반면 압력손실은 높아진다.

해설 벤투리스크러버와 제트스크러버는 기본유속이 클수록 작은 액적이 형성되어 집진율이 높다.

43 적용 방법에 따른 충전탑(Packed Tower)과 단탑(Plate Tower)을 비교한 설명으로 가장 거리가 먼 것은?

① 포말성 흡수액일 경우 충전탑이 유리하다.
② 흡수액에 부유물이 포함되어 있을 경우 단탑을 사용하는 것이 더 효율적이다.
③ 온도 변화에 따른 팽창과 수축이 우려될 경우에는 충전제 손상이 예상되므로 단탑이 유리하다.
④ 운전 시 용매에 의해 발생하는 용해열을 제거해야 할 경우 냉각오일을 설치하기 쉬운 충전탑이 유리하다.

해설 운전 시 용매에 의해 발생하는 용해열을 제거해야 할 경우 단탑이 유리하다.

44 먼지함유량이 A인 배출가스에서 C만큼 제거시키고 B만큼을 통과시키는 집진장치의 효율산출식과 가장 거리가 먼 것은?

① $\dfrac{C}{A}$ 　　② $\dfrac{C}{(B+C)}$
③ $\dfrac{B}{A}$ 　　④ $\dfrac{(A-B)}{A}$

해설 먼지함유량(A) → 집진장치 → 먼지통과량(B)
　　　　　　　　　　　　↓
　　　　　　　　　먼지제거량(C)

제거효율 $= \dfrac{A-B}{A} = 1 - \dfrac{B}{A} = \dfrac{C}{B+C} = \dfrac{C}{A}$

($\dfrac{B}{A}$는 통과율을 의미한다.)

45 평판형 전기집진장치의 집진판 사이의 간격이 10cm, 가스의 유속은 3m/s, 입자가 집진극으로 이동하는 속도가 4.8cm/s일 때, 층류영역에서 입자를 완전히 제거하기 위한 이론적인 집진극의 길이(m)는?

① 1.34　　② 2.14
③ 3.13　　④ 4.29

해설 $L = \dfrac{R \times V}{W_e}$

$= \dfrac{(10\text{cm}/2) \times \text{m}/100\text{cm} \times 3\text{m/sec}}{0.048\text{m/sec}}$

$= 3.13\text{m}$

46 습식탈황법의 특징에 대한 설명 중 옳지 않은 것은?

① 반응속도가 빨라 SO_2의 제거율이 높다.
② 처리한 가스의 온도가 낮아 재가열이 필요한 경우가 있다.
③ 장치의 부식 위험이 있고, 별도의 폐수처리시설이 필요하다.
④ 상업성 부산물의 회수가 용이하지 않고, 보수가 어려우며, 공정의 신뢰도가 낮다.

해설 습식탈황법은 상업성 부산물의 회수가 용이하지 않고, 공정의 신뢰도는 높다.

정답 41 ④　42 ②　43 ④　44 ③　45 ③　46 ④

47 배출가스 중 염화수소 제거에 관한 설명으로 옳지 않은 것은?

① 누벽탑, 충전탑, 스크러버 등에 의해 용이하게 제거 가능하다.
② 염화수소 농도가 높은 배기가스를 처리하는 데는 관외 냉각형, 염화수소 농도가 낮은 때에는 충전탑 사용이 권장된다.
③ 염화수소의 용해열이 크고 온도가 상승하면 염화수소의 분압이 상승하므로 완전 제거를 목적으로 할 경우에는 충분히 냉각할 필요가 있다.
④ 염산은 부식성이 있어 장치는 플라스틱, 유리라이닝, 고무라이닝, 폴리에틸렌 등을 사용해서는 안 되며 충전탑, 스크러버를 사용할 경우에는 Mist Catcher는 설치할 필요가 없다.

해설 염산은 부식성이 있으므로 장치는 유리라이닝, 고무라이닝, 플라스틱, 폴리에틸렌 등을 사용하고, 충전탑, 스크러버를 사용할 때는 반드시 Mist Catcher(Demistor)를 설치하여 Mist 발산을 방지해야 한다.

48 가스 중 불화수소를 수산화나트륨 용액과 향류로 접촉시켜 87% 흡수시키는 충전탑의 흡수율을 99.5%로 향상시키기 위한 충전탑의 높이는?(단, 흡수액상의 불화수소의 평형분압은 0이다.)

① 2.6배 높아져야 함
② 5.2배 높아져야 함
③ 9배 높아져야 함
④ 18배 높아져야 함

해설 87% 효율 → $H_{87} = H_{OG} \times \ln\left(\frac{1}{1-0.87}\right)$
$= 2.0402 \times H_{OG}$

99.5% 효율 → $H_{99.5} = H_{OG} \times \ln\left(\frac{1}{1-0.995}\right)$
$= 5.2983 \times H_{OG}$

충전층 높이의 비 $= \frac{5.2983 \times H_{OG}}{2.0402 \times H_{OG}} = 2.6$배

49 다음 [보기]가 설명하는 원심력 송풍기는?

[보기]
• 구조가 간단하여 설치장소의 제약이 적고, 고온, 고압 대용량에 적합하며, 압입통풍기로 주로 사용된다.
• 효율이 좋고 적은 동력으로 운전이 가능하다.

① 터보형
② 평판형
③ 다익형
④ 프로펠러형

해설 터보형(Turbo Fan)
㉠ 후향날개형(후곡날개형, Backward-Curved Blade Fan)은 송풍량이 증가해도 동력이 증가하지 않는 장점을 가지고 있어 한계부하 송풍기 또는 비행기 날개형 송풍기라고도 한다.
㉡ 소음이 크나 구조가 간단하여 설치장소의 제약이 적고, 고온·고압의 대용량에 적합하며, 압입 송풍기로 주로 사용되고 효율이 좋다.

50 중력집진장치에서 집진효율을 향상시키기 위한 조건으로 옳지 않은 것은?

① 침강실의 입구폭을 작게 한다.
② 침강실 내의 가스흐름을 균일하게 한다.
③ 침강실 내의 처리가스의 유속을 느리게 한다.
④ 침강실의 높이는 낮게 하고, 길이는 길게 한다.

해설 중력집진장치의 집진율 향상조건
㉠ 침강실 내 처리가스의 속도가 느릴수록 미립자가 포집된다.
㉡ 침강실 내의 배기가스 기류는 균일해야 한다.
㉢ 침강실의 높이가 낮고 중력장의 길이가 길수록 집진율은 높아진다.
㉣ 다단일 경우에는 단수가 증가할수록 집진율 및 압력손실도 증가한다.
㉤ 침강실 입구폭이 클수록 유속이 느려지며 미세한 입자가 포집된다.

$$\eta = \frac{V_s}{V} \times \frac{L}{H} \times n = \frac{V_s LW}{VHW} \times n$$

$$= \frac{d_p^2(\rho_p - \rho)gL}{18\mu_g HV} \times n$$

여기서, η : 집진효율
V_s : 종말침강속도(m/sec)
V : 수평이동속도(처리가스속도 : m/sec)
L : 침강실 수평길이(m)
H : 침강실 높이(m)
W : 입구 폭(m)
n : 침강실 단수
d_p : 100% 제거되는 입자의 최소직경

51 다음 [보기]가 설명하는 흡착장치로 옳은 것은?

[보기]
가스의 유속을 크게 할 수 있고, 고체와 기체의 접촉을 크게 할 수 있으며, 가스와 흡착제를 향류로 접촉할 수 있는 장점은 있으나, 주어진 조업조건에 따른 조건 변동이 어렵다.

① 유동층 흡착장치 ② 이동층 흡착장치
③ 고정층 흡착장치 ④ 원통형 흡착장치

해설 유동층 흡착장치
㉠ 고정층과 이동층 흡착장치의 장점만을 이용한 복합형이다.
㉡ 가스의 유속을 크게 유지할 수 있고, 고체와 기체의 접촉을 크게 할 수 있으며 가스와 흡착제를 향류 접촉시킬 수 있다.
㉢ 흡착제의 유동에 의한 마모가 크게 일어나고, 조업조건에 따른 주어진 조건의 변동이 어렵다.

52 45° 곡관의 반경비가 2.0일 때, 압력손실계수는 0.27이다. 속도압이 26mmH₂O일 때, 곡관의 압력손실(mmH₂O)은?

① 1.5 ② 2.0
③ 3.5 ④ 4.0

해설 곡관의 압력손실(mmH₂O)
$= \xi \times VP \times \dfrac{\theta}{90°}$
$= 0.27 \times 26\text{mmH}_2\text{O} \times \dfrac{45°}{90°}$
$= 3.51\text{mmH}_2\text{O}$

53 후드의 종류에 관한 설명으로 옳지 않은 것은?

① 일반적으로 포집형 후드는 다른 후드보다 작업자의 작업방해가 적고, 적용이 유리하다.
② 포위식 후드의 예로는 완전 포위식인 글러브 상자와 부분 포위식인 실험실 후드, 페인트 분무도장 후드가 있다.
③ 후드는 동작원리에 따라 크게 포위식과 외부식으로, 포위식은 다시 레시버형 또는 수형과 포집형 후드로 구분할 수 있다.
④ 포위식 후드는 적은 제어풍량으로 만족할 만한 효과를 기대할 수 있으나, 유입 공기량이 적어 충분한 후드 개구면 속도를 유지하지 못하면 오히려 외부로 오염물질이 배출될 우려가 있다.

해설 후드의 형태는 작업형태, 오염물질의 발생특성, 근로자와 발생원 사이의 관계 등에 의해서 결정되며 일반적으로 포위식, 외부식, 레시버식 후드로 구분된다.

54 공기의 유속과 점도가 각각 1.5m/s, 0.0187cP일 때, 레이놀즈수를 계산한 결과 1,950이었다. 이때 덕트 내를 이동하는 공기의 밀도(kg/m³)는 약 얼마인가?(단, 덕트의 직경은 75mm이다.)

① 0.23 ② 0.29
③ 0.32 ④ 0.40

해설 $Re = \dfrac{\text{관성력}}{\text{점성력}} = \dfrac{DV\rho}{\mu}$

$\rho = \dfrac{Re \times \mu}{D \times V}$

$= \dfrac{1,950 \times 1.87 \times 10^{-5}\text{kg/m} \cdot \text{sec}}{0.075\text{m} \times 1.5\text{m/sec}}$

$= 0.324\text{kg/m}^3$

$[0.0187\text{cP} \times \dfrac{1\text{P}}{100\text{cP}} \times \dfrac{1\text{kg/m} \cdot \text{sec}}{10\text{P}} = 1.87 \times 10^{-5}\text{kg/m} \cdot \text{sec}]$

55 전기집진장치의 각종 장해현상에 따른 대책으로 가장 거리가 먼 것은?

① 먼지의 비저항이 낮아 재비산 현상이 발생할 경우 Baffle을 설치한다.
② 배출가스의 점성이 커서 역전리 현상이 발생할 경우 집진극의 타격을 강하게 하거나 빈도수를 늘린다.
③ 먼지의 비저항이 비정상적으로 높아 2차 전류가 현저하게 떨어질 경우 스파크 횟수를 줄인다.
④ 먼지의 비저항이 비정상적으로 높아 2차 전류가 현저하게 떨어질 경우 조습용 스프레이의 수량을 늘린다.

해설 **2차 전류가 현저하게 떨어질 때(먼지의 비저항이 비정상적으로 높은 경우)**
㉠ 원인 : 먼지의 농도가 너무 높을 때
㉡ 대책
• 스파크 횟수를 증가
• 조습용 스프레이의 수량을 증가
• 입구먼지농도를 적절히 조절

정답 51 ① 52 ③ 53 ③ 54 ③ 55 ③

56 일반적인 활성탄 흡착탑에서의 화재방지에 관한 설명으로 가장 거리가 먼 것은?

① 접촉시간은 30초 이상, 선속도는 0.1m/s 이하로 유지한다.
② 축열에 의한 발열을 피할 수 있도록 형상이 균일한 조립상 활성탄을 사용한다.
③ 사영역이 있으면 축열이 일어나므로 활성탄 층의 구조를 수직 또는 경사지게 하는 편이 좋다.
④ 운전 초기에는 흡착열이 발생하여 15~30분 후에는 점차 낮아지므로 물을 충분히 뿌려주어 30분 정도 공기를 공회전시킨 다음 정상 가동한다.

[해설] 흡착장치 내 흡착층 단면속도는 0.15~0.5m/sec이고 접촉체류시간은 0.5~5초 정도이다.

57 광학현미경을 이용하여 입자의 투영면적을 관찰하고 그 투영면적으로부터 먼지의 입경을 측정하는 방법 중 "입자의 투영면적 가장자리에 접하는 가장 긴 선의 길이"로 나타내는 입경(직경)은?

① 등면적 직경
② Feret 직경
③ Martin 직경
④ Heyhood 직경

[해설] 페렛 직경(Feret Diameter)
먼지의 한쪽 끝 가장자리와 다른 쪽 가장자리 사이의 거리로 과대평가된 가능성이 있는 입자성 물질의 직경이다.

58 다음 중 활성탄으로 흡착 시 효과가 가장 적은 것은?

① 알코올류   ② 아세트산
③ 담배연기   ④ 일산화질소

[해설] 활성탄으로 메탄, 일산화탄소, 일산화질소 등은 흡착되지 않는다.

59 배출가스 중의 NOx 제거법에 관한 설명으로 옳지 않은 것은?

① 비선택적인 촉매환원에서는 NOx뿐만 아니라 O_2까지 소비된다.
② 선택적 촉매환원법의 최적온도 범위는 700~850℃ 정도이며, 보통 50% 정도의 NOx를 저감시킬 수 있다.
③ 선택적 촉매환원법은 TiO_2와 V_2O_5를 혼합하여 제조한 촉매에 NH_3, H_2, CO, H_2S 등의 환원가스를 작용시켜 NOx를 N_2로 환원시키는 방법이다.
④ 배출가스 중의 NOx 제거는 연소조절에 의한 제어법보다 더 높은 NOx 제거효율이 요구되는 경우나 연소방식을 적용할 수 없는 경우에 사용된다.

[해설] 선택적 촉매환원법의 최적온도 범위는 275~450℃ 정도이며, 최적조건에서 약 90% 정도의 효율이 있다.

60 반지름 250mm, 유효높이 15m인 원통형 백필터를 사용하여 농도 $6g/m^3$인 배출가스 $20m^3/s$로 처리하고자 한다. 겉보기 여과속도를 1.2cm/s로 할 때 필요한 백필터 수는?

① 49   ② 62
③ 65   ④ 71

[해설] 여과백 수 = 배기가스양 / 여과포 1개당 가스양

$$= \frac{20m^3/sec}{(3.14 \times 0.5m \times 15m) \times 1.2cm/sec \times m/100cm}$$

$= 70.77(71개)$

제4과목 대기오염공정시험기준(방법)

61 대기오염공정시험기준상 고성능 이온크로마토그래피의 장치 중 서프레서에 관한 설명으로 가장 거리가 먼 것은?

① 장치의 구성상 서프레서 앞에 분리관이 위치한다.
② 용리액에 사용되는 전해질 성분을 제거하기 위한 것이다.
③ 관형 서프레서에 사용하는 충전물은 스티롤계 강산형 및 강염기형 수지이다.
④ 목적성분의 전기 전도도를 낮추어 이온성분을 고감도로 검출할 수 있게 해준다.

[해설] 서프레서
용리액에 사용되는 전해질 성분을 제거하기 위하여 분리관 뒤에 직렬로 접속시킨 것으로서 전해질을 물 또는 저 전도도의 용매로 바꿔줌으로써 전기 전도도 셀에서 목적이온성분과 전기 전도도만을 고감도로 검출할 수 있게 해주는 것이다.

정답 56 ① 57 ② 58 ④ 59 ② 60 ④ 61 ④

62 굴뚝 배출가스 중 먼지 농도를 반자동식 시료채취기에 의해 분석하는 경우 채취장치 구성에 관한 설명으로 옳지 않은 것은?

① 흡인노즐의 꼭짓점은 80° 이하의 예각이 되도록 하고 주위장치에 고정시킬 수 있도록 충분한 각(가급적 수직)이 확보되도록 한다.
② 흡인노즐의 안과 밖의 가스흐름이 흐트러지지 않도록 흡인노즐 안지름(d)은 3mm 이상으로 하고, d는 정확히 측정하여 0.1mm 단위까지 구하여 둔다.
③ 흡입관은 수분농축 방지를 위해 시료가스 온도를 120±14℃로 유지할 수 있는 가열기를 갖춘 보로실리케이트, 스테인리스강 재질 또는 석영 유리관을 사용한다.
④ 피토관은 피토관 계수가 정해진 L형 피토관(C : 1.0 전후) 또는 S형(웨스턴형 C : 0.85 전후) 피토관으로서 배출가스 유속의 계속적인 측정을 위해 흡입관에 부착하여 사용한다.

해설 **흡입노즐**
흡입노즐은 스테인리스강, 경질유리 또는 석영 유리제로 만들어진 것으로 다음과 같은 조건을 만족시키는 것이어야 한다.
㉠ 흡입노즐의 안과 밖의 가스흐름이 흐트러지지 않도록 흡입노즐 내경(d)은 3mm 이상으로 한다. 흡입노즐의 내경 d는 정확히 측정하여 0.1mm 단위까지 구하여 둔다.
㉡ 흡입노즐의 꼭짓점은 30℃ 이하의 예각(銳角)이 되도록 하고 매끈한 반구모양으로 한다.
㉢ 흡입노즐 내외면은 매끄럽게 되어야 하며 흡입노즐에서 먼지 포집부까지의 흡입관은 내부면이 매끄럽고 급격한 단면의 변화와 굴곡이 없어야 한다.

63 굴뚝에서 배출되는 건조배출가스의 유량을 계산할 때 필요한 값으로 옳지 않은 것은?(단, 굴뚝의 단면은 원형이다.)

① 굴뚝 단면적　② 배출가스 평균온도
③ 배출가스 평균동압　④ 배출가스 중의 수분량

해설 **굴뚝 배출 건조배출가스의 유량 계산식(굴뚝단면 : 원형, 직사각형 또는 정사각형)**

$$Q_N = \overline{V} \times A \times \frac{273}{273+\overline{\theta}_s} \times \frac{P_a+\overline{P}_s}{760} \times \left(1-\frac{X_w}{100}\right) \times 3{,}600$$

여기서, Q_N : 건조배출가스 유량(m³/시간)
　　　　$\overline{V}$: 배출가스 평균유속(m/초)
　　　　A : 굴뚝 단면적(m²)
　　　　$\overline{\theta}_s$: 배출가스 평균온도(℃)
　　　　P_a : 대기압(mmHg)
　　　　$\overline{P}_s$: 배출가스 평균정압(mmHg)
　　　　X_w : 배출가스 중의 수분량(%)

64 대기오염공정시험기준상 원자흡수분광광도법에서 사용하는 용어의 정의로 옳지 않은 것은?

① 선프로파일(Line Profile) : 파장에 대한 스펙트럼선의 강도를 나타내는 곡선
② 공명선(Resonance Line) : 목적하는 스펙트럼선에 가까운 파장을 갖는 다른 스펙트럼선
③ 예복합 버너(Premix Type Burner) : 가연성 가스, 조연성 가스 및 시료를 분무실에서 혼합시켜 불꽃 중에 넣어주는 방식의 버너
④ 분무실(Nebulizer-Chamber) : 분무기와 함께 분무된 시료용액의 미립자를 더욱 미세하게 해주는 한편 큰 입자와 분리시키는 작용을 갖는 장치

해설 **공명선(Resonance Line)**
원자가 외부로부터 빛을 흡수했다가 다시 먼저 상태로 돌아갈 때 방사하는 스펙트럼선

65 굴뚝 배출가스 내의 산소측정방법 중 덤벨형(Dumbbell) 자기력 분석계에 관한 설명으로 옳지 않은 것은?

① 측정셀은 시료 유통실로서 자극 사이에 배치하여 덤벨 및 불균형 자계발생 자극편을 내장한 것이어야 한다.
② 편위검출부는 덤벨의 편위를 검출하기 위한 것으로 광원부와 덤벨봉에 달린 거울에서 반사하는 빛을 받는 수광기로 된다.
③ 피드백코일은 편위량을 없애기 위하여 전류에 의하여 자기를 발생시키는 것으로 일반적으로 백금선이 이용된다.
④ 덤벨은 자기화율이 큰 유리 등으로 만들어진 중공의 구체를 막대 양 끝에 부착한 것으로 수소 또는 헬륨을 봉입한 것을 말한다.

해설 덤벨은 자기화율이 작은 석영 등으로 만들어진 중공의 구체를 막대 양 끝에 부착한 것으로 질소 또는 공기를 봉입한 것을 말한다.

66 환경대기 중 석면농도를 측정하기 위해 위상차현미경을 사용한 계수방법에 관한 설명으로 ( ) 안에 알맞은 것은?

> 시료채취 측정시간은 주간시간대에(오전 8시~오후 7시) (㉠)으로 1시간 측정하고, 시료채취조작 시 유량계의 부자를 (㉡) 되게 조정한다.

① ㉠ 1L/min, ㉡ 1L/min
② ㉠ 1L/min, ㉡ 10L/min
③ ㉠ 10L/min, ㉡ 1L/min
④ ㉠ 10L/min, ㉡ 10L/min

해설 시료채취 측정시간은 주간시간대에(오전 8시~오후 7시) 10L/min으로 1시간 측정하고, 유량계의 부자를 10L/min 되게 조정한다.

67 대기오염공정시험기준상 일반화학분석에 대한 공통적인 사항으로 따로 규정이 없는 경우 사용해야 하는 시약의 규격으로 옳지 않은 것은?

명칭	농도(%)	비중(약)
가	암모니아수	32.0~38.0(NH₃로서)	1.38
나	플루오르화수소	46.0~48.0	1.14
다	브롬화수소	47.0~49.0	1.48
라	과염소산	60.0~62.0	1.54

① 가　② 나　③ 다　④ 라

해설 시약의 농도

명칭	화학식	농도(%)	비중(약)
염산	HCl	35.0~37.0	1.18
질산	HNO₃	60.0~62.0	1.38
황산	H₂SO₄	95% 이상	1.84
초산(Acetic Acid)	CH₃COOH	99.0% 이상	1.05
인산	H₃PO₄	85.0% 이상	1.69
암모니아수	NH₄OH	28.0~30.0(NH₃로서)	0.90
과산화수소	H₂O₂	30.0~35.0	1.11
불화수소산	HF	46.0~48.0	1.14
아이오드화수소	HI	55.0~58.0	1.70
브롬화수소산	HBr	47.0~49.0	1.48
과염소산	HClO₄	60.0~62.0	1.54

68 어떤 굴뚝 배출가스의 유속을 피토관으로 측정하고자 한다. 동압 측정 시 확대율이 10배인 경사마노미터를 사용하여 액주 55mm를 얻었다. 동압은 약 몇 mmH₂O인가?(단, 경사마노미터에는 비중 0.85의 톨루엔을 사용한다.)

① 4.7　② 5.5
③ 6.5　④ 7.0

해설 동압(mmH₂O)
= 액주거리 × 비중 × $\frac{1}{확대율}$ = $55\text{mm} \times 0.85 \times \frac{1}{10}$
= 4.68mmH₂O

69 굴뚝 배출가스양이 125Sm³/h이고, HCl농도가 200ppm일 때, 5,000L 물에 2시간 흡수시켰다. 이때 이 수용액의 pOH는?(단, 흡수율은 60%이다.)

① 8.5　② 9.3
③ 10.4　④ 13.3

해설 $pH = \log\frac{1}{[H^+]}$

HCl(mol/L) = 125m³/hr × 200mL/m³ × 2hr/5,000L
　　　　　× 0.6 × $\frac{1\text{mmol}}{22.4\text{mL}}$ × $\frac{1\text{mol}}{10^3\text{mmol}}$
　　　　　= 2.678×10^{-4} M(mol/L)

$pH = \log\frac{1}{2.678 \times 10^{-4}} = 3.57$

pOH = 14 − pH = 14 − 3.57 = 10.43

70 대기오염공정시험기준상 화학분석 일반사항에 대한 규정 중 옳지 않은 것은?

① "약"이란 그 무게 또는 부피에 대하여 ±10% 이상의 차가 있어서는 안 된다.
② 냉수는 15℃ 이하, 온수는 60~70℃, 열수는 약 100℃를 말한다.
③ 방울수라 함은 10℃에서 정제수 10방울을 떨어뜨릴 때 그 부피가 약 1mL 되는 것을 뜻한다.
④ 밀봉용기라 함은 물질을 취급 또는 보관하는 동안에 기체 또는 미생물이 침입하지 않도록 내용물을 보호하는 용기를 뜻한다.

정답 66 ④　67 ①　68 ①　69 ③　70 ③

[해설] 방울수
20℃에서 정제수 20방울을 떨어뜨릴 때 그 부피가 약 10mL 되는 것을 뜻한다.

71 대기오염공정시험기준상 원자흡수분광광도법에서 분석시료의 측정조건 결정에 관한 설명으로 가장 거리가 먼 것은?

① 분석선 선택 시 감도가 가장 높은 스펙트럼선을 분석선으로 하는 것이 일반적이다.
② 양호한 SN비를 얻기 위하여 분광기의 슬릿 폭은 목적으로 하는 분석선을 분리할 수 있는 범위 내에서 되도록 넓게 한다.(이웃의 스펙트럼선과 겹치지 않는 범위 내에서)
③ 불꽃 중에서의 시료의 원자밀도 분포와 원소 불꽃의 상태 등에 따라 다르므로 불꽃의 최적위치에서 빛이 투과하도록 버너의 위치를 조절한다.
④ 일반적으로 광원램프의 전류값이 낮으면 램프의 감도가 떨어지는 등 수명이 감소하므로 광원램프는 장치의 성능이 하락하는 범위 내에서 되도록 높은 전류값에서 동작시킨다.

[해설] 일반적으로 광원램프의 전류값이 높으면 램프의 감도가 떨어지고 수명이 감소하므로 광원램프는 장치의 성능이 하락하는 범위 내에서 되도록 낮은 전류값에서 동작시킨다.

72 굴뚝 내의 온도(θ_s)는 133℃이고 정압(P_s)은 15mmHg이며 대기압(P_a)은 745mmHg이다. 이때 대기오염공정시험기준상 굴뚝 내의 배출가스 밀도(kg/m³)는?(단, 표준상태의 공기의 밀도(γ_o)는 1.3kg/Sm³이고, 굴뚝 내 기체 성분은 대기와 같다.)

① 0.744
② 0.874
③ 0.934
④ 0.984

[해설] 배출가스 밀도(kg/m³)
$= \gamma_o \times \dfrac{273}{273+\theta_s} \times \dfrac{P_a+P_s}{760}$
$= 1.3\text{kg/Sm}^3 \times \dfrac{273}{273+133} \times \dfrac{745+15}{760}$
$= 0.874\text{kg/m}^3$

73 고용량 공기시료채취기를 이용하여 배출가스 중 비산먼지의 농도를 계산하려고 한다. 풍속이 0.5m/s 미만 또는 10m/s 이상 되는 시간이 전 채취시간의 50% 이상일 때 풍속에 대한 보정계수는?

① 1.0
② 1.2
③ 1.4
④ 1.5

[해설] 풍속에 대한 보정계수

풍속범위	보정계수
풍속이 0.5m/s 미만 또는 10m/s 이상 되는 시간이 전 채취시간의 50% 미만일 때	1.0
풍속이 0.5m/s 미만 또는 10m/s 이상 되는 시간이 전 채취시간의 50% 이상일 때	1.2

74 굴뚝 배출가스 중 아황산가스의 연속자동측정법의 종류로 옳지 않은 것은?

① 불꽃광도법
② 광전도전위법
③ 자외선흡수법
④ 용액전도율법

[해설] 굴뚝 배출가스 중 아황산가스의 연속자동측정법
㉠ 용액전도율법
㉡ 적외선흡수법
㉢ 자외선흡수법
㉣ 정전위전해법
㉤ 불꽃광도법

75 대기오염공정시험기준상 환경대기 중 가스상 물질의 시료 채취방법에 관한 설명으로 옳지 않은 것은?

① 용기채취법에서 용기는 일반적으로 수소 또는 헬륨가스가 충진됨 백(Bag)을 사용한다.
② 용기채취법은 시료를 일단 일정한 용기에 채취한 다음 분석에 이용하는 방법으로 채취관-용기, 또는 채취관-유량조절기-흡입펌프-용기로 구성된다.
③ 직접채취법에서 채취관은 일반적으로 4불화에틸렌수지(Teflon), 경질유리, 스테인리스강제 등으로 된 것을 사용한다.
④ 직접채취법에서 채취관의 길이는 5m 이내로 되도록 짧은 것이 좋으며, 그 끝은 빗물이나 곤충 기타 이물질이 들어가지 않도록 되어 있는 구조이어야 한다.

[해설] 용기채취법에서 용기는 일반적으로 진공병 또는 공기주머니(Bag)를 사용한다.

정답 71 ④ 72 ② 73 ② 74 ② 75 ①

76 배출가스 중 굴뚝 배출 시료채취방법 중 분석대상기체가 포름알데하이드일 때 채취관, 도관의 재질로 옳지 않은 것은?

① 석영
② 보통강철
③ 경질유리
④ 불소수지

해설 분석대상가스의 종류별 채취관 및 도관 등의 재질

분석대상가스, 공존가스	채취관, 도관의 재질	여과재	비고
암모니아	①②③④⑤⑥	ⓐ ⓑ ⓒ	① 경질유리
일산화탄소	①②③④⑤⑥⑦	ⓐ ⓑ ⓒ	② 석영
염화수소	①② ⑤⑥⑦	ⓐ ⓑ ⓒ	③ 보통강철
염소	①② ⑤⑥⑦	ⓐ ⓑ ⓒ	④ 스테인리스강
황산화물	①② ④⑤⑥⑦	ⓐ ⓑ ⓒ	⑤ 세라믹
질소산화물	①② ④⑤⑥	ⓐ ⓑ ⓒ	⑥ 불소수지
이황화탄소	①② ⑥	ⓐ ⓑ	⑦ 염화비닐수지
포름알데하이드	①② ⑥	ⓐ ⓑ	⑧ 실리콘수지
황화수소	①② ④⑤⑥⑦	ⓐ ⓑ ⓒ	⑨ 네오프렌
불소화합물	④ ⑥	ⓒ	ⓐ 알칼리 성분이 없는 유리솜 또는 실리카솜
시안화수소	①② ④⑤⑥⑦	ⓐ ⓑ ⓒ	
브롬	①② ⑥	ⓐ ⓑ	
벤젠	①② ⑥	ⓐ ⓑ	ⓑ 소결유리
페놀	①② ④ ⑥	ⓐ ⓑ	ⓒ 카보런덤
비소	①② ④⑤⑥⑦	ⓐ ⓑ ⓒ	

77 굴뚝의 배출가스 중 구리화합물을 원자흡수분광광도법으로 분석할 때 적정 파장(nm)은?

① 213.8
② 228.8
③ 324.8
④ 357.9

해설 구리 : 원자흡수분광광도법
㉠ 측정파장 : 324.8nm
㉡ 정량범위 : 0.0125~5mg/L
㉢ 정밀도 : ~10% 상대표준편차
㉣ 방법검출한계 : 0.004mg/L

78 대기오염공정시험기준상 비분산적외선분광분석법의 용어 및 장치구성에 관한 설명으로 옳지 않은 것은?

① 제로 드리프트(Zero Drift)는 측정기의 교정범위눈금에 대한 지시값의 일정기간 내의 변동을 말한다.
② 비교가스는 시료셀에서 적외선 흡수를 측정하는 경우 대조가스로 사용하는 것으로 적외선을 흡수하지 않는 가스를 말한다.
③ 광원은 원칙적으로 흑체발광으로 니크롬선 또는 탄화규소의 저항체에 전류를 흘려 가열한 것을 사용한다.
④ 시료셀은 시료가스가 흐르는 상태에서 양단의 창을 통해 시료광속이 통과하는 구조를 갖는다.

해설 제로 드리프트(Zero Drift)
계기의 최저눈금에 대한 지시치의 일정기간 내의 변동을 말한다.

79 다음 굴뚝 배출가스를 분석할 때 아연환원 나프틸에틸렌다이아민법이 주 시험방법인 물질로 옳은 것은?

① 페놀
② 브롬화합물
③ 이황화탄소
④ 질소산화물

해설 아연 환원 나프틸에틸렌다이아민 분석방법
시료 중의 질소산화물을 오존 존재하에서 물에 흡수시켜 질산 이온으로 만들고 분말금속아연을 사용하여 아질산 이온으로 환원한 후 설파닐아마이드(sulfanilamide) 및 나프틸에틸렌다이아민(naphthyl ethylene diamine)을 반응시켜 얻어진 착색의 흡광도로부터 질소산화물을 정량하는 방법이다.

80 환경 대기 중 아황산가스를 파라로자닐린법으로 분석할 때 다음 간섭물질에 대한 제거방법으로 옳은 것은?

① NOx : 측정기간을 늦춘다.
② Cr : pH를 4.5 이하로 조절한다.
③ O_3 : 설퍼민산(NH_3SO_3)을 사용한다.
④ Mn, Fe : EDTA 및 인산을 사용한다.

해설 ① NOx : 설퍼민산(NH_2SO_3H)을 사용하여 제거한다.
② Cr : EDTA 및 인산을 사용하여 방해를 방지한다.
③ O_3 : 측정기간을 늦춤으로써 제거한다.

제5과목　대기환경관계법규

81 대기환경보전법령상 황 함유기준에 부적합한 유류를 판매하여 그 해당 유류의 회수처리명령을 받은 자는 시·도지사 등에게 그 명령을 받은 날부터 며칠 이내에 이행완료보고서를 제출하여야 하는가?

① 5일 이내에
② 7일 이내에
③ 10일 이내에
④ 30일 이내에

해설 황 함유기준에 부적합한 유류를 판매하여 그 해당 유류의 회수처리명령을 받은 자는 시·도지사 등에게 그 명령을 받은 날부터 5일 이내에 이행완료보고서를 제출하여야 한다.

정답 76 ② 77 ③ 78 ① 79 ④ 80 ④ 81 ①

82 대기환경보전법령상 자동차연료형 첨가제의 종류가 아닌 것은?

① 세척제
② 청정분산제
③ 성능 향상제
④ 유동성 향상제

해설 **자동차연료형 첨가제의 종류**
  ㉠ 세척제   ㉡ 청정분산제
  ㉢ 매연억제제   ㉣ 다목적 첨가제
  ㉤ 옥탄가 향상제   ㉥ 세탄가 향상제
  ㉦ 유동성 향상제   ㉧ 윤활성 향상제

83 대기환경보전법령상 용어의 뜻으로 틀린 것은?

① 대기오염물질 : 대기 중에 존재하는 물질 중 심사·평가 결과 대기오염의 원인으로 인정된 가스·입자상 물질로서 환경부령으로 정하는 것을 말한다.
② 기후·생태계 변화유발물질 : 지구온난화 등으로 생태계의 변화를 가져올 수 있는 기체상 물질로서 온실가스와 환경부령으로 정하는 것을 말한다.
③ 매연 : 연소할 때에 생기는 유리 탄소가 주가 되는 미세한 입자상 물질을 말한다.
④ 촉매제 : 자동차에서 배출되는 대기오염물질을 줄이기 위하여 자동차에 부착 또는 교체하는 장치로서 환경부령으로 정하는 저감효율에 적합한 장치를 말한다.

해설 **촉매제**
배출가스를 줄이는 효과를 높이기 위하여 배출가스 저감장치에 사용되는 화학물질로서 환경부령으로 정하는 것을 말한다.

84 대기환경보전법령상 수도권대기환경청장, 국립환경과학원장 또는 한국환경공단이 설치하는 대기오염 측정망의 종류에 해당하지 않는 것은?

① 대기오염물질의 국가배경농도와 장거리이동현황을 파악하기 위한 국가배경농도측정망
② 대기오염물질의 지역배경농도를 측정하기 위한 교외대기측정망
③ 도시지역의 휘발성유기화합물 등의 농도를 측정하기 위한 광화학대기오염물질측정망
④ 대기 중의 중금속 농도를 측정하기 위한 대기중금속측정망

해설 **수도권대기환경청장, 국립환경과학원장 또는 한국환경공단이 설치하는 대기오염 측정망의 종류**
  ㉠ 대기오염물질의 지역배경농도를 측정하기 위한 교외대기측정망
  ㉡ 대기오염물질의 국가배경농도와 장거리 이동 현황을 파악하기 위한 국가배경농도측정망
  ㉢ 도시지역 또는 산업단지 인근지역의 특정대기유해물질(중금속을 제외한다)의 오염도를 측정하기 위한 유해대기물질측정망
  ㉣ 도시지역의 휘발성유기화합물 등의 농도를 측정하기 위한 광화학대기오염물질측정망
  ㉤ 산성 대기오염물질의 건성 및 습성 침착량을 측정하기 위한 산성강하물측정망
  ㉥ 기후·생태계 변화유발물질의 농도를 측정하기 위한 지구대기측정망
  ㉦ 장거리 이동 대기오염물질의 성분을 집중 측정하기 위한 대기오염집중측정망
  ㉧ 미세먼지(PM-2.5)의 성분 및 농도를 측정하기 위한 미세먼지성분측정망

85 대기환경보전법령상 초과부과금 산정기준 중 오염물질과 그 오염물질 1kg당 부과금액(원)의 연결로 모두 옳은 것은?

① 황산화물-500, 암모니아-1,400
② 먼지-6,000, 이황화탄소-2,300
③ 불소화합물-7,400, 시안화수소-7,300
④ 염소-7,400, 염화수소-1,600

해설 **초과부과금 산정기준**

오염물질	구분	오염물질 1킬로그램당 부과금액
황산화물		500
먼지		770
질소산화물		2,130
암모니아		1,400
황화수소		6,000
이황화탄소		1,600
특정유해물질	불소화물	2,300
	염화수소	7,400
	시안화수소	7,300

정답 82 ③ 83 ④ 84 ④ 85 ①

86 다음은 대기환경보전법령상 대기오염물질 배출시설기준이다. ( ) 안에 알맞은 것은?

배출시설	대상 배출시설
폐수 · 폐기물 처리시설	• 시간당 처리능력이 (㉮)세제곱미터 이상인 폐수 · 폐기물 증발시설 및 농축시설 • 용적이 (㉯)세제곱미터 이상인 폐수 · 폐기물 건조시설 및 정제시설

① ㉮ 0.5, ㉯ 0.3
② ㉮ 0.3, ㉯ 0.15
③ ㉮ 0.3, ㉯ 0.3
④ ㉮ 0.5, ㉯ 0.15

해설 폐수 · 폐기물처리시설 대상 배출시설
• 시간당 처리능력이 0.5세제곱미터 이상인 폐수 · 폐기물 증발시설 및 농축시설
• 용적이 0.15세제곱미터 이상인 폐수 · 폐기물 건조시설 및 정제시설

87 대기환경보전법령상 자가측정 대상 및 방법에 관한 기준이다. ( ) 안에 알맞은 것은?

> 사업자가 자가측정 시 사용한 여과지 및 시료채취기록지의 보존기간은 「환경분야 시험 · 검사 등에 관한 법률」에 따른 환경오염공정시험기준에 따라 측정한 날부터 ( )(으)로 한다.

① 6개월
② 9개월
③ 1년
④ 2년

해설 사업자가 배출오염물질의 자가측정에 관한 기록과 측정 시 사용한 여과지 및 시료채취 기록지의 보존기간은 「환경분야 시험 · 검사 등에 관한 법률」에 따른 환경오염공정시험기준에 따라 최종 기재하거나 측정한 날부터 6개월로 한다.

88 대기환경보전법령상 측정기기의 부착 · 운영 등과 관련된 행정처분기준 중 사업자가 부착한 굴뚝 자동측정기기의 측정자료를 관제센터로 전송하지 아니한 경우 각 위반 차수별(1~4차) 행정처분기준으로 옳은 것은?

① 경고 – 조치명령 – 조업정지 10일 – 조업정지 30일
② 조업정지 10일 – 조업정지 30일 – 경고 – 허가취소
③ 조업정지 10일 – 조업정지 30일 – 조치이행명령 – 사용중시
④ 개선명령 – 조업정지 30일 – 사용중지 – 허가취소

해설 굴뚝 자동측정기기의 측정자료를 관제센터로 전송하지 아니한 경우 행정처분기준
㉠ 1차 : 경고
㉡ 2차 : 조치명령
㉢ 3차 : 조업정지 10일
㉣ 4차 : 조업정지 30일

89 대기환경보전법령상 위임업무 보고사항 중 자동차 연료 및 첨가제의 제조 · 판매 또는 사용에 대한 규제현황에 대한 보고횟수 기준은?

① 연 1회
② 연 2회
③ 연 4회
④ 연 12회

해설 위임업무 보고사항

업무내용	보고횟수	보고기일	보고자
환경오염사고 발생 및 조치 사항	수시	사고발생 시	시 · 도지사, 유역환경청장 또는 지방환경청장
수입자동차 배출가스 인증 및 검사현황	연 4회	매 분기 종료 후 15일 이내	국립환경과학원장
자동차 연료 및 첨가제의 제조 · 판매 또는 사용에 대한 규제현황	연 2회	매 반기 종료 후 15일 이내	유역청장 또는 지방환경청장
자동차 연료 또는 첨가제의 제조기준 적합 여부 검사현황	• 연료 : 연 4회 • 첨가제 : 연 2회	• 연료 : 매 분기 종료 후 15일 이내 • 첨가제 : 매 반기 종료 후 15일 이내	국립환경과학원장
측정기기 관리대행업의 등록, 변경등록 및 행정처분 현황	연 1회	다음 해 1월 15일까지	유역환경청장, 지방환경청장 또는 수도권 대기환경청장

90 악취방지법령상 지정악취물질에 해당하지 않는 것은?

① 염화수소
② 메틸에틸케톤
③ 프로피온산
④ 뷰틸아세테이트

해설 지정악취물질의 종류
• 암모니아
• 메틸메르캅탄
• 황화수소
• 다이메틸설파이드
• 다이메틸다이설파이드
• 트라이메틸아민
• 아세트알데하이드
• 스타이렌

정답 86 ④ 87 ① 88 ① 89 ② 90 ①

- 프로피온알데하이드
- n-발레르알데하이드
- 톨루엔
- 메틸에틸케톤
- 뷰틸아세테이트
- n-뷰틸산
- i-발레르산
- 뷰틸알데하이드
- i-발레르알데하이드
- 자일렌
- 메틸아이소뷰틸케톤
- 프로피온산
- n-발레르산
- i-뷰틸알코올

91 대기환경보전법령상 배출가스 관련부품을 장치별로 구분할 때 다음 중 배출가스 자기진단장치(On Board Diagnostics)에 해당하는 것은?

① EGR제어용 서모밸브(EGR Control Thermo Valve)
② 연료계통 감시장치(Fuel System Monitor)
③ 정화조절밸브(Purge Control Valve)
④ 냉각수온센서(Water Temperature Sensor)

해설 **배출가스 관련 부품**

장치별 구분	배출가스 관련 부품
배출가스 자기진단 장치 (On Board Diagnostics)	촉매 감시장치(Catalyst Monitor), 가열식 촉매 감시장치(Heated Catalyste Monitor), 실화 감시장치(Misfire Monitor), 증발가스계통 감시장치(Evaporative System Monitor), 2차 공기 공급계통 감시장치(Secondary Air System Monitor), 에어컨계통 감시장치(Air Conditioning System Refrigerant Monitor), 연료계통 감시장치(Fuel System Monitor), 산소센서 감시장치(Oxygen Sensor Monitor), 배기관센서 감시장치(Exhaust Gas Sensor Monitor), 배기가스 재순환계통 감시장치(Exhaust Gas Recirculation System Monitor), 블로바이가스 환원계통 감시장치(Positive Crankcase Ventilation System Monitor), 서모스탯 감시장치(Thermostat Monitor), 엔진냉각계통 감시장치(Engine Cooling System Monitor), 저온시동 배출가스 저감기술 감시장치(Cold Start Emission Reduction Strategy Monitor), 가변밸브타이밍 계통 감시장치(Variable Valve Timing Monitor), 직접오존저감장치(Direct Ozone Reduction System Monitor), 기타 감시장치(Comprehensive Component Monitor)

92 대기환경보전법령상 배출허용기준 준수여부를 확인하기 위한 환경부령으로 정하는 대기오염도 검사기관에 해당하지 않는 것은?

① 환경기술인협회
② 한국환경공단
③ 특별자치도 보건환경연구원
④ 국립환경과학원

해설 **대기오염도 검사기관**
㉠ 국립환경과학원
㉡ 특별시·광역시·특별자치시·도·특별자치도(이하 "시·도"라 한다)의 보건환경연구원
㉢ 유역환경청, 지방환경청 또는 수도권대기환경청
㉣ 한국환경공단

93 대기환경보전법령상 사업자가 환경기술인을 바꾸어 임명하려는 경우 그 사유가 발생한 날부터 며칠 이내에 임명하여야 하는가?(단, 기타의 경우는 고려하지 않는다.)

① 당일
② 3일 이내
③ 5일 이내
④ 7일 이내

해설 **환경기술인 임명신고 시기**
㉠ 최초로 배출시설을 설치한 경우에는 가동개시 신고와 동시에 임명
㉡ 환경기술인을 바꾸어 임명하는 경우에는 그 사유가 발생한 날로부터 5일 이내

94 실내공기질 관리법령상 신축 공동주택의 실내공기질 권고 기준으로 틀린 것은?

① 자일렌 : $600\mu g/m^3$ 이하
② 톨루엔 : $1,000\mu g/m^3$ 이하
③ 스티렌 : $300\mu g/m^3$ 이하
④ 에틸벤젠 : $360\mu g/m^3$ 이하

해설 **신축 공동주택의 실내공기질 권고기준**
㉠ 포름알데하이드 : $210\mu g/m^3$ 이하
㉡ 벤젠 : $30\mu g/m^3$ 이하
㉢ 톨루엔 : $1,000\mu g/m^3$ 이하
㉣ 에틸벤젠 : $360\mu g/m^3$ 이하
㉤ 자일렌 : $700\mu g/m^3$ 이하
㉥ 스티렌 : $300\mu g/m^3$ 이하
㉦ 라돈 : $148Bq/m^3$ 이하

95 환경정책기본법령상 미세먼지(PM-10)의 환경기준으로 옳은 것은?(단, 24시간 평균치)

① $100\mu g/m^3$ 이하
② $50\mu g/m^3$ 이하
③ $35\mu g/m^3$ 이하
④ $15\mu g/m^3$ 이하

정답 91 ② 92 ① 93 ③ 94 ① 95 ①

해설 대기환경기준

항목	미세먼지(PM-10)
기준	• 연간 평균치 : 50μg/m³ 이하 • 24시간 평균치 : 100μg/m³ 이하
측정방법	베타선 흡수법(β-Ray Absorption Method)

96 대기환경보전법령상 배출시설 설치허가를 받은 자가 대통령령으로 정하는 중요한 사항의 특정대기유해물질 배출시설을 증설하고자 하는 경우 배출시설 변경허가를 받아야 하는 시설의 규모기준은?(단, 배출시설의 규모의 합계나 누계는 배출구별로 산정한다.)

① 배출시설 규모의 합계나 누계의 100분의 5 이상 증설
② 배출시설 규모의 합계나 누계의 100분의 20 이상 증설
③ 배출시설 규모의 합계나 누계의 100분의 30 이상 증설
④ 배출시설 규모의 합계나 누계의 100분의 50 이상 증설

해설 배출시설 변경허가 시설기준
㉠ 일반오염물질 배출시설 : 100분의 50 이상 증설하는 경우
㉡ 특정대기유해물질 : 100분의 30 이상 증설하는 경우

97 대기환경보전법령상 기후·생태계 변화유발물질과 가장 거리가 먼 것은?

① 이산화질소 ② 메탄
③ 과불화탄소 ④ 염화불화탄소

해설 기후·생태계 변화 유발물질
지구온난화 등으로 생태계의 변화를 가져올 수 있는 기체상 물질로서 온실가스 및 환경부령이 정하는 것을 말한다.
㉠ 온실가스 : 이산화탄소, 메탄, 아산화질소, 수소불화탄소, 과불화탄소, 육불화황
㉡ 환경부령이 정하는 것 : 염화불화탄소, 수소염화불화탄소

98 환경정책기본법령상 "벤젠"의 대기환경기준(μg/m³)은?(단, 연간 평균치)

① 0.1 이하 ② 0.15 이하
③ 0.5 이하 ④ 5 이하

해설 대기환경기준

항목	기준	측정방법
아황산가스 (SO₂)	• 연간 평균치 : 0.02ppm 이하 • 24시간 평균치 : 0.05ppm 이하 • 1시간 평균치 : 0.15ppm 이하	자외선 형광법 (Pulse UV Fluorescence Method)
일산화탄소 (CO)	• 8시간 평균치 : 9ppm 이하 • 1시간 평균치 : 25ppm 이하	비분산 적외선 분석법 (Non-Dispersive Infrared Method)
이산화질소 (NO₂)	• 연간 평균치 : 0.03ppm 이하 • 24시간 평균치 : 0.06ppm 이하 • 1시간 평균치 : 0.10ppm 이하	화학 발광법 (Chemiluminescence Method)
미세먼지 (PM-10)	• 연간 평균치 : 50μg/m³ 이하 • 24시간 평균치 : 100μg/m³ 이하	베타선 흡수법 (β-Ray Absorption Method)
미세먼지 (PM-2.5)	• 연간 평균치 : 15μg/m³ 이하 • 24시간 평균치 : 35μg/m³ 이하	중량 농도법 또는 이에 준하는 자동 측정법
오존 (O₃)	• 8시간 평균치 : 0.06ppm 이하 • 1시간 평균치 : 0.1ppm 이하	자외선 광도법 (UV Photometric Method)
납 (Pb)	연간 평균치 : 0.5μg/m³ 이하	원자흡광광도법 (Atomic Absorption Spectrophotometry)
벤젠	연간 평균치 : 5μg/m³ 이하	기체크로마토그래피 (Gas Chromatography)

99 환경정책기본법령상 환경부장관은 국가환경종합계획의 종합적·체계적 추진을 위해 몇 년마다 환경보전중기종합계획을 수립하여야 하는가?

① 1년 ② 2년
③ 3년 ④ 5년

해설 환경부장관은 국가환경종합계획의 종합적·체계적 추진을 위해 5년마다 환경보전중기종합계획을 수립하여야 한다.

100 대기환경보전법령상 대기오염 경보의 발령 시 단계별 조치사항으로 틀린 것은?

① 주의보 → 주민의 실외활동 자제 요청
② 경보 → 주민의 실외활동 제한 요청
③ 경보 → 사업장의 연료사용량 감축 권고
④ 중대경보 → 자동차의 사용제한 명령

해설 경보 단계별 조치
㉠ 주의보 발령 : 주민의 실외활동 및 자동차 사용의 자제 요청 등
㉡ 경보 발령 : 주민의 실외활동 제한 요청, 자동차 사용의 제한 및 사업장의 연료사용량 감축 권고 등
㉢ 중대경보 발령 : 주민의 실외활동 금지 요청, 자동차의 통행금지 및 사업장의 조업시간 단축명령 등

정답 96 ③ 97 ① 98 ④ 99 ④ 100 ④

2020년 4회 기출문제

대기환경 기사 기출문제

제1과목 대기오염개론

01 대기환경보호를 위한 국제의정서와 설명의 연결이 옳지 않은 것은?

① 소피아 의정서 - CFC 감축의무
② 교토 의정서 - 온실가스 감축목표
③ 몬트리올 의정서 - 오존층 파괴물질의 생산 및 사용의 규제
④ 헬싱키 의정서 - 유황 배출량 또는 국가 간 이동량 최저 30% 삭감

해설 **소피아 의정서**
질소산화물 배출량 또는 국가 간 이동량의 최저 30% 삭감에 관한 국가 간 장거리 이동 대기오염 협약이다.

02 대기오염사건과 기온역전에 관한 설명으로 옳지 않은 것은?

① 로스앤젤레스 스모그 사건은 광화학 스모그의 오염 형태를 가지며, 기상의 안정도는 침강역전 상태이다.
② 런던 스모그 사건은 주로 자동차 배출가스 중의 질소산화물과 반응성 탄화수소에 의한 것이다.
③ 침강역전은 고기압 중심 부분에서 기층이 서서히 침강하면서 기온이 단열변화로 승온되어 발생하는 현상이다.
④ 복사역전은 지표에 접한 공기가 그보다 상공의 공기에 비하여 더 차가워져서 생기는 현상이다.

해설 런던 스모그 사건은 주로 공장 및 가정난방의 석탄 및 석유계 연료 연소에서 발생되는 아황산가스, 분진, 에어로졸에 의한 것이다.

03 입자에 의한 산란에 관한 설명으로 옳지 않은 것은?(단, λ : 파장, D : 입자직경으로 한다.)

① 레일리 산란은 D/λ가 10보다 클 때 나타나는 산란현상으로 산란광의 광도는 λ^4에 비례한다.
② 맑은 하늘이 푸르게 보이는 까닭은 태양광선의 공기에 의한 레일리 산란 때문이다.
③ 레일리 산란에 의해 가시광선 중에서는 청색광이 많이 산란되고, 적색광이 적게 산란된다.
④ 입자의 크기가 빛의 파장과 거의 같거나 큰 경우에 나타나는 산란을 미산란이라고 한다.

해설 레일리 산란은 '파장(λ)/입자직경(D)'가 10보다 클 때 나타나는 산란현상으로 산란강도는 광선파장(λ)의 4승에 반비례한다.

04 다음 중 이산화탄소의 가장 큰 흡수원으로 옳은 것은?

① 토양   ② 동물
③ 해수   ④ 미생물

해설 탄소의 순환에서 탄소(CO_2)의 가장 큰 저장고 역할을 하는 부분은 해수이다.
이산화탄소는 바닷물에 상당히 잘 녹기 때문에 현재 해양은 대기가 함유하는 탄산가스의 약 60배를 함유하고 있으며 이 양은 식물에 의한 흡수량보다 훨씬 많다.

05 지표에 도달하는 일사량의 변화에 영향을 주는 요소와 가장 거리가 먼 것은?

① 계절   ② 대기의 두께
③ 지표면의 상태   ④ 태양의 입사각의 변화

해설 **지표에 도달하는 일사량의 변화에 영향을 주는 요소**
㉠ 태양 입사각의 변화
㉡ 계절
㉢ 대기의 두께(optical air mass)

06 최대 에너지의 파장과 흑체 표면의 절대온도는 반비례함을 나타내는 법칙은?

① 플랑크 법칙   ② 알베도의 법칙
③ 빈의 변위법칙   ④ 스테판-볼츠만의 법칙

해설 **빈의 변위법칙(Wien's Displacement law)**
㉠ 정의
최대 에너지 파장과 흑체 표면의 절대온도와는 반비례함을 나타내는 법칙으로 파장의 길이가 짧을수록 표면온도가 높은 물체이다.

정답 01 ① 02 ② 03 ① 04 ③ 05 ③ 06 ③

ⓒ 관련 식

$$\lambda_m = \frac{a}{T} = \frac{2,897}{T}$$

여기서, λ_m : 복사에너지 중 에너지 강도가 최대가 되는 파장 (μm)
T : 흑체의 표면온도(K)
a : 비례상수

07 다음 중 일반적으로 대도시의 산성강우 속에 가장 높은 농도로 존재할 것으로 예상되는 이온성분은?(단, 산성강우는 pH 5.6 이하로 본다.)

① K^+
② F^-
③ Na^+
④ SO_4^{2-}

해설 **산성비의 주요 원인물질**
ⓐ SO_4^{2-} (약 65%)
ⓑ NO_3^- (약 30%)
ⓒ Cl^- (약 5%)

08 대기압력이 950mb인 높이에서 공기의 온도가 −10℃일 때 온위(potential temperature)는?(단, $\theta = T\left(\frac{1,000}{P}\right)^{0.288}$ 을 이용한다.)

① 약 267K
② 약 277K
③ 약 287K
④ 약 297K

해설 온위(θ) = $T\left(\frac{1,000}{P}\right)^{0.288}$
= $(273-10) \times \left(\frac{1,000}{950}\right)^{0.288}$ = 266.91K

09 광화학적 산화제와 2차 대기오염물질에 관한 설명으로 옳지 않은 것은?

① 오존은 산화력이 강하므로 눈을 자극하고, 폐수종과 폐출혈 등을 유발시킨다.
② PAN은 강산화제로 작용하며, 빛을 흡수하여 가시거리를 증가시키며, 고엽에 특히 피해가 큰 편이다.
③ 오존은 성숙한 잎에 피해가 크며, 섬유류의 퇴색작용과 직물의 셀룰로오스를 손상시킨다.
④ 자외선이 강할 때, 빛의 지속시간이 긴 여름철에, 대기가 안정되었을 때 대기 중 광산화제의 농도가 높아진다.

해설 **PAN(질산과산화아세틸)**
ⓐ 강산화제 역할을 하며 대기 중에서의 농도는 0.1ppm 내외이다.
ⓑ 어린잎에 민감하며 지표식물로는 시금치, 상추, 셀러리 등이 있다.
ⓒ 빛을 흡수(분산)시키므로 가시거리를 감소시킨다.

10 다음 중 CFC-12의 올바른 화학식은?

① CF_3Br
② CF_3Cl
③ CF_2Cl_2
④ $CHFCl_2$

해설 CFC-12에서 2가 의미하는 것이 불소(F) 수이기 때문에 CF_2Cl_2로 선택한다.

11 Richardson 수(R)에 관한 설명으로 옳지 않은 것은?

① $R=0$은 대류에 의한 난류만 존재함을 나타낸다.
② $0.25<R$은 수직 방향의 혼합이 거의 없음을 나타낸다.
③ Richardson 수(R)가 큰 음의 값을 가지면 바람이 약하게 되어 강한 수직운동이 일어난다.
④ $-0.03<R<0$ 기계적 난류와 대류가 존재하나 기계적 난류가 혼합을 주로 일으킴을 나타낸다.

해설 $R=0$은 중립상태이며 기계적 난류(강제대류)가 지배적인 상태이다.

12 온실효과에 관한 설명 중 가장 적합한 것은?

① 실제 온실에서의 보온작용과 같은 원리이다.
② 일산화탄소의 기여도가 가장 큰 것으로 알려져 있다.
③ 온실효과 가스가 증가하면 대류권에서 적외선 흡수량이 많아져서 온실효과가 증대된다.
④ 가스차단기, 소화기 등에 주로 사용되는 NO_2는 온실효과에 대한 기여도가 CH_4 다음으로 크다.

해설 **온실효과**
ⓐ 전 지구의 평균 지상기온은 지구가 태양으로부터 받고 있는 태양에너지와 지구가 적외선 형태로 우주로 방출하고 이는 에너지의 균형으로부터 결정된다. 이 균형은 대기 중의 CO_2, 수증기(H_2O) 등 흡수 기체가 큰 역할을 하고 있다.
ⓑ 대기의 온실효과는 실제 온실에서의 보온작용과 같은 원리가 아니며, 온실기체가 대기 중에 계속 축적되어 발생하는 지구 대류권의 온도증가 현상이다.

정답 07 ④ 08 ① 09 ② 10 ③ 11 ① 12 ③

13 라돈에 관한 설명으로 가장 거리가 먼 것은?

① 무색, 무취의 기체로 액화되어도 색을 띠지 않는 물질이다.
② 공기보다 9배 정도 무거워 지표에 가깝게 존재한다.
③ 주로 토양, 지하수, 건축자재 등을 통하여 인체에 영향을 미치고 있으며 흙 속에서 방사선 붕괴를 일으킨다.
④ 일반적으로 인체의 조혈기능 및 중추신경계통에 가장 큰 영향을 미치는 것으로 알려져 있으며, 화학적으로 반응성이 크다.

해설 라돈
폐암을 유발시키는 물질이며 화학적으로 거의 반응을 일으키지 않는 불활성 물질로서 흙 속에서 방사선 붕괴를 일으키는 자연 방사능 물질이다.

14 50m의 높이가 되는 굴뚝 내의 배출가스 평균온도가 300℃, 대기온도가 20℃일 때 통풍력(mmH₂O)은?(단, 연소가스 및 공기의 비중을 1.3kg/Sm³라고 가정한다.)

① 약 15 ② 약 30
③ 약 45 ④ 약 60

해설 $Z = 355H\left(\dfrac{1}{273+t_a} - \dfrac{1}{273+t_g}\right)$
$= 355 \times 50 \left[\dfrac{1}{(273+20)} - \dfrac{1}{(273+300)}\right]$
$= 29.60 \text{mmH}_2\text{O}$

15 다음 중 염소 또는 염화수소 배출 관련 업종으로 가장 거리가 먼 것은?

① 화학 공업   ② 소다 제조업
③ 시멘트 제조업   ④ 플라스틱 제조업

해설 염소 또는 염화수소 배출 관련 업종
㉠ 소다 제조업
㉡ 농약 제조업
㉢ 화학 공업
㉣ 플라스틱 제조업

16 온위(potential temperature)에 대한 설명으로 옳은 것은?

① 환경감률이 건조단열감률과 같은 기층에서는 온위가 일정하다.
② 환경감률이 습윤단열감률과 같은 기층에서는 온위가 일정하다.
③ 어떤 고도의 공기 덩어리를 850mb 고도까지 건조단열적으로 옮겼을 때의 온도이다.
④ 어떤 고도의 공기 덩어리를 1,000mb 고도까지 습윤단열적으로 옮겼을 때의 온도이다.

해설 온위
㉠ 공기가 건조단열적으로 하강 또는 상승하여 기압 1,000mbar인 고도까지 이동했을 경우의 온도를 온위라 한다.
㉡ 환경감률이 건조단열감률과 같은 기층에서의 온위는 일정하고 대기의 상태는 중립을 나타낸다.

17 충분히 발달된 지표경계층에서 측정된 평균풍속 자료가 아래 표와 같은 경우 마찰속도(u^*)는?(단, $U = \dfrac{u^*}{k}\ln\dfrac{Z}{Z_0}$, Karman constant : 0.40)

고도(m)	풍속(m/s)
2	3.7
1	2.9

① 0.12m/s   ② 0.46m/s
③ 1.06m/s   ④ 2.12m/s

해설 $(3.7-2.9) = \dfrac{u^*}{0.4}\ln\dfrac{2}{1}$
$0.8 = \dfrac{u^*}{0.4}\ln 2$
$u^* = \dfrac{0.32}{\ln 2} = 0.46 \text{m/sec}$

18 다음 중 대기층의 구조에 관한 설명으로 옳은 것은?

① 지상 80km 이상을 열권이라고 한다.
② 오존층은 주로 지상 약 30~45km에 위치한다.
③ 대기층의 수직구조는 대기압에 따라 4개 층으로 나뉜다.
④ 일반적으로 지상에서부터 상층 10~12km까지를 성층권이라고 한다.

해설 ② 오존층은 주로 지상 약 20~25km에 위치한다.
③ 대기층의 수직구조는 수직 온도 분포에 따라 4개 층으로 구분한다.
④ 일반적으로 지상에서부터 상층 11~50km까지를 성층권이라 한다.

정답 13 ④ 14 ② 15 ③ 16 ① 17 ② 18 ①

19 건물에 사용되는 대리석, 시멘트 등을 부식시켜 재산상의 손실을 발생시키는 산성비에 가장 큰 영향을 미치는 물질로 옳은 것은?

① O_3
② N_2
③ SO_2
④ TSP

해설 SO_2(아황산가스)
㉠ SO_2는 물에 대한 용해도가 높아 구름의 액적, 빗방울, 지표수 등에 쉽게 녹아 H_2SO_3를 생성한다. 또한 H_2SO_3는 산소와 결합하여 H_2SO_4를 생성시킨다. ($SO_3 + H_2O \rightarrow H_2SO_4$)
㉡ 금속 및 재료를 부식시키며 습도가 높을 경우 부식속도가 증가한다. (부식은 SO_2에 의한 것이 아니라 H_2O와 작용하여 형성된 H_2SO_4에 의한 것으로 공기가 SO_2를 함유하면 부식성이 매우 강해진다.) 즉, 대기 중에서 형성되는 아황산 및 황산은 석회, 대리석, 시멘트 등 각종 건축재료를 악화시킨다.

20 광화학옥시던트 중 PAN에 관한 설명으로 옳은 것은?

① 분자식은 $CH_3COOONO_2$이다.
② PBzN보다 100배 정도 강하게 눈을 자극한다.
③ 눈에는 자극이 없으나 호흡기 점막에는 강한 자극을 준다.
④ 푸른색, 계란 썩는 냄새를 갖는 기체로서 대기 중에서 강산화제로 작용한다.

해설 PAN(질산과산화아세틸)
㉠ 강한 산화력과 눈에 대한 자극성이 있는 광화학 옥시던트이다.
㉡ PBzN은 PAN보다 100배 이상 눈에 강한 통증을 주며, 빛을 흡수하므로 가시거리를 감소시킨다.

제2과목 연소공학

21 아래의 조성을 가진 혼합기체의 하한 연소범위(%)는?

성분	조성(%)	하한연소범위(%)
메탄	80	5.0
에탄	15	3.0
프로판	4	2.1
부탄	1	1.5

① 3.46
② 4.24
③ 4.55
④ 5.05

해설 폭발하한치(LEL)
$$\frac{100}{LEL} = \frac{80}{5.0} + \frac{15}{3.0} + \frac{4}{2.1} + \frac{1}{1.5}$$
$LEL = 4.24\%$

22 C : 78(중량%), H : 18(중량%), S : 4(중량%)인 중유의 $(CO_2)_{max}$는?(단, 표준상태, 건조가스 기준으로 한다.)

① 약 13.4%
② 약 14.8%
③ 약 17.6%
④ 약 20.6%

해설 $CO_{2max}(\%)$
$= \frac{CO_2}{G_{od}} \times 100 = \frac{1.867C}{G_{od}} \times 100$
$G_{od} = 0.79A_o + CO_2 + SO_2$
$A_o = \frac{1}{0.21}[(1.867 \times 0.78) + (5.6 \times 0.18) + (0.7 \times 0.04)]$
$= 11.87 Sm^3/kg$
$= (0.79 \times 11.87) + (1.867 \times 0.78) + (0.7 \times 0.04)$
$= 10.86 Sm^3/kg$
$= \frac{(1.867 \times 0.78) Sm^3/kg}{10.86 Sm^3/kg} \times 100$
$= 13.41\%$

23 연료 연소 시 매연이 잘 생기는 순서로 옳은 것은?

① 타르>중유>경유>LPG
② 타르>경유>중유>LPG
③ 중유>타르>경유>LPG
④ 경유>타르>중유>LPG

해설 탈수소, 중합반응 및 고리화합물(방향족) 등과 같은 반응이 일어나기 쉬운 탄화수소일수록 매연이 잘 생긴다.
[타르>고휘발 역청탄>중유>저휘발 역청탄>아탄>경질유>등유>석탄가스>LPG>천연가스]

24 다음 중 NOx 발생을 억제하기 위한 방법으로 가장 거리가 먼 것은?

① 연료 대체
② 2단 연소
③ 배출가스 재순환
④ 버너 및 연소실의 구조 개량

정답 19 ③ 20 ① 21 ② 22 ① 23 ① 24 ①

해설 질소산화물(NOx) 억제방법
㉠ 저산소 연소
㉡ 저온도 연소
㉢ 연소부분의 냉각
㉣ 배기가스의 재순환
㉤ 2단 연소
㉥ 버너 및 연소실의 구조 개선
㉦ 수증기 물 분사 방법

25 액체연료의 연소장치에 관한 설명 중 옳은 것은?

① 건타입(gun type) 버너는 유압식과 공기분무식을 혼합한 것으로 유압이 30kg/cm² 이상으로 대형 연소장치이다.
② 저압기류 분무식 버너의 분무각도는 30~60° 정도이고, 분무에 필요한 공기량은 이론연소 공기량의 30~50% 정도이다.
③ 고압기류 분무식 버너의 분무각도는 70°이고, 유량조절비가 1 : 3 정도로 부하변동 적응이 어렵다.
④ 회전식 버너는 유압식 버너에 비해 연료유의 입경이 작으며, 직결식은 분무컵의 회전수가 전동기의 회전수보다 빠른 방식이다.

해설 ① 건타입 버너는 유압식과 공기분무식을 혼합한 것으로 유압이 7kg/cm² 이상으로 소형 연소장치이다.
③ 고압기류 분무식 버너의 분무각도는 30°이고, 유량조절비가 1 : 10 정도로 부하변동 적응이 용이하다.
④ 회전식 버너는 유압식 버너에 비해 분무입자가 비교적 크며, 직결식은 분무컵의 회전수와 전동기의 회전수가 일치하는 방식이다.

26 액화석유가스(LPG)에 대한 설명으로 옳지 않은 것은?

① 유황분이 적고 유독성분이 거의 없다.
② 천연가스에서 회수되기도 하지만 대부분은 석유 정제 시 부산물로 얻어진다.
③ 비중이 공기보다 가벼워 누출될 경우 인화 폭발 위험성이 크다.
④ 사용에 편리한 기체연료의 특징과 수송 및 저장에 편리한 액체연료의 특징을 겸비하고 있다.

해설 액화석유가스(LPG)는 비중이 공기보다 무거워 누출 시 인화·폭발의 위험성이 높은 편이다.

27 다음 중 화학적 반응이 항상 자발적으로 일어나는 경우는?(단, $\Delta G°$는 Gibbs 자유에너지 변화량, $\Delta S°$는 엔트로피 변화량, ΔH는 엔탈피 변화량이다.)

① $\Delta G° < 0$
② $\Delta G° > 0$
③ $\Delta S° < 0$
④ $\Delta H < 0$

해설 깁스(Gibbs) 자유에너지
㉠ 자유에너지는 화학반응의 평형상태를 설명할 때 쓰이는 열역학 변수의 하나로 반응의 엔트로피와 엔탈피 변화를 절충한 함수이다.
㉡ 자유에너지(G) = 엔탈피(H) − [절대온도(T) × 엔트로피(S)]
• G 변화는 부피변화를 수반하지 않고도 얻을 수 있는 최대 일의 척도이다.
• 자유에너지를 사용해서 일을 하면 자발적인 반응에서 G가 감소하여야 한다.
• 평형상태에서 $G = 0$이다.
• $\Delta G < 0$이면 반응은 자발적, 즉 변화의 방향을 결정해주는 것이다.
• 엔탈피가 감소하고 엔트로피가 증가하면 G는 감소한다.
• 혼합물의 경우 ΔG는 반응물과 생성물의 농도에 관계한다.

28 다음 중 석탄의 탄화도 증가에 따라 감소하는 것은?

① 비열
② 발열량
③ 고정탄소
④ 착화온도

해설 탄화도가 높아질 경우의 현상
㉠ 착화온도가 높아진다.
㉡ 고정탄소가 증가한다.
㉢ 발열량이 높아진다.
㉣ 연료비[고정탄소(%)/휘발분(%)]가 증가한다.
㉤ 연소속도가 늦어진다.
㉥ 수분 및 휘발분이 감소한다.
㉦ 비열이 감소한다.
㉧ 산소의 양이 감소한다.
㉨ 매연발생률이 감소한다.

29 액체연료가 미립화되는 데 영향을 미치는 요인으로 가장 거리가 먼 것은?

① 분사압력
② 분사속도
③ 연료의 점도
④ 연료의 발열량

해설 액체연료의 미립화 영향요인
㉠ 분사압력
㉡ 분사속도(분무유량)
㉢ 연료의 점도
㉣ 분무거리
㉤ 분사각도

정답 25 ② 26 ③ 27 ① 28 ① 29 ④

30 저위발열량이 4,900kcal/Sm³인 가스연료의 이론연소온도(℃)는?(단, 이론연소가스양 10Sm³/Sm³, 기준온도 : 15℃, 연료연소가스의 평균 정압비열 : 0.35kcal/Sm³·℃, 공기는 예열되지 않으며, 연소가스는 해리되지 않는 것으로 한다.)

① 1,015 ② 1,215
③ 1,415 ④ 1,615

해설 이론연소온도(℃)
$= \dfrac{\text{저위발열량}}{\text{이론연소가스양} \times \text{평균정압비열}} + \text{기준온도}$
$= \dfrac{4,900\text{kcal/Sm}^3}{10\text{Sm}^3/\text{Sm}^3 \times 0.35\text{kcal/Sm}^3 \cdot ℃} + 15$
$= 1,415℃$

31 어떤 화학반응 과정에서 반응물질이 25% 분해하는 데 41.3분 걸린다는 것을 알았다. 이 반응이 1차라고 가정할 때, 속도상수 $k(\text{s}^{-1})$는?

① 1.022×10^{-4}
② 1.161×10^{-4}
③ 1.232×10^{-4}
④ 1.437×10^{-4}

해설 $\ln \dfrac{C_t}{C_o} = -k \cdot t$

$\ln \dfrac{0.75 C_o}{C_o} = -k \times 41.3 \text{min}$

$k = 6.966 \times 10^{-3} \text{min}^{-1} \times \text{min}/60\text{sec}$
$= 1.1609 \times 10^{-4} \text{sec}^{-1}$

32 중유의 원소조성은 C : 88%, H : 12%이다. 이 중유를 완전연소시킨 결과, 중유 1kg당 건조 배기가스양이 15.8Sm³이었다면, 건조 배기가스 중의 CO_2의 농도(%)는?

① 10.4 ② 13.1
③ 16.8 ④ 19.5

해설 $CO_2(\%) = \dfrac{1.867C}{G_{od}} \times 100$
$= \dfrac{1.867 \times 0.88}{15.8} \times 100 = 10.40\%$

33 중유에 관한 설명과 거리가 먼 것은?

① 점도가 낮을수록 유동점이 낮아진다.
② 잔류탄소의 함량이 많아지면 점도가 높게 된다.
③ 점도가 낮은 것이 사용상 유리하고, 용적당 발열량이 적은 편이다.
④ 인화점이 높은 경우 역화의 위험이 있으며, 보통 그 예열온도보다 약 2℃ 정도 높은 것을 쓴다.

해설 중유는 인화점이 70~120℃ 정도이며 인화점이 낮은 경우에는 역화의 위험성이 있고, 높은 경우에는 착화가 어렵다.

34 중유를 시간당 1,000kg씩 연소시키는 배출시설이 있다. 연돌의 단면적이 3m²일 때 배출가스의 유속(m/s)은?(단, 이 중유의 표준상태에서의 원소 조성 및 배출가스의 분석치는 아래 표와 같고, 배출가스의 온도는 270℃이다.)

[중유의 조성]
C : 86.0%, H : 13.0%, 황분 : 1.0%
[배출가스의 분석결과]
$(CO_2) + (SO_2)$: 13.0%, O_2 : 2.0%, CO : 0.1%

① 약 2.4 ② 약 3.2
③ 약 3.6 ④ 약 4.4

해설 $G_d = G_{od} + (m-1) A_o$
$A_o = \dfrac{1}{0.21} \times [(1.867 \times 0.86) + (5.6 \times 0.13) + (0.7 \times 0.01)]$
$= 11.146 \text{Sm}^3/\text{kg}$
$G_{od} = 0.79 A_o + CO_2 + SO_2$
$= (0.79 \times 11.146) + (1.867 \times 0.86) + (0.7 \times 0.01)$
$= 10.418 \text{Sm}^3/\text{kg}$
$m = \dfrac{N_2}{N_2 - 3.76(O_2 - 0.5CO)}$
$= \dfrac{84.9}{84.9 - 3.76[2 - (0.5 \times 0.1)]}$
$= 1.095$
$= 10.418 + [(1.095 - 1) \times 11.146]$
$= 11.48 \text{Sm}^3/\text{kg}$
$Q(\text{m}^3/\text{sec}) = 11.48 \text{Sm}^3/\text{kg} \times 1,000 \text{kg/hr} \times \text{hr}/3,600\text{sec}$
$\times \dfrac{273 + 270}{273}$
$= 6.34 \text{m}^3/\text{sec}$
$V(\text{m/sec}) = \dfrac{Q}{A} = \dfrac{6.34 \text{m}^3/\text{sec}}{3 \text{m}^2} = 2.11 \text{m/sec}$

정답 30 ③ 31 ② 32 ① 33 ④ 34 ①

35 메탄을 2.0kg을 완전연소하는 데 필요한 이론공기량 (Sm^3)은?

① 2.5 ② 5.0
③ 7.5 ④ 10.0

해설 $CH_3OH + 1.5O_2 \rightarrow CO_2 + 2H_2O$

32kg : $1.5 \times 22.4 Sm^3$
2.0kg : $O_o(Sm^3)$

이론산소량$(O_o) = \dfrac{2.0kg \times (1.5 \times 22.4)Sm^3}{32kg}$
$= 2.1 Sm^3$

이론공기량$(A_o) = \dfrac{2.1 Sm^3}{0.21} = 10 Sm^3$

※ $\dfrac{4a+b-2c}{4} = \dfrac{4+4-2}{4} = 1.5$

36 연료의 종류에 따른 연소 특성으로 옳지 않은 것은?

① 기체연료는 부하의 변동범위(turn down ratio)가 좁고 연소의 조절이 용이하지 않다.
② 기체연료는 저발열량의 것으로 고온을 얻을 수 있고, 전열효율을 높일 수 있다.
③ 액체연료의 경우 회분은 아주 적지만, 재 속의 금속산화물이 장해 원인이 될 수 있다.
④ 액체연료는 화재, 역화 등의 위험이 크며, 연소온도가 높아 국부적인 과열을 일으키기 쉽다.

해설 **기체연료의 특징**
㉠ 부하변동의 범위가 넓고 연소조절이 용이하다.
㉡ 취급 시 위험성이 높고, 설비비가 많이 든다.

37 다음 각종 가스의 완전연소 시 단위 부피당 이론공기량 (Sm^3/Sm^3)이 가장 큰 것은?

① Ethylene ② Methane
③ Acetylene ④ Propylene

해설 기체상 물질은 산소 및 수소의 수가 많을수록 이론공기량도 많이 소모되므로 정답은 Propylene(C_3H_6)이다.

38 옥탄가(octane number)에 관한 설명으로 옳지 않은 것은?

① N-paraffine에서는 탄소수가 증가할수록 옥탄가가 저하하여 C_7에서 옥탄가는 0이다.
② Iso-paraffine에서는 methyl 측쇄가 많을수록, 특히 중앙부에 집중할수록 옥탄가는 증가한다.
③ 방향족 탄화수소의 경우 벤젠고리의 측쇄가 C_3까지는 옥탄가가 증가하지만 그 이상이면 감소한다.
④ iso-octane과 n-octane, nee-octane의 혼합표준연료의 노킹 정도와 비교하여 공급 가솔린과 동등한 노킹 정도를 나타내는 혼합표준연료 중의 iso-octane(%)를 말한다.

해설 옥탄가는 이소옥탄, 노말헵탄의 혼합물이 나타내는 옥탄가를 이소옥탄의 부피로 나타낸다.

39 다음 각종 연료성분의 완전연소 시 단위 체적당 고위발열량$(kcal/Sm^3)$의 크기 순서로 옳은 것은?

① 일산화탄소 > 메탄 > 프로판 > 부탄
② 메탄 > 일산화탄소 > 프로판 > 부탄
③ 프로판 > 부탄 > 메탄 > 일산화탄소
④ 부탄 > 프로판 > 메탄 > 일산화탄소

해설 ㉠ 기체연료는 탄소수 및 수소수가 많을수록 발열량이 증가한다.
부탄(C_4H_{10}) > 프로판(C_3H_8) > 메탄(CH_4) > 일산화탄소(CO)
㉡ 총발열량을 기준으로 할 때 연료의 고위발열량
• 부탄 : 32,000 kcal/m^3
• 프로판 : 24,300 kcal/m^3
• 메탄 : 9,530 kcal/m^3
• CO : 3,020 kcal/m^3

40 A 석탄을 사용하여 가열로의 배출가스를 분석한 결과 CO_2 14.5%, O_2 6%, N_2 79%, CO 0.5%이었다. 이 경우의 공기비는?

① 1.18 ② 1.38
③ 1.58 ④ 1.78

해설 $m = \dfrac{N_2}{N_2 - 3.76(O_2 - 0.5CO)}$
$= \dfrac{79}{79 - 3.76[6 - (0.5 \times 0.5)]} = 1.38$

정답 35 ④ 36 ① 37 ④ 38 ④ 39 ④ 40 ②

제3과목 대기오염방지기술

41 가로 a, 세로 b인 직사각형의 유로에 유체가 흐를 경우 상당직경(equivalent diameter)을 산출하는 간이식은?

① $\sqrt{ab}$
② $2ab$
③ $\sqrt{\dfrac{2(a+b)}{ab}}$
④ $\dfrac{2ab}{a+b}$

해설 상당직경(등가직경)
사각형(장방형)관과 동일한 유체역학적인 특성을 갖는 원형관의 직경을 의미한다.

상당직경(d_e) = $\dfrac{2ab}{a+b}$

여기서, a, b : 각 변의 길이

$\dfrac{2ab}{a+b}$ = 수력반경 × 4
= $\dfrac{유로단면적}{접수길이}$ × 4
= $\dfrac{ab}{2(a+b)}$ × 4

42 중력집진장치의 효율을 향상시키는 조건에 대한 설명으로 옳지 않은 것은?

① 침강실 내의 배기가스 기류는 균일하여야 한다.
② 침강실의 침전높이가 작을수록 집진율이 높아진다.
③ 침강실의 길이를 길게 하면 집진율이 높아진다.
④ 침강실 내 처리가스 속도가 클수록 미세한 분진을 포집할 수 있다.

해설 중력집진장치의 집진율 향상조건
㉠ 침강실 내 처리가스의 속도가 느릴수록 미립자가 포집된다.
㉡ 침강실 내의 배기가스 기류는 균일해야 한다.
㉢ 침강실의 높이가 낮고 중력장의 길이가 길수록 집진율은 높아진다.
㉣ 다단일 경우에는 단수가 증가할수록 집진율 및 압력손실도 증가한다.
㉤ 침강실 입구 폭이 클수록 유속이 느려지며 미세한 입자가 포집된다.

$\eta = \dfrac{V_s}{V} \times \dfrac{L}{H} \times n = \dfrac{V_s LW}{VHW} \times n$

$= \dfrac{d_p^2(\rho_p - \rho)gL}{18\mu_y HV} \times n$

여기서, η : 집진효율
V_s : 종말침강속도(m/sec)
V : 수평이동속도(처리가스속도 : m/sec)
L : 침강실 수평길이(m)
H : 침강실 높이(m)
W : 입구 폭(m)
n : 침강실 단수
d_p : 100% 제거되는 입자의 최소직경

43 다음 [보기]가 설명하는 축류 송풍기의 유형으로 옳은 것은?

- 축류형 중 가장 효율이 높으며, 일반적으로 직선류 및 아담한 공간이 요구되는 HVAC 설비에 응용된다. 공기의 분포가 양호하여 많은 산업장에서 응용되고 있다.
- 효율과 압력상승효과를 얻기 위해 직선형 고정날개를 사용하나, 날개의 모양과 간격은 변형되기도 한다.

① 원통 축류형 송풍기
② 방사 경사형 송풍기
③ 고정날개 축류형 송풍기
④ 공기회전자 축류형 송풍기

해설 고정날개 축류형 송풍기
㉠ 축류형 중 가장 효율이 높다.
㉡ 일반적으로 직선류 및 아담한 공간이 요구되는 HVAC 설비에 응용된다.
㉢ 공기의 분포가 양호하여 많은 산업장에서 응용되고 있다.
㉣ 효율과 압력상승효과를 얻기 위해 직선형 고정날개를 사용하나, 날개의 모양과 간격은 변형되기도 한다.
㉤ 중·고압을 얻을 수 있다.

44 벤투리 스크러버의 액가스비를 크게 하는 요인으로 옳지 않은 것은?

① 먼지의 입경이 작을 때
② 먼지입자의 친수성이 클 때
③ 먼지입자의 점착성이 클 때
④ 처리가스의 온도가 높을 때

해설 일반적으로 친수성이거나 입자가 큰 경우는 액가스비를 작게 하고, 소수성이거나 입자가 미세한 경우 또는 점착성이 클 때 액가스비를 크게 유지한다.

45 습식 전기집진장치의 특징에 관한 설명 중 틀린 것은?

① 집진면이 청결하여 높은 전계 강도를 얻을 수 있다.
② 고저항의 먼지로 인한 역전리 현상이 일어나기 쉽다.
③ 건식에 비하여 가스의 처리속도를 2배 정도 크게 할 수 있다.

정답 41 ④ 42 ④ 43 ③ 44 ② 45 ②

④ 작은 전기저항에 의해 생기는 먼지의 재비산을 방지할 수 있다.

해설) 습식 전기집진장치는 역전리 현상과 재비산 현상에 대한 대응이 용이하다. 즉, 역전리 현상 및 재비산 현상이 건식 전기집진장치에 비하여 상대적으로 아주 적게 발생한다.

46 면적 $1.5m^2$인 여과집진장치로 먼지농도가 $1.5g/m^3$인 배기가스가 $100m^3/min$으로 통과하고 있다. 먼지가 모두 여과포에서 제거되었으며, 집진된 먼지층의 밀도가 $1g/cm^3$라면 1시간 후 여과된 먼지층의 두께(mm)는?
① 1.5   ② 3
③ 6   ④ 15

해설) 먼지층 두께
$= \dfrac{먼지부하(kg/m^2)}{먼지밀도(kg/m^3)}$

먼지부하 $= C_i \times V_f \times t$
$= (1.5g/m^3 \times kg/1,000g)$
$\times \left(\dfrac{100m^3/min}{1.5m^2}\right) \times 60min$
$= 6kg/m^2$

$= \dfrac{6kg/m^2}{1g/cm^3 \times 10^6cm^3/m^3 \times kg/1,000g}$
$= 0.006m \times 1,000mm/m = 6mm$

47 배연탈황기술과 가장 거리가 먼 것은?
① 암모니아법   ② 석회석 주입법
③ 수소화 탈황법   ④ 활성 산화 망간법

해설) 수소화 탈황법은 중유탈황방법이다.

48 입자상 물질에 관한 설명으로 가장 거리가 먼 것은?
① 직경 d인 구형 입자의 비표면적(단위 체적당 표면적)은 $d/6$이다.
② cascade impactor는 관성충돌을 이용하여 입경을 간접적으로 측정하는 방법이다.
③ 공기동력학경은 stokes경과 달리 입자밀도를 $1g/cm^3$로 가정함으로써 보다 쉽게 입경을 나타낼 수 있다.
④ 비구형 입자에서 입자의 밀도가 1보다 클 경우 공기동력학경은 stokes경에 비해 항상 크다고 볼 수 있다.

해설) 비표면적$(S_v) = \dfrac{표면적}{부피} = \dfrac{\pi D^2}{\pi D^3/6} = \dfrac{6}{D}$

49 황함유량 2.5%인 중유를 30ton/h로 연소하는 보일러에서 배기가스를 NaOH 수용액으로 처리한 후 황 성분을 전량 Na_2SO_3로 회수할 경우, 이때 필요한 NaOH의 이론량(kg/h)은?(단, 황 성분은 전량 SO_2로 전환된다.)
① 1,750   ② 1,875
③ 1,935   ④ 2,015

해설) $S + O_2 \rightarrow SO_2 + 2NaOH \rightarrow Na_2SO_3 + H_2O$
$S \rightarrow 2NaOH$
$32kg : 2 \times 40kg$
$30,000kg/hr \times 0.025 : NaOH(kg/hr)$
$NaOH(kg/hr)$
$= \dfrac{30,000kg/hr \times 0.025 \times (2 \times 40)kg}{32kg} = 1,875kg/hr$

50 배출가스의 온도를 냉각시키는 방법 중 열교환법의 특성으로 가장 거리가 먼 것은?
① 운전비 및 유지비가 높다.
② 열에너지를 회수할 수 있다.
③ 최종 공기 부피가 공기희석법, 살수법에 비해 매우 크다.
④ 온도 감소로 인해 상대습도는 증가하지만 가스 중 수분량에는 거의 변화가 없다.

해설) 냉각방법 중 열교환법은 최종 공기 부피가 공기희석, 살수법에 비해 작다.

51 다음 유해가스 처리에 관한 설명 중 가장 거리가 먼 것은?
① 시안화수소는 물에 대한 용해도가 매우 크므로 가스를 물로 세정하여 처리한다.
② 염화인(PCl_3)은 물에 대한 용해도가 낮아 암모니아를 불어 넣어 병류식 충전탑에서 흡수 처리한다.
③ 아크롤레인은 그대로 흡수가 불가능하며 NaCl 등의 산화제를 혼입한 가성소다 용액으로 흡수 제거한다.
④ 이산화셀렌은 코트렐집진기로 포집, 결정으로 석출, 물에 잘 용해되는 성질을 이용해 스크러버에 의해 세정하는 방법 등이 이용된다.

해설) 염화인은 물에 대한 용해도가 높아 충전물을 채운 흡수탑을 이용하여 알칼리성 용액 및 물에 흡수시켜 제거한다.

정답 46 ③ 47 ③ 48 ① 49 ② 50 ③ 51 ②

52 여과집진장치에 관한 설명으로 옳지 않은 것은?

① 폭발성, 점착성 및 흡습성 분진의 제거에 효과적이다.
② 탈진방식 중 간헐식은 여포의 수명이 연속식에 비해 길다.
③ 탈진방식 중 간헐식은 진동형, 역기류형, 역기류진동형으로 분류할 수 있다.
④ 여과재는 내열성이 약하므로 고온 가스 냉각 시 산노점(dew point) 이상으로 유지해야 한다.

해설 여과집진장치의 장단점
㉠ 장점
 • 집진효율이 높고 미세입자 제거가 가능하다.
 • 세정집진장치보다 압력손실과 동력소모가 적다.
 • 다양한 여과재의 사용으로 인하여 설계 시 융통성이 있다.
 • 건식 공정이므로 포집먼지의 처리가 쉽고 설치 적용 범위가 광범위하다.
 • 연속집진방식일 경우 먼지부하의 변동이 있어도 운전효율에는 영향이 없다.
 • 여과재에 표면처리 하여 가스상 물질을 처리할 수도 있다.
㉡ 단점
 • 여과재의 교환으로 유지비가 고가이다.
 • 수분이나 여과속도에 대한 적응성이 낮다.
 • 가스의 온도에 따른 여과재의 사용이 제한된다. 즉, 250℃ 이상 고온가스처리 경우 고가의 특수여과백을 사용해야 한다.
 • 점착성, 흡습성, 폭발성, 발화성(산화성 먼지농도 50g/m^3 이상일 경우)의 입자 제거는 곤란하다.
 • 가스가 노점온도 이하가 되면 수분이 생성되므로 주의를 요한다.

53 다음 발생 먼지 종류 중 일반적으로 S/Sb가 가장 큰 것은?(단, S는 진비중, Sb는 겉보기비중이다.)

① 카본블랙
② 시멘트킬른
③ 미분탄 보일러
④ 골재 드라이어

해설 먼지의 진비중(S)/겉보기비중(Sb)
 • 미분탄 보일러 : 4.0
 • 시멘트킬른 : 5.0
 • 카본블랙 : 76
 • 골재 드라이어 : 2.7

54 집진장치의 압력손실이 400mmH$_2$O, 처리가스양이 30,000m^3/h이고, 송풍기의 전압효율은 70%, 여유율이 1.2일 때 송풍기의 축동력(kW)은?(단, 1kW = 102kgf · m/s이다.)

① 36 ② 56
③ 80 ④ 95

해설 송풍기 동력(kW)
$$= \frac{Q \times \Delta P}{6,120 \times \eta} \times \alpha$$
$$= \frac{30,000\text{m}^3/\text{hr} \times \text{hr}/60\text{min} \times 400\text{mmH}_2\text{O}}{6,120 \times 0.7} \times 1.2$$
$$= 56.02\text{kW}$$

55 흡착과정에 대한 설명으로 옳지 않은 것은?

① 파과곡선의 형태는 흡착탑의 경우에 따라서 비교적 기울기가 큰 것이 바람직하다.
② 포화점에서는 주어진 온도와 압력 조건에서 흡착제가 가장 많은 양의 흡착질을 흡착하는 점이다.
③ 실제의 흡착은 비정상 상태에서 진행되므로 흡착의 초기에는 흡착이 천천히 진행되다가 어느 정도 흡착이 진행되면 빠르게 흡착이 이루어진다.
④ 흡착제 층 전체가 포화되어 배출가스 중에 오염가스 일부가 남게 되는 점을 파과점이라 하고, 이 점 이후부터는 오염가스 농도가 급격히 증가한다.

해설 실제의 흡착은 비정상 상태에서 진행되므로 초기에는 빠르게 진행되다가 어느 정도 흡착이 진행되면 서서히 이루어진다.

56 압력손실이 250mmH$_2$O이고, 처리가스양 30,000m^3/h인 집진장치의 송풍기 소요동력(kW)은?(단, 송풍기의 효율은 80%, 여유율은 1.25이다.)

① 약 25 ② 약 29
③ 약 32 ④ 약 38

해설 소요동력(kW)
$$= \frac{Q \times \Delta P}{6,120 \times \eta} \times \alpha$$
$Q = 30,000\text{m}^3/\text{hr} \times \text{hr}/60\text{min} = 500\text{m}^3/\text{min}$
$$= \frac{500 \times 250}{6,120 \times 0.8} \times 1.25 = 31.91\text{kW}$$

정답 52 ① 53 ① 54 ② 55 ③ 56 ③

57 흡수장치에 사용되는 흡수액이 갖추어야 할 요건으로 옳은 것은?

① 용해도가 낮아야 한다.
② 휘발성이 높아야 한다.
③ 부식성이 높아야 한다.
④ 점성은 비교적 낮아야 한다.

해설 흡수액의 구비조건
㉠ 용해도가 높을 것
㉡ 휘발성이 작을 것
㉢ 부식성이 없을 것
㉣ 점성이 작고 화학적으로 안정되고 독성이 없을 것
㉤ 가격이 저렴하고 용매의 화학적 성질과 비슷할 것

58 유량측정에 사용되는 가스유속 측정장치 중 작동원리로 Bernoulli 식이 적용되지 않는 것은?

① 로터미터(rotameter)
② 벤투리장치(venturi meter)
③ 건조가스장치(dry gas meter)
④ 오리피스장치(orifice meter)

해설 Bernoulli 식이 적용되는 가스유속 측정장치
㉠ 벤투리장치(venturi meter)
㉡ 오리피스장치(orifice meter)
㉢ 로터미터(rotameter)

59 어떤 집진장치의 입구와 출구의 함진가스의 분진농도가 7.5g/Sm^3와 0.055g/Sm^3이었다. 또한 입구와 출구에서 측정한 분진시료 중 입경이 $0 \sim 5 \mu m$인 입자의 중량분율은 전분진에 대하여 0.1과 0.5이었다면 $0 \sim 5 \mu m$의 입경을 가진 입자의 부분 집진율(%)은?

① 약 87
② 약 89
③ 약 96
④ 약 98

해설 부분집진효율(%)
$= \left(1 - \dfrac{C_o f_o}{C_i f_i}\right) \times 100$
$= \left(1 - \dfrac{0.055 \text{g/Sm}^3 \times 0.5}{7.5 \text{g/Sm}^3 \times 0.1}\right) \times 100$
$= 96.33\%$

60 실내에서 발생하는 CO_2의 양이 시간당 0.3m^3일 때 필요한 환기량(m^3/h)은?(단, CO_2의 허용농도와 외기의 CO_2 농도는 각각 0.1%와 0.03%이다.)

① 약 145
② 약 210
③ 약 320
④ 약 430

해설 환기량(m^3/hr)
$= \left(\dfrac{K}{P_a - P_o}\right)$
$= \dfrac{0.3(\text{m}^3/\text{hr})}{0.001 - 0.0003(\text{m}^3/\text{m}^3)} = 428.57(\text{m}^3/\text{hr})$

여기서, K : 오염물질 발생량(m^3/hr)
P_a : 허용 실내농도(m^3/m^3)
P_o : 신선한 공기(외기) 중의 농도(m^3/m^3)

※ 신선한 공기 중의 탄산가스(CO_2) 농도
$= 0.0003 \text{m}^3/\text{m}^3 (0.03\%) = 300 \text{ppm}$

제4과목 대기오염공정시험기준(방법)

61 굴뚝 배출가스 중 총탄화수소 측정을 위한 장치 구성 조건 등에 관한 설명으로 옳지 않은 것은?

① 기록계를 사용하는 경우에는 최소 4회/분이 되는 기록계를 사용한다.
② 총탄화수소분석기는 흡광차분광방식 또는 비불꽃(non flame)이온크로마토그램방식의 분석기를 사용하며 폭발 위험이 없어야 한다.
③ 시료채취관은 스테인리스강 또는 이와 동등한 재질의 것으로 하고 굴뚝 중심 부분의 10% 범위 내에 위치할 정도의 길이의 것을 사용한다.
④ 영점가스로는 총탄화수소 농도(프로판 또는 탄소 등가 농도)가 0.1mL/m^3 이하 또는 스팬값의 0.1% 이하인 고순도 공기를 사용한다.

해설 총탄화수소분석기는 불꽃이온화 또는 비분산적외선 방식의 분석기를 사용하며 기기 선택, 설치 및 사용 시에 불꽃 등에 의한 폭발위험이 없어야 한다.

62 다음은 연소관식 공기법을 사용하여 유류 중 황 함유량을 분석하는 방법이다. ( ) 안에 알맞은 것은?

> 950℃~1,100℃로 가열한 석영 재질 연소관 중에 공기를 불어 넣어 시료를 연소시킨다. 생성된 황산화물을 (㉠)에 흡수시켜 황산으로 만든 다음, (㉡)으로 중화적정하여 황 함유량을 구한다.

① ㉠ 수산화소듐, ㉡ 염산 표준액
② ㉠ 염산, ㉡ 수산화소듐 표준액
③ ㉠ 과산화수소(3%), ㉡ 수산화소듐 표준액
④ ㉠ 싸이오시안산용액, ㉡ 수산화칼슘 표준액

해설 연료용 유류 중의 황 함유량 분석방법(연소관식 공기법)
㉠ 원유, 경유, 중유의 황 함유량을 측정하는 방법을 규정하며 유류 중 황 함유량이 질량분율 0.01% 이상의 경우에 적용한다.
㉡ 950~1,100℃로 가열한 석영 재질 연소관 중에 공기를 불어 넣어 시료를 연소시킨다.
㉢ 생성된 황산화물을 과산화수소(3%)에 흡수시켜 황산으로 만든 다음, 수산화소듐 표준액으로 중화적정하여 황 함유량을 구한다.

63 굴뚝 배출가스 중 먼지의 자동 연속 측정방법에서 사용하는 용어의 뜻으로 옳지 않은 것은?

① 검출한계는 제로드리프트의 2배에 해당하는 지시치가 갖는 교정용 입자의 먼지농도를 말한다.
② 응답시간은 표준교정판을 끼우고 측정을 시작했을 때 그 보정치의 90%에 해당하는 지시치를 나타낼 때까지 걸린 시간을 말한다.
③ 교정용 입자는 실내에서 감도 및 교정오차를 구할 때 사용하는 균일계 단분산 입자로서 기하평균 입경이 0.3~3μm인 인공입자로 한다.
④ 시험가동시간이란 연속자동측정기를 정상적인 조건에서 운전할 때 예기치 않은 수리, 조정 및 부품교환 없이 연속 가동할 수 있는 최소 시간을 말한다.

해설 응답시간
표준교정판(필름)을 끼우고 측정을 시작했을 때 그 보정치의 95%에 해당하는 지시치를 나타낼 때까지 걸린시간을 말한다.

64 배출가스 중 먼지를 여과지에 포집하고 이를 적당한 방법으로 처리하여 분석용 시험용액으로 한 후 원자흡수분광광도법을 이용하여 각종 금속원소의 원자흡광도를 측정하여 정량분석하고자 할 때, 다음 중 금속원소별 측정파장으로 옳게 짝지어진 것은?

① Pb - 357.9nm   ② Cu - 228.8nm
③ Ni - 283.3nm   ④ Zn - 213.8nm

해설 원자흡수분광광도법의 측정파장
㉠ Cu(324.8nm)
㉡ Pb(217.0nm, 283.3nm)
㉢ Ni(232.0nm)
㉣ Zn(213.8nm)
㉤ Fe(248.3nm)
㉥ Cd(228.8nm)
㉦ Cr(357.9nm)

65 보통형(I형) 흡입노즐을 사용한 굴뚝 배출가스 흡입 시 10분간 채취한 흡입가스양(습식 가스미터에서 읽은 값)이 60L이었다. 이때 등속흡입이 행하여지기 위한 가스미터에 있어서의 등속흡입유량(L/min)의 범위는?(단, 등속흡입 정도를 알기 위한 등속흡입계수 $I(\%) = \dfrac{V_m}{q_m \times t} \times 100$ 이다.)

① 3.3~5.3   ② 5.5~6.3
③ 6.5~7.3   ④ 7.5~8.3

해설 등속계수$(I, \%) = \dfrac{V_m}{q_m \times t} \times 100$

㉠ 95% 등속유량(q_m)
$= \dfrac{V_m}{I \times t} = \dfrac{60L}{0.95 \times 10min} = 6.32L/min$

㉡ 110% 등속유량(q_m)
$= \dfrac{V_m}{I \times t} = \dfrac{60L}{1.10 \times 100min} = 5.46L/min$

등속흡입유량 범위 : 5.46~6.32L/min

66 다음은 굴뚝 배출가스 중 황산화물의 중화적정법에 관한 설명이다. ( ) 안에 알맞은 것은?

> 메틸레드 – 메틸렌블루 혼합 지시약 (3~5) 방울을 가하여 (㉠)으로 적정하고 용액의 색이 (㉡)으로 변한 점을 종말점으로 한다.

정답 62 ③ 63 ② 64 ④ 65 ② 66 ④

① ㉠ 에틸아민동용액
　㉡ 녹색에서 자주색
② ㉠ 에틸아민동용액
　㉡ 자주색에서 녹색
③ ㉠ 0.1N 수산화소듐용액
　㉡ 녹색에서 자주색
④ ㉠ 0.1N 수산화소듐용액
　㉡ 자주색에서 녹색

해설 **굴뚝배출 가스 중 황산화물(중화적정법) 시험방법**
㉠ 제조한 분석용 시료용액의 적당량(통상 50~100mL)을 250mL 삼각플라스크에 분취한다.
㉡ 메틸레드-메틸렌블루 혼합 지시약 3~5 방울을 가하여 0.1N 수산화소듐용액으로 적정하고 용액의 색이 자주색에서 녹색으로 변한 점을 종말점으로 한다.
㉢ 지시약을 사용하는 대신 pH계를 사용해서 적정해도 좋다. 이 때 종말점은 pH 5.4 부근으로 한다.

67 자외선/가시선 분광법에 의한 불소화합물 분석방법에 관한 설명으로 옳지 않은 것은?

① 분광광도계로 측정 시 흡수 파장은 460nm를 사용한다.
② 이 방법의 정량범위는 HF로서 0.05~1,200ppm이며, 방법검출한계는 0.015ppm이다.
③ 시료가스 중에 알루미늄(Ⅲ), 철(Ⅱ), 구리(Ⅱ), 아연(Ⅱ) 등의 중금속 이온이나 인산 이온이 존재하면 방해 효과를 나타낸다.
④ 굴뚝에서 적절한 시료채취장치를 이용하여 얻은 시료 흡수액을 일정량으로 묽게 한 다음 완충액을 가하여 pH를 조절하고 란탄과 알리자린 콤플렉손을 가하여 생성되는 생성물의 흡광도를 분광광도계로 측정한다.

해설 **굴뚝배출 가스 중 불소화합물**
[자외선/가시선 분광법(란탄-알리자린 콤플렉손법, La Alizarin Complexon]
㉠ 굴뚝에서 적절한 시료채취장치를 이용하여 얻은 시료 흡수액을 일정량으로 묽게 한 다음 완충액을 가하여 pH를 조절하고 란탄과 알리자린 콤플렉손을 가하여 생성되는 생성물의 흡광도를 분광광도계로 측정하는 방법이다. 흡수 파장은 620nm를 사용한다.
㉡ 이 방법은 연료 및 기타 물질의 연소, 금속의 제련과 가공, 이 화학적 처리 등에 의해 굴뚝, 덕트 등으로부터 배출되는 기체 중의 불소화합물을 분석하는 데 사용된다.
㉢ 이 방법의 정량범위는 HF로서 0.05~1,200ppm이며, 방법검출한계는 0.015ppm이다.
㉣ 시료가스 중에 알루미늄(Ⅲ), 철(Ⅱ), 구리(Ⅱ), 아연(Ⅱ) 등의 중금속 이온이나 인산 이온이 존재하면 방해 효과를 나타낸다. 따라서 적절한 증류방법을 통해 불소화합물을 분리한 후 정량하여야 한다.

68 자외선/가시선 분광분석 측정에서 최초광의 50%가 흡수되었을 때의 흡광도는?

① 0.25　　② 0.3
③ 0.4　　④ 0.6

해설 $A(흡광도) = \log\dfrac{1}{투과도} = \log\dfrac{1}{(1-0.6)}$
$= 0.40$

69 배출허용기준 중 표준 산소농도를 적용받는 어떤 오염물질의 보정된 배출가스유량이 50Sm³/day이었다. 이때 배출가스를 분석하니 실측 산소농도는 5%, 표준 산소농도는 3%일 때, 측정된 실측 배출가스유량(Sm³/day)은?

① 45.25　　② 31.25
③ 56.25　　④ 61.25

해설 $Q = Q_a \div \left(\dfrac{21-표준\ 산소농도}{21-실측\ 산소농도}\right)$
$50 = Q_a \div \left(\dfrac{21-3}{21-5}\right)$
$Q_a(실측\ 배출가스유량) = 56.25\text{Sm}^3/\text{day}$

70 비분산적외선분광분석법에서 사용하는 주요 용어의 의미로 옳지 않은 것은?

① 스팬가스 : 분석계의 최저 눈금값을 교정하기 위하여 사용하는 가스
② 스팬 드리프트 : 측정기의 교정범위 눈금에 대한 지시값의 일정 기간 내의 변동
③ 정필터형 : 측정 성분이 흡수되는 적외선을 그 흡수 파장에서 측정하는 방식
④ 비교가스 : 시료셀에서 적외선 흡수를 측정하는 경우 대조가스로 사용하는 것으로 적외선을 흡수하지 않는 가스

해설 **스팬가스(Span Gas)**
분석계의 최고 눈금값을 교정하기 위하여 사용하는 가스

정답 67 ① 68 ③ 69 ③ 70 ①

71 흡광차분광법을 사용하여 아황산가스를 분석할 때 간섭성분으로 오존(O_3)이 존재할 경우 다음 조건에 따른 오존의 영향(%)을 산출한 값은?

- 오존을 첨가했을 경우의 지시값 : 0.7(μmol/mol)
- 오존을 첨가하지 않은 경우의 지시값 : 0.5(μmol/mol)
- 분석기기의 최대 눈금값 : 5(μmol/mol)
- 분석기기의 최소 눈금값 : 0.01(μmol/mol)

① 1 　② 2
③ 3 　④ 4

해설 $R_t(\%) = \dfrac{A-B}{C} \times 100$

$= \dfrac{0.7-0.5}{5} \times 100 = 4\%$

72 원자흡수분광광도법의 장치 구성이 순서대로 옳게 나열된 것은?

① 광원부 → 파장선택부 → 측광부 → 시료원자화부
② 광원부 → 시료원자화부 → 파장선택부 → 측광부
③ 시료원자화부 → 광원부 → 파장선택부 → 측광부
④ 시료원자화부 → 파장선택부 → 광원부 → 측광부

해설 원자흡수분광광도법의 장치의 구성
광원부 – 시료원자화부 – 파장선택부(단색화부) – 측광부

73 굴뚝 배출가스 중 질소산화물의 연속자동측정법으로 옳지 않은 것은?

① 화학발광법　　② 용액전도율법
③ 자외선흡수법　④ 적외선흡수법

해설 굴뚝 배출가스 중의 오염물질과 연속자동측정방법
㉠ 아황산가스 : 용액전도율법, 적외선흡수법, 자외선흡수법, 정전위전해법, 불꽃광도법
㉡ 질소산화물 : 화학발광법, 적외선흡수법, 자외선흡수법, 정전위전해법
㉢ 염화수소 : 이온전극법, 비분산적외선분석법
㉣ 불화수소 : 이온전극법
㉤ 암모니아 : 용액전도율법, 적외선가스분석법
㉥ 먼지 : 광산란적분법, 베타(β)선흡수법, 광투과법

74 다음은 기체 크로마토그램에서 피크(peak)의 분리 정도를 나타낸 그림이다. 분리계수(d)와 분리도(R)를 구하는 식으로 옳은 것은?

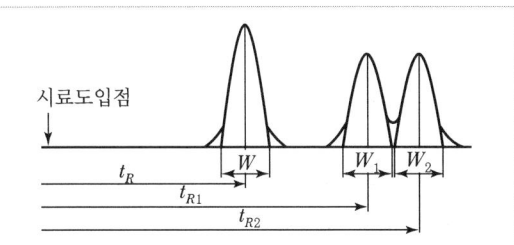

① $d = \dfrac{t_{R2}}{t_{R1}}$, $R = \dfrac{2(t_{R2}-t_{R1})}{W_1+W_2}$

② $d = t_{R2} - t_{R1}$, $R = \dfrac{t_{R1}+t_{R2}}{W_1+W_2}$

③ $d = \dfrac{t_{R2}-t_{R1}}{W_1+W_2}$, $R = \dfrac{t_{R2}}{t_{R1}}$

④ $d = \dfrac{t_{R2}-t_{R1}}{2}$, $R = 100 \times d(\%)$

해설 기체 크로마토그램

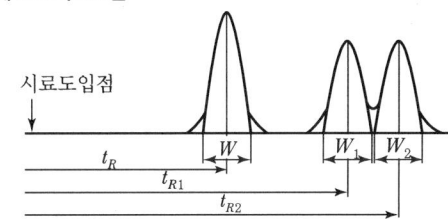

㉠ 분리계수(d)
$d = \dfrac{t_{R2}}{t_{R1}}$
㉡ 분리도(R)
$R = \dfrac{2(t_{R2}-t_{R1})}{W_1+W_2}$

여기서, t_{R1} : 시료도입점으로부터 봉우리 1의 최고점까지의 길이
t_{R2} : 시료도입점으로부터 봉우리 2의 최고점까지의 길이
W_1 : 봉우리 1의 좌우 변곡점에서의 접선이 자르는 바탕선의 길이
W_2 : 봉우리 2의 좌우 변곡점에서의 접선이 자르는 바탕선의 길이

정답 71 ④　72 ②　73 ②　74 ①

75 기체-액체 크로마토그래피에서 사용되는 고정상 액체(Stationary Liquid)의 조건으로 옳은 것은?

① 사용온도에서 증기압이 낮고, 점성이 작은 것이어야 한다.
② 사용온도에서 증기압이 낮고, 점성이 큰 것이어야 한다.
③ 사용온도에서 증기압이 높고, 점성이 작은 것이어야 한다.
④ 사용온도에서 증기압이 높고, 점성이 큰 것이어야 한다.

해설 고정상 액체의 구비조건
㉠ 분석 대상 성분을 완전히 분리할 수 있는 것이어야 한다.
㉡ 사용온도에서 증기압이 낮고, 점성이 작은 것이어야 한다.
㉢ 화학적으로 안정된 것이어야 한다.
㉣ 화학적 성분이 일정한 것이어야 한다.

76 다음 중 물질을 취급 또는 보관하는 동안에 기체 또는 미생물이 침입하지 않도록 내용물을 보호하는 용기를 뜻하는 것은?

① 기밀용기   ② 밀폐용기
③ 밀봉용기   ④ 차광용기

해설 용기구분

구분	정의
밀폐용기	취급 또는 저장하는 동안에 이물질이 들어가거나 또는 내용물이 손실되지 아니하도록 보호하는 용기
기밀용기	취급 또는 저장하는 동안에 밖으로부터의 공기 또는 다른 가스가 침입하지 아니하도록 내용물을 보호하는 용기
밀봉용기	취급 또는 저장하는 동안에 기체 또는 미생물이 침입하지 아니하도록 내용물을 보호하는 용기
차광용기	광선이 투과하지 않는 용기 또는 투과하지 않게 포장한 용기이며 취급 또는 저장하는 동안에 내용물이 광화학적 변화를 일으키지 아니하도록 방지할 수 있는 용기

77 대기오염공정시험기준상 자외선/가시선분광법에서 사용되는 흡수셀의 재질에 따른 사용 파장범위로 가장 적합한 것은?

① 플라스틱제는 자외부 파장범위
② 플라스틱제는 가시부 파장범위
③ 유리제는 가시부 및 근적외부 파장범위
④ 석영제는 가시부 및 근적외부 파장범위

해설 흡수셀의 재질로는 유리, 석영, 플라스틱 등을 사용한다. 유리제는 주로 가시 및 근적외부 파장범위, 석영제는 자외부 파장범위, 플라스틱제는 근적외부 파장범위를 측정할 때 사용한다.

78 다음 분석가스 중 아연아민착염용액을 흡수액으로 사용하는 것은?

① 황화수소
② 브롬화합물
③ 질소산화물
④ 포름알데히드

해설 메틸렌블루법은 황화수소를 아연아민착염용액에 흡수시켜 p-아미노디메틸아닐린 용액과 염화제이철 용액을 가하여 생성되는 메틸렌블루의 흡광도를 측정하여 황화수소를 정량한다.

79 굴뚝 배출가스 중의 황화수소를 아이오딘적정법으로 분석하는 방법에 관한 설명으로 거리가 먼 것은?

① 다른 산화성 및 환원성 가스에 의한 방해는 받지 않는 장점이 있다.
② 시료 중의 황화수소를 염산산성으로 하고, 아이오딘 용액을 가하여 과잉의 아이오딘을 싸이오황산소듐 용액으로 적정한다.
③ 시료 중의 황화수소가 100~2,000ppm 함유되어 있는 경우의 분석에 적합한 시료채취량은 10~20L, 흡입속도는 1L/min 정도이다.
④ 녹말 지시약(질량분율 1%)은 가용성 녹말 1g을 소량의 물과 섞어 끓는 물 100mL 중에 잘 흔들어 섞으면서 가하고, 약 1분간 끓인 후 식혀서 사용한다.

해설 굴뚝 배출가스 중 황화수소(아이오딘 적정법)
㉠ 시료 중의 황화수소를 아연아민착염용액에 흡수시킨 다음 염산산성으로 하고, 아이오딘 용액을 가하여 과잉의 아이오딘을 싸이오환산소듐용액으로 적정하여 황화수소를 정량한다.
㉡ 시료 중의 황화수소가 100~2,000ppm 함유되어 있는 경우의 분석에 적합하다. 또 황화수소의 농도가 2,000ppm 이상인 것은 분석용 시료 용액을 흡수액으로 적당히 희석하여 분석에 사용할 수 있다.
㉢ 다른 산화성 가스와 환원성 가스에 의하여 방해를 받는다.

정답 75 ① 76 ③ 77 ③ 78 ① 79 ①

80 다음 [보기]가 설명하는 굴뚝 배출가스 중의 산소 측정방식으로 옳은 것은?

[보기]
이 방식은 주기적으로 단속하는 자계 내에서 산소 분자에 작용하는 단속적인 흡입력을 자계 내에 일정 유량으로 유입하는 보조가스의 배압변화량으로 검출한다.

① 전극 방식
② 덤벨형 방식
③ 질코니아 방식
④ 압력검출형 방식

해설 문제의 내용은 굴뚝 배출가스 중의 산소 측정방식 중 압력검출형 방식이다.

제5과목 대기환경관계법규

81 대기환경보전법령상 자동차 연료(휘발유)의 제조기준 중 벤젠 함량(부피 %) 기준으로 옳은 것은?

① 1.5 이하
② 1.0 이하
③ 0.7 이하
④ 0.0013 이하

해설 자동차 연료(휘발유) 제조기준

항목	제조기준
방향족화합물 함량(부피%)	24(21) 이하
벤젠 함량(부피%)	0.7 이하
납 함량(g/L)	0.013 이하
인 함량(g/L)	0.0013 이하
산소 함량(무게%)	2.3 이하
올레핀 함량(부피%)	16(19) 이하
황 함량(ppm)	10 이하
증기압(kPa, 37.8℃)	60 이하
90% 유출온도(℃)	170 이하

82 대기환경보전법령상 먼지·황산화물 및 질소산화물의 연간 발생량 합계가 18톤인 배출구의 자가측정횟수 기준은?(단, 특정 대기유해물질이 배출되지 않으며, 관제센터로 측정결과를 자동전송하지 않는 사업장의 배출구이다.)

① 매주 1회 이상
② 매월 2회 이상
③ 2개월마다 1회 이상
④ 반기마다 1회 이상

해설 관제센터로 측정결과를 자동 전송하지 않는 사업장의 배출구

구분	배출구별 규모	측정횟수	측정항목
제1종 배출구	먼지·황산화물 및 질소산화물의 연간 발생량 합계가 80톤 이상인 배출구	매주 1회 이상	배출허용기준이 적용되는 대기오염물질. 다만, 비산먼지는 제외한다.
제2종 배출구	먼지·황산화물 및 질소산화물의 연간 발생량 합계가 20톤 이상 80톤 미만인 배출구	매월 2회 이상	
제3종 배출구	먼지·황산화물 및 질소산화물의 연간 발생량 합계가 10톤 이상 20톤 미만인 배출구	2개월마다 1회 이상	
제4종 배출구	먼지·황산화물 및 질소산화물의 연간 발생량 합계가 2톤 이상 10톤 미만인 배출구	반기마다 1회 이상	
제5종 배출구	먼지·황산화물 및 질소산화물의 연간 발생량 합계가 2톤 미만인 배출구	반기마다 1회 이상	

83 대기환경보전법령상 청정연료를 사용하여야 하는 대상 시설의 범위에 해당하지 않는 시설은?

① 산업용 열병합 발전시설
② 전체 보일러의 시간당 총 증발량이 0.2톤 이상인 업무용 보일러
③ 「집단에너지사업법 시행령」에 따른 지역냉난방사업을 위한 시설
④ 「건축법 시행령」에 따른 중앙집중난방식으로 열을 공급받고 단지 내의 모든 세대의 평균 전용면적이 40.0m²를 초과하는 공동주택

해설 청정연료를 사용하여야 하는 대상 시설의 범위
㉠ 「건축법 시행령」에 따른 공동주택으로서 동일한 보일러를 이용하여 하나의 단지 또는 여러 개의 단지가 공동으로 열을 이용하는 중앙집중난방식(지역냉난방식을 포함한다)으로 열을 공급받고, 단지 내의 모든 세대의 평균 전용면적이 40.0m²를 초과하는 공동주택
㉡ 「집단에너지사업법 시행령」에 따른 지역냉난방사업을 위한 시설
㉢ 전체 보일러의 시간당 총 증발량이 0.2톤 이상인 업무용 보일러(영업용 및 공공용 보일러를 포함하되, 산업용 보일러는 제외한다)
㉣ 발전시설. 다만, 산업용 열병합 발전시설은 제외한다.

정답 80 ④ 81 ③ 82 ③ 83 ①

84 대기환경보전법령상 가스 형태의 물질 중 소각용량이 시간당 2톤(의료폐기물 처리시설은 시간당 200kg) 이상인 소각처리시설에서의 일산화탄소 배출허용기준(ppm)은?(단, 각 보기 항의 ( ) 안의 값은 표준산소농도(O_2의 백분율)를 의미한다.)

① 30(12) 이하
② 50(12) 이하
③ 200(12) 이하
④ 300(12) 이하

해설 일산화탄소 배출허용기준(고형연료제품 사용 시설)
㉠ 고형연료제품 사용량이 시간당 2톤 이상인 시설 : 50(12) 이하
㉡ 고형연료제품 사용량이 시간당 200킬로그램 이상 2톤 미만인 시설 : 200(12) 이하
㉢ 일반고형연료제품(SRF)제조지설 중 건조·가열시설 : 200(12) 이하
단, ( ) 안의 값은 표준산소농도(O_2의 백분율), 배출허용기준 단위는 ppm

85 대기환경보전법령상 벌칙기준 중 7년 이하의 징역이나 1억 원 이하의 벌금에 처하는 것은?

① 대기오염물질의 배출허용기준 확인을 위한 측정기기의 부착 등의 조치를 하지 아니한 자
② 황연료사용제한조치 등의 명령을 위반한 자
③ 제작차 배출허용기준에 맞지 아니하게 자동차를 제작한 자
④ 배출가스 전문 정비사업자로 등록하지 아니하고 정비·점검 또는 확인검사 업무를 한 자

해설 대기환경보전법 제89조 참조

86 대기환경보전법령상 대기오염도 검사기관과 거리가 먼 것은?

① 수도권대기환경청
② 환경보전협회
③ 한국환경공단
④ 유역환경청

해설 대기오염도 검사기관
㉠ 국립환경과학원
㉡ 특별시·광역시·특별자치시·도·특별자치도의 보건환경연구원
㉢ 유역환경청, 지방환경청 또는 수도권대기환경청
㉣ 한국환경공단

87 악취방지법령상 지정악취물질이 아닌 것은?

① 아세트알데하이드
② 메틸메르캅탄
③ 톨루엔
④ 벤젠

해설 지정악취물질의 종류
• 암모니아
• 황화수소
• 다이메틸다이설파이드
• 아세트알데하이드
• 프로피온알데하이드
• n-발레르알데하이드
• 톨루엔
• 메틸에틸케톤
• 뷰틸아세테이트
• n-뷰틸산
• i-발레르산
• 메틸메르캅탄
• 다이메틸설파이드
• 트라이메틸아민
• 스타이렌
• 뷰틸알데하이드
• i-발레르알데하이드
• 자일렌
• 메틸아이소뷰틸케톤
• 프로피온산
• n-발레르산
• i-뷰틸알코올

88 환경정책기본법령상 미세먼지(PM-10)의 대기환경기준은?(단, 연간평균치 기준이다.)

① $10\mu g/m^3$ 이하
② $25\mu g/m^3$ 이하
③ $30\mu g/m^3$ 이하
④ $50\mu g/m^3$ 이하

해설 대기환경기준(PM-10)
㉠ 연간 평균치 : $50\mu g/m^3$ 이하
㉡ 24시간 평균치 : $100\mu g/m^3$ 이하

89 다음은 대기환경보전법령상 환경기술인에 관한 사항이다. ( ) 안에 알맞은 것은?

> 환경기술인을 두어야 할 사업장의 범위, 환경기술인의 자격기준, 임명기간은 ( )으로 정한다.

① 시·도지사령
② 총리령
③ 환경부령
④ 대통령령

해설 환경기술인을 두어야 할 사업장의 범위, 환경기술인의 자격기준, 임명기간은 대통령령으로 정한다.

정답 84 ② 85 ③ 86 ② 87 ④ 88 ④ 89 ④

90 다음은 대기환경보전법령상 환경부령으로 정하는 침가제 제조기준에 맞는 제품의 표시방법이다. ( ) 안에 알맞은 것은?

> 표시 크기는 첨가제 또는 촉매제 용기 앞면의 제품명 밑에 제품명 글자 크기의 ( )에 해당하는 크기로 표시하여야 한다.

① 100분의 10 이상 ② 100분의 20 이상
③ 100분의 30 이상 ④ 100분의 50 이상

해설 첨가제 또는 촉매제 용기 앞면의 제품명 밑에 제품명 글자 크기의 100분의 30 이상에 해당하는 크기로 표시하여야 한다.

91 실내공기질관리법령상 신축 공동주택의 실내공기질 권고기준으로 옳은 것은?

① 스티렌 $360\mu g/m^3$ 이하
② 포름알데하이드 $360\mu g/m^3$ 이하
③ 자일렌 $360\mu g/m^3$ 이하
④ 에틸벤젠 $360\mu g/m^3$ 이하

해설 신축 공동주택의 실내공기질 권고기준
㉠ 포름알데하이드 : $210\mu g/m^3$ 이하
㉡ 벤젠 : $30\mu g/m^3$ 이하
㉢ 톨루엔 : $1,000\mu g/m^3$ 이하
㉣ 에틸벤젠 : $360\mu g/m^3$ 이하
㉤ 자일렌 : $700\mu g/m^3$ 이하
㉥ 스티렌 : $300\mu g/m^3$ 이하
㉦ 라돈 : $148Bq/m^3$ 이하

92 다음은 악취방지법령상 악취검사기관의 준수사항에 관한 내용이다. ( ) 안에 알맞은 것은?

> 검사기관이 법인인 경우 보유차량에 국가기관의 악취검사차량으로 잘못 인식하게 하는 문구를 표시하거나 과대 표시를 해서는 아니 되며, 검사기관은 다음의 서류를 작성하여 ( ) 보존하여야 한다.
> 가. 실험일지 및 검량선 기록지
> 나. 검사결과 발송 대장
> 다. 정도관리 수행기록철

① 1년간   ② 2년간
③ 3년간   ④ 5년간

해설 악취검사기관의 준수사항
검사기관은 다음의 서류를 작성하여 3년간 보존해야 한다.
㉠ 실험일지 및 검량선 기록지
㉡ 검사결과 발송 대장
㉢ 정도관리 수행기록철

93 악취방지법령상 위임업무 보고사항 중 "악취검사기관의 지도·점검 및 행정처분실적" 보고횟수 기준은?

① 연 1회   ② 연 2회
③ 연 4회   ④ 수시

해설 위임업무의 보고사항
㉠ 업무내용 : 악취검사기관의 지도·점검 및 행정처분 실적
㉡ 보고횟수 : 연 1회
㉢ 보고기일 : 다음 해 1월 15일까지
㉣ 보고자 : 국립환경과학원장

94 다음은 대기환경보전법령상 운행차정기검사의 방법 및 기준에 관한 사항이다. ( ) 안에 알맞은 것은?

> 배출가스 검사대상 자동차의 상태를 검사할 때 원동기가 충분히 예열되어 있는 것을 확인하고, 수냉식 기관의 경우 계기판 온도가 (㉠) 또는 계기판 눈금이 (㉡)이어야 하며, 원동기가 과열되었을 경우에는 원동기실 덮개를 열고 (㉢) 지난 후 정상상태가 되었을 때 측정한다.

① ㉠ 25℃ 이상, ㉡ 1/10 이상, ㉢ 1분 이상
② ㉠ 25℃ 이상, ㉡ 1/10 이상, ㉢ 5분 이상
③ ㉠ 40℃ 이상, ㉡ 1/4 이상, ㉢ 1분 이상
④ ㉠ 40℃ 이상, ㉡ 1/4 이상, ㉢ 5분 이상

해설 운행차 정기검사 방법 및 기준
(원동기 충분히 예열되어 있을 것)
㉠ 수냉식 기관의 경우 계기판 온도가 40℃ 이상 또는 계기판 눈금이 1/4 이상이어야 하며, 원동기가 과열되었을 경우에는 원동기실 덮개를 열고 5분 이상 지난 후 정상상태가 되었을 때 측정
㉡ 온도계가 없거나 고장인 자동차는 원동기를 시동하여 5분이 지난 후 측정

정답 90 ③ 91 ④ 92 ③ 93 ① 94 ④

95 다음은 대기환경보전법령상 기본부과금 부과대상 오염물질에 대한 초과배출량 산정방법 중 초과배출량 공제분 산정방법이다. ( ) 안에 알맞은 것은?

> 3개월간 평균 배출농도는 배출허용기준을 초과한 날 이전 정상 가동된 3개월 동안의 ( )를 산술평균한 값으로 한다.

① 5분 평균치 ② 10분 평균치
③ 30분 평균치 ④ 1시간 평균치

해설 초과부과금의 오염물질 배출량 산정
초과부과금의 산정에 필요한 배출허용기준 초과 오염물질배출량은 배출기간 중에 배출허용기준을 초과하여 조업함으로써 배출되는 오염물질의 양으로 하되, 일일기준 초과 배출량에 배출기간의 일수를 곱하여 산정한다. 다만, 굴뚝 자동측정기기를 설치하여 관제센터로 측정결과를 자동 전송하는 사업장의 자동측정 자료의 30분 평균치가 배출허용기준을 초과한 경우에는 그 초과한 30분마다 배출허용기준초과농도(배출허용기준을 초과한 30분 평균치에서 배출허용기준농도를 뺀 값을 말한다)에 해당 30분 동안의 배출유량을 곱하여 초과배출량을 산정하고, 반기별로 이를 합산하여 기준초과배출량을 산정한다.

96 대기환경보전법령상 환경부장관이 특별대책지역의 대기오염 방지를 위하여 필요하다고 인정하면 그 지역에 새로 설치되는 배출시설에 대해 정할 수 있는 기준은?

① 일반배출허용기준 ② 특별배출허용기준
③ 심화배출허용기준 ④ 강화배출허용기준

해설 특별배출허용기준
환경부장관은 「환경정책기본법」 특별대책지역(이하 "특별대책지역"이라 한다)의 대기오염 방지를 위하여 필요하다고 인정하면 그 지역에 설치된 배출시설에 대하여 기준보다 엄격한 배출허용기준을 정할 수 있으며, 그 지역에 새로 설치되는 배출시설에 대하여 특별배출허용기준을 정할 수 있다.

97 대기환경보전법령상 기관출력이 130kW 초과인 선박의 질소산화물 배출기준(g/kWh)은?(단, 정격 기관속도 n(크랭크샤프트의 분당 속도)이 130rpm 미만이며 2011년 1월 1일 이후에 건조한 선박의 경우이다.)

① 17 이하 ② $44.0 \times n^{(-0.23)}$ 이하
③ 7.7 이하 ④ 14.4 이하

해설 선박의 배출허용기준

기관 출력	정격 기관속도 (n : 크랭크샤프트의 분당 속도)	질소산화물 배출기준(g/kWh)		
		기준 1	기준 2	기준 3
130 kW 초과	n이 130rpm 미만일 때	17 이하	14.4 이하	3.4 이하
	n이 130rpm 이상 2,000rpm 미만일 때	$45.0 \times n^{(-0.2)}$ 이하	$44.0 \times n^{(-0.23)}$ 이하	$9.0 \times n^{(-0.2)}$ 이하
	n이 2,000rpm 이상일 때	9.8 이하	7.7 이하	2.0 이하

98 대기환경보전법령상 대기오염 경보단계 중 오존에 대한 "경보" 해제기준과 관련하여 ( ) 안에 알맞은 것은?

> 경보가 발령된 지역의 기상조건 등을 고려하여 대기자동측정소의 오존농도가 ( )인 때는 주의보로 전환한다.

① 0.1ppm 이상 0.3ppm 미만
② 0.1ppm 이상 0.5ppm 미만
③ 0.12ppm 이상 0.3ppm 미만
④ 0.12ppm 이상 0.5ppm 미만

해설 오존에 대한 대기오염 경보단계별 농도기준

구분	발령기준	해제기준
주의보	기상조건 등을 고려하여 해당 지역의 대기자동측정소 오존농도가 0.12ppm 이상인 때	주의보가 발령된 지역의 기상조건 등을 검토하여 대기자동측정소의 오존농도가 0.12ppm 미만인 때
경보	기상조건 등을 고려하여 해당 지역의 대기자동측정소 오존농도가 0.3ppm 이상인 때	경보가 발령된 지역의 기상조건 등을 고려하여 대기자동측정소의 오존농도가 0.12ppm 이상 0.3ppm 미만인 때는 주의보로 전환
중대 경보	기상조건 등을 고려하여 해당 지역의 대기자동측정소 오존농도가 0.5ppm 이상인 때	중대경보가 발령된 지역의 기상조건 등을 고려하여 대기자동측정소의 오존농도가 0.3ppm 이상 0.5ppm 미만인 때는 경보로 전환

정답 95 ③ 96 ② 97 ④ 98 ③

99 대기환경보전법령상 배출시설 설치허가 신청서 또는 배출시설 설치신고서에 첨부하여야 할 서류가 아닌 것은?

① 원료(연료를 포함한다)의 사용량 및 제품 생산량을 예측한 명세서
② 배출시설 및 방지시설의 설치명세서
③ 방지시설의 상세 설계도
④ 방지시설의 연간 유지관리 계획서

해설 대기배출시설의 설치허가 제출서류
㉠ 원료(연료를 포함한다)의 사용량 및 제품 생산량과 오염물질 등의 배출량을 예측한 명세서
㉡ 배출시설 및 방지시설의 설치명세서
㉢ 방지시설의 일반도
㉣ 방지시설의 연간 유지관리 계획서
㉤ 사용 연료의 성분 분석과 황산화물 배출농도 및 배출량 등을 예측한 명세서
㉥ 배출시설설치허가증(변경허가를 신청하는 경우에만 해당한다)

100 다음 중 대기환경보전법령상 초과부과금 산정기준에 따른 오염물질 1킬로그램당 부과금액이 가장 높은 것은?

① 질소산화물
② 황화수소
③ 이황화탄소
④ 시안화수소

해설 초과부과금 산정기준

오염물질	구분	오염물질 1킬로그램당 부과금액
황산화물		500
먼지		770
질소산화물		2,130
암모니아		1,400
황화수소		6,000
이황화탄소		1,600
특정유해물질	불소화물	2,300
	염화수소	7,400
	시안화수소	7,300

정답 99 ③ 100 ④

2019년 1회 기출문제

제1과목 대기오염개론

01 굴뚝 유효높이를 3배로 증가시키면 지상 최대오염도는 어떻게 변화되는가?(단, Sutton식에 의함)

① 처음의 3배 ② 처음의 1/3
③ 처음의 9배 ④ 처음의 1/9

해설 최대착지농도(C_{max})와 유효굴뚝높이(H_e)의 관계
$C_{max} \propto \dfrac{1}{H_e^2} = \dfrac{1}{3^2} = \dfrac{1}{9}$ (기존의 1/9)

02 다음은 지구온난화와 관련된 설명이다. ( ) 안에 알맞은 것은?

> (㉠)는 온실기체들의 구조상 또는 열축적 능력에 따라 온실효과를 일으키는 잠재력을 지수로 표현한 것으로, 이 온실기체들은 CH_4, N_2O, $HFCs$, CO_2, SF_6 등이 있으며, 이 중 (㉠)가 가장 큰 값을 나타내는 물질은 (㉡)이다.

① ㉠ GHG, ㉡ CO_2 ② ㉠ GHG, ㉡ SF_6
③ ㉠ GWP, ㉡ CO_2 ④ ㉠ GWP, ㉡ SF_6

해설 GWP(지구온난화지수)
㉠ 같은 질량일 경우 온실가스별로 지구온난화에 영향을 미치는 정도를 나타낸 수치로 이 값이 클수록 지구온난화에 대한 기여도가 크다는 의미이다.
㉡ 이산화탄소 1을 기준으로 하여 메탄(CH_4) 21, 아산화질소(H_2O) 310, 수소불화탄소(HFC) 140~11,700, 과불화탄소(PFC) 6,500~9,200(11,700), 육불화황(SF_6) 23,900 등이다.

03 2,000m에서 대기압력(최초 기압)이 860mbar, 온도가 5℃, 비열비 K가 1.4일 때 온위(potential temperature)는?(단, 표준압력은 1,000mbar)

① 약 284K ② 약 290K
③ 약 294K ④ 약 309K

해설 온위(θ) = $T\left(\dfrac{1,000}{P}\right)^{0.288}$
$= (273+5) \times \left(\dfrac{1,000}{860}\right)^{0.288}$
$= 290.34K$

04 다음 중 석면의 구성성분과 거리가 먼 것은?

① K ② Na
③ Fe ④ Si

해설 ㉠ 백석면[$Mg_3(Si_2O_5)(OH)_4$]
㉡ 청석면[$Na_2Fe(SiO_3)_2$]

05 석면폐증에 관한 설명으로 가장 거리가 먼 것은?

① 석면폐증은 폐의 석면분진 침착에 의한 섬유화이며, 흉막의 섬유화와는 무관하다.
② 석면폐증은 폐상엽에서 주로 발생하며, 전이되지 않는다.
③ 폐의 섬유화는 폐조직의 신축성을 감소시키고, 혈액으로의 산소공급을 불충분하게 한다.
④ 석면폐증은 비가역적이며, 석면 노출이 중단된 이후에도 악화되는 경우가 있다.

해설 석면폐증은 폐하엽에서 주로 발생하며 전이될 수 있다.

06 스테판-볼츠만의 법칙에 의하면 표면온도가 1,500K에서 1,800K가 되었다면, 흑체에서 복사되는 에너지는 약 몇 배가 되는가?

① 1.2배 ② 1.4배
③ 2.1배 ④ 3.2배

해설 스테판-볼츠만의 법칙
$E = \sigma T^4$ 이므로
$\left(\dfrac{T_2}{T_1}\right)^4 = \left(\dfrac{1,800}{1,500}\right)^4 = 2.07$배

정답 01 ④ 02 ④ 03 ② 04 ① 05 ② 06 ③

07 대기오염물의 분산과정에서 최대 혼합깊이(Maximum mixing depth)를 가장 적합하게 표현한 것은?

① 열부상 효과에 의한 대류혼합층의 높이
② 풍향에 의한 대류혼합층의 높이
③ 기압의 변화에 의한 대류혼합층의 높이
④ 오염물 간 화학반응에 의한 대류혼합층의 높이

해설 열부상효과에 의하여 대류에 의한 혼합층의 깊이가 결정되는데 이를 최대 혼합깊이(MMD)라 한다.

08 체적이 $100m^3$인 복사실의 공간에서 오존 배출량이 분당 0.2mg인 복사기를 연속 사용하고 있다. 복사기 사용 전의 실내 오존농도가 0.1ppm이라고 할 때 5시간 사용 후 오존농도는 몇 ppb인가?(단, 0℃, 1기압 기준, 환기는 고려하지 않음)

① 260 ② 380 ③ 420 ④ 520

해설 오존농도=복사기 사용 전 농도+복사기 사용으로 증가된 농도

사용 전 농도(ppb) = $0.1ppm \times 10^3 ppb/ppm$
= 100ppb

증가 농도 = $\dfrac{0.2mg/min \times 5hr \times 60min/hr}{100m^3}$
= $0.6mg/m^3$

증가 농도(ppb) = $0.6mg/m^3 \times \dfrac{22.4mL}{48mg}$
$\times 10^3 ppb/ppm = 280ppb$

= 100+280 = 380ppb

09 오존(O_3)의 특성과 광화학반응에 관한 설명으로 가장 거리가 먼 것은?

① 산화력이 강하여 눈을 자극하고 물에 난용성이다.
② 대기 중 지표면 오존의 농도는 NO_2로 산화된 NO양에 비례하여 증가한다.
③ 과산화기가 산소와 반응하여 오존이 생길 수도 있다.
④ 오존의 탄화수소 산화반응률은 원자상태의 산소에 의한 탄화수소의 산화보다 빠르다.

해설 오존의 탄화수소 산화반응률은 원자상태의 산소에 의한 탄화수소의 산화에 비해 상당히 느리게 진행된다.

10 지표 부근 대기의 일반적인 체류시간의 순서로 가장 적합한 것은?

① $O_2 > N_2O > CH_4 > CO$
② $O_2 > CH_4 > CO > N_2O$
③ $CO > O_2 > N_2O > CH_4$
④ $CO > CH_4 > O_2 > N_2O$

해설
㉠ O_2 : 6,000year
㉡ N_2O : 5~50year
㉢ CH_4 : 3~8year
㉣ CO : 0.5year

11 바람을 일으키는 힘 중 전향력에 관한 설명으로 가장 거리가 먼 것은?

① 전향력은 운동방향은 변화시키지 않지만, 속도에는 영향을 미친다.
② 북반구에서는 항상 움직이는 물체의 운동방향의 오른쪽 직각방향으로 작용한다.
③ 전향력은 극지방에서 최대가 되고 적도지방에서 최소가 된다.
④ 전향력의 크기는 위도, 지구자전 각속도, 풍속의 함수로 나타낸다.

해설 전향력은 운동의 방향만 변화시키고 속도에는 영향을 미치지 않는다.

12 파장이 5,240Å인 빛 속에서 상대습도가 70% 이하인 경우 밀도가 $1,700mg/cm^3$이고, 직경이 $0.4\mu m$인 기름방울의 분산면적비가 4.5일 때, 가시거리가 959m이라면 먼지농도(mg/m^3)는?

① 0.21 ② 0.31 ③ 0.41 ④ 0.51

해설 $L_v = \dfrac{5.2 \times \rho \times r}{k \times G}$

$G(농도) = \dfrac{5.2 \times \rho \times r}{k \times L_v}$

$\rho = 1,700mg/cm^3 \times 10^6 cm^3/m^3$
$= 1,700 \times 10^6 mg/m^3$
$r = 0.4\mu m \times 0.5 = 0.2\mu m$

$= \dfrac{5.2 \times 1,700 \times 10^6 mg/m^3 \times 0.2\mu m}{4.5 \times 959m \times 10^6 \mu m/m}$

$= 0.41mg/m^3$

정답 07 ① 08 ② 09 ④ 10 ① 11 ① 12 ③

13 광화학물질인 PAN에 관한 설명으로 옳지 않은 것은?

① PAN의 분자식은 $C_6H_5COOONO_2$이다.
② 식물의 경우 주로 생활력이 왕성한 초엽에 피해가 크다.
③ 식물의 영향은 잎의 밑부분이 은(백)색 또는 청동색이 되는 경향이 있다.
④ 눈에 통증을 일으키며 빛을 분산시키므로 가시거리를 단축시킨다.

해설 PAN은 peroxyacetyl nitrate의 약자이며, $CH_3COOONO_2$의 분자식을 갖는다.

14 다음 중 지표 부근 대기 중에서 성분 함량이 가장 낮은 것은?

① Ar   ② He   ③ Xe   ④ Kr

해설 지표 부근 건조대기 부피농도 순서
질소(N_2) > 산소(O_2) > 아르곤(Ar) > 탄산가스(CO_2) > 네온(Ne) > 헬륨(He) > 크립톤(Kr) > 크세논(Xe)

15 다음 중 오존층 보호를 위한 국제환경협약으로만 옳게 연결된 것은?

① 바젤협약 – 비엔나협약
② 오슬로협약 – 비엔나협약
③ 비엔나협약 – 몬트리올의정서
④ 몬트리올의정서 – 람사협약

해설 오존층 보호를 위한 국제협약
㉠ 비엔나협약   ㉡ 몬트리올의정서
㉢ 런던회의   ㉣ 코펜하겐회의

16 질소산화물(NOx)에 관한 설명으로 옳지 않은 것은?

① NOx의 인위적 배출량 중 거의 대부분이 연소과정에서 발생된다.
② NOx는 그 자체도 인체에 해롭지만 광화학스모그의 원인물질로도 중요한 역할을 한다.
③ 연소과정에서 초기에 발생되는 NOx는 주로 NO이다.
④ 연소 시 연료 중 질소의 NO 변환율은 대체로 약 2~5% 범위이다.

해설 연소 시 연료 중 질소의 NO 변화율
30~50% 정도로 연료와 공기의 혼합특성, 연소장치의 특성 등에 따라 변화한다.

17 역사적으로 유명한 대기오염사건 중 LA smog 사건에 대한 설명으로 옳지 않은 것은?

① 아침, 저녁 환원반응에 의한 발생
② 자동차 등의 석유연료의 소비 증가
③ 침강역전 상태
④ Aldehyde, O_3 등의 옥시던트 발생

해설 LA Smog 발생시간은 주간(한낮)이며, 산화반응에 의한 발생이다.

18 내경이 2m이고, 실제 높이가 45m인 연돌에서 15m/s로 배출되는 배기가스의 온도는 127℃, 대기 중의 공기압은 1기압, 기온은 27℃이다. 연돌 배출구에서의 풍속이 5m/s일 때, 유효연돌높이는?(단, Holland의 연기 상승 높이 결정식은 다음과 같다.)

$$\Delta H = \frac{V_s \cdot d}{U}\left[1.5 + 2.68 \times 10^{-3} \cdot P\left(\frac{T_s - T_a}{T_s}\right) \times d\right]$$

① 74.1m   ② 67.1m
③ 65.1m   ④ 62.1m

해설 $H_e = H + \Delta H$

$$\Delta H = \frac{V_s \cdot d}{U}\left[1.5 + 2.68 \times 10^{-3} \times P\left(\frac{T_s - T_a}{T_s}\right) \times d\right]$$
$$= \frac{15\text{m/sec} \times 2\text{m}}{5\text{m/sec}}\left[1.5 + 2.68 \times 10^{-3} \times 1,013.2\text{mb}\right.$$
$$\left.\times \left(\frac{(273+127)-(273+27)}{273+127}\right) \times 2\text{m}\right] = 17.15\text{m}$$
$= 45 + 17.15 = 62.15\text{m}$

19 암모니아가 식물에 미치는 영향으로 가장 거리가 먼 것은?

① 토마토, 메밀 등은 40ppm 정도의 암모니아 가스 농도에서 1시간 지나면 피해증상이 나타난다.
② 최초의 증상은 잎 선단부에 경미한 황화현상으로 나타난다.
③ 잎의 일부분에 영향이 나타나며, 강한 식물로는 겨자, 해바라기 등이 있다.
④ 암모니아의 독성은 HCl과 비슷한 정도이다.

해설 암모니아는 잎 전체에 영향이 나타나며 암모니아에 민감한 식물은 토마토, 해바라기 등이다.

정답 13 ① 14 ③ 15 ③ 16 ④ 17 ① 18 ④ 19 ③

20 지상에서부터 600m까지의 평균기온감률은 0.88℃/100m이다. 100m 고도에서의 기온이 20℃라면 300m에서의 기온은?

① 15.5℃ ② 16.2℃
③ 17.5℃ ④ 18.2℃

해설 기온 = 20℃ − [0.88℃/100m × (300 − 100)m]
       = 18.24℃

제2과목 연소공학

21 과잉공기가 지나칠 때 나타나는 현상으로 거리가 먼 것은?

① 연소실 내의 온도가 저하된다.
② 배기가스에 의한 열손실이 증가된다.
③ 배기가스의 온도가 높아지고 매연이 증가한다.
④ 열효율이 감소되고 배기가스 중 NOx 증가의 가능성이 있다.

해설 과잉공기가 지나칠 때는 배기가스의 온도가 낮아지고 매연이 감소한다.

22 탄소 85%, 수소 15%의 구성비를 갖는 중유를 연소할 때 CO_{2max}(%)는 얼마인가?(단, 공기비는 1.1이다.)

① 11.6% ② 13.4%
③ 14.8% ④ 16.4%

해설 $CO_{2\,max}(\%) = \dfrac{CO_2 \text{양}}{G_{od}} \times 100$

$G_{od} = 0.79 A_o + CO_2$

$A_o = \dfrac{1}{0.21}[(1.867 \times 0.85) + (5.6 \times 0.15)]$
$= 11.56 Sm^3/kg$
$= (0.79 \times 11.56) + (1.867 \times 0.85)$
$= 10.72 Sm^3/kg$

$= \dfrac{1.867 \times C}{G_{od}} \times 100$

$= \dfrac{1.867 \times 0.85}{10.72} \times 100 = 14.80\%$

23 분자식 C_mH_n인 탄화수소 $1Sm^3$를 완전연소 시 이론공기량이 $19Sm^3$인 것은?

① C_2H_4 ② C_2H_2 ③ C_3H_8 ④ C_3H_4

해설 $C_3H_4 + 4O_2 \rightarrow 3CO_2 + 2H_2O$

$A_o(Sm^3) = \left(\dfrac{4Sm^3/Sm^3}{0.21}\right) \times 1Sm^3$
$= 19.05 Sm^3$

24 연료연소 시 매연 발생에 관한 설명으로 옳지 않은 것은?

① 연료의 C/H 비율이 클수록 매연이 발생하기 쉽다.
② 중합 및 고리화합물 등과 같이 반응이 일어나기 쉬운 탄화수소일수록 매연발생이 적다.
③ 분해하기 쉽거나 산화하기 쉬운 탄화수소는 매연발생이 적다.
④ 탄소결합을 절단하기보다는 탈수소가 쉬운 쪽이 매연이 발생하기 쉽다.

해설 탈수소, 중합반응 및 고리화합물 등과 같은 반응이 일어나기 쉬운 탄화수소일수록 매연이 잘 생긴다.

25 수소 8%, 수분 2%가 포함된 고체연료의 고위발열량이 8,000kcal/kg일 때 이 연료의 저위발열량은?

① 7,984kcal/kg ② 7,779kcal/kg
③ 7,556kcal/kg ④ 6,835kcal/kg

해설 $H_l = H_h - 600(9H + W)$
$= 8,000 - 600[(9 \times 0.08) + 0.02]$
$= 7,556 kcal/kg$

26 기체연료의 일반적 특징으로 가장 거리가 먼 것은?

① 저발열량의 것으로 고온을 얻을 수 있다.
② 연소효율이 높고 검댕이 거의 발생하지 않으나, 많은 과잉공기가 소모된다.
③ 저장이 곤란하고 시설비가 많이 드는 편이다.
④ 연료 속에 황이 포함되지 않은 것이 많고, 연소 조절이 용이하다.

해설 연소효율이 높고 검댕이 거의 발생하지 않으며 적은 과잉공기로 완전연소가 가능하다.

정답 20 ④ 21 ③ 22 ③ 23 ④ 24 ② 25 ③ 26 ②

27 다음 연료 중 착화온도가 가장 높은 것은?
① 천연가스 ② 황
③ 중유 ④ 휘발유

해설 연료의 착화온도
ⓐ 고체연료
- 코크스 : 500~600℃
- 무연탄 : 370~500℃
- 목탄 : 320~400℃
- 역청탄 : 250~400℃
- 갈탄 : 250~350℃
- 갈탄(건조) : 250~400℃

ⓑ 액체연료
- 경유 : 592℃
- B중유 : 530~580℃
- A중유 : 530℃
- 휘발유 : 500~550℃
- 등유 : 400~500℃

ⓒ 기체연료
- 도시가스 : 600~650℃
- 코크스 : 560℃
- 수소가스 : 550℃
- 프로판가스 : 493℃
- LPG(석유가스) : 440~480℃
- 천연가스(주 : 메탄) : 650~750℃
- 발생로가스 : 700~800℃

28 화학반응속도는 일반적으로 Arrhenius식으로 표현된다. 어떤 반응에서 화학반응상수가 27℃일 때에 비하여 77℃일 때 3배가 되었다면 이 화학반응의 활성화에너지는?
① 2.3kcal/mole ② 4.6kcal/mole
③ 6.9kcal/mole ④ 13.2kcal/mole

해설 $\ln\frac{K_2}{K_1} = \frac{E_a}{R}\left(\frac{1}{T_1} - \frac{1}{T_2}\right)$

$\ln 3 = \frac{E_a}{1.9872\text{cal/mole}\cdot\text{K}}\left(\frac{1}{273+27} - \frac{1}{273+77}\right)$

$E_a = 4,584.64\text{cal/mole} \times \text{kcal}/1,000\text{cal} = 4.58\text{kcal/mole}$

[활성화에너지 단위가 cal/mole인 경우 기체상수(R)는 1.9872 cal/mole·K를 적용함]

29 다음 중 연소와 관련된 설명으로 가장 적합한 것은?
① 공연비는 예혼합연소에 있어서의 공기와 연료의 질량비(또는 부피비)이다.
② 등가비가 1보다 큰 경우, 공기가 과잉인 경우로 열손실이 많아진다.
③ 등가비와 공기비는 상호 비례관계가 있다.
④ 최대탄산가스양(%)은 실제 건조연소가스양을 기준한 최대탄산가스의 용적백분율이다.

해설 ② 등가비가 1보다 큰 경우, 연료가 과잉인 경우로 열손실이 많지 않다.
③ 등가비와 공기비는 상호반비례관계가 있다.
④ 최대탄산가스양(%)은 이론건조연소가스양을 기준한 CO_2의 백분율을 의미한다.

30 연소의 종류에 관한 설명으로 옳지 않은 것은?
① 포트액면연소는 액면에서 증발한 연료가스 주위를 흐르는 공기와 혼합하면서 연소하는 것으로 연소속도는 주위 공기의 흐름속도에 거의 비례하여 증가한다.
② 심지연소는 공급공기의 유속이 낮을수록, 공기의 온도가 높을수록 화염의 높이는 높아진다.
③ 증발연소는 일반적으로 가정용 석유스토브, 보일러 등 연료가 경질유이며, 소형인 것에 사용된다.
④ 분무연소는 연소장치를 작게 할 수 있는 장점은 있으나, 고부하의 연소는 불가능하다.

해설 분무연소는 연소장치를 작게 할 수 없으며 고부하의 연소는 가능하다.

31 다음 연료별 이론공기량(A_o, Sm^3/Sm^3)이 가장 큰 것은?
① 석탄가스 ② 발생로가스
③ 탄소 ④ 고로가스

해설 이론공기량(Sm^3/Sm^3)
① 석탄가스 : $4.6Sm^3/Sm^3$
② 발생로가스 : $0.93~1.29Sm^3/Sm^3$
③ 탄소 : $8.9Sm^3/Sm^3$
④ 고로가스 : $0.7~0.9Sm^3/Sm^3$

32 다음 조건에서 메탄의 이론연소온도는?(단, 메탄, 공기는 25℃에서 공급되며 CO_2, $H_2O(g)$, N_2의 평균정압 몰비열 (상온~2,100℃)은 각각 13.1, 10.5, 8.0[kcal/kmol·℃]이고, 메탄의 저위발열량은 8,600[kcal/Sm^3]이다.)
① 약 1,870℃ ② 약 2,070℃
③ 약 2,470℃ ④ 약 2,870℃

정답 27 ① 28 ② 29 ① 30 ④ 31 ③ 32 ②

해설 이론연소온도(t_2)

$$t_2 = \frac{H_l}{GC_p} + t_1$$

$G = (1-0.21)A_0 + \Sigma$연소생성물

$CH_4 + 2O_2 \rightarrow CO_2 + 2H_2O$

$= 0.79 \times \left(\frac{2}{0.21}\right) + [1+2] = 10.52 \text{ Sm}^3/\text{Sm}^3$

$C_p \rightarrow CO_2, H_2O, N_2$ 성분 계산 후 구함

$CO_2 = \frac{CO_2}{G} \times 100 = \frac{1}{10.52} \times 100 = 9.51\%$

$H_2O = \frac{H_2O}{G} \times 100 = \frac{2}{10.52} \times 100 = 19.01\%$

$N_2 = 100 - [CO_2 + H_2O]$
$= 100 - [9.51 + 19.01] = 71.48\%$

$C_p = (13.1 \times 0.0951) + (10.5 \times 0.1901) + (8.0 \times 0.7148)$
$= 8.96 \text{ kcal/kmol} \cdot \text{℃} \times \left(\frac{1 \text{ kmol}}{22.4 \text{ Sm}^3}\right)$
$= 0.4 \text{ kcal/Sm}^3 \cdot \text{℃}$

$= \frac{8,600 \text{ kcal/Sm}^3}{10.52 \text{ Sm}^3/\text{Sm}^3 \times 0.4 \text{ kcal/Sm}^3 \cdot \text{℃}} + 25\text{℃}$

$= 2,068.73\text{℃}$

33 다음 중 저온부식의 원인과 대책에 관한 설명으로 가장 거리가 먼 것은?

① 연소가스온도를 산노점온도보다 높게 유지해야 한다.
② 예열공기를 사용하거나 보온시공을 한다.
③ 저온부식이 일어날 수 있는 금속 표면은 피복을 한다.
④ 250℃ 이상의 전열면에 응축하는 황산, 질산 등에 의하여 발생된다.

해설 저온부식
150℃ 이하의 전열면에 응축하는 황산, 질산, 염산 등의 산성 염에 의하여 발생한다.

34 탄소, 수소의 중량 조성이 각각 86%, 14%인 액체연료를 매시 30kg 연소한 경우 배기가스의 분석치가 CO_2 12.5%, O_2 3.5%, N_2 84%라면 매시간 필요한 공기량(Sm^3/hr)은?

① 약 794   ② 약 675
③ 약 591   ④ 약 406

해설 실제공기량(A)
$= m \times A_o$

$m = \frac{N_2}{N_2 - 3.76 O_2} = \frac{84}{84 - (3.76 \times 3.5)} = 1.186$

$A_o = \frac{1}{0.21}[(1.867 \times 0.86) + (5.6 \times 0.14)] = 11.38 \text{ Sm}^3/\text{kg}$

$= 1.186 \times 11.38 \text{Sm}^3/\text{kg} \times 30 \text{kg/hr}$
$= 404.87 \text{Sm}^3/\text{hr}$

35 다음 기체연료 중 고위발열량(kJ/mol)이 가장 큰 것은? (단, 25℃, 1atm을 기준으로 한다.)

① carbon monoxide   ② methane
③ ethane   ④ n-pentane

해설 기체연료는 탄소수 및 수소수가 많을수록 발열량이 증가한다.
① Carbon monoxide(CO)
② methane(CH_4)
③ ethane(C_2H_6)
④ n-pentane(C_5H_{12})

36 탄소 84.0%, 수소 13.0%, 황 2.0%, 질소 1.0%의 조성을 가진 중유 1kg당 15Sm³의 공기로 완전연소할 경우 습배출가스 중 SO_2의 농도(ppm)는?(단, 표준상태 기준, 중유 중의 황 성분은 모두 SO_2로 된다.)

① 약 680ppm   ② 약 735ppm
③ 약 800ppm   ④ 약 890ppm

해설 SO_2(ppm)
$= \frac{SO_2}{G_w} \times 10^6 = \frac{0.7 \times S}{G_w} \times 10^6$

$G_w = G_{ow} + (m-1)A_o$
$G_{ow} = 0.79 A_o + CO_2 + H_2O + SO_2 + N_2$

$A_o = \frac{1}{0.21}[(1.867 \times 0.84) + (5.6 \times 0.13) + (0.7 \times 0.02)] = 11.0 \text{ Sm}^3/\text{kg}$

$= (0.79 \times 11.0) + (1.867 \times 0.84) + (11.2 \times 0.13) + (0.7 \times 0.02) + (0.8 \times 0.01)$
$= 11.736 \text{ Sm}^3/\text{kg}$

$m = \frac{15 \text{Sm}^3/\text{kg}}{11.0 \text{Sm}^3/\text{kg}} = 1.364$

$= 11.736 + [(1.364-1) \times 11.0] = 15.74 \text{ Sm}^3/\text{kg}$

$= \frac{0.7 \times 0.02}{15.74} \times 10^6 = 889.45 \text{ppm}$

정답 33 ④ 34 ④ 35 ④ 36 ④

37 미분탄 연소장치에 관한 설명으로 옳지 않은 것은?
① 설비비와 유지비가 많이 들고 재의 비산이 많아 집진장치가 필요하다.
② 부하변동의 적응이 어려워 대형과 대용량 설비에는 적합하지 않다.
③ 연소제어가 용이하고 점화 및 소화 시 손실이 적다.
④ 스토커 연소에 적합하지 않은 점결탄과 저발열량탄 등도 사용할 수 있다.

해설 부하변동의 적응이 쉬워 대형과 대용량설비에 적합하다.

38 착화온도에 관한 설명으로 옳지 않은 것은?
① 휘발성분이 적고 고정탄소량이 많을수록 높아진다.
② 반응활성도가 작을수록 낮아진다.
③ 석탄의 탄화도가 증가하면 높아진다.
④ 공기의 산소농도가 높아지면 낮아진다.

해설 반응활성도가 클수록 착화온도는 낮아진다.

39 유류버너 중 회전식 버너에 관한 설명으로 옳지 않은 것은?
① 연료유의 점도가 작을수록 분무화 입경이 작아진다.
② 분무는 기계적 원심력과 공기를 이용한다.
③ 유압식 버너에 비하여 연료유의 분무화 입경이 1/10 이하로 매우 작다.
④ 분무각도는 40°~80° 정도로 크며, 유량조절범위도 1 : 5 정도로 비교적 큰 편이다.

해설 유압식 버너에 비해 분무입자가 비교적 크다.

40 액화석유가스(LPG)에 관한 설명으로 옳지 않은 것은?
① 비중이 공기보다 작고, 상온에서 액화가 되지 않는다.
② 액체에서 기체로 될 때 증발열이 발생한다.
③ 프로판, 부탄을 주성분으로 하는 혼합물이다.
④ 발열량이 20,000~30,000kcal/Sm³ 정도로 높다.

해설 비중이 공기보다 무겁고(공기보다 1.5~2.0배 정도) 상온에서 약간의 압력(10~20atm)을 가하면 쉽게 액화시킬 수 있다.

제3과목 대기오염방지기술

41 전기집진장치에서 입자가 받는 Coulomb힘(kg·m/s²)을 옳게 나타낸 것은?(단, e_o : 전하(1.602×10^{-19} Coulomb), n : 전하수, E : 하전부의 전계강도(Volt/m), μ : 가스점도(kg/m·s), D : 입자직경 (m), V_e : 입자분리속도(m/s))
① $ne_o E$　　② $2ne_o/E$
③ $3\pi\mu DV_e$　　④ $6\pi\mu DV_e$

해설 Coulomb force(정전기적인 인력, kg/m·sec²)
= 전하수 × 전하 × 하전부의 전계강도

42 배출가스 중의 질소산화물의 처리방법인 비선택적 촉매환원법(NSCR)에서 사용하는 환원제로 거리가 먼 것은?
① CH_4　② NH_3　③ H_2　④ CO

해설 **비선택적 촉매환원법(NSCR)**
배기가스 중 O_2를 우선 환원제(CH_4, H_2, CO, HC 등)로 하여금 소비하게 한 후 NOx를 환원시키는 방법이다. 즉 NOx뿐만 아니라 O_2까지 소비된다.

43 물을 가압(加壓) 공급하여 함진가스를 세정하는 형식의 가압수식 스크러버가 아닌 것은?
① Venturi Scrubber　② Impulse Scrubber
③ Spray Tower　④ Jet Scrubber

해설 **가압수식 스크러버**
㉠ 벤투리 스크러버(Venturi Scrubber)
㉡ 제트 스크러버(Jet Scrubber)
㉢ 사이클론 스크러버(Cyclone Scrubber)
㉣ 충전탑(Packed Tower)
㉤ 분무탑(Spray Tower)

44 전기집진장치에서 전류밀도가 먼지층 표면 부근의 이온전류 밀도와 같고 양호한 집진작용이 이루어지는 값이 2×10^{-8} A/cm²이며, 또한 먼지층 중의 절연파괴 전계강도를 5×10^3 V/cm로 한다면, 이때 ㉠ 먼지층의 겉보기 전기저항과 ㉡ 이 장치의 문제점으로 옳은 것은?
① ㉠ 1×10^{-4} (Ω·cm), ㉡ 먼지의 재비산
② ㉠ 1×10^4 (Ω·cm), ㉡ 먼지의 재비산

정답　37 ②　38 ②　39 ③　40 ①　41 ①　42 ②　43 ②　44 ③

③ ㉠ $2.5 \times 10^{11}(\Omega \cdot cm)$, ㉡ 역전리 현상
④ ㉠ $4 \times 10^{12}(\Omega \cdot cm)$, ㉡ 역전리 현상

해설 ㉠ 겉보기 전기저항 $= \dfrac{전압}{전류}$
$= \dfrac{5 \times 10^3 V/cm}{2 \times 10^{-8} A/cm^2}$
$= 2.5 \times 10^{11} \Omega \cdot cm$

㉡ $10^{11} \Omega \cdot cm$ 이상이므로 역전리현상이 발생한다.

45 공기 중 CO_2 가스의 부피가 5%를 넘으면 인체에 해롭다고 한다면 지금 $600m^3$ 되는 방에서 문을 닫고 80%의 탄소를 가진 숯을 최소 몇 kg을 태우면 해로운 상태로 되겠는가?(단, 기존의 공기 중 CO_2 가스의 부피는 고려하지 않음, 실내에서 완전혼합, 표준상태 기준)

① 약 5kg ② 약 10kg
③ 약 15kg ④ 약 20kg

해설   C + O_2 → CO_2
    12kg   : $22.4m^3$
C × 0.8   : $600m^3 \times 0.05$
$C = \dfrac{12kg \times 600m^3 \times 0.05}{0.8 \times 22.4m^3} = 20.09kg$

46 중력식 집진장치의 집진율 향상조건에 관한 설명 중 옳지 않은 것은?

① 침강실 내 처리가스의 속도가 작을수록 미립자가 포집된다.
② 침강실 입구 폭이 클수록 유속이 느려지며 미세한 입자가 포집된다.
③ 다단일 경우에는 단수가 증가할수록 집진효율은 상승하나, 압력손실도 증가한다.
④ 침강실의 높이가 낮고, 중력장의 길이가 짧을수록 집진율은 높아진다.

해설 침강실의 높이가 낮고, 중력장의 길이가 길수록 집진율은 높아진다.

47 레이놀드수(Reynold Number)에 관한 설명으로 옳지 않은 것은?(단, 유체흐름 기준)

① $\dfrac{관성력}{점성력}$ 으로 나타낼 수 있다.
② 무차원의 수이다.
③ $\dfrac{(유체밀도 \times 유속 \times 유체흐름관\ 직경)}{유체점도}$ 으로 나타낼 수 있다.
④ $\dfrac{점성계수}{밀도}$ 로 나타낼 수 있다.

해설 $\dfrac{점성계수}{밀도}$ 는 동점성계수를 말한다.

48 유해가스 흡수장치 중 다공판탑에 관한 설명으로 옳지 않은 것은?

① 비교적 대량의 흡수액이 소요되고, 가스겉보기 속도는 10~20m/s 정도이다.
② 액가스비는 0.3~5L/m^3, 압력손실은 100~200mmH₂O/단 정도이다.
③ 고체부유물 생성 시 적합하다.
④ 가스양의 변동이 격심할 때는 조업할 수 없다.

해설 비교적 소량의 흡수액이 소요되고 가스겉보기 속도는 0.1~1m/sec 정도이다.

49 황산화물 처리방법 중 건식 석회석 주입법에 관한 설명으로 옳지 않은 것은?

① 초기 투자비용이 적게 들어 소규모 보일러나 노후 보일러용으로 많이 사용되었다.
② 부대시설은 많이 필요하나, 아황산가스의 제거효율은 비교적 높은 편이다.
③ 배기가스의 온도가 잘 떨어지지 않는다.
④ 연소로 내에서의 화학반응은 소성, 흡수, 산화의 3가지로 구분할 수 있다.

해설 부대시설이 크게 필요 없으며 아황산가스 제거효율은 낮은 편(≒40%)이다.

정답 45 ④ 46 ④ 47 ④ 48 ① 49 ②

50 후드의 형식 중 외부식 후드에 해당하지 않는 것은?
① 장갑부착 상자형(Glove box 형)
② 슬로트형(Slot 형)
③ 그리드형(Grid 형)
④ 루버형(Louver 형)

해설 **외부식 후드**
㉠ 슬로트형 ㉡ 루버형
㉢ 그리드형 ㉣ 원형 또는 장방형

51 다음 여과재의 재질 중 내산성 여과재로 적합하지 않은 것은?
① 목면 ② 카네카론
③ 비닐론 ④ 글라스화이버

해설 Cotton(목면)은 내산성이 나쁘고, 내알칼리성은 약간 우수하다.

52 길이 5m, 높이 2m인 중력침강실이 바닥을 포함하여 8개의 평행판으로 이루어져 있다. 침강실에 유입되는 분진가스의 유속이 0.2m/s일 때 분진을 완전히 제거할 수 있는 최소입경은 얼마인가?(단, 입자의 밀도는 1,600kg/m³, 분진가스의 점도는 2.1×10⁻⁵kg/m·s, 밀도는 1.3kg/m³이고 가스의 흐름은 층류로 가정한다.)
① 31.0μm ② 23.2μm
③ 15.5μm ④ 11.6μm

해설 **최소 입경(μm)**
$$= \left(\frac{18\mu_g \cdot H \cdot V}{g \cdot L \cdot (\rho_p - \rho)}\right)^{0.5}$$
$$H = \frac{2m}{8} = 0.25m$$
$$= \left(\frac{18 \times 2.1 \times 10^{-5} kg/m \cdot sec \times 0.25m \times 0.2m/sec}{9.8m/sec^2 \times 5m \times (1,600 - 1.3)kg/m^3}\right)^{0.5}$$
$$\times 10^6 \mu m/m = 15.53 \mu m$$

53 NOx와 SOx 동시 제어기술에 관한 설명으로 옳지 않은 것은?
① SOXNO 공정은 감마 알루미나 담체의 표면에 나트륨을 첨가하여 SOx와 NOx를 동시에 흡착시킨다.
② CuO 공정은 알루미나 담체에 CuO를 함침시켜 SO₂는 흡착반응하고 NOx는 선택적 촉매환원되어 제거되는 원리를 이용하는 공정이다.
③ CuO 공정에서 온도는 보통 850~1,000℃ 정도로 조정하며, CuSO₂ 형태로 이동된 솔벤트 재생기에서 산소 또는 오존으로 재생된다.
④ 활성탄 공정은 S, H₂SO₄ 및 액상 SO₂ 등의 부산물이 생성되며, 공정 중 재가열이 없으므로 경제적이다.

해설 **CuO 공정**
CuO 공정에서 온도는 보통 250~400℃ 정도로 조정하며 알루미나(Al₂O₃)를 지지체로 하여 산화구리(CuO)을 담지시키고 SO₂와 접촉하여 반응함으로써 황산구리를 생성한 후 환원제를 사용하여 구리와 SO₂를 회수, SOx를 포함하는 처리 배가스에 CuSO₄를 촉매로 하여 NH₃를 첨가, NOx를 환원시켜 제거한다.

54 지름 20cm, 유효높이 3m인 원통형 Bag Filter로 4m³/s의 함진가스를 처리하고자 한다. 여과속도를 0.04m/s로 할 경우 필요한 Bag Filter 수는 얼마인가?
① 35개 ② 54개
③ 70개 ④ 120개

해설 **Bag Filter 수**
$$= \frac{처리가스양}{여과포\ 하나당\ 가스양}$$
$$= \frac{4m^3/sec}{(3.14 \times 0.2m \times 3m) \times 0.04m/sec} = 53.08(54개)$$

55 송풍기의 크기와 유체의 밀도가 일정할 때 송풍기의 회전수를 2배로 하면 풍압은 몇 배가 되는가?
① 2배 ② 4배
③ 6배 ④ 8배

해설 $\frac{\Delta P_2}{\Delta P_1} = \left(\frac{rpm_2}{rpm_1}\right)^2 = 2^2 = 4$배

56 충전탑(packed tower) 내 충전물이 갖추어야 할 조건으로 적절하지 않은 것은?
① 단위체적당 넓은 표면적을 가질 것
② 압력손실이 작을 것
③ 충전밀도가 작을 것
④ 공극률이 클 것

해설 충전탑의 충전물은 충전밀도가 커야 한다.

57 전기집진장치에서 먼지의 전기비저항이 높은 경우 전기비저항을 낮추기 위해 주입하는 물질과 거리가 먼 것은?

① 수증기　　　　② NH_3
③ H_2SO_4　　　　④ NaCl

해설 먼지의 전기비저항이 높은 경우 전기비저항을 낮추기 위해 비저항조절제(물 또는 수증기, 소다회, 트리에틸아민, 황산, 이산화황, NaCl 등)를 사용한다.

58 유해가스와 물이 일정한 온도에서 평형상태에 있다. 기상의 유해가스의 분압이 40mmHg일 때 수중가스의 농도가 16.5kmol/m³이다. 이 경우 헨리정수(atm·m³/kmol)는 약 얼마인가?

① 1.5×10^{-3}　　② 3.2×10^{-3}
③ 4.3×10^{-2}　　④ 5.6×10^{-2}

해설 $P = H \times C$

$$H = \frac{P}{C} = \frac{40\text{mmHg} \times \frac{1\text{atm}}{760\text{mmHg}}}{16.5\text{kmol/m}^3}$$
$$= 3.19 \times 10^{-3} \text{atm} \cdot \text{m}^3/\text{kmol}$$

59 휘발성 유기화합물(VOCs)의 배출량을 줄이도록 요구받을 경우 그 저감방안으로 가장 거리가 먼 것은?

① VOCs 대신 다른 물질로 대체한다.
② 용기에서 VOCs 누출 시 공기와 희석시켜 용기 내 VOCs 농도를 줄인다.
③ VOCs를 연소시켜 인체에 덜 해로운 물질로 만들어 대기 중으로 방출시킨다.
④ 누출되는 VOCs를 고체흡착제를 사용하여 흡착 제거한다.

해설 휘발성 유기화합물(VOCs) 처리방법
㉠ 작업환경관리(원료 대체, 누출방지, 공정변경)
㉡ 흡착법
㉢ 연소법
㉣ 흡수(세정)법
㉤ 생물막(여과)법
㉥ 저온응축법

60 벤투리 스크러버의 특성에 관한 설명으로 옳지 않은 것은?

① 유수식 중 집진율이 가장 높고, 목부의 처리 가스유속은 보통 15~30m/s 정도이다.
② 물방울 입경과 먼지 입경의 비는 150 : 1 전후가 좋다.
③ 액가스비의 경우 일반적으로 친수성은 $10\mu m$ 이상의 큰 입자가 0.3L/m^3 전후이다.
④ 먼지 및 가스유동에 민감하고 대량의 세정액이 요구된다.

해설 벤투리 스크러버는 가압수식 중 집진율이 가장 높고 목부의 처리 가스유속은 60~90m/sec 정도이다.

제4과목　대기오염공정시험기준(방법)

61 휘발성 유기화합물 누출확인에 사용되는 휴대용 VOCs 측정기기에 관한 설명으로 옳지 않은 것은?

① 휴대용 VOCs 측정기기의 계기눈금은 최소한 표시된 누출농도의 ±5%를 읽을 수 있어야 한다.
② 휴대용 VOCs 측정기기는 펌프를 내장하고 있어 연속적으로 시료가 검출기로 제공되어야 하며, 일반적으로 시료유량은 0.5L/min~3L/min이다.
③ 휴대용 VOCs 측정기기의 응답시간은 60초보다 작거나 같아야 한다.
④ 측정될 개별 화합물에 대한 기기의 반응인자(response factor)는 10보다 작아야 한다.

해설 휴대용 VOCs 측정기기의 응답시간은 30초보다 작거나 같아야 한다.

62 이온크로마토그래피의 일반적인 장치 구성순서로 옳은 것은?

① 펌프 – 시료주입장치 – 용리액조 – 분리관 – 검출기 – 서프레서
② 용리액조 – 펌프 – 시료주입장치 – 분리관 – 서프레서 – 검출기
③ 시료주입장치 – 펌프 – 용리액조 – 서프레서 – 분리관 – 검출기
④ 분리관 – 시료주입장치 – 펌프 – 용리액조 – 검출기 – 서프레서

해설 이온크로마토그래피 장치구성 순서
용리액조–펌프–시료주입장치–분리관–서프레서–검출기

정답 57 ②　58 ②　59 ②　60 ①　61 ③　62 ②

63 환경대기 중의 각 항목별 분석방법의 연결로 옳지 않은 것은?

① 질소산화물 : 살츠만법
② 옥시던트(오존으로서) : 베타선법
③ 일산화탄소 : 불꽃이온화검출기법(기체크로마토그래프법)
④ 아황산가스 : 파라로자닐린법

해설 환경대기 중 옥시던트 측정방법
㉠ 자동연속 측정방법
  • 자외선광도법(주 시험방법)
  • 화학발광법
  • 중성요오드화 포타슘법
  • 흡광차분광법
㉡ 수동
  • 중성요오드화 포타슘법
  • 알칼리성 요오드화 포타슘법

64 전자포획검출기(ECD)에 관한 설명으로 옳지 않은 것은?

① 탄화수소, 알코올, 케톤 등에 대해 감도가 우수하다.
② 유기 할로겐 화합물, 니트로 화합물 및 유기 금속 화합물 등 전자 친화력이 큰 원소가 포함된 화합물을 수 ppt의 매우 낮은 농도까지 선택적으로 검출할 수 있다.
③ 방사성 물질 안 Ni-63 혹은 삼중수소로부터 방출되는 β선이 운반 기체를 전리하며 이로 인해 전자포획검출기 셀(cell)에 전자구름이 생성되어 일정 전류가 흐르게 된다.
④ 고순도(99.9995%)와 운반 기체를 사용하여야 하고 반드시 수분트랩(trap)과 산소트랩을 연결하여 수분과 산소를 제거할 필요가 있다.

해설 전자포획검출기(ECD)는 탄화수소, 알코올, 케톤 등에 대해 감도가 낮다.

65 굴뚝 배출가스상 물질의 시료채취방법으로 옳지 않은 것은?

① 채취관은 흡입가스의 유량, 채취관의 기계적 강도, 청소의 용이성 등을 고려해서 안지름 6~25mm 정도의 것을 쓴다.
② 채취관의 길이는 선정한 채취점까지 끼워 넣을 수 있는 것이어야 하고, 배출가스의 온도가 높을 때에는 관이 구부러지는 것을 막기 위한 조치를 해두는 것이 필요하다.
③ 여과재를 끼우는 부분은 교환이 쉬운 구조의 것으로 한다.
④ 일반적으로 사용되는 불소수지 도관은 100℃ 이상에서는 사용할 수 없다.

해설 일반적으로 사용되는 불소수지 연결관(도관)은 250℃ 이상에서는 사용할 수 없다.

66 연료용 유류 중의 황 함유량을 측정하기 위한 분석방법은?

① 방사선식 여기법
② 자동 연속 열탈착 분석법
③ 테들라 백-열 탈착법
④ 몰린 형광 광도법

해설 연료용 유류 중 황 함유량 분석방법
㉠ 연소관식 공기법(중화적정법)
㉡ 방사선식 여기법(기기분석법)

67 굴뚝 배출가스 중 암모니아의 중화적정 분석방법에 관한 설명으로 옳은 것은?

① 분석용 시료용액을 황산으로 적정하여 암모니아를 정량한다.
② 시료가스를 산성조건에서 지시약을 넣고 N/100 NaOH로 적정하는 방법이다.
③ 시료가스 채취량이 40L일 때 암모니아 농도 1~5ppm인 경우에 적용한다.
④ 지시약은 페놀프탈레인용액과 메틸레드용액을 1 : 2 부피비로 섞어 사용한다.

해설 ② 시료가스를 산성조건에서 지시약을 넣고 0.1N 황산으로 적정하는 방법이다.
③ 시료가스채취량이 40L인 경우 암모니아 농도가 약 100ppm 이상인 경우에 적용한다.
④ 지시약은 메틸레드용액과 메틸렌 블루용액을 2 : 1 부피비로 섞어 사용한다.

68 굴뚝 배출가스 중 벤젠을 분석하고자 할 때, 사용하는 채취관이나 도관의 재질로 적절하지 않은 것은?

① 경질유리
② 석영
③ 불소수지
④ 보통강철

정답 63 ② 64 ① 65 ④ 66 ① 67 ① 68 ④

해설 분석대상가스의 종류별 채취관 및 도관 등의 재질

분석대상가스, 공존가스	채취관, 도관의 재질	여과재	비고
암모니아	①②③④⑤⑥	ⓐⓑⓒ	① 경질유리
일산화탄소	①②③④⑤⑥⑦	ⓐⓑⓒ	② 석영
염화수소	①② ⑤⑥⑦	ⓐⓑⓒ	③ 보통강철
염소	①② ⑤⑥⑦	ⓐⓑⓒ	④ 스테인리스강
황산화물	①② ④⑤⑥⑦	ⓐⓑⓒ	⑤ 세라믹
질소산화물	①② ④⑤⑥	ⓐⓑⓒ	⑥ 불소수지
이황화탄소	①② ⑥	ⓐⓑ	⑦ 염화비닐수지
포름알데하이드	①② ⑥	ⓐⓑ	⑧ 실리콘수지
황화수소	①② ④⑤⑥⑦	ⓐⓑⓒ	⑨ 네오프렌
불소화합물	④ ⑥	ⓒ	ⓐ 알칼리 성분이 없는 유리솜 또는 실리카솜
시안화수소	①② ④⑤⑥⑦	ⓐⓑⓒ	
브롬	①② ⑥	ⓐⓑ	ⓑ 소결유리
벤젠	①② ⑥	ⓐⓑ	ⓒ 카보런덤
페놀	①② ④ ⑥	ⓐⓑ	
비소	①② ④⑤⑥⑦	ⓐⓑⓒ	

69 환경대기 중의 석면농도를 측정하기 위해 멤브레인 필터에 포집한 대기부유먼지 중의 석면 섬유를 위상차현미경을 사용하여 계수하는 방법에 관한 설명으로 옳지 않은 것은?

① 석면먼지의 농도표시는 20℃, 1기압 상태의 기체 1mL 중에 함유된 석면섬유의 개수(개/mL)로 표시한다.
② 멤브레인 필터는 셀룰로오스 에스테르를 원료로 한 얇은 다공성의 막으로, 구멍의 지름은 평균 0.01~10 μm 의 것이 있다.
③ 대기 중 석면은 강제흡인장치를 통해 여과장치에 채취한 후 위상차현미경으로 계수하여 석면 농도를 산출한다.
④ 빛은 간섭성을 띠우기 위해 단일빛을 사용하며, 후광 또는 차광이 발생하더라도 측정에 영향을 미치지 않는다.

해설 빛은 파장과 주기가 모두 짧아서 간섭성을 띠려면 하나의 광원에서 갈라진 두 갈래의 빛일 경우에만 가능하며 후광이나 차광은 관찰을 방해하기도 한다.

70 굴뚝 배출가스 중 브롬화합물 분석에 사용되는 흡수액으로 옳은 것은?

① 황산+과산화수소+증류수
② 붕산용액(질량분율 0.5%)
③ 수산화소듐용액(질량분율 0.4%)
④ 다이에틸아민동용액

해설 굴뚝배출가스 중 브롬화합물 분석에 사용되는 흡수액은 수산화소듐용액(질량분율 0.4%)이다.

71 다음 중 자외선/가시선 분광법에서 흡광도를 측정하기 위한 순서로서 원칙적으로 제일 먼저 행하여야 할 행위는?

① 시료셀을 광로에 넣고 눈금판의 지시치를 흡광도 또는 투과율로 읽는다.
② 광로를 차단 후 대조셀로 영점을 맞춘다.
③ 광원으로부터 광속을 통하여 눈금 100에 맞춘다.
④ 눈금판의 지시가 안정되어 있는지 여부를 확인한다.

해설 흡광도 측정순서
㉠ 눈금판의 지시안정 여부를 확인한다.
㉡ 광로를 차단 후 대조셀로 영점을 맞춘다.
㉢ 광원으로부터 광속을 통하여 눈금 100에 맞춘다.
㉣ 시료셀과 대조셀을 넣고 눈금판의 지시치의 차이를 확인한다.

72 원자흡수분광광도법에 사용되는 용어 설명으로 옳지 않은 것은?

① 역화(Flame Back) : 불꽃의 연소속도가 크고 혼합기체의 분출속도가 작을 때 연소현상이 내부로 옮겨지는 것
② 중공음극램프(Hollow Cathode Lamp) : 원자흡광분석의 광원이 되는 것으로 목적원소를 함유하는 중공음극 한 개 또는 그 이상을 고압의 질소와 함께 채운 방전관
③ 멀티 패스(Multi-Path) : 불꽃 중에서의 광로를 길게 하고 흡수를 증대시키기 위하여 반사를 이용하여 불꽃 중에 빛을 여러 번 투과시키는 것
④ 공명선(Resonance Line) : 원자가 외부로부터 빛을 흡수했다가 다시 먼저 상태로 돌아갈 때 방사하는 스펙트럼선

해설 중공음극램프
원자흡광분석의 광원이 되는 것으로 목적원소를 함유하는 중공음극 한 개 또는 그 이상을 저압의 네온과 함께 채운 광전관

73 자외선/가시선 분광법에서 미광(Stray light)의 유무조사에 사용되는 것은?

① Cell Holder
② Holmium Glass
③ Cut Filter
④ Monochrometer

해설 자외선/가시선 분광법에서 미광의 유무조사는 커트 필터(Cut Filter)를 사용한다.

정답 69 ④ 70 ③ 71 ④ 72 ② 73 ③

74 굴뚝단면이 원형이고, 굴뚝 직경이 3m인 경우, 배출가스 먼지 측정을 위한 측정점 수는?

① 8 ② 12
③ 16 ④ 20

해설 원형 단면의 측정점 수

굴뚝 직경 $2R$(m)	반경 구분 수	측정점 수
1 이하	1	4
1 초과 2 이하	2	8
2 초과 4 이하	3	12
4 초과 4.5 이하	4	16
4.5 초과	5	20

75 흡광차분광법(Differential Optical Absorption Spectroscopy)에 관한 설명으로 옳지 않은 것은?

① 광원은 180~2,850nm 파장을 갖는 제논램프를 사용한다.
② 주로 사용되는 검출기는 자외선 및 가시선 흡수검출기이다.
③ 분광계는 Czerny-Turner 방식이나 Holographic 방식을 채택한다.
④ 아황산가스, 질소산화물, 오존 등의 대기오염물질 분석에 적용된다.

해설 흡광차분광법 장치 구성에는 검출기와 관련이 없다.

76 다음은 기체크로마토그래피에 사용되는 검출기에 관한 설명이다. ( ) 안에 가장 적합한 것은?

( )는 안정된 직류전기를 공급하는 전원회로, 전류조절부, 신호검출 전기회로, 신호 감쇄부 등으로 구성되며, 둘 사이의 열전도도 차이를 측정함으로써 시료를 검출하여 분석한다. 모든 화합물을 검출할 수 있어 분석대상에 제한이 없고, 값이 싸며 시료를 파괴하지 않는 장점이 있으나, 다른 검출기에 비해 감도가 낮다.

① Flame Ionization Detector
② Electron Capture Detector
③ Thermal Conductivity Detector
④ Flame Photometric Detector

해설 문제의 설명은 기체크로마토그래피에 사용되는 검출기 중 열전도도 검출기(TCD)에 대한 것이다.

77 황 성분 1.6% 이하 함유한 액체연료를 사용하는 연소시설에서 배출되는 황산화물(표준산소농도를 적용받는 항목)의 실측농도 측정결과 741ppm이었고, 배출가스 중의 실측산소농도는 7%, 표준산소 농도는 4%이다. 황산화물의 농도(ppm)는 약 얼마인가?

① 750ppm ② 800ppm
③ 850ppm ④ 900ppm

해설 황산화물 농도(ppm)
$$= C_a \times \frac{21-O_s}{21-O_a}$$
$$= 741\text{ppm} \times \frac{21-4}{21-7} = 899.79\text{ppm}$$

78 굴뚝 배출가스 중 먼지를 보통형(1형) 흡입노즐을 이용할 때 등속흡입을 위한 흡입량(L/min)은?

- 대기압 : 765mmHg
- 측정점에서의 정압 : -1.5mmHg
- 건식가스미터의 흡입가스 게이지압 : 1mmHg
- 흡입노즐의 내경 : 6mm
- 배출가스의 유속 : 7.5m/s
- 배출가스 중 수증기의 부피 백분율 : 10%
- 건식가스미터의 흡입온도 : 20℃
- 배출가스 온도 : 125℃

① 14.8 ② 11.6
③ 9.9 ④ 8.4

해설 보통형 흡인노즐 사용 시 등속흡인유량(q_m)
$$q_m = \frac{\pi}{4}d^2 v \left(1 - \frac{X_w}{100}\right) \frac{273+\theta_m}{273+\theta_s} \times \frac{P_a+P_s}{P_a+P_m-P_v} \times 60 \times 10^{-3}$$
$$= \frac{\pi}{4} \times (6)^2 \times 7.5 \times \left(1 - \frac{10}{100}\right) \times \frac{273+20}{273+125} \times \frac{760+(-1.5)}{760+1}$$
$$\times 60 \times 10^{-3} = 8.39\text{L/min}$$

정답 74 ② 75 ② 76 ③ 77 ④ 78 ④

79 굴뚝 배출가스 중 암모니아의 인도페놀 분석 방법으로 옳지 않은 것은?

① 시료채취량 20L인 경우 시료 중의 암모니아 농도가 약 1~10ppm 이상인 것의 분석에 적합하다.
② 분석용 시료용액 10mL를 취하고 여기에 페놀-나이트로프루시드소듐 용액 10mL를 가한 후 하이포아염소산암모늄용액 10mL을 가한 다음 마개를 하고 조용히 흔들어 섞는다.
③ 액온 25~30℃에서 1시간 방치한 후, 광전분광광도계 또는 광전광도계로 측정한다.
④ 분석을 위한 광전광도계의 측정파장은 640nm 부근이다.

해설 분석용 시료용액과 암모니아 표준액 10mL씩을 유리마개가 있는 시험관에 취하고 여기에 페놀-나이트로프루시드 소듐용액 5mL씩을 가하고 잘 흔들어 저은 다음 하이포아염소산소듐 용액 5mL씩을 가한 다음 마개를 하고 조용히 흔들어 섞는다.

80 굴뚝 배출가스 중 아황산가스의 자동연속 측정방법에서 사용하는 용어의 의미로 가장 적합한 것은?

① 편향(Bias) : 측정결과에 치우침을 주는 원인에 의해서 생기는 우연오차
② 제로드리프트 : 연속 자동측정기가 정상가동 되는 조건하에서 제로가스를 일정 시간 흘려준 후 발생한 출력신호가 변화한 정도
③ 시험가동시간 : 연속 자동측정기를 정상적인 조건에 따라 운전할 때 예치기 않는 수리, 조정, 부품교환 없이 연속 가동할 수 있는 최대시간
④ 점(Point) 측정시스템 : 굴뚝 단면 직경의 20% 이하의 경로 또는 여러 지점에서 오염물질 농도를 측정하는 연속자동측정시스템

해설 ① 편향 : 계통오차, 측정결과에 치우침을 주는 원인에 의해서 생기는 오차
③ 시험가동시간 : 연속자동측정기를 정상적인 조건에 따라 운전할 때 예치기 않는 수리, 조정 및 부품교환 없이 연속 가동할 수 있는 최소시간
④ 점 측정시스템 : 굴뚝 또는 덕트 단면의 10% 이하의 경로 또는 단일점에서 오염물질농도를 측정하는 배출가스 연속자동측정시스템

제5과목 대기환경관계법규

81 환경정책기본법상 용어의 정의 중 ( ) 안에 가장 적합한 것은?

> ( )이란 일정한 지역에서 환경오염 또는 환경훼손에 대하여 환경이 스스로 수용, 정화 및 복원하여 환경의 질을 유지할 수 있는 한계를 말한다.

① 환경기준   ② 환경용량
③ 환경보전   ④ 환경보존

해설 환경용량
일정한 지역에서 환경오염 또는 환경훼손에 대하여 환경이 스스로 수용, 정화 및 복원하여 환경의 질을 유지할 수 있는 한계를 말한다.

82 대기환경보전법규상 휘발유를 연료로 사용하는 "경자동차"의 배출가스 보증기간 적용기준으로 옳은 것은?(단, 2016년 1월 1일 이후 제작자동차)

① 15년 또는 240,000km
② 10년 또는 192,000km
③ 2년 또는 160,000km
④ 1년 또는 20,000km

해설 배출가스 보증기간(2016년 1월 1일 이후 제작자동차)

사용연료	자동차의 종류	적용기간
휘발유	경자동차, 소형 승용·화물자동차, 중형 승용·화물자동차	15년 또는 240,000km
	대형 승용·화물자동차, 초대형 승용·화물자동차	2년 또는 160,000km
	이륜자동차	최고속도 130km/h 미만 : 2년 또는 20,000km
		최고속도 130km/h 이상 : 2년 또는 35,000km
가스	경자동차	10년 또는 192,000km
	소형 승용·화물자동차, 중형 승용·화물자동차	15년 또는 240,000km
	대형 승용·화물자동차, 초대형 승용·화물자동차	2년 또는 160,000km

정답 79 ② 80 ② 81 ② 82 ①

경유	경자동차, 소형 승용·화물자동차, 중형 승용·화물자동차(택시를 제외한다)	10년 또는 160,000km
	경자동차, 소형 승용·화물자동차, 중형 승용·화물자동차(택시에 한정한다)	10년 또는 192,000km
	대형 승용·화물자동차	6년 또는 300,000km
	초대형 승용·화물자동차	7년 또는 700,000km
	건설기계 원동기, 농업기계 원동기	37kW 이상: 10년 또는 8,000시간
		37kW 미만: 7년 또는 5,000시간
		19kW 미만: 5년 또는 3,000시간
전기 및 수소 연료전지 자동차	모든 자동차	별지 제30호 서식의 자동차배출가스 인증신청서에 적힌 보증기간

83 대기환경보전법규상 「의료법」에 따른 의료기관의 배출시설 등에 조업정지 처분을 갈음하여 과징금을 부과하고자 할 때, "2종 사업장"의 규모별 부과계수로 옳은 것은?

① 0.4 ② 0.7
③ 1.0 ④ 1.5

해설 과징금 부과 = 조업정지 일수 × 1일당 부과금액 × 사업장 규모별 부과계수
1일당 부과금액은 300만 원으로 하고, 사업장 규모별 부과계수는 1종 사업장 : 2.0, 2종 사업장 : 1.5, 3종 사업장 : 1.0, 4종 사업장 : 0.7, 5종 사업장 : 0.4로 한다.

84 대기환경보전법규상 측정기기의 부착·운영 등과 관련된 행정처분기준 중 굴뚝 자동측정기기의 부착이 면제된 보일러(사용연료를 6개월 이내에 청정연료로 변경할 계획이 있는 경우)로서 사용연료를 6월 이내에 청정연료로 변경하지 아니한 경우의 4차 행정처분기준으로 가장 적합한 것은?

① 조업정지 10일 ② 조업정지 30일
③ 조업정지 5일   ④ 경고

해설 행정처분기준
1차(경고) → 2차(경고) → 3차(조업정지 10일) → 4차(조업정지 30일)

85 대기환경보전법령상 일일 기준초과배출량 및 일일유량의 산정방법에 관한 설명으로 옳지 않은 것은?

① 일일유량 산정을 위한 측정유량의 단위는 m^3/일로 한다.
② 일일유량 산정을 위한 일일조업시간은 배출량을 측정하기 전 최근 조업한 30일 동안의 배출시설의 조업시간 평균치를 시간으로 표시한다.
③ 먼지 이외의 오염물질의 배출농도의 단위는 ppm으로 한다.
④ 특정대기유해물질의 배출허용기준초과 일일오염물질 배출량은 소수점 이하 넷째 자리까지 계산한다.

해설 일일유량 산정을 위한 측정유량의 단위는 m^3/hr로 한다.

86 환경정책기본법령상 대기환경기준으로 옳지 않은 것은?

구분	항목	기준	농도
㉠	CO	8시간 평균치	9ppm 이하
㉡	NO_2	24시간 평균치	0.10ppm 이하
㉢	PM-10	연간 평균치	$50\mu g/m^3$ 이하
㉣	벤젠	연간 평균치	$5\mu g/m^3$ 이하

① ㉠ ② ㉡ ③ ㉢ ④ ㉣

해설 NO_2 대기환경기준(24시간 평균치)은 0.06ppm 이하이다.

87 대기환경보전법상 1년 이하의 징역이나 1천만 원 이하의 벌금에 처하는 벌칙기준이 아닌 것은?

① 배출시설의 설치를 완료한 후 신고를 하지 아니하고 조업한 자
② 환경상 위해가 발생하여 그 사용규제를 위반하여 자동차연료·첨가제 또는 촉매제를 제조하거나 판매한 자
③ 측정기기 관리대행업의 등록 또는 변경등록을 하지 아니하고 측정기기 관리업무를 대행한 자
④ 부품결함 시정명령을 위반한 자동차제작자

해설 대기환경보전법 제91조 참고

정답 83 ④ 84 ② 85 ① 86 ② 87 ④

88 대기환경보전법령상 대기배출시설의 설치허가를 받고자 하는 자가 제출해야 할 서류목록에 해당하지 않는 것은?

① 오염물질 배출량을 예측한 명세서
② 배출시설 및 방지시설의 설치명세서
③ 방지시설의 연간 유지관리계획서
④ 배출시설 및 방지시설의 실시계획도면

해설 대기배출시설의 설치허가 제출서류
㉠ 원료(연료를 포함한다)의 사용량 및 제품 생산량과 오염물질 등의 배출량을 예측한 명세서
㉡ 배출시설 및 방지시설의 설치명세서
㉢ 방지시설의 일반도
㉣ 방지시설의 연간 유지관리 계획서
㉤ 사용 연료의 성분 분석과 황산화물 배출농도 및 배출량 등을 예측한 명세서
㉥ 배출시설설치허가증(변경허가를 신청하는 경우에만 해당한다)

89 실내공기질 관리법규상 "공동주택의 소유자"에게 권고하는 실내 라돈 농도의 기준으로 옳은 것은?

① 1세제곱미터당 200베크렐 이하
② 1세제곱미터당 300베크렐 이하
③ 1세제곱미터당 500베크렐 이하
④ 1세제곱미터당 800베크렐 이하

해설 신축 공동주택의 실내공기질 권고기준
㉠ 포름알데하이드 : $210\mu g/m^3$ 이하
㉡ 벤젠 : $30\mu g/m^3$ 이하
㉢ 톨루엔 : $1,000\mu g/m^3$ 이하
㉣ 에틸벤젠 : $360\mu g/m^3$ 이하
㉤ 자일렌 : $700\mu g/m^3$ 이하
㉥ 스티렌 : $300\mu g/m^3$ 이하
㉦ 라돈 : $148Bq/m^3$ 이하
※ 법규 변경사항이므로 해설의 내용으로 학습하시기 바랍니다.

90 대기환경보전법규상 휘발성 유기화합물 배출억제·방지시설 설치 및 검사·측정결과의 기록보존에 관한 기준 중 주유소 주유시설 기준으로 옳지 않은 것은?

① 회수설비의 처리효율은 90퍼센트 이상이어야 한다.
② 유증기 회수배관을 설치한 후에는 회수배관 액체 막힘 검사를 하고 그 결과를 3년간 기록·보존하여야 한다.
③ 회수설비의 유증기 회수율(회수량/주유량)이 적정범위(0.88~1.2)에 있는지를 회수설비를 설치한 날부터 1년이 되는 날 또는 직전에 검사한 날부터 1년이 되는 날마다 전후 45일 이내에 검사한다.
④ 주유소에서 차량에 유류를 공급할 때 배출되는 휘발성 유기화합물은 주유시설에 부착된 유증기 회수설비를 이용하여 대기로 직접 배출되지 아니하도록 하여야 한다.

해설 유증기 회수배관을 설치한 후에는 회수배관 액체 막힘 검사를 하고 그 결과를 5년간 기록·보존하여야 한다.

91 대기환경보전법규상 배출시설 등의 가동개시 신고와 관련하여 환경부령으로 정하는 시운전 기간은?

① 가동개시일부터 7일까지의 기간
② 가동개시일부터 15일까지의 기간
③ 가동개시일부터 30일까지의 기간
④ 가동개시일부터 90일까지의 기간

해설 배출시설 등의 가동개시신고와 관련하여 환경부령으로 정하는 시운전기간은 가동개시일부터 30일까지의 기간이다.

92 실내공기질 관리법규상 포름알데하이드의 신축 공동주택의 실내공기질 권고기준은?

① $30\mu g/m^3$ 이하
② $210\mu g/m^3$ 이하
③ $300\mu g/m^3$ 이하
④ $700\mu g/m^3$ 이하

해설 신축 공동주택의 실내공기질 권고기준
㉠ 포름알데하이드 : $210\mu g/m^3$ 이하
㉡ 벤젠 : $30\mu g/m^3$ 이하
㉢ 톨루엔 : $1,000\mu g/m^3$ 이하
㉣ 에틸벤젠 : $360\mu g/m^3$ 이하
㉤ 자일렌 : $700\mu g/m^3$ 이하
㉥ 스티렌 : $300\mu g/m^3$ 이하
㉦ 라돈 : $148Bq/m^3$ 이하
※ 법규 변경사항이므로 해설의 내용으로 학습하시기 바랍니다.

93 대기환경보전법규상 고체연료 환산계수가 가장 큰 연료(또는 원료명)는?(단, 무연탄 환산계수 : 1.00, 단위 : kg 기준)

① 톨루엔
② 유연탄
③ 에탄올
④ 석탄타르

해설 고체연료환산계수

연료 또는 원료명	단위	환산계수	연료 또는 원료명	단위	환산계수
무연탄	kg	1.00	유연탄	kg	1.34
코크스	kg	1.32	갈탄	kg	0.90
이탄	kg	0.80	목탄	kg	1.42
목재	kg	0.70	유황	kg	0.46
중유(C)	L	2.00	중유(A, B)	L	1.86
원유	L	1.90	경유	L	1.92
등유	L	1.80	휘발유	L	1.68
나프타	L	1.80	엘피지	kg	2.40
액화 천연가스	Sm^3	1.56	석탄타르	kg	1.88
메탄올	kg	1.08	에탄올	kg	1.44
벤젠	kg	2.02	톨루엔	kg	2.06
수소	Sm^3	0.62	메탄	Sm^3	1.86
에탄	Sm^3	3.36	아세틸렌	Sm^3	2.80
일산화탄소	Sm^3	0.62	석탄가스	Sm^3	0.80
발생로가스	Sm^3	0.2	수성가스	Sm^3	0.54
혼성가스	Sm^3	0.60	도시가스	Sm^3	1.42
전기	kW	0.17			

94 대기환경보전법상 환경부장관은 대기오염물질과 온실가스를 줄여 대기환경을 개선하기 위한 대기환경개선 종합계획을 얼마마다 수립하여 시행하여야 하는가?

① 매년마다
② 3년마다
③ 5년마다
④ 10년마다

해설 환경부장관은 대기오염물질과 온실가스를 줄여 대기환경을 개선하기 위하여 대기환경개선 종합계획(이하 "종합계획"이라 한다.)을 10년마다 수립하여 시행하여야 한다.

95 악취방지법규상 악취검사기관의 준수사항 중 실험일지 및 검량선 기록지, 검사 결과 발송대장, 정도관리 수행기록철 등의 보존기간으로 옳은 것은?

① 1년간 보존
② 2년간 보존
③ 3년간 보존
④ 5년간 보존

해설 악취검사기관의 준수사항
검사기관은 다음의 서류를 작성하여 3년간 보존해야 한다.
㉠ 실험일지 및 검량선 기록지
㉡ 검사 결과 발송 대장
㉢ 정도관리 수행기록철

96 환경정책기본법령상 아황산가스(SO_2)의 대기환경기준(ppm)으로 옳은 것은?(단, ㉠ 연간, ㉡ 24시간, ㉢ 1시간의 평균치 기준)

① ㉠ 0.02 이하, ㉡ 0.05 이하, ㉢ 0.15 이하
② ㉠ 0.03 이하, ㉡ 0.15 이하, ㉢ 0.25 이하
③ ㉠ 0.06 이하, ㉡ 0.10 이하, ㉢ 0.15 이하
④ ㉠ 0.03 이하, ㉡ 0.06 이하, ㉢ 0.10 이하

해설 대기환경기준

항목	기준	측정방법
아황산가스 (SO_2)	• 연간 평균치 0.02ppm 이하 • 24시간 평균치 0.05ppm 이하 • 1시간 평균치 0.15ppm 이하	자외선 형광법(Pulse U.V. Fluorescence Method)

97 대기환경보전법령상 초과부과금 산정기준에서 오염물질 1킬로그램당 부과금액이 가장 낮은 것은?

① 먼지
② 황산화물
③ 암모니아
④ 불소화합물

해설 초과부과금 산정기준

오염물질	구분	오염물질 1킬로그램당 부과금액
황산화물		500
먼지		770
질소산화물		2,130
암모니아		1,400
황화수소		6,000
이황화탄소		1,600
특정유해물질	불소화물	2,300
	염화수소	7,400
	시안화수소	7,300

※ 법규 변경사항이므로 해설의 내용으로 학습하시기 바랍니다.

98 악취방지법상 악취로 인한 주민의 건강상 위해 예방 등을 위해 기술진단을 실시하지 아니한 자에 대한 과태료 부과 기준으로 옳은 것은?

① 500만 원 이하의 과태료
② 300만 원 이하의 과태료
③ 200만 원 이하의 과태료
④ 100만 원 이하의 과태료

해설 악취방지법 제28조 참고

정답 94 ④ 95 ③ 96 ① 97 ② 98 ③

99 대기환경보전법상 사업자는 조업을 할 때에는 환경부령으로 정하는 바에 따라 배출시설과 방지시설의 운영에 관한 상황을 사실대로 기록하여 보존하여야 하나 이를 위반하여 배출시설 등의 운영상황을 기록·보존하지 아니하거나 거짓으로 기록한 자에 대한 과태료 부과기준으로 옳은 것은?

① 1,000만 원 이하의 과태료
② 500만 원 이하의 과태료
③ 300만 원 이하의 과태료
④ 200만 원 이하의 과태료

해설 대기환경보전법 제94조 참고

100 대기환경보전법규상 운행차 배출허용기준 중 일반기준으로 옳지 않은 것은?

① 건설기계 중 덤프트럭, 콘크리트믹서트럭, 콘크리트 펌프트럭에 대한 배출허용기준은 화물자동차기 준을 적용한다.
② 알코올만 사용하는 자동차는 탄화수소 기준을 적용하지 아니한다.
③ 1993년 이후에 제작된 자동차 중 과급기(Turbo charger)나 중간냉각기(Intercooler)를 부착한 경유 사용 자동차의 배출허용기준은 무부하급가속 검사방법의 매연 항목에 대한 배출허용기준에 5%를 더한 농도를 적용한다.
④ 희박연소(Lean Burn) 방식을 적용하는 자동차는 공기과잉률 기준을 적용한다.

해설 희박연소(Lean Burn) 방식을 적용하는 자동차는 공기과잉률 기준을 적용하지 아니한다.

정답 99 ③ 100 ④

2019년 2회 기출문제

제1과목　대기오염개론

01 지구온난화가 환경에 미치는 영향 중 옳은 것은?
① 온난화에 의한 해면 상승은 지역의 특수성에 관계없이 전 지구적으로 동일하게 발생한다.
② 대류권 오존의 생성반응을 촉진시켜 오존의 농도가 지속적으로 감소한다.
③ 기상조건의 변화는 대기오염의 발생횟수와 오염농도에 영향을 준다.
④ 기온상승과 토양의 건조화는 생물성장의 남방한계에는 영향을 주지만 북방한계에는 영향을 주지 않는다.

해설 ① 온난화에 의한 해면상승은 전 지구적으로 일정하지 않다.
② 대류권 오존의 생성반응을 촉진시켜 오존의 농도가 지속적으로 증가한다.
④ 기온상승과 토양의 건조화는 생물성장의 남방한계 및 북방한계에도 영향을 준다.

02 대기오염모델 중 수용모델에 관한 설명으로 거리가 먼 것은?
① 기초적인 기상학적 원리를 적용, 미래의 대기질을 예측하여 대기오염제어정책 입안에 도움을 준다.
② 입자상 물질, 가스상 물질, 가시도 문제 등 환경과학 전반에 응용할 수 있다.
③ 모델의 분류로는 오염물질의 분석방법에 따라 현미경 분석법과 화학분석법으로 구분할 수 있다.
④ 측정자료를 입력자료로 사용하므로 시나리오 작성이 곤란하다.

해설 수용모델은 현재나 과거에 일어났던 일을 측정하여 미래를 위한 전략을 세울 수 있으나 미래예측은 어렵다.

03 광화학반응과 관련된 오염물질 일변화의 일반적인 특징으로 가장 거리가 먼 것은?
① NO_2와 HC의 반응에 의해 오후 3시경을 전후로 NO가 최대로 발생하기 시작한다.
② NO에서 NO_2로의 산화가 거의 완료되고 NO_2가 최고 농도에 도달하는 때부터 O_3가 증가되기 시작한다.
③ Aldehyde는 O_3 생성에 앞서 반응 초기부터 생성되며 탄화수소의 감소에 대응한다.
④ 주요 생성물로는 PAN, Aldehyde, 과산화기 등이 있다.

해설 NO와 HC의 반응에 의해 오전 7시경을 전후로 NO_2가 상당한 비율로 발생하기 시작한다.

04 다음 중 CFCs(염화불화탄소)의 배출원과 거리가 먼 것은?
① 스프레이의 분사제　② 우레탄 발포제
③ 형광등 안정기　　　④ 냉장고의 냉매

해설 CFCs(염화불화탄소) 배출원
㉠ 냉장고 · 에어컨 냉매
㉡ 스프레이 분무제
㉢ 소화제, 발포제, 세정제

05 대기오염 농도를 추정하기 위한 상자모델에서 사용하는 가정으로 옳지 않은 것은?
① 고려되는 공간에서 오염물질의 농도는 균일하다.
② 오염물질의 배출원이 지면 전역에 균등히 분포되어 있다.
③ 오염물질의 분해는 0차 반응에 의한다.
④ 고려되는 공간의 수직단면에 직각방향으로 부는 바람의 속도가 일정하여 환기량이 일정하다.

해설 오염물질의 분해는 1차 반응에 의한다.

정답　01 ③　02 ①　03 ①　04 ③　05 ③

06 유효굴뚝높이 200m인 연돌에서 배출되는 가스양은 20m³/sec, SO₂ 농도는 1,750ppm이다. $K_y = 0.07$, $K_z = 0.09$인 중립 대기조건에서 SO₂의 최대 지표농도(ppb)는?(단, 풍속은 30m/sec이다.)

① 34ppb ② 22ppb
③ 15ppb ④ 9ppb

해설
$$C_{max} = \frac{2Q}{\pi \cdot e \cdot u \cdot H_e^2}\left(\frac{K_z}{K_y}\right)$$
$$= \frac{2 \times 20\text{m}^3/\text{sec} \times 1,750\text{ppm}}{3.14 \times 2.72 \times 30\text{m/sec} \times (200\text{m})^2} \times \left(\frac{0.09}{0.07}\right)$$
$$= 0.00878\text{ppm} \times 10^3\text{ppb/ppm} = 8.78\text{ppb}$$

07 해륙풍에 관한 설명으로 옳지 않은 것은?

① 육지와 바다는 서로 다른 열적 성질 때문에 주간에는 육지로부터, 야간에는 바다로부터 바람이 분다.
② 야간에는 바다의 온도 냉각률이 육지에 비해 작으므로 기압차가 생겨나 육풍이 존재한다.
③ 육풍은 해풍에 비해 풍속이 작고, 수직 수평적인 범위도 좁게 나타나는 편이다.
④ 해륙풍이 장기간 지속되는 경우에는 폐쇄된 국지 순환의 결과로 인하여 해안가에 공업단지 등의 산업도시가 있는 지역에서는 대기오염물질의 축적이 일어날 수 있다.

해설 육지와 바다는 서로 다른 열적 성질 때문에 주간에는 바다로부터, 야간에는 육지로부터 바람이 분다.

08 가스상 물질의 영향에 관한 설명으로 거리가 먼 것은?

① SO₂는 1ppm 정도에서도 수시간 내에 고등식물에게 피해를 준다.
② CO₂ 독성은 10ppm 정도에서 인체와 식물에 해롭다.
③ CO는 100ppm까지는 1~3주간 노출되어도 고등식물에 대한 피해는 약한 편이다.
④ HCl은 SO₂보다 식물에 미치는 영향이 훨씬 적으며, 한계농도는 10ppm에서 수시간 정도이다.

해설 CO₂ 자체만으로는 특별한 독성이 없으나 호흡기 중에 CO₂가 많아지면 상대적으로 O₂의 양이 부족해서 산소결핍증을 유발한다.

09 열섬현상에 관한 설명으로 가장 거리가 먼 것은?

① Dust dome effect라고도 하며, 직경 10km 이상의 도시에서 잘 나타나는 현상이다.
② 도시지역 표면의 열적 성질의 차이 및 지표면에서의 증발잠열의 차이 등으로 발생된다.
③ 태양의 복사열에 의해 도시에 축적된 열이 주변지역에 비해 크기 때문에 형성된다.
④ 대도시에서 발생하는 기후현상으로 주변지역보다 비가 적게 오며, 건조해져 코, 기관지 염증의 원인이 되며, 태양복사량과 관련된 비타민 C의 결핍을 초래한다.

해설 대도시에서 발생하는 기후현상으로 주변지역보다 비가 많이 오며, 건조해져 코, 기관지 염증의 원인이 되며 태양복사량과 관련된 비타민 D의 결핍을 초래한다.

10 먼지 농도가 40μg/m³일 때 가시거리는?(단, 상대습도 70%, $A = 1.2$)

① 25km ② 30km
③ 35km ④ 40km

해설
$$\text{가시거리(km)} = \frac{1,000 \times A}{G}$$
$$= \frac{1,000 \times 1.2}{40\mu\text{g/m}^3} = 30\text{km}$$

11 다음 분산모델 중 미국에서 개발한 것으로 광화학모델이며, 점오염원이나 면오염원에 적용하고, 도시지역의 오염물질 이동을 계산할 수 있는 것은?

① ISCLT ② TCM
③ UAM ④ RAMS

해설 UAM(Urban Airshed Model)
㉠ 점, 면 오염원에 적용한다.
㉡ 미국에서 개발되었고 광화학모델을 이용하여 계산하는 모델이다.
㉢ 도시지역에서 광화학반응을 고려하여 오염물질의 이동을 계산한다.

정답 06 ④ 07 ① 08 ② 09 ④ 10 ② 11 ③

12 다음 중 PAN(Peroxy Acetyl Nitrate)의 구조식을 옳게 나타낸 것은?

①
$$C_6H_5-\overset{\overset{O}{\|}}{C}-O-O-NO_2$$

②
$$CH_3-\overset{\overset{O}{\|}}{C}-O-O-NO_2$$

③
$$C_2H_5-\overset{\overset{O}{\|}}{C}-O-O-NO_2$$

④
$$C_4H_8-\overset{\overset{O}{\|}}{C}-O-O-NO_2$$

해설 PAN 구조식
$CH_3COOO + NO_2 \rightarrow CH_3COOONO_2$

$$CH_3-\overset{\overset{O}{\|}}{C}-O-O-NO_2$$

13 다음은 어떤 연기 형태에 해당하는 설명인가?

> 대기가 매우 안정한 상태일 때에 아침과 새벽에 잘 발생하며, 강한 역전조건에서 잘 생긴다. 이런 상태에서는 연기의 수직방향 분산은 최소가 되고, 풍향에 수직되는 수평방향의 분산은 아주 적다.

① fanning ② coning
③ looping ④ lofting

해설 Fanning(부채형)
㉠ 대기상태가 안정조건(건조단열감률이 환경감률보다 큰 경우)일 때 발생한다.
㉡ 상하의 확산 폭이 적어 지표에 미치는 오염도는 적으나, 굴뚝의 높이가 낮으면 지표 부근에 심각한 오염문제를 발생시킨다.
㉢ 대기가 매우 안정한 상태일 때에 아침과 새벽에 잘 발생하며, 강한 역전조건에서 잘 생긴다.
㉣ 고기압 구역에서 하늘이 맑고 바람이 약하면 지표로부터 열방출이 커서 한밤으로부터 아침까지 복사역전층이 생길 때에 발생하는 연기모양이다.
㉤ 연기의 수직방향 분산은 최소가 되고, 풍향에 수직되는 수평방향의 분산도 매우 적다.

14 아래 그림은 고도에 따른 대기의 기온 변화를 나타낸 것이다. 다음 중 대기 중에 섞인 오염물질이 가장 잘 확산되는 기온변화 형태는?

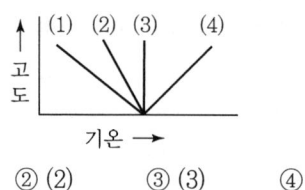

① (1) ② (2) ③ (3) ④ (4)

해설 그림상에서 (1)은 불안정 상태로 오염물질이 가장 잘 확산된다.

15 다음 대기오염물질의 분류 중 2차 오염물질에 해당하지 않는 것은?

① NOCl ② 알데하이드
③ 케톤 ④ N_2O_3

해설 2차 오염물질
에어로졸(H_2SO_4 mist), O_3, PAN($CH_3COOONO_2$), 염화니트로실(NOCl), 과산화수소(H_2O_2), 아크롤레인(CH_2CHCHO), PBN($C_6H_5COOONO_2$), 알데하이드(Aldehydes ; RCHO), SO_2, NO_2
※ N_2O_3는 1차 오염물질이다.

16 가솔린 연료를 사용하는 차량은 엔진 가동형태에 따라 오염물질 배출량은 달라진다. 다음 중 통상적으로 탄화수소가 제일 많이 발생하는 엔진 가동형태는?

① 정속(60km/h) ② 가속
③ 정속(40km/h) ④ 감속

해설 자동차 배기가스
㉠ NOx : 가속 시 ㉡ CO : 공회전 시
㉢ HC : 감속 시

17 지표 부근에 존재하는 오존(O_3)에 관한 설명 중 틀린 것은?

① 질소산화물과 탄화수소의 광화학적 반응에 의해 생성되며, 강력한 산화작용을 한다.
② 오존에 강한 식물로는 담배, 앨팰퍼, 무 등이 있다.
③ 식물의 엽록소 파괴, 동화작용의 억제, 산소작용의 저해 등을 일으킨다.
④ 식물의 피해 정도는 기공의 개폐, 증산작용의 대소 등에 따라 달라진다.

해설 오존에 강한 식물은 사과, 복숭아, 아카시아, 해바라기, 국화, 양배추 등이다.

정답 12 ② 13 ① 14 ① 15 ④ 16 ④ 17 ②

18 Down Wash 현상에 관한 설명은?

① 원심력집진장치에서 처리가스양의 5~10% 정도를 흡인하여 줌으로써 유효원심력을 증대시키는 방법이다.
② 굴뚝의 높이가 건물보다 높은 경우 건물 뒤편에 공동현상이 생기고 이 공동에 대기오염물질의 농도가 낮아지는 현상을 말한다.
③ 굴뚝 아래로 오염물질이 휘날리어 굴뚝 밑 부분에 오염물질의 농도가 높아지는 현상을 말한다.
④ 해가 뜬 후 지표면이 가열되어 대기가 지면으로부터 열을 받아 지표면 부근부터 역전층이 해소되는 현상을 말한다.

해설 Down Wash(세류현상)
오염물질의 토출속도에 비해 굴뚝높이에서의 풍속이 크면 연기가 굴뚝 아래로 향하여 오염물질이 흩날리어 굴뚝 밑부분에 오염물질의 농도가 높아지는 현상을 말한다. ($V_s/U < 1~2$인 경우에 생김)

19 가우시안 모델에 도입된 가정조건으로 거리가 먼 것은?

① 연기의 분산은 정상상태 분포를 가정한다.
② 바람에 의한 오염물의 주 이동방향은 x이며, 풍속은 일정하다.
③ 연직방향의 풍속은 통상 수평방향의 풍속보다 크므로 고도변화에 따라 반영한다.
④ 난류확산계수는 일정하다.

해설 연직방향의 풍속은 통상 수평방향의 풍속보다 상대적으로 크기가 작기 때문에 연직방향의 풍속은 무시한다.

20 지상으로부터 500m까지의 평균 기온감율이 0.85℃/100m이다. 100m 고도의 기온이 15℃라 하면 400m에서의 기온은?

① 13.30℃
② 12.45℃
③ 11.45℃
④ 10.45℃

해설 기온 = 15℃ − [0.85℃/100m × (400−100)m]
= 12.45℃

제2과목 연소공학

21 중유의 특성에 관한 설명으로 가장 거리가 먼 것은?

① 중유는 비중이 클수록 유동점, 점도가 증가한다.
② 중유는 인화점이 150℃ 이상으로 이 온도 이하에서는 인화의 위험이 적다.
③ 중유의 잔류 탄소함량은 일반적으로 7~16% 정도이다.
④ 점도가 낮은 것은 일반적으로 낮은 비점의 탄화수소를 함유한다.

해설 중유는 인화점이 70~120℃ 정도이며 인화점이 낮은 경우에는 역화의 위험성이 있고, 높은 경우에는 착화가 어렵다.

22 공기를 사용하여 propane을 완전연소시킬 때 건조 연소가스 중의 $CO_{2\,max}$(%)는?

① 13.76
② 17.76
③ 18.25
④ 22.85

해설 $C_3H_8 + 5O_2 \rightarrow 3CO_2 + 4H_2O$

$CO_{2\,max}(\%) = \dfrac{CO_2 양}{G_{od}} \times 100$

$G_{od} = 0.79 A_o + CO_2$
$= \left(0.79 \times \dfrac{5}{0.21}\right) + 3 = 21.81 Sm^3/Sm^3$

$= \dfrac{3}{21.81} \times 100 = 13.76\%$

23 화학반응속도 및 반응속도상수에 관한 설명으로 옳지 않은 것은?

① 1차 반응에서 반응속도상수의 단위는 s^{-1}이다.
② 반응물의 농도를 무제한 증가할지라도 반응속도에는 영향을 미치지 않는 반응을 0차 반응이라 한다.
③ 화학반응속도론에서 반응속도상수 결정에 활성화에너지가 가장 주요한 영향인자로 작용하며, 넓은 온도 범위에 걸쳐 유효하게 적용된다.
④ 반응속도상수는 온도에 영향을 받는다.

해설 화학반응속도론에서 반응속도상수 결정에 가장 중요한 영향인자는 온도이다.

24 착화점의 설명으로 옳지 않은 것은?
① 화학적으로 발열량이 작을수록 착화점은 낮다.
② 화학결합의 활성도가 클수록 착화점은 낮다.
③ 분자구조가 복잡할수록 착화점은 낮다.
④ 산소 농도가 클수록 착화점은 낮다.

해설 화학적으로 발열량이 클수록 착화점은 낮다.

25 다음 중 기체연료 연소장치에 해당하지 않는 것은?
① 송풍 버너   ② 선회 버너
③ 방사형 버너   ④ 로터리 버너

해설 로터리 버너는 액체연료 연소장치이다.

26 석유류의 물성에 관한 설명으로 옳지 않은 것은?
① 비중이 커지면 화염의 휘도가 커지며, 점도가 증가한다.
② 증기압이 크면 인화점 및 착화점이 높아져서 안전하지만, 연소효율은 저하된다.
③ 점도가 낮아지면 인화점이 낮아지고 연소가 잘 된다.
④ 유체온도를 서서히 냉각하였을 때 유체가 유동할 수 있는 최저온도를 유동점이라 하고, 일반적으로 응고점보다 25℃ 높은 온도를 유동점이라 한다.

해설 석유의 증기압은 40℃에서의 압력(kg/cm^2)으로 나타내며, 증기압이 큰 것은 인화점 및 착화점이 낮아서 위험하다.(증기압이 낮으면 인화점이 높아 연소효율 저하)

27 용적 $100m^3$의 밀폐된 실내에서 황 함량 0.01%인 등유 200g을 완전연소시킬 때 실내의 평균 SO_2 농도(ppb)는?(단, 표준상태를 기준으로 하고, 황은 전량 SO_2로 전환된다.)
① 140   ② 240
③ 430   ④ 570

해설 SO_2농도(ppb) = $\dfrac{SO_2 양}{실내용적} \times 10^9$

$S + O_2 \rightarrow SO_2$
32kg : $22.4m^3$
$0.2kg \times 0.0001$: $SO_2(m^3)$

$SO_2(m^3) = \dfrac{0.2kg \times 0.0001 \times 22.4m^3}{32kg}$
$= 0.000014m^3$

$= \dfrac{0.000014m^3}{100m^3} \times 10^9 = 140ppb$

28 탄화도의 증가에 따른 연소특성의 변화에 대한 설명으로 옳지 않은 것은?
① 착화온도는 상승한다.
② 발열량은 증가한다.
③ 산소의 양이 줄어든다.
④ 연료비(고정탄소%/휘발분%)는 감소한다.

해설 탄화도가 높아질 경우 연료비$\left(\dfrac{고정탄소(\%)}{휘발분(\%)}\right)$가 증가한다.

29 다음 중 연료 연소 시 공기비가 이론치보다 작을 때 나타나는 현상으로 가장 적합한 것은?
① 완전연소로 연소실 내의 열손실이 작아진다.
② 배출가스 중 일산화탄소의 양이 많아진다.
③ 연소실벽에 미연탄화물 부착이 줄어든다.
④ 연소효율이 증가하여 배출가스의 온도가 불규칙하게 증가 및 감소를 반복한다.

해설 ① 불완전연소로 연소실 내의 열손실이 커진다.
③ 연소실벽에 미연탄화물 부착이 증가된다.
④ 연소효율이 저하되어 배출가스의 온도가 불규칙하게 증가 및 감소를 반복한다.

30 탄소 85%, 수소 15%인 경유(1kg)를 공기과잉계수 1.1로 연소했더니 탄소 1%가 검댕(그을음)으로 된다. 건조 배기가스 $1Sm^3$ 중 검댕의 농도(g/Sm^3)는?
① 약 0.72   ② 약 0.86   ③ 약 1.72   ④ 약 1.86

해설 그을음 농도(g/Sm^3)
$= \dfrac{C_d \, g/kg}{G_d \, Sm^3/kg}$

그을음 발생량(C_d) = $0.85 \times 0.01 \times 10^3 = 8.5 g/kg$
건연소가스양(G_d) = $G_{od} + (m-1)A_o$
$G_{od} = 0.79 A_o + CO_2$
$= (0.79 \times 11.557) + (1.867 \times 0.85)$
$= 10.717 \, Sm^3/kg$
$A_o = (1.867 \times 0.85 + 5.6 \times 0.15)$
$\times \dfrac{1}{0.21} = 11.557 \, Sm^3/kg$
$= 10.717 + (1.1-1) \times 11.557$
$= 11.8727 \, Sm^3/kg$

$= \dfrac{8.5 \, g/kg}{11.8727 \, Sm^3/kg} = 0.72 g/Sm^3$

정답 24 ① 25 ④ 26 ② 27 ① 28 ④ 29 ② 30 ①

31 다음 연료의 연소 시 이론공기량의 개략치(Sm^3/kg)가 가장 큰 것은?

① LPG
② 고로가스
③ 발생로가스
④ 석탄가스

해설 연료의 이론공기량
① LPG : $20.8 \sim 24.7 Sm^3/Sm^3$
② 고로가스 : $0.7 \sim 0.9 Sm^3/Sm^3$
③ 발생로가스 : $0.93 \sim 1.29 Sm^3/Sm^3$
④ 석탄가스 : 주성분 H_2 및 CH_4
  ($H_2 : 2.4 Sm^3/Sm^3$, $CH_4 : 9.5 Sm^3/Sm^3$)

32 유압분무식 버너의 특징과 거리가 먼 것은?

① 유량조절범위가 1 : 10 정도로 넓어서 부하변동에 적응이 쉽다.
② 연료분사범위는 15~2,000L/h 정도이다.
③ 연료의 점도가 크거나 유압이 $5kg/cm^2$ 이하가 되면 분무화가 불량하다.
④ 구조가 간단하여 유지 및 보수가 용이한 편이다.

해설 유량조절범위가 환류식 1 : 3, 비환류식 1 : 2로 좁아서 부하변동에 적응하기 어렵다.

33 9,000kcal/kg의 열량을 내는 석탄을 시간당 80kg 연소하는 보일러가 있다. 실제로 이 보일러에서 시간당 흡수된 열량이 600,000kcal라면 이 보일러의 열효율(%)은?

① 66.7
② 75.0
③ 83.3
④ 90.0

해설 보일러 열효율(%) = $\dfrac{\text{유효열량}}{\text{입열}} \times 100$
$= \dfrac{600,000 kcal/hr}{9,000 kcal/kg \times 80 kg/hr} \times 100 = 83.33\%$

34 저위발열량이 $7,000 kcal/Sm^3$의 가스연료의 이론연소온도(℃)는?(단, 이론연소가스양은 $10 Sm^3/Sm^3$, 연료 연소가스의 평균정압비열은 $0.35 kcal/Sm^3 \cdot ℃$, 기준온도는 15℃, 지금 공기는 예열되지 않으며, 연소가스는 해리되지 않음)

① 1,515
② 1,825
③ 2,015
④ 2,325

해설 이론연소온도(℃)
$= \dfrac{\text{저위발열량}}{\text{이론연소가스양} \times \text{평균정압비열}} + \text{기준온도}$
$= \dfrac{7,000 kcal/Sm^3}{10 Sm^3/Sm^3 \times 0.35 kcal/Sm^3 \cdot ℃} + 15℃$
$= 2,015℃$

35 폐열회수장치가 설치된 소각로의 특징에 관한 설명으로 거리가 먼 것은?(단, 폐열회수를 안하는 소각로와 비교)

① 연소가스 배출 부분과 수증기 보일러관에서 부식의 염려가 없다.
② 열 회수로 연소가스의 온도와 부피를 줄일 수 있다.
③ 공기와 연소가스의 양이 비교적 적으므로 용량이 작은 송풍기를 쓸 수 있다.
④ 수증기 생산을 위한 수냉로벽, 보일러 등 설비가 필요하다.

해설 연소가스 배출 부분과 수증기보일러관에서 부식이 발생한다.

36 기체연료의 연소방식과 연소장치에 관한 설명으로 옳지 않은 것은?

① 확산연소는 주로 탄화수소가 적은 발생로가스, 고로가스 등에 적용되는 연소방식이다.
② 예혼합연소는 화염온도가 낮아 국부가열의 염려가 없고 연소부하가 작은 경우 사용이 가능하며, 화염의 길이가 길다.
③ 저압버너는 역화방지를 위해 1차 공기량을 이론공기량의 약 60% 정도만 흡입하고 2차 공기는 노내의 압력을 부압(−)으로 하여 공기를 흡인한다.
④ 예혼합연소에 사용되는 버너에는 저압버너, 고압버너, 송풍버너 등이 있다.

해설 예혼합연소는 화염온도가 높아 연소부하가 큰 경우에 사용이 가능하며 화염의 길이가 짧다.

37 A기체연료 $2Sm^3$을 분석한 결과 C_3H_8 $1.7Sm^3$, CO $0.15Sm^3$, H_2 $0.14Sm^3$, O_2 $0.01Sm^3$였다면 이 연료를 완전연소시켰을 때 생성되는 이론 습연소가스양(Sm^3)은?

① 약 $41Sm^3$
② 약 $45Sm^3$
③ 약 $52Sm^3$
④ 약 $57Sm^3$

정답 31 ① 32 ① 33 ③ 34 ③ 35 ① 36 ② 37 ②

해설
$G_{ow} = 0.79A_o + CO_2 + H_2O$

$(2Sm^3 = 1.7Sm^3 + 0.15Sm^3 + 0.14Sm^3 + 0.01Sm^3)$

$C_3H_8 \ + \ 5O_2 \ \rightarrow \ 3CO_2 \ + \ 4H_2O$
$1Sm^3 \ : \ 5Sm^3 \ : \ 3Sm^3 \ : \ 4Sm^3$
$1.7Sm^3 \ : \ 8.5Sm^3 \ : \ 5.1Sm^3 \ : \ 6.8Sm^3$

$H_2 \ + \ 0.5O_2 \ \rightarrow \ H_2O$
$1Sm^3 \ : \ 0.5Sm^3 \ : \ 1Sm^3$
$0.14Sm^3 \ : \ 0.07Sm^3 \ : \ 0.14Sm^3$

$A_o = \dfrac{1}{0.21}[(0.5 \times 0.14) + (0.5 \times 0.15)$
$\qquad + (5 \times 1.7) - 0.01] = 41.12 Sm^3/Sm^3$

$CO_2 = 5.1 + 0.15 = 5.25 Sm^3/Sm^3$
$H_2O = 6.8 + 0.14 = 6.94 Sm^3/Sm^3$
$= (0.79 \times 41.12) + 5.25 + 6.94$
$= 44.68 Sm^3/Sm^3$

38 CH_4 : 30%, C_2H_6 : 30%, C_3H_8 : 40%인 혼합가스의 폭발범위로 가장 적합한 것은?(단, 르샤틀리에의 식 적용)

- CH_4 폭발범위 : 5~15%
- C_2H_6 폭발범위 : 3~12.5%
- C_3H_8 폭발범위 : 2.1~9.5%

① 약 2.9~11.6%   ② 약 3.7~13.8%
③ 약 4.9~14.6%   ④ 약 5.8~15.4%

해설 ㉠ 폭발하한치(LEL)
$\dfrac{100}{LEL} = \dfrac{30}{5} + \dfrac{30}{3} + \dfrac{40}{2.1}$
$LEL = 2.85\%$
㉡ 폭발상한치(UEL)
$\dfrac{100}{UEL} = \dfrac{30}{15} + \dfrac{30}{12.5} + \dfrac{40}{9.5}$
$UEL = 11.61\%$
㉢ 폭발범위 : 2.85~11.61%

39 미분탄연소의 특징에 관한 설명으로 거리가 먼 것은?
① 부하변동에 대한 응답성이 좋은 편이어서 대용량의 연소에 적합하다.
② 화격자연소보다 낮은 공기비로서 높은 연소효율을 얻을 수 있다.
③ 분무연소와 상이한 점은 가스화 속도가 빠르고, 화염이 연소실 중앙부에 집중하여 명료한 화염면이 형성된다는 것이다.
④ 석탄의 종류에 따른 탄력성이 부족하고, 노벽 및 전열면에서 재의 퇴적이 많은 편이다.

해설 미분탄연소의 화염전파속도는 기체연료에 비해 커서 버너의 분출속도가 낮을 경우 역화의 위험이 있고 화염은 연소실 전체에 분포하는 형태로 나타난다.

40 Butane 2kg을 표준상태에서 완전연소시키는 데 필요한 이론산소의 양(kg)은?
① 3.59   ② 5.02
③ 7.17   ④ 11.17

해설 $C_4H_{10} + 6.5O_2 \rightarrow 4CO_2 + 5H_2O$
58kg : 6.5×32kg
2kg : O_0(kg)

이론산소량$(O_0) = \dfrac{2kg \times (6.5 \times 32)kg}{58kg} = 7.17kg$

제3과목 대기오염방지기술

41 사이클론의 반경이 50cm인 원심력 집진장치에서 입자의 집선방향속도가 10m/sec이라면 분리계수는?
① 10.2   ② 20.4   ③ 34.5   ④ 40.9

해설 분리계수$(S) = \dfrac{V_\theta^2}{g \times R_2} = \dfrac{(10m/sec)^2}{9.8m/sec^2 \times 0.5m} = 20.4$

42 유해가스의 물리적 흡착에 관한 설명으로 옳지 않은 것은?
① 온도가 낮을수록 흡착량은 많다.
② 흡착제에 대한 용질의 분압이 높을수록 흡착량이 증가한다.
③ 가역성이 높고 여러 층의 흡착이 가능하다.
④ 흡착열이 높고, 분자량이 작을수록 잘 흡착된다.

해설 흡착열이 낮고, 분자량이 클수록 잘 흡착된다.

정답 38 ①   39 ③   40 ③   41 ②   42 ④

43 시간당 5톤의 중유를 연소하는 보일러의 배기가스를 수산화나트륨 수용액으로 세정하여 탈황하고 부산물로 아황산나트륨을 회수하려고 한다. 중유 중 황(S) 함량이 2.56%, 탈황장치의 탈황효율이 87.5%일 때, 필요한 수산화나트륨의 이론량은 시간당 몇 kg인가?

① 300kg ② 280kg ③ 250kg ④ 225kg

해설
$S + O_2 \rightarrow SO_2 + 2NaOH \rightarrow Na_2SO_3 + H_2O$
$S \quad\rightarrow 2NaOH$
32kg : 2×40kg
5,000kg/hr × 0.0256 × 0.875 : NaOH(kg/hr)
$NaOH(kg/hr) = \dfrac{5,000kg/hr \times 0.0256 \times 0.875 \times (2 \times 40)kg}{32kg}$
$= 280kg/hr$

44 암모니아의 농도가 용적비로 200ppm인 실내공기를 송풍기로 환기시킬 때 실내용적이 4,000m³이고, 송풍량이 100m³/min이면 농도를 20ppm으로 감소시키기 위해 소요되는 시간은?

① 82min ② 92min ③ 102min ④ 112min

해설
$\ln\dfrac{C_t}{C_o} = -kt$
$k = \dfrac{송풍량}{실내용적} = \dfrac{100m^3/min}{4,000m^3} = 0.025min^{-1}$
$\ln\left(\dfrac{20}{200}\right) = -0.025min^{-1} \times t$
$t = 92min$

45 다음 중 (CH₃)₂CHCH₂CHO의 냄새특성으로 가장 적합한 것은?

① 양파, 양배추 썩는 냄새
② 분뇨 냄새
③ 땀냄새
④ 자극적이며, 새콤하고 타는 듯한 냄새

해설 $(CH_3)_2CHCH_2CHO$
㉠ 이소발레르알데히드(3-메틸부틸알데히드)
㉡ 자극적이며, 새콤하고 타는 듯한 냄새를 가진 유기화합물이다.

46 냄새물질에 관한 다음 설명 중 가장 거리가 먼 것은?

① 물리화학적 자극량과 인간의 감각강도 관계는 Ranney 법칙과 잘 맞다.
② 골격이 되는 탄소(C) 수는 저분자일수록 관능기 특유의 냄새가 강하고 자극적이며, 8~13에서 가장 향기가 강하다.
③ 분자내 수산기의 수는 1개일 때 가장 강하고 수가 증가하면 약해져서 무취에 이른다.
④ 불포화도가 높으면 냄새가 보다 강하게 난다.

해설 물리학적 자극량과 인간의 감각강도 관계는 웨버-페흐너(Weber-Fechner) 법칙과 잘 맞는다.

47 유해가스의 연소처리에 관한 설명으로 가장 거리가 먼 것은?

① 직접연소법은 경우에 따라 보조연료나 보조공기가 필요하며, 대체로 오염물질의 발열량이 연소에 필요한 전체 열량의 50% 이상일 때 경제적으로 타당하다.
② 직접연소법은 after burner법이라고도 하며, HC, H₂, NH₃, HCN 및 유독가스 제거법으로 사용된다.
③ 가열연소법은 배기가스 중 가연성 오염물질의 농도가 매우 높아 직접연소법으로 불가능할 경우에 주로 사용되고 조업의 유동성이 적어 NOx 발생이 많다.
④ 가열연소법에서 연소로 내의 체류시간은 0.2~0.8초 정도이다.

해설 **가열연소법**
배출가스 중 가연성 오염물질의 농도가 매우 낮아 직접 연소법으로 불가능할 경우에 주로 사용되고 조업의 유동성이 적어 NOx 발생이 적다.

48 탈취방법에 관한 설명으로 옳지 않은 것은?

① BALL 차단법은 밀폐형 구조물을 설치할 필요가 없고, 크기와 색상이 다양한 편이다.
② 약액세정법은 조작이 복잡하고, 대상 악취물질에 대한 제한성이 크지만, 산성 가스 및 염기성 가스의 별도 처리가 필요하지 않다.
③ 산화법 중 염소주입법은 페놀이 다량 함유되었을 때에는 클로로페놀을 형성하여 2차 오염문제를 발생시킨다.
④ 수세법은 수온 변화에 따라 탈취효과가 변하고, 처리 풍향 및 압력손실이 크다.

해설 **약액세정법**
소작이 간단하고 대상 악취물질에 대한 제한성이 크지 않으며 산성 가스 및 염기성 가스의 별도 처리가 필요하다.

정답 43 ② 44 ② 45 ④ 46 ① 47 ③ 48 ②

49 흡수에 관한 설명으로 옳지 않은 것은?

① 가스 측 경막저항은 흡수액에 대한 유해가스의 농도가 클 때 경막저항을 지배하고, 반대로 액측 경막저항은 용해도가 작을 때 지배한다.
② 대기오염물질은 보통 공기 중에 소량 포함되어 있고, 유해가스의 농도가 큰 흡수제를 사용하므로 가스 측 경막저항이 주로 지배한다.
③ Baker는 평형선과 조작선을 사용하여 NTU를 결정하는 방법을 제안하였다.
④ 충전탑의 조건이 평형곡선에서 멀어질수록 흡수에 대한 추진력은 더 작아지며, NTU는 Berl number에 의해 지배된다.

해설 충전탑의 조건이 평형곡선에서 가까울수록 흡수에 대한 추진력은 더 작아지며, NTU(총괄이동단수)는 Berl number에 의해 지배된다.

50 여과집진장치에 사용되는 각종 여과재의 성질에 관한 연결로 가장 거리가 먼 것은?(단, 여과재의 종류 - 산에 대한 저항성 - 최고사용온도)

① 목면 - 양호 - 150℃
② 글라스파이버 - 양호 - 250℃
③ 오론 - 양호 - 150℃
④ 비닐론 - 양호 - 100℃

해설 목면(cotton)
값이 저렴하나 흡습성이 높고, 최대허용온도는 약 80℃ 정도이고, 내산성은 나쁘고, 내알칼리성은 약간 양호하다.

51 직경이 15cm인 원형관에서 층류로 흐를 수 있게 임계 레이놀즈수를 2,100으로 할 때, 최대 평균유속(cm/sec)은?(단, $\nu = 1.8 \times 10^{-6} m^2/sec$)

① 1.52 ② 2.52 ③ 4.59 ④ 6.74

해설 $Re = \dfrac{VD}{\nu}$

$V(\text{cm/sec}) = \dfrac{Re \times \nu}{D}$

$= \dfrac{2,100 \times 1.8 \times 10^{-6} m^2/sec}{0.15m}$

$= 0.0252 m/sec \times 100 cm/m$

$= 2.52 cm/sec$

52 덕트 설치 시 주요원칙으로 거리가 먼 것은?

① 공기가 아래로 흐르도록 하향구배를 만든다.
② 구부러짐 전후에는 청소구를 만든다.
③ 밴드는 가능하면 완만하게 구부리며, 90°는 피한다.
④ 덕트는 가능한 한 길게 배치하도록 한다.

해설 덕트 길이는 가능한 한 짧게 배치하도록 한다.

53 전기집진장치에서 비저항과 관련된 내용으로 옳지 않은 것은?

① 배연설비에서 연료에 S 함유량이 많은 경우는 먼지의 비저항이 낮아진다.
② 비저항이 낮은 경우에는 건식 전기집진장치를 사용하거나, 암모니아 가스를 주입한다.
③ $10^{11} \sim 10^{13} \Omega \cdot cm$ 범위에서는 역전리 또는 역이온화가 발생한다.
④ 비저항이 높은 경우는 분진층의 전압손실이 일정하더라도 가스상의 전압손실이 감소하게 되므로, 전류는 비저항의 증가에 따라 감소된다.

해설 비저항이 낮은 경우에는 암모니아를 주입하여 Conditioning 또는 Baffle을 설치한다.

54 설치 초기 전기집진장치의 효율이 98%였으나, 2개월 후 성능이 96%로 떨어졌다. 이때 먼지 배출농도는 설치 초기의 몇 배인가?

① 2배 ② 4배
③ 8배 ④ 16배

해설 초기 통과량 = 100 - 98 = 2%
나중 통과량 = 100 - 96 = 4%

배출 농도비 = $\dfrac{\text{나중 통과량}}{\text{초기 통과량}} = \dfrac{4\%}{2\%} = 2$배

(초기의 2배로 배출농도 증가)

55 다음 입자상 물질의 크기를 결정하는 방법 중 입자상 물질의 그림자를 2개의 등면적으로 나눈 선의 길이를 직경으로 하는 입경은?

① 마틴직경 ② 스톡스직경
③ 피렛직경 ④ 투영면직경

정답 49 ④ 50 ① 51 ② 52 ④ 53 ② 54 ① 55 ①

해설 마틴 직경(Martin Diameter)
㉠ 입자의 면적을 2등분하는 선의 길이, 즉 입자의 2차원 투영상을 구하여 그 투영면적을 2등분한 선분 중 어떤 기준선과 평행인 것의 길이를 의미한다.(입자상 물질의 그림자를 2개의 등면적으로 나눈 선의 길이)
㉡ 최단거리를 측정하므로 과소평가할 수 있는 단점이 있다.

56 유해가스에 대한 설명 중 가장 거리가 먼 것은?
① Cl_2가스는 상온에서 황록색을 띤 기체이며 자극성 냄새를 가진 유독물질로 관련 배출원은 표백공업이다.
② F_2는 상온에서 무색의 발연성 기체로 강한 자극성이며 물에 잘 녹고 관련 배출원은 알루미늄 제련공업이다.
③ SO_2는 무색의 강한 자극성 기체로 환원성 표백제로도 이용되고 화석연료의 연소에 의해서도 발생된다.
④ NO는 적갈색의 특이한 냄새를 가진 물에 잘 녹는 맹독성 기체로 자동차 배출이 가장 많은 부분을 차지한다.

해설 NO는 주로 연소 시에 배출되는 무색의 기체로 물에 난용성이며 연소 과정 중 고온에서 발생하는 주된 질소화합물의 형태로 NO 자체로는 독성이 크지 않아 피해가 뚜렷하게 나타나지 않는다.

57 가스 $1m^3$당 50g의 아황산가스를 포함하는 어떤 폐가스를 흡수처리하기 위하여 가스 $1m^3$에 대하여 순수한 물 2,000kg의 비율로 연속 향류 접촉시켰더니 폐가스 내 아황산가스의 농도가 1/10로 감소하였다. 물 1,000kg에 흡수된 아황산가스의 양(g)은?
① 11.5 ② 22.5 ③ 33.5 ④ 44.5

해설 $50g : 2,000kg = x : 1,000kg$
$x = \frac{50g \times 1,000kg}{2,000kg} = 25g$
흡수된 아황산가스양(g) $= 25g \times (1-0.1) = 22.5g$

58 흡착장치에 관한 다음 설명 중 가장 거리가 먼 것은?
① 고정층 흡착장치에서 보통 수직으로 된 것은 대규모에 적합하고, 수평으로 된 것은 소규모에 적합하다.
② 일반적으로 이동층 흡착장치는 유동층 흡착장치에 비해 가스의 유속을 크게 유지할 수 없는 단점이 있다.
③ 유동층 흡착장치는 고정층과 이동층 흡착장치의 장점만을 이용한 복합형으로 고체와 기체의 접촉을 좋게 할 수 있다.
④ 유동층 흡착장치는 흡착제의 유동에 의한 마모가 크게 일어나고, 조업조건에 따른 주어진 조건의 변동이 어렵다.

해설 고정층 흡착장치에서 보통 수직으로 된 것은 소규모에 적합하고, 수평으로 된 것은 대규모에 적합하다.

59 Bag filter에서 먼지부하가 $360g/m^2$일 때마다 부착먼지를 간헐적으로 탈락시키고자 한다. 유입가스 중의 먼지농도가 $10g/m^3$이고, 겉보기 여과속도가 1cm/sec일 때 부착먼지의 탈락시간 간격은?(단, 집진율은 80%이다.)
① 약 0.4hr ② 약 1.3hr
③ 약 2.4hr ④ 약 3.6hr

해설 먼지부하$(L_d) = C_i \times V_f \times t \times \eta$
탈진주기$(t) = \frac{L_d}{C_i \times V_f \times \eta}$
$= \frac{360g/m^3}{10g/m^3 \times 1cm/sec \times m/100cm \times 0.8}$
$= 4,500sec \times hr/3,600sec$
$= 1.25hr$

60 원심력 집진장치에서 압력손실의 감소 원인으로 가장 거리가 먼 것은?
① 장치 내 처리가스가 선회되는 경우
② 호퍼 하단 부위에 외기가 누입될 경우
③ 외통의 접합부 불량으로 함진가스가 누출될 경우
④ 내통이 마모되어 구멍이 뚫려 함진가스가 by pass될 경우

해설 장치 내 처리가스가 누입되는 경우 원심력 집진장치에서 압력손실은 감소한다.

정답 56 ④ 57 ② 58 ① 59 ② 60 ①

제4과목　대기오염공정시험기준(방법)

61 다음은 시험의 기재 및 용어에 관한 설명이다. ( ) 안에 알맞은 것은?

> 시험조작 중 "즉시"란 (㉠) 이내에 표시된 조작을 하는 것을 뜻하며, "감압 또는 진공"이라 함은 따로 규정이 없는 한 (㉡) 이하를 뜻한다.

① ㉠ 10초, ㉡ 15mmH$_2$O
② ㉠ 10초, ㉡ 15mmHg
③ ㉠ 30초, ㉡ 15mmH$_2$O
④ ㉠ 30초, ㉡ 15mmHg

해설 시험의 기재 및 용어
㉠ 즉시 : 30초 이내에 표시된 조작을 하는 것을 의미
㉡ 감압 또는 진공 : 15mmHg 이하

62 굴뚝 배출가스 중 시안화수소를 질산은 적정법으로 분석할 때 필요한 시약으로 거리가 먼 것은?

① p-다이메틸아미노 벤질리덴로다닌의 아세톤 용액
② 아세트산(99.7%)(부피분율 10%)
③ 메틸레드-메틸렌 블루 혼합지시약
④ 수산화소듐 용액(질량분율 2%)

해설 굴뚝배출가스 중 시안화수소 분석방법 중 질산은 적정법 분석 시약
㉠ 흡수액 : 수산화소듐 20g을 물에 녹여서 1L로 한다.
㉡ p-디메틸아미노 벤질리덴로다닌의 아세톤 용액
㉢ 아세트산(99.7%)(부피분율 10%)
㉣ 수산화소듐용액(질량분율 2%)
㉤ N/100 질산은 용액

63 대기오염공정시험기준상 굴뚝 배출가스 중 불화수소를 연속적으로 자동 측정하는 방법은?

① 자외선형광법　② 이온전극법
③ 적외선흡수법　④ 자외선흡수법

해설 굴뚝배출가스 중 불화수소(연속자동 측정방법)
이온전극법

64 다음은 굴뚝 배출가스 중의 이황화탄소 분석방법에 관한 설명이다. ( ) 안에 알맞은 것은?

> 자외선/가시선분광법은 다이에틸아민구리 용액에서 시료가스를 흡수시켜 생성된 다이에틸 다이싸이오카밤산구리의 흡광도를 (㉠)의 파장에서 측정한다. 이 방법은 시료가스채취량 10L인 경우 배출가스 중의 이황화탄소 농도 (㉡)의 분석에 적합하다.

① ㉠ 340nm, ㉡ 0.05~1ppm
② ㉠ 340nm, ㉡ 3~60ppm
③ ㉠ 435nm, ㉡ 0.05~1ppm
④ ㉠ 435nm, ㉡ 3~60ppm

해설 굴뚝배출가스 중 이황화탄소 분석방법 중 자외선/가시선분광법
㉠ 다이에틸아민구리 용액에서 시료가스를 흡수시켜 생성된 다이에틸 다이싸이오카밤산구리의 흡광도를 435nm의 파장에서 측정한다.
㉡ 이황화탄소 농도 1ppm이 이상의 배출가스 분석에 적합하다.
㉢ 시료가스채취량이 10L인 경우 배출가스 중의 이황화탄소 농도 3~60ppm의 분석에 적합하다.
㉣ 이황화탄소의 방법검출한계는 0.2ppm 이하이어야 한다.
㉤ 황화수소를 제거하기 위해 아세트산카드뮴용액을 넣는다.

65 자외선/가시선분광법에 관한 설명으로 옳지 않은 것은?

① 시료물질 등에 적당한 시약을 넣어 발색시킨 용액의 흡광도를 측정하여 시료 중의 목적성분을 정량하는 방법으로 파장 200~1,200nm에서의 액체의 흡광도를 측정한다.
② 일반적으로 광원으로 나오는 빛을 단색화장치(monochrometer) 또는 필터(filter)에 의하여 좁은 파장범위의 빛만을 선택하여 액층을 통과시킨 다음 광전측광으로 흡광도를 측정하여 목적 성분의 농도를 정량하는 방법이다.
③ (투사광의 강도/입사광의 강도)를 투과도(t)라 하며, 투과도(t)의 상용대수를 흡광도라 한다.
④ 광원부-파장선택부-시료부-측광부로 구성되어 있고, 가시부와 근적외부의 광원으로는 주로 텅스텐 램프를 사용한다.

해설 (투사광의 강도/입사광의 강도)를 투과도(t)라 하며 투과도 역수의 상용대수를 흡광도라 한다.

$$흡광도(A) = \log \frac{1}{t}$$

정답 61 ④　62 ③　63 ②　64 ④　65 ③

66 이온크로마토그래피에 관한 설명으로 옳지 않은 것은?

① 분리관의 재질은 용리액 및 시료액과 반응성이 큰 것을 선택하며 스테인리스관이 널리 사용된다.
② 용리액조는 일반적으로 폴리에틸렌이나 경질 유리제를 사용한다.
③ 송액펌프는 일반적으로 맥동이 적은 것을 사용한다.
④ 검출기는 일반적으로 전도도 검출기를 많이 사용하고, 그 외 자외선, 가시선 흡수검출기(UV, VIS 검출기), 전기화학적 검출기 등이 사용된다.

해설 이온크로마토그래피 구성장치 중 분리관 재질
분리관의 재질은 용리액 및 시료액과 반응성이 작은 것을 선택하며, 에폭시수지관 또는 유리관이 사용된다.

67 다음은 비분산적외선분광분석기의 성능기준이다. ( ) 안에 알맞은 것은?

> 제로 조정용 가스를 도입하여 안정된 후 유로를 스팬가스로 바꾸어 기준 유량으로 분석계에 도입하여 그 농도를 눈금 범위 내의 어느 일정한 값으로부터 다른 일정한 값으로 갑자기 변화시켰을 때 스텝(step) 응답에 대한 소비시간이 (㉠)이어야 한다. 또 이때 최종 지시치에 대한 90%의 응답을 나타내는 시간은 (㉡)이어야 한다.

① ㉠ 10초 이내 ㉡ 30초 이내
② ㉠ 10초 이내 ㉡ 40초 이내
③ ㉠ 1초 이내   ㉡ 30초 이내
④ ㉠ 1초 이내   ㉡ 40초 이내

해설 비분산적외선분광분석기의 성능기준(응답시간)
㉠ 제로 조정용 가스를 도입하여 안정된 후 유로를 스팬가스로 바꾸어 기준유량으로 분석계에 도입하여 그 농도를 눈금 범위 내의 어느 일정한 값으로부터 다른 일정한 값으로 갑자기 변화시켰을 때 스텝(step) 응답에 대한 소비시간이 1초 이내이어야 한다.
㉡ 최종 지시치에 대한 90%의 응답을 나타내는 시간은 40초 이내이어야 한다.

68 원자흡수분광광도법에 사용되는 용어의 정의로 옳지 않은 것은?

① 분무실(Nebulizer-Chamber) : 분무기와 함께 분무된 시료용액의 미립자를 더욱 미세하게 해주는 한편 큰 입자와 분리시키는 작용을 갖는 장치
② 선프로파일(Line Profile) : 파장에 대한 스펙트럼선의 강도를 나타내는 곡선
③ 예복합 버너(Premix Type Burner) : 가연성 가스, 조연성 가스 및 시료를 분무실에서 혼합시켜 불꽃 중에 넣어주는 방식의 버너
④ 근접선(Neighbouring Line) : 원자가 외부로부터 빛을 흡수했다가 다시 먼저 상태로 돌아갈 때 방사하는 스펙트럼선

해설 근접선
목적하는 스펙트럼에 가까운 파장을 갖는 다른 스펙트럼선

69 비산먼지의 농도를 구하기 위해 측정한 조건 및 결과가 다음과 같을 때 비산먼지의 농도(mg/m^3)는?

> 〈측정조건 및 결과〉
> • 채취먼지량이 가장 많은 위치에서의 먼지농도(mg/m^3) : 5.8
> • 대조위치에서의 먼지농도(mg/m^3) : 0.17
> • 전 시료채취 기간 중 주 풍향이 45°~90° 변한다.
> • 풍속이 0.5m/s 미만 또는 10m/s 이상 되는 시간이 전 채취시간의 50% 이상이다.

① 5.6 ② 6.8 ③ 8.1 ④ 10.1

해설 비산먼지농도 = $(C_H - C_B) \times W_D \times W_S$
= $(5.8 - 0.17)mg/m^3 \times 1.2 \times 1.2$
= $8.11 mg/m^3$

70 수산화소듐(NaOH) 용액을 흡수액으로 사용하는 분석 대상가스가 아닌 것은?

① 염화수소   ② 시안화수소
③ 불소화합물   ④ 벤젠

해설 벤젠의 흡수액
질산암모늄+황산이다.

정답 66 ① 67 ④ 68 ④ 69 ③ 70 ④

71 기체크로마토그래피에 관한 설명으로 옳지 않은 것은?

① 기체시료 또는 기화한 액체나 고체시료를 운반가스에 의하여 분리, 관내에 전개, 응축시켜 액체상태로 각 성분을 분리 분석한다.
② 일반적으로 대기의 무기물 또는 유기물의 대기오염 물질에 대한 정성, 정량분석에 이용된다.
③ 일정유량으로 유지되는 운반가스는 시료 도입부로부터 분리관 내를 흘러서 검출기를 통해 외부로 방출된다.
④ 시료도입부로부터 기체, 액체 또는 고체시료를 도입하면 기체는 그대로, 액체나 고체는 가열기화되어 운반가스에 의하여 분리관 내로 송입된다.

해설 기체시료 또는 기화한 액체나 고체시료를 운반가스에 의하여 분리, 관 내에 전개시켜 기체상태에서 분리되는 각 성분을 크로마토그래피적으로 분석하는 방법이다.

72 분석대상가스별 흡수액으로 잘못 짝지어진 것은?

① 암모니아 – 붕산용액(질량분율 0.5%)
② 비소 – 수산화소듐용액(질량분율 0.5%)
③ 브롬화합물 – 수산화소듐용액(질량분율 0.4%)
④ 질소산화물 – 수산화소듐용액(질량분율 0.4%)

해설 **질소산화물흡수액**
황산 + 과산화수소 + 증류수

73 화학분석 일반사항에 관한 설명으로 옳지 않은 것은?

① 1억분율은 ppm, 10억분율은 pphm으로 표시한다.
② 실온은 1~35℃로 하고, 찬 곳은 따로 규정이 없는 한 0~15℃의 곳을 뜻한다.
③ "냉후" (식힌 후)라 표시되어 있을 때는 보온 또는 가열 후 실온까지 냉각된 상태를 뜻한다.
④ 액의 농도를 (1→2), (1→5) 등으로 표시한 것은 그 용질의 성분이 고체일 때는 1g을, 액체일 때는 1mL를 용매에 녹여 전량을 각각 2mL 또는 5mL로 하는 비율을 뜻한다.

해설 1억분율은 pphm, 10억분율은 ppb로 표시한다.

74 굴뚝 배출가스 중 포름알데하이드를 정량할 때 쓰이는 흡수액은?

① 아세틸아세톤 함유 흡수액
② 아연아민착염 함유 흡수액
③ 질산암모늄 + 황산(1+5)
④ 수산화소듐용액(0.4W/V%)

해설 굴뚝배출가스 중 포름알데하이드 정량 시 흡수액은 아세틸아세톤 함유 흡수액이다.

75 대기오염공정기준에 의거, 환경대기 중 각 항목별 분석방법으로 옳지 않은 것은?

① 질소산화물 – 살츠만법
② 옥시던트 – 광산란법
③ 탄화수소 – 비메탄 탄화수소 측정법
④ 아황산가스 – 파라로자닐린법

해설 **환경대기 중 옥시던트 측정방법**
㉠ 자동연속 측정방법
 • 자외선광도법(주 시험방법)
 • 화학발광법
 • 중성요오드화 포타슘법
 • 흡광차분광법
㉡ 수동
 • 중성요오드화 포타슘법
 • 알칼리성 요오드화 포타슘법

76 다음은 연료용 유류 중의 황 함유량을 연소관식 공기법으로 분석하는 방법이다. ( ) 안에 알맞은 것은?

> 950~1,100℃로 가열한 석영재질 연소관 중에 공기를 불어넣어 시료를 연소시킨다. 생성된 황산화물을 (㉠)에 흡수시켜 황산으로 만든 다음, (㉡)으로 중화적정하여 황 함유량을 구한다.

① ㉠ 과산화수소(3%) ㉡ 수산화칼륨표준액
② ㉠ 과산화수소(3%) ㉡ 수산화소듐표준액
③ ㉠ 10% AgNO₃ ㉡ 수산화칼륨표준액
④ ㉠ 10% AgNO₃ ㉡ 수산화소듐표준액

해설 **연료용 유류 중의 황 함유량 분석방법(연소관식 공기법)**
㉠ 원유, 경유, 중유의 황 함유량을 측정하는 방법을 규정하며 유류 중 황 함유량이 질량분율 0.01% 이상의 경우에 적용한다.
㉡ 950~1,100℃로 가열한 석영재질 연소관 중에 공기를 불어넣어 시료를 연소시킨다.
㉢ 생성된 황산화물을 과산화수소(3%)에 흡수시켜 황산으로 만든 다음, 수산화소듐 표준액으로 중화적정하여 황 함유량을 구한다.

정답 71 ① 72 ④ 73 ① 74 ① 75 ② 76 ②

77 고용량 공기시료채취기로 비산먼지를 채취하고자 한다. 측정결과가 다음과 같을 때 비산먼지의 농도는?

- 채취시간 : 24시간
- 채취 개시 직후의 유량 : 1.8m³/min
- 채취 종료 직전의 유량 : 1.2m³/min
- 채취 후 여과지의 질량 : 3.828g
- 채취 전 여과지의 질량 : 3.419g

① 0.13mg/m³ ② 0.19mg/m³
③ 0.25mg/m³ ④ 0.35mg/m³

해설 비산먼지농도 $= \dfrac{W_e - W_s}{V}$

$$= \dfrac{(3.828 - 3.419)\text{g} \times 10^3 \text{mg/g}}{\left(\dfrac{1.8+1.2}{2}\right)\text{m}^3/\text{min} \times 1,440\text{min}}$$

$= 0.19\text{mg/m}^3$

78 기체 – 고체 크로마토그래피법에서 사용하는 흡착형 충전물과 거리가 먼 것은?

① 알루미나 ② 활성탄
③ 담체 ④ 실리카겔

해설 기체–고체크로마토그래피법의 흡착형 충전물
㉠ 실리카겔 ㉡ 활성탄
㉢ 알루미나 ㉣ 합성제올라이트

79 A도시면적이 150km²이고 인구밀도가 4,000명/km²이며 전국 평균 인구밀도가 800명/km²일 때, 인구비례에 의한 방법으로 결정한 A도시의 환경기준 시험을 위한 시료 측정점 수는?(단, A도시면적은 지역의 가주지 면적(총면적에서 전답, 호수, 임야, 하천 등의 면적을 뺀 면적)이다.)

① 30 ② 35
③ 40 ④ 45

해설 측정점수 $= \dfrac{\text{그 지역 거주지면적}}{25\text{km}^2} \times \dfrac{\text{그 지역 인구밀도}}{\text{전국 평균 인구밀도}}$

$= \dfrac{150\text{km}^2}{25\text{km}^2} \times \dfrac{4,000\text{명}/\text{km}^2}{800\text{명}/\text{km}^2}$

$= 30$

80 굴뚝 배출가스 중 불꽃이온화검출기에 의한 총탄화수소 측정에 관한 설명으로 옳지 않은 것은?

① 결과 농도는 프로판 또는 탄소등가농도로 환산하여 표시한다.
② 배출원에서 채취된 시료는 여과지 등을 이용하여 먼지를 제거한 후 가열채취관을 통하여 불꽃이온화분석기로 유입되어 분석된다.
③ 반응시간은 오염물질농도의 단계변화에 따라 최종값의 50% 이상에 도달하는 시간을 말한다.
④ 시료채취관은 스테인리스강 또는 이와 동등한 재질의 것으로 하고 굴뚝중심 부분의 10%범위 내에 위치할 정도의 길이의 것을 사용한다.

해설 반응시간은 오염물질 농도의 단계변화에 따라 최종값의 90% 이상에 도달하는 시간으로 한다.

제5과목 대기환경관계법규

81 실내공기질 관리법규상 건축자재의 오염물질방출 기준이다. ( ) 안에 알맞은 것은?(단, 단위는 mg/m²·h)

오염물질	접착제	페인트
톨루엔	0.08 이하	(㉠)
총휘발성 유기화합물	(㉡)	(㉢)

① ㉠ 0.02 이하 ㉡ 0.05 이하 ㉢ 1.5 이하
② ㉠ 0.05 이하 ㉡ 0.1 이하 ㉢ 2.0 이하
③ ㉠ 0.08 이하 ㉡ 2.0 이하 ㉢ 2.5 이하
④ ㉠ 0.10 이하 ㉡ 2.5 이하 ㉢ 4.0 이하

해설 건축자재의 오염물질 방출기준

오염물질 종류 구분	포름알데하이드	톨루엔	총휘발성 유기화합물
접착제	0.02 이하	0.08 이하	2.0 이하
페인트	0.02 이하	0.08 이하	2.5 이하
실란트	0.02 이하	0.08 이하	1.5 이하
퍼티	0.02 이하	0.08 이하	20.0 이하
벽지	0.02 이하	0.08 이하	4.0 이하
바닥재	0.02 이하	0.08 이하	4.0 이하

측정단위 : mg/m²·hr(단, 실란트 : mg/m·hr)

정답 77 ② 78 ③ 79 ① 80 ③ 81 ③

82 대기환경보전법규상 자동차의 종류에 대한 설명으로 옳지 않은 것은?(단, 2015년 12월 10일 이후 적용)

① 이륜자동차의 규모는 차량총중량이 1천킬로그램을 초과하지 않는 것이다.
② 이륜자동차는 측차를 붙인 이륜자동차와 이륜자동차에서 파생된 삼륜 이상의 자동차는 제외한다.
③ 소형화물자동차에는 승용자동차에 해당되지 않는 승차인원이 9명 이상인 승합차를 포함한다.
④ 초대형 승용자동차의 규모는 차량총중량이 15톤 이상이다.

해설 이륜자동차는 측차를 붙인 이륜자동차와 이륜자동차에서 파생된 삼륜 이상의 자동차를 포함한다.

83 환경정책기본법령상 초미세먼지(PM-2.5)의 연간 평균치 기준은?

① $15\mu g/m^3$ 이하
② $35\mu g/m^3$ 이하
③ $50\mu g/m^3$ 이하
④ $100\mu g/m^3$ 이하

해설 PM-2.5(미세먼지) 대기환경기준
㉠ 연간 평균치 : $15\mu g/m^3$ 이하
㉡ 24시간 평균치 : $35\mu g/m^3$ 이하

84 대기환경보전법규상 휘발유를 연료로 사용하는 자동차 연료 제조기준으로 옳지 않은 것은?

① 90% 유출온도(℃) : 170 이하
② 산소함량(무게) : 2.3 이하
③ 황 함량(ppm) : 50 이하
④ 벤젠 함량(부피%) : 0.7 이하

해설 자동차연료(휘발유) 제조기준

항목	제조기준
방향족화합물 함량(부피%)	24(21) 이하
벤젠 함량(부피%)	0.7 이하
납 함량(g/L)	0.013 이하
인 함량(g/L)	0.0013 이하
산소 함량(무게%)	2.3 이하
올레핀 함량(부피%)	16(19) 이하
황 함량(ppm)	10 이하
증기압(kPa, 37.8℃)	60 이하
90% 유출온도(℃)	170 이하

85 대기환경보전법령상 배출허용 기준초과와 관련한 개선명령을 받은 사업자는 그 명령을 받은 날부터 며칠 이내에 개선계획서를 환경부령으로 정하는 바에 따라 시·도지사에게 제출하여야 하는가?(단, 연장이 없는 경우)

① 즉시
② 10일 이내
③ 15일 이내
④ 30일 이내

해설 개선명령을 받은 사업자는 시·도지사에게 그 명령을 받은 날부터 15일 이내에 개선계획서를 제출하여야 한다.

86 대기환경보전법규상 환경부장관이 대기오염물질을 총량으로 규제하고자 할 때 고시해야 하는 사항으로 거리가 먼 것은?(단, 기타사항은 제외)

① 총량규제구역
② 총량규제 대기오염물질
③ 대기오염물질의 저감계획
④ 규제기준농도

해설 대기오염물질을 총량으로 규제하는 고시사항
㉠ 총량규제구역
㉡ 총량규제 대기오염물질
㉢ 대기오염물질의 저감계획
㉣ 그 밖에 총량규제구역의 대기관리를 위하여 필요한 사항

87 다음은 대기환경보전법규상 자가측정 자료의 보존기간(기준)이다. ( ) 안에 가장 적합한 것은?

> 법에 따라 사업자는 자가측정에 관한 기록을 보존하여야 하는데, 자가측정 시 사용한 여지 및 시료채취기록지의 보존기간은 「환경분야 시험·검사 등에 관한 법률」에 따른 환경오염공정시험기준에 따라 측정한 날부터 ( )(으)로 한다.

① 1개월
② 3개월
③ 6개월
④ 1년

해설 자가측정자료의 보존기간은 측정한 날부터 6개월로 한다.

정답 82 ② 83 ① 84 ③ 85 ③ 86 ④ 87 ③

88 실내공기질 관리법령의 적용대상이 되는 다중이용시설 중 대통령령이 정하는 규모기준으로 옳지 않은 것은?

① 항만시설 중 연면적 5천제곱미터 이상인 대합실
② 연면적 1천제곱미터 이상인 실내주차장(기계식 주차장을 포함한다.)
③ 모든 대규모점포
④ 연면적 430제곱미터 이상인 국공립어린이집, 법인어린이집, 직장어린이집 및 민간어린이집

[해설] ② 연면적 2천제곱미터 이상인 실내주차장(기계식 주차장을 포함한다.)

89 대기환경보전법규상 대기환경규제지역을 관할하는 시·도지사 등이 해당 지역의 환경기준을 달성, 유지하기 위해 수립하는 실천계획에 포함될 사항과 거리가 먼 것은?

① 대기오염 측정결과에 따른 대기오염기준 설정
② 계획달성연도의 대기질 예측결과
③ 대기보전을 위한 투자계획과 오염물질 저감효과를 고려한 경제성 평가
④ 대기오염원별 대기오염물질 저감계획 및 계획의 시행을 위한 수단

[해설] 대기환경 규제지역을 관할하는 시·도지사가 수립하는 실천계획에 포함되는 사항
㉠ 일반 환경 현황
㉡ 조사결과 및 대기오염예측모형을 이용하여 예측한 대기오염도
㉢ 대기오염원별 대기오염물질 저감계획 및 계획의 시행을 위한 수단
㉣ 계획달성연도의 대기질 예측 결과
㉤ 대기보전을 위한 투자계획과 대기오염물질 저감효과를 고려한 경제성 평가

90 대기환경보전법령상 오염물질의 초과부과금 산정 시 위반 횟수별 부과계수 산출방법이다. ( ) 안에 알맞은 것은?

> 2차 이상 위반한 경우는 위반 직전의 부과계수에 ( )을(를) 곱한 것으로 한다.

① 100분의 100 ② 100분의 105
③ 100분의 110 ④ 100분의 120

[해설] 위반횟수별 부과계수
㉠ 위반이 없는 경우 : 100분의 100
㉡ 처음 위반한 경우 : 100분의 105
㉢ 2차 이상 위반한 경우 : 위반 직전의 부과계수에 100분의 105를 곱한 것

91 대기환경보전법규상 대기오염방지시설과 가장 거리가 먼 것은?

① 미생물을 이용한 처리시설
② 촉매반응을 이용하는 시설
③ 흡수에 의한 시설
④ 확산에 의한 시설

[해설] 대기오염 방지시설
• 중력집진시설 • 관성력집진시설
• 원심력집진시설 • 세정집진시설
• 여과집진시설 • 전기집진시설
• 음파집진시설 • 흡수에 의한 시설
• 흡착에 의한 시설 • 직접연소에 의한 시설
• 촉매반응을 이용하는 시설 • 응축에 의한 시설
• 산화·환원에 의한 시설 • 미생물을 이용한 처리시설
• 연소조절에 의한 시설

92 대기환경보전법상 황함유기준을 초과하는 연료를 공급·판매한 자에 대한 벌칙기준으로 옳은 것은?

① 5년 이하의 징역이나 5천만 원 이하의 벌금
② 3년 이하의 징역이나 3천만 원 이하의 벌금
③ 2년 이하의 징역이나 2천만 원 이하의 벌금
④ 1년 이하의 징역이나 1천만 원 이하의 벌금

[해설] 대기환경보전법 제90조의2 참고

93 대기환경보전법규상 배출시설에서 배출되는 입자상 물질인 아연화합물(Zn로서)의 배출허용기준은?(단, 모든 배출시설)

① 5mg/Sm³ 이하 ② 10mg/Sm³ 이하
③ 15mg/Sm³ 이하 ④ 20mg/Sm³ 이하

[해설] 입자상 물질 아연화합물(Zn로서) 배출허용기준
5mg/Sm³ 이하

정답 88 ② 89 ① 90 ② 91 ④ 92 ② 93 ①

94 대기환경보전법상 사용하는 용어의 정의로 옳지 않은 것은?

① "검댕"이란 연소할 때에 생기는 유리(流離) 탄소가 응결하여 입자의 지름이 1미크론 이상이 되는 입자상 물질을 말한다.
② "온실가스 평균배출량"이란 자동차제작자가 판매한 자동차 중 환경부령으로 정하는 자동차의 온실가스 배출량의 합계를 해당 자동차 총 대수로 나누어 산출한 평균값(g/km)을 말한다.
③ "온실가스"란 적외선 복사열을 흡수하거나 다시 방출하여 온실효과를 유발하는 대기 중의 가스상태 물질로서 이산화탄소, 메탄, 아산화질소, 수소불화탄소, 과불화탄소, 육불화황을 말한다.
④ "냉매(冷媒)"란 열전달을 통한 냉난방, 냉동·냉장 등의 효과를 목적으로 사용되는 물질로서 산업통상자원부령으로 정하는 것을 말한다.

해설 "냉매"란 기후·생태계 변화 유발물질 중 열전달을 통한 냉난방, 냉동·냉장 등의 효과를 목적으로 사용되는 물질로서 환경부령으로 정하는 것을 말한다.

95 다음은 대기환경보전법규상 휘발성 유기화합물 배출 억제·방지시설 설치 및 검사·측정결과의 기록보존에 관한 기준 중 주유소 저장시설에 관한에 기준이다. ( ) 안에 알맞은 것은?

- 회수설비의 유증기 회수율은 (㉠)이어야 한다.
- 회수설비의 적정 가동 여부 등을 확인하기 위한 압력감쇄·누설 등을 (㉡) 검사하고, 그 결과를 다음 검사를 완료하는 날까지 기록 및 보존하여야 한다.

① ㉠ 75% 이상, ㉡ 1년마다
② ㉠ 75% 이상, ㉡ 2년마다
③ ㉠ 90% 이상, ㉡ 1년마다
④ ㉠ 90% 이상, ㉡ 2년마다

해설 **주유소저장시설**
㉠ 회수설비의 유증기 회수율은 90% 이상이어야 한다.
㉡ 회수설비의 적정가동 여부 등을 확인하기 위한 압력감쇄·누설 등을 2년마다 검사하고, 그 결과를 다음 검사를 완료하는 날까지 기록 및 보존하여야 한다.

96 대기환경보전법규상 위임업무 보고사항 중 보고횟수가 연 1회인 것은?

① 자동차 연료 제조·판매 또는 사용에 대한 규제현황
② 수입자동차 배출가스 인증 및 검사현황
③ 측정기기 관리대행업의 등록, 변경등록 및 행정처분 현황
④ 환경오염사고 발생 및 조치사항

해설 **위임업무 보고사항**

업무내용	보고횟수	보고기일	보고자
환경오염사고 발생 및 조치 사항	수시	사고 발생 시	시·도지사, 유역환경청장 또는 지방환경청장
수입자동차 배출가스 인증 및 검사현황	연 4회	매 분기 종료 후 15일 이내	국립환경과학원장
자동차 연료 및 첨가제의 제조·판매 또는 사용에 대한 규제현황	연 2회	매 반기 종료 후 15일 이내	유역청장 또는 지방환경청장
자동차 연료 또는 첨가제의 제조기준 적합 여부 검사현황	• 연료: 연 4회 • 첨가제: 연 2회	• 연료: 매 분기 종료 후 15일 이내 • 첨가제: 매 반기 종료 후 15일 이내	국립환경과학원장
측정기기 관리대행업의 등록, 변경등록 및 행정처분 현황	연 1회	다음 해 1월 15일까지	유역환경청장, 지방환경청장 또는 수도권 대기환경청장

※ 법규 변경사항이므로 해설의 내용으로 학습하시기 바랍니다.

97 대기환경보전법령상 Ⅱ 지역의 기본부과금의 지역별 부과계수로 옳은 것은?(단, Ⅱ 지역은 「국토의 계획 및 이용에 관한 법률」에 따른 공업지역 등이 해당)

① 0.5
② 1.0
③ 1.5
④ 2.0

해설 **기본부과금의 지역별 부과계수**

구분	지역별 부과계수
Ⅰ지역	1.5
Ⅱ지역	0.5
Ⅲ지역	1.0

정답 94 ④ 95 ④ 96 ③ 97 ①

98 악취방지법상에서 사용하는 용어의 뜻으로 옳지 않은 것은?

① "상승악취"란 두 가지 이상의 악취물질이 함께 작용하여 사람의 후각을 자극하여 불쾌감과 혐오감을 주는 냄새를 말한다.
② "악취배출시설"이란 악취를 유발하는 시설, 기계, 기구, 그 밖의 것으로서 환경부장관이 관계 중앙행정기관의 장과 협의하여 환경부령으로 정하는 것을 말한다.
③ "악취"란 황화수소, 메르캅탄류, 아민류, 그 밖에 자극성이 있는 물질이 사람의 후각을 자극하여 불쾌감과 혐오감을 주는 냄새를 말한다.
④ "지정악취물질"이란 악취의 원인이 되는 물질로서 환경부령으로 정하는 것을 말한다.

해설 "복합악취"란 두 가지 이상의 악취물질이 함께 작용하여 사람의 후각을 자극하여 불쾌감과 혐오감을 주는 냄새를 말한다.

99 대기환경보전법령상 대기오염물질발생량의 합계가 연간 25톤인 사업장에 해당하는 것은?(단, 기타사항 제외)

① 1종 사업장　　② 2종 사업장
③ 3종 사업장　　④ 4종 사업장

해설 사업장 분류기준

종별	오염물질발생량 구분
1종 사업장	대기오염물질발생량의 합계가 연간 80톤 이상인 사업장
2종 사업장	대기오염물질발생량의 합계가 연간 20톤 이상 80톤 미만인 사업장
3종 사업장	대기오염물질발생량의 합계가 연간 10톤 이상 20톤 미만인 사업장
4종 사업장	대기오염물질발생량의 합계가 연간 2톤 이상 10톤 미만인 사업장
5종 사업장	대기오염물질발생량의 합계가 연간 2톤 미만인 사업장

100 다음은 대기환경보전법령상 시·도지사가 배출시설의 설치를 제한할 수 있는 경우이다. ( ) 안에 알맞은 것은?

> 배출시설 설치 지점으로부터 반경 1킬로미터 안의 상주 인구가 (㉠)명 이상인 지역으로서 특정대기유해물질 중 한 가지 종류의 물질을 연간 10톤 이상 배출하거나 두 가지 이상의 물질을 연간 (㉡)톤 이상 배출하는 시설을 설치하는 경우

① ㉠ 1만, ㉡ 20　　② ㉠ 2만, ㉡ 20
③ ㉠ 1만, ㉡ 25　　④ ㉠ 2만, ㉡ 25

해설 시·도지사가 배출시설의 설치를 제한할 수 있는 경우
㉠ 배출시설 설치 지점으로부터 반경 1킬로미터 안의 상주인구가 2만 명 이상인 지역으로서 특정대기유해물질 중 한 가지 종류의 물질을 연간 10톤 이상 배출하거나 두 가지 이상의 물질을 연간 25톤 이상 배출하는 시설을 설치하는 경우
㉡ 대기오염물질(먼지·황산화물 및 질소산화물만 해당한다)의 발생량 합계가 연간 10톤 이상인 배출시설을 특별대책지역에 설치하는 경우

2019년 4회 기출문제

제1과목　대기오염개론

01 다음 Dobson unit에 관한 설명 중 ( ) 안에 알맞은 것은?

> 1Dobson은 지구 대기 중 오존의 총량을 0℃, 1기압의 표준상태에서 두께로 환산했을 때 ( )에 상당하는 양을 의미한다.

① 0.01mm　② 0.1mm
③ 0.1cm　④ 1cm

해설 Dobson Unit (DU)
1 Dobson은 지구 대기 중 오존의 총량을 0℃, 1기압의 표준상태에서 두께로 환산했을 때 0.01mm(10μm)에 상당하는 양을 의미한다.

02 오존에 관한 설명으로 옳지 않은 것은?(단, 대류권 내 오존 기준)

① 보통 지표오존의 배경농도는 1~2ppm 범위이다.
② 오존은 태양빛, 자동차 배출원인 질소산화물과 휘발성유기화합물 등에 의해 일어나는 복잡한 광화학반응으로 생성된다.
③ 오염된 대기 중 오존농도에 영향을 주는 것은 태양빛의 강도, NO_2/NO의 비, 반응성 탄화수소농도 등이다.
④ 국지적인 광화학스모그로 생성된 Oxidant의 지표물질이다.

해설 지표대기 중 O_3의 배경농도는 0.04ppm 정도이다.

03 역전에 관한 설명으로 옳지 않은 것은?

① 복사역전층은 보통 가을로부터 봄에 걸쳐서 날씨가 좋고, 바람이 약하며, 습도가 적을 때 자정 이후 아침까지 잘 발생한다.
② 침강역전은 고기압 중심부분에서 기층이 서서히 침강하면서 기온이 단열변화로 승온되어 발생하는 현상이다.
③ 전선역전층은 빠른 속도로 움직이는 경향이 있어서 오염문제에 심각한 영향을 주지는 않는 편이다.
④ 해풍역전은 정체성 역전으로서 보통 오염물질을 오랫동안 정체시킨다.

해설 해풍역전은 이동성이므로 오염물질을 오랫동안 정체시키지 않는 편이다.

04 도시 대기오염물질 중 태양빛을 흡수하는 기체 중의 하나로서 파장 420nm 이상의 가시광선에 의해 광분해되는 물질로 대기 중 체류시간이 약 2~5일 정도인 것은?

① SO_2　② NO_2
③ CO_2　④ RCHO

해설 NO_2
㉠ 공기에 대한 비중이 1.59이며, 질식성이 있고 적갈색의 자극성을 가진 가스이다.
㉡ 대기 중 체류시간은 NO와 같이 약 2~5일 정도이며 파장 420nm 이상의 가시광선에 의해 광분해되는 물질이다.

05 역사적인 대기오염사건에 관한 설명으로 옳은 것은?

① 포자리카 사건은 MIC에 의한 피해이다.
② 런던스모그 사건은 복사역전 형태였다.
③ 뮤즈계곡 사건은 PAN이 주된 오염물질로 작용했다.
④ 도쿄 요코하마 사건은 PCB가 주된 오염물질로 작용했다.

해설 ① 포자리카 사건은 황화수소 누출사건이다.
③ 뮤즈계곡 사건은 SO_2이 주된 오염물질로 작용했다.
④ 도쿄 요코하마 사건은 SO_2이 주된 오염물질로 작용했다.

06 다음 특정물질 중 오존 파괴지수가 가장 큰 것은?

① Halon-1211　② Halon-1301
③ CCl_4　④ HCFC-22

정답 01 ①　02 ①　03 ④　04 ②　05 ②　06 ②

해설

	특정물질의 종류	화학식	오존 파괴지수
①	Halon-1211	CF_2BrCl	3.0
②	Halon-1301	CF_3Br	10.0
③	사염화탄소	CCl_4	1.1
④	HCFC-22	CHF_2Cl	0.055

해설 $C_{\max} \simeq \dfrac{1}{H_e^2}$ 이므로

$$(\%) = \dfrac{\left(\dfrac{1}{100^2}\right)}{\left(\dfrac{1}{87^2}\right)} \times 100 = 75.69\%$$

07 다음 대기오염물질 중 바닷물의 물보라 등이 배출원이며, 1차 오염물질에 해당하는 것은?

① N_2O_3 ② 알데하이드
③ HCN ④ NaCl

해설 **1차 오염물질**
㉠ 정의 : 발생원에서 직접 대기로 배출되는 오염물질
㉡ 종류 : 에어로졸(입자상 물질), SO_2, NO_x, NH_3, CO, HCl, Cl_2, N_2O_3, HNO_3, CS_2, H_2SO_4, HC, NaCl(바닷물의 물보라 등이 배출원), CO_2, Pb, Zn, Hg 등

08 벤젠에 관한 설명으로 옳지 않은 것은?

① 체내에 흡수된 벤젠은 지방이 풍부한 피하조직과 골수에서 고농도로 축적되어 오래 잔존할 수 있다.
② 체내에서 마뇨산(Hippuric acid)으로 대사하여 소변으로 배설된다.
③ 비점은 약 80℃ 정도이고, 체내 흡수는 대부분 호흡기를 통하여 이루어진다.
④ 벤젠 폭로에 의해 발생되는 백혈병은 주로 급성 골수아성 백혈병(Acute myeloblastic leukemia)이다.

해설 벤젠은 체내에서 페놀로 대사되어 소변으로 배설되며, 톨루엔은 체내에서 마뇨산으로 대사되어 배설된다.

09 다음 중 2차 대기오염물질에 해당하지 않는 것은?

① SO_3 ② H_2SO_4 ③ NO_2 ④ CO_2

해설 CO_2는 1차 대기오염물질이다.

10 대기오염가스를 배출하는 굴뚝의 유효고도가 87m에서 100m로 높아졌다면 굴뚝의 풍하 측 지상 최대 오염농도는 87m일 때의 것과 비교하면 몇 %가 되겠는가?(단, 기타 조건은 일정)

① 47% ② 62% ③ 76% ④ 88%

11 다음과 같이 인체에 피해를 유발시킬 수 있는 오염물질로 가장 적합한 것은?

> 혈액 헤모글로빈의 기본요소인 포르피린 고리의 형성을 방해함으로써 인체 내 헤모글로빈의 형성을 억제하여 만성빈혈이 발생할 수 있다.

① 다이옥신 ② 납
③ 망간 ④ 바나듐

해설 **납(Pb)의 특성**
㉠ 대부분의 납화합물은 물에 잘 녹지 않고 융점은 327℃, 끓는점은 1,620℃이며 무기납과 유기납으로 구분한다.
㉡ 소화기로 섭취된 납은 입자의 크기에 따라 다르지만 약 10% 정도만이 소장에서 흡수되고, 나머지는 대변으로 배출된다.
㉢ 세포 내에서 SH기와 결합하여 포르피린과 Heme 합성에 관여하는 효소를 포함한 여러 세포의 효소작용을 방해하고 적혈구 내의 전해질이 감소되어 적혈구 생존기간이 짧아지고 심한 경우 용혈성 빈혈이 나타나기도 한다.(인체혈액 헤모글로빈의 기본요소인 포르피린 고리의 형성을 방해함으로써 헤모글로빈의 형성을 억제함)
㉣ 헴(Heme) 합성의 장해로 주요증상은 빈혈증이며 혈색소량의 감소, 적혈구의 생존기간 단축, 파괴가 촉진된다. 즉, 헤모글로빈의 형성을 억제한다.

12 산란에 관한 설명으로 옳지 않은 것은?

① Rayleigh는 "맑은 하늘 또는 저녁노을은 공기 분자에 의한 빛의 산란에 의한 것"이라는 것을 발견하였다.
② 빛을 입자가 들어 있는 어두운 상자 안으로 도입시킬 때 산란광이 나타나며 이것을 틴달빛(光)이라고 한다.
③ Mie 산란의 경과는 입사빛의 파장에 대하여 입자가 대단히 작은 경우에만 적용되는 반면, Rayleigh의 결과는 모든 입경에 대하여 적용된다.
④ 입자에 빛이 조사될 때 산란의 경우, 동일한 파장의 빛이 여러 방향으로 다른 강도로 산란되는 반면, 흡수의 경우는 빛에너지가 열, 화학반응의 에너지로 변환된다.

정답 07 ④ 08 ② 09 ④ 10 ③ 11 ② 12 ③

해설 Mie 산란의 결과는 모든 입경에 대하여 적용되나, Rayleigh 산란의 결과는 입사빛의 파장에 대하여 입자가 대단히 작은 경우에만 적용된다.

13 Fick의 확산방정식을 실제 대기에 적용시키기 위해 세우는 추가적인 가정으로 거리가 먼 것은?

① $\frac{dC}{dt} = 0$이다.
② 바람에 의한 오염물의 주 이동방향은 x축으로 한다.
③ 오염물질의 농도는 비점오염원에서 간헐적으로 배출된다.
④ 풍속은 x, y, z 좌표 내의 어느 점에서든 일정하다.

해설 Fick의 확산방정식을 실제 대기에 적용시키기 위해 추가하는 가정
㉠ 바람에 의한 오염물의 주 이동방향은 x축이다.
㉡ 확산과정은 안정상태(정상상태 : $dc/dt = 0$)이다.
㉢ 오염물은 연속적인 점오염원으로부터 계속적으로 방출된다.
㉣ 단열과정은 안정상태이고 풍속은 x, y, z 좌표시스템의 어느 점에서든 일정하다.(바람은 시간 경과에 따라 변하지 않으며 Plume의 단면전체에 풍속은 균일함)
㉤ 오염물이 x축을 따라 이동하는 것은 하류(풍하)로의 확산에 의한 물질이동보다 더 강하다.

14 가우시안 모델의 대기오염 확산방정식을 적용할 때 지면에 있는 오염원으로부터 바람 부는 방향으로 200m 떨어진 연기의 중심축상 지상 오염농도(mg/m³)는?(단, 오염물질의 배출량은 6g/s, 풍속은 3.5m/s, σ_y, σ_z는 각각 22.5m, 12m이다.)

① 0.96 ② 1.41 ③ 2.02 ④ 2.46

해설 $C(x, y, z, H_e)$
$= \frac{Q}{2\pi\sigma_y\sigma_z U}\exp\left[-\frac{1}{2}\left(\frac{y}{\sigma_y}\right)^2\right]$
$\times \left[\exp\left(-\frac{1}{2}\left(\frac{z-H_e}{\sigma_z}\right)^2\right) + \exp\left(-\frac{1}{2}\left(\frac{z+H_e}{\sigma_z}\right)^2\right)\right]$

위 식에서
$\left.\begin{array}{l} y = z = 0 \\ H_e = 0 \end{array}\right]$ 이므로

$C = \frac{Q}{\pi u \sigma_y \sigma_z}$
$= \frac{6\text{g/sec}}{3.14 \times 3.5\text{m/sec} \times 22.5\text{m} \times 12\text{m}}$
$= 2.021 \times 10^{-3}\text{g/m}^3 \times 1,000\text{mg/g} = 2.021\text{mg/m}^3$

15 NOx 중 이산화질소에 관한 설명으로 옳지 않은 것은?

① 적갈색의 자극성을 가진 기체이며, NO보다 5~7배 정도 독성이 강하다.
② 분자량은 46, 비중은 1.59 정도이다.
③ 수용성이지만 NO보다는 수중 용해도가 낮으며 일명 웃음 기체라고도 한다.
④ 부식성이 강하고, 산화력이 크며, 생리적인 독성과 자극성을 유발할 수도 있다.

해설 NO_2는 난용성이지만 NO보다는 수중 용해도가 높으며 일명 웃음 기체는 N_2O를 말한다.

16 오염물질이 식물에 미치는 영향에 대한 설명으로 가장 거리가 먼 것은?

① 오존은 0.2ppm 정도의 농도에서 2~3시간 접촉하면 피해를 일으키며, 보통 엽록소 파괴, 동화작용 억제, 산소작용의 저해 등을 일으킨다.
② 질소산화물은 엽록소가 갈색으로 되어 잎의 내부에 갈색 또는 흑갈색의 반점이 생기며, 담배, 해바라기, 진달래 등은 이산화탄소에 대한 식물의 감수성이 약한 편이다.
③ 양배추, 클로버, 상추 등은 에틸렌가스에 대해 저항성 식물이다.
④ 보리, 목화 등은 아황산가스에 대해 저항성이 강한 식물이며, 까치밤나무, 쥐당나무 등은 저항성이 약한 식물에 해당한다.

해설 ㉠ SO_2에 저항성이 강한 식물
까치밤나무, 수랍목, 협죽도, 옥수수, 감귤, 글라디올러스, 장미, 개나리, 양배추 등
㉡ SO_2에 민감한(약한) 식물
• 자주개나리(알파파) : 지표식물(대기오염을 사람보다 먼저 인지하고 환경피해 정도를 알려주는 식물)
• 목화, 보리(대맥), 콩, 메밀, 담배, 시금치, 고구마, 전나무, 소나무, 낙엽송, 코스모스, 양상추 등

17 수용모델의 분석법에 관한 설명으로 옳지 않은 것은?

① 광학현미경법은 입경이 $0.01\mu m$보다 큰 입자만을 대상으로 먼지의 형상, 모양 및 색깔별로 오염원을 구별할 수 있고, 미숙련 경험자도 쉽게 분석가능하다.

② 전자주사현미경은 광학현미경보다 작은 입자를 측정할 수 있고, 정상적으로 먼지의 오염원을 확인할 수 있다.
③ 시계열분석법은 대기오염 제어의 기능을 평가하고 특정 오염원의 경향을 추적할 수 있으며, 타 방법을 통해 제시된 오염원을 확인하는 데 매우 유용한 정성적 분석법이다.
④ 공간계열법은 시료채취기간 중 오염배출속도 및 기상학 등에 크게 의존하여 분산모델과 큰 연관성을 갖는다.

해설 광학현미경법으로는 입경이 $1\mu m$보다 큰 입자만을 대상으로 먼지의 형상, 모양 및 색깔별로 오염원을 구별할 수 있고, 숙련경험자만이 분석 가능하다.

18 황산화물의 각종 영향에 대한 설명으로 옳지 않은 것은?
① 공기가 SO_2를 함유하면 부식성이 강하게 된다.
② SO_2는 대기 중의 분진과 반응하여 황산염이 형성됨으로써 대부분의 금속을 부식시킨다.
③ 대기에서 형성되는 아황산 및 황산은 석회, 대리석, 시멘트 등 각종 건축재료를 약화시킨다.
④ 황산화물은 대기 중 또는 금속의 표면에서 황산으로 변함으로써 부식성을 더욱 약하게 한다.

해설 황산화물은 대기 중 또는 금속의 표면에서 황산으로 변함으로써 부식성을 더 강하게 한다.

19 최대혼합고도가 500m일 때 오염농도는 4ppm이었다. 오염농도가 500ppm일 때 최대혼합고도는 얼마인가?
① 50m ② 100m ③ 200m ④ 250m

해설 오염물질 농도는 혼합고도의 3승에 반비례한다.
$\frac{C_2}{C_1} = \left(\frac{MMD_1}{MMD_2}\right)^3$
$\frac{500}{4} = \left(\frac{500}{MMD_2}\right)^3$
$MMD_2 = 100m$

20 먼지의 농도가 $0.075mg/m^3$인 지역의 상대습도가 70%일 때, 가시거리는?(단, 계수=1.2로 가정)
① 4km ② 16km ③ 30km ④ 42km

해설
$L_v(km) = \frac{A \times 10^3}{G}$
$= \frac{1.2 \times 10^3}{0.075mg/m^3 \times 10^3 \mu g/mg} = 16km$

제2과목 연소공학

21 화격자 연소로에서 석탄을 연소시킬 경우 화염이동속도에 대한 설명으로 옳지 않은 것은?
① 입경이 작을수록 화염이동속도는 커진다.
② 발열량이 높을수록 화염이동속도는 커진다.
③ 공기온도가 높을수록 화염이동속도는 커진다.
④ 석탄화도가 높을수록 화염이동속도는 커진다.

해설 석탄화도가 높을수록 화염이동속도는 작아진다.

22 액체연료의 연소용 버너 중 유량의 조절범위가 일반적으로 가장 큰 것은?
① 저압기류분무식 버너 ② 회전식 버너
③ 고압기류분무식 버너 ④ 유압분무식 버너

해설 유량조절범위
① 저압기류분무식 버너 : (1 : 5)
② 회전식 버너 : (1 : 5)
③ 고압기류분무식 버너 : (1 : 10)
④ 유압분무식 버너 : (환류식 1 : 3, 비환류식 1 : 2)

23 옥탄가에 대한 설명으로 옳지 않은 것은?
① n-Paraffine에서는 탄소수가 증가할수록 옥탄가는 저하하여 C_7에서 옥탄가는 0이다.
② 방향족 탄화수소의 경우 벤젠고리의 측쇄가 C_3까지는 옥탄가가 증가하지만 그 이상이면 감소한다.
③ Naphthene계는 방향족 탄화수소보다는 옥탄가가 작지만 n-Paraffine계보다는 큰 옥탄가를 가진다.
④ iso-Paraffine에서는 methyl 가지가 적을수록, 중앙에 집중하지 않고 분산될수록 옥탄가가 증가한다.

해설 iso-Paraffine에서는 Methyl기 가지가 많을수록, 중앙에 집중될수록 옥탄가가 증가한다.

24 정상연소에서 연소속도를 지배하는 요인으로 가장 적합한 것은?

① 연료 중의 불순물 함유량
② 연료 중의 고정탄소량
③ 공기 중의 산소의 확산속도
④ 배출가스 중의 N_2 농도

해설 연소속도를 지배하는 요인
㉠ 공기 중의 산소의 확산속도(분무시스템의 확산)
㉡ 연료용 공기 중의 산소농도
㉢ 반응계의 온도 및 농도(반응계 : 가연물 및 산소)
㉣ 활성화에너지
㉤ 산소와의 혼합비
㉥ 촉매

25 착화점이 낮아지는 조건으로 거리가 먼 것은?

① 산소의 농도는 낮을수록
② 반응활성도는 클수록
③ 분자의 구조는 복잡할수록
④ 발열량은 높을수록

해설 착화점(착화온도)가 낮아지는 조건
㉠ 동질물질인 경우 화학적으로 발열량이 클수록
㉡ 화학결합의 활성도가 클수록(반응활성도가 클수록)
㉢ 공기 중의 산소농도 및 압력이 높을수록
㉣ 분자구조가 복잡할수록(분자량이 클수록)
㉤ 비표면적이 클수록
㉥ 열전도율이 낮을수록
㉦ 석탄의 탄화도가 작을수록
㉧ 공기압, 가스압 및 습도가 낮을수록
㉨ 활성화에너지가 작을수록

26 고압기류분무식 버너에 관한 설명으로 옳지 않은 것은?

① $2\sim8kg/cm^2$의 고압공기를 사용하여 연료유를 분무화시키는 방식이다.
② 분무각도는 30° 정도, 유량조절비는 1 : 10 정도이다.
③ 분무에 필요한 1차 공기량은 이론공기량의 80~90% 범위이다.
④ 연료유의 점도가 커도 분무화가 용이하나 연소 시 소음이 큰 편이다.

해설 고압기류분무식 버너
분무에 필요한 1차 공기량은 이론연소공기량의 7~12% 정도이다.

27 다음 중 그을음이 잘 발생하기 쉬운 연료 순으로 나열한 것은?(단, 쉬운 연료 > 어려운 연료)

① 타르 > 중유 > 석탄가스 > LPG
② 석탄가스 > LPG > 타르 > 중유
③ 중유 > LPG > 석탄가스 > 타르
④ 중유 > 타르 > LPG > 석탄가스

해설 탈수소, 중합반응 및 고리화합물(방향족) 등과 같은 반응이 일어나기 쉬운 탄화수소일수록 매연이 잘 생긴다.
[타르 > 고휘발 역청탄 > 중유 > 저휘발 역청탄 > 아탄 > 경질유 > 등유 > 석탄가스 > LPG > 천연가스]

28 연소가스 분석결과 CO_2는 17.5%, O_2는 7.5%일 때 $(CO_2)_{max}$(%)는?

① 19.6　② 21.6　③ 27.2　④ 34.8

해설 $CO_{2\max}(\%) = \dfrac{21 \times CO_2}{21 - O_2} = \dfrac{21 \times 17.5}{21 - 7.5} = 27.22\,CO_{2\max}(\%)$

29 휘발유, 등유, 알코올, 벤젠 등 액체연료의 연소방식에 해당하는 것은?

① 자기연소　② 확산연소
③ 증발연소　④ 표면연소

해설 액체연료의 연소형태
㉠ 액면연소　㉡ 분무연소
㉢ 증발연소　㉣ 등심연소

30 목재, 석탄, 타르 등 연소 초기에 가연성 가스가 생성되고 긴 화염이 발생되는 연소의 형태는?

① 표면연소　② 분해연소
③ 증발연소　④ 확산연소

해설 분해연소
㉠ 정의 : 고체연료가 가열되면 연소 초기에 열분해가 일어나서 가연성 가스가 발생하며, 이를 공기와 혼합하여 긴 화염을 발생시키면서 확산연소하는 과정을 분해연소라 한다.
㉡ 특징
　• 열분해는 증발온도보다 분해온도가 낮은 경우에 가열에 의해 발생된다.
　• 고체연료는 일반적으로 연소 전에 분해되어 가연성 가스가 발생된다.
㉢ 분해연소 예
　• 석탄, 목재(휘발분을 가짐)
　• 중유(증발이 어려움)

정답 24 ③　25 ①　26 ③　27 ①　28 ③　29 ③　30 ②

31 분무연소기의 자동제어 방법인 시퀀스 제어(순차제어, Sequential control)에 관한 설명으로 가장 거리가 먼 것은?

① 안전장치가 따로 필요 없다.
② 분무연소기의 자동점화, 자동소화, 연소량 자동제어 등이 행해진다.
③ 화염이 꺼진 경우 화염검출기가 소화를 검출하고, 점화플러그를 다시 작동시킨다.
④ 지진에 의해서 감지기가 작동하면 연료 개폐 밸브가 닫힌다.

해설 안전장치가 별도로 필요하다.

32 가연한계에 대한 설명으로 옳지 않은 것은?

① 일반적으로 가연한계는 산화제 중의 산소분율이 커지면 넓어진다.
② 파라핀계 탄화수소의 가연범위는 비교적 좁다.
③ 기체연료는 압력이 증가할수록 가연한계가 넓어지는 경향이 있다.
④ 혼합기체의 온도를 높게 하면 가연범위는 좁아진다.

해설 혼합기체의 온도를 높게 하면 가연범위는 넓어진다.

33 연료의 특성에 대한 설명으로 옳은 것은?

① 석탄의 비중은 탄화도가 진행될수록 작아진다.
② 중유의 비중이 클수록 유동점과 잔류탄소는 감소한다.
③ 중유 중 잔류탄소의 함량이 많아지면 점도가 낮아진다.
④ 메탄은 프로판에 비해 이론공기량이 적다.

해설 ① 석탄의 비중은 탄화도가 진행될수록 커진다.
② 중유의 비중이 클수록 유동점과 잔류탄소는 증가한다.
③ 중유 중 잔류탄소의 함량이 많아지면 점도가 커진다.

34 COM(Coal Oil Mixture, 혼탄유)연소에 관한 설명으로 옳지 않은 것은?

① COM은 주로 석탄과 중유의 혼합연소이다.
② 연소실 내 체류시간의 부족, 분사변의 폐쇄와 마모 등 주의가 요구된다.
③ 재의 처리가 용이하고, 중유 전용 보일러의 연료로서 개조 없이 COM을 효율적으로 이용할 수 있다.
④ 중유보다 미립화 특성이 양호하다.

해설 COM 연소
재의 처리가 용이하지 않고 중유 전용보일러의 경우 별도의 개조가 필요하다.

35 다음은 연료의 분류에 관한 설명이다. ( ) 안에 들어갈 가장 적합한 것은?

> ( )는 가솔린과 유사하거나 또는 약간 높은 끓는점 범위의 유분으로 240℃에서 96% 이상이 증류되는 성분을 말하며, 옥탄가가 낮아 직접적으로 내연기관의 연료로 사용될 수 없기 때문에 가솔린에 혼합하거나 석유화학 원료용으로 주로 사용된다.

① 나프타   ② 등유
③ 경유   ④ 중유

해설 문제 내용은 나프타에 대한 설명이다.

36 중유조성이 탄소 87%, 수소 11%, 황 2%이었다면 이 중유연소에 필요한 이론 습연소가스양(Sm^3/kg)은?

① 9.63   ② 11.35
③ 13.63   ④ 15.62

해설 $G_{ow} = 0.79A_o + CO_2 + H_2O + SO_2$

$A_o = \dfrac{1}{0.21}[(1.867 \times 0.87) + (5.6 \times 0.11) + (0.7 \times 0.02)]$
$= 10.73 Sm^3/kg$
$= (0.79 \times 10.73) + (1.867 \times 0.87) + (11.2 \times 0.11)$
$+ (0.7 \times 0.02) = 11.35 Sm^3/kg$

37 미분탄 연소의 특징으로 거리가 먼 것은?

① 스토커 연소에 비해 작은 공기비로 완전연소가 가능하다.
② 사용연료의 범위가 넓고, 스토커 연소에 적합하지 않은 점결탄과 저발열량탄 등도 사용 가능하다.
③ 부하변동에 쉽게 적용할 수 있다.
④ 설비비와 유지비가 적게 들고, 재비산의 염려가 없으며, 별도설비가 불필요하다.

해설 미분탄 연소
설비비와 유지비가 고가이고 재비산이 많아 별도의 집진장치가 필요하다.

정답 31 ① 32 ④ 33 ④ 34 ③ 35 ① 36 ② 37 ④

38 내용적 160m³의 밀폐된 실내에서 2.23kg의 부탄을 완전연소할 때, 실내에서의 산소농도(V/V, %)는?(단, 표준상태, 기타조건은 무시하며, 공기 중 용적산소비율은 21%)

① 15.6% ② 17.5%
③ 19.4% ④ 20.8%

해설 실내산소농도(%) = $\dfrac{산소체적}{실내용적} \times 100$

$C_4H_{10} + 6.5O_2 \rightarrow 4CO_2 + 5H_2O$
$58kg : 6.5 \times 22.4m^3$
$2.23kg : O_o(m^3)$

$O_o(m^3) = \dfrac{2.23kg \times (6.5 \times 22.4)m^3}{58kg}$
$= 5.598m^3$

산소체적 = (내용적 × 공기 중 산소비율) − 이론산소량
$= (160 \times 0.21) - 5.598 = 28m^3$

$= \dfrac{28m^3}{160m^3} \times 100 = 17.5\%$

39 유동층 연소에 관한 설명으로 거리가 먼 것은?

① 사용연료의 입도범위가 넓기 때문에 연료를 미분쇄할 필요가 없다.
② 비교적 고온에서 연소가 행해지므로 열생성 NOx가 많고, 전열관의 부식이 문제가 된다.
③ 연료의 층내 체류시간이 길어 저발열량의 석탄도 완전연소가 가능하다.
④ 유동매체의 석회석 등의 탈황제를 사용하여 로 내 탈황도 가능하다.

해설 비교적 저온에서 연소가 행해지므로 열생성 NOx의 생성이 억제된다.

40 저 NOx 연소기술 중 배가스 순환기술에 관한 설명으로 거리가 먼 것은?

① 일반적으로 배가스 재순환비율은 연소공기대비 10~20%에서 운전된다.
② 희석에 의한 산소농도 저감효과보다는 화염온도 저하효과가 작기 때문에, 연료 NOx보다는 고온 NOx 억제효과가 작다.
③ 장점으로 대부분의 다른 연소제어기술과 병행해서 사용할 수 있다.
④ 저 NOx 버너와 같이 사용하는 경우가 많다.

해설 희석에 의한 산소농도 저감효과보다는 화염온도 저하효과가 크기 때문에 연료 NOx보다는 고온 NOx 억제효과가 크다.

제3과목 대기오염방지기술

41 전기집진장치의 장해현상 중 2차 전류가 현저하게 떨어질 때의 원인 또는 대책에 관한 설명으로 거리가 먼 것은?

① 분진의 농도가 너무 높을 때 발생한다.
② 대책으로는 스파크의 횟수를 늘리는 방법이 있다.
③ 대책으로는 조습용 스프레이의 수량을 늘리는 방법이 있다.
④ 분진의 비저항이 비정상적으로 낮을 때 발생하며, CO를 주입시킨다.

해설 2차 전류가 현저하게 떨어질 때(먼지의 비저항이 비정상적으로 높은 경우)
㉠ 원인 : 먼지의 농도가 너무 높을 때
㉡ 대책
 • 스파크 횟수를 증가
 • 조습용 스프레이의 수량을 증가
 • 입구먼지농도를 적절히 조절

42 배출가스 내의 황산화물 처리방법 중 건식법의 특징으로 가장 거리가 먼 것은?(단, 습식법과 비교)

① 장치의 규모가 큰 편이다.
② 반응효율이 높은 편이다.
③ 배출가스의 온도 저하가 거의 없는 편이다.
④ 연돌에 의한 배출가스의 확산이 양호한 편이다.

해설 건식법은 습식법에 비해 상대적으로 반응효율이 낮다.

43 벤츄리 스크러버에 관한 설명으로 가장 적합한 것은?

① 먼지부하 및 가스유동에 민감하다.
② 집진율이 낮고 설치 소요면적이 크며, 가압수식 중 압력손실이 매우 크다.

정답 38 ② 39 ② 40 ② 41 ④ 42 ② 43 ①

③ 액가스비가 커서 소량의 세정액이 요구된다.
④ 점착성, 조해성 먼지처리 시 노즐막힘 현상이 현저하여 처리가 어렵다.

해설 ② 집진율이 높고 설치 소요면적이 작으며, 가압수식 중 압력손실이 매우 크다.
③ 액가스비가 작아서 대량의 세정액이 요구된다.
④ 점착성, 조해성 먼지처리도 가능하다.

44 사이클론에서 가스 유입속도를 2배로 증가시키고, 입구 폭을 4배로 늘리면 50% 효율로 집진되는 입자의 직경, 즉 Lapple의 절단입경(d_{p50})은 처음에 비해 어떻게 변화되겠는가?

① 처음의 2배　　② 처음의 $\sqrt{2}$ 배
③ 처음의 $\dfrac{1}{2}$　　④ 처음의 $\dfrac{1}{\sqrt{2}}$

해설 절단입경식 $d_{p50} = \left(\dfrac{9\mu_g W}{2\pi N(\rho_p - \rho)V}\right)^{0.5}$ 에서 가스유입속도 및 유입구 폭을 고려하여 계산하면 $d_p' \propto \left(\dfrac{4}{2}\right)^{0.5} = \sqrt{2}$ (처음의 $\sqrt{2}$ 배)

45 펄스젯 여과집진기에서 압축공기량 조절장치와 가장 관련이 깊은 것은?

① 확산관(Diffuser tube)
② 백케이지(Bag cage)
③ 스크레이퍼(Scraper)
④ 방전극(Discharge electrode)

해설 Pulse Jet Type 여과집진장치에서 확산관(diffuser tube)은 압축공기량을 조절하는 장치이다.

46 복합 국소배기장치에서 댐퍼조절평형법(또는 저항조절평형법)의 특징으로 옳지 않은 것은?

① 오염물질 배출원이 많아 여러 개의 가지덕트를 주덕트에 연결할 필요가 있는 경우 사용한다.
② 덕트의 압력손실이 큰 경우 주로 사용한다.
③ 작업 공정에 따른 덕트의 위치 변경이 가능하다.
④ 설치 후 송풍량 조절이 불가능하나.

해설 저항조절평형법(댐퍼조절평형법, 덕트균형유지법)
㉠ 정의
　각 덕트에 댐퍼를 부착하여 압력을 조정, 평형을 유지하는 방법이다.
㉡ 특징
　• 후드를 추가 설치해도 쉽게 정압조절이 가능하다.
　• 사용하지 않는 후드를 막아 다른 곳에 필요한 정압을 보낼 수 있어 현장에서 가장 편리하게 사용할 수 있는 압력균형 방법이다.
　• 총 압력손실 계산은 압력손실이 가장 큰 분지관을 기준으로 산정한다.
㉢ 적용
　분지관의 수가 많고 덕트의 압력손실이 클 때 사용(배출원이 많아서 여러 개의 후드를 주관에 연결한 경우)
㉣ 장점
　• 시설 설치 후 변경에 유연하게 대처가 가능하다.
　• 최소설계풍량으로 평형유지가 가능하다.
　• 공장 내부의 작업공정에 따라 적절한 덕트 위치 변경이 가능하다.
　• 설계 계산이 간편하고, 고도의 지식을 요하지 않는다.
　• 설치 후 송풍량의 조절이 비교적 용이하다. 즉, 임의의 유량을 조절하기가 용이하다.
　• 덕트의 크기를 바꿀 필요가 없기 때문에 반송속도를 그대로 유지한다.
㉤ 단점
　• 평형상태 시설에 댐퍼를 잘못 설치 시 또는 임의의 댐퍼 조정 시 평형상태가 파괴될 수 있다.
　• 부분적 폐쇄댐퍼는 침식, 분진퇴적의 원인이 된다.
　• 최대저항경로 선정이 잘못되어도 설계 시 쉽게 발견할 수 없다.
　• 댐퍼가 노출되어 있는 경우가 많아 누구나 쉽게 조절할 수 있어 정상기능을 저해할 수 있다.

47 유해물질을 함유하는 가스와 그 제거장치의 조합으로 거리가 먼 것은?

① 시안화수소 함유 가스 - 물에 의한 세정
② 사불화규소 함유 가스 - 충전탑
③ 벤젠 함유 가스 - 촉매연소법
④ 삼산화인 함유 가스 - 표면적이 충분히 넓은 충전물을 채운 흡수탑 안에서 알칼리성 용액에 의한 흡수제거

해설 사불화규소(SiF_4)의 제거
수세에 의한 분무탑(Spray Tower)을 사용하며 사용 시 분무노즐의 막힘이 없도록 주의가 필요하다.

정답 44 ②　45 ①　46 ④　47 ②

48 입자상 물질과 NOx 저감을 위한 디젤엔진 연료분사시스템의 적용기술로 가장 거리가 먼 것은?

① 분사압력 저압화 ② 분사압력 최적제어
③ 분사율 제어 ④ 분사시기 제어

해설 분사압력 고압화는 입자상 물질과 NOx 저감을 위한 디젤엔진연료분사시스템의 적용기술이다.

49 다음 입경측정법에 해당하는 것은?

> 주로 $1\mu m$ 이상인 먼지의 입경 측정에 이용되고, 그 측정장치로는 앤더슨 피펫, 침강천칭, 광투과장치 등이 있다.

① 표준체 측정법 ② 관성충돌법
③ 공기투과법 ④ 액상 침강법

해설 액상 침강법
㉠ 입자가 액체 중에서 침강하는 시간을 측정하여 입경과 분포상태를 알아보는 측정방법이다.
㉡ $1\mu m$ 이상인 먼지입경측정에 이용된다.
㉢ 측정장치로는 앤더슨 피펫, 침강천칭, 광투과장치 등이 있다.

50 선택적 촉매환원법과 선택적 비촉매환원법으로 주로 제거하는 오염물질은?

① 휘발성유기화합물 ② 질소산화물
③ 황산화물 ④ 악취물질

해설 NOx(질소산화물)의 주 제거방법은 선택적 촉매환원법(SCR)과 선택적 비촉매환원법(SNCR)이다.

51 밀도 $0.8g/cm^3$인 유체의 동점도가 3stokes이라면 절대점도는?

① 2.4poise ② 2.4centipoise
③ 2,400poise ④ 2,400centipoise

해설 점성계수(절대점도) = 동점성계수 × 밀도
= 3stokes × $0.8g/cm^3$
= $3cm^2/sec$ × $0.8g/cm^3$
= $2.4g/cm \cdot sec$(2.4poise)

52 악취물질의 성질과 발생원에 관한 설명으로 가장 거리가 먼 것은?

① 에틸아민($C_2H_5NH_2$)은 암모니아취 물질로 수산가공, 약품제조 시에 발생한다.
② 메틸머캡탄(CH_3SH)은 부패양파취 물질로 석유정제, 가스제조, 약품제조 시에 발생한다.
③ 황화수소(H_2S)는 썩은 계란취 물질로 석유정제, 약품제조 시에 발생한다.
④ 아크롤레인(CH_2CHCHO)은 생선취 물질로 하수처리장, 축산업에서 발생한다.

해설 아크롤레인(CH_2CHCHO)
㉠ 자극적인 냄새가 나는 무색액체이며 지방 연소 시 발생하는 발암물질이고 독성이 특별히 강하여 눈, 폐를 심하게 자극함(최소감지농도 : 0.0085ppm)
㉡ 석유화학, 약품제조 시 발생

53 흡수탑의 충전물에 요구되는 사항으로 거리가 먼 것은?

① 단위 부피 내의 표면적이 클 것
② 간격의 단면적이 클 것
③ 단위 부피의 무게가 가벼울 것
④ 가스 및 액체에 대하여 내식성이 없을 것

해설 충전물의 구비조건
㉠ 단위용적에 대한 표면적이 클 것
㉡ 액가스 분포를 균일하게 유지할 수 있을 것
㉢ 가스 및 액체에 대하여 내식성이 있을 것
㉣ 충전밀도가 클 것
㉤ 충분한 화학적 저항성을 가질 것

54 각 집진장치의 특징에 관한 설명으로 옳지 않은 것은?

① 여과 집진장치에서 여포는 가스온도가 350℃를 넘지 않도록 하여야 하며, 고온가스를 냉각시킬 때에는 산노점 이하로 유지해야 한다.
② 전기집진장치는 낮은 압력손실로 대량의 가스처리에 적합하다.
③ 제트스크러버는 처리가스양이 많은 경우에는 잘 쓰지 않는 경향이 있다.
④ 중력집진장치는 설치면적이 크고 효율이 낮아 전처리 설비로 주로 이용되고 있다.

해설 여과집진장치에서 여포는 가스온도가 250℃를 넘지 않도록 하여야 하며, 고온가스를 냉각시킬 때에는 산노점 이상으로 유지해야 한다.

정답 48 ① 49 ④ 50 ② 51 ① 52 ④ 53 ④ 54 ①

55 후드 설계 시 고려사항으로 옳지 않은 것은?

① 잉여공기의 흡입을 적게 하고 충분한 포착속도를 가지기 위해 가능한 한 후드를 발생원에 근접시킨다.
② 분진을 발생시키는 부분을 중심으로 국부적으로 처리하는 로컬 후드방식을 취한다.
③ 후드 개구면의 중앙부를 열어 흡입풍량을 최대한으로 늘리고, 포착속도를 최소한으로 작게 유지한다.
④ 실내의 기류, 발생원과 후드 사이의 장애물 등에 의한 영향을 고려하여 필요에 따라 에어커튼을 이용한다.

해설 후드 개구면에서 기류가 균일하게 분포되도록 설계하며 포착속도는 작업조건을 고려하여 적정하게 선정한다.

56 배출가스 중 먼지농도가 $3,200mg/Sm^3$인 먼지처리를 위해 집진율이 각각 60%, 70%, 75%인 중력집진장치, 원심력집진장치, 세정집진장치를 직렬로 연결해서 사용해왔다. 여기에 집진장치 하나를 추가로 직렬 연결하여 최종 배출구 먼지농도를 $20mg/Sm^3$ 이하로 줄이려면, 추가 집진장치의 집진율은 최소 몇 %가 되어야 하는가?

① 약 79.2%
② 약 85.6%
③ 약 89.6%
④ 약 92.4%

해설 $\eta = \left(1 - \dfrac{C_o}{C_i}\right) \times 100$

C_i(중력, 원심력, 세정집진장치 후 먼지농도)
$= 3,200mg/m^3 \times 0.4 \times 0.3 \times 0.25 = 96mg/m^3$

$= \left(1 - \dfrac{20}{96}\right) \times 100 = 79.17(\%)$

57 벤츄리 스크러버 적용 시 액가스비를 크게 하는 요인으로 옳지 않은 것은?

① 먼지의 친수성이 클 때
② 먼지의 입경이 작을 때
③ 처리가스의 온도가 높을 때
④ 먼지의 농도가 높을 때

해설 벤츄리 스크러버(Venturi Scrubber)에서의 액가스비(L/m^3)는 일반적으로 분진의 입경이 작고, 친수성이 작을수록 크게 유지한다.

58 탈황과 탈질 동시제어 공정으로 거리가 먼 것은?

① SCR 공정
② 전자빔 공정
③ NOXSO 공정
④ 산화구리 공정

해설 SCR(선택적 촉매환원법)은 탈질 제어 공정이다.

59 석유정제 시 배출되는 H_2S의 제거에 사용되는 세정제는?

① 암모니아수
② 사염화탄소
③ 다이에탄올아민 용액
④ 수산화칼슘 용액

해설 석유정제 시 배출되는 H_2S의 제거에 사용되는 세정제는 다이에탄올아민(Diethanolamine) 용액이다.

60 유해가스 처리를 위한 흡수액의 구비조건으로 거리가 먼 것은?

① 용해도가 커야 한다.
② 휘발성이 적어야 한다.
③ 점성이 커야 한다.
④ 용매의 화학적 성질과 비슷해야 한다.

해설 흡수액의 구비조건
㉠ 용해도가 클 것
㉡ 휘발성이 적을 것
㉢ 부식성이 없을 것
㉣ 점성이 작고 화학적으로 안정되고 독성이 없을 것
㉤ 가격이 저렴하고 용매의 화학적 성질과 비슷할 것

제4과목 대기오염공정시험기준(방법)

61 환경대기 중의 옥시던트 측정법에 사용되는 용어의 설명으로 옳지 않은 것은?

① 옥시던트는 전옥시던트, 광화학 옥시던트, 오존 등의 산화성물질의 총칭을 말한다.
② 전옥시던트는 중성요오드화칼륨 용액에 의해 요오드를 유리시키는 물질을 총칭한다.
③ 광화학 옥시던트는 전옥시던트에서 오존을 제외한 물질이다.
④ 제로가스는 영점을 교정하는 데 사용하는 교정용 가스이다.

해설 광화학 옥시던트는 전옥시던트에서 이산화질소를 제외한 물질이다.

정답 55 ③ 56 ① 57 ① 58 ① 59 ③ 60 ③ 61 ③

62 흡광차분광법(DOAS)의 원리와 적용범위에 관한 설명으로 거리가 먼 것은?

① 50~1,000m 정도 떨어진 곳의 빛의 이동경로(Path)를 통과하는 가스를 실시간으로 분석할 수 있다.
② 아황산가스, 질소산화물, 오존 등의 대기오염물질 분석에 적용할 수 있다.
③ 측정에 필요한 광원은 180~380nm 파장을 갖는 자외선램프를 사용한다.
④ 흡광광도법의 기본 원리인 Beer-Lambert 법칙을 응용하여 분석한다.

해설 흡광차분광법(DOAS)
일반적으로 빛을 조사하는 발광부와 50~1,000m 정도 떨어진 곳에 설치되는 수광부(또는 발·수광부와 반사경) 사이에 형성되는 빛의 이동경로(Path)를 통과하는 가스를 실시간으로 분석하며, 측정에 필요한 광원은 180~2,850nm 파장을 갖는 제논(Xenon) 램프를 사용하여 아황산가스, 질소산화물, 오존 등의 대기오염물질 분석에 적용한다.

63 다음 원자흡수분광광도법의 측정순서 중 일반적으로 가장 먼저 하여야 하는 것은?

① 분광기의 파장눈금을 분석선의 파장에 맞춘다.
② 광원램프를 점등하여 적당한 전류값으로 설정한다.
③ 가스유량 조절기의 밸브를 열어 불꽃을 점화한다.
④ 시료용액을 불꽃 중에 분무시켜 지시한 값을 읽어 둔다.

해설 원자흡수분광광도법의 측정순서
㉠ 전원 스위치 및 관련 스위치를 넣어 측광부에 전류를 통한다.
㉡ 광원램프를 점등하여 적당한 전류값으로 설정한다.
㉢ 가연성 가스 및 조연성 가스 용기가 각각 가스유량조정기를 통하여 버너에 파이프로 연결되어 있는가를 확인한다.
㉣ 가스유량 조절기의 밸브를 열어 불꽃을 점화하여 유량조절 밸브로 가연성 가스와 조연성 가스의 유량을 조절한다.
㉤ 분광기의 파장눈금을 분석선의 파장에 맞춘다.
㉥ 시료용액을 불꽃 중에 분무시켜 지시한 값을 읽어 둔다.

64 환경대기 중 위상차현미경을 사용한 석면시험 방법과 그 용어의 설명으로 옳지 않은 것은?

① 위상차현미경은 굴절률 또는 두께가 부분적으로 다른 무색투명한 물체의 각 부분의 투과광 사이에 생기는 위상차를 화상면에서 명암의 차로 바꾸어, 구조를 보기 쉽도록 한 현미경이다.
② 석면먼지의 농도표시는 0℃, 760mmH$_2$O의 기체 1μL 중에 함유된 석면섬유의 개수(개/μL)로 표시한다.
③ 대기 중 석면은 강제 흡인 장치를 통해 여과장치에 채취한 후 위상차현미경으로 계수하여 석면 농도를 산출한다.
④ 위상차현미경을 사용하여 섬유상으로 보이는 입자를 계수하고 같은 입자를 보통의 생물현미경으로 바꾸어 계수하여, 그 계수치들의 차를 구하면 굴절률이 거의 1.5인 섬유상의 입자, 즉 석면이라고 추정할 수 있는 입자를 계수할 수가 있게 된다.

해설 석면먼지의 농도표시는 표준상태(20℃, 760mmHg)의 기체 1mL 중에 함유된 석면섬유의 개수(개/mL)로 표시한다.

65 자기분광광전광도계를 사용하여 과망간산포타슘 용액(20~60mg/L)의 흡수곡선을 작성할 경우 다음 중 흡광도 값이 최대가 나오는 파장의 범위는?

① 350~400nm
② 400~450nm
③ 500~550nm
④ 600~650nm

해설 자기분광광전광도계를 사용하여 과망간산포타슘 용액의 흡수곡선 작성 시 흡광도 값이 최대가 나오는 파장은 500~550nm이다.

66 굴뚝 배출가스 중 산소를 오르자트(Orsat) 분석법(화학분석법)으로 시료의 흡수를 통해 시료 중 산소농도를 구하고자 할 때, 장치 내의 흡수액을 넣은 흡수병에 가장 먼저 흡수되는 가스 성분은?

① CO_2(탄산가스)
② O_2(산소)
③ CO(일산화탄소)
④ N_2(질소)

해설 굴뚝 배출가스 중 산소를 오르자트 분석법(화학분석법)으로 시료의 흡수를 통해 시료 중 산소농도를 구하고자 할 때 각각의 흡수액을 사용하여 CO_2(탄산가스), O_2(산소)의 순으로 흡수한다.

67 환경대기 중에 있는 아황산가스 농도를 자동연속측정법으로 분석하고자 한다. 이에 해당되지 않는 것은?

① 적외선형광법
② 용액전도율법
③ 흡광차분광법
④ 불꽃광도법

정답 62 ③ 63 ② 64 ② 65 ③ 66 ① 67 ①

[해설] **환경대기 중 아황산가스 측정방법(자동연속측정법)**
㉠ 수동 및 반자동측정법
- 파라로자닐린법(Pararosaniline Method)(주 시험방법)
- 산정량 수동법(Acidimetric Method)
- 산정량 반자동법(Acidimetric Method)

㉡ 자동연속측정법
- 용액 전도율법(Conductivity Method)
- 불꽃광도법(Flame Photometric Detector Method)
- 자외선형광법(Pulse U.V.Fluorescence Method)(주 시험방법)
- 흡광차분광법(Differential Optical Absorption Spectroscopy ; DOAS)

68 대기오염공정시험기준상 따로 규정이 없는 한 "시약 명칭-화학식-농도(%)-비중(약)" 기준으로 옳은 것은?

① 암모니아수-NH₄OH-30.0~34.0(NH₃로서)-1.05
② 아이오드화수소산-HI-46.0~48.0-1.25
③ 브롬화수소산-HBr-47.0~49.0-1.48
④ 과염소산-H₂ClO₃-60.0~62.0-1.34

[해설] **시약의 농도**

명칭	화학식	농도(%)	비중(약)
염산	HCl	35.0~37.0	1.18
질산	HNO₃	60.0~62.0	1.38
황산	H₂SO₄	95% 이상	1.84
초산(Acetic Acid)	CH₃COOH	99.0% 이상	1.05
인산	H₃PO₄	85.0% 이상	1.69
암모니아수	NH₄OH	28.0~30.0(NH₃로서)	0.90
과산화수소	H₂O₂	30.0~35.0	1.11
불화수소산	HF	46.0~48.0	1.14
아이오드화수소	HI	55.0~58.0	1.70
브롬화수소산	HBr	47.0~49.0	1.48
과염소산	HClO₄	60.0~62.0	1.54

69 기체크로마토그래피에 의한 정량분석에서 이용되는 정량법으로 거리가 먼 것은?

① 표준넓이추가법 ② 보정넓이 백분율법
③ 상대검정곡선법 ④ 절대검정곡선법

[해설] **기체크로마토그래피에서 정량분석방법**
㉠ 절대검정곡선법
㉡ 넓이 백분율법
㉢ 보정 넓이 백분율법
㉣ 상대검정곡선법
㉤ 표준물첨가법

70 다음 중 현행 대기오염공정시험기준상 일반적으로 자외선/가시선분광법으로 분석하지 않는 물질은?

① 배출가스 중 이황화탄소
② 유류 중 황 함유량
③ 배출가스 중 황화수소
④ 배출가스 중 불소화합물

[해설] **유류 중의 황 함유량을 측정하기 위한 분석방법**

분석방법의 종류	황 함유량에 따른 적용 구분	적용 유류
연소관식 공기법	0.01 무게 % 이상	원유·경유·중유
방사선식 여기법		

71 시험분석에 사용하는 용어 및 기재사항에 관한 설명으로 옳지 않은 것은?

① "약"이란 그 무게 또는 부피에 대하여 ±10% 이상의 차가 있어서는 안 된다.
② "정확히 단다"라 함은 규정한 양의 검체를 취하여 분석용 저울로 0.1mg까지 다는 것을 뜻한다.
③ "항량이 될 때까지 건조한다 또는 강열한다"라 함은 따로 규정이 없는 한 보통의 건조방법으로 30분간 더 건조 또는 강열할 때 전후 무게의 차가 0.3mg 이하일 때를 뜻한다.
④ 액체성분의 양을 "정확히 취한다"라 함은 홀피펫, 눈금 플라스크 또는 이와 동등 이상의 정도를 갖는 용량계를 사용하여 조작하는 것을 뜻한다.

[해설] "항량이 될 때까지 건조한다 또는 강열한다"라 함은 따로 규정이 없는 한 보통의 건조방법으로 1시간 더 건조 또는 강열할 때 전후 무게의 차가 매 g당 0.3mg 이하일 때를 말한다.

72 원자흡수분광광도법에서 사용하는 용어 설명으로 거리가 먼 것은?

① 공명선(Resonance Line) : 원자가 외부로 빛을 반사했다가 방사하는 스펙트럼선
② 근접선(Neighbouring Line) : 목적하는 스펙트럼선에 가까운 파장을 갖는 다른 스펙트럼
③ 역화(Flame Back) : 불꽃의 연소속도가 크고 혼합기체의 분출속도가 작을 때 연소현상이 내부로 옮겨지는 것

④ 원자흡광(분광)측광 : 원자흡광스펙트럼을 이용하여 시료 중의 특정원소의 농도와 그 휘선의 흡광정도와의 상관관계를 측정하는 것

해설 **공명선(Resonance Line)**
원자가 외부로부터 빛을 흡수했다가 다시 먼저 상태로 돌아갈 때 방사하는 스펙트럼선

73 특정발생원에서 일정한 굴뚝을 거치지 않고 외부로 비산되는 먼지를 고용량 공기시료채취법으로 측정한 결과 다음과 같은 자료를 얻었다. 이때 비산먼지의 농도는 몇 mg/m^3인가?

- 채취먼지량이 가장 많은 위치에서의 먼지농도 : $65mg/m^3$
- 대조위치에서의 먼지농도 : $0.23mg/m^3$
- 전 시료채취 기간 중 주 풍향이 90° 이상 변하고, 풍속이 0.5m/s 미만 또는 10m/s 이상 되는 시간이 전 채취시간의 50% 이상이다.

① 117 ② 102
③ 94   ④ 87

해설 비산먼지농도$(mg/m^3) = (C_H - C_B) \times W_D \times W_S$
$= (65 - 0.23)mg/m^3 \times 1.5 \times 1.2$
$= 116.59 mg/m^3$

74 소각로, 소각시설 및 그 밖의 배출원에서 배출되는 입자상 및 가스상 수은(Hg)의 측정·분석방법 중 냉증기 원자흡수분광광도법에 관한 설명으로 옳지 않은 것은?

① 배출원에서 등속으로 흡입된 입자상과 가스상 수은은 흡수액인 산성 과망간산포타슘 용액에 채취된다.
② 정량범위는 $0.005mg/m^3 \sim 0.075mg/m^3$이고(건조시료가스양이 $1m^3$인 경우), 방법검출한계는 $0.003 mg/m^3$이다.
③ Hg^{2+} 형태로 채취한 수은을 Hg^0 형태로 환원시켜서 측정한다.
④ 시료채취 시 배출가스 중에 존재하는 산화 유기물질은 수은의 채취를 방해할 수 있다.

해설 정량범위는 $0.0005mg/m^3 \sim 0.0075mg/m^3$이고(건조시료가스양이 $1m^3$인 경우), 방법검출한계는 $0.00015mg/m^3$이다.

75 비분산 적외선분광분석법(Non Dispersive Infrared Photometer Analysis)에서 사용되는 용어에 관한 설명으로 옳지 않은 것은?

① 비교가스는 시료셀에서 적외선 흡수를 측정하는 경우 대조가스로 사용하는 것으로 적외선을 흡수하지 않는 가스를 말한다.
② 비교셀은 시료셀과 동일한 모양을 가지며 아르곤 또는 질소와 같은 불활성 기체를 봉입하여 사용한다.
③ 광학필터는 시료광속과 비교광속을 일정주기로 단속시켜, 광학적으로 변조시키는 것으로 단속방식에는 1~20Hz의 교호단속 방식과 동시단속 방식이 있다.
④ 시료셀은 시료가스가 흐르는 상태에서 양단의 창을 통해 시료광속이 통과하는 구조를 갖는다.

해설 **광학필터**
시료가스 중에 간섭물질가스의 흡수파장역의 적외선을 흡수 제거하기 위하여 사용하며, 가스필터와 고체필터가 있는데, 이것을 단독 또는 적절히 조합하여 사용한다.

76 이온크로마토그래피에서 사용되는 서프레서에 관한 설명으로 옳지 않은 것은?

① 관형과 이온교환막형이 있다.
② 용리액으로 사용되는 선해실 성분을 분리검출하기 위하여 분리관 앞에 병렬로 접속시킨다.
③ 관형 서프레서 중 음이온에는 스티롤계 강산형(H^+)수지가 충진된 것을 사용한다.
④ 전해질을 물 또는 저전도의 용매로 바꿔줌으로써 전기전도도 셀에서 목적이온성분과 전기 전도도만을 고감도로 검출할 수 있게 해준다.

해설 **서프레서**
용리액에 사용되는 전해질 성분을 제거하기 위하여 분리관 뒤에 직렬로 접속시킨 것으로서 전해질을 물 또는 저 전도도의 용매로 바꿔줌으로써 전기 전도도 셀에서 목적이온성분과 전기 전도도만을 고감도로 검출할 수 있게 해주는 것이다.

정답 73 ① 74 ② 75 ③ 76 ②

77 굴뚝 배출가스 중 시안화수소를 피리딘피라졸론법으로 분석할 경우 시안화수소 표준원액을 제조하기 위해서는 시안화수소 용액 몇 mL를 취하여 수산화소듐 용액(1N) 100mL를 가하고 다시 물로 전량을 1L로 하여야 하는가? (단, 시안화수소 표준원액 1mL는 기체상 HCN 0.01mL (0℃, 760mmHg)에 상당하며, f : 0.1N 질산은 용액의 역가, a : 0.1N 질산은 용액의 소비량(mL))

① $\dfrac{10}{0.448 \times a \times f}$ ② $\dfrac{10}{0.0448 \times a \times f}$

③ $\dfrac{10}{0.112 \times a \times f}$ ④ $\dfrac{10}{0.0112 \times a \times f}$

해설 **시안화수소 용액**
시안화포타슘(KCN, potassium cyanide, 분자량 : 65.12, 특급) 약 2.5g을 물에 녹여서 1L로 한다. 이 용액은 사용할 때에 다음 방법으로 표정한다.
- 표정 : 본 용액 100mL를 정확하게 취하여 수산화소듐 용액 (2%) 1mL와 지시약으로서 p-다이메틸아미노벤질리덴로다닌의 아세톤 용액 0.5mL를 가하고 0.1N 질산은 용액으로 적정하여 용액의 색이 황색에서 적색이 되는 점을 종말점으로 하여 다음 식에 따라서 시안화수소 용액 1mL 속의 시안화수소의 mL 수를 계산한다.

$\dfrac{10}{0.0448 \times a \times f}$

여기서, f : 0.1N 질산은 용액의 역가
a : 0.1N 질산은 용액의 소비량(mL)

78 배출허용기준 중 표준산소농도를 적용받는 항목에 대한 배출가스유량 보정식으로 옳은 것은?(단, Q : 배출가스유량(Sm³/일), Q_a : 실측배출가스유량(Sm³/일), O_a : 실측산소농도(%), O_s : 표준산소농도(%))

① $Q = Q_a \times [(21 - O_s)/(21 - O_a)]$
② $Q = Q_a \div [(21 - O_s)/(21 - O_a)]$
③ $Q = Q_a \times [(21 + O_s)/(21 + O_a)]$
④ $Q = Q_a \div [(21 + O_s)/(21 + O_a)]$

해설 배출가스유량 보정식
= 실측배출가스유량 ÷ $\left(\dfrac{21 - 표준산소농도}{21 - 실측산소농도}\right)$

79 원형 굴뚝의 직경이 4.3m였다. 굴뚝 배출가스 중의 먼지 측정을 위한 측정점 수는 몇 개로 하여야 하는가?

① 12 ② 16
③ 20 ④ 24

해설 원형 단면의 측정점 수

굴뚝 직경 2R(m)	반경 구분 수	측정점 수
1 이하	1	4
1 초과 2 이하	2	8
2 초과 4 이하	3	12
4 초과 4.5 이하	4	16
4.5 초과	5	20

80 메틸렌블루법은 배출가스 중 어떤 물질을 측정하기 위한 방법인가?

① 황화수소 ② 불화수소
③ 염화수소 ④ 시안화수소

해설 메틸렌블루법은 황화수소를 아연아민착염 용액에 흡수시켜 p-아미노디메틸아닐린 용액과 염화제이철 용액을 가하여 생성되는 메틸렌블루의 흡광도를 측정하여 황화수소를 정량한다.

제5과목 대기환경관계법규

81 다음은 대기환경보전법상 대기오염경보 단계별 대기오염물질의 농도기준이다. ( ) 안에 알맞은 것은?

〈주의보 발령기준〉
기상조건 등을 고려하여 해당 지역의 대기자동측정소 PM-2.5 시간당 평균농도가 (   ) 지속인 때

① 50$\mu g/m^3$ 이상 1시간 이상
② 50$\mu g/m^3$ 이상 2시간 이상
③ 75$\mu g/m^3$ 이상 1시간 이상
④ 75$\mu g/m^3$ 이상 2시간 이상

해설 **대기오염경보 단계별 대기오염물질의 농도기준**

대상 물질	경보 단계	발령기준	해제기준
미세먼지 (PM-2.5)	주의보	기상조건 등을 고려하여 해당 지역의 대기자동측정소 PM-2.5 시간당 평균 농도가 75μg/m³ 이상 2시간 이상 지속인 때	주의보가 발령된 지역의 기상조건 등을 검토하여 대기자동측정소의 PM-2.5 시간당 평균농도가 35μg/m³ 미만인 때
	경보	기상조건 등을 고려하여 해당 지역의 대기자동측정소 PM-2.5 시간당 평균 농도가 150μg/m³ 이상 2시간 이상 지속인 때	경보가 발령된 지역의 기상조건 등을 검토하여 대기자동측정소의 PM-2.5 시간당 평균농도가 75μg/m³ 미만인 때는 주의보로 전환

82 실내공기질 관리법규상 자일렌 항목의 신축공동주택의 실내공기질 권고기준은?

① 30μg/m³ 이하
② 210μg/m³ 이하
③ 300μg/m³ 이하
④ 700μg/m³ 이하

해설 **신축공동주택의 실내공기질 권고기준**
㉠ 포름알데하이드 : 210μg/m³ 이하
㉡ 벤젠 : 30μg/m³ 이하
㉢ 톨루엔 : 1,000μg/m³ 이하
㉣ 에틸벤젠 : 360μg/m³ 이하
㉤ 자일렌 : 700μg/m³ 이하
㉥ 스티렌 : 300μg/m³ 이하
㉦ 라돈 : 148Bq/m³ 이하

83 다음은 대기환경보전법상 과징금 처분기준이다. ( ) 안에 알맞은 것은?

> 환경부장관은 자동차제작자가 거짓으로 제작차의 인증 또는 변경인증을 받은 경우에는 그 자동차제작자에 대하여 매출액에 (㉠)(을)를 곱한 금액을 초과하지 아니하는 범위에서 과징금을 부과할 수 있다. 이 경우 과징금의 금액은 (㉡)을 초과할 수 없다.

① ㉠ 100분의 3, ㉡ 100억 원
② ㉠ 100분의 3, ㉡ 500억 원
③ ㉠ 100분의 5, ㉡ 100억 원
④ ㉠ 100분의 5, ㉡ 500억 원

해설 환경부장관은 자동차제작자가 다음 각 호의 어느 하나에 해당하는 경우에는 그 자동차제작자에 대하며 매출액에 100분의 5를 곱한 금액을 초과하지 아니하는 범위에서 과징금을 부과할 수 있다. 이 경우 과징금의 금액은 500억 원을 초과할 수 없다.
㉠ 거짓이나 그 밖의 부정한 방법으로 인증을 받은 경우
㉡ 제작차에 중대한 결함이 발생되어 개선을 하여도 제작차배출허용기준을 유지할 수 없는 경우
㉢ 자동차의 판매 또는 출고 정지명령을 위반한 경우
㉣ 결함시정명령을 이행하지 아니한 경우

84 다음 중 대기환경보전법령상 3종 사업장 분류기준에 속하는 것은?

① 대기오염물질 발생량의 합계가 연간 9톤인 사업장
② 대기오염물질 발생량의 합계가 연간 12톤인 사업장
③ 대기오염물질 발생량의 합계가 연간 22톤인 사업장
④ 대기오염물질 발생량의 합계가 연간 33톤인 사업장

해설 **사업장 분류기준**

종별	오염물질 발생량 구분
1종 사업장	대기오염물질 발생량의 합계가 연간 80톤 이상인 사업장
2종 사업장	대기오염물질 발생량의 합계가 연간 20톤 이상 80톤 미만인 사업장
3종 사업장	대기오염물질 발생량의 합계가 연간 10톤 이상 20톤 미만인 사업장
4종 사업장	대기오염물질 발생량의 합계가 연간 2톤 이상 10톤 미만인 사업장
5종 사업장	대기오염물질 발생량의 합계가 연간 2톤 미만인 사업장

85 대기환경보전법령상 일일 기준초과배출량 및 일일유량의 산정방법으로 옳지 않은 것은?

① 특정대기유해물질의 배출허용기준초과 일일오염물질배출량은 소수점 이하 셋째 자리까지 계산하고, 일반오염물질은 소수점 이하 둘째 자리까지 계산한다.
② 먼지의 배출농도 단위는 표준상태(0℃, 1기압을 말한다.)에서의 세제곱미터당 밀리그램(mg/Sm³)으로 한다.
③ 측정유량의 단위는 시간당 세제곱미터(m³/h)로 한다.
④ 일일조업시간은 배출량을 측정하기 전 최근 조업한 30일 동안의 배출시설 조업시간 평균치를 시간으로 표시한다.

정답 82 ④ 83 ④ 84 ② 85 ①

해설 특정대기유해물질의 배출허용기준초과 일일오염물질배출량은 소수점 이하 넷째 자리까지 계산하고, 일반오염물질은 소수점 이하 첫째 자리까지 계산한다.

86 대기환경보전법상 해당 연도의 평균 배출량이 평균 배출허용기준을 초과하여 그에 따른 상환명령을 이행하지 아니하고 자동차를 제작한 자에 대한 벌칙기준은?

① 7년 이하의 징역이나 1억 원 이하의 벌금
② 5년 이하의 징역이나 5천만 원 이하의 벌금
③ 3년 이하의 징역이나 3천만 원 이하의 벌금
④ 1년 이하의 징역이나 1천만 원 이하의 벌금

해설 대기환경보전법 제89조 참조

87 다음은 대기환경보전법상 용어의 뜻이다. ( ) 안에 알맞은 것은?

( )(이)란 연소할 때 생기는 유리탄소가 응결하여 입자의 지름이 1미크론 이상이 되는 입자상물질을 말한다.

① 스모그   ② 안개
③ 검댕   ④ 먼지

해설 검댕
연소할 때 생기는 유리탄소가 응결하여 입자의 지름이 1미크론 ($1\mu m$) 이상이 되는 입자상 물질을 말한다.

88 악취방지법상 악취방지계획에 따라 악취방지에 필요한 조치를 하지 아니하고 악취배출시설을 가동한 자에 대한 벌칙기준으로 옳은 것은?

① 1천만 원 이하의 벌금   ② 500만 원 이하의 벌금
③ 300만 원 이하의 벌금   ④ 100만 원 이하의 벌금

해설 악취방지법 제28조 참조

89 환경정책기본법령상 환경기준으로 옳은 것은?(단, ㉠, ㉡은 대기환경기준, ㉢, ㉣은 수질 및 수생태계 '하천'에서의 사람의 건강보호기준)

	항목	기준값
㉠	O_3(1시간 평균치)	0.06ppm 이하
㉡	NO_2(1시간 평균치)	0.15ppm 이하
㉢	Cd	0.5mg/L 이하
㉣	Pb	0.05mg/L 이하

① ㉠   ② ㉡
③ ㉢   ④ ㉣

해설 환경기준

	항목	기준치
㉠	O_3(1시간 평균치)	0.1ppm 이하
㉡	NO_2(1시간 평균치)	0.10ppm 이하
㉢	Cd	0.005mg/L 이하
㉣	Pb	0.05mg/L 이하

90 대기환경보전법규상 대기오염방지시설과 가장 거리가 먼 것은?(단, 그 밖의 경우 등은 제외)

① 산화·환원에 의한 시설
② 응축에 의한 시설
③ 미생물을 이용한 처리시설
④ 이온교환시설

해설 대기오염 방지시설
- 중력집진시설
- 원심력집진시설
- 여과집진시설
- 음파집진시설
- 흡착에 의한 시설
- 촉매반응을 이용하는 시설
- 산화·환원에 의한 시설
- 연소조절에 의한 시설
- 관성력집진시설
- 세정집진시설
- 전기집진시설
- 흡수에 의한 시설
- 직접연소에 의한 시설
- 응축에 의한 시설
- 미생물을 이용한 처리시설

정답 86 ① 87 ③ 88 ③ 89 ④ 90 ④

91 대기환경보전법규상 자가측정 시 사용한 여과지 및 시료채취기록지의 보존기간은 환경오염공정시험기준에 따라 측정한 날부터 얼마로 하는가?

① 3개월　② 6개월　③ 1년　④ 3년

해설 사업자가 배출오염물질의 자가측정에 관한 기록과 측정 시 사용한 여과지 및 시료채취 기록지의 보존기간은 「환경분야 시험·검사 등에 관한 법률」에 따른 환경오염공정시험기준에 따라 최종 기재하거나 측정한 날부터 6개월로 한다.

92 대기환경보전법령상 특별대책지역에서 환경부령에 따라 신고해야 하는 휘발성유기화합물 배출시설 중 "대통령령으로 정하는 시설"에 해당하지 않는 것은?(단, 그 밖에 휘발성유기화합물을 배출하는 시설로서 환경부장관이 관계중앙행정기관의 장과 협의하여 고시하는 시설 등은 제외한다.)

① 저유소의 저장시설 및 출하시설
② 주유소의 저장시설 및 주유시설
③ 석유정제를 위한 제조시설, 저장시설, 출하시설
④ 휘발성유기화합물 분석을 위한 실험실

해설 특별대책지역 안에서 휘발성유기화합물을 배출하는 시설로서 대통령령으로 정하는 시설
㉠ 석유정제를 위한 제조시설, 저장시설 및 출하시설과 석유화학제품 제조업의 제조시설, 저장시설 및 출하시설
㉡ 저유소의 저장시설 및 출하시설
㉢ 주유소의 저장시설 및 주유시설
㉣ 세탁시설
㉤ 그 밖에 휘발성유기화합물을 배출하는 시설로서 환경부장관이 관계 중앙행정기관의 장과 협의하여 고시하는 시설

93 실내공기질 관리법상 다중이용시설을 설치하는 자는 환경부령으로 정한 기준을 초과한 오염물질방출 건축자재를 사용해서는 안 되는데, 이 규정을 위반하여 사용한 자에 대한 벌칙기준으로 옳은 것은?

① 1년 이하의 징역 또는 1천만 원 이하의 벌금
② 500만 원 이하의 과태료
③ 200만 원 이하의 과태료
④ 100만 원 이하의 과태료

해설 1년 이하의 징역 또는 1천만 원 이하의 벌금 부과 대상 [실내공기질관리법 제16조]
㉠ 개선명령을 이행하지 아니한 자
㉡ 기준을 초과하여 오염물질을 방출하는 건축자재를 사용한 자
㉢ 확인의 취소 및 회수 등의 조치명령을 위반한 자
㉣ 거짓이나 그 밖의 부정한 방법으로 시험기관으로 지정을 받은 자
㉤ 시험기관에 종사하는 자로서 고의 또는 중대한 과실로 시험성적서를 사실과 다르게 발급한 자

94 대기환경보전법규상 자동차 종류 구분기준 중 전기만을 동력으로 사용하는 자동차로서 1회 충전 주행거리가 80km 이상 160km 미만에 해당하는 것은?

① 제1종　② 제2종
③ 제3종　④ 제4종

해설 전기만을 동력으로 사용하는 자동차는 1회 충전 주행거리에 따라 다음과 같이 구분한다.

구분	1회 충전 주행거리
제1종	80km 미만
제2종	80km 이상 160km 미만
제3종	160km

95 대기환경보전법규상 배출시설 및 방지시설 등과 관련된 행정처분기준 중 "부식·마모로 인하여 대기오염물질이 누출되는 배출시설을 정당한 사유 없이 방치한 경우"의 3차 행정처분기준은?

① 개선명령　② 경고
③ 조업정지 10일　④ 조업정지 30일

해설 행정처분기준
1차(경고) → 2차(조업정지 10일) → 3차(조업정지 30일) → 4차(허가 취소 또는 폐쇄)

96 대기환경보전법상 환경부장관은 대기오염물질과 온실가스를 줄여 대기환경을 개선하기 위하여 대기환경개선 종합계획을 몇 년마다 수립하여 시행하여야 하는가?

① 1년마다　② 3년마다
③ 5년마다　④ 10년마다

해설 환경부장관은 대기오염물질과 온실가스를 줄여 대기환경을 개선하기 위하여 대기환경개선 종합계획(이하 "종합계획"이라 한다.)을 10년마다 수립하여 시행하여야 한다.

정답 91 ②　92 ④　93 ①　94 ②　95 ④　96 ④

97 대기환경보전법규상 위임업무 보고사항 중 "자동차 연료 및 첨가제의 제조·판매 또는 사용에 대한 규제현황"의 보고 횟수 기준은?

① 연 1회   ② 연 2회
③ 연 4회   ④ 수시

해설 위임업무 보고사항

업무내용	보고횟수	보고기일	보고자
환경오염사고 발생 및 조치 사항	수시	사고 발생 시	시·도지사, 유역환경청장 또는 지방환경청장
수입자동차 배출가스 인증 및 검사현황	연 4회	매 분기 종료 후 15일 이내	국립환경과학원장
자동차 연료 및 첨가제의 제조·판매 또는 사용에 대한 규제현황	연 2회	매 반기 종료 후 15일 이내	유역환경청장 또는 지방환경청장
자동차 연료 또는 첨가제의 제조기준 적합 여부 검사현황	• 연료 : 연 4회 • 첨가제 : 연 2회	• 연료 : 매 분기 종료 후 15일 이내 • 첨가제 : 매 반기 종료 후 15일 이내	국립환경과학원장
측정기기관리 대행업의 등록, 변경등록 및 행정처분 현황	연 1회	다음 해 1월 15일까지	유역환경청장, 지방환경청장 또는 수도권대기환경청장

98 대기환경보전법령상 초과부과금 산정기준에서 다음 중 오염물질 1킬로그램당 부과금액이 가장 적은 것은?

① 이황화탄소   ② 암모니아
③ 황화수소   ④ 불소화물

해설 초과부과금 산정기준

오염물질	구분	오염물질 1킬로그램당 부과금액
황산화물		500
먼지		770
질소산화물		2,130
암모니아		1,400
황화수소		6,000
이황화탄소		1,600
특정유해물질	불소화물	2,300
	염화수소	7,400
	시안화수소	7,300

99 다음은 대기환경보전법령상 부과금의 납부통지 기준에 관한 사항이다. ( ) 안에 알맞은 것은?

> 초과부과금은 초과부과금 부과사유가 발생한 때(자동측정자료의 (㉠)가 배출허용기준을 초과한 경우에는 (㉡)에, 기본부과금은 해당 부과기간의 확정배출량 자료제출기간 종료일부터 (㉢)에 부과금의 납부통지를 하여야 한다. 다만, 배출시설이 폐쇄되거나 소유권이 이전되는 경우에는 즉시 납부통지를 할 수 있다.

① ㉠ 30분 평균치, ㉡ 매 분기 종료일부터 30일 이내, ㉢ 30일 이내
② ㉠ 30분 평균치, ㉡ 매 반기 종료일부터 60일 이내, ㉢ 60일 이내
③ ㉠ 1시간 평균치, ㉡ 매 분기 종료일부터 30일 이내, ㉢ 30일 이내
④ ㉠ 1시간 평균치, ㉡ 매 반기 종료일부터 60일 이내, ㉢ 60일 이내

해설 초과부과금은 초과부과금 부과사유가 발생한 때(자동측정자료의 30분 평균치가 배출허용기준을 초과한 경우에는 매 반기 종료일부터 60일 이내)에, 기본부과금은 해당 부과기간의 확정배출량 자료제출기간 종료일부터 60일 이내에 부과금의 납부통지를 하여야 한다. 다만 배출시설이 폐쇄되거나 소유권이 이전되는 경우에는 즉시 납부통지를 할 수 있다.

100 대기환경보전법규상 운행차 배출허용기준에 관한 설명으로 옳지 않은 것은?

① 휘발유와 가스를 같이 사용하는 자동차의 배출가스 측정 및 배출허용기준은 가스의 기준을 적용한다.
② 알코올만 사용하는 자동차는 탄화수소기준을 적용한다.
③ 건설기계 중 덤프트럭, 콘크리트믹서트럭, 콘크리트펌프트럭에 대한 배출허용기준은 화물자동차기준을 적용한다.
④ 수입자동차는 최종등록일자를 제작일자로 본다.

해설 알코올만 사용하는 자동차는 탄화수소기준을 적용하지 아니한다.

정답 97 ②   98 ②   99 ②   100 ②

2018년 1회 기출문제

제1과목 대기오염개론

01 1시간에 10,000대의 차량이 고속도로 위에서 평균시속 80km로 주행하며, 각 차량의 평균탄화수소 배출률은 0.02g/sec이다. 바람이 고속도로와 측면 수직방향으로 5m/sec로 불고 있다면 도로지반과 같은 높이의 평탄한 지형의 풍하 500m 지점에서의 지상오염농도는?(단, 대기는 중립상태이며, 풍하 500m에서의 $\sigma_z=15m$, $C(x, 0) = \dfrac{2q}{(2\pi)^{\frac{1}{2}}\sigma_z U} \exp\left[-\dfrac{1}{2}\left(\dfrac{H}{\sigma_z}\right)^2\right]$를 이용)

① $26.6\mu g/m^3$ ② $34.1\mu g/m^3$
③ $42.4\mu g/m^3$ ④ $51.2\mu g/m^3$

해설 $C(x, y, 0)$
$= \dfrac{2q}{(2\pi)^{\frac{1}{2}}\sigma_z u} \exp\left[-\dfrac{1}{2}\left(\dfrac{H}{\sigma_z}\right)^2\right]$

q (탄화수소 양 : g/m · sec)
  $= 0.02g/sec \cdot 대 \times 10,000대/hr \times hr/80km \times km/1,000m$
  $= 0.0025 g/m \cdot sec$
$u = 5m/sec$
$\sigma_z = 15m$
$H = 0$ (도로지반과 같은 높이)

$= \dfrac{2 \times 0.0025 \, g/m \cdot sec \times 10^6 \, \mu g/g}{(2\pi)^{\frac{1}{2}} \times 15\,m \times 5\,m/sec} \times \exp\left[-\dfrac{1}{2}\left(\dfrac{0}{15\,m}\right)^2\right]$

$= 26.59 \mu g/m^3$

02 부피가 $3,500m^3$이고 환기가 되지 않은 작업장에서 화학반응을 일으키지 않는 오염물질이 분당 60mg씩 배출되고 있다. 작업을 시작하기 전에 측정한 이 물질의 평균농도가 $10mg/m^3$이라면 1시간 이후의 작업장 평균농도는 얼마인가?(단, 상자모델을 적용하며, 작업시작 전·후의 온도 및 압력조건은 동일하다.)

① $11.0mg/m^3$ ② $13.6mg/m^3$
③ $18.1mg/m^3$ ④ $19.9mg/m^3$

해설 1시간 이후의 작업장 평균농도
= 작업시작 전 평균농도 + 작업시작 후 배출농도
$= 10mg/m^3 + \dfrac{60mg/min \times 60min}{3,500m^3}$
$= 11.03mg/m^3$

03 다음 지표면 상태 중 일반적으로 알베도(%)가 가장 큰 것은?
① 삼림   ② 사막
③ 수면   ④ 얼음

해설 알베도 크기
① 삼림 : 약 10% 이내   ② 사막 : 약 20% 정도
③ 수면 : 약 2~7%   ④ 얼음 : 약 60% 정도

04 정상상태 조건하에서 단위면적당 확산되는 물질의 이동속도는 농도의 기울기에 비례한다는 것과 관련된 법칙은?
① Fick의 법칙   ② Fourier의 법칙
③ 르 샤틀리에의 법칙   ④ Reynold의 법칙

해설 정상상태조건하에서 단위면적당 확산되는 물질의 이동속도는 농도의 기울기에 비례하는 Fick의 확산방정식으로 설명된다.

05 잠재적인 대기오염물질로 취급되고 있는 물질인 이산화탄소에 관한 설명으로 가장 거리가 먼 것은?
① 지구온실효과에 대한 추정 기여도는 CO_2가 50% 정도로 가장 높다.
② 대기 중의 이산화탄소 농도는 북반구의 경우 계절적으로는 보통 겨울에 증가한다.
③ 대기 중에 배출되는 이산화탄소의 약 5%가 해수에 흡수된다.
④ 지구 북반구의 이산화탄소의 농도가 상대적으로 높다.

해설 이산화탄소는 바닷물에 상당히 잘 녹기 때문에 현재 해양은 대기가 함유하는 탄산가스의 약 60배를 함유하고 있으며 이 양은 식물에 의한 흡수량보다 훨씬 많다.

정답 01 ① 02 ① 03 ④ 04 ① 05 ③

06 대기오염 예측의 기본이 되는 난류확산 방정식은 시간에 따른 오염물 농도의 변화를 선형화한 여러 항으로 구성된다. 다음 중 방정식을 선형화하고자 할 때 고려해야 할 사항으로 가장 거리가 먼 것은?

① 바람에 의한 수평방향 이류항
② 난류에 인한 분산항
③ 분자 확산에 의한 항
④ 복잡한 화학(연소)반응에 의해 변화하는 항

해설 방정식을 선형화하고자 할 때 고려해야 할 사항
㉠ 바람에 의한 수평방향 이류항
㉡ 난류에 인한 분산항
㉢ 분자 확산에 의한 항

07 대기압력이 900mb인 높이에서의 온도가 25℃이었다. 온위는 얼마인가?(단, $\theta = T\left(\dfrac{1,000}{P}\right)^{0.288}$)

① 307.2K
② 377.8K
③ 421.4K
④ 487.5K

해설 온위$(\theta) = T\left(\dfrac{1,000}{P}\right)^{0.288}$
$= (273+25) \times \left(\dfrac{1,000}{900}\right)^{0.288}$
$= 307.18K$

08 다음 중 불소화합물의 가장 주된 배출원은?

① 알루미늄공업
② 코크스 연소로
③ 냉동공장
④ 석유정제

해설 불소화합물의 배출원
㉠ 알루미늄공업(주 배출원)
㉡ 코크스 연소로
㉢ 냉동공장
㉣ 석유정제

09 LA 스모그를 유발시킨 역전현상으로 가장 적합한 것은?

① 침강역전
② 전선역전
③ 접지역전
④ 복사역전

해설 London Smog와 LA Smog의 비교

구분	London 형	LA 형
특징	Smoke+Fog의 합성	광화학작용(2차성 오염물질의 스모그 형성)
반응·화학 반응	• 열적 환원반응 • 연기＋안개 → 환원형 Smog	• 광화학적 산화반응 • HC＋NOx＋$h\nu$ → 산화형 Smog
발생 시 기온	4℃ 이하	24℃ 이상(25~30℃)
발생 시 습도	85% 이상	70% 이하
발생 시간	새벽~이른 아침, 저녁	주간(한낮)
발생 계절	겨울(12~1월)	여름(7~9월)
일사량	없을 때	강한 햇빛
풍속	무풍	3m/sec 이하
역전 종류	복사성 역전(방사형): 접지역전	침강성 역전(하강형)
주 오염 배출원	• 공장 및 가정난방 • 석탄 및 석유계 연료의 연소	• 자동차 배기가스 • 석유계 연료의 연소
시정 거리	100m 이하	1.6~0.8km 이하
Smog 형태	차가운 취기가 있는 농무형	회청색의 농무형
피해	• 호흡기 장애, 만성기관지염, 폐렴 • 심각한 사망률(인체에 대해 직접적 피해)	• 점막자극, 시정악화 • 고무제품 손상, 건축물 손상

10 다음 중 일반적으로 대도시의 산성 강우 속에 가장 미량으로 존재할 것으로 예상되는 것은?(단, 산성 강우는 pH 5.6으로 본다.)

① SO_4^{2-}
② K^+
③ Na^+
④ F^-

해설 산성비 포함성분
SO_4^-, NO_3^-, Cl^-, Ca^{2+}, Mg^+, Na^+, Al^{3+}, H^+ 등이며 F^-은 지구 지각을 이루고 있는 인광석, 형석 등에 약 0.065% 차지하고 있다.

11 아래 그림은 고도에 따른 풍속과 온도(실선: 환경감률, 점선: 건조단열감률), 그리고 굴뚝 연기의 모양을 나타낸 것이다. 이에 대한 설명과 거리가 먼 것은?

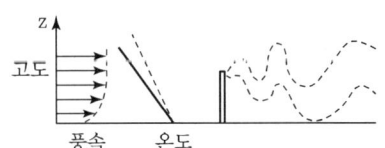

정답 06 ④ 07 ① 08 ① 09 ① 10 ④ 11 ③

① 대기가 아주 불안정한 경우로 난류가 심하다.
② 날씨가 맑고 태양복사가 강한 계절에 잘 발생하며 수직온도 경사가 과단열적이다.
③ 일출과 함께 역전층이 해소되면서 하부의 불안정층이 연돌의 높이를 막 넘었을 때 발생한다.
④ 연기가 지면에 도달하는 경우 연돌 부근의 지표에서 고농도의 오염을 야기하기도 하지만 빨리 분산된다.

해설 문제상 도식은 Looping(환상형)이며 ③의 내용은 Fumigation(훈증형)이다.

12 대기오염사건과 대표적인 주 원인물질 또는 전구물질의 연결로 가장 거리가 먼 것은?

① 뮤즈계곡 사건 $-SO_2$
② 도노라 사건 $-NO_2$
③ 런던 스모그 사건 $-SO_2$
④ 보팔 사건 $-MIC(Methyl\ Isocyanate)$

해설 도노라(Donora) 사건의 주 원인물질
㉠ 아황산가스(SO_2)
㉡ 황산 미스트(H_2SO_4 mist)

13 다음 기체 중 비중이 가장 작은 것은?(단, 동일한 조건)

① NH_3 ② NO
③ H_2S ④ SO_2

해설 기체의 비중은 기체분자량과 비례관계이므로 분자량이 작을수록 비중도 작아진다.
① NH_3 : 17
② NO : 30
③ H_2S : 34
④ SO_2 : 64

14 분산모델의 특징에 관한 설명으로 가장 거리가 먼 것은?

① 미래의 대기질을 예측할 수 있으며 시나리오를 작성할 수 있다.
② 점·선·면 오염원의 영향을 평가할 수 있다.
③ 단기간 분석 시 문제가 될 수 있고, 새로운 오염원이 지역 내 신설될 때 매번 재평가하여야 한다.
④ 지형, 기상학적 정보 없이도 사용가능하다.

해설 분산모델 특징
㉠ 2차 오염원의 확인이 가능하다.
㉡ 지형 및 오염원의 작업조건에 영향을 받는다.
㉢ 미래의 대기질을 예측할 수 있다.
㉣ 새로운 오염원이 지역 내 생길 때, 매번 재평가를 하여야 한다.
㉤ 점, 선, 면 오염원의 영향을 평가할 수 있다.
㉥ 단기간 분석 시 문제가 된다.
㉦ 특정오염원의 영향을 평가할 수 있는 잠재력을 가지고 있으나 기상과 관련하여 대기중의 무작위적인 특성을 적절하게 묘사할 수 없으므로 결과에 대한 불확실성이 크다.
㉧ 먼지의 영향평가는 기상의 불확실성과 오염원이 미확인인 경우에 문제점을 가진다.

15 오존의 광화학반응 등에 관한 설명으로 옳지 않은 것은?

① 광화학반응에 의한 오존생성률은 RO_2 농도와 관계가 깊다.
② 야간에는 NO_2와 반응하여 O_3이 생성되며, 일련의 반응에 의해 HNO_3가 소멸된다.
③ 대기 중 오존의 배경농도는 0.01~0.02ppm 정도이다.
④ 고농도 오존은 평균기온 32℃, 풍속 2.5m/sec 이하 및 자외선 강도 0.8mW/cm^2 이상일 때 잘 발생되는 경향이 있다.

해설 오존의 광화학반응은 주간에 NO_2와 반응하여 O_3이 생성되며, 일련의 반응에 의해 NO_2가 소멸된다.

16 대기 중에 배출된 "A"라는 물질은 광분해반응(1차 반응)에 의해 반감기 2hr의 속도로 분해된다. "A" 물질이 대기 중으로 배출되어 초기 농도의 80%가 분해되는 데 소요되는 시간은?

① 약 0.6hr ② 약 2.5hr
③ 약 3.1hr ④ 약 4.6hr

해설 1차 반응식
$$\ln \frac{C_t}{C_o} = -k \times t$$
$\ln 0.5 = -k \times 2$
$k = 0.3457 \text{hr}^{-1}$
$\ln \frac{(1-0.8)}{1} = -0.3457 \text{hr}^{-1} \times t$
$t = 4.65 \text{hr}$

17 호흡을 통해 인체의 폐에 250ppm의 일산화탄소를 포함하는 공기가 흡입되었을 때, 혈액내 최종 포화 COHb는 몇 %인가?(단, 흡입공기 중 O_2는 21%, $\dfrac{COHb}{O_2Hb} = 240 \dfrac{P_{CO}}{P_{O_2}}$를 가정)

① 22.2%   ② 28.6%
③ 33.3%   ④ 41.2%

해설 가정 : 공기 중 산소농도 → 21%
HbCO의 농도 → x
HbO_2의 농도 → $100-x$
$\dfrac{[HbCO]}{[HbO_2]} = 240\left[\dfrac{P_{CO}}{P_{O_2}}\right]$
P_{CO} : 250ppm
P_{O_2} : 21%(210,000ppm)
$\dfrac{[x]}{[100-x]} = 240\left(\dfrac{250}{210,000}\right) = 0.2857$
$x(HbCO) = 22.2\%$

18 세포 내에서 SH기와 결합하여 헴(heme)합성에 관여하는 효소를 포함한 여러 세포의 효소 작용을 방해하며, 적혈구 내의 전해질이 감소되어 적혈구 생존기간이 짧아지고, 심한 경우 용혈성 빈혈이 나타나기도 하는 대기오염 물질은?

① 카드뮴   ② 납
③ 수은   ④ 크롬

해설 납(Pb)의 특성
㉠ 대부분의 납화합물은 물에 잘 녹지 않고 융점은 327℃, 끓는점 1,620℃이며 무기납과 유기납으로 구분한다.
㉡ 소화기로 섭취된 납은 입자의 크기에 따라 다르지만 약 10% 정도만이 소장에서 흡수되고, 나머지는 대변으로 배출된다.
㉢ 세포 내에서 SH기와 결합하여 포르피린과 Heme 합성에 관여하는 효소를 포함한 여러 세포의 효소작용을 방해하고 적혈구 내의 전해질이 감소되어 적혈구 생존기간이 짧아지고 심한 경우 용혈성 빈혈이 나타나기도 한다.(인체혈액 헤모글로빈의 기본요소인 포르피린 고리의 형성을 방해함으로써 헤모글로빈의 형성을 억제함)
㉣ 헴(Heme) 합성의 장해로 주요증상은 빈혈증이며 혈색소량의 감소, 적혈구의 생존기간 단축, 파괴가 촉진된다. 즉, 헤모글로빈의 형성을 억제한다.

19 전기자동차의 일반적 특성으로 가장 거리가 먼 것은?

① 엔진소음과 진동이 적다.
② 대형차에 잘 맞으며, 자동차 수명보다 전지 수명이 길다.
③ 친환경 자동차에 해당한다.
④ 충전시간이 오래 걸리는 편이다.

해설 전기자동차는 대형차에 맞지 않으며, 자동차 수명보다 전지 수명이 짧고 전지를 교환해야 하는 단점이 있다.

20 대기의 안정도 조건에 관한 설명으로 옳지 않은 것은?

① 과단열적 조건은 환경감률이 건조단열감률보다 클 때를 말한다.
② 중립적 조건은 환경감률과 건조단열감률이 같을 때를 말한다.
③ 미단열적 조건은 건조단열감률이 환경감률보다 작을 때를 말하며, 이때의 대기는 아주 안정하다.
④ 등온 조건은 기온감률이 없는 대기상태이므로 공기의 상·하 혼합이 잘 이루어지지 않는다.

해설 미단열적 조건은 건조단열감률이 환경감률보다 클 때를 말한다.

제2과목 연소공학

21 액체연료의 연소형태와 거리가 먼 것은?

① 액면연소   ② 표면연소
③ 분무연소   ④ 증발연소

해설 액체연료의 연소형태
㉠ 액면연소   ㉡ 분무연소
㉢ 증발연소   ㉣ 등심연소

22 기체연료의 특징 및 종류에 관한 설명으로 거리가 먼 것은?

① 부하변동범위가 넓고 연소의 조절이 용이한 편이다.
② 천연가스는 화염전파속도가 크며, 폭발범위가 크므로 1차 공기를 적게 혼합하는 편이 유리하다.
③ 액화천연가스는 메탄을 주성분으로 하는 천연가스를 1기압하에서 -168℃ 근처에서 냉각, 액화시켜 대량 수송 및 저장을 가능하게 한 것이다.

정답 17 ① 18 ② 19 ② 20 ③ 21 ② 22 ②

④ 액화석유가스는 액체에서 기체로 될 때 증발열(90~100kcal/kg)이 있으므로 사용하는 데 유의할 필요가 있다.

[해설] 천연가스는 화염전파속도가 36.4cm/sec로 늦어 안전한 편이며 다른 기체 연료보다 폭발한계가 5~15%로 좁다.

23 다음 각종 연료 성분의 완전연소 시 단위체적당 고위발열량($kcal/Sm^3$)의 크기 순서로 옳은 것은?

① 일산화탄소>메탄>프로판>부탄
② 메탄>일산화탄소>프로판>부탄
③ 프로판>부탄>메탄>일산화탄소
④ 부탄>프로판>메탄>일산화탄소

[해설] **총발열량을 기준으로 할 때 연료의 고위발열량**
㉠ 부탄 : $32,000kcal/m^3$
㉡ 프로판 : $24,300kcal/m^3$
㉢ 메탄 : $9,530kcal/m^3$
㉣ CO : $3,020kcal/m^3$

24 다음 중 $1Sm^3$의 중량이 2.59kg인 포화탄화수소 연료에 해당하는 것은?

① CH_4
② C_2H_6
③ C_3H_8
④ C_4H_{10}

[해설] $1Sm^3$의 중량이 2.59kg → 밀도 = $\frac{분자량}{부피}$

분자량 = 밀도 × 부피
= $2.59kg/Sm^3 × 22.4Sm^3$
= 58.02kg

분자량이 58인 물질은 보기 중 부탄(C_4H_{10})이다.

25 석탄의 물리화학적인 성상에 관한 설명으로 옳은 것은?

① 연료 조성 변화에 따른 연소특성으로서 회분은 착화불량과 열손실을, 고정탄소는 발열량 저하 및 연소불량을 초래한다.
② 석탄회분의 용융 시 SiO_2, Al_2O_3 등의 산성산화물량이 많으면 회분의 용융점이 상승한다.
③ 석탄을 고온 건류하여 코크스를 생산할 때 온도는 250~300℃ 정도이다.
④ 석탄의 휘발분은 매연 발생에 영향을 주지 않는다.

[해설] ① 연료 조성 변화에 따른 연소특성으로 수분은 착화불량과 열손실을, 회분은 발열량 저하 및 연소불량을 초래한다.
③ 코크스란 점결탄을 주성분으로 하는 원료탄(역청탄)을 고온(≒1,000℃) 건류하여 얻어진 2차 연료이다.
④ 석탄의 휘발분은 매연 발생의 요인이 된다.

26 다음 알코올 연료 중 에테르, 아세톤, 벤젠 등 많은 유기물질을 용해하며, 무색의 독특한 냄새를 가지고, 모두 8종의 이성체가 존재하는 것은?

① Ethanol(C_2H_5OH)
② Propanol(C_3H_7OH)
③ Butanol(C_4H_9OH)
④ Pentanol($C_5H_{11}OH$)

[해설] **Pentanol($C_5H_{11}OH$)**
㉠ 구조가 다른 8개의 이성질체가 있다.
㉡ 화합물의 혼합물을 아밀알코올이라고도 한다.
㉢ 물에 약간 녹으며, 특유의 쏘는 듯한 냄새가 나는 무색의 알코올이다.

27 부탄가스를 완전연소시키기 위한 공기연료비(Air Fuel Ratio)는?(단, 부피기준)

① 15.23
② 20.15
③ 30.95
④ 60.46

[해설] **C_4H_{10}의 연소반응식**
$C_4H_{10} + 6.5O_2 → 4CO_2 + 5H_2O$
1mol : 6.5mole

$AFR = \frac{산소의\ mole/0.21}{연료의\ mole}$
$= \frac{6.5/0.21}{1} = 30.95$

28 메탄 $3.0Sm^3$을 완전연소시킬 때 발생되는 이론 습연소 가스양(Sm^3)은?

① 약 25.6
② 약 28.6
③ 약 31.6
④ 약 34.6

[해설] $CH_4 + 2O_2 → CO_2 + 2H_2O$
$G_{ow} = 0.79A_o + CO_2 + H_2O(Sm^3/Sm^3)$

$A_o = \frac{2}{0.21} = 9.52Sm^3/Sm^3$

$= (0.79 × 9.52) + 1 + 2$
$= 10.52Sm^3/Sm^3 × 3Sm^3$
$= 31.56Sm^3$

29 어떤 화학반응 과정에서 반응물질이 25% 분해하는 데 41.3분 걸린다는 것을 알았다. 이 반응이 1차라고 가정할 때, 속도상수 k는?

① $1.437 \times 10^{-4} s^{-1}$
② $1.232 \times 10^{-4} s^{-1}$
③ $1.161 \times 10^{-4} s^{-1}$
④ $1.022 \times 10^{-4} s^{-1}$

해설 $\ln \dfrac{C_t}{C_o} = -k \cdot t$

$\ln \dfrac{0.75 C_o}{C_o} = -k \times 41.3 \text{min}$

$k = 6.966 \times 10^{-3} \text{min}^{-1} \times \text{min}/60\text{sec}$
$= 1.1609 \times 10^{-4} \text{sec}^{-1}$

30 다음 중 연소 또는 폐기물 소각공정에서 생성될 수 있는 대기오염물질과 가장 거리가 먼 것은?

① 염화수소
② 다이옥신
③ 벤조(a)피렌
④ 라돈

해설 라돈
자연계에 널리 존재하며, 주로 건축자재를 통하여 인체에 영향을 미치고 있는 실내오염물질이다.

31 다음 조건에 해당되는 액체연료와 가장 가까운 것은?

- 비점 : 200~320℃ 정도
- 비중 : 0.8~0.9 정도
- 정제한 것은 무색에 가깝고, 착화성 적부는 cetane 값으로 표시된다.

① Naphtha
② Heavy oil
③ Light oil
④ Kerosene

해설 경유(Light Oil)
㉠ 주성분 : C, H(탄소수 : 11~19)
㉡ 비등점 : 200~320℃(250~350℃)
㉢ 비중 : 0.8~0.9
㉣ 고위발열량 : 11,000~11,500kcal/kg
㉤ 정제한 경유는 무색에 가깝고, 착화성 적부는 Cetane 값으로 표시되며, 세탄값 40~60 정도의 것이 좋은 편이다.
㉥ 착화성 및 인화성이 좋고 점도가 적당하며 수분 및 침전물을 함유하지 않는다.

32 저위발열량이 5,000kcal/Sm³인 기체연료의 이론연소온도(℃)는 약 얼마인가?(단, 이론연소가스양 15Sm³/Sm³, 연료연소가스의 평균정압비열 0.35kcal/Sm³·℃, 기준온도는 0℃, 공기는 예열하지 않으며, 연소가스는 해리되지 않는다고 본다.)

① 952
② 994
③ 1,008
④ 1,118

해설 이론연소온도(℃)
$= \dfrac{\text{저위발열량}}{\text{이론연소가스양} \times \text{평균정압비열}} + \text{기준온도}$

$= \dfrac{5,000 \text{kcal/Sm}^3}{15 \text{Sm}^3/\text{Sm}^3 \times 0.35 \text{kcal/Sm}^3 \cdot ℃} + 0℃$

$= 952.38℃$

33 석유의 물리적 성질에 관한 설명으로 옳지 않은 것은?

① 비중이 커지면 화염의 휘도가 커지며, 점도도 증가한다.
② 증기압이 높으면 인화점이 높아져서 연소효율이 저하된다.
③ 유동점(pour point)은 일반적으로 응고점보다 2.5℃ 높은 온도를 말한다.
④ 점도가 낮아지면 인화점이 낮아지고 연소가 잘된다.

해설 석유의 증기압은 40℃에서의 압력(kg/cm²)으로 나타내며, 증기압이 큰 것은 인화점 및 착화점이 낮아서 위험하다.

34 주어진 기체 중 연료 1Sm³를 이론적으로 완전연소시키는 데 가장 적은 이론산소량(Sm³)을 필요로 하는 것은? (단, 연소 시 모든 조건은 동일하다.)

① Methane
② Hydrogen
③ Ethane
④ Acetylene

해설 연소반응식
① Methane : $CH_4 + 2O_2 \rightarrow CO_2 + 2H_2O$
② Hydrogen : $H_2 + 0.5O_2 \rightarrow H_2O$
③ Ethane : $C_2H_6 + 3.5O_2 \rightarrow 2CO_2 + 3H_2O$
④ Acetylene : $C_2H_2 + 2.5O_2 \rightarrow 2CO_2 + H_2O$
위 반응식 중 Hydrogen의 반응 산소 mole 수가 가장 작다.

정답 29 ③ 30 ④ 31 ③ 32 ① 33 ② 34 ②

35 액체연료의 연소버너에 관한 다음 설명 중 옳지 않은 것은?

① 유압식 버너의 연료 분무각도는 40~90° 정도이다.
② 고압공기식 버너의 분무각도는 40~80° 정도이고, 유량조절범위는 1 : 5 정도이다.
③ 회전식 버너는 유압식 버너에 비해 분무의 입자는 비교적 크고, 유압은 0.5kg/cm² 전후이다.
④ 저압공기식 버너는 주로 소형 가열로 등에 이용되고, 무화에 사용하는 공기량은 전 이론공기량의 30~50% 정도이다.

해설 고압공기식 버너
㉠ 화염의 형식 : 가장 좁은 각도의 긴 화염이다.
㉡ 유량조절범위 : 약 1 : 10 정도이며, 대단히 넓다.
㉢ 용도 : 제강용평로, 연속가열로, 유리용해로 등의 대형 가열로 등에 많이 사용된다.
㉣ 분무각도 : 30° 정도이다.

36 자동차 내연기관에서 휘발유(C_8H_{18} : 옥탄)를 연소시킬 때 공기연료비(Air Fuel Ratio)는?(단, 완전연소, 무게 기준)

① 60 ② 40
③ 30 ④ 15

해설 $C_8H_{18} + 12.5O_2 \rightarrow 8CO_2 + 9H_2O$

$AFR(부피) = \dfrac{산소의\ mole/0.21}{연료의\ mole} = \dfrac{12.5/0.21}{1}$
$= 59.5\ mole\ air/mole\ fuel$

$AFR(무게) = 59.5 \times \dfrac{28.95}{114} = 15.14\ kg\ air/kg\ fuel$

[114 : 옥탄 분자량, 28.95 : 건조공기 분자량]

37 황 함량이 무게비로 2.0%인 액체연료 1L를 연소하여 배출되는 SO_2가 표준상태 기준으로 10m³라고 한다면, 배출가스 중 SO_2 농도는 몇 ppm인가?(단, 연료의 비중은 0.8, 표준상태 기준)

① 140 ② 280
③ 560 ④ 1,120

해설 농도계산을 위한 기준 배출가스양이 제시되지 않아 적합한 답을 계산할 수 없으므로 전항 정답 처리

38 어떤 반응에서 0℃에서의 반응속도상수가 $0.001s^{-1}$이고 100℃에서의 반응속도상수가 $0.05s^{-1}$일 때 활성화 에너지(kJ/mol)는?

① 25 ② 33 ③ 41 ④ 50

해설 $\ln\dfrac{K_2}{K_1} = \dfrac{E_a}{R}\left(\dfrac{1}{T_1} - \dfrac{1}{T_2}\right)$

$\ln\dfrac{0.05}{0.001} = \dfrac{E_a}{8.314 J/mole \cdot K}\left(\dfrac{1}{273} - \dfrac{1}{(273+100)}\right)$

$E_a = 33,120.7 J/mole \times kJ/1,000J$
$= 33.12 kJ/mole$

[활성화에너지 단위가 J/mole인 경우 기체상수(R)는 8.314J/mole · K를 적용함]

39 절충식 방법으로서 연소용 공기의 일부를 미리 기체연료와 혼합하고 나머지 공기는 연소실 내에서 혼합하여 확산연소시키는 방식으로 소형 또는 중형 버너로 널리 사용되며, 기체연료 또는 공기의 분출속도에 의해 생기는 흡인력을 이용하여 공기 또는 연료를 흡인하는 것은?

① 확산연소   ② 예혼합연소
③ 유동층연소 ④ 부분예혼합연소

해설 부분예혼합연소
㉠ 연소용 공기의 일부를 미리 연료와 혼합하고, 나머지 공기는 연소실 내에서 혼합하여 확산연소시키는 방식으로 소형 또는 중형 버너로 사용되는 기체연료의 연소방식이다.
㉡ 소형 또는 중형버너로 널리 사용되며, 기체연료 또는 공기의 분출속도에 의해 생기는 흡인력을 이용하여 공기 또는 연료를 흡인한다.

40 중유의 중량 성분 분석결과 탄소 : 82%, 수소 : 11%, 황 : 3%, 산소 : 1.5%, 기타 : 2.5%라면 이 중유의 완전연소 시 시간당 필요한 이론 공기량은?(단, 연료사용량 100L/hr, 연료비중 0.95이며, 표준상태 기준)

① 약 630Sm³   ② 약 720Sm³
③ 약 860Sm³   ④ 약 980Sm³

해설 $A_o = \dfrac{O_o}{0.21}$

$= \dfrac{(1.867 \times 0.82) + (5.6 \times 0.11) + (0.7 \times 0.03) - (0.7 \times 0.015)}{0.21}$

$= 10.27 Sm^3/kg \times 100 L/hr \times 0.95 kg/L$
$= 975.98 Sm^3/hr$

제3과목 　 대기오염방지기술

41 유해가스 종류별 처리제 및 그 생성물과의 연결로 옳지 않은 것은?

	[유해가스]	[처리제]	[생성물]
①	SiF_4	H_2O	SiO_2
②	F_2	NaOH	NaF
③	HF	$Ca(OH)_2$	CaF_2
④	Cl_2	$Ca(OH)_2$	$Ca(ClO_3)_2$

해설 $2Cl_2 + 2Ca(OH)_2 \rightarrow CaCl_2 + Ca(OCl)_2 + 2H_2O$
　㉠ 유해가스 : Cl_2
　㉡ 처리제 : $Ca(OH)_2$
　㉢ 생성물 : $CaCl_2$, $Ca(ClO_3)_2$

42 흡착제의 종류 중 각종 방향족 유기용제, 할로겐화된 지방족 유기용제, 에스테르류, 알코올류 등의 비극성류의 유기용제를 흡착하는 데 탁월한 효과가 있는 것은?

① 활성백토
② 실리카겔
③ 활성탄
④ 활성알루미나

해설 활성탄(Activated Carbon)
　㉠ 활성탄은 탄소함유물질을 탄화 및 활성화하여 만든 흡착능력이 큰 무정형 탄소의 일종이다.
　㉡ 주로 비극성 물질에 유효하며 혼합가스 내의 유기성 가스의 흡착에 주로 사용된다. 유기용제의 증기 제거기능이 높다.
　㉢ 유기용제 회수, 악취제거, 가스정화에 주로 사용된다.
　㉣ 활성탄의 표면적은 600~1,400m^2/g 정도이며 공극의 크기는 일반적으로 5~30 Å으로 분자모세관 응축현상에 의해 흡착된다.

43 처리가스양 30,000m^3/hr, 압력손실 300mmH₂O인 집진장치의 송풍기 소요동력은 몇 kW가 되겠는가?(단, 송풍기 효율은 47%)

① 약 38kW
② 약 43kW
③ 약 49kW
④ 약 52kW

해설 $kW = \dfrac{\Delta P \times Q}{6,120 \times \eta} \times \alpha$
$= \dfrac{300 \times (30,000m^3/hr \times hr/60min)}{6,120 \times 0.47} \times 1.0$
$= 52.15kW$

44 다음 중 여과집진장치에서 여포를 탈진하는 방법이 아닌 것은?

① 기계적 진동(mechanical shaking)
② 펄스제트(pulse jet)
③ 공기역류(reverse air)
④ 블로 다운(blow down)

해설 블로 다운(Blow down)
원심력집진장치에서 선회기류의 흐트러짐을 방지하고 집진된 먼지의 재비산 방지를 위한 운전방법이다.

45 다음 중 가스분산형 흡수장치로만 짝지어진 것은?

① 단탑, 기포탑
② 기포탑, 충전탑
③ 분무탑, 단탑
④ 분무탑, 충전탑

해설 기체분산형 흡수장치에는 다공판탑(sieve plate tower), 포종탑(tray tower), 기포탑 등이 있다.

46 유체의 운동을 결정하는 점도(viscosity)에 대한 설명으로 옳은 것은?

① 온도가 증가하면 대개 액체의 점도는 증가한다.
② 액체의 점도는 기체에 비해 아주 크며, 대개 분자량이 증가하면 증가한다.
③ 온도가 감소하면 대개 기체의 점도는 증가한다.
④ 온도에 따른 액체의 운동점도(kinematic viscosity)의 변화폭은 절대점도의 경우보다 넓다.

해설 ① 온도가 증가하면 대개 액체의 점도는 감소한다.
③ 온도가 감소하면 대개 기체의 점도는 감소한다.
④ 온도에 따른 액체의 운동점도 변화폭은 절대점도의 경우보다 좁다.

47 400ppm의 HCl을 함유하는 배출가스를 처리하기 위해 액가스비가 2L/Sm^3인 충전탑을 설계하고자 한다. 이때 발생되는 폐수를 중화하는 데 필요한 시간당 0.5N NaOH 용액의 양은?(단, 배출가스는 400Sm^3/h로 유입되며, HCl은 흡수액인 물에 100% 흡수된다.)

① 9.2L
② 11.4L
③ 14.2L
④ 18.8L

해설 **중화적정공식**
$N_1 V_1 = N_2 V_2$
배출가스 중 HCl 양(g/hr)
$= 400 Sm^3/hr \times 400 mL/Sm^3 \times \dfrac{36.5g}{22,400mL} = 260.71 g/hr$

N_1(HCl 규정농도) $= \dfrac{262.71 g/hr \times 1eq/36.5g}{800 L/hr}$
$= 0.00893 N(eq/L)$

$V_1 = 400 Sm^3/hr \times 2L/Sm^3 = 800 L/hr$
$N_2 = 0.5 N$
$0.00893 N \times 800 L/hr = 0.5 N \times V_2$
V_2(NaOH 필요량) $= 14.29 L/hr$

48 CO-Ni-Mo을 수소첨가촉매로 하여 250~450℃에서 30~150kg/cm²의 압력을 가하면 S이 H₂S, SO₂ 등의 형태로 제거되는 중유탈황법은?

① 직접탈황법　　② 흡착탈황법
③ 활성탈황법　　④ 산화탈황법

해설 **중질유 탈황방법**
㉠ 직접탈황법 : 수소첨가촉매(CO-Ni-Mo)로 250~450℃에서 압력 30~150kg/cm² 정도로 가하여 황 성분을 H₂S, S, SO₂ 형태로 제거하는 방법
㉡ 간접탈황법 : 상압잔유를 감압증류에 의하여 증류하고 얻어진 감압경유를 수소화탈황에 의해 탈황화하며 이 탈황된 경유와 감압잔유를 혼합하여 황이 적은 제품을 생산하는 방법
㉢ 중간탈황법 : 상압증류에서 얻은 증류를 감압증류시켜 경유 및 감압잔유를 얻어 이 감압잔류를 프로판 또는 분자량이 큰 탄화수소를 이용하여 아스팔트와 잔유로 분리 후 이 잔유와 감압 경유 혼합, 탈황 후 아스팔트분과 재혼합하여 저황유를 만드는 방법

49 HF 3,000ppm, SiF₄ 1,500ppm 들어있는 가스를 시간 당 22,400Sm³씩 물에 흡수시켜 규불산을 회수하려고 한다. 이론적으로 회수할 수 있는 규불산의 양은?(단, 흡수율은 100%)

① 67.2Sm³/h　　② 1.5kg·mol/h
③ 3.0kg·mol/h　　④ 22.4Sm³/h

해설 $2HF + SiF_4 \rightarrow H_2SiF_6$
$2 \times 22.4 Sm^3 : 1 kg \cdot mol$
$22,400 Sm^3/hr \times 3,000 mL/m^3 \times m^3/10^6 mL : SiF_4$

$SiF_4 (kg \cdot mol/hr)$
$= \dfrac{22,400 Sm^3/hr \times 3,000 \times 10^{-6} \times 1 kg \cdot mol}{2 \times 22.4 Sm^3}$
$= 1.5 kg \cdot mol/hr$

50 다음은 활성탄의 고온활성화 재생방법으로 적용될 수 있는 다단로(multi-hearth furnace)와 회전로(rotary kiln)의 비교표이다. 옳지 않은 것은?

구분		다단로	회전로
㉠	온도 유지	여러 개의 버너로 구분된 반응영역에서 온도분포 조절이 가능하고 열효율이 높음	단 1개의 버너로 열공급 영역별 온도 유지가 불가능하고 열효율이 낮음
㉡	수증기 공급	반응영역에서 일정하게 분사	입구에서만 공급하므로 일정치 않음
㉢	입도 분포	입도에 비례하여 큰 입자가 빨리 배출	입도 분포에 관계없이 체류시간을 동일하게 유지 가능
㉣	품질	고품질 입상재생 설비로 적합	고품질 입상재생 설비로 부적합

① ㉠　　② ㉡
③ ㉢　　④ ㉣

해설
구분		다단로	회전로
㉢	입도 분포	입도 분포에 관계없이 체류시간을 동일하게 유지 가능	입도에 반비례하여 큰 입자가 빨리 배출되므로 체류시간 일정치 않음

51 국소배기장치 중 후드의 설치 및 흡인방법과 거리가 먼 것은?

① 발생원에 최대한 접근시켜 흡인시킨다.
② 주 발생원을 대상으로 하는 국부적인 흡인방식으로 한다.
③ 흡인속도를 크게 하기 위하여 개구면적을 넓게 한다.
④ 포착속도(Capture velocity)를 충분히 유지시킨다.

해설 흡인속도를 크게 하기 위하여 가능하면 개구면적을 좁게 한다.

정답 48 ①　49 ②　50 ③　51 ③

52 흡수액에 관한 설명으로 옳지 않은 것은?

① 습식 세정장치에서 세정흡수효율은 세정수량이 클수록, 가스의 용해도가 클수록, 헨리정수가 클수록 커진다.
② SiF_4, $HCHO$ 등은 물에 대한 용해도가 크나, NO, NO_2 등은 물에 대한 용해도가 작은 편이다.
③ 용해도가 작은 기체의 경우에는 헨리의 법칙이 성립한다.
④ 헨리정수($atm \cdot m^3/kg \cdot mol$) 값은 온도에 따라 변하며, 온도가 높을수록 그 값이 크다.

해설 세정흡수효율은 세정수량이 클수록, 가스의 용해도가 클수록, 헨리정수가 작을수록 커진다.

53 10개의 bag을 사용한 여과집진장치에서 입구 먼지농도가 $25g/Sm^3$, 집진율이 98%였다. 가동 중 1개의 bag에 구멍이 열려 전체 처리가스양의 1/5이 그대로 통과하였다면 출구의 먼지농도는?(단, 나머지 bag의 집진율 변화는 없음)

① $3.24g/Sm^3$
② $4.09g/Sm^3$
③ $4.82g/Sm^3$
④ $5.40g/Sm^3$

해설 출구먼지 농도
= 비정상 시 출구 먼지농도 + 정상 시 출구먼지농도
$= \left(25g/Sm^3 \times \frac{1}{5}\right) + \left[25g/Sm^3 \times \frac{4}{5} \times (1-0.98)\right] = 5.4g/Sm^3$

54 각종 유해가스처리법으로 가장 거리가 먼 것은?

① 아크롤레인은 NaClO 등의 산화제를 혼입한 가성소다 용액으로 흡수 제거한다.
② CO는 백금계의 촉매를 사용하여 연소시켜 제거한다.
③ 이황화탄소는 암모니아를 불어넣는 방법으로 제거한다.
④ Br_2은 산성 수용액에 의한 선정법으로 제거한다.

해설 Br_2(브롬)은 알칼리(가성소다) 수용액을 이용하여 처리한다.

55 습식 전기집진장치의 특징에 관한 설명 중 틀린 것은?

① 작은 전기저항에 의해 생기는 먼지의 재비산을 방지할 수 있다.
② 집진면이 청결하여 높은 전계강도를 얻을 수 있다.
③ 건식에 비하여 가스의 처리속도를 2배 정도 크게 할 수 있다.
④ 고저항의 먼지로 인한 역전리현상이 일어나기 쉽다.

해설 습식 전기집진장치는 역전리현상과 재비산현상에 대한 대응이 용이하다. 즉, 역전리현상 및 재비산현상이 건식 전기집진장치에 비하여 상대적으로 아주 적게 발생한다.

56 다음은 원심송풍기에 관한 설명이다. ( ) 안에 알맞은 것은?

> ( )은 익현길이가 짧고 깃폭이 넓은 36~64매나 되는 다수의 전경깃이 강철판의 회전차에 붙여지고, 용접해서 만들어진 케이싱 속에 삽입된 형태의 팬으로서 시로코팬이라고도 널리 알려져 있다.

① 레이디얼팬
② 터보팬
③ 다익팬
④ 익형팬

해설 다익형(Multi Blade Fan)
㉠ 전향 날개형(전곡 날개형(Forward-Curved Blade Fan))이라고 하며 익현길이가 짧고 깃폭이 넓은 36~64매나 되는 다수의 전경깃이 강철판의 회전차에 붙여지고, 용접해서 만들어진 케이싱 속에 삽입된 형태의 팬으로, 시로코팬이라고도 한다.
㉡ 같은 주속도에 가장 높은 풍압(최고 $750mmH_2O$)을 발생시키나, 효율은 3종류의 송풍기 중 가장 낮아서 약 40~70% 정도, 여유율은 1.15~1.25 정도이고, 제한된 장소나 저압에서 대풍량($20,000m^3/min$ 이하)을 요하는 시설에 이용된다.
㉢ 송풍기의 임펠러가 다람쥐 쳇바퀴 모양으로 회전날개가 회전방향과 동일한 방향으로 설계되어 있다.

57 먼지의 Stokes 직경이 $5 \times 10^{-4}cm$, 입자의 밀도가 $1.8g/cm^3$일 때 이 분진의 공기역학적 직경(cm)은?(단, 먼지는 구형 입자이며, 침강속도가 같다.)

① 7.8×10^{-4}
② 6.7×10^{-4}
③ 5.4×10^{-4}
④ 2.6×10^{-4}

해설 $d_a = d_s \times \sqrt{\rho_p}$
$= 5 \times 10^{-4}cm \times \sqrt{\frac{1.8g/cm^3}{1g/cm^3}}$
$= 6.7 \times 10^{-4}cm$

정답 52 ① 53 ④ 54 ④ 55 ④ 56 ③ 57 ②

58 전기집진장치의 특성에 관한 설명으로 가장 거리가 먼 것은?

① 전압변동과 같은 조건변동에 쉽게 적응하기 어렵다.
② 다른 고효율 집진장치에 비해 압력손실(10~20mm H₂O)이 적어 소요동력이 적은 편이다.
③ 대량가스 및 고온(350℃ 정도)가스의 처리도 가능하다.
④ 입자의 하전을 균일하게 하기 위해 장치 내부의 처리가스속도는 보통 7~15m/s를 유지하도록 한다.

해설 전기집진장치의 입구유속은 건식 1~2m/s, 습식 2~4m/s이다.

59 일반적으로 더스트의 체적당 표면적을 비표면적이라 하는데 구형 입자의 비표면적의 식을 옳게 나타낸 것은? (단, d는 구형 입자의 직경)

① $2/d$ ② $4/d$
③ $6/d$ ④ $8/d$

해설 비표면적$(S_v) = \dfrac{표면적}{부피} = \dfrac{\pi D^2}{\pi D^3/6} = \dfrac{6}{D}$

60 백필터의 먼지부하가 420g/m²에 달할 때 먼지를 탈락시키고자 한다. 이때 탈락시간 간격은?(단, 백필터 유입가스 함진농도는 10g/m³, 여과속도는 7,200cm/hr이다.)

① 25분 ② 30분
③ 35분 ④ 40분

해설 $L_d = C_i \times V_f \times \eta \times t$

$t(\min) = \dfrac{L_d}{C_i \times V_f \times \eta}$

$= \dfrac{420 \text{g/m}^2}{10 \text{g/m}^3 \times 72 \text{m/hr} \times 1.0 \times \text{hr}/60\min}$

$= 35\min$

제4과목 대기오염공정시험기준(방법)

61 대기오염공정시험기준 중 환경대기 내의 아황산가스 측정방법으로 옳지 않은 것은?

① 적외선 형광법 ② 용액 전도율법
③ 불꽃광도법   ④ 자외선 형광법

해설 **환경대기 중 아황산가스 측정방법(자동연속측정법)**
㉠ 수동 및 반자동측정법
  • 파라로자닐린법(Pararosaniline Method)(주 시험방법)
  • 산정량 수동법(Acidimetric Method)
  • 산정량 반자동법(Acidimetric Method)
㉡ 자동연속측정법
  • 용액 전도율법(Conductivity Method)
  • 불꽃광도법(Flame Photometric Detector Method)
  • 자외선형광법(Pulse U.V. Fluorescence Method)(주시험방법)
  • 흡광차분광법(DOAS ; Differential Optical Absorption Spectroscopy)

62 휘발성 유기화합물(VOCs) 누출확인방법에 관한 설명으로 거리가 먼 것은?

① 검출불가능 누출농도는 누출원에서 VOCs가 대기 중으로 누출되지 않는다고 판단되는 농도로서 국지적 VOCs 배경농도의 최고 농도값이다.
② 휴대용 측정기기를 사용하여 개별 누출원으로부터의 직접적인 누출량을 측정한다.
③ 누출 농도는 VOCs가 누출되는 누출원 표면에서의 농도로서 대조화합물을 기초로 한 기기의 측정값이다.
④ 응답시간은 VOCs가 시료채취장치로 들어가 농도 변화를 일으키기 시작하여 기기계기판의 최종값이 90%를 나타내는 데 걸리는 시간이다.

해설 휴대용 측정기기를 사용하여 개별누출원으로부터 VOCs 누출을 확인한다.

63 다음 설명은 대기오염공정시험기준 총칙의 설명이다. ( ) 안에 들어갈 단어로 가장 적합하게 나열된 것은?

> 이 시험기준의 각 항에 표시한 검출한계는 (㉠), (㉡) 등을 고려하여 해당되는 각조의 조건으로 시험하였을 때 얻을 수 있는 (㉢)를 참고하도록 표시한 것이므로 실제 측정 시 채취량이 줄어들거나 늘어날 경우 (㉢)가 조정될 수 있다.

	㉠	㉡	㉢		㉠	㉡	㉢
①	반복성	정밀성	바탕치	②	재현성	안정성	한계치
③	회복성	정량성	오차	④	재생성	정확성	바탕치

해설 공정시험기준 중 각 항에 표시한 검출한계는 재현성, 안정성 등을 고려하여 해당되는 각조의 조건으로 시험하였을 때 얻을 수 있는 한계치를 참고하도록 표시한 것이므로 실제 측정 시 채취량이 줄어들거나 늘어날 경우 한계치가 조정될 수 있다.

64 굴뚝 배출가스 중 황산화물을 아르세나조Ⅲ법으로 측정할 때에 관한 설명으로 옳지 않은 것은?
① 흡수액은 과산화수소수를 사용한다.
② 지시약은 아르세나조Ⅲ을 사용한다.
③ 아세트산바륨용액으로 적정한다.
④ 이 시험법은 수산화소듐으로 적정하는 킬레이트침전법이다.

해설 이 시험법은 아세트산바륨용액으로 적정하는 킬레이트침전법이다.

65 다음은 굴뚝 배출가스 중의 질소산화물에 대한 아연 환원 나프틸에틸렌다이아민 분석방법이다. ( ) 안에 들어갈 말로 올바르게 연결된 것은?

> 시료 중의 질소산화물을 오존 존재 하에서 물에 흡수시켜 (㉠)으로 만든다. 이 (㉠)을 (㉡)을 사용하여 (㉢)으로 환원한 후 설파닐아마이드(sulfanilamide) 및 나프틸에틸렌다이아민(naphtyl ethylene diamine)을 반응시켜 얻어진 착색의 흡광도로부터 질소산화물을 정량하는 방법이다.

	㉠	㉡	㉢
①	아질산이온	분말금속아연	질산이온
②	이질산이온	분말황산아연	질산이온
③	질산이온	분말황산아연	아질산이온
④	질산이온	분말금속아연	아질산이온

해설 아연 환원 나프틸에틸렌다이아민 분석방법
시료 중의 질소산화물을 오존 존재 하에서 물에 흡수시켜 질산이온으로 만들고 분말금속아연을 사용하여 아질산 이온으로 환원한 후 설파닐아마이드(sulfanilamide) 및 나프틸에틸렌다이아민(naphtyl ethylene diamine)을 반응시켜 얻어진 착색의 흡광도로부터 질소산화물을 정량하는 방법이다.

66 다음 기체크로마토그래피의 장치 구성 중 가열장치가 필요한 부분과 그 이유로 가장 적합하게 연결된 것은?

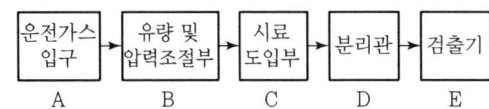

① A, B, C - 운반가스 및 시료의 응축을 방지하기 위해
② A, C, D - 운반가스 응축을 방지하고, 시료를 기화하기 위해
③ C, D, E - 시료를 기화시키고, 기화된 시료의 응축 및 응결을 방지하기 위해
④ B, C, D - 운반가스 유량의 적절한 조절과 분리관 내 충진제의 흡착 및 흡수능을 높이기 위해

해설 ㉠ 가열장치가 필요한 부분
• 시료도입부
• 분리관
• 검출기
㉡ 이유
시료를 기화시키고, 기화된 시료의 응축 및 응결을 방지하기 위해

67 굴뚝 내 배출가스 유속을 피토관으로 측정한 결과 그 동압이 35mmH$_2$O였다면 굴뚝 내의 유속(m/sec)은?(단, 배출가스온도는 225℃, 공기의 비중량은 1.3kg/Sm^3, 피토관 계수는 0.98이다.)
① 28.5   ② 30.4
③ 32.6   ④ 35.8

해설
$$V(\text{m/sec}) = C\sqrt{\frac{2gh}{\gamma}}$$
$$= 0.98 \times \sqrt{\frac{2 \times 9.8\text{m/sec}^2 \times 35\text{mmH}_2\text{O}}{1.3\text{kg/Sm}^3 \times \frac{273}{273+225}}}$$
$$= 30.40 \text{m/sec}$$

정답 63 ② 64 ④ 65 ④ 66 ③ 67 ②

68 원자흡수분광광도법에서 원자흡광분석시 스펙트럼의 불꽃 중에서 생성되는 목적원소의 원자증기 이외의 물질에 의하여 흡수되는 경우에 일어나는 간섭의 종류는?

① 이온학적 간섭
② 분광학적 간섭
③ 물리적 간섭
④ 화학적 간섭

해설 원자흡수분광광도법 – 분광학적 간섭
㉠ 분석에 사용하는 스펙트럼선이 다른 인접선과 완전히 분리되지 않는 경우 : 파장선택부의 분해능이 충분하지 않기 때문에 일어나며 검량선의 직선영역이 좁고 구부러져 있어 분석감도 정밀도도 저하된다. 이때는 다른 분석선을 사용하여 재분석하는 것이 좋다.
㉡ 분석에 사용하는 스펙트럼의 불꽃 중에서 생성되는 목적원소의 원자증기 이외의 물질에 의하여 흡수되는 경우 : 표준시료와 분석시료의 조성을 더욱 비슷하게 하며 간섭의 영향을 어느 정도까지 피할 수 있다.

69 대기오염공정시험기준상 굴뚝 배출가스 중 일산화탄소 분석방법으로 옳지 않은 것은?

① 자외선가시선분광법
② 정전위 전해법
③ 비분산형 적외선분석법
④ 기체크로마토그래피법

해설 굴뚝배출가스 중 일산화탄소 분석방법
㉠ 비분산형 적외선 분석법
㉡ 정전위전해법
㉢ 기체크로마토그래피법

70 흡광차분광법(DOAS)으로 측정 시 필요한 광원으로 옳은 것은?

① 1,800~2,850nm 파장을 갖는 Zeus 램프
② 200~900nm 파장을 갖는 Zeus 램프
③ 180~2,850nm 파장을 갖는 Xenon 램프
④ 200~900nm 파장을 갖는 Hollow cathode 램프

해설 흡광차분광법(DOAS)
일반적으로 빛을 조사하는 발광부와 50~1,000m 정도 떨어진 곳에 설치되는 수광부(또는 발·수광부와 반사경) 사이에 형성되는 빛의 이동경로(Path)를 통과하는 가스를 실시간으로 분석하며, 측정에 필요한 광원은 180~2,850nm 파장을 갖는 제논(Xenon) 램프를 사용하여 아황산가스, 질소산화물, 오존 등의 대기오염물질 분석에 적용한다.

71 대기오염공정시험기준상 화학분석 일반사항에 관한 규정 중 옳은 것은?

① 상온은 15~25℃, 실온은 1~35℃, 찬 곳은 따로 규정이 없는 한 0~15℃의 곳을 뜻한다.
② 방울수라 함은 20℃에서 정제수 10방울을 떨어뜨릴 때 그 부피가 약 1mL 되는 것을 뜻한다.
③ "약"이란 그 무게 또는 부피에 대한 ±1% 이상의 차가 있어서는 안 된다.
④ 10억분율은 pphm으로 표시하고 따로 표시가 없는 한 기체일 때는 용량 대 용량(V/V), 액체일 때는 중량 대 중량(W/W)을 표시한 것을 뜻한다.

해설 ② 방울수라 함은 20℃에서 정제수 20방울을 떨어뜨릴 때 그 부피가 약 10mL 되는 것을 뜻한다.
③ "약"이란 그 무게 또는 부피에 대하여 ±10% 이상의 차가 있어서는 안 된다.
④ 10억분율은 ppb로 표시하고 따로 표시가 없는 한 기체일 때는 용량 대 용량(V/V), 액체일 때는 중량 대 중량(W/W)을 표시한 것을 뜻한다.

72 대기오염공정시험기준상 원자흡수분광광도법과 자외선 가시선 분광법을 동시에 적용할 수 없는 것은?

① 카드뮴화합물
② 니켈화합물
③ 페놀화합물
④ 구리화합물

해설 페놀의 분석방법
㉠ 기체크로마토그래피
㉡ 4-아미노 안티피린 자외선/가시선분광법

73 환경대기 중 시료채취위치 선정기준으로 옳지 않은 것은?

① 주위에 건물 등이 밀집되어 있을 때는 건물 바깥벽으로부터 적어도 1.5m 이상 떨어진 곳에 채취점을 선정한다.
② 시료의 채취높이는 그 부근의 평균오염도를 나타낼 수 있는 곳으로서 가능한 1.5~30m 범위로 한다.
③ 주위에 장애물이 있을 경우에는 채취 위치로부터 장애물까지의 거리가 그 장애물 높이의 1.5배 이상이 되도록 한다.
④ 주위에 장애물이 있는 경우에는 채취점과 장애물 상단을 연결하는 직선이 수평선과 이루는 각도가 30° 이하 되는 곳을 선정한다.

해설 주위에 건물이나 수목 등의 장애물이 있을 경우에는 채취위치로부터 장애물까지의 거리가 그 장애물 높이의 2배 이상 또는 채취점과 장애물 상단을 연결하는 직선이 수평선과 이루는 각도가 30° 이하 되는 곳을 선정한다.

74 굴뚝 배출가스 중 수분의 부피백분율을 측정하기 위하여 흡습관에 배출가스 10L를 흡인하여 유입시킨 결과 흡습관의 중량 증가는 0.82g이었다. 이때 가스흡인은 건식 가스미터로 측정하여 그 가스미터의 가스 게이지압은 4mmH₂O이고, 온도는 27℃였다. 그리고 대기압은 760mmHg이었다면 이 배출가스 중 수분량(%)은?

① 약 10% ② 약 13%
③ 약 16% ④ 약 18%

해설 수분량(%)

$$= \frac{1.244 m_a}{V_s \times \frac{273}{273+t} \times \frac{P_a + P_m}{760} + 1.244 m_a}$$

$$= \frac{1.244 \times 0.82}{10 \times \frac{273}{273+27} \times \frac{760 + 0.2942}{760} + 1.244 \times 0.82} \times 100$$

$$= 10.08\%$$

$$\left[0.2942 \text{mmHg} = \frac{760 \text{mmHg}}{10,332 \text{mmH}_2\text{O}} \times 4 \text{mmH}_2\text{O} \right]$$

75 보통형(Ⅰ형) 흡인노즐을 사용한 굴뚝 배출가스 흡입 시 10분간 채취한 흡입가스양(습식가스미터에서 읽은 값)이 60L였다. 이때 등속흡입이 행하여지기 위한 가스미터에 있어서의 등속흡입유량의 범위로 가장 적합한 것은? (단, 등속흡입 정도를 알기 위한 등속흡입계수

$I(\%) = \frac{V_m}{q_m \times t} \times 100$ 이다.)

① 3.3~5.3L/분 ② 5.5~6.3L/분
③ 6.5~7.3L/분 ④ 7.5~8.3L/분

해설 등속계수$(I, \%) = \frac{V_m}{q_m \times t} \times 100$

㉠ 95% 등속유량$(q_m) = \frac{V_m}{I \times t} = \frac{60\text{L}}{0.95 \times 10\text{min}} = 6.32\text{L/min}$

㉡ 110% 등속유량$(q_m) = \frac{V_m}{I \times t} = \frac{60\text{L}}{1.10 \times 10\text{min}} = 5.45\text{L/min}$

등속흡인유량범위 : 5.45~6.32L/min

76 2,4-다이나이트로페닐하이드라진(DNPH)과 반응하여 하이드라존 유도체를 생성하게 하여 이를 액체크로마토그래피로 분석하는 물질은?

① 아민류
② 알데하이드류
③ 벤젠
④ 다이옥신류

해설 환경대기 중 알데하이드류 – 고성능액체크로마토그래피법
알데하이드류를 측정하기 위한 시험법으로서 알데하이드 물질을 2,4-다이나이트로페닐하이드라진(DNPH) 유도체를 형성하게 하여 고성능액체크로마토그래피(HPLC ; High Performance Liquid Chromatography)로 분석한다.

77 환경대기 중의 탄화수소 농도를 측정하기 위한 시험방법 중 주 시험법인 것은?

① 총탄화수소 측정법
② 비메탄 탄화수소 측정법
③ 활성 탄화수소 측정법
④ 비활성 탄화수소 측정법

해설 환경대기 중 탄화수소 측정방법(자동연속측정법)
㉠ 총탄화수소 측정법
㉡ 비메탄탄화수소 측정법(주 시험방법)
㉢ 활성탄화수소 측정법

78 원자흡수분광광도법에서 목적원소에 의한 흡광도 A_s와 표준원소에 의한 흡광도 A_R와의 비를 구하고 A_s/A_R 값과 표준물질 농도와의 관계를 그래프에 작성하여 검량선을 만들어 시료 중의 목적원소 농도를 구하는 정량법은?

① 표준첨가법
② 내부표준물질법
③ 절대검정곡선법
④ 검정곡선법

해설 원자흡수분광광도법 검량선 정량법 중 내부표준물질법에 관한 내용이다.

정답 74 ① 75 ② 76 ② 77 ② 78 ②

79 건식 가스미터를 사용하여 굴뚝에서 배출되는 가스상 물질을 시료채취하고자 할 때, 건조시료 가스 채취량을 구하기 위해 필요한 항목과 거리가 먼 것은?

① 가스미터의 게이지압
② 가스미터의 온도
③ 가스미터로 측정한 흡입가스양
④ 가스미터 온도에서의 포화수증기압

해설 건식 가스미터 사용 시

$$V_s = V \times \frac{273}{273+t} \times \frac{P_a + P_m}{760}$$

여기서, V : 가스미터로 측정한 흡입가스양(L)
V_s : 건조시료가스 채취량(L)
t : 가스미터의 온도(℃)
P_a : 대기압(mmHg)
P_m : 가스미터의 게이지압(mmHg)

80 A오염물질의 실측 농도가 250mg/Sm³이고, 이때 실측 산소농도가 3.5%이다. A오염물질의 보정농도(mg/Sm³)는?(단, A오염물질은 표준산소농도를 적용받으며, 표준산소농도는 4%이다.)

① 약 219mg/Sm³
② 약 243mg/Sm³
③ 약 247mg/Sm³
④ 약 286mg/Sm³

해설 $C = C_a \times \dfrac{21 - O_s}{21 - O_a}$

$= 250 \text{mg/Sm}^3 \times \dfrac{21 - 4}{21 - 3.5}$

$= 242.86 \text{mg/Sm}^3$

제5과목 대기환경관계법규

81 대기환경보전법규상 위임업무 보고사항 중 자동차 연료 및 첨가제의 제조·판매 또는 사용에 대한 규제현황의 보고횟수 기준은?

① 연 1회
② 연 2회
③ 연 4회
④ 연 12회

해설 위임업무 보고사항

업무내용	보고횟수	보고기일	보고자
환경오염사고 발생 및 조치 사항	수시	사고 발생 시	시·도지사, 유역환경청장 또는 지방환경청장
수입자동차 배출가스 인증 및 검사현황	연 4회	매 분기 종료 후 15일 이내	국립환경과학원장
자동차 연료 및 첨가제의 제조·판매 또는 사용에 대한 규제현황	연 2회	매 반기 종료 후 15일 이내	유역환경청장 또는 지방환경청장
자동차 연료 또는 첨가제의 제조기준 적합 여부 검사현황	• 연료 : 연 4회 • 첨가제 : 연 2회	• 연료 : 매 분기 종료 후 15일 이내 • 첨가제 : 매 반기 종료 후 15일 이내	국립환경과학원장
측정기기관리 대행법의 등록, 변경등록 및 행정처분 현황	연 1회	다음 해 1월 15일까지	유역환경청장, 지방환경청장 또는 수도권대기환경청장

82 대기환경보전법령상 비산 배출의 저감 대상 업종으로 거리가 먼 것은?

① 제1차 금속제조업 중 제강업
② 육상운송 및 파이프라인 운송업 중 파이프라인 운송업
③ 의약물질제조업 중 의약품제조업
④ 창고 및 운송 관련 서비스업 중 위험물품 보관업

정답 79 ④ 80 ② 81 ② 82 ③

해설 비산 배출의 저감대상 업종

분류	업종
코크스, 연탄 및 석유 정제품 제조업	원유 정제처리업
화학물질 및 화학제품 제조업 : 의약품 제외	• 석유화학계 기초화학물질 제조업 • 합성고무 제조업 • 합성수지 및 기타 플라스틱 물질 제조업 • 접착제 및 젤라틴 제조업
1차 금속 제조업	• 제철업 • 제강업 • 냉간 압연 및 압출 제품 제조업 • 알루미늄 압연, 압출 및 연신제품 제조업 • 강관 제조업
고무제품 및 플라스틱 제품 제조업	• 그 외 기타 고무제품 제조업 • 플라스틱 필름, 시트 및 판 제조업 • 벽 및 바닥 피복용 플라스틱 제품 제조업 • 플라스틱 포대, 봉투 및 유사제품 제조업 • 플라스틱 적층, 도포 및 기타 표면처리 제품 제조업 • 그 외 기타 플라스틱 제품 제조업
전기장비 제조업	• 축전지 제조업 • 기타 절연선 및 케이블 제조업
기타 운송장비 제조업	• 강선 건조업 • 선박 구성부품 제조업 • 기타 선박 건조업
육상운송 및 파이프라인 운송업	파이프라인 운송업
창고 및 운송 관련 서비스업	위험물품 보관업
금속가공제품 제조업 : 기계 및 가구 제외	• 도장 및 기타 피막처리업 • 그 외 기타 분류 안 된 금속가공제품 제조업
섬유제품 제조업 : 의복 제외	직물 및 편조원단 염색 가공업
펄프, 종이 및 종이제품 제조업	• 적층, 합성 및 특수표면처리 종이 제조업 • 벽지 및 장판지 제조업
전자부품, 컴퓨터, 영상, 음향 및 통신장비 제조업	그 외 기타 전자부품 제조업
자동차 및 트레일러 제조업	• 자동차용 동력전달장치 제조업 • 그 외 기타 자동차 부품 제조업

83 대기환경보전법상 환경부령으로 정하는 제조기준에 맞지 아니하게 자동차 연료ㆍ첨가제 또는 촉매제를 제조한 자에 대한 벌칙기준으로 옳은 것은?

① 7년 이하의 징역이나 1억 원 이하의 벌금
② 5년 이하의 징역이나 5천만 원 이하의 벌금
③ 1년 이하의 징역이나 1천만 원 이하의 벌금
④ 300만 원 이하의 벌금

해설 대기환경보전법 제89조 참고

84 대기환경보전법규상 배출허용기준 초과와 관련하여 개선명령을 받은 경우로서 개선하여야 할 사항이 배출시설 또는 방지시설인 경우 사업자가 시ㆍ도지사에게 제출하여야 하는 개선계획서에 포함 또는 첨부되어야 하는 사항으로 거리가 먼 것은?

① 배출시설 또는 방지시설의 개선명세서 및 설계도
② 대기오염물질 등의 처리방식 및 처리효율
③ 운영기기 진단계획
④ 공사기간 및 공사비

해설 개선계획서에 포함 또는 첨부되어야 하는 사항
㉠ 배출시설 또는 방지시설의 개선명세서 및 설계도
㉡ 대기오염물질의 처리방식 및 처리효율
㉢ 공사기간 및 공사비
㉣ 다음의 경우에는 이를 증명할 수 있는 서류
 • 개선기간 중 배출시설의 가동을 중단하거나 제한하여 대기오염물질의 농도나 배출량이 변경되는 경우
 • 개선기간 중 공법 등의 개선으로 대기오염물질의 농도나 배출량이 변경되는 경우

85 악취방지법상 악취 배출허용기준 초과와 관련하여 받은 개선명령을 이행하지 아니한 자에 대한 벌칙기준으로 옳은 것은?

① 300만 원 이하의 벌금에 처한다.
② 500만 원 이하의 벌금에 처한다.
③ 1,000만 원 이하의 벌금에 처한다.
④ 1년 이하의 징역 또는 1천만 원 이하의 벌금에 처한다.

해설 악취방지법 제28조 참고

86 대기환경보전법상 기후ㆍ생태계 변화 유발물질과 가장 거리가 먼 것은?

① 이산화질소   ② 메탄
③ 과불화탄소   ④ 염화불화탄소

해설 기후ㆍ생태계 변화 유발물질
지구온난화 등으로 생태계의 변화를 가져올 수 있는 기체상 물질로서 온실가스 및 환경부령이 정하는 것을 말한다.
㉠ 온실가스 : 이산화탄소, 메탄, 아산화질소, 수소불화탄소, 과불화탄소, 육불화황
㉡ 환경부령이 정하는 것 : 염화불화탄소, 수소염화불화탄소

정답 83 ①   84 ③   85 ①   86 ①

87 대기환경보전법규상 수도권대기환경청장, 국립환경과학원장 또는 한국환경공단이 설치하는 대기오염 측정망의 종류가 아닌 것은?

① 도시지역의 휘발성 유기화합물 등의 농도를 측정하기 위한 광화학대기오염물질측정망
② 기후·생태계 변화 유발물질의 농도를 측정하기 위한 지구대기측정망
③ 대기 중의 중금속 농도를 측정하기 위한 대기중금속측정망
④ 대기오염물질의 지역배경농도를 측정하기 위한 교외대기측정망

해설 수도권대기환경청장, 국립환경과학원장 또는 한국환경공단이 설치하는 대기오염 측정망의 종류
㉠ 대기오염물질의 지역배경농도를 측정하기 위한 교외대기측정망
㉡ 대기오염물질의 국가배경농도와 장거리 이동 현황을 파악하기 위한 국가배경농도측정망
㉢ 도시지역 또는 산업단지 인근지역의 특정대기유해물질(중금속을 제외한다)의 오염도를 측정하기 위한 유해대기물질측정망
㉣ 도시지역의 휘발성 유기화합물 등의 농도를 측정하기 위한 광화학대기오염물질측정망
㉤ 산성 대기오염물질의 건성 및 습성 침착량을 측정하기 위한 산성강하물측정망
㉥ 기후·생태계 변화유발물질의 농도를 측정하기 위한 지구대기측정망
㉦ 장거리 이동 대기오염물질의 성분을 집중 측정하기 위한 대기오염집중측정망
㉧ 미세먼지(PM-2.5)의 성분 및 농도를 측정하기 위한 미세먼지성분측정망

88 대기환경보전법규상 전기만을 동력으로 사용하는 자동차의 1회 충전 주행거리가 80km 이상 160km 미만인 경우 제 몇 종 자동차에 해당하는가?

① 제1종 ② 제2종
③ 제3종 ④ 제4종

해설 전기만을 동력으로 사용하는 자동차는 1회 충전 주행거리에 따라 다음과 같이 구분한다.

구분	1회 충전 주행거리
제1종	80km 미만
제2종	80km 이상 160km 미만
제3종	160km

89 대기환경보전법상 환경기술인 등의 교육을 받게 하지 아니한 자에 대한 과태료 부과기준은?

① 30만 원 이하의 과태료를 부과한다.
② 50만 원 이하의 과태료를 부과한다.
③ 100만 원 이하의 과태료를 부과한다.
④ 200만 원 이하의 과태료를 부과한다.

해설 대기환경보전법 제94조 참고

90 환경정책기본법령상 대기환경기준(1시간 평균치 기준)의 연결로 옳은 것은?(단, ㉠ 아황산가스(SO_2), ㉡ 이산화질소(NO_2)이다.)

① ㉠ 0.05ppm 이하 ㉡ 0.06ppm 이하
② ㉠ 0.06ppm 이하 ㉡ 0.05ppm 이하
③ ㉠ 0.15ppm 이하 ㉡ 0.10ppm 이하
④ ㉠ 0.10ppm 이하 ㉡ 0.15ppm 이하

해설 대기환경기준

항목	기준	측정방법
아황산가스 (SO_2)	• 연간 평균치 0.02ppm 이하 • 24시간 평균치 0.05ppm 이하 • 1시간 평균치 0.15ppm 이하	자외선 형광법(Pulse U.V. Fluorescence Method)
일산화탄소 (CO)	• 8시간 평균치 9ppm 이하 • 1시간 평균치 25ppm 이하	비분산적외선 분석법(Non-Dispersive Infrared Method)
이산화질소 (NO_2)	• 연간 평균치 0.03ppm 이하 • 24시간 평균치 0.06ppm 이하 • 1시간 평균치 0.10ppm 이하	화학발광법(Chemiluminescence Method)

91 대기환경보전법령상 3종 사업장의 환경기술인의 자격기준에 해당되는 자는?

① 환경기능사
② 1년 이상 대기분야 환경 관련 업무에 종사한 자
③ 2년 이상 대기분야 환경 관련 업무에 종사한 자
④ 피고용인 중에서 임명하는 자

해설 3종 사업장 환경기술인 자격기준
㉠ 대기환경산업기사
㉡ 환경기능사
㉢ 3년 이상 대기분야 환경 관련 업무에 종사한 자

정답 87 ③ 88 ② 89 ③ 90 ③ 91 ①

92 대기환경보전법령상 배출시설에서 발생하는 연간 대기오염물질발생량의 합계로 사업장을 분류할 때 다음 중 4종 사업장에 속하는 양은?

① 80톤 ② 50톤 ③ 12톤 ④ 5톤

해설 사업장 분류기준

종별	오염물질발생량 구분
1종 사업장	대기오염물질발생량의 합계가 연간 80톤 이상인 사업장
2종 사업장	대기오염물질발생량의 합계가 연간 20톤 이상 80톤 미만인 사업장
3종 사업장	대기오염물질발생량의 합계가 연간 10톤 이상 20톤 미만인 사업장
4종 사업장	대기오염물질발생량의 합계가 연간 2톤 이상 10톤 미만인 사업장
5종 사업장	대기오염물질발생량의 합계가 연간 2톤 미만인 사업장

93 대기환경보전법규상 특정대기유해물질에 해당하지 않는 것은?

① 크롬화합물 ② 석면
③ 황화수소 ④ 스틸렌

해설 황화수소는 특정대기유해물질이 아니다.

94 대기환경보전법규상 오존의 대기오염경보단계별 오염물질의 농도기준에 관한 설명으로 거리가 먼 것은?

① 경보가 발령된 지역의 기상조건 등을 고려하여 대기자동측정소의 오존농도가 0.12ppm 이상 0.3ppm 미만인 때에는 주의보로 전환한다.
② 오존농도는 24시간 평균농도를 기준으로 한다.
③ 해당 지역의 대기자동측정소 오존농도가 1개소라도 경보단계별 발령기준을 초과하면 해당 경보를 발령할 수 있다.
④ 중대경보단계는 기상조건 등을 고려하여 해당 지역의 대기자동측정소의 오존농도가 0.5ppm 이상일 때 발령한다.

해설 오존농도는 1시간당 평균농도를 기준으로 하며, 해당 지역의 대기자동측정소 오존농도가 1개소라도 경보단계별 발령기준을 초과하면 해당 경보를 발령할 수 있다.

95 다음은 대기환경보전법규상 첨가제·촉매제 제조기준에 맞는 제품의 표시방법이다. ( ) 안에 알맞은 것은?

> 표시크기는 첨가제 또는 촉매제 용기 앞면의 제품명 밑에 제품명 글자크기의 ( )에 해당하는 크기로 표시하여야 한다.

① 100분의 10 이상 ② 100분의 15 이상
③ 100분의 20 이상 ④ 100분의 30 이상

해설 첨가제 또는 촉매제 용기 앞면의 제품명 밑에 제품명 글자크기의 100분의 30 이상에 해당하는 크기로 표시하여야 한다.

96 실내공기질 관리법규상 신축 공동주택의 실내공기질 권고기준으로 옳은 것은?

① 스티렌 : $360\mu g/m^3$ 이하
② 포름알데하이드 : $360\mu g/m^3$ 이하
③ 자일렌 : $360\mu g/m^3$ 이하
④ 에틸벤젠 : $360\mu g/m^3$ 이하

해설 신축 공동주택의 실내공기질 권고기준
㉠ 포름알데하이드 : $210\mu g/m^3$ 이하
㉡ 벤젠 : $30\mu g/m^3$ 이하
㉢ 톨루엔 : $1,000\mu g/m^3$ 이하
㉣ 에틸벤젠 : $360\mu g/m^3$ 이하
㉤ 자일렌 : $700\mu g/m^3$ 이하
㉥ 스티렌 : $300\mu g/m^3$ 이하
㉦ 라돈 : $148Bq/m^3$ 이하

97 대기환경보전법령상 초과부과금 산정기준 중 1킬로그램당 부과금액이 가장 적은 것은?

① 염화수소 ② 황화수소
③ 시안화수소 ④ 이황화탄소

해설 초과부과금 산정기준

오염물질	구분	오염물질 1킬로그램당 부과금액
황산화물		500
먼지		770
질소산화물		2,130
암모니아		1,400
황화수소		6,000
이황화탄소		1,600
특정유해물질	불소화물	2,300
	염화수소	7,400
	시안화수소	7,300

※ 법규 변경사항이므로 해설의 내용으로 학습하시기 바랍니다.

정답 92 ④ 93 ③ 94 ② 95 ④ 96 ④ 97 ④

98 대기환경보전법령상 연료의 황 함유량이 1.0% 이하인 경우 기본부과금의 농도별 부과계수로 옳은 것은?(단, 연료를 연소하여 황산화물을 배출하는 시설(황산화물의 배출량을 줄이기 위하여 방지시설을 설치한 경우와 생산공정상 황산화물의 배출량이 줄어든다고 인정하는 경우는 제외))

① 0.2 ② 0.3 ③ 0.4 ④ 1.0

해설 **기본부과금의 농도별 부과계수**

구분	연료의 황 함유량(%)		
	0.5% 이하	1.0% 이하	1.0% 초과
농도별 부과계수	0.2	0.4	1.0

99 실내공기질 관리법상 용어의 정의로 옳지 않은 것은?

① "공동주택"이라 함은 건축법 규정에 의한 공동주택을 말한다.
② "다중이용시설"이라 함은 불특정다수인이 이용하는 시설을 말한다.
③ "공기정화설비"라 함은 오염된 실내공기를 밖으로 내보내고 신선한 공기를 쾌적한 상태로 유지시키는 설비를 말하며, 환기설비와 동일한 의미로 사용되는 것을 말한다.
④ "오염물질"이라 함은 실내공간의 공기오염의 원이 되는 가스와 떠다니는 입자상 물질 등으로서 환경부령이 정하는 것을 말한다.

해설 **공기정화설비**
실내공간의 오염물질을 없애주거나 줄이는 설비로서 환기설비의 안에 설치되거나, 환기설비와는 따로 설치된 것을 말한다.

100 대기환경보전법규상 시멘트 수송의 경우 비산먼지 발생을 억제하기 위한 시설 및 필요한 조치기준으로 옳지 않은 것은?

① 적재함 상단으로부터 5cm 이하까지 적재물을 수평으로 적재할 것
② 수송차량은 세륜 및 측면 살수 후 운행하도록 할 것
③ 먼지가 흩날리지 아니하도록 공사장 안의 통행차량은 시속 40km 이하로 운행할 것
④ 적재함을 최대한 밀폐할 수 있는 덮개를 설치하여 적재물의 외부에서 보이지 아니할 것

해설 먼지가 흩날리지 아니하도록 공사장 안의 통행차량은 시속 20km 이하로 운행할 것

정답 98 ③ 99 ③ 100 ③

2018년 2회 기출문제

제1과목 대기오염개론

01 이동 배출원이 도심지역인 경우, 하루 중 시간대별 각 오염물의 농도 변화는 일정한 형태를 나타내는데, 다음 중 일반적으로 가장 이른 시간에 하루 중 최대 농도를 나타내는 물질은?

① O_3
② NO_2
③ NO
④ Aldehydes

해설 도시 광화학 스모그의 형성과정에서 하루 중 농도의 최대치가 나타나는 시간대가 일반적으로 빠른 순서는 $NO > NO_2 > O_3$이다.

02 다음 중 대기오염물질의 분산을 예측하기 위한 바람장미(wind rose)에 관한 설명으로 가장 거리가 먼 것은?

① 바람장미는 풍향별로 관측된 바람의 발생빈도와 풍속을 16방향인 막대기형으로 표시한 기상도형이다.
② 가장 빈번히 관측된 풍향을 주풍(prevailing wind)이라 하고, 막대의 굵기를 가장 굵게 표시한다.
③ 관측된 풍향별 발생빈도를 %로 표시한 것을 방향량(vector)이라며, 바람장미의 중앙에 숫자로 표시한 것은 무풍률이다.
④ 풍속이 0.2m/sec 이하일 때를 정온(calm) 상태로 본다.

해설 바람장미(Wind Rose)
㉠ 바람장미는 풍향별로 관측된 바람의 발생빈도와 풍속을 16방향인 막대기형으로 표시한 기상도형이다.
㉡ 풍향은 중앙에서 바람이 불어오는 쪽으로 막대모양으로 표시하고, 풍향 중 주풍은 가장 빈번히 관측된 풍향을 말하며 막대의 길이가 가장 긴 방향이다.
㉢ 관측된 풍향별로 발생빈도를 %로 표시한 것을 방향량(vector)이라며, 바람장미의 중앙에 숫자로 표시한 것을 무풍률이라 한다.
㉣ 풍속은 막대의 굵기로 표시하며 풍속이 0.2m/sec 이하일 때를 정온(calm) 상태로 본다.

03 표준상태에서 SO_2 농도가 $1.28g/m^3$라면 몇 ppm인가?

① 약 250
② 약 350
③ 약 450
④ 약 550

해설 농도(ppm) $= 1,280mg/m^3 \times \dfrac{22.4mL}{64mg}$
$= 448mL/Sm^3 (ppm)$

04 다음 중 London형 스모그에 관한 설명으로 가장 거리가 먼 것은?(단, Los Angeles형 스모그와 비교)

① 복사성 역전
② 습도 85% 이상
③ 시정거리 100m 이하
④ 산화반응

해설 London Smog와 LA Smog의 비교

구분	London 형	LA 형
특징	Smoke+Fog의 합성	광화학작용(2차성 오염물질의 스모그 형성)
반응·화학 반응	• 열적 환원반응 • 연기+안개 → 환원형 Smog	• 광화학적 산화반응 • HC+NOx+$h\nu$ → 산화형 Smog
발생 시 기온	4℃ 이하	24℃ 이상(25~30℃)
발생 시 습도	85% 이상	70% 이하
발생 시간	새벽~이른 아침, 저녁	주간(한낮)
발생 계절	겨울(12~1월)	여름(7~9월)
일사량	없을 때	강한 햇빛
풍속	무풍	3m/sec 이하
역전 종류	복사성 역전(방사형); 접지역전	침강성 역전(하강형)
주 오염 배출원	• 공장 및 가정난방 • 석탄 및 석유계 연료의 연소	• 자동차 배기가스 • 석유계 연료의 연소
시정 거리	100m 이하	1.6~0.8km 이하
Smog 형태	차가운 취기가 있는 농무형	회청색의 농무형
피해	• 호흡기 장애, 만성기관지염, 폐렴 • 심각한 사망률(인체에 대해 직접적 피해)	• 점막자극, 시정악화 • 고무제품 손상, 건축물 손상

05 다음 특정물질 중 오존 파괴지수가 가장 큰 것은?

① CFC-113
② CFC-114
③ Halon-1211
④ Halon-1301

해설

특정물질의 종류	화학식	오존 파괴지수
Halon-1211	CF_2BrCl	3.0
Halon-1301	CF_3Br	10.0
CFC-113	$C_2F_3Cl_3$	0.4
CFC-114	$C_2F_4Cl_2$	1.0

06 리차드슨 수에 관한 설명으로 옳은 것은?

① 리차드슨 수가 -0.04보다 작으면 수직방향의 혼합은 없다.
② 리차드슨 수가 0이면 기계적 난류만 존재한다.
③ 리차드슨 수가 0에 접근하면 분산에 커져 대류혼합이 지배적이다.
④ 일차원 수로서 기계난류를 대류난류로 전환시키는 율을 측정한 것이다.

해설
① 리차드슨 수가 -0.04보다 작으면 대류에 의한 혼합은 기계적 혼합이 지배적, 즉 수직방향의 혼합이 지배적이다.
③ 리차드슨 수가 0에 접근하면 분산이 줄어들어 기계적 난류혼합이 지배적이다.
④ 무차원 수로서 대류난류를 기계적인 난류로 전환시키는 비율을 측정한 값이다.

07 혼합층에 관한 설명으로 가장 적합한 것은?

① 최대혼합깊이는 통상 낮에 가장 적고, 밤시간을 통하여 점차 증가한다.
② 야간에 역전이 극심한 경우 최대혼합깊이는 5,000m 정도까지 증가한다.
③ 계절적으로 최대혼합깊이는 주로 겨울에 최소가 되고 이른 여름에 최댓값을 나타낸다.
④ 환기량은 혼합층의 온도와 혼합층 내의 평균풍속을 곱한 값으로 정의된다.

해설
① 최대혼합깊이는 통상적으로 밤에 가장 낮으며 낮시간 동안 증가한다.
② 야간에 역전이 심할 경우에는 그 값이 거의 0이 될 수도 있다.
④ 환기량은 혼합층의 높이와 혼합층 내의 평균속도를 곱한 값으로 정의된다.

08 각 오염물질의 대사 및 작용기전으로 옳지 않은 것은?

① 알루미늄화합물은 소장에서 인과 결합하여 인 결핍과 골연화증을 유발한다.
② 암모니아와 아황산가스는 물에 대한 용해도가 높기 때문에 흡입된 대부분의 가스가 상기도 점막에서 흡수되므로 즉각적으로 자극증상을 유발한다.
③ 삼염화에틸렌은 다발성신경염을 유발하고, 중추신경계를 억제하는데 간과 신경에 미치는 독성이 사염화탄소에 비해 현저하게 높다.
④ 이황화탄소는 중추신경계에 대한 특징적인 독성작용으로 심한 급성 또는 아급성 뇌병증을 유발한다.

해설 삼염화에틸렌(trichloroethylene)은 중추신경계를 억제하며 간과 신장에 미치는 독성은 사염화탄소에 비해 낮은 편이다.

09 주요 배출오염물질과 그 발생원과의 연결로 가장 관계가 적은 것은?

① HF - 도장공업, 석유정제
② HCl - 소다공업, 활성탄 제조, 금속제련
③ C_6H_6 - 포르말린 제조
④ Br_2 - 염료, 의약품 및 농약 제조

해설 플로오르화합물의 배출원
㉠ 알루미늄공업   ㉡ 유리공업
㉢ 비료공업   ㉣ 요업

10 각 오염물질의 특성에 관한 설명으로 옳지 않은 것은?

① 염소는 암모니아에 비해서 훨씬 수용성이 약하므로 후두에 부종만을 일으키기보다는 호흡기계 전체에 영향을 미친다.
② 포스겐 자체는 자극성이 경미하지만 수중에서 재빨리 염산으로 분해되어 거의 급성 전구증상이 없이 치사량을 흡입할 수 있으므로 매우 위험하다.
③ 브롬화합물은 부식성이 강하며 주로 상기도에 대하여 급성 흡입효과를 지니고, 고농도에서는 일정기간이 지나면 폐부종을 유발하기도 한다.
④ 불화수소는 수용액과 에테르 등의 유기용매에 매우 잘 녹으며, 무수불화수소는 약산성의 물질이다.

해설 불화수소는 용매로서 대부분의 유기·무기화합물을 녹인다.

11 다음은 입경(직경)에 대한 설명이다. ( ) 안에 알맞은 것은?

> ( )은 입자성 물질의 끝과 끝을 연결한 선 중 가장 긴 선을 직경으로 하는 것을 말한다.

① 페렛 직경 ② 마틴 직경
③ 공기역학적 직경 ④ 스토크스 직경

해설 페렛 직경(Feret Diameter)
먼지의 한쪽 끝 가장자리와 다른 쪽 가장자리 사이의 거리로 과대평가된 가능성이 있는 입자성 물질의 직경이다.

12 지표 부근의 공기덩이가 지면으로부터 열을 받는 경우 부력을 얻어 상승하게 되는데 상승과정에서 단열변화가 이루어져 어떤 고도에 이르면 상승한 공기 중에 들어있는 수증기는 포화되고 응결이 이루어진다. 이와 같이 열적 상승에 의해 응결이 이루어지는 고도를 일컫는 용어로 가장 적합한 것은?

① 대류응결고도(CCL) ② 상승응결고도(LCL)
③ 혼합응결고도(MCL) ④ 상승지수(LI)

해설 대류응결고도
지표나 해수면 부근의 일사 등에 의해 가열되어 공기덩어리가 상승하면서 포화·응결되어 구름이 발생하기 시작하는 고도를 말한다.

13 최대 혼합고도를 400m로 예상하여 오염농도를 3ppm으로 추정하였는데, 실제 관측된 최대 혼합고도는 200m였다. 실제 나타날 오염농도는?(단, 기타 조건은 같음)

① 21ppm ② 24ppm
③ 27ppm ④ 29ppm

해설 오염물질의 농도와 혼합고의 관계는 3승에 반비례
$$\frac{C_2}{C_1} = \left(\frac{MMD_1}{MMD_2}\right)^3$$
$$C_2 = C_1 \times \left(\frac{MMD_1}{MMD_2}\right)^3 = 3\text{ppm} \times \left(\frac{400\text{m}}{200\text{m}}\right)^3$$
$$= 24\text{ppm}$$

14 냄새물질에 대한 다음 설명 중 옳지 않은 것은?

① 분자 내 수산기의 수가 1개일 때 가장 약하고, 수가 증가하면 강한 냄새를 유발한다.
② 골격이 되는 탄소 수는 저분자일수록 관능기 특유의 냄새가 강하다.
③ 에스테르화합물은 구성하는 산이나 알코올류보다 방향이 우세하다.
④ 분자 내에 황 및 질소가 있으면 냄새가 강하다.

해설 분자 내 수산기의 수는 1개일 때 가장 강하고 수가 증가하면 약해져서 무취에 이른다.

15 라돈에 관한 설명으로 가장 거리가 먼 것은?

① 일반적으로 인체의 조혈기능 및 중추신경계통에 가장 큰 영향을 미치는 것으로 알려져 있으며, 화학적으로 반응성이 크다.
② 무색, 무취의 기체로 액화되어도 색을 띠지 않는 물질이다.
③ 공기보다 9배 정도 무거워 지표에 가깝게 존재한다.
④ 주로 토양, 지하수, 건축자재 등을 통하여 인체에 영향을 미치고 있으며 흙 속에서 방사선 붕괴를 일으킨다.

해설 라돈
폐암을 유발시키는 물질이며 화학적으로 거의 반응을 일으키지 않는 불활성 물질로서 흙속에서 방사선 붕괴를 일으키는 자연방사능 물질이다.

16 질소산화물(NOx)에 관한 설명으로 가장 거리가 먼 것은?

① N_2O는 대류권에서는 온실가스로 성층권에서는 오존층 파괴물질로서 보통 대기 중에 약 0.5ppm 정도 존재한다.
② 연소과정 중 고온에서는 90% 이상이 NO로 발생한다.
③ NO_2는 적갈색, 자극성 기체로 독성이 NO보다 약 5배 정도나 더 크다.
④ NO의 독성은 오존보다 10~15배 강하여 폐렴, 폐수종을 일으키며, 대기 중에 체류시간은 20~100년 정도이다.

해설 오존의 독성이 NO보다 강하며, 대기 중에서의 체류시간은 NO와 NO_2가 2~5일 정도로 추정된다.

17 다음 오염물질의 균질층 내에서의 건조공기 중 체류시간의 순서배열(짧은 시간에서부터 긴 시간)로 옳게 나열된 것은?

① $N_2-CO-CO_2-H_2$
② $CO-CH_4-O_2-N_2$
③ $O_2-N_2-H_2-CO$
④ $CO_2-H_2-N_2-CO$

해설 체류시간
㉠ CO : 0.5년
㉡ CH_4 : 3~8년
㉢ O_2 : 6,000년
㉣ N_2 : 4×10^8년

18 다음 식물 중 에틸렌가스에 대한 저항성이 가장 큰 것은?
① 완두
② 스위트피
③ 양배추
④ 토마토

해설 에틸렌가스의 저항성이 가장 큰 식물은 양배추이다.

19 Deacon의 공식을 이용하여 지표높이 10m에서의 풍속이 2m/s일 때, 고도 100m에서의 풍속은?(단, $P = 0.4$)
① 약 5.0m/s
② 약 8.7m/s
③ 약 10.6m/s
④ 약 15.1m/s

해설
$$\frac{U_2}{U_1} = \left(\frac{Z_2}{Z_1}\right)^P$$
$$U_2 = 2\text{m/sec} \times \left(\frac{100\text{m}}{10\text{m}}\right)^{0.4} = 5.02\text{m/sec}$$

20 역선풍(Anticyclone)구역 내에서 차가운 공기가 장시간 침강(단열적)하였을 때 공기덩어리 상부면(Top)과 하부면(Bottom)의 온도차(변화)를 바르게 표시한 것은?(단, dT/dP는 압력에 대한 온도 변화이며, 이상기체로 작용한다.)

① $(dT/dP)Top < (dT/dP)Bottom$
② $(dT/dP)Top > (dT/dP)Bottom$
③ $(dT/dP)Top = (dT/dP)Bottom$
④ $(dT/dP)Top \leq (dT/dP)Bottom$

해설 침강역전
지표로부터 어느 상공까지는 불안정상태의 대기를 형성하고, 그 불안정상태의 대기층 위에 뚜껑을 씌운 격으로 역전층이 존재하는데 이를 공중역전층이라 한다. 따라서 상부면의 공기덩어리가 하부면의 공기덩어리보다 온도가 높다.

제2과목 연소공학

21 다음 중 기체연료의 연소장치로서 천연가스와 같은 고발열량 연료를 연소시키는 데 가장 적합하게 사용되는 버너의 종류는?
① 선회형 버너
② 방사형 버너
③ 회전식 버너
④ 건타입 버너

해설 방사형 버너
천연가스와 같은 고발열량 연료를 연소시키는 데 가장 적합한 버너이다.

22 중유에 관한 설명과 거리가 먼 것은?
① 점도가 낮은 것이 사용상 유리하고, 용적당 발열량이 적은 편이다.
② 인화점이 높은 경우 역화의 위험이 있으며, 보통 그 예열온도보다 약 2℃ 정도 높은 것을 쓴다.
③ 점도가 낮을수록 유동점이 낮아진다.
④ 잔류탄소의 함량이 많아지면 점도가 높게 된다.

해설 인화점이 낮은 경우 역화의 위험이 있으며, 보통 그 예열온도보다 약 5℃ 정도 높은 것을 쓴다.

23 다음은 가동화격자의 종류에 관한 설명이다. ( ) 안에 알맞은 것은?

( )는 고정화격자와 가동화격자를 횡방향으로 나란히 배치하고 가동화격자를 전후로 왕복운동시킨다. 비교적 강한 교반력과 이송력을 갖고 있으며 화격자 눈의 메워짐이 별로 없어 낙진량이 많고 냉각작용이 부족하다.

① 부채형 반전식 화격자
② 병렬요동식 화격자
③ 이상식 화격자
④ 회전롤러식 화격자

해설 병렬요동식 화격자
㉠ 고정화격자와 가동화격자를 횡방향으로 나란히 배치하고 가동화격자를 전후로 왕복운동시킨다.
㉡ 비교적 강한 이송력을 갖고 있고, 화격자 눈의 메워짐이 별로 없다는 장점은 있으나 낙진량이 많고 냉각작용이 부족하다.

정답 17 ② 18 ③ 19 ① 20 ② 21 ② 22 ② 23 ②

24 메탄 1mol이 완전연소할 때 AFR은?(단, 몰 기준)

① 6.5　② 7.5
③ 8.5　④ 9.5

해설 CH_4의 연소반응식

$CH_4 + 2O_2 \rightarrow CO_2 + 2H_2O$

1mole : 2mole

$AFR = \dfrac{산소의\ mole/0.21}{연료의\ mole} = \dfrac{2/0.21}{1} = 9.52$

25 연료의 종류에 따른 연소 특성으로 옳지 않은 것은?

① 기체연료는 저발열량의 것으로 고온을 얻을 수 있고, 전열효율을 높일 수 있다.
② 액체연료는 화재, 역화 등의 위험이 크며, 연소온도가 높아 국부적인 과열을 일으키기 쉽다.
③ 액체연료는 기체연료에 비해 적은 과잉공기로 완전연소가 가능하다.
④ 액체연료의 경우 회분은 아주 적지만, 재 속의 금속산화물이 장애원인이 될 수 있다.

해설 기체연료는 액체연료에 비해 적은 과잉공기로 완전연소가 가능하다.

26 미분탄연소로에 사용되는 버너 중 접선기울형 버너(tangential tilting burner)에 관한 설명으로 거리가 먼 것은?

① 선회흐름을 보일러에 활용한 것으로 선회버너라고도 하며, 연소로 외벽 쪽으로 화염을 분산·형성한다.
② 사각연소로인 경우 각 모퉁이에 3~5개의 버너가 높이가 다르게 설치되어 있다.
③ 1차 공기 및 석탄 주입관 끝은 10~30° 정도의 각도범위에서 조정할 수 있도록 되어 있다.
④ 화염을 상하로 이동시켜서 과열을 방지할 수 있도록 되어 있다.

해설 접선기울형 버너(tangential tilting burner)
㉠ 미분탄 연소로에 사용되는 버너 중 하나이며, 화염을 상하로 이동시켜서 과열을 방지할 수 있도록 되어 있다.
㉡ 사각연소로인 경우 각 모퉁이에 3~5개의 버너가 높이가 다르게 설치되어 있다.
㉢ 1차 공기 및 석탄 주입관 끝은 10~30° 정도의 각 범위에서 조정할 수 있도록 되어 있다.

27 S 함량 5%의 B-C유 400kL를 사용하는 보일러에 S 함량 1%인 B-C유를 50% 섞어서 사용하면 SO_2의 배출량은 몇 % 감소하겠는가?(단, 기타 연소조건은 동일하며, S는 연소 시 전량 SO_2로 변환되고, B-C유 비중은 0.95(S 함량에 무관))

① 30%　② 35%
③ 40%　④ 45%

해설 ㉠ 황 함량 5%일 때
$S + O_2 \rightarrow SO_2$
32kg : 22.4Sm^3
400kL×950kg/m^3×0.05 : $SO_2(Sm^3)$
$SO_2 = 13,300 Sm^3$

㉡ 황 함량 5%(50%) + 1%(50%)일 때
32kg : 22.4Sm^3
400kL×950kg/m^3×[(0.05×0.5)+(0.01×0.5)] : $SO_2(Sm^3)$
$SO_2 = 7,980 Sm^3$

㉢ 감소율(%) = $\dfrac{13,300-7,980}{13,300} \times 100 = 40\%$

28 연소물을 연소하는 과정에서 질소산화물(NOx)이 발생하게 된다. 다음 반응 중 질소산화물(NOx) 생성 과정에서 발생하는 Prompt NOx의 주된 반응식으로 가장 적합한 것은?

① $N + NH_3 \rightarrow N_2 + 1.5H_2$
② $N_2 + O_5 \rightarrow 2NO + 1.5O_2$
③ $CH + N_2 \rightarrow HCN + N$
④ $N + N \rightarrow N_2$

해설 Prompt NOx
㉠ 연료와 공기 중 질소 성분의 결합으로 발생한다. 즉, 연료가 열분해 시 질소가 HC 와 C와 반응하여 HCN 또는 CN이 생성되며, 이들은 OH 및 O_2 등과 결합하여 중간생성물질(NCO)을 형성하여 NO의 발생에 관계가 있다는 학설이다.
㉡ 반응식 : $CH + N_2 \rightarrow HCN + N$

29 프로판 1Sm^3을 공기비 1.3으로 완전 연소시킬 경우, 발생되는 건조연소가스양(Sm^3)은?

① 약 23.7　② 약 26.4
③ 약 28.9　④ 약 33.7

정답 24 ④　25 ③　26 ①　27 ③　28 ③　29 ③

해설 연소반응식

$C_3H_8 + 5O_2 \rightarrow 3CO_2 + 4H_2O$

$G_d = (m - 0.21)A_o + CO_2$양

$A_o = \dfrac{O_o}{0.21} = \dfrac{5}{0.21} = 23.81 \text{Sm}^3/\text{Sm}^3$

$= [(1.3 - 0.21) \times 23.81] + 3 = 28.9 \text{Sm}^3/\text{Sm}^3$

30 다음 설명에 해당하는 기체연료는?

> 고온으로 가열된 무연탄이나 코크스 등에 수증기를 반응시켜 얻은 기체연료이며, 반응식은 아래와 같다.
> $C + H_2O \rightarrow CO + H_2 + Q$
> $C + 2H_2O \rightarrow CO_2 + 2H_2 + Q$

① 수성가스　　② 고로가스
③ 오일가스　　④ 발생로가스

해설 수성가스
수소와 일산화탄소의 혼합가스로 석탄이나 코크스에 고온으로 가열한 수증기를 통과시켜 얻는다.

31 고체연료 연소장치 중 하급식 연소방법으로 연소과정이 미착화탄 → 산화층 → 환원층 → 회층으로 변하여 연소되고, 연료층을 항상 균일하게 제어할 수 있고, 저품질 연료도 유효하게 연소시킬 수 있어 쓰레기 소각로에 많이 이용되는 화격자 연소장치로 가장 적합한 것은?

① 포트식 스토커(pot stoker)
② 플라스마 스토커(plasma stoker)
③ 로터리 킬른(rotary kiln)
④ 체인 스토커(chain stoker)

해설 체인 스토커(Chain Stoker)
㉠ 고체연료 연소장치 중 하급식 연소방식이다.
㉡ 연소과정이 미착화탄 → 산화층 → 환원층 → 회층으로 변하여 연소된다.
㉢ 연료층을 항상 균일하게 제어할 수 있고, 저품질 연료도 유효하게 연소시킬 수 있어 쓰레기 소각로에 많이 이용되는 화격자연소장치이다.

32 착화온도에 관한 다음 설명 중 옳지 않은 것은?

① 반응활성도가 클수록 높아진다.
② 분자구조가 간단할수록 높아진다.
③ 산소농도가 클수록 낮아진다.
④ 발열량이 낮을수록 높아진다.

해설 착화온도는 반응활성도가 클수록 낮아진다.

33 Propane 1Sm^3을 연소시킬 경우 이론 건조연소가스 중의 탄산가스 최대농도(%)는?

① 12.8%　② 13.8%　③ 14.8%　④ 15.8%

해설 $CO_{2\max}(\%) = \dfrac{CO_2 \text{양}}{G_{od}} \times 100$

$C_3H_8 + 5O_2 \rightarrow 3CO_2 + 4H_2O$

$G_{od} = 0.79 A_o + CO_2 \text{양} (\text{Sm}^3/\text{Sm}^3)$

$= \left(0.79 \times \dfrac{5}{0.21}\right) + 3 = 21.81 \text{Sm}^3/\text{Sm}^3$

$= \dfrac{3}{21.81} \times 100 = 13.76\%$

34 석탄의 탄화도 증가에 따른 특성으로 가장 거리가 먼 것은?

① 연소속도가 커진다.
② 수분 및 휘발분이 감소한다.
③ 산소의 양이 줄어든다.
④ 발열량이 증가한다.

해설 탄화도가 증가하면 산소의 농도가 감소하기 때문에 연소속도는 작아진다.

35 확산형 가스버너인 포트형 사용 및 설계 시의 주의사항으로 옳지 않은 것은?

① 구조상 가스와 공기압을 높이지 못한 경우에 사용한다.
② 가스와 공기를 함께 가열할 수 있는 이점이 있다.
③ 고발열량 탄화수소를 사용할 경우는 가스압력을 이용하여 노즐로부터 고속으로 분출케 하여 그 힘으로 공기를 흡인하는 방식을 취한다.
④ 밀도가 큰 가스 출구는 하부에, 밀도가 작은 공기 출구는 상부에 배치되도록 하여 양쪽의 밀도차에 의한 혼합이 잘 되도록 한다.

해설 가스 및 공기의 온도와 밀도를 고려하여 밀도가 큰 가스 출구는 상부에, 밀도가 작은 공기 출구는 하부에 배치되도록 하여 양쪽의 밀도차에 의한 혼합이 잘 되도록 한다.

36 유동층 연소로의 특성과 거리가 먼 것은?

① 유동층을 형성하는 분체와 공기와의 접촉면적이 크다.
② 격심한 입자의 운동으로 층내가 균일온도로 유지된다.
③ 석탄연소 시 미연소된 char가 배출될 수 있으므로 재연소장치에서의 연소가 필요하다.
④ 부하변동에 따른 적응력이 높다.

해설 부하변동에 쉽게 응할 수 없는 것이 유동층 연소의 단점이다.

37 다음 각종 연료의 이론공기량의 개략치 값(Sm^3/kg)으로 가장 거리가 먼 것은?

① 코크스 : 0.8~1.2   ② 고로가스 : 0.7~0.9
③ 발생로 가스 : 0.9~1.2   ④ 가솔린 : 11.3~11.5

해설 코크스의 이론공기량은 8.0~9.0 Sm^3/kg이다.

38 $C_{18}H_{20}$ 1.5kg을 완전연소시킬 때 필요한 이론공기량(Sm^3)은?

① 10.4   ② 11.5   ③ 12.6   ④ 15.6

해설 연소반응식
$C_{18}H_{20} + 23O_2 \rightarrow 18CO_2 + 10H_2O$
236kg : 23×22.4Sm^3
1.5kg : $O_o(Sm^3)$
$O_o(Sm^3) = \dfrac{1.5kg \times (23 \times 22.4)Sm^3}{236kg} = 3.27Sm^3$
$A_o = \dfrac{3.27Sm^3}{0.21} = 15.59Sm^3$

39 고압기류 분무식 버너에 관한 설명으로 옳지 않은 것은?

① 연료분사범위는 외부혼합식이 3~500L/hr, 내부혼합식이 10~1,200L/hr 정도이다.
② 분무각도는 30~60° 정도이고 유량조절비는 1 : 5로 비교적 커서 부하변동에 적응이 용이하다.
③ 2~8kg/cm^2의 고압공기를 사용하여 연료유를 무화시키는 방식이다.
④ 분무에 필요한 1차 공기량은 이론연소공기량의 7~12% 정도이다.

해설 분무각도는 30 정도이나 유량조절비는 1 : 10 정도로 커서 부하변동에 적응이 용이하다.

40 다음의 액체탄화수소 중 탄소 수가 가장 적고, 비점이 30~200℃, 비중이 0.72~0.76 정도인 것은?

① 중유   ② 경유   ③ 등유   ④ 휘발유

해설 휘발유(가솔린, Gasolin)
㉠ 주성분 : C, H(탄소수 : 5~12)
㉡ 비등점 : 30~200℃
㉢ 비중 : 0.7~0.8
㉣ 고위발열량 : 11,000~11,500kcal/kg
㉤ 석유정제 중 가장 경질의 물질이다.
㉥ 옥탄가 80 이상을 고급 가솔린이라 하며, 옥탄가 상승을 위해 사용되는 물질은 4 에틸납이다.

제3과목 대기오염방지기술

41 상온에서 밀도가 1,000kg/m^3, 입경 50μm인 구형 입자가 높이 5m 정지대기 중에서 침강하여 지면에 도달하는 데 걸리는 시간(sec)은 약 얼마인가?(단, 상온에서 공기밀도는 1.2kg/m^3, 점도는 1.8×10^{-5}kg/m·sec이며, Stokes 영역이다.)

① 66   ② 86   ③ 94   ④ 105

해설 $t = \dfrac{H}{V_g}$
$H = 5m$
$V_g = \dfrac{d_p^2(\rho_p - \rho)g}{18\mu} = \dfrac{(50 \times 10^{-6})^2 \times (1,000 - 1.2) \times 9.8}{18 \times 1.8 \times 10^{-5}}$
$= 0.0755m/sec$
$= \dfrac{5m}{0.0755m/s} = 66.23sec$

42 유해물질 제거를 위한 흡수장치 중 다공판탑에 관한 설명으로 가장 거리가 먼 것은?

① 판간격은 보통 40cm이고, 액가스비는 0.3~5L/m^3 정도이다.
② 압력손실이 20mmH₂O 정도이고, 가스양의 변동이 심한 경우에도 용이하게 조업할 수 있다.
③ 판수를 증가시키면 고농도 가스도 일시처리가 가능하다.
④ 가스속도는 0.3~1m/s 정도이다.

해설 압력손실이 100~200mmH₂O 정도이고, 가스양의 변동이 심한 경우에는 조업이 곤란하다.

정답 36 ④ 37 ① 38 ④ 39 ② 40 ④ 41 ① 42 ②

43 외부식 후드의 특성으로 옳지 않은 것은?
① 다른 종류의 후드에 비해 근로자가 방해를 많이 받지 않고 작업할 수 있다.
② 포위식 후드보다 일반적으로 필요 송풍량이 많다.
③ 외부 난기류의 영향으로 흡인효과가 떨어진다.
④ 천개형 후드, 그라인더용 후드 등이 여기에 해당하며, 기류속도가 후드 주변에서 매우 느리다.

해설 천개형 후드, 그라인더용 후드 등은 리시버식 후드에 속하며, 기류 속도가 후드 주변에서 매우 빠르다.

44 대기오염물 중 연소성이 있는 것은 연소나 재연소시켜 제거한다. 다음 중 재연소법의 장점으로 거리가 먼 것은?
① 시설이 배기의 유량과 농도가 크게 변하지 않는 한 잘 적응할 수 있다.
② 시설비는 비교적 많이 소요되지만, 유지비는 낮고, 연소생성물에 대한 독성의 우려가 없다.
③ 경제적인 폐열회수가 가능하다.
④ 효율 저하가 거의 없다.

해설 재연소법의 장단점
㉠ 장점
  • 가연성 오염물질의 완전 제거가 가능하다.
  • 시설이 배기의 유량과 농도가 크게 변하지 않는 한 잘 적응할 수 있다.
  • 연소장치의 효율저하가 없다.
  • 경제적인 폐열회수가 가능하다.
㉡ 단점
  • 시설비와 운영비가 비교적 많은 편이다.
  • 연소생성물에 대한 독성의 우려가 있다.

45 다음은 어떤 법칙에 관한 설명인가?

> 휘발성인 에탄올을 물에 녹인 용액의 증기압은 물의 증기압보다 높다. 그러나 비휘발성인 설탕을 물에 녹인 용액인 설탕물의 증기압은 물보다 낮아진다.

① 헨리(Henry)의 법칙 ② 렌츠(Lenz)의 법칙
③ 샤를(Charle)의 법칙 ④ 라울(Raoult)의 법칙

해설 라울의 법칙(Raoult's law)
비휘발성, 비전해질 용질을 용매에 녹여 만든 묽은 용액의 용매 증기압력은 순수한 용매의 증기압력보다 작고, 그 차이인 증기압력 내림값은 용질의 몰분율에 비례한다는 법칙이다.

46 다음 악취물질 중 통상적으로 공기 중의 최소감지농도가 가장 낮은 것은?
① 아세톤 ② 암모니아
③ 염소 ④ 황화수소

해설 최소감지농도
① 아세톤 : 42ppm ② 암모니아 : 0.1ppm
③ 염소 : 0.314ppm ④ 황화수소 : 0.00041ppm

47 입자상 물질에 관한 설명으로 가장 거리가 먼 것은?
① 공기동력학경은 stokes경과 달리 입자밀도를 $1g/cm^3$으로 가정함으로써 보다 쉽게 입경을 나타낼 수 있다.
② 비구형 입자에서 입자의 밀도가 1보다 클 경우 공기동력학경은 stokes경에 비해 항상 크다고 볼 수 있다.
③ cascade impactor는 관성충돌을 이용하여 입경을 간접적으로 측정하는 방법이다.
④ 직경 d인 구형 입자의 비표면적(단위체적당 표면적)은 $d/6$이다.

해설 직경 d인 구형 입자의 비표면적(단위체적당 표면적)은 $6/d$이다.

48 전기집진장치에서 입구 먼지 농도가 $10g/Sm^3$, 출구 먼지 농도가 $0.1g/Sm^3$이었다. 출구 먼지 농도를 $50mg/Sm^3$로 하기 위해서는 집진극 면적을 약 몇 배 정도로 넓게 하면 되는가?(단, 다른 조건은 변하지 않는다.)
① 1.15배 ② 1.55배
③ 1.85배 ④ 2.05배

해설 $\eta = 1 - \exp\left(-\dfrac{A \times W}{Q}\right)$

$\eta = \left(1 - \dfrac{0.1}{10}\right) \times 100 = 99\%$

$\eta = \left(1 - \dfrac{0.05}{10}\right) \times 100 = 99.5\%$

양변에 ln을 취하면
$-\dfrac{AW}{Q} = \ln(1-\eta)$

집진극 면적 증가비 $= \dfrac{-\dfrac{Q}{W}\ln(1-0.995)}{-\dfrac{Q}{W}\ln(1-0.99)} = 1.15$배

정답 43 ④ 44 ② 45 ④ 46 ④ 47 ④ 48 ①

49 기상 총괄이동단위 높이가 2m인 충전탑을 이용하여 배출가스 중의 HF를 NaOH 수용액으로 흡수제거하려 할 때, 제거율을 98%로 하기 위한 충전탑의 높이는?(단, 평형분압은 무시한다.)

① 5.6m   ② 5.9m   ③ 6.5m   ④ 7.8m

해설
$H = N_{OG} \times H_{OG}$
$= \ln \dfrac{1}{1-0.98} \times 2m = 7.8m$

50 중력식 집진장치의 이론적 집진효율을 계산할 때 응용되는 Stokes 법칙을 만족하는 가정(조건)에 해당하지 않는 것은?

① $10^{-4} < N_{Re} < 0.5$
② 구는 일정한 속도로 운동
③ 구는 강체
④ 전이영역흐름(intermediate flow)

해설 Stoke's law에서의 가정조건은 층류영역으로 가정한다.

51 유해가스로 오염된 가연성 물질을 처리하는 방법 중 연료소비량이 적은 편이며, 산화온도가 비교적 낮기 때문에 NOx의 발생이 매우 적은 처리방법은?

① 직접연소법   ② 고온산화법
③ 촉매산화법   ④ 산, 알칼리 세정법

해설 촉매연소법(촉매산화법)
㉠ 가연성 유해 가스를 촉매에 의해 비교적 저온(400~500℃) 정도에서 불꽃 없이 산화시키는 방법으로 직접연소법에 비해 낮은 온도, 짧은 체류시간에서도 처리가 가능하며 저농도의 가연물질과 공기를 함유한 기체물질에 대하여 적용된다.
㉡ 활성도가 높은 촉매를 사용하는 것이 바람직하지만 내열성과 촉매독의 문제가 있다.
㉢ 직접연소법과 비교하여 연료소비량이 적기 때문에 운전비가 절감되지만 촉매의 수명이 문제가 된다.
㉣ 높은 온도의 예열이 필요 없으며 직접연소법에 비해 NOx 발생량이 적고 낮은 농도로 배출할 수 있다.

52 벤츄리 스크러버에서 액가스비를 크게 하는 요인으로 옳은 것은?

① 먼지의 농도가 낮을 때
② 먼지 입자의 점착성이 클 때
③ 먼지 입자의 친수성이 클 때
④ 먼지 입자의 입경이 클 때

해설 일반적으로 친수성이거나 입자가 큰 경우는 액가스비를 작게 하고, 소수성이거나 입자가 미세한 경우 또는 점착성이 클 때 액가스비를 크게 유지한다.

53 후드의 유입계수가 0.85, 속도압이 25mmH₂O일 때 후드의 압력손실은?

① 8.1mmH₂O   ② 8.8mmH₂O
③ 9.6mmH₂O   ④ 10.8mmH₂O

해설
$\Delta P = F \times \dfrac{\gamma V^2}{2g}(VP)$
$F = \dfrac{1}{C_e^2} - 1 = \dfrac{1}{0.85^2} - 1 = 0.384$
$= 0.384 \times 25 mmH_2O$
$= 9.6 mmH_2O$

54 흡착제를 친수성(극성)과 소수성(비극성)으로 구분할 때, 다음 중 친수성 흡착제에 해당하지 않는 것은?

① 활성탄   ② 실리카겔
③ 활성 알루미나   ④ 합성 지올라이트

해설 활성탄은 소수성(비극성) 흡착제이다.

55 배출가스 중의 일산화탄소를 제거하는 방법 중 가장 적절한 방법은?

① 벤츄리 스크러버나 충전탑 등으로 세정하여 제거
② 백금계 촉매를 사용하여 무해한 이산화탄소로 산화시켜 제거
③ 황산나트륨을 이용하여 흡수하는 시보드법을 적용하여 제거
④ 분무탑 내에서 알칼리용액으로 중화하여 흡수 제거

해설 일산화탄소 처리
㉠ 배출가스 중의 CO를 제거하는 방법 중 가장 실질적이고 확실한 방법은 백금계 촉매를 사용하여 무해한 CO_2로 산화시켜 제거하는 방법이다.
㉡ CO를 백금계 촉매를 사용하여 CO_2로 완전산화시켜서 처리 시 촉매독으로 작용하는 물질은 Hg, Pb, Zn, As, S, 할로겐물질(F, Cl, Br), 먼지 등이므로 사전에 제거할 필요성이 있다.

정답 49 ④ 50 ④ 51 ③ 52 ② 53 ③ 54 ① 55 ②

56 흡수탑에 적용되는 흡수액 선정 시 고려할 사항으로 가장 거리가 먼 것은?

① 휘발성이 커야 한다. ② 용해도가 커야 한다.
③ 비점이 높아야 한다. ④ 점도가 낮아야 한다.

해설 흡수액의 구비조건
㉠ 용해도가 클 것
㉡ 휘발성이 적을 것
㉢ 부식성이 없을 것
㉣ 점성이 작고 화학적으로 안정되며 독성이 없을 것
㉤ 가격이 저렴하고 용매의 화학적 성질과 비슷할 것

57 Henry 법칙이 적용되는 가스로서 공기 중 유해가스의 평형분압이 16mmHg일 때, 수중 유해가스의 농도는 3.0kmol/m³였다. 같은 조건에서 가스분압이 435mmH₂O가 되면 수중 유해가스의 농도는?(단, Hg의 비중 13.6)

① 약 1.5kmol/m³ ② 약 3.0kmol/m³
③ 약 6.0kmol/m³ ④ 약 9.0kmol/m³

해설 $P = H \times C$에서 $P \propto C$ 관계 이용

$438\text{mmH}_2\text{O} \times \dfrac{760\text{mmHg}}{10,332\text{mmH}_2\text{O}} = 32\text{mmHg}$

$16\text{mmHg} : 3.0\text{kmol/m}^3 = 32\text{mmHg} : C(\text{kmol/m}^3)$

$C(\text{kmol/m}^3) = \dfrac{3.0\text{kmol/m}^3 \times 32\text{mmHg}}{16\text{mmHg}}$

$\qquad\qquad\quad = 6.0\text{kmol/m}^3$

58 송풍기 운전에서 필요 유량이 과부족을 일으켰을 때 송풍기의 유량조절 방법에 해당하지 않는 것은?

① 회전수 조절법 ② 안내익 조절법
③ Damper 부착법 ④ 체걸음 조절법

해설 송풍기의 유량조절 방법
㉠ Damper 부착법 : 가장 간단한 방법으로 Damper를 닫으면 저항이 증가하여 풍량이 감소한다.
㉡ 회전수 조절법 : 회전수를 낮추면 풍량과 압력이 감소한다.
㉢ 안내익 조절법 : 임펠러의 직경을 작게 하면 풍량이 감소한다.

59 여과집진장치 중 간헐식 탈진방식에 관한 설명으로 옳지 않은 것은?(단, 연속식과 비교)

① 먼지의 재비산이 적고, 여과포 수명이 길다.
② 탈진과 여과를 순차적으로 실시하므로 높은 집진효율을 얻을 수 있다.
③ 고농도 대량의 가스 처리가 용이하다.
④ 진동형과 역기류형, 역기류 진동형이 여기에 해당한다.

해설 간헐식 탈진방식은 처리효율이 높고, 소량의 가스 처리에 적합하다.

60 광학현미경으로 입자의 투영면적을 이용하여 측정한 먼지 입경 중 입자의 투영면적을 2등분하는 선의 길이로 나타내는 것은?

① Martin 직경 ② Feret 직경
③ 등면적 직경 ④ Heyhood 직경

해설 마틴 직경(Martin Diameter)
㉠ 입자의 면적을 2등분하는 선의 길이, 즉 입자의 2차원 투영상을 구하여 그 투영면적을 2등분한 선분 중 어떤 기준선과 평행인 것의 길이를 의미한다.(입상 물질의 그림자를 2개의 등면적으로 나눈 선의 길이)
㉡ 최단거리를 측정되므로 과소 평가할 수 있는 단점이 있다.

제4과목　대기오염공정시험기준(방법)

61 기체-고체 크로마토그래피에서 분리관 내경이 3mm일 경우 사용되는 흡착제 및 담체의 입경범위(μm)로 가장 적합한 것은?(단, 흡착성 고체분말, 100~80mesh 기준)

① 120~149μm ② 149~177μm
③ 177~250μm ④ 250~590μm

해설 분리관의 내경에 따른 흡착제 및 담체의 입경 범위

분리관 내경(mm)	흡착제 및 담체의 입경 범위(μm)
3	149~177(100~80mesh)
4	177~250(80~60mesh)
5~6	250~590(60~28mesh)

62 자외선/가시선 분광법에서 적용되는 램버트-비어(Lambert-Beer)의 법칙에 관계되는 식으로 옳은 것은?(단, I_o : 입사광의 강도, C : 농도, ε : 흡광계수, I_t : 투사광의 강도, l : 빛의 투사거리)

① $I_o = I_t \cdot 10^{-\varepsilon Cl}$ ② $I_t = I_o \cdot 10^{-\varepsilon Cl}$
③ $C = \dfrac{I_t}{I_o} \cdot 10^{-\varepsilon l}$ ④ $C = \dfrac{I_o}{I_t} \cdot 10^{-\varepsilon l}$

해설 램버트 비어(Lambert-Beer)의 법칙
강도 I_o 되는 단색광속이 그림과 같이 농도 C, 길이 l이 되는 용액층을 통과하면 이 용액에 빛이 흡수되어 입사광의 강도가 감소한다.

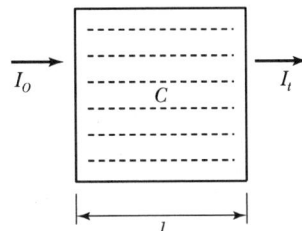

[흡광광도 분석방법 원리도]

$I_t = I_o \cdot 10^{-\varepsilon Cl}$

여기서, I_o : 입사광의 강도
I_t : 투사광의 강도
C : 농도
l : 빛의 투사거리
ε : 비례상수로서 흡광계수

63 환경대기 중의 석면을 위상차현미경법으로 측정하는 방법에 관한 설명으로 옳지 않은 것은?

① 멤브레인 필터의 광굴절률은 약 5.0 이상을 원칙으로 한다.
② 채취지점은 바닥면으로부터 1.2~1.5m 되는 위치에서 측정하고, 대상시설의 측정지점은 2개소 이상을 원칙으로 한다.
③ 헝클어져 다발을 이루고 있는 섬유는 길이가 5µm 이상이고, 길이와 폭의 비가 3 : 1 이상인 섬유를 석면 섬유 개수로서 계수한다.
④ 석면먼지의 농도표시는 20℃, 1기압 상태의 기체 1mL 중에 함유된 석면섬유의 개수로 표시한다.

해설 멤브레인 필터의 광굴절률은 약 1.5이다.

64 다음은 이온크로마토그래피의 검출기에 관한 설명이다. ( ) 안에 가장 적합한 것은?

(㉠)는 고성능 액체크로마토그래피 분야에서 가장 널리 사용되는 검출기이며, 최근에는 이온크로마토그래피에서도 전기전도도 검출기와 병행하여 사용되기도 한다. 또한 (㉡)는 전이금속 성분의 발색반응을 이용하는 경우에 사용된다.

① ㉠ 자외선흡수검출기 ㉡ 가시선흡수검출기
② ㉠ 전기화학적 검출기 ㉡ 염광광도검출기
③ ㉠ 이온전도도검출기 ㉡ 전기화학적 검출기
④ ㉠ 광전흡수검출기 ㉡ 암페로메트릭검출기

해설 이온크로마토그래피의 자외선 및 가시선 흡수 검출기(UV, VIS 검출기)
㉠ 자외선흡수검출기(UV 검출기)는 고성능 액체크로마토그래피 분야에서 가장 널리 사용되는 검출기이며, 최근에는 이온크로마토그래피에서도 전기전도도 검출기와 병행하여 사용되기도 한다.
㉡ 가시선 흡수검출기(VIS 검출기)는 전이금속 성분의 발색반응을 이용하는 경우에 사용된다.

65 굴뚝반경(단면이 원형)이 3m인 경우, 배출가스 중 먼지 측정을 위한 굴뚝 측정점 수로 적합한 것은?

① 20 ② 16
③ 12 ④ 8

해설 원형 단면의 측정점 수

굴뚝직경 $2R$(m)	반경 구분 수	측정점 수
1 이하	1	4
1 초과 2 이하	2	8

66 굴뚝배출가스의 연속자동측정 방법에서 측정항목과 측정방법이 잘못 연결된 것은?

① 염화수소 - 비분산적외선분석법
② 암모니아 - 이온전극법
③ 질소산화물 - 화학발광법
④ 아황산가스 - 용액전도율법

해설 굴뚝배출가스의 연속자동측정방법에서 측정항목에 따른 측정방법
㉠ 아황산가스 : 용액전도율법, 적외선흡수법, 자외선흡수법, 정전위전해법 및 불꽃광도법
㉡ 질소산화물 : 화학발광법, 적외선흡수법, 자외선흡수법 및 정전위전해법
㉢ 염화수소 : 이온전극법, 비분산적외선분석법
㉣ 암모니아 : 용액전도율법과 적외선가스분석법

67 링겔만 매연 농도법을 이용한 매연 측정에 관한 내용으로 옳지 않은 것은?

① 매연의 검은 정도는 6종으로 분류한다.
② 될 수 있는 한 바람이 불지 않을 때 측정한다.
③ 연돌구 배경의 검은 장해물을 피해 연기의 흐름에 직각인 위치에서 태양광선을 측면으로 받는 방향으로부터 농도표를 측정자 앞 16m에 놓는다.
④ 굴뚝 배출구에서 30~40m 떨어진 곳의 농도를 측정자의 눈높이에 수직이 되게 관측 비교한다.

해설 굴뚝배출구에서 30~45cm 떨어진 곳의 농도를 측정자의 눈높이에 수직이 되게 관측 비교한다.

68 원자흡수분광광도법에서 사용하는 용어의 정의로 옳은 것은?

① 공명선(Resonance Line) : 원자가 외부로부터 빛을 흡수했다가 다시 먼저 상태로 돌아갈 때 방사하는 스펙트럼선
② 중공음극램프(Hollow Cathode Lamp) : 원자흡광분석의 광원이 되는 것으로 목적원소를 함유하는 중공음극 한 개 또는 그 이상을 고압의 질소와 함께 채운 방전관
③ 역화(Flame Back) : 불꽃의 연소속도가 작고 혼합기체의 분출속도가 클 때 연소현상이 내부로 옮겨지는 것
④ 멀티 패스(Multi-Path) : 불꽃 중에서 광로를 짧게 하고 반사를 증대시키기 위하여 반사현상을 이용하여 불꽃 중에 빛을 여러 번 투과시키는 것

해설 ② 중공음극램프(Hollow Cathode Lamp) : 원자흡광분석의 광원이 되는 것으로 목적원소를 함유하는 중공음극 한 개 또는 그 이상을 저압의 네온과 함께 채운 방전관
③ 역화(Flame Back) : 불꽃의 연소속도가 크고 혼합기체의 분출속도가 작을 때 연소현상이 내부로 옮겨지는 것
④ 멀티 패스(Multi-Path) : 불꽃 중에서의 광로를 길게 하고 흡수를 증대시키기 위하여 반사를 이용하여 불꽃 중에 빛을 여러 번 투과시키는 것

69 어떤 굴뚝 배출가스의 유속을 피토관으로 측정하고자 한다. 동압 측정 시 확대율이 10배인 경사 마노미터를 사용하여 액주 55mm를 얻었다. 동압은 약 몇 mmH₂O인가?(단, 경사 마노미터에는 비중 0.85의 톨루엔을 사용한다.)

① 7.0 ② 6.5 ③ 5.5 ④ 4.7

해설 동압(mmH$_2$O)
= 액주거리 × 비중 × $\frac{1}{확대율}$ = 55mm × 0.85 × $\frac{1}{10}$
= 4.68mmH$_2$O

70 저용량 공기시료채취기에 의해 환경대기 중 먼지 채취 시 여과지 또는 샘플러 각 부분의 공기저항에 의하여 생기는 압력손실을 측정하여 유량계의 유량을 보정해야 한다. 유량계의 설정조건에서 1기압에서의 유량을 20L/min, 사용조건에 따른 유량계 내의 압력손실을 150mmHg라 할 때, 유량계의 눈금값은 얼마로 설정하여야 하는가?

① 16.3L/min ② 20.3L/min
③ 22.3L/min ④ 25.3L/min

해설 $Q_r = 20\sqrt{\frac{760}{760 - \Delta P}}$
$= 20\sqrt{\frac{760}{760 - 150}} = 22.32$L/min

71 굴뚝에서 배출되는 배출가스 중 무기불소화합물을 자외선/가시선 분광법으로 분석하여 다음과 같은 결과를 얻었다. 이때, 불소화합물의 농도(ppm, F)는?(단, 방해이온이 존재할 경우)

- 검정곡선에서 구한 불소화합물 이온의 질량 : 1mg
- 건조시료가스양 : 20L
- 분취한 액량 : 50mL

① 100 ② 155
③ 250 ④ 295

해설 $C = \frac{A_F \times 250/v}{V_s} \times 1,000 \times \frac{22.4}{19}$
$= \frac{1 \times 250/50}{20} \times 1,000 \times \frac{22.4}{19}$
$= 294.7$ppm

여기서, C : 불소화합물의 농도(ppm, F)
A_F : 검량선에서 구한 불소화합물이온의 질량(mg)
V_s : 건조시료가스양(L)
250 : 시료용액 전량(mL)
v : 분취한 액량(mL)

72 배출가스의 흡수를 위한 분석대상가스와 그 흡수액을 연결한 것으로 옳지 않은 것은?

① 페놀 – 수산화소듐용액(질량분율 0.4%)
② 비소 – 수산화소듐용액(질량분율 4%)
③ 황화수소 – 아연아민착염용액
④ 시안화수소 – 아세틸아세톤 함유 흡수액

해설 시안화수소의 흡수액은 수산화소듐용액(2W/V%)이다.

73 화학분석 일반사항에 관한 규정으로 옳은 것은?

① 방울수라 함은 20℃에서 정제수 20방울을 떨어뜨릴 때 그 부피가 약 10mL 되는 것을 뜻한다.
② 기밀용기라 함은 물질을 취급 또는 보관하는 동안에 기체 또는 미생물이 침입하지 않도록 내용물을 보호하는 용기를 뜻한다.
③ "감압 또는 진공"이라 함은 따로 규정이 없는 한 15mmHg 이하를 뜻한다.
④ 시험조작 중 "즉시"란 10초 이내에 표시된 조작을 하는 것을 뜻한다.

해설 ① 방울수라 함은 20℃에서 정제수 20방울을 떨어뜨릴 때 그 부피가 약 1mL 되는 것을 뜻한다.
② 기밀용기라 함은 물질을 취급 또는 보관하는 동안에 외부로부터의 공기 또는 다른 가스가 침입하지 않도록 내용물을 보호하는 용기를 뜻한다.
④ 시험조작 중 "즉시"란 30초 이내에 표시된 조작을 하는 것을 뜻한다.

74 비중이 1.88, 농도 97%(중량 %)인 농황산(H_2SO_4)의 규정 농도(N)는?

① 18.6N
② 24.9N
③ 37.2N
④ 49.8N

해설 $N(eq/L) = 1.88g/mL \times 10^3 mL/L \times 1eq/(98g/2) \times 97/100$
$= 37.22 eq/L(N)$

75 다음은 기체크로마토그래피에 사용되는 충전물질에 관한 설명이다. ( ) 안에 가장 적합한 것은?

> ( )은 다이바이닐벤젠(Divinyl Benzene)을 가교제(Bridge Intermediate)로 스티렌계 단량체를 중합시킨 것과 같이 고분자 물질을 단독 또는 고정상 액체로 표면처리하여 사용한다.

① 흡착형 충전물질
② 분배형 충전물질
③ 다공성 고분자형 충전물질
④ 이온교환막형 충전물질

해설 **다공성 고분자형 충전물질**
다이바이닐벤젠(Divinyl Benzene)을 가교제(Bridge Intermediate)로 스티렌계 단량체를 중합시킨 것과 같이 고분자 물질을 단독 또는 고정상 액체로 표면처리하여 사용한다.

76 대기오염공정시험기준상 연료의 연소, 금속제련 또는 화학반응 공정 등에서 배출되는 굴뚝 배출가스 중의 일산화탄소 분석방법과 거리가 먼 것은?

① 비분산형 적외선분석법
② 기체크로마토그래피
③ 정전위전해법
④ 화학발광법

해설 **굴뚝 배출가스 중 일산화탄소 분석방법**
㉠ 비분산형 적외선분석법
㉡ 정전위전해법
㉢ 기체크로마토그래피

77 굴뚝에서 배출되는 가스에 대한 시료채취 시 주의해야 할 사항으로 거리가 먼 것은?

① 굴뚝 내의 압력이 매우 큰 부압($-330mmH_2O$ 정도 이하)인 경우에는 시료채취용 굴뚝을 부설한다.
② 굴뚝 내의 압력이 부압(-)인 경우에는 채취구를 열었을 때 유해가스가 분출될 염려가 있으므로 충분한 주의를 필요로 한다.
③ 가스미터는 $100mmH_2O$ 이내에서 사용한다.
④ 시료가스의 양을 재기 위하여 쓰는 채취병은 미리 0℃ 때의 참부피를 구해둔다.

해설 굴뚝 내의 압력이 정압 (+)인 경우에는 채취구를 열었을 때 유해가스가 분출될 염려가 있으므로 충분한 주의가 필요하다.

정답 72 ④ 73 ③ 74 ③ 75 ③ 76 ④ 77 ②

78 굴뚝배출가스 중 수분량이 체적백분율로 10%이고, 배출가스의 온도는 80℃, 시료채취량은 10L, 대기압은 0.6기압, 가스미터 게이지압은 25mmHg, 가스미터온도 80℃에서의 수증기포화압이 255mmHg라 할 때, 흡수된 수분량(g)은?

① 0.459
② 0.328
③ 0.205
④ 0.147

해설
$$X_w(\%) = \frac{1.244 m_a}{V_m \times \frac{273}{273+t} \times \frac{P_a + P_m - P_v}{760} + 1.244 m_a} \times 100$$

$$10(\%) = \frac{1.244 m_a}{10 \times \frac{273}{273+80} \times \frac{0.6 \times 760 + 25 - 255}{760} + 1.244 m_a} \times 100$$

$m_a = 0.205g$

79 굴뚝에서 배출되는 가스 중 이황화탄소(CS_2)를 채취하기 위한 흡수액은?(단, 자외선/가시선분광법 기준)

① 페놀디술폰산 용액
② p-다이메틸아미노 벤질리덴 로다닌의 아세톤용액
③ 다이에틸아민구리 용액
④ 수산화소듐용액

해설 이황화탄소(CS_2)의 흡수액은 다이에틸아민구리 용액이다.

80 다음 중 원자흡수분광광도법에 사용되는 분석장치인 것은?

① Stationary Liquid
② Detector Oven
③ Nebulizer-Chamber
④ Electron Capture Detector

해설 분무실(Nebulizer-Chamber, Atomizer Chamber)
분무기와 함께 분무된 시료용액의 미립자를 더욱 미세하게 해주는 한편 큰 입자와 분리시키는 작용을 갖는 장치이다.

제5과목 대기환경관계법규

81 환경정책기본법상 시·도지사가 해당 지역의 환경적 특수성을 고려하여 규정에 의한 환경기준보다 확대·강화된 별도의 환경기준을 설정할 경우, 누구에게 보고하여야 하는가?

① 환경부장관
② 보건복지부장관
③ 국토교통부장관
④ 국무총리

해설 특별시장·광역시장·도지사·특별자치도지사(이하 "시·도지사"라 한다)는 지역환경기준을 설정하거나 변경한 경우에는 이를 지체 없이 환경부장관에게 보고하여야 한다.

82 실내공기질 관리법규상 노인요양시설 내부의 쾌적한 공기질을 유지하기 위한 실내공기질 유지기준에 설정된 오염물질이 아닌 것은?

① 미세먼지(PM-10)
② 포름알데하이드
③ 아산화질소
④ 총부유세균

해설 실내공기질 유지기준 항목
㉠ 미세먼지(PM-10) ㉡ 이산화탄소
㉢ 포름알데하이드   ㉣ 총부유세균
㉤ 일산화탄소   ㉥ 미세먼지(PM-2.5)

83 대기환경보전법규상 특정대기유해물질에 해당하지 않는 것은?

① 아닐린
② 아세트알데하이드
③ 1, 3-부타디엔
④ 망간

해설 망간은 특정대기유해물질이 아니다.

84 대기환경보전법규상 측정기기의 부착·운영 등과 관련된 행정처분기준 중 "부식·마모·고장 또는 훼손되어 정상적인 작동을 하지 아니하는 측정기기를 정당한 사유 없이 7일 이상 방치하는 경우" 1차~4차 행정처분기준으로 옳은 것은?

① 경고-경고-경고-조업정지 5일
② 경고-경고-경고-조업정지 10일

정답 78 ③ 79 ③ 80 ③ 81 ① 82 ③ 83 ④ 84 ④

③ 경고 – 조업정지 10일 – 조업정지 30일 – 허가 취소 또는 폐쇄
④ 경고 – 경고 – 조업정지 10일 – 조업정지 30일

해설 행정처분기준
1차(경고) → 2차(경고) → 3차(조업정지 10일) → 4차(조업정지 10일)

85 다음은 실내공기질 관리법상 측정기기의 부착 및 운영·관리와 규제의 재검토 사항이다. ( ) 안에 가장 적합한 것은?

> 환경부장관은 다중이용시설의 실내공기질 실태를 파악하기 위하여 다중이용시설의 소유자·점유자 등 관리책임이 있는 자에게 환경부령으로 정하는 측정기기를 부탁하고, 환경부령으로 정하는 기준에 따라 운영·관리할 것을 권고할 수 있다. 환경부장관은 위에 따른 측정기기의 부착 및 운영·관리에 대하여 2017년 1월 1일을 기준으로 ( ) 그 타당성을 검토하여 개선 등의 조치를 하여야 한다.

① 1년마다 ② 2년마다
③ 3년마다 ④ 5년마다

해설 실내공기질관리법상 측정기기의 타당성 검토는 5년마다 한다.

86 대기환경보전법규상 자동차 운행정지표지에 기재되는 사항이 아닌 것은?
① 점검 당시 누적주행거리
② 운행정지기간 중 주차장소
③ 자동차 소유자 성명
④ 자동차등록번호

해설 자동차 운행정지표지 기재사항
㉠ 점검 당시 누적주행거리
㉡ 운행정지기간 중 주차장소
㉢ 자동차등록번호

87 대기환경보전법규상 배출시설을 설치·운영하는 사업자에 대하여 과징금을 부과할 때, "2종 사업장"에 대하여 부과하는 사업장 규모별 부과계수는?
① 0.4 ② 0.7 ③ 1.0 ④ 1.5

해설 사업장 규모별 부과계수는 1종 사업장 : 2.0, 2종사업장 : 1.5, 3종 사업장 : 1.0, 4종 사업장 : 0.7, 5종 사업장 : 0.4로 한다.

88 대기환경보전법령상 초과부과금 부과대상 오염물질이 아닌 것은?
① 이황화탄소 ② 시안화수소
③ 황화수소   ④ 메탄

해설 초과부과금 부과대상 오염물질
㉠ 황산화물   ㉡ 암모니아
㉢ 황화수소   ㉣ 이황화탄소
㉤ 먼지   ㉥ 불소화물
㉦ 염화수소   ㉧ 질소산화물
㉨ 시안화수소
※ 법규 변경사항이므로 해설의 내용으로 학습하시기 바랍니다.

89 다음은 대기환경보전법상 실천계획의 수립·시행 및 평가에 관한 사항이다. ( ) 안에 알맞은 것은?

> 대기환경규제지역을 관할하는 시·도지사 또는 대도시 시장은 그 지역이 대기환경규제지역으로 지정·고시된 후 (㉠) 이내에 그 지역의 환경기준을 달성·유지하기 위한 계획을 (㉡)으로 정하는 내용과 절차에 따라 수립하고, 환경부장관의 승인을 받아 시행하여야 한다. 이를 변경하는 경우에도 또한 같다.

① ㉠ 2년, ㉡ 대통령령 ② ㉠ 2년, ㉡ 환경부령
③ ㉠ 5년, ㉡ 대통령령 ④ ㉠ 5년, ㉡ 환경부령

해설 대기환경규제지역을 관할하는 시·도지사 또는 대도시 시장은 그 지역이 대기환경규제지역으로 지정·고시된 후 2년 이내에 그 지역의 환경기준을 달성·유지하기 위한 계획(이하 "실천계획"이라 한다)을 환경부령으로 정하는 내용과 절차에 따라 수립하고, 환경부장관의 승인을 받아 시행하여야 한다. 이를 변경하는 경우에도 또한 같다.

90 대기환경보전법규상 사업자가 스스로 방지시설을 설계·시공하고자 하는 경우에 시·도지사에 제출하여야 할 서류와 거리가 먼 것은?
① 기술능력 현황을 적은 서류
② 공정도
③ 배출시설의 공정도, 그 도면 및 운영규약
④ 원료(연료를 포함한다) 사용량, 제품생산량 및 오염물질 등의 배출량을 예측한 명세서

정답 85 ④ 86 ③ 87 ④ 88 ④ 89 ② 90 ③

해설 자가방지설비를 설계 시공하고자 하는 사업자가 시·도지사에게 제출해야 하는 서류
㉠ 배출시설의 설치명세서
㉡ 공정도
㉢ 원료(연료를 포함한다) 사용량, 제품생산량 및 대기오염물질 등의 배출량을 예측한 명세서
㉣ 방지시설의 설치명세서와 그 도면
㉤ 기술능력 현황을 적은 서류

91 악취방지법규상 지정악취물질이 아닌 것은?
① 아세트알데하이드 ② 메틸메르캅탄
③ 톨루엔 ④ 벤젠

해설 지정악취물질의 종류
- 암모니아
- 메틸메르캅탄
- 황화수소
- 다이메틸설파이드
- 다이메틸다이설파이드
- 트라이메틸아민
- 아세트알데하이드
- 스타이렌
- 프로피온알데하이드
- 뷰틸알데하이드
- n-발레르알데하이드
- i-발레르알데하이드
- 톨루엔
- 자일렌
- 메틸에틸케톤
- 메틸아이소뷰틸케톤
- 뷰틸아세테이트
- 프로피온산
- n-뷰틸산
- n-발레르산
- i-발레르산
- i-뷰틸알코올

92 대기환경보전법령상 대기오염물질 배출허용기준 일일유량의 산정방법(일일유량=측정유량×일일조업시간) 중 일일조업시간 표시에 대한 설명으로 가장 적합한 것은?
① 일일조업시간은 배출량을 측정하기 전 최근 조업한 7일 동안의 배출시설 조업시간 평균치를 시간으로 표시한다.
② 일일조업시간은 배출량을 측정하기 전 최근 조업한 15일 동안의 배출시설 조업시간 평균치를 시간으로 표시한다.
③ 일일조업시간은 배출량을 측정하기 전 최근 조업한 30일 동안의 배출시설 조업시간 평균치를 시간으로 표시한다.
④ 일일조업시간은 배출량을 측정하기 전 최근 조업한 60일 동안의 배출시설 조업시간 평균치를 시간으로 표시한다.

해설 일일조업시간은 배출량을 측정하기 전 최근 조업한 30일 동안의 배출시설 조업시간 평균치를 시간으로 표시한다.

93 대기환경보전법령상 비산먼지 발생사업으로서 "대통령령으로 정하는 사업" 중 환경부령으로 정하는 사업과 가장 거리가 먼 것은?
① 비금속물질의 채취업, 제조업 및 가공업
② 제1차 금속제조업
③ 운송장비제조업
④ 목재 및 광석의 운송업

해설 비산먼지 발생사업
㉠ 시멘트·석회·플라스터 및 시멘트 관련 제품의 제조업 및 가공업
㉡ 비금속물질의 채취업, 제조업 및 가공업
㉢ 제1차 금속 제조업
㉣ 비료 및 사료제품의 제조업
㉤ 건설업(지반 조성공사, 건축물 축조 및 토목공사, 조경공사로 한정한다)
㉥ 시멘트, 석탄, 토사, 사료, 곡물 및 고철의 운송업
㉦ 운송장비제조업
㉧ 저탄시설의 설치가 필요한 사업
㉨ 고철, 곡물, 사료, 목재 및 광석의 하역업 또는 보관업
㉩ 금속제품의 제조업 및 가공업
㉪ 폐기물 매립시설 설치·운영 사업

94 대기환경보전법령상 황 함유기준에 부적합한 유류를 판매하여 그 해당 유류의 회수처리명령을 받은 자는 시·도지사 등에게 그 명령을 받은 날부터 며칠 이내에 이행완료보고서를 제출하여야 하는가?
① 5일 이내에 ② 7일 이내에
③ 10일 이내에 ④ 30일 이내에

해설 황 함유기준에 부적합한 유류를 판매하여 그 해당 유류의 회수처리명령을 받은 자는 시·도지사 등에게 그 명령을 받은 날부터 5일 이내에 이행완료보고서를 제출하여야 한다.

95 환경정책기본법령상 대기 환경기준 항목과 그 측정방법이 알맞게 짝지어진 것은?
① 아황산가스 : 원자흡수분광광도법
② 일산화탄소 : 비분산자외선분석법
③ 오존 : 자외선광도법
④ 미세먼지(PM-10) : 기체크로마토그래피

해설 ① 아황산가스 : 자외선 형광법
② 일산화탄소 : 비분산적외선분석법
④ 미세먼지(PM-10) : 베타선 흡수법

정답 91 ④ 92 ③ 93 ④ 94 ① 95 ③

96 악취관리법상 악취배출시설 설치자가 환경부령으로 정하는 사항을 변경하려는 경우 변경신고를 해야 하는데 이 변경신고를 하지 아니한 경우 과태료 부과기준으로 옳은 것은?

① 50만 원 이하의 과태료
② 100만 원 이하의 과태료
③ 200만 원 이하의 과태료
④ 500만 원 이하의 과태료

해설 악취방지법 제30조 참고

97 대기환경보전법상 평균 배출허용기준을 초과한 자동차 제작자에 대한 상환명령을 이행하지 아니하고 자동차를 제작한 자에 대한 벌칙기준으로 옳은 것은?

① 7년 이하의 징역이나 1억 원 이하의 벌금에 처한다.
② 5년 이하의 징역이나 5천만 원 이하의 벌금에 처한다.
③ 3년 이하의 징역이나 3천만 원 이하의 벌금에 처한다.
④ 1년 이하의 징역이나 1천만 원 이하의 벌금에 처한다.

해설 대기환경보전법 제89조 참고

98 대기환경보전법규상 자동차연료형 첨가제의 종류에 해당하지 않는 것은?

① 청정분산제
② 옥탄가 향상제
③ 매연발생제
④ 세척제

해설 자동차연료형 첨가제의 종류
㉠ 세척제   ㉡ 청정분산제
㉢ 매연억제제   ㉣ 다목적 첨가제
㉤ 옥탄가 향상제 ㉥ 세탄가 향상제
㉦ 유동성 향상제 ㉧ 윤활성 향상제

99 환경정책기본법령상 "벤젠"의 대기환경기준($\mu g/m^3$)은? (단, 연간평균치)

① 0.1 이하
② 0.15 이하
③ 0.5 이하
④ 5 이하

해설 대기환경기준

항목	기준	측정방법
벤젠	연간 평균치 $5\mu g/m^3$ 이하	기체크로마토그래피 (Gas Chromatography)

100 대기환경보전법규상 위임업무 보고사항 중 "자동차 연료 및 첨가제의 제조·판매 또는 사용에 대한 규제현황" 업무의 보고횟수 기준은?

① 연 1회
② 연 2회
③ 연 4회
④ 수시

해설 위임업무 보고사항

업무내용	보고횟수	보고기일	보고자
환경오염사고 발생 및 조치 사항	수시	사고 발생 시	시·도지사, 유역환경청장 또는 지방환경청장
수입자동차 배출가스 인증 및 검사 현황	연 4회	매 분기 종료 후 15일 이내	국립환경과학원장
자동차 연료 및 첨가제의 제조·판매 또는 사용에 대한 규제현황	연 2회	매 반기 종료 후 15일 이내	유역환경청장 또는 지방환경청장
자동차 연료 또는 첨가제의 제조기준 적합 여부 검사현황	• 연료: 연 4회 • 첨가제: 연 2회	• 연료: 매 분기 종료 후 15일 이내 • 첨가제: 매 반기 종료 후 15일 이내	국립환경과학원장
측정기기관리 대행법의 등록, 변경등록 및 행정처분 현황	연 1회	다음 해 1월 15일까지	유역환경청장, 지방환경청장 또는 수도권대기환경청장

정답 96 ② 97 ① 98 ③ 99 ④ 100 ②

2018년 4회 기출문제

제1과목 대기오염개론

01 다음 중 SO_2가 주 오염물질로 작용한 대기오염 피해사건으로 가장 거리가 먼 것은?

① London Smog 사건 ② Poza Rica 사건
③ Donora 사건 ④ Meuse Valley 사건

해설 포자리카 사건
멕시코 공업지역에서 발생한 오염사건으로 H_2S가 대량으로 인근 마을로 누출되어 기온역전으로 인한 피해를 일으켰다.

02 스테판-볼츠만의 법칙에 따르면 흑체복사를 하는 물체에서 물체의 표면온도가 1,500K에서 1,997K로 변화된다면, 복사에너지는 약 몇 배로 변화되는가?

① 1.25배 ② 1.33배
③ 2.56배 ④ 3.14배

해설 스테판-볼츠만의 법칙
$E = \sigma \times T^4$ 에서
$E = T^4$
$E = \left(\dfrac{1,997K}{1,500K}\right)^4 = 3.14$배

03 광화학반응에 의한 고농도 오존이 나타날 수 있는 기상조건으로 거리가 먼 것은?

① 시간당 일사량이 $5MJ/m^2$ 이상으로 일사가 강할 때
② 질소산화물과 휘발성 유기화합물의 배출이 많을 때
③ 지면에 복사역전이 존재하고 대기가 불안정 할 때
④ 기압경도가 완만하여 풍속 4m/sec 이하의 약풍이 지속될 때

해설 광화학반응에 의해 고농도 오존이 발생하기 쉬운 기상조건
㉠ 기온이 25℃ 이상이고, 상대습도가 75% 이하일 때
㉡ 기압경도가 완만하여 풍속 4m/sec 이하의 약풍이 지속될 때
㉢ 시간당 일사량이 $5MJ/m^2$ 이상으로 일사가 강할 때
㉣ 대기가 안정하고 전선성 혹은 침강성의 역전이 존재할 때

04 대기오염물질의 분산을 예측하기 위한 바람장미(wind rose)에 관한 설명으로 가장 거리가 먼 것은?

① 풍속이 1m/sec 이하일 때를 정온(calm) 상태로 본다.
② 바람장미는 풍향별로 관측된 바람의 발생빈도와 풍속을 16방향으로 표시한 기상도형이다.
③ 관측된 풍향별 발생빈도를 %로 표시한 것을 방향량(vector)이라 한다.
④ 가장 빈번히 관측된 풍향을 주풍(prevailing wind)이라 하고, 막대의 길이를 가장 길게 표시한다.

해설 바람장미(Wind Rose)
㉠ 바람장미는 풍향별로 관측된 바람의 발생빈도와 풍속을 16방향인 막대기형으로 표시한 기상도형이다.
㉡ 풍향은 중앙에서 바람이 불어오는 쪽으로 막대모양으로 표시하고, 풍향 중 주풍은 가장 빈번히 관측된 풍향을 말하며 막대의 길이가 가장 긴 방향이다.
㉢ 관측된 풍향별로 발생빈도를 %로 표시한 것을 방향량(vector)이라 하며, 바람장미의 중앙에 숫자로 표시한 것을 무풍률이라 한다.
㉣ 풍속은 막대의 굵기로 표시하며 풍속이 0.2m/sec 이하일 때를 정온(calm) 상태로 본다.

05 다음 중 크롬 발생과 가장 관련이 적은 업종은?

① 피혁공업 ② 염색공업
③ 시멘트제조업 ④ 레이온제조업

해설 크롬 발생원
㉠ 피혁제조업 ㉡ 화학비료공업
㉢ 염색공업 ㉣ 시멘트제조업
㉤ 크롬도금업

06 다음에서 설명하는 대기분산모델로 가장 적합한 것은?

- 적용 모델식 : 가우시안모델
- 적용 배출원 형태 : 점, 선, 면
- 개발국 : 미국
- 특징 : 미국에서 널리 이용되는 범용적인 모델로 장기 농도계산용 모델임

정답 01 ② 02 ④ 03 ③ 04 ① 05 ④ 06 ③

① RAMS　　② ADMS
③ ISCLT　　④ MM5

해설 ISCLT(Industrial Complex Model for Long Term)
㉠ 점, 선, 면(주로 면) 오염원에 적용한다.
㉡ 가우시안 모델로서 미국에서 널리 이용되는 범용적인 모델이다.
㉢ 주로 장기농도 계산용의 모델이다.
㉣ AQDM과 CDM을 합친 모델로 Pasquill 안정도 등급에 의한 농도를 계산한다.

07 아래 대기오염사건들의 발생 순서가 오래된 것부터 순서대로 올바르게 나열된 것은?

> ㉠ 인도 보팔시의 대기오염사건
> ㉡ 미국의 도노라 사건
> ㉢ 벨기에의 뮤즈계곡 사건
> ㉣ 영국의 런던 스모그 사건

① ㉠→㉡→㉢→㉣　　② ㉢→㉡→㉣→㉠
③ ㉡→㉠→㉣→㉢　　④ ㉢→㉣→㉠→㉡

해설 대기오염사건
㉠ 뮤즈계곡 사건(1930)　㉡ 도노라 사건(1948)
㉢ 런던 스모그 사건(1952)　㉣ 보팔시 사건(1984)

08 다음 설명에서 해당하는 특정대기유해물질은?

> 회백색이며, 높은 장력을 가진 가벼운 금속이다. 합금을 하면 전기 및 열전도가 크고, 마모와 부식에 강하다. 인체에 대한 영향으로는 직업성 폐질환이 우려되고, 발암성이 크고 폐, 뼈, 간, 비장에 침착되므로 노출에 주의해야 한다.

① V　　② As
③ Be　　④ Zn

해설 베릴륨(Be)
㉠ 융점이 1,280℃, 비등점은 2,970℃로 더운 물에 약간 용해되고 약산과 약알칼리에는 용해되는 성질이 있다.
㉡ 마모와 부식에 강하며 저농도에서도 장해는 일반적으로 아주 크게 나타난다.
㉢ 베릴륨화합물은 흡입, 섭취 혹은 피부접촉으로는 거의 흡수되지 않으며, 폐에 잔존할 수 있고, 뼈, 간, 비장에 침착될 수 있고, 신배설은 느리고 나앙하나.
㉣ 용해성 화합물은 침입 후 다른 조직에 분포하며 산모의 모유를 통하여 태아에게까지 영향을 미친다.
㉤ 급성폭로는 주로 용해성 베릴륨화합물(염화물, 황화물, 불화물)이 일으키며 인후염, 기관지염, 폐부종, 접촉성 피부염 등이 발생한다.
㉥ 만성폭로 시에는 육아 종양, 화학적 폐렴, 폐암을 발생시킨다.

09 다음 물질의 특성에 대한 설명 중 옳은 것은?

① 탄소의 순환에서 탄소(CO_2로서)의 가장 큰 저장고 역할을 하는 부분은 대기이다.
② 불소(Fluorine)는 주로 자연상태에서 존재하며, 주 관련 배출업종으로는 황산 제조공정, 연소공정 등이다.
③ 질소산화물은 연소 전 연료의 성분으로부터 발생하는 fuel NOx와 저온연소에서 공기 중의 질소와 수소가 반응하여 생기는 thermal NOx 등이 있다.
④ 염화수소는 플라스틱공업, PVC 소각, 소다공업 등이 관련 배출업종이다.

해설 ① 탄소의 순환에서 탄소(CO_2로서)의 가장 큰 저장고 역할을 하는 부분은 해양이다.
② 불소(F)로는 천연적으로 산출되지 않으며 형석, 빙정석, 인광석 등의 광물로 산출되고, 주 관련 배출업종은 인산비료, 알루미늄, 유리공업 등이다.
③ 질소산화물은 연소 시 연료의 성분으로부터 발생하는 fuel NOx와 고온에서 공기 중의 질소와 산소가 반응하여 생기는 thermal NOx 등이 있다.

10 수용모델(Receptor Model)의 특징과 거리가 먼 것은?

① 불법배출 오염원을 정량적으로 확인평가할 수 있다.
② 2차 오염원의 확인이 가능하다.
③ 지형, 기상학적 정보 없이도 사용 가능하다.
④ 현재나 과거에 일어났던 일을 추정하여 미래를 위한 전략은 세울 수 있으나, 미래 예측은 어렵다.

해설 수용모델(Receptor Model)
㉠ 새로운 오염원이나 불확실한 오염원과 불법배출 오염원을 정량적으로 확인, 평가할 수 있다.
㉡ 지형, 기상학적 정보가 없이도 사용 가능하다.
㉢ 현재나 과거에 일어났던 일을 추정하여 미래를 위한 전략을 세울 수 있으나, 미래 예측은 어렵다.
㉣ 오염원의 조업 및 운영상태에 대한 정보 없이도 사용 가능하다.
㉤ 측정자료를 입력자료로 사용하므로 시나리오 작성이 곤란하다.
㉥ 수용체 입장에서 평가가 현실적으로 이루어질 수 있다.
㉦ 환경과학 전반(입자상 및 가스상 물질, 가시도 문제 등)에 응용 가능하다.

정답 07 ② 08 ③ 09 ④ 10 ②

11 정규(Gaussian) 확산모델과 Turner의 확산계수(10분 기준)를 이용해서 대기가 약간 불안정할 때 하나의 굴뚝에서 배출되는 SO_2의 풍하 1km 지점에서의 지상 농도가 0.20ppm인 것으로 평가(계산)하였다면 SO_2의 1시간 평균농도는?(단, $C_2 = C_1 \times \left(\dfrac{t_1}{t_2}\right)^q$ 이용, $q = 0.17$이다.)

① 약 0.26ppm   ② 약 0.22ppm
③ 약 0.18ppm   ④ 약 0.15ppm

해설 $C_2 = C_1 \times \left(\dfrac{t_1}{t_2}\right)^q = 0.20\text{ppm} \times \left(\dfrac{10\text{min}}{60\text{min}}\right)^{0.17} = 0.147\text{ppm}$

12 상대습도가 70%이고, 상수를 1.2로 정의할 때, 먼지 농도가 $70\mu g/m^3$이면, 가시거리는 얼마인가?

① 약 12km   ② 약 17km
③ 약 22km   ④ 약 27km

해설 $L(\text{km}) = \dfrac{1{,}000 \times A}{G} = \dfrac{1{,}000 \times 1.2}{70\mu g/m^3} = 17.14\text{km}$

13 지구 대기의 성질에 관한 설명으로 옳지 않은 것은?

① 지표면의 온도는 약 15℃ 정도이나 상공 12km 정도의 대류권계면에서는 약 -55℃ 정도까지 하강한다.
② 성층권계면에서의 온도는 지표보다는 약간 낮으나 성층권계면 이상의 중간권에서 기온은 다시 하강한다.
③ 중간권 이상에서의 온도는 대기의 분자운동에 의해 결정된 온도로서 직접 관측된 온도와는 다르다.
④ 대류권과 비교하였을 때 열권에서 분자의 운동속도는 매우 느리지만 공기평균자유행로는 짧다.

해설 대류권과 비교했을 때 열권에서 분자의 운동속도가 매우 느리지만, 공기평균자유행로는 길다.

14 온실기체와 관련한 다음 설명 중 ( ) 안에 가장 알맞은 것은?

(㉠)는 지표 부근 대기 중 농도가 약 1.5ppm 정도이고 주로 미생물의 유기물 분해작용에 의해 발생하며, (㉡)의 특수파장을 흡수하여 온실기체로 작용한다.

① ㉠ CO_2 ㉡ 적외선   ② ㉠ CO_2 ㉡ 자외선
③ ㉠ CH_4 ㉡ 적외선   ④ ㉠ CH_4 ㉡ 자외선

해설 CH_4는 지표 부근 대기 중 농도(지표 부근 배경농도)가 약 1.5 ppm 정도이고 매년 0.9%씩 증가하며 주로 미생물의 유기물 분해작용에 의해 발생하며, 적외선의 특수파장을 흡수하여 온실기체로 작용한다.

15 성층권에 관한 다음 설명으로 가장 거리가 먼 것은?

① 하층부의 밀도가 커서 매우 안정한 상태를 유지하므로 공기의 상승이나 하강 등의 연직운동은 억제된다.
② 화산분출 등에 의하여 미세한 분진이 이 권역에 유입되면 수년간 남아 있게 되어 기후에 영향을 미치기도 한다.
③ 고도에 따라 온도가 상승하는 이유는 성층권의 오존이 태양광선 중의 자외선을 흡수하기 때문이다.
④ 오존의 밀도는 일반적으로 지상으로부터 50km 부근이 가장 높고, 이와 같이 오존이 많이 분포한 층을 오존층이라 한다.

해설 오존의 밀도는 지상 20~25km 부근이 가장 높고, 이와 같이 오존이 많이 분포한 층을 오존층이라 한다.

16 최대혼합깊이(MMD)에 관한 설명으로 옳지 않은 것은?

① 일반적으로 대단히 안정된 대기에서의 MMD는 불안정한 대기에서보다 MMD가 작다.
② 실제 측정 시 MMD는 지상에서 수 km 상공까지의 실제공기의 온도종단도로 작성하여 결정된다.
③ 일반적으로 MMD가 높은 날은 대기오염이 심하고 낮은 날에는 대기오염이 적음을 나타낸다.
④ 통상 계절적으로는 MMD는 이른 여름에 최대가 되고, 겨울에 최소가 된다.

해설 일반적으로 최대혼합고가 높으면 대기환경용량이 커져 오염물질의 확산·희석이 잘 일어나 대기오염이 적음을 나타낸다.

17 가우시안모델에 관한 설명 중 가장 거리가 먼 것은?

① 주로 평탄지역에 적용하도록 개발되어 왔으나, 최근 복잡지형에도 적용이 가능하도록 개발되고 있다.
② 간단한 화학반응을 묘사할 수 있다.
③ 점오염원에서는 모든 방향으로 확산되어가는 plume은 동일하다고 가정하여 유도한다.
④ 장·단기적인 대기오염도 예측에 사용이 용이하다.

해설 가우시안모델은 점오염원에서 풍하 방향으로 확산되어가는 plum이 정규분포를 한다고 가정한다.

정답 11 ④ 12 ② 13 ④ 14 ③ 15 ④ 16 ③ 17 ③

18 유효굴뚝높이 130m의 굴뚝으로부터 배출되는 SO_2가 지표면에서 최대농도를 나타내는 착지지점(X_{max})은? (단, sutton의 확산식을 이용하여 계산하고, 수직확산계수 $C_z = 0.05$, 대기 안정도계수 $n = 0.25$이다.)

① 4,880m ② 5,797m
③ 6,877m ④ 7,995m

해설
$$X_{max} = \left(\frac{H_e}{C_z}\right)^{\frac{2}{2-n}}$$
$H_e = 130m, \ n = 0.25, \ C_z = 0.05$
$$= \left(\frac{130}{0.05}\right)^{\frac{2}{2-0.25}} = 7,995.15m$$

19 다음 중 대기 내 오염물질의 일반적인 체류시간 순서로 옳은 것은?

① $CO_2 > N_2O > CO > SO_2$
② $N_2O > CO_2 > CO > SO_2$
③ $CO_2 > SO_2 > N_2O > CO$
④ $N_2O > SO_2 > CO_2 > CO$

해설 대기 내 오염물질의 체류시간
㉠ N_2O : 5~50year
㉡ CO_2 : 7~10year
㉢ CO : 0.5year
㉣ SO_2 : 1~5day

20 다음 중 공중역전에 해당하지 않는 것은?

① 난류역전 ② 접지역전
③ 전선역전 ④ 침강역전

해설 ㉠ 접지(지표)역전
• 복사역전
• 이류역전
㉡ 공중역전
• 침강역전
• 전선형 역전
• 해풍형역전
• 난류역전

제2과목 연소공학

21 메탄을 이론공기로 완전연소할 때 부피를 기준으로 한 공연비(AFR)는 얼마인가?

① 6.84 ② 7.68
③ 9.52 ④ 11.58

해설 CH_4의 연소반응식
$CH_4 \ + \ 2O_2 \rightarrow CO_2 + 2H_2O$
1mole : 2mole
$$AFR = \frac{산소의 \ mole/0.21}{연료의 \ mole} = \frac{2/0.21}{1} = 9.52$$

22 각종 연료의 $(CO_2)_{max}$(%)으로 거리가 먼 것은?

① 탄소 10.5~11.0%
② 코크스 20.0~20.5%
③ 역청탄 18.5~19.0%
④ 고로가스 24.0~25.0%

해설 각종 연료의 $(CO_2)_{max}$ 값(%)

연료	$(CO_2)_{max}$ 값(%)	연료	$(CO_2)_{max}$ 값(%)
탄소	21.0	코크스	20.0~20.5
목탄	19.0~21.0	연료유	15.0~16.0
갈탄	19.0~19.5	코크스로가스	11.0~11.5
역청탄	18.5~19.0	발생로 가스	18.0~19.0
무연탄	19.0~20.0	고로가스	24.0~25.0

23 3.0%의 황을 함유하는 중유를 매시 2,000kg 연소할 때 생기는 황산화물(SO_2)의 이론량(Sm^3/hr)은?(단, 중유 중 황은 전량 SO_2로 배출됨)

① 42 ② 66
③ 84 ④ 105

해설
$S \ + \ O_2 \rightarrow \ SO_2$
32kg : $22.4Sm^3$
2,000kg/hr × 0.03 : $SO_2(Sm^3/hr)$
$$SO_2(Sm^3/hr) = \frac{2,000kg/hr \times 0.03 \times 22.4Sm^3}{32kg} = 42Sm^3/hr$$

정답 18 ④ 19 ② 20 ② 21 ③ 22 ① 23 ①

24 연료의 연소 시 질소산화물(NOx)의 발생을 줄이는 방법으로 가장 거리가 먼 것은?

① 예열연소 ② 2단연소
③ 저산소연소 ④ 배가스 재순환

해설 질소산화물은 고온생성 물질이기 때문에 예열연소는 질소산화물 발생을 줄이는 방법이 아니다. 즉 예열연소는 질소산화물을 증가시킨다.

25 최적 연소부하율이 $100,000 kcal/m^3 \cdot hr$인 연소로를 설계하여 발열량이 $5,000 kcal/kg$인 석탄을 $200 kg/hr$로 연소하고자 한다면 이때 필요한 연소로의 연소실 용적은?(단, 열효율은 100%이다.)

① $200 m^3$ ② $100 m^3$ ③ $20 m^3$ ④ $10 m^3$

해설 연소부하율 = $\dfrac{저위발열량 \times 연료사용량}{연소실 \ 용적}$

$100,000 kcal/m^3 \cdot hr = \dfrac{5,000 kcal/kg \times 200 kg/hr}{연소실 \ 용적(m^3)}$

연소실 용적$(m^3) = 10 m^3$

26 연료에 관한 다음 설명 중 가장 거리가 먼 것은?

① 연료비는 탄화도의 정도를 나타내는 지수로서, 고정탄소/휘발분으로 계산된다.
② 석유계 액체연료는 고위발열량이 10,000~12,000 kcal/kg 정도이고, 메탄올과 같이 산소를 함유한 연료의 경우 발열량은 일반 석유계 액체연료보다 높아진다.
③ 일산화탄소의 고위발열량은 $3,000 kcal/Sm^3$ 정도이며, 프로판과 부탄보다는 발열량이 낮다.
④ LPG는 상온에서 압력을 주면 용이하게 액화되는 석유계의 탄화수소를 말한다.

해설 석유계 액체연료는 고위발열량이 10,000~12,000 kcal/kg 정도이고, 메탄올과 같이 산소를 함유한 연료의 경우 발열량은 일반 석유계 액체연료보다 낮아진다.

27 기체연료의 특징과 거리가 먼 것은?

① 저장이 용이, 시설비가 적게 든다.
② 점화 및 소화가 간단하다.
③ 부하의 변동범위가 넓다.
④ 연소 조절이 용이하다.

해설 기체연료는 다른 연료에 비해 저장이 곤란하고 시설비가 많이 든다.

28 시간당 1ton의 석탄을 연소시킬 때 발생하는 SO_2는 $0.31 Sm^3/min$였다. 이 석탄의 황 함유량(%)은?(단, 표준상태를 기준으로 하고, 석탄 중의 황 성분은 연소하여 전량 SO_2가 된다.)

① 2.66% ② 2.97% ③ 3.12% ④ 3.40%

해설 S + O_2 → SO_2
32kg : $22.4 Sm^3$
$1,000 kg/hr \times hr/60 min \times 0.01 S$: $0.31 Sm^3/min$

$S(\%) = \dfrac{32 kg \times 0.31 Sm^3/min}{1,000 kg/hr \times hr/60 min \times 0.01 \times 22.4 Sm^3}$
$= 2.66\%$

29 기체연료의 연소장치 및 연소방식에 관한 설명으로 옳지 않은 것은?

① 확산연소는 주로 탄화수소가 적은 발생로가스, 고로가스에 적용되는 연소방식이고 천연가스에도 사용될 수 있다.
② 확산연소에 사용되는 버너 중 포트형은 기체연료와 공기를 다 같이 고온으로 예열할 수 있다.
③ 예혼합연소는 화염온도가 높아 연소부하가 큰 경우에 사용되고 화염 길이가 길고, 그을음 생성이 많다.
④ 예혼합연소에 사용되는 고압버너는 기체연료의 압력을 $2 kg/cm^2$ 이상으로 공급하므로 연소실 내의 압력은 정압이다.

해설 예혼합연소는 화염온도가 높아 연소부하가 큰 경우에 사용되고, 화염 길이가 짧고 그을음 생성이 적다.

30 기체연료의 종류 중 액화석유가스에 관한 설명으로 가장 거리가 먼 것은?

① LPG라 하면 가정, 업무용으로 많이 사용되어 온 석유계 탄화수소가스이다.
② 1기압하에서 −168℃ 정도로 냉각하여 액화시킨 연료이다.
③ 탄소수가 3~4개까지 포함되는 탄화수소류가 주성분이다.
④ 대부분 석유정제 시 부산물로 얻어진다.

해설 액화석유가스(LPG)는 상온에서 약간의 압력(10~20atm)을 가하면 쉽게 액화시킬 수 있다.

정답 24 ① 25 ④ 26 ② 27 ① 28 ① 29 ③ 30 ②

31 석탄의 탄화도와 관련된 설명으로 거리가 먼 것은?

① 탄화도가 클수록 고정탄소가 많아져 발열량이 커진다.
② 탄화도가 클수록 휘발분이 감소하고 착화온도가 높아진다.
③ 탄화도가 클수록 연소속도가 빨라진다.
④ 탄화도가 클수록 연료비가 증가한다.

해설 탄화도가 증가하면 산소의 농도가 감소하기 때문에 연소속도는 느려진다.

32 화격자 연소 중 상부 투입 연소(over feeding firing)에서 일반적인 층의 구성순서로 가장 적합한 것은?(단 상부 → 하부)

① 석탄층 → 건류층 → 환원층 → 산화층 → 재층 → 화격자
② 화격자 → 석탄층 → 건류층 → 산화층 → 환원층 → 재층
③ 석탄층 → 건류층 → 산화층 → 환원층 → 재층 → 화격자
④ 화격자 → 건류층 → 석탄층 → 환원층 → 산화층 → 재층

해설 상부투입식 정상상태에서의 고정층은 상부로부터 석탄층, 건조층, 건류층, 환원층, 산화층, 회층(재층)으로 구성된다.

33 A(g) → 생성물 반응에서 그 반감기가 $0.693/k$인 반응은?(단, k는 반응속도상수)

① 0차 반응
② 1차 반응
③ 2차 반응
④ 3차 반응

해설 $\ln(\frac{C_t}{C_o}) = -kt$

$\ln 0.5 = -k \times t$

$t = 0.693/k$이므로 1차 반응이다.

34 프로판(C_3H_8) $1Sm^3$을 완전연소하였을 때, 건연소가스 중의 CO_2가 8%(V/V%)이었다. 공기과잉계수 m은 얼마인가?

① 1.32
② 1.43
③ 1.52
④ 1.66

해설 $CO_2(\%) = \frac{CO_2 양}{G_d} \times 100$

$C_3H_8 + 5O_2 \rightarrow 3CO_2 + 4H_2O$

$1Sm^3 : 5Sm^3 : 3Sm^3 : 4Sm^3$

$G_d = (m-0.21)A_o + CO_2 양$

$A_o = \frac{O_o}{0.21} = \frac{5}{0.21} = 23.81 Sm^3/Sm^3$

$= [(m-0.21) \times 23.81] + 3$

$8\% = \frac{3}{[(m-0.21) \times 23.81] + 3} \times 100$

$8 = \frac{300}{23.81m - 5.0 + 3}$

$23.81m = \frac{300}{8} + 2.0$

$m = 1.66$

35 가연성 가스의 폭발범위와 위험성에 대한 설명으로 가장 거리가 먼 것은?

① 하한값은 낮을수록, 상한값은 높을수록 위험하다.
② 폭발범위가 넓을수록 위험하다.
③ 온도와 압력이 낮을수록 위험하다.
④ 불연성 가스를 첨가하면 폭발범위가 좁아진다.

해설 폭발범위에 따른 위험성은 온도와 압력이 높을수록 위험하다.

36 화염으로부터 열을 받으면 가연성 증기가 발생하는 연소로서 휘발유, 등유, 알코올, 벤젠 등의 액체연료의 연소형태는?

① 증발 연소
② 자기 연소
③ 표면 연소
④ 발화 연소

해설 증발연소

㉠ 정의
화염으로부터 열을 받으면 액체연료가 액면에서 증발하여 가연성 증기로 되어 산소와 반응한 후 착화되어 화염이 발생하고 증발이 촉진되면서 연소, 즉 물질이 직접 기화하면서 연소가 이루어지는 것을 의미한다.

㉡ 특징
- 연료의 증발속도가 연소속도보다 빠르면 불완전 연소가 된다.
- 증발온도가 열분해온도보다 낮은 경우 증발연소된다.

㉢ 적용연료
- 휘발유, 등유, 경유, 알코올(중유는 제외)
- 나프탈렌, 벤젠
- 양초

정답 31 ③ 32 ① 33 ② 34 ④ 35 ③ 36 ①

37 프로판의 고위발열량이 20,000kcal/Sm³이라면 저위발열량(kcal/Sm³)은?

① 17,040
② 17,620
③ 18,080
④ 18,830

해설 $C_3H_8 + 5O_2 \rightarrow 3CO_2 + 4H_2O$
$H_l = H_h - 480\sum H_2O$
$= 20,000 - (480 \times 4)$
$= 18,080 \text{kcal/Sm}^3$

38 연소 시 발생하는 매연 또는 그을음 생성에 미치는 인자 등에 대한 설명으로 옳지 않은 것은?

① 산화하기 쉬운 탄화수소는 매연 발생이 적다.
② 탈수소가 용이한 연료일수록 매연이 잘 생기지 않는다.
③ 일반적으로 탄수소비(C/H)가 클수록 매연이 생기기 쉽다.
④ 중합 및 고리화합물 등이 매연이 잘 생긴다.

해설 탈수소가 쉬운 연료가 매연이 발생하기 쉽다.

39 불꽃 점화기관에서의 연소과정 중 생기는 노킹현상을 효과적으로 방지하기 위한 기관구조에 대한 설명으로 가장 거리가 먼 것은?

① 말단가스를 고온으로 하기 위한 산화촉매시스템을 사용한다.
② 연소실을 구형(circular type)으로 한다.
③ 점화플러그는 연소실 중심에 부착시킨다.
④ 난류를 증가시키기 위해 난류 생성 pot를 부착시킨다.

해설 노킹현상의 방지대책으로 말단가스의 온도 및 압력을 내려야 한다.

40 C 85%, H 7%, O 5%, S 3%인 중유의 이론적인 $(CO_2)_{max}$(%) 값은?

① 9.6
② 12.6
③ 17.6
④ 20.6

해설 $CO_{2max}(\%) = \dfrac{CO_2}{G_{od}} \times 100$

$CO_2 = 1.867 \times 0.85 = 1.587 \text{Sm}^3/\text{kg}$
$SO_2 = 0.7 \times 0.03 = 0.021 \text{Sm}^3/\text{kg}$
$G_{od} = 0.79 A_o + CO_2 + SO_2$
$A_o = \dfrac{1}{0.21}[(1.867 \times 0.85) + (5.6 \times 0.07) + (0.7 \times 0.03) + (0.7 \times 0.05)]$
$= 9.357 \text{Sm}^3/\text{kg}$
$= (0.79 \times 9.357) + 1.587 + 0.021$
$= 9.0 \text{Sm}^3/\text{kg}$
$= \dfrac{1.587}{9.0} \times 100 = 17.63\%$

제3과목 대기오염방지기술

41 다음 세정집진장치 중 세정액을 가압 공급하여 함진가스를 세정하는 가압수식에 해당하지 않는 것은?

① Venturi Scrubber
② Impulse Scrubber
③ Packed Tower
④ Jet Scrubber

해설 Impulse Scrubber
송풍기 팬의 회전을 이용하여 수적, 수막, 기포로 함진 배기 내의 분진을 제거하는 회전식 방법이다.

42 내경이 120mm의 원통 내를 20℃ 1기압의 공기가 30m³/hr로 흐른다. 표준상태의 공기의 밀도가 1.3kg/Sm³, 20℃의 공기의 점도가 1.81×10^{-4}poise이라면 레이놀즈수는?

① 약 4,500
② 약 5,900
③ 약 6,500
④ 약 7,300

해설 $Re = \dfrac{DV\rho}{\mu}$

$V = \dfrac{Q}{A} = \dfrac{30\text{m}^3/\text{hr} \times \text{hr}/3{,}600\text{sec}}{\left(\dfrac{3.14 \times 0.12^2}{4}\right)\text{m}^2} = 0.737 \text{m/sec}$

$\rho = 1.3 \text{kg/Sm}^3 \times \dfrac{273}{273+20} = 1.21 \text{kg/m}^3$

$\mu = 1.81 \times 10^{-4} \text{poise} = 1.81 \times 10^{-5} \text{kg/m} \cdot \text{sec}$

$= \dfrac{0.12\text{m} \times 0.737\text{m/sec} \times 1.2\text{kg/m}^3}{1.81 \times 10^{-5}\text{kg/m} \cdot \text{sec}} = 5{,}912.29$

정답 37 ③ 38 ② 39 ① 40 ③ 41 ② 42 ②

43 가솔린 자동차의 후처리에 의한 배출가스 저감방안의 하나인 삼원 촉매장치의 설명으로 가장 거리가 먼 것은?

① CO와 HC의 산화촉매로는 주로 백금(Pt)이 사용된다.
② 일반적으로 촉매는 백금(Pt)과 로듐(Rh)의 비율이 2 : 1로 사용되며, 로듐(Rh)은 NO의 산화반응을 촉진시킨다.
③ CO와 HC는 CO_2와 H_2O로 산화되며 NO는 N_2로 환원된다.
④ CO, HC, NOx 3성분의 동시 저감을 위해 엔진에 공급되는 공기연료비는 이론공연비 정도로 공급되어야 한다.

해설 로듐은 환원촉매이고, NO의 환원반응을 촉진시킨다.

44 유해가스 처리를 위한 흡수액의 선정 조건으로 옳은 것은?

① 용해도가 적어야 한다.
② 휘발성이 적어야 한다.
③ 점성이 높아야 한다.
④ 용매의 화학적 성질과 확연히 달라야 한다.

해설 **흡수액의 구비조건**
㉠ 용해도가 클 것
㉡ 휘발성이 적을 것
㉢ 부식성이 없을 것
㉣ 점성이 작고 화학적으로 안정되고 독성이 없을 것
㉤ 가격이 저렴하고 용매의 화학적 성질과 비슷할 것

45 가로 5m, 세로 8m인 두 집진판이 평행하게 설치되어 있고, 두 판 사이 중간에 원형 철심 방전극이 위치하고 있는 전기집진장치에 굴뚝가스가 120m³/min로 통과하고, 입자이동속도가 0.12m/s일 때의 집진효율은?(단, Deutsch-Anderson식 적용)

① 98.2% ② 98.7% ③ 99.2% ④ 99.7%

해설 $\eta = 1 - \exp\left(-\dfrac{A \cdot W_e}{Q}\right)$

A : 집진면적 $= 2 \times 5m \times 8m = 80m^2$
W_e : 입자의 겉보기 이동속도 $= 0.12m/s$
Q : 처리가스양 $= 120m^3/min = 2m^3/sec$

$= 1 - \exp\left(-\dfrac{80 \times 0.12}{2}\right)$
$= 0.9918 \times 100 = 99.18\%$

46 송풍기 회전판 회전에 의하여 집진장치에 공급되는 세정액이 미립자로 만들어져 집진하는 원리를 가진 회전식 세정집진 장치에서 직경이 10cm인 회전판이 9,620rpm으로 회전할 때 형성되는 물방울의 직경은 몇 μm인가?

① 93 ② 104 ③ 208 ④ 316

해설 $d_w = \dfrac{200}{N \times \sqrt{R}} \times 10^4 = \dfrac{200}{9,620rpm \times \sqrt{5cm}} \times 10^4 = 92.98\mu m$

47 중력 집진장치에서 수평이동속도 V_x, 침강실 폭 B, 침강실 수평길이 L, 침강실 높이 H, 종말침강속도가 V_t라면 주어진 입경에 대한 부분집진효율은?(단, 층류기준)

① $\dfrac{V_x \times B}{V_t \times H}$ ② $\dfrac{V_t \times H}{V_x \times B}$
③ $\dfrac{V_t \times L}{V_x \times H}$ ④ $\dfrac{V_x \times H}{V_t \times L}$

해설 $\eta = \dfrac{V_s}{V} \times \dfrac{L}{H} \times n = \dfrac{V_s LW}{VHW} = \dfrac{d_p^{\,2}(\rho_p - \rho)gL}{18\mu_g HV} \times n$

$d_p = \left[\dfrac{18\mu_g \cdot H \cdot V}{g \cdot L(\rho_p - \rho)}\right]^{\frac{1}{2}}$

여기서, d_p : 100% 제거되는 입자의 최소직경
η : 집진효율
V_s : 종말침강속도(m/sec)
V : 수평이동속도(처리가스속도 : m/sec)
L : 침강실 수평길이(m)
H : 침강실 높이(m)
n : 침강실 단수
W : 침강실 폭(m)

48 Venturi Scrubber에서 액가스비가 $0.6L/m^3$, 목부의 압력손실이 330mmH₂O일 때 목부의 가스속도(m/sec)는?(단, $\gamma = 1.2kg/m^3$, Venturi Scrubber의 압력손실식 $\Delta P = (0.5 + L) \times \dfrac{\gamma V^2}{2g}$을 이용할 것)

① 60 ② 70 ③ 80 ④ 90

해설 $\Delta P = (0.5 + L) \times \dfrac{\gamma V^2}{2g}$

$330mmH_2O = (0.5 + 0.6L/m^3) \times \dfrac{1.2kg/m^3 \times V^2}{2 \times 9.8m/sec^2}$

$V = 70m/sec$

정답 43 ② 44 ② 45 ③ 46 ① 47 ③ 48 ②

49 공장 배출가스 중의 일산화탄소를 백금계의 촉매를 사용하여 연소시켜 처리하고자 할 때, 촉매독으로 작용하는 물질로 가장 거리가 먼 것은?

① Ni ② Zn ③ As ④ S

해설 CO를 백금계 촉매를 사용하여 CO_2로 완전산화시켜 처리 시 촉매독으로 작용하는 물질은 Hg, Zn, As, S, 할로겐 물질(F, Cl, Br) 먼지 등이 있다.

50 석회세정법의 특성으로 거리가 먼 것은?

① 배기온도가 높아(120℃ 정도) 통풍력이 높다.
② 먼지와 연소재의 동시 제거가 가능하므로 제진시설이 따로 불필요하다.
③ 소규모 소용량 이용에 편리하다.
④ 통풍팬을 사용할 경우 동력비가 비싸다.

해설 배기온도가 낮아 통풍력이 낮아진다.

51 입경측정방법 중 관성충돌법(Cascade Impactor법)에 관한 설명으로 옳지 않은 것은?

① 관성충돌을 이용하여 입경을 간접적으로 측정하는 방법이다.
② 입자의 질량크기분포를 알 수 있다.
③ 되튐으로 인한 시료의 손실이 일어날 수 있다.
④ 시료채취가 용이하고 채취준비에 시간이 걸리지 않는 장점이 있으나 단수의 임의 설계가 어렵다.

해설 입경측정방법 중 관성충돌법은 시료채취가 까다롭고 채취준비 시간이 과다하게 소요되며 단수의 임의 설계가 용이하다.

52 2개의 집진장치를 조합하여 먼지를 제거하려고 한다. 2개를 직렬로 연결하는 방식(A)과 2개를 병렬로 연결하는 방식(B)에 대한 다음 설명 중 가장 거리가 먼 것은?(단, 각 집진장치의 처리량과 집진율은 80%로 둘다 동일하다고 가정한다.)

① (A)방식이 (B)방식보다 더 일반적이다.
② (B)방식은 처리가스의 양이 많은 경우 사용된다.
③ (A)방식의 총집진율은 94%이다.
④ (B)방식의 총집진율은 단일집진장치 때와 같이 80%이다.

해설 A방식 집진효율 $= \eta_1 + \eta_2(1-\eta_1)$
$= 0.8 + [0.8 \times (1-0.8)]$
$= 0.96 \times 100 = 96\%$

B방식 집진효율 $= \dfrac{\eta_1 + \eta_2}{2} = \dfrac{0.8 + 0.8}{2}$
$= 0.8 \times 100 = 80\%$

53 H_{OG}가 0.7m이고 제거율이 99%면 흡수탑의 충진높이는?

① 1.6m ② 2.1m ③ 2.8m ④ 3.2m

해설 $H = N_{OG} \times H_{OG}$
$= \left(\ln \dfrac{1}{1-0.99}\right) \times 0.7\text{m} = 3.22\text{m}$

54 사이클론의 유입구 높이가 18.75cm, 원통부의 높이가 1.0m, 원추부의 높이가 1.0m일 때 외부선회류의 회전수는?

① 2 ② 4 ③ 6 ④ 8

해설 $N = \dfrac{1}{\text{유입구 높이}} \times \left(\text{원통부 높이} + \dfrac{\text{원추부 높이}}{2}\right)$
$= \dfrac{1}{0.1875\text{m}} \times \left(1\text{m} + \dfrac{1\text{m}}{2}\right) = 8$

55 Cyclone으로 집진 시 입경에 따라 집진효율이 달라지게 되는데 집진효율이 50%인 입경을 의미하는 용어는?

① Cut Size Diameter
② Critical Diameter
③ Stokes Diameter
④ Projected Area Diameter

해설 Cut Size Diameter는 50% 분리한계 입경을 의미한다.

56 NOx 발생을 억제하는 방법으로 가장 거리가 먼 것은?

① 과잉 공기를 적게하여 연소시킨다.
② 연소용 공기에 배기가스의 일부를 혼합 공급하여 산소 농도를 감소시켜 운전한다.
③ 이론공기량의 70% 정도를 버너에 공급하여 불완전연소시키고, 그 후 30~35% 공기를 하부로 주입하여 완전연소시켜 화염온도를 증가시킨다.

④ 고체, 액체연료에 비해 기체연료가 공기와의 혼합이 잘 되어 신속히 연소함으로써 고온에서 연소가스의 체류시간을 단축시켜 운전한다.

해설 버너부분에서 이론공기량의 85~95% 정도로 공급하고 상부 공기구멍에서 10%의 공기를 공급하여 2차 연소식에서 완전연소시킨다.

57 A굴뚝 배출가스 중의 염화수소 농도가 250ppm이었다. 염화수소의 배출허용기준을 80mg/Sm³로 하면 염화수소의 농도를 현재 값의 몇 % 이하로 하여야 하는가?(단, 표준상태 기준)

① 약 10% 이하 ② 약 20% 이하
③ 약 30% 이하 ④ 약 40% 이하

해설 기준이 80mg/Sm³이므로 ppm을 mg/Sm³로 환산하면
$$250\text{ppm} \times \frac{36.5\text{mg}}{22.4\text{mL}} = 407.37\text{mg/Sm}^3$$
따라서, 현재의 몇 % 이하로 하느냐고 묻고 있으므로
$$\frac{80}{407.37} \times 100 = 19.64\%$$

58 흡착제에 관한 설명으로 옳지 않은 것은?

① 마그네시아는 표면적이 50~100m²/g으로 NaOH 용액 중 불순물 제거에 주로 사용된다.
② 활성탄은 표면적이 600~1,400m²/g으로 용제회수, 악취제거, 가스정화 등에 사용된다.
③ 일반적으로 활성탄의 물리적 흡착방법으로 제거할 수 있는 유기성 가스의 분자량은 45 이상이어야 한다.
④ 활성탄은 비극성물질을 흡착하며 대부분의 경우 유기용제 증기를 제거하는 데 탁월하다.

해설 마그네시아는 표면적이 200m²/g으로 휘발유 및 용제 정제에 쓰이는 흡착제이다.

59 3개의 집진장치를 직렬로 조합하여 집진한 결과 총집진율이 99%이었다. 1차 집진장치의 집진율이 70%, 2차 집진장치의 집진율이 80%라면 3차 집진장치의 집진율은 약 얼마인가?

① 약 75.6% ② 약 83.3%
③ 약 89.2% ④ 약 93.4%

해설
$$\eta_t = \eta_1 + \eta_2(1-\eta_1)$$
$$\eta_t = 0.7 + 0.8(1-0.7) = 0.94$$
$$0.99 = 0.94 + \eta_2(1-0.94)$$
$$\eta_2 = 0.833 \times 100 = 83.3(\%)$$

60 다음 중 다른 VOC 방지장치와 상대 비교한 생물여과장치의 특성으로 가장 거리가 먼 것은?

① CO 및 NOx를 포함한 생성 오염부산물이 적거나 없다.
② 고농도 오염물질의 처리에 적합하고, 설치가 복잡한 편이다.
③ 습도제어에 각별한 주의가 필요하다.
④ 생체량의 증가로 장치가 막힐 수 있다.

해설 생물학적 처리방법은 저농도 오염물질의 처리에 적합하고 설치가 간단하다.

제4과목 대기오염공정시험기준(방법)

61 질산은 적정법으로 배출가스 중의 시안화수소를 분석할 때 필요시약으로 거리가 먼 것은?

① 수산화소듐 용액
② 아세트산
③ p-다이메틸아미노 벤질리덴 로다닌의 아세톤 용액
④ 차아염소산소듐 용액

해설 질산은 적정법으로 배출가스 중의 시안화수소를 분석할 때 필요한 시약
㉠ 아세트산(99.7%)
㉡ 수산화소듐 용액
㉢ 0.01N 질산은 용액
㉣ p-다이메틸아미노 벤질리덴 로다닌의 아세톤 용액
㉤ 수산화소듐용액

62 대기오염공정시험기준의 총칙에 근거한 "방울수"의 의미로 가장 적합한 것은?

① 20℃에서 정제수 20방울을 떨어뜨릴 때 그 부피가 약 1mL 되는 것을 뜻한다.
② 20℃에서 정제수 10방울을 떨어뜨릴 때 그 부피가 약 1mL 되는 것을 뜻한다.

정답 57 ② 58 ① 59 ② 60 ② 61 ④ 62 ①

③ 0℃에서 정제수 10방울을 떨어뜨릴 때 그 부피가 약 1mL 되는 것을 뜻한다.

④ 0℃에서 정제수 1방울을 떨어뜨릴 때 그 부피가 약 1mL 되는 것을 뜻한다.

해설 **방울수**
20℃에서 정제수 20방울을 떨어뜨릴 때 그 부피가 약 1mL 되는 것을 뜻한다.

63 다음 액체시약 중 비중이 가장 큰 것은?(단, 브롬의 원자량은 79.9, 염소는 35.5, 아이오딘(요오드)은 126.9이다.)

① 브롬화수소(HBr, 농도 : 49%)
② 염산(HCl, 농도 : 37%)
③ 질산(HNO_3, 농도 : 62%)
④ 아이오드화수소(HI, 농도 : 58%)

해설 **시약의 농도**

명칭	화학식	농도(%)	비중(약)
염산	HCl	35.0~37.0	1.18
질산	HNO_3	60.0~62.0	1.38
황산	H_2SO_4	95% 이상	1.84
초산(Acetic Acid)	CH_3COOH	99.0% 이상	1.05
인산	H_3PO_4	85.0% 이상	1.69
암모니아수	NH_4OH	28.0~30.0(NH_3로서)	0.90
과산화수소	H_2O_2	30.0~35.0	1.11
불화수소산	HF	46.0~48.0	1.14
아이오드화수소	HI	55.0~58.0	1.70
브롬화수소산	HBr	47.0~49.0	1.48
과염소산	$HClO_4$	60.0~62.0	1.54

64 환경대기 중 먼지를 저용량 공기시료 채취기로 분당 20L씩 채취할 경우, 유량계의 눈금값 Q_r(L/mm)을 나타내는 식으로 옳은 것은?(단, 1기압에서의 기준이며, ΔP(mmHg)는 마노미터로 측정한 유량계 내의 압력손실이다.)

① $20\sqrt{\dfrac{760-\Delta P}{760}}$
② $20\sqrt{\dfrac{760}{760-\Delta P}}$
③ $760\sqrt{\dfrac{20/\Delta P}{760}}$
④ $760\sqrt{\dfrac{760}{20/\Delta P}}$

해설 **유량계의 눈금값**
$Q_r = 20\sqrt{\dfrac{760}{760-\Delta P}}$

65 비분산적외선분광분석법에서 용어의 정의 중 "측정성분이 흡수되는 적외선을 그 흡수파장에서 측정하는 방식"을 의미하는 것은?

① 정필터형
② 복광필터형
③ 회절격자형
④ 적외선흡광형

해설 정필터형은 측정성분이 흡수되는 적외선을 그 흡수파장에서 측정하는 방식이다.

66 굴뚝 등에서 배출되는 오염물질별 분석방법으로 옳지 않은 것은?

① 자외선/가시선분광법에 의한 암모니아 분석 시 분석용 시료 용액에 페놀-나이트로프루시드소듐 용액과 하이포아염소산소듐 용액을 가하고 암모늄 이온과 반응시킨다.

② 염화수소를 자외선/가시선분광법으로 분석시 시료에 메틸알코올 10mL 등을 가하고 마개를 한 후 흔들어 잘 섞는다.

③ 이황화탄소를 자외선/가시선분광법으로 분석 시 황화수소를 제거하기 위해 흡수병 중 한 개는 전처리용으로 아세트산카드뮴용액을 넣는다.

④ 황산화물을 중화적정법으로 분석 시 이산화탄소가 공존하면 방해성분으로 작용한다.

해설 황산화물을 중화적정법으로 분석 시 이산화탄소가 공존해도 무방하다.

67 광원에서 나오는 빛을 단색화장치에 의하여 좁은 파장범위의 빛만을 선택하여 어떤 액층을 통과시킬 때 입사광의 강도가 1이고, 투사광의 강도가 0.5였다. 이 경우 Lambert-Beer법칙을 적용하여 흡광도를 구하면?

① 0.3
② 0.5
③ 0.7
④ 1.0

해설 흡광도$(A) = \log\dfrac{1}{\text{투과도}}$
$= \log\dfrac{1}{(1-0.5)} = 0.3$

정답 63 ④ 64 ② 65 ① 66 ④ 67 ①

68 굴뚝 배출가스 중 불소화합물의 자외선/가시선분광법에 관한 설명으로 옳지 않은 것은?

① 0.1M 수산화소듐 용액을 흡수액으로 사용한다.
② 흡수 파장은 620nm를 사용한다.
③ 란탄과 알리자린 콤플렉손을 가하여 이때 생기는 색의 흡광도를 측정한다.
④ 불소이온을 방해이온과 분리한 다음 묽은황산으로 pH 5~6으로 조절한다.

해설 배출가스 중 불소화합물(자외선/가시선분광법)
굴뚝에서 적절한 시료채취장치를 이용하여 얻은 시료 흡수액을 일정량으로 묽게 한 다음 완충액을 가하여 pH를 조절하고 란탄과 알리자린 콤플렉손을 가하여 생성되는 생성물의 흡광도를 분광광도계로 측정하는 방법이다. 흡수 파장은 620nm를 사용한다.

69 시판되는 염산시약의 농도가 35%이고 비중이 1.18인 경우 0.1M의 염산 1L를 제조할 때 시판 염산시약 약 몇 mL를 취하여 증류수로 희석하여야 하는가?

① 3   ② 6   ③ 9   ④ 15

해설 $N(\text{eq/L}) = 1.18\text{g/L} \times 10^3 \text{mL/L} \times 1\text{eq}/36.5\text{g} \times 35/100$
$= 11.32\text{eq/L(N)}$
$N_1 V_1 = N_2 V_2$
$0.1\text{N} \times 1{,}000\text{mL} = 11.32\text{N} \times V_2$
$V_2 = \dfrac{0.1\text{N} \times 1{,}000\text{mL}}{11.32\text{N}} = 8.83\text{mL}$

70 굴뚝배출가스 중 질소산화물을 연속적으로 자동측정하는 방법 중 자외선흡수 분석계의 구성에 관한 설명으로 옳지 않은 것은?

① 광원 : 중수소방전관 또는 중압수은등을 사용한다.
② 시료셀 : 시료가스가 연속적으로 흘러갈 수 있는 구조로 되어 있으며 그 길이는 200~500mm이고, 셀의 창은 석영판과 같이 자외선 및 가시광선이 투과할 수 있는 재질이어야 한다.
③ 광학필터 : 프리즘과 회절격자 분광기 등을 이용하여 자외선 영역 또는 가시광선 영역의 단색광을 얻는 데 사용된다.
④ 합산증폭기 : 신호를 증폭하는 기능과 일산화질소 측정파장에서 아황산가스의 간섭을 보정하는 기능을 가지고 있다.

해설 광학필터
특정파장 영역의 흡수나 다층박막의 광학적 간섭을 이용하여 자외선 영역 또는 가시광선영역의 일정한 폭을 갖는 빛을 얻는 데 사용한다.

71 굴뚝의 측정공에서 피토관을 이용하여 측정한 조건이 다음과 같을 때 배출가스의 유속은?

- 동압 : 13mmH$_2$O
- 피토관 계수 : 0.85
- 가스의 밀도 : 1.2kg/m^3

① 10.6m/sec   ② 12.4m/sec
③ 14.8m/sec   ④ 17.8m/sec

해설 $V(\text{m/sec}) = C\sqrt{\dfrac{2gh}{\gamma}}$
$= 0.85 \times \sqrt{\dfrac{2 \times 9.8\text{m/sec}^2 \times 13\text{mmH}_2\text{O}}{1.2\text{kg/m}^3}}$
$= 12.39\text{m/sec}$

72 다음은 자외선/가시선분광법에서 측광부에 관한 설명이다. ( ) 안에 가장 알맞은 것은?

측광부의 광전측광에는 광전관, 광전자증배관, 광전도셀 또는 광전지 등을 사용한다. 광전관, 광전자증배관은 주로 (㉠) 범위에서, 광전도셀은 (㉡) 범위에서, 광전지는 주로 (㉢) 범위 내에서의 광전측광에 사용된다.

① ㉠ 근적외파장
   ㉡ 자외파장
   ㉢ 가시파장
② ㉠ 가시파장
   ㉡ 근자외 내지 가시파장
   ㉢ 적외파장
③ ㉠ 근적외파장
   ㉡ 근자외파장
   ㉢ 가시 내지 근적외파장
④ ㉠ 자외 내지 가시파장
   ㉡ 근적외파장
   ㉢ 가시파장

정답 68 ④ 69 ③ 70 ③ 71 ② 72 ④

해설 측광부의 광전측광에는 광전관, 광전자증배관, 광전도셀 또는 광전지 등을 사용하고 필요에 따라 증폭기, 대수변환기가 있으며 지시계, 기록계 등을 사용한다. 또 광전관, 광전자증배관은 주로 자외 내지 가시파장 범위에서, 광전도셀은 근적외파장 범위에서, 광전지는 주로 가시파장 범위 내에서의 광전측광에 사용된다.

73 굴뚝배출가스 중 오염물질 연속자동측정기기의 설치 위치 및 방법으로 옳지 않은 것은?

① 병합굴뚝에서 배출허용기준이 다른 경우에는 측정기기 및 유량계를 합쳐지기 전 각각의 지점에 설치하여야 한다.
② 분산굴뚝에서 측정기기는 나뉘기 전 굴뚝에 설치하거나, 나뉜 각각의 굴뚝에 설치하여야 한다.
③ 병합굴뚝에서 배출허용기준이 같은 경우에는 측정기기 및 유량계를 오염물질이 합쳐진 후 지점 또는 합쳐지기 전 지점에 설치하여야 한다.
④ 불가피하게 외부공기가 유입되는 경우에 측정기기는 외부공기 유입 후에 설치하여야 한다.

해설 불가피하게 외부공기가 유입되는 경우에 측정기기는 외부공기 유입 전에 설치하여야 하고, 표준산소농도를 적용받는 시설의 가스상 오염물질 측정기기는 산소측정기기의 측정시료와 동일한 시료로 측정할 수 있도록 하여야 한다.

74 굴뚝배출가스 중 포름알데하이드 분석방법으로 옳지 않은 것은?

① 크로모트로핀산 자외선/가시선분광법은 배출가스를 크로모트로핀산을 함유하는 흡수발색액에 채취하고 가온하여 얻은 자색발색액의 흡광도를 측정하여 농도를 구한다.
② 아세틸아세톤 자외선/가시선분광법은 배출가스를 아세틸아세톤을 함유하는 흡수발색액에 채취하고 가온하여 얻은 황색발색액의 흡광도를 측정하여 농도를 구한다.
③ 흡수액 2,4-DNPH(Dinitrophenylhydrazine)과 반응하여 하이드라존 유도체를 생성하게 되고 이를 액체크로마토그래프로 분석한다.
④ 수산화나트륨용액(0.4W/V%)에 흡수·포집시켜 이용액을 산성으로 한 후 초산에틸로 용매를 추출해서 이온화검출기를 구비한 기체크로마토그래피로 분석한다.

해설 배출가스 중 포름알데하이드 분석방법
㉠ 고성능 액체크로마토그래프법
㉡ 크로모트로핀산 자외선/가시선분광법
㉢ 아세틸아세톤 자외선/가시선분광법

75 원자흡수분광광도법에서 원자흡광 분석장치의 구성과 거리가 먼 것은?

① 분리관   ② 광원부
③ 단색화부   ④ 시료원자화부

해설 원자흡수분광광도법의 장치의 구성
광원부 – 시료원자화부 – 단색화부 – 측광부

76 굴뚝 배출가스 중의 황화수소 분석방법에 관한 설명으로 옳은 것은?

① 오르토 톨리딘을 함유하는 흡수액에 황화수소를 통과시켜 얻어지는 발색액의 흡광도를 측정한다.
② 시료 중의 황화수소를 아연아민착염 용액에 흡수시켜 P-아미노다이메틸아닐린 용액과 염화철(Ⅲ) 용액을 가하여 생성되는 메틸렌 블루의 흡광도를 측정한다.
③ 다이에틸아민구리 용액에서 황화수소 가스를 흡수시켜 생성된 다이에틸 다이싸이오카밤산구리의 흡광도를 측정한다.
④ 황화수소 흡수액을 일정량으로 묽게 한 다음 완충액을 가하여 pH를 조절하고, 란탄과 알리자린 콤플렉손을 가하여 얻어지는 발색액의 흡광도를 측정한다.

해설 배출가스 중 황화수소(자외선/가시선분광법)
배출가스 중의 황화수소를 아연아민착염 용액에 흡수시켜 P-아미노다이메틸아닐린 용액과 염화철(Ⅲ) 용액을 가하여 생성되는 메틸렌블루의 흡광도를 측정하여 황화수소를 정량한다.

77 배출가스 중 오르자트 분석계로 산소를 측정할 때 사용되는 산소 흡수액은?

① 수산화칼슘용액 + 피로가롤용액
② 염화제일주석용액 + 피로가롤용액
③ 수산화포타슘용액 + 피로가롤용액
④ 입상아연 + 피로가롤용액

해설 산소흡수액
물 100mL에 수산화포타슘 60g을 녹인 용액과 물 100mL에 피로가롤($C_6H_3(OH)_3$, pyrogallol, 분자량 : 126.11, 특급) 12g을 녹인 용액을 혼합한 용액을 말한다.

정답 73 ④ 74 ④ 75 ① 76 ② 77 ③

78 굴뚝을 통하여 대기 중으로 배출되는 가스상 물질을 분석하기 위한 시료 채취방법에 대한 주의사항 중 옳지 않은 것은?

① 흡수병을 공용으로 할 때에는 대상 성분이 달라질 때마다 묽은 산 또는 알칼리 용액과 물로 깨끗이 씻은 다음 다시 흡수액으로 3회 정도 씻은 후 사용한다.
② 가스미터는 500mmH$_2$O 이내에서 사용한다.
③ 습식 가스미터를 이동 또는 운반할 때에는 반드시 물을 빼고, 오랫동안 쓰지 않을 때에도 그와 같이 배수한다.
④ 굴뚝 내의 압력이 매우 큰 부압(−300mmH$_2$O 정도 이하)인 경우에는, 시료 채취용 굴뚝을 부설하여 용량이 큰 펌프를 써서 시료가스를 흡입하고 그 부설한 굴뚝에 채취구를 만든다.

해설 가스미터는 100mmH$_2$O 이내에서 사용한다.

79 대기오염공정시험기준에 의거 환경대기 중 휘발성 유기화합물(유해 VOCs 고체흡착법)을 추출할 때 추출용매로 가장 적합한 것은?

① Ethyl Alcohol   ② PCB
③ CS$_2$ ④ n−Hexane

해설 **환경대기 중 휘발성 유기화합물(유해 VOCs 고체흡착법)**
환경대기 중에 존재하는 휘발성 유기화합물(VOCs ; Hazardous Volatile Organic Compounds)의 농도를 측정하기 위한 시험방법으로 일정량의 흡착제로 충전한 흡착관(Adsorbent Trap)에 시료를 채취하여 2단 농축/열 탈착하거나 이황화탄소(CS$_2$) 추출용매로 휘발성유기화합물질을 추출하여 기체크로마토그래피에 주입하여 분리한 후 불꽃이온화검출기(FID ; Flame Ionization Detector), 광이온화 검출기(PID ; Photo Ionization Detector), 전자포착검출기(ECD ; Electron Capture Detector) 혹은 질량분석기(MS ; Mass Spectrometer)에 의해 측정한다.

80 기체−액체크로마토그래피에서 일반적으로 사용되는 분배형 충전물질인 고정상 액체의 종류 중 탄화수소계에 해당되는 것은?

① 불화규소   ② 스쿠아란(Squalane)
③ 폴리페닐에테르   ④ 활성알루미나

해설 **일반적으로 사용하는 고정상 액체의 종류**

종류	물질명
탄화수소계	헥사데칸, 스쿠아란(Squalane) 고진공 그리스

제5과목 대기환경관계법규

81 대기환경보전법규상 관제센터로 측정결과를 자동전송하지 않는 먼지·황산화물 및 질소산화물의 연간 발생량의 합계가 80톤 이상인 사업장 배출구의 자가측정횟수 기준은?(단, 기타사항 등은 제외)

① 매일 1회 이상   ② 매주 1회 이상
③ 매월 2회 이상   ④ 2개월마다 1회 이상

해설 **관제센터로 측정결과를 자동전송하지 않는 사업장의 배출구**

구분	배출구별 규모	측정횟수	측정항목
제1종 배출구	먼지·황산화물 및 질소산화물의 연간 발생량 합계가 80톤 이상인 배출구	매주 1회 이상	배출허용기준이 적용되는 대기오염물질. 다만, 비산먼지는 제외한다.
제2종 배출구	먼지·황산화물 및 질소산화물의 연간 발생량 합계가 20톤 이상 80톤 미만인 배출구	매월 2회 이상	
제3종 배출구	먼지·황산화물 및 질소산화물의 연간 발생량 합계가 10톤 이상 20톤 미만인 배출구	2개월마다 1회 이상	
제4종 배출구	먼지·황산화물 및 질소산화물의 연간 발생량 합계가 2톤 이상 10톤 미만인 배출구	반기마다 1회 이상	
제5종 배출구	먼지·황산화물 및 질소산화물의 연간 발생량 합계가 2톤 미만인 배출구	반기마다 1회 이상	

82 환경정책기본법령상 아황산가스(SO$_2$)의 대기환경기준으로 옳게 연결된 것은?

- 24시간 평균치 : (㉠)ppm 이하
- 1시간 평균치 : (㉡)ppm 이하

① ㉠ 0.05 ㉡ 0.15   ② ㉠ 0.06 ㉡ 0.10
③ ㉠ 0.07 ㉡ 0.12   ④ ㉠ 0.08 ㉡ 0.12

해설 **대기환경기준**

항목	기준	측정방법
아황산가스 (SO$_2$)	• 연간 평균치 0.02ppm 이하 • 24시간 평균치 0.05ppm 이하 • 1시간 평균치 0.15ppm 이하	자외선 형광법(Pulse U.V. Fluorescence Method)

정답 78 ② 79 ③ 80 ② 81 ② 82 ①

83 대기환경보전법규상 특별대책지역 또는 대기환경규제지역 안에서 "휘발성 유기화합물"을 배출하는 시설로서 대통령령이 정하는 시설을 설치하고자 할 경우 시·도지사 등에게 배출시설 설치신고서를 제출해야 하는 기간기준은?

① 시설 설치일 7일 전까지
② 시설 설치일 10일 전까지
③ 시설 설치 후 7일 이내
④ 시설 설치 후 10일 이내

해설 휘발성 유기화합물을 배출하는 시설을 설치하려는 자는 휘발성 유기화합물 배출시설 설치신고서에 휘발성 유기화합물 배출시설 설치명세서와 배출 억제·방지시설 설치명세서를 첨부하여 시설 설치일 10일 전까지 시·도지사 또는 대도시 시장에게 제출하여야 한다.

84 악취방지법규상 지정악취물질의 배출허용기준 및 그 범위로 옳지 않은 것은?

항목	구분	배출허용기준(ppm)	
		공업지역	기타지역
㉠	암모니아	2 이하	1 이하
㉡	메틸메르캅탄	0.008 이하	0.005 이하
㉢	황화수소	0.06 이하	0.02 이하
㉣	트라이메틸아민	0.02 이하	0.005 이하

① ㉠ ② ㉡
③ ㉢ ④ ㉣

해설 지정악취물질의 배출허용기준

구분	배출허용기준(ppm)		엄격한 배출허용기준의 범위(ppm)
	공업지역	기타 지역	공업지역
암모니아	2 이하	1 이하	1~2
메틸메르캅탄	0.004 이하	0.002 이하	0.002~0.004
황화수소	0.06 이하	0.02 이하	0.02~0.06
트라이메틸아민	0.02 이하	0.005 이하	0.005~0.02

85 대기환경보전법령상 사업장별 환경기술인의 자격기준에 관한 사항으로 거리가 먼 것은?

① 2종 사업장의 환경기술인의 자격기준은 대기환경산업기사 이상의 기술자격 소지자 1명 이상이다.
② 4종 사업장과 5종 사업장 중 환경부령으로 정하는 기준 이상의 특정대기유해물질이 포함된 오염물질을 배출하는 경우에는 3종 사업장에 해당하는 기술인을 두어야 한다.
③ 1종 사업장과 2종 사업장 중 1개월 동안 실제 작업한 날만을 계산하여 1일 평균 17시간 이상 작업하는 경우에는 해당 사업장의 기술인을 각각 2명 이상 두어야 한다.
④ 공동방지시설에서 각 사업장의 대기오염물질 발생량의 합계가 4종 사업장과 5종 사업장의 규모에 해당하는 경우에는 5종 사업장에 해당하는 기술인을 두어야 한다.

해설 공동방지시설에서 각 사업장의 대기오염물질 발생량의 합계가 4종 사업장과 5종 사업장의 규모에 해당하는 경우에는 3종 사업장에 해당하는 기술인을 두어야 한다.

86 환경정책기본법령상 이산화질소(NO_2)의 대기환경기준은?(단, 24시간 평균치 기준)

① 0.03ppm 이하 ② 0.05ppm 이하
③ 0.06ppm 이하 ④ 0.10ppm 이하

해설 이산화질소(NO_2) 대기환경기준
㉠ 연간 평균치 : 0.03ppm 이하
㉡ 24시간 평균치 : 0.06ppm 이하
㉢ 1시간 평균치 : 0.10ppm 이하

87 대기환경보전법령상 시·도지사가 대기오염물질기준 이내 배출량 조정 시 사업자가 제출한 확정배출량 자료가 명백히 거짓으로 판명되었을 경우에는 확정배출량을 현지조사하여 산정하되 확정배출량의 얼마에 해당하는 배출량을 기준 이내 배출량으로 산정하는가?

① 100분의 20 ② 100분의 50
③ 100분의 120 ④ 100분의 150

해설 사업자가 제출한 확정배출량에 관한 자료가 명백히 거짓으로 판명된 경우 : 확정배출량을 현지조사하여 산정하되, 확정배출량의 100분의 120에 해당하는 배출량으로 산정한 기준 이내 배출량

정답 83 ② 84 ② 85 ④ 86 ③ 87 ③

88 악취방지법규상 악취검사기관의 검사시설 및 장비가 부족하거나 고장 난 상태로 7일 이상 방치한 경우로서 규정에 의한 악취검사기관의 지정기준에 미치지 못하게 된 경우 3차 행정처분기준으로 가장 적합한 것은?

① 지정취소
② 업무정지 3개월
③ 업무정지 6개월
④ 업무정지 12개월

해설 행정처분 기준
1차(경고) → 2차(업무정지 1개월) → 3차(업무정지 3개월) → 4차(지정 취소)

89 대기환경보전법상 장거리이동대기오염물질 대책위원회에 관한 사항으로 옳지 않은 것은?

① 위원회는 위원장 1명을 포함한 25명 이내의 위원으로 구성한다.
② 위원회의 위원장은 환경부장관이 되고, 위원은 환경부령으로 정하는 중앙행정기관의 공무원 등으로서 환경부장관이 위촉하거나 임명하는 자로 한다.
③ 위원회와 실무위원회 및 장거리이동대기 오염물질연구단의 구성 및 운영 등에 관하여 필요한 사항은 대통령령으로 정한다.
④ 환경부장관은 장거리이동대기오염물질 피해방지를 위하여 5년마다 관계 중앙행정기관의 장과 협의하고 시·도지사의 의견을 들어야 한다.

해설 위원회의 위원장은 환경부차관이 되고, 위원은 다음 각 호의 자로서 환경부장관이 위촉하거나 임명하는 자로 한다.
㉠ 대통령령으로 정하는 중앙행정기관의 공무원
㉡ 대통령령으로 정하는 분야의 학식과 경험이 풍부한 전문가

90 다음은 대기환경보전법규상 제작자동차의 배출가스 보증기간에 관한 사항이다. ( ) 안에 알맞은 것은?(단, 2016년 1월 1일 이후 제작자동차 기준)

> 배출가스 보증기간의 만료는 (㉠)을 기준으로 한다. 휘발유와 가스를 병용하는 자동차는 (㉡)사용 자동차의 보증기간을 적용한다.

① ㉠ 기간 또는 주행거리, 가동시간 중 나중 도달하는 것 ㉡ 휘발유
② ㉠ 기간 또는 주행거리, 가동시간 중 나중 도달하는 것 ㉡ 가스
③ ㉠ 기간 또는 주행거리, 가동시간 중 먼저 도달하는 것 ㉡ 휘발유
④ ㉠ 기간 또는 주행거리, 가동시간 중 먼저 도달하는 것 ㉡ 가스

해설 배출가스 보증기간의 만료는 기간 또는 주행거리, 가동시간 중 먼저 도달하는 것을 기준으로 한다. 휘발유와 가스를 병용하는 자동차는 가스사용 자동차의 보증기간을 적용한다.

91 대기환경보전법상 한국자동차환경협회의 회원이 될 수 있는 자로 거리가 먼 것은?

① 배출가스저감장치 제작자
② 저공해엔진 제조·교체 등 배출가스저감사업 관련 사업자
③ 저공해자동차 판매사업자
④ 자동차 조기폐차 관련 사업자

해설 한국자동차환경협회의 회원이 될 수 있는 자
㉠ 배출가스저감장치 제작자
㉡ 저공해엔진 제조·교체 등 배출가스저감사업 관련 사업자
㉢ 전문정비사업자
㉣ 배출가스저감장치 및 저공해엔진 등과 관련된 분야의 전문가
㉤ 종합검사대행자
㉥ 종합검사 지정정비사업자
㉦ 자동차 조기폐차 관련 사업자

92 대기환경보전법상 배출시설을 설치·운영하는 사업자에게 조업정지를 명하여야 하는 경우로서 그 조업정지가 공익에 현저한 지장을 줄 우려가 있다고 인정되는 경우, 조업정지처분에 갈음하여 시·도지사가 부과할 수 있는 최대 과징금 액수는?

① 5,000만 원
② 1억 원
③ 2억 원
④ 5억 원

해설 시·도지사는 배출시설을 설치·운영하는 사업자에 대하여 조업정지를 명하여야 하는 경우로서 그 조업정지가 주민의 생활, 대외적인 신용·고용·물가 등 국민경제, 그 밖에 공익에 현저한 지장을 줄 우려가 있다고 인정되는 경우 등 그 밖에 대통령령으로 정하는 경우에는 조업정지처분을 갈음하여 2억 원 이하의 과징금을 부과할 수 있다.

정답 88 ② 89 ② 90 ④ 91 ③ 92 ③

93 다음은 대기환경보전법령상 시·도지사가 배출시설의 설치를 제한할 수 있는 경우이다. ( ) 안에 가장 알맞은 것은?

> 배출시설 설치 지점으로부터 반경 1킬로미터 안의 상주 인구가 (㉠)인 지역으로서 특정 대기유해물질 중 한 가지 종류의 물질을 연간 (㉡) 배출하거나 두 가지 이상의 물질을 연간 (㉢) 배출하는 시설을 설치하는 경우

① ㉠ 1만 명 이상 ㉡ 5톤 이상 ㉢ 10톤 이상
② ㉠ 1만 명 이상 ㉡ 10톤 이상 ㉢ 20톤 이상
③ ㉠ 2만 명 이상 ㉡ 5톤 이상 ㉢ 10톤 이상
④ ㉠ 2만 명 이상 ㉡ 10톤 이상 ㉢ 25톤 이상

해설 시·도지사가 배출시설의 설치를 제한할 수 있는 경우
㉠ 배출시설 설치 지점으로부터 반경 1킬로미터 안의 상주 인구가 2만 명 이상인 지역으로서 특정대기유해물질 중 한 가지 종류의 물질을 연간 10톤 이상 배출하거나 두 가지 이상의 물질을 연간 25톤 이상 배출하는 시설을 설치하는 경우
㉡ 대기오염물질(먼지·황산화물 및 질소산화물만 해당한다)의 발생량 합계가 연간 10톤 이상인 배출시설을 특별대책지역에 설치하는 경우

94 대기환경보전법령상 기본부과금의 지역별 부과계수로 옳게 연결된 것은?(단, 지역구분은「국토의 계획 및 이용에 관한 법률」에 따르고, 대표적으로 Ⅰ지역은 주거지역, Ⅱ지역은 공업지역, Ⅲ지역은 녹지지역이 해당한다.)

① Ⅰ지역-0.5, Ⅱ지역-1.0, Ⅲ지역-1.5
② Ⅰ지역-1.5, Ⅱ지역-0.5, Ⅲ지역-1.0
③ Ⅰ지역-1.0, Ⅱ지역-0.5, Ⅲ지역-1.5
④ Ⅰ지역-1.5, Ⅱ지역-1.0, Ⅲ지역-0.5

해설 기본부과금의 지역별 부과계수

구분	지역별 부과계수
Ⅰ지역	1.5
Ⅱ지역	0.5
Ⅲ지역	1.0

95 실내공기질 관리법규상 건축자재의 오염물질 방출기준 중 "페인트"의 ㉠ 톨루엔, ㉡ 총휘발성 유기화합물 기준으로 옳은 것은?(단, 단위는 $mg/m^2 \cdot h$)

① ㉠ 0.05 이하, ㉡ 20.0 이하
② ㉠ 0.05 이하, ㉡ 4.0 이하
③ ㉠ 0.08 이하, ㉡ 20.0 이하
④ ㉠ 0.08 이하, ㉡ 2.5 이하

해설 건축자재의 오염물질 방출기준

오염물질 종류 구분	포름알데하이드 2016년 12월 31일까지	포름알데하이드 2017년 1월 1일부터	톨루엔	총휘발성 유기화합물
접착제	0.05 이하	0.02 이하	0.08 이하	2.0 이하
페인트	0.05 이하	0.02 이하	0.08 이하	2.5 이하
실란트	0.05 이하	0.02 이하	0.08 이하	1.5 이하
퍼티	0.05 이하	0.02 이하	0.08 이하	20.0 이하
벽지	0.05 이하	0.02 이하	0.08 이하	4.0 이하
바닥재	0.05 이하	0.02 이하	0.08 이하	4.0 이하

위 표에서 오염물질의 종류별 측정단위는 $mg/m^2 \cdot h$로 한다. 다만, 실란트의 측정단위는 $mg/m \cdot h$로 한다.

96 대기환경보전법규상 가스를 사용연료로 하는 경자동차의 배출가스 보증 적용기간기준으로 옳은 것은?(단, 2016년 1월 1일 이후 제작자동차 기준)

① 2년 또는 10,000km
② 2년 또는 160,000km
③ 6년 또는 10,000km
④ 10년 또는 192,000km

해설 배출가스 보증기간

가스	경자동차	10년 또는 192,000km
	소형 승용·화물자동차, 중형 승용·화물자동차	15년 또는 240,000km
	대형 승용·화물자동차, 초대형 승용·화물자동차	2년 또는 160,000km

97 대기환경보전법규상 수도권대기환경청장, 국립환경과학원장 또는 한국환경공단이 설치하는 대기오염 측정망의 종류에 해당하지 않는 것은?

① 대기오염물질의 지역배경농도를 측정하기 위한 교외대기측정망
② 대기 중의 중금속 농도를 측정하기 위한 대기중금속측정망
③ 미세먼지(PM-2.5)의 성분 및 농도를 측정하기 위한 미세먼지성분측정망
④ 산성 대기오염물질의 건성 및 습성 침착량을 측정하기 위한 산성강하물측정망

정답 93 ④ 94 ② 95 ④ 96 ④ 97 ②

해설 수도권대기환경청장, 국립환경과학원장 또는 한국환경공단이 설치하는 대기오염 측정망의 종류
㉠ 대기오염물질의 지역배경농도를 측정하기 위한 교외대기측정망
㉡ 대기오염물질의 국가배경농도와 장거리이동 현황을 파악하기 위한 국가배경농도측정망
㉢ 도시지역 또는 산업단지 인근지역의 특정대기유해물질(중금속을 제외한다)의 오염도를 측정하기 위한 유해대기물질측정망
㉣ 도시지역의 휘발성 유기화합물 등의 농도를 측정하기 위한 광화학대기오염물질측정망
㉤ 산성 대기오염물질의 건성 및 습성 침착량을 측정하기 위한 산성강하물측정망
㉥ 기후·생태계 변화유발물질의 농도를 측정하기 위한 지구대기측정망
㉦ 장거리이동 대기오염물질의 성분을 집중 측정하기 위한 대기오염집중측정망
㉧ 미세먼지(PM-2.5)의 성분 및 농도를 집중측정하기 위한 미세먼지성분측정망

98 대기환경보전법규상 시·도지사가 설치하는 대기오염 측정망에 해당하지 않는 것은?
① 도시지역의 휘발성 유기화합물 등의 농도를 측정하기 위한 광화학대기오염물질측정망
② 도시지역의 대기오염물질 농도를 측정하기 위한 도시대기측정망
③ 도로변의 대기오염물질 농도를 측정하기 위한 도로변대기측정망
④ 대기 중의 중금속 농도를 측정하기 위한 대기중금속측정망

해설 시·도지사가 설치하는 대기오염 측정망
㉠ 도시지역의 대기오염물질 농도를 측정하기 위한 도시대기측정망
㉡ 도로변의 대기오염물질 농도를 측정하기 위한 도로변대기측정망
㉢ 대기 중의 중금속 농도를 측정하기 위한 대기중금속측정망

99 실내공기질 관리법규상 "의료기관"의 포름알데하이드($\mu g/m^3$) 실내공기질 유지기준은?
① 10 이하
② 25 이하
③ 100 이하
④ 150 이하

해설 실내공기질 관리법상 유지기준

오염물질 항목 다중이용시설	미세먼지 (PM-10) ($\mu g/m^3$)	미세먼지 (PM-2.5) ($\mu g/m^3$)	이산화 탄소 (ppm)	포름알데 하이드 ($\mu g/m^3$)	총 부유 세균 (CFU/m^3)	일산화 탄소 (ppm)
지하역사, 지하상가, 철도역사의 대합실, 여객자동차터미널의 대합실, 항만시설 중 대합실, 공항시설 중 여객터미널, 도서관·박물관 및 미술관, 대규모점포, 장례식장, 영화상영관, 학원, 전시시설, 인터넷컴퓨터게임시설제공업의 영업시설, 목욕장업의 영업시설	100 이하	50 이하	1,000 이하	100 이하	—	10 이하
의료기관, 산후조리원, 노인요양시설, 어린이집	75 이하	35 이하		80 이하	800 이하	
실내주차장	200 이하	—		100 이하		25 이하
실내 체육시설, 실내 공연장, 업무시설, 둘 이상의 용도에 사용되는 건축물	200 이하	—	—	—	—	—

※ 법규 변경사항이므로 해설의 내용으로 학습하시기 바랍니다.

100 대기환경보전법령상 경유를 사용하는 자동차의 배출가스 중 대통령령으로 정하는 오염물질의 종류에 해당하지 않는 것은?
① 탄화수소
② 알데하이드
③ 질소산화물
④ 일산화탄소

해설 자동차 배출허용기준 적용 오염물질(경유)
㉠ 일산화탄소
㉡ 탄화수소
㉢ 질소산화물
㉣ 매연
㉤ 입자상 물질

정답 98 ① 99 해설 확인 100 ②

2017년 1회 기출문제

제1과목 　대기오염개론

01 다음 중 주로 연소 시에 배출되는 무색의 기체로 물에 매우 난용성이며, 혈액 중의 헤모글로빈과 결합력이 강해 산소 운반능력을 감소시키는 물질은?

① PAN
② 알데하이드
③ NO
④ HC

해설 NO(일산화질소)
㉠ NO는 주로 연소 시에 배출되는 무색의 기체로 물에 난용성이며 비중은 1.27이고 혈중 헤모글로빈과의 결합력이 CO보다 수백 배 더 강하여 NO-Hb를 생성, 체내의 산소운반능력을 감소시키는 역할을 한다.
㉡ NO의 독성은 NO_2 독성의 1/5 정도이며 O_3의 1/10~1/15 정도이다.

02 다음은 탄화수소류에 관한 설명이다. ( ) 안에 가장 적합한 물질은?

> 탄화수소류 중에서 이중결합을 가진 올레핀화합물은 포화 탄화수소나 방향족 탄화수소보다 대기 중에서 반응성이 크다. 방향족 탄화수소는 대기 중에서 고체로 존재한다. 특히 (　　)은 대표적인 발암 물질이며, 환경호르몬으로 알려져 있고, 연소 과정에서 생성된다. 숯불에 구운 쇠고기 등 가열로 검게 탄 식품, 담배연기, 자동차 배기가스, 석탄타르 등에 포함되어 있다.

① 벤조피렌
② 나프탈렌
③ 안트라센
④ 톨루엔

해설 벤조피렌
㉠ 탄화수소류 중 대표적인 발암물질이다.
㉡ 환경호르몬이다.
㉢ 연소과정에서 생성된다.
㉣ 숯불에 구운 쇠고기 등 가열로 검게 탄 식품, 담배연기, 자동차배기가스, 석탄타르 등에 포함되어 있다.

03 다음 오염물질 중 히드록시기를 포함하고 있는 물질은?

① 니켈 카-보닐
② 벤젠
③ 메틸 멜캅탄
④ 페놀

해설 수소와 산소로 이루어진 작용기 -OH를 히드록시기라고 하며, 벤젠고리에 히드록시기가 붙어 있는 화합물을 페놀(C_6H_5OH)이라고 한다.

04 다음은 입자상 물질의 측정장치 중 중량농도 측정방법에 관한 사항이다. ( ) 안에 가장 적합한 것은?

> (　　)은/는 입자의 관성력을 이용하여 입자를 크기별로 측정하고 Cascade Impactor로 크기별로 중량농도를 측정하는 방법이다.

① 여지포집법
② Piezobalance
③ 다단식 충돌판 측정법
④ 정전식 분급법

해설 다단식 충돌판 측정법(관성충돌법 : Cascade Impactor)
㉠ 입자가 관성력에 의해 시료채취표면에 충돌하는 원리로 1~50㎛ 범위의 입경을 측정범위로 한다.
㉡ 입자상 물질을 크기별로 측정하는 기구이며 입자가 관성력에 의해 시료채취표면에 충돌하여 채취하는 원리이다.

05 CO에 관한 설명으로 옳지 않은 것은?

① 자연적 발생원에는 화산폭발, 테르펜류의 산화, 클로로필의 분해, 산불 및 해수 중 미생물의 작용 등이 있다.
② 지구위도별 분포로 보면 적도 부근에서 최대치를 보이고 북위 30도 부근에서 최소치를 나타낸다.
③ 물에 난용성이므로 수용성 가스와는 달리 비에 의한 영향을 거의 받지 않는다.
④ 다른 물질에 흡착현상도 거의 나타나지 않는다.

해설 지구의 위도별 CO 농도는 북위 중위도 부근(북위 50도 부근)에서 최대치를 보이며 배경농도는 남반구는 0.04~0.06ppm, 북반구는 0.1~0.2ppm이다.

정답 01 ③　02 ①　03 ④　04 ③　05 ②

06 다음 광화학적 산화제와 2차 대기오염물질에 관한 설명 중 가장 거리가 먼 것은?

① PAN은 peroxyacetyl nitrate의 약자이며, $CH_3COOONO_2$의 분자식을 갖는다.
② PAN은 PBN(peroxybenzoyl nitrate)보다 100배 이상 눈에 강한 통증을 주며, 빛을 흡수시키므로 가시거리를 감소시킨다.
③ 오존은 섬모운동의 기능장애를 일으키며, 염색체 이상이나 적혈구의 노화를 초래하기도 한다.
④ 광화학반응의 주요 생성물은 PAN, CO_2, 케톤 등이 있다.

해설 PBN(peroxybenzoyl nitrate)은 PAN보다 100배 이상 눈에 강한 통증을 주며, 빛을 흡수(분산)시키므로 가시거리를 감소시킨다.

07 냄새에 관한 다음 설명 중 ( ) 안에 가장 알맞은 것은?

> 매우 옅은 농도의 냄새는 아무것도 느낄 수 없지만 이것을 서서히 진하게 하면 어떤 농도가 되고, 무엇인지 모르지만 냄새의 존재를 느끼는 농도로 나타난다. 이 최소농도를 (㉠)라고 정의하고 있다. 또한 농도를 짙게 하다 보면 냄새질이나 어떤 느낌의 냄새인지를 표현할 수 있는 시점이 나오게 된다. 이 최저농도가 되는 곳이 (㉡)라고 한다.

① ㉠ 최소감지농도(Detection Threshold)
   ㉡ 최소포착농도(Capture Threshold)
② ㉠ 최소인지농도(Recognition Threshold)
   ㉡ 최소자각농도(Awareness Threshold)
③ ㉠ 최소인지농도(Recognition Threshold)
   ㉡ 최소포착농도(Capture Threshold)
④ ㉠ 최소감지농도(Detection Threshold)
   ㉡ 최소인지농도(Recognition Threshold)

해설 냄새물질이 사람에게 냄새로 느껴질 수 있는 최소농도를 최소감지값(최소감지농도, 후역치)이라 한다. 또한 농도를 더 짙게 하면 냄새질이나 어떤 느낌의 냄새인지 표현할 수 있는 시점이 온다. 이 최저농도 시점을 최소인지농도라 한다.

08 굴뚝에서 배출되는 연기모양 중 원추형에 관한 설명으로 가장 적절한 것은?

① 수직운동경사가 과단열적이고, 난류가 심할 때 주로 발생한다.
② 지표역전이 파괴되면서 발생하며 30분 이상은 지속하지 않는 경향이 있다.
③ 연기의 상하부분 모두 역전인 경우 발생한다.
④ 구름이 많이 낀 날에 주로 관찰한다.

해설 Coning(원추형)
㉠ 대기상태가 중립인 경우 연기의 배출형태이다.
㉡ 발생시기는 바람이 다소 강하거나 구름이 많이 낀 날에 자주 관찰된다.
㉢ 연기 Plume 내의 오염물의 단면분포가 전형적인 가우시안 분포를 나타낸다.
㉣ 연기의 이동이 수직보다 수평이 크기 때문에 오염물질이 먼 거리까지 이동할 수 있다.

09 다음은 최대혼합고(MMD)에 관한 설명이다. ( ) 안에 알맞은 것은?

> MMD값은 통상적으로 (㉠)에 가장 낮으며, (㉡)시간 동안 증가한다. (㉡)시간 동안은 통상 (㉢)값을 나타내기도 한다.

① ㉠ 밤, ㉡ 낮, ㉢ 20~30km
② ㉠ 밤, ㉡ 낮, ㉢ 2,000~3,000m
③ ㉠ 낮, ㉡ 밤, ㉢ 20~30km
④ ㉠ 낮, ㉡ 밤, ㉢ 2,000~3,000m

해설 최대혼합고(MMD)
㉠ 최대 : 여름, 낮, 불안정한 대기
㉡ 최소 : 겨울, 밤, 안정한 대기

10 마찰층(Friction Layer)과 관련된 바람에 관한 설명으로 거리가 먼 것은?

① 마찰층 내의 바람은 높이에 따라 항상 반시계방향으로 각천이(Angular Shift)가 생긴다.
② 마찰층 내의 바람은 위로 올라갈수록 실제 풍향은 서서히 지균풍에 가까워진다.
③ 마찰층 내의 바람은 위로 올라갈수록 그 변화량이 감소한다.
④ 마찰층 이상 고도에서 바람의 고도 변화는 근본적으로 기온분포에 의존한다.

해설 마찰층 내의 바람은 높이에 따라 항상 시계방향으로 각전이(Angular Shift)가 생기며, 위로 올라갈수록 변하는 양이 감소하여 실제 풍향은 천천히 지균풍에 가까워진다.

정답 06 ② 07 ④ 08 ④ 09 ② 10 ①

11 열섬효과에 관한 설명으로 옳지 않은 것은?
① 도시에서는 인구와 산업의 밀집지대로서 인공적인 열이 시골에 비하여 월등하게 많이 공급된다.
② 열섬현상은 고기압의 영향으로 하늘이 맑고 바람이 약한 때에 잘 발생한다.
③ 도시의 지표면은 시골보다 열용량이 적고 열전도율이 높아 열섬효과의 원인이 된다.
④ 열섬효과로 도시 주위의 시골에서 도시로 바람이 부는데 이를 전원풍이라 한다.

해설 도시의 지표면은 시골보다 열용량이 크고 열전도율이 높아 열섬효과의 원인이 된다.

12 입자상 물질의 농도가 $250\mu g/m^3$이고, 상대습도가 70%인 대도시에서 가시거리는 몇 km인가?(단, 계수 A는 1.3으로 한다.)
① 4.3 ② 5.2 ③ 6.5 ④ 7.2

해설 $L_v(\mathrm{km}) = \dfrac{A \times 10^3}{G} = \dfrac{1.3 \times 10^3}{250\mu g/m^3} = 5.2\mathrm{km}$

13 다음은 바람장미에 관한 설명이다. ( ) 안에 가장 알맞은 것은?

> 바람장미에서 풍향 중 주풍은 막대의 (㉠) 표시하며, 풍속은 (㉡)(으)로 표시한다. 풍속이 (㉢)일 때를 정온(Calm) 상태로 본다.

① ㉠ 길이를 가장 길게, ㉡ 막대의 굵기, ㉢ 0.2m/s 이하
② ㉠ 굵기를 가장 굵게, ㉡ 막대의 길이, ㉢ 0.2m/s 이하
③ ㉠ 길이를 가장 길게, ㉡ 막대의 굵기, ㉢ 1m/s 이하
④ ㉠ 굵기를 가장 굵게, ㉡ 막대의 길이, ㉢ 1m/s 이하

해설 바람장미에서 풍향 중 주풍은 막대의 길이를 가장 길게 표시하며, 풍속은 막대의 굵기로 표시한다. 풍속이 0.2m/s 이하일 때를 정온(Calm) 상태로 본다.

14 태양상수를 이용하여 지구표면의 단위면적이 1분 동안에 받는 평균태양에너지를 구한 값은?
① $0.25\mathrm{cal/cm}^2 \cdot \min$ ② $0.5\mathrm{cal/cm}^2 \cdot \min$
③ $1.0\mathrm{cal/cm}^2 \cdot \min$ ④ $2.0\mathrm{cal/cm}^2 \cdot \min$

해설 태양상수값 $= 2.0\mathrm{cal/cm}^2 \cdot \min$
평균태양에너지 $= 0.5\mathrm{cal/cm}^2 \cdot \min$

15 다음은 황화합물에 관한 설명이다. ( ) 안에 가장 알맞은 것은?

> 전 지구적으로 해양을 통해 자연적 발생원 중 가장 많은 양의 황화합물이 ( ) 형태로 배출되고 있다.

① H_2S ② CS_2
③ $DMS[(CH_3)_2S]$ ④ OCS

해설 전 지구적으로 해양을 통해 자연적 발생원 중 가장 많은 양의 황화합물이 $DMS[(CH_3)_2S]$ 형태로 배출되고 있다.

16 2,000m에서 대기압력(최초 기압)이 805mbar, 온도가 5℃, 비열비 K가 1.4일 때 온위(Potential Temperature)는?(단, 표준압력은 1,000mbar)
① 약 284K ② 약 289K
③ 약 296K ④ 약 324K

해설 $온위(\theta\;;\;K) = T \times \left(\dfrac{1,000}{P}\right)^{0.288}$
$= (273+5) \times \left(\dfrac{1,000}{805}\right)^{0.288} = 295.92\mathrm{K}$

17 환기를 위한 실내공기오염의 지표가 되는 물질로 가장 적합한 것은?
① SO_2 ② NO_2
③ CO ④ CO_2

해설 실내공기오염의 지표가 되는 물질은 CO_2이다.

18 Richardson수(R)에 관한 설명으로 옳지 않은 것은?
① $R = \dfrac{g}{T} \cdot \dfrac{(\Delta T/\Delta z)^2}{\Delta u/\Delta z}$ 로 표시되며, $\Delta T/\Delta z$는 강제대류의 크기, $\Delta u/\Delta z$는 자유대류의 크기를 나타낸다.
② $R > 0.25$일 때는 수직방향의 혼합이 없다.
③ $R = 0$일 때는 기계적 난류만 존재한다.
④ R이 큰 음의 값을 가지면 대류가 지배적이어서 바람이 약하게 되어 강한 수직운동이 일어나며, 굴뚝의 연기는 수직 및 수평방향으로 빨리 분산한다.

해설 $R = \dfrac{g}{T} \cdot \dfrac{\Delta T/\Delta z}{(\Delta u/\Delta z)^2}$ 로 표시되며, $\Delta T/\Delta z$는 자유대류의 크기, $\Delta u/\Delta z$는 강제대류의 크기를 나타낸다.

정답 11 ③ 12 ② 13 ① 14 ② 15 ③ 16 ③ 17 ④ 18 ①

19 다음 중 다이옥신의 광분해에 가장 효과적인 파장범위(nm)는?

① 100~150 ② 250~340
③ 500~800 ④ 1,200~1,500

해설 다이옥신의 처리대책 중 광분해법
250~340nm의 파장범위를 갖는 자외선을 배기가스에 조사하여 다이옥신의 결합을 파괴하는 방법이다.

20 역사적 대기오염사건과 주원인 물질을 바르게 짝지은 것은?

① 뮤즈계곡 사건 – 아황산가스
② 도쿄 요코하마 사건 – 수은
③ 런던스모그 사건 – 오존
④ 포자리카 사건 – 메틸이소시아네이트

해설 ② 도쿄 요코하마 사건 – 아황산가스
③ 런던스모그 사건 – 아황산가스
④ 포자리카 사건 – 황화수소

제2과목 연소공학

21 가연기체와 공기 혼합기체의 가연한계(vol%)가 가장 넓은 것은?

① 메탄 ② 아세틸렌
③ 벤젠 ④ 톨루엔

해설 기체의 폭발한계값(상온, 1atm)

가스	폭발하한치(%)	폭발상한치(%)
일산화탄소(CO)	12.5	74.0
수소(H_2)	4.0	75.0
메탄(CH_4)	5.0	15.0
아세틸렌(C_2H_2)	2.5	81.0
에틸렌(C_2H_4)	2.7	36.0
에탄(C_2H_6)	3.0	12.4
프로필렌(C_3H_6)	2.2	9.7
프로판(C_3H_8)	2.1	9.5
부틸렌(C_4H_8)	1.7	9.9
부탄(C_4H_{10})	1.8	8.5

22 연소 배출가스 분석결과 CO_2 11.9%, O_2 7.1%일 때 과잉공기계수는 약 얼마인가?

① 1.2 ② 1.5
③ 1.7 ④ 1.9

해설 $m = \dfrac{N_2}{N_2 - 3.76 O_2} = \dfrac{81}{81 - (3.76 \times 7.1)} = 1.49$

$[81 = 100 - (11.9 + 7.1)]$

23 다음 중 기체연료의 일반적인 특징으로 가장 거리가 먼 것은?

① 연소조절, 점화 및 소화가 용이한 편이다.
② 회분이 거의 없어 먼지발생량이 적다.
③ 연료의 예열이 쉽고, 저질연료도 고온을 얻을 수 있다.
④ 취급 시 위험성이 적고, 설비비가 적게 든다.

해설 기체연료의 특징
㉠ 부하변동의 범위가 넓고 연소조절이 용이하다.
㉡ 취급 시 위험성이 높고, 설비비가 많이 든다.

24 연료의 연소 시에 과잉공기의 비율을 높임으로써 생기는 현상으로 가장 거리가 먼 것은?

① 에너지 손실이 커진다.
② 연소가스의 희석효과가 높아진다.
③ 화염의 크기가 커지고 연소가스 중 불완전 연소물질의 농도가 증가한다.
④ 공연비가 커지고 연소온도가 낮아진다.

해설 과잉공기의 비율이 높아지면 화염의 크기는 작아지고, 완전연소가 용이해진다.

25 기체연료와 공기를 혼합하여 연소할 경우 다음 중 연소속도가 가장 큰 것은?(단, 대기압, 25℃ 기준)

① 메탄 ② 수소
③ 프로판 ④ 아세틸렌

해설 가연물질의 연소속도

물질	수소	아세틸렌	프로판 및 일산화탄소	메탄
연소속도(cm/sec)	290	150	43	37

정답 19 ② 20 ① 21 ② 22 ② 23 ④ 24 ③ 25 ②

26 유동층 연소에 관한 설명으로 거리가 먼 것은?

① 부하변동에 따른 적응성이 낮은 편이다.
② 높은 열용량을 갖는 균일 온도의 층 내에서는 화염 전파는 필요 없고, 층의 온도를 유지할 만큼의 발열만 있으면 된다.
③ 분탄을 미분쇄 투입하여 석탄 입자의 체류시간을 짧게 유지한다.
④ 주방쓰레기, 슬러지 등 수분함량이 높은 폐기물을 층 내에서 건조와 연소를 동시에 할 수 있다.

해설 ③은 미분탄 연소에 대한 내용이며 유동층 연소는 유동화를 위해 파쇄가 필요하다.

27 다음 자동차 배출가스 중 삼원촉매장치가 적용되는 물질과 가장 거리가 먼 것은?

① CO ② SOx ③ NOx ④ HC

해설 삼원촉매장치는 CO, HC, NOx 성분을 동시에 80% 이상 저감시킬 수 있다.

28 탄소 87%, 수소 13%의 경유 1kg을 공기비 1.3으로 완전연소시켰을 때, 실제건조연소가스 중 CO_2 농도(%)는?

① 10.1% ② 11.7% ③ 12.9% ④ 13.8%

해설 $CO_2(\%) = \dfrac{CO_2 \text{양}}{G_d} \times 100 = \dfrac{1.867C}{G_d} \times 100$

$G_d = G_{od} + (m-1)A_o$
$G_{od} = 0.79 \times A_o + CO_2$
$A_o = \dfrac{1}{0.21}[(1.867 \times 0.87) + (5.6 \times 0.13)]$
$\quad\quad = 11.20 Sm^3/kg$
$\quad\quad = (0.79 \times 11.20) + (1.867 \times 0.87)$
$\quad\quad = 10.472 Sm^3/kg$
$\quad\quad = 10.472 + [(1.3-1) \times 11.20]$
$\quad\quad = 13.832 Sm^3/kg$
$= \dfrac{1.867 \times 0.87}{13.832} \times 100 = 11.74\%$

29 다음 기체연료 중 고위발열량($kcal/Sm^3$)이 가장 낮은 것은?

① 메탄 ② 에탄 ③ 프로판 ④ 에틸렌

해설 기체연료의 발열량은 탄소수와 수소수가 적을수록 발열량이 낮다.
① 메탄(CH_4) ② 에탄(C_2H_6)
③ 프로판(C_3H_8) ④ 에틸렌(C_2H_4)

30 부피비율로 프로판 30%, 부탄 70%로 이루어진 혼합가스 1L를 완전연소시키는 데 필요한 이론공기량(L)은?

① 23.1 ② 28.8 ③ 33.1 ④ 38.8

해설 $C_3H_8 + 5O_2 \rightarrow 3CO_2 + 4H_2O$: 30%
$C_4H_{10} + 6.5O_2 \rightarrow 4CO_2 + 5H_2O$: 70%
혼합이론공기량$(A_o) = \dfrac{(5 \times 0.3) + (6.5 \times 0.7)}{0.21}$
$\quad\quad = 28.81 L/L \times 1L = 28.81L$

31 클링커 장애(Clinker Trouble)가 가장 문제가 되는 연소장치는?

① 화격자 연소장치 ② 유동층 연소장치
③ 미분탄 연소장치 ④ 분무식 오일버너

해설 화격자 연소장치의 단점
㉠ 수분이 많거나 플라스틱같이 열에 쉽게 용해되는 물질에 의한 화격자 막힘의 염려가 있다.
㉡ 체류기간이 길고 교반력이 약하여 국부가열이 발생할 염려가 있다.
㉢ 고온 중에서 기계적 가동에 의해 금속부의 마모 및 손실이 심하게 나타난다.
㉣ 클링커 장애를 유발할 수 있다.

32 저위발열량 11,000kcal/kg인 중유를 완전연소시키는 데 필요한 이론습연소가스양(Sm^3/kg)은?(단, 표준상태 기준, Rosin의 식 적용)

① 약 8.2 ② 약 10.2 ③ 약 12.2 ④ 약 14.2

해설 $G_o = \dfrac{1.11 \times H_l}{1,000}(Sm^3/kg)$
$\quad = \dfrac{1.11 \times 11,000}{1,000} = 12.21 Sm^3/kg$

33 연소실에서 아세틸렌 가스 1kg을 연소시킨다. 이때 연료의 80%(질량기준)가 완전연소되고, 나머지는 불완전연소되었을 때, 발생되는 열량(kcal)은?(단, 연소반응식은 아래 식에 근거하여 계산)

$$C + O_2 \rightarrow CO_2 \quad \Delta H = 97,200 kcal/kmol$$
$$C + \dfrac{1}{2}O_2 \rightarrow CO \quad \Delta H = 29,200 kcal/kmol$$
$$H_2 + \dfrac{1}{2}O_2 \rightarrow H_2O \quad \Delta H = 57,200 kcal/kmol$$

① 39,130 ② 10,530 ③ 9,730 ④ 8,630

정답 26 ③ 27 ② 28 ② 29 ① 30 ② 31 ① 32 ③ 33 ④

해설 **연소반응식**
$C_2H_2 + 2.5O_2 \rightarrow 2CO_2 + H_2O$ (완전연소)
$C_2H_2 + 1.5O_2 \rightarrow 2CO + H_2O$ (불완전연소)
발열량 $= [(2kg \times 97,200kcal/kmol \times 0.8)$
$\quad + (1kg \times 57,200kcal/kmol \times 0.8)$
$\quad + (2kg \times 29,200kcal/kmol \times 0.2)$
$\quad + (57,200kcal/kmol \times 0.2)] \times 1kmol/26kg$
$= 8,630kcal$

34 석유계 액체연료의 탄수소비(C/H)에 대한 설명 중 옳지 않은 것은?

① C/H 비가 클수록 이론공연비가 증가한다.
② C/H 비가 클수록 방사율이 크다.
③ 중질연료일수록 C/H 비가 크다.
④ C/H 비가 클수록 비교적 비점이 높은 연료이며, 매연이 발생되기 쉽다.

해설 C/H 비가 클수록 이론공연비가 감소한다.

35 에탄과 부탄의 혼합가스 $1Sm^3$를 완전연소시킨 결과 배기가스 중 탄산가스의 생성량이 $3.3Sm^3$이었다면 혼합가스 중 에탄과 부탄의 mol비(에탄/부탄)는?

① 2.19 ② 1.86 ③ 0.54 ④ 0.46

해설 $C_4H_{10} + 6.5O_2 \rightarrow 4CO_2 + 5H_2O$
$1Sm^3 \qquad : 4Sm^3$
$xSm^3 \qquad : 4xSm^3$
$C_2H_6 + 3.5O_2 \rightarrow 2CO_2 + 3H_2O$
$1Sm^3 \qquad : 2Sm^3$
$(1-x)Sm^3 : 2(1-x)Sm^3$
$CO_2 = 3.3Sm^3 = 4x + 2(1-x)$
$x(C_4H_{10}) = 0.65$
기체인 경우 → 부피비=mol비
$\left(\dfrac{C_2H_6}{C_4H_{10}}\right) = \dfrac{1-0.65}{0.65} = 0.54$

36 연료 연소 시 검댕(그을음)의 발생에 관한 설명으로 옳지 않은 것은?

① 연료의 탄소/수소의 비가 작을수록 검댕이 발생하기 쉽다.
② 탄소−탄소 간의 결합이 절단되기보다 탈수소가 쉬운 연료일수록 검댕이 쉽게 발생한다.
③ 분해, 산화하기 쉬운 탄화수소 연료일수록 검댕 발생이 적다.
④ 천연가스<LPG<코크스<아탄<중유 순으로 검댕이 많이 발생한다.

해설 연료의 탄소/수소의 비가 클수록 검댕이 발생하기 쉽다.

37 C : 78%, H : 22%로 구성되어 있는 액체연료 1kg을 공기비 1.2로 연소하는 경우에 C의 1%가 검댕으로 발생된다고 하면 건연소가스 $1Sm^3$ 중 검댕의 농도(g/Sm^3)는 약 얼마인가?

① 0.55 ② 0.75 ③ 0.95 ④ 1.05

해설 검댕의 농도(m_d)
$= \dfrac{C_d g/kg}{G_d Sm^3/kg}$

그을음 발생량(C_d) $= 0.78 \times 0.01 kg/kg \times 10^3 g/kg$
$= 7.8 g/kg$

건연소가스양(G_d) $= G_{od} + (m-1)A_o$
$G_{od} = 0.79 A_o + CO_2$
$A_o = (1.867 \times 0.78 + 5.6 \times 0.22)$
$\quad \times \dfrac{1}{0.21} = 12.80 Sm^3/kg$
$= 0.79 \times 12.80 + 1.867 \times 0.78$
$= 11.57 Sm^3/kg$
$= 11.57 + (1.2-1) \times 12.80$
$= 14.13 Sm^3/kg$

$= \dfrac{7.8 g/kg}{14.13 Sm^3/kg} = 0.55 g/Sm^3$

38 다음 중 건타입(Gun Type) 버너에 관한 설명으로 틀린 것은?

① 형식은 유압식과 공기분무식을 합한 것이다.
② 유압은 보통 $7kg/cm^2$ 이상이다.
③ 연소가 양호하고, 전자동 연소가 가능하다.
④ 유량조절 범위가 넓어 대용량에 적합하다.

해설 건타입(Gun Type) 버너의 형식은 유압식과 공기분무식을 합한 것으로 유압은 보통 $7kg/cm^2$ 이상이며, 연소가 양호하고, 소형이며 전자동 연소가 가능하다는 특징이 있다.

정답 34 ① 35 ③ 36 ① 37 ① 38 ④

39 액화석유가스에 관한 설명으로 옳지 않은 것은?

① 황분이 적고 독성이 없다.
② 비중이 공기보다 가볍고, 누출될 경우 쉽게 인화·폭발될 수 있다.
③ 발열량은 20,000~30,000kcal/Sm³ 정도로 매우 높다.
④ 유지 등을 잘 녹이기 때문에 고무 패킹이나 유지로 된 도포제로 누출을 막는 것은 어렵다.

해설 액화석유가스(LPG)는 비중이 공기보다 무거워 누출 시 인화·폭발의 위험성이 높은 편이다.

40 연소과정에서 NOx의 발생 억제 방법으로 틀린 것은?

① 2단 연소 ② 저온도 연소
③ 고산소 연소 ④ 배기가스 재순환

해설 NOx의 발생 억제 방법
㉠ 저온 연소 ㉡ 저산소 연소
㉢ 저 NOx버너 연소 ㉣ 배기가스 재순환법
㉤ 유동층 연소 ㉥ 2단 연소

제4과목　대기오염방지기술

41 다음 중 접선유입식 원심력 집진장치의 특징을 옳게 설명한 것은?

① 장치의 압력손실은 5,000mmH₂O이다.
② 장치 입구의 가스속도는 18~20cm/s이다.
③ 입구모양에 따라 나선형과 와류형으로 분류된다.
④ 도익선회식이라고도 하며, 반전형과 직진형이 있다.

해설
① 장치의 압력손실은 50~100mmH₂O이다.
② 장치입구의 가스속도는 7~15m/sec이다.
④ 도익선회식은 축류식을 말하며 반전형과 직진형이 있다.

42 여과집진장치에서 여과포 탈진방법의 유형이라고 볼 수 없는 것은?

① 진동형 ② 역기류형
③ 충격제트기류 분사형 ④ 승온형

해설 여과포 탈진방법
㉠ 간헐식 : 진동형, 역기류형, 역기류진동형
㉡ 연속식 : 역제트기류 분사형, 충격제트기류 분사형

43 매시간 4ton의 중유를 연소하는 보일러의 배연 탈황에 수산화나트륨을 흡수제로 하여 부산물로서 아황산나트륨을 회수한다. 중유 중 황성분이 3.5%, 탈황률이 98%라면 필요한 수산화나트륨의 이론량(kg/h)은?(단, 중유 중 황성분은 연소 시 전량 SO_2로 전환되며, 표준상태를 기준으로 한다.)

① 230 ② 343
③ 452 ④ 553

해설 $S + O_2 \rightarrow SO_2 + 2NaOH \rightarrow Na_2SO_3 + H_2O$
$S \rightarrow 2NaOH$
$32kg : 2 \times 40kg$
$4,000kg/hr \times 0.035 \times 0.98 : NaOH(kg/hr)$
$NaOH(kg/hr) = \dfrac{4,000kg/hr \times 0.035 \times 0.98 \times (2\times 40)kg}{32kg}$
$= 343kg/hr$

44 집진장치의 입구 쪽 처리가스유량이 300,000Sm³/hr, 먼지농도가 15g/Sm³이고, 출구 쪽의 처리된 가스의 유량은 305,000Sm³/hr, 먼지농도가 40mg/Sm³이었다. 이 집진장치의 집진율은 몇 %인가?

① 98.6 ② 99.1
③ 99.7 ④ 99.9

해설 $\eta = \left(1 - \dfrac{C_o \times Q_o}{C_i \times Q_i}\right) \times 100$
$= \left(1 - \dfrac{0.04 \times 305,000}{15 \times 300,000}\right) \times 100 = 99.73\%$

45 VOCs를 98% 이상 제어하기 위한 VOCs 제어기술과 가장 거리가 먼 것은?

① 후연소
② 루프(Loop) 산화
③ 재생(Regenerative) 열산화
④ 저온(Cryogenic) 응축

해설 루프(loop) 산화는 산성가스를 전환시키는 방법이다.

정답　39 ②　40 ③　41 ③　42 ④　43 ②　44 ③　45 ②

46 관성력집진장치의 집진율 향상조건으로 가장 거리가 먼 것은?

① 적당한 Dust Box의 형상과 크기가 필요하다.
② 기류의 방향전환 횟수가 많을수록 압력손실은 커지지만 집진율은 높아진다.
③ 보통 충돌 직전에 처리가스 속도가 크고, 처리 후 출구 가스 속도가 작을수록 집진율은 높아진다.
④ 함진가스의 충돌 또는 기류 방향 전환 직전의 가스속도가 작고, 방향 전환 시 곡률 반경이 클수록 미세입자 포집이 용이하다.

해설 함진가스의 충돌 또는 기류 방향 전환 직전의 가스속도가 적당히 빠르고, 방향 전환 시 곡률 반경이 작을수록 미세입자의 포집이 용이하다. 곡률 반경을 작게 한다는 것은 그만큼 설치간격이 좁게 되어 있음을 의미한다.

47 평판형 전기집진장치의 집진판 사이의 간격이 10cm, 가스의 유속은 3m/s, 입자가 집진극으로 이동하는 속도가 4.8cm/s일 때, 층류영역에서 입자를 완전히 제거하기 위한 이론적인 집진극의 길이(m)는?

① 1.34   ② 2.14
③ 3.13   ④ 4.29

해설 $L = \dfrac{R \times V}{W_e}$

$= \dfrac{(10cm/2) \times m/100cm \times 3m/sec}{0.048m/sec}$

$= 3.13m$

48 벤츄리 스크러버의 액가스비를 크게 하는 요인으로 가장 거리가 먼 것은?

① 먼지 입자의 점착성이 클 때
② 먼지 입자의 친수성이 클 때
③ 먼지의 농도가 높을 때
④ 처리가스의 온도가 높을 때

해설 벤츄리 스크러버(Venturi Scrubber)에서의 액가스비(L/m³)는 일반적으로 분진의 입경이 작고, 친수성이 작을수록 크게 유지한다.

49 침강실의 길이가 5m인 중력집진장치를 사용하여 침강집진할 수 있는 먼지의 최소입경이 140μm였다. 이 길이를 2.5배로 변경할 경우 침강실에서 집진 가능한 먼지의 최소입경(μm)은?(단, 배출가스의 효율은 층류이고 길이 이외의 모든 설계조건은 동일하다.)

① 약 70   ② 약 89   ③ 약 99   ④ 약 129

해설 $d_p = \sqrt{\dfrac{18 \cdot V \cdot \mu \cdot H}{(\rho_p - \rho)g \cdot L}}$

$d_p \propto \left(\dfrac{1}{L}\right)^{1/2}$ 의 비례식이 성립되므로

$140 : \left(\dfrac{1}{5}\right)^{1/2} = X : \left(\dfrac{1}{12.5}\right)^{1/2}$

$X = 88.55\mu m$

50 냄새물질에 관한 다음 설명 중 가장 거리가 먼 것은?

① 물리화학적 자극량과 인간의 감각강도 관계는 Ranney 법칙과 잘 맞는다.
② 골격이 되는 탄소수는 저분자일수록 관능기 특유의 냄새가 강하고 자극적이며, 8~13에서 가장 향기가 강하다.
③ 분자 내 수산기의 수는 1개일 때 가장 강하고 수가 증가하면 약해져서 무취에 이른다.
④ 불포화도가 높으면 냄새가 보다 강하게 난다.

해설 물리화학적 자극량과 인간의 감각강도 관계는 Weber-fechner 법칙이 잘 맞는다.

51 다음과 같은 특성을 가진 유해물질은?

- 인화성이 있고, 연소 시 유독가스를 발생시킨다.
- 무색의 비점(26℃ 정도)이 낮은 액체이고, 그 증기는 약간 방향성을 가진다.
- 물, 알코올, 에테르 등과 임의의 비율로도 혼합되며, 그 수용액은 극히 약한 산성을 나타낸다.
- 폭발성도 강하고, 물에 대한 용해도가 매우 크다.

① 시안화수소(HCN)   ② 아세트산(CH_3COOH)
③ 벤젠(C_6H_6)   ④ 염소(Cl_2)

해설 시안화수소(HCN)
㉠ 상온에서 무색투명한 액체(일부 기체)로 복숭아씨 냄새 비슷한 자극취를 내며 비중은 약 0.7 정도이다.
㉡ 유성섬유, 플라스틱, 시안염 제조에 사용되며 원형질(Protoplasmic) 독성이 나타난다.

정답 46 ④ 47 ③ 48 ② 49 ② 50 ① 51 ①

ⓒ 독성은 두통, 갑상선 비대, 코 및 피부자극 등이며 중추신경계의 기능 마비를 일으켜 심한 경우 사망에 이른다.
ⓓ 호기성 세포가 산소 이용에 관여하는 시토크롬 산화제를 억제한다. 즉, 시안이온이 존재하여 산소를 얻을 수 없다.

52 집진효율이 98%인 집진시설에서 처리 후 배출되는 먼지농도가 0.3g/m³일 때 유입된 먼지의 농도는 몇 g/m³인가?

① 10 ② 15 ③ 20 ④ 25

해설 $\eta = 1 - \dfrac{C_o}{C_i}$

$C_i = \dfrac{C_o}{1-\eta} = \dfrac{0.3\text{g/m}^3}{(1-0.98)} = 15\text{g/m}^3$

53 충전탑에 사용되는 충전물에 관한 설명으로 옳지 않은 것은?

① 가스와 액체가 전체에 균일하게 분포될 수 있도록 하여야 한다.
② 충전물의 단면적은 기액 간의 충분한 접촉을 위해 작은 것이 바람직하다.
③ 하단의 충전물이 상단의 충전물에 의해 눌려있으므로 이 하중을 견디는 내강성이 있어야 하며, 또한 충전물의 강도는 충전물의 형상에도 관련이 있다.
④ 충분한 기계적 강도와 내식성이 요구되며 단위부피 내의 표면적이 커야 한다.

해설 충전물의 단면적은 기액 간의 충분한 접촉을 위해 큰 것이 바람직하다.

54 다음은 불소화합물 처리에 관한 설명이다. ( ) 안에 알맞은 화학식은?

사불화규소는 물과 반응해서 콜로이드 상태의 규산과 ( )이 생성된다.

① CaF_2 ② $NaHF_2$ ③ $NaSiF_6$ ④ H_2SiF_6

해설 SiF_4가 물에 흡수될 때 생성되는 규산(SiO_2)이 수면에 고체막을 형성하여 충전제의 공극을 막고 흡수를 저해하므로 액분산형 장치 중에서 충전탑은 사용하지 말고, 분무탑(Spray Tower)을 사용하면 효과적이다.
$SiF_4 + 2H_2O \leftrightarrows SiO_2 + 4HF$
$2HF + SiF_4 \leftrightarrows H_2SiF_6$ (규불화수소산)

55 온도 25℃인 염산액적을 포함한 배출가스 1.5m³/sec를 폭 9m, 높이 7m, 길이 10m인 침강집진기로 집진제거한다. 염산 비중이 1.6이라면 이 침강집진기가 집진할 수 있는 최소제거입경(μm)은?(단, 25℃에서의 공기점도는 1.85×10^{-5}kg/m·sec)

① 약 12 ② 약 19 ③ 약 32 ④ 약 42

해설 $d_{p\min}(\mu m)$

$= \left[\dfrac{18\mu Q}{(\rho_p - \rho)gWL}\right]^{1/2} \times 10^6 \mu m/m$

$= \left[\dfrac{\begin{array}{l}18 \times 1.85 \times 10^{-5}\text{kg/m}\cdot\text{sec}\\ \times 1.5\text{m}^3/\text{sec}\end{array}}{\begin{array}{l}(1,600 - 1.19)\text{kg/m}^3 \times 9.8\text{m/sec}^2\\ \times 9\text{m} \times 10\text{m}\end{array}}\right]^{1/2} \times 10^6 \mu m/m$

$= 18.82 \mu m$

56 A공장의 연마실에서 발생되는 배출가스의 먼지제거에 cyclone이 사용되고 있다. 유입폭이 40cm이고, 유효회전수 5회, 입구유입속도 10m/s로 가동 중인 공정조건에서 $10\mu m$ 먼지입자의 부분집진효율은 몇 %인가? (단, 먼지의 밀도는 1.6g/cm^3, 가스점도는 1.75×10^{-4} g/cm·s, 가스밀도는 고려하지 않음)

① 약 40 ② 약 45 ③ 약 50 ④ 약 55

해설 부분집진율(%)

$= \dfrac{d_p^2(\rho_p - \rho)\pi \times V \times N_e}{9\mu B} \times 100$

$= \left[\dfrac{\begin{array}{l}(10\mu m \times 10^{-6}\text{m}/\mu m)^2 \times (1,600\text{kg/m}^3)\\ \times 3.14 \times 10\text{m/sec} \times 5\end{array}}{9 \times 1.75 \times 10^{-5}\text{kg/m}\cdot\text{sec} \times 0.4\text{m}}\right] \times 100$

$= 0.3987 \times 100$
$= 39.88\%$

57 전기집진장치의 장애현상 중 먼지의 비저항이 비정상적으로 높아 2차 전류가 현저하게 떨어질 때의 대책으로 다음 중 가장 적합한 것은?

① baffle을 설치한다. ② 방전극을 교체한다.
③ 스파크 횟수를 늘린다. ④ 바나듐을 투입한다.

해설 2차 전류가 현저하게 떨어질 때의 대책
ⓐ 스파크의 횟수를 늘린다.
ⓑ 조습용 스프레이 수량을 늘린다.
ⓒ 입구먼지농도를 적절히 조절한다.

정답 52 ② 53 ② 54 ④ 55 ② 56 ① 57 ③

58. 다음 세정집진장치 중 입구유속(기본유속)이 가장 빠른 것은?

① Jet Scrubber
② Venturi Scrubber
③ Theisen Washer
④ Cyclone Scrubber

해설 벤츄리 스크러버(Venturi Scrubber)
가스입구에 벤츄리관을 삽입하고 배기가스를 벤츄리관의 목부에 유속 60~90m/sec로 빠르게 공급하여 목부 주변의 노즐로부터 세정액을 흡인 분사되게 함으로써 포집하는 방식, 즉 기본유속이 클수록 작은 액적이 형성되어 미세입자를 제거한다.

59. 다이옥신의 처리대책으로 가장 거리가 먼 것은?

① 촉매분해법 : 촉매로는 금속 산화물(V_2O_5, TiO_2 등), 귀금속(Pt, Pd)이 사용된다.
② 광분해법 : 자외선파장(250~340nm)이 가장 효과적인 것으로 알려져 있다.
③ 열분해방법 : 산소가 아주 적은 환원성 분위기에서 탈염소화, 수소첨가반응 등에 의해 분해시킨다.
④ 오존분해법 : 수중 분해 시 순수의 경우는 산성일수록, 온도는 20℃ 전후에서 분해속도가 커지는 것으로 알려져 있다.

해설 오존분해법
수중분해 시 순수의 경우는 염기성일수록, 온도는 높을수록 분해속도가 커지는 것으로 알려져 있다.

60. 유해가스의 처리를 위해 흡착법에 사용되는 흡착제에 관한 설명으로 옳지 않은 것은?

① 활성탄이 가장 많이 사용되며, 주로 극성물질에 유효한 반면, 유기용제의 증기 제거는 낮다.
② 실리카겔은 250℃ 이하에서 물과 유기물을 잘 흡착한다.
③ 활성알루미나는 물과 유기물을 잘 흡착하며 175~325℃로 가열하여 재생시킬 수 있다.
④ 합성제올라이트는 극성이 다른 물질이나 포화 정도가 다른 탄화수소의 분리가 가능하다.

해설 활성탄이 가장 많이 사용되며, 주로 비극성물질에 유효하고, 유기용제의 증기제거에 효율이 좋다.

제4과목 대기오염공정시험기준(방법)

61. 배출가스 중 납화합물의 자외선/가시선 분광법에 관한 설명이다. ( ) 안에 알맞은 것은?

납 이온을 시안화포타슘용액 중에서 디티존에 적용시켜서 생성되는 납 디티존 착염을 클로로포름으로 추출하고, 과량의 디티존은 (㉠)(으)로 씻어내어, 납착염의 흡수도를 (㉡)에서 측정하여 정량하는 방법이다.

① ㉠ 시안화포타슘용액 ㉡ 520nm
② ㉠ 사염화탄소 ㉡ 520nm
③ ㉠ 시안화포타슘용액 ㉡ 400nm
④ ㉠ 사염화탄소 ㉡ 400nm

해설 납 이온을 시안화포타슘용액 중에서 디티존에 적용시켜서 생성되는 납 디티존 착염을 클로로포름으로 추출하고, 과량의 디티존은 시안화포타슘용액으로 씻어내어, 납착염의 흡수도를 520nm에서 측정하여 정량하는 방법이다.

62. 원자흡수분광광도법에서 화학적 간섭을 방지하는 방법으로 가장 거리가 먼 것은?

① 이온교환에 의한 방해물질 제거
② 표준첨가법의 이용
③ 미량의 간섭원소 첨가
④ 은폐제의 첨가

해설 원자흡수분광광도법(화학적 간섭을 피하는 방법)
㉠ 이온교환이나 용매추출 등에 의한 방해물질의 제거
㉡ 과량의 간섭원소의 첨가
㉢ 간섭을 피하는 양이온(예 : 란타늄, 스트론튬, 알칼리 원소 등) 음이온 또는 은폐제, 킬레이트제 등의 첨가
㉣ 목적원소의 용매추출
㉤ 표준첨가법의 이용

63. 굴뚝 배출가스 중 휘발성 유기화합물을 테들러백(Tedlar Bag)을 이용하여 채취하고자 할 때 가장 거리가 먼 것은?

① 진공용기는 1~10L의 테들러백을 담을 수 있어야 한다.
② 소각시설의 배출구같이 테들러백 내로 입자상 물질의 유입이 우려되는 경우에는 여과재를 사용하여 입자상 물질을 걸러주어야 한다.

정답 58 ② 59 ④ 60 ① 61 ① 62 ③ 63 ③

③ 테들러백의 각 장치의 모든 연결부위는 유리 재질의 관을 사용하여 연결하고, 밀봉윤활유 등을 사용하여 누출이 없도록 하여야 한다.
④ 배출가스의 온도가 100℃ 미만으로 테들러백 내에 수분응축의 우려가 없는 경우 응축수트랩을 사용하지 않아도 무방하다.

해설 테들러백의 각 장치의 모든 연결부위는 밀봉 그리스(윤활유) 등을 사용하지 않고 불소수지 재질인 것을 사용하여 누출이 없어야 한다.

64 비분산 적외선 분석계의 구성에서 ( ) 안에 들어갈 명칭을 옳게 나열한 것은?(단, 복광속 분석계)

광원 - (㉠) - (㉡) - 시료셀 - 검출기 - 증폭기 - 지시계

① ㉠ 광학섹터, ㉡ 회전섹터
② ㉠ 회전섹터, ㉡ 광학필터
③ ㉠ 광학필터, ㉡ 회전필터
④ ㉠ 회전섹터, ㉡ 광학섹터

해설 비분산 적외선 분석계의 구성장치 순서
광원 - 회전섹터 - 광학필터 - 시료셀 - 검출기 - 증폭기 - 지시계

65 대기오염공정시험기준에서 규정한 환경대기 중 금속성분을 위한 주 시험방법은?

① 원자흡수분광광도법
② 자외선/가시선분광법
③ 이온크로마토그래피
④ 유도결합플라스마 원자발광분광법

해설 금속성분의 주 시험방법
원자흡수분광광도법

66 대기오염공정시험기준상 일반시험방법에 관한 설명으로 옳은 것은?

① 상온은 15~25℃, 실온은 1~35℃로 하고, 찬 곳은 따로 규정이 없는 한 4℃ 이하의 곳을 뜻한다.
② 냉후(식힌 후)라 표시되어 있을 때는 보온 또는 가열 후 상온까지 냉각된 상태를 뜻한다.
③ 시험은 따로 규정이 없는 한 상온에서 조작하고 조작 직후 그 결과를 관찰한다.
④ 냉수는 4℃ 이하, 온수는 50~60℃, 열수는 100℃를 말한다.

해설 온도의 표시
㉠ 표준온도는 0℃, 상온은 15~25℃, 실온은 1~35℃로 하고, 찬 곳은 따로 규정이 없는 한 0~15℃의 곳을 뜻한다.
㉡ "냉후"(식힌 후)라 표시되어 있을 때는 보온 또는 가열 후 실온까지 냉각된 상태를 뜻한다.
㉢ 냉수는 15℃ 이하, 온수는 60~70℃, 열수는 약 100℃를 말한다.

67 굴뚝 배출가스 중 산소측정분석에 사용되는 화학분석법(오르자트분석법)에 관한 설명으로 옳지 않은 것은?

① 각각의 흡수액을 사용하여 탄산가스, 산소의 순으로 흡수한다.
② 탄산가스의 흡수액에는 수산화포타슘의 용액을 사용한다.
③ 산소 흡수액을 만들 때는 되도록 공기와의 접촉을 피한다.
④ 산소 흡수액은 물과 수산화소듐을 녹인 용액에 피로가롤을 녹인 용액으로 한다.

해설 오르자트 가스 분석계에 사용되는 산소 흡수액
물 100mL에 수산화포타슘 60g을 녹인 용액과 물 100mL에 피로가롤[$C_6H_3(OH)_3$, pyrogallol, 분자량 : 126.11, 특급] 12g을 녹인 용액을 혼합한 용액을 말한다.

68 연료의 연소로부터 배출되는 굴뚝 배출가스 중 일산화탄소를 정전위전해법으로 분석하고자 할 때 주요 성능기준으로 옳지 않은 것은?

① 90% 응답 시간은 2분 30초 이내이다.
② 재현성은 측정범위 최대 눈금값의 ±2% 이내이다.
③ 적용범위는 최고 5%이다.
④ 전압 변동에 대한 안정성은 최대 눈금값의 ±1% 이내이다.

해설 ※ 법규 변경사항이므로 학습 안 하셔도 무방합니다.

69 환경대기 중 가스상 물질의 시료채취방법에서 시료가스를 일정유량으로 통과시키는 것으로 채취관 - 여과재 - 채취부 - 흡입펌프 - 유량계(가스미터)의 순으로 시료를 채취하는 방법은?

① 용기채취법
② 용매채취법
③ 직접채취법
④ 포집여지에 의한 방법

정답 64 ② 65 ① 66 ③ 67 ④ 68 ③ 69 ②

해설 환경대기 중 가스상 물질 시료채취방법 중 용매채취법 장치의 구성순서
채취관 – 여과재 – 채취부 – 흡입펌프 – 유량계(가스미터)

70 다음 중 다이에틸아민구리 용액에서 시료가스를 흡수시켜 생성된 다이에틸다이싸이오카밤산구리의 흡광도를 435nm의 파장에서 측정하는 항목은?

① CS_2 ② H_2S ③ HCN ④ PAH

해설 배출가스 중 이황화탄소(자외선/가시선 분광법)
화학반응 등에 따라 굴뚝으로부터 배출되는 기체 중의 이황화탄소를 분석하는 방법에 관하여 규정한다. 다이에틸아민구리 용액에서 시료가스를 흡수시켜 생성된 다이에틸다이싸이오카밤산구리의 흡광도를 435nm의 파장에서 측정하여 이황화탄소를 정량한다.

71 굴뚝 배출가스 중 황산화물의 시료채취 장치에 관한 설명으로 옳지 않은 것은?

① 가열 부분에 있어서의 배관의 접속은 채취관과 같은 재질, 혹은 보통 고무관을 사용한다.
② 시료 중의 황산화물과 수분이 응축되지 않도록 시료채취관과 콕 사이를 가열할 수 있는 구조로 한다.
③ 시료 중에 먼지가 섞여 들어가는 것을 방지하기 위하여 채취관의 앞 끝에 알칼리(Alkali)가 없는 유리솜 등 적당한 여과재를 넣는다.
④ 시료채취관은 배출가스 중의 황산화물에 의해 부식되지 않는 재질, 예를 들면 유리관, 석영관, 스테인리스 강관 등을 사용한다.

해설 가열 부분에 있어서의 배관의 접속은 갈아맞춤 또는 실리콘 고무관을 사용하고 보통 고무관을 사용하면 안 된다.

72 환경대기 중 석면농도를 측정하기 위해 위상차현미경을 사용한 계수방법에 관한 설명 중 ( ) 안에 알맞은 것은?

> 시료채취 측정시간은 주간시간대에(오전 8시~오후 7시) (㉠)으로 1시간 측정하고, 유량계의 부자를 (㉡)되게 조정한다.

① ㉠ 1L/min ㉡ 1L/min
② ㉠ 1L/min ㉡ 10L/min
③ ㉠ 10L/min ㉡ 1L/min
④ ㉠ 10L/min ㉡ 10L/min

해설 시료채취 측정시간은 주간시간대에(오전 8시~오후 7시) 10L/min으로 1시간 측정하고, 유량계의 부자를 10L/min 되게 조정한다.

73 고용량공기시료채취법을 사용하여 비산먼지를 측정하고자 한다. 풍속이 0.5m/s 미만 또는 10m/s 이상되는 시간이 전 채취시간의 50% 미만일 때 풍속에 대한 보정계수는?

① 0.8 ② 1.0 ③ 1.2 ④ 1.5

해설 풍속에 대한 보정계수

풍속범위	보정계수
풍속이 0.5m/s 미만 또는 10m/s 이상되는 시간이 전 채취시간의 50% 미만일 때	1.0
풍속이 0.5m/s 미만 또는 10m/s 이상되는 시간이 전 채취시간의 50% 이상일 때	1.2

74 기체크로마토그래피에서 정량분석방법과 가장 거리가 먼 것은?

① 넓이 백분율법 ② 표준물첨가법
③ 내부표준물질법 ④ 절대검정곡선법

해설 기체크로마토그래피에서 정량분석방법
㉠ 절대검정곡선법 ㉡ 넓이 백분율법
㉢ 보정 넓이 백분율법 ㉣ 상대검정곡선법
㉤ 표준물첨가법

75 굴뚝 배출가스 중 먼지를 반자동식 측정법으로 채취하고자 할 경우, 먼지시료채취 기록지 서식에 기재되어야 할 항목과 거리가 먼 것은?

① 배출가스 온도(℃) ② 오리피스 압차(mmH₂O)
③ 여과지 표면적(cm^2) ④ 수분량(%)

해설 먼지시료채취 기록지
공장명, 측정대상명, 작성자명, 측정일, 측정번호, 오리피스미터 ΔH, 산소량(%), 등속흡입계수(%), 피토관계수, 기온 ℃, 기압 mmHg, 수분량 %, 흡입관 길이 m, 흡입노즐 직경 cm, 배출가스정압 mmHg, 굴뚝단면 및 측정점 배열, 여과지 번호

정답 70 ① 71 ① 72 ④ 73 ② 74 ③ 75 ③

76
다음은 굴뚝 등에서 배출되는 질소산화물의 자동연속측정방법(자외선흡수분석계 사용)에 관한 설명이다. ( ) 안에 가장 적합한 물질은?

> 합산증폭기는 신호를 증폭하는 기능과 일산화질소 측정파장에서 ( )의 간섭을 보정하는 기능을 가지고 있다.

① 수분
② 아황산가스
③ 이산화탄소
④ 일산화탄소

해설 굴뚝배출 질소산화물-자동연속측정방법(자외선흡수분석계)
합산증폭기 : 신호를 증폭하는 기능과 일산화질소 측정파장에서 아황산가스의 간섭을 보정하는 기능이 있다.

77
굴뚝배출가스 중 분석대상가스별 흡수액과의 연결로 옳지 않은 것은?

① 불소화합물 - 수산화소듐용액(0.1N)
② 황화수소 - 아세틸아세톤용액(0.2N)
③ 벤젠 - 질산암모늄+황산(1 → 5)
④ 브롬화합물 - 수산화소듐용액(질량분율 0.4%)

해설 황화수소는 아연아민 착염용액이 흡수액이다.

78
염산(1 + 4)라고 되어 있을 때, 실제 조제할 경우 어떻게 하는가?

① 염산 1mL를 물 2mL에 혼합한다.
② 염산 1mL를 물 3mL에 혼합한다.
③ 염산 1mL를 물 4mL에 혼합한다.
④ 염산 1mL를 물 5mL에 혼합한다.

해설 염산(1+4)라 표시한 것은 염산 1용량에 물 4용량을 혼합한 것이다.

79
기체크로마토그래피로 굴뚝 배출가스 중 일산화탄소를 분석 시 분석기기 및 기구 등의 사용에 관한 설명과 가장 거리가 먼 것은?

① 운반가스 : 부피분율 99.9% 이상의 헬륨
② 충전제 : 활성알루미나(Al_2O_3 93.1%, SiO_2 0.02%)
③ 검출기 : 메테인화 반응장치가 있는 불꽃이온화 검출기
④ 분리관 : 내면을 잘 세척한 안지름 2~4mm, 길이 0.5~1.5m인 스테인리스강 재질관

해설 충전제는 합성제올라이트(molecular sieve 5A, 13X 등이 있음)를 사용한다.

80
굴뚝배출가스 중 먼지 측정 시 등속흡인 정도를 보기 위하여 등속흡입계수(%)를 산정한다. 이때 그 값이 몇 % 범위 내에 들지 않는 경우 다시 시료를 채취하여야 하는가?

① 90~105%
② 90~110%
③ 95~105%
④ 95~110%

해설 등속흡입계수는 95~110% 범위이어야 한다.

제5과목 | 대기환경관계법규

81
다음은 대기환경보전법규상 대기오염 경보단계별 오존의 해제(농도)기준이다. ( ) 안에 알맞은 것은?

> 중대경보가 발령된 지역의 기상조건 등을 검토하여 대기자동측정소의 오존농도가 (㉠)ppm 이상 (㉡)ppm 미만일 때는 경보로 전환한다.

① ㉠ 0.3, ㉡ 0.5
② ㉠ 0.5, ㉡ 1.0
③ ㉠ 1.0, ㉡ 1.2
④ ㉠ 1.2, ㉡ 1.5

해설 중대경보가 발령된 지역의 기상조건 등을 검토하여 대기자동측정소의 오존농도가 0.3ppm 이상 0.5ppm 미만일 때는 경보로 전환한다.

82
대기환경보전법상 배출가스 전문정비사업자 지정을 받은 자가 고의로 정비업무를 부실하게 하여 받은 업무정지명령을 위반한 자에 대한 벌칙기준으로 옳은 것은?

① 7년 이하의 징역이나 1억 원 이하의 벌금
② 5년 이하의 징역이나 3천만 원 이하의 벌금
③ 1년 이하의 징역이나 1천만 원 이하의 벌금
④ 300만 원 이하의 벌금

해설 대기환경보전법 제91조 참고

83
실내공기질 관리법규상 자일렌 항목의 신축공동주택의 실내공기질 권고기준은?

① $30\mu g/m^3$ 이하
② $210\mu g/m^3$ 이하
③ $300\mu g/m^3$ 이하
④ $700\mu g/m^3$ 이하

정답 76 ② 77 ② 78 ③ 79 ② 80 ④ 81 ① 82 ③ 83 ④

해설 신축공동주택의 실내공기질 권고기준
- ㉠ 포름알데하이드 : $210\mu g/m^3$ 이하
- ㉡ 벤젠 : $30\mu g/m^3$ 이하
- ㉢ 톨루엔 : $1,000\mu g/m^3$ 이하
- ㉣ 에틸벤젠 : $360\mu g/m^3$ 이하
- ㉤ 자일렌 : $700\mu g/m^3$ 이하
- ㉥ 스티렌 : $300\mu g/m^3$ 이하
- ㉦ 라돈 : $148Bq/m^3$ 이하

84 대기환경보전법규상 위임업무의 보고횟수 기준이 "수시"에 해당되는 업무 내용은?
① 환경오염사고 발생 및 조치사항
② 자동차 연료 및 첨가제의 제조·판매 또는 사용에 대한 규제현황
③ 첨가제의 제조기준 적합 여부 검사현황
④ 수입자동차 배출가스 인증 및 검사현황

해설 환경오염사고 발생 및 조치 사항은 위임업무의 보고횟수 기준이 "수시"에 해당한다.

85 대기환경보전법규상 비산먼지 발생을 억제하기 위한 시설의 설치 및 필요한 조치에 관한 기준 중 야적(분체상 물질을 야적하는 경우에만 해당)에 관한 기준으로 옳지 않은 것은?(단, 예외사항은 제외)
① 야적물질을 1일 이상 보관하는 경우 방진덮개로 덮을 것
② 야적물질로 인한 비산먼지 발생 억제를 위하여 물을 뿌리는 시설을 설치할 것(고철야적장과 수용성 물질 등의 경우는 제외한다.)
③ 야적물질의 최고저장높이의 1/3 이상의 방진벽을 설치할 것
④ 야적물질의 최고저장높이의 1/3 이상의 방진망(막)을 설치할 것

해설 야적물질의 최고저장높이의 1/3 이상의 방진벽을 설치하고, 최고저장높이의 1.25배 이상의 방진망(막)을 설치할 것

86 다음은 대기환경보전법규상 대기환경 규제지역의 지정대상지역기준이다. ( ) 안에 알맞은 것은?

- 대기환경보전법에 따른 상지측정 결과 대기오염도가 환경정책기본법에 따라 설정된 환경기준을 초과한 지역
- 대기환경보전법에 따른 상시측정을 하지 아니하는 지역 중 이 법에 따라 조사된 대기오염물질배출량을 기초로 산정한 대기오염도가 환경기준의 ( )인 지역

① 50퍼센트 이상
② 60퍼센트 이상
③ 70퍼센트 이상
④ 80퍼센트 이상

해설 대기환경보전법에 따른 상시측정을 하지 아니하는 지역 중 이 법에 따라 조사된 대기오염물질배출량을 기초로 산정한 대기오염도가 환경기준의 80퍼센트 이상인 지역

87 대기환경보전법규상 운행차배출허용기준 중 일반기준으로 옳지 않은 것은?
① 알코올만 사용하는 자동차는 탄화수소 기준을 적용하지 아니한다.
② 휘발유와 가스를 같이 사용하는 자동차의 배출가스 측정 및 배출허용기준은 휘발유의 기준을 적용한다.
③ 1993년 이후에 제작된 자동차 중 과급기(Turbo Charger)나 중간냉각기(Intercooler)를 부착한 경유 사용 자동차의 배출허용기준은 무부하급가속 검사방법의 매연 항목에 대한 배출허용기준에 5%를 더한 농도를 적용한다.
④ 수입자동차는 최초등록일자를 제작일자로 본다.

해설 휘발유와 가스를 같이 사용하는 자동차의 배출가스 측정 및 배출허용기준은 가스의 기준을 적용한다.

88 대기환경보전법상 저공해자동차로의 전환 또는 개조 명령, 배출가스저감장치의 부착·교체명령 또는 배출가스 관련 부품의 교체 명령, 저공해엔진(혼소엔진을 포함한다.)으로의 개조 또는 교체 명령을 이행하지 아니한 자에 대한 과태료 부과기준은?
① 300만 원 이하의 과태료
② 500만 원 이하의 과태료
③ 1천만 원 이하의 과태료
④ 2천만 원 이하의 과태료

해설 대기환경보전법 제94조 참고

89 대기환경보전법규상 특정대기유해물질이 아닌 것은?
① 니켈 및 그 화합물
② 이황화메틸
③ 다이옥신
④ 알루미늄 및 그 화합물

해설 알루미늄 및 그 화합물은 특정대기유해물질이 아니다.

정답 84 ① 85 ④ 86 ④ 87 ② 88 ① 89 ④

90 실내공기질 관리법규상 실내주차장의 ㉠ PM-10($\mu g/m^3$) ㉡ CO(ppm) 실내공기질 유지기준으로 옳은 것은?

① ㉠ 100 이하, ㉡ 10 이하
② ㉠ 150 이하, ㉡ 20 이하
③ ㉠ 200 이하, ㉡ 25 이하
④ ㉠ 300 이하, ㉡ 40 이하

해설 실내공기질 유지기준

구분	미세먼지(PM-10) ($\mu g/m$)	일산화탄소 (ppm)
실내주차장	200 이하	25 이하

91 대기환경보전법상 한국자동차환경협회의 정관에 따른 업무와 거리가 먼 것은?

① 운행차 저공해화 기술개발
② 자동차 배출가스 저감사업의 지원
③ 자동차 관련 환경기술인의 교육훈련 및 취업지원
④ 운행자 배출가스 검사와 정비기술의 연구·개발사업

해설 한국자동차환경협회의 업무
㉠ 운행차 저공해화 기술개발 및 배출가스저감장치의 보급
㉡ 자동차 배출가스 저감사업의 지원과 사후관리에 관한 사항
㉢ 운행차 배출가스 검사와 정비기술의 연구·개발사업
㉣ 환경부장관 또는 시·도지사로부터 위탁받은 업무
㉤ 그 밖에 자동차 배출가스를 줄이기 위하여 필요한 사항

92 환경정책기본법령상 납(Pb)의 대기환경기준으로 옳은 것은?

① 연간 평균치 $0.5\mu g/m^3$ 이하
② 3개월 평균치 $1.5\mu g/m^3$ 이하
③ 24시간 평균치 $1.5\mu g/m^3$ 이하
④ 8시간 평균치 $1.5\mu g/m^3$ 이하

해설 납(Pb)의 대기환경기준
연간 평균치 $0.5\mu g/m^3$ 이하

93 다음은 대기환경보전법령상 부과금의 징수유예·분할납부 및 징수절차에 대한 사항이다. ( ) 안에 알맞은 것은?

> 시·도지사는 배출부과금이 납부의무자의 자본금 또는 출자총액을 2배 이상 초과하는 경우로서 사업상 손실로 인해 경영상 심각한 위기에 처하여 징수유예기간 내에도 징수할 수 없다고 인정되면 징수유예기간을 연장하거나 분할납부의 횟수를 늘릴 수 있다. 이에 따른 징수유예기간의 연장은 유예한 날의 다음 날부터 (㉠)로 하며, 분할납부의 횟수는 (㉡)로 한다.

① ㉠ 2년 이내, ㉡ 12회 이내
② ㉠ 2년 이내, ㉡ 18회 이내
③ ㉠ 3년 이내, ㉡ 12회 이내
④ ㉠ 3년 이내, ㉡ 18회 이내

해설 시·도지사는 배출부과금이 납부의무자의 자본금 또는 출자총액을 2배 이상 초과하는 경우로서 사업상 손실로 인해 경영상 심각한 위기에 처하여 징수유예기간 내에도 징수할 수 없다고 인정되면 징수유예기간을 연장하거나 분할납부의 횟수를 늘릴 수 있다. 이에 따른 징수유예기간의 연장은 유예한 날의 다음 날부터 3년 이내로 하며, 분할납부의 횟수는 18회 이내로 한다.

94 대기환경보전법규상 대기오염도 검사기관과 거리가 먼 것은?

① 수도권대기환경청
② 환경보전협회
③ 한국환경공단
④ 낙동강유역환경청

해설 대기오염도 검사기관
㉠ 국립환경과학원
㉡ 특별시·광역시·특별자치시·도·특별자치도(이하 "시·도"라 한다)의 보건환경연구원
㉢ 유역환경청, 지방환경청 또는 수도권대기환경청
㉣ 한국환경공단

95 악취방지법규상 위임업무 보고사항 중 "악취검사기관의 지도·점검 및 행정처분 실적" 보고횟수기준은?

① 연 1회 ② 연 2회 ③ 연 4회 ④ 수시

해설 위임업무의 보고사항
㉠ 업무내용 : 악취검사기관의 지도·점검 및 행정처분 실적
㉡ 보고횟수 : 연 1회
㉢ 보고기일 : 다음 해 1월 15일까지
㉣ 보고자 : 국립환경과학원장

정답 90 ③ 91 ③ 92 ① 93 ④ 94 ② 95 ①

96 대기환경보전법상 배출시설 설치허가를 받은 자가 대통령령으로 정하는 중요한 사항의 특정대기유해물질 배출시설을 증설하고자 하는 경우 배출시설 변경허가를 받아야 하는 시설의 규모기준은?(단, 배출시설의 규모 합계나 누계는 배출구별로 산정)

① 배출시설 규모의 합계나 누계의 100분의 5 이상 증설
② 배출시설 규모의 합계나 누계의 100분의 10 이상 증설
③ 배출시설 규모의 합계나 누계의 100분의 20 이상 증설
④ 배출시설 규모의 합계나 누계의 100분의 30 이상 증설

해설 배출시설 변경허가 시설기준
㉠ 일반오염물질 배출시설 : 100분의 50 이상 증설하는 경우
㉡ 특정대기유해물 : 100분의 30 이상 증설하는 경우

97 악취방지법규상 다음 지정악취물질의 배출허용기준으로 옳지 않은 것은?

지정 악취물질	배출허용기준(ppm)		엄격한 배출허용 기준범위(ppm)
	공업지역	기타지역	공업지역
㉠ 톨루엔	30 이하	10 이하	10~30
㉡ 피로피온산	0.07 이하	0.03 이하	0.03~0.07
㉢ 스타이렌	0.8 이하	0.4 이하	0.4~0.8
㉣ 뷰틸아세테이트	5 이하	1 이하	1~5

① ㉠   ② ㉡   ③ ㉢   ④ ㉣

해설 지정악취물질의 배출허용기준

지정 악취물질	배출허용기준(ppm)		엄격한 배출허용 기준범위(ppm)
	공업지역	기타지역	공업지역
뷰틸 아세테이트	4 이하	1 이하	1~4

98 대기환경보전법령상 과태료 부과기준 중 위반행위의 횟수에 따른 일반기준은 해당 위반행위가 있은 날 이전 최근 얼마간 같은 위반행위로 부과처분을 받은 경우에 적용하는가?

① 3월간   ② 6월간   ③ 1년간   ④ 3년간

해설 위반행위의 횟수에 따른 가중된 행정처분은 최근 1년간 같은 위반행위로 행정처분을 받은 경우에 적용한다.

99 악취방지법규에 의거 악취배출시설의 변경신고를 하여야 하는 경우로 가장 거리가 먼 것은?

① 악취배출시설을 폐쇄하는 경우
② 사업장 명칭을 변경하는 경우
③ 환경담당자의 교육사항을 변경하는 경우
④ 악취배출시설 또는 악취방지시설을 임대하는 경우

해설 악취배출시설의 변경신고를 하여야 하는 경우
㉠ 악취배출시설의 악취방지계획서 또는 악취방지시설을 변경(사용하는 원료의 변경으로 인한 경우를 포함한다)하는 경우
㉡ 악취배출시설을 폐쇄하거나, 시설 규모의 기준에서 정하는 공정을 추가하거나 폐쇄하는 경우
㉢ 사업장의 명칭 또는 대표자를 변경하는 경우
㉣ 악취배출시설 또는 악취방지시설을 임대하는 경우

100 대기환경보전법규 중 측정기기의 운영·관리 기준에서 굴뚝배출가스 온도측정기를 새로 설치하거나 교체하는 경우에는 국가표준기본법에 따른 교정을 받아야 한다. 이때 그 기록을 최소 몇 년 이상 보관하여야 하는가?

① 2년 이상   ② 3년 이상
③ 5년 이상   ④ 10년 이상

해설 측정기기의 운영·관리 기준에서 굴뚝배출가스 온도측정기를 새로 설치하거나 교체하는 경우에는 국가표준기본법에 따른 교정을 받아야 한다. 이때 그 기록을 최소 3년 이상 보관하여야 한다.

정답 96 ④ 97 ④ 98 ③ 99 ③ 100 ②

2017년 2회 기출문제

제1과목　대기오염개론

01 일반적인 가솔린 자동차 배기가스의 구성 면에서 볼 때 다음 중 가장 많은 부피를 차지하는 물질은?(단, 가속상태 기준)
① 탄화수소　　② 질소산화물
③ 일산화탄소　　④ 이산화탄소

해설 배기가스의 대부분은 질소(71%), 탄산가스(18.1%), 수증기(9.2%)이고 유해물질은 총 배기가스의 약 1% 정도가 된다. 여기에 포함하고 있는 유해물질은 주로 일산화탄소, 탄화수소, 질소산화물이다.

02 지표 부근의 대기성분의 부피비율(농도)이 큰 것부터 순서대로 알맞게 나열된 것은?(단, N_2, O_2 성분은 생략)
① $CO_2 - Ar - CH_4 - H_2$
② $CO_2 - Ar - H_2 - CH_4$
③ $Ar - CO_2 - He - Ne$
④ $Ar - CO_2 - Ne - He$

해설 대기성분의 부피비율(농도)
$N_2 > O_2 > Ar > CO_2 > Ne > He > H_2$

03 불안정한 대기상태에서 굴뚝의 연기방출속도가 15m/sec, 굴뚝 안지름이 4m일 때 이 연기의 상승높이는? (단, 연기의 상승높이 $\Delta H = 150 \times \dfrac{F}{U^3}$, F 부력, 배기가스온도 127℃, 대기온도 17℃, 풍속 6m/sec)
① 125m　　② 135m
③ 145m　　④ 155m

해설 연기상승높이(ΔH)
$\Delta H = 150 \times \dfrac{F}{U^3}$

$F = g \times \left(\dfrac{D}{2}\right)^2 \times V_s \times \left(\dfrac{T_s - T_a}{T_a}\right)$

$= 9.8\text{m/sec}^2 \times \left(\dfrac{4\text{m}}{2}\right)^2 \times 15\text{m/sec}$

$\times \left(\dfrac{(273+127)-(273+17)}{273+17}\right) = 223.03\text{m}^4/\text{sec}^3$

$= 150 \times \dfrac{223.03\text{m}^4/\text{sec}^3}{(6\text{m/sec})^3} = 154.88\text{m}$

04 다음 (　) 안에 들어갈 말로 알맞은 것은?

> 지구의 평균 지상기온은 지구가 태양으로부터 받고 있는 태양에너지와 지구가 (㉠) 형태로 우주로 방출하고 있는 에너지의 균형으로부터 결정된다. 이 균형은 대기 중의 (㉡), 수증기 등의 (㉠)을(를) 흡수하는 기체가 큰 역할을 하고 있다.

① ㉠ : 자외선, ㉡ : CO
② ㉠ : 적외선, ㉡ : CO
③ ㉠ : 자외선, ㉡ : CO_2
④ ㉠ : 적외선, ㉡ : CO_2

해설 온실효과
㉠ 전 지구의 평균 지상기온은 지구가 태양으로부터 받고 있는 태양에너지와 지구가 적외선 형태로 우주로 방출하고 이는 에너지의 균형으로부터 결정된다. 이 균형은 대기 중의 CO_2, 수증기(H_2O) 등 흡수 기체가 큰 역할을 하고 있다.
㉡ 대기의 온실효과는 실제 온실에서의 보온작용과 같은 원리가 아니며, 온실기체가 대기 중에서 계속 축적되어 발생하는 지구대류권의 온도증가 현상이다.

05 다음 중 염소 또는 염화수소 배출 관련 업종으로 가장 거리가 먼 것은?
① 소다 제조업　　② 농약 제조업
③ 화학 공업　　④ 시멘트 제조업

해설 염소 또는 염화수소 배출 관련 업종
㉠ 소다 제조업
㉡ 농약 제조업
㉢ 화학 공업

정답　01 ④　02 ④　03 ④　04 ④　05 ④

06 실내공기에 영향을 미치는 오염물질에 관한 설명 중 옳지 않은 것은?

① 석면은 자연계에 존재하는 유화화(油和化)된 규산염 광물의 총칭이고, 미국에서 가장 일반적인 것으로는 아크티놀라이트(백석면)가 있다.
② 석면의 발암성은 청석면>아모사이트>백석면 순이다.
③ Rn-222의 반감기는 3.8일이며, 그 낭핵종도 같은 종류의 알파선을 방출하지만 화학적으로는 거의 불활성이다.
④ 우라늄과 라듐은 Rn-222의 발생원에 해당된다.

해설 석면은 자연계에 존재하는 유화화된 규산염 광물의 총칭이고 미국에서 가장 일반적인 것으로는 크리소타일(백석면)이 있다.

07 다음 오염물질 중 상온에서 무색투명하고, 순수한 경우에는 냄새가 거의 없지만 일반적으로 불쾌한 자극성 냄새를 가진 액체로서 햇빛에 파괴될 정도로 불안정하지만 부식성은 비교적 약하며, 끓는점은 약 46°C이며, 그 증기는 공기보다 약 2.64배 정도 무거운 것은?

① HCl
② Cl_2
③ SO_2
④ CS_2

해설 이황화탄소(CS_2)
분자량 76.14, 녹는점 -111.53°C, 끓는점 46.25°C, 인화점 -30°C 이다. 상온에서 무색투명하고 휘발성이 강하면서 순수한 경우에는 냄새가 거의 없지만 일반적으로 불쾌한 냄새가 나는 유독성 액체로 공기 중에서 서서히 분해되어 황색을 나타낸다. (상온에서도 빛에 의해 서서히 분해되며 인화되기 쉽다.)

08 석면폐증에 관한 설명으로 가장 거리가 먼 것은?

① 폐의 석면폐증에 의한 비후화이며, 흉막의 섬유화와 밀접한 관련이 있다.
② 비가역적이며, 석면노출이 중단된 후에도 악화되는 경우가 있다.
③ 폐하엽에 주로 발생하며 흉막을 따라 폐중엽이나 설엽으로 퍼져 간다.
④ 폐의 석면화는 폐조직의 신축성을 감소시키고, 가스 교환능력을 저하시켜 결국 혈액으로의 산소공급이 불충분하게 된다.

해설 석면폐증은 폐의 섬유화, 흉막의 비후화와 밀접한 관련이 있다.

09 다음 Gaussian 분산식에 대한 설명으로 가장 적합한 것은?

$$C(x, y, z, H_e) = \frac{Q}{2\pi u \sigma_y \sigma_z} \exp\left[-\frac{1}{2}\left(\frac{y}{\sigma_y}\right)^2\right]$$
$$\times \left[\exp\left\{-\frac{1}{2}\left(\frac{z-H_e}{\sigma_z}\right)^2\right\}\right.$$
$$\left.+\exp\left\{-\frac{1}{2}\left(\frac{z+H_e}{\sigma_z}\right)^2\right\}\right]$$

① 비정상상태에서 불연속적으로 배출하는 면오염원으로부터 바람방향이 배출면에 수평인 경우 풍하측의 지면농도를 산출하는 경우에 사용한다.
② 공중역전이 존재할 경우 역전층의 오염물질의 상향확산에 의한 일정고도 상에서의 중심축상 선오염원의 농도를 산출하는 경우에 사용한다.
③ 지표면으로부터 고도 H에 위치하는 점원-지면으로부터 반사가 있는 경우에 사용한다.
④ 연속적으로 배출하는 무한의 선오염원으로부터 바람의 방향이 배출선에 수직인 경우 플룸 내에서 소멸되는 풍하측의 지면농도를 산출하는 경우에 사용한다.

해설 **지표반사와 유효굴뚝높이를 고려한 식**
㉠ 배출가스가 수직방향으로 확산되어 지표면에 도달 시 더 이상 확산되지 못하고 중첩되어 농도가 높아지는 경우를 고려한 식이다.
㉡ 지표면으로부터 고도 H에 위치하는 점오염원-지면으로부터 반사가 있는 경우에 사용한다.

$$C(x, y, z, H_e) = \frac{Q}{2\pi u \sigma_y \sigma_z} \exp\left[-\frac{1}{2}\left\{\left(\frac{y}{\sigma_y}\right)^2\right\}\right]$$
$$\times \left[\exp\left\{-\frac{1}{2}\left(\frac{z-H_e}{\sigma_z}\right)^2\right\}\right.$$
$$\left.+\exp\left\{-\frac{1}{2}\left(\frac{z+H_e}{\sigma_z}\right)^2\right\}\right]$$

10 시정거리에 관한 설명으로 가장 거리가 먼 것은?(단, 입자 산란에 의해서만 빛이 감쇠되고, 입자상 물질은 모두 같은 크기의 구형태로 분포하고 있다고 가정한다.)

① 시정거리는 대기 중 입자의 산란계수에 비례한다.
② 시정거리는 대기 중 입자의 농도에 반비례한다.
③ 시정거리는 대기 중 입자의 밀도에 비례한다.
④ 시정거리는 대기 중 입자의 직경에 비례한다.

해설 시정거리는 대기 중 입자의 산란계수에 반비례한다.

정답 06 ① 07 ④ 08 ① 09 ③ 10 ①

11 다음 오염물질 중 온실효과를 유발하는 것으로 가장 거리가 먼 것은?

① 이산화탄소 ② CFCs
③ 메탄 ④ 아황산가스

해설 대표적 지구온실가스
CO_2, CH_4, CFC, N_2O, O_3(대류권), 수증기

12 먼지농도가 $40\mu g/m^3$, 상대습도가 70%일 때 가시거리는?(단, 계수 A는 1.2 적용)

① 19km ② 23km ③ 30km ④ 67km

해설 $L_v(km) = \dfrac{A \times 10^3}{G} = \dfrac{1.2 \times 10^3}{40\mu g/m^3} = 30km$

13 면배출원으로부터 배출되는 오염물질의 확산을 다루는 상자모델 사용 시 가정조건으로 가장 거리가 먼 것은?

① 상자 공간에서 오염물의 농도는 균일하다.
② 오염배출원은 이 상자가 차지하고 있는 지면 전역에 균등하게 분포되어 있다.
③ 상자 안에서는 밑면에서 방출되는 오염물질이 상자 높이인 혼합층까지 즉시 균등하게 혼합된다.
④ 배출된 오염물질이 다른 물질로 변화되는 율과 지면에 흡수되는 율은 100%이다.

해설 상자모델의 가정조건
㉠ 오염물의 분해는 1차 반응에 의한다.
㉡ 오염원은 방출과 동시에 균등하게 혼합된다.
㉢ 고려되는 공간에서 오염물의 농도는 균일하다.
㉣ 고려되는 공간의 수직단면에 직각방향으로 부는 바람의 속도가 일정하여 환기량이 일정하다.
㉤ 오염물방출원이 지면 전역에 균등하게 분포되어 있다.
㉥ 상자 안에서는 밑면에서 방출되는 오염물질이 상자 높이인 혼합층까지 즉시 균등하게 혼합된다.

14 굴뚝에서 배출되는 연기의 모양 중 환상형(Looping)에 관한 설명으로 가장 적합한 것은?

① 전체 대기층이 강한 안정 시에 나타나며, 연직확산이 적어 지표면에 순간적 고농도를 나타낸다.
② 전체 대기층이 중립일 경우에 나타나며, 연기모양의 요동이 적은 형태이다.
③ 상층이 불안정, 하층이 안정일 경우에 나타나며, 바람이 다소 강하거나 구름이 낀 날 일어난다.
④ 대기층이 매우 불안정 시에 나타나며, 맑은 날 낮에 발생하기 쉽다.

해설 ① 부채형(Fanning)
② 원추형(Coning)
③ 상승형(지붕형 : Lofting)
④ 환상형(Looping)

15 유효굴뚝높이 100m인 연돌에서 배출되는 가스양은 $10m^3/sec$, SO_2의 농도가 1,500ppm일 때 Sutton 식에 의한 최대지표농도는?(단, $K_y = K_z = 0.05$, 평균풍속은 10m/sec이다.)

① 약 0.008ppm ② 약 0.035ppm
③ 약 0.078ppm ④ 약 0.116ppm

해설 $C_{max} = \dfrac{2Q}{\pi e U H_e^2}\left(\dfrac{K_z}{K_y}\right)$

$= \dfrac{2 \times 10m^3/sec \times 1,500ppm}{3.14 \times 2.72 \times 10m/sec \times (100m)^2} \times \left(\dfrac{0.05}{0.05}\right)$

$= 0.0351ppm$

16 다음은 NO_2의 광화학 반응식이다. ㉠~㉣에 알맞은 것은?(단, O는 산소원자)

| [㉠] + $h\nu$ → [㉡] + O |
| O + [㉢] → [㉣] |
| [㉣] + [㉡] → [㉠] + [㉢] |

① ㉠ NO, ㉡ NO_2, ㉢ O_3, ㉣ O_2
② ㉠ NO_2, ㉡ NO, ㉢ O_2, ㉣ O_3
③ ㉠ NO, ㉡ NO_2, ㉢ O_2, ㉣ O_3
④ ㉠ NO_2, ㉡ NO, ㉢ O_3, ㉣ O_2

해설 $NO_2 + h\nu \rightarrow NO + O$
$O + O_2 \rightarrow O_3$
$O_3 + NO \rightarrow NO_2 + O_2$

정답 11 ④ 12 ③ 13 ④ 14 ④ 15 ② 16 ②

17 바람을 일으키는 힘 중 기압경도력에 관한 설명으로 가장 적합한 것은?

① 수평 기압경도력은 등압선의 간격이 좁으면 강해지고, 반대로 간격이 넓으면 약해진다.
② 지구의 자전운동에 의해서 생기는 가속도에 의한 힘을 말한다.
③ 극지방에서 최소가 되며 적도지방에서 최대가 된다.
④ Gradient Wind라고도 하며, 대기의 운동방향과 반대의 힘인 마찰력으로 인하여 발생된다.

해설 ① 기압경도력 ② 전향력
③ 원심력 ④ gradient wind : 경도풍

18 바람에 관한 다음 설명 중 옳지 않은 것은?

① 북반구의 경도풍은 저기압에서는 반시계방향으로 회전하면서 위쪽으로 상승하면서 분다.
② 마찰층 내 바람은 높이에 따라 시계방향으로 각천이가 생겨나며, 위로 올라갈수록 실제 풍향은 점점 지균풍과 가까워진다.
③ 산풍은 경사면 → 계곡 → 주계곡으로 수렴하면서 풍속이 가속되기 때문에 낮에 산 위쪽으로 부는 곡풍보다 더 강하다.
④ 해륙풍이 부는 원인은 낮에는 육지보다 바다가 빨리 더워져서 바다의 공기가 상승하기 때문에 바다에서 육지로 8~15km 정도까지 바람(해풍)이 분다.

해설 해륙풍이 부는 원인
낮에는 바다보다 육지가 빨리 더워져서 육지의 공기가 상승하기 때문에 바다에서 육지로 8~15km 정도까지 바람(해풍)이 분다.

19 상온에서 무색이며, 자극성 냄새를 가진 기체로서 비중이 약 1.03(공기 = 1)인 오염물질은?

① 아황산가스 ② 포름알데하이드
③ 이산화탄소 ④ 염소

해설 포름알데하이드(HCHO)
㉠ 상온에서 자극성 냄새를 갖는 가연성 무색기체로 폭발의 위험성이 있으며 비중은 약 1.03이며, 합성수지공업, 피혁공업 등이 주된 배출업종이다.
㉡ 환원성이 강한 물질이며 산화시키면 포름산이 되고 물에 잘 녹고 40% 수용액을 포르말린이라 한다.

20 대기오염이 식물에 미치는 영향에 관한 설명으로 가장 거리가 먼 것은?

① SO_2는 회백색 반점을 생성하며, 피해 부분은 엽육세포이다.
② PAN은 유리화, 은백색 광택을 나타내며, 주로 해면 연조직에 피해를 준다.
③ NO_2는 불규칙 흰색 또는 갈색으로 변화되며, 피해 부분은 엽육세포이다.
④ HF는 SO_2와 같이 잎 안쪽 부분에 반점을 나타내기 시작하며, 늙은 잎에 특히 민감하며, 밤에 피해가 현저하다.

해설 불소 및 그 화합물(HF)
㉠ 주로 잎의 끝이나 가장자리의 발육부진이 두드러지며 균에 의한 병이 발생하며 어린잎에 피해가 현저한 편이다.
㉡ 불화수소는 식물의 잎을 주로 갈색 또는 상아색으로 변색시키며(황화현상), 특히 어린잎에 현저하다.
㉢ 적은 농도에서도 피해를 주며 식물에 대한 독성이 SO_2보다 약 100배 정도 강하다.
㉣ 불소 및 그 화합물은 알루미늄의 전해공장이나 인산비료 공장에서 HF 또는 SiF_4 형태로 배출된다.

제2과목 연소공학

21 유동층 연소에서 부하 변동에 대한 적응성이 좋지 않은 단점을 보완하기 위한 방법으로 가장 거리가 먼 것은?

① 공기분산판을 분할하여 층을 부분적으로 유동시킨다.
② 층 내의 연료비율을 고정시킨다.
③ 유동층을 몇 개의 셀로 분할하여 부하에 따라 작동시키는 수를 변화시킨다.
④ 층의 높이를 변화시킨다.

해설 유동층 연소에서 부하변동에 대한 적응성이 좋지 않은 단점을 보완하기 위해서는 층 내의 연료비율을 변경시켜야 한다.

22 폐타이어를 연료화하는 주된 방식과 가장 거리가 먼 것은?

① 가압분해 증류 방식
② 액화법에 의한 연료추출 방식
③ 열분해에 의한 오일추출 방식
④ 직접 연소 방식

해설 가압분해 증류방식은 폐타이어 연료화에 적용하기는 곤란하다.

정답 17 ① 18 ④ 19 ② 20 ④ 21 ② 22 ①

23 확산형 가스버너 중 포트형에 관한 설명으로 가장 거리가 먼 것은?

① 버너 자체가 노벽과 함께 내화벽돌로 조립되어 노 내부에 개구된 것이며, 가스와 공기를 함께 가열할 수 있는 이점이 있다.
② 고발열량 탄화수소를 사용할 경우에는 가스압력을 이용하여 노즐로부터 고속으로 분출하게 하여 그 힘으로 공기를 흡인하는 방식을 취한다.
③ 밀도가 큰 공기 출구는 상부에, 밀도가 작은 가스 출구는 하부에 배치되도록 한다.
④ 구조상 가스와 공기압이 높은 경우에 사용한다.

해설 포트형은 구조상 가스와 공기압을 높이지 못한 경우에 사용한다.

24 수소 12%, 수분 1%를 함유한 중유 1kg의 발열량을 열량계로 측정하였더니 10,000kcal/kg이었다. 비정상적인 보일러의 운전으로 인해 불완전연소에 의해 손실열량이 1,400kcal/kg이라면 연소효율은?

① 82% ② 85% ③ 87% ④ 90%

해설 연소효율(%)
$$= \frac{저위발열량 - 손실열량}{저위발열량} \times 100$$
$$H_l = H_h - 600(9H + W)$$
$$= 10,000 - 600[(9 \times 0.12) + 0.01] = 9,346 \text{kcal/kg}$$
$$= \frac{(9,346 - 1,400)\text{kcal/kg}}{9,346 \text{kcal/kg}} \times 100 = 85.02\%$$

25 기체연료에 관한 설명으로 가장 거리가 먼 것은?

① 연료 속의 유황 함유량이 적어 연소 배기가스 중 SO_2 발생량이 매우 적다.
② 다른 연료에 비해 저장이 곤란하며, 공기와 혼합해서 점화하면 폭발 등의 위험도 있다.
③ 메탄을 주성분으로 하는 천연가스를 1기압하에서 -168℃ 정도로 냉각하여 액화시킨 연료를 LNG라 한다.
④ 발생로 가스란 코크스나 석탄을 불완전연소해서 얻는 가스로 주성분은 CH_4와 H_2이다.

해설 발생로 가스
석탄이나 코크스를 불완전연소시켜 얻는 가스로서 다량의 질소를 함유하며, 일산화탄소(25~30%)와 수소(10~15%), 그 외 CH_4를 함유하고 있다.

26 다음 중 확산연소에 사용되는 버너로서 주로 천연가스와 같은 고발열량의 가스를 연소시키는 데 사용되는 것은?

① 건타입 버너 ② 선회 버너
③ 방사형 버너 ④ 고압 버너

해설 방사형 버너
천연가스와 같은 고발열량의 가스를 연소시키는 데 가장 적합한 버너이다.

27 유압분무식 버너에 관한 설명으로 옳지 않은 것은?

① 유량조절범위가 환류식의 경우는 1 : 3, 비환류식의 경우는 1 : 2 정도여서 부하변동에 적응하기 어렵다.
② 연료의 분사유량은 15~2,000kL/hr 정도이다.
③ 분무각도가 40~90° 정도로 크다.
④ 연료의 점도가 크거나 유압이 5kg/cm² 이하가 되면 분무화가 불량하다.

해설 유압분무식 버너의 연료분사범위는 15~2,000L/h 정도이다.

28 Octane을 공기 중에서 완전연소시킬 때 이론연소용 공기와 연료의 질량비(이론 연소용공기의 질량/연료의 질량, kg/kg)는?

① 약 5 ② 약 10
③ 약 15 ④ 약 20

해설 $C_8H_{18} + 12.5O_2 \rightarrow 8CO_2 + 9H_2O$
$$AFR(\text{kg/kg}) = \frac{공기몰}{연료몰}$$
$$= \frac{12.5 \times 32\text{kg} \times \left(\frac{1}{0.232}\right)}{114\text{kg}} = 15.12 \text{kg/kg}$$

29 15℃ 물 10L를 데우는 데 10L의 프로판 가스가 사용되었다면 물의 온도는 몇 ℃로 되는가?(단, 프로판(C_3H_8) 가스의 발열량은 488.53kcal/mole이고, 표준상태의 기체로 취급하며, 발열량은 손실 없이 전량 물을 가열하는 데 사용되었다고 가정한다.)

① 58.8 ② 49.8
③ 36.8 ④ 21.8

해설 프로판(10L)의 열량 = $\frac{488.53\text{kcal/mol}}{22.4\text{L/mol}} \times 10\text{L} = 218.09\text{kcal}$

물 1L(kg)를 데우는 데 필요한 열량 = 21.809kcal/kg

물의 온도 증가 = $\frac{21.809\text{kcal/kg}}{1\text{kcal/kg} \cdot \text{℃(비열)}} = 21.809\text{℃}$

가열 후 물의 온도 = (15 + 21.809)℃ = 36.8℃

30 다음 중 과잉산소량(잔존 O_2양)을 옳게 표시한 것은? (단, A : 실제공기량, A_o : 이론공기량, m : 공기과잉계수($m > 1$), 표준상태이며, 부피기준임)

① $0.21 m A_o$
② $0.21(m-1)A_o$
③ $0.21 m A$
④ $0.21(m-1)A$

해설 과잉공기량(A^+) = $A - A_0 = mA_0 - A_0 = A_0(m-1)$

$m = 1 + \left(\frac{A^+}{A_0}\right)$

과잉산소량(잔존산소량) = $0.21(m-1)A_0$

31 연소반응에서 반응속도상수 k를 온도의 함수인 다음 반응식으로 나타낸 법칙은?

$$k = k_o e^{-E/RT}$$

① Henry's Law
② Fick's Law
③ Arrhenius's Law
④ Van der Waals's Law

해설 **Arrhenius 법칙**(반응속도상수를 온도의 함수로 나타낸 방정식)

$K = Ae^{-\left(\frac{E_a}{RT}\right)}$

여기서, K : 반응속도상수
A : Frequency Factor(빈도계수) 또는 Pre Exponential Factor
E_a : 활성화에너지
T : 절대온도
R : 기체상수

32 프로판(C_3H_8)과 에탄(C_2H_6)의 혼합가스 $1Sm^3$를 완전연소시킨 결과 배기가스 중 이산화탄소(CO_2)의 생성량이 $2.8Sm^3$이었다. 이 혼합가스의 mol비(C_3H_8/C_2H_6)는 얼마인가?

① 0.25
② 0.5
③ 2.0
④ 4.0

해설 $C_3H_8 + 5O_2 \rightarrow 3CO_2 + 4H_2O$
$1Sm^3$: $3Sm^3$
xSm^3 : $3xSm^3$
$C_2H_6 + 3.5O_2 \rightarrow 2CO_2 + 3H_2O$
$1Sm^3$: $2Sm^3$
$(1-x)Sm^3$: $2(1-x)Sm^3$
$CO_2 = 3x + 2(1-x) = 2.8Sm^3$
$x(C_3H_8) = 0.8$
기체인 경우 → 부피비=mol비
$\left(\frac{C_3H_8}{C_2H_6}\right) = \frac{0.8}{1-0.8} = 4$

33 화격자연소 중 상입식 연소에 관한 설명으로 옳지 않은 것은?

① 석탄의 공급방향이 1차 공기의 공급 방향과 반대로서 수동 스토커 및 산포식 스토커가 해당된다.
② 공급된 석탄은 연소 가스에 의해 가열되어 건류층에서 휘발분을 방출한다.
③ 코크스화한 석탄은 환원층에서 아래의 산화층에서 발생한 탄산가스를 일산화탄소로 환원한다.
④ 착화가 어렵고, 저품질 석탄의 연소에는 부적합하다.

해설 상입식 연소(상부투입식)는 수동스토커 및 산포식 스토커가 대표적이며 저품질 석탄의 연소에 적합하다.

34 다음 설명하는 연소장치로 가장 적합한 것은?

- 증기압 또는 공기압은 $2 \sim 10\text{kg/cm}^2$이다.
- 유량조절범위는 1 : 10 정도이다.
- 분무각도는 20~30°, 연소 시 소음이 발생된다.
- 대형가열로 등에 많이 사용된다.

① 고압공기식 버너
② 유압식 버너
③ 저압공기분무식 버너
④ 슬래그탭 버너

해설 **고압공기식 버너(고압기류 분무식 버너)**
분무매체(증기 또는 공기)에 압력으로 분사, 분무화시켜 연소시키는 버너이며 분무매체의 압력이 높은 것이 고압공기식 버너이다.
㉠ 연료분사범위(연소용량)
  - 외부혼합식 : 3~500L/hr
  - 내부혼합식 : 10~1,200L/hr
㉡ 유량조절범위
  1 : 10 정도로 커서 부하변동에 적응이 용이하다.

정답 30 ② 31 ③ 32 ④ 33 ④ 34 ①

ⓒ 유압
  2~8kg/cm² 정도(증기압 또는 공기압 2~10 kg/cm²)
ⓔ 분사(분무) 각도
  30°(20~30°) 정도
ⓜ 특성
- 고점도 사용에도 적합하다.(연료유의 점도가 큰 경우도 분무화가 용이함)
- 장염(가장 좁은 각도의 긴 화염)이나 연소 시 소음이 크게 발생된다.
- 제강용평로, 연속가열로, 유리용해로 등의 대형가열로에 많이 사용된다.
- 분무에 필요한 1차 공기량은 이론연소공기량의 7~12% 정도이다.
- 외부혼합식보다 내부혼합식의 버너가 양호한 분무화가 된다.
- 무화 시 무화매체를 증기로 하면 연료가 예열되어 연소효율을 증가시킬 수 있다.

35 석탄의 성질에 관한 설명으로 옳지 않은 것은?
① 비열은 석탄화도가 진행됨에 따라 증가하며, 통상 0.30~0.35kcal/kg℃ 정도이다.
② 건조된 것은 석탄화도가 진행된 것일수록 착화온도가 상승한다.
③ 석탄류의 비중은 석탄화도가 진행됨에 따라 증가되는 경향을 보인다.
④ 착화온도는 수분함유량에 영향을 크게 받으며, 무연탄의 착화온도는 보통 440~550℃ 정도이다.

해설 석탄의 탄화도가 높아질 경우 비열이 감소한다.

36 메탄의 고위발열량이 9,900kcal/Sm³이라면 저위발열량(kcal/Sm³)은?
① 8,540
② 8,620
③ 8,790
④ 8,940

해설 $CH_4 + O_2 \rightarrow CO_2 + 2H_2O$
저위발열량 $H_l(kcal/Sm^3)$
$= H_h - 480\sum H_2O$
$= 9,900 kcal/Sm^3 - (480 \times 2) kcal/Sm^3$
$= 8,940 kcal/Sm^3$

37 다음 액체연료 C/H비의 순서로 옳은 것은?(단, 큰 순서 > 작은 순서)
① 중유 > 등유 > 경유 > 휘발유
② 중유 > 경유 > 등유 > 휘발유
③ 휘발유 > 등유 > 경유 > 중유
④ 휘발유 > 경유 > 등유 > 중유

해설 액체연료 C/H비는 중유 > 경유 > 등유 > 휘발유 순이다.

38 다음 연료 중 착화온도가 가장 높은 것은?
① 갈탄(건조)
② 중유
③ 역청탄
④ 메탄

해설 **연료의 착화온도**
ⓐ 고체연료
- 코크스 : 500~600℃
- 무연탄 : 370~500℃
- 목탄 : 320~400℃
- 역청탄 : 250~400℃
- 갈탄 : 250~350℃
- 갈탄(건조) : 250~400℃
ⓑ 액체연료
- 경유 : 592℃
- B중유 : 530~580℃
- A중유 : 530℃
- 휘발유 : 500~550℃
- 등유 : 400~500℃
ⓒ 기체연료
- 도시가스 : 600~650℃
- 코크스 : 560℃
- 수소가스 : 550℃
- 프로판가스 : 493℃
- LPG(석유가스) : 440~480℃
- 천연가스(주 : 메탄) : 650~750℃
- 발생로가스 : 700~800℃

39 다음 중 흑연, 코크스, 목탄 등과 같이 대부분 탄소만으로 되어 있고, 휘발성분이 거의 없는 연소의 형태로 가장 적합한 것은?
① 자기연소
② 확산연소
③ 표면연소
④ 분해연소

해설 **표면연소**
  ㉠ 정의 : 고체연료 표면에 고온을 유지시켜 표면에서 반응을 일으켜 내부로 연소가 진행되는 연소방법이다.
  ㉡ 특징
   - 탄소만으로 되어 있고 휘발분이 적은 고체연료의 가장 대표적인 연소방법이다.
   - 고체연료 표면에 산소가 반응하여 불꽃 없이 적열 후 연소된다. 즉, 코크스나 석탄 등이 고온연소 시 고체 표면이 빨갛게 빛을 내면서 반응하는 연소로 화염이 없는 연소형태이다.
   - 증발, 분해되지 못하고 표면의 탄소로부터 직접 연소되는 현상이다.
  ㉢ 표면연소의 예
   - 코크스, 숯(목탄), 흑연
   - 금속
   - 석탄(분해연소와 탄소의 표면연소의 두 반응에서 이루어짐)

40 연소 시 발생되는 NOx는 원인과 생성기전에 따라 3가지로 분류하는데, 분류항목에 속하지 않는 것은?
  ① fuel NOx
  ② noxious NOx
  ③ prompt NOx
  ④ thermal NOx

해설 **연소 시 NOx 생성기전**
  ㉠ Thermal NOx
  ㉡ Fuel NOx
  ㉢ Prompt NOx

제3과목 대기오염방지기술

41 세정집진장치 중 액가스비가 $10 \sim 50 L/m^3$ 정도로 다른 가압수식에 비해 10배 이상이며, 다량의 세정액이 사용되어 유지비가 고가이므로 처리가스양이 많지 않을 때 사용하는 것은?
  ① Venturi Scrubber
  ② Theisen Washer
  ③ Jet Scrubber
  ④ Impulse Scrubber

해설 **제트스크러버(Jet Scrubber)**
  ㉠ 이젝터(Ejector)를 사용하여 물(세정액)을 고압분무하여 승압효과에 의해 수적과 접촉 포집하는 방식으로 기본유속이 클수록 작은 액적이 형성되어 미세입자를 제거한다.
  ㉡ 가스서항이 석고, 세성수량이 다른 세성장치에 비해 10~20배 정도로 많아 동력비가 많이 소요된다.
  ㉢ 액가스비는 $10 \sim 50 L/m^3$ 정도로 액가스비가 가장 크다.

42 사이클론에서 50%의 집진효율로 제거되는 입자의 최소 입경을 무엇이라 부르는가?
  ① critical diameter
  ② cut size diameter
  ③ average size diameter
  ④ analytical diameter

해설 **절단입경(Cut Size Diameter)**
  Cyclone에서 50% 처리효율로 제거되는 입자의 크기, 즉 50% 분리한계입경이다.

43 표준형 평판 날개형보다 비교적 고속에서 가동되고, 후향 날개형을 정밀하게 변형시킨 것으로서 원심력 송풍기 중 효율이 가장 좋아 대형 냉난방 공기조화장치, 산업용 공기청정장치 등에 주로 이용되며, 에너지 절감효과가 뛰어난 송풍기 유형은?
  ① 비행기 날개형(Airfoil Blade)
  ② 방사 날개형(Radial Blade)
  ③ 프로펠러형(Propeller)
  ④ 전향 날개형(Forward Curved)

해설 **비행기 날개형 송풍기(Airfoil Blade Fan)**
  ㉠ 표준형 평판날개형보다 비교적 고속에서 가동되고, 후향날개형을 정밀하게 변형시킨 것으로서 원심력 송풍기 중 효율이 가장 좋아 대형 냉난방 공기조화장치, 산업용 공기청정장치 등에 주로 이용되며, 에너지 절감효과가 뛰어난 송풍기 유형이다.
  ㉡ 정압효율이 86% 정도로 원심력송풍기 중 가장 높다.
  ㉢ 운전 시 소음이 적기 때문에 청정한 공기 이송에 많이 사용된다.

44 흡수장치의 종류 중 기체분산형 흡수장치에 해당하는 것은?
  ① Venturi Scrubber
  ② Spray Tower
  ③ Packed Tower
  ④ Plate Tower

해설 **기체분산형 흡수장치**
  ㉠ 다공판탑(Sieve Plate Tower)
  ㉡ 포종탑(Tray Tower)
  ㉢ 기포탑

정답 40 ② 41 ③ 42 ② 43 ① 44 ④

45 8개 실로 분리된 충격 제트형 여과집진기에서 전체 처리 가스양 8,000m³/min, 여과속도 2m/min로 처리하기 위하여 직경 0.25m, 길이 12m 규격의 필터백(Filter Bag)을 사용하고 있다. 이때 집진장치의 각 실(House)에 필요한 필터백의 개수는?(단, 각 실의 규격은 동일함, 필터백은 짝수로 선택함)

① 50   ② 54
③ 58   ④ 64

해설 여과백 개수 = $\dfrac{처리가스양}{여과포 하나 처리가스양}$

$= \dfrac{8,000\text{m}^3/\text{min}}{(3.14 \times 0.25\text{m} \times 12\text{m}) \times 2\text{m}/\text{min}} = 425$

1개 실 여과백 개수 = $\dfrac{425}{8} = 53.13 = 54$개

46 분무탑에 관한 설명으로 옳지 않은 것은?

① 구조가 간단하고 압력손실이 적은 편이다.
② 침전물이 생기는 경우에 적합하며, 충전탑에 비해 설비비 및 유지비가 적게 드는 장점이 있다.
③ 분무에 큰 동력이 필요하고, 가스의 유출 시 비말 동반이 많다.
④ 분무액과 가스의 접촉이 균일하여 효율이 우수하다.

해설 분무탑
원통형의 탑 내에 흡수액을 분사할 수 있는 다수의 노즐을 설치하여 세정액을 살수하고, 오염가스는 하부에서 상부로 살수층을 통과하게 하여 오염가스와 흡수액을 접촉시켜 처리하는 장치다. 구조가 간단하며, 압력손실이 작은 반면 분무노즐이 막히기 쉽고, 노즐에 따라 흡수효율에 영향을 주고, 효율이 낮은 단점이 있다.

47 직경 10μm 인 입자의 침강속도가 0.5cm/sec였다. 같은 조성을 지닌 30μm 입자의 침강속도는?(단, 스토크스 침강속도식 적용)

① 1.5cm/sec   ② 2cm/sec
③ 3cm/sec   ④ 4.5cm/sec

해설 $V_g = \dfrac{d_p^2(\rho_p - \rho)g}{18\mu}$ 에서 $V_g \propto d_p^2$ 이므로

$0.5\text{cm/sec} : (10\mu m)^2 = 침강속도(\text{cm/sec}) : (30\mu m)^2$

침강속도(cm/sec) = $\dfrac{0.5\text{cm/sec} \times (30\mu m)^2}{(10\mu m)^2} = 4.5\text{cm/sec}$

48 다음은 휘발유엔진 배기가스에 영향을 미치는 사항에 관한 설명이다. ( ) 안에 알맞은 것은?

> ( )의 역할은 광범위한 상태하에서 엔진이 만족스럽게 작동할 수 있는 혼합비로 연료증기와 공기의 균질혼합물을 제공하는 것이다.

① Wankel Engine   ② Charger
③ Carburetor   ④ ABS

해설 카뷰레터(Carburetor)
엔진의 전 RPM과 부하 영역에 걸쳐 엔진의 성능을 최적화하기 위하여 엔진 내부의 공기와 연료의 흐름을 제어하는 역할을 한다.

49 다른 VOC 제거장치와 비교하여 생물여과의 장단점으로 가장 거리가 먼 것은?

① CO 및 NOx 등을 포함하여 생성되는 오염부산물이 적거나 없다.
② 습도제어에 각별한 주의가 필요하다.
③ 고농도 오염물질의 처리에 적합하다.
④ 생체량 증가로 인해 장치가 막힐 수 있다.

해설 생물학적 처리방법은 저농도의 고유량 가스에 적합한 기술이다.

50 여과집진장치의 탈진방식 중 간헐식에 관한 설명으로 옳지 않은 것은?

① 간헐식 중 진동형은 여포의 음파진동, 횡진동, 상하진동에 의해 포집된 먼지층을 털어내는 방식으로 접착성 먼지의 집진에는 사용할 수 없다.
② 집진실을 여러 개의 방으로 구분하고 방 하나씩 처리가스의 흐름을 차단하여 순차적으로 탈진하는 방식이며, 여포의 수명은 연속식에 비해 길다.
③ 간헐식 중 역기류형의 적정 여과속도는 3~5cm/sec이고, Glass Fiber는 역기류형 중 가장 저항력이 강하다.
④ 연속식에 비하여 먼지의 재비산이 적고, 높은 집진율을 얻을 수 있다.

해설 역기류형의 적정 여과속도는 0.5~1.5cm/sec이며, 역기류가 강할 경우에는 Glass Fiber를 적용하는 데 한계가 있다.

정답 45 ② 46 ④ 47 ④ 48 ③ 49 ③ 50 ③

51 유체의 점성에 관한 설명으로 옳지 않은 것은?

① 점성은 유체분자 상호 간에 작용하는 분자응집력과 인접 유체층 간의 분자운동에 의하여 생기는 운동량 수송에 기인한다.
② 액체의 점성계수는 주로 분자응집력에 의하므로 온도의 상승에 따라 낮아진다.
③ Hagen의 점성법칙은 점성의 결과로 생기는 전단응력은 유체의 속도구배에 반비례한다.
④ 점성계수는 온도에 의해 영향을 받지만 압력과 습도에는 거의 영향을 받지 않는다.

해설 Newton's 점성법칙
흐름의 각 점에서 유체의 점성으로 인한 전단응력은 속도기울기(전단속도)에 비례하고 속도기울기를 작게 하는 방향으로 전단응력이 작용하는 것을 뉴턴의 점성법칙이라 한다.

52 벤젠 소각 시 속도상수 k가 540℃에서 0.00011/s, 640℃에서 0.14/s일 때, 벤젠 소각에 필요한 활성화에너지(kcal/mol)는?(단, 벤젠의 연소반응은 1차 반응이라 가정하고, 속도상수 k는 다음 Arrhenius 식으로 표현된다. $k = A\exp(-E/RT)$)

① 95　② 105
③ 115　④ 130

해설 $\ln\dfrac{K_2}{K_1} = -\dfrac{E_a}{R}\left(\dfrac{1}{T_1} - \dfrac{1}{T_2}\right)$

$\ln\dfrac{0.14/\sec}{0.00011/\sec}$
$= -\dfrac{E_a}{1.987 \times 10^{-3}\text{kcal/mol}\cdot\text{K}} \times \left(\dfrac{1}{273+540} - \dfrac{1}{273+640}\right)$
$E_a = 105.42\text{kcal/mol}$
[활성화에너지 단위가 cal/mole인 경우 기체상수(R)는 1.987 kcal/mol·K를 적용함]

53 전기로에 설치된 백필터의 입구 및 출구 가스양과 먼지 농도가 다음과 같을 때 먼지의 통과율은?

- 입구 가스양 : 11,400Sm³/hr
- 출구 가스양 : 270Sm³/min
- 입구 먼지농도 : 12,630mg/Sm³
- 출구 먼지농도 : 1.11g/Sm³

① 10.5%　② 11.1%　③ 12.5%　④ 13.1%

해설 통과율(P)
$= \dfrac{C_o \times Q_o}{C_i \times Q_i} \times 100$
$= \dfrac{1.11\text{g/Sm}^3 \times (270\text{Sm}^3/\text{min} \times 60\text{min/hr})}{12.63\text{g/Sm}^3 \times 11,400\text{Sm}^3/\text{hr}} \times 100$
$= 12.49\%$

54 하전식 전기집진장치에 관한 설명으로 옳지 않은 것은?

① 1단식은 역전리의 억제는 효과적이나 재비산 방지는 곤란하다.
② 2단식은 비교적 함진농도가 낮은 가스 처리에 유용하다.
③ 2단식은 1단식에 비해 오존의 생성을 감소시킬 수 있다.
④ 1단식은 보통 산업용으로 많이 쓰인다.

해설 1단식은 역전리가 발생하나 집진극에서 재비산 방지가 이루어진다.

55 알루미나 담체에 탄산나트륨을 3.5~3.8% 정도 첨가하여 제조된 흡착제를 사용하여 SO_2와 NO_x를 동시에 제거하는 공정은?

① 석회석 세정법　② Wellman-Lord법
③ Dual Acid Scrubbing　④ NOXSO 공정

해설 NOXSO 공정
㉠ SO_x와 NO_x 제거를 위한 NOXSO 공정은 알루미나에 Na_2CO_3를 담지하여 만든 촉매를 사용한다.
㉡ 90~150℃의 유동층 반응기에서 이 촉매를 사용하여 제거한다.
㉢ 반응에 사용된 촉매는 600℃ 정도에서 수소나 메탄과 반응시키면 SO_2, H_2S, 황 등이 생성되며 재생된다.

56 배출가스 중 염화수소의 농도가 500ppm이다. 배출허용기준이 100mg/Sm³일 때, 최소한 몇 %를 제거해야 배출허용기준을 만족시킬 수 있는가?(단, 표준상태 기준이며, 기타 조건은 동일하다.)

① 약 68%　② 약 78%　③ 약 88%　④ 약 98%

해설 제거효율(%) $= \left(1 - \dfrac{C_o}{C_i}\right) \times 100$

$C_o = 100\text{mg/Sm}^3 \times \dfrac{22.4\text{mL}}{36.5\text{mg}} = 61.37\text{ppm}$

$= \left(1 - \dfrac{61.37}{500}\right) \times 100 = 87.73\%$

57 98% 효율을 가진 전기집진기로 유량이 5,000m³/min인 공기흐름을 처리하고자 한다. 표류속도(W_e)가 6.0cm/sec일 때 Deutsch 식에 의한 필요 집진면적은 얼마나 되겠는가?

① 약 3,938m² ② 약 4,431m²
③ 약 4,937m² ④ 약 5,433m²

해설 $\eta = 1 - \exp\left(-\dfrac{A \times W_e}{Q}\right)$

$0.98 = 1 - \exp\left(-\dfrac{A \times 0.06}{5,000/60}\right)$

$\ln 0.02 = -\dfrac{A \times 0.06}{5,000/60}$

$A = 5,433.37\text{m}^2$

58 촉매연소법에 관한 설명으로 거리가 먼 것은?

① 열소각법에 비해 체류시간이 훨씬 짧다.
② 열소각법에 비해 NOx 생성량을 감소시킬 수 있다.
③ 팔라듐, 알루미나 등은 촉매에 바람직하지 않은 원소이다.
④ 열소각법에 비해 점화온도를 낮춤으로써 운영 비용을 절감할 수 있다.

해설 팔라듐, 알루미나 등은 촉매에 바람직한 원소이며 할로겐 원소, 납, 아연, 비소 등은 촉매에 바람직하지 않은 성분이다.

59 다음 중 송풍기에 관한 법칙 표현으로 옳지 않은 것은? (단, 송풍기의 크기와 유체의 밀도는 일정하며, Q : 풍량, N : 회전수, W : 동력, V : 배출속도, ΔP : 정압)

① $W_1/N_1^3 = W_2/N_2^3$ ② $Q_1/N_1 = Q_2/N_2$
③ $V_1/N_1^3 = V_2/N_2^3$ ④ $\Delta P_1/N_1^2 = \Delta P_2/N_2^2$

해설 송풍기의 크기와 유체밀도가 일정할 때
㉠ 유량 : 송풍기의 회전속도에 비례한다.
$Q_2 = Q_1 \times \left(\dfrac{N_2}{N_1}\right)$
㉡ 풍압 : 송풍기의 회전속도의 2승에 비례한다.
$P_{s2} = P_{s1} \times \left(\dfrac{N_2}{N_1}\right)^2$
㉢ 동력 : 송풍기의 회전속도의 3승에 비례한다.
$W_2 = W_1 \times \left(\dfrac{N_2}{N_1}\right)^3$

60 다음은 흡착제에 관한 설명이다. (   ) 안에 가장 적합한 것은?

> 현재 분자체로 알려진 (   )이/가 흡착제로 많이 쓰이는데, 이것은 제조과정에서 그 결정구조를 조절하여 특정한 물질을 선택적으로 흡착시키거나 흡착속도를 다르게 할 수 있는 장점이 있으며, 극성이 다른 물질이나 포화 정도가 다른 탄화수소의 분리가 가능하다.

① Activated Carbon ② Synthetic Zeolite
③ Silica Gel ④ Activated Alumina

해설 합성제올라이트(Synthetic Zeolite)는 극성이 다른 물질이나 포화 정도가 다른 탄화수소의 분리가 가능하다.

제4과목   대기오염공정시험기준(방법)

61 이론단수가 1,600인 분리관이 있다. 보유시간이 20분인 피크의 좌우변곡점에서 접선이 자르는 바탕선의 길이가 10mm일 때 기록지 이동속도는?(단, 이론단수는 모든 성분에 대하여 같다.)

① 2.5mm/min ② 5mm/min
③ 10mm/min ④ 15mm/min

해설 이론단수$(n) = 16 \cdot \left(\dfrac{t_R}{W}\right)^2$의 공식을 이용한다.

$1,600 = 16 \times \left(\dfrac{t \times 20}{10}\right)^2$

t(기록지 이동속도)$=5$mm/min

62 다음은 환경대기 중 다환방향족탄화수소류(PAHs) – 기체크로마토그래피/질량분석법에 사용되는 용어의 정의이다. (   ) 안에 알맞은 것은?

> (   )은 추출과 분석 전에 각 시료, 공시료, 매체시료(matrix – spilked)에 더해지는 화학적으로 반응성이 없는 환경 시료 중에 없는 물질을 말한다.

① 내부표준물질(IS, internal standard)
② 외부표준물질(ES, external standard)
③ 대체표준물질(surrogate)
④ 속실렛(soxhlet) 추출물질

정답 57 ④ 58 ③ 59 ③ 60 ② 61 ② 62 ③

해설 대체표준물질(surrogate)은 추출과 분석 전에 각 시료, 공시료, 매체시료(matrix-spiked)에 더해지는 화학적으로 반응성이 없는 환경 시료 중에 없는 물질을 말한다.

63 환경대기 중의 석면시험방법 중 위상차현미경법을 통한 계수대상물의 식별방법에 관한 설명으로 옳지 않은 것은?(단, 적정한 분석능력을 가진 위상차현미경 등을 사용한 경우)

① 단섬유인 경우 구부러져 있는 섬유는 곡선에 따라 전체 길이를 재어서 판정한다.
② 헝클어져 다발을 이루고 있는 경우로서 섬유가 헝클어져 정확한 수를 헤아리기 힘들 때에는 0개로 판정한다.
③ 섬유에 입자가 부착하고 있는 경우 입자의 폭이 $3\mu m$를 넘는 것은 1개로 판정한다.
④ 섬유가 그래티큘 시야의 경계선에 물린 경우 그래티큘 시야 안으로 한쪽 끝만 들어와 있는 섬유는 1/2개로 인정한다.

해설 섬유에 입자가 부착하고 있는 경우 입자의 폭이 $3\mu m$를 넘지 않는 것은 1개로 판정한다.

64 다음은 환경대기 중 유해 휘발성 유기화합물의 시험방법(고체흡착법)에서 사용되는 용어의 정의이다. (   ) 안에 알맞은 것은?

> 일정농도의 VOC가 흡착관에 흡착되는 초기 시점부터 일정시간이 흐르게 되면 흡착관 내부에 상당량의 VOC가 포화되기 시작하고 전체 VOC 양의 5%가 흡착관을 통과하게 되는데, 이 시점에서 흡착관 내부로 흘러간 총 부피를 (   )라 한다.

① 머무름부피(Retention Volume)
② 안전부피(Safe Sample Volume)
③ 파과부피(Breakthrough Volume)
④ 탈착부피(Desorption Volume)

해설 **파과부피(BV ; Breakthrough Volume)**
일정농도의 휘발성 유기화합물이 흡착관에 흡착되는 초기 시점부터 일정시간이 흐르게 되면 흡착관 내부에 상당량의 휘발성 유기화합물질이 포화되기 시작하고 전체 휘발성 유기화합물질 농도의 5%가 흡착관을 통과하게 되는데, 이 시점에서 흡착관 내부로 흘러간 총 부피를 파과부피라 한다.

65 온도표시에 관한 설명으로 옳지 않은 것은?

① "냉후"(식힌 후)라 표시되어 있을 때는 보온 또는 가열 후 실온까지 냉각된 상태를 뜻한다.
② 상온은 15~25℃, 실온은 1~35℃로 한다.
③ 찬 곳(冷所)은 따로 규정이 없는 한 0~5℃를 뜻한다.
④ 온수(溫水)는 60~70℃이고, 열수(熱水)는 약 100℃를 말한다.

해설 찬 곳은 따로 규정이 없는 한 0~15℃의 곳을 뜻한다.

66 다음은 비분산 적외선 분광분석법 중 응답시간(Response Time)의 성능기준을 나타낸 것이다. ㉠, ㉡에 알맞은 것은?

> 제로 조정용 가스를 도입하여 안정된 후 유로를 (㉠)로 바꾸어 기준 유량으로 분석계에 도입하여 그 농도를 눈금 범위 내의 어느 일정한 값으로부터 다른 일정한 값으로 갑자기 변화시켰을 때 스텝(step) 응답에 대한 소비 시간이 1초 이내이어야 한다. 또 이때 최종 지시값에 대한 (㉡)을 나타내는 시간은 40초 이내이어야 한다.

① ㉠ 비교가스, ㉡ 10%의 응답
② ㉠ 스팬가스, ㉡ 10%의 응답
③ ㉠ 비교가스, ㉡ 90%의 응답
④ ㉠ 스팬가스, ㉡ 90%의 응답

해설 **응답시간의 성능기준**
제로 조정용 가스를 도입하여 안정된 후 유로를 스팬가스로 바꾸어 기준 유량으로 분석계에 도입하여 그 농도를 눈금 범위 내의 어느 일정한 값으로부터 다른 일정한 값으로 갑자기 변화시켰을 때 스텝(Step) 응답에 대한 소비시간이 1초 이내이어야 한다. 또 이때 최종 지시값에 대한 90%의 응답을 나타내는 시간은 40초 이내이어야 한다.

67 배출가스 중 다이옥신 및 퓨란류 분석을 위한 시료채취방법에 관한 설명으로 옳지 않은 것은?

① 흡인노즐에서 흡인하는 가스의 유속은 측정점의 배출가스유속에 대해 상대오차 -5~+5%의 범위 내로 한다.
② 최종배출구에서의 시료채취 시 흡인기체량은 표준상대(0℃, 1기압)에서 4시간 평균 $3m^3$ 이상으로 한다.
③ 덕트 내의 압력이 부압인 경우에는 흡인장치를 덕트 밖으로 빼낸 후에 흡인펌프를 정지시킨다.

④ 배출가스 시료를 채취하는 동안에 각 흡수병은 얼음 등으로 냉각시키며, XAD-2 수지 흡착관은 -50℃ 이하로 유지하여야 한다.

해설 배출가스 시료를 채취하는 동안에 각 흡수병은 얼음 등으로 냉각시킨다. XAD-2 수지 포집관부는 30℃ 이하로 유지하여야 한다.

68 굴뚝 배출가스 중 CS_2의 측정에 사용되는 흡수액은?(단, 자외선/가시선분광법으로 측정)

① 붕산 용액　　　　② 가성소다 용액
③ 황산동 용액　　　④ 다이에틸아민구리 용액

해설 굴뚝 배출가스 중 CS_2의 측정에 사용되는 흡수액은 다이에틸아민구리 용액이다.

69 굴뚝 배출가스 중 먼지를 시료채취장치 1형을 사용한 반자동식 채취에 의한 방법으로 측정할 경우 원통형 여과지의 전처리 조건으로 가장 적합한 것은?(단, 배출가스 온도가 (110±5)℃ 이상으로 배출된다.)

① (80±5)℃에서 충분히(1~3시간) 건조
② (100±5)℃에서 30분간 건조
③ (120±5)℃에서 30분간 건조
④ (110±5)℃에서 충분히(1~3시간) 건소

해설 **시료채취장치 1형을 사용한 경우**
원통형 여과지를 (110±5)℃에서 충분히 1~3시간 건조하고 데시케이터 내에서 실온까지 냉각하여 가능한 무게를 0.1mg까지 측정한 후 여과지홀더에 끼운다.

70 굴뚝 배출가스 중에 포함된 포름알데하이드 및 알데하이드류의 분석방법으로 거리가 먼 것은?

① 고성능액체크로마토그래피법
② 크로모트로핀산 자외선/가시선분광법
③ 나프틸에틸렌디아민법
④ 아세틸아세톤 자외선/가시선분광법

해설 **포름알데하이드 및 알데하이드류의 분석방법**
㉠ 고성능액체크로마토그래피법
㉡ 크로모트로핀산 자외선/가시선분광법
㉢ 아세틸아세톤 자외선/가시선분광법

71 굴뚝배출가스 중 황화수소를 아이오딘 적정법으로 분석할 때 종말점의 판단을 위한 지시약은?

① 아르세나조Ⅲ　　② 메틸렌 레드
③ 녹말 용액　　　　④ 메틸렌 블루

해설 적정의 종말점 부근에서 액이 엷은 황색으로 되었을 때 녹말 용액 3mL를 가하여 생긴 청색이 없어질 때를 종말점으로 한다.

72 굴뚝배출가스 내의 질소산화물을 연속적으로 자동측정하는 방법 중 화학발광분석계의 구성에 관한 설명으로 거리가 먼 것은?

① 유량제어부는 시료가스 유량제어부와 오존가스 유량제어부가 있으며 이들은 각각 저항관, 압력조절기, 니들밸브, 면적유량계, 압력계 등으로 구성되어 있다.
② 반응조는 시료가스와 오존가스를 도입하여 반응시키기 위한 용기로서 이 반응에 의해 화학발광이 일어나고 내부압력조건에 따라 감압형과 상압형이 있다.
③ 오존발생기는 산소가스를 오존으로 변환시키는 역할을 하며, 에너지원으로서 무성방전관 또는 자외선발생기를 사용한다.
④ 검출기에는 화학발광을 선택적으로 투과시킬 수 있는 발광필터가 부착되어 있으며 전기신호를 발광도로 변환시키는 역할을 한다.

해설 검출기에는 화학발광을 선택적으로 투과시킬 수 있는 광학필터가 부착되어 있으며 발광도를 전기신호로 변환시키는 역할을 한다.

73 흡광차분광법에 관한 설명으로 옳지 않은 것은?

① 일반 흡광광도법은 적분적이며 흡광차분광법은 미분적이라는 차이가 있다.
② 측정에 필요한 광원은 180~2,850nm 파장을 갖는 제논램프를 사용한다.
③ 분석장치는 분석기와 광원부로 나누어지며 분석기 내부는 분광기, 샘플 채취부, 검지부, 분석부, 통신부 등으로 구성된다.
④ 광원부는 발·수광부 및 광케이블로 구성된다.

해설 일반 흡광광도법은 미분적(일시적)이며 흡광차분광법(DOAS)은 적분적(연속적)이란 차이점이 있다.

정답　68 ④　69 ④　70 ③　71 ③　72 ④　73 ①

74 크로모트로핀산 자외선/가시선분광법으로 굴뚝 배출가스 중 포름알데하이드를 정량할 때 흡수 발색액 제조에 필요한 시약은?

① CH_3COOH
② H_2SO_4
③ $NaOH$
④ NH_4OH

해설 크로모트로핀산($C_{10}H_8O_8S_2$, Chromotropic acid, 분자량 320) 1g을 80% 황산(H_2SO_4, sulfuric acid, 분자량 98.08)에 녹여 1,000mL로 한다.

75 기체크로마토그래피의 장치구성에 관한 설명으로 가장 거리가 먼 것은?

① 방사성 동위원소를 사용하는 검출기를 수용하는 검출기 오븐에 대하여는 온도조절기구와는 별도로 독립작용을 할 수 있는 과열방지기구를 설치해야 한다.
② 분리관오븐의 온도조절 정밀도는 ±0.5℃ 범위 이내 전원 전압변동 10%에 대하여 온도 변화 ±0.5℃ 범위 이내(오븐의 온도가 150℃ 부근일 때)이어야 한다.
③ 보유시간을 측정할 때는 10회 측정하여 그 평균치를 구한다. 일반적으로 5~30분 정도에서 측정하는 봉우리의 보유시간은 반복시험을 할 때 ±5% 오차범위 이내이어야 한다.
④ 불꽃이온화 검출기는 대부분의 화합물에 대하여 열전도도 검출기보다 약 1,000배 높은 감도를 나타내고 대부분의 유기화합물의 검출이 가능하므로 흔히 사용된다.

해설 보유시간을 측정할 때는 3회 측정하여 그 평균치를 구한다. 일반적으로 5~30분 정도에서 측정하는 봉우리의 보유시간은 반복시험을 할 때 ±3% 오차범위 이내이어야 한다.

76 다음은 중금속 분석을 위한 전처리 방법 중 저온회화법에 관한 설명이다. ㉠, ㉡에 알맞은 것은?

시료를 채취한 여과지를 회화실에 넣고 약 (㉠)에서 회화한다. 셀룰로오스섬유제 여과지를 사용했을 때에는 그대로, 유리섬유제 또는 석영섬유제 여과지를 사용했을 때에는 적당한 크기로 자르고 250mL 원뿔형 비커에 넣은 다음 (㉡)를 가한다. 이것을 물중탕 중에서 약 30분간 가열하여 녹인다.

① ㉠ 200℃ 이하
㉡ 황산(2+1) 70mL 및 과망간산칼륨(0.025N) 5mL
② ㉠ 450℃ 이하
㉡ 황산(2+1) 70mL 및 과망간산칼륨(0.025N) 5mL
③ ㉠ 200℃ 이하
㉡ 염산(1+1) 70mL 및 과산화수소수(30%) 5mL
④ ㉠ 450℃ 이하
㉡ 염산(1+1) 70mL 및 과산화수소수(30%) 5mL

해설 저온회화법
시료를 채취한 여과지를 회화실에 넣고 약 200℃ 이하에서 회화한다. 셀룰로오스섬유제 여과지를 사용했을 때에는 그대로, 유리섬유제 또는 석영섬유제 여과지를 사용했을 때에는 적당한 크기로 자르고 250mL 원뿔형 비커에 넣은 다음 염산(1+1) 70mL 및 과산화수소수(30%) 5mL를 가한다. 이것을 물중탕 중에서 약 30분간 가열하여 녹인다.

77 굴뚝에서 배출되는 건조배출가스의 유량을 연속적으로 자동 측정하는 방법에 관한 설명으로 옳지 않은 것은?

① 건조배출가스 유량은 배출되는 표준상태의 건조배출가스량[Sm^3(5분 적산치)]으로 나타낸다.
② 열선식 유속계를 이용하는 방법에서 시료채취부는 열선과 지주 등으로 구성되어 있으며, 열선은 직경 2~10μm, 길이 약 1mm의 텅스텐이나 백금선 등이 쓰인다.
③ 유량의 측정방법에는 피토관, 열선유속계, 와류유속계를 이용하는 방법이 있다.
④ 와류유속계를 사용할 때에는 압력계 및 온도계는 유량계 상류 측에 설치해야 하고, 일반적으로 온도계는 글로브식을, 압력계는 부르동관식을 사용한다.

해설 와류유속계를 사용할 경우 압력계 및 온도계는 유량계 하류 측에 설치해야 한다.

78 어떤 사업장의 굴뚝에서 실측한 배출가스 중 A오염물질의 농도가 600ppm이었다. 이때 표준산소농도는 6%, 실측산소농도는 8%이었다면 이 사업장의 배출가스 중 보정된 A오염물질의 농도는?(단, A오염물질은 배출허용기준 중 표준산소농도를 적용받는 항목이다.)

① 약 486ppm
② 약 520ppm
③ 약 692ppm
④ 약 768ppm

해설 $C = C_a \times \dfrac{21 - O_s}{21 - O_a} = 600\text{ppm} \times \dfrac{21-6}{21-8} = 692.31\text{ppm}$

정답 74 ② 75 ③ 76 ③ 77 ④ 78 ③

79 A굴뚝의 측정공에서 피토관으로 가스의 압력을 측정해 보니 동압이 15mmH₂O이었다. 이 가스의 유속은?(단, 사용한 피토관의 계수(C)는 0.85이며, 가스의 단위체적당 질량은 1.2kg/m³로 한다.)

① 약 12.3m/s ② 약 13.3m/s
③ 약 15.3m/s ④ 약 17.3m/s

해설
$$V(\text{m/sec}) = C\sqrt{\frac{2gh}{\gamma}}$$
$$= 0.85 \times \sqrt{\frac{2 \times 9.8\text{m/sec}^2 \times 15\text{mmH}_2\text{O}}{1.2\text{kg/m}^3}}$$
$$= 13.30\text{m/sec}$$

80 다음은 굴뚝배출가스 중 아황산가스를 연속적으로 자동측정하는 방법 중 불꽃광도분석계의 측정원리에 관한 설명이다. ㉠, ㉡에 알맞은 것은?

> 환원성 수소불꽃에 도입된 아황산가스가 불꽃 중에서 환원될 때 발생하는 빛 가운데 (㉠) 부근의 빛에 대한 발광강도를 측정하여 연도배출가스 중 아황산가스 농도를 구한다. 이 방법을 이용하기 위하여는 불꽃에 도입되는 아황산가스 농도가 (㉡) 이하가 되도록 시료가스를 깨끗한 공기로 희석해야 한다.

① ㉠ 254nm, ㉡ 5~6mg/min
② ㉠ 394nm, ㉡ 5~6mg/min
③ ㉠ 254nm, ㉡ 5~6μg/min
④ ㉠ 394nm, ㉡ 5~6μg/min

해설 불꽃광도분석계의 측정원리
환원성 수소불꽃에 도입된 아황산가스가 불꽃 중에서 환원될 때 발생하는 빛 가운데 394nm 부근의 빛에 대한 발광강도를 측정하여 연도배출가스 중 아황산가스 농도를 구한다. 이 방법을 이용하기 위하여는 불꽃에 도입되는 아황산가스 농도가 5~6μg/min 이하가 되도록 시료가스를 깨끗한 공기로 희석해야 한다.

제5과목 대기환경관계법규

81 대기환경보전법상 자동차의 운행정지에 관한 사항이다. ( ) 안에 알맞은 것은?

> 환경부장관, 특별시장·광역시장·특별자치시장·특별자치도지사·시장·군수·구청장은 운행차 배출허용기준초과에 따른 개선명령을 받은 자동차 소유자가 이에 따른 확인검사를 환경부령으로 정하는 기간 이내에 받지 아니하는 경우에는 ( )의 기간을 정하여 해당 자동차의 운행정지를 명할 수 있다.

① 5일 이내 ② 7일 이내
③ 10일 이내 ④ 15일 이내

해설 환경부장관, 특별시장·광역시장·특별자치시장·특별자치도지사·시장·군수·구청장은 운행차 배출허용기준초과에 따른 개선명령을 받은 자동차 소유자가 이에 따른 확인검사를 환경부령으로 정하는 기간 이내에 받지 아니하는 경우에는 10일 이내의 기간을 정하여 해당 자동차의 운행정지를 명할 수 있다.

82 대기환경보전법규상 대기오염경보 발령 시 포함되어야 할 사항으로 가장 거리가 먼 것은?(단, 기타 사항은 제외)

① 대기오염경보단계
② 대기오염경보의 경보대상기간
③ 대기오염경보의 대상지역
④ 대기오염경보단계별 조치사항

해설 대기오염경보 발령 시 포함되어야 할 사항
㉠ 대기오염경보의 대상지역
㉡ 대기오염경보단계 및 대기오염물질의 농도
㉢ 대기오염경보단계별 조치사항
㉣ 그 밖에 시·도지사가 필요하다고 인정하는 사항

83 실내공기질 관리법규상 "에틸벤젠"의 신축 공동주택의 실내공기질 권고기준은?

① 30μg/m³ 이하 ② 210μg/m³ 이하
③ 300μg/m³ 이하 ④ 360μg/m³ 이하

해설 신축 공동주택의 실내공기질 권고기준
㉠ 포름알데하이드 : 210μg/m³ 이하
㉡ 벤젠 : 30μg/m³ 이하 ㉢ 톨루엔 : 1,000μg/m³ 이하
㉣ 에틸벤젠 : 360μg/m³ 이하 ㉤ 자일렌 : 700μg/m³ 이하
㉥ 스티렌 : 300μg/m³ 이하 ㉦ 라돈 : 148Bq/m³ 이하

정답 79 ② 80 ④ 81 ③ 82 ② 83 ④

84 다음은 악취방지법규상 복합악취에 대한 배출허용기준 및 엄격한 배출허용기준의 설정범위이다. ㉠, ㉡에 알맞은 것은?

구분	배출허용기준(희석배수)	
	공업지역	기타 지역
배출구	1,000 이하	(㉠) 이하
부지경계선	20 이하	(㉡) 이하

① ㉠ 500, ㉡ 10
② ㉠ 500, ㉡ 15
③ ㉠ 750, ㉡ 10
④ ㉠ 750, ㉡ 15

해설 배출허용기준 및 엄격한 배출허용기준의 설정범위

구분	배출허용기준(희석배수)	
	공업지역	기타 지역
배출구	1,000 이하	500 이하
부지경계선	20 이하	15 이하

85 대기환경보전법규상 배출허용기준초과에 따른 개선명령을 받은 경우로서 개선하여야 할 사항이 배출시설 또는 방지시설일 때 개선계획서에 포함되어야 할 사항 또는 첨부서류로 가장 거리가 먼 것은?

① 공사기간 및 공사비
② 측정기기 관리담당자 변경 현황
③ 대기오염물질의 처리방식 및 처리효율
④ 배출시설 또는 방지시설의 개선명세서 및 설계도

해설 개선계획서에 포함 또는 첨부되어야 하는 사항
㉠ 배출시설 또는 방지시설의 개선명세서 및 설계도
㉡ 대기오염물질의 처리방식 및 처리 효율
㉢ 공사기간 및 공사비
㉣ 다음의 경우에는 이를 증명할 수 있는 서류
 • 개선기간 중 배출시설의 가동을 중단하거나 제한하여 대기오염물질의 농도나 배출량이 변경되는 경우
 • 개선기간 중 공법 등의 개선으로 대기오염물질의 농도나 배출량이 변경되는 경우

86 대기환경보전법령상 사업장별 구분 또는 사업장별 환경기술인의 자격기준에 관한 설명으로 옳지 않은 것은?

① 4종 사업장은 대기오염물질발생량의 합계가 연간 2톤 이상 10톤 미만인 사업장을 말한다.
② 공동방지시설에서 각 사업장의 대기오염물질 발생량의 합계가 4종 사업장과 5종 사업장의 규모에 해당하는 경우에는 3종 사업장에 해당하는 기술인을 두어야 한다.
③ 1종 사업장과 2종 사업장 중 1개월 동안 실제 작업한 날만을 계산하여 1일 평균 17시간 이상 작업하는 경우에는 해당 사업장의 기술인을 각각 2명 이상 두어야 한다.
④ 전체 배출시설에 대하여 방지시설 설치 면제를 받은 사업장과 배출시설에서 배출되는 오염물질 등을 공동방지시설에서 처리하는 사업장은 2종 사업장에 해당되는 기술인을 두어야 한다.

해설 전체 배출시설에 대하여 방지시설 설치 면제를 받은 사업장과 배출시설에서 배출되는 오염물질 등을 공동방지시설에서 처리하게 하는 사업장은 5종 사업장에 해당하는 기술인을 둘 수 있다.

87 대기환경보전법규상 대기배출시설을 설치 운영하는 사업자에 대하여 조업정지를 명하여야 하는 경우로서 그 조업정지가 주민의 생활, 기타 공익에 현저한 지장을 초해할 우려가 있다고 인정되는 경우 조업정지처분에 갈음하여 과징금을 부과할 수 있다. 이때 과징금의 부과금액 산정 시 적용되지 않는 항목은?

① 조업정지일수
② 1일당 부과금액
③ 오염물질별 부과금액
④ 사업장 규모별 부과계수

해설 과징금의 부과기준은 행정처분기준에 따라 조업정지일수에 1일당 부과금액과 사업장 규모별 부과계수를 곱하여 산정한다.

88 대기환경보전법규상 자동차 운행정지표지의 바탕색상은?

① 회색
② 녹색
③ 노란색
④ 흰색

해설 자동차 운행정지표지의 바탕색은 노란색으로, 문자는 검은색으로 한다.

89 대기환경보전법규상 대기오염 방지시설과 가장 거리가 먼 것은?(단, 기타의 경우는 제외)

① 중력집진시설
② 여과집진시설
③ 간접연소에 의한 시설
④ 산화・환원에 의한 시설

정답 84 ② 85 ② 86 ④ 87 ③ 88 ③ 89 ③

해설 **대기오염 방지시설**
- 중력집진시설
- 관성력집진시설
- 원심력집진시설
- 세정집진시설
- 여과집진시설
- 전기집진시설
- 음파집진시설
- 흡수에 의한 시설
- 흡착에 의한 시설
- 직접연소에 의한 시설
- 촉매반응을 이용하는 시설
- 응축에 의한 시설
- 산화·환원에 의한 시설
- 미생물을 이용한 처리시설
- 연소조절에 의한 시설

90 대기환경보전법상 벌칙기준 중 7년 이하의 징역이나 1억원 이하의 벌금에 처하는 것은?

① 대기오염물질의 배출허용기준 확인을 위한 측정기기의 부착 등의 조치를 하지 아니한 자
② 황연료사용 제한조치 등의 명령을 위반한 자
③ 제작차 배출허용기준에 맞지 아니하게 자동차를 제작한 자
④ 배출가스 전문정비사업자로 등록하지 아니하고 정비·점검 또는 확인검사 업무를 한 자

해설 대기환경보전법 제89조 참고

91 대기환경보전법령상 자동차 배출가스 규제 등에서 매출액 산정 및 위반행위 정도에 따른 과징금의 부과기준과 관련된 사항으로 옳지 않은 것은?

① 매출액 산정방법에서 "매출액"이란 그 자동차의 최초 제작시점부터 적발시점까지의 총 매출액으로 한다.
② 제작차에 대하여 인증을 받지 아니하고 자동차를 제작·판매한 행위에 대해서 위반행위의 정도에 따른 가중부과계수는 0.5를 적용한다.
③ 제작차에 대하여 인증을 받은 내용과 다르게 자동차를 제작·판매한 행위에 대해서 위반행위의 정도에 따른 가중부과계수는 0.5를 적용한다.
④ 과징금 산정방법=총 매출액×3/100×가중부과계수를 적용한다.

해설 제작차에 대하여 인증을 받지 아니하고 자동차를 제작·판매한 행위에 대해서 위반행위의 정도에 따른 가중부과계수는 1을 적용한다.

92 실내공기질 관리법규상 "의료기관"의 라돈(Bq/m^3)항목 실내공기질 권고기준은?

① 148 이하
② 400 이하
③ 500 이하
④ 1,000 이하

해설 **실내공기질 관리법상 권고기준**

오염물질 항목 다중이용시설	이산화탄소 (ppm)	라돈 (Bq/m^3)	총휘발성 유기화합물 ($\mu g/m^3$)	곰팡이 (CFU/m^3)
지하역사, 지하도상가, 철도역사의 대합실, 여객자동차터미널의 대합실, 항만시설 중 대합실, 공항시설 중 여객터미널, 도서관·박물관 및 미술관, 대규모점포, 장례식장, 영화상영관, 학원, 전시시설, 인터넷컴퓨터게임시설제공업의 영업시설, 목욕장업의 영업시설	0.1 이하	148 이하	500 이하	—
의료기관, 어린이집, 노인요양시설, 산후조리원	0.05 이하		400 이하	500 이하
실내주차장	0.3 이하		1,000 이하	—

※ 법규 변경사항이므로 해설의 내용으로 학습하시기 바랍니다.

93 대기환경보전법규상 휘발성 유기화합물 배출시설의 변경신고를 해야 하는 경우가 아닌 것은?

① 사업장의 명칭 또는 대표자를 변경하는 경우
② 휘발성 유기화합물 배출시설을 폐쇄하는 경우
③ 휘발성 유기화합물의 배출억제·방지시설을 변경하는 경우
④ 설치신고를 한 배출시설 규모의 합계 또는 누계보다 100분의 30 이상 증설하는 경우

정답 90 ③ 91 ② 92 ① 93 ④

해설 **휘발성 유기화합물 배출시설의 변경신고를 해야 하는 경우**
  ㉠ 사업장의 명칭 또는 대표자를 변경하는 경우
  ㉡ 설치신고를 한 배출시설 규모의 합계 또는 누계보다 100분의 50 이상 증설하는 경우
  ㉢ 휘발성 유기화합물의 배출 억제·방지시설을 변경하는 경우
  ㉣ 휘발성 유기화합물 배출시설을 폐쇄하는 경우
  ㉤ 휘발성 유기화합물 배출시설 또는 배출 억제·방지시설을 임대하는 경우

94 대기환경보전법규상 부식·마모로 인하여 대기오염물질이 누출되는 배출시설을 정당한 사유 없이 방치한 경우의 3차 행정처분기준은?
  ① 개선명령
  ② 경고
  ③ 조업정지 10일
  ④ 조업정지 30일

해설 **행정처분기준**
  1차(경고) → 2차(조업정지 10일) → 3차(조업정지 30일) → 4차(허가 취소 또는 폐쇄)

95 대기환경보전법상 공익에 현저한 지장을 줄 우려가 인정되는 경우 등으로 인해 조업정지 처분에 갈음하여 부과할 수 있는 과징금처분에 관한 설명으로 옳지 않은 것은?
  ① 최대 2억 원까지 과징금을 부과할 수 있다.
  ② 과징금을 납부기한까지 납부하지 아니한 경우는 최대 3월 이내 기간의 조업정지처분을 명할 수 있다.
  ③ 사회복지시설 및 공공주택의 냉난방시설을 설치, 운영하는 사업자에 대하여 부과할 수 있다.
  ④ 의료법에 따른 의료기관의 배출시설도 부과할 수 있다.

해설 과징금을 납부기한까지 납부하지 아니한 경우는 지방세외수입금의 징수 등에 관한 법률에 따라 징수한다.

96 대기환경보전법령상 초과부과금을 산정할 때 다음 오염물질 중 1킬로그램당 부과금액이 가장 높은 것은?
  ① 시안화수소
  ② 암모니아
  ③ 불소화합물
  ④ 이황화탄소

해설 **초과부과금 산정기준**

오염물질	구분	오염물질 1킬로그램당 부과금액
	황산화물	500
	먼지	770
	질소산화물	2,130
	암모니아	1,400
	황화수소	6,000
	이황화탄소	1,600
특정유해물질	불소화물	2,300
	염화수소	7,400
	시안화수소	7,300

97 환경부장관이 대기환경보전법규정에 의하여 사업장에서 배출되는 대기오염물질을 총량으로 규제하고자 할 때에 반드시 고시할 사항과 거리가 먼 것은?
  ① 총량규제구역
  ② 측정망 설치계획
  ③ 총량규제 대기오염물질
  ④ 대기오염물질의 저감계획

해설 **대기오염물질을 총량으로 규제하려는 경우 고시사항**
  ㉠ 총량규제구역
  ㉡ 총량규제 대기오염물질
  ㉢ 대기오염물질의 저감계획
  ㉣ 그 밖에 총량규제구역의 대기관리를 위하여 필요한 사항

98 환경정책기본법령상 대기환경기준으로 옳지 않은 것은?
  ① 미세먼지(PM-10) - 연간 평균치 50mg/m³ 이하
  ② 아황산가스(SO_2) - 연간 평균치 0.02ppm 이하
  ③ 일산화탄소(CO) - 1시간 평균치 25ppm 이하
  ④ 오존(O_3) - 1시간 평균치 0.1ppm 이하

해설 미세먼지(PM-10) - 연간 평균치 50μg/m³ 이하

99 대기환경보전법규상 측정망 설치계획을 고시할 때 포함될 사항과 거리가 먼 것은?(단, 그 밖의 사항 등은 제외)
  ① 측정망 배치도
  ② 측정망 설치시기
  ③ 측정망 교체주기
  ④ 측정소를 설치할 토지 또는 건축물의 위치 및 면적

정답 94 ④ 95 ② 96 ① 97 ② 98 ① 99 ③

해설 **측정망 설치계획 고시**
㉠ 측정망 설치시기
㉡ 측정망 배치도
㉢ 측정소를 설치할 토지 또는 건축물의 위치 및 면적

100 대기환경보전법상 제작차에 대한 인증대행시험기관의 지정취소나 업무정지기준에 해당하지 않는 것은?
① 매연 단속결과 간헐적으로 배출허용기준을 초과할 경우
② 거짓이나 그 밖의 부정한 방법으로 지정을 받은 경우
③ 다른 사람에게 자신의 명의로 인증시험업무를 하게 하는 행위
④ 환경부령으로 정하는 인증시험의 방법과 절차를 위반하여 인증시험을 하는 행위

해설 **인증대행시험기관의 지정취소나 업무정지 기준**
㉠ 다른 사람에게 자신의 명의로 인증시험업무를 하게 하는 행위
㉡ 거짓이나 그 밖의 부정한 방법으로 인증시험을 하는 행위
㉢ 인증시험과 관련하여 환경부령으로 정하는 준수사항을 위반하는 행위
㉣ 환경부령으로 정하는 인증시험의 방법과 절차를 위반하여 인증시험을 하는 행위

정답 100 ①

2017년 4회 기출문제

제1과목 대기오염개론

01 오염물질이 주위로 확산되지 않고 안전하게 후드에 유입되도록 조절한 공기의 속도와 적절한 안전율을 고려한 공기의 유속을 무엇이라 하는가?

① 제어속도(control velocity)
② 상대속도(relative velocity)
③ 질량속도(mass velocity)
④ 부피속도(volumetric velocity)

해설 제어속도(포촉속도 : 포착속도 ; 통제속도)
오염물질의 발생속도를 이겨내고 오염물질을 후드 내로 흡인하는 데 필요한 최소의 기류속도를 말한다. 즉, 후드가 취급할 공기량을 최소로 하고, 최대의 먼지부하를 얻도록 결정한다.

02 대기의 건조단열체감률과 국제적인 약속에 의한 중위도 지방을 기준으로 한 실제체감률인 표준체감률 사이의 관계를 대류권 내에서 도식화한 것으로 옳은 것은?(단, 건조단열체감률은 점선, 표준체감률은 실선, 종축은 고도, 횡축은 온도를 나타낸다.)

① 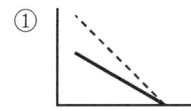 ②

③  ④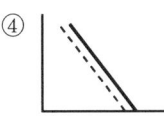

해설 ②의 도식은 중위도 지방의 감률선을 비교한 것이다.(일반적으로 중위도 지방의 국제적인 표준감률은 $-0.66℃/100m$)

03 광화학 스모그현상에 관한 설명으로 가장 거리가 먼 것은?

① LA형 스모그는 광화학 스모그의 대표적인 피해사례이다.
② 광화학반응에 의해 생성된 물질은 미산란 효과에 의해 대기의 파장변화와 가시도의 증가를 초래한다.
③ 광화학 옥시던트 물질은 인체의 눈, 코, 점막을 자극하고, 폐기능 등을 약화시킨다.
④ 정상상태일 경우 오존의 대기 중 오존농도는 NO_2와 NO 비, 태양빛의 강도 등에 의해 좌우된다.

해설 광화학반응에 의해 생성된 물질은 미산란 효과에 의해 대기의 파장 변화와 가시도의 감소를 초래한다.

04 오존층의 O_3은 주로 어느 파장의 태양 빛을 흡수하여 대류권 지상의 생명체들을 보호하는가?

① 자외선 파장 450~640nm
② 자외선 파장 290~440nm
③ 자외선 파장 200~290nm
④ 고에너지 자외선 파장<100nm

해설 오존층의 O_3은 주로 자외선 파장(200~290nm)의 태양 빛을 흡수하여 대류권 지상의 생명체를 보호한다.

05 다음 중 불화수소(HF)의 주요 배출 관련 업종으로 가장 적합한 것은?

① 가스공업, 펄프공업
② 도금공업, 플라스틱공업
③ 염료공업, 냉동공업
④ 화학비료공업, 알루미늄공업

해설 불소화합물의 주요 발생업종
알루미늄공업, 유리공업, 비료공업, 요업 등

06 직경 4m인 굴뚝에서 연기가 10m/s의 속도로 풍속 5m/s인 대기로 방출된다. 대기는 27℃, 중립상태 ($\frac{\Delta\theta}{\Delta Z}=0$)이고, 연기의 온도가 167℃일 때 TVA모델에 의한 연기의 상승고(m)는?(단, TVA모델 : $\Delta H = \frac{173 \cdot F^{1/3}}{U \cdot \exp(0.64\Delta\theta/\Delta Z)}$ 부력계수 $F=[g \cdot V_s \cdot d^2 (T_s - T_a)]/4T_a$를 이용할 것)

① 약 196m ② 약 165m ③ 약 145m ④ 약 124m

정답 01 ① 02 ② 03 ② 04 ③ 05 ④ 06 ①

해설

$$\Delta H = \frac{173 \cdot F^{1/3}}{U \cdot \exp(0.64\,\Delta\theta/\Delta z)}$$

$$F = \frac{[g \cdot V_s \cdot d^2(T_s - T_a)]}{4 \times T_a}$$

$$= \frac{9.8\text{m/sec}^2 \times 10\text{m/sec} \times (4\text{m})^2 \times [(273+167)-(273+27)]}{4 \times (273+27)}$$

$$= 182.93\,\text{m}^4/\text{sec}^3$$

$\Delta\theta/\Delta z$(온위) $= 0 \to$ 중립상태

$$= \frac{173 \times (182.93\,\text{m}^4/\text{sec}^3)^{1/3}}{5\text{m/sec}} = 196.4\text{m}$$

07 다음 연기 형태 중 부채형(fanning)에 관한 설명으로 가장 거리가 먼 것은?

① 주로 저기압구역에서 굴뚝 높이보다 더 낮게 지표 가까이에 역전층이, 그 상공에는 불안정상태일 때 발생한다.
② 굴뚝의 높이가 낮으면 지표 부근에 심각한 오염문제를 발생시킨다.
③ 대기가 매우 안정된 상태일 때 아침과 새벽에 잘 발생한다.
④ 풍향이 자주 바뀔 때면 뱀이 기어가는 연기모양이 된다.

해설 **부채형 연기**
연기가 배출되는 상당한 고도까지도 안정한 대기가 유지될 경우, 즉 기온역전현상을 보이는 경우에 연직운동이 억제되어 부채 모양의 연기가 발생한다.

08 가우시안형의 대기오염 확산방정식을 적용할 때, 지면에 있는 오염원으로부터 바람 부는 방향으로 250m 떨어진 연기의 중심축상 지상 오염농도는?(단, 오염물질의 배출량은 5.5g/sec, 풍속은 5m/sec, $\sigma_y = 22.5\text{m}$, $\sigma_z = 12\text{m}$이다.)

① 1.3mg/m³ ② 1.9mg/m³
③ 2.3mg/m³ ④ 2.7mg/m³

해설 확산방정식에서 $y=0$, $z=0$, $H_e=0$이므로

$$C(x,0,0,0) = \frac{Q}{\pi \cdot U \cdot \sigma_y \cdot \sigma_z}$$

$$= \frac{5.5\text{g/sec}}{3.14 \times 5\text{m/sec} \times 22.5\text{m} \times 12\text{m}}$$

$$= 1.297 \times 10^{-3}\text{g/m}^3 \times 1,000\text{mg/g}$$

$$= 1.297\text{mg/m}^3$$

09 오염된 대기에서의 SO_2 산화에 관한 다음 설명 중 가장 거리가 먼 것은?

① 연소과정에서 배출되는 SO_2의 광분해는 상당히 효과적인데, 그 이유는 저공에 도달하는 것보다 더 긴 파장이 요구되기 때문이다.
② 낮은 온도의 올레핀계 탄화수소도 NO가 존재하면 SO_2를 광산화시키는 데 상당히 효과적일 수 있다.
③ 파라핀계 탄화수소는 NOx와 SO_2가 존재하여도 aerosol을 거의 형성시키지 않는다.
④ 모든 SO_2의 광화학은 일반적으로 전자적으로 여기된 상태의 SO_2의 분자반응들만 포함한다.

해설 광산화에너지는 태양의 광자에너지로서 300~400nm의 파장영역의 자외선이며 대류권에서 280~290nm의 파장영역이 조사될 경우 광흡수에 의해 대기상태로 된다.

10 다음 중 수용모델의 특성에 해당하는 것은?

① 지형 및 오염원의 조업조건에 영향을 받는다.
② 단기간 분석 시 문제가 된다.
③ 현재나 과거에 일어났던 일을 추정, 미래를 위한 전략은 세울 수 있으나 미래 예측은 어렵다.
④ 점, 선, 면 오염원의 영향을 평가할 수 있다.

해설 **수용모델(Receptor Model)**
㉠ 새로운 오염원이나 불확실한 오염원과 불법배출 오염원을 정량적으로 확인, 평가할 수 있다.
㉡ 지형, 기상학적 정보가 없어도 사용 가능하다.
㉢ 현재나 과거에 일어났던 일을 추정하여 미래를 위한 전략을 세울 수 있으나, 미래예측은 어렵다.
㉣ 오염원의 조업 및 운영상태에 대한 정보 없이도 사용 가능하다.
㉤ 측정자료를 입력자료로 사용하므로 시나리오 작성이 곤란하다.
㉥ 수용체 입장에서 평가가 현실적으로 이루어질 수 있다.
㉦ 환경과학 전반(입자상 및 가스상 물질, 가시도 문제 등)에 응용 가능하다.

11 굴뚝의 반경이 1.5m, 평균풍속이 180m/min인 경우 굴뚝의 유효연돌높이를 24m 증가시키기 위한 굴뚝 배출가스 속도는?(단, 연기의 유효상승 높이 $\Delta H = 1.5 \times \frac{W_s}{U} \times D$ 이용)

① 13m/sec ② 16m/sec
③ 26m/sec ④ 32m/sec

정답 07 ① 08 ① 09 ① 10 ③ 11 ②

해설 $\Delta H = 1.5 \times \dfrac{W_s}{U} \times D$

$24\text{m} = 1.5 \times \dfrac{W_s}{(180\text{m/min} \times \text{min/60sec})} \times (1.5\text{m} \times 2)$

W_s (굴뚝 배출가스 속도) $= 16\text{m/sec}$

12 라돈에 관한 설명으로 옳지 않은 것은?
① 라돈 붕괴에 의해 생성된 낭핵종이 α선을 방출하여 폐암을 발생시키는 것으로 알려져 있다.
② 자극취가 있는 무색의 기체로서 γ선을 방출한다.
③ 공기보다 무거워 지표에 가깝게 존재한다.
④ 주로 건축자재를 통하여 인체에 영향을 미치고 있으며 화학적으로 거의 반응을 일으키지 않는다.

해설 라돈(Radon) : Rn
㉠ 주기율표에서 원자번호가 86번으로 화학적으로 불활성 물질(거의 반응을 일으키지 않음)이며 흙속에서 방사선 붕괴를 일으키는 자연방사능 물질이다.
㉡ 무색무취의 사람이 매우 흡입하기 쉬운 기체로 액화되어도 색을 띠지 않는 물질이며, 토양, 콘크리트, 대리석, 지하수, 건축자재 등으로부터 공기 중으로 방출된다.

13 지상 20m에서의 풍속이 10m/sec라고 한다면 지상 40m에서의 풍속(m/sec)은?(단, Deacon의 power law 적용, $P=0.3$)
① 약 10.9   ② 약 11.3
③ 약 12.3   ④ 약 13.3

해설 $\dfrac{U_2}{U_1} = \left(\dfrac{Z_2}{Z_1}\right)^P$

$U_2 = 10\text{m/sec} \times \left(\dfrac{40\text{m}}{20\text{m}}\right)^{0.3} = 12.31\text{m/sec}$

14 다음 대기오염물질 중 2차 오염물질과 거리가 먼 것은?
① SO_3 ② N_2O_3
③ H_2O_2 ④ NO_2

해설 2차 오염물질의 종류
대부분 광산화물로서 O_3, PAN($CH_3COOONO_2$), H_2O_2, NOCl, 아크롤레인(CH_2CHCHO) SO_2, SO_3, NO, NO_2 등이 여기에 속한다.
※ N_2O_3는 1차 오염물질이다.

15 빛의 소멸계수(σ_{ext}) 0.45km^{-1}인 대기에서 시정거리의 한계를 빛의 강도가 초기 강도의 95%가 감소했을 때의 거리라고 정의한다면, 이때 시정거리 한계는?(단, 광도는 Lambert–Beer 법칙을 따르며, 자연대수로 적용)
① 약 12.4km   ② 약 8.7km
③ 약 6.7km   ④ 약 0.1km

해설 Lambert – Beer 법칙(가시거리 계산)
$I = I_o \exp(-\sigma_{ext} \cdot X)$
$5 = 100 \exp[-(0.45\text{km}^{-1}) \times X]$
$\dfrac{5}{100} = \exp[-(0.45\text{km}^{-1}) \times X]$
X(거리) $= 6.66\text{km}$

16 대기오염물질이 인체에 미치는 영향으로 옳지 않은 것은?
① 오존(O_3) – 눈을 자극하고, 폐수종과 폐충혈 등을 유발시키며, 섬모운동의 기능장애 등을 일으킬 수 있다.
② 납(Pb)과 그 화합물 – 다발성 신경염에 의해 사지의 가까운 부분에 강한 근육의 위축이 나타나며, 급성작용으로 주로 지각장애를 일으킨다.
③ 크롬(Cr) – 만성중독은 코, 폐 및 위장의 점막에 병변을 일으키는 것이 특징이다.
④ 비소(As) – 피부염, 주름살 부분의 궤양을 비롯하여, 색소침착, 손·발바닥의 각화, 피부암 등을 일으킨다.

해설 납(Pb)
생체의 대사기능에 일체 불필요한 물질로서 혈청 내의 철착화물인 햄(Heme)의 합성에 관계하는 생화학반응을 방해함으로써 헤모글로빈(Hb)이 결핍되고 이로 인하여 적혈구 생산 감소, 빈혈 증상, 신장기능장애, 나아가 중추신경 및 뇌기능 등의 장애로 인하여 정신착란, 의식상실, 사망에까지 이르게 된다.

17 최대혼합고도를 500m로 예상하여 오염농도를 3ppm으로 수정하였는데 실제 관측된 최대혼합고는 200m였다. 실제 나타날 오염농도는?
① 36ppm   ② 47ppm   ③ 55ppm   ④ 67ppm

해설 오염물질의 농도와 혼합고의 관계는 3승에 반비례

$\dfrac{C_2}{C_1} = \left(\dfrac{MMD_1}{MMD_2}\right)^3$

$C_2 = C_1 \times \left(\dfrac{MMD_1}{MMD_2}\right)^3 = 3\text{ppm} \times \left(\dfrac{500\text{m}}{200\text{m}}\right)^3 = 46.88\text{ppm}$

정답 12 ② 13 ③ 14 ② 15 ③ 16 ② 17 ②

18 다음 중 CFC-12의 올바른 식은?

① $CHFCl_2$　　② CF_3Br
③ CF_3Cl　　④ CF_2Cl_2

해설 CFC-12에서 2가 의미하는 것이 불소(F) 수이기 때문에 CF_2Cl_2로 선택한다.

19 유해화학물질의 생산, 저장, 수송, 누출 등의 사고로 인해 일어나는 대기오염 재해지역과 원인물질의 연결로 거리가 먼 것은?

① 체르노빌 – 방사능물질
② 포자리카 – 황화수소
③ 세베소 – 다이옥신
④ 보팔 – 이산화황

해설 1984년 인도의 보팔시에서 발생한 대기오염사건의 주원인물질은 메틸이소시아네이트(MIC)이다.

20 먼지입자의 크기에 관한 설명으로 옳지 않은 것은?

① 공기역학적 직경이 대상 입자상 물질의 밀도를 고려하는 데 반해, 스토크스 직경은 단위밀도($1g/cm^3$)를 갖는 구형입자로 가정하는 것이 두 개념의 차이점이다.
② 스토크스 직경은 알고자 하는 입자상 물질과 같은 밀도 및 침강속도를 갖는 입자상 물질의 직경을 말한다.
③ 공기역학적 직경은 먼지의 호흡기 침착, 공기정화기의 성능조사 등 입자의 특성파악에 주로 이용된다.
④ 공기 중 먼지 입자의 밀도가 $1g/cm^3$보다 크고, 구형에 가까운 입자의 공기역학적 직경은 실제 광학직경보다 항상 크게 된다.

해설 **공기역학적 직경**
단위밀도($1g/cm^3$)를 갖는 구형 입자로 가정하지만 스토크스 직경은 대상 입자상 물질의 밀도를 고려한다는 점에서 다르다.

제2과목 연소공학

21 기체연료 연소방식 중 예혼합연소에 관한 설명으로 옳지 않은 것은?

① 연소기 내부에서 연료와 공기의 혼합비가 변하지 않고 균일하게 연소된다.
② 역화의 위험이 없으며 공기를 예열할 수 있다.
③ 화염온도가 높아 연소부하가 큰 경우에 사용이 가능하다.
④ 연소조절이 쉽고 화염길이가 짧다.

해설 예혼합연소는 혼합기의 분출속도가 느릴 경우 역화의 위험이 있으므로 역화방지기를 부착해야 한다.

22 0℃일 때 물의 융해열과 100℃일 때 물의 기화열을 합한 열량(kcal/kg)은?

① 80　　② 539
③ 619　　④ 1,025

해설 ㉠ 융해열 : 0℃ 얼음이 0℃의 물로 되기 위한 열량(80kcal/kg)
㉡ 기화열 : 100℃ 포화수가 100℃의 건조증기로 되기 위한 열량(539kcal/kg)
㉢ 합 열량 = 80 + 539 = 619kcal/kg

23 석탄 슬러리 연소에 대한 설명으로 옳은 것은?

① 석탄 슬러리 연료는 석탄분말에 물을 혼합한 COM과 기름을 혼합한 CWM으로 대별된다.
② COM 연소의 경우 표면연소 시기에서는 연소온도가 높아진 만큼 표면연소의 속도가 감속된다고 볼 수 있다.
③ 분해연소 시기에서는 CWM 연소의 경우 30wt%(W/W)의 물이 증발하여 증발열을 빼앗음과 동시에 휘발분과 산소를 희석하기 때문에 화염의 안정성이 극도로 나쁘게 된다.
④ CWM 연소의 경우 분해연소 시기에서는 50wt%(W/W) 중유에 휘발분이 추가되는 형태가 되기 때문에 미분탄 연소보다는 확산연소에 더 가깝다.

해설 ① 석탄 슬러리 연료는 석탄분말에 물을 혼합한 CWM과 기름을 혼합한 COM으로 대별된다.
② COM 연소의 경우 표면연소 시기에서는 연소온도가 높아진 만큼 표면연소의 속도가 가속된다고 볼 수 있다.
④ COM 연소의 경우 분해연소 시기에서는 50wt(W/W) 중유에 휘발분이 추가되는 형태가 되기 때문에 미분탄 연소보다는 분무연소에 가깝다.

정답　18 ④　19 ④　20 ①　21 ②　22 ③　23 ③

24 석탄의 공업분석에 관한 설명으로 옳지 않은 것은?

① 고정탄소는 조습시료의 질량에서부터 수분, 회분, 휘발분의 질량을 뺀 잔량의 비율로 표시한다.
② 공업분석은 건류나 연소 등의 방법으로 석탄을 공업적으로 이용할 때 석탄의 특성을 표시하는 분석방법이다.
③ 회분은 시료 1g에 공기를 제한하면서 전기로에서 650℃까지 가열한 후 잔류하는 무기물량을 건조시료의 질량에 대한 백분율로 표시한다.
④ 고정탄소와 휘발분의 질량비를 연료비라 한다.

해설 석탄의 공업분석
시료 1g을 실온에서 500℃까지는 60분, 500~815℃에서는 30~60분, 815℃±10℃에서 환량이 될 때까지 가열·연소한 후의 잔류분, 즉 석탄이 완전히 연소하고 난 후에 남게 되는 불연성의 잔존물을 말한다.

25 아래 조건의 기체연료의 이론연소온도(℃)는 약 얼마인가?

〈조건〉
• 연료의 저발열량 : 7,500kcal/Sm³
• 연료의 이론연소가스양 : 10.5Sm³/Sm³
• 연료연소가스의 평균정압비열 : 0.35kcal/Sm³·℃
• 기준온도(t) : 25℃
• 지금 공기는 예열되지 않고, 연소가스는 해리되지 않는 것으로 한다.

① 1,916 ② 2,066 ③ 2,196 ④ 2,256

해설 이론연소온도(℃)
$= \dfrac{\text{저위발열량}}{\text{이론연소가스양} \times \text{평균정압비열}} + \text{기준온도}$
$= \dfrac{7,500\text{kcal/Sm}^3}{10.5\text{Sm}^3/\text{Sm}^3 \times 0.35\text{kcal/Sm}^3 \cdot ℃} + 25℃ = 2,065.8℃$

26 다음 중 연소과정에서 등가비(equivalent ratio)가 1보다 큰 경우는?

① 공급연료가 과잉인 경우
② 배출가스 중 질소산화물이 증가하고 일산화탄소가 최소가 되는 경우
③ 공급연료의 가연성분이 불완전한 경우
④ 공급공기가 과잉인 경우

해설 ϕ에 따른 특성
㉠ $\phi = 1$
 • $m = 1$
 • 완전연소에 알맞은 연료와 산화제가 혼합된 경우로 이상적 연소형태이다.
㉡ $\phi > 1$
 • $m < 1$
 • 연료가 과잉으로 공급된 경우로 불완전 연소형태이다.
 • 일반적으로 CO는 증가하고 NO는 감소한다.
㉢ $\phi < 1$
 • $m > 1$
 • 공기가 과잉으로 공급된 경우로 완전 연소형태이다.
 • CO는 완전연소를 기대할 수 있어 최소가 되나, NO는 증가한다.

27 엔탈피에 대한 설명으로 옳지 않은 것은?

① 엔탈피는 반응경로와 무관하다.
② 엔탈피는 물질의 양에 비례한다.
③ 흡열반응은 반응계의 엔탈피가 감소한다.
④ 반응물이 생성물보다 에너지 상태가 높으면 발열반응이다.

해설 흡열반응에서는 반응계의 엔탈피가 증가한다.

28 황분이 중량비로 $S\%$인 중유를 매시간 $W(L)$ 사용하는 연소로에서 배출되는 황산화물의 배출량(m³/hr)은?(단, 표준상태기준, 중유비중 0.9, 황분은 전량 SO_2로 배출)

① 21.4SW ② 1.24SW
③ 0.0063SW ④ 0.789SW

해설 $S + O_2 \rightarrow SO_2$
32kg : 22.4Sm³
$W\text{L/hr} \times 0.9\text{kg/L} \times \dfrac{S}{100}$: $SO_2(\text{m}^3/\text{hr})$
$SO_2 = 0.0063S\,W(\text{m}^3/\text{hr})$

29 다음 회분 성분 중 백색에 가깝고 융점이 높은 것은?

① CaO ② SiO_2 ③ MgO ④ K_2O

해설 SiO_2(이산화규소)
SiO_2는 규소의 산화물로 실리카라고도 하며 지구의 지각 대부분을 차지하는 광물이다. 또한 백색에 가깝고 융점은 SiO_2의 농도에 따라 달라지며 일반적으로 약 1,650℃ 정도로 높다.

정답 24 ③ 25 ② 26 ① 27 ③ 28 ③ 29 ②

30 유황 함유량이 1.5%인 중유를 시간당 100톤 연소시킬 때 SO_2의 배출량(m^3/hr)은?(단, 표준상태기준, 유황의 전량이 반응하고, 이 중 5%는 SO_3로 배출되며, 나머지는 SO_2로 배출된다.)

① 약 300
② 약 500
③ 약 800
④ 약 1,000

해설
$S + O_2 \rightarrow SO_2$
32kg : 22.4Sm^3
100ton/hr × 1,000kg/ton × 0.015 × 0.95 : SO_2(Sm^3/hr)
SO_2(Sm^3/hr)
$= \dfrac{100\text{ton/hr} \times 1,000\text{kg/ton} \times 0.015 \times 0.95 \times 22.4\text{Sm}^3}{32\text{kg}}$
$= 997.5\text{Sm}^3/\text{hr}$

31 화학반응속도론에 관한 다음 설명 중 가장 거리가 먼 것은?

① 영차반응은 반응속도가 반응물의 농도에 영향을 받지 않는 반응을 말한다.
② 화학반응속도는 반응물이 화학반응을 통하여 생성물을 형성할 때 단위시간당 반응물이나 생성물의 농도 변화를 의미한다.
③ 화학반응식에서 반응속도상수는 반응물농도와 관련된다.
④ 일련의 연쇄반응에서 반응속도가 가장 늦은 반응단계를 속도결정단계라 한다.

해설 화학반응식에서 반응속도상수는 생성물 농도와 관련이 있고 반응속도상수 결정에서는 온도가 가장 중요한 영향인자로 작용한다.

32 다음 액화석유가스(LPG)에 대한 설명으로 거리가 먼 것은?

① 비중이 공기보다 무거워 누출 시 인화·폭발의 위험성이 높은 편이다.
② 액체에서 기체로 기화할 때 증발열이 5~10 kcal/kg로 작아 취급이 용이하다.
③ 발열량이 높은 편이며, 황분이 적다.
④ 천연가스에서 회수되거나 나프타의 분해에 의해 얻기도 하지만 대부분 석유 정제 시 부산물로 얻는다.

해설 액화석유가스(LPG)는 액체에서 기체로 될 때 증발열이 약 90~100kcal/kg으로 커서 취급이 어렵다.

33 다음 ( ) 안에 알맞은 것은?

( ) 배출가스 중의 CO_2 농도는 최대가 되며, 이때의 CO_2양을 최대탄산가스양(CO_2)$_{max}$라 하고, CO_2/G_{od} 비로 계산한다.

① 실제공기량으로 연소시킬 때
② 공기부족상태에서 연소시킬 때
③ 연료를 다른 미연성분과 같이 불완전연소시킬 때
④ 이론공기량으로 완전연소시킬 때

해설 최대 이산화탄소 농도 : CO_{2max}
㉠ CO_{2max}는 연료 중의 탄소를 완전연소시킬 때 공기 중의 산소가 전부 CO_2로 바뀐 최대연소가스의 비율, 즉 배기가스 중에 포함되어 있는 CO_2의 최대치를 의미하며, 이론공기량으로 연소 시 그 값이 가장 커진다.
㉡ CO_{2max}는 이론공기량으로 완전연소 시 이론건조연소가스양(G_{od}) 중 CO_2의 백분율을 의미하며 연소가스 중 CO_2의 농도가 최댓값을 갖도록 연소하는 것이 이상적이다.
㉢ 연료 중 고로가스(24.0~25.0)는 코크스가스(20.0~20.5), 갈탄(19.0~19.5), 탄소(21), 역청탄(18.5~19.0)보다 CO_{2max} 값이 크다.

34 수소 12%, 수분 0.7%인 중유의 고위발열량이 5,000 kcal/kg일 때 저위발열량(kcal/kg)은?

① 4,343
② 4,412
③ 4,476
④ 4,514

해설
$H_l = H_h - 600(9H + W)$
$= 5,000 - 600[(9 \times 0.12) + 0.007]$
$= 4,347\text{kcal/kg}$

35 연소공정에서 과잉공기량의 공급이 많을 경우 발생하는 현상으로 거리가 먼 것은?

① 연소실의 온도가 낮게 유지된다.
② 배출가스에 의한 열손실이 증대된다.
③ 황산화물에 의한 전열면의 부식을 증가시킨다.
④ 매연 발생이 많아진다.

해설 매연발생은 과입공기량이 많을 경우 적게 발생하고 과잉공기량이 적을 경우 많아진다.

36 다음 중 기체의 연소속도를 지배하는 주요인자와 가장 거리가 먼 것은?

① 발열량 ② 촉매
③ 산소와의 혼합비 ④ 산소농도

해설 연소속도의 영향인자
㉠ 산소의 농도
㉡ 분무기의 확산 및 산소와의 혼합
㉢ 반응계의 온도 및 농도
㉣ 촉매
㉤ 활성화에너지

37 C = 82%, H = 14%, S = 3%, N = 1%로 조성된 중유를 12(Sm^3 공기/kg 중유)로 완전연소했을 때 습윤 배출가스 중 SO_2는 약 몇 ppm인가?(단, 중유 중 황분은 모두 SO_2로 된다.)

① 1,400 ② 1,640 ③ 1,900 ④ 2,260

해설 $SO_2(ppm) = \dfrac{SO_2}{G_w} \times 10^6 = \dfrac{0.7 \times S}{G_w} \times 10^6$

$G_w = G_{ow} + (m-1)A_o$
$G_{ow} = 0.79 A_o + CO_2 + H_2O + SO_2$
$A_o = \dfrac{1}{0.21}[(1.867 \times 0.82)$
$\qquad + (5.6 \times 0.14) + (0.7 \times 0.03)]$
$\quad = 11.12 Sm^3/kg$
$\quad = (0.79 \times 11.12) + (1.867 \times 0.8)$
$\qquad + (11.2 \times 0.14) + (0.7 \times 0.03)$
$\quad = 11.9 Sm^3/kg$
$m = \dfrac{A}{A_o} = \dfrac{12 Sm^3/kg}{11.12 Sm^3/kg} = 1.08$
$\quad = 11.9 + [(1.08-1) \times 11.12]$
$\quad = 12.79 Sm^3/kg$
$= \dfrac{(0.7 \times 0.03) Sm^3/kg}{12.79 Sm^3/kg} \times 10^6$
$= 1,642 ppm$

38 발화온도(착화온도)에 관한 설명으로 가장 거리가 먼 것은?

① 가연물을 외부로부터 직접 점화하여 가열하였을 때 불꽃에 의해 연소되는 최저온도를 말한다.
② 가연물의 분자구조가 복잡할수록 발화온도는 낮아진다.
③ 발열량이 크고 반응성이 큰 물질일수록 발화온도가 낮아진다.
④ 화학결합의 활성도가 큰 물질일수록 발화온도가 낮아진다.

해설 발화온도(착화온도)
가연성 물질이 점화원 없이 주위의 축적된 산화열에 의하여 연소를 일으키는 최저온도이다.

39 가로, 세로, 높이가 각각 3m, 1m, 1.5m인 연소실에서 연소실 열발생률을 $2.5 \times 10^5 kcal/m^3 \cdot hr$가 되도록 하려면 1시간에 중유를 몇 kg 연소시켜야 하는가?(단, 중유의 저위발열량은 11,000kcal/kg이다.)

① 약 50 ② 약 100 ③ 약 150 ④ 약 200

해설 연소실 열발생률 = $\dfrac{\text{저위발열량} \times \text{연료사용량}}{\text{연소실부피}}$

연소사용량(kg/hr) = $\dfrac{2.5 \times 10^5 kcal/m^3 \cdot hr \times (3 \times 1 \times 1.5) m^3}{11,000 kcal/kg}$
$= 102.27 kg/hr$

40 탄소 86%, 수소 13%, 황 1%의 중유를 연소하여 배기가스를 분석했더니 ($CO_2 + SO_2$)가 13%, O_2가 3%, CO가 0.5%였다. 건조 연소가스 중의 SO_2 농도는?(단, 표준상태 기준)

① 약 590ppm ② 약 970ppm
③ 약 1,120ppm ④ 약 1,480ppm

해설 $SO_2(ppm) = \dfrac{SO_2}{G_d} \times 10^6 = \dfrac{0.7 \times S}{G_d} \times 10^6$

$G_d = G_{od} + (m-1)A_o$
$G_{od} = 0.79 A_o + CO_2 + SO_2$
$A_o = \dfrac{1}{0.21}[(1.867 \times 0.86)$
$\qquad + (5.6 \times 0.13) + (0.7 \times 0.01)]$
$\quad = 11.146 Sm^3/kg$
$\quad = (0.79 \times 11.146) + (1.867 \times 0.86)$
$\qquad + (0.7 \times 0.01) = 10.42 Sm^3/kg$
$m = \dfrac{N_2}{N_2 - 3.76(O_2 - 0.5 CO)}$
$\quad = \dfrac{83.5}{83.5 - 3.76[3 - (0.5 \times 0.5)]} = 1.14$
$= 10.42 + [(1.14-1) \times 11.146]$
$= 11.98 Sm^3/kg$
$= \dfrac{(0.7 \times 0.01) Sm^3/kg}{11.98 Sm^3/kg} \times 10^6 = 584.31 ppm$

제3과목 대기오염방지기술

41 먼지농도 10g/m³인 배기가스를 1,200m³/min로 배출하는 배출구에 여과집진장치를 설치하고자 한다. 이 여과집진장치의 평균 여과속도는 3m/min이고, 여기에 직경 20cm, 길이 4m의 여과백을 사용한다면 필요한 여과백의 수는?

① 120개 ② 140개 ③ 160개 ④ 180개

해설 여과백의 수 = $\dfrac{\text{처리가스양}}{\text{여과백 하나당 처리량}}$

$= \dfrac{1,200\text{m}^3/\text{min}}{(3.14 \times 0.2\text{m} \times 4\text{m}) \times 3\text{m/min}}$

$= 159.15 ≒ 160$개

42 다음 유해가스 처리에 관한 설명 중 가장 거리가 먼 것은?

① 염화인(PCl_3)은 물에 대한 용해도가 낮아 암모니아를 불어 넣어 병류식 충전탑에서 흡수처리한다.
② 시안화수소는 물에 대한 용해도가 매우 크므로 가스를 물로 세정하여 처리한다.
③ 아크롤레인은 그대로 흡수가 불가능하며 NaClO 등의 산화제를 혼입한 가성소다용액으로 흡수 제거한다.
④ 이산화셀렌은 코트럴집진기로 포집, 결정으로 석출, 물에 잘 용해되는 성질을 이용해 스크러버에 의해 세정하는 방법 등이 이용된다.

해설 염화인(PCl_3)은 물에 대한 용해도가 높아 물에 의하여 가수분해되어 흡수처리한다.

43 황 함유량 2.5%인 중유를 30ton/hr로 연소하는 보일러에서 배기가스를 NaOH 수용액으로 처리한 후 황 성분을 전량 Na_2SO_3로 회수할 경우, 이때 필요한 NaOH의 이론량은?(단, 황 성분은 전량 SO_2로 전환된다.)

① 1,750kg/hr ② 1,875kg/hr
③ 1,935kg/hr ④ 2,015kg/hr

해설 $S + O_2 \rightarrow SO_2 + 2NaOH \rightarrow Na_2SO_3 + H_2O$
$S \rightarrow 2NaOH$
32kg : 2×40kg
30,000kg/hr × 0.025 : NaOH(kg/hr)
NaOH(kg/hr)
$= \dfrac{30,000\text{kg/hr} \times 0.025 \times (2 \times 40)\text{kg}}{32\text{kg}} = 1,875\text{kg/hr}$

44 습식 전기집진장치의 특징에 관한 설명으로 가장 거리가 먼 것은?

① 낮은 전기저항 때문에 발생하는 재비산을 방지할 수 있다.
② 처리가스 속도를 건식보다 2배 정도 높일 수 있다.
③ 집진극면이 청결하게 유지되며 강전계를 얻을 수 있다.
④ 먼지의 저항이 높기 때문에 역전리가 잘 발생된다.

해설 습식 전기집진장치는 재비산이나 역전리현상이 잘 발생되지 않는다.

45 배출가스 내의 NOx 제거방법 중 환원제를 사용하는 접촉환원법에 관한 설명으로 가장 거리가 먼 것은?

① 선택적 환원제로는 NH_3, H_2S 등이 있다.
② 선택적 접촉환원법에서 Al_2O_3계의 촉매는 SO_2, SO_3, O_2와 반응하여 황산염이 되기 쉽고, 촉매의 활성이 저하된다.
③ 선택적 접촉환원법은 과잉의 산소를 먼저 소모한 후 첨가된 반응물인 질소산화물을 선택적으로 환원시킨다.
④ 비선택적 접촉환원법의 촉매로는 Pt뿐만 아니라 Co, Ni, Cu, Cr 등의 산화물도 이용 가능하다.

해설 선택적 접촉환원법은 배기가스 중에 존재하는 산소와는 무관하게 NOx를 선택적으로 환원시키는 방법을 말한다.

46 Stokes 운동이라 가정하고, 직경 20μm, 비중 1.3인 입자의 표준대기 중 종말침강속도는 몇 m/s인가?(단, 표준공기의 점도와 밀도는 각각 3.44×10^{-5}kg/m·s, 1.3kg/m³이다.)

① 1.64×10^{-2} ② 1.32×10^{-2}
③ 1.18×10^{-2} ④ 0.82×10^{-2}

해설 $V_g = \dfrac{d_p^2 (\rho_p - \rho)g}{18\mu}$

$d_p = 20\mu\text{m} \times \text{m}/10^6 \mu\text{m} = 20 \times 10^{-6}\text{m}$

$= \dfrac{(20 \times 10^{-6}\text{m})^2 \times (1,300 - 1.3)\text{kg/m}^3 \times 9.8\text{m/sec}^2}{18 \times 3.44 \times 10^{-5}\text{kg/m} \cdot \text{sec}}$

$= 0.82 \times 10^{-2}\text{m/sec}$

정답 41 ③ 42 ① 43 ② 44 ④ 45 ③ 46 ④

47 다음 중 가스분산형 흡수장치에 해당하는 것은?
① 기포탑 ② 사이클론 스크러버
③ 분무탑 ④ 충전탑

해설 기체분산형 흡수장치는 다공판탑(sieve tower), 포종탑(tray tower), 기포탑(bubbling tower) 등이 있다.

48 가스처리방법 중 흡착(물리적 기준)에 관한 내용으로 가장 거리가 먼 것은?
① 흡착열이 낮고 흡착과정이 가역적이다.
② 다분자 흡착이며 오염가스 회수가 용이하다.
③ 처리할 가스의 분압이 낮아지면 흡착량은 감소한다.
④ 처리가스의 온도가 올라가면 흡착량이 증가한다.

해설 일반적으로 물리적 흡착에서 흡착되는 양은 온도가 낮을수록, 압력이 높을수록 흡착이 잘 된다.

49 다음 발생 먼지 종류 중 일반적으로 S/Sb가 가장 큰 것은?(단, S는 진비중, Sb는 겉보기 비중)
① 미분탄보일러 ② 시멘트킬른
③ 카본블랙   ④ 골재 드라이어

해설 먼지의 진비중(S)/겉보기비중(Sb)
① 미분탄보일러 : 4.0
② 시멘트킬른 : 5.0
③ 카본블랙 : 76
④ 골재 드라이어 : 2.7

50 환기시설 설계에 사용되는 보충용 공기에 관한 설명으로 옳지 않은 것은?
① 보충용 공기가 배기용 공기보다 약 10~15% 정도 많도록 조절하여 실내를 약간 양압으로 하는 것이 좋다.
② 여름에는 보통 외부공기를 그대로 공급하지만, 공정 내의 열부하가 커서 제어해야 하는 경우에는 보충용 공기를 냉각하여 공급한다.
③ 보충용 공기는 환기시설에 의해 작업장 내에서 배기된 만큼의 공기를 작업장 내로 재공급해야 하는데 이 공기의 양을 말한다.
④ 보충용 공기의 유입구는 작업장이나 다른 건물의 배기구에서 나온 유해물질의 유입을 유도할 수 있는 위치로서 바닥에서 1~1.2m 정도에서 유입되도록 한다.

해설 보충용 공기의 유입구는 작업장이나 다른 건물의 배기구에서 나온 유해물질의 유입을 방지할 수 있는 위치로 한다.

51 미세입자가 운동하는 경우에 작용하는 항력(drag force)에 관련된 내용으로 거리가 먼 것은?
① 레이놀즈수가 커질수록 항력계수는 증가한다.
② 항력계수가 커질수록 항력은 증가한다.
③ 입자의 투영면적이 클수록 항력은 증가한다.
④ 상대속도의 제곱에 비례하여 항력은 증가한다.

해설 일반적으로 레이놀즈수가 커질수록 항력계수는 감소하는 경향이 있다.

52 원심력집진장치에 관한 설명으로 옳지 않은 것은?
① 배기관경(내경)이 작을수록 입경이 작은 먼지를 제거할 수 있다.
② 점착성이 있는 먼지의 집진에는 적당치 않으며, 딱딱한 입자는 장치의 마모를 일으킨다.
③ 침강먼지 및 미세한 먼지의 재비산을 막기 위해 스키머와 회전깃, 살수설비 등을 설치하여 제진효율을 증대시킨다.
④ 고농도일 때는 직렬연결하여 사용하고, 응집성이 강한 먼지인 경우는 병렬연결하여 사용한다.

해설 고농도는 병렬로 연결하고, 응집성이 강한 먼지는 직렬로 연결(단수 3단 한계)하여 사용한다.

53 전기집진장치 내 먼지의 겉보기 이동속도는 0.11m/sec, 5m×4m인 집진판 182매를 설치하여 유량 9,000m³/min를 처리할 경우 집진효율은?(단, 내부 집진판은 양면집진, 2개의 외부 집진판은 각 하나의 집진면을 가진다.)
① 98.0% ② 98.8% ③ 99.0% ④ 99.5%

해설 $\eta = 1 - \exp\left(-\dfrac{A \times W_e}{Q}\right)$
집진판 개수 = 내부 양면(180×2) + 외부(2) = 362개
$= 1 - \exp\left(-\dfrac{5m \times 4m \times 362 \times 0.11 m/sec}{9,000 m^3/min \times min/60sec}\right)$
$= 0.9951 \times 100$
$= 99.51\%$

54 원형 Duct의 기류에 의한 압력손실에 관한 설명으로 옳지 않은 것은?

① 길이가 길수록 압력손실은 커진다.
② 유속이 클수록 압력손실은 커진다.
③ 직경이 클수록 압력손실은 작아진다.
④ 곡관이 많을수록 압력손실은 작아진다.

해설 곡관이 많을수록 압력손실은 커진다.

55 커닝험 보정계수에 대한 설명으로 가장 적합한 것은? (단, 커닝험 보정계수가 1 이상인 경우)

① 미세입자일수록 가스의 점성저항이 작아지므로 커닝험 보정계수가 작아진다.
② 미세입자일수록 가스의 점성저항이 커지므로 커닝험 보정계수가 작아진다.
③ 미세입자일수록 가스의 점성저항이 커지므로 커닝험 보정계수가 커진다.
④ 미세입자일수록 가스의 점성저항이 작아지므로 커닝험 보정계수가 커진다.

해설 커닝험 보정계수는 통상 1 이상이며, 이 값은 가스의 온도가 높을수록, 분진이 미세할수록, 가스분자의 직경이 작을수록, 가스압력이 낮을수록 증가하게 된다.

56 후드의 제어속도(Control Velocity)에 관한 설명으로 옳은 것은?

① 확산조건, 오염원의 주변 기류에는 영향이 크지 않다.
② 유해물질의 발생조건이 조용한 대기 중 거의 속도가 없는 상태로 비산하는 경우(가스, 흄 등)의 제어속도 범위는 1.5~2.5m/sec 정도이다.
③ 유해물질의 발생조건이 빠른 공기의 움직임이 있는 곳에서 활발히 비산하는 경우(분쇄기 등)의 제어속도 범위는 15~25m/sec 정도이다.
④ 오염물질의 발생속도를 이겨내고 오염물질을 후드 내로 흡입하는 데 필요한 최소의 기류속도를 말한다.

해설 ① 확산조건, 오염원의 주변 기류에 영향을 크게 받는다.
② 유해물질의 발생조건이 조용한 대기 중 거의 속도가 없는 상태로 비산하는 경우(가스, 흄 등)의 제어속도 범위는 0.25~0.5m/sec 정도이다.
③ 유해물질의 발생조건이 빠른 공기의 움직임이 있는 곳에서 활발히 비산하는 경우(분쇄기 등)의 제어속도 범위는 1.0~2.5m/sec 정도이다.

57 벤츄리 스크러버의 액가스비를 크게 하는 요인으로 옳지 않은 것은?

① 먼지입자의 친수성이 클 때
② 먼지의 입경이 작을 때
③ 먼지입자의 점착성이 클 때
④ 처리가스의 온도가 높을 때

해설 액가스비는 일반적으로 분진의 입경이 작고, 친수성이 작을수록 커진다.

58 악취 및 휘발성 유기화합물질 제거에 일반적으로 가장 많이 사용되는 흡착제는?

① 제올라이트 ② 활성백토
③ 실리카겔 ④ 활성탄

해설 활성탄이 가장 많이 사용되고, 주로 비극성물질에 유효하며, 유기용제의 증기제거에 효율이 좋다.

59 압력손실은 100~200mmH₂O 정도이고, 가스양 변동에도 비교적 적응성이 있으며, 흡수액에 고형분이 함유되어 있는 경우에는 흡수에 의해 침전물이 생기는 등 방해를 받는 세정장치로 가장 적합한 것은?

① 다공판탑 ② 제트스크러버
③ 충전탑 ④ 벤츄리 스크러버

해설 **충전탑(Packed Tower)**
㉠ 충전탑의 원리는 충전물질의 표면을 흡수액으로 도포하여 흡수액의 엷은 층을 형성시킨 후 가스와 흡수액을 접촉시켜 흡수시키는 것으로 급수량이 적절하면 효과가 좋다.
㉡ 일반적으로 원통형의 탑 내에 여러 가지 충전재를 넣어 함진가스(가스유입속도 1m/sec 이하)와 세정액을 접촉시켜 세정하는 장치이다.
㉢ 액분산형 가스흡수장치에 속하며, 효율 증대를 위해서는 가스의 용해도를 증가시키고 액가스비를 증가시켜야 한다.
㉣ 온도의 변화가 큰 곳에는 적응성이 낮고, 희석열이 심한 곳에는 부적합하다.
㉤ 흡수액에 고형물이 함유되어 있는 경우에는 침전물이 생겨 성능이 저하할 수 있다.
㉥ 포말성 흡수액일 경우 단탑(Plate Tower)보다는 충전탑이 유리하다.
㉦ 압력손실은 100~200mmH₂O 정도이다.

정답 54 ④ 55 ④ 56 ④ 57 ① 58 ④ 59 ③

60 유수식 세정집진장치의 종류와 가장 거리가 먼 것은?

① 가스분수형 ② 스크루형
③ 임펠러형   ④ 로터형

해설 유수식 세정집진장치
장치 내에 일정량의 물을 채운 후 가스를 이 세정액에 유입시켜 분진가스를 제거시키는 방법으로 S임펠러형, 로터형, 나선가이드 베인형, 분수형 등이 있다.

제4과목 대기오염공정시험기준(방법)

61 굴뚝 배출가스 중 아황산가스의 자동연속측정방법에서 사용되는 용어의 의미로 옳지 않은 것은?

① 검출한계 : 제로드리프트의 2배에 해당하는 지시치가 갖는 아황산가스의 농도를 말한다.
② 응답시간 : 시료채취부를 통하지 않고 제로가스를 연속자동측정기의 분석부에 흘려주다가 갑자기 스팬가스로 바꿔 흘려준 후, 기록계에 표시된 지시치가 스팬가스 보정치의 95%에 해당하는 지시치를 나타낼 때까지 걸리는 시간을 말한다.
③ 경로(Path) 측정시스템 : 굴뚝 또는 덕트 단면 직경의 5% 이상의 경로를 따라 오염물질 농도를 측정하는 배출가스 연속자동측정시스템을 말한다.
④ 제로가스 : 공인기관에 의해 아황산가스 농도가 1ppm 미만으로 보증된 표준가스를 말한다.

해설 경로(Path) 측정시스템
굴뚝 또는 덕트 단면 직경의 10% 이상의 경로를 따라 오염물질 농도를 측정하는 배출가스 연속자동측정시스템을 말한다.

62 기체크로마토그래피에서 분리관 효율을 나타내기 위한 이론단수를 구하는 식으로 옳은 것은?(단, t_R : 시료도입점으로부터 봉우리 최고점까지의 길이, W : 봉우리 좌우 변곡점에서 접선이 자르는 바탕선의 길이)

① $16 \times \dfrac{t_R}{W}$ ② $16 \times \left(\dfrac{t_R}{W}\right)^2$
③ $16 \times \left(\dfrac{W}{t_R}\right)^2$ ④ $16 \times \dfrac{W}{t_R}$

해설 이론단수$(n) = 16 \times \left(\dfrac{t_R}{W}\right)^2$
이론단수$(n) = 1,600$
여기서, t_R : 보유시간×기록지 이동속도
W : 피크의 좌우변곡점에서 접선이 자르는 바탕선 길이

63 원자흡수분광광도법의 원리를 가장 올바르게 설명한 것은?

① 시료를 해리시켜 중성원자로 증기화하여 생긴 기저상태의 원자가 이 원자 증기층을 투과하는 특유 파장의 빛을 흡수하는 현상을 이용
② 시료를 해리시켜 발생된 여기상태의 원자가 기저상태로 되면서 내는 열의 피크폭을 측정
③ 시료를 해리시켜 발생된 여기상태의 원자가 원자 증기층을 통과하는 빛의 발생속도의 차이를 이용
④ 시료를 해리시켜 발생된 여기상태의 원자가 기저상태로 돌아올 때 내는 가스속도의 차이를 이용한 측정

해설 원자흡수분광광도법
이 시험방법은 시료를 적당한 방법으로 해리시켜 중성원자로 증기화하여 생긴 기저상태(Ground State or Normal State)의 원자가 이 원자 증기층을 투과하는 특유 파장의 빛을 흡수하는 현상을 이용하여 광전측광과 같은 개개의 특유 파장에 대한 흡광도를 측정하여 시료 중의 원소 농도를 정량하는 방법으로 대기 또는 배출 가스 중의 유해 중금속, 기타 원소의 분석에 적용한다.

64 환경대기 중의 먼지농도 시료채취 방법인 고용량 공기시료채취기법에 관한 설명으로 옳지 않은 것은?

① 채취입자의 입경은 일반적으로 $0.01 \sim 100 \mu m$ 범위이다.
② 공기흡입부의 경우 무부하(無負荷)일 때의 흡입유량을 보통 $0.5 m^3/hr$ 범위 정도로 한다.
③ 공기흡입부, 여과지 홀더, 유량측정부 및 보호상자로 구성된다.
④ 채취용 여과지는 보통 $0.3 \mu m$ 되는 입자를 99% 이상 채취할 수 있는 것을 사용한다.

해설 공기흡입부는 직권정류자 모터에 2단 원심 터빈형 송풍기가 직접 연결된 것으로 무부하일 때의 흡입유량이 약 $2m^3$/분이고 24시간 이상 연속측정할 수 있는 것이어야 한다.

정답 60 ② 61 ③ 62 ② 63 ① 64 ②

65 시료 채취 시 흡수액으로 수산화소듐용액을 사용하지 않는 것은?

① 불소화합물   ② 이황화탄소
③ 시안화수소   ④ 브롬화합물

해설 이황화탄소의 흡수액은 다이에틸아민구리 용액이다.

66 배출가스 중 황산화물을 분석하기 위하여 중화적정법에 의해 설팜산(sulfamine acid) 표준시약 2.0g을 물에 녹여 250mL로 하고, 이 용액 25mL를 분취하여 N/10-NaOH 용액으로 중화 적정한 결과 21.6mL가 소요되었다. 이때 N/10-NaOH 용액의 factor 값은?(단, 설팜산의 분자량은 97.1이다.)

① 0.90   ② 0.95   ③ 1.00   ④ 1.05

해설 $f = \dfrac{W \times \dfrac{25}{250}}{V' \times 0.00971} = \dfrac{2.0 \times \dfrac{25}{250}}{21.6 \times 0.00971} = 0.9536$

67 분석대상가스 중 아세틸아세톤 함유 흡수액을 사용하는 것은?

① 시안화수소   ② 벤젠
③ 비소   ④ 포름알데하이드

해설 아세틸아세톤 함유 흡수액
포름알데하이드

68 반자동식 채취기에 의한 방법으로 배출가스 중 먼지를 측정하고자 할 경우 흡입노즐에 관한 설명이다. ( ) 안에 가장 적합한 것은?

> 흡입노즐의 안과 밖의 가스흐름이 흐트러지지 않도록 흡입노즐 안지름(d)은 (㉠)으로 한다. 흡입노즐의 안지름 d는 정확히 측정하여 0.1mm 단위까지 구하여 둔다. 흡입노즐의 꼭짓점은 (㉡)의 예각(銳角)이 되도록 하고 매끈한 반구모양으로 한다.

① ㉠ 1mm 이상, ㉡ 30° 이하
② ㉠ 1mm 이상, ㉡ 45° 이하
③ ㉠ 3mm 이상, ㉡ 30° 이하
④ ㉠ 3mm 이상, ㉡ 45° 이하

해설 흡입노즐
흡입노즐은 스테인리스강, 경질유리 또는 석영 유리제로 만들어진 것으로 다음과 같은 조건을 만족시키는 것이어야 한다.
㉠ 흡입노즐의 안과 밖의 가스흐름이 흐트러지지 않도록 흡입노즐 내경(d)은 3mm 이상으로 한다. 흡입노즐의 내경 d는 정확히 측정하여 0.1mm 단위까지 구하여 둔다.
㉡ 흡입노즐의 꼭짓점은 30℃ 이하의 예각(銳角)이 되도록 하고 매끈한 반구모양으로 한다.
㉢ 흡입노즐 내외면은 매끄럽게 되어야 하며 흡입노즐에서 먼지 포집부까지의 흡입관은 내부면이 매끄럽고 급격한 단면의 변화와 굴곡이 없어야 한다.

69 알데하이드류를 DNPH 유도체를 형성하여 아세토나이트릴(acetonitrile) 용매로 추출하여 고성능 액체크로마토그래피에 의해 자외선 검출기로 분석할 때 측정파장으로 가장 적합한 것은?

① 360nm   ② 510nm   ③ 650nm   ④ 730nm

해설 DNPH 유도체화 액체크로마토그래피(HPLC/UV) 분석법
이 시험방법은 카보닐화합물과 DNPH가 반응하여 형성된 DNPH 유도체를 아세토나이트릴(acetonitrile) 용매로 추출하여 고성능액체크로마토그래피(HPLC)를 이용하여 자외선(UV)검출기의 360nm 파장에서 분석한다.

70 배출가스 중의 납화합물을 자외선 가시선분광법으로 분석한 결과가 아래와 같다고 할 때, 표준상태 건조배출가스 중 납의 농도는?

> • 시료 용액 중 납의 농도 : 15μg/mL
> • 분석용 시료용액의 최종 부피 : 250mL
> • 표준상태에서의 건조한 대기기체 채취량 : 1,000L

① 0.0375mg/Sm³   ② 0.375mg/Sm³
③ 3.75mg/Sm³   ④ 37.5mg/Sm³

해설 Pb(mg/Sm³)
= 15μg/mL × mg/10³μg × 250mL/1,000L × 1,000L/m³
= 3.75mg/Sm³

71 굴뚝연속자동측정기 측정방법 중 연결관의 부착방법으로 옳지 않은 것은?

① 연결관은 가능한 짧은 것이 좋다.
② 냉각연결관은 될 수 있는 대로 수직으로 연결한다.

정답 65 ② 66 ② 67 ④ 68 ③ 69 ① 70 ③ 71 ③

③ 기체-액체 분리관(도관)은 연결관의 부착위치 중 가장 높은 부분 또는 최고 온도의 부분에 부착한다.
④ 응축수의 배출에 쓰는 펌프는 충분히 내구성이 있는 것을 쓰고, 이때 응축수 트랩은 사용하지 않아도 좋다.

해설 기체-액체 분리관(도관)은 연결관의 부착위치 중 가장 낮은 부분 또는 최저 온도의 부분에 부착하여 응축수를 급속히 냉각시키고 배관계의 밖으로 빨리 방출시킨다.

72 A레이온 공장 굴뚝배출가스 중 황화수소를 아이오딘 적정법으로 측정한 결과 다음과 같았다. 시료가스 중 황화수소의 농도는?(단, 표준상태 기준)

- 시료가스채취량 : 20L(20℃, 755mmHg)
- 흡수액량 : 50mL
- 0.05N 아이오딘 용액 사용량 : 50mL
- 0.05N 싸이오황산소듐용액 소비량의 차 : 5.2mL(f = 1.04)

① 약 105ppm ② 약 119ppm
③ 약 135ppm ④ 약 164ppm

해설
$$C = \frac{0.56 \times (b-a)f}{V_s} \times 1,000$$
$$V_s = V \times \frac{273}{273+t} \times \frac{P}{760}$$
$$= 20 \times \frac{273}{273+20} \times \frac{755}{760} = 18.512L$$
$$= \frac{0.56 \times 5.2 \times 1.04}{18.512} \times 1,000$$
$$= 163.6ppm$$

73 환경대기 내의 석면시험방법(위상차현미경법) 중 시료 채취 장치 및 기구에 관한 설명으로 옳지 않은 것은?

① 멤브레인 필터의 광굴절률 : 약 3.5 전후
② 멤브레인 필터의 재질 및 규격 : 셀룰로오스 에스테르제 또는 셀룰로오스 나이트레이트제 pore size 0.8~1.2μm, 직경 25mm 또는 47mm
③ 20L/min로 공기를 흡입할 수 있는 로터리펌프 또는 다이어프램 펌프는 시료채취, 시료채취장치, 흡입기체 유량측정장치, 기체흡입장치 등으로 구성한다.
④ Open face형 필터홀더의 재질 : 40mm의 집풍기가 홀더에 정착된 PVC

해설 멤브레인 필터의 광굴절률 : 약 1.5 전후

74 굴뚝 단면이 원형일 경우 먼지 측정을 위한 측정점에 관한 설명으로 옳지 않은 것은?

① 굴뚝 직경이 4.5m를 초과할 때 측정점수는 20이다.
② 굴뚝 반경이 2.5m인 경우에 측정점수는 20이다.
③ 굴뚝 단면적이 $1m^2$ 이하로 소규모일 경우에는 그 굴뚝 단면의 중심을 대표점으로 하여 1점만 측정한다.
④ 굴뚝 직경이 1.5m인 경우에 반경 구분수는 2이다.

해설 굴뚝 단면적이 $0.25m^2$ 이하로 소규모일 경우에는 그 굴뚝 단면의 중심을 대표점으로 하여 1점만 측정한다.

75 공정시험기준 중 일반화학분석에 대한 공통적인 사항으로 따로 규정이 없는 경우 사용해야 하는 시약의 규격으로 옳지 않은 것은?

명칭	농도(%)	비중(약)
㉠ 암모니아수	32.0~38.0(NH_3로서)	1.38
㉡ 플루오르화수소산	46.0~48.0	1.14
㉢ 브롬화수소산	47.0~49.0	1.48
㉣ 과염소산	60.0~62.0	1.54

① ㉠ ② ㉡ ③ ㉢ ④ ㉣

해설 시약의 농도

명칭	화학식	농도(%)	비중(약)
염산	HCl	35.0~37.0	1.18
질산	HNO_3	60.0~62.0	1.38
황산	H_2SO_4	95 이상	1.84
초산(Acetic Acid)	CH_3COOH	99.0 이상	1.05
인산	H_3PO_4	85.0 이상	1.69
암모니아수	NH_4OH	28.0~30.0(NH_3로서)	0.90
과산화수소	H_2O_2	30.0~35.0	1.11
불화수소산	HF	46.0~48.0	1.14
요오드화수소산	HI	55.0~58.0	1.70
브롬화수소산	HBr	47.0~49.0	1.48
과염소산	$HClO_4$	60.0~62.0	1.54

76 기체크로마토그래피의 정성분석에 관한 설명으로 거리가 먼 것은?

① 동일 조건하에서 특정한 미지성분의 머무른 값(보유치)과 예측되는 물질의 봉우리의 머무른 값을 비교한다.
② 보유치의 표시는 무효부피(Dead Volume)의 보정 유무를 기록하여야 한다.

③ 보통 5~30분 정도에서 측정하는 봉우리의 보유시간은 반복시험을 할 때 ±5% 오차범위 이내이어야 한다.
④ 보유시간을 측정할 때는 3회 측정하여 그 평균치를 구한다.

해설 보통 일반적으로 5~30분 정도에서 측정하는 피크의 보유시간은 반복시험을 할 때 ±3% 오차범위 이내이어야 한다.

77 굴뚝 배출가스 유속을 피토관으로 측정한 결과가 다음과 같을 때 배출가스 유속은?

- 동압 : 100mmH$_2$O
- 배출가스 온도 : 295℃
- 표준상태 배출가스 비중량 : 1.2kg/m^3(0℃, 1기압)
- 피토관계수 : 0.87

① 43.7m/s ② 48.2m/s
③ 50.7m/s ④ 54.3m/s

해설
$$V(\text{m/sec}) = C\sqrt{\frac{2gh}{\gamma}}$$
$$= 0.87 \times \sqrt{\frac{2 \times 9.8\text{m/sec}^2 \times 100\text{mmH}_2\text{O}}{1.2\text{kg/m}^3 \times \frac{273}{273+295}}}$$
$$= 50.72\text{m/sec}$$

78 배출가스 중 수동식 측정법으로 먼지 측정을 위한 장치구성에 관한 설명으로 옳지 않은 것은?

① 원칙적으로 적산유량계는 흡입가스양의 측정을 위하여, 순간유량계는 등속흡입조작을 확인하기 위하여 사용한다.
② 먼지포집부의 구성은 흡입노즐, 여과지홀더, 고정쇠, 드레인포집기, 연결관 등으로 구성된다.(단, 2형일 때는 흡입노즐 뒤에 흡입관을 접속한다.)
③ 여과지홀더는 유리제 또는 스테인리스강 재질 등으로 만들어진 것을 쓴다.
④ 건조용기는 시료채취 여과지의 수분평형을 유지하기 위한 용기로서 (20±5.6)℃ 대기압력에서 적어도 4시간을 건조시킬 수 있어야 한다. 또는 여과지를 100℃에서 적어도 2시간 동안 건조시킬 수 있어야 한다.

해설 **건조용기**
시료채취 여과지의 수분평형을 유지하기 위한 용기로서 (20±5.6)℃ 대기압력에서 적어도 24시간 건조시킬 수 있어야 한다. 또는 여과지를 105℃에서 적어도 2시간 동안 건조시킬 수 있어야 한다.

79 환경대기 중 가스상 물질을 용매채취법으로 채취할 때 사용하는 순간유량계 중 면적식 유량계는?

① 게이트식 유량계 ② 미스트식 가스미터
③ 오리피스 유량계 ④ 노즐식 유량계

해설 **순간유량계**
㉠ 면적식 유량계(Area Type) : 부자식(Floater), 피스톤식 또는 게이트식 유량계를 사용한다.
㉡ 기타 유량계 : 오리피스(Orifice) 유량계, 벤츄리(Venturi)식 유량계 또는 노즐(Flow Nozzle)식 유량계를 사용한다.

80 액의 농도에 관한 설명으로 옳지 않은 것은?

① 액의 농도를 (1 → 5)로 표시한 것은 그 용질의 성분이 고체일 경우 1g을 용매에 녹여 전량을 5mL로 하는 비율을 말한다.
② 황산(1 : 7)은 용질이 액체일 때 1mL를 용매에 녹여 전량을 7mL로 하는 것을 뜻한다.
③ 혼액(1+2)은 액체상의 성분을 각각 1용량 대 2용량의 비율로 혼합한 것을 뜻한다.
④ 단순히 용액이라 기재하고 그 용액의 이름을 밝히지 않은 것은 수용액을 뜻한다.

해설 황산(1 : 7)은 용질이 액체일 때 1mL를 용매에 녹여 전량을 8mL로 하는 것을 뜻한다.

제5과목 | 대기환경관계법규

81 대기환경보전법령상 배출시설 설치신고를 하고자 하는 경우 설치신고서에 포함되어야 하는 사항과 가장 거리가 먼 것은?

① 배출시설 및 방지시설의 설치명세서
② 방지시설의 일반도
③ 방지시설의 연간 유지관리 계획서
④ 유해오염물질 확정 배출농도 내역서

해설 **배출시설 설치신고를 하고자 하는 경우 설치신고서에 포함되어야 하는 사항**
㉠ 원료(연료를 포함한다)의 사용량 및 제품 생산량과 오염물질 등의 배출량을 예측한 명세서
㉡ 배출시설 및 방지시설의 설치명세서
㉢ 방지시설의 일반도

정답 77 ③ 78 ④ 79 ① 80 ② 81 ④

ⓔ 방지시설의 연간 유지관리 계획서
ⓜ 사용 연료의 성분 분석과 황산화물 배출농도 및 배출량 등을 예측한 명세서
ⓗ 배출시설설치허가증(변경허가를 신청하는 경우에만 해당한다)

82 대기환경보전법규상 배출시설 가동 시에 방지시설을 가동하지 아니하거나 오염도를 낮추기 위하여 배출시설에서 배출되는 대기오염물질에 공기를 섞어 배출하는 행위에 대한 1차 행정처분 기준은?

① 조업정지 30일 ② 조업정지 20일
③ 조업정지 10일 ④ 경고

해설 행정처분기준
1차(조업정지 10일) → 2차(조업정지 30일) → 3차(허가 취소 또는 폐쇄)

83 대기환경보전법령상 청정연료를 사용하여야 하는 대상시설의 범위에 해당하지 않는 시설은?

① 산업용 열병합 발전시설
② 전체보일러의 시간당 총 증발량이 0.2톤 이상인 업무용 보일러
③ 「집단에너지사업법 시행령」에 따른 지역냉난방사업을 위한 시설
④ 「건축법시행령」에 따른 중앙집중난방방식으로 열을 공급받고 단지 내의 모든 세대의 평균 전용면적이 40.0m²를 초과하는 공동주택

해설 청정연료를 사용하여야 하는 대상시설의 범위
㉠ 「건축법 시행령」에 따른 공동주택으로서 동일한 보일러를 이용하여 하나의 단지 또는 여러 개의 단지가 공동으로 열을 이용하는 중앙집중난방방식(지역냉난방방식을 포함한다)으로 열을 공급받고, 단지 내의 모든 세대의 평균 전용면적이 40.0m²를 초과하는 공동주택
㉡ 「집단에너지사업법 시행령」에 따른 지역냉난방사업을 위한 시설
㉢ 전체 보일러의 시간당 총 증발량이 0.2톤 이상인 업무용보일러(영업용 및 공공용보일러를 포함하되, 산업용보일러는 제외한다)
㉣ 발전시설. 다만, 산업용 열병합 발전시설은 제외한다.

84 환경정책기본법상 환경부장관은 국가환경종합계획의 종합적·체계적 추진을 위해 얼마마다 환경보전중기종합계획을 수립하여야 하는가?

① 1년 ② 3년 ③ 5년 ④ 10년

해설 환경부장관은 국가환경종합계획의 종합적·체계적 추진을 위해 5년마다 환경보전중기종합계획을 수립하여야 한다.

85 대기환경보전법령상 사업장별 환경기술인의 자격기준에 관한 설명으로 옳지 않은 것은?

① 4종 사업장과 5종 사업장 중 특정대기유해물질이 환경부령으로 정하는 기준 이상으로 포함된 오염물질을 배출하는 경우에는 3종 사업장에 해당하는 기술인을 두어야 한다.
② 1종 사업장과 2종 사업장 중 1개월 동안 실제 작업한 날만을 계산하는 1일 평균 17시간 이상 작업하는 경우에는 해당 사업장의 기술인을 각각 1명 이상 두어야 한다.
③ 공동방지시설에서 각 사업장의 대기오염물질 발생량의 합계가 4종 사업장과 5종 사업장의 규모에 해당하는 경우에는 3종 사업장에 해당하는 기술인을 두어야 한다.
④ 배출시설 중 일반보일러만 설치한 사업장과 대기 오염물질 중 먼지만 발생하는 사업장은 5종 사업장에 해당하는 기술인을 둘 수 있다.

해설 1종 사업장과 2종 사업장 중 1개월 동안 실제 작업한 날만을 계산하여 1일 평균 17시간 이상 작업하는 경우에는 해당 사업장의 기술인을 각각 2명 이상 두어야 한다.

86 대기환경보전법규상 분체상 물질을 싣고 내리는 공정의 경우, 비산먼지 발생을 억제하기 위해 작업을 중지해야 하는 평균풍속(m/s)의 기준은?

① 2 이상 ② 5 이상 ③ 7 이상 ④ 8 이상

해설 분체상 물질을 싣고 내리는 공정의 경우 풍속이 평균초속 8m/sec 이상일 경우에는 작업을 중지할 것

87 대기환경보전법규상 개선명령 등의 이행보고와 관련하여 환경부령으로 정하는 대기오염도 검사기관에 해당하지 않는 것은?

① 보건환경연구원 ② 유역환경청
③ 한국환경공단   ④ 환경보전협회

해설 대기오염도 검사기관
㉠ 국립환경과학원
㉡ 특별시·광역시·특별자치시·도·특별자치도(이하 "시·도"라 한다)의 보건환경연구원
㉢ 유역환경청, 지방환경청 또는 수도권대기환경청
㉣ 한국환경공단

정답 82 ③ 83 ① 84 ③ 85 ② 86 ④ 87 ④

88 실내공기질 관리법규상 "어린이집"의 실내공기질 유지기준으로 옳은 것은?

① PM-10($\mu g/m^3$) - 150 이하
② CO(ppm) - 25 이하
③ 총부유세균(CFU/m^3) - 800 이하
④ 포름알데하이드($\mu g/m^3$) - 150 이하

[해설] 실내공기질 관리법상 유지기준

오염물질 항목 다중이용시설	미세먼지 (PM-10) ($\mu g/m$)	미세먼지 (PM-2.5) ($\mu g/m^3$)	이산화 탄소 (ppm)	포름알데 하이드 ($\mu g/m^3$)	총 부유세균 (CFU/m^3)	일산화 탄소 (ppm)
지하역사, 지하도상가, 철도역사의 대합실, 여객자동차터미널의 대합실, 항만시설 중 대합실, 공항시설 중 여객터미널, 도서관·박물관 및 미술관, 대규모점포, 장례식장, 영화상영관, 학원, 전시시설, 인터넷컴퓨터게임시설제공업의 영업시설, 목욕장업의 영업시설	100 이하	50 이하	1,000 이하	100 이하	—	10 이하
의료기관, 산후조리원, 노인요양시설, 어린이집	75 이하	35 이하		80 이하	800 이하	
실내주차장	200 이하	—		100 이하	—	25 이하
실내 체육시설, 실내 공연장, 업무시설, 둘 이상의 용도에 사용되는 건축물	200 이하	—	—	—	—	—

※ 법규 변경사항이므로 해설의 내용으로 학습하시기 바랍니다.

89 대기환경보전법상 기후·생태계 변화 유발물질이라 볼 수 없는 것은?

① 이산화탄소   ② 아산화질소
③ 탄화수소   ④ 메탄

[해설] 기후·생태계 변화 유발물질
지구온난화 등으로 생태계의 변화를 가져올 수 있는 기체상 물질로서 온실가스 및 환경부령이 정하는 것을 말한다.
㉠ 온실가스 : 이산화탄소, 메탄, 아산화질소, 수소불화탄소, 과불화탄소, 육불화황
㉡ 환경부령으로 정하는 것 : 염화불화탄소, 수소염화불화탄소

90 대기환경보전법령상 대기오염경보에 관한 설명으로 옳지 않은 것은?

① 미세먼지(PM-10), 미세먼지(PM-2.5), 오존(O_3) 3개 항목 모두 오염물질 농도에 따라 주의보, 경보, 중대경보로 구분하고 경보발령의 경우 자동차 사용 자제요청의 조치사항을 포함한다.
② 대기오염 경보 대상 오염물질은 미세먼지(PM-10), 미세먼지(PM-2.5), 오존(O_3)으로 한다.
③ 해당 지역의 대기자동측정소 PM-10 또는 PM-2.5의 권역별 평균농도가 경보 단계별 발령기준을 초과하면 해당 경보를 발령할 수 있다.
④ 오존 농도는 1시간당 평균농도를 기준으로 하며, 해당 지역의 대기자동측정소 오존 농도가 1개소라도 경보단계별 발령기준을 초과하면 해당 경보를 발령할 수 있다.

[해설] 대기오염경보 단계는 대기오염경보 대상 오염물질의 농도에 따라 다음 각 호와 같이 구분하되, 대기오염경보 단계별 오염물질의 농도기준은 환경부령으로 정한다.
㉠ 미세먼지(PM-10) : 주의보, 경보
㉡ 미세먼지(PM-2.5) : 주의보, 경보
㉢ 오존(O_3) : 주의보, 경보, 중대경보

91 악취방지법규상 다음 지정악취물질의 배출허용기준(ppm)으로 옳지 않은 것은?(단, 공업지역)

① n-발레르알데하이드 : 0.02 이하
② 톨루엔 : 30 이하
③ 프로피온산 : 0.1 이하
④ i-발레르산 : 0.004 이하

[해설] 지정악취 물질의 배출허용기준

구분	배출허용기준 (ppm)		엄격한 배출허용 기준의 범위(ppm)	적용 시기
	공업지역	기타 지역	공업지역	
암모니아	2 이하	1 이하	1~2	2005년 2월 10일 부터
메틸메르캅탄	0.004 이하	0.002 이하	0.002~0.004	
황화수소	0.06 이하	0.02 이하	0.02~0.06	
다이메틸설파이드	0.05 이하	0.01 이하	0.01~0.05	
다이메틸다이설파이드	0.03 이하	0.009 이하	0.009~0.03	
트라이메틸아민	0.02 이하	0.005 이하	0.005~0.02	
아세트알데하이드	0.1 이하	0.05 이하	0.05~0.1	
스타이렌	0.8 이하	0.4 이하	0.4~0.8	
프로피온알데하이드	0.1 이하	0.05 이하	0.05~0.1	
뷰틸알데하이드	0.1 이하	0.029 이하	0.029~0.1	

정답 88 ③ 89 ③ 90 ① 91 ③

n-발레르알데하이드	0.02 이하	0.009 이하	0.009~0.02	
i-발레르알데하이드	0.006 이하	0.003 이하	0.003~0.006	
톨루엔	30 이하	10 이하	10~30	
자일렌	2 이하	1 이하	1~2	2008년 1월 1일 부터
메틸에틸케톤	35 이하	13 이하	13~35	
메틸아이소뷰틸케톤	3 이하	1 이하	1~3	
뷰틸아세테이트	4 이하	1 이하	1~4	
프로피온산	0.07 이하	0.03 이하	0.03~0.07	
n-뷰틸산	0.002 이하	0.001 이하	0.001~0.002	2010년 1월 1일 부터
n-발레르산	0.002 이하	0.0009 이하	0.0009~0.002	
i-발레르산	0.004 이하	0.001 이하	0.001~0.004	
i-뷰틸알코올	4.0 이하	0.9 이하	0.9~4.0	

92 대기환경보전법규상 시·도지사가 설치하는 대기오염 측정망에 해당하는 것은?
① 대기 중의 중금속 농도를 측정하기 위한 대기중금속측정망
② 대기오염물질의 지역배경농도를 측정하기 위한 교외 대기측정망
③ 도시지역의 휘발성 유기화합물 등의 농도를 측정하기 위한 광화학대기오염물질측정망
④ 산성 대기오염물질의 건성 및 습성 침착량을 측정하기 위한 산성강하물측정망

해설 특별시장·광역시장 등이 설치하는 대기오염 측정망의 종류
㉠ 도시지역의 대기오염물질 농도를 측정하기 위한 도시대기측정망
㉡ 도로변의 대기오염물질 농도를 측정하기 위한 도로변 대기측정망
㉢ 대기 중의 중금속 농도를 측정하기 위한 대기중금속측정망

93 환경정책기본법령상 대기 중 미세먼지(PM-10)의 환경기준으로 적절한 것은?(단, 연간 평균치)
① 150μg/m³ 이하
② 120μg/m³ 이하
③ 70μg/m³ 이하
④ 50μg/m³ 이하

해설 대기환경기준

항목	미세먼지(PM-10)
기준	• 연간 평균치 : 50μg/m³ 이하 • 24시간 평균치 : 100μg/m³ 이하
측정방법	베타선 흡수법(β-Ray Absorption Method)

94 대기환경보전법규상 자동차 연료·첨가제 또는 촉매제 검사기관의 지정기준 중 자동차 연료검사기관의 기술능력 및 검사장비기준으로 옳지 않은 것은?
① 검사원은 국가기술자격법 시행규칙에 따른 자동차, 화공, 안전관리(가스), 환경 분야의 기사 자격 이상을 취득한 사람이어야 한다.
② 검사원은 2명 이상이어야 하며, 그 중 한 명은 해당 검사 업무에 5년 이상 종사한 경험이 있는 사람이어야 한다.
③ 휘발유·경유·바이오디젤(BD100) 검사를 위해 1ppm 이하 분석가능한 황함량분석기 1식을 갖추어야 한다.
④ 휘발유·경유·바이오디젤 검사기관과 LPG·CNG·바이오가스 검사기관의 기술능력 기준은 같으며, 두 검사 업무를 함께 하려는 경우에는 기술능력을 중복하여 갖추지 아니할 수 있다.

해설 검사원 중 2명 이상은 해당 검사업무에 5년 이상 종사한 경험이 있는 사람이어야 한다.

95 대기환경보전법규상 대기환경규제지역을 관할하는 시·도지사 또는 대도시 시장이 그 지역의 환경기준을 달성·유지하기 위해 수립하는 실천계획에 포함되어야 할 사항과 가장 거리가 먼 것은?(단, 그 밖에 환경부장관이 정하는 사항 등은 제외한다.)
① 대기오염예측모형을 이용한 특정대기오염물질 배출량조사
② 대기오염원별 대기오염물질 저감계획 및 계획의 시행을 위한 수단
③ 일반 환경현황
④ 대기보전을 위한 투자계획과 대기오염물질 저감효과를 고려한 경제성 평가

해설 실천계획 수립 시 포함하여야 할 사항
㉠ 일반 환경현황
㉡ 조사 결과 및 대기오염 예측모형을 이용하여 예측한 대기오염도
㉢ 대기오염원별 대기오염물질 저감계획 및 계획의 시행을 위한 수단
㉣ 계획달성연도의 대기질 예측 결과
㉤ 대기보전을 위한 투자계획과 대기오염물질 저감효과를 고려한 경제성 평가
㉥ 그 밖에 환경부장관이 정하는 사항

정답 92 ① 93 ④ 94 ② 95 ①

96 대기환경보전법령상 기본부과금의 농도별 부과계수 중 연료의 황 함유량이 1.0% 이하인 경우 농도별 부과계수로 옳은 것은?(단, 연료를 연소하여 황산화물을 배출하는 시설(황산화물의 배출량을 줄이기 위하여 방지시설을 설치한 경우와 생산공정상 황산화물의 배출량이 줄어든다고 인정하는 경우는 제외))

① 0.2
② 0.4
③ 0.8
④ 1.0

해설 기본부과금의 농도별 부과계수

구분	연료의 황 함유량(%)		
	0.5% 이하	1.0% 이하	1.0% 초과
농도별 부과계수	0.2	0.4	1.0

97 대기환경보전법상 다음 용어의 뜻으로 거리가 먼 것은?

① 대기오염물질 : 대기 중에 존재하는 물질 중 심사·평가 결과 대기오염의 원인으로 인정된 가스·입자상 물질로서 환경부령으로 정하는 것을 말한다.
② 기후·생태계 변화 유발물질 : 지구온난화 등으로 생태계의 변화를 가져올 수 있는 기체상 물질로서 온실가스와 환경부령으로 정하는 것을 말한다.
③ 매연 : 연소할 때에 생기는 유리 탄소가 주가 되는 미세한 입자상 물질을 말한다.
④ 촉매제 : 자동차에서 배출되는 대기오염물질을 줄이기 위하여 자동차에 부착 또는 교체하는 장치로서 환경부령으로 정하는 저감효율에 적합한 장치를 말한다.

해설 촉매제
배출가스를 줄이는 효과를 높이기 위하여 배출가스 저감장치에 사용되는 화학물질로서 환경부령으로 정하는 것을 말한다.

98 대기환경보전법규상 대기오염경보단계 중 오존의 중대경보 발령기준으로 옳은 것은?(단, 오존농도는 1시간 평균농도를 기준으로 한다.)

① 기상조건 등을 고려하여 해당 지역의 대기자동측정소 오존농도가 0.12ppm 이상인 때
② 기상조건 등을 고려하여 해당 지역의 대기자동측정소 오존농도가 0.15ppm 이상인 때
③ 기상조건 등을 고려하여 해당 지역의 대기자동측정소 오존농도가 0.3ppm 이상인 때
④ 기상조건 등을 고려하여 해당 지역의 대기자동측정소 오존농도가 0.5ppm 이상인 때

해설 대기오염 경보단계 중 중대경보 발령기준(오존)
기상조건 등을 고려하여 해당 지역의 대기자동측정소 오존농도가 0.5ppm 이상인 때

99 수도권 대기환경 개선에 관한 특별법상 수도권 대기환경관리위원회의 위원장은?

① 대통령
② 국무총리
③ 환경부장관
④ 한강유역환경청장

해설 수도권대기환경관리위원회
㉠ 정부는 수도권지역의 대기환경 개선을 위한 다음 각 호의 사항을 심의·조정하기 위하여 수도권대기환경관리위원회(이하 "위원회"라 한다)를 둔다.
 • 기본계획 및 시행계획
 • 사업장 오염물질 총량관리에 관한 사항
 • 그 밖에 수도권지역의 대기환경 개선을 위하여 필요한 사항으로서 대통령령으로 정하는 사항
㉡ 위원회는 환경부장관을 위원장으로 하고, 대통령령으로 정하는 관계 중앙행정기관의 차관과 서울특별시·인천광역시·경기도의 부시장 또는 부지사를 위원으로 한다.
㉢ 위원장은 위원회를 대표하며, 위원회의 사무를 총괄한다.
㉣ 위원회의 사무를 처리하기 위하여 대통령령으로 정하는 바에 따라 환경부에 사무기구를 둘 수 있다.

100 대기환경보전법령상 배출허용기준 초과와 관련하여 개선명령을 받은 사업자의 개선계획서 제출기한은?(단, 기간 연장은 제외)

① 명령을 받은 날부터 10일 이내
② 명령을 받은 날부터 15일 이내
③ 명령을 받은 날부터 30일 이내
④ 명령을 받은 날부터 60일 이내

해설 개선명령을 받은 사업자는 시·도지사에게 그 명령을 받은 날부터 15일 이내에 개선계획서를 제출하여야 한다.

정답 96 ② 97 ④ 98 ④ 99 ③ 100 ②

2016년 1회 기출문제

제1과목 대기오염개론

01 복사역전이 가장 발생되기 쉬운 기상조건은?

① 하늘이 흐리고, 바람이 강하며, 습도가 높을 때
② 하늘이 흐리고, 바람이 약하며, 습도가 낮을 때
③ 하늘이 맑고, 바람이 강하며, 습도가 높을 때
④ 하늘이 맑고, 바람이 약하며, 습도가 낮을 때

해설 복사역전
㉠ 지표에 접한 공기가 그보다 상공의 공기에 비하여 더 차가워져 생기는 현상이며 지표 가까이에 형성되므로 지표역전(접지역전)이라고도 한다.
㉡ 일출 직전에 하늘이 맑고 습도가 낮고, 바람이 없는 경우에 강하게 생성된다.

02 도시 대기오염물질 중 태양빛을 흡수하는 기체 중의 하나로서 파장 420nm 이상의 가시광선에 의해 광분해되는 물질로 대기 중 체류시간이 약 2~5일 정도인 것은?

① SO_2 ② NO_2 ③ CO_2 ④ $RCHO$

해설 NO_2
㉠ 공기에 대한 비중이 1.59이며, 질식성이 있고 적갈색의 자극성을 가진 가스이다.
㉡ 대기 중 체류시간은 NO와 같이 약 2~5일 정도이며 파장 420nm 이상의 가시광선에 의해 광분해되는 물질이다.

03 경도풍을 형성하는 데 필요한 힘과 가장 거리가 먼 것은?

① 마찰력   ② 전향력
③ 원심력   ④ 기압경도력

해설 경도풍
㉠ 등압선이 곡선인 경우, 원심력, 기압경도력, 전향력의 세 힘이 평형을 이루는 상태에서 등압선을 따라 부는 바람이다.
㉡ 고기압인 경우 힘의 평형
　전향력 = 기압경도력 + 원심력
㉢ 저기압인 경우 힘의 평형
　기압경도력 = 전향력 + 원심력

04 광화학스모그와 가장 거리가 먼 것은?

① NO   ② CO
③ PAN   ④ HCHO

해설 CO는 다른 물질에 대한 흡착현상을 거의 나타내지 않으며, 유해한 화학반응 또한 거의 일으키지 않아 광화학스모그와는 관련이 없다.

05 Dobson Unit에 관한 설명에서 (　) 안에 알맞은 것은?

> 1Dobson은 지구 대기 중 오존의 총량을 0℃, 1기압의 표준상태에서 두께로 환산했을 때 (　)에 상당하는 양을 의미한다.

① 0.01mm   ② 0.1mm
③ 0.1cm   ④ 1cm

해설 Dobson Unit (DU)
1 Dobson은 지구대기 중 오존의 총량을 0℃, 1기압의 표준상태에서 두께로 환산했을 때 0.01 mm(10μm)에 상당하는 양을 의미한다.

06 굴뚝높이가 60m, 대기온도 27℃, 배기가스의 평균온도가 137℃일 때, 통풍력을 1.5배 증가시키기 위해서 요구되는 배출가스의 온도는?(단, 굴뚝의 높이는 일정하고, 배기가스와 대기의 비중량은 1.3kg/Nm³이다.)

① 약 230℃   ② 약 280℃
③ 약 320℃   ④ 약 370℃

해설 현재의 통풍력을 Z_1이라 하고, 배기가스의 온도를 증가시킨 후의 통풍력을 Z_2라고 한다면, 통풍력이 1.5배 증가한 $Z_2=1.5Z_1$이 된다.

$$Z_1 = 355 \times H\left[\frac{1}{273+t_a} - \frac{1}{273+t_g}\right]$$
$$= 355 \times 60\left[\frac{1}{273+27} - \frac{1}{273+137}\right]$$
$$= 19.05 \text{mmH}_2\text{O}$$
$$Z_2 = 1.5Z_1 = 355 \times 60\left[\frac{1}{273+27} - \frac{1}{273+t_g}\right]$$
$$t_g(\text{배출가스온도}) = 229.06℃$$

정답 01 ④   02 ②   03 ①   04 ②   05 ①   06 ①

07 가우시안형의 대기오염 확산방정식을 적용할 때, 지면에 있는 오염원으로부터 바람이 부는 방향으로 250m 떨어진 연기의 중심축상 지상오염농도(mg/m³)는?(단, 오염물질의 배출량 : 6g/sec, 풍속 : 4.5m/sec, σ_y : 22.5m, σ_z : 12m이다.)

① 1.26 ② 1.36
③ 1.57 ④ 1.83

해설
$$C(x,y,z,H_e) = \frac{Q}{2\pi\sigma_y\sigma_z U} \exp\left[-\frac{1}{2}\left(\frac{y}{\sigma_y}\right)^2\right]$$
$$\times \left[\exp\left\{-\frac{1}{2}\left(\frac{z-H_e}{\sigma_z}\right)^2\right\} + \exp\left\{-\frac{1}{2}\left(\frac{z+H_e}{\sigma_z}\right)^2\right\}\right]$$

$y=0$, $x=0$, $H_e=0$이므로

$$C = \frac{Q}{\pi\sigma_y\sigma_z U} = \frac{6\text{g/sec} \times 10^3\text{mg/g}}{3.14 \times 22.5\text{m} \times 12\text{m} \times 4.5\text{m/sec}}$$
$$= 1.57\text{mg/m}^3$$

08 대기의 수직구조에 관한 설명으로 가장 적합한 것은?

① 대류권의 높이는 여름보다 겨울이 높다.
② 대류권은 지상으로부터 약 20~30km 정도의 범위를 말한다.
③ 구름이 끼고 비가 내리는 등의 기상현상은 대류권에 국한되어 나타나는 현상이다.
④ 대류권의 높이는 고위도 지방보다 저위도 지방이 낮다.

해설 ① 대류권의 높이는 통상적으로 여름철에 높고 겨울철에 낮다.
② 대류권은 지표에서부터 약 11km까지의 높이다.
④ 대류권의 높이는 고위도 지방이 저위도 지방에 비해 낮다.

09 바람을 일으키는 힘 중 전향력에 관한 설명으로 가장 거리가 먼 것은?

① 전향력은 운동의 속력과 방향에 영향을 미친다.
② 북반구에서는 항상 움직이는 물체의 운동방향의 오른쪽 직각방향으로 작용한다.
③ 전향력은 극지방에서 최대가 되고 적도지방에서 최소가 된다.
④ 전향력의 크기는 위도, 지구자전 각속도, 풍속의 함수로 나타낸다.

해설 전향력은 지구에 의해 생기는 가속도에 의한 힘을 의미하며 운동의 방향만 변화시키고 속도에는 영향을 미치지 않는다.

10 공기역학적 직경(Aero Dynamic Diameter)에 관한 설명으로 가장 옳은 것은?

① 대상 먼지와 침강속도가 동일하며 밀도가 1g/cm^3인 구형 입자의 직경
② 대상 먼지와 침강속도가 동일하며 밀도가 1kg/cm^3인 구형 입자의 직경
③ 대상 먼지와 밀도 및 침강속도가 동일한 선형 입자의 직경
④ 대상 먼지와 밀도 및 침강속도가 동일한 구형 입자의 직경

해설 **공기역학적 직경**
대상먼지와 침강속도가 같고 단위밀도가 1g/cm^3이며, 구형인 먼지의 직경으로 환산된 직경, 즉 측정하고자 하는 입자상 물질과 동일한 침강속도를 가지며 밀도가 1g/cm^3인 구형입자의 직경을 말한다.

11 A굴뚝의 실제 높이가 50m이고, 굴뚝의 반지름은 2m이다. 이때 배출가스의 분출속도가 18m/sec이고, 풍속이 4m/sec일 때, 유효굴뚝높이는?(단, $\Delta h = 1.5(V_s/u) \times D$ 이용)

① 약 64m ② 약 77m ③ 약 98m ④ 약 135m

해설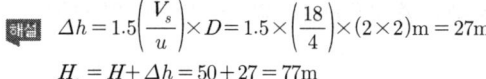
$\Delta h = 1.5\left(\dfrac{V_s}{u}\right) \times D = 1.5 \times \left(\dfrac{18}{4}\right) \times (2 \times 2)\text{m} = 27\text{m}$
$H_e = H + \Delta h = 50 + 27 = 77\text{m}$

12 옥탄가에 관한 설명으로 ( ) 안에 가장 알맞은 것은?

옥탄가는 안티노킹성이 우수하여 좋은 연소특성을 갖는 (㉠)의 안티노킹성을 100으로 하고, 상대적으로 쉽게 노킹하는 (㉡)의 안티노킹성을 0으로 하여 부피비로 나타낸다.

① ㉠ iso-octane ㉡ n-octane
② ㉠ n-octane ㉡ iso-octane
③ ㉠ iso-octane ㉡ n-heptane
④ ㉠ n-heptane ㉡ n-octane

해설 **옥탄가**
안티노킹성이 우수하여 좋은 연소특성을 갖는 iso-octane의 안티노킹성을 100으로 하고, 상대적으로 쉽게 노킹하는 n-heptane의 안티노킹성을 0으로 하여 부피비로 나타낸다.

13 Suton의 확산방정식에서 최대착지농도(C_{max})에 대한 설명으로 옳지 않은 것은?

① 평균풍속에 비례한다.
② 오염물질 배출량에 비례한다.
③ 유효굴뚝 높이의 제곱에 반비례한다.
④ 수평 및 수직방향 확산계수와 관계가 있다.

해설 Sutton 확산방정식에서 최대착지농도(C_{max})는 풍속에 반비례한다.
$$C_{max} \propto \frac{1}{H_e^2} \propto \frac{1}{U} \propto Q$$

14 불소화합물의 지표식물로 가장 적합한 것은?

① 콩   ② 목화
③ 담배   ④ 옥수수

해설 불소화합물의 지표식물
글라디올러스, 어린소나무, 옥수수, 자두, 메밀 등이다.

15 역사적인 대기오염 사건에 관한 설명으로 옳은 것은?

① 포자리카 사건은 MIC에 의한 피해이다.
② 런던스모그 사건은 복사역전 형태이다.
③ 뮤즈계곡 사건은 PAN이 주된 오염물질로 작용했다.
④ 도쿄 요코하마 사건은 PCB가 주된 오염물질로 작용했다.

해설 ① 포자리카 사건은 황화수소 누출사건이다.
③ 뮤즈계곡 사건은 SO_2이 주된 오염물질로 작용했다.
④ 도쿄 요코하마 사건은 SO_2가 주된 오염물질로 작용했다.

16 제조공정과 발생하는 오염물질이 잘못 짝지어진 것은?

① 화학비료 - NH_3 ② 제철공업 - HCN
③ 가스공업 - H_2S ④ 석유정제 - HCl

해설 석유정제, 석탄건류, 가스공업 등은 황화수소의 주 배출원이며 염화수소의 배출원은 소다공업, 플라스틱공업, 활성탄 제조 등이다.

17 광화학 반응 시 하루 중 NOx 대한 설명으로 가장 적합한 것은?

① NO_2는 오존의 농도 값이 적을 때 비례적으로 가장 적은 값을 나타낸다.
② NO_2는 오전 7~9시경을 전후로 하여 일중 고농도를 나타낸다.
③ 오전 중의 NO 감소는 오존의 감소와 시간적으로 일치한다.
④ 교통량이 많은 이른 아침시간대에 오존 농도가 가장 높고, NOx는 2~3시경이 가장 높다.

해설 ① NO_2는 오존의 농도값이 적을 때 비례적으로 가장 큰 값을 나타낸다.
③ 오전 중의 NO 감소는 오존의 증가와 시간적으로 일치한다.
④ 교통량이 많은 이른 아침시간대에 오존농도가 가장 낮고, NOx는 이른 아침시간대에 가장 크다.

18 지표면 오존 농도를 증가시키는 원인이 아닌 것은?

① CO   ② NOx
③ VOCs   ④ 태양열 에너지

해설 CO는 1차성 물질로서 광화학반응과는 무관하다.

19 그림은 어떤 지역의 고도에 따른 대기의 온도변화를 나타낸 것이다. 주로 침강역전에 해당하는 부분은?

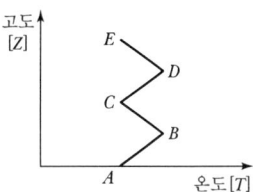

① AB 구간   ② BC 구간
③ CD 구간   ④ DE 구간

해설 ㉠ 침강역전 : CD 구간   ㉡ 복사역전 : AB 구간

20 분진 농도가 $120\mu g/m^3$이고, 상대습도가 70%인 상태의 대도시에서 가시거리는?(단, 상수 A=1.2)

① 5km   ② 10km   ③ 15km   ④ 20km

해설 $L_v(km) = \dfrac{A \times 10^3}{G} = \dfrac{1.2 \times 10^3}{120\mu g/m^3} = 10km$

제2과목 연소공학

21 공기를 사용하여 프로판(C_3H_8)을 완전연소시킬 때 건조가스 중의 $(CO_2)_{max}$(%)는?

① 13.76
② 14.76
③ 15.25
④ 16.85

해설 $C_3H_8 + 5O_2 \rightarrow 3CO_2 + 4H_2O$

$CO_{2max} = \dfrac{CO_2}{G_{od}} \times 100$

$G_{od} = 0.79 A_o + CO_2$양(Sm^3/Sm^3)
$= \left(0.79 \times \dfrac{5}{0.21}\right) + 3 = 21.81 Sm^3/Sm^3$

$= \dfrac{3}{21.81} \times 100 = 13.76\%$

22 폭발성 혼합가스의 연소범위(L)를 구하는 식은?(단, n_i : 각 성분 단일의 연소한계(상한 또는 하한) p_i : 각 성분 가스의 부피(%))

① $L = \dfrac{100}{\dfrac{n_1}{p_1} + \dfrac{n_2}{p_2} + \cdots}$

② $L = \dfrac{100}{\dfrac{p_1}{n_1} + \dfrac{p_2}{n_2} + \cdots}$

③ $L = \dfrac{n_1}{p_1} + \dfrac{n_2}{p_2} + \cdots$

④ $L = \dfrac{p_1}{n_1} + \dfrac{p_2}{n_2} + \cdots$

해설 르샤틀리에의 폭발범위 관련식

$\dfrac{100}{L} = \dfrac{V_1}{L_1} + \dfrac{V_2}{L_2} + \cdots + \dfrac{V_n}{L_n}$

여기서, L : 혼합가스 폭발한계치(하한계, 상한계)
L_1, L_2, L_n : 각 성분가스의 단독 폭발한계치(하한계, 상한계)
V_1, V_2, V_n : 각 성분가스의 부피 분포 비율(%)

$L = \dfrac{100}{\dfrac{V_1}{L_1} + \dfrac{V_2}{L_2} + \cdots + \dfrac{V_n}{L_n}}$

23 [보기]의 설명에 해당하는 유류연소버너는?

[보기]
- 화염의 형식 : 가장 좁은 각도의 긴 화염이다.
- 유량조절범위 : 약 1 : 10 정도이며, 대단히 넓다.
- 용도 : 제강용 평로, 연속가열로, 유리용해로 등의 대형가열로 등에 많이 사용된다.

① 유압식
② 회전식
③ 고압공기식
④ 저압공기식

해설 고압공기식 버너(고압기류 분무식 버너)
분무매체(증기 또는 공기)에 압력으로 분사, 분무화시켜 연소시키는 버너이며 분무매체의 압력이 높은 것이 고압공기식 버너이다.
㉠ 연료분사범위(연소용량)
- 외부혼합식 : 3~500L/hr
- 내부혼합식 : 10~1,200L/hr
㉡ 유량조절범위 : 1 : 10 정도로 커서 부하변동에 적응이 용이하다.
㉢ 유압 : 2~8kg/cm² 정도(증기압 또는 공기압 2~10kg/cm²)
㉣ 분사(분무) 각도 : 30°(20~30°) 정도
㉤ 특성
- 고점도 사용에도 적합하다.(연료유의 점도가 큰 경우도 분무화가 용이함)
- 장염(가장 좁은 각도의 긴 화염)이나 연소 시 소음이 크게 발생된다.
- 제강용평로, 연속가열로, 유리용해로 등의 대형가열로에 많이 사용된다.
- 분무에 필요한 1차 공기량은 이론연소공기량의 7~12% 정도이다.
- 외부혼합식보다 내부혼합식의 버너가 양호한 분무화가 된다.
- 무화 시 무화매체를 증기로 하면 연료가 예열되어 연소효율을 증가시킬 수 있다.

24 연소실 내로 공급되는 연료를 연소시키기 위해 필요한 공기를 공급하는 통풍방식 중 압입통풍에 관한 설명으로 틀린 것은?

① 내압이 정압(+)으로 연소효율이 좋다.
② 송풍기의 고장이 적고 점검 및 보수가 용이하다.
③ 역화의 위험성이 없다.
④ 흡인통풍식보다 송풍기의 동력 소모가 적다.

해설 압입통풍은 역화의 위험성이 높다.

정답 21 ① 22 ② 23 ③ 24 ③

25 미분탄 연소방식의 특징으로 틀린 것은?

① 부하 변동에 쉽게 적응할 수 있다.
② 비교적 저질탄도 유효하게 사용할 수 있다.
③ 연료의 접촉표면적이 크므로 작은 공기비도 연소가 가능하다.
④ 고효율이 요구되는 소규모 연소장치에 적합하다.

해설 미분탄 연소방식 대형과 대용량 설비에 적합하다.

26 연료 연소 시 공연비(AFR)가 이론량보다 작을 때 나타나는 현상으로 가장 적합한 것은?

① 완전연소로 연소실 내의 열손실이 작아진다.
② 배출가스 중 일산화탄소의 양이 많아진다.
③ 연소실벽에 미연탄화물 부착이 줄어든다.
④ 연소효율이 증가하여 배출가스의 온도가 불규칙하게 증가 및 감소를 반복한다.

해설 ① 불완전연소로 연소실 내의 열손실이 커진다.
③ 연소실 벽에 미연탄화물 부착이 증가한다.
④ 연소효율이 감소하여 배출가스의 온도가 불규칙하게 증가 및 감소를 반복한다.

27 기체연료의 연소 특성으로 틀린 것은?

① 적은 과잉공기를 사용하여도 완전연소가 가능하다.
② 저장 및 수송이 불편하며 시설비가 많이 소요된다.
③ 연소효율이 높고 매연이 발생하지 않는다.
④ 부하의 변동범위가 넓어 연소 조절이 어렵다.

해설 기체연료는 부하의 변동범위가 넓고 연소의 조절이 용이한 편이다.

28 기체연료의 연소방식 중 예혼합연소에 관한 설명으로 가장 거리가 먼 것은?

① 연소기 내부에서 연료와 공기의 혼합비가 변하지 않고 균일하게 연소된다.
② 화염길이가 길고, 그을음이 발생하기 쉽다.
③ 역화의 위험이 있어 역화방지기를 부착해야 한다.
④ 화염온도가 높아 연소부하가 큰 곳에 사용이 가능하다.

해설 예혼합연소는 화염길이가 짧고 그을음이 발생하지 않는다.

29 보일러에서 저온부식을 방지하기 위한 방법으로 가장 거리가 먼 것은?

① 과잉공기를 줄여서 연소한다.
② 가스온도를 산노점 이하가 되도록 조절한다.
③ 연료를 전처리하여 황 함량을 낮춘다.
④ 장치 표면을 내식재로로 피복한다.

해설 연소가스 온도를 산노점 온도보다 높게 유지해야 한다.

30 촉매연소법에 관한 설명으로 가장 거리가 먼 것은?

① 일반적으로 구리, 금, 은, 아연, 카드뮴 등은 촉매의 수명을 단축시킨다.
② 고농도의 VOCs, 열용량이 높은 물질을 함유한 가스에 효과적으로 적용된다.
③ 배출가스 중의 가연성 오염물질은 연소로 내에서 파라듐, 코발트 등의 촉매를 사용하여 주로 연소한다.
④ 대부분의 촉매는 800~900℃ 이하에서 촉매역할이 활발하므로 촉매연소에서의 온도 상승은 50~100℃ 정도로 유지하는 것이 좋다.

해설 **촉매연소방법**
촉매를 사용하여 공기 중의 오염물질을 산화 제거하는 방법으로 페인트 공장, 질산 공장의 VOCs나 악취 제거에 사용하며, 비교적 오염물질량(저농도)이 적을 때 많이 사용한다.

31 연소의 종류에 관한 설명으로 틀린 것은?

① 증발연소 : 물질이 직접 기화되면서 연소된다.
② 표면연소 : 휘발분의 함유율이 적은 물질이 연소될 때 표면의 탄소분부터 직접 연소된다.
③ 다단연소 : 1단계로 표면물질이 연소되고 중심부로 들어가면서 단계적으로 연소된다.
④ 분해연소 : 착화온도에 도달하기 전에 휘발분이 생성되고 그것이 연소되면서 착화연소가 시작된다.

해설 **다단연소**
연료과잉 상태에서 산소(O_2) 농도 감소에 의한 질소산화물(NOx)의 발생 저감을 유도한 후에 충분한 공기를 공급하여 완전연소를 유도하여 연소효율의 저하 없이 발생되는 질소산화물(NOx)의 농도를 낮게 유지하는 방법이다.

정답 25 ④ 26 ② 27 ④ 28 ② 29 ② 30 ② 31 ③

32 메탄올 2.0kg을 완전연소하는 데 필요한 이론공기량 (Sm^3)은?

① 2.5 ② 5.0
③ 7.5 ④ 10.0

해설 $CH_3OH + 1.5O_2 \rightarrow CO_2 + 2H_2O$

32kg : $1.5 \times 22.4 Sm^3$
2.0kg : $O_o(Sm^3)$

이론산소량(O_o) = $\dfrac{2.0kg \times (1.5 \times 22.4)Sm^3}{32kg} = 2.1 Sm^3$

이론공기량(A_o) = $\dfrac{2.1 Sm^3}{0.21} = 10 Sm^3$

※ $\dfrac{4a+b-2c}{4} = \dfrac{4+4-2}{4} = 1.5$

33 에탄(C_2H_6)의 고위발열량이 15,520kcal/Sm^3일 때, 저위발열량(kcal/Sm^3)은?(단, H_2O 1Sm^3의 증발잠열은 480kcal/Sm^3)

① 15,380 ② 14,560
③ 14,080 ④ 13,820

해설 $C_2H_6 + 3.5O_2 \rightarrow 2CO_2 + 3H_2O$

$H_l = H_h - 480\sum H_2O$
$= 15,520 - (480 \times 3)$
$= 14,080 kcal/Sm^3$

34 중유의 특성에 대한 설명으로 옳은 것은?

① 인화점은 낮을수록 좋다.
② 회분의 양은 많을수록 좋다.
③ 비중이 클수록 발열량은 증가한다.
④ 잔류탄소 함량이 많아지면 점도는 높아진다.

해설 ① 인화점이 낮은 경우에는 역화의 위험성이 있고, 높을 경우에는 착화가 곤란하다.
② 회분의 양은 적을수록 좋다.
③ 비중이 클수록 발열량은 감소한다.

35 탄소 85%, 수소 10%, 황 5%인 중유를 공기비 1.2로 연소할 때 건조 배출가스 중 SO_2의 부피비(%)는?

① 0.29 ② 1.46
③ 2.60 ④ 3.72

해설 $SO_2(\%) = \dfrac{SO_2}{G_d} \times 100 = \dfrac{0.7 \times S}{G_d} \times 100$

$G_d = G_{od} + (m-1)A_o$
$G_{od} = 0.79A_o + CO_2 + SO_2$
$A_o = \dfrac{1}{0.21}[(1.867 \times 0.85)$
$+ (5.6 \times 0.1) + (0.7 \times 0.05)]$
$= 10.39 Sm^3/kg$
$= (0.79 \times 10.39) + (1.867 \times 0.85)$
$+ (0.7 \times 0.05) = 9.83 Sm^3/kg$
$= 9.83 + [(1.2-1) \times 10.39]$
$= 11.90 Sm^3/kg$

$= \dfrac{0.7 \times 0.05}{11.90} \times 100 = 0.294\%$

36 연료 및 연소에 관한 설명으로 틀린 것은?

① 휘발유, 등유, 경유, 중유 중 비점이 가장 높은 연료는 휘발유이다.
② 연소는 고속의 발열반응이며 일반적으로 빛을 수반한다.
③ 탄소 성분이 많은 중질유 등의 연소에서는 초기에는 증발연소를 하고, 그 열에 의해 연료성분이 분해되면서 연소한다.
④ 코크스나 목탄 등의 고체연료는 빨간 불꽃을 내면서 연소되는 표면연소이다.

해설 휘발유, 등유, 경유, 중유 중 비점이 가장 낮은 연료는 휘발유이며 가장 높은 연료는 중유이다.

37 액화천연가스의 대부분을 차지하는 구성성분은?

① CH_4 ② C_2H_6
③ C_3H_8 ④ C_4H_{10}

해설 액화천연가스는 메탄을 주성분으로 하는 천연가스를 1기압하에서 −160℃ 근처에서 냉각, 액화시켜 대량수송 및 저장을 가능하게 한 것이다.

정답 32 ④ 33 ③ 34 ④ 35 ① 36 ① 37 ①

38 휘발유의 안티노킹제(Anti-knocking Agent)로 옥탄가를 증진시키는 물질로 최근에 널리 사용되는 물질은?

① Cenox
② Cetane
③ TEL(Tetraethyl Lead)
④ MTBE(Methyl Tert Butyl Ether)

해설 납 화합물의 사용이 금지되면서, 무연휘발유가 등장하게 되었는데, 무연휘발유란 인체에 유해한 유독성 중금속인 납 대신에 MTBE(Methyl Tertiary Butyl Ether) 등을 첨가하여 옥탄가를 증진시킨 휘발유를 말한다. MTBE는 미국 및 유럽에서 가솔린의 안티노킹제로 널리 사용되고 있으며 우리나라에서도 전면적으로 사용하고 있다.

39 석탄의 탄화도가 증가하면 감소하는 것은?

① 비열   ② 발열량
③ 고정탄소   ④ 착화온도

해설 탄화도가 높아질 경우의 현상
㉠ 착화온도가 높아진다.
㉡ 고정탄소가 증가한다.
㉢ 발열량이 높아진다.
㉣ 연료비[고정탄소(%)/휘발분(%)]가 증가한다.
㉤ 연소속도가 늦어진다.
㉥ 수분 및 휘발분이 감소한다.
㉦ 비열이 감소한다.
㉧ 산소의 양이 감소한다.
㉨ 매연발생률이 감소한다.

40 액체연료를 효율적으로 연소시키기 위해서는 연료를 미립화하여야 한다. 이때 미립화 특성을 결정하는 인자로 틀린 것은?

① 분무유량   ② 분무입경
③ 분무점도   ④ 분무의 도달거리

해설 미립화 특성을 결정하는 인자
㉠ 분무유량
㉡ 분무입경
㉢ 분무각
㉣ 분무 도달거리
㉤ 입경분포

제3과목 대기오염방지기술

41 사이클론(Cyclone)의 조업 변수 중 집진효율을 결정하는 가장 중요한 변수는?

① 유입가스의 속도   ② 사이클론 내부 높이
③ 유입가스의 먼지 농도   ④ 사이클론에서의 압력손실

해설 사이클론(Cyclone)의 조업 변수 중 집진효율을 결정하는 가장 중요한 변수는 유입가스의 속도이다.

42 축류식 원심력 집진장치 중 반전형에 관한 설명으로 틀린 것은?

① 입구의 가스 속도가 50m/sec 전후이다.
② 접선유입식에 비해 압력손실이 적은 편이다.
③ 가스의 균일한 분배가 용이한 이점이 있다.
④ 함진가스 입구의 안내익에 따라 집진효율이 달라진다.

해설 축류식 사이클론은 반전형과 직선(직진)형으로 구분되며, 반전형은 입구 가스속도가 보통 10m/s 전후이다.

43 전기집진장치의 각종 장해에 따른 대책으로 가장 거리가 먼 것은?

① 미분탄 연소 등에 따라 역전리 현상이 발생할 때에는 집진극의 타격을 강하게 하거나, 빈도수를 늘린다.
② 재비산이 발생할 때에는 처리가스의 속도를 낮추어 준다.
③ 먼지의 비저항이 비정상적으로 높아 2차 전류가 현저히 떨어질 때에는 조습용 스프레이의 수량을 줄인다.
④ 먼지의 비저항이 비정상적으로 높아 2차 전류가 현저히 떨어질 때에는 스파크 횟수를 늘린다.

해설 먼지의 비저항이 비정상적으로 높아 2차 전류가 현저히 떨어질 때에는 조습용 스프레이의 수량을 늘린다.

44 총 집진율 93%를 얻기 위해 40% 효율을 가진 1차 전처리설비를 설치 시, 2차 처리장치의 효율(%)은?

① 58.3   ② 68.3   ③ 78.3   ④ 88.3

해설
$\eta_T = \eta_1 + \eta_2(1-\eta_1)$
$0.93 = 0.4 + \eta_2(1-0.4)$
$\eta_2 = 0.8833 \times 100 = 88.33\%$

정답 38 ④   39 ①   40 ③   41 ①   42 ①   43 ③   44 ④

45 Cl_2 농도가 0.5%인 배출가스 10,000Sm³를 $Ca(OH)_2$ 현탁액으로 세정 처리 시 필요한 $Ca(OH)_2$의 양은?

① 약 147.4kg/hr
② 약 155.3kg/hr
③ 약 160.3kg/hr
④ 약 165.2kg/hr

해설 $Cl_2 + Ca(OH)_2 \rightarrow CaOCl + H_2O$
22.4Sm³ : 74kg
10,000Sm³/hr × 0.005 : $Ca(OH)_2$ (kg/hr)
$Ca(OH)_2 = \dfrac{10,000Sm^3/hr \times 0.005 \times 74kg}{22.4Sm^3} = 165.18 kg/hr$

46 유해가스를 촉매연소법으로 처리할 때 촉매의 수명을 단축시키거나 효율을 감소시킬 수 있는 물질과 거리가 먼 것은?

① Fe   ② Si   ③ Pd   ④ P

해설 촉매의 수명을 단축시키거나 효율을 감소시킬 수 있는 물질에는 납, 수은, 철, 규소, 인 등이 있으며 팔라듐(Pd)은 촉매제이다.

47 헨리의 법칙을 이용하여 유도된 총괄물질 이동계수와 개별물질 이동계수의 관계를 나타낸 식은?(단, K_G : 기상총괄물질 이동계수, K_l : 액상물질이동계수, K_g : 기상물질 이동계수, H : 헨리정수)

① $\dfrac{1}{K_G} = \dfrac{H}{K_g} + \dfrac{K_g}{K_l}$
② $\dfrac{1}{K_G} = \dfrac{1}{K_l} + \dfrac{K_g}{H}$
③ $\dfrac{1}{K_G} = \dfrac{1}{K_g} + \dfrac{H}{K_l}$
④ $\dfrac{1}{K_G} = \dfrac{1}{K_l} + \dfrac{H}{K_g}$

해설 총괄물질이동계수와 개별물질이동계수의 관계
$\dfrac{1}{K_G} = \dfrac{1}{K_g} + \dfrac{H}{K_l}$
여기서, K_G : 기상총괄물질 이동계수
(kg-mol/m² · hr · atm)
K_g : 기상물질이동계수
K_l : 액상이동계수
H : 헨리상수

48 활성탄 흡착법을 이용하여 악취 제거 시 효과가 거의 없는 물질은?

① 페놀(Phenol)
② 스타이렌(Styrene)
③ 에틸머캡탄(Ethyl Mercaptan)
④ 암모니아(Ammonia)

해설 암모니아, 일산화탄소 등은 흡착제에 흡착되지 않는다.

49 전기집진장치의 먼지 제거효율을 95%에서 99%로 증가시키고자 할 때, 집진극의 면적은 길이방향으로 몇 배 증가하여야 하는가?(단, 나머지 조건은 일정하다고 가정함)

① 1.24배 증가   ② 1.54배 증가
③ 1.84배 증가   ④ 2.14배 증가

해설 $\eta = 1 - \exp\left(-\dfrac{A \times W_e}{Q}\right)$
양변에 ln을 취하면
$\ln(1-\eta) = -\dfrac{A \times W_e}{Q}$
면적비 = $\dfrac{-\dfrac{Q}{W_e}\ln(1-0.99)}{-\dfrac{Q}{W_e}\ln(1-0.95)}$ = 1.54배

50 직경 100μm인 먼지가 높이 8m 되는 위치에 있고 바람이 5m/sec 수평으로 불 때 이 먼지의 전방 낙하지점은? (단, 동종의 10μm 먼지의 낙하속도는 0.6cm/sec)

① 67m   ② 77m   ③ 88m   ④ 99m

해설 $V_s = \dfrac{d_p^2(\rho_p - \rho)g}{18 \times \mu}$ 에서
0.6cm/sec : (10μm)² = 침강속도 : (100μm)²
침강속도 = 60cm/sec
$L = \dfrac{V \times H}{V_s}$
$= \dfrac{5m/sec \times 8m}{0.6m/sec} = 66.67m$

51 불화수소가스를 함유한 용해성이 높은 가스를 충전탑에서 흡수처리할 때 기상총괄단위수(N_{OG})를 10, 기상총괄이동단위높이(H_{OG})를 0.5m로 할 때 충전탑의 높이(m)는?

① 5   ② 5.5   ③ 10   ④ 10.5

해설 $H = H_{OG} \times N_{OG}$
$= 0.5m \times 10 = 5m$

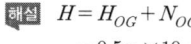

52 여과집진장치에 관한 설명으로 틀린 것은?

① 여과자루 모양에 따라 원통형, 평판형, 봉투형으로 분류되며, 주로 원통형을 사용한다.
② 여과자루 길이(L)/여과자루 직경(D)≒50 이상으로 많이 설계하고, 여과자루 간의 최소간격은 1.5m 이상이 되어야 한다.
③ 간헐식의 경우는 먼지의 재비산이 적고 여포수명이 연속식에 비해 길다.
④ 간헐식 중 진동형은 접착성 먼지 집진에는 사용할 수 없다.

해설 여과자루 길이(L)/여과자루 직경(D)≒20~30 이하로 많이 설계하고, 여과자루 간의 최소간격은 5~10cm 이상이 되어야 한다.

53 충전탑 내 상부에서 흐르는 액체는 충전제 전체를 적시면서 고르게 분포하는 것이 가장 좋다. 균일한 액의 분포를 위하여 가장 이상적인 편류현상의 D/d는?(단, 충전탑의 지름 : D, 충전제의 지름 : d)

① 1~2 정도
② 8~10 정도
③ 40~70 정도
④ 50~100 정도

해설 편류현상은 [탑의 직경/충전제 직경]의 비가 8~10 범위일 때 최소가 된다.

54 여과집진장치의 탈진방식에 관한 설명 중 틀린 것은?

① 연속식에는 역제트기류 분사형과 충격제트기류 분사형 등이 있다.
② 연속식은 포집과 탈진이 동시에 이루어지므로 압력손실이 거의 일정하고 고농도, 대용량의 가스를 처리할 수 있다.
③ 간헐식은 먼지의 재비산이 적고, 높은 집진율을 얻을 수 있으며, 여포의 수명은 연속식에 비해 길다.
④ 충격제트기류 분사형은 여과자루에 상하로 이동하는 블로어에 몇 개의 슬롯을 설치하고 여기에 고속제트기류를 주입하여 여과자루를 위, 아래로 이동하면서 탈진하는 방식으로 내면여과이다.

해설 충격제트기류 분사형(Pulse Jet Type)
함진가스는 외부 여과하고, 먼지는 여포 외부에 포집되므로 여포에 Casing이 필요하며, 여포의 상부에는 각각 Venturi관과 Nozzle이 붙어 있어 압축공기를 분사 Nozzle에서 일정 시간마다 분사하여 부착한 먼지를 털어내야 한다. 즉, 고압력의 충격제트기류를 사용하여 여과포 내부의 포집분진층을 털어내는 방식이다.

55 원심형 송풍기의 성능에 대한 설명으로 옳은 것은?

① 송풍기의 풍량은 회전수의 제곱에 비례한다.
② 송풍기의 풍압은 회전수의 제곱에 비례한다.
③ 송풍기의 크기는 회전수의 제곱에 비례한다.
④ 송풍기의 동력은 회전수의 제곱에 비례한다.

해설 송풍기 상사법칙
㉠ 송풍기의 풍량은 회전수에 비례한다.
㉡ 송풍기의 풍압은 회전수의 제곱에 비례한다.
㉢ 송풍기의 동력은 회전수의 세제곱에 비례한다.

56 악취제거 방법에 관한 설명으로 틀린 것은?

① 물리흡착법이 주로 이용된다.
② 희석방법은 악취를 대량의 공기로 희석시켜 감지되지 않도록 하는 염가의 방법이다.
③ 백금이나 금속 산화물 등의 산화 촉매를 이용하여 260~450℃ 정도의 온도에서 산화처리를 할 수 있다.
④ 유기성의 냄새 유발 물질을 태워서 산화시키면 불완전 연소가 있더라도 냄새의 강도를 줄일 수 있다.

해설 유기성의 냄새 유발 물질을 태워서 산화시켜 불완전연소 시 냄새의 강도가 저감되지 않는다.

57 흡착과정에 대한 설명 중 틀린 것은?

① 파과곡선의 형태는 흡착탑의 경우에 따라서 비교적 기울기가 큰 것이 바람직하다.
② 포화점(Saturation Point)은 주어진 온도와 압력조건에서 흡착제가 가장 많은 양의 흡착질을 흡착하는 점이다.
③ 실제의 흡착은 비정상 상태에서 진행되므로 초기에는 흡착이 천천히 진행되다가 어느 정도 흡착이 진행되면 빠르게 이루어진다.
④ 흡착제층 전체가 포화되어 배출가스 중에 오염가스 일부가 남게 되는 점을 파과점(Break Point)이라 하고, 이 점 이후부터는 오염가스의 농도가 급격히 증가한다.

해설 실제의 흡착은 비정상 상태에서 진행되므로 초기에는 빠르게 진행되다가 어느 정도 흡착이 진행되면 서서히 이루어진다.

정답 52 ② 53 ② 54 ④ 55 ② 56 ④ 57 ③

58 배연탈황법 중 석회석 주입법에 관한 설명으로 틀린 것은?
① 석회석 재생뿐만 아니라 부대설비가 많이 소요된다.
② 배출가스의 온도가 떨어지지 않는 장점이 있다.
③ 소규모 보일러나 노후된 보일러에 많이 사용되어 왔다.
④ 연소로 내에서 짧은 접촉시간을 가지며, 석회분말의 표면 안으로 아황산가스의 침투가 어렵다.

해설 배연탈황법 중 석회석 주입법은 부대시설은 적게 소요되고, 탈황효율은 40% 정도로서 아주 낮다.

59 유체의 점도를 나타내는 단위 표현으로 틀린 것은?
① poise
② liter · atm
③ Pa · s
④ $\dfrac{g}{cm \cdot sec}$

해설 점도 단위
㉠ $N \cdot s/m^2$, $kg/m \cdot s$, $g/cm \cdot s$, $kgf \cdot sec/m^2$
㉡ $1\text{Poise} = 1g/cm \cdot s = 1\text{dyne} \cdot s/cm^2 = Pa \cdot s$
㉢ $1\text{centipoise} = 10^{-2}\text{Poise} = 1mg/mm \cdot s$

60 배출가스 중의 NOx제거법에 관한 설명으로 틀린 것은?
① 비선택적인 촉매환원에서는 NOx뿐만 아니라, O_2까지 소비된다.
② 선택적 촉매환원법은 TiO_2와 V_2O_5를 혼합하여 제조한 촉매에 NH_3, H_2, CO, H_2S 등의 환원가스를 작용시켜 NOx를 N_2로 환원시키는 방법이다.
③ 선택적 촉매환원법의 최적온도 범위는 700~850℃ 정도이며, 보통 50% 정도의 NOx를 저감시킬 수 있다.
④ 배출가스 중의 NOx 제거는 연소 조절에 의한 제어법보다 더 높은 NOx 제거효율이 요구되는 경우나 연소방식을 적용할 수 없는 경우에 사용된다.

해설 선택적 촉매환원법의 최적온도 범위는 275~450℃ 정도이며, 최적조건에서 약 90% 정도의 효율이 있다.

제4과목 대기오염공정시험기준(방법)

61 다음의 조건을 이용하여 기체크로마토그래피법에서 계산된 보유시간은?

- 이론단수 : 1,600
- 기록지 이동속도 : 5mm/분
- 피크의 좌우변곡점에서 접선이 자르는 바탕선 길이 : 10mm

① 5분
② 10분
③ 15분
④ 20분

해설 이론단수$(n) = 16 \times \left(\dfrac{t_R}{W}\right)^2$
t_R = 보유시간 × 기록지 이동속도
$1,600 = 16 \times \left(\dfrac{5mm/min \times 보유시간(min)}{10mm}\right)^2$
보유시간 = 20min

62 대기오염공정시험기준상 굴뚝 배출가스 중의 알데하이드 및 케톤화합물의 분석방법으로 가장 적절한 것은?
① 중화법
② 페놀디술폰산법
③ 크로모트로핀산법
④ 4-아미노 안티피린법

해설 굴뚝 배출가스 중 알데하이드 및 케톤화합물 분석방법
㉠ 고성능액체크로마토그래피법
㉡ 크로모트로핀산법
㉢ 아세틸아세톤법

63 굴뚝에서 배출되는 가스 중의 산소측정을 위한 자기풍 분석계의 구성인자와 가장 거리가 먼 것은?
① 담벨
② 자극
③ 측정셀
④ 열선소자

해설 자기풍 분석계의 구성
㉠ 측정셀
㉡ 비교셀
㉢ 자극
㉣ 열선소자

정답 58 ① 59 ② 60 ③ 61 ④ 62 ③ 63 ①

64 굴뚝 배출가스 중의 이황화탄소 분석방법에 관한 설명 중 ( ) 안에 알맞은 것은?

> 자외선 가시선 분광법(흡광광도법)은 다이에틸아민동 용액에서 시료가스를 흡수시켜 생성된 다이에틸 디티오카르바민산동의 흡광도를 (㉠)의 파장에서 측정한다. 이 방법은 시료가스채취량이 10L인 경우 배출가스 중의 이황화탄소 농도 (㉡)의 분석에 적합하다.

① ㉠ 340nm, ㉡ 0.05~1V/V ppm
② ㉠ 340nm, ㉡ 3~60V/V ppm
③ ㉠ 435nm, ㉡ 0.05~1V/V ppm
④ ㉠ 435nm, ㉡ 3~60V/V ppm

해설 다이에틸아민구리 용액에서 시료가스를 흡수시켜 생성된 다이에틸 다이티오카르바민산구리의 흡광도를 435nm의 파장에서 측정하여 이황화탄소를 정량한다.

65 A 보일러 굴뚝의 배출가스 온도 280℃, 압력 760mmHg, 피토관에 의한 동압 측정치는 0.552mmHg이었다. 이때 배출가스 평균 유속(m/sec)은?(단, 굴뚝 내 습배출가스의 밀도는 1.3kg/Sm³, 피토관 계수는 1이다.)

① 약 9.6 ② 약 12.3 ③ 약 14.6 ④ 약 15.1

해설 $V(\text{m/sec}) = C\sqrt{\dfrac{2gh}{\gamma}}$

$h = 0.552\text{mmHg} \times \dfrac{10,332\text{mmH}_2\text{O}}{760\text{mmHg}}$
$= 7.5\text{mmH}_2\text{O}$

$\gamma = 1.3\text{kg/m}^3 \times \dfrac{273}{273+280} = 0.642\text{kg/m}^3$

$= 1.0 \times \sqrt{\dfrac{2 \times 9.8\text{m/sec}^2 \times 7.5\text{mmH}_2\text{O}}{0.642\text{kg/m}^3}}$

$= 15.13\text{m/sec}$

66 굴뚝 배출가스 내 산소 측정 분석계 중 측정셀, 자극보조가스용 조리개, 검출소자, 증폭기 등으로 구성되는 것은?

① 자기풍 분석계
② 덤벨형 자기식 분석계
③ 압력 검출형 자기력 분석계
④ 전기화학식 질코니아 분석계

해설 압력 검출형 자기력 분석계는 측정셀, 자극보조가스용 조리개, 검출소자, 증폭기 등으로 구성된다.

67 굴뚝 배출가스 중의 벤젠을 흡광광도법으로 측정하려 한다. 다음 설명 중 틀린 것은?

① 벤젠을 질산암모늄을 가한 황산에 흡수시켜 니트로화한다.
② 시료 중에 톨루엔이나 크실렌이 존재하면 측정치가 낮아진다.
③ 자색 액의 흡광도로부터 벤젠을 정량하는 방법이다.
④ 시료 중에 모노클로로벤젠이나 에틸벤젠이 존재하면 측정치가 높아진다.

해설 방해성분으로 톨루엔과 크실렌은 자색으로, 모노클로로벤젠과 에틸벤젠은 적색으로 발색하므로 측정치가 높아진다.

68 원형 굴뚝의 단면적이 13~15m²인 경우 배출되는 먼지 측정을 위한 ㉠ 반경구분 수와 ㉡ 측정점 수는?

① ㉠ 2, ㉡ 8   ② ㉠ 3, ㉡ 12
③ ㉠ 4, ㉡ 16   ④ ㉠ 5, ㉡ 20

해설 단면적 $13 \sim 15\text{m}^2 \rightarrow 14\text{m}^2$ 적용 굴뚝직경을 계산

$A = \dfrac{3.14 \times D^2}{4}$

$D = \sqrt{\dfrac{A \times 4}{3.14}} = \sqrt{\dfrac{14\text{m}^2 \times 4}{3.14}} = 4.22\text{m}$

굴뚝직경이 4~4.5m이면 반경구분 수는 4, 측정점 수는 16이다.

69 환경대기 중 금속화합물을 원자흡수분광광도법(원자흡광광도법)으로 분석하고자 할 때 화학적 간섭에 관한 사항으로 거리가 먼 것은?

① 아연 분석 시 213.8nm 측정파장을 이용할 경우 불꽃에 의한 흡수 때문에 바탕선(Baseline)이 높아지는 경우가 있다.
② 니켈 분석 시 다량의 탄소가 포함된 시료의 경우, 시료를 채취한 여과지를 적당한 크기로 잘라서 전기로 안에서 105~110℃에서 30분 이상 건조한 후 전처리 조작을 행한다.
③ 철 분석 시 규소(Si)를 다량 포함하고 있을 때는 0.2% 염화칼슘($CaCl_2$) 용액을 첨가하여 분석하고, 유기산(특히 시트르산)이 다량 포함되어 있을 때는 0.5% 인산을 가하여 간섭을 줄일 수 있다.

④ 크롬 분석 시 아세틸렌-공기 불꽃에서는 철, 니켈 등에 의한 방해를 받으므로 황산나트륨, 황산칼륨 또는 이플루오린화수소암모늄을 1% 정도 가하여 분석한다.

해설 니켈 분석 시 다량의 탄소가 포함된 시료의 경우, 시료를 채취한 여과지를 적당한 크기로 잘라서 자기도가니에 넣어 전기로를 사용하여 800℃에서 30분 이상 가열한 후 전처리 조작을 행한다.

70 비산먼지의 농도를 구하기 위해 측정한 조건 및 결과가 다음과 같을 때 비산먼지의 농도(mg/m^3)는?

〈측정조건 및 결과〉
- 포집먼지량이 가장 많은 위치에서의 먼지 농도(mg/m^3) : 5.8
- 대조위치에서의 먼지농도(mg/m^3) : 0.17
- 전 시료채취기간 중 주 풍향이 45~90° 변한다.
- 풍속이 0.5m/초 미만 또는 10m/초 이상 되는 시간이 전 채취시간의 50% 이상이다.

① 5.6 ② 6.8 ③ 8.1 ④ 10.1

해설 비산먼지농도(mg/m^3) = $(C_H - C_B) \times W_D \times W_S$
= $(5.8 - 0.17) mg/m^3 \times 1.2 \times 1.2$
= $8.11 mg/m^3$

71 비분산 적외선 분석법에서 사용하는 주요 용어의 정의로 틀린 것은?

① 비교가스 : 시료셀에서 적외선 흡수를 측정하는 경우 대조가스로 사용하는 것으로 적외선을 흡수하지 않는 가스
② 스팬 드리프트(Span Drift) : 계기의 눈금스팬에 대응하는 지시치의 일정 기간 내의 변동
③ 스팬가스(Span Gas) : 분석계의 최저 눈금값을 교정하기 위하여 사용하는 가스
④ 정필터형 : 측정성분이 흡수되는 적외선을 그 흡수파장에서 측정하는 방식

해설 스팬가스(Span Gas)
분석계의 최고 눈금값을 교정하기 위하여 사용하는 가스

72 원자흡광 분석장치에 관한 설명으로 가장 거리가 먼 것은?

① 램프점등장치 중 직류점등방식은 광원의 빛 자체가 변조되어 있기 때문에 빛의 단속기(Chopper)는 필요하지 않다.
② 원자흡광분석용 광원은 원자흡광 스펙트럼선의 선폭보다 좁은 선폭을 갖고 휘도가 높은 스펙트럼을 방사하는 중공음극램프가 많이 사용된다.
③ 시료를 원자화하는 일반적인 방법은 용액 상태로 만든 시료를 불꽃 중에 분무하는 방법이며 플라스마 제트 불꽃 또는 방전을 이용하는 방법도 있다.
④ 전분무 버너는 가연성 가스와 조연가스가 버너 선단부에서 혼합되어 불꽃을 형성하고 이때 빨아올린 시료용액은 모두 이 불꽃 속으로 들어가게 된다.

해설 중공음극램프를 동작시키는 방식에는 직류점등 방식과 교류점등방식이 있다. 직류점등방식에서는 광원램프와 시료의 원자화부와의 사이에 빛의 단속기를 넣어 빛을 변조시키고 측광부에서는 변조된 교류 신호만을 검출, 증폭하여 불꽃 자신이나 시료의 발광 등에 의한 영향을 제거하도록 하는 것이 보통이다. 교류점등 방식은 광원의 빛 자체가 변조되어 있기 때문에 빛의 단속기(Chopper)는 필요하지 않다.

73 이온크로마토그래프법에 관한 설명으로 옳지 않은 것은?

① 공급전원은 전압 변동 5% 이하, 주파수 변동 10% 이하로 변동이 적어야 한다.
② 일반적으로 강수물, 대기먼지, 하천수 중의 이온 성분을 정량, 정성 분석하는 데 이용한다.
③ 가시선 흡수 검출기(VIS 검출기)는 전이금속 성분의 발색액을 이용하는 경우에 사용된다.
④ 서프레서는 관형과 이온교환막형이 있으며, 관형은 음이온에는 스티롤계 강산형(H^+) 수지가, 양이온에는 스티롤계 강염기형(OH^-)의 수지가 충진된 것을 사용한다.

해설 공급전원은 기기의 사양에 지정된 전압, 전기용량 및 주파수로 전압 변동은 10% 이하이고 주파수 변동이 없어야 한다.

74 기체크로마토그래피(Gas Chromatography) 분석에 사용되는 검출기와 거리가 먼 것은?

① Thermal Conductivity Detector
② Electronic Conductivity Detector
③ Electron Capture Detector
④ Flame Photometric Detector

해설 전기전도도검출기(Electronic Conductivity Detector)는 이온크로마토그래피법에서 사용되는 검출기이다.

정답 70 ③ 71 ③ 72 ① 73 ① 74 ②

75 환경대기 중의 시료 채취에 관한 일반적인 주의사항으로 거리가 먼 것은?

① 악취물질의 채취는 되도록 짧은 시간 내에 끝내고 입자상 물질 중의 금속 성분이나 발암성 물질 등은 되도록 장시간 채취한다.
② 시료 채취 유량은 각 항에서 규정하는 범위 내에서는 되도록 많이 채취하는 것을 원칙으로 한다.
③ 바람이나 눈, 비로부터 보호하기 위하여 측정기기는 실내에 설치하고 채취구는 밖으로 연결할 경우에는 채취관 벽과의 반응, 흡착, 흡수 등에 의한 영향을 최소한도로 줄일 수 있는 재질과 방법을 선택한다.
④ 입자상 물질을 채취할 경우에는 채취관 벽에 분진이 부착 또는 퇴적하는 것을 피하고 특히 채취관은 수평방향으로 연결할 경우에는 되도록 관의 길이를 길게 하고 곡률 반경은 작게 한다.

해설 입자상 물질을 채취할 경우에는 채취관 벽에 분진이 부착 또는 퇴적하는 것을 피하고 특히 채취관은 수평방향으로 연결할 경우에는 되도록 관의 길이를 짧게 하고 곡률 반경은 크게 한다.

76 대기오염공정시험기준의 화학분석 일반사항에서 시험의 기재 및 용어에 관한 설명으로 거리가 먼 것은?

① 액체 성분의 양을 "정확히 취한다"라 함은 메스피펫, 메스실린더 정도의 정확도를 갖는 용량계 사용을 말한다.
② 시험조작 중 "즉시"란 30초 이내에 표시된 조작을 하는 것을 말한다.
③ "항량이 될 때까지 건조한다"라 함은 따로 규정이 없는 한 보통의 건조방법으로 1시간 더 건조 시, 전후 무게의 차가 매 g당 0.3mg이하일 때를 말한다.
④ "정확히 단다"라 함은 규정한 양의 검체를 취하여 분석용 저울로 0.1mg까지 다는 것을 뜻한다.

해설 액체 성분의 양을 "정확히 취한다"라 함은 홀피펫, 눈금플라스크 또는 이와 동등 이상의 정도를 갖는 용량계를 사용하여 조작하는 것을 뜻한다.

77 전기 아크로를 사용하는 철강공장에서 외부로 비산 배출되는 먼지를 불투명도법으로 측정하는 방법에 관한 설명으로 옳은 것은?

① 비탁노는 최소 1노의 난위로 측성값을 기록한다.
② 시료의 채취시간은 60초 간격으로 하여 비탁도를 측정한다.
③ 측정된 비탁도에 100%를 곱한 값을 불투명도 값으로 한다.
④ 측정 시 태양은 측정자의 좌측 또는 우측에 있어야 하고, 측정위치는 발생원으로부터 멀어도 1km 이내이어야 한다.

해설 ① 비탁도는 최소 0.5도의 단위로 측정값을 기록한다.
② 시료의 채취시간은 30초 간격으로 비탁도를 측정한다.
③ 측정된 비탁도에 20%를 곱한 값을 불투명도 값으로 한다.

78 굴뚝 배출가스 중 아황산가스를 연속적으로 자동측정하는 방법에서 사용되는 용어의 의미로 거리가 먼 것은?

① 90% 교정가스를 스팬가스라고 한다.
② 제로가스는 표준시험기관에 의해 아황산가스 농도가 0.1ppm 미만으로 보증된 참가스를 말한다.
③ 교정가스는 공인기관의 보정치가 제시되어 있는 표준가스로 연속자동측정기 최대 눈금치의 약 50%와 90%에 해당하는 농도를 갖는다.
④ 보정이란 보다 참에 가까운 계산값에 어떤 값을 가감하는 것 또는 그 값을 말한다.

해설 제로가스
공인기관에 의해 아황산가스 농도가 1ppm 미만으로 보증된 표준가스를 말한다.

79 굴뚝배출가스 중 먼지 측정을 위한 시료채취방법에 관한 사항으로 옳지 않은 것은?

① 한 채취점에서의 채취시간을 최소 30초 이상으로 하고 모든 채취점에서 채취시간을 동일하게 한다.
② 동압은 원칙적으로 0.1mmH$_2$O의 단위까지 읽고, 이때 피토관의 배출가스 흐름 방향에 대한 편차는 10° 이하가 되어야 한다.
③ 등속흡인식에 의해서 등속계수를 구하고 그 값이 95~110% 범위 내에 들지 않는 경우에는 다시 시료채취를 행한다.
④ 피토관을 측정공에서 굴뚝 내의 측정점까지 삽입하여 전압공을 배출가스 흐름 방향에 바로 직면시켜 압력계에 의하여 동압을 측정한다.

해설 한 채취점에서의 채취시간을 최소 2분 이상으로 하고 모든 채취점에서 채취시간을 동일하게 한다.

정답 75 ④ 76 ① 77 ④ 78 ② 79 ①

80 연료용 유류 중의 황 함유량 측정방법 중 방사선식 여기법에 관한 설명으로 옳지 않은 것은?

① 여기법 분석계의 전원스위치를 넣고, 1시간 이상 안정화시킨다.
② 시료에 방사선을 조사하고, 여기된 황의 원자에서 발생하는 γ선의 강도를 측정한다.
③ 표준 시료는 디부틸디술파이드를 이용하여 조제한 것으로 황 함유량이 확인된 것을 사용한다.
④ 시료를 충분히 교반한 후 준비된 시료 셀에 기포가 들어가지 않도록 주의하여 액층의 두께가 5~20mm가 되도록 시료를 넣는다.

해설 시료에 방사선을 조사하고, 여기된 황의 원자에서 발생하는 X선의 강도를 측정한다.

제5과목 대기환경관계법규

81 대기환경보전법상 (　　) 안에 알맞은 기간은?

> 환경부장관은 대기오염물질과 온실가스를 줄여 대기환경을 개선하기 위하여 대기환경개선 종합계획을 (　　) 마다 수립하여 시행하여야 한다.

① 3년　② 5년
③ 10년　④ 20년

해설 환경부장관은 대기오염물질과 온실가스를 줄여 대기환경을 개선하기 위하여 대기환경개선 종합계획(이하 "종합계획"이라 한다.)을 10년마다 수립하여 시행하여야 한다.

82 대기환경보전법규상 대기오염 방지시설에 해당하지 않는 것은?(단, 기타 사항 제외)

① 음파집진시설
② 화학적 침강시설
③ 미생물을 이용한 처리시설
④ 촉매반응을 이용하는 시설

해설 대기오염 방지시설
- 중력 집진시설
- 관성력 집진시설
- 원심력 집진시설
- 세정집진시설
- 여과집진시설
- 전기집진시설
- 음파집진시설
- 흡수에 의한 시설
- 흡착에 의한 시설
- 직접연소에 의한 시설
- 촉매반응을 이용하는 시설
- 응축에 의한 시설
- 산화·환원에 의한 시설
- 미생물을 이용한 처리시설
- 연소조절에 의한 시설

83 대기환경보전법령상 대기오염경보단계 중 "경보발령"의 경우 조치하여야 하는 사항과 가장 거리가 먼 것은?

① 주민의 실외활동 제한 요청
② 자동차 사용의 제한
③ 사업장의 연료사용량 감축 권고
④ 사업장의 조업시간 단축 명령

해설 사업장의 조업시간 단축 명령은 중대경보 발령 시 조치사항이다.

84 대기환경보전법령상 대기오염물질발생량의 합계가 연간 25톤인 사업장에 해당하는 것은?(단, 기타 사항 제외)

① 1종 사업장　② 2종 사업장
③ 3종 사업장　④ 4종 사업장

해설 사업장 분류기준

종별	대기오염물질발생량 구분
1종 사업장	대기오염물질발생량의 합계가 연간 80톤 이상인 사업장
2종 사업장	대기오염물질발생량의 합계가 연간 20톤 이상 80톤 미만인 사업장
3종 사업장	대기오염물질발생량의 합계가 연간 10톤 이상 20톤 미만인 사업장
4종 사업장	대기오염물질발생량의 합계가 연간 2톤 이상 10톤 미만인 사업장
5종 사업장	대기오염물질발생량의 합계가 연간 2톤 미만인 사업장

85 악취방지법규상 지정악취물질이 아닌 것은?

① 황화수소
② 이산화황
③ 아세트알데하이드
④ 다이메틸다이설파이드

정답 80 ②　81 ③　82 ②　83 ④　84 ②　85 ②

해설 지정악취물질

종류	적용시기
• 암모니아 • 메틸머캅탄 • 황화수소 • 다이메틸설파이드 • 다이메틸다이설파이드 • 트라이메틸아민 • 아세트알데하이드 • 스타이렌 • 프로피온알데하이드 • 뷰티르알데하이드 • n-발레르알데하이드 • i-발레르알데하이드	2005년 2월 10일부터
• 톨루엔 • 자일렌 • 메틸에틸케톤 • 메틸아이소뷰티르케톤 • 뷰티르아세테이트	2008년 1월 1일부터
• 프로피온산 • n-뷰티르산 • n-발레르산 • I-발레르산 • i-뷰티르알코올	2010년 1월 1일부터

86 대기환경보전법규상 기관출력이 130kW초과인 선박의 질소산화물 배출기준(g/kWh)은?(단, 정격 기관속도 n (크랭크샤프트의 분당속도)이 130rpm 미만이며 2010년 12월 31일 이전에 건조한 선박의 경우)

① $9.0 \times n^{(-2.0)}$ 이하
② $45 \times n^{(-0.2)}$ 이하
③ 9.8 이하
④ 17 이하

해설 선박의 배출허용기준

기관출력	정격 기관속도 (n : 크랭크샤프트의 분당 속도)	질소산화물 배출기준(g/kWh)		
		기준 1	기준 2	기준 3
130 kW 초과	n이 130rpm 미만일 때	17 이하	14.4 이하	3.4 이하
	n이 130rpm 이상 2,000rpm 미만일 때	$45.0 \times n^{(-0.2)}$ 이하	$44.0 \times n^{(-0.23)}$ 이하	$9.0 \times n^{(-0.2)}$ 이하
	n이 2,000rpm 이상일 때	9.8 이하	7.7 이하	2.0 이하

기준 1은 2010년 12월 31일 이전에 건조된 선박에, 기준 2는 2011년 1월 1일 이후에 건조된 선박에, 기준 3은 2016년 1월 1일 이후에 건조된 선박에 설치되는 디젤기관에 각각 적용하되, 기준별 적용대상 및 적용시기 등은 해양수산부령으로 정하는 바에 따른다.

87 대기환경보전법령상 초과부과금 부과대상 오염물질이 아닌 것은?

① 먼지
② 불소화합물
③ 시안화수소
④ 질소산화물

해설 초과부과금 부과대상 오염물질
㉠ 황산화물   ㉡ 먼지
㉢ 암모니아   ㉣ 황화수소
㉤ 이황화탄소 ㉥ 불소화물
㉦ 염화수소   ㉧ 질소산화물
㉨ 시안화수소
※ 법규 변경사항이므로 해설의 내용으로 학습하시기 바랍니다.

88 대기환경보전법령상 과태료 부과기준으로 옳지 않은 것은?

① 위반행위의 횟수에 따른 과태료의 부과기준은 최근 1년간 같은 위반행위로 과태료 부과처분을 받은 경우에 적용한다.
② 부과권자는 과태료 금액의 2분의 1의 범위에서 그 금액을 줄일 수 있으나, 과태료를 체납하고 있는 위반행위자에 대해서는 그러하지 아니하다.
③ 개별기준으로 환경기술인 등의 교육을 받게 하지 않은 경우 1차 위반 시 과태료 금액은 60만 원이다.
④ 개별기준으로 비산먼지 발생사업장으로 신고하지 아니한 경우 1차 위반 시 과태료 금액은 200만 원이다.

해설 개별기준으로 비산먼지 발생사업장으로 신고하지 아니한 경우 1차 위반 시 과태료 금액은 100만 원이다.

89 환경기술인 등의 교육에 관한 설명으로 옳지 않은 것은?

① 교육과정의 교육기간은 4일 이내로 한다.
② 환경보전협회는 환경기술인의 교육기관이다.
③ 신규교육은 환경기술인으로 임명된 날부터 30일 이내에 교육을 이수하여야 한다.
④ 환경부장관은 교육계획을 매년 1월 31일까지 시·도지사에게 통보하여야 한다.

해설 신규교육은 환경기술인으로 임명된 날부터 1년 이내에 1회 교육을 이수하여야 한다.

90 대기환경보전법령상 오염물질의 초과부과금 산정 시 위반 횟수별 부과계수 산출방법이다. ( ) 안에 알맞은 것은?

> 2차 이상 위반한 경우는 위반 직전의 부과계수에 ( )을(를) 곱한 것으로 한다.

① 100분의 100
② 100분의 105
③ 100분의 110
④ 100분의 120

해설 오염물질 초과부과금 산정 시 위반횟수별 부과계수
㉠ 위반이 없는 경우 : 100분의 100
㉡ 처음 위반한 경우 : 100분의 105
㉢ 2차 이상 위반한 경우 : 위반 직전의 부과계수에 100분의 105를 곱한 것

91 대기환경보전법령상 배출부과금 산정 시 자동측정사업장의 경우 배출허용기준을 초과하는 위반횟수의 기준은?

① 1시간 평균치가 배출허용기준을 초과하는 횟수
② 30분 평균치가 배출허용기준을 초과하는 횟수
③ 15분 평균치가 배출허용기준을 초과하는 횟수
④ 5분 평균치가 배출허용기준을 초과하는 횟수

해설 자동측정사업장의 경우에는 30분 평균치가 배출허용기준을 초과하는 횟수를 위반횟수로 하되, 30분 평균치가 24시간 이내에 2회 이상 배출허용기준을 초과하는 경우에는 위반횟수를 1회로 보고, 개선계획서를 제출하고 배출허용기준을 초과하는 경우에는 개선기간 중의 위반횟수를 1회로 본다.

92 대기환경보전법규상 고체연료 사용시설 설치기준 중 석탄사용시설기준이다. ( ) 안에 알맞은 값은?

> 배출시설의 굴뚝높이는 (㉠) 이상으로 하되, 굴뚝 상부 안지름, 배출가스 온도 및 속도 등을 고려한 유효굴뚝높이(굴뚝의 실제 높이에 배출가스의 상승고도를 합산한 높이를 말한다.)가 440m 이상인 경우에는 굴뚝높이를 (㉡)으로 할 수 있다. 이 경우 유효굴뚝높이 및 굴뚝높이 산정방법 등에 관하여는 국립환경과학원장이 정하여 고시한다.

① ㉠ 50m ㉡ 25m 미만
② ㉠ 50m ㉡ 25m 이상 50m 미만
③ ㉠ 100m ㉡ 25m 이상 100m 미만
④ ㉠ 100m ㉡ 60m 이상 100m 미만

해설 배출시설의 굴뚝높이는 100m 이상으로 하되 굴뚝상부내경·배출가스 온도 및 속도 등을 고려한 유효굴뚝높이(굴뚝의 실제 높이에 배출가스의 상승고도를 합산한 높이를 말한다. 이하 같다.)가 440m 이상인 경우에는 굴뚝높이를 60m 이상 100m 미만으로 할 수 있다. 이 경우 유효굴뚝높이 및 굴뚝높이 산정방법 등에 관하여는 국립환경과학원장이 정하여 고시한다.

93 배출부과금 부과 시 고려사항으로 가장 거리가 먼 것은?

① 대기오염물질의 농도
② 배출허용기준 초과 여부
③ 대기오염물질 배출기간
④ 배출되는 대기오염물질의 종류

해설 배출부과금 부과 시 고려사항
㉠ 배출허용기준 초과 여부 ㉡ 배출되는 오염물질의 종류
㉢ 오염물질의 배출기간   ㉣ 오염물질의 배출량
㉤ 자가측정을 하였는지 여부
㉥ 그 밖에 대기환경의 오염 또는 개선과 관련되는 사항으로서 환경부령으로 정하는 사항

94 대기환경보전법규상 대기오염 경보단계 중 "경보"해제 기준에서 ( ) 안에 알맞은 것은?

> 경보가 발령된 지역의 기상조건 등을 고려하여 대기자동측정소의 오존 농도가 ( )인 때는 주의보로 전환한다.

① 0.1ppm 이상 0.3ppm 미만
② 0.1ppm 이상 0.5ppm 미만
③ 0.12ppm 이상 0.3ppm 미만
④ 0.12ppm 이상 0.5ppm 미만

해설 대기오염경보단계(오존)

구분	발령기준	해제기준
주의보	기상조건 등을 고려하여 해당 지역의 대기자동측정소 오존농도가 0.12ppm 이상인 때	주의보가 발령된 지역의 기상조건 등을 검토하여 대기자동측정소의 오존농도가 0.12ppm 미만인 때
경보	기상조건 등을 고려하여 해당 지역의 대기자동측정소 오존농도가 0.3ppm 이상인 때	경보가 발령된 지역의 기상조건 등을 고려하여 대기자동측정소의 오존농도가 0.12ppm 이상 0.3ppm 미만인 때는 주의보로 전환
중대경보	기상조건 등을 고려하여 해당 지역의 대기자동측정소 오존농도가 0.5ppm 이상인 때	중대경보가 발령된 지역의 기상조건 등을 고려하여 대기자동측정소의 오존농도가 0.3ppm 이상 0.5ppm 미만인 때는 경보로 전환

정답 90 ② 91 ② 92 ④ 93 ① 94 ③

95 대기환경보전법령상 인증을 면제할 수 있는 자동차에 해당되는 것은?

① 항공기 기상 조업용 자동차
② 국가대표 선수용 자동차로서 문화체육관광부장관의 확인을 받은 자동차
③ 여행자 등이 다시 반출할 것을 조건으로 일시 반입하는 자동차
④ 주한 외국 군인의 가족이 사용하기 위하여 반입하는 자동차

해설 인증을 면제할 수 있는 자동차
㉠ 군용 및 경호업무용 등 국가의 특수한 공용 목적으로 사용하기 위한 자동차와 소방용 자동차
㉡ 주한 외국 공관 또는 외교관이나 그 밖에 이에 준하는 대우를 받는 자가 공용 목적으로 사용하기 위한 자동차로서 외무부장관의 확인을 받은 자동차
㉢ 주한 외국 군대의 구성원이 공용 목적으로 사용하기 위한 자동차
㉣ 수출용 자동차와 박람회나 그 밖에 이에 준하는 행사에 참가하는 자가 전시의 목적으로 일시 반입하는 자동차
㉤ 여행자 등이 다시 반출할 것을 조건으로 일시 반입하는 자동차
㉥ 자동차 제작자 및 자동차 관련 연구기관 등이 자동차의 개발 또는 전시 등 주행 외의 목적으로 사용하기 위하여 수입하는 자동차
㉦ 외국에서 1년 이상 거주한 자가 주거(住居)를 옮기기 위하여 이주물품으로 반입하는 1대의 자동차

96 대기환경보전법에서 사용하는 용어의 정의로 틀린 것은?

① 매연 : 연소할 때 발생하는 유리탄소가 주가 되는 미세한 입자상 물질을 말한다.
② 가스 : 물질의 연소, 합성, 분해될 때 발생하거나 물리적 성질로 인하여 발생하는 기체상 물질을 말한다.
③ 기후, 생태계 변화 유발물질 : 지구온난화 등으로 생태계의 변화를 가져올 수 있는 기체상 또는 입자상 물질로서 대통령이 정하는 것을 말한다.
④ 온실가스 : 적외선 복사열을 흡수하거나 다시 방출하여 온실효과를 유발하는 대기 중의 가스상태 물질로서 이산화탄소, 메탄, 아산화질소, 수소불화탄소, 과불화탄소, 육불화황을 말한다.

해설 기후, 생태계 변화 유발물질
지구온난화 등으로 생태계의 변화를 가져올 수 있는 기체상 물질로서 온실가스 및 환경부령이 정하는 것을 말한다.

97 다중이용시설 등의 실내공기질관리법규상 신축 공동주택의 실내공기질 권고기준으로 옳지 않은 것은?

① 자일렌 : $600\mu g/m^3$ 이하
② 톨루엔 : $1,000\mu g/m^3$ 이하
③ 스티렌 : $300\mu g/m^3$ 이하
④ 에틸벤젠 : $360\mu g/m^3$ 이하

해설 다중이용시설 등의 실내공기질관리법규상 신축 공동주택의 실내공기질 권고기준
㉠ 포름알데하이드 : $210\mu g/m^3$ 이하
㉡ 벤젠 : $30\mu g/m^3$ 이하
㉢ 톨루엔 : $1,000\mu g/m^3$ 이하
㉣ 에틸벤젠 : $360\mu g/m^3$ 이하
㉤ 자일렌 : $700\mu g/m^3$ 이하
㉥ 스티렌 : $300\mu g/m^3$ 이하
㉦ 라돈 : $148Bq/m^3$ 이하

98 대기환경보전법상 대기오염 경보가 발령된 지역에서 자동차 운행제한이나 사업장 조업단축의 명령을 정당한 사유 없이 위반한 자에 대한 벌칙기준으로 옳은 것은?

① 1년 이하의 징역이나 1천만 원 이하의 벌금에 처한다.
② 1년 이하의 징역이나 500만 원 이하의 벌금에 처한다.
③ 500만 원 이하의 벌금에 처한다.
④ 300만 원 이하의 벌금에 처한다.

해설 대기환경보전법 제92조 참고

99 대기환경보전법상 배출시설의 설치허가 및 신고 등에 대한 설명으로 틀린 것은?

① 신고한 사항을 변경하고자 하는 경우에는 변경신고를 하여야 한다.
② 허가받은 사항을 변경하고자 하는 경우에는 사안에 따라 변경허가를 받거나, 변경신고를 하여야 한다.
③ 대기오염물질 배출시설을 설치 완료한 자는 배출시설의 가동을 시작하기 전에 배출시설 허가를 받거나 신고를 하여야 한다.
④ 특정대기유해물질로 인하여 주민의 건강과 재산에 심각한 위해를 끼칠 우려가 있다고 인정되면 대통령령으로 정하는 바에 따라 배출시설 설치를 제한할 수 있다.

해설 대기오염물질 배출시설을 설치완료한 자는 배출시설의 가동을 시작하기 전에 시·도지사에게 가동개시 신고를 하여야 한다.

정답 95 ③ 96 ③ 97 ① 98 ④ 99 ③

100 환경부령이 정하는 자동차 연료의 제조기준에 적합하지 아니하게 제조된 유류제품 등을 자동차 연료로 사용한 자에 대한 벌칙기준으로 적절한 것은?

① 200만 원 이하의 과태료
② 300만 원 이하의 벌금
③ 1년 이하의 징역 또는 1천만 원 이하의 벌금
④ 2년 이하의 징역 또는 3천만 원 이하의 벌금

해설 대기환경보전법 제91조 참고

정답 100 ③

2016년 2회 기출문제

제1과목 　 대기오염개론

01 광화학반응에 대한 설명 중 틀린 것은?

① 대기 중의 어떤 종류의 분자는 태양빛을 흡수하여 여기상태가 되거나 또는 분해한다.
② 성층권의 오존층이 대부분의 자외선을 차단한 후 대류권으로 들어오는 태양빛의 파장은 180nm 이상의 단파장이다.
③ 대류권에서 광화학 대기오염에 영향을 미치는 물질은 280~700nm의 범위에 있는 빛을 흡수하는 물질이다.
④ $0.3\mu m$ 이하의 단파장에서 성층권의 오존층에 의한 태양빛의 흡수가 있다.

[해설] 성층권의 오존층이 대부분의 자외선을 차단한 후 대류권으로 들어오는 태양빛의 파장은 280nm 이상의 파장이다.

02 A굴뚝으로부터 배출되는 SO_2가 풍하 측 5,000m 지점에서 지표 최고 농도를 나타냈을 때, 유효굴뚝 높이는? (단, Sutton의 확산식을 사용하고, 수직확산계수는 0.07, 대기안정도 지수(n)는 0.25이다.)

① 약 120m　　② 약 140m
③ 약 160m　　④ 약 180m

[해설] $X_{max} = \left(\dfrac{H_e}{K_z}\right)^{\frac{2}{2-n}}$

$5,000 = \left(\dfrac{H_e}{0.07}\right)^{\frac{2}{2-0.25}}$

$H_e = 120.70\text{m}$

03 지상 10m에서의 풍속이 2m/sec라면 100m에서의 풍속은?(단, Deacon 식 활용, 풍속지수 $P=0.5$로 가정)

① 약 3.4m/sec　　② 약 4.9m/sec
③ 약 5.5m/sec　　④ 약 6.3m/sec

[해설] $U = U_1 \times \left(\dfrac{Z}{Z_1}\right)^p$

$U = 2\text{m/sec} \times \left(\dfrac{100}{10}\right)^{0.5} = 6.32\text{m/sec}$

04 Down Wash 현상에 관한 설명은?

① 원심력집진장치에서 처리가스양의 5~10% 정도를 흡인하여 줌으로써 유효원심력을 증대시키는 방법이다.
② 굴뚝의 높이가 건물보다 높은 경우 건물 뒤편에 공동현상이 생기고 이 공동에 대기오염물질의 농도가 낮아지는 현상을 말한다.
③ 굴뚝 아래로 오염물질이 휘날리어 굴뚝 밑부분에 오염물질의 농도가 높아지는 현상을 말한다.
④ 해가 뜬 후 지표면이 가열되어 대기가 지면으로부터 열을 받아 지표면 부근부터 역전층이 해소되는 현상을 말한다.

[해설] 다운워시(Down Wash) 현상
배출구의 풍하방향에 연기가 휘말려 떨어지는 현상을 의미한다. 돌출부를 통과하던 연기가 공기흐름을 따라 재순환영역 안으로 유입되면서 갑자기 연기가 지면으로 떨어지는 세류현상이 발생하며, 후류지역에서는 굴뚝에서 배출된 오염물질이 후류난류의 민감한 영향을 받아 연기확산이 가속되는 현상이 발생하기도 한다.

05 대기오염사건과 기온역전에 관한 설명으로 옳지 않은 것은?

① 로스앤젤레스 스모그 사건은 광화학스모그에 의한 침강성 역전이다.
② 런던 스모그 사건은 주로 자동차 배출가스 중의 질소산화물과 반응성 탄화수소에 의한 것이다.
③ 침강역전은 고기압 중심 부분에서 기층이 서서히 침강하면서 기온이 단열변화로 승온되어 발생하는 현상이다.
④ 복사역전은 지표에 접한 공기가 그보다 상공의 공기에 비하여 더 차가워져서 생기는 현상이다.

[해설] 런던형 스모그사건의 원인은 가정난방용 및 화력발전소의 석탄연소에 의한 SO_2, 분진, 에어로졸 등이다.

정답　01 ②　02 ①　03 ④　04 ③　05 ②

06 대기오염물질과 피해현상을 잘못 연결한 것은?
① 황산화물 – 금속을 부식시키며, 습도가 높을수록 부식률은 증가한다.
② 황화수소 – 금속의 표면에 검은 피막을 형성시켜 외관상의 피해를 주며, 도료를 변색시킨다.
③ 오존 – 섬유류를 퇴색시키고, 특히 고무를 쉽게 노화시킨다.
④ 질소산화물 – 대리석, 모르타르 등의 탄산염을 함유하는 물질을 부식시킨다.

해설 질소산화물은 각종 섬유류를 탈색시키고 철 등의 금속을 부식시키며 황산화물은 대리석, 모르타르 등의 탄산염을 함유하는 물질을 부식시킨다.

07 지구온난화가 환경에 미치는 영향 중 옳은 것은?
① 온난화에 의한 해면 상승은 전 지구적으로 일정하게 발생한다.
② 대류권 오존의 생성반응을 촉진시켜 오존의 농도가 감소한다.
③ 기상조건의 변화는 대기오염의 발생횟수와 오염농도에 영향을 준다.
④ 기온 상승과 토양의 건조화는 생물 성장의 남방한계에는 영향을 주지만 북방한계에는 영향을 주지 않는다.

해설 ① 온난화에 의한 해면 상승은 전 지구적으로 일정하게 발생한다.
② 대류권 오존은 생성반응을 촉진시켜 오존의 농도가 증가한다.
④ 기온 상승과 토양의 건조화는 생물 성장의 남방한계 및 북방한계에도 영향을 준다.

08 대기오염원의 영향을 평가하는 방법 중 분산모델에 관한 설명으로 거리가 먼 것은?
① 지형 및 오염원의 조업조건에 영향을 받는다.
② 시나리오 작성이 곤란하고, 미래예측이 어렵다.
③ 오염물의 단기간 분석 시 문제가 된다.
④ 먼지의 영향평가는 기상의 불확실성과 오염원이 미확인인 경우에 문제점을 가진다.

해설 시나리오 작성이 곤란하고, 미래예측이 어려운 것은 수용모델의 단점이다.

09 고속도로상의 교통밀도가 25,000대/hr이고, 각 차량의 평균 속도는 110km/hr이다. 차량의 평균 탄화수소의 배출량이 0.06g/s·대일 때, 고속도로에서 방출되는 탄화수소의 총량(g/s·m)은?
① 0.00136 ② 0.0136
③ 1.36 ④ 13.6

해설 탄화수소의 총량(g/s·m)
$= 0.06\text{g/s}·대 \times 25,000\text{대/hr} \times \text{hr}/110\text{km} \times 1\text{km}/1,000\text{m}$
$= 0.0136\text{g/s}·\text{m}$

10 다음 중 납 배출 관련 업종이 아닌 것은?
① 페인트 ② 소다공업
③ 인쇄 ④ 크레용

해설 납의 배출 관련 업종
건전지 및 축전지, 인쇄, 크레용, 에나멜, 페인트, 고무가공, 도가니공업 등

11 Richardson Number에 관한 설명 중 틀린 것은?
① 리차드슨 수가 0에 접근하면 분산은 줄어들며 결국 대류난류만 존재한다.
② 무차원수로서 근본적으로 대류난류를 기계적인 난류로 전환시키는 비율을 측정한 것이다.
③ 큰 음의 값을 가지면 굴뚝의 연기는 수직 및 수평방향으로 빨리 분산한다.
④ 0.25보다 크게 되면 수직혼합은 없어지고 수평상의 소용돌이만 남게 된다.

해설 리차드슨 수가 0에 접근하면 분산이 줄어들며 기계적 난류만 존재(지배적인 상태)한다.

12 지상으로부터 500m까지의 평균 기온감률은 −1.2℃/100m이다. 100m 고도에서 17℃라 하면 고도 400m에서의 기온은?
① 10.6℃ ② 11.8℃
③ 12.2℃ ④ 13.4℃

해설 기온(℃) = 17℃ − [1.2℃/100m × (400−100)m]
= 13.4℃

정답 06 ④ 07 ③ 08 ② 09 ② 10 ② 11 ① 12 ④

13 황산화물이 각종 물질에 미치는 영향에 대한 설명 중 틀린 것은?

① 공기가 SO_2를 함유하면 부식성이 매우 강하게 된다.
② SO_2는 대기 중의 분진과 반응하여 황산염이 형성됨으로써 대부분의 금속을 부식시킨다.
③ 대기에서 형성되는 아황산 및 황산은 석회, 대리석, 시멘트 등 각종 건축재료를 약화시킨다.
④ 황산화물은 대기 중 또는 금속의 표면에서 황산으로 변함으로써 부식성을 더 약하게 한다.

해설 황산화물은 대기 중 또는 금속의 표면에서 황산으로 변함으로써 부식성이 더 강하게 된다.

14 대기오염물질 중 바닷물의 물보라 등이 배출원이며, 1차 오염물질에 해당하는 것은?

① N_2O_3 ② 알데하이드
③ HCN ④ NaCl

해설 NaCl에 관한 내용이다.

15 연기의 형태에 관한 설명 중 옳지 않은 것은?

① 지붕형 : 하층에 비하여 상층이 안정한 대기상태를 유지할 때 발생한다.
② 환상형 : 과단열감률 조건일 때, 즉 대기가 불안정할 때 발생한다.
③ 원추형 : 오염의 단면분포가 전형적인 가우시안 분포를 이루며, 대기가 중립 조건일 때 잘 발생한다.
④ 부채형 : 연기가 배출되는 상당한 고도까지도 강안정한 대기가 유지될 경우, 즉 기온역전 현상을 보이는 경우 연직운동이 억제되어 발생한다.

해설 지붕형
하층에 비하여 상층이 불안정한 대기상태를 유지할 때 발생한다.

16 인체 내에 축적되어 영향을 주는 오염물질 중 하나로 혈액 속의 헤모글로빈과 결합하여 카르복시헤모글로빈을 형성하는 것은?

① NO ② O_3 ③ CO ④ SO_3

해설 CO는 산소보다 혈액 내 헤모글로빈(Hb)과 친화력이 200~300배(210배) 정도 강하여 카르복시헤모글로빈(CO-Hb)을 형성함으로써 혈액의 산소전달 기능(산소운반능력)을 방해한다.

17 굴뚝에서 배출되는 Plume의 유효상승고를 $\Delta h = D\left(\dfrac{W}{U}\right)^{1.4}$에 의해 계산하고자 한다. 굴뚝의 내경이 2m, 풍속이 3m/sec라고 할 때, Δh를 4m까지 상승시키려고 한다면 배출가스의 분출속도는?

① 약 5m/sec ② 약 8m/sec
③ 약 11m/sec ④ 약 14m/sec

해설 $\Delta h = D \times \left(\dfrac{W}{U}\right)^{1.4}$
$4m = 2m \times \left(\dfrac{W}{3m/\sec}\right)^{1.4}$
양변에 log를 취하면
$\log 2 = 1.4 \log \dfrac{W}{3}$
$0.215 = \log \dfrac{W}{3}$
$W = 10^{0.215} \times 3 = 4.92 m/\sec$

18 대기층은 물리적 및 화학적 성질에 따라서 고도별로 분류가 되어 있다. 지표면으로부터 상공으로 올바르게 배열된 것은?

① 대류권 → 중간권 → 성층권 → 열권
② 대류권 → 중간권 → 열권 → 성층권
③ 대류권 → 성층권 → 중간권 → 열권
④ 대류권 → 열권 → 중간권 → 성층권

해설 대기의 수직온도분포에 따라 지표면으로부터 상공으로의 권역은 대류권 → 성층권 → 중간권 → 열권으로 구분할 수 있다.

19 실내공기오염물질 중 "라돈"에 관한 설명으로 틀린 것은?

① 무색, 무취의 기체이며 액화 시 푸른색을 띤다.
② 화학적으로 거의 반응을 일으키지 않는다.
③ 일반적으로 인체에 폐암을 유발시키는 것으로 알려져 있다.
④ 라듐의 핵분열 시 생성되는 물질이며 반감기는 3.8일간이다.

해설 라돈
무색무취로 사람이 매우 흡입하기 쉬운 기체로 액화되어도 색을 띠지 않는 물질이며, 토양, 콘크리트, 대리석, 지하수, 건축자재 등으로부터 공기 중으로 방출된다.

정답 13 ④ 14 ④ 15 ① 16 ③ 17 ① 18 ③ 19 ①

20 염화수소 1V/V ppm에 상당하는 W/W ppm은?(단, 표준상태기준, 공기의 밀도는 1.293kg/m³)

① 약 0.76 ② 약 0.93 ③ 약 1.26 ④ 약 1.64

해설 W/W ppm(mg/kg)
= 1V/V ppm(1mL/Sm³) × 36.5mg/22.4mL × Sm³/1.293kg
= 1.26mg/kg

제2과목 연소공학

21 옥탄가에 대한 설명으로 틀린 것은?

① n-Paraffine에서는 탄소수가 증가할수록 옥탄가가 저하하여 C_7에서 옥탄가는 0이다.
② 방향족 탄화수소의 경우 벤젠고리의 측쇄가 C_3까지는 옥탄가가 증가하지만 그 이상이면 감소한다.
③ Naphthene계는 방향족 탄화수소보다는 옥탄가가 작지만 n-Paraffine계보다는 큰 옥탄가를 가진다.
④ iso-Paraffine에서는 Methyl기 가지가 적을수록, 중앙에 집중하지 않고 분산될수록 옥탄가가 증가한다.

해설 iso-Paraffine에서는 Methyl기 가지가 많을수록, 중앙에 집중될수록 옥탄가가 증가한다.

22 연소에 대한 설명으로 가장 거리가 먼 것은?

① 연소용 공기 중 버너로 공급되는 공기는 1차 공기이다.
② 연소온도에 가장 큰 영향을 미치는 인자는 연소용 공기의 공기비이다.
③ 소각로의 연소효율을 판단하는 인자는 배출가스 중 이산화탄소의 농도이다.
④ 액체연료에서 연료의 C/H 비가 작을수록 검댕의 발생이 쉽다.

해설 액체연료에서 연료의 C/H 비가 클수록 검댕의 발생이 쉽다.

23 연소반응속도에 대한 설명으로 틀린 것은?

① 반응속도식은 온도와 가연성 물질 농도에 의존한다.
② 연료와 공기가 혼합된 상태에서는 균질반응을 하며, 균질반응속도는 Arrhenius 식으로 나타낸다.
③ 공급 공기량이 적은 상태에서 가연성 기체의 화염은 탄소입자가 발생해 황색을 나타낸다.
④ 연료의 혼합기체 연소 시 불꽃색이 청색으로 보이는 부분은 연소속도가 아주 느린 상태이다.

해설 연료의 혼합기체 연소 시 불꽃색이 청색으로 보이는 부분은 연소속도가 아주 빠른 상태이다.

24 공기비가 너무 낮을 경우 나타나는 현상으로 틀린 것은?

① 연소효율이 저하된다.
② 연소실 내의 연소온도가 낮아진다.
③ 가스의 폭발위험과 매연발생이 크다.
④ 가연성분과 산소의 접촉이 원활하게 이루어지지 못한다.

해설 연소실 내의 연소온도가 낮아지는 것은 공기비가 클 경우에 나타나는 현상이다.

25 기체연료의 연소방식 중 확산연소에 관한 설명으로 가장 거리가 먼 것은?

① 역화의 위험성이 없다.
② 가스와 공기를 예열할 수 없다.
③ 붉고 긴 화염을 만든다.
④ 연료의 분출속도가 클 경우에는 그을음이 발생하기 쉽다.

해설 확산연소는 화염이 길고, 그을음이 발생하기 쉬운 반면, 역화(Back Fire)의 위험이 없으며, 공기와 가스를 예열할 수 있는 연소방식이다.

26 유류 버너의 종류에 관한 설명 중 틀린 것은?

① 유압식 버너에서 연료유의 분무각도는 압력, 점도 등으로 약간 달라지지만 40~90° 정도이다.
② 고압공기식 버너는 고점도 사용에도 가능하고 분무각도가 20~30° 정도이며, 장염이나 연소 시 소음이 발생된다.
③ 저압공기식 버너는 구조가 간단하고, 유량조절범위는 1 : 10 정도이며, 무화상태가 좋아서 대형 가열로에 주로 사용한다.
④ 회전식 버너의 유량조절범위는 1 : 5 정도이고, 유압식 버너에 비해 연료유의 분무화 입경은 비교적 크다.

해설 저압공기식 버너의 구조적 특징
㉠ 소형 가열로 등에 적합하다.
㉡ 자동연소제어가 용이하다.
㉢ 무화용 공기량은 이론공기량의 30~50%로 많이 소요된다.
㉣ 비교적 좁은 각도의 짧은 화염을 가진다.
㉤ 유량조절범위는 1 : 5 정도이다.

27 무연탄의 탄화도가 커질수록 나타나는 성질로서 틀린 것은?

① 휘발분이 감소한다.   ② 발열량이 증가한다.
③ 착화온도가 낮아진다.   ④ 고정탄소의 양이 증가한다.

해설 탄화도가 높아질 경우의 현상
㉠ 착화온도가 높아진다.
㉡ 고정탄소가 증가한다.
㉢ 발열량이 높아진다.
㉣ 연료비[고정탄소(%)/휘발분(%)]가 증가한다.
㉤ 연소속도가 늦어진다.
㉥ 수분 및 휘발분이 감소한다.
㉦ 비열이 감소한다.
㉧ 산소의 양이 감소한다.
㉨ 매연발생률이 감소한다.

28 2차 반응에서 반응물질의 농도를 같게 했을 때, 그 10% 가 반응하는 데 250초 걸렸다면 90% 반응하는 데 걸리는 시간(초)은?

① 18,550   ② 20,250   ③ 24,550   ④ 28,250

해설 $\dfrac{1}{C_t}-\dfrac{1}{C_o}=-k\times t$

$\dfrac{1}{0.9}-\dfrac{1}{1}=-k\times 250\text{sec}$

$k=-0.0004444\text{sec}^{-1}$

$\dfrac{1}{0.1}-\dfrac{1}{1}=0.0004444\times t$

$t=20,250\text{sec}$

29 디젤기관의 노킹(Diesel Knocking) 방지법으로 옳은 것은?

① 세탄가가 10 정도로 낮은 연료를 사용한다.
② 연료 분사개시 때 분사량을 증가시킨다.
③ 기관의 압축비를 높여 압축압력을 높게 한다.
④ 기관 내로 분사된 연료를 한꺼번에 발화시킨다.

해설 디젤노킹의 방지법
㉠ 착화성(세탄가)이 좋은 경유를 사용한다.
㉡ 압축비, 압출압력, 압축온도를 높인다.
㉢ 회전속도를 감소시킨다.
㉣ 분사시기를 알맞게 조정한다.
㉤ 분사개시 때 분사량을 감소시켜 착화지연을 짧게 한다.
㉥ 흡입공기에 와류가 일어나게 한다.
㉦ 흡입공기의 온도를 높인다.

30 연소 부산물 중 클링커(Clinker) 발생 및 대책으로 가장 거리가 먼 것은?

① 연료층의 내부온도가 높을 때 회분이 환원분위기 속에서 고온열로 발생된다.
② 연료 연소층의 교반속도를 크게 할수록 클링커 발생량이 줄어든다.
③ 연료 연소층의 온도분포가 균일한 경우 클링커 발생이 억제된다.
④ 연료 중의 회분 유입을 억제하여 클링커 발생을 예방할 수 있다.

해설 연료 연소층의 교반속도를 적절히 조절한다.

31 석유에 관한 설명으로 틀린 것은?

① 경질유는 방향족계 화합물을 10% 미만 함유한다고 할 수 있다.
② 점도가 낮을수록 유동점이 낮아지므로 일반적으로 저점도의 중유는 고점도의 중유보다 유동점이 낮다.
③ 석유의 동점도가 감소하면 끓는점과 인화점이 높아지고, 연소가 잘 된다.
④ 석유의 비중이 커지면 탄화수소비(C/H)가 증가한다.

해설 석유의 동점도가 감소하면 끓는점이 낮아지고 유동성이 좋아진다.

32 대형 소각로에 사용하는 가동식 화격자상에서 건조, 연소 및 후연소가 이루어지며 쓰레기의 교반 및 연소조건이 양호하고 소각효율이 매우 높으나 마모가 많은 화격자 방식은?

① 회전 롤러식   ② 부채형 반전식
③ 계단식   ④ 역동식

해설 역동식 화격자
고정 화격자의 방향이 계단식과 반대로 위쪽을 향하도록 하여 폐기물을 밑에서 위로 밀어 올리면서 이송, 교반, 반전시키는 장치이며, 체류시간을 길게 유지할 수 있다.

정답 27 ③ 28 ② 29 ③ 30 ② 31 ③ 32 ④

33 기체연료의 연소방식으로 옳은 것은?
① 스토커 연소 ② 예혼합 연소
③ 유동층 연소 ④ 회전식 버너 연소

해설 기체연료의 연소 형태
㉠ 확산 연소
㉡ 예혼합 연소
㉢ 부분 예혼합 연소

34 황함량이 가장 낮은 연료는?
① LPG ② 중유
③ 경유 ④ 휘발유

해설 일반적으로 기체연료가 황함량이 가장 낮다.

35 황 함유량 1.6wt%인 중유를 시간당 50ton으로 연소시킬 때 SO_2의 배출량(Sm^3/hr)은?(단, 표준상태를 기준으로 하고, 황은 100% 반응하며, 이 중 5%는 SO_3로, 나머지는 SO_2로 배출된다.)
① 532 ② 560
③ 585 ④ 605

해설 $S + O_2 \rightarrow SO_2$
32kg : $22.4Sm^3$
50ton/hr × 1,000kg/ton × 0.016 × 0.95 : $SO_2(Sm^3/hr)$
$SO_2(Sm^3/hr)$
$= \dfrac{50ton/hr \times 1,000kg/ton \times 0.016 \times 0.95 \times 22.4Sm^3}{32kg}$
$= 532Sm^3/hr$

36 중유연소 가열로의 배기가스를 분석한 결과 용량비로 N_2 = 80%, CO = 12%, O_2 = 8%의 결과를 얻었다. 공기비는?
① 1.1 ② 1.4
③ 1.6 ④ 2.0

해설 $m = \dfrac{N_2}{N_2 - 3.76(O_2 - 0.5CO)}$
$= \dfrac{80}{80 - 3.76[8 - (0.5 \times 12)]}$
$= 1.104$

37 부피비 99%의 메탄(CH_4)과 미량의 불순물로 구성된 탄화수소 혼합가스 3L를 완전연소할 때 필요한 이론적 공기량(L)은?
① 약 9.4 ② 약 13.5
③ 약 19.8 ④ 약 28.3

해설 $CH_4 + 2O_2 \rightarrow CO_2 + 2H_2O$
$1Nm^3 : 2Nm^3$
$3L \times 0.99 : O_o$
$O_o = 5.94L$
$A_o = O_o \times \dfrac{1}{0.21} = 5.94L \times \dfrac{1}{0.21} = 28.29L$

38 연료의 완전연소 시 발열량($kcal/Sm^3$)이 가장 큰 것은?
① Propane ② Ethylene
③ Acetylene ④ Propylene

해설 주요 기체연료의 발열량 크기
프로판 > 부탄 > 에탄 > 아세틸렌

39 3,000K 정도의 고온조건으로 연소할 때 일산화탄소가 상당량 발생되는 원인으로 옳은 것은?
① 혼합상태가 불량해지기 때문이다.
② 산소 부족현상이 나타나기 때문이다.
③ 이산화탄소가 열분해되기 때문이다.
④ 연소시간이 불충분해지기 때문이다.

해설 이산화탄소가 열분해(3,000K 정도) 시 일산화탄소가 많이 발생한다.

40 중유는 A, B, C로 구분된다. 이것을 구분하는 기준은?
① 점도 ② 비중
③ 착화온도 ④ 유황함량

해설 중유는 점도를 기준으로 A유, B유, C유로 구분한다.

정답 33 ② 34 ① 35 ① 36 ① 37 ④ 38 ① 39 ③ 40 ①

제3과목 대기오염방지기술

41 유해가스에 대한 설명 중 가장 거리가 먼 것은?

① Cl_2가스는 상온에서 황록색을 띤 기체이며 자극성 냄새를 가진 유독물질로 관련 배출원은 표백공업이다.
② F_2는 상온에서 무색의 발연성 기체로 강한 자극성이며 물에 잘 녹고 관련 배출원은 알루미늄 제련공업이다.
③ SO_2는 무색의 강한 자극성 기체로 환원성 표백제로도 이용되고 화석연료의 연소에 의해서도 발생된다.
④ NO는 적갈색의 특이한 냄새를 가진 물에 잘 녹는 맹독성 기체로 자동차 배출이 가장 많은 부분을 차지한다.

해설 NO는 무색무취, 무자극성 기체이며, 물에 잘 녹지 않는 난용성 기체이다.

42 높이 100m, 직경이 1m인 굴뚝에서 260℃의 배출가스가 12,000㎥/hr로 토출될 때 굴뚝에 의한 마찰손실은 약 얼마인가?(단, 굴뚝의 마찰계수는 λ = 0.06, 표준상태의 공기밀도는 1.3kg/㎥)

① 1.84mmH_2O ② 2.94mmH_2O
③ 3.68mmH_2O ④ 4.82mmH_2O

해설 $\Delta P = \lambda \times \dfrac{L}{D} \times \dfrac{\gamma V^2}{2g}$

$V = \dfrac{Q}{A} = \dfrac{12,000 m^3/hr \times hr/3,600 sec}{\left(\dfrac{3.14 \times 1^2}{4}\right) m^2} = 4.24 m/sec$

$\gamma = 1.3 kg/Sm^3 \times \dfrac{273}{273+260} = 0.666 kg/m^3$

$= 0.06 \times \dfrac{100}{1} \times \dfrac{0.666 \times 4.24^2}{2 \times 9.8}$

$= 3.66 mmH_2O$

43 먼지농도 50g/Sm^3의 함진가스를 정상운전 조건에서 96%로 처리하는 사이클론이 있다. 처리가스의 15%에 해당하는 외부공기가 유입될 때의 먼지통과율이 외부공기 유입이 없는 정상운전 시의 2배에 달한다면, 출구가스 중의 먼지 농도는?

① 3.0g/Sm^3 ② 3.5g/Sm^3
③ 4.0g/Sm^3 ④ 4.5g/Sm^3

해설 공기유입되지 않을 때 통과율 = 100 - 96 = 4%
15% 외부공기 유입 시 통과율 = 4% × 2 = 8%

통과율 $= \dfrac{C_o \times Q_o}{C_i \times Q_i} \times 100$

$8\% = \dfrac{C_o \times 1.15}{50 g/Sm^3 \times 1.0} \times 100$

$C_o = 3.48 g/Sm^3$

44 원심력 집진장치에 사용되는 용어에 관한 설명으로 틀린 것은?

① 임계입경(Critical Diameter)은 100% 분리한계입경이라고도 한다.
② 분리계수가 클수록 집진율은 증가한다.
③ 분리계수는 입자에 작용하는 원심력을 관성력으로 나눈 값이다.
④ 사이클론에서 입자의 분리속도는 함진가스의 선회속도에는 비례하는 반면, 원통부 반경에는 반비례한다.

해설 분리계수
입자에 작용하는 원심력을 중력으로 나눈 값이다.

45 가스의 압력손실은 작은 반면, 세정액 분무를 위해 상당한 동력이 요구되며, 장치의 압력손실은 2~20mmH_2O, 가스 겉보기 속도는 0.2~1m/s 정도인 세정집진장치는?

① 벤츄리 스크러버(Venturi Scrubber)
② 사이클론스크러버(Cyclone Scrubber)
③ 충전탑(Packed Tower)
④ 분무탑(Spray Tower)

해설 분무탑(Spray Tower)
㉠ 탑 내에 몇 개의 살수노즐을 사용하여 함진가스를 향류 접촉시켜 분진을 제거하며 가스의 흐름이 균일하지 못하고, 분무액과 가스의 접촉이 균일하지 못하여 효율이 낮은 편이다.
㉡ 가스의 압력손실(2~20mmH_2O)은 작은 반면, 세정액 분무에 상당한 동력이 요구되며, 겉보기 속도는 0.2~1m/sec 정도이다.
㉢ 구조가 간단하고 보수가 용이하며 충전제를 쓰지 않기 때문에 압력손실의 증가는 없다.
㉣ 액가스비는 2(0.5)~3(1.5)L/m^3 정도이다.

정답 41 ④ 42 ③ 43 ③ 44 ③ 45 ④

46 유해가스 처리 시 사용되는 충전탑(Packed Tower)에 관한 설명으로 틀린 것은?

① 액분산형 흡수장치로서 충전물의 충전방식을 불규칙적으로 했을 때 접촉면적은 크나, 압력손실이 커진다.
② 충전탑에서 Hold-up이라는 것은 탑의 단위면적당 충전재의 양을 의미한다.
③ 흡수액에 고형물이 함유되어 있는 경우에는 침전물이 생기는 것을 방해를 받는다.
④ 일정양의 흡수액을 흘릴 때 유해가스의 압력손실은 가스속도의 대수값에 비례하며, 가스속도 증가 시 나타나는 첫 번째 파과점을 Loading Point라 한다.

해설 충전탑에서 Hold-up이라는 것은 충전층 내의 액보유량을 의미한다.

47 전기집진장치의 집진율과 집진기 변수와의 관계식은? (단, η : 집진율, A : 집진극의 면적(m^2), V : 입자의 유속(m/s), Q : 가스유량(m^3/s))

① $\eta = 1 - \exp\left[-V\dfrac{A}{Q}\right]$
② $\eta = 1 - \exp\left[-Q\dfrac{A}{V}\right]$
③ $\eta = 1 - \exp\left[-Q\dfrac{V}{A}\right]$
④ $\eta = 1 - \exp\left[Q\dfrac{V}{A}\right]$

해설 집진효율(Deutsch-Anderson식)
$\eta = 1 - \exp\left[-\dfrac{A \cdot W}{Q}\right]$
여기서, A : 집진극 면적
 W : 입자 분리속도(겉보기 이동속도)
 Q : 유입가스양

48 송풍기가 표준공기(밀도 : $1.2kg/m^3$)를 $10m^3/sec$로 이동시키고 1,000rpm으로 회전할 때 정압이 $900N/m^2$이었다면 공기밀도가 $1.0kg/m^3$으로 변할 때 송풍기의 정압은?

① $520N/m^2$ ② $625N/m^2$
③ $750N/m^2$ ④ $820N/m^2$

해설 송풍기의 크기와 회전 수가 일정할 때
㉠ $Q_1 = Q_2$
㉡ $P_2 = P_1 \times \left(\dfrac{\gamma_2}{\gamma_1}\right)$
㉢ $kW_2 = kW_1 \times \left(\dfrac{\gamma_2}{\gamma_1}\right)$

$P_2 = P_1 \times \left(\dfrac{\gamma_2}{\gamma_1}\right) = 900N/m^2 \times \left(\dfrac{1.0}{1.2}\right) = 750N/m^2$

49 후드에서 오염물질을 흡인하는 요령으로 틀린 것은?

① 후드를 발생원에 근접시킨다.
② 국부적인 흡인방식을 택한다.
③ 충분한 포착속도를 유지한다.
④ 후드의 개구면적을 크게 한다.

해설 후드에서 오염물질을 흡인하는 요령
㉠ 후드를 발생원에 근접시킨다.
㉡ 국부적인 흡인방식을 택한다.
㉢ 충분한 포착속도를 유지한다.
㉣ 후드의 개구면적을 작게 한다.

50 벤츄리 스크러버(Venturi Scrubber)에 관한 설명으로 가장 거리가 먼 것은?

① 목부의 처리가스 속도는 보통 60~90m/s이다.
② 물방울 입경과 먼지 입경의 비는 충돌효율 면에서 10 : 1 전후가 좋다.
③ 액가스비는 보통 $0.3~1.5L/m^3$ 정도, 압력손실은 300~800mmH$_2$O 전후이다.
④ 가압수식 중에서 집진율이 가장 높아 대단히 광범위하게 사용되며, 소형으로 대용량의 가스처리가 가능하다.

해설 물방울 입경과 먼지 입경의 비는 충돌효율 면에서 150 : 1 전후가 좋다.

51 염소가스를 함유하는 배출가스에 100kg의 수산화나트륨을 포함한 수용액을 순환 사용하여 100% 반응시킨다면 몇 kg의 염소가스를 처리할 수 있는가?(단, 표준상태 기준)

① 약 82kg ② 약 85kg
③ 약 89kg ④ 약 93kg

정답 46 ② 47 ① 48 ③ 49 ④ 50 ② 51 ③

해설) $Cl_2 + 2NaOH \rightarrow NaCl + NaOCl + H_2O$
71kg : 2×40kg
Cl_2(kg) : 100kg
$Cl_2(kg) = \dfrac{71kg \times 100kg}{(2\times40)kg} = 88.75kg$

52 충전탑에 관한 설명으로 틀린 것은?
① 충전탑은 Flooding Point의 40~70%에서 보통 설계된다.
② 일정한 양의 흡수액을 흘릴 때 유해가스의 압력손실은 가스속도의 대수값에 반비례한다.
③ 가스속도를 증가시키면 2군데에서 Break Point가 나타나는데, 1번째 Break Point가 Loading Point이다.
④ Flooding Point에서의 가스속도는 충전제를 불규칙하게 쌓았을 때보다 규칙적으로 쌓았을 때가 더 크다.

해설) 일정한 양의 흡수액을 흘릴 때 유해가스의 압력손실은 가스속도의 대수값에 비례한다.

53 사이클론의 원추부 높이가 1.4m, 유입구 높이가 15cm, 원통부 높이가 1.4m일 때 외부선회류의 회전수는?(단, $N=(1/H_A)[H_B+(H_C/2)]$)
① 6회   ② 11회   ③ 14회   ④ 18회

해설) $N = \dfrac{1}{유입구\ 높이(H)} \times \left(원통부\ 높이 + \dfrac{원추부\ 높이}{2}\right)$
$= \dfrac{1}{0.15} \times \left(1.4 + \dfrac{1.4}{2}\right) = 14회$

54 입구직경이 400mm인 접선유입식 사이클론으로 함진가스 100m³/min을 처리할 때, 배출가스의 밀도는 1.28kg/m³이고, 압력손실계수가 8이면 사이클론 내의 압력손실은?
① 83mmH₂O   ② 92mmH₂O
③ 114mmH₂O   ④ 126mmH₂O

해설) $\Delta P = F \times \dfrac{\gamma V^2}{2g}$
$V = \dfrac{Q}{A} = \dfrac{100m^3/min \times min/60sec}{\left(\dfrac{3.14 \times 0.4^2}{4}\right)m^2} = 13.26m/sec$
$= 8 \times \dfrac{12.8kg/m^3 (13.26m/sec)^2}{2 \times 9.8m/sec^2} = 91.86mmH_2O$

55 활성탄의 가스흡착에서 흡착이 진행될 때 활성탄상의 온도 변화는?
① 활성탄의 온도가 증가된다.
② 활성탄의 온도가 감소된다.
③ 활성탄의 온도의 변화가 없다.
④ 활성탄의 온도는 감소하다가 변화가 없다.

해설) 활성탄의 가스흡착이 진행될 때 활성탄의 온도가 증가한다.

56 원심력 집진장치에서 압력손실의 감소 원인으로 가장 거리가 먼 것은?
① 장치 내 처리가스가 선회되는 경우
② 호퍼 하단 부위에 외기가 누입될 경우
③ 외통의 접합부 불량으로 함진가스가 누출될 경우
④ 내통이 마모되어 구멍이 뚫려 함진가스가 By-pass될 경우

해설) 원심력 집진장치에서 압력손실의 감소 원인
㉠ 호퍼 하단 부위에 외기가 누입될 경우
㉡ 외통의 접합부 불량으로 함진가스가 누출될 경우
㉢ 장치 내 처리가스가 원활하지 않게 선회되는 경우
㉣ 내통이 마모되어 구멍이 뚫려 함진가스가 By-pass될 경우

57 공기의 유속과 점도가 각각 1.5m/s와 0.0187cP일 때 레이놀즈수를 계산한 결과 1,950이었다. 이때 덕트 내를 이동하는 공기의 밀도는?(단, 덕트의 직경은 75mm이다.)
① 0.23kg/m³   ② 0.29kg/m³
③ 0.32kg/m³   ④ 0.40kg/m³

해설) $Re = \dfrac{관성력}{점성력} = \dfrac{DV\rho}{\mu}$
$\rho = \dfrac{Re \times \mu}{D \times V} = \dfrac{1,950 \times 1.87 \times 10^{-5}kg/m \cdot sec}{0.075m \times 1.5m/sec} = 0.324kg/m^3$
$[0.0187cP \times \dfrac{1P}{100cP} \times \dfrac{1kg/m \cdot sec}{10P} = 1.87 \times 10^{-5}kg/m \cdot sec]$

58 자연 통풍력을 증대시키기 위한 방법과 가장 거리가 먼 것은?
① 굴뚝을 높인다.
② 굴뚝 통로를 단순하게 한다.
③ 굴뚝 안의 가스를 냉각시킨다.
④ 굴뚝가스의 체류시간을 증가시킨다.

정답 52 ② 53 ③ 54 ② 55 ① 56 ① 57 ③ 58 ③

해설 **자연 통풍력 증대 방법**
㉠ 연돌의 높이를 높게 한다.
㉡ 연돌의 통로를 단순하게 한다.
㉢ 배기가스의 온도를 높게 한다.
㉣ 배기가스의 유속을 빠르게 한다.
㉤ 배기가스의 체류시간을 증가시킨다.

59 여과집진장치의 먼지 제거 메커니즘과 가장 거리가 먼 것은?

① 관성충돌(Inertial Impaction)
② 확산(Diffusion)
③ 직접차단(Direct Interception)
④ 무화(Atomization)

해설 **여과집진장치의 먼지 제거 메커니즘**
㉠ 관성충돌(Inertial Impaction)
㉡ 확산(Diffusion)
㉢ 직접차단(Direct Interception)
㉣ 중력침강(Gravitational Settling)
㉤ 정전기 침강(Electrostatic Settling)

60 유해오염물질과 그 처리방법에 관한 설명으로 틀린 것은?

① 비소는 염산용액으로 포집 후, $Ca(OH)_2$에 대한 피흡착력을 이용하여 제거한다.
② 벤젠은 촉매연소법이나 활성탄 흡착법을 사용하여 제거한다.
③ 염화인은 충전물을 채운 흡수탑을 이용하여 알칼리성 용액에 흡수시켜 제거한다.
④ 크롬산 미스트는 비교적 입자크기가 크고 친수성이므로 수세법으로 제거한다.

해설 비소는 알칼리액에 의한 세정으로 처리한다.

제4과목 대기오염공정시험기준(방법)

61 환경대기 중 탄화수소 측정방법에서 총탄화수소 측정법 성능기준으로 옳지 않은 것은?

① 측정범위는 0~10ppmC, 0~25ppmC 또는 0~50 ppmC로 하여 1~3단계(Range)의 변환이 가능한 것이어야 한다.
② 응답시간은 스팬가스를 도입시켜 측정치가 일정한 값으로 급격히 변화되어 스팬가스 농도의 90%가 변화할 때까지의 시간은 2분 이하여야 한다.
③ 제로가스 및 스팬가스를 흘려보냈을 때 정상적인 측정치의 변동은 각 측정단계(Range)마다 최대 눈금치의 ±3% 범위 내에 있어야 한다.
④ 제로조정 및 스팬조정을 끝낸 후 그 중간 농도의 교정용 가스를 주입시켰을 경우에 상당하는 메탄 농도에 대한 지시오차는 각 측정단계(Range)마다 최대 눈금치의 ±5%의 범위 내에 있어야 한다.

해설 제로가스 및 스팬가스를 흘려보냈을 때 정상적인 측정치의 변동은 각 측정단계(Range)마다 최대 눈금치의 ±1% 범위 내에 있어야 한다.

62 A도시면적이 $150km^2$이고 인구밀도가 4,000명/km^2이며 전국 평균 인구밀도가 800명/km^2일 때, 인구비례에 의한 방법으로 결정한 A도시의 환경기준 시험을 위한 시료채취 지점 수는?(단, A도시면적은 지역의 거주지면적(총면적에서 전답, 임야, 호수, 하천 등의 면적을 뺀 면적)이다.)

① 30개   ② 35개   ③ 40개   ④ 45개

해설 **인구비례에 의한 방법**

$$측정점\ 수 = \frac{그\ 지역\ 거주지면적}{25km^2} \times \frac{그\ 지역\ 인구밀도}{전국\ 평균인구밀도}$$

$$= \frac{150km^2}{25km^2} \times \frac{4,000명/km^2}{800명/km^2} = 30개$$

63 링겔만 매연농도표에 의한 배출가스 중 매연의 농도 측정 시 연도 배출구에서 몇 cm 떨어진 곳의 농도와 비교하는가?

① 10~30cm   ② 15~30cm
③ 30~45cm   ④ 45~60cm

정답 59 ④ 60 ① 61 ③ 62 ① 63 ③

해설 링겔만 매연농도표에 의한 매연측정
될 수 있는 한 무풍일 때 연돌구 배경의 검은 장해물을 피해 연기의 흐름에 직각인 위치에 태양광선을 측면으로 받는 방향으로부터 농도표를 측정치의 앞 16m에 놓고 200m 이내(가능하면 연돌구에서 16m)의 적당한 위치에 서서 연도 배출구에서 30~45cm 떨어진 곳의 농도를 측정자의 눈높이의 수직이 되게 관측·비교한다.

64 대기 및 굴뚝 배출가스 중 일산화탄소를 연속적으로 측정하는 비분산 정필터형 적외선 가스 분석계(고정형)의 성능 유지조건으로 옳은 것은?

① 최종 지시값에 대한 90%의 응답을 나타내는 시간은 60초 이내이어야 한다.
② 전체 눈금의 ±5% 이하에 해당하는 농도 변화를 검출할 수 있는 감도를 지녀야 한다.
③ 동일 조건에서 제로가스를 연속적으로 도입하여 24시간 연속측정하는 동안 전체 눈금의 ±5% 이상의 지시변화가 없어야 한다.
④ 전압변동에 대한 안정성 측면에서 전원전압이 설정 전압의 ±10% 이내로 변화하였을 때 지시값의 변화는 전체 눈금의 ±1% 이내이어야 한다.

해설 ① 최종지시값에 대한 90%의 응답을 나타내는 시간은 40초 이내이어야 한다.
② 검출눈금의 ±1% 이하에 해당하는 농도변화를 검출할 수 있는 감도를 지녀야 한다.
③ 동일 조건에서 제조가스를 연속적으로 도입하여 24시간 연속측정하는 동안 전체 눈금의 ±2% 이상의 지시변화가 없어야 한다.

65 연료용 유류 중의 황함유량 분석방법으로 옳지 않은 것은?

① 연소관식 공기법은 500~550°C로 가열한 석영재질 연소관 중에 공기를 불어넣어 시료를 연소시킨 후 생성된 황산화물을 붕산나트륨(9%)에 흡수시켜 황산으로 만든 다음, 수산화소듐표준액으로 중화적정한다.
② 연소관식 공기법의 경우 불용성 황산염을 만드는 금속(Ba, Ca 등)이 들어 있는 시료에는 적용할 수 없다.
③ 연소관식 공기법의 경우 연소되어 산을 발생시키는 원소(P, N, Cl 등)가 들어 있는 시료에는 적용할 수 없다.
④ 방사선식 여기법은 시료에 방사선을 조사하고, 여기된 황의 원자에서 발생하는 형광 X선의 강도를 측정한다.

해설 연소관식 공기법
원유, 경유, 중유의 황함유량을 측정하는 방법을 규정하며 유류 중 황함유량이 질량분율 0.01% 이상의 경우에 적용한다. 950~1,100°C로 가열한 석영 재질 연소관 중에 공기를 불어넣어 시료를 연소시킨다. 생성된 황산화물을 과산화수소(3%)에 흡수시켜 황산으로 만든 다음, 수산화소듐 표준액으로 중화적정하여 황함유량을 구한다.

66 비분산적외선분광분석법에서 분석계의 최고 눈금값을 교정하기 위하여 사용하는 가스는?

① 비교가스 ② 제로가스
③ 스팬가스 ④ 필터가스

해설 분석계의 최고 눈금값을 교정하기 위하여 사용하는 가스는 스팬가스이다.

67 일정한 굴뚝을 거치지 않고 외부로 비산배출되는 먼지측정을 위한 고용량공기시료채취법의 시료채취방법으로 옳지 않은 것은?

① 시료채취장소는 원칙적으로 측정하려고 하는 발생원의 부지경계선상에 선정하며 풍향을 고려하여 그 발생원의 비산먼지 농도가 가장 높을 것으로 예상되는 지점 3개소 이상을 선정한다.
② 별도로 발생원의 위(Upstream)인 바람의 방향을 따라 대상 발생원의 영향이 없을 것으로 추측되는 곳에 대조위치를 선정한다.
③ 시료채취는 1회 10분 이상 연속 채취하며, 풍속이 1m/s 미만으로 바람이 거의 없을 때는 시료채취를 하지 않는다.
④ 풍향풍속의 측정 시 연속기록 장치가 없을 경우에는 적어도 10분 간격으로 같은 지점에서의 3회 이상 풍향풍속을 측정하여 기록한다.

해설 시료채취는 1회 1시간 이상 연속 채취하며, 풍속이 0.5m/s 미만으로 바람이 거의 없을 때는 시료채취를 하지 않는다.

68 환경대기 중의 아황산가스를 산정량 수동법으로 측정하였다. 시료용액에 지시용액을 두 방울 가하고 0.01N 알칼리용액으로 적정하여 회색이 될 때 들어간 알칼리의 양이 20mL, 채취한 시료량은 10m³이었다. 이때 아황산가스의 농도($\mu g/m^3$)는?

① 640 ② 1,280 ③ 1,460 ④ 1,640

정답 64 ④ 65 ① 66 ③ 67 ③ 68 ①

해설 $S=\dfrac{32,000\times N\times v}{V}=\dfrac{32,000\times 0.01\times 20}{10}=640\mu g/m^3$

여기서, S : 아황산가스의 농도($\mu g/m^3$)
 N : 알칼리의 규정도(0.01N)
 v : 적정에 사용한 알칼리의 양(mL)
 V : 시료가스 채취량(m^3)

69 환경기준 시험을 위한 채취지점수(측정점수) 결정 시 TM좌표에 의한 방법 중 ( ) 안에 알맞은 것은?

> 전국 지도의 TM좌표에 따라 해당 지역의 (㉠)의 지도 위에 (㉡) 간격으로 바둑판 모양의 구획을 만들고 그 구획마다 측정점을 선정한다.

① ㉠ 1 : 5,000 이상 ㉡ 200~300m
② ㉠ 1 : 5,000 이상 ㉡ 2~3km
③ ㉠ 1 : 25,000 이상 ㉡ 200~300m
④ ㉠ 1 : 25,000 이상 ㉡ 2~3km

해설 환경기준 시험을 위한 채취지점수(측정점수) 결정시 TM좌표에 의한 방법
전국 지도의 TM좌표에 따라 해당 지역의 1 : 25,000 이상의 지도 위에 2~3km 간격으로 바둑판 모양의 구획을 만들고 그 구획마다 측정점을 선정한다.

70 환경대기 중의 질소산화물을 자동연속측정하는 방법과 가장 거리가 먼 것은?

① 자외선형광법 ② 살츠만법
③ 화학발광법 ④ 흡광차분광법

해설 환경대기 중의 질소산화물을 자동연속측정하는 방법
㉠ 화학발광법 ㉡ 살츠만법
㉢ 흡광차분광법

71 이온크로마토그래피에서 사용되는 검출기 중 정전위 전극반응을 이용하고, 검출 감도가 높고 선택성이 있어 분석화학 분야에 널리 이용되는 검출기는?

① 가시선 흡수 검출기 ② 정전위 검출기
③ 전기화학적 검출기 ④ 전기전도도 검출기

해설 전기화학적 검출기
정전위 전극반응을 이용하는 전기화학 검출기는 검출 감도가 높고 선택성이 있는 검출기로서 분석화학 분야에 널리 이용되며 전량검출기, 암페로 메트릭 검출기 등이 있다.

72 굴뚝 배출가스 중 다이옥신 및 퓨란류 분석 시 시약으로 사용하는 증류수로 옳은 것은?

① 메탄올로 세정한 증류수
② 아세톤으로 세정한 증류수
③ 노말헥세인으로 세정한 증류수
④ 디클로로메탄으로 세정한 증류수

해설 다이옥신 및 퓨란류 분석 시 시약으로 사용하는 증류수는 노말헥세인으로 세정한 증류수를 사용한다.

73 배출가스 중 금속화합물을 원자흡수분광광도법으로 분석할 때 간섭물질에 관한 설명으로 틀린 것은?

① 시료 내 납, 카드뮴, 크롬의 양이 미량으로 존재하거나 방해물질이 존재할 경우, 용매추출법을 적용하여 정량할 수 있다.
② 아연 분석 시 213.8nm 측정파장을 이용할 경우 불꽃에 의한 흡수 때문에 바탕선(Baseline)이 높아지는 경우가 있다.
③ 니켈 분석 시 다량의 탄소가 포함된 시료의 경우, 시료를 채취한 여과지를 적당한 크기로 잘라서 자기도가니에 넣어 전기로를 사용하여 800℃에서 30분 이상 가열한 후 전처리 조작을 행한다.
④ 철 분석 시 규소를 다량 포함하고 있을 때는 0.5% 인산용액을 첨가하여 분석하고, 유기산(특히 시트르산)이 다량 포함되어 있을 때는 0.2% 염화칼슘 용액을 첨가하여 간섭을 줄일 수 있다.

해설 철 분석 시 규소를 다량 포함하고 있을 때는 0.2% 염화칼슘(CaCl₂, Calcium Chloride) 용액을 첨가하여 분석하고, 유기산(특히 시트르산)이 다량 포함되어 있을 때는 0.5% 인산을 가하여 간섭을 줄일 수 있다.

74 환경대기 중의 먼지 측정방법 중 습도, 비, 안개 등의 영향을 크게 받기 때문에 상대습도가 70% 이상이 되면 측정치의 신뢰도가 낮아지는 측정방법은?

① 하이볼륨에어샘플러법
② 로우볼륨에어샘플러법
③ 광산란법
④ 광투과법

해설 공정시험기준 변경사항이므로 학습 안 하셔도 무방합니다.

정답 69 ④ 70 ① 71 ③ 72 ③ 73 ④ 74 ③

75 기체크로마토그래피의 설치조건에 관한 설명으로 틀린 것은?

① 설치장소는 진동이 없고 부식가스나 먼지가 적고 실온 5~35℃, 상대습도 85% 이하로서 직사광선이 쪼이지 않는 곳으로 한다.
② 공급전원은 지정된 전력 및 주파수이어야 하고, 전원변동은 지정전압의 10% 이내로서 주파수의 변동이 없는 것이어야 한다.
③ 고주파가열로와 같은 것으로부터 전자기의 유도를 받지 않아야 한다.
④ 분리관을 장치에 부착한 후 운반가스의 압력을 사용압력 이하로 유지하면서 가스 누출 시험을 한다.

해설 기체크로마토그래피의 설치조건
㉠ 설치장소 : 진동이 없고 분석에 사용하는 유해물질을 안전하게 처리할 수 있으며 부식가스나 먼지가 적고 실온 5~35℃, 상대습도 85% 이하로서 직사광선이 쪼이지 않는 곳으로 한다.
㉡ 전원 : 공급전원은 지정된 전력 및 주파수이어야 하고, 전원변동은 지정전압의 10% 이내로서 주파수의 변동이 없는 것이어야 한다.
㉢ 전자기유도 : 대형변압기, 고주파가열로와 같은 것으로부터 전자기의 유도를 받지 않는 것이어야 한다.
㉣ 분리관의 부착 및 가스누출 시험 : 분리관을 장치에 부착한 후 운반가스의 압력을 사용압력 이상으로 올리고, 분리관 등의 접속부에 비눗물 등을 칠하여 가스누출시험을 하며 누출이 없음을 확인한다.

76 굴뚝 배출가스 중의 수분량을 흡습관법으로 측정한 결과 다음과 같은 결과값을 얻었다. 습배출가스 중의 수증기 백분율은?(단, 표준상태 기준)

- 건조가스 흡인유량 : 20L
- 측정 전 흡습관 질량 : 96.16g
- 측정 후 흡습관 질량 : 97.69g

① 약 6.4%   ② 약 7.1%
③ 약 8.7%   ④ 약 9.5%

해설 습배출가스 중 수증기백분율(X_w)

$$X_w(\%) = \frac{\frac{22.4}{18}m_a}{V_m + \frac{22.4}{18}m_a} \times 100$$

$$= \frac{1.244 \times (97.69 - 96.16)}{20 + [1.244 \times (97.69 - 96.16)]} \times 100 = 8.69\%$$

77 다음은 시험의 기재 및 용어에 관한 설명이다. ( ) 안에 알맞은 것은?

시험조작 중 "즉시"란 (㉠) 이내에 표시된 조작을 하는 것을 뜻하며, "감압 또는 진공"이라 함은 따로 규정이 없는 한 (㉡) 이하를 뜻한다.

① ㉠ 10초, ㉡ 15mmH₂O
② ㉠ 10초, ㉡ 15mmHg
③ ㉠ 30초, ㉡ 15mmH₂O
④ ㉠ 30초, ㉡ 15mmHg

해설 ㉠ 즉시 : 30초 이내에 표시된 조작을 하는 것을 뜻한다.
㉡ 감압 또는 진공 : 따로 규정이 없는 한 15mmHg 이하를 뜻한다.

78 굴뚝에서 배출되는 가스상 물질 중 포름알데하이드 채취 시 채취관의 재질로 알맞지 않은 것은?

① 경질유리   ② 스테인리스강
③ 석영   ④ 불소수지

해설 분석물질의 종류별 채취관 및 연결관 등의 재질

분석물질, 공존가스	채취관, 연결관의 재질	여과지	비고
암모니아	①②③④⑤⑥	ⓐⓑⓒ	① 경질유리
일산화탄소	①②③④⑤⑥⑦	ⓐⓑⓒ	② 석영
염화수소	①② ⑤⑥⑦	ⓐⓑⓒ	③ 보통강철
염소	①② ⑤⑥⑦	ⓐⓑⓒ	④ 스테인리스강 재질
황산화물	①② ④⑤⑥⑦	ⓐⓑⓒ	⑤ 세라믹
질소산화물	①② ④⑤⑥	ⓐⓑⓒ	⑥ 불소수지
이황화탄소	①② ⑥	ⓐⓑ	⑦ 염화비닐수지
포름알데하이드	①② ⑥	ⓐⓑ	⑧ 실리콘수지
황화수소	①② ④⑤⑥⑦	ⓐⓑⓒ	⑨ 네오프렌
불소화합물	④ ⑥	ⓐⓑⓒ	ⓐ 알칼리 성분이 없는 유리솜 또는 실리카솜
시안화수소	①② ④⑤⑥⑦	ⓐⓑⓒ	
브롬	①② ⑥	ⓐⓑ	
벤젠	①②	ⓐⓑ	ⓑ 소결유리
페놀	①②	ⓐⓑ	ⓒ 카보런덤
비소	①② ④⑤⑥⑦	ⓐⓑⓒ	

정답 75 ④ 76 ③ 77 ④ 78 ②

79 원자흡수분광광도법에 사용되는 불꽃 중 불꽃의 온도가 높아 불꽃 중에서 해리하기 어려운 내화성 산화물(Refractory Oxide)을 만들기 쉬운 원소의 분석에 가장 적합한 것은?

① 아세틸렌 – 공기 ② 아세틸렌 – 산소
③ 수소 – 공기 – 알곤 ④ 아세틸렌 – 아산화질소

해설 원자흡광 분석에 사용되는 불꽃을 만들기 위한 조연성 가스와 가연성 가스의 조합

수소 – 공기, 수소 – 공기 – 알곤, 수소 – 산소, 아세틸렌 – 공기, 아세틸렌 – 산소, 아세틸렌 – 아산화질소, 프로판 – 공기, 석탄가스 – 공기 등이 있다. 이들 가운데 수소 – 공기, 아세틸렌 – 공기, 아세틸렌 – 아산화질소 및 프로판 – 공기가 가장 널리 이용된다. 이 중에서도 수소 – 공기와 아세틸렌 – 공기는 거의 대부분의 원소분석에 유효하게 사용되며 수소 – 공기는 원자 외 영역에서의 불꽃자체에 의한 흡수가 적기 때문에 이 파장영역에서 분석선을 갖는 원소의 분석에 적당하다. 아세틸렌 – 아산화질소 불꽃은 불꽃의 온도가 높기 때문에 불꽃 중에서 해리하기 어려운 내화성 산화물(Refractory Oxide)을 만들기 쉬운 원소의 분석에 적당하다. 프로판 – 공기 불꽃은 불꽃온도가 낮고 일부 원소에 대하여 높은 감도를 나타낸다.

80 배출가스 중 가스상물질의 시료채취장치 중 채취부에 사용되는 부품의 조건으로 옳지 않은 것은?

① 펌프는 배기능력 10~20L/min인 개방형을 쓴다.
② 가스미터는 일회전 1L의 습식 또는 건식 가스미터를 쓴다.
③ 수은 마노미터는 대기와 압력차가 100mmHg 이상인 것을 쓴다.
④ 가스건조탑은 유리로 만든 가스건조탑을 쓰며, 건조제로서는 입자상태의 염화칼슘 등을 쓴다.

해설 펌프의 배기능력은 0.5~5L/min인 밀폐형인 것을 쓴다.

제5과목 대기환경관계법규

81 대기환경보전법에서 사용하는 용어의 뜻으로 옳지 않은 것은?

① "저공해엔진"이란 자동차에서 배출되는 대기오염물질을 줄이기 위한 엔진(엔진개조에 사용하는 부품을 포함한다)으로서 환경부령으로 정하는 배출허용기준에 맞는 엔진을 말한다.
② "검댕"이란 연소할 때에 생기는 유리탄소가 응결하여 입자의 지름이 1미크론 이상이 되는 입자상 물질을 말한다.
③ "온실가스"란 적외선 복사열을 흡수하거나 다시 방출하여 온실효과를 유발하는 대기 중의 가스상태 물질로서 이산화탄소, 메탄, 아산화질소, 수소불화탄소, 과불화탄소, 육불화황을 말한다.
④ "촉매제"란 연료절감을 위해 엔진구동부에 사용되는 화학물질로서 부피비율로 1퍼센트 미만의 비율로 첨가하는 물질을 말한다.

해설 촉매제
배출가스를 줄이는 효과를 높이기 위하여 배출가스저감장치에 사용되는 화학물질로서 환경부령으로 정하는 것을 말한다.

82 다음 중 대기환경보전법령상 "3종 사업장"에 해당되는 것은?

① 대기오염물질 발생량의 합계가 연간 9톤인 사업장
② 대기오염물질 발생량의 합계가 연간 11톤인 사업장
③ 대기오염물질 발생량의 합계가 연간 22톤인 사업장
④ 대기오염물질 발생량의 합계가 연간 52톤인 사업장

해설 사업장 분류기준

종별	오염물질 발생량 구분
1종 사업장	대기오염물질 발생량의 합계가 연간 80톤 이상인 사업장
2종 사업장	대기오염물질 발생량의 합계가 연간 20톤 이상 80톤 미만인 사업장
3종 사업장	대기오염물질 발생량의 합계가 연간 10톤 이상 20톤 미만인 사업장
4종 사업장	대기오염물질 발생량의 합계가 연간 2톤 이상 10톤 미만인 사업장
5종 사업장	대기오염물질 발생량의 합계가 연간 2톤 미만인 사업장

정답 79 ④ 80 ① 81 ④ 82 ②

83 배연탈황시설을 설치한 배출시설을 시운전할 경우 환경부령이 정하는 시운전 기간의 기준은?

① 배출시설 및 방지시설의 가동개시일부터 10일까지
② 배출시설 및 방지시설의 가동개시일부터 15일까지
③ 배출시설 및 방지시설의 가동개시일부터 30일까지
④ 배출시설 및 방지시설의 가동개시일부터 60일까지

해설 **시운전 기간**
배출시설 및 방지시설의 가동개시일부터 30일까지의 기간을 말한다.

84 다음은 대기환경보전법규상 자동차 운행정지표지에 관한 사항이다. ( ) 안에 알맞은 것은?

> 바탕색은 (㉠)으로, 문자는 검정색으로 하며, 이 자동차를 운행정지기간 내에 운행하는 경우에는 대기환경보전법에 따라 (㉡)을 물게된다.

① ㉠ 흰색   ㉡ 100만 원 이하의 벌금
② ㉠ 흰색   ㉡ 300만 원 이하의 벌금
③ ㉠ 노란색 ㉡ 100만 원 이하의 벌금
④ ㉠ 노란색 ㉡ 300만 원 이하의 벌금

해설 바탕색은 노란색으로, 문자는 검정색으로 하며, 이 자동차를 운행정지기간 내에 운행하는 경우에는 대기환경보전법에 따라 300만 원 이하의 벌금을 물게 된다.

85 수도권대기환경청장, 국립환경과학원장 또는 한국환경공단이 설치하는 대기오염 측정망의 종류가 아닌 것은?

① 대기오염물질의 지역 배경농도를 측정하기 위한 교외대기 측정망
② 도시지역의 휘발성 유기화합물 등의 농도를 측정하기 위한 광화학대기오염물질 측정망
③ 산성 대기오염물질의 건성 및 습성 침착량을 측정하기 위한 산성강하물 측정망
④ 대기 중의 중금속 농도를 측정하기 위한 대기중금속 측정망

해설 **수도권대기환경청장, 국립환경과학원장 또는 한국환경공단이 설치하는 대기오염 측정망의 종류**
㉠ 대기오염물질의 지역배경농도를 측정하기 위한 교외대기측정망
㉡ 대기오염물질의 국가배경농도와 장거리이동 현황을 파악하기 위한 국가배경농도측정망
㉢ 도시지역 또는 산업단지 인근지역의 특정대기유해물질(중금속을 제외한다)의 오염도를 측정하기 위한 유해대기물질 측정망
㉣ 도시지역의 휘발성 유기화합물 등의 농도를 측정하기 위한 광화학대기오염물질측정망
㉤ 산성 대기오염물질의 건성 및 습성 침착량을 측정하기 위한 산성강하물측정망
㉥ 기후·생태계 변화유발물질의 농도를 측정하기 위한 지구대기측정망
㉦ 장거리이동 대기오염물질의 성분을 집중 측정하기 위한 대기오염집중측정망
㉧ 미세먼지(PM-2.5)의 성분 및 농도를 집중측정하기 위한 미세먼지성분측정망

86 최초로 배출시설을 설치한 경우에 환경기술인의 임명신고 시기로 적절한 것은?

① 배출시설 가동개시신고와 동시에 신고
② 배출시설 설치완료신고와 동시에 신고
③ 배출시설 설치허가신청과 동시에 신고
④ 환경기술인 임명과 동시에 신고

해설 **환경기술인 임명신고 시기**
㉠ 최초로 배출시설을 설치한 경우에는 가동개시 신고와 동시에 임명
㉡ 환경기술인을 바꾸어 임명하는 경우에는 그 사유가 발생한 날로부터 5일 이내

87 대기환경보전법상 위반행위 중 "200만 원 이하의 과태료 부과"에 해당하는 것은?

① 제조기준에 맞지 아니한 것으로 판정된 자동차연료를 사용한 자
② 제조기준에 맞지 아니한 것으로 판정된 촉매제를 공급한 자
③ 배출허용기준에 맞는지의 여부 확인을 위해 배출시설에 측정기기의 부착 등의 조치를 하지 아니한 자
④ 제조기준에 맞지 아니하는 촉매제임을 알면서 사용한 자

해설 대기환경보전법 제94조 참고

정답 83 ③ 84 ④ 85 ④ 86 ① 87 ④

88 인증을 면제할 수 있는 자동차로 가장 적절한 것은?

① 항공기 지상조업용 자동차
② 여행자 등이 다시 반출할 것을 조건으로 일시 반입하는 자동차
③ 외교관 또는 주한 외국군인의 가족이 사용하기 위하여 반입하는 자동차
④ 외국에서 국내의 공공기관 또는 비영리단체에 무상으로 기증한 자동차

해설 **인증을 면제할 수 있는 자동차**
㉠ 군용 및 경호업무용 등 국가의 특수한 공용 목적으로 사용하기 위한 자동차와 소방용 자동차
㉡ 주한 외국공관 또는 외교관이나 그 밖에 이에 준하는 대우를 받는 자가 공용 목적으로 사용하기 위한 자동차로서 외교부장관의 확인을 받은 자동차
㉢ 주한 외국군대의 구성원이 공용 목적으로 사용하기 위한 자동차
㉣ 수출용 자동차와 박람회나 그 밖에 이에 준하는 행사에 참가하는 자가 전시의 목적으로 일시 반입하는 자동차
㉤ 여행자 등이 다시 반출할 것을 조건으로 일시 반입하는 자동차
㉥ 자동차제작자 및 자동차 관련 연구기관 등이 자동차의 개발 또는 전시 등 주행 외의 목적으로 사용하기 위하여 수입하는 자동차
㉦ 외국인 또는 외국에서 1년 이상 거주한 내국인이 주거(住居)를 옮기기 위하여 이주물품으로 반입하는 1대의 자동차

89 대기환경보전법 시행령에 규정된 사업장별 환경기술인의 자격기준으로 옳지 않은 것은?

① 대기오염물질 발생량의 합계가 연간 80톤 이상인 사업장은 1종 사업장에 해당하는 기술인을 둘 수 있다.
② 대기오염물질 발생량의 합계가 연간 20톤 이상 80톤 미만인 사업장은 2종 사업장에 해당하는 기술인을 둘 수 있다.
③ 전체 배출시설에 대하여 방지시설 설치면제를 받은 사업장과 배출시설에서 배출되는 오염물질 등을 공동방지시설에서 처리하게 하는 사업장은 5종 사업장에 해당하는 기술인을 둘 수 있다.
④ 5종 사업장 중 특정대기유해물질이 포함된 오염물질을 배출하는 경우에는 4종 사업장에 해당하는 기술인을 두어야 한다.

해설 4종 사업장과 5종 사업장 중 특정대기유해물질이 포함된 오염물질을 배출하는 경우에는 3종 사업장에 해당하는 기술인을 두어야 한다.

90 대기환경보전법규상 자동차연료 제조기준 중 휘발유의 90% 유출온도(℃) 기준은?(단, 2009년 1월 1일부터 적용기준)

① 150℃ 이하 ② 160℃ 이하
③ 170℃ 이하 ④ 180℃ 이하

해설 **자동차연료 제조기준(휘발유)**

항목	제조기준
방향족화합물 함량(부피%)	24(21) 이하
벤젠 함량(부피%)	0.7 이하
납 함량(g/L)	0.013 이하
인 함량(g/L)	0.0013 이하
산소 함량(무게%)	2.3 이하
올레핀 함량(부피%)	16(19) 이하
황 함량(ppm)	10 이하
증기압(kPa, 37.8℃)	60 이하
90% 유출온도(℃)	170 이하

91 대기환경보전법규에 명시된 환경기술인의 교육사항에 관한 규정 중 ( ) 안에 들어갈 말로 옳은 것은?

신규교육은 환경기술인으로 임명된 날로부터 (㉠) 이내에 1회이며, 보수교육은 신규교육을 받은 날을 기준으로 (㉡)마다 1회 받아야 한다.

① ㉠ 3월, ㉡ 1년 ② ㉠ 6월, ㉡ 1년
③ ㉠ 1년, ㉡ 3년 ④ ㉠ 1년, ㉡ 5년

해설 신규교육은 환경기술인으로 임명된 날로부터 1년 이내에 1회이며, 보수교육은 신규교육을 받은 날을 기준으로 3년마다 1회 받아야 한다.

92 대기환경보전법령상 부과금의 부과면제 등에 관한 기준이다. ( ) 안에 알맞은 것은?

발전시설의 경우에는 황함유량 (㉠)퍼센트 이하인 액체 및 고체연료, 발전시설 외의 배출시설(설비용량 100메가와트 미만인 열병합발전시설을 포함한다)의 경우에는 황함유량이 (㉡)퍼센트 이하인 액체연료 또는 황함유량이 (㉢)퍼센트 미만인 고체연료를 사용하는 배출시설로서 배출허용기준을 준수할 수 있는 시설. 이 경우 고체연료의 황함유량은 연소기기에 투입되는 여러 고체연료의 황함유량을 평균한 것으로 한다.

① ㉠ 0.3, ㉡ 0.5, ㉢ 0.6
② ㉠ 0.3, ㉡ 0.5, ㉢ 0.45
③ ㉠ 0.1, ㉡ 0.3, ㉢ 0.5
④ ㉠ 0.1, ㉡ 0.5, ㉢ 0.45

해설 **부과금의 부과면제**
발전시설의 경우에는 황함유량이 0.3퍼센트 이하인 액체연료 및 고체연료, 발전시설 외의 배출시설(설비용량이 100메가와트 미만인 열병합발전시설을 포함한다)의 경우에는 황함유량이 0.5퍼센트 이하인 액체연료 또는 황함유량이 0.45퍼센트 미만인 고체연료를 사용하는 배출시설로서 배출허용기준을 준수할 수 있는 시설. 이 경우 고체연료의 황함유량은 연소기기에 투입되는 여러 고체연료의 황함유량을 평균한 것으로 한다.

93 환경정책기본법상 대기환경기준에서 정하고 있는 일산화탄소의 8시간 평균치(ppm)는?

① 5ppm 이하　② 7ppm 이하
③ 9ppm 이하　④ 12ppm 이하

해설 **대기환경기준**

항목	기준	측정방법
아황산가스 (SO$_2$)	• 연간 평균치 : 0.02ppm 이하 • 24시간 평균치 : 0.05ppm 이하 • 1시간 평균치 : 0.15ppm 이하	자외선 형광법 (Pulse UV Fluorescence Method)
일산화탄소 (CO)	• 8시간 평균치 : 9ppm 이하 • 1시간 평균치 : 25ppm 이하	비분산 적외선 분석법 (Non-Dispersive Infrared Method)
이산화질소 (NO$_2$)	• 연간 평균치 : 0.03ppm 이하 • 24시간 평균치 : 0.06ppm 이하 • 1시간 평균치 : 0.10ppm 이하	화학 발광법 (Chemiluminescence Method)
미세먼지 (PM-10)	• 연간 평균치 : 50$\mu g/m^3$ 이하 • 24시간 평균치 : 100$\mu g/m^3$ 이하	베타선 흡수법 (β-Ray Absorption Method)
미세먼지 (PM-2.5)	• 연간 평균치 : 15$\mu g/m^3$ 이하 • 24시간 평균치 : 35$\mu g/m^3$ 이하	중량 농도법 또는 이에 준하는 자동 측정법
오존 (O$_3$)	• 8시간 평균치 : 0.06ppm 이하 • 1시간 평균치 : 0.1ppm 이하	자외선 광도법 (UV Photometric Method)
납 (Pb)	연간 평균치 : 0.5$\mu g/m^3$ 이하	원자흡광광도법 (Atomic Absorption Spectrophotometry)
벤젠	연간 평균치 : 5$\mu g/m^3$ 이하	기체크로마토그래피 (Gas Chromatography)

94 대기환경보전법규상 자동차연료형 첨가제의 종류로 가장 거리가 먼 것은?

① 세척제　② 다목적 첨가제
③ 기관윤활제　④ 유동성 향상제

해설 **자동차연료형 첨가제의 종류**
㉠ 세척제　㉡ 청정분산제
㉢ 매연억제제　㉣ 다목적 첨가제
㉤ 옥탄가 향상제　㉥ 세탄가 향상제
㉦ 유동성 향상제　㉧ 윤활성 향상제

95 대기 배출부과금 징수유예 기간 중의 분할납부의 횟수 기준은?(단, 초과부과금의 경우)

① 2회 이내　② 4회 이내
③ 6회 이내　④ 12회 이내

해설 **징수유예 기간 중 분할납부 횟수**
㉠ 기본부과금 : 유예한 날의 다음 날부터 다음 부과기간의 개시일 전일까지, 4회 이내
㉡ 초과부과금 : 유예한 날의 다음 날부터 2년 이내, 12회 이내

96 다음은 대기환경보전법령상 환경부장관이 배출시설 설치를 제한할 수 있는 경우이다. ( ) 안에 알맞은 것은?

> 배출시설 설치 지점으로부터 반경 1킬로미터 안의 상주 인구가 (㉠)명 이상인 지역으로서 특정대기유해물질 중 한 가지 종류의 물질을 연간 (㉡) 이상 배출하는 시설을 설치하는 경우

① ㉠ 1만, ㉡ 5톤　② ㉠ 1만, ㉡ 10톤
③ ㉠ 2만, ㉡ 5톤　④ ㉠ 2만, ㉡ 10톤

해설 **배출시설 설치의 제한**
㉠ 배출시설 설치 지점으로부터 반경 1킬로미터 안의 상주인구가 2만 명 이상인 지역으로서 특정대기유해물질 중 한 가지 종류의 물질을 연간 10톤 이상 배출하거나 두 가지 이상의 물질을 연간 25톤 이상 배출하는 시설을 설치하는 경우
㉡ 대기오염물질(먼지·황산화물 및 질소산화물만 해당한다)의 발생량 합계가 연간 10톤 이상인 배출시설을 특별대책지역에 설치하는 경우

정답 93 ③　94 ③　95 ④　96 ④

97 다중이용시설 등의 실내공기질 관리법규상 신축 공동주택의 실내공기질 권고기준 중 "에틸벤젠" 기준으로 옳은 것은?

① $210\mu g/m^3$ 이하
② $300\mu g/m^3$ 이하
③ $360\mu g/m^3$ 이하
④ $700\mu g/m^3$ 이하

해설 신축 공동주택의 실내공기질 권고기준
㉠ 포름알데하이드 : $210\mu g/m^3$ 이하
㉡ 벤젠 : $30\mu g/m^3$ 이하
㉢ 톨루엔 : $1,000\mu g/m^3$ 이하
㉣ 에틸벤젠 : $360\mu g/m^3$ 이하
㉤ 자일렌 : $700\mu g/m^3$ 이하
㉥ 스티렌 : $300\mu g/m^3$ 이하
㉦ 라돈 : $148Bq/m^3$ 이하

98 대기환경보전법령상 초과부과금 산정기준에서 다음 중 오염물질 1킬로그램당 부과금액이 가장 적은 것은?

① 이황화탄소
② 암모니아
③ 황화수소
④ 불소화합물

해설 초과부과금 산정기준

오염물질	구분	오염물질 1킬로그램당 부과금액
황산화물		500
먼지		770
질소산화물		2,130
암모니아		1,400
황화수소		6,000
이황화탄소		1,600
특정유해물질	불소화물	2,300
	염화수소	7,400
	시안화수소	7,300

※ 법규 변경사항이므로 해설의 내용으로 학습하시기 바랍니다.

99 실내공기질 유지기준의 오염물질 항목으로만 짝지어진 것은?

① 미세먼지, 라돈
② 일산화탄소, 석면
③ 오존, 총부유세균
④ 이산화탄소, 포름알데하이드

해설 실내공기질 관리법상 유지기준

오염물질 항목 / 다중이용시설	미세먼지 (PM-10) ($\mu g/m$)	미세먼지 (PM-2.5) ($\mu g/m$)	이산화탄소 (ppm)	포름알데하이드 ($\mu g/m$)	총부유세균 (CFU/m)	일산화탄소 (ppm)
지하역사, 지하도상가, 철도역사의 대합실, 여객자동차터미널의 대합실, 항만시설 중 대합실, 공항시설 중 여객터미널, 도서관·박물관 및 미술관, 대규모점포, 장례식장, 영화상영관, 학원, 전시시설, 인터넷컴퓨터게임시설제공업의 영업시설, 목욕장업의 영업시설	100 이하	50 이하	1,000 이하	100 이하	—	10 이하
의료기관, 산후조리원, 노인요양시설, 어린이집	75 이하	35 이하		80 이하	800 이하	
실내주차장	200 이하	—		100 이하		25 이하
실내 체육시설, 실내 공연장, 업무시설, 둘 이상의 용도에 사용되는 건축물	200 이하	—		—	—	—

※ 법규 변경사항이므로 해설의 내용으로 학습하시기 바랍니다.

100 자가방지시설을 설계·시공하고자 하는 경우, 시·도지사에게 제출해야 되는 서류로 가장 거리가 먼 것은?

① 공정도
② 기술능력 현황을 적은 서류
③ 배출시설 설치도면 및 종업원 수
④ 원료(연료 포함)사용량, 제품생산량 및 대기오염물질 등의 배출량을 예측한 명세서

해설 자가방지시설을 설계·시공하고자 하는 경우, 시·도지사에게 제출해야 되는 서류
㉠ 배출시설의 설치명세서
㉡ 공정도
㉢ 원료(연료를 포함한다) 사용량, 제품생산량 및 대기오염물질 등의 배출량을 예측한 명세서
㉣ 방지시설의 설치명세서와 그 도면
㉤ 기술능력 현황을 적은 서류

정답 97 ③ 98 ② 99 ④ 100 ③

2016년 4회 기출문제

대기환경 기사 기출문제

제1과목 　대기오염개론

01 A도시의 먼지 농도를 측정하기 위하여 공기를 여과지를 통하여 0.4m/s의 속도로 3시간 동안 여과시킨 결과 깨끗한 여과지에 비해 사용된 여과지의 빛 전달률이 80%이었다. 이때 1,000m당 Coh는 약 얼마인가?

① 1.25　　② 1.50
③ 2.25　　④ 4.32

해설
$$Coh_{1,000} = \frac{\log(1/t)/0.01}{L} \times 1,000$$

광화학적 밀도 $= \log\frac{1}{0.8} = 0.0969$

총 이동거리(L) = 0.4m/sec × 3hr × 3,600sec/hr
　　　　　　　　= 4,320m

$$= \frac{0.0969/0.01}{4,320} \times 1,000 = 2.24$$

02 등압면이 직선이 아닌 곡선일 때에 부는 바람인 경도풍은 3가지 힘이 평형을 이루고 있을 때 나타난다. 이 3가지 힘으로 가장 적합한 것은?

① 마찰력, 전향력, 원심력
② 기압경도력, 전향력, 원심력
③ 기압경도력, 마찰력, 원심력
④ 기압경도력, 전향력, 마찰력

해설 경도풍은 기압경도력과 전향력, 원심력이 평형을 이루어 부는 바람이다.

03 다환방향족 탄화수소(Polycyclic Aromatic Hydrocarbons, PAH)에 관한 설명으로 가장 거리가 먼 것은?

① 대부분 PAH는 물에 잘 용해되며, 산성비의 주요원인 물질로 작용한다.
② 대부분 공기역학적 직경이 2.5μm 미만인 입자상 물질이다.
③ 석탄, 기름, 가스, 쓰레기, 각종 유기물질의 불완전 연소가 일어나는 동안에 형성된 화학물질 그룹이다.
④ 고리 형태를 갖고 있는 방향족 탄화수소로서 미량으로도 암 및 돌연변이를 일으킬 수 있다.

해설 대부분 PAH는 물에 잘 용해되지 않고 공기 중에 쉽게 휘발하는 성질을 가지고 있다.

04 굴뚝높이 50m, 배출 연기온도 200℃, 배출 연기속도 30m/s, 굴뚝직경이 2m인 화력발전소가 있다. 지금 주변 대기온도가 20℃이고, 굴뚝 배출구에서 대기 풍속이 10m/s이며, 대기압은 1,000mb인 조건에서 다음 Holland식을 이용한 연기의 유효굴뚝높이는?

$$\Delta H = \frac{V_s d}{U}\left[1.5 + 2.68 \times 10^{-3} P_a\left(\frac{T_s - T_a}{T_s}\right)d\right]$$

① 약 71m　　② 약 85m
③ 약 93m　　④ 약 21m

해설 $H_e = H + \Delta H$

$$\Delta H = \frac{V_s d}{U}\left[1.5 + 2.68 \times 10^{-3} \times P_a\left(\frac{T_s - T_a}{T_s}\right)d\right]$$

$$= \frac{30\text{m/sec} \times 2\text{m}}{10\text{m/sec}}\left[1.5 + 2.68 \times 10^{-3} \times 1,000\text{mb}\right.$$
$$\left.\times \left(\frac{(273+200) - (273+20)}{273+200}\right) \times 2\text{m}\right]$$
$$= 21.24\text{m}$$
$$= 50 + 21.24 = 71.24\text{m}$$

05 다음 가스 중 혈액 내의 헤모글로빈(Hb)과 가장 결합력이 강한 물질은?

① CO　　② O_2
③ NO　　④ CS_2

해설 NO는 혈중 헤모글로빈과의 결합력이 CO보다 수백 배 더 강하다. 즉 혈중헤모글로빈과의 친화력은 NO>CO>O_2 순이다.

정답 01 ③　02 ②　03 ①　04 ①　05 ③

06 다음 중 세류현상(Down Wash)이 발생하지 않는 조건으로 가장 적절한 것은?
① 굴뚝높이에서의 풍속이 오염물질 토출속도의 1.5배 이상일 때
② 굴뚝높이에서의 풍속이 오염물질 토출속도의 2.0배 이상일 때
③ 오염물질의 토출속도가 굴뚝높이 풍속의 1.5배 이상일 때
④ 오염물질의 토출속도가 굴뚝높이 풍속의 2.0배 이상일 때

해설 세류현상(Down Wash)은 오염물질의 토출속도가 굴뚝높이 풍속의 2.0배 이상일 때 발생하지 않는다.

07 질소산화물에 관한 설명으로 거리가 먼 것은?
① 아산화질소(N_2O)는 성층권의 오존을 분해하는 물질로 알려져 있다.
② 아산화질소(N_2O)는 대류권에서 태양에너지에 대하여 매우 안정하다.
③ 전 세계의 질소화합물 배출량 중 인위적인 배출량은 자연적 배출량의 약 70% 정도를 차지하고 있으며, 그 비율은 점차 증가하는 추세이다.
④ 연료 NOx는 연료 중 질소화합물은 일반적으로 석탄에 많고 중유, 경유 순으로 적어진다.

해설 전 세계 질소화합물 중 인위적인 질소화합물 배출량은 자연적 배출량의 10% 정도인 것으로 추정되고 있다.

08 대기오염물질과 그 발생원의 연결로 가장 거리가 먼 것은?
① 페놀 — 타르공업, 도장공업
② 암모니아 — 소다공업, 인쇄공장, 농약제조
③ 시안화수소 — 청산제조업, 가스공업, 제철공업
④ 아황산가스 — 용광로, 제련소, 석탄화력발전소

해설 **암모니아의 주요 발생공정**
냉동공업, 비료공업, 나일론제조업, 도금공업 등

09 유효고 50m인 굴뚝에서 NO가 200g/sec의 속도로 배출되고 있다. 굴뚝 유효고에서의 풍속은 10m/sec일 때, 500m 풍하방향 중심선상 지표면에서의 NO 농도는? (단, $\sigma_y = 30m$, $\sigma_z = 15m$)
① 약 $3\mu g/m^3$ ② 약 $5\mu g/m^3$
③ 약 $27\mu g/m^3$ ④ 약 $55\mu g/m^3$

해설 가우시안 확산식에서 $y=0$, $z=0$이므로
$C(x, 0, 0, H_e)$
$= \dfrac{Q}{\pi \sigma_y \sigma_z U} \exp\left[-\dfrac{1}{2}\left(\dfrac{H_e}{\sigma_z}\right)^2\right]$
$= \dfrac{200g/sec \times 10^6 \mu g/g}{3.14 \times 30m \times 15m \times 10m/sec} \exp\left[-\dfrac{1}{2}\left(\dfrac{50m}{15m}\right)^2\right]$
$= 54.69 \mu g/m^3$

10 태양복사의 산란에 관한 다음 설명 중 가장 거리가 먼 것은?
① 레일리 산란의 경우 그 세기는 파장의 2승에 반비례한다.
② 산란의 세기는 입사되는 빛의 파장(λ)에 대한 입자크기(반경)의 비에 의해 결정된다.
③ 입자의 크기가 입사되는 빛의 파장에 비해 아주 작게 되면 레일리 산란이 발생한다.
④ 맑은날 하늘이 푸르게 보이는 이유는 레일리 산란 특성에 의해 파장이 짧은 청색광이 긴 적색광보다 더욱 강하게 산란되기 때문이다.

해설 레일리 산란의 경우 그 세기는 파장의 4승에 반비례한다.

11 대기의 안정도와 관련된 리차드슨 수(Ri)를 나타낸 식으로 옳은 것은?(단, g : 그 지역의 중력가속도, θ : 잠재온도, u : 풍속, z : 고도)
① $Ri = \dfrac{(g/\theta)(d\theta/dz)}{(du/dz)^2}$
② $Ri = \dfrac{(g/\theta)(du/dz)}{(d\theta/dz)}$
③ $Ri = \dfrac{(\theta/g)(du/dz)^2}{(d\theta/dz)}$
④ $Ri = \dfrac{(\theta/g)(d\theta/dz)}{(du/dz)^2}$

해설 리차드슨 수$(Ri) = g/T \cdot \dfrac{\Delta T/\Delta Z}{(\Delta u/\Delta Z)^2}$: Panofsky의 Ri식

여기서, g : 그 지역의 중력가속도(지구 중력가속도)
T : 절대온도
ΔT : 두 층의 온도차
ΔZ : 두 층의 고도차
Δu : 두 층의 풍속차
$\Delta T/\Delta Z$: 자유대류의 크기(수직방향 온위경도)
$\Delta u/\Delta Z$: 강제대류의 크기(수직방향 풍속경도)

12 벤젠에 관한 설명으로 옳지 않은 것은?
① 체내에 흡수된 벤젠은 지방이 풍부한 피하조직과 골수에서 고농도로 축적되어 오래 잔존할 수 있다.
② 체내에서 마뇨산(Hippuric Acid)으로 대사하여 소변으로 배설된다.
③ 비점은 약 80℃ 정도이고, 체내 흡수는 대부분 호흡기를 통하여 이루어진다.
④ 벤젠 폭로에 의해 발생되는 백혈병은 주로 급성 골수아성 백혈병(Acute Myeloblastic Leukemia)이다.

해설 벤젠은 체내에서 페놀로 대사되어 소변으로 배설되며 톨루엔이 체내에서 마뇨산으로 대사되어 배설된다.

13 상자모델을 전개하기 위하여 설정된 가정으로 가장 거리가 먼 것은?
① 오염물은 지면의 한 지점에서 일정하게 배출된다.
② 고려된 공간에서 오염물의 농도는 균일하다.
③ 오염물의 분해는 일차반응에 의한다.
④ 고려되는 공간의 수직단면에 직각방향으로 부는 바람의 속도가 일정하여 환기량이 일정하다.

해설 상자모델의 가정조건에는 상자 내의 농도는 균일하며, 배출원은 지면 전역에 균일하게 분포되어 있다.

14 최대혼합고(MMD)에 관한 설명으로 옳지 않은 것은?
① 통상적으로 밤에 가장 낮으며, 낮시간 동안 증가한다.
② 야간 극심한 역전하에서는 0이 될 수도 있다.
③ 낮시간 동안에는 통상 20~30m의 값을 나타낸다.
④ 실제 MMD는 지표 위 수 km까지 실제 공기의 온도종단도를 작성함으로써 결정된다.

해설 최대혼합고(MMD)는 통상적으로 낮(12~2시)에 가장 크고(2~3km), 계절적으로는 여름에 최대가 된다.

15 광화학반응의 주요 생성물 중 PAN(Peroxyacetyl Nitrate)의 화학식을 옳게 나타낸 것은?
① $CH_3CO_2N_4O_2$
② $CH_3C(O)O_2NO_2$
③ $C_5H_{11}C(O)O_2N_4O_2$
④ $C_5H_{11}CO_2NO_2$

해설 PAN은 Peroxyacetyl Nitrate의 약자이며, $CH_3COOONO_2$의 분자식을 갖는다.

16 산성비에 대한 다음 설명 중 ( ) 안에 가장 적당한 말은?

산성비는 통상 (㉠) 이하의 강우를 말하며, 이는 자연 상태의 대기 중에 존재하는 (㉡)가 강우에 흡수되었을 때 나타나는 pH를 기준으로 한 것이다.

① ㉠ 7, ㉡ CO_2
② ㉠ 7, ㉡ NO_2
③ ㉠ 5.6, ㉡ CO_2
④ ㉠ 5.6, ㉡ CO

해설 산성비는 통상 5.6 이하의 강우를 말하며, 이는 자연 상태의 대기 중에 존재하는 CO_2가 강우에 흡수되었을 때 나타나는 pH를 기준으로 한 것이다.

17 1~2μm 이하의 미세입자는 세정(Rain Out) 효과가 작은데 그 이유로 가장 적합한 것은?
① 응축효과가 크기 때문에
② 휘산효과가 크기 때문에
③ 부정형의 입자가 많기 때문에
④ 브라운 운동을 하기 때문에

해설 1~2μm 이하의 미세입자는 브라운 운동(불규칙적인 운동)을 하기 때문에 세정효과가 작다.

18 로스앤젤레스 스모그 사건에 대한 설명 중 틀린 것은?
① 대기는 침강성 역전 상태였다.
② 주 오염성분은 NOx, O_3, PAN, 탄화수소이다.
③ 광화학적 및 열적 산화반응을 통해서 스모그가 형성되었다.
④ 주 오염 발생원은 가정난방용 석탄과 화력발전소의 매연이다.

해설 로스앤젤레스 스모그 사건은 자동차연료인 석유계 연료에서 발생하는 질소산화물, 탄화수소 등이 주원인물질로 작용했다.

정답 12 ② 13 ① 14 ③ 15 ② 16 ③ 17 ④ 18 ④

19 대기오염물질별로 지표식물을 짝지은 것으로 가장 거리가 먼 것은?

① HF – 알파파
② SOx – 담배
③ O_3 – 시금치
④ NH_3 – 해바라기

해설 불화수소의 지표식물
글라디올러스, 어린소나무, 옥수수, 자두, 메밀 등이다.

20 따뜻한 공기가 찬 지표면이나 수면 위를 불어갈 때 따뜻한 공기의 하층이 찬 지표면 수면에 의해 냉각되어 발생하는 역전 형태는?

① 접지역전
② 침강역전
③ 전선역전
④ 해풍역전

해설 이류역전(접지역전)
따뜻한 공기가 차가운 지표면 위로 흘러갈 때 발생, 즉 따뜻한 하층이 상대적으로 찬 지표면에 의해 냉각되어 발생하는 형태는 접지역전 중 이류역전에 해당한다.

제2과목 연소공학

21 중유 조성이 탄소 87%, 수소 11%, 황 2% 이었다면 이 중유연소에 필요한 이론 습연소가스양(Sm^3/kg)은?

① 9.63
② 11.35
③ 12.96
④ 13.62

해설
$G_{ow} = 0.79A_o + CO_2 + H_2O + SO_2$
$A_o = \frac{1}{0.21}[(1.867 \times 0.87) + (5.6 \times 0.11) + (0.7 \times 0.02)]$
$= 10.73 Sm^3/kg$
$= (0.79 \times 10.73) + (1.867 \times 0.87) + (11.2 \times 0.11)$
$+ (0.7 \times 0.02) = 11.35 Sm^3/kg$

22 프로판(C_3H_8) $1Sm^3$을 완전연소시켰을 때 건조연소가스 중의 CO_2 농도는 11%이었다. 공기비는 약 얼마인가?

① 1.05
② 1.15
③ 1.23
④ 1.39

해설
$C_3H_8 + 5O_2 \rightarrow 2CO_2 + 4H_2O$
$CO_2(\%) = \frac{CO_2 양}{G_d} \times 100$
$11 = \frac{3}{G_d} \times 100$
$G_d = 27.27 Sm^3/Sm^3$
$G_d = (m - 0.21)A_o + CO_2$
$A_o = \frac{1}{0.21} \times 5 Sm^3/Sm^3 = 23.81 Sm^3/Sm^3$
$27.27 = [(m - 0.21) \times 23.81] + 3$
$m = 1.23$

23 기체연료의 연소방식과 연소장치에 관한 설명으로 옳지 않은 것은?

① 확산연소는 주로 탄화수소가 적은 발생로가스, 고로가스 등에 적용되는 연소방식이다.
② 예혼합연소는 화염온도가 낮아 국부가열의 염려가 없고 연소부하가 작은 경우 사용이 가능하며, 화염의 길이가 길다.
③ 저압버너는 역화방지를 위해 1차 공기량을 이론공기량의 약 60% 정도만 흡입하고 2차 공기는 노 내의 압력을 부압으로 하여 공기를 흡인한다.
④ 예혼합연소에 사용되는 버너에는 저압버너, 고압버너, 송풍버너 등이 있다.

해설 예혼합연소는 화염온도가 높아 연소부하가 큰 경우에 사용이 가능하다. 화염의 길이는 짧다.

24 다음 중 연료의 연소과정에서 공기비가 낮을 경우 예상되는 문제점으로 가장 적합한 것은?

① 배출가스에 의한 열손실이 증가한다.
② 배출가스 중 CO와 매연이 증가한다.
③ 배출가스 중 SOx와 NOx의 발생량이 증가한다.
④ 배출가스의 온도저하로 저온부식이 가속화된다.

해설 공기비가 작을 경우 불완전연소로 인하여 매연 및 검댕이 발생되고, CO, HC의 농도가 증가한다.

25 액화석유가스(LPG)에 대한 설명으로 옳지 않은 것은?
① 황분이 적고 유독성분이 거의 없다.
② 사용에 편리한 기체연료의 특징과 수송 및 저장에 편리한 액체연료의 특징을 겸비하고 있다.
③ 천연가스에서 회수되기도 하지만 대부분은 석유정제 시 부산물로 얻어진다.
④ 비중이 공기보다 가벼워 누출될 경우 인화 폭발 위험성이 크다.

해설 액화석유가스(LPG)는 비중이 공기보다 무거워 누출 시 인화·폭발의 위험성이 높은 편이다.

26 폐가스 소각과 관련한 다음 설명 중 가장 거리가 먼 것은?
① 직접화염 재연소기의 설계 시 반응시간은 1~3초 정도로 하고, 이 방법은 다른 방법에 비해 NOx발생이 적다.
② 직접화염 소각은 가연성 폐가스의 배출량이 많은 경우에 유용하다.
③ 촉매산화법은 고온연소법에 비해 반응온도가 낮은 편이다.
④ 촉매산화법은 저농도의 가연물질과 공기를 함유하는 기체 폐기물에 대하여 적용되며 백금 및 팔라듐 등이 촉매로 쓰인다.

해설 직접화염 재연소기의 설계 시 반응시간은 0.2~0.7초 정도로 하고, 다른 방법에 비해 연소온도가 높아 NOx발생이 많다.

27 연소 시 매연 발생량이 가장 적은 탄화수소는?
① 나프텐계   ② 올레핀계
③ 방향족계   ④ 파라핀계

해설 매연은 탄수소비가 클수록 발생량이 많다.
[올레핀계 > 나프텐계 > 파라핀계]

28 A기체연료 1 Sm^3을 분석한 결과 C_3H_8 1.7 Sm^3, CO 0.15 Sm^3, H_2 0.14 Sm^3, O_2 0.01 Sm^3였다면 이 연료를 완전연소시켰을 때 생성되는 이론 습연소가스양(Sm^3)은?
① 약 41Sm^3 ② 약 45Sm^3
③ 약 52Sm^3 ④ 약 57Sm^3

해설 $G_{ow} = 0.79A_o + CO_2 + H_2O$

$$C_3H_8 \;+\; 5O_2 \;\to\; 3CO_2 \;+\; 4H_2O$$
$1Sm^3$: $5Sm^3$: $3Sm^3$: $4Sm^3$
$1.7Sm^3$: $8.5Sm^3$: $5.1Sm^3$: $6.8Sm^3$

$$CO \;+\; 0.5O_2 \;\to\; CO_2$$
$1Sm^3$: $0.5Sm^3$: $1Sm^3$
$0.15Sm^3$: $0.075Sm^3$: $0.15Sm^3$

$$H_2 \;+\; 0.5O_2 \;\to\; H_2O$$
$1Sm^3$: $0.5Sm^3$: $1Sm^3$
$0.14Sm^3$: $0.07Sm^3$: $0.14Sm^3$

$A_o = (8.5 + 0.075 + 0.07 - 0.01) \times \dfrac{1}{0.21} = 41.12(m^3)$
$CO_2 = 5.1 + 0.15 = 5.25\,m^3$
$H_2O = 6.8 + 0.14 = 6.94\,m^3$
$G_{ow} = (0.79 \times 41.12) + 5.25 + 6.94 = 44.67\,Sm^3$

29 C=82%, H=15%, S=3%인 조성을 가진 액체연료를 2kg/min으로 연소시켜 배기가스를 분석하였더니 CO_2=12.0%, O_2=5%, N_2=83%라는 결과를 얻었다. 이때 필요한 연소용 공기량(Sm^3/hr)은?
① 약 1,100   ② 약 1,300
③ 약 1,600   ④ 약 1,800

해설 $A = m \times A_o$
$m = \dfrac{83}{83 - (3.76 \times 5)} = 1.29$
$A_o = \dfrac{1}{0.21}[(1.867 \times 0.82) + (5.6 \times 0.15) + (0.7 \times 0.03)]$
$\quad = 11.39\,Sm^3/kg$
$= 1.29 \times 11.39\,Sm^3/kg \times 2kg/min \times 60min/hr$
$= 1,763.17\,Sm^3/hr$

30 COM(Coal Oil Mixture), 즉 혼탄유 연소 특징으로 옳지 않은 것은?
① COM은 주로 석탄과 중유의 혼합연료이다.
② 배출가스 중의 NOx, SOx, 분진농도는 미분탄연소와 중유연소의 평균 정도가 된다.
③ 화염길이가 중유연소인 경우에 가까운 것에 대하여 화염안정성은 미분탄연소인 경우에 가깝다.
④ 중유보다 미립화 특성이 양호하다.

해설 화염길이는 미분탄 연소에 가까운 반면, 화염안정성은 중유연소에 가깝다.

정답 25 ④ 26 ① 27 ④ 28 ② 29 ④ 30 ③

31 A석탄을 사용하여 가열로의 배출가스를 분석한 결과 CO_2 14.5%, O_2 6%, N_2 79%, CO 0.5%이었다. 이 경우의 공기비는?

① 1.18   ② 1.38
③ 1.58   ④ 1.78

해설 $m = \dfrac{N_2}{N_2 - 3.76(O_2 - 0.5CO)}$
$= \dfrac{79}{79 - 3.76[6 - (0.5 \times 0.5)]} = 1.38$

32 C 85%, H 15%의 액체 연료를 100kg/hr로 연소하는 경우, 연소 배출가스의 분석결과가 CO_2 12%, O_2 4%, N_2 84%이었다면 실제 연소용 공기량은?(단, 표준상태 기준)

① 약 1,160Sm³   ② 약 1,410Sm³
③ 약 1,620Sm³   ④ 약 1,730Sm³

해설 $A = m \times A_o$
$m = \dfrac{N_2}{N_2 - 3.76O_2} = \dfrac{84}{84 - (3.76 \times 4)} = 1.22$
$A_o = \dfrac{1}{0.21}[(1.867 \times 0.85) + (5.6 \times 0.15)] = 11.55Sm^3/kg$
$= 1.22 \times 11.55Sm^3/kg \times 100kg/hr$
$= 1,409.10Sm^3/hr$

33 그을음 발생에 관한 설명으로 옳지 않은 것은?

① 분해나 산화하기 쉬운 탄화수소는 그을음 발생이 적다.
② C/H 비가 큰 연료일수록 그을음이 잘 발생된다.
③ 탈수소보다 −C−C−의 탄소결합을 절단하는 것이 용이한 연료일수록 잘 발생된다.
④ 발생빈도의 순서는 '천연가스<LPG<제조가스<석탄가스<코크스'이다.

해설 −C−C−의 탄소결합을 절단하기보다는 탈수소가 쉬운 쪽의 매연이 생기기 쉽다.

34 다음 중 폭굉유도거리가 짧아지는 요건으로 거리가 먼 것은?

① 정상의 연소속도가 작은 단일가스인 경우
② 관속에 방해물이 있거나 관내경이 작을수록
③ 압력이 높을수록
④ 점화원의 에너지가 강할수록

해설 폭굉 유도 거리가 짧아지는 조건
㉠ 정상연소 속도가 큰 혼합물일 경우
㉡ 점화원의 에너지가 큰 경우
㉢ 압력이 높을 경우
㉣ 관경이 작을 경우
㉤ 관 속에 방해물이 있을 경우

35 C=78(중량%), H=18(중량%), S=4(중량%)인 중유의 $(CO_2)_{max}$는 약 몇 %인가?

① 20.6   ② 17.6   ③ 14.8   ④ 13.4

해설 $CO_{2max}(\%) = \dfrac{CO_2}{G_{od}} \times 100 = \dfrac{1.867C}{G_{od}} \times 100$
$G_{od} = 0.79A_o + CO_2 + SO_2$
$A_o = \dfrac{1}{0.21}[(1.867 \times 0.78) + (5.6 \times 0.18)$
$+ (0.7 \times 0.04)] = 11.87Sm^3/kg$
$= (0.79 \times 11.87) + (1.867 \times 0.78)$
$+ (0.7 \times 0.04) = 10.86Sm^3/kg$
$= \dfrac{(1.867 \times 0.78)Sm^3/kg}{10.86Sm^3/kg} \times 100$
$= 13.41\%$

36 액체연료인 석유의 물성치에 관한 설명으로 옳지 않은 것은?

① 석유류의 증기압이 큰 것은 착화점이 낮아서 위험하다.
② 석유류의 인화점은 휘발유 −50℃~0℃, 등유 30℃~70℃, 중유 90℃~120℃ 정도이다.
③ 석유의 비중이 커지면 탄화수소비(C/H)가 증가하고, 발열량이 감소한다.
④ 석유의 동점도가 감소하면 끓는점이 높아지고 유동성이 좋아지며 이로 인하여 인화점이 높아진다.

해설 석유의 동점도가 감소하면 끓는점이 낮아지고 유동성이 좋아지며 이로 인하여 인화점과 끓는점이 높아진다.

37 1.5%(무게기준) 황분을 함유한 석탄 1,143kg을 이론적으로 완전연소시킬 때 SO_2 발생량은?(단, 표준상태 기준이며, 황분은 전량 SO_2로 전환된다.)

① 12Sm³   ② 18Sm³
③ 21Sm³   ④ 24Sm³

정답 31 ② 32 ② 33 ③ 34 ① 35 ④ 36 ④ 37 ①

해설 S + O₂ → SO₂

32kg : 22.4Sm³
1,143kg×0.015 : SO₂(Sm³)

$$SO_2(Sm^3) = \frac{1{,}143\,kg \times 0.015 \times 22.4Sm^3}{32kg} = 12Sm^3$$

38 기체연료의 이론공기량(Sm³/Sm³)을 구하는 식으로 옳은 것은?(단, H₂, CO, C$_x$H$_y$, O₂는 연료 중의 수소, 일산화탄소, 탄화수소, 산소의 체적비를 의미한다.)

① 0.21{0.5H₂ + 0.5CO + (x + y/4)C$_x$H$_y$ − O₂}
② 0.21{0.5H₂ + 0.5CO + (x + y/4)C$_x$H$_y$ + O₂}
③ 1/0.21{0.5H₂ + 0.5CO + (x + y/4)C$_x$H$_y$ − O₂}
④ 1/0.21{0.5H₂ + 0.5CO + (x + y/4)C$_x$H$_y$ + O₂}

해설 $C_xH_y + \left(x + \frac{y}{4}\right)O_2 \rightarrow xCO_2 + \frac{y}{2}H_2O$

기체연료의 이론공기량(A_o)

$$= \frac{0.5H_2 + 0.5CO + \left(x + \frac{y}{4}\right)C_xH_y - O_2}{0.21}$$

39 다음 중 디젤노킹(Diesel Knocking) 방지법으로 가장 거리가 먼 것은?

① 착화지연 기간 및 급격연소시간의 분사량을 감소시킨다.
② 급기 온도를 높인다.
③ 기관의 압축비를 크게 하여 압축압력을 높게 한다.
④ 회전속도를 높인다.

해설 디젤노킹 방지를 위해서는 회전속도를 감소시킨다.

40 기체연료 중 연소하여 수분을 생성하는 H₂와 C$_x$H$_y$ 연소반응의 발열량 산출식에서 아래의 480이 의미하는 것은?

$$H_l = H_h - 480(H_2 + \sum_y/2C_xH_y)(kcal/Sm^3)$$

① H₂O 1kg의 증발잠열 ② H₂ 1kg 증발잠열
③ H₂O 1Sm³ 증발잠열 ④ H₂ 1Sm³ 증발잠열

해설 기체연료
$H_l = H_h - 480\sum H_2O$
여기서, H_l : 저위발열량(kcal/Sm³)
480 : 수증기(H₂O) 1Sm³의 증발잠열(kcal/Sm³)
단, 중량으로 수증기의 응축잠열은 600kcal/kg

$\left(480kcal/Sm^3 = 600kcal/kg \times \frac{18kg}{22.4Sm^3}\right)$

제3과목 대기오염방지기술

41 직경이 500mm인 관에 60m³/min의 공기가 통과한다면 공기의 이동속도는?

① 5.1m/s   ② 5.7m/s
③ 6.2m/s   ④ 6.9m/s

해설 $V = \frac{Q}{A} = \frac{60m^3/min \times min/60sec}{\left(\frac{3.14 \times 0.5^2}{4}\right)m^2} = 5.09m/sec$

42 여과집진장치의 특성으로 옳지 않은 것은?

① 다양한 여과재의 사용으로 인하여 설계 시 융통성이 있다.
② 여과재의 교환으로 유지비가 고가이다.
③ 수분이나 여과속도에 대한 적응성이 높다.
④ 폭발성, 점착성 및 흡습성 먼지의 제거가 곤란하다.

해설 여과집진장치는 수분이나 여과속도에 대한 적응성이 낮다.

43 흡수탑의 충전물에 요구되는 사항으로 거리가 먼 것은?

① 단위 부피 내의 표면적이 클 것
② 간격의 단면적이 클 것
③ 단위 부피의 무게가 가벼울 것
④ 가스 및 액체에 대하여 내식성이 없을 것

해설 충전물의 구비조건
㉠ 단위용적에 대한 표면적이 클 것
㉡ 액가스 분포를 균일하게 유지 할 수 있을 것
㉢ 가스 및 액체에 대하여 내식성이 있을 것
㉣ 충선밀노가 클 것
㉤ 충분한 화학적 저항성을 가질 것

정답 38 ③ 39 ④ 40 ③ 41 ① 42 ③ 43 ④

44 불화수소 농도가 250ppm인 굴뚝 배출가스양 1,000Sm³/h를 10m³의 물로 10시간 순환 세정할 경우, 순환수의 pH는?(단, 불화수소는 60%가 전리하고, 불소의 원자량은 19)

① 2.18 ② 2.48 ③ 2.72 ④ 2.94

해설

$$HF(mol/L) = \frac{1,000Sm^3/hr \times 250mL/m^3 \times 0.6 \times mol/22.4L \times L/10^3mL \times m^3/10^3L}{10m^3/10hr}$$
$$= 6.696 \times 10^{-3} mol/L$$

$HF \rightarrow H^+ + F^-$, HF의 몰농도 = H^+의 몰농도

$pH = -\log[H^+]$
$= -\log[6.696 \times 10^{-3}] = 2.17$

45 활성탄에 SO_2를 흡착시키면 황산이 생성된다. 이를 탈착시키는 방법 중 활성탄 소모나 약산이 생성되는 단점을 극복하기 위해 H_2S 또는 CS_2를 반응시켜 단체의 S를 생성시키는 방법은?

① 세척법 ② 산화법
③ 환원법 ④ 촉매법

해설 **환원법**
㉠ 활성탄에 SO_2를 흡착시키며 황산이 생산되면 이 황산을 탈착시키기 위하여 H_2S 또는 CS_2를 반응시켜 단체의 S를 생성시키는 방법이다.
㉡ 환원법은 탈착 시 활성탄 소모나 약산이 생성되는 단점을 극복하기 위한 방법이다.

46 먼지의 발생원을 자연적 및 인위적으로 구분할 때, 그 발생원이 다른 것은?

① 질소산화물과 탄화수소의 반응에 의해 $0.2\mu m$ 이하의 입자가 발생한다.
② 화산의 폭발에 의해서 분진과 SO_2가 발생한다.
③ 사막지역과 같이 지면의 먼지가 바람에 날릴 경우 통상 $0.3\mu m$ 이상의 입자상 물질이 발생한다.
④ 자연적으로 발생한 O_3과 자연대기 중 탄화수소물(HC) 간의 광화학적 기체반응에 의해 $0.2\mu m$ 이하의 입자가 발생한다.

해설 ① 인위적 발생원
②, ③, ④ 자연적 발생원

47 액측 저항이 클 경우에 이용하기 유리한 가스분산형 흡수장치는?

① 충전탑 ② 다공판탑
③ 분무탑 ④ 하이드로필터

해설 **가스분산형 흡수장치**
㉠ 다공판탑(Sieve Plate Tower)
㉡ 포종탑(Tray Tower)
㉢ 기포탑(Bubbling Tower)

48 Bag Filter에서 먼지부하가 $360g/m^2$일 때마다 부착먼지를 간헐적으로 탈락시키고자 한다. 유입가스 중의 먼지농도가 $10g/m^3$이고, 겉보기 여과속도가 1cm/sec일 때 부착먼지의 탈락시간 간격은?(단 집진율은 80%이다.)

① 약 0.4hr ② 약 1.3hr
③ 약 2.4hr ④ 약 3.6hr

해설 $L_d = C_i \times V_f \times t \times \eta$

$t = \dfrac{L_d}{C_i \times V_f \times \eta}$

$= \dfrac{300g/m^2}{10g/m^3 \times 0.01m/sec \times 0.8 \times 3,600sec/hr}$
$= 1.25hr$

49 냄새물질의 화학구조에 대한 설명으로 가장 거리가 먼 것은?

① 골격이 되는 탄소수는 저분자일수록 관능기 특유의 냄새가 강하고 자극적이나 8~13에서 가장 냄새가 강하다.
② 불포화도(2중결합 및 3중결합의 수)가 높으면 냄새가 보다 강하게 난다.
③ 락톤 및 케톤화합물은 환상이 크게 되면 냄새가 강해진다.
④ 분자 내 수산기의 수가 증가할수록 냄새가 강하다.

해설 분자 내 수산기의 수는 1개일 때 가장 강하고 수가 증가하면 약해져서 무취에 이른다.

정답 44 ① 45 ③ 46 ① 47 ② 48 ② 49 ④

50 충전탑(Packed Tower)과 단탑(Plate Tower)을 비교 설명한 것으로 가장 거리가 먼 것은?

① 포말성 흡수액일 경우 충전탑이 유리하다.
② 흡수액에 부유물이 포함되어 있을 경우 단탑을 사용하는 것이 더 효율적이다.
③ 온도 변화에 따른 팽창과 수축이 우려될 경우에는 충전제 손상이 예상되므로 단탑이 유리하다.
④ 운전 시 용매에 의해 발생하는 용해열을 제거해야 할 경우 냉각오일을 설치하기 쉬운 충전탑이 유리하다.

해설 운전 시 용매에 의해 발생하는 용해열을 제거해야 할 경우 단탑이 유리하다.

51 질산공장의 배출가스 중 NO_2 농도가 80ppm, 처리가스양이 $1,000Sm^2$이었다. CO에 의한 비선택적 접촉환원법으로 NO_2를 처리하여 NO와 CO_2로 만들고자 할 때, 필요한 CO의 양은?

① $0.04Sm^3$
② $0.08Sm^3$
③ $0.16Sm^3$
④ $0.32Sm^3$

해설 $NO_2 + CO \rightarrow NO + CO_2$
$22.4Sm^3 : 22.4Sm^3$
$1,000Sm^3 \times 80mL/m^3 \times m^3/10^6 mL : CO(Sm^3)$
$CO(Sm^3) = \dfrac{1,000Sm^3 \times 80mL/m^3 \times m^3/10^6 mL \times 22.4Sm^3}{22.4Sm^3}$
$= 0.08Sm^3$

52 휘발유 자동차의 배출가스를 감소하기 위해 적용되는 삼원촉매장치의 촉매물질 중 환원촉매로 사용되고 있는 물질은?

① Pt
② Ni
③ Rh
④ Pd

해설 ㉠ 환원촉매 : 로듐(Rh)
㉡ 산화촉매 : 백금(Pt), 팔라듐(Pd)

53 VOCs의 종류 중 지방족 및 방향족 HC를 처리하기 위해 적용하는 제어기술로 가장 거리가 먼 것은?

① 흡수
② 생물막
③ 촉매 소각
④ UV 산화

해설 HC(지방족, 방향족) 처리 제어기술
㉠ 생물막
㉡ 촉매 소각
㉢ UV 산화

54 송풍기를 원심력형과 축류형으로 분류할 때 다음 중 축류형에 해당하는 것은?

① 프로펠러형
② 방사경사형
③ 비행기날개형
④ 전향날개형

해설 축류형 송풍기
㉠ 프로펠러형
㉡ 튜브형
㉢ 베인형
㉣ 고정날개형

55 여과집진장치의 탈진방식 중 간헐식에 관한 설명으로 옳지 않은 것은?

① 연속식에 비하여 먼지의 재비산이 적고, 높은 집진율을 얻을 수 있다.
② 대량의 가스의 처리에 적합하며, 점성 있는 조대먼지의 탈진에 효과적이다.
③ 간헐식 중 진동형은 여포의 음파진동, 횡진동, 상하진동에 의해 포집된 먼지층을 털어내는 방식이다.
④ 집진실을 여러 개의 방으로 구분하고 방 하나씩 처리가스의 흐름을 차단하여 순차적으로 탈진하는 방식이며, 여포의 수명은 연속식에 비해 길다.

해설 소량 가스처리에 적합하며, 점성이 있는 조대먼지의 탈진에 비효과적이다.

56 목(Throat) 부분의 지름이 30cm인 벤츄리 스크러버를 사용하여 $360m^3/min$의 함진가스를 처리할 때, 320L/min의 세정수를 공급할 경우 이 부분의 압력손실(mmH₂O)은?(단, 가스밀도는 $1.2kg/m^3$이고, 압력손실계수는 [0.5+액가스비]이다.)

① 약 545
② 약 575
③ 약 615
④ 약 665

정답 50 ④ 51 ② 52 ③ 53 ① 54 ① 55 ② 56 ③

해설 $\Delta P = (0.5 + L) \times \dfrac{\gamma V^2}{2g}$

$L(\text{L/m}^3) = \dfrac{320\text{L/min}}{360\text{m}^3/\text{min}} = 0.89\text{L/m}^3$

$V(\text{m/sec}) = \dfrac{Q}{A} = \dfrac{360\text{m}^3/\text{min} \times \text{min}/60\text{sec}}{\left(\dfrac{3.14 \times 0.3^2}{4}\right)\text{m}^2}$

$= 84.88\text{m/sec}$

$= (0.5 + 0.89) \times \dfrac{1.2 \times 84.88^2}{2 \times 9.8}$

$= 613.13\text{mmH}_2\text{O}$

57 관성력 집진장치에 관한 설명으로 옳지 않은 것은?

① 압력손실은 30~70mmH₂ 정도이고, 굴뚝 또는 배관에 적용될 때가 있다.
② 곡관형, Louver형, Pocket형, Multibaffle형 등은 반전식에 해당한다.
③ 함진가스의 방향 전환각도가 크고, 방향 전환 횟수가 적을수록 압력손실은 커지나 집진율이 높아진다.
④ 반전식의 경우 방향전환을 하는 가스의 곡률반경이 작을수록 미세한 먼지를 분리포집할 수 있다.

해설 함진가스의 방향 전환각도가 작고, 방향 전환횟수가 많을수록 압력손실은 커지나 집진효율이 높아진다.

58 선택적 촉매환원(SCR)법과 선택적 비촉매환원(SNCR)법이 주로 제거하는 오염물질은?

① 휘발성 유기화합물   ② 질소산화물
③ 황산화물   ④ 악취물질

해설 NOx(질소산화물)의 주 제거방법은 선택적 촉매환원법(SCR)과 선택적 비촉매환원법(SNCR)이다.

59 흡수에 의한 가스상 물질의 처리장치로 거리가 먼 것은?

① 충전탑   ② 분무탑
③ 다공판탑   ④ 활성 알루미나탑

해설 활성 알루미나법은 흡착에 의한 가스상 물질의 처리장치이다.

60 굴뚝(연돌)에서 피토관을 사용하여 배출가스의 유속을 구하고자 측정한 결과가 다음 [보기]와 같을 때, 이 굴뚝에서의 배출가스 유속은?

[보기]
C : 피토관 계수이며 값은 1
g : 중력가속도이며 값은 9.8m/sec²
h : 동압으로 측정값은 5.0mmH₂O
γ : 배출가스 밀도이며 측정값은 1.5kg/m³

① 약 5m/s   ② 약 6m/s
③ 약 7m/s   ④ 약 8m/s

해설 $V(\text{m/sec}) = C\sqrt{\dfrac{2gh}{\gamma}}$

$= 1.0 \times \sqrt{\dfrac{2 \times 9.8\text{m/sec}^2 \times 5\text{mmH}_2\text{O}}{1.5\text{kg/m}^3}}$

$= 8.08\text{m/sec}$

제4과목 대기오염공정시험기준(방법)

61 수산화소듐(NaOH) 용액을 흡수액으로 사용하는 분석대상가스가 아닌 것은?

① 염화수소   ② 브롬화합물
③ 불소화합물   ④ 벤젠

해설 수산화소듐(NaOH) 용액을 흡수액으로 하는 분석대상가스는 염화수소, 불화수소, 시안화수소, 페놀, 브롬, 비소 등이다.
※ 벤젠의 흡수액은 질산암모늄＋황산(니트로화산액)이다.

62 다음은 굴뚝 배출가스 중의 산소측정방식에 관한 설명이다. 가장 적합한 것은?

이 방식은 주기적으로 단속하는 자박계 내에서 산소분자에 작용하는 단속적인 흡인력을 자계 내에 일정유량으로 유입하는 보조가스의 배압변화량으로 검출한다.

① 질코니아 방식   ② 담벨형 방식
③ 압력검출형 방식   ④ 전극 방식

해설 문제의 내용은 굴뚝 배출가스 중의 산소측정방식 중 압력검출형 방식이다.

정답 57 ③ 58 ② 59 ④ 60 ④ 61 ④ 62 ③

63 굴뚝 배출가스 내의 염소가스 분석방법 중 오르토톨리딘법에 관한 설명으로 옳은 것은?

① 염소표준 착색액으로 요오드산 칼륨용액을 사용한다.
② 염소표준용액은 N/100 KMnO₄ 용액으로 표정한다.
③ 시료는 1L/min의 흡인속도로 채취한다.
④ 약 20℃에서 5~20분 사이에 분석용 시료를 10mm 셀에 취한다.

해설 ① 염소표준 착색액으로 하이포아염소산소듐 용액을 사용한다.
② 염소표준용액은 0.1N 싸이오황산소듐 용액으로 표정한다.
③ 시료는 100mL/min의 흡인속도로 채취한다.

64 다음은 굴뚝 배출가스 중 베릴륨 분석방법에 관한 설명이다. ( ) 안에 알맞은 것은?

> 몰린형광도법은 배출가스 중 먼지상태로 존재하는 베릴륨 및 그 화합물을 여과지에 포집하고 이에 (㉠)을 가하여 가열분해하여 여과한 후 용액을 증발건조시킨다. 이것을 염산산성으로 하고, (㉡)을 가하여 철을 제거한 후 용액을 알칼리성으로 하여 EDTA용액 및 몰린용액을 가한다.

① ㉠ 황산, ㉡ 4-메틸-2-펜타논
② ㉠ 황산, ㉡ 디티존사염화탄소용액(0.005W/V%)
③ ㉠ 질산, ㉡ 4-메틸-2-펜타논
④ ㉠ 질산, ㉡ 디티존사염화탄소용액(0.005W/V%)

해설 베릴륨 분석방법(몰린형광도법)
배출가스 중 먼지상태로 존재하는 베릴륨 및 그 화합물을 여과지에 포집하고 이에 질산을 가하여 가열분해하여 여과한 후 용액을 증발건조시킨다. 이것을 염산산성으로 하고, 4-메틸-2-펜타논을 가하여 철을 제거한 후 용액을 알칼리성으로 하여 EDTA용액 및 몰린용액을 가한다.

65 환경대기 중 벤조(a)피렌 농도를 측정하기 위한 주 시험방법으로 가장 적합한 것은?

① 이온크로마토그래피법
② 기체크로마토그래피법
③ 흡광차분광법
④ 용매포집법

해설 환경대기중 벤조피렌 분석방법
㉠ 기체크로마토그래피법(주 시험방법)
㉡ 형광분광광도법

66 자외선/가시선분광법으로 측정한 A물질의 투과퍼센트 지시치가 25%일 때 A물질의 흡광도는?

① 0.25
② 0.50
③ 0.60
④ 0.82

해설 흡광도$(A) = \log\dfrac{1}{t} = \log\dfrac{1}{0.25} = 0.6$

67 기체크로마토그래피법에 관한 설명으로 옳지 않은 것은?

① 분리관 오븐의 온도조절 정밀도는 ±0.5℃의 범위 이내 전원 전압변동 10%에 대하여 온도변화 ±0.5℃ 범위 이내(오븐의 온도가 150℃ 부근일 때)이어야 한다.
② 보유시간을 측정할 때는 2회 측정하여 그 평균치를 구하며 일반적으로 5~30분 정도에서 측정하는 피크의 보유시간은 반복시험을 할 때 ±0.5% 오차범위 이내이어야 한다.
③ 분리관유로는 시료도입부, 분리관, 검출기기배관으로 구성된다.
④ 가스 시료도입부는 가스계량관(통상 0.5~5mL)과 유로변환기구로 구성된다.

해설 보유시간을 측정할 때는 3회 측정하여 그 평균치를 구한다. 일반적으로 5~30분 정도에서 측정하는 봉우리의 보유시간은 반복시험을 할 때 ±3% 오차범위 이내이어야 한다.

68 굴뚝 배출가스 중 카드뮴을 원자흡수분광광도법(원자흡광광도법)으로 분석하려고 한다. 채취한 시료에 유기물이 함유되지 않았을 경우 분석용 시료용액의 전처리방법으로 가장 적합한 것은?

① 질산법
② 과망간산칼륨법
③ 질산-과산화수소수법
④ 저온회화법

해설 시료의 성상별 전처리방법은 다음과 같다.

성상	처리방법
타르 기타 소량의 유기물을 함유하는 것	질산-염산법, 질산-과산화수소수법, 마이크로파 산분해법
유기물을 함유하지 않는 것	질산법, 마이크로파 산분해법
• 다량의 유기물 유리탄소를 함유하는 것 • 셀룰로오스 섬유제 여과지를 사용한 것	저온 회화법

정답 63 ④ 64 ③ 65 ② 66 ③ 67 ② 68 ①

69 굴뚝 배출가스 중의 금속화합물을 원자흡수분광광도법으로 분석할 때 굴뚝 배출가스의 온도가 500~1,000℃일 경우에 사용하는 원통여과지로 가장 적합한 것은?

① 유리 섬유제 원통여과지
② 석영 섬유제 원통여과지
③ 셀룰로오스 섬유제 원통여과지
④ 고무 섬유제 원통여과지

해설 **굴뚝 배출가스 온도와 여과지의 관계**

굴뚝 배출가스의 온도	여과지
120℃ 이하	셀룰로오스 섬유제 여과지
500℃ 이하	유리 섬유제 여과지
1,000℃ 이하	석영 섬유제 여과지

70 환경대기 중 아황산가스 농도 측정방법 중 자동연속측정법은?

① 비분산 적외선 분석법
② 수소염 이온화 검출기법
③ 광 산란법
④ 자외선 형광법

해설 **환경대기 중 아황산가스 측정방법**
㉠ 수동 및 반자동측정법
 • 파라로자닐린법(Pararosaniline Method)
 • 산정량 수동법(Acidimetric Method)
 • 산정량 반자동법(Acidimetric Method)
㉡ 자동 연속 측정법
 • 용액 전도율법(Conductivity Method)
 • 불꽃광도법(Flame Photometiric Detector Method)
 • 자외선형광법(Pulse U.V.Fluorescence Method)
 • 흡광차분광법(DOAS ; Differential Optical Absorption Spectroscopy)

71 굴뚝 배출가스 중 일산화탄소를 정전위전해법으로 분석하고자 할 대 주요 성능기준에 관한 설명으로 옳지 않은 것은?

① 적용범위 : 적용범위는 최고 5%이다.
② 재현성 : 재현성은 측정범위 최대 눈금값의 ±2% 이내로 한다.
③ 드리프트 : 고정형은 24시간, 이동형은 4시간 연속 측정하여 제로 드리프트 및 스팬 드리프트는 어느 것이나 최대 눈금값의 ±2% 이내로 한다.
④ 응답시간 : 90% 응답시간은 2분 30초 이내로 한다.

해설 정전위전해법의 적용범위는 최고 3%이다.

72 폐기물 소각로에서 배출되는 다이옥신류의 최종배출구에서 시료채취 시 흡인가스양으로 가장 적합한 것은? (단, 기타 사항은 고려하지 않는다.)

① 4시간 평균 $3Nm^3$ 이상
② 2시간 평균 $1Nm^3$ 이상
③ 2시간 평균 $0.5Nm^3$ 이상
④ 4시간 평균 $2Nm^3$ 이상

해설 최종배출구에서의 시료채취 시 흡인가스양은 4시간 평균 $3Nm^3$ 이상으로 한다.

73 다음 중 흡광도를 측정하기 위한 순서로 원칙적으로 제일 먼저 행하여야 할 행위는?

① 시료셀과 대조셀을 넣고 눈금판의 지시치의 차이를 확인한다.
② 광로를 차단 후 대조셀로 영점을 맞춘다.
③ 광원으로부터 광속을 통하여 눈금 100에 맞춘다.
④ 눈금판의 지시 안정 여부를 확인한다.

해설 **흡광도의 측정 순서**
㉠ 눈금판의 지시가 안정되어 확인한다.
㉡ 대조셀을 광로에 넣고 광원으로부터의 광속을 차단하고 영점을 맞춘다.
㉢ 광원으로부터 광속을 통하여 눈금 100에 맞춘다.
㉣ 시료셀을 광로에 넣고 눈금판의 지시치를 흡광도 또는 투과율로 읽는다.
㉤ 필요하면 대조셀을 광로에 바꿔 넣고 영점과 100에 변화가 없는가를 확인한다.

74 이온크로마토그래프법(Ion Chromatography)에 사용되는 장치에 관한 설명으로 옳지 않은 것은?

① 용리액조는 이온성분이 용출되지 않는 재질로서 용리액이 공기와 원활한 접촉이 가능한 개방형을 선택한다.
② 송액펌프는 맥동(脈動)이 적은 것을 선택한다.
③ 시료주입장치는 일정량의 시료를 밸브조작에 의해 분리관으로 주입하는 루프주입방식이 일반적이다.
④ 검출기는 분리관 용리액 중의 시료성분의 유무와 양을 검출하는 부분으로 일반적으로 전 도도 검출기를 많이 사용한다.

해설 용리액조는 이온성분이 용출되지 않는 재질로서 용리액을 직접 공기와 접촉시키지 않는 밀폐된 것을 선택한다. 일반적으로 폴리에틸렌이나 경질 유리제를 사용한다.

정답 69 ② 70 ④ 71 ① 72 ① 73 ④ 74 ①

75 특정 발생원에서 일정한 굴뚝을 거치지 않고 외부로 비산배출되는 먼지를 고용량공기시료채취법으로 측정하는 방법에 관한 설명으로 옳지 않은 것은?

① 시료채취장소는 원칙적으로 측정하려고 하는 발생원의 부지경계선상에 선정하며 풍향을 고려하여 그 발생원의 비산먼지 농도가 가장 높을 것으로 예상되는 지점 3개소 이상을 선정한다.
② 시료채취장소 별도로 발생원의 위(Upstream)인 바람의 방향을 따라 대상 발생원의 영향이 없을 것으로 추측되는 곳에 대조위치를 선정한다.
③ 그 지역을 대표할 수 있는 지점에 풍향풍속계를 설치하여 전 채취시간 동안의 풍향풍속을 기록하고, 연속기록장치가 없을 경우에는 적어도 30분 간격으로 여러 지점에서 3회 이상 풍향풍속을 측정하여 기록한다.
④ 풍속이 0.5m/s 미만 또는 10m/s 이상 되는 시간이 전 채취시간의 50% 미만일 때 풍속에 대한 보정계수는 1.0이다.

해설 그 지역을 대표할 수 있는 지점에 풍향풍속계를 설치하여 전 채취시간 동안의 풍향풍속을 기록한다. 단, 연속기록장치가 없을 경우에는 적어도 10분 간격으로 같은 지점에서의 3회 이상 풍향풍속을 측정하여 기록한다.

76 굴뚝 배출가스 내의 휘발성 유기화합물(Volatile Organic Compounds ; VOCs) 시료채취장치 중 흡착관법에 관한 설명으로 가장 거리가 먼 것은?

① 채취관의 재질은 유리, 불소수지 등으로 120℃ 이상까지 가열이 가능한 것이어야 한다.
② 응축기는 유리재질이어야 하며 앞쪽 흡착관을 통과한 후에 위치하여 가스를 50℃ 이하로 낮출 수 있는 용량이어야 한다.
③ 흡착관은 사용하기 전 반드시 안정화(컨디셔닝) 단계를 거쳐야 한다.
④ 유량측정부는 기기의 온도 및 압력측정이 가능해야 하며 최소 100mL/min의 유량으로 시료채취가 가능해야 한다.

해설 응축기 및 응축수 트랩은 유리재질이어야 하며, 응축기는 기체가 앞쪽 흡착관을 통과하기 전 기체를 20℃ 이하로 낮출 수 있는 용량이어야 하고 상단 연결부는 밀봉윤활유를 사용하지 않고도 누출이 없도록 연결해야 한다.

77 원형 굴뚝의 반경이 0.85m일 때 측정점 수는 몇 개인가?
① 4 ② 8 ③ 12 ④ 20

해설 원형 단면의 측정점 수

굴뚝 직경 2R(m)	반경 구분 수	측정점 수
1 이하	1	4
1 초과 2 이하	2	8
2 초과 4 이하	3	12
4 초과 4.5 이하	4	16
4.5 초과	5	20

78 굴뚝 배출가스 중의 염화수소를 싸이오시안산제이수은 자외선/가시선분광법으로 측정하는 방법에 관한 설명으로 옳지 않은 것은?

① 흡수액은 수산화나트륨용액을 사용한다.
② 이산화황, 기타 할로겐화물, 시안화물 및 황화물의 영향이 무시될 때에 적당한다.
③ 하이포아염소산소듐용액으로 적정한다.
④ 시료채취관은 유리관, 석영관, 불소수지관 등을 사용한다.

해설 자외선/가시선 분광법은 적정하지 아니하며 굴뚝배출가스 중 염화수소(싸이오시안산제이수은법)는 460nm에서 흡광도를 측정하여 분석한다.

79 A 굴뚝 배출가스의 유속을 피토관으로 측정하였다. 배출가스 온도는 120℃, 동압 측정 시 확대율이 10배 되는 경사 마노미터를 사용하였고, 그 내부액은 비중이 0.85의 톨루엔을 사용하여 경사마노미터의 액주(液柱)로 측정한 동압은 45mm · 톨루엔주이었다. 이때의 배출가스 유속은?(단, 피토관의 계수 : 0.9594, 배출가스의 표준상태에서의 밀도 : 1.3kg/Sm³)

① 약 7.8m/s ② 약 8.7m/s
③ 약 9.5m/s ④ 약 10.2m/s

정답 75 ③ 76 ② 77 ② 78 ③ 79 ②

해설 $V(\text{m/sec}) = C\sqrt{\dfrac{2gh}{\gamma}}$

$h(\text{동압}) = \text{액주거리} \times \text{톨루엔비중} \times \dfrac{1}{\text{확대율}}$

$= 45\text{mm} \times 0.85 \times \dfrac{1}{10} = 3.825\text{mmH}_2\text{O}$

$\gamma(\text{밀도}) = 1.3\text{kg/Sm}^3 \times \dfrac{273}{273+120}$

$= 0.9031\text{kg/m}$

$= 0.9594 \times \sqrt{\dfrac{2 \times 9.8\text{m/sec}^2 \times 3.825\text{mmH}_2\text{O}}{0.9031\text{kg/m}^3}}$

$= 8.74\text{m/sec}$

80 굴뚝 배출가스 내의 시안화수소 분석방법 중 질산은 적정법에서 분석용 시료용액에 수산화소듐용액(질량분율 2%) 또는 아세트산(부피분율 10%)을 첨가하여 pH미터를 써서 pH를 조절한 후 적정하여야 하는데 이때 조절하고자 하는 pH 값은?

① 5~6   ② 7   ③ 8~10   ④ 11~12

해설 수산화소듐용액 (질량분율 2%) 또는 아세트산 (부피분율 10%)을 가하고 pH미터를 써서 pH를 11~12로 조절한다.

제5과목 대기환경관계법규

81 악취방지법규상 지정악취물질에 해당하지 않는 것은?

① 염화수소   ② 메틸에틸케톤
③ 프로피온산   ④ 뷰틸아세테이트

해설 **지정악취물질**

종류	적용시기
• 암모니아 • 메틸메르캅탄 • 황화수소 • 다이메틸설파이드 • 다이메틸다이설파이드 • 트라이메틸아민 • 아세트알데하이드 • 스타이렌 • 프로피온알데하이드 • 뷰틸알데하이드 • n-발레르알데하이드 • i-발레르알데하이드	2005년 2월 10일부터
• 톨루엔 • 자일렌 • 메틸에틸케톤 • 메틸아이소뷰틸케톤 • 뷰틸아세테이트	2008년 1월 1일부터
• 프로피온산 • n-뷰틸산 • n-발레르산 • i-발레르산 • i-뷰틸알코올	2010년 1월 1일부터

82 환경정책기본법령상 SO_2의 대기환경기준으로 옳은 것은?(단, ㉠ 연간 평균치, ㉡ 24시간 평균치, ㉢ 1시간 평균치)

① ㉠ 0.02ppm 이하, ㉡ 0.05ppm 이하, ㉢ 0.15ppm 이하
② ㉠ 0.03ppm 이하, ㉡ 0.06ppm 이하, ㉢ 0.10ppm 이하
③ ㉠ 0.05ppm 이하, ㉡ 0.10ppm 이하, ㉢ 0.12ppm 이하
④ ㉠ 0.06ppm 이하, ㉡ 0.10ppm 이하, ㉢ 0.12ppm 이하

해설 **대기환경기준**

항목	기준	측정방법
아황산 가스 (SO_2)	• 연간 평균치(0.02ppm 이하) • 24시간 평균치(0.05ppm 이하) • 1시간 평균치(0.15ppm 이하)	자외선 형광법(Pulse U.V. Fluorescence Method)

83 대기환경보전법규상 자동차의 종류에 대한 설명으로 틀린 것은?(단, 2015년 12월 10일 이후 적용)

① 이륜자동차의 규모는 차량총중량이 1천킬로그램을 초과하지 않는 것이다.
② 이륜자동차는 측차를 붙인 이륜자동차와 이륜자동차에서 파생된 삼륜 이상의 자동차는 제외한다.
③ 소형화물자동차에는 승용자동차에 해당되지 않는 승차인원이 9인 이상인 승합차를 포함한다.
④ 초대형 승용자동차의 규모는 차량총중량이 15톤 이상이다.

해설 이륜자동차는 측차를 붙인 이륜자동차와 이륜자동차에서 파생된 삼륜 이상의 자동차를 포함한다.

정답 80 ④   81 ①   82 ①   83 ②

84 대기환경보전법규상 "대기오염물질"의 정의로서 가장 적합한 것은?

① 연소 시에 발생하는 유리탄소를 주로 하는 미세한 입자상 물질로서 환경부령으로 정하는 것
② 연소 시에 발생하는 유리탄소가 응결하여 입자의 지름이 1미크론 이상이 되는 물질로서 환경부령으로 정하는 것
③ 대기 중에 존재하는 물질 중 대기오염물질에 대한 심사·평가결과 대기오염의 원인으로 인정된 가스·입자상 물질로서 환경부령으로 정하는 것
④ 물질의 연소·합성·분해 시에 발생하는 고체상 또는 액체상의 물질로서 환경부령으로 정하는 것

해설 대기오염물질
대기 중에 존재하는 물질 중 대기오염물질에 대한 심사·평가결과 대기오염의 원인으로 인정된 가스·입자상 물질로서 환경부령으로 정하는 것

85 다음은 대기환경보전법규상 첨가제 제조기준이다. ( ) 안에 알맞은 것은?

> 첨가제 제조자가 제시한 최대의 비율로 첨가제를 자동차의 연료에 주입한 후 시험한 배출가스 측정치가 첨가제를 주입하기 전보다 배출가스 항목별로 (㉠) 초과하지 아니하여야 하고, 배출가스 총량은 첨가제를 주입하기 전보다 (㉡) 증가하여서는 아니 된다.

① ㉠ 10% 이상, ㉡ 5% 이상
② ㉠ 5% 이상, ㉡ 5% 이상
③ ㉠ 5% 이상, ㉡ 3% 이상
④ ㉠ 5% 이상, ㉡ 1% 이상

해설 첨가제 제조자가 제시한 최대의 비율로 첨가제를 자동차의 연료에 주입한 후 시험한 배출가스 측정치가 첨가제를 주입하기 전보다 배출가스 항목별로 10% 이상 초과하지 아니하여야 하고, 배출가스 총량은 첨가제를 주입하기 전보다 5% 이상 증가하여서는 아니 된다.

86 대기환경보전법규상 환경기술인의 신규교육 시기와 횟수 기준은?(단, 규정된 교육기관이며, 정보통신매체를 이용하여 원격교육을 하는 경우 제외)

① 환경기술인으로 임명된 날부터 6개월 이내에 1회
② 환경기술인으로 임명된 날부터 1년 이내에 1회
③ 환경기술인으로 임명된 날부터 2년 이내에 1회
④ 환경기술인으로 임명된 날부터 3년 이내에 1회

해설 환경기술인의 교육
㉠ 신규교육 : 환경기술인으로 임명된 날부터 1년 이내에 1회
㉡ 보수교육 : 신규교육을 받은 날을 기준으로 3년마다 1회

87 대기환경보전법상 방지시설을 거치지 아니하고 오염물질을 배출할 수 있는 공기조절장치, 가지배출관 등을 설치한 행위를 한 자에 대한 벌칙기준으로 적합한 것은?

① 2년 이하의 징역이나 1천만 원 이하의 벌금에 처한다.
② 3년 이하의 징역이나 2천만 원 이하의 벌금에 처한다.
③ 5년 이하의 징역이나 3천만 원 이하의 벌금에 처한다.
④ 7년 이하의 징역이나 5천만 원 이하의 벌금에 처한다.

해설 대기환경보전법 제90조 참고

88 다중이용시설 등의 실내공기질 관리법규상 신축공동주택의 오염물질 항목별 실내공기질 권고기준으로 옳지 않은 것은?

① 포름알데하이드 : $300\mu g/m^3$
② 에틸벤젠 : $360\mu g/m^3$
③ 자일렌 : $700\mu g/m^3$
④ 벤젠 : $30\mu g/m^3$

해설 신축공동주택의 오염물질 항목별 실내공기질 권고기준
㉠ 포름알데하이드 : $210\mu g/m^3$ 이하
㉡ 벤젠 : $30\mu g/m^3$ 이하
㉢ 톨루엔 : $1,000\mu g/m^3$ 이하
㉣ 에틸벤젠 : $360\mu g/m^3$ 이하
㉤ 자일렌 : $700\mu g/m^3$ 이하
㉥ 스티렌 : $300\mu g/m^3$ 이하
㉦ 라돈 : $148Bq/m^3$ 이하

89 다중이용시설 등의 실내공기질 관리법령상 대통령령이 정하는 규모의 다중이용시설에 해당되지 않는 것은?

① 여객자동차터미널의 연면적 2천2백제곱미터인 대합실
② 공항시설 중 연면적 1천1백제곱미터인 여객터미널
③ 철도역사의 연면적 2천2백세곱미터인 대합실
④ 모든 지하역사

정답 84 ③ 85 ① 86 ② 87 ③ 88 ① 89 ②

해설 **대통령령이 정하는 규모의 다중이용시설**
- 모든 지하역사(출입통로·대합실·승강장 및 환승통로와 이에 딸린 시설을 포함한다)
- 연면적 2천 제곱미터 이상인 지하도상가(지상건물에 딸린 지하층의 시설을 포함한다. 이하 같다). 이 경우 연속되어 있는 둘 이상의 지하도상가의 연면적 합계가 2천 제곱미터 이상인 경우를 포함한다.
- 철도역사의 연면적 2천 제곱미터 이상인 대합실
- 여객자동차터미널의 연면적 2천 제곱미터 이상인 대합실
- 항만시설 중 연면적 5천 제곱미터 이상인 대합실
- 공항시설 중 연면적 1천 5백 제곱미터 이상인 여객터미널
- 연면적 3천 제곱미터 이상인 도서관
- 연면적 3천 제곱미터 이상인 박물관 및 미술관
- 연면적 2천 제곱미터 이상이거나 병상 수 100개 이상인 의료기관
- 연면적 500제곱미터 이상인 산후조리원
- 연면적 1천 제곱미터 이상인 노인요양시설
- 연면적 430제곱미터 이상인 국공립어린이집, 법인어린이집, 직장어린이집 및 민간어린이집
- 모든 대규모점포
- 연면적 1천 제곱미터 이상인 장례식장(지하에 위치한 시설로 한정한다)
- 모든 영화상영관(실내 영화상영관으로 한정한다)
- 연면적 1천 제곱미터 이상인 학원
- 연면적 2천 제곱미터 이상인 전시시설(옥내시설로 한정한다)
- 연면적 300제곱미터 이상인 인터넷컴퓨터게임시설제공업의 영업시설
- 연면적 2천 제곱미터 이상인 실내주차장(기계식 주차장은 제외한다)
- 연면적 3천 제곱미터 이상인 업무시설
- 연면적 2천 제곱미터 이상인 둘 이상의 용도(「건축법」에 따라 구분된 용도를 말한다)에 사용되는 건축물
- 객석 수 1천 석 이상인 실내 공연장
- 관람석 수 1천 석 이상인 실내 체육시설
- 연면적 1천 제곱미터 이상인 목욕장업의 영업시설

※ 법규 변경사항이므로 해설의 내용으로 학습하시기 바랍니다.

90 대기환경보전법규상 자동차 연료 제조기준 중 매년 6월 1일부터 8월 31일까지 출고되는 휘발유의 증기압(kPa, 37.8℃) 기준으로 옳은 것은?

① 100 이하
② 80 이하
③ 65 이하
④ 60 이하

해설 **자동차연료(휘발유) 제조기준**

항목	제조기준
방향족화합물 함량(부피%)	24(21) 이하
벤젠 함량(부피%)	0.7 이하
납 함량(g/L)	0.013 이하
인 함량(g/L)	0.0013 이하
산소 함량(무게%)	2.3 이하
올레핀 함량(부피%)	16(19) 이하
황 함량(ppm)	10 이하
증기압(kPa, 37.8℃)	60 이하
90% 유출온도(℃)	170 이하

91 다중이용시설 등의 실내공기질 관리법상 다중이용시설을 설치하는 자는 환경부장관이 고시한 오염물질 방출건축자재를 사용하여서는 안 되는데, 이 규정을 위반하여 사용한 자에 대한 과태료 부과기준으로 옳은 것은?

① 1천만 원 이하의 과태료에 처한다.
② 500만 원 이하의 과태료에 처한다.
③ 300만 원 이하의 과태료에 처한다.
④ 100만 원 이하의 과태료에 처한다.

해설 ※ 법규 변경사항이므로 학습 안 하셔도 무방합니다.

92 대기환경보전법령상 연료를 연소하여 황산화물을 배출하는 시설의 기본부과금의 농도별 부과계수로 옳은 것은?(단, 연료의 황함유량(%)은 1.0% 이하, 황산화물의 배출량을 줄이기 위하여 방지시설을 설치한 경우와 생산공정상 황산화물의 배출량이 줄어든다고 인정하는 경우 제외)

① 0.1
② 0.2
③ 0.4
④ 1.0

해설 **기본부과금의 농도별 부과계수**

구분	연료의 황 함유량(%)		
	0.5% 이하	1.0% 이하	1.0% 초과
농도별 부과 계수	0.2	0.4	1.0

정답 90 ④ 91 ① 92 ③

93 대기환경보전법규상 한국환경공단이 환경부장관에게 보고해야 할 위탁업무 보고사항 중 '자동차배출가스 인증생략 현황'의 보고 횟수 기준은?

① 수시 ② 연 1회
③ 연 2회 ④ 연 4회

해설 위탁업무 보고사항

업무내용	보고 횟수	보고기일
수시검사, 결함확인 검사, 부품결함 보고서류의 접수	수시	위반사항 적발 시
결함확인검사 결과	수시	위반사항 적발 시
자동차배출가스 인증생략 현황	연 2회	매 반기 종료 후 15일 이내
자동차 시험검사 현황	연 1회	다음 해 1월 15일까지

94 대기환경보전법령상 천재지변 등으로 인해 기본부과금을 납부할 수 없다고 인정되어 징수유예를 하고자 하는 경우 ㉠ 징수유예기간과 ㉡ 그 기간 중의 분할납부의 횟수는?

① ㉠ 유예한 날의 다음 날부터 다음 부과기간 개시일 전일까지, ㉡ 4회 이내
② ㉠ 유예한 날의 다음 날부터 2년 이내, ㉡ 12회 이내
③ ㉠ 유예한 날의 다음 날부터 3년 이내, ㉡ 12회 이내
④ ㉠ 유예한 날의 다음 날부터 다음 부과기간 개시일 전일까지, ㉡ 6회 이내

해설 부과금의 징수유예 · 분할납부 및 징수절차
㉠ 기본부과금 : 유예한 날의 다음 날부터 다음 부과기간의 개시일 전일까지, 4회 이내
㉡ 초과부과금 : 유예한 날의 다음 날부터 2년 이내, 12회 이내

95 대기환경보전법상 대기환경규제지역을 관할하는 시 · 도지사 등은 그 지역이 대기환경규제지역으로 지정 · 고시된 후 몇 년 이내에 그 지역의 환경기준을 달성 · 유지하기 위한 계획을 수립 · 시행하여야 하는가?

① 5년 이내 ② 3년 이내
③ 2년 이내 ④ 1년 이내

해설 대기환경규제지역을 관할하는 시 · 도지사 등은 그 지역이 대기환경규제지역으로 지정 · 고시된 후 2년 이내에 그 지역의 환경기준을 달성 · 유지하기 위한 계획을 수립 · 시행하여야 한다.

96 대기환경보전법규상 수도권대기환경청장, 국립환경과학원장 또는 한국환경공단이 설치하는 대기오염 측정망에 해당하지 않는 것은?

① 대기오염물질의 지역배경농도를 측정하기 위한 교외대기측정망
② 산성 대기오염물질의 건성 및 습성 침착량을 측정하기 위한 산성강하물측정망
③ 도시지역의 휘발성 유기화합물 등의 농도를 측정하기 위한 광화학대기오염물질 측정망
④ 도시지역의 대기오염물질 농도를 측정하기 위한 도시대기측정망

해설 대기환경보전법규상 수도권대기환경청장, 국립환경과학원장 또는 한국환경공단이 설치하는 대기오염 측정망
㉠ 대기오염물질의 지역배경농도를 측정하기 위한 교외대기측정망
㉡ 대기오염물질의 국가배경농도와 장거리이동 현황을 파악하기 위한 국가배경농도측정망
㉢ 도시지역 또는 산업단지 인근지역의 특정대기유해물질(중금속을 제외한다)의 오염도를 측정하기 위한 유해대기물질측정망
㉣ 도시지역의 휘발성 유기화합물 등의 농도를 측정하기 위한 광화학대기오염물질측정망
㉤ 산성 대기오염물질의 건성 및 습성 침착량을 측정하기 위한 산성강하물측정망
㉥ 기후 · 생태계 변화유발물질의 농도를 측정하기 위한 지구대기측정망
㉦ 장거리이동대기오염물질의 성분을 집중 측정하기 위한 대기오염집중측정망
㉧ 미세먼지(PM-2.5)의 성분 및 농도를 측정하기 위한 미세먼지성분측정망

97 대기환경보전법규상 특정대기유해물질에 해당하지 않는 것은?

① 수은 및 그 화합물
② 아세트알데하이드
③ 황산화물
④ 아닐린

해설 황산화물은 특정대기유해물질이 아니다.

98 대기환경보전법령상 초과부과금 산정의 기초가 되는 오염물질 또는 배출물질의 배출기간이 달라지게 된 경우 초과부과금의 조정부과나 환급은 해당 배출시설 또는 방지시설의 개선완료 등의 이행 여부를 확인한 날로부터 최대 며칠 이내에 하여야 하는가?

① 7일 이내
② 15일 이내
③ 30일 이내
④ 60일 이내

해설 초과부과금 산정의 기초가 되는 오염물질 또는 배출물질의 배출기간이 달라지게 된 경우 초과부과금의 조정부과나 환급은 해당 배출시설 또는 방지시설의 개선완료 등의 이행여부를 확인한 날로부터 최대 30일 이내에 하여야 한다.

99 대기환경보전법령상 Ⅲ지역(녹지지역 및 자연환경보전지역)의 기본부과금의 지역별 부과계수는?

① 0.5
② 1.0
③ 1.5
④ 2.0

해설 기본부과금의 지역별 부과계수

구분	지역별 부과계수
Ⅰ지역	1.5
Ⅱ지역	0.5
Ⅲ지역	1.0

100 환경정책기본법령상 환경기준으로 옳은 것은?(단, ㉠, ㉡은 대기환경기준, ㉢, ㉣은 수질 및 수생태계 '하천'에서의 사람의 건강보호기준)

	항목	기준치
㉠	O_3(1시간 평균치)	0.06ppm 이하
㉡	NO_2(1시간 평균치)	0.15ppm 이하
㉢	Cd	0.5mg/L 이하
㉣	Pb	0.05mg/L 이하

① ㉠
② ㉡
③ ㉢
④ ㉣

해설 환경기준

	항목	기준치
㉠	O_3(1시간 평균치)	0.1ppm 이하
㉡	NO_2(1시간 평균치)	0.10ppm 이하
㉢	Cd	0.005mg/L 이하
㉣	Pb	0.05mg/L 이하

2015년 1회 기출문제

제1과목 대기오염개론

01 해륙풍에 대한 설명 중 옳지 않은 것은?
① 낮에는 해풍, 밤에는 육풍이 발달한다.
② 해풍은 대규모 바람이 약한 맑은 여름날에 발달하기 쉽다.
③ 육풍은 해풍에 비해 풍속이 크고, 수직·수평적인 영향범위가 넓은 편이다.
④ 해풍의 가장 전면(내륙 쪽)에서는 해풍이 급격히 약해져서 수렴구역이 생기는데 수렴구역을 해풍전선이라 한다.

해설 해풍은 육풍에 비해 풍속이 크고, 수직·수평적인 영향범위가 넓은 편이다.

02 다음 식물 중 아황산가스에 대한 저항력이 가장 큰 것은?
① 까치밤나무   ② 포도
③ 단풍   ④ 등나무

해설 아황산가스는 자주개나리, 목화, 보리 등이 상대적으로 민감하며, 까치밤나무, 쥐당나무 등은 저항성이 강하다.

03 다이옥신(Dioxin)에 관한 설명 중 옳지 않은 것은?
① 표준상태에서 증기압이 매우 낮은 고형 화합물이다.
② 다이옥신류는 크게 PCDD, PCDF로 대별된다.
③ 수용성은 낮으나 벤젠 등에 용해되며 토양 등에 흡수된다.
④ 소각로에서 1,000℃ 정도의 고온에서 fly ash 표면에 염소 공여체와 반응하여 배출된다.

해설 다이옥신은 저온(200~300℃)에서 fly ash 표면에 부착된 PCB 등 다이옥신 전구물질과 fly ash 중의 중금속이 작용하여 재형성된다.

04 다음 중 Panofsky에 의한 리차드슨수(Ri) 크기와 대기의 혼합 간의 관계에 따른 설명으로 거리가 먼 것은?
① $Ri = 0$: 수직방향의 혼합이 없다.
② $0 < Ri < 0.25$: 성층에 의해 약화된 기계적 난류가 존재한다.
③ $Ri < -0.04$: 대류에 의한 혼합이 기계적 혼합을 지워버린다.
④ $-0.03 < Ri < 0$: 기계적 난류와 대류가 존재하나 기계적 난류가 혼합을 주로 일으킨다.

해설 $Ri = 0$은 중립상태이며 기계적 난류(강제대류)가 지배적인 상태이다.

05 최대혼합고도를 400m로 예상하여 오염농도를 6ppm으로 수정하였는데 실제 관측된 최대혼합고도는 200m였다. 이때 실제 나타날 오염농도는?
① 9ppm   ② 16ppm
③ 32ppm   ④ 48ppm

해설 오염물질의 농도와 혼합고도의 관계는 3승에 반비례한다.
$$\frac{C_2}{C_1} = \left(\frac{MMD_1}{MMD_2}\right)^3$$
$$C_2 = C_1 \times \left(\frac{MMD_1}{MMD_2}\right)^3$$
$$= 6\text{ppm} \times \left(\frac{400\text{m}}{200\text{m}}\right)^3 = 48\text{ppm}$$

06 다음에서 설명하는 대기오염물질로 가장 적합한 것은?

- 이 물질의 직업성 폭로는 철강제조에서 아주 많으며, 알루미늄, 구리와 합금제조 등에서도 흔한 편이다.
- 이 흄에 급성폭로되면 열, 오한, 호흡 곤란 등의 증상을 특징으로 하는 금속열을 일으키나 자연히 치유된다.
- 만성폭로가 계속되면 파킨슨 증후군과 거의 비슷한 증후군으로 진전되어 말이 느리고 단조로워진다.

① 비소   ② 수은   ③ 망간   ④ 납

정답 01 ③ 02 ① 03 ④ 04 ① 05 ④ 06 ③

해설 망간(Mn)
철강제조에서 직업성 폭로가 가장 많고 합금, 용접봉의 용도를 가지며 계속적인 폭로로 전신의 근무력증, 수전증, 파킨슨 증후군이 나타나며 금속열을 유발한다.

07 다음 중 대기오염물질의 농도를 추정하기 위한 상자모델(Box Model)의 가정으로 적합하지 않은 것은?

① 고려되는 공간에서 오염물의 농도는 균일하다.
② 오염원은 방출과 동시에 균등하게 혼합된다.
③ 오염물농도가 균일함에 따라 분해는 0차 반응에 의한다.
④ 오염물방출원이 지면전역에 균등하게 분포되어 있다.

해설 상자모델에서 오염물의 분해는 1차 반응에 의한다.

08 오존층에 관한 다음 설명 중 옳지 않은 것은?

① 오존층이란 성층권에서도 오존이 더욱 분포해 있는 지상 50~60km 정도의 구간을 말한다.
② 오존층의 두께를 표시하는 단위는 돕슨(Dobson)이며 지구대기 중의 오존총량을 표준상태에서 두께로 환산할 때 1mm를 100돕슨으로 정하고 있다.
③ 오존총량은 적도상에서 약 200돕슨, 극지방에서 약 400돕슨 정도인 것으로 알려져 있다.
④ 오존은 성층권에서는 대기 중의 산소분자가 주로 240nm 이하의 자외선에 의해 광분해되어 생성된다.

해설 오존층이란 성층권에서도 오존이 더욱 밀집해 분포하고 있는 지상 20~30km 구간을 말한다.

09 대기의 특성에 관한 설명으로 옳지 않은 것은?

① 성층권에서는 오존이 자외선을 흡수하여 성층권의 온도를 상승시킨다.
② 지표 부근의 표준상태에서의 건조공기의 구성성분은 부피농도로 질소>산소>아르곤>이산화탄소의 순이다.
③ 대기의 온도는 위쪽으로 올라갈수록, 대류권에서는 하강, 성층권에서는 상승, 열권에서는 하강한다.
④ 대류권의 고도는 겨울철에 낮고, 여름철에 높으며, 보통 저위도 지방이 고위도 지방에 비해 높다.

해설 대기의 온도는 위쪽으로 올라갈수록, 대류권에서는 하강, 성층권에서는 상승, 중간권에서 하강, 다시 열권에서는 상승한다.

10 200℃, 1atm에서 이산화황의 농도가 2.0g/m³이다. 표준상태에서는 약 몇 ppm인가?

① 984
② 1,213
③ 1,759
④ 2,314

해설 농도(ppm, mL/m³)
$= 2.0 \text{g/m}^3 \times \dfrac{22.4\text{mL}}{64\text{mg}} \times 10^3 \text{mg/g} \times \dfrac{273+200}{273}$
$= 1,212.82 \text{mL/m}^3 \text{(ppm)}$

11 지구 대기의 성질에 관한 설명으로 옳지 않은 것은?

① 지표면의 온도는 약 15℃ 정도이나 상공 12km 정도의 대류권계면에서는 약 −55℃ 정도까지 하강한다.
② 성층권계면에서의 온도는 지표보다는 약간 낮으나 성층권계면 이상의 중간권에서의 기온은 다시 하강한다.
③ 중간권 이상에서의 온도는 대기의 분자운동에 의해 결정된 온도로서 직접 관측된 온도와는 다르다.
④ 대류권과 비교하였을 때 열권에서 분자의 운동속도는 매우 느리지만 공기평균자유행로는 짧다.

해설 열권에서는 분자의 운동속도가 매우 느리지만, 공기평균자유행로는 길다.

12 다음에서 설명하는 대기분산모델로 가장 적합한 것은?

- 적용모델식 : 가우시안모델
- 적용배출원 형태 : 점, 선, 면
- 개발국 : 영국
- 특징 : 도시지역에서 오염물질의 이동 계산, 영국에서 많이 사용하는 모델임

① OCD
② UAM
③ ISCLT
④ ADMS

해설 ADMS(Atmospheric Dispersion Model System)는 도시지역에서 오염물질의 이동을 계산하는 것으로 영국에서 많이 사용했던 모델이다.

정답 07 ③ 08 ① 09 ③ 10 ② 11 ④ 12 ④

13 오염물질에 대한 식물피해에 관한 설명으로 가장 거리가 먼 것은?

① 황화수소는 어린 잎과 새싹에 피해가 많은 편이며, 이에 강한 식물로는 복숭아, 딸기 등이 있다.
② 에틸렌은 고목의 생장저해가 특징으로, 글라디올러스가 가장 민감한 편이며, 0.1ppb에서 피해가 인정된다.
③ 암모니아는 잎 전체에 영향을 주는 편이다.
④ 일산화탄소는 식물에는 별로 심각한 영향을 주지 않으나 500ppm 정도에서 토마토 잎에 피해를 보인다.

해설 에틸렌 가스
어린 가지의 성장을 억제시키며 이상낙엽을 유발하고, 대표적 지표식물은 스위트피이며 0.1ppm 정도의 저농도에서 피해가 인정된다.

14 바람의 요소 중 전향력과 관련된 설명으로 옳지 않은 것은?

① 지구의 자전에 의해 생기는 가속도를 전향력가속도라 하고 이 가속도에 의한 힘을 전향력이라 한다.
② 전향력의 크기는 적도에서 가장 크며, 위도가 높아질수록 작아진다.
③ 전향력은 북반구에서는 움직이는 물체의 운동방향의 오른쪽 직각방향으로 작용한다.
④ 코리올리힘이라고도 하며, 경도력과 반대방향으로 작용한다.

해설 전향력은 극지방에서 최대가 되고 적도지방에서 최소가 된다.

15 상업지역의 분진농도를 측정하기 위하여 여과지를 통하여 0.2m/sec의 속도로 2.5시간 동안 여과시킨 결과 깨끗한 여과지에 비해 사용한 여과지의 빛전달률이 60%였다면 1,000m당의 Coh는?

① 12.3　② 6.2　③ 3.6　④ 3.1

해설 $Coh_{1,000} = \dfrac{\log(1/t)/0.01}{L} \times 1,000$

광화학적 밀도 $= \log\dfrac{1}{0.6} = 0.2218$

총 이동거리$(L) = 0.2\text{m/sec} \times 2.5\text{hr} \times 3,600\text{sec/hr}$
$= 1,800(\text{m})$

$= \dfrac{0.2218/0.01}{1,800} \times 1,000 = 12.32$

16 대기오염가스를 배출하는 굴뚝의 유효고도가 87m에서 100m로 높아졌다면 굴뚝의 풍하측 지상의 최대 오염농도는 87m일 때 것과 비교하면 몇 %가 되겠는가?(단, 기타 조건은 일정)

① 47%　② 62%　③ 76%　④ 88%

해설 최대착지농도($C_{\max}$)와 유효굴뚝높이(H_e)의 관계
$C_{\max} \propto \dfrac{1}{H_e^2}$

$\dfrac{100\text{m}\, C_{\max}}{87\text{m}\, C_{\max}} \times 100 \propto \dfrac{\left(\dfrac{1}{100\text{m}^2}\right)}{\left(\dfrac{1}{87\text{m}^2}\right)} \times 100 = 75.69\%$

17 태양상수를 이용하여 지구표면의 단위면적이 1분 동안에 받는 평균 태양에너지를 구하는 식으로 적합한 것은?(단, C_M : 평균 태양에너지, C : 태양상수, R : 지구반지름)

① $C_M = C \times [(\pi R^2 / 4\pi R^2)]$
② $C_M = C \times (4\pi R^2 / \pi R^2)$
③ $C_M = C \times [(\pi R^2 / 2\pi R^2)]$
④ $C_M = C \times [(2\pi R^2 / \pi R^2)]$

해설 지표에 도달하는 태양복사에너지(E)
지표면 1cm^2의 면적이 1분 동안 받는 평균복사에너지
$E = \dfrac{1\text{분 동안에 받는 총에너지}}{\text{전 지구표면적}}$
$= \dfrac{\pi R_e^2 I}{4\pi R_e^2} = \dfrac{I}{4} = 0.5\text{cal/cm}^2 \cdot \min$

여기서, R_e : 지구반지름
　　　　I : 태양상수

18 최대혼합깊이(MMD)에 관한 설명으로 옳지 않은 것은?

① 야간에 역전이 심할 경우에는 점차 증가하여 그 값이 5,000m 이상이 될 수도 있다.
② 통상적으로 계절적으로는 이른 여름에 아주 크다.
③ 열부상효과에 의하여 대류에 의한 혼합층의 깊이가 결정되는데 이를 MMD라 한다.
④ 실제로 MMD는 지표위 수 km까지의 실제 공기의 온도종단도를 작성함으로써 결정된다.

해설 야간에 역전이 심할 경우에는 그 값이 거의 0이 될 수도 있다.

정답 13 ②　14 ②　15 ①　16 ③　17 ①　18 ①

19 역전(Inversion)에 관한 설명으로 옳지 않은 것은?

① 난류역전, 해풍역전은 지표역전에 해당한다.
② 침강역전, 전선역전은 공중역전에 해당한다.
③ 해풍역전은 이동성이므로 오염물질을 오랫동안 정체시키지는 않는 편이다.
④ 복사역전층에서는 안개가 발생하기 쉽고 매연이 쉽게 확산하지 못하는 편이다.

해설 공중역전
㉠ 침강역전
㉡ 전선형 역전
㉢ 해풍형 역전
㉣ 난류역전

20 상대습도가 70%일 때 분진의 농도가 $50\mu g/m^3$인 지역이 있다. 이 지역의 가시거리는?(단, 상수 $A = 1.2$이다.)

① 24km ② 20km
③ 15km ④ 32km

해설 가시거리(km) $= \dfrac{A \times 10^3}{G} = \dfrac{1.2 \times 10^3}{50\mu g/m^3} = 24km$

제2과목 연소공학

21 르샤틀리에가 주장한 열역학적인 평형이동에 관한 원리를 가장 적합하게 설명한 것은?

① 평형상태에 있는 물질계의 온도, 압력을 변화시키면 그 변화를 감소시키는 방향으로 반응이 진행된다.
② 평형상태에 있는 물질계의 온도, 압력을 변화시키면 그 변화를 증가시키는 방향으로 평형이동이 진행된다.
③ 평형상태에 있는 물질계의 온도, 압력을 변화시키면 그 변화는 도중의 경로에 관계하지 않고 시작과 끝 상태만으로 결정된다.
④ 평형상태에 있는 물질계의 온도, 압력을 변화시키면 그 변화는 압력에는 무관하고, 온도변화를 감소시키는 방향으로 반응이 진행된다.

해설 르샤틀리에(Le Chatelier) 법칙
㉠ 혼합가스의 폭발범위를 구하는 식으로 점화원에 의해 폭발을 일으킬 수 있는 혼합가스 중의 가연성 가스의 부피(%)를 의미한다.
㉡ 열역학적인 평형이동에 관한 원리로, 평형상태에 있는 물질계의 온도, 압력을 변화시키면 그 변화를 감소시키는 방향으로 반응이 진행되어 새로운 평형에 도달한다는 의미가 있다.

22 다음 중 가솔린자동차에 적용되는 삼원촉매기술과 관련된 오염물질과 거리가 먼 것은?

① SOx ② NOx ③ CO ④ HC

해설 삼원촉매장치
산화촉매(백금, 팔라듐)와 환원촉매(로듐)를 사용하여 CO, HC, NOx를 동시에 처리하는 장치로 일반적으로 CO, HC, NOx 성분을 동시에 80% 이상 저감시킬 수 있다.

23 S함량 3%의 벙커C유 100kL를 사용하는 보일러에 S함량 1%인 벙커C유로 30% 섞어 사용하면 SO_2 배출량은 몇 % 감소하는가?(단, 벙커C유 비중 0.95, 벙커C유 중의 S는 모두 SO_2로 전환됨)

① 16% ② 20% ③ 25% ④ 28%

해설 SO_2 감소량(%)
$= \left(1 - \dfrac{\text{나중사용}}{\text{초기사용}}\right) \times 100$
초기사용: S 3% → 100%
나중사용: S 3%(70%) + S 1%(30%)
$= \left(1 - \dfrac{(0.03 \times 70kL) + (0.01 \times 30kL)}{0.03 \times 100kL}\right) \times 100$
$= 20\%$

24 등가비(ϕ, Equivalent Ratio)와 연소상태의 관계를 설명한 것 중 옳지 않은 것은?

① $\phi = 1$ 경우는 완전연소로 연료와 산화제의 혼합이 이상적이다.
② $\phi > 1$ 경우는 연료가 과잉, 질소산화물(NO)은 최대 발생
③ $\phi < 1$ 경우는 공기가 과잉, CO는 최소
④ $\phi > 1$ 경우는 불완전연소가 발생, 연료가 과잉

해설 $\phi > 1$ 경우는 연료가 과잉, 질소산화물(NO)은 감소한다.

25 A연소시설에서 연료 중 수소를 10% 함유하는 중유를 연소시킨 결과 건조연소가스 중의 SO_2 농도가 600ppm이었다. 건조연소가스양이 $13Sm^3/kg$이라면 실제습배가스양 중 SO_2 농도(ppm)는?

① 약 350   ② 약 450   ③ 약 550   ④ 약 650

해설 $SO_2(ppm) = \dfrac{SO_2}{G_w} \times 10^6$

$SO_2(ppm) = \dfrac{SO_2}{G_d} \times 10^6$

$SO_2 = \dfrac{600ppm \times 13Sm^3/kg}{10^6}$

$= 7.8 \times 10^{-3} Sm^3/kg$

$G_w = G_d + H_2O$
$= 13Sm^3/kg + (11.2 \times 0.1)Sm^3/kg$
$= 14.12 Sm^3/kg$

$= \dfrac{7.8 \times 10^{-3}}{14.12} \times 10^6 = 552.41ppm$

26 쓰레기 재생연료(RDF)에 관한 설명으로 가장 거리가 먼 것은?

① 쓰레기 재생연료를 연소시키는 데는 회전롤러식이 사슬상화격자 연소기보다 효율이 좋으며, 도시쓰레기의 소각에 제어가 용이하지 않은 단점이 있다.
② 쓰레기 재생연료의 소각에서 연료의 체재시간이 높은 온도에서 충분히 길지 않고(800~850℃에서 2초 이상)시스템이 제대로 가동 못할 시에는 염소를 포함하는 플라스틱이 잔존하여 다이옥신 등의 배출이 문제가 될 수 있다.
③ fluff RDF는 겉보기 밀도가 낮고, 비교적 수분함량이 높아서 저장하거나 수송하기가 어려운 단점이 있다.
④ 쓰레기 재생연료는 고정탄소가 석탄에 비해 적은 반면 휘발분이 많다.

해설 도시쓰레기 소각에 RDF를 사용하면 소각 연소의 제어가 용이하다.

27 예혼합연소에 관한 설명으로 옳은 것은?

① 혼합기의 분출속도가 느릴 경우 역화의 위험이 있으므로 역화방지기를 부착해야 한다.
② 화염온도가 낮아 연소부하가 적은 경우에 효과적으로 사용 가능하다.
③ 예혼합연소에 사용되는 버너로 선회버너, 방사버너가 있다.
④ 연소조절이 어렵고, 화염길이가 길다.

해설 ② 화염온도가 높아 연소부하가 큰 경우에 사용이 가능하다.
③ 예혼합연소에 사용되는 버너로 저압버너, 고압버너, 송풍버너가 있다.
④ 연소조절이 쉽고, 화염길이가 짧다.

28 어떤 화학과정에서 반응물질이 25% 분해하는 데 41.3분 걸린다는 것을 알았다. 이 반응이 1차라고 가정할 때, 속도상수 k는?

① $1.437 \times 10^{-4} s^{-1}$ ② $1.232 \times 10^{-4} s^{-1}$
③ $1.161 \times 10^{-4} s^{-1}$ ④ $1.022 \times 10^{-4} s^{-1}$

해설 $\ln \dfrac{C_t}{C_o} = -k \times t$

$\ln \dfrac{0.75 C_o}{C_o} = -k \times 41.3 min$

$k = 6.966 \times 10^{-3} min^{-1} \times min/60sec$
$= 1.1609 \times 10^{-4} sec^{-1}$

29 화격자식(스토커) 소각로에 관한 설명으로 옳지 않은 것은?

① 휘발성분이 많고 열분해되기 쉬운 물질을 소각할 경우에는 공기를 아래쪽에서 위쪽으로 통과시키는 상향연소방식을 사용하는 것이 효과적이다.
② 경사 스토커 방식의 경우 수분이 많은 것이나 발열량이 낮은 것도 어느 정도 소각이 가능하다.
③ 체류시간이 길고 교반력이 약한 편이어서 국부가열이 발생할 염려가 있다.
④ 하향식 연소는 상향식 연소에 비해 소각물의 양은 절반 정도로 감소한다.

해설 휘발성분이 많고 열분해되기 쉬운 물질을 소각할 경우에는 공기를 위쪽에서 아래쪽으로 통과시키는 하향 연소방식을 사용하는 것이 효과적이다.

정답 25 ③ 26 ① 27 ① 28 ③ 29 ①

30 공기를 사용하여 CO를 완전연소시킬 때 연소가스 중의 CO_2 농도의 최대치는?

① 19.7% ② 21.3%
③ 29.3% ④ 34.7%

해설 $CO + 0.5O_2 \rightarrow CO_2$

$CO_{2\max}(\%) = \dfrac{CO_2 양}{G_{od}} \times 100$

$G_{od} = 0.79A_o + CO_2 양$
$= \left[0.79 \times \left(\dfrac{0.5}{0.21} \right) \right] + 1 = 2.881 Sm^3/Sm^3$

$= \dfrac{1 Sm^3/Sm^3}{2.881 Sm^3/Sm^3} \times 100 = 34.71\%$

31 프로판(C_3H_8)을 완전연소하였을 때, 건연소가스 중의 CO_2가 8%(V/V%)이었다. 공기 과잉계수 m은 얼마인가?

① 1.32 ② 1.43
③ 1.52 ④ 1.66

해설 $C_3H_8 + 5O_2 \rightarrow 3CO_2 + 4H_2O$

$G_d = (m - 0.21)A_o + CO_2 양$

$G_d = \dfrac{CO_2 양}{CO_2(\%)} \times 100 = \dfrac{3}{8} \times 100 = 37.5 Sm^3/Sm^3$

$37.5 = \left[(m - 0.21) \times \dfrac{5}{0.21} \right] + 3$

$m = 1.659$

32 미분탄 연소에 관한 설명으로 옳지 않은 것은?

① 부하변동에 쉽게 적용할 수 있으므로 대형과 대용량 설비에 적합하다.
② 노벽 및 전열면에 쌓이는 재를 최소화시킬 수 있으며 화격자 연소에 비하여 공기비는 동일 수준이다.
③ 연소제어가 용이하고 점화 및 소화 시 손실이 적은 편이다.
④ 스토커 연소에 비해 공기와의 접촉 및 열전달도 좋아지므로 작은 공기비로 완전연소가 가능한 편이다.

해설 재의 배출량이 많으며 공기와 접촉 및 열전달도 좋아지므로 작은 공기비로도 완전연소가 가능하다.

33 다음 그림은 연소 시 공기-연료비에 따르는 HC, CO, CO_2, O_2의 발생량을 나타낸 것이다. ④의 항목에 해당되는 것은?(단, 실선은 이론, 점선은 실제의 관계를 나타냄)

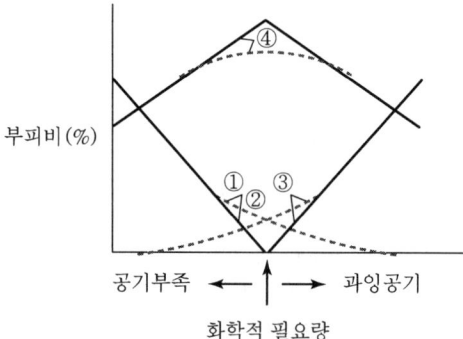

① O_2 ② HC
③ CO_2 ④ CO

해설 이론공기량으로 연소 시 CO_2의 생성량이 많으므로 ④는 CO_2를 나타낸다.

34 다음 기체연료 중 완전연소에 필요한 이론공기량(Sm^3/Sm^3)이 가장 많이 필요한 것은?

① 수소 ② 액화석유가스
③ 메탄 ④ 에탄

해설 기체연료의 이론공기량 근사치
㉠ 수소 : 2.4(Sm^3/Sm^3)
㉡ 액화석유가스 : 23(Sm^3/Sm^3)
㉢ 메탄 : 9.5(Sm^3/Sm^3)
㉣ 에탄 : 17(Sm^3/Sm^3)
※ 일반적으로 C나 H의 개수가 많은 물질들이 이론공기량을 많이 필요로 한다.

35 탄소, 수소의 중량 조성이 각각 86%, 14%인 액체연료를 매 시 30kg 연소한 경우 배기가스의 분석치가 CO_2 12.5%, O_2 3.5%, N_2 84%라면 매시간 필요한 공기량(Sm^3)은?

① 약 794 ② 약 675
③ 약 591 ④ 약 406

해설 $A = m \times A_o$

$$m = \frac{N_2}{N_2 - 3.76O_2} = \frac{84}{84 - (3.76 \times 3.5)} = 1.186$$

$$A_o = \frac{1}{0.21}[(1.867 \times 0.86) + (5.6 \times 0.14)] = 11.38 Sm^3/kg$$

$= 1.186 \times 11.38 Sm^3/kg \times 30kg/hr$
$= 405 Sm^3/hr$

36 연소(화염)온도에 관한 설명으로 가장 적합한 것은?

① 이론 단열 연소온도는 실제 연소온도보다 높다.
② 공기비를 크게 할수록 연소온도는 높아진다.
③ 실제 연소온도는 연소로의 열손실에는 거의 영향을 받지 않는다.
④ 평형 단열 연소온도는 이론 단열 연소온도와 같다.

해설 ② 공기비를 크게 할수록 연소온도는 낮아진다.
③ 실제 연소온도는 연소로의 열손실에 영향을 받는다.
④ 평형 단열 연소온도는 이론 단열 연소온도보다 낮다.

37 황(S) 함량 1.6%인 중유를 500kg/h로 연소할 때 30분 동안 생성되는 황산화물의 양(Sm^3)은?(단, 중유 중 황은 모두 SO_2로 되며, 표준상태 기준)

① 2.8 ② 5.6
③ 11.2 ④ 22.4

해설 $S + O_2 \rightarrow SO_2$

32kg : $22.4 Sm^3$
$500kg/hr \times 0.016 \times hr/60min \times 30min : SO_2(Sm^3)$

$$SO_2(Sm^3) = \frac{500kg/hr \times 0.016 \times hr/60min \times 30min \times 22.4 Sm^3}{32kg}$$
$= 2.8 Sm^3$

38 다음 연소의 종류 중 흑연, 코크스, 목탄 등과 같이 대부분 탄소만으로 되어 있는 고체연료에서 관찰되는 연소형태는?

① 표면연소 ② 내부연소
③ 증발연소 ④ 자기연소

해설 **표면연소**
㉠ 정의
고체연료 표면에 고온을 유지시켜 표면에서 반응을 일으켜 내부로 연소가 진행되는 연소방법이다.

㉡ 특징
- 탄소만으로 되어 있고 휘발분이 적은 고체연료의 가장 대표적인 연소방법이다.
- 고체연료 표면에 산소가 반응하여 불꽃 없이 적열 후 연소된다. 즉, 코크스나 석탄 등이 고온연소 시 고체 표면이 빨갛게 빛을 내면서 반응하는 연소로 화염이 없는 연소형태이다.
- 증발, 분해되지 못하고 표면의 탄소로부터 직접 연소되는 현상이다.
㉢ 표면연소 예
- 코크스, 숯(목탄), 흑연
- 금속
- 석탄(분해연소와 탄소의 표면연소의 두 반응에서 이루어짐)

39 다음 중 기체연료의 확산연소에 사용되는 버너 형태로 가장 적합한 것은?

① 공기 분무식 버너 ② 심지식 버너
③ 회전식 버너 ④ 포트형 버너

해설 **확산연소법의 종류**
㉠ 포트형
㉡ 버너형

40 다음 연료 중 착화점이 가장 높은 것은?

① 갈탄(건조) ② 발생로가스
③ 수소 ④ 무연탄

해설 **연료의 착화온도**
㉠ 고체연료
- 코크스 : 500~600℃
- 무연탄 : 370~500℃
- 목탄 : 320~400℃
- 역청탄 : 250~400℃
- 갈탄 : 250~350℃, 갈탄(건조) : 250~400℃
㉡ 액체연료
- 경유 : 592℃
- B중유 : 530~580℃
- A중유 : 530℃
- 휘발유 : 500~550℃
- 등유 : 400~500℃
㉢ 기체연료
- 도시가스 : 600~650℃
- 코크스 : 560℃
- 수소가스 : 550℃
- 프로판가스 : 493℃
- LPG(석유가스) : 440~480℃
- 천연가스(주 : 메탄) : 650~750℃
- 발생로가스 : 700~800℃

정답 36 ① 37 ① 38 ① 39 ④ 40 ②

제3과목　대기오염방지기술

41 전기집진장치 유지·관리에 관한 사항으로 가장 거리가 먼 것은?

① 시동 시 고전압 회로의 절연저항이 100kΩ 이상 되어야 한다.
② 운전 시 1차 전압이 낮은데도 과도한 2차 전류가 흐를 때는 고압회로의 절연불량인 경우가 많다.
③ 운전 시 2차 전류가 주기적으로 변동하는 것은 방전극에 의한 영향이 크다.
④ 정지 시 접지저항은 적어도 연 1회 이상 점검하고 10Ω 이하로 유지한다.

해설 시동 시 고전압 회로의 절연저항이 100MΩ 이상 되어야 한다.

42 A먼지 배출공장에 집진율 85%인 사이클론과 집진율 96%인 전기집진장치를 직렬로 연결하여 설치하였다. 이때 총 집진율은?

① 90.4%　② 94.4%　③ 96.4%　④ 99.4%

해설 $\eta_T = \eta_1 + \eta_2(1-\eta_1)$
$= 0.85 + [0.96(1-0.85)] = 0.994 \times 100 = 99.4\%$

43 기상 총괄이동단위높이가 2m인 충전탑을 이용하여 배출 가스 중의 HF를 NaOH 수용액으로 흡수제거하려 할 때, 제거율을 98%로 하기 위한 충전탑의 높이는?

① 5.6m　② 5.9m　③ 6.5m　④ 7.8m

해설 $H = H_{OG} \times N_{OG}$
$= 2m \times \ln\left(\dfrac{1}{1-0.98}\right) = 7.82m$

44 중력침전을 결정하는 중요 매개변수는 먼지입자의 침전속도이다. 다음 중 이 침전속도 결정 시 가장 관계가 깊은 것은?

① 입자의 유해성　② 입자의 크기와 밀도
③ 대기의 분압　④ 입자의 온도

해설 먼지의 침전속도 결정 시 가장 많은 영향을 미치는 요소는 입자의 직경(입자크기) 및 밀도의 차(입자밀도-가스밀도)이다.

45 아래 후드 형식으로 가장 적합한 것은?

> 작업을 위한 하나의 개구면을 제외하고 발생원 주위를 전부 에워싼 것으로 그 안에서 오염물질이 발산된다. 이 방식은 오염물질의 송풍 시 낭비되는 부분이 적은데 이는 개구면 주변의 벽이 라운지 역할을 하고, 측벽은 외부로부터의 분기류에 의한 방해에 대하여 방해판 역할을 하기 때문이다.

① 수(Receiving)형 후드　② 슬롯(Slot)형 후드
③ 부스(Booth)형 후드　④ 캐노피(Canopy)형 후드

해설 **포집형 후드(Booth형)**
포위형과 동일한 형태에서 후드의 한쪽 면을 개구부로 구성한 후드이다. 이 방식은 후드의 외부 작업이 필요한 유독한 물질의 처리공정에 적합하다.

46 가스처리방법 중 흡착(물리적 기준)에 관한 내용으로 가장 거리가 먼 것은?

① 흡착열이 낮고 흡착과정이 가역적이다.
② 다분자 흡착이며 오염가스 회수가 용이하다.
③ 처리할 가스의 분압이 낮아지면 흡착량은 감소한다.
④ 처리가스의 온도가 올라가면 흡착량이 증가한다.

해설 일반적으로 물리적 흡착에서는 처리가스의 온도가 낮을수록, 압력이 높을수록 흡착이 잘 되어 흡착량이 증가한다.

47 광학현미경으로 입자의 투영면적을 이용하여 측정한 먼지 입경 중 입자의 투영면적을 2등분하는 선의 길이로 나타내는 것은?

① Martin 직경　② Feret 직경
③ 등면적 직경　④ Heyhood 직경

해설 **마틴직경(Martin Diameter)**
㉠ 입자의 면적을 2등분하는 선의 길이, 즉 입자의 2차원 투영상을 구하여 그 투영면적을 2등분한 선분 중 어떤 기준선과 평행인 것의 길이를 의미한다.(입자상 물질의 그림자를 2개의 등면적으로 나눈 선의 길이)
㉡ 최단거리가 측정되므로 과소 평가할 수 있는 단점이 있다.

48 사업장에서 발생되는 케톤(Ketone)류를 제어하는 방법 중 제어효율이 가장 낮은 방법은?

① 직접소각법　② 응축법
③ 흡착법　④ 흡수법

해설 케톤의 경우 활성탄 표면에서 물을 포함하는 반응에 의하여 파괴되어 제거효율이 거의 없다.

정답　41 ①　42 ④　43 ④　44 ②　45 ③　46 ④　47 ①　48 ③

49 촉매연소법에 관한 설명으로 옳지 않은 것은?

① 촉매는 백금, 코발트, 니켈 등이 있으나, 고가이지만 성능이 우수한 백금계의 것이 많이 이용된다.
② 직접연소법에 비해 연료소비량이 적어 운전비는 절감되나, 촉매독이 문제가 된다.
③ 직접연소법에 비해 질소산화물의 발생량이 높고, 고농도로 배출된다.
④ 적용 가능한 악취성분은 가연성 악취성분, 황화수소, 암모니아 등이다.

해설 촉매연소법은 직접연소법에 비해 질소산화물의 발생량이 적고 낮은 농도로 배출할 수 있다.

50 원형 Duct의 기류에 의한 압력손실에 관한 설명으로 옳지 않은 것은?

① 길이가 길수록 압력손실은 커진다.
② 유속이 클수록 압력손실은 커진다.
③ 직경이 클수록 압력손실은 작아진다.
④ 곡관이 많을수록 압력손실은 작아진다.

해설 곡관이 많을수록 덕트의 압력손실은 커진다.

51 황산화물 배출제어 방법 중 재생식 공정으로 가장 적절한 것은?

① 석회석법
② 웰만-로드법
③ Chiyoda법
④ 이중염기법

해설 재생식 공정으로는 산화망간법, 웰만-로드법 등이 있다.

52 흡착장치에 관한 다음 설명 중 가장 거리가 먼 것은?

① 고정층 흡착장치에서 보통 수직으로 된 것은 대규모에 적합하고, 수평으로 된 것은 소규모에 적합하다.
② 일반적으로 이동층 흡착장치는 유동층 흡착장치에 비해 가스의 유속을 크게 유지할 수 없는 단점이 있다.
③ 유동층 흡착장치는 고정층과 이동층 흡착장치의 장점만을 이용한 복합형으로 고체와 기체의 접촉을 좋게 할 수 있다.
④ 유동층 흡착장치는 흡착제의 유동에 의한 마모가 크게 일어나고, 조업조건에 따른 주어진 조건의 변동이 어렵다.

해설 고정층 흡착장치에서 보통 수직으로 된 것은 소규모에 적합하고, 수평으로 된 것은 대규모에 적합하다.

53 먼지함유량이 A인 배출가스에서 C만큼 제거시키고 B만큼을 통과시키는 집진장치의 효율산출식으로 거리가 먼 것은?

① C/A
② $C/(B+C)$
③ B/A
④ $(A-B)/A$

해설 먼지함유량(A) → 집진장치 → 먼지통과량(B)
           ↓
        먼지제거량(C)

제거효율 $= \dfrac{A-B}{A} = 1 - \dfrac{B}{A} = \dfrac{C}{B+C} = \dfrac{C}{A}$

($\dfrac{B}{A}$는 통과율을 의미한다.)

54 다음 중 다른 VOC 방지장치와 상대 비교한 생물여과장치의 특성으로 가장 거리가 먼 것은?

① CO 및 NOx를 포함한 생성 오염부산물이 적거나 없다.
② 고농도 오염물질의 처리에 적합하고, 설치가 복잡한 편이다.
③ 습도제어에 각별한 주의가 필요하다.
④ 생체량의 증가로 장치가 막힐 수 있다.

해설 생물학적 여과장치는 저농도 오염물질의 처리에 적합하고 설치가 간단한 편이다.

55 여과집진장치에 관한 설명으로 옳지 않은 것은?

① 폭발성, 점착성 및 흡습성 분진의 제거에 효과적이다.
② 여과재의 내열성에서는 고온가스 냉각 시 산노점(Dew Point) 이상으로 유지해야 한다.
③ 간헐식은 여포의 수명이 연속식에 비해 길다.
④ 간헐식은 탈진방법에 따라 진동형, 역기류형, 역기류 진동형으로 분류할 수 있다.

해설 여과집진장치는 폭발성, 점착성 및 흡습성 분진의 제거에는 부적당하다.

정답 49 ③ 50 ④ 51 ② 52 ① 53 ③ 54 ② 55 ①

56 Henry 법칙이 적용되는 가스로서 공기 중 유해가스의 분압이 16mmHg일 때, 수중 유해가스의 농도는 3.0kmol/m³이었다. 같은 조건에서 가스분압이 435mmH₂O가 되면 수중 유해가스의 농도는?

① 1.5kmol/m³   ② 3.0kmol/m³
③ 6.0kmol/m³   ④ 9.0kmol/m³

해설 헨리법칙 $P = H \times C$에서
$P \propto C$ 이므로
3.0kmol/m³ : 16mmHg
$= C(\text{kmol/m}^3) : 435\text{mmH}_2\text{O} \times \dfrac{760\text{mmHg}}{10,332\text{mmH}_2\text{O}}$
$C = 6.0\text{kmol/m}^3$

57 다음 중 전기집진장치에서 코로나 방전 시 부(−)코로나 방전을 이용하는 이유로 가장 적합한 것은?(단, 정(+)코로나 방전 시와 비교)

① 코로나 방전개시 전압이 낮기 때문에
② 불꽃 방전개시 전압이 낮기 때문에
③ 적은 양의 코로나 전류를 흘릴 수 있기 때문에
④ 낮은 전계강도를 얻을 수 있기 때문에

해설 부(−)코로나 방전을 이용하면 오존의 발생량은 증가하지만 코로나 방전개시 전압이 낮아진다.

58 악취물질의 성질과 발생원에 관한 설명으로 옳지 않은 것은?

① 아크롤레인(CH₂CHCHO)은 자극취 물질로 석유화학, 약품제조 시에 발생한다.
② 메틸메르캅탄(CH₃SH)은 부패양파취 물질로 석유정제, 가스제조, 약품제조 시에 발생한다.
③ 황화수소(H₂S)는 썩은 계란취 물질로 석유정제나 약품제조 시에 발생한다.
④ 에틸아민(C₂H₅NH)은 마늘취 물질로 석유정제, 인쇄 작업장에서 발생한다.

해설 에틸아민(C₂H₅NH)은 분뇨 냄새가 나는 물질로 초산제조 공정에서 발생한다.

59 층류의 흐름인 공기 중을 입경이 $2.2\mu m$, 밀도가 2,400g/L인 구형입자가 자유낙하하고 있다. 이때 구형입자의 종말속도는?(단, 20℃에서의 공기 점도는 1.81×10^{-4} poise이다.)

① 3.5×10^{-6}m/s   ② 3.5×10^{-5}m/s
③ 3.5×10^{-4}m/s   ④ 3.5×10^{-3}m/s

해설
$V_g = \dfrac{d_p^2 (\rho_p - \rho) g}{18 \mu}$

$d_p = 2.2 \mu m \times m/10^6 \mu m = 2.2 \times 10^{-6} m$
$\rho_p = 2,400 g/L = 2,400 kg/m^3$
$\mu = 1.81 \times 10^{-4} \text{poise} = 1.81 \times 10^{-5} kg/m \cdot \sec$
$\rho = 1.29 kg/Sm^3 \times \dfrac{273}{273+20} = 1.2 kg/m^3$

$= \dfrac{(2.2 \times 10^{-6} m)^2 \times (2,400 - 1.2) kg/m^3 \times 9.8 m/\sec^2}{18 \times 1.81 \times 10^{-5} kg/m \cdot \sec}$
$= 3.49 \times 10^{-4} m/\sec$

60 유입구 폭이 20cm, 유효회전수가 8인 사이클론에 아래 상태와 같은 함진가스를 처리하고자 할 때, 이 함진가스에 포함된 입자의 절단입경(μm)은?

- 함진가스의 유입속도 : 30m/s
- 함진가스의 점도 : 2×10^{-5} kg/m · s
- 함진가스의 밀도 : 1.2kg/m³
- 먼지입자의 밀도 : 2.0g/cm³

① 2.78   ② 3.46
③ 4.58   ④ 5.32

해설
$d_{p_{50}} = \left(\dfrac{9 \mu B}{2 \pi V (\rho_p - \rho) N} \right)^{0.5} \times 10^6$

$= \left(\dfrac{9 \times 2 \times 10^{-5} kg/m \cdot \sec \times 0.2 m}{2 \times 3.14 \times 30 m/\sec \times (2,000 - 1.2) kg/m^3 \times 8} \right)^{0.5}$
$\times 10^6 \mu m/m = 3.46 \mu m$

제4과목 　 대기오염공정시험기준(방법)

61 싸이오시안산제이수은법으로 염화수소를 분석할 때 필요한 시약과 관계가 없는 것은?

① 메틸알코올
② 과염소산(1+2)
③ 황산제이철암모늄용액
④ 질산은 용액

[해설] 싸이오시안산제이수은법으로 염화수소를 분석할 때 필요한 시약
㉠ 싸이오시안산제이수은용액
㉡ 황산제이철암모늄용액
㉢ 싸이오시안산포타슘용액
㉣ 과염소산(1+2)
㉤ 염소이온표준액

62 원자흡광광도법에서 사용되는 용어의 정의로 옳지 않은 것은?

① 근접선 : 목적하는 스펙트럼선에 가까운 파장을 갖는 다른 스펙트럼선
② 선프로파일 : 파장에 대한 스펙트럼선의 강도를 나타내는 곡선
③ 충전가스 : 불꽃 단락을 방지하기 위해 분무버너에 채우는 가스
④ 다연료불꽃 : 가연성 가스/조연성 가스의 값을 크게 한 불꽃

[해설] 충전가스(Filler Gas)
중공음극램프에 채우는 가스

63 다음에 제시된 자료에서 구한 비산먼지의 농도(mg/m³)는?

- 포집먼지량이 가장 많은 위치에서의 먼지농도 : 115mg/m³
- 대조위치에서의 먼지농도 : 0.15mg/m³
- 풍향은 전 시료채취 기간 중 주 풍향이 90° 이상 변하고 있다.
- 풍속은 0.5m/초 미만 또는 10m/초 이상 되는 시간이 전 채취시간의 50% 이상이다.

① 114.9　② 137.8　③ 165.4　④ 206.7

[해설] 비산먼지농도(mg/m³)
$= (C_H - C_B) \times W_D \times W_S$
$= (116 - 0.15)\text{mg/m}^3 \times 1.5 \times 1.2$
$= 206.73 \text{mg/m}^3$

64 굴뚝 배출가스 중 총 탄화수소 측정에 관한 설명으로 옳지 않은 것은?

① 불꽃이온화검출(FID)법에서의 결과 농도는 프로판(또는 알칸계 표준물질) 또는 탄소등가농도로 환산하여 표시한다.
② 불꽃이온화검출(FID)법의 경우 배출원에서 채취된 시료는 여과재 등을 이용하여 먼지를 제거한 후 가열채취관을 통하여 불꽃이온화분석기(Flame Ionization Analyzer)로 유입되어 분석된다.
③ 반응시간은 오염물질농도의 단계변화에 따라 최종값의 50% 이상에 도달하는 시간을 말한다.
④ 시료채취관은 스테인리스강 또는 이와 동등한 재질의 것으로 하고 굴뚝중심 부분의 10% 범위 내에 위치할 정도의 길이의 것을 사용한다.

[해설] 반응시간은 오염물질농도의 단계변화에 따라 최종값의 90%에 도달하는 시간으로 한다.

65 비분산 적외선 가스 분석법에 관한 설명으로 옳지 않은 것은?

① 선택성 검출기를 이용하여 시료 중의 특정성분에 대한 적외선 흡수량 변화를 측정한다.
② 광원은 원칙적으로 니크롬선 또는 탄화수소의 저항체에 전류를 흘려 가열한 것을 사용한다.
③ 분석계의 최저 눈금값을 교정하기 위하여 제로가스를 사용한다.
④ 적외선 가스 분석계는 교호단속 분석계와 동시단속 분석계로 분류한다.

[해설] 적외선 가스 분석계는 고정형 분석계와 이동형 분석계로 분류한다.

66 공정시험기준 중 일반화학분석에 대한 공통적인 사항으로 따로 규정이 없는 경우 사용해야 하는 시약의 규격으로 옳지 않은 것은?

명칭	농도(%)	비중(약)
㉠ 암모니아수	32.0~38.0(NH₃로서)	1.38
㉡ 불화수소산	46.0~48.0	1.14
㉢ 브롬화수소산	47.0~49.0	1.48
㉣ 과염소산	60.0~62.0	1.54

① ㉠　② ㉡　③ ㉢　④ ㉣

해설

명칭	농도(%)	비중(약)
암모니아수	28.0~30.0(NH₃로서)	0.90

67 기체크로마토그래피의 설치조건(장소, 전기관계)으로 가장 거리가 먼 것은?

① 분석에 사용하는 유해물질을 안전하게 처리할 수 있는 곳이어야 한다.
② 접지점의 접지저항은 20~25Ω 범위 이내이어야 한다.
③ 전원변동은 지정전압의 10% 이내로서 주파수 변동이 없는 것이어야 한다.
④ 실온 5~35℃, 상대습도 85% 이하로 직사광선이 쪼이지 않는 곳이어야 한다.

해설 **기체크로마토그래피의 설치장소**
설치장소는 진동이 없고 분석에 사용하는 유해물질을 안전하게 처리할 수 있으며 부식가스나 먼지가 적고 실온 5~35℃, 상대습도 85% 이하로서 직사광선이 쪼이지 않는 곳으로 한다. 접지점의 접지저항은 10Ω 이하이어야 한다.

68 굴뚝 배출가스 중의 오염물질과 연속자동측정방법의 연결로 옳지 않은 것은?

① 아황산가스 – 불꽃광도법
② 염화수소 – 이온전극법
③ 질소산화물 – 적외선 흡수법
④ 불화수소 – 자외선흡수법

해설 **굴뚝 배출가스 중의 오염물질과 연속자동측정방법**
㉠ 아황산가스 : 용액전도율법, 적외선흡수법, 자외선흡수법, 정전위전해법, 불꽃광도법
㉡ 질소산화물 : 화학발광법, 적외선흡수법, 자외선흡수법, 정전위전해법
㉢ 염화수소 : 이온전극법, 비분산 적외선 분석법
㉣ 불화수소 : 이온전극법
㉤ 암모니아 : 용액전도율법과 적외선가스분석법
㉥ 먼지 : 광산란적분법, 베타(β)선 흡수법, 광투과법

69 굴뚝 배출가스 중의 질소산화물을 페놀디술폰산법으로 측정하는 방법에 관한 설명으로 옳지 않은 것은?

① 시료 중의 질소산화물을 산화흡수제(황산+과산화수소수)에 흡수시켜 질산이온으로 만든다.
② NOx를 질산이온으로 만들고, 페놀디술폰산을 반응시켜 얻어지는 착색액의 흡광도로부터 이산화질소를 정량한다.
③ 시료 중의 질소산화물 농도가 약 0.5~10V/V ppm인 것의 분석에 적당하다.
④ 할로겐 화합물이 존재하면 분석결과에 부의 오차가, 무기질산염, 아질산염은 정오차가 생기는 경향이 있다.

해설 **질소산화물 측정방법(페놀디술폰산법)**
㉠ 시료 중의 질소산화물을 산화흡수제(황산+과산화수소수)에 흡수시켜 질산이온으로 만들고 페놀디술폰산을 반응시켜 얻어지는 착색액의 흡광도로부터 이산화질소를 정량하는 방법으로서 배출가스 중의 질소산화물을 이산화질소로 계산한다.
㉡ 이 방법은 시료 중의 질소산화물 농도가 약 10~200V/V ppm인 것의 분석에 적당하다. 200V/V ppm 이상의 농도가 진한 시료에 대해서는 분석용 시료용액을 적당히 물로 묽게 하여 사용하면 측정이 가능하다.

70 화학반응 등에 따라 굴뚝으로부터 배출되는 이황화탄소를 자외선/가시선분광법으로 정량할 때 흡수액으로 옳은 것은?

① 산화제이철암모늄용액
② 다이에틸아민구리용액
③ 아연아민착염용액
④ 제일염화주석용액

해설 **이황화탄소의 자외선/가시선분광법**
다이에틸아민구리용액에서 시료가스를 흡수시켜 생성된 다이에틸싸이오카밤산구리의 흡광도를 435nm의 파장에서 측정하여 이황화탄소를 정량한다. 이 방법은 시료가스채취량 10L인 경우 배출가스 중의 이황화탄소 농도 3~60V/V ppm의 분석에 적합하다.

71 연료용 유류 중의 황 함유량을 측정하기 위한 분석방법은?

① 방사선식 여기법 ② 자동 연속 열탈착 분석법
③ 테들라 백-열 탈착법 ④ 몰린 형광 광도법

해설 유류 중의 황 함유량을 측정하기 위한 분석방법

분석방법의 종류	황 함유량에 따른 적용 구분	적용 유류
연소관식 공기법	0.01 무게 % 이상	원유 · 경유 · 중유
방사선식 여기법		

72 굴뚝 배출가스 중 페놀류 분석방법(자외선/가시선분광법)으로 옳지 않은 것은?

① 4-아미노 안티피린법은 시약을 가하여 얻어진 청색액의 시료를 610nm의 가시부에서 흡광도를 측정하여 페놀류의 농도를 산출한다.
② 4-아미노 안티피린법은 시료 중의 페놀류를 수산화소듐용액(0.4W/V%)에 흡수시켜 포집한다.
③ 자외선/가시선분광법은 시료가스 채취량이 10L인 경우 시료 중의 페놀류의 농도가 1~20V/V ppm 범위의 분석에 적합하다.
④ 염소, 브롬 등의 산화성 가스 및 황화수소, 아황산가스 등의 환원성 가스가 공존하면 부(負)의 오차를 나타낸다.

해설 페놀류 – 자외선/가시선분광법(4-아미노 안티피린법)
시료 중의 페놀류를 수산화소듐용액(0.4W/V%)에 흡수시켜 포집한다. 이 용액의 pH를 10±0.2로 조절한 후 여기에 4-아미노 안티피린 용액과 페리시안산 칼륨용액을 순서대로 가하여 얻어진 적색(赤色)액을 510nm의 가시부에서의 흡광도를 측정하여 페놀류의 농도를 산출한다. 이 방법은 시료가스 채취량이 10L인 경우 시료 중의 페놀류의 농도가 1~20V/V ppm 범위의 분석에 적합하다. 또한 염소, 브롬 등의 산화성 가스 및 황화수소, 아황산가스 등의 환원성 가스가 공존하면 부(負)의 오차를 나타낸다.

73 환경대기 중 휘발성 유기화합물(VOCs)의 시험방법에 사용되는 용어에 관한 설명으로 옳지 않은 것은?

① 머무름 부피(Retention Volume) : 흡착관으로부터 분석물질을 탈착하기 위하여 필요한 운반 가스의 부피를 측정함으로써 결정된다.
② 흡착관의 안정화(Conditioning) : 흡착관을 사용하기 전에 열탈착기에 의해서 보통 350℃(흡착제별로 사용최고온도를 고려하여 조정)에서 헬륨가스 250mL/min으로 적어도 1시간 동안 안정화시킨 후 사용한다.
③ 열탈착 : 열과 불활성 가스를 이용하여 흡착제로부터 휘발성 유기화합물을 탈착시켜 기체크로마토그래피로 전달하는 과정이다.
④ 2단 열탈착 : 흡착제로부터 분석물질을 열탈착하여 저온농축관에 농축한 다음 저온농축관을 가열하여 농축된 화합물을 기체크로마토그래피로 전달하는 과정이다.

해설 흡착관의 안정화(Conditioning)
흡착관을 사용하기 전에 열탈착기에 의해서 보통 350℃(흡착제별로 사용최고온도를 고려하여 조정)에서 헬륨가스 50mL/min으로 적어도 2시간 동안 안정화시킨 후 사용한다. 시료채취 이전에 흡착관의 안정화 여부를 사전 분석을 통하여 확인해야 한다.

74 어떤 기체크로마토그램에 있어 성분 A의 보유시간은 10분, 피크 폭은 8mm였다. 이 경우 성분 A의 HETP(1 이론단에 해당하는 분리관의 길이)는?(단, 분리관의 길이는 10m, 기록지의 속도는 매분 10mm)

① 2mm ② 4mm
③ 6mm ④ 8mm

해설 $HETP = \dfrac{L}{n}$

$n(이론단수) = 16 \times \left(\dfrac{t_R}{W}\right)^2$
$= 16 \times \left(\dfrac{10mm/min \times 10min}{8mm}\right)^2 = 2,500$

$= \dfrac{10m \times \left(\dfrac{10^3 mm}{m}\right)}{2,500} = 4mm$

75 다음은 굴뚝배출가스 중 아황산가스를 연속적으로 자동 측정하는 방법에 사용되는 용어에 관한 설명이다. ( ) 안에 알맞은 것은?

- 교정가스 : 공인기관의 보정치가 제시되어 있는 표준가스로 연속자동측정기 최대눈금치의 약 (㉠)에 해당하는 농도를 갖는다.(90% 교정가스를 스팬가스라고 한다.)
- 제로가스 : 공인기관에 의해 아황산가스 농도가 (㉡)으로 보증된 표준가스를 말한다.

정답 71 ① 72 ① 73 ② 74 ② 75 ④

① ㉠ 10%와 30%, ㉡ 0.1ppm 미만
② ㉠ 10%와 60%, ㉡ 0.1ppm 미만
③ ㉠ 30%와 60%, ㉡ 1ppm 미만
④ ㉠ 50%와 90%, ㉡ 1ppm 미만

해설 ㉠ 교정가스 : 공인기관의 보정치가 제시되어 있는 표준가스로 연속자동측정기 최대눈금치의 약 50%와 90%에 해당하는 농도를 갖는다.(90% 교정가스를 스팬가스라고 한다.)
㉡ 제로가스 : 공인기관에 의해 아황산가스 농도가 1ppm 미만으로 보증된 표준가스를 말한다.

76 다음은 환경대기 내의 먼지 측정 시험방법 중 어떤 측정법에 관한 설명인가?

이 방법은 대기 중 부유하고 있는 입자상 물질을 일정 시간(1시간 이상) 여과지 위에 포집한 후 빛(파장 : 400nm)을 조사해서 빛의 두 파장을 측정하고 그 값으로부터 입자상 물질의 농도를 구하는 방법이다. 이 방법에 의한 포집입자의 입경은 0.1~10μm의 범위이다.

① 광산란법
② 광투과법
③ 광흡착법
④ 베타선법

해설 공정시험기준 변경사항이므로 학습 안 하셔도 무방합니다.

77 굴뚝 내부 단면의 가로 길이가 2m이고, 세로 길이가 1.5m일 때 이 굴뚝의 환산직경은?(단, 굴뚝 단면은 사각형이며, 상하 동일 단면적을 가진 굴뚝이다.)

① 1.5m
② 1.7m
③ 1.9m
④ 2.0m

해설 환산직경 $= \frac{2ab}{a+b} = \frac{2 \times 2m \times 1.5m}{2m + 1.5m} = 1.71m$

78 분석대상가스의 종류별 채취관 및 연결관 재질의 연결로 옳지 않은 것은?

① 암모니아 - 스테인리스강
② 일산화탄소 - 석영
③ 질소산화물 - 스테인리스강
④ 이황화탄소 - 보통강철

해설 분석대상가스의 종류별 채취관 및 연결관 등의 재질

분석대상가스, 공존가스	채취관, 연결관의 재질	여과재	비고
암모니아	①②③④⑤⑥	ⓐⓑⓒ	① 경질유리
일산화탄소	①②③④⑤⑥⑦	ⓐⓑⓒ	② 석영
염화수소	①② ⑤⑥⑦	ⓐⓑⓒ	③ 보통강철
염소	①② ⑤⑥⑦	ⓐⓑⓒ	④ 스테인리스강
황산화물	①② ④⑤⑥⑦	ⓐⓑⓒ	⑤ 세라믹
질소산화물	①② ④⑤⑥	ⓐⓑⓒ	⑥ 불소수지
이황화탄소	①② ⑥	ⓐⓑ	⑦ 염화비닐수지
포름알데히드	①② ⑥	ⓐⓑ	⑧ 실리콘수지
황화수소	①② ④⑤⑥⑦	ⓐⓑⓒ	⑨ 네오프렌
불소화합물	④ ⑥	ⓒ	ⓐ 알칼리 성분이 없는 유리솜 또는 실리카솜
시안화수소	①② ④⑤⑥⑦	ⓐⓑⓒ	
브롬	①② ⑥	ⓐⓑ	
벤젠	①② ⑥	ⓐⓑ	ⓑ 소결유리
페놀	①② ④ ⑥	ⓐⓑ	ⓒ 카보런덤
비소	①② ④⑤⑥⑦	ⓐⓑⓒ	

79 다음 대상 가스별 분석방법의 연결로 옳은 것은?(단, 배출허용기준 시험방법)

① 포름알데히드 - 오르토톨리딘법
② 질소산화물 - 크로모트로핀산법
③ 시안화수소 - 피리딘피라졸론법
④ 페놀 - 페놀디술폰산법

해설
㉠ 포름알데히드 분석방법
- 고성능액체크로마토그래피법
- 크로모트로핀산법
- 아세틸아세톤법

㉡ 질소산화물 분석방법
- 페놀디술폰산법
- 아연환원 나프틸에틸렌디아민법

㉢ 시안화수소 분석방법
- 피리딘피라졸론법
- 질산은적정법

㉣ 페놀분석방법
- 4-아미노안티피린법
- 기체크로마토그래피법

80 자외선/가시선분광법에 관한 다음 설명 중 가장 거리가 먼 것은?

① 가시부와 근적외부의 광원으로는 주로 텅스텐램프를, 자외부의 광원으로는 주로 중수소 방전관을 사용한다.
② 광전관, 광전자증배관은 주로 자외 내지 가시파장 범위에서, 광전도셀은 근적외 파장범위에서의 광전측광에 사용한다.
③ 흡수셀의 유리제는 주로 자외부 파장범위를, 플라스틱제는 근자외부 및 가시광선 파장범위를 측정할 때 사용한다.
④ 흡광도의 눈금보정은 중크롬산칼륨용액으로 한다.

해설 흡수셀의 재질로는 유리, 석영, 플라스틱 등을 사용한다. 유리제는 주로 가시 및 근적외부 파장범위, 석영제는 자외부 파장범위, 플라스틱제는 근적외부 파장범위를 측정할 때 사용한다.

제5과목 대기환경관계법규

81 대기환경보전법규상 측정기기의 부착, 운영 등과 관련된 행정처분기준 중 굴뚝 자동측정기기의 부착이 면제된 보일러(사용연료를 6개월 이내에 청정연료로 변경할 계획이 있는 경우)로서 사용연료를 6월 이내에 청정연료로 변경하지 아니한 경우의 4차 행정처분기준으로 가장 적합한 것은?

① 조업정지 10일 ② 조업정지 30일
③ 조업정지 5일   ④ 경고

해설 행정처분기준
1차(경고) → 2차(경고) → 3차(조업정지 10일) → 4차(조업정지 30일)

82 다음은 대기환경보전법령상 시·도지사가 배출시설의 설치를 제안할 수 있는 경우이다. ( ) 안에 알맞은 것은?

> 배출시설 설치 지점으로부터 반경 1킬로미터 안의 상주인구가 (㉠)명 이상인 지역으로서 특정대기유해물질 중 한 가지 종류의 물질을 연간 10톤 이상 배출하거나 두 가지 이상의 물질을 연간 (㉡)톤 이상 배출하는 시설을 설치하는 경우

① ㉠ 1만, ㉡ 20   ② ㉠ 2만, ㉡ 20
③ ㉠ 1만, ㉡ 25   ④ ㉠ 2만, ㉡ 25

해설 배출시설 설치의 제한
㉠ 배출시설 설치 지점으로부터 반경 1킬로미터 안의 상주인구가 2만 명 이상인 지역으로서 특정대기유해물질 중 한 가지 종류의 물질을 연간 10톤 이상 배출하거나 두 가지 이상의 물질을 연간 25톤 이상 배출하는 시설을 설치하는 경우
㉡ 대기오염물질(먼지·황산화물 및 질소산화물만 해당한다)의 발생량 합계가 연간 10톤 이상인 배출시설을 특별대책지역에 설치하는 경우

83 대기환경보전법령상 굴뚝 자동측정기기 부착대상 배출시설이 그 부착을 면제받을 수 있는 경우로 거리가 먼 것은?

① 연소가스 또는 화염이 원료 또는 제품과 직접 접촉하지 아니하는 시설로서 규정에 따른 청정연료를 사용하는 경우(발전시설은 제외한다)
② 부착대상시설이 된 날부터 6개월 이내에 배출시설을 폐쇄할 계획이 있는 경우
③ 연간 가동일수가 60일 미만인 배출시설인 경우
④ 액체연료만을 사용하는 연소시설로서 황산화물을 제거하는 방지시설이 없는 경우(발전시설은 제외하며, 황산화물 측정기기에만 부착을 면제한다.)

해설 굴뚝 자동측정기기의 부착을 면제받을 수 있는 경우
㉠ 방지시설의 설치를 면제받은 경우(굴뚝 자동측정기기의 측정항목에 대한 방지시설의 설치를 면제받은 경우에만 해당한다.)
㉡ 연소가스 또는 화염이 원료 또는 제품과 직접 접촉하지 아니하는 시설로서 청정연료를 사용하는 경우(발전시설은 제외한다.)
㉢ 액체연료만을 사용하는 연소시설로서 황산화물을 제거하는 방지시설이 없는 경우(발전시설은 제외하며, 황산화물 측정기기에만 부착을 면제한다.)
㉣ 보일러로서 사용연료를 6개월 이내에 청정연료로 변경할 계획이 있는 경우
㉤ 연간 가동일수가 30일 미만인 배출시설인 경우
㉥ 연간 가동일수가 30일 미만인 방지시설인 경우 해당 배출구. 다만, 대기오염물질배출시설 설치 허가증 또는 신고 증명서에 연간 가동일수가 30일 미만으로 적힌 방지시설에 한한다.
㉦ 부착대상시설이 된 날부터 6개월 이내에 배출시설을 폐쇄할 계획이 있는 경우

정답 80 ③ 81 ② 82 ④ 83 ③

84 대기환경보전법상 비산먼지 발생억제를 위한 시설을 설치해야 하는 자가 그 시설을 설치하지 않은 경우에 대한 벌칙기준은?(단, 시멘트, 석탄, 토사, 사료, 곡물 및 고철의 분체상물질 운송자는 제외)

① 100만 원 이하의 과태료
② 200만 원 이하의 과태료
③ 300만 원 이하의 벌금
④ 500만 원 이하의 벌금

해설 대기환경보전법 제94조 참고

85 대기환경보전법령상 천재지변으로 사업자의 재산에 중대한 손실이 발생한 경우로 배출부과금의 징수유예를 받고자 하는 사업자의 기본부과금 징수유예기간과 그 기간 중의 분할납부횟수 기준은?

① 유예한 날의 다음 날부터 다음 부과기간 개시일 전일까지, 2회 이내
② 유예한 날의 다음 날부터 다음 부과기간 개시일 전일까지, 4회 이내
③ 유예한 날의 다음 날부터 1년 이내, 6회 이내
④ 유예한 날의 다음 날부터 1년 이내, 12회 이내

해설 징수유예기간과 그 기간 중의 분할납부의 횟수에 따른다.
㉠ 기본부과금 : 유예한 날의 다음 날부터 다음 부과기간의 개시일 전일까지, 4회 이내
㉡ 초과부과금 : 유예한 날의 다음 날부터 2년 이내, 12회 이내

86 대기환경보전법상 시·도지사는 터미널, 차고지 등의 장소에서 자동차의 원동기를 가동한 상태로 주차하거나 정차하는 행위를 제한할 수 있는데, 이 장소에서 자동차의 원동기 가동제한을 위반한 자동차 운전자에 대한 행정조치사항(기준)으로 옳은 것은?

① 50만 원 이하의 과태료를 부과한다.
② 100만 원 이하의 과태료를 부과한다.
③ 200만 원 이하의 과태료를 부과한다.
④ 300만 원 이하의 과태료를 부과한다.

해설 대기환경보전법 제94조 참고

87 대기환경보전법규상 가스를 사용연료로 하는 경자동차의 배출가스 보증 적용기간 기준으로 옳은 것은?(단, 2013년 1월 1일 이후 제작자동차 기준)

① 2년 또는 10,000km
② 2년 또는 160,000km
③ 6년 또는 10,000km
④ 6년 또는 100,000km

해설 배출가스 보증기간(2016년 1월 1일 이후 제작자동차)

사용연료	자동차의 종류	적용기간
휘발유	경자동차, 소형 승용·화물자동차, 중형 승용·화물자동차	15년 또는 240,000km
	대형 승용·화물자동차, 초대형 승용·화물자동차	2년 또는 160,000km
	이륜자동차 (최고 속도 130km/h 미만)	2년 또는 20,000km
	이륜자동차 (최고속도 130km/h 이상)	2년 또는 35,000km
가스	경자동차	10년 또는 192,000km
	소형 승용·화물자동차, 중형 승용·화물자동차	15년 또는 240,000km
	대형 승용·화물자동차, 초대형 승용·화물자동차	2년 또는 160,000km
경유	경자동차, 소형 승용·화물자동차, 중형 승용·화물자동차(택시를 제외한다)	10년 또는 160,000km
	경자동차, 소형 승용·화물자동차, 중형 승용·화물자동차(택시에 한정한다)	10년 또는 192,000km
	대형 승용·화물자동차	6년 또는 300,000km
	초대형 승용·화물자동차	7년 또는 700,000km
	건설기계 원동기, 농업기계 원동기 (37kW 이상)	10년 또는 8,000시간
	건설기계 원동기, 농업기계 원동기 (37kW 미만)	7년 또는 5,000시간
	건설기계 원동기, 농업기계 원동기 (19kW 미만)	5년 또는 3,000시간
전기 및 수소 연료전지 자동차	모든 자동차	별지 제30호 서식의 자동차배출가스 인증신청서에 적힌 보증기간

※ 법규 변경사항이므로 해설의 내용으로 학습하시기 바랍니다.

88 대기환경보전법령상 대기오염물질발생량의 합계가 연간 15톤인 경우 사업장 분류기준상 몇 종에 해당하는가?

① 1종　② 2종　③ 3종　④ 4종

해설 **사업장 분류기준**

종별	오염물질발생량 구분
1종 사업장	대기오염물질발생량의 합계가 연간 80톤 이상인 사업장
2종 사업장	대기오염물질발생량의 합계가 연간 20톤 이상 80톤 미만인 사업장
3종 사업장	대기오염물질발생량의 합계가 연간 10톤 이상 20톤 미만인 사업장
4종 사업장	대기오염물질발생량의 합계가 연간 2톤 이상 10톤 미만인 사업장
5종 사업장	대기오염물질발생량의 합계가 연간 2톤 미만인 사업장

89 대기환경보전법규상 개선명령 등의 이행보고와 관련하여 환경부령으로 정하는 대기오염도 검사기관에 해당하지 않는 것은?

① 보건환경연구원　② 유역환경청
③ 한국환경공단　④ 환경보전협회

해설 **대기오염도 검사기관**
㉠ 국립환경과학원
㉡ 특별시·광역시·특별자치시·도·특별자치도(이하 "시·도"라 한다)의 보건환경연구원
㉢ 유역환경청, 지방환경청 또는 수도권대기환경청
㉣ 한국환경공단

90 배출허용기준 300(12)ppm에서 (12)의 의미는?

① 해당 배출허용농도(백분율)
② 해당 배출허용농도(ppm)
③ 표준산소농도(O_2의 백분율)
④ 표준산소농도(O_2의 ppm)

해설 배출허용기준 난의 ( )는 표준산소농도(O_2의 백분율)를 말한다.

91 대기환경보전법규상 한국환경공단이 환경부장관에게 보고해야 할 위탁업무보고사항 중 '수시검사, 결함확인검사, 부품결함 보고서류의 접수'의 보고횟수기준은?

① 수시　② 연 1회　③ 연 2회　④ 연 4회

해설 **위탁업무보고사항**

업무내용	보고횟수	보고기일
수시검사, 결함확인 검사, 부품결함 보고서류의 접수	수시	위반사항 적발 시
결함확인검사 결과	수시	위반사항 적발 시
자동차배출가스 인증생략 현황	연 2회	매 반기 종료 후 15일 이내
자동차 시험검사 현황	연 1회	다음 해 1월 15일 까지

92 대기환경보전법규상 분체상 물질을 싣고 내리는 공정의 경우, 비산먼지 발생을 억제하기 위해 작업을 중지해야 하는 평균풍속(m/s)의 기준은?

① 2 이상　② 5 이상　③ 7 이상　④ 8 이상

해설 풍속이 평균초속 8m 이상일 경우에는 작업을 중지하여야 한다.

93 대기환경보전법규상 차령이 4년 경과된 비사업용 승용자동차의 정밀검사 유효기간(기준)은?(단, 차종은 자동차관리법에 따른다.)

① 1년　② 2년　③ 3년　④ 5년

해설 **정밀검사대상 자동차 및 정밀검사 유효기간**

차종		정밀검사대상 자동차	검사 유효기간
비사업용	승용 자동차	차령이 4년 경과된 자동차	2년
	기타 자동차	차령이 3년 경과된 자동차	
사업용	승용 자동차	차령이 2년 경과된 자동차	1년
	기타 자동차	차령이 2년 경과된 자동차	

94 대기환경보전법상 사업자는 조업을 할 때에는 환경부령으로 정하는 바에 따라 그 배출시설과 방지시설의 운영에 관한 상황을 사실대로 기록하여 보존하여야 하나, 이를 위반하여 배출시설 등의 운영상황에 관한 기록을 보존하지 아니하거나 거짓으로 기록한 자에 대한 과태료 처분기준으로 옳은 것은?

① 1,000만 원 이하의 과태료
② 500만 원 이하의 과태료
③ 300만 원 이하의 과태료
④ 200만 원 이하의 과태료

해설 대기환경보전법 제94조 참고

정답　88 ③　89 ④　90 ③　91 ①　92 ④　93 ②　94 ④

95 다중이용시설 등의 실내공기질 관리법의 적용대상이 되는 다중이용시설 중 대통령령이 정하는 규모기준으로 옳지 않은 것은?

① 항만시설 중 연면적 5천 제곱미터 이상인 대합실
② 연면적 1천 제곱미터 이상인 실내주차장(기계식 주차장을 포함한다.)
③ 연면적 2천 제곱미터 이상인 지하도상가(연속되어 있는 2 이상의 지하도상가 연면적 합계가 2천 제곱미터 이상인 경우를 포함한다.)
④ 연면적 430제곱미터 이상인 국공립어린이집, 법인어린이집, 직장어린이집 및 민간어린이집

해설 대통령령이 정하는 규모의 다중이용시설
- 모든 지하역사(출입통로·대합실·승강장 및 환승통로와 이에 딸린 시설을 포함한다)
- 연면적 2천 제곱미터 이상인 지하도상가(지상건물에 딸린 지하층의 시설을 포함한다. 이하 같다). 이 경우 연속되어 있는 둘 이상의 지하도상가의 연면적 합계가 2천 제곱미터 이상인 경우를 포함한다.
- 철도역사의 연면적 2천 제곱미터 이상인 대합실
- 여객자동차터미널의 연면적 2천 제곱미터 이상인 대합실
- 항만시설 중 연면적 5천 제곱미터 이상인 대합실
- 공항시설 중 연면적 1천 5백 제곱미터 이상인 여객터미널
- 연면적 3천 제곱미터 이상인 도서관
- 연면적 3천 제곱미터 이상인 박물관 및 미술관
- 연면적 2천 제곱미터 이상이거나 병상 수 100개 이상인 의료기관
- 연면적 500제곱미터 이상인 산후조리원
- 연면적 1천 제곱미터 이상인 노인요양시설
- 연면적 430제곱미터 이상인 국공립어린이집, 법인어린이집, 직장어린이집 및 민간어린이집
- 모든 대규모점포
- 연면적 1천 제곱미터 이상인 장례식장(지하에 위치한 시설로 한정한다)
- 모든 영화상영관(실내 영화상영관으로 한정한다)
- 연면적 1천 제곱미터 이상인 학원
- 연면적 2천 제곱미터 이상인 전시시설(옥내시설로 한정한다)
- 연면적 300제곱미터 이상인 인터넷컴퓨터게임시설제공업의 영업시설
- 연면적 2천 제곱미터 이상인 실내주차장(기계식 주차장은 제외한다)
- 연면적 3천 제곱미터 이상인 업무시설
- 연면적 2천 제곱미터 이상인 둘 이상의 용도(「건축법」에 따라 구분된 용도를 말한다)에 사용되는 건축물
- 객석 수 1천 석 이상인 실내 공연장
- 관람석 수 1천 석 이상인 실내 체육시설
- 연면적 1천 제곱미터 이상인 목욕장업의 영업시설

※ 법규 변경사항이므로 해설의 내용으로 학습하시기 바랍니다.

96 대기환경보전법규상 환경부장관이 대기오염물질을 총량으로 규제하고자 할 때 고시해야 하는 사항으로 거리가 먼 것은?(단, 기타 사항은 제외)

① 총량규제구역
② 총량규제 대기오염물질
③ 대기오염물질의 저감계획
④ 규제기준농도

해설 환경부장관은 그 구역의 사업장에서 배출되는 대기오염물질을 총량으로 규제하려는 경우에는 다음 각 호의 사항을 고시하여야 한다.
㉠ 총량규제구역
㉡ 총량규제 대기오염물질
㉢ 대기오염물질의 저감계획
㉣ 그 밖에 총량규제구역의 대기관리를 위하여 필요한 사항

97 악취방지법규상 악취검사기관이 실험일지 및 검량선기록지, 검사 결과 발송 대장, 정도관리 수행기록철 등의 작성서류의 보존기간으로 옳은 것은?

① 1년간 보존   ② 2년간 보존
③ 3년간 보존   ④ 5년간 보존

해설 악취검사기관이 실험일지 및 검량선기록지, 검사결과 발송대장, 정도관리수행기록철 등의 작성서류는 3년간 보존하여야 한다.

98 대기환경보전법규상 특정대기유해물질에 해당하지 않는 것은?

① 아닐린   ② 아세트알데히드
③ 1−3 부타디엔 ④ 망간

해설 망간은 특정대기유해물질이 아니다.

99 대기환경보전법규상 자동차연료 제조기준 중 휘발유의 벤젠함량(부피%) 기준은?

① 0.1 이하   ② 0.5 이하
③ 0.7 이하   ④ 2.3 이하

정답 95 ② 96 ④ 97 ③ 98 ④ 99 ③

해설 자동차연료 제조기준(휘발유 기준)

항목	제조기준
방향족화합물 함량(부피%)	24(21) 이하
벤젠 함량(부피%)	0.7 이하
납 함량(g/L)	0.013 이하
인 함량(g/L)	0.0013 이하
산소 함량(무게%)	2.3 이하
올레핀 함량(부피%)	16(19) 이하
황 함량(ppm)	10 이하
증기압(kPa, 37.8℃)	60 이하
90% 유출온도(℃)	170 이하

100 대기환경보전법령상 대기오염물질에 대한 초과부과금 산정기준에서 Ⅰ지역(주거지역, 상업지역, 취락지구, 택지개발예정지구)의 지역별 부과계수는?

① 1.0
② 1.5
③ 2.0
④ 2.5

해설 초과부과금 산정기준의 지역별 부과계수

구분	지역별 부과계수
Ⅰ지역	2
Ⅱ지역	1
Ⅲ지역	1.5

2015년 2회 기출문제

제1과목 대기오염개론

01 전향력에 관한 다음 설명 중 옳지 않은 것은?

① 전향인자(f)는 $2\Omega\sin\phi$로 나타내며, ϕ는 위도, Ω는 지구 자전 각속도로서 $7.27\times10^{-5}\,\text{rad}\cdot\text{s}^{-1}$이다.
② 지구 북반구에서 나타나는 전향력은 물체의 이동방향에 대해 오른쪽 직각방향으로 작용한다.
③ 전향력은 극지방에서 0, 적도지방은 최대이다.
④ 일반적으로 전향력은 전향인자와 풍속의 곱으로 나타낸다.

해설 전향력은 극지방에서 최대, 적도지방은 0이다.

02 파장이 5,240 Å 인 빛 속에서 상대속도가 70% 이하인 경우 밀도가 1,700mg/cm³이고, 직경이 0.4μm인 기름방울의 분산면적비가 4.5일 때, 가시거리가 959m라면 먼지농도(mg/m³)는?

① 0.21 ② 0.31 ③ 0.41 ④ 0.51

해설
$L_v = \dfrac{5.2\times\rho\times r}{k\times G}$

$G(\text{농도}) = \dfrac{5.2\times\rho\times r}{k\times L_v}$

$\rho = 1{,}700\,\text{mg/cm}^3 \times 10^6\,\text{cm}^3/\text{m}^3$
$\quad = 1{,}700\times10^6\,\text{mg/m}^3$
$r = 0.4\,\mu m \times 0.5 = 0.2\,\mu m$

$= \dfrac{5.2\times1{,}700\times10^6\,\text{mg/m}^3\times0.2\,\mu m}{4.5\times959\text{m}\times10^6\,\mu m/m}$

$= 0.41\,\text{mg/m}^3$

03 유효높이(H)가 60m인 굴뚝으로부터 SO_2가 125g/sec의 속도로 배출되고 있다. 굴뚝높이에서의 풍속은 6m/sec이고 풍하거리 500m에서 대기안정 조건에 따라 편차 σ_y는 36m, σ_z는 18.5m였다. 이 굴뚝으로부터 풍하거리 500m의 중심선상의 지표면 농도는?(단, 가우시안모델식을 사용하고, SO_2는 배출되는 동안에 화학적으로 반응하지 않는다고 가정한다.)

① 약 $52\,\mu g/m^3$ ② 약 $66\,\mu g/m^3$
③ 약 $2{,}483\,\mu g/m^3$ ④ 약 $9{,}957\,\mu g/m^3$

해설
$C(x,y,z,H_e) = \dfrac{Q}{2\pi\sigma_y\sigma_z U}\exp\left[-\dfrac{1}{2}\left(\dfrac{y}{\sigma_y}\right)^2\right]$
$\quad\times\left[\exp\left(-\dfrac{1}{2}\left(\dfrac{z-H_e}{\sigma_z}\right)^2\right)\right.$
$\quad\left.+\exp\left(-\dfrac{1}{2}\left(\dfrac{z+H_e}{\sigma_z}\right)^2\right)\right]$

$y=0,\ z=0$이므로

$C = \dfrac{Q}{\pi\sigma_y\sigma_z U}\exp\left[-\dfrac{1}{2}\left(\dfrac{H_e}{\sigma_z}\right)^2\right]$

$= \dfrac{125\times10^{-6}\,\mu g/s}{3.14\times36\text{m}\times18.5\text{m}\times6\text{m/sec}}\exp\left[-\dfrac{1}{2}\left(\dfrac{60}{18.5}\right)^2\right]$

$= 51.766\,\mu g/m^3$

04 지상에서 NOx를 3g/s로 배출하고 있는 굴뚝 없는 쓰레기 소각장에서 풍하 방향으로 3km 떨어진 곳에서의 중심축상 NOx의 지표면에서의 오염농도는 얼마인가?(단, 가우시안모델식을 사용하고, 풍속은 7m/s, $\sigma_y=190\text{m}$, $\sigma_z=65\text{m}$이며, NOx는 배출되는 동안에 화학적으로 반응하지 않는 것으로 가정한다.)

① $2.2\times10^{-5}\,g/m^3$ ② $1.1\times10^{-5}\,g/m^3$
③ $5.5\times10^{-6}\,g/m^3$ ④ $2.75\times10^{-6}\,g/m^3$

해설
$C(x,y,z,H_e) = \dfrac{Q}{2\pi\sigma_y\sigma_z U}\exp\left[-\dfrac{1}{2}\left(\dfrac{y}{\sigma_y}\right)^2\right]$
$\quad\times\left[\exp\left(-\dfrac{1}{2}\left(\dfrac{z-H_e}{\sigma_z}\right)^2\right)\right.$
$\quad\left.+\exp\left(-\dfrac{1}{2}\left(\dfrac{z+H_e}{\sigma_z}\right)^2\right)\right]$

$y=0,\ z=0,\ H_e=0$이므로

$C = \dfrac{Q}{\pi\sigma_y\sigma_z U} = \dfrac{3\text{g/sec}}{3.14\times190\text{m}\times65\text{m}\times7\text{m/sec}}$

$= 1.1\times10^{-5}\,g/m^3$

05 지상 10m에서의 풍속이 7.5m/s라면 지상 100m에서의 풍속은?(단, Deacon 식을 적용, 풍속지수(P) = 0.12)

① 약 8.2m/s   ② 약 8.9m/s
③ 약 9.2m/s   ④ 약 9.9m/s

해설 $\frac{U_2}{U_1} = \left(\frac{Z_2}{Z_1}\right)^P$

$U_2 = 7.5\text{m/sec} \times \left(\frac{100\text{m}}{10\text{m}}\right)^{0.12} = 9.89\text{m/sec}$

06 다음은 주요 실내공기 오염물질에 관한 설명이다. ( ) 안에 가장 적합한 것은?

> ( )의 주요 발생원은 흙, 바위, 물, 지하수, 화강암, 콘크리트 등이며, 인체에 대한 주요 영향은 폐암을 들 수 있다.

① 석면   ② 라돈
③ 포름알데하이드   ④ VOC

해설 라돈의 α붕괴에 의하여 미세입자상태인 라돈의 딸핵종이 생성되어 호흡기로 현저히 흡입 시 폐포 및 기관지에 부착되어 α선을 방출하여 폐암을 유발한다.

07 광화학반응에 관한 설명으로 가장 거리가 먼 것은?

① SO_2는 대류권에서 쉽게 광분해되며, 파장 360nm 이하와 510~550nm에서 강한 흡수를 보인다.
② NO_2는 파장 420nm 이상의 가시광선에 의해 NO와 O로 광분해된다.
③ 알데하이드는 파장 313nm 이하에서 광분해한다.
④ 케톤은 파장 300~700nm에서 약한 흡수를 하여 광분해한다.

해설 SO_2는 280~290nm에서 강한 흡수를 보이지만 대류권에서는 거의 광분해되지 않는다.

08 다음 기온역전의 발생기전에 관한 설명으로 옳은 것은?

① 이류성 역전 – 따뜻한 공기가 차가운 지표면 위로 흘러갈 때 발생
② 침강형 역전 – 서기압 중심부분에서 기층이 서서히 침강할 때 발생
③ 해풍형 역전 – 바다에서 더워진 바람이 차가운 육지 위로 불 때 발생
④ 전선형 역전 – 비교적 높은 고도에서 차가운 공기가 따뜻한 공기 위로 전선을 이룰 때 발생

해설 ② 침강형 역전 – 고기압 중심부분에서 기층이 서서히 침강할 때 발생
③ 해풍형 역전 – 바다에서 차가운 바람이 더워진 육지위로 불 때 발생
④ 전선형 역전 – 비교적 높은 고도에서 따뜻한 공기가 차가운 공기 위로 전선을 이룰 때 발생

09 다음 중 대기 내에서의 오염물질의 일반적인 체류시간 순서로 옳은 것은?

① $CO_2 > N_2O > CO > SO_2$
② $N_2O > CO_2 > CO > SO_2$
③ $CO_2 > SO_2 > N_2O > CO$
④ $N_2O > SO_2 > CO_2 > CO$

해설 **가스상 물질의 체류시간**
㉠ N_2O : 20~100년(5~50년)
㉡ CO_2 : 7~10년
㉢ CO : 0.5년
㉣ SO_2 : 2~3일(1~5일)

10 일산화탄소에 관한 설명으로 가장 거리가 먼 것은?

① 인위적 주요 배출원은 각종 교통수단의 엔진연료의 연소 등이다.
② 자연적 발생원에는 화산폭발, 테르펜류의 산화, 클로로필의 분해, 산불 및 해수 중의 미생물 작용 등이 있다.
③ 토양 박테리아에 의하여 대기 중에서 제거되거나 대류권 및 성층권에서 일어나는 광화학 반응에 의하여 제거되기도 한다.
④ 수용성이기 때문에 강우에 의한 영향이 크며 다른 물질에 흡착되어 제거되기도 한다.

해설 CO는 물에 난용성이므로 강우에 의한 영향이 크지 않으며 다른 물질에 흡착현상도 일어나지 않는다.

정답 05 ④ 06 ② 07 ① 08 ① 09 ② 10 ④

11 다음은 지구온난화와 관련된 설명이다. ( ) 안에 알맞은 내용은?

> (㉠)는 온실기체들의 구조상 또는 열축적능력에 따라 온실효과를 일으키는 잠재력을 지수로 표현한 것으로 CH_4, N_2O, HFC_s, CO_2, SF_6 등이 있으며, 이 중 (㉠)가 가장 큰 값은 (㉡)이다.

① ㉠ GHG, ㉡ CO_2
② ㉠ GHG, ㉡ SF_6
③ ㉠ GWP, ㉡ CO_2
④ ㉠ GWP, ㉡ SF_6

해설 **GWP(지구온난화지수)**
㉠ 같은 질량일 경우 온실가스별로 지구온난화에 영향을 미치는 정도를 나타낸 수치로 이 값이 클수록 지구온난화에 대한 기여도가 크다는 의미이다.
㉡ 이산화탄소 1을 기준으로 하여 메탄 21, 아산화질소 310, 수소불화탄소 140~11,700, 과불화탄소 6,500~9,200(11,700), 육불화황 23,900 등이다.

12 가우시안(Gaussian)모델에 도입되어 적용된 가정으로 가장 거리가 먼 것은?

① 연기의 분산은 Steady State이다.
② 풍속은 고도에 따라 증가한다.
③ 난류확산계수는 일정하다.
④ 연직방향의 풍속은 통상 수평방향의 풍속보다 상대적으로 크기가 작기 때문에 연직방향의 풍속을 무시한다.

해설 바람에 의한 오염물질의 주 이동방향은 X축(풍하방향)이며, 고도변화에 따른 풍속의 변화는 무시한다.

13 다음 각종 환경 관련 국제협약(조약)에 관한 주요 내용으로 틀린 것은?

① 몬트리올의정서 : 오존층 파괴물질인 염화불화탄소의 생산과 사용규제를 위한 협약
② 바젤협약 : 폐기물의 해양투기로 인한 해양오염을 방지하기 위한 협약
③ 람사협약 : 자연자원의 보전과 현명한 이용을 위한 습지보전 협약
④ CITES : 멸종위기에 처한 야생동식물의 보호를 위한 협약

해설 바젤협약은 유해폐기물의 국가 간 이동 및 처리 통제에 관한 협약이다.

14 광화학반응에 의한 고농도 오존이 나타날 수 있는 기상조건으로 거리가 먼 것은?

① 시간당 일사량이 $5MJ/m^2$ 이상으로 일사가 강할 때
② 질소산화물과 휘발성 유기화합물의 배출이 많을 때
③ 지면에 복사역전이 존재하고 대기가 불안정할 때
④ 기압경도가 완만하여 풍속 4m/sec 이하의 약풍이 지속될 때

해설 **광화학반응에 의해 고농도 오존이 발생하기 쉬운 기상조건**
㉠ 기온이 25℃ 이상이고, 상대습도가 75% 이하일 때
㉡ 기압경도가 완만하여 풍속 4m/sec 이하의 약풍이 지속될 때
㉢ 시간당 일사량이 $5MJ/m^2$ 이상으로 일사가 강할 때
㉣ 대기가 안정하고 전선성 혹은 침강성의 역전이 존재할 때

15 다음에서 설명하는 복사의 법칙은?

> • 열역학 평형상태하에서는 어떤 주어진 온도에서 매질의 방출계수와 흡수계수의 비는 매질의 종류에 상관없이 온도에 의해서만 결정된다는 법칙이다.
> • 주어진 온도에서 어떤 물체의 파장 λ의 복사선에 대한 흡수율은 동일온도와 파장에 대한 그 물체의 복사율과 같다.
> • 이 법칙은 국소적 열역학 평형에 대해서도 확장된다.

① 스테판-볼츠만의 법칙
② 플랑크의 법칙
③ 빈의 법칙
④ 키르히호프의 법칙

해설 **키르히호프의 법칙**
주어진 파장에서 흡수가 잘 일어나는 물체는 방출 또한 잘 일어나며, 주어진 파장에서 방출이 약한 물체는 흡수 또한 약하다.

16 질소산화물(NOx)에 관한 설명으로 옳지 않은 것은?

① NO의 인위적 배출량 중 거의 대부분이 연소과정에서 발생한다.
② NOx는 그 자체도 인체에 해롭지만 광화학스모그의 원인물질로도 중요한 역할을 한다.
③ 연소과정에서 처음 발생되는 NOx는 주로 NO이다.
④ 연소 시 연료 중 질소의 NO 변환율은 대체로 약 2~5% 범위이다.

해설 연소 시 연료 중 질소의 NO 변환율은 연료의 종류와 연소방법에 따라 차이가 있으나 대체로 약 20~50% 범위이다.

정답 11 ④ 12 ② 13 ② 14 ③ 15 ④ 16 ④

17 다음 중 대기오염물질의 배출원이 되는 제조공정과 그 발생오염물질의 연결로 가장 거리가 먼 것은?

① 유리제조, 가스공업 – 염소가스
② 화학비료, 냉동공장 – 암모니아가스
③ 석유정제, 포르말린제조 – 벤젠
④ 석유정제, 석탄건류 – 황화수소가스

해설 염소가스는 소다공업, 플라스틱공업, 타이어 소각장 등에서 배출된다.

18 오존에 관한 설명으로 옳지 않은 것은?(단, 대류권 내 오존 기준)

① 보통 지표오존의 배경농도는 1~2ppm 범위이다.
② 오존은 태양빛, 자동차 배출원인 질소산화물과 휘발성 유기화합물 등에 의해 일어나는 복잡한 광화학반응으로 생성된다.
③ 오염된 대기 중에서 오존농도에 영향을 주는 것은 태양빛의 강도, NO_2/NO의 비, 반응성탄화수소농도 등이다.
④ 국지적인 광화학스모그로 생성된 Oxidant의 지표물질이다.

해설 지표대기 중 O_3의 배경농도는 0.04ppm 정도이다.

19 다음 설명과 가장 관련이 깊은 대기오염물질은?

- 이 물질은 반응성이 풍부하므로 단분자로는 거의 존재하지 않는다.
- 주로 어린 잎에 민감하며, 잎의 끝 또는 가장자리가 탄다.
- 이 오염물질에 강한 식물로는 담배, 목화, 고추 등이 있다.

① 일산화탄소
② 염소 및 그 화합물
③ 오존 및 옥시던트
④ 불소 및 그 화합물

해설 불소(F_2) 및 그 화합물
㉠ 개요
- 불소(Fluorine)는 원자량 19, 비등점 −188℃로 일반적으로 무색의 발연성 기체상태로 존재하며 강한 자극성을 나타내고 물에 잘 녹으며, 불소화합물로는 F_2, HF, SiF_4, H_2SiF_6 등이 있다.
- 불소화합물의 형태로 대부분 인산비료, 알루미늄, 각종 중금속의 제조공정에서 발생한다.
㉡ 특징
- 반응성이 풍부하므로 단분자로는 거의 존재하지 않는다.
- 주로 어린잎에 민감하며, 잎의 끝 또는 가장자리가 탄다.
- 불소화합물에 강한 식물로는 담배, 목화, 고추 등이다.

20 지표 부근의 대기 조성성분의 부피농도(%)와 성분별 체류시간이 알맞게 짝지어진 것은?

① N_2 : 78.09, 7~10년
② O_2 : 20.94, 6,000년
③ CO_2 : 0.035ppm, 주로 축적
④ H_2 : 0.55%, 0.5년

해설 ① N_2 : 78.09%, 4×10^8년
③ CO_2 : 0.035%, 7~10년
④ H_2 : 0.4~1.0ppm, 4~7년

제2과목 연소공학

21 석탄의 탄화도가 증가하면 감소하는 것은?

① 착화온도
② 비열
③ 발열량
④ 고정탄소

해설 탄화도가 높아질 경우의 현상
㉠ 착화온도가 높아진다.
㉡ 고정탄소가 증가한다.
㉢ 발열량이 높아진다.
㉣ 연료비[고정탄소(%)/휘발분(%)]가 증가한다.
㉤ 연소속도가 늦어진다.
㉥ 수분 및 휘발분이 감소한다.
㉦ 비열이 감소한다.
㉧ 산소의 양이 감소한다.
㉨ 매연발생률이 감소한다.

22 다음 연료 중 CO_{2max} 값[최대탄산가스양값(%)]이 일반적으로 가장 작은 것은?

① 고로가스
② 발생로가스
③ 코크스로가스
④ 무연탄

해설 각종 연료의 CO_{2max} 값(%)

연료	CO_{2max} 값(%)	연료	CO_{2max} 값(%)
탄소	21.0	코크스	20.0~20.5
목탄	19.0~21.0	연료유	15.0~16.0
갈탄	19.0~19.5	코크스로 가스	11.0~11.5
역청탄	18.5~19.0	발생로 가스	18.0~19.0
무연탄	19.0~20.0	고로가스	24.0~25.0

정답 17 ① 18 ① 19 ④ 20 ② 21 ② 22 ③

23 다음 기체연료 중 고위발열량(kJ/mole)이 가장 큰 것은?(단, 25℃, 1atm을 기준으로 한다.)
① Carbon Monoxide ② Methane
③ Ethane ④ N-Pentane

[해설] ㉠ 기체연료에서 탄소수와 수소수가 많은 연료가 발열량도 크다.
㉡ 발열량 크기
N-Pentane > Ethane > Methane > Carbon Monoxide

24 미분탄연소에 관한 설명으로 가장 거리가 먼 것은?
① 부하변동에 대한 응답성이 우수한 편이어서 대용량의 연소로 적합하다.
② 최초의 분해연소 시에 다량의 가연가스를 방출하고 곧이어서 고정탄소의 표면연소가 시작된다.
③ 명료한 화염면이 형성되고, 화염이 연소실에 국부적으로 형성된다.
④ 화격자 연소보다 낮은 공기비로써 높은 연소효율을 얻을 수 있다.

[해설] 명료한 화염면이 형성되지 않고, 화염이 연소실에 전체적으로 형성된다.

25 CO_2 50kg을 표준상태에서의 부피(m^3)로 나타내면?(단, CO_2는 이상기체이고, 표준상태로 간주)
① 12.73 ② 22.40
③ 25.45 ④ 44.80

[해설] 부피(m^3) = $50kg \times \dfrac{22.4m^3}{44kg}$ = $25.45m^3$

26 석탄을 공업분석한 결과 수분이 0.8%, 휘발분이 8.5%였다. 이 석탄의 연료비는?
① 1.2 ② 2.6
③ 4.8 ④ 10.7

[해설] 연료비 = $\dfrac{고정탄소}{휘발분}$ = $\dfrac{90.7}{8.5}$ = 10.67
고정탄소 = 100 - (수분 + 회분 + 휘발분)
= 100 - (0.8 + 8.5)
= 90.7%

27 프로판과 부탄을 용적비 1:1로 혼합한 가스 $1Sm^3$을 이론적으로 완전연소할 때 발생하는 CO_2의 양(Sm^3)은? (단, 표준상태 기준)
① 1.5 ② 2.5 ③ 3.5 ④ 4.5

[해설] $C_3H_8 + 5O_2 \rightarrow 3CO_2 + 4H_2O$
$1Sm^3$: $3Sm^3$
$0.5Sm^3$: $CO_2(Sm^3)$
$CO_2(Sm^3) = 1.5Sm^3$
$C_4H_{10} + 6.5O_2 \rightarrow 4CO_2 + 5H_2O$
$1Sm^3$: $4Sm^3$
$0.5Sm^3$: $CO_2(Sm^3)$
$CO_2(Sm^3) = 2Sm^3$
CO_2 발생량(Sm^3) = 1.5 + 2 = $3.5Sm^3$

28 조성이 메탄 50%, 에탄 30%, 프로판 20%인 혼합가스의 폭발범위로 가장 적합한 것은?(단, 메탄의 폭발범위 5~15%, 에탄의 폭발범위 3~12.5%, 프로판의 폭발범위 2.1~9.5%, 르샤틀리에의 식 적용)
① 1.2~8.6% ② 1.9~9.6%
③ 2.5~10.8% ④ 3.4~12.8%

[해설] 혼합가스의 폭발범위
㉠ 폭발하한치 $\dfrac{100}{LEL} = \dfrac{V_1}{X_1} + \dfrac{V_2}{X_2} + \dfrac{V_3}{X_3} = \dfrac{50}{5} + \dfrac{30}{3} + \dfrac{20}{2.1}$
$LEL = 3.39$
㉡ 폭발상한치 $\dfrac{100}{UEL} = \dfrac{V_1}{L_1} + \dfrac{V_2}{L_2} + \dfrac{V_3}{L_3} = \dfrac{50}{15} + \dfrac{30}{12.5} + \dfrac{20}{9.5}$
$UEL = 12.76$
㉢ 폭발범위 : 3.39~12.76%

29 고압기류 분무식 버너의 특징으로 거리가 먼 것은?
① 분무각도는 60° 정도로 크고, 유량조절범위는 1:3 정도로 부하변동에 대한 적응이 어렵다.
② 2~8kg/cm² 정도의 고압공기를 사용하여 연료유를 무화시키는 방식이다.
③ 연료유의 점도가 커도 분무화가 용이한 편이다.
④ 분무에 필요한 1차 공기량은 이론연소 공기량의 7~12% 정도면 된다.

[해설] 고압기류 분무식 버너 : 분무각도는 30° 정도이나 유량조절비는 1:10 정도로 커서 부하변동에 적응이 용이하다.

정답 23 ④ 24 ③ 25 ③ 26 ④ 27 ③ 28 ④ 29 ①

30 프로판의 고발열량이 20,000kcal/Sm³이라면 저발열량(kcal/Sm³)은?

① 17,240
② 17,820
③ 18,080
④ 18,430

해설 $C_3H_8 + 5O_2 \rightarrow 3CO_2 + 4H_2O$
$H_l = H_h - 480\sum H_2O$
$= 20,000\text{kcal/Sm}^3 - (480 \times 4)\text{kcal/Sm}^3$
$= 18,080\text{kcal/Sm}^3$

31 1,000초 동안 반응물의 1/2이 분해되었다면 반응물이 1/250이 남을 때까지는 얼마의 시간이 필요한가?(단, 1차 반응 기준)

① 약 6,650초
② 약 6,950초
③ 약 7,470초
④ 약 7,970초

해설 $\ln\dfrac{C_t}{C_o} = -k \times t$
$\ln 0.5 = -k \times 1,000\text{sec}$
$k = 6.93 \times 10^{-4} \text{sec}^{-1}$
$\ln\dfrac{1/250}{1} = -6.93 \times 10^{-4} \text{sec}^{-1} \times t$
$t = 7,967.47\text{sec}$

32 중유 1kg 중 C 86%, H 12%, S 2%가 포함되어 있었고, 배출가스 성분을 분석한 결과 CO_2 13%, O_2 3.5%였다. 건조연소가스양(G_d, Sm³/kg)은?

① 9.5
② 10.2
③ 12.3
④ 16.4

해설 $G_d = G_{od} + (m-1)A_o$
$G_{od} = 0.79A_o + CO_2 + SO_2$
$A_o = \dfrac{1}{0.21}[(1.867 \times 0.86) + (5.6 \times 0.12) + (0.7 \times 0.02)] = 10.912\text{Sm}^3/\text{kg}$
$= (0.79 \times 10.912) + (1.867 \times 0.86) + (0.7 \times 0.02)$
$= 10.24\text{Sm}^3/\text{kg}$
$m = \dfrac{N_2}{N_2 - 3.76O_2} = \dfrac{83.5}{83.5 - (3.76 \times 3.5)} = 1.187$
$= 10.24 + [(1.187 - 1) \times 10.912]$
$= 12.28\text{Sm}^3/\text{kg}$

33 다음 연소장치 중 일반적으로 가장 큰 공기비를 필요로 하는 것은?

① 미분탄버너
② 수평수동화격자
③ 오일버너
④ 가스버너

해설 연소장치와 공기비

연소방법	가스버너	유류 버너	미분탄버너	이동화격자	수평수동화격자
공기비(m)	1.1~1.2	1.2~1.4	1.2~1.4	1.3~1.6	1.5~2.0
CO_2 (%)	8~20	11~14	11~15	10~14	8~10

34 다음 중 공기비(m)가 연소에 미치는 영향에 대한 설명으로 가장 거리가 먼 것은?

① 공기비가 너무 작을 경우 불완전연소로 연소효율이 저하된다.
② 공기비가 너무 큰 경우 배출가스 중 NOx양이 감소한다.
③ 공기비가 너무 작을 경우 불완전연소로 매연이 발생한다.
④ 공기비가 너무 큰 경우 배가스에 의한 열손실이 증가한다.

해설 공기비가 너무 큰 경우 배출가스 중 SO_2, NO_2의 함량이 증가하여 부식이 촉진된다.

35 자동차 내연기관의 공연비와 유해가스 발생 농도의 일반적인 관계를 옳게 설명한 것은?

① 공연비를 이론치보다 높이면 NOx는 감소하고, CO, HC는 증가한다.
② 공연비를 이론치보다 낮추면 NOx는 감소하고, CO, HC는 증가한다.
③ 공연비를 이론치보다 높이면 NOx, CO, HC 모두 증가한다.
④ 공연비를 이론치보다 낮추면 NOx, CO, HC 모두 감소한다.

해설 ① 공연비를 이론치보다 낮추면 NOx는 감소, CO, HC는 증가한다.
② 공연비를 이론치보다 높이면 NOx는 증가, CO, HC는 감소한다.

정답 30 ③ 31 ④ 32 ③ 33 ② 34 ② 35 ②

36 벤젠의 연소반응이 다음과 같을 때 벤젠의 연소열(kJ/mole)은 얼마인가?(단, 표준상태(25℃, 1atm)에서의 표준생성열)

$$C_6H_6(g) + 7.5O_2(g) \rightarrow 6CO_2(g) + 3H_2O(g)$$

생성열	$C_6H_6(g)$	$O_2(g)$	$CO_2(g)$	$H_2O(g)$
ΔH_f°(kJ/mole)	83	0	-394	-286

① $-3,127$ kJ/mole ② $-3,252$ kJ/mole
③ $-3,305$ kJ/mole ④ $-3,514$ kJ/mole

해설 연소열 = 생성열 − 반응열
생성열 = $[6 \times (-394)] + [3 \times (-286)]$
  = $-3,222$ kJ/mole
반응열 = $83 + (7.5 \times 0) = 83$ kJ/mole
  = $(-3,222) - 83$
  = $-3,305$ kJ/mole

37 액체연료의 연소장치 중 유압 분무식 버너에 관한 설명으로 가장 거리가 먼 것은?

① 대용량 버너 제작이 용이하다.
② 분무각도가 40~90° 정도로 크다.
③ 연료의 점도가 크거나 유압이 5kg/cm² 이하가 되면 분무화가 불량하다.
④ 유량조절범위가 넓어 부하변동 적응에 용이하다.

해설 유량 조절 범위가 좁아(환류식 1 : 3, 비환류식 1 : 2) 부하변동에 적응하기 어렵다.

38 가연성 가스의 폭발범위에 따른 위험도 증가 요인으로 가장 적합한 것은?

① 폭발하한농도가 낮을수록 위험도가 증가하며, 폭발상한과 폭발하한의 차이가 클수록 위험도가 커진다.
② 폭발하한농도가 낮을수록 위험도가 증가하며, 폭발상한과 폭발하한의 차이가 작을수록 위험도가 커진다.
③ 폭발하한농도가 높을수록 위험도가 증가하며, 폭발상한과 폭발하한의 차이가 클수록 위험도가 커진다.
④ 폭발하한농도가 높을수록 위험도가 증가하며, 폭발상한과 폭발하한의 차이가 작을수록 위험도가 커진다.

해설 가연성 가스의 폭발범위에 따른 위험도 증가 요인
㉠ 폭발하한농도가 낮을수록 위험도 증가
㉡ 폭발상한과 폭발하한의 차이가 클수록 위험도 증가
㉢ 가스 온도가 높고 압력이 클수록 폭발범위 증가
㉣ 폭발한계농도 이하에서는 폭발성 혼합가스를 생성하기 어려움

39 메탄을 연소할 때 부피를 기준으로 한 부피공연비(AFR)는 얼마인가?

① 6.84 ② 7.68
③ 9.52 ④ 11.58

해설 CH_4의 연소반응식
$CH_4 + 2O_2 \rightarrow CO_2 + H_2O$
1mole : 2mole
$AFR = \dfrac{\text{산소의 mole}/0.21}{\text{연료의 mole}} = \dfrac{2/0.21}{1} = 9.52$

40 열적 NOx(thermal NOx)의 생성억제 방안과 가장 거리가 먼 것은?

① 희박예혼합연소를 함으로써 최고 화염온도를 1,800K 이하로 억제한다.
② 물의 증발잠열과 수증기의 현열상승으로 화염열을 빼앗아 온도상승을 억제한다.
③ 화염의 최고온도를 저하시키기 위해서 화염을 분할시키기도 한다.
④ 연료유와 배기가스에 암모니아를 투입하고, 400~600℃에서 촉매와 접촉시켜 제어한다.

해설 연료유와 배기가스에 암모니아를 투입하고, 400~600℃에서 촉매와 접촉시켜 제어하는 것은 배연탈질방법이다.

정답 36 ③ 37 ④ 38 ① 39 ③ 40 ④

제3과목　대기오염방지기술

41 암모니아 농도가 용적비로 200ppm인 실내공기를 송풍기로 환기시킬 때 실내용적이 4,000m³이고, 송풍량이 100m³/min이면 농도를 20ppm으로 감소시키기 위한 시간은?

① 82분　　② 92분
③ 102분　　④ 112분

해설 반응상수$(k) = \dfrac{송풍량}{실내용적} = \dfrac{100\text{m}^3/\text{min}}{4,000\text{m}^3} = 0.025\text{min}^{-1}$

$\ln\dfrac{C_t}{C_o} = -kt$

$\ln\dfrac{20}{200} = -0.025\text{min}^{-1} \times t$

$t = 92.10\text{min}$

42 관성충돌계수(효과)를 크게 하기 위한 입자배출원의 특성 또는 운전조건으로 옳지 않은 것은?

① 액적의 직경이 커야 한다.
② 먼지의 밀도가 커야 한다.
③ 처리가스와 액적의 상대속도가 커야 한다.
④ 처리가스의 점도가 낮아야 한다.

해설 액적의 직경은 작아야 하며, 분진의 입경은 커야 한다.

43 H_{OG}가 0.7m이고 제거율이 99%면 흡수탑의 충진높이는?

① 1.6m　② 2.1m　③ 2.8m　④ 3.2m

해설 $H = H_{OG} \times N_{OG}$

$= 0.7\text{m} \times \left(\ln\dfrac{1}{1-0.99}\right) = 3.22\text{m}$

44 처리가스양 $1 \times 10^6 \text{Sm}^3/\text{h}$, 집진장치 입구의 먼지농도 2g/Sm³, 출구의 먼지 농도 0.3g/Sm³, 집진장치의 압력손실을 72mmH₂O로 했을 경우, Blower의 소요 동력은?(단, Blower의 효율은 80%이다.)

① 425kW　② 375kW
③ 245kW　④ 187kW

해설 소요동력$(\text{kW}) = \dfrac{Q \times \Delta P}{6,120 \times \eta} \times \alpha$

$= \dfrac{1 \times 10^6 \text{Sm}^3/\text{hr} \times \text{hr}/60\text{min} \times 72\text{mmH}_2\text{O}}{6,120 \times 0.8}$

$= 245.1\text{kW}$

45 A배출시설에서 시간당 배출가스양이 100,000Sm³이고, 배출가스 중 질소산화물의 농도는 350ppm이다. 이 질소산화물을 산소의 공존하에 암모니아에 의한 선택적 접촉환원법으로 처리할 경우 암모니아의 소요량은 몇 kg/hr인가?(단, 탈질률은 90%이고, 배출가스 중 질소산화물은 전부 NO로 가정한다.)

① 약 18kg/hr　② 약 24kg/hr
③ 약 26kg/hr　④ 약 30kg/hr

해설 $4\text{NO} + 4\text{NH}_3 + \text{O}_2 \rightarrow 4\text{N}_2 + 6\text{H}_2\text{O}$

$4 \times 22.4\text{Sm}^3 : 4 \times 17\text{kg}$

$100,000\text{Sm}^3/\text{hr} \times 350\text{mL/m}^3 \times \text{m}^3/10^6\text{mL} \times 0.9 :$
$\text{NH}_3(\text{kg/hr})$

$\text{NH}_3(\text{kg/hr}) = \dfrac{\begin{array}{c}100,000\text{Sm}^3/\text{hr} \times 350\text{mL/m}^3 \\ \times \text{m}^3/10^6\text{mL} \times 0.9 \times (4 \times 17)\text{kg}\end{array}}{4 \times 22.4\text{Sm}^3}$

$= 23.91\text{kg/hr}$

46 A집진장치의 입구와 출구에서의 함진가스 농도가 각각 10g/Sm³, 100mg/Sm³이고, 그중 입경범위가 0~5μm인 먼지의 질량분율이 각각 8%와 60%일 때, 이 집진장치에서 입경범위 0~5μm인 먼지의 부분집진율(%)은?

① 89.5%　② 90.3%　③ 92.5%　④ 99.0%

해설 부분집진효율$(\%) = \left(1 - \dfrac{C_o f_o}{C_i f_i}\right) \times 100$

$= \left(1 - \dfrac{0.1\text{g/Sm}^3 \times 0.6}{10\text{g/Sm}^3 \times 0.08}\right) \times 100 = 92.50\%$

47 송풍기 회전판 회전에 의하여 집진장치에 공급되는 세정액이 미립자로 만들어져 집진하는 원리를 가진 회전식 세정집진장치에서 직경이 10cm인 회전판이 9,620rpm으로 회전할 때 형성되는 물방울의 직경은 몇 μm인가?

① 93　② 104　③ 208　④ 316

해설 $d_w(\mu\text{m}) = \dfrac{200}{N\sqrt{R}} \times 10^4 = \dfrac{200}{9,620\sqrt{5}} \times 10^4 = 92.98\mu\text{m}$

정답 41 ②　42 ①　43 ④　44 ③　45 ②　46 ③　47 ①

48 전기집진장치의 각종 장애현상에 따른 대책으로 가장 거리가 먼 것은?

① 먼지의 비저항이 낮아 재비산 현상이 발생한 경우 baffle을 설치한다.
② 배출가스의 점성이 커서 역전리 현상이 발생한 경우 집진극의 타격을 강하게 하거나 빈도수를 늘린다.
③ 먼지의 비저항이 비정상적으로 높아 2차 전류가 현저하게 떨어질 경우 스파크 횟수를 줄인다.
④ 먼지의 비저항이 비정상적으로 높아 2차 전류가 현저하게 떨어질 경우 조습용 스프레이의 수량을 늘린다.

해설 먼지의 비저항이 비정상적으로 높아 2차 전류가 현저하게 떨어질 경우 스파크 횟수를 늘린다.

49 NOx의 제어는 연소방식의 변경과 배연가스의 처리기술의 2가지로 구분할 수 있는데, 다음 중 연소방식을 변환시켜 NOx의 생성을 감축시키는 방안으로 가장 거리가 먼 것은?

① 접촉산화법
② 물주입법
③ 저과잉공기연소법
④ 배기가스재순환법

해설 접촉산화법은 황산화물(SOx)을 처리하는 기술이다.

50 여과집진장치에서 먼지부하가 $444g/m^2$에 도달하면 먼지를 털어준다고 한다. 만일 입구 먼지농도가 $20g/m^3$, 여과속도를 $0.6m/sec$로 가동할 경우 털어주는 주기는 몇 초 간격으로 하여야 하는가?(단, 집진효율은 95%)

① 35초
② 37초
③ 39초
④ 44초

해설 $L_d = C_i \times V_f \times t \times \eta$

$t = \dfrac{444g/m^2}{20g/m^3 \times 0.6m/sec \times 0.95} = 38.95sec$

51 다음은 물리흡착과 화학흡착의 비교표이다. 옳지 않은 것은?

구분	물리흡착	화학흡착
㉠ 온도 범위	낮은 온도	대체로 높은 온도
㉡ 흡착층	단일 분자층	여러 층이 가능
㉢ 가역정도	가역성이 높음	가역성이 낮음
㉣ 흡착열	낮음	높음(반응열 정도)

① ㉠ ② ㉡
③ ㉢ ④ ㉣

해설 ㉠ 물리적 흡착 → 다분자층 흡착
㉡ 화학적 흡착 → 단일분자층 흡착

52 외부식 후드의 특성으로 옳지 않은 것은?

① 다른 종류의 후드에 비해 근로자가 방해를 많이 받지 않고 작업할 수 있다.
② 포위식 후드보다 일반적으로 필요송풍량이 많다.
③ 외부 난기류의 영향으로 흡인효과가 떨어진다.
④ 천개형 후드, 그라인더용 후드 등이 여기에 해당하며, 기류속도가 후드 주변에서 매우 느리다.

해설 천개형 후드, 그라인더용 후드는 레시버식(수형) 후드형태이며, 외부식 후드 주변에서는 기류속도가 매우 빠르다.

53 배연탈황기술과 거리가 먼 것은?

① 석회석 주입법
② 수소화 탈황법
③ 활성산화 망간법
④ 암모니아법

해설 수소화 탈황법은 중유탈황방법이다.

54 충전탑(Packed Tower) 내 충전물이 갖추어야 할 조건으로 적절치 않은 것은?

① 단위체적당 넓은 표면적을 가질 것
② 압력손실이 작을 것
③ 충전밀도가 작을 것
④ 공극률이 클 것

해설 충전물은 충전밀도가 커야 한다.

55 다음 중 직물여과기(Fabric Filter)의 여과직물을 청소하는 방법과 거리가 먼 것은?

① 임팩트 제트형 ② 진동형
③ 역기류형 ④ 펄스 제트형

해설 여과집진장치 탈진방법
㉠ 진동형
㉡ 역기류형
㉢ 펄스 제트형

56 중력식 집진장치의 집진율 향상 조건에 관한 다음 설명 중 옳지 않은 것은?

① 침강실 내 처리가스의 속도가 작을수록 미립자가 포집된다.
② 침강실 입구폭이 클수록 유속이 느려지며 미세한 입자가 포집된다.
③ 다단일 경우에는 단수가 증가할수록 집진율은 커지나, 압력손실도 증가한다.
④ 침강실의 높이가 낮고, 중력장의 길이가 짧을수록 집진율은 높아진다.

해설 침강실의 높이가 낮고, 중력장의 길이가 길수록 집진율은 높아진다.

57 다음 특성을 가지는 산업용 여과재로 가장 적당한 것은?

• 최대허용한도가 약 80℃
• 내산성은 나쁨, 내알칼리성은 (약간) 양호

① Cotton ② Teflon
③ Orlon ④ Glass fiber

해설 Cotton(목면)
값이 저렴하나 흡습성이 높고, 최대허용온도는 약 80℃ 정도이고 내산성은 나쁘고, 내알칼리성은 양호하다.

58 원심력 집진장치 중 분리계수(Separation Factor, S)에 대한 설명으로 틀린 것은?

① 분리계수는 중력가속도에 반비례한다.
② 분리계수는 입자에 작용되는 원심력과 중력과의 관계이다.
③ 사이클론 원추하부의 반경이 클수록 분리계수는 커진다.
④ 원심력이 클수록 분리계수는 커지며 집진율도 증가한다.

해설 분리계수$(S) = \dfrac{원심력}{중력} = \dfrac{V^2}{R \times g}$
사이클론 원추하부의 반경이 클수록 분리계수는 작아진다.

59 연소배출가스가 3,600Sm³/hr인 굴뚝에서 정압을 측정하였더니 20mmH₂O였다. 여유율 25%인 송풍기를 사용할 경우 필요한 소요 동력은?(단, 송풍기의 정압효율은 80%, 전동기의 효율은 70%로 한다.)

① 0.11kW ② 0.2kW
③ 0.44kW ④ 9.0kW

해설 소요동력(kW)
$= \dfrac{Q \times \Delta P}{6,120 \times \eta} \times \alpha$
$= \dfrac{3,600\text{Sm}^3/\text{hr} \times \text{hr}/60\text{min} \times 20\text{mmH}_2\text{O}}{6,120 \times 0.8 \times 0.7} \times 1.25 = 0.44\text{kW}$

60 특정대기오염물질에 의한 사고가 발생하였을 때 취할 수 있는 조치로 가장 거리가 먼 것은?

① HCN, PH₃, COCl₂ 등 맹독성 가스에 대해서는 위험표시와 출입금지 표시를 설치한다.
② 용해도가 큰 클로로술폰산(HSO₃Cl)은 보통 많은 양의 물을 사용하여 희석한다.
③ Cl₂의 흡수제로는 소석회 이외에 차아염소산소다 220, 탄산소다 175, 물 100 정도의 비율로 섞은 것을 사용한다.
④ 상온에서는 액상인 물질이나 비점이 상온에 가까운 물질의 증기는 활성탄으로 흡착하는 방법도 효과적이다.

해설 대기오염 발생 시 긴급 조치 사항
㉠ 특정유해물질이 누출되어 비산될 때에는 보건 위생상 위험하므로 관계 관청이나 경찰서 혹은 소방서에 신고하여야 한다.
㉡ 바람이 불어가는 피해지역의 주민은 바람이 불어오는 쪽으로 대피한다. 특히, HCN, PH₃, COCl₂ 등 맹독성 가스에 대해서는 위험표시와 출입금지 표시를 설치한다.
㉢ 가스상 휘발성 물질 중에서 밀도가 공기보다 큰 것은 빨리 확산조치를 취한다.
㉣ 인화 및 폭발 위험이 있는 물질은 착화원을 멀리하고 폭발성 혼합 기체가 생성되지 않도록 한다.
㉤ 물에 대한 용해도가 큰 물질(HF, HCl, H₂SO₄, NH₃, 페놀)은 수세가 효과적이고, 용해 시 발열이 큰 물질(HF, HCl, H₂SO₄)은 대량의 물을 사용하되, 배수에 의한 수질오염도 고려하여야 한다.

정답 55 ① 56 ④ 57 ① 58 ③ 59 ③ 60 ②

ⓑ HF, HCl, H$_2$SO$_4$, Cl$_2$, HSO$_3$Cl 등은 소석회나 소다회로 중화 또는 흡수 처리한다. 또한 HCl, HCN은 NaOH로 중화시킨다.
ⓢ 특정물질이 누출되거나 비산 염려가 있는 사업장에는 후드를 설치하여 배출하고 작업 시 보호구를 착용한다.
ⓞ 물에 대한 용해도가 큰 물질은 수세법으로 처리하고, 산성 물질은 석회유 또는 가성소다 용액에 의한 흡수방법으로 처리한다.

제4과목 대기오염공정시험기준(방법)

61 다음 기체크로마토그래피 분석에 사용되는 검출기 중 금속필라멘트 또는 전기저항체를 검출소자로 하여 금속판 안에 들어 있는 본체와 여기에 안정된 직류전기를 공급하는 전원회로, 전류조절부, 신호검출 전기회로, 신호 감쇄부 등으로 구성되어 있는 것은?

① 전자포획형 검출기(ECD)
② 열전도도 검출기(TCD)
③ 불꽃 이온화 검출기(FID)
④ 염광광도 검출기(FPD)

해설 기체크로마토그래피 분석에 사용하는 검출기
㉠ 열전도도 검출기(Thermal Conductivity Detector ; TCD)
열전도도 검출기는 금속 필라멘트(Filament) 또는 전기저항체(Thermister)를 검출소자로 하여 금속판(Block) 안에 들어 있는 본체와 여기에 안정된 직류전기를 공급하는 전원회로, 전류조절부, 신호검출 전기회로, 신호 감쇄부 등으로 구성된다.
㉡ 불꽃 이온화 검출기(Flame Ionization Detector ; FID)
불꽃이온화검출기는 수소연소노즐(Nozzle), 이온수집기(Ion Collector)와 함께 대극 및 배기구로 구성되는 본체와 이 전극 사이에 직류전압을 주어 흐르는 이온전류를 측정하기 위한 직류전압 변환회로, 감도조절부, 신호감쇄부 등으로 구성된다.
㉢ 기타 검출기
기타 목적에 따라 전자포획형 검출기(Electron Capture Detector ; ECD), 염광광도 검출기(Flame Photometric Detector ; FPD) 등을 사용할 수도 있으며, 그 구성은 ㉠ 및 ㉡에 따른다. 단, 방사성 동위원소를 사용하는 검출기에 대하여는 별도로 과열방지기구, 누출방지기구 등을 설치해야 한다.

62 굴뚝 배출가스 중의 먼지를 연속적으로 자동측정하는 광산란적분법 4가지 장치구성부로 가장 거리가 먼 것은?

① 앰프부   ② 검출부
③ 농도지시부   ④ 수신부

해설 광산란적분법의 장치구성
㉠ 시료채취부   ㉡ 검출부
㉢ 앰프부   ㉣ 수신부

63 다음은 폐기물 소각로 등에서 배출되는 가스 중 가스상 및 입자상의 폴리클로리네이티드 디벤조파라다이옥신 및 폴리클로리네이티드 디벤조퓨란류의 분석방법 중 원통형 여지 준비에 관한 사항이다. (　) 안에 가장 적합한 것은?

> 원통형 여지는 대기오염공정시험기준에서 규정하고 있는 원통형 여지 중 유리섬유 재질의 것을 사용한다. 사용에 앞서 (　), 아세톤 및 톨루엔으로 각각 30분간 초음파 세정을 한 다음 진공건조시킨다.

① 550℃에서 충분하게 작열시킨 후
② 650℃에서 2시간 작열시킨 후
③ 750℃에서 충분하게 작열시킨 후
④ 850℃에서 2시간 작열시킨 후

해설 폐기물소각로 배출가스 중 다이옥신 및 퓨란류 측정방법 중 원통형 여지
㉠ 대기오염공정시험기준에서 규정하고 있는 원통형 여지 중 유리섬유 재질의 것을 사용한다.
㉡ 사용에 앞서 850℃에서 2시간 작열시킨 후, 아세톤 및 톨루엔으로 각각 30분간 초음파 세정을 한 다음 진공건조시킨다.

64 원자흡광 광도법(Atomic Absorption Spectrophotometry)에서 사용하는 용어의 정의로 옳지 않은 것은?

① 선프로파일(Line Profile) : 파장에 대한 스펙트럼의 강도를 나타내는 곡선
② 예복합 버너(Premix Type Burner) : 가연성 가스, 조연성 가스 및 시료를 분무실에서 혼합시켜 불꽃 중에 넣어주는 방식의 버너
③ 분무실(Nebuilzer-Chamber) : 분무기와 병용(併用)하여 분무된 시료용액의 미립자를 더욱 미세하게 해주는 한편 큰 입자와 분리시키는 작용을 갖는 장치
④ 공명선(Resonance Line) : 목적하는 스펙트럼선에 가까운 파장을 갖는 다른 스펙트럼선

해설 **공명선(Resonance Line)**
원자가 외부로부터 빛을 흡수했다가 다시 먼저 상태로 돌아갈 때 방사하는 스펙트럼선

65 다음은 환경대기 중 아황산가스를 파라로자닐린법으로 측정하고자 할 때 흡광광도계에 관한 사항이다. ( ) 안에 가장 적합한 것은?

> 흡광광도계는 (㉠)에서 흡광도를 측정할 수 있어야 하고, 측정에 사용되는 스펙트럼폭은 (㉡)이어야 한다. 스펙트럼폭이 이보다 넓으면 바탕시험에 지장이 온다. 또한 흡광광도계의 파장은 교정되어 있어야 한다.

① ㉠ 460nm, ㉡ 10nm
② ㉠ 460nm, ㉡ 15nm
③ ㉠ 548nm, ㉡ 10nm
④ ㉠ 548nm, ㉡ 15nm

해설 **흡광광도계**
548nm에서 흡광도를 측정할 수 있어야 하고, 측정에 사용되는 스펙트럼폭은 15nm이어야 한다.

66 굴뚝 배출가스 중 비소화합물의 자외선/가시선 분광법 측정에 관한 설명으로 옳지 않은 것은?

① 입자상 비소화합물은 강제 흡인 장치를 사용하여 여과 장치에 채취하고, 기체상 비소는 적당한 수용액 중에 흡수 채취하며, 채취된 물질을 산분해처리한다.
② 전처리하여 용액화한 시료 용액 중의 비소를 다이에틸 다이티오카바민산은 흡수분광법으로 측정하며, 정량 범위는 2~10μm이며, 정밀도는 2~10%이다.
③ 일부 금속(크롬, 코발트, 구리, 수은, 은 등)이 수소화 비소(AsH_3) 생성에 영향을 줄 수 있지만 시료 용액 중의 이들 농도는 간섭을 일으킬 정도로 높지는 않다.
④ 메틸 비소화합물은 pH 10에서 메틸수소화비소(Methylarsine)를 생성하여 흡수용액과 착물을 형성하나, 총 비소 측정에는 영향을 미치지 않는다.

해설 메틸 비소화합물은 pH 1에서 메틸수소화비소(Methylarsine)를 생성하여 흡수용액과 착물을 형성하고 총 비소 측정에 영향을 줄 수 있다.

67 0.25N의 수산화나트륨 용액 200mL를 만들려고 한다. 필요한 수산화나트륨 양은?

① 2g   ② 4g   ③ 6g   ④ 8g

해설 $NaOH(g) = 0.25eq/L \times 40g/1eq \times 0.2L = 2g$

68 다음 중 환경대기 내 아황산가스 농도측정을 위한 주 시험방법(수동)은?

① 불꽃광도법   ② 용액전도율법
③ 파라로자닐린법   ④ 산정량수동법

해설 **환경대기 중 아황산가스 측정방법(자동연속측정법)**
㉠ 수동 및 반자동측정법
 • 파라로자닐린법(Pararosaniline Method)(주시험방법)
 • 산정량 수동법(Acidimetric Method)
 • 산정량 반자동법(Acidimetric Method)
㉡ 자동 연속 측정법
 • 용액 전도율법(Conductivity Method)
 • 불꽃광도법(Flame Photometric Detector Method)
 • 자외선형광법(Pulse U.V.Fluorescence Method)(주 시험방법)
 • 흡광차분광법(Differential Optical Absorption Spectroscopy : DOAS)

69 배출가스 중 금속화합물을 분석하기 위해 채취한 시료가 다량의 유기물 유리탄소를 함유할 때 시료의 처리방법으로 가장 적합한 것은?

① 질산-염산법   ② 질산-과산화수소법
③ 질산법   ④ 저온 회화법

해설 **시료의 성상 및 처리 방법**

성상	처리방법
타르, 기타 소량의 유기물을 함유하는 것	질산-염산법, 질산-과산화수소수법, 마이크로파 산분해법
유기물을 함유하지 않는 것	질산법, 마이크로파 산분해법
• 다량의 유기물 유리탄소를 함유하는 것 • 셀룰로오스 섬유제 여과지를 사용한 것	저온 회화법

정답 65 ④ 66 ④ 67 ① 68 ③ 69 ④

70 배출가스 중 오르자트 가스 분석계로 산소를 측정할 때 사용되는 산소흡수액은?

① 수산화칼슘용액 + 피로갈롤용액
② 염화제일주석용액 + 피로갈롤용액
③ 수산화포타슘용액 + 피로갈롤용액
④ 입상아연 + 피로갈롤용액

해설 산소흡수액
물 100ml에 수산화포타슘 60g을 녹인 용액과 물 100ml에 피로갈롤(Pyrogallool) 12g을 녹인 용액을 혼합한 용액

71 비중 1.88, 농도 97%(중량 %)인 농황산(H_2SO_4)의 규정농도(N)는?

① 18.6N ② 24.9N
③ 37.2N ④ 49.8N

해설 H_2SO_4 (eq/L)
$= \dfrac{1.88\text{kg}}{\text{L}} \times \dfrac{1\text{eq}}{(98/2)\text{g}} \times \dfrac{97}{100} \times \dfrac{10^3\text{g}}{1\text{kg}} = 37.2\text{eq/L(N)}$

72 대기오염공정시험기준상 소각로, 보일러 등 연소시설의 굴뚝 등에서 배출되는 배출가스 중에 포함되어 있는 알데하이드 및 케톤화합물(카르보닐화합물)의 분석방법으로 거리가 먼 것은?

① 크로모트로핀산(Chromotropic Acid)법
② 고성능액체크로마토그래피법(HPLC)
③ 아세틸 아세톤(Acetyl Acetone)법
④ 기체크로마토그래피법(GC)

해설 분석방법의 종류
㉠ 고성능액체크로마토그래피법(HPLC)
㉡ 크로모트로핀산(Chromotropic Acid)법
㉢ 아세틸 아세톤(Acetyl Acetone)법

73 대기환경 중에 존재하는 휘발성 유기화합물(Volatile Organic Compounds ; VOCs) 중 오존생성 전구물질과 유해대기오염물질의 농도를 측정하기 위한 시험방법으로 거리가 먼 것은?

① 고체흡착열탈착법 ② 고체증기흡수분무법
③ 고체흡착용매추출법 ④ 자동연속열탈착분석법

해설 측정방법의 종류
㉠ 고체흡착열탈착법
㉡ 고체흡착용매추출법
㉢ 자동연속열탈착분석법(주 시험법)

74 배출가스 중의 금속을 유도결합플라스마 원자발광분광법으로 분석할 때 각 원소별 측정파장(nm)과 정량범위(mg/L)로 옳지 않은 것은?

① Cu : 324.75(nm), 0.04~20(mg/L)
② Cd : 226.50(nm), 0.008~2(mg/L)
③ Pb : 220.35(nm), 0.1~2(mg/L)
④ Zn : 259.94(nm), 0.04~1(mg/L)

해설 ㉠ Zn 측정파장 : 206.19nm
㉡ Zn 정량범위 : 0.01~5mg/L

75 굴뚝이나 덕트 내를 흐르는 가스의 유속 및 유량 측정에 사용되는 기구 및 장치 등에 관한 다음 설명으로 옳지 않은 것은?

① 피토관은 스테인리스와 같은 재질의 금속관을 사용하며, 관의 바깥지름의 범위는 20~50mm정도이어야 한다.
② 피토관은 각 분기관 사이의 거리는 같아야 하며, 각 분기관과 오리피스 평면과의 거리는 바깥지름의 1.05~1.50배 사이에 있어야 한다.
③ 차압계는 경사마노미터, 전자마노미터 등을 사용하여 굴뚝 배출가스의 차압을 측정할 수 있도록 하며, 최소 0.3mmH_2O 눈금을 읽을 수 있는 마노미터를 사용한다.
④ 기압계는 2.54mmHg(34.43mmH_2O) 이내에서 대기압력을 측정할 수 있는 수은, 아네로이드(aneroid) 등 기압계로 1회/년 이상 교정검사를 한 것을 사용한다.

해설 피토관은 스테인리스와 같은 재질의 금속관을 사용하며, 관의 바깥지름의 범위는 4~10mm 정도이어야 한다.

76 다음 중 굴뚝 배출가스 내의 포름알데하이드를 정량할 때 쓰이는 흡수액은?

① 아세틸아세톤 함유 흡수액
② 아연아민착염 함유 흡수액
③ 질산암모늄+황산(1+5)
④ 수산화나트륨용액(0.4W/V%)

해설 굴뚝배출가스 내의 포름알데하이드 정량 시 흡수액은 아세틸아세톤 함유 용액을 사용한다.

77 A굴뚝에서 배출가스의 유속을 측정하기 위하여 피토관에 비중이 0.85인 붉게 착색된 톨루엔을 넣은 경사마노미터를 연결하여 다음과 같은 결과를 얻었다. 이 경우 배출가스의 유속은?

- 배출가스의 온도 : 180℃
- 피토관 계수 : 0.86
- 경사마노미터를 이용한 확대율 : 10배
- 경사마노미터의 액주수치 : 60mm
- 굴뚝 내의 배출가스 밀도 : 0.8kg/m³

① 6.5m/s
② 7.8m/s
③ 8.2m/s
④ 9.6m/s

해설 h(동압) = 액주거리 × 톨루엔비중 × $\dfrac{1}{확대율}$

$= 60mm \times 0.85 \times \dfrac{1}{10} = 5.1 mmH_2O$

$V(m/sec) = C\sqrt{\dfrac{2gh}{\gamma}}$

$= 0.86 \times \sqrt{\dfrac{2 \times 9.8 m/sec^2 \times 5.1 mmH_2O}{0.8 kg/m^3}}$

$= 9.61 m/sec$

78 굴뚝 배출가스 내의 질소산화물 분석방법 중 아연환원 나프틸에틸렌디아민법에 관한 설명으로 가장 거리가 먼 것은?

① 시료 중 질소산화물을 오존 존재하에서 물에 흡수시켜 질산이온으로 만든다.
② 질산이온을 분말금속아연을 사용하여 아질산이온으로 환원시킨다.
③ 시료 중 질소산화물 농도가 10~1,000V/V ppm의 것을 분석하는 데 적당하다.
④ 1,000V/V ppm 이상의 아황산가스, 염소이온, 암모늄이온의 공존에 방해를 받는다.

해설 2,000V/V ppm 이하의 아황산가스는 방해하지 않고 염소이온 및 암모늄이온의 공존도 방해하지 않는다.

79 다음은 화학분석 일반사항에 대한 규정이다. 옳지 않은 것은?

① '약'이란 그 무게 또는 부피에 대하여 ±10% 이상의 차가 있어서는 안 된다.
② 방울수라 함은 10℃에서 정제수 10방울을 떨어뜨릴 때 그 부피가 약 1mL 되는 것을 뜻한다.
③ 밀봉용기라 함은 물질을 취급 또는 보관하는 동안에 기체 또는 미생물이 침입하지 않도록 내용물을 보호하는 용기를 뜻한다.
④ 냉수는 15℃ 이하, 온수는 60~70℃, 열수는 약 100℃를 말한다.

해설 방울수
20℃에서 정제수 20방울을 떨어뜨릴 때 그 부피가 약 1mL 되는 것을 뜻한다.

80 굴뚝 배출가스 중 먼지의 농도를 측정하고자 한다. 굴뚝 단면적(m²)이 1 초과 4 이하인 사각형 굴뚝 단면인 경우 측정점수 산정을 위해 구분된 1변의 길이 ℓ(m) 기준으로 가장 적합한 것은?

① $\ell \leq 0.1$
② $\ell \leq 0.5$
③ $\ell \leq 0.667$
④ $\ell \leq 1$

해설 사각형 굴뚝 단면적의 측정점 수

굴뚝 단면적(m)	구분된 1변의 길이 ℓ(m)
1 이하	$\ell \leq 0.5$
1 초과 4 이하	$\ell \leq 0.667$
4 초과 20 이하	$\ell \leq 1$

제5과목 대기환경관계법규

81 대기환경보전법령상 대기오염물질 기준이내 배출량 조정 시 사업자가 제출한 확정배출자료가 명백히 거짓으로 판명되었을 경우에는 확정배출량을 현지조사하여 산정하되 확정배출량의 얼마에 해당하는 배출량을 기준 이내 배출량으로 산정하는가?

① 100분의 20 ② 100분의 50
③ 100분의 120 ④ 100분의 150

해설 사업자가 제출한 확정배출량에 관한 자료가 명백히 거짓으로 판명된 경우 확정배출량을 현지조사하여 산정하되, 확정배출량의 100분의 120에 해당하는 배출량을 기준 이내 배출량으로 산정한다.

82 대기환경보전법규상 위임업무 보고사항 중 자동차 연료 및 첨가제의 제조·판매 또는 사용에 대한 규제현황의 보고횟수기준은?

① 연 2회 ② 연 4회
③ 반기 1회 ④ 수시

해설 위임업무 보고사항

업무내용	보고횟수	보고기일	보고자
환경오염사고 발생 및 조치 사항	수시	사고 발생 시	시·도지사, 유역환경청장 또는 지방환경청장
수입자동차 배출가스 인증 및 검사현황	연 4회	매 분기 종료 후 15일 이내	국립환경과학원장
자동차 연료 및 첨가제의 제조·판매 또는 사용에 대한 규제현황	연 2회	매 반기 종료 후 15일 이내	유역환경청장 또는 지방환경청장
자동차 연료 또는 첨가제의 제조기준 적합 여부 검사현황	• 연료 : 연 4회 • 첨가제 : 연 2회	• 연료 : 매 분기 종료 후 15일 이내 • 첨가제 : 매 반기 종료 후 15일 이내	국립환경과학원장
측정기기 관리대행업의 등록, 변경등록 및 행정처분 현황	연 1회	다음 해 1월 15일까지	유역환경청장, 지방환경청장 또는 수도권대기환경청장

※ 법규 변경사항이므로 해설의 내용으로 학습하시기 바랍니다.

83 대기환경보전법령상 사업장별 환경기술인의 자격기준에 관한 사항으로 가장 적합한 것은?

① 5종 사업장 중 특정대기물질이 포함된 오염물질을 배출하는 경우에는 4종 사업장에 해당하는 환경기술인을 두어야 한다.
② 1종 및 2종 사업장 중 1월 동안 실제 작업한 날만을 계산하여 1일 평균 12시간 이상 작업하는 경우에는 해당 사업장의 환경기술인을 각 2인 이상 두어야 하며, 이 경우 1인을 제외한 나머지 인원은 4종 사업장에 해당하는 기술인으로 대체할 수 있다.
③ 전체 배출시설에 대하여 방지시설 설치면제를 받은 사업장이라도 해당 종별에 해당하는 환경기술인을 두어야 한다.
④ 대기환경기술인이 「수질 및 수생태계 보전에 관한 법률」에 따른 수질환경기술인의 자격을 갖춘 경우에는 수질환경기술인을 겸임할 수 있다.

해설 ① 4종 사업장과 5종 사업장 중 특정대기유해물질이 포함된 오염물질을 배출하는 경우에는 3종 사업장에 해당하는 기술인을 두어야 한다.
② 1종 사업장과 2종 사업장 중 1개월 동안 실제 작업한 날만을 계산하여 1일 평균 17시간 이상 작업하는 경우에는 해당 사업장의 기술인을 각각 2명 이상 두어야 한다.
③ 전체 배출시설에 대하여 방지시설 설치 면제를 받은 사업장과 배출시설에서 배출되는 오염물질 등을 공동방지시설에서 처리하는 사업장은 5종 사업장에 해당하는 기술인을 둘 수 있다.

84 대기환경보전법규상 특정대기유해물질로 옳지 않은 것은?

① 이황화메틸 ② 베릴륨
③ 바나듐 ④ 1,3-부타디엔

해설 바나듐은 특정대기유해물질이 아니다.

85 대기환경보전법규상 휘발유를 연료로 사용하는 대형승용차의 배출가스 보증기간 적용기준은?(단, 2013년 1월 1일 이후에 제작 자동차 기준)

① 2년 또는 160,000km
② 6년 또는 100,000km
③ 7년 또는 500,000km
④ 10년 또는 160,000km

정답 81 ③ 82 ① 83 ④ 84 ③ 85 ①

해설 배출가스 보증기간(2016년 1월 1일 이후 제작자동차)

사용연료	자동차의 종류	적용기간
휘발유	경자동차, 소형 승용·화물자동차, 중형 승용·화물자동차	15년 또는 240,000km
	대형 승용·화물자동차, 초대형 승용·화물자동차	2년 또는 160,000km
	이륜자동차 최고속도 130km/h 미만	2년 또는 20,000km
	이륜자동차 최고속도 130km/h 이상	2년 또는 35,000km
가스	경자동차	10년 또는 192,000km
	소형 승용·화물자동차, 중형 승용·화물자동차	15년 또는 240,000km
	대형 승용·화물자동차, 초대형 승용·화물자동차	2년 또는 160,000km
경유	경자동차, 소형 승용·화물자동차, 중형 승용·화물자동차(택시를 제외한다)	10년 또는 160,000km
	경자동차, 소형 승용·화물자동차, 중형 승용·화물자동차(택시에 한정한다)	10년 또는 192,000km
	대형 승용·화물자동차	6년 또는 300,000km
	초대형 승용·화물자동차	7년 또는 700,000km
	건설기계 원동기, 농업기계 원동기 37kW 이상	10년 또는 8,000시간
	건설기계 원동기, 농업기계 원동기 37kW 미만	7년 또는 5,000시간
	건설기계 원동기, 농업기계 원동기 19kW 미만	5년 또는 3,000시간
전기 및 수소 연료전지 자동차	모든 자동차	별지 제30호 서식의 자동차 배출가스 인증신청서에 적힌 보증기간

※ 법규 변경사항이므로 해설의 내용으로 학습하시기 바랍니다.

86 대기환경보전법규상 그 배출시설이 발전소의 발전 설비로서 국민경제에 현저한 지장을 줄 우려가 있어 조업정지 처분을 갈음하여 과징금을 부과할 때, 3종 사업장인 경우 조업정지 1일당 과징금 부과금액 기준으로 옳은 것은?

① 900만 원
② 600만 원
③ 450만 원
④ 300만 원

해설 **과징금 부과금액**
조업정지 일수×1일당 부과금액×사업장 규모별 부과계수이며, 1일당 부과금액은 300만 원으로 하고, 사업장 규모별 부과계수는 1종 사업장 : 2.0, 2종 사업장 : 1.5, 3종 사업장 : 1.0, 4종 사업장 : 0.7, 5종 사업장 : 0.4로 한다.

87 다음은 대기환경보전법령상 시·도지사가 특정대기유해물질 배출시설 또는 특별대책 지역에서의 배출시설의 설치를 제한할 수 있는 경우에 관한 기준이다. ( )안에 알맞은 것은?

> 배출시설 설치 지점으로부터 반경 1킬로미터 안의 상주인구가 2만 명 이상인 지역으로서 특정대기유해물질 중 한 가지 종류의 물질을 연간 (㉠) 이상 배출하거나 두 가지 이상의 물질을 연간 (㉡) 이상 배출하는 시설을 설치하는 경우

① ㉠ 5톤, ㉡ 10톤
② ㉠ 5톤, ㉡ 20톤
③ ㉠ 10톤, ㉡ 20톤
④ ㉠ 10톤, ㉡ 25톤

해설 **배출시설 설치의 제한**
㉠ 배출시설 설치 지점으로부터 반경 1킬로미터 안의 상주 인구가 2만 명 이상인 지역으로서 특정대기유해물질 중 가지 종류의 물질을 연간 10톤 이상 배출하거나 두 가지 이상의 물질을 연간 25톤 이상 배출하는 시설을 설치하는 경우
㉡ 대기오염물질(먼지·황산화물 및 질소산화물만 해당한다)의 발생량 합계가 연간 10톤 이상인 배출시설을 특별대책지역에 설치하는 경우

88 대기환경보전법상 부식이나 마모로 인하여 오염물질이 새나가는 배출시설이나 방지시설을 정당한 사유 없이 방치하는 행위를 한 자에 대한 과태료 부과기준은?

① 500만 원 이하의 과태료
② 300만 원 이하의 과태료
③ 200만 원 이하의 과태료
④ 100만 원 이하의 과태료

해설 대기환경보전법 제94조 참고

89 다중이용시설 등의 실내공기질 관리법상 시·도지사는 다중이용시설이 규정에 따른 공기질 유지기준에 맞지 아니하게 관리되는 경우에는 환경부령이 정하는 바에 따라 기간을 정하여 그 다중이용시설의 소유자 등에게 환기설비의 개선 등의 개선명령을 할 수 있는데, 이 개선명령을 이행하지 아니한 사업자에 대한 벌칙기준으로 옳은 것은?

① 7년 이하의 징역 또는 7천만 원 이하의 벌금
② 5년 이하의 징역 또는 5천만 원 이하의 벌금
③ 1년 이하의 징역 또는 1천만 원 이하의 벌금
④ 200만 원 이하의 벌금

해설 대기환경보전법 제91조 참고

정답 86 ④ 87 ④ 88 ③ 89 ③

90 대기환경보전법상 '온실가스'가 아닌 것은?

① 이산화탄소 ② 수소불화탄소
③ 이산화질소 ④ 육불화황

해설 **온실가스**
㉠ 이산화탄소   ㉡ 메탄
㉢ 아산화질소   ㉣ 수소불화탄소
㉤ 과불화탄소   ㉥ 육불화황

91 대기환경보전법상 황사피해방지를 위한 환경부 산하 황사대책위원회 심의·조정업무와 가장 거리가 먼 것은? (단, 그 밖에 황사피해 방지를 위하여 위원장이 필요하다고 인정하는 사항 등은 제외)

① 종합대책의 수립과 변경에 관한 사항
② 황사피해방지와 관련된 분야별 정책에 관한 사항
③ 종합대책 추진상황과 민관 협력방안에 관한 사항
④ 황사피해로 인한 재산상의 피해보상 및 보건역학적 조사에 관한 사항

해설 **황사대책위원회 심의·조정업무**
㉠ 종합대책의 수립과 변경에 관한 사항
㉡ 황사피해방지와 관련된 분야별 정책에 관한 사항
㉢ 종합대책 추진상황과 민관 협력방안에 관한 사항
㉣ 그 밖에 황사피해 방지를 위하여 위원장이 필요하다고 인정하는 사항
※ 법규 변경사항이므로 학습 안 하셔도 무방합니다.

92 대기환경보전법규상 자동차의 종류에 관한 사항으로 옳지 않은 것은?(단, 2009년 1월 1일 이후 기준)

① 엔진배기량이 50cc 미만인 이륜자동차는 모페드형(스쿠터형을 포함한다)만 이륜자동차에서 제외한다.
② 이륜자동차는 옆 차붙이 이륜자동차와 이륜자동차에서 파생된 3륜 이상의 자동차를 포함하며, 차량 자체의 중량이 0.5톤 이상인 이륜자동차는 경자동차로 분류한다.
③ 다목적형 승용자동차·승합차 및 밴(VAN)의 구분에 대한 세부 기준은 환경부장관이 정하여 고시한다.
④ 전기만을 동력으로 사용하는 자동차는 1회 충전 주행거리가 160km 이상인 경우 제3종으로 구분한다.

해설 엔진배기량이 50cc 미만인 이륜자동차는 모페드형(스쿠터형을 포함한다)만 이륜자동차에 포함한다.

93 대기환경보전법규상 배출가스 관련 부품을 장치별로 구분할 때 다음 중 배출가스 자기진단장치(On Board Diagnostics)에 해당하는 것은?

① EGR제어용 서모밸브(EGR Control Thermo Valve)
② 연료계통 감시장치(Fuel System Monitor)
③ 정화조절밸브(Purge Control Valve)
④ 냉각수온센서(Water Temperature Sensor)

해설 **배출가스 관련 부품**

장치별 구분	배출가스 관련 부품
배출가스 자기진단장치 (On Board Diagnostics)	촉매 감시장치(Catalyst Monitor), 가열식 촉매 감시장치(Heated Catalyste Monitor), 실화 감시장치(Misfire Monitor), 증발가스계통 감시장치(Evaporative System Monitor), 2차 공기공급계통 감시장치(Secondary Air System Monitor), 에어컨계통 감시장치(Air Conditioning System Refrigerant Monitor), 연료계통 감시장치(Fuel System Monitor), 산소센서 감시장치(Oxygen Sensor Monitor), 배기관센서 감시장치(Exhaust Gas Sensor Monitor), 배기가스 재순환계통 감시장치(Exhaust Gas Recirculation System Monitor), 블로바이가스 환원계통 감시장치(Positive Crankcase Ventilation System Monitor), 서모스탯 감시장치(Thermostat Monitor), 엔진냉각계통 감시장치(Engine Cooling System Monitor), 저온시동 배출가스 저감기술 감시장치(Cold Start Emission Reduction Strategy Monitor), 가변밸브타이밍 계통 감시장치(Variable Valve Timing Monitor), 직접오존저감장치(Direct Ozone Reduction System Monitor), 기타 감시장치(Comprehensive Component Monitor)

94 악취방지법규상 지정악취물질이 아닌 것은?

① 아세트알데하이드 ② 메틸메르캅탄
③ 톨루엔   ④ 벤젠

해설 **지정악취물질**
- 암모니아
- 황화수소
- 다이메틸다이설파이드
- 아세트알데하이드
- 프로피온알데하이드
- n-발레르알데하이드
- 톨루엔
- 메틸에틸케톤
- 뷰틸아세테이트
- n-뷰틸산
- I-발레르산
- 메틸메르캅탄
- 다이메틸설파이드
- 트라이메틸아민
- 스타이렌
- 뷰틸알데하이드
- I-발레르알데하이드
- 자일렌
- 메틸아이소뷰틸케톤
- 프로피온산
- n-발레르산
- I-뷰틸알코올

95 대기환경보전법령상 초과부과금 산정기준에서 다음 오염물질 중 오염물질 1킬로그램당 부과금액이 가장 비싼 것은?

① 황화수소　　② 염소
③ 황산화물　　④ 이황화탄소

해설 오염물질 부과금액
① 황화수소 : 6,000원　② 염소 : 7,400원
③ 황산화물 : 500원　　④ 이황화탄소 : 1,600원
※ 법규 변경사항(염소 : 7,400원 삭제됨)

96 대기환경보전법규상 대기환경 규제지역을 관할하는 시·도지사가 수립하는 실천계획에 포함되는 사항으로 가장 거리가 먼 것은?

① 대기보전을 위한 투자계획과 대기오염물질 저감효과를 고려한 경제성 평가
② 대기오염물질 방지대책 선정을 위한 주민여론 수렴 현황
③ 대기오염원별 대기오염물질 저감계획 및 계획의 시행을 위한 수단
④ 계획달성연도의 대기질 예측 결과

해설 대기환경 규제지역을 관할하는 시·도지사가 수립하는 실천계획에 포함되는 사항
㉠ 일반 환경 현황
㉡ 조사 결과 및 대기오염예측모형을 이용하여 예측한 대기오염도
㉢ 대기오염원별 대기오염물질 저감계획 및 계획의 시행을 위한 수단
㉣ 계획달성연도의 대기질 예측 결과
㉤ 대기보전을 위한 투자계획과 대기오염물질 저감효과를 고려한 경제성 평가

97 대기환경보전법령상 시·도지사가 부과금을 부과할 경우 부과대상 오염물질량 등을 적은 사항을 서면으로 알려야 하는데, 이 경우 부과금의 납부기간을 며칠로 하는가?

① 납부통지서를 발급한 날부터 10일로 한다.
② 납부통지서를 발급한 날부터 15일로 한다.
③ 납부통지서를 발급한 날부터 30일로 한다.
④ 납부통지서를 발급한 날부터 60일로 한다.

해설 시·도지사는 부과금을 부과할 때에는 부과대상 오염물질량, 부과금액, 납부기간 및 납부장소, 그 밖에 필요한 사항을 서면으로 알려야 한다. 이 경우 부과금의 납부기간은 납부통지서를 발급한 날부터 30일로 한다.

98 대기환경보전법규상 관제센터로 측정결과를 자동전송하지 않은 먼지·황산화물 및 질소산화물의 연간 발생량의 합계가 80톤 이상인 사업장 배출구의 자가측정횟수 기준은?(단, 기타 사항 등은 제외)

① 매일 1회 이상　② 매주 1회 이상
③ 매월 2회 이상　④ 2개월마다 1회 이상

해설 관제센터로 측정결과를 자동전송하지 않는 사업장의 배출구

구분	배출구별 규모	측정횟수	측정항목
제1종 배출구	먼지·황산화물 및 질소산화물의 연간 발생량 합계가 80톤 이상인 배출구	매주 1회 이상	별표 8에 따른 배출허용기준이 적용되는 대기오염물질. 다만, 비산먼지는 제외한다.
제2종 배출구	먼지·황산화물 및 질소산화물의 연간 발생량 합계가 20톤 이상 80톤 미만인 배출구	매월 2회 이상	
제3종 배출구	먼지·황산화물 및 질소산화물의 연간 발생량 합계가 10톤 이상 20톤 미만인 배출구	2개월마다 1회 이상	
제4종 배출구	먼지·황산화물 및 질소산화물의 연간 발생량 합계가 2톤 이상 10톤 미만인 배출구	반기마다 1회 이상	
제5종 배출구	먼지·황산화물 및 질소산화물의 연간 발생량 합계가 2톤 미만인 배출구	반기마다 1회 이상	

99 다음은 대기환경보전법령상 기본부과금 부과대상 오염물질에 대한 초과배출량 산정방법 중 초과배출량 공제분 산정방법이다. ( ) 안에 알맞은 것은?

> 3개월간 평균배출농도는 배출허용기준을 초과한 날 이전 정상 가동된 3개월 동안의 ( )를 산술평균값으로 한다.

① 5분 평균치　② 10분 평균치
③ 30분 평균치　④ 1시간 평균치

해설 초과배출량 공제분 산정방법
초과배출량 공제분=(배출허용기준농도-3개월간 평균배출농도)×3개월간 평균배출유량
㉠ 3개월간 평균배출농도는 배출허용기준을 초과한 날 이전 정상 가동된 3개월 동안의 30분 평균치를 산술평균한 값으로 한다.
㉡ 3개월간 평균배출유량은 배출허용기준을 초과한 날 이전 정상 가동된 3개월 동안의 30분 유량값을 산술평균한 값으로 한다.
㉢ 초과배출량 공제분이 초과배출량을 초과하는 경우에는 초과배출량을 초과배출량 공제분으로 한다.

정답 95 해설 확인　96 ②　97 ③　98 ②　99 ③

100 대기환경보전법령상 일일유량은 측정유량과 일일조업시간의 곱으로 환산하는데, 다음 중 일일조업시간의 표시기준으로 옳은 것은?

① 배출량을 측정하기 전 최근 조업한 20일 동안의 배출시설 조업시간 평균치를 시간으로 표시한다.
② 배출량을 측정하기 전 최근 조업한 25일 동안의 배출시설 조업시간 평균치를 시간으로 표시한다.
③ 배출량을 측정하기 전 최근 조업한 30일 동안의 배출시설 조업시간 평균치를 시간으로 표시한다.
④ 배출량을 측정하기 전 최근 조업한 전체 기간의 배출시설 조업시간 평균치를 시간으로 표시한다.

해설 일일조업시간은 배출량을 측정하기 전 최근 조업한 30일 동안의 배출시설 조업시간 평균치를 시간으로 표시한다.

정답 100 ③

2015년 4회 기출문제

제1과목　대기오염개론

01 다음 중 다이옥신에 관한 설명으로 가장 거리가 먼 것은?

① 가장 유독한 다이옥신은 2, 3, 7, 8-tetrachloro-dibenzo-p-dioxin으로 알려져 있다.
② PCDF계에는 75개, PCDD계에는 135개의 동족체가 존재한다.
③ 벤젠 등에 용해되는 지용성으로서 열적 안정성이 좋다.
④ 유기성 고체물질로서 용출실험에 의해서도 거의 추출되지 않는 특징을 가지고 있다.

해설　PCDF계에는 135개, PCDD계에는 75개의 이성질체가 존재한다.

02 최대 혼합고도를 400m로 예상하여 오염농도를 4ppm으로 추정하였는데 실제 관측된 최대 혼합고도는 250m였다. 실제 나타날 오염농도는 약 얼마인가?

① 9ppm　② 16ppm
③ 32ppm　④ 64ppm

해설　오염물질의 농도와 혼합고의 관계는 3승에 반비례한다.

$$\frac{C_2}{C_1} = \left(\frac{MMD_1}{MMD_2}\right)^3$$

$$C_2 = C_1 \times \left(\frac{MMD_1}{MMD_2}\right)^3 = 4\text{ppm} \times \left(\frac{400\text{m}}{250\text{m}}\right)^3 = 16.38\text{ppm}$$

03 다음 특정물질 중 오존 파괴지수가 가장 큰 것은?

① Halon-1211　② Halon-1301
③ CCl_4　④ HCFC-22

해설

	특정물질의 종류	화학식	오존 파괴지수
①	Halon-1211	CF_2BrCl	3.0
②	Halon-1301	CF_3Br	10.0
③	사염화탄소	CCl_4	1.1
④	HCFC-22	CHF_2Cl	0.055

04 다음 중 온실효과(Green House Effect)에 관한 설명으로 옳지 않은 것은?

① 온실효과에 대한 기여도는 $CO_2 > CH_4$이다.
② 온실가스들은 각각 적외선 흡수대가 있으며, O_3의 주요 흡수대는 파장 13~17μm 정도이다.
③ 온실가스들은 각각 적외선 흡수대가 있으며, CH_4와 N_2O의 주요 흡수대는 파장 7~8μm 정도이다.
④ 교토의정서는 기후변화협약에 따른 온실가스 감축과 관련한 국제협약이다.

해설　온실가스들의 적외선 흡수대
㉠ CO_2 : 13~17μm　　㉡ CH_4, N_2O : 7~8μm
㉢ 프레온 11, 12 : 11~12μm　㉣ O_3 : 9~10μm

05 다음 중 포름알데하이드의 배출과 가장 관련이 깊은 업종은?

① 피혁, 합성수지, 포르말린 제조
② 비료, 표백, 색소제조
③ 고무가공, 청산, 석면제조
④ 석유정제, 석탄건류, 가스공업

해설　포름알데하이드의 주요 배출원
단열재, 의약품, 접착제, 합성수지공업, 피혁제조공업, 포르말린제조공업 등

06 다음은 역사적인 대기오염 사건을 나열한 것이다. 먼저 발생한 사건부터 옳게 배열된 것은?

① 포자리카 사건-도쿄 요코하마 사건-LA 스모그 사건-런던 스모그 사건
② 도쿄 요코하마 사건-포자리카 사건-런던 스모그 사건-LA 스모그 사건
③ 포자리카 사건-도쿄 요코하마 사건-런던 스모그 사건-LA 스모그 사건
④ 도쿄 요코하마 사건-포자리카 사건-LA 스모그 사건-런던 스모그 사건

정답　01 ②　02 ②　03 ②　04 ②　05 ①　06 ②

해설 도쿄 요코하마 사건(1946), 포자리카 사건(1950), 런던 스모그 사건(1952), LA 스모그 사건(1954)

07 지표 높이 5m에서의 풍속이 4m/sec일 때 상공의 풍속이 6m/sec가 되는 위치의 높이는?(단, 풍속지수는 0.28, Dacon 법칙 적용)

① 약 15m　② 약 21m
③ 약 33m　④ 약 43m

해설
$$\frac{U_2}{U_1} = \left(\frac{Z_2}{Z_1}\right)^P$$
$$\frac{6\text{m/sec}}{4\text{m/sec}} = \left(\frac{Z_2}{5\text{m}}\right)^{0.28}$$
$$Z_2 = 21.27\text{m}$$

08 다음 대기오염물질과 관련되는 업종으로 가장 거리가 먼 것은?

① 비소 – 화학공업, 유리공업, 과수원의 농약 분무작업 등
② 크롬 – 화학비료공업, 염색공업, 시멘트제조업, 크롬 도금업, 피혁제조업 등
③ 시안화수소 – 피혁공장, 합성수지공장, 포르말린제조업 등
④ 질소산화물 – 내연기관, 폭약, 필름제조업, 비료 등

해설 시안화수소는 청산제조, 화학공업, 제철공업, 가스공업 등에서 발생한다.

09 서울을 비롯한 대도시 지역에서 1990년부터 2000년까지 10년 동안 다른 오염물질에 비해 오염농도가 크게 감소하지 않은 대기오염물질은?

① 일산화탄소(CO)　② 납(Pb)
③ 아황산가스(SO_2)　④ 이산화질소(NO_2)

해설 1990년부터 2000년까지 10년 동안 다른 오염물질의 농도변화를 살펴보면 SO_2, TSP, CO의 연평균농도는 크게 감소하고 있으나, NO_2와 O_3의 오염도는 오히려 증가하는 경향을 보이고 있었다. 이것은 우리나라의 주요 대기오염물질이 1차 오염물질에서 2차 오염물질로 바뀌어 가고 있음을 나타내는 것이다.

10 바람장미에 관한 설명 중 옳지 않은 것은?

① 대기오염물질의 이동방향은 주풍(主風)과 같은 방향이며, 풍속은 막대 날개의 길이로 표시한다.
② 방향량(Vector)은 관측된 풍향별 횟수를 백분율로 나타낸 값이다.
③ 주풍은 가장 빈번히 관측된 풍향을 말하며, 막대의 길이를 가장 길게 표시한다.
④ 풍속이 0.2m/s 이하일 때를 정온(calm)상태로 본다.

해설 바람장미의 표시내용으로 풍향은 무풍률을 포함한 전체 방향량을 100%로 하여 막대의 길이로 나타낸다. 풍향은 바람이 불어오는 쪽으로 표시하고, 막대의 길이가 가장 긴 방향이 그 지역의 주풍이 되며, 풍속은 살의 굵기로 구분한다.

11 대기오염물질이 금속구조물에 미치는 영향에 관한 설명으로 거리가 먼 것은?

① 철은 대기오염물질의 농도, 습도와 온도가 높을수록 부식속도는 빠르지만 일정한 시간이 흐르면 보호막이 생김으로써 부식속도는 떨어진다.
② 니켈은 촉매역할을 하여 대기 중 SO_3를 SO_2로 환원시키며, 황산박층을 만든 후 아황산니켈이 된다.
③ 아연은 SO_2와 수증기가 공존할 때 표면에 피막을 형성해서 보호막 역할을 한다.
④ 알루미늄은 산화되어 Al_2O_3를 표면에 형성하여 대기오염을 방지하는 보호막 역할을 한다.

해설 니켈은 촉매역할을 하며 대기 중 SO_2를 SO_3로 산화하여 황산벽층을 만들고 난 후 황산니켈로 변한다.

12 내경이 2m인 굴뚝에서 온도 440K의 연기가 6m/s의 속도로 분출되며 분출지점에서의 주변 풍속은 4m/s이다. 대기의 온도가 300K, 중립조건일 때 연기의 상승 높이(Δh)는?(단, $\Delta H = \dfrac{114CF^{1/3}}{U}$ 이용, $C=1.58$, $F=$ 부력매개변수)

① 약 136m　② 약 166m
③ 약 181m　④ 약 195m

해설 연기상승높이(ΔH)

$$\Delta H = \frac{114 CF^{1/3}}{U}$$

$$F = g \times \left(\frac{D}{2}\right)^2 \times V_s \times \left(\frac{T_s - T_a}{T_a}\right)$$

$$= 9.8 \text{m/sec}^2 \times \left(\frac{2\text{m}}{2}\right)^2 \times 6\text{m/sec} \times \left(\frac{440-300}{300}\right)$$

$$= 27.44 \text{m}^4/\text{sec}^3$$

$$= \frac{114 \times 1.58 \times 27.44^{1/3}}{4\text{m/sec}} = 135.82\text{m}$$

13 다음 악취물질의 공기 중 최소감지농도(ppm)가 가장 낮은 것은?

① 암모니아 ② 황화수소
③ 아세톤   ④ 염화메틸렌

해설 최소감지농도

화학물질	최소감지농도(ppm)
암모니아	0.1
황화수소	0.00041
아세톤	42
염화메틸렌	200.0

14 Gaussian 연기 확산 모델에 관한 설명으로 가장 거리가 먼 것은?

① 장단기적인 대기오염도 예측에 사용이 용이하다.
② 간단한 화학반응을 묘사할 수 있다.
③ 선오염원에서 풍하 방향으로 확산되어가는 Plume이 정규분포를 한다고 가정한다.
④ 주로 평탄지역에 적용이 가능하도록 개발되어 왔으나 최근 복잡지형에도 적용이 가능토록 개발되고 있다.

해설 점오염원에서 풍하 방향으로 확산되어가는 plume이 정규분포를 한다고 가정한다.

15 바람에 관여하는 힘과 가장 거리가 먼 것은?

① Centrifugal Force   ② Friction Force
③ Coriolis Force   ④ Electronic Force

해설 바람에 관여하는 힘
  ㉠ Centrifugal Force(원심력)
  ㉡ Friction Force(마찰력)
  ㉢ Coriolis Force(전향력)

16 지표에 도달하는 일사량의 변화에 영향을 주는 요소와 가장 거리가 먼 것은?

① 태양광의 입사각 변화
② 계절
③ 대기의 두께
④ 지표면의 상태

해설 지표에 도달하는 일사량의 변화에 영향을 주는 요소
  ㉠ 태양 입사각의 변화
  ㉡ 계절
  ㉢ 대기의 두께(optical air mass)

17 수용모델의 분석법에 관한 설명으로 옳지 않은 것은?

① 광학현미경법으로는 입경이 $0.01\mu m$ 보다 큰 입자만을 대상으로 먼지의 형상, 모양 및 색깔별로 오염원을 구별할 수 있고, 미숙련 경험자도 쉽게 분석 가능하다.
② 전자주사현미경은 광학현미경보다 작은 입자를 측정할 수 있고, 정상적으로 먼지의 오염원을 확인할 수 있다.
③ 시계열분석법은 대기오염 제어의 기능을 평가하고 특정 오염원의 경향을 추적할 수 있으며, 타 방법을 통해 제시된 오염원을 확인하는 데 매우 유용한 정성적 분석법이다.
④ 공간계열법은 시료채취기간 중 오염배출속도 및 기상학 등에 크게 의존하여 분산모델과 큰 연관성을 갖는다.

해설 광학현미경법으로는 입경이 $1\mu m$보다 큰 입자만을 대상으로 먼지의 형상, 모양 및 색깔별로 오염원을 구별할 수 있고, 숙련경험자만이 분석 가능하다.

18 성층권의 오존층 파괴의 원인물질인 CFC 화합물 중 CFC-12의 화학식은?

① CF_2Cl_2 ② $CHFCl_2$
③ $CFCl_3$ ④ CHF_2Cl

해설 CFC-12에서 2가 의미하는 것은 불소(F)수이기 때문에 CF_2Cl_2로 선택한다.

19 굴뚝 높이 상하층에서 각각 침강역전과 복사역전이 동시에 발생되는 경우의 연기형태는?

① Looping   ② Coning
③ Fumigation   ④ Trapping

정답 13 ② 14 ③ 15 ④ 16 ④ 17 ① 18 ① 19 ④

해설 구속형(Trapping)
굴뚝 상단의 일정 높이에 역전층이 존재하고, 그 하층에도 역전층이 존재하는 때에 간혹 관찰되는 연기모형이다.

20 자동차에서 배출되는 대기오염물질 중 크랭크 케이스에서 Blow By 가스로 배출되어 문제가 되는 것은?
① 질소산화물 ② 탄화수소
③ 일산화탄소 ④ 납

해설 블로바이가스(Blow-By Gas)
㉠ 실린더와 피스톤 간극에서 크랭크 케이스로 빠져나오는 가스이다.
㉡ 블로바이가스가 크랭크 케이스 내에 체류 시 엔진부식, 오일찌꺼기 발생 등을 유발시킨다.
㉢ 주성분은 HC(≒20%)이다.

제2과목 연소공학

21 쓰레기 이송방식에 따른 각 화격자에 관한 설명으로 옳지 않은 것은?
① 부채형 반전식 화격자는 교반력이 커서 저질쓰레기의 소각에 적당하다.
② 역동식 화격자는 쓰레기 교반 및 연소조건이 양호하고 소각효율이 높으나 화격자의 마모가 많다.
③ 이상식 화격자는 건조, 연소, 후연소의 각 화격자를 수평인 일직선 상으로 배치한 것으로써 내구성과 이송효율은 좋으나 혼합률은 낮다.
④ 병렬 요동식 화격자는 비교적 강한 이송력을 갖고 있고, 화격자 눈의 메워짐이 별로 없어 낙진량이 많으며 냉각작용이 부족하다.

해설 이상식 화격자
건조, 연소, 후연소의 각 화격자에 높이 차이를 두어 낙하시킴으로써 폐기물 층을 혼합하며 내구성이 좋다.

22 C : 84%, H : 13%, S : 2%, N : 1%의 중유를 1kg당 14Sm³의 공기로 완전연소시킨 경우 실제 습배기가스 중 SO₂는 몇 ppm(용량비)이 되는가?(단, 중유 중의 황은 모두 SO₂가 되는 것으로 가정한다.)
① 약 2,000ppm ② 약 1,800ppm
③ 약 1,120ppm ④ 약 950ppm

해설
$$SO_2(ppm) = \frac{SO_2}{G_w} \times 10^6 = \frac{0.7 \times S}{G_w} \times 10^6$$
$$G_w = G_{ow} + (m-1)A_o$$
$$G_{ow} = 0.79A_o + CO_2 + H_2O + SO_2 + N_2$$
$$A_o = \frac{1}{0.21}[(1.867 \times 0.84)$$
$$+ (5.6 \times 0.13) + (0.7 \times 0.02)]$$
$$= 11.0 Sm^3/kg$$
$$= (0.79 \times 11.0) + (1.867 \times 0.84)$$
$$+ (11.2 \times 0.13) + (0.7 \times 0.02)$$
$$+ (0.8 \times 0.01) = 11.736 Sm^3/kg$$
$$m = \frac{A}{A_o} = \frac{14 Sm^3/kg}{11.0 Sm^3/kg} = 1.27$$
$$= 11.736 + [(1.27 - 1) \times 11.0]$$
$$= 14.71 Sm^3/kg$$
$$= \frac{0.7 \times 0.02}{14.71} \times 10^6 = 951.73 ppm$$

23 중유를 시간당 1,000kg씩 연소시키는 배출시설이 있다. 연돌의 단면적이 3m²일 때 배출가스의 유속(m/sec)은?(단, 이 중유의 표준상태에서의 원소 조성 및 배출가스의 분석치는 아래 표와 같고, 배출가스의 온도는 270℃이다.)

[중유의 조성]
탄소 : 86.0%, 수소 : 13.0%, 황분 : 1.0%

[배출가스의 분석결과]
(CO₂)+(SO₂) : 13.0%, O₂ : 2.0%, CO : 0.1%

① 약 2.4m/s ② 약 3.2m/s
③ 약 3.6m/s ④ 약 4.4m/s

해설
$$G_w = G_{ow} + (m-1)A_o$$
$$m = \frac{N_2}{N_2 - 3.76(O_2 - 0.5CO)}$$
$$= \frac{84.9}{84.9 - 3.76[2 - (0.5 \times 0.1)]} = 1.095$$
$$G_{ow} = 0.79A_o + CO_2 + H_2O + SO_2$$
$$A_o = \frac{1}{0.21}[(1.867 \times 0.86) + (5.6 \times 0.13)$$
$$+ (0.7 \times 0.01)] = 11.146 Sm^3/kg$$
$$= (0.79 \times 11.146) + (1.867 \times 0.86)$$
$$+ (11.2 \times 0.13) + (0.7 \times 0.01)$$
$$= 11.874 Sm^3/kg$$
$$= 11.874 + [(1.095 - 1) \times 11.146] = 12.93 Sm^3/kg$$

정답 20 ② 21 ③ 22 ④ 23 ①

$$V(\text{m/sec}) = \frac{Q}{A}$$

$Q = G_w$ 이므로

$Q = 12.93 \text{Sm}^3/\text{kg} \times 1,000 \text{kg/hr} \times \text{hr}/3,600\text{sec} \times \frac{273+270}{273}$

$\quad = 7.14 \text{m}^3/\text{sec}$

$V = \frac{7.14 \text{m}^3/\text{sec}}{3\text{m}^2} = 2.38 \text{m/sec}$

24 1centi-poise(cp)는 몇 kg/m·sec인가?

① $\frac{1}{1,000}$ ② $\frac{1}{100}$

③ 100   ④ 1,000

해설 1centi-poise(cp)
= 1mg/mm·sec
= 1mg/mm·sec × 1,000mm/m × kg/10^6mg
= $\frac{1}{1,000}$ kg/m·sec

25 A(g) → 생성물 반응에서 그 반감기가 $0.693/k$인 반응은?(단, k는 속도상수이다.)

① 0차 반응   ② 1차 반응
③ 2차 반응   ④ n차 반응

해설 $\ln \frac{C_o}{C_i} = -k \cdot t$ (1차 반응식)

$\ln 0.5 = -k \times t$

$t = 0.693/k$

26 공기비가 클 경우 일어나는 현상에 관한 설명으로 옳지 않은 것은?

① SO_2, NO_2 함량이 증가하여 부식 촉진
② 가스폭발의 위험과 매연 증가
③ 배기가스에 의한 열손실 증대
④ 연소실 내 연소온도 감소

해설 공기비가 작을 경우 불완전연소로 인하여 가스폭발의 위험과 매연이 증가한다.

27 다음은 어떤 석유대체 연료에 관한 설명인가?

> 케로겐(kerogen)이라 불리는 유기질 물질이 스며들어 있는 혈암 같은 암반을 말하는 것으로, 이 물질은 원래 식물이 수백만 년 동안 석유로 토화되어 유기물질에 흡수된 것이다. 이것이 압력을 받아 성층화가 이루어져 이물질을 만들게 된다.

① 오일셰일(Oil Shale)   ② 타르샌드(Tar Sand)
③ 오일샌드(Oil Sand)   ④ 오리멀션(Orimulsion)

해설 오일셰일(Oil Shale)을 설명하고 있다.

28 등가비(ϕ)에 관한 설명으로 옳지 않은 것은?

① 공기비(m) = $1/\phi$로 나타낼 수 있다.
② $\phi = 1$은 완전연소상태라고 할 수 있다.
③ 등가비(ϕ) = $\frac{\text{실제 연료량/산화제}}{\text{완전연소를 위한 이상적 연료량/산화제}}$로 나타낼 수 있다.
④ $\phi > 1$은 과잉공기 상태로 질소산화물이 증가한다.

해설 $\phi > 1$은 연료가 과잉인 상태로 질소산화물은 감소한다.

29 매연 발생에 관한 다음 설명 중 가장 거리가 먼 것은?

① $-C-C-$의 결합을 절단하기보다는 탈수소가 쉬운 쪽이 매연 발생이 어렵다.
② 연료의 C/H의 비율이 작을수록 매연 발생이 어렵다.
③ 탈수소, 중합 및 고리화합물 등과 같이 반응이 일어나기 쉬운 탄화수소일수록 매연이 잘 생긴다.
④ 분해하기 쉽거나, 산화하기 쉬운 탄화수소는 매연 발생이 적다.

해설 $-C-C-$의 탄소결합을 절단하기보다는 탈수소가 쉬운 쪽의 매연이 생기기 쉽다.

30 다음 수식은 무엇을 산출하기 위한 식인가?

$$G = mA_o - 5.6H + 0.7S + 0.8N (\text{Sm}^3/\text{kg})$$

① 기체연료의 이론습연소가스양(Sm^3/kg)
② 고체 및 액체연료의 이론습연소가스양(Sm^3/kg)
③ 기체연료의 실제습연소가스양(Sm^3/Sm^3)
④ 고체 및 액체연료의 실제건연소가스양(Sm^3/kg)

정답 24 ① 25 ② 26 ② 27 ① 28 ④ 29 ① 30 ④

해설 고체 및 액체연료의 실제건연소가스양(G_d)

① G_d는 배기가스 중 수증기(수분)가 포함되지 않은 상태의 조건이다. 즉 실제습연소가스양(G_w)에서 수분을 제외하면 된다.
② G_d는 이론건연소가스양(G_{od})과 과잉공기량(④)을 합한 것이다.

$$G_d = G_{od} + ④$$
$$= G_{od} + (m-1)A_o$$
$$= [A_o - 5.6H + 0.7O + 0.8N] + (m-1)A_o$$
$$= mA_o - 5.6H + 0.7O + 0.8N\,(\text{Sm}^3/\text{kg})$$
$$= (m-0.21)A_o + 1.867C + 0.7S + 0.8N$$

31 다음 연료의 조성성분에 따른 연소 특성으로 가장 거리가 먼 것은?

① 휘발분 : 매연 발생을 방지한다.
② 수분 : 열손실을 초래하고 착화를 불량하게 한다.
③ 고정탄소 : 발열량이 높고 연소성을 좋게 한다.
④ 회분 : 발열량이 낮고 연소성이 양호하지 않다.

해설 휘발분의 함량이 높을수록 매연 발생량이 증가한다.

32 탄소 85%, 수소 15%의 경유 1kg을 공기비 1.2로 연소하는 경우 탄소의 2%가 검댕으로 된다고 하면 실제건연소가스 1Sm^3 중의 검댕의 농도(g/Sm^3)는?

① 약 1.3
② 약 1.1
③ 약 0.8
④ 약 0.6

해설 검댕농도(g/Sm^3)

$$= \frac{\text{검댕발생량}(\text{g/kg})}{G_d(\text{Sm}^3/\text{kg})}$$

검댕발생량 $= 0.85 \times 0.02 \times 10^3\,\text{g/kg} = 17\,\text{g/kg}$

$G_d = G_{od} + (m-1)A_o$

$G_{od} = 0.79A_o + CO_2$양

$A_o = \frac{1}{0.21}[(1.867 \times 0.85) + (5.6 \times 0.15)]$
$= 11.557\,\text{Sm}^3/\text{kg}$
$= (0.79 \times 11.557) + (1.867 \times 0.85)$
$= 10.717\,\text{Sm}^3/\text{kg}$
$= 10.717 + [(1.2 - 1.0) \times 11.557]$
$= 13.028\,\text{Sm}^3/\text{kg}$

$$= \frac{17\,\text{g/kg}}{13.028\,\text{Sm}^3/\text{kg}} = 1.3\,\text{g/Sm}^3$$

33 화학반응속도 및 반응속도상수에 관한 설명으로 옳지 않은 것은?

① 1차 반응에서 반응속도상수의 단위는 S^{-1}이다.
② 반응물의 농도를 무제한 증가할지라도 반응속도에는 영향을 미치지 않는 반응을 0차 반응이라 한다.
③ 화학반응속도론에서 반응속도상수 결정에 활성화에너지가 가장 주요한 영향인자로 작용하며, 넓은 온도 범위에 걸쳐 유효하게 적용된다.
④ 반응속도상수는 온도에 영향을 받는다.

해설 반응속도상수 결정에 온도가 가장 주요한 영향인자로 작용한다.

34 아래의 조성을 가진 혼합기체의 하한연소범위(%)는?

성분	조성(%)	하한연소범위(%)
메탄	80	5.0
에탄	15	3.0
프로판	4	2.1
부탄	1	1.5

① 3.46
② 4.24
③ 4.55
④ 5.05

해설
$$\frac{100}{LEL} = \frac{V_1}{X_1} + \frac{V_2}{X_2} + \frac{V_3}{X_3} + \frac{V_4}{X_4}$$
$$= \frac{80}{5.0} + \frac{15}{3.0} + \frac{4}{2.1} + \frac{1}{1.5}$$
$$= 23.571$$
$LEL = 4.24\%$

35 3.0%의 황을 함유하는 중유를 매 시 2,000kg 연소할 때 생기는 황산화물(SO_2)의 이론량(Sm^3/hr)은?

① 42
② 66
③ 84
④ 105

해설 $S + O_2 \rightarrow SO_2$

32kg : $22.4\,\text{Sm}^3$

$2{,}000\,\text{kg/hr} \times 0.03$: $SO_2\,(\text{Sm}^3/\text{hr})$

$$SO_2\,(\text{Sm}^3/\text{hr}) = \frac{2{,}000\,\text{kg/hr} \times 0.03 \times 22.4\,\text{Sm}^3}{32\,\text{kg}}$$
$$= 42\,\text{Sm}^3/\text{hr}$$

36 다음 연소의 종류 중 휘발유, 알콜, 벤젠 등 액체연료의 연소방식에 해당하는 것은?

① 자기연소 ② 확산연소
③ 증발연소 ④ 표면연소

해설 증발연소
㉠ 정의
화염으로부터 열을 받으면 가연성 증기가 발생하는 연소, 즉 액체연료가 액면에서 증발하여 가연성 증기로 되어 산소와 반응한 후 착화되어 화염이 발생하고 증발이 촉진되면서 연소, 즉 물질이 직접 기화하면서 연소가 이루어지는 것을 의미한다.
㉡ 특징
 • 연료의 증발속도가 연소속도보다 빠르면 불완전 연소가 된다.
 • 증발온도가 열분해온도보다 낮은 경우 증발연소된다.
㉢ 적용연료
 • 휘발유, 등유, 경유, 알코올(중유는 제외)
 • 나프탈렌, 벤젠
 • 양초

37 중유에 관한 설명으로 옳지 않은 것은?

① 점도가 낮을수록 유동점이 낮아진다.
② 비중이 클수록 유동점과 점도는 감소하고 잔류탄소 등이 증가한다.
③ 비중이 클수록 발열량이 적어지고 연소성이 나빠진다.
④ 중유는 일반적으로 점도를 중심으로 3종으로 분류된다.

해설 비중이 클수록 유동점, 점도, 잔류 탄소 등이 증가한다. 또한, 비중이 클수록 발열량이 낮아지고, 연소성은 나빠진다.

38 연소가스 분석결과 CO_2 11%, O_2 7%일 때 $(CO_2)_{max}$(%)는?

① 11.5% ② 16.5%
③ 22.5% ④ 33.5%

해설 $(CO_2)_{max}(\%) = \dfrac{21(CO_2)}{21-O_2} = \dfrac{21 \times 11}{21-7} = 16.5(\%)$

39 다음 설명에 해당하는 기체연료는?

> 고온으로 가열된 무연탄이나 코크스 등에 수증기를 반응시켜 얻은 기체연료
> $C + H_2O \rightarrow CO + H_2 + Q$
> $C + 2H_2O \rightarrow CO_2 + 2H_2 + Q$

① 수성가스 ② 고로가스
③ 오일가스 ④ 발생로가스

해설 수성가스는 수소와 일산화탄소의 혼합가스로 석탄이나 코크스에 고온으로 가열한 수증기를 통과시켜 얻는다.

40 C, H, S의 중량(%)이 각각 85%, 10%, 5%인 중유를 공기과잉계수 1.3으로 연소시킬 때 건조배기가스 중의 이산화황의 부피분율(%)은?(단, 황성분은 전량 이산화황으로 전환된다고 가정한다.)

① 약 0.18% ② 약 0.27%
③ 약 0.34% ④ 약 0.45%

해설 $SO_2(\%) = \dfrac{SO_2}{G_d} \times 100 = \dfrac{0.7 \times S}{G_d} \times 100$

$G_d = 0.79A_o + CO_2 + SO_2 + (m-1)A_o$

$A_o = \dfrac{1}{0.21}[(1.867 \times 0.85) + (5.6 \times 0.1) + (0.7 \times 0.05)] = 10.39 Sm^3/Sm^3$

$= (0.79 \times 10.39) + (1.867 \times 0.85) + (0.7 \times 0.05) + [(1.3-1) \times 10.39]$
$= 12.95 Sm^3/Sm^3$

$= \dfrac{0.7 \times 0.05}{12.95} \times 100 = 0.27\%$

제3과목 대기오염방지기술

41 전기집진장치에서 먼지의 비저항 조절에 관한 설명으로 옳지 않은 것은?

① 석탄 중의 황 함유량이 높을수록 비저항은 증가한다.
② 처리가스의 온도를 조절하면 비저항 조절이 가능하다.
③ 비저항이 낮은 경우 암모니아 가스를 주입하면 비저항을 높일 수 있다.
④ 비저항이 높은 경우 처리가스의 습도를 높이면 비저항을 낮출 수 있다.

해설 연료 중의 황 함유량이 높을수록 비저항은 감소한다.

42 전기집진장치 운전 시 역전리 현상의 원인으로 가장 거리가 먼 것은?

① 미분탄 연소 시
② 입구의 유속이 클 때
③ 배가스의 점성이 클 때
④ 먼지 비저항이 너무 클 때

해설 전기집진장치의 장애현상 중 역전리 현상(back corona)의 원인에는 전기저항이 큰 가스, 점성이 클 때, 카본블랙, 미분탄 연소 시 미립자일 때이며, 재비산 현상의 원인으로는 입구유속이 클 때와 전기저항이 낮을 때이다.

43 집진장치의 압력손실 200mmH₂O, 처리가스양 3,600 m³/min, 송풍기 효율 70%, 송풍기 축동력에 여유율 20%를 고려한다면 이 장치의 소요동력은?

① 약 202kW
② 약 240kW
③ 약 286kW
④ 약 343kW

해설 소요동력(kW) $= \dfrac{Q \times \Delta P}{6{,}120 \times \eta} \times \alpha$

$= \dfrac{3{,}600\text{m}^3/\text{min} \times 200\text{mmH}_2\text{O}}{6{,}120 \times 0.7} \times 1.2$

$= 201.68\text{kW}$

44 평판형 집진기(3.0×2.3m)가 평행으로 극판 간 거리 0.3m로 6개가 설치되었으며, 내부는 양면 집진판이며, 양끝 집진판은 하나의 집진면을 가질 때 집진장치를 가동하여 얻을 수 있는 집진효율은?(단, 유입 배기가스 총 유량은 100m³/min이며 각 집진판으로 균일하게 분배되어 처리되며, 10g/m³의 먼지를 분진 입자의 겉보기 이동속도 0.1m/sec로 고정하여 집진장치를 가동한다.)

① 99.5%
② 98.4%
③ 97.0%
④ 95.5%

해설 $\eta = 1 - \exp\left(-\dfrac{A \times W_e}{Q}\right)$

집진판 개수 = 내부양면(4×2) + 외부(2) = 10개

$= 1 - \exp\left(-\dfrac{3\text{m} \times 2.3\text{m} \times 10 \times 0.1\text{m/sec}}{100\text{m}^3/\text{min} \times \text{min}/60\text{sec}}\right)$

$= 0.984 \times 100\% = 98.4\%$

45 물을 가압(加壓) 공급하여 함진가스를 세정하는 형식의 가압수식 스크러버가 아닌 것은?

① Venturi Scrubber
② Impulse Scrubber
③ Spray Tower
④ Jet Scrubber

해설 Impulse Scrubber
송풍기의 팬의 회전을 이용하여 수적, 수막, 기포로 함진 배기 내의 분진을 제거하는 회전식 방법이다.

46 유해가스 처리장치 중 충전탑(Packed Tower)에 관한 설명으로 옳지 않은 것은?

① 충전탑은 충전물을 채운 탑 내에서 액을 위에서 밑으로 흐르게 하고 가스는 아래에서 분사시켜 접촉시키는 기체분산형 흡수장치이다.
② 충전제를 불규칙적으로 충전하는 방법은 접촉면적이 크나 압력손실은 크다.
③ 범람점에서의 가스속도는 충전제를 불규칙하게 쌓았을 때보다 규칙적으로 쌓았을 때가 더 크다.
④ 일반적으로 충전탑의 직경(D)과 충전제 직경(d)의 비 D/d가 8~10일 때 편류현상이 최소가 된다.

해설 충전탑
충전물을 채운 탑 내에서 액을 위에서 밑으로 흐르게 하고 가스는 아래에서 분사시켜 접촉시키는 액체분산형 흡수장치이다.

정답 41 ① 42 ② 43 ① 44 ② 45 ② 46 ①

47 다음 여과재(Filter Bag) 재질 중 내산성 및 내알칼리성이 모두 양호한 것은?

① 비닐론　　② 사란
③ 테트론　　④ 나일론(에스테르계)

해설 내산성 및 내알칼리성 여과포
데빌론, 비닐론, 카네카론

48 처리가스 유량이 5,000m³/hr인 가스를 충전탑을 이용하여 처리하고자 한다. 충전탑 내 가스의 속도를 0.34m/sec로 할 경우 흡수탑의 직경은?

① 약 1.9m　　② 약 2.3m
③ 약 2.8m　　④ 약 3.5m

해설 $A = \dfrac{Q}{V} = \dfrac{5{,}000\text{m}^3/\text{hr} \times \text{hr}/3{,}600\text{sec}}{0.34\text{m}/\text{sec}} = 4.085\text{m}^2$

$A = \dfrac{3.14 \times D^2}{4}$

$D = \sqrt{\dfrac{A \times 4}{3.14}} = \sqrt{\dfrac{4.085\text{m}^2 \times 4}{3.14}} = 2.28\text{m}$

49 고체 벽으로 입자를 흐르게 하여 입자를 응집시켜 포집하는 집진장치들은 유사한 설계식을 사용하여 입자를 포집한다. 이것과 가장 관계가 먼 것은?

① 전기집진장치　　② 중력침강실
③ 사이클론　　　　④ 백필터

해설 백필터는 함진가스를 여과재에 통과시켜 입자를 분리 포집하는 장치이다.

50 500ppm의 NO를 함유하는 배기가스 45,000Sm³/hr를 암모니아 선택적 접촉환원법으로 배연탈질할 때 요구되는 암모니아의 양(Sm³/hr)은?(단, 산소가 공존하는 상태이며, 표준상태 기준)

① 15.0　　② 22.5　　③ 30.0　　④ 34.5

해설 $4\text{NO} + 4\text{NH}_3 + \text{O}_2 \rightarrow 4\text{N}_2 + 6\text{H}_2\text{O}$

$4 \times 22.4\text{Sm}^3 : 4 \times 22.4\text{Sm}^3$

$45{,}000\text{Sm}^3/\text{hr} \times 500\text{mL}/\text{m}^3 \times \text{m}^3/10^6\text{mL} : \text{NH}_3(\text{Sm}^3/\text{hr})$

$\text{NH}_3(\text{Sm}^3/\text{hr}) = \dfrac{45{,}000\text{Sm}^3/\text{hr} \times 500\text{mL}/\text{m}^3 \times \text{m}^3/10^6\text{mL} \times (4 \times 22.4)\text{Sm}^3}{4 \times 22.4\text{Sm}^3}$

$= 22.5\text{Sm}^3/\text{hr}$

51 사이클론 유입구의 높이(길이)가 50cm, 원통부의 길이가 200cm, 원추부의 길이가 200cm일 때 유효회전수(N_e)는 얼마인가?

① 2　　② 4　　③ 6　　④ 8

해설 $N_e = \dfrac{1}{\text{유입구 높이}} \times \left(\text{원통부 높이} + \dfrac{\text{원추부 높이}}{2}\right)$

$= \dfrac{1}{50} \times \left(200 + \dfrac{200}{2}\right) = 6$

52 여과집진장치의 탈진방식에 관한 설명으로 옳지 않은 것은?

① 간헐식의 여포 수명은 연속식에 비해서는 긴 편이고, 점성이 있는 조대먼지를 탈진할 경우 여포손상의 가능성이 있다.
② 간헐식은 먼지의 재비산이 적고 높은 집진율을 얻을 수 있다.
③ 연속식은 포집과 탈진이 동시에 이루어져 압력손실의 변동이 크므로 저농도, 저용량의 가스처리에 효율적이다.
④ 연속식은 탈진 시 먼지의 재비산이 일어나 간헐식에 비해 집진율이 낮고 여과자루의 수명이 짧은 편이다.

해설 연속식은 포집과 탈진이 동시에 이루어지므로 압력손실이 거의 일정하고 고농도, 대용량의 가스를 처리할 수 있다.

53 전기집진장치의 장애현상 중 '2차 전류가 많이 흐를 때'의 원인으로 가장 거리가 먼 것은?

① 먼지의 농도가 너무 낮을 때
② 먼지의 비저항이 비정상적으로 높을 때
③ 이온이동도가 큰 가스를 처리할 때
④ 공기부하시험을 행할 때

해설 먼지의 비저항이 비정상적으로 높으면 2차 전류가 현저하게 떨어진다.

54 가솔린 자동차의 후처리에 의한 배출가스 저감방안의 하나인 삼원 촉매장치의 설명으로 가장 거리가 먼 것은?

① CO와 HC의 산화촉매로는 주로 백금(Pt)이 사용된다.
② 로듐(Rh)은 NO의 산화반응을 촉진시킨다.

정답 47 ①　48 ②　49 ④　50 ②　51 ③　52 ③　53 ②　54 ②

③ CO와 HC는 CO_2와 H_2O로 산화되면 NO는 N_2로 환원된다.
④ CO, HC, NOx 3성분의 동시 저감을 위해 엔진에 공급되는 공기연료비는 이론공연비 정도로 공급되어야 한다.

해설 로듐은 환원촉매이고, NO의 환원반응을 촉진시킨다.

55 송풍기를 운전할 때 필요유량에 과부족을 일으켰을 때 송풍기의 유량조절방법에 해당하지 않는 것은?
① 회전수 조절법 ② 안내익 조절법
③ Damper 부착법 ④ 체거름 조절법

해설 **송풍기의 유량조절방법**
㉠ 유량이 과다할 때
 • Damper 부착법 : 가장 간단한 방법으로 Damper를 달으면 저항이 증가하여 풍량이 감소한다.
 • 회전수 조절법 : 회전수를 낮추면 풍량과 압력이 감소한다.
 • 안내익 조절법 : 임펠러의 직경을 작게 하면 풍량이 감소한다.
㉡ 유량이 부족할 때
 • 시스템 점검 : 저항을 줄일 수 있는지 점검하여 조치한다.
 • 회전수 증가 : 회전수를 증가시키면 풍량과 압력이 증가한다.
 • 안내익 조절법 : 임펠러의 직경을 크게 하면 풍량이 증가한다.

56 헨리의 법칙을 따르는 유해가스가 물속에 $2.0kmol/m^3$ 만큼 용해되어 있을 때, 분압이 $258.4mmH_2O$이었다면, 이 유해가스의 분압이 $38mmHg$로 될 때 물속의 유해가스 농도는?(단, 기타 조건은 변화 없음)
① $10.0kmol/m^3$ ② $8.0kmol/m^3$
③ $6.0kmol/m^3$ ④ $4.0kmol/m^3$

해설 헨리법칙 $P=H\times C$에서
$2.0kmol/m^3 : 258.4mmH_2O \times \dfrac{760mmHg}{10,332mmH_2O}$
$= C(kmol/m^3) : 38mmHg$
$C = 4.0kmol/m^3$

57 벤츄리 스크러버 작용 시 액가스비를 크게 하는 요인으로 옳지 않은 것은?
① 먼지의 친수성이 클 때
② 먼지의 입경이 작을 때
③ 처리가스의 온도가 높을 때
④ 먼지의 농도가 높을 때

해설 먼지의 친수성이 작을 때 액가스비를 크게 한다.

58 장방형 굴뚝에서 가로 길이가 a, 세로 길이가 b일 경우 상당직경의 표현식으로 옳은 것은?
① $\dfrac{2ab}{a+b}$ ② $\dfrac{a+b}{2ab}$ ③ $\sqrt{a\times b}$ ④ $\dfrac{a+b}{2}$

해설 **상당직경(등가직경)**
사각형(장방형)관과 동일한 유체역학적인 특성을 갖는 원형관의 직경을 의미한다.
상당직경$(d_e) = \dfrac{2ab}{a+b}$
여기서, a, b : 각 변의 길이
$\dfrac{2ab}{a+b} = $ 수력반경$\times 4$
$= \dfrac{유로단면적}{접수길이}\times 4 = \dfrac{ab}{2(a+b)}\times 4$

59 악취처리방법에 관한 설명으로 옳지 않은 것은?
① 촉매연소법은 약 300~400℃의 온도에서 산화분해시킨다.
② 직접연소법은 0.5초 정도가 일반적이다.
③ 황화수소는 촉매연소로 처리가 불가능하다.
④ 촉매에 바람직하지 않은 원소는 납, 비소, 수은 등이다.

해설 황화수소는 촉매연소로 처리가 가능하다.

60 실내에서 발생하는 CO_2의 양이 시간당 $0.3m^3$일 때 필요한 환기량은?(단, CO_2의 허용농도와 외기의 CO_2 농도는 각각 0.1%와 0.03%이다.)
① 약 $430m^3/hr$ ② 약 $320m^3/hr$
③ 약 $210m^3/hr$ ④ 약 $145m^3/hr$

해설 환기량$(m^3/hr) = \left(\dfrac{K}{P_a - P_o}\right)$
$= \dfrac{0.3(m^3/hr)}{0.001 - 0.0003(m^3/m^3)} = 428.57(m^3/hr)$
여기서, K : 오염물질 발생량(m^3/hr)
P_a : 허용 실내농도(m^3/m^3)
P_o : 신선한 공기(외기) 중의 농도(m^3/m^3)
※ 신선한 공기 중의 탄산가스(CO_2) 농도
$= 0.0003m^3/m^3(0.03\%) = 300ppm$

정답 55 ④ 56 ④ 57 ① 58 ① 59 ③ 60 ①

제4과목　대기오염공정시험기준(방법)

61 굴뚝 배출가스상 물질 시료채취를 위한 채취부에 관한 설명으로 옳지 않은 것은?

① 수은 마노미터는 대기와 압력차가 100mmHg 이상인 것을 쓴다.
② 유리로 만든 가스건조탑을 쓰며, 건조제로서 입자상태의 실리카겔, 염화칼슘 등을 쓴다.
③ 가스미터는 일회전 1L의 습식 또는 건식 가스미터로 온도계와 압력계가 붙어 있는 것을 쓴다.
④ 펌프는 배기능력 5~50L/분인 개방형인 것을 쓴다.

해설 펌프는 배기능력 0.5~5L/min인 밀폐형 펌프를 사용한다.

62 다음 그림은 원자흡광광도법에 의한 시료 중의 분석원소 농도를 구하는 방법이다. 어떤 정량법인가?

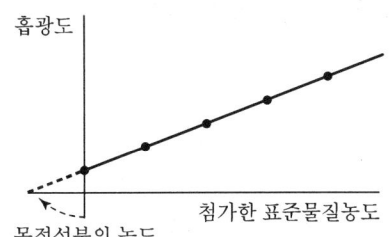

① 검량선법
② 절대검량선법
③ 표준첨가법
④ 내부표준법

해설 원자흡광광도법의 정량방법 중 표준첨가법에 대한 그림이다.

63 다음은 이온크로마토그래피의 원리 및 적용범위에 관한 설명이다. ( ) 안에 가장 적합한 것은?

> 이온크로마토그래피법은 이동상으로는 (㉠)를(을) 그리고 고정상으로는 (㉡)를(을) 사용하여 이동상에 녹는 혼합물을 고분리능 고정상이 충전된 분리관 내로 통과시켜 시료성분의 용출상태를 전도도 검출기로 검출하여 그 농도를 정량하는 방법이다.

① ㉠ 액체　㉡ 전해질
② ㉠ 전해질　㉡ 액체
③ ㉠ 액체　㉡ 이온교환수지
④ ㉠ 이온교환수지　㉡ 액체

해설 이온크로마토그래피의 원리 및 적용범위

이동상으로는 액체를, 그리고 고정상으로는 이온교환수지를 사용하여 이동상에 녹는 혼합물을 고분리능 고정상이 충전된 분리관내로 통과시켜 시료성분의 용출상태를 전도도 검출기 또는 광학 검출기로 검출하여 그 농도를 정량하는 방법이다. 일반적으로 강수물(비, 눈, 우박 등), 대기먼지, 하천수중의 이온성분을 정성, 정량 분석하는 데 이용한다.

64 다음은 기체크로마토그래피법에 사용되는 충전물질에 관한 설명이다. ( ) 안에 가장 적합한 것은?

> ( )은 디비닐벤젠(Divinyl Benzene)을 가교제(Bridge Intermediate)로 스티렌계 단량체(Styrene系 單量體)를 중합시킨 것과 같이 고분자 물질을 단독 또는 고정상 액체로 표면처리하여 사용한다.

① 흡착형 충전물질
② 분배형 충전물질
③ 다공성 고분자형 충전물질
④ 이온교환막형 충전물질

해설 다공성 고분자형 충전물
이 물질은 디비닐 벤젠(Divinyl Benzene)을 가교제(Bridge Intermediate)로 스티렌계 단량체(Styrene系 單量體)를 중합시킨 것과 같이 고분자 물질을 단독 또는 고정상 액체로 표면처리하여 사용한다.

65 대기오염공정시험기준에 의거하여 환경대기 중 휘발성 유기화합물(유해 VOCs 고체흡착법)을 분석할 때, 휘발성 유기화합물질의 추출용매로 가장 적합한 것은?

① Ethyl alcohol
② PCB
③ CS_2
④ n-Hexane

해설 고체흡착 용매추출법
정량의 흡착제로 충전된 흡착관을 사용하여 분석대상의 휘발성 유기화합물질을 선택적으로 채취하고 채취된 시료를 이황화수소(CS_2) 추출용매를 가하여 분석대상물질을 추출한다.

66 굴뚝 배출가스 중 염소를 오르토톨리딘법으로 분석한 결과가 다음과 같을 때 염소농도(ppm)는?(단, 건조시료 가스양은 100mL이고, 표준액의 흡광도는 0.4, 시료용액의 흡광도 0.45이다.)

① 9.46
② 10.33
③ 11.25
④ 12.46

정답　61 ④　62 ③　63 ③　64 ③　65 ③　66 ③

해설
$$C = \frac{0.05 \times \frac{A}{A_s} \times 20}{V_s} \times 1{,}000$$
$$= \frac{0.05 \times \frac{0.45}{0.4} \times 20}{100} \times 1{,}000$$
$$= 11.25\,\text{ppm}$$

67 '물질을 취급 또는 보관하는 동안에 이물(異物)이 들어가거나 내용물이 손실되지 않도록 보호하는 용기'로 정의되는 것은?

① 차광용기(遮光容器)   ② 밀폐용기(密閉容器)
③ 기밀용기(機密容器)   ④ 밀봉용기(密封容器)

해설 **용기구분**

구분	정의
밀폐용기	취급 또는 저장하는 동안에 이물질이 들어가거나 또는 내용물이 손실되지 아니하도록 보호하는 용기
기밀용기	취급 또는 저장하는 동안에 밖으로부터의 공기 또는 다른 가스가 침입하지 아니하도록 내용물을 보호하는 용기
밀봉용기	취급 또는 저장하는 동안에 기체 또는 미생물이 침입하지 아니하도록 내용물을 보호하는 용기
차광용기	광선이 투과하지 않는 용기 또는 투과하지 않게 포장한 용기이며 취급 또는 저장하는 동안에 내용물이 광화학적 변화를 일으키지 아니하도록 방지할 수 있는 용기

68 환경대기의 아황산가스 농도측정법 중 파라로자닐린법에 관한 설명으로 옳지 않은 것은?

① 주요 방해물질로는 질소산화물(NOx), 오존(O_3), 망간(Mn), 철(Fe) 및 크롬(Cr)이다.
② 암모니아, 황화물(Sulfides) 및 알데하이드는 방해되지 않는다.
③ NOx의 방해는 EDTA을 사용함으로써 제거할 수 있고 오존의 방해는 측정시간을 단축시킴으로써 제거된다.
④ 시료 포집 후의 흡수액은 비교적 안정하고 22℃에 있어서 아황산가스 손실은 1일당 1%로 5℃로 보관하면 30일간은 손실되지 않는다.

해설 NOx의 방해는 술파민산(NH_2SO_3H)을 사용함으로써 제거할 수 있고 오존의 방해는 측정기간을 늦춤으로써 제거된다.

69 특정발생원에서 일정한 굴뚝을 거치지 않고 외부로 비산되는 먼지를 하이볼륨에어샘플러로 측정한 결과 다음과 같은 자료를 얻었다. 이 비산먼지의 농도는 몇 mg/m^3인가?

- 포집먼지량이 가장 많은 위치에서의 먼지농도 : $65\,mg/m^3$
- 대조위치에서의 먼지농도 : $0.23\,mg/m^3$
- 풍향보정계수 : 1.5
- 풍속보정계수 : 1.2

① 117   ② 102   ③ 94   ④ 87

해설 비산먼지농도(mg/m^3) $= (C_H - C_B) \times W_D \times W_S$
$= (65 - 0.23)\,mg/m^3 \times 1.5 \times 1.2$
$= 116.59\,mg/m^3$

70 대기오염공정시험기준에 의거 환경대기 중 각 항목별 분석방법으로 옳지 않은 것은?

① 질소산화물 – 살츠만법
② 옥시던트 – 광산란법
③ 탄화수소 – 비메탄 탄화수소 측정법
④ 아황산가스 – 파라로자닐린법

해설 **환경대기 중 옥시던트 측정방법**
㉠ 자동연속 측정방법
- 자외선 광도법(Ultra Violate Photometric Method)(주시험방법)
- 화학발광법(Chemiluminescent Method)
- 중성요오드화 포타슘법(Neutral Buffered KI Method)
- 흡광차분광법(DOAS ; Differential Optical Absorption Spectroscopy)

㉡ 수동
- 중성요오드화 포타슘법(Neutral Buffered Potassium Iodide Method)
- 알칼리성 요오드화 포타슘법(Aikalized Potassium Iodide Method)

71 굴뚝 배출가스 중 아황산가스의 자동 연속 측정방법에서 사용하는 용어의 의미로 옳은 것은?

① 스팬가스 : 90% 교정가스
② 제로가스 : 공인기관에 의해 아황산가스의 농도가 10ppm 미만으로 보증된 표준가스

정답 67 ②   68 ③   69 ①   70 ②   71 ①

③ 응답시간 : 스팬가스 보정치의 90%에 해당하는 지시치를 나타낼 때까지 걸리는 시간
④ 교정가스 : 연속자동측정기 최대 눈금치의 약 10%와 90%에 해당하는 보증된 표준가스

[해설] ② 제로가스 : 공인기관에 의해 아황산가스 농도가 1ppm 미만으로 보증된 표준가스를 말한다.
③ 응답시간 : 시료채취부를 통하지 않고 제로가스를 연속자동측정기의 분석부에 흘려주다가 갑자기 스팬가스로 바꿔서 흘려준 후, 기록계에 표시된 지시치가 스팬가스 보정치의 95%에 해당하는 지시치를 나타낼 때까지 걸리는 시간을 말한다.
④ 교정가스 : 공인기관의 보정치가 제시되어 있는 표준가스로 연속자동측정기 최대눈금치의 약 50%와 90%에 해당하는 농도를 갖는다.(90% 교정가스를 스팬가스라고 한다.)

72 배출가스 중 금속화합물을 유도결합플라스마 원자발광분광법으로 분석할 때 사용되는 용어의 설명으로 옳지 않은 것은?

① 감도는 각 원소 성분에 대해 입사광의 1%(0.0044 흡광도)를 흡수할 수 있는 시료의 농도를 말한다.
② 표준용액은 가능한 한 시료의 매질과 동일한 조성을 갖도록 조제해야 하며, 표준물질의 함량은 1% 이내의 함량 정밀도를 가져야 한다.
③ 표준원액은 정확한 농도를 알고 있는 비교적 고농도의 용액으로, 일반적으로 1,000mg/kg 농도에서 1% 이내의 불확도를 나타내야 한다.
④ 시료 용액의 점도, 표면장력, 휘발성 등과 같은 물리적 특성이나 화학적 조성의 차이에 의해 원자화율이 달라지면서 정량성이 저하되는 효과를 매질효과라 한다.

[해설] 표준원액은 정확한 농도를 알고 있는 비교적 고농도의 용액으로, 일반적으로 1,000mg/kg 농도에서 0.3% 이내의 불확도를 나타내야 한다.

73 굴뚝 배출가스 중의 시안화수소를 피리딘-피라졸론법에 의해 정량 시 흡광도 측정 파장으로 가장 적합한 것은?

① 217nm   ② 358nm
③ 620nm   ④ 710nm

[해설] 피리딘-피라졸론법은 약 25℃로 50분간 방치하여 발색시키고 이 액을 각각 10mm에 옮겨 놓고 파장 620nm 부근에서 흡광도를 측정한다.

74 환경대기 중 다환방향족탄화수소류(PAHs)-기체크로마토그래피 질량분석법에서 사용되는 (   ) 안에 알맞은 용어는?

> (   )은 추출과 분석 전에 각 시료, 공 시료, 매체시료(Matrix-Spiked)에 더해지는 화학적으로 반응성이 없는 환경 시료 중에 없는 물질을 말한다.

① 절대표준물질(Absolutely Standard)
② 외부표준물질(External Standard)
③ 매체표준물질(Matrix Standard)
④ 대체표준물질(Surrogate)

[해설] 대체표준물질에 대한 내용이다.

75 대기오염공정시험기준상 자외선/가시선분광법에서 사용되는 흡수셀의 재질에 따른 사용 파장범위로 가장 적합한 것은?

① 유리제는 근적외부 파장범위
② 석영제는 가시부 및 근적외부 파장범위
③ 플라스틱제는 자외부 파장범위
④ 플라스틱제는 가시부 파장범위

[해설] 흡수셀의 재질
㉠ 유리제 : 가시부, 근적외부
㉡ 석영제 : 자외부
㉢ 플라스틱제 : 근적외부

76 굴뚝 배출가스 내의 이황화탄소 분석방법 중 자외선/가시선분광법의 측정파장으로 옳은 것은?

① 435nm   ② 560nm
③ 620nm   ④ 670nm

[해설] 이황화탄소의 자외선/가시선분광법
다이에틸아민구리 용액에서 시료가스를 흡수시켜 생성된 다이에틸 다이싸이오카밤산구리의 흡광도를 435nm의 파장에서 측정하여 이황화탄소를 정량한다.

77 흡광차분광법(Differential Optical Absorption Spectroscopy)에 관한 설명으로 옳지 않은 것은?

① 광원은 180~2,850nm 파장을 갖는 제논램프를 사용한다.
② 주로 사용되는 검출기는 자외선 및 가시선 흡수 검출기이다.
③ 분광계는 Czerny – Turner 방식이나 Holo – graphic 방식을 채택한다.
④ 아황산가스, 질소산화물, 오존 등의 대기오염물질 분석에 적용한다.

[해설] 주로 사용되는 검출기는 광전자증배관이나 PDA이다.

78 배출허용기준 중 표준산소농도를 적용받는 항목의 오염물질 농도 보정식으로 옳은 것은?(단, C : 오염물질 농도(mg/Sm³ 또는 ppm), C_a : 실측오염물질 농도(mg/Sm³ 또는 ppm), O_a : 실측산소농도(%), O_s : 표준산소농도(%))

① $C = C_a \times \dfrac{21 - O_s}{21 - O_a}$ ② $C = C_a \times \dfrac{21 - O_s}{21 + O_a}$

③ $C = C_a \div \dfrac{21 - O_s}{21 - O_a}$ ④ $C = C_a \div \dfrac{21 - O_s}{21 + O_a}$

[해설] 배출허용기준 중 표준산소농도를 적용받는 항목에 대하여는 다음 식을 적용하여 오염물질의 농도 및 배출가스양을 보정한다.
$C = C_a \times \dfrac{21 - O_s}{21 - O_a}$

79 굴뚝 배출가스 중 브롬화합물 분석에 사용되는 흡수액으로 옳은 것은?

① 황산+과산화수소+증류수
② 붕산 용액(0.5W/V%)
③ 수산화소듐 용액(0.4W/V%)
④ 다이에틸아민구리 용액

[해설] 배출가스 중 브롬화합물을 수산화소듐 용액에 흡수시킨 후 일부를 분취해서 산성으로 하여 과망간산포타슘 용액을 사용하여 브롬으로 산화시켜 4염화탄소(CCl_4)로 추출한다.

80 질산은 적정법으로 배출가스 중의 시안화수소를 분석할 때 필요시약으로 거리가 먼 것은?

① 수산화소듐 흡수액
② N/100 질산은 용액
③ p-디메틸 아미노 벤질리덴로다닌
④ 하이포아염소산소듐 용액

[해설] **시안화수소를 질산은 적정법으로 분석 시 사용되는 시약**
㉠ 흡수액 : 수산화소듐 20g을 물에 녹여서 1L로 한다.
㉡ p-디메틸 아미노 벤질리덴로다닌의 아세톤 용액 : p-디메틸 아미노 벤질리덴로다닌(p-Dimethyl Amino Benzylidene Rhodanine) 0.02g을 아세톤 100mL에 녹인다.
㉢ 초산(10V/V%)
㉣ 수산화소듐 용액(2W/V%)
㉤ N/100 질산은 용액 : N/10 질산은 용액을 10배로 희석하여 쓴다.

제5과목 | 대기환경관계법규

81 대기환경보전법령상 초과부과금 산정 시 다음 중 1킬로그램당 부과금액이 가장 큰 것은?

① 염소
② 황화수소
③ 불소화합물
④ 시안화수소

[해설] 오염물질 1킬로그램당 부과금액은 다음과 같다.

오염물질		오염물질 1킬로그램당 부과금액
황산화물		500
먼지		770
질소산화물		2,130
암모니아		1,400
황화수소		6,000
이황화탄소		1,600
특정유해물질	불소화합물	2,300
	염화수소	7,400
	시안화수소	7,300

82 대기환경보전법규상 한국환경공단이 환경부장관에게 보고해야 할 위탁업무 보고사항 중 "자동차시험 검사 현황"의 보고횟수 기준은?

① 수시 ② 연 1회 ③ 연 2회 ④ 연 4회

정답 77 ② 78 ① 79 ③ 80 ④ 81 ① 82 ②

해설 위탁업무 보고사항

업무내용	보고횟수
수시검사, 결함확인검사, 부품결함 보고서류의 접수	수시
결함확인검사 결과	수시
자동차배출가스 인증생략 현황	연 2회
자동차시험 검사 현황	연 1회

83 대기환경보전법규상 고체연료 사용시설 설치기준(석탄 사용시설)에 관한 내용 중 ( ) 안에 알맞은 것은?

> 배출시설의 굴뚝높이는 100m 이상으로 하되, 굴뚝 상부 안지름, 배출가스 온도 및 속도 등을 고려한 유효굴뚝높이가 ( ) 이상인 경우에는 굴뚝높이를 60m 이상 100m 미만으로 할 수 있다.

① 150m ② 250m
③ 320m ④ 440m

해설 배출시설의 굴뚝높이는 100m 이상으로 하되, 굴뚝상부 안지름, 배출가스 온도 및 속도 등을 고려한 유효굴뚝높이(굴뚝의 실제 높이에 배출가스의 상승고도를 합산한 높이를 말한다. 이하 같다)가 440m 이상인 경우에는 굴뚝높이를 60m 이상 100m 미만으로 할 수 있다.

84 대기환경보전법규상 자동차연료형 첨가제의 종류에 해당하지 않는 것은?

① 청정분산제 ② 옥탄가향상제
③ 매연발생제 ④ 세척제

해설 자동차연료형 첨가제의 종류
㉠ 세척제 ㉡ 청정분산제
㉢ 매연억제제 ㉣ 다목적첨가제
㉤ 옥탄가향상제 ㉥ 세탄가향상제
㉦ 유동성향상제
㉧ 그 밖에 환경부장관이 배출가스를 줄이기 위하여 필요하다고 정하여 고시하는 것

85 대기환경보전법규상 휘발유를 연료로 사용하는 대형 승용차의 배출가스 보증기간 적용기준으로 옳은 것은?(단, 2013년 1월 1일 이후 제작 자동차 기준)

① 10년 또는 192,000km ② 6년 또는 100,000km
③ 2년 또는 160,000km ④ 2년 또는 10,000km

해설 배출가스 보증기간(2016년 1월 1일 이후 제작자동차)

사용연료	자동차의 종류	적용기간	
휘발유	경자동차, 소형 승용·화물자동차, 중형 승용·화물자동차	15년 또는 240,000km	
	대형 승용·화물자동차, 초대형 승용·화물자동차	2년 또는 160,000km	
	이륜자동차	최고속도 130km/h 미만	2년 또는 20,000km
		최고속도 130km/h 이상	2년 또는 35,000km
가스	경자동차	10년 또는 192,000km	
	소형 승용·화물자동차, 중형 승용·화물자동차	15년 또는 240,000km	
	대형 승용·화물자동차, 초대형 승용·화물자동차	2년 또는 160,000km	
경유	경자동차, 소형 승용·화물자동차, 중형 승용·화물자동차(택시를 제외한다)	10년 또는 160,000km	
	경자동차, 소형 승용·화물자동차, 중형 승용·화물자동차(택시에 한정한다)	10년 또는 192,000km	
	대형 승용·화물자동차	6년 또는 300,000km	
	초대형 승용·화물자동차	7년 또는 700,000km	
	건설기계 원동기, 농업기계 원동기	37kW 이상	10년 또는 8,000시간
		37kW 미만	7년 또는 5,000시간
		19kW 미만	5년 또는 3,000시간
전기 및 수소 연료전지 자동차	모든 자동차	별지 제30호 서식의 자동차배출가스 인증신청서에 적힌 보증기간	

※ 법규 변경사항이므로 해설의 내용으로 학습하시기 바랍니다.

정답 83 ④ 84 ③ 85 ③

86 대기환경보전법령상 시·도지사가 측정기기의 운영·관리기준을 지키지 않은 사업자에게 측정기기가 기준에 맞게 운영·관리되도록 조치명령을 하는 경우 얼마 이내의 개선기간을 정하여야 하는가?(단, 연장기간 제외)

① 6개월 이내
② 12개월 이내
③ 18개월 이내
④ 24개월 이내

해설 ㉠ 측정기기의 개선기간 : 6개월, 연장 6개월
㉡ 배출시설 및 방지시설의 개선기간 : 1년, 연장 1년

87 악취방지법상 악취배출시설 설치자가 환경부령으로 정하는 사항을 변경하려는 경우 변경신고를 해야 하는데 이 변경신고를 하지 아니한 경우 과태료 부과기준으로 옳은 것은?

① 50만 원 이하의 과태료
② 100만 원 이하의 과태료
③ 200만 원 이하의 과태료
④ 500만 원 이하의 과태료

해설 악취방지법 제30조 참고

88 환경정책기본법령상 대기환경기준으로 옳지 않은 것은?

① 이산화질소(NO_2) 24시간 평균치 : 0.06ppm 이하
② 오존(O_3) 8시간 평균치 : 0.06ppm 이하
③ 벤젠 연간 평균치 : $0.5\mu g/m^3$ 이하
④ 아황산가스(SO_2) 1시간 평균치 : 0.15ppm 이하

해설 벤젠 연간 평균치 : $5\mu g/m^3$ 이하

89 대기환경보전법령상 개선계획서를 제출하지 아니한 사업자의 오염물질 초과부과금의 위반횟수별 부과계수 비율기준으로 옳은 것은?

① 처음 위반한 경우에는 100분의 100
② 처음 위반한 경우에는 100분의 105
③ 처음 위반한 경우에는 100분의 110
④ 처음 위반한 경우에는 100분의 120

해설 **위반횟수별 부과계수**
㉠ 위반이 없는 경우 : 100분의 100
㉡ 처음 위반한 경우 : 100분의 105
㉢ 2차 이상 위반한 경우 : 위반 직전의 부과계수에 100분의 105를 곱한 것

90 다음은 대기환경보전법상 공회전 제한에 관한 사항이다. ( ) 안에 들어갈 장소로 거리가 먼 것은?

> 시·도지사는 자동차의 배출가스로 인한 대기오염 및 연료손실을 줄이기 위하여 필요하다고 인정하면 그 시·도의 조례가 정하는 바에 따라 ( ) 등의 장소에서 자동차의 원동기를 가동한 상태로 주차하거나 정차하는 행위를 제한할 수 있다.

① 정체도로
② 주차장
③ 터미널
④ 차고지

해설 시·도지사는 자동차의 배출가스로 인한 대기오염 및 연료 손실을 줄이기 위하여 필요하다고 인정하면 그 시·도의 조례가 정하는 바에 따라 터미널, 차고지, 주차장 등의 장소에서 자동차의 원동기를 가동한 상태로 주차하거나 정차하는 행위를 제한할 수 있다.

91 대기환경보전법규상 배출시설의 변경신고를 하여야 하는 경우로 거리가 먼 것은?

① 방지시설을 폐쇄하는 경우
② 종전의 연료보다 황 함유량이 낮은 연료로 변경하는 경우
③ 사업장의 명칭이나 대표자를 변경하는 경우
④ 방지시설을 임대하는 경우

해설 **배출시설의 변경신고를 하여야 하는 경우**
㉠ 같은 배출구에 연결된 배출시설을 증설 또는 교체하거나 폐쇄하는 경우. 다만, 배출시설의 규모[허가 또는 변경허가를 받은 배출시설과 같은 종류의 배출시설로서 같은 배출구에 연결되어 있는 배출시설(방지시설의 설치를 면제받은 배출시설의 경우에는 면제받은 배출시설)의 총 규모를 말한다]를 10퍼센트 미만으로 증설 또는 교체하거나 폐쇄하는 경우로서 다음 각 목의 모두에 해당하는경우에는 그러하지 아니한다.
  가. 배출시설의 증설·교체·폐쇄에 따라 변경되는 대기오염물질의 양이 방지시설의 처리용량 범위 내일 것
  나. 배출시설은 증설·교체로 인하여 다른 법령에 따른 설치 제한을 받는 경우가 아닐 것
㉡ 배출시설에서 허가받은 오염물질 외의 새로운 대기오염물질이 배출되는 경우
㉢ 방지시설을 증설·교체하거나 폐쇄하는 경우
㉣ 사업장의 명칭이나 대표자를 변경하는 경우
㉤ 사용하는 원료나 연료를 변경하는 경우. 다만, 새로운 대기오염물질을 배출하지 아니하고 배출량이 증가되지 아니하는 원료로 변경하는 경우 또는 종전의 연료보다 황함유량이 낮은 연료로 변경하는 경우는 제외한다.
㉥ 배출시설 또는 방지시설을 임대하는 경우
㉦ 그 밖의 경우로서 배출시설 설치허가증에 적힌 허가사항 및 일일조업시간을 변경하는 경우

정답 86 ① 87 ② 88 ③ 89 ② 90 ① 91 ②

92 대기환경보전법규상 운행차 배출허용기준 중 일반기준으로 옳지 않은 것은?

① 건설기계 중 덤프트럭, 콘크리트믹서트럭, 콘크리트펌프트럭에 대한 배출허용기준은 화물 자동차기준을 적용한다.
② 알코올만 사용하는 자동차는 탄화수소 기준을 적용하지 아니한다.
③ 1993년 이후에 제작된 자동차 중 과급기(Turbo charger)나 중간냉각기(Intercooler)를 부착한 경유 사용 자동차의 배출허용기준은 무부하급가속 검사방법의 매연 항목에 대한 배출허용기준에 5%를 더한 농도를 적용한다.
④ 희박연소(Lean Burn)방식을 적용하는 자동차는 공기과잉률 기준을 적용한다.

해설 희박연소(Lean Burn)방식을 적용하는 자동차는 공기과잉률 기준을 적용하지 아니한다.

93 대기환경보전법상 제조기준에 맞지 아니하는 첨가제 또는 촉매제임을 알면서 사용한 자에 대한 과태료 부과기준으로 옳은 것은?

① 1천만 원 이하의 과태료
② 500만 원 이하의 과태료
③ 300만 원 이하의 과태료
④ 200만 원 이하의 과태료

해설 대기환경보전법 제93조 참고

94 대기환경보전법규상 대기오염방지시설과 가장 거리가 먼 것은?(단, 그 밖의 경우 등은 제외)

① 산화·환원에 의한 시설
② 응축에 의한 시설
③ 미생물을 이용한 시설
④ 이온교환에 의한 시설

해설 대기오염방지시설
- 중력집진시설
- 관성력집진시설
- 원심력집진시설
- 세정집진시설
- 여과집진시설
- 전기집진시설
- 음파집진시설
- 흡수에 의한 시설
- 흡착에 의한 시설
- 직접연소에 의한 시설
- 촉매반응을 이용하는 시설
- 응축에 의한 시설
- 산화·환원에 의한 시설
- 미생물을 이용한 처리시설
- 연소조절에 의한 시설

95 대기환경보전법령상 대기오염물질 발생량의 합계가 연간 25톤인 사업장은 몇 종 사업장에 해당하는가?

① 2종 사업장
② 3종 사업장
③ 4종 사업장
④ 5종 사업장

해설 사업장 분류기준

종별	오염물질 발생량 구분
1종 사업장	대기오염물질 발생량의 합계가 연간 80톤 이상인 사업장
2종 사업장	대기오염물질 발생량의 합계가 연간 20톤 이상 80톤 미만인 사업장
3종 사업장	대기오염물질 발생량의 합계가 연간 10톤 이상 20톤 미만인 사업장
4종 사업장	대기오염물질 발생량의 합계가 연간 2톤 이상 10톤 미만인 사업장
5종 사업장	대기오염물질 발생량의 합계가 연간 2톤 미만인 사업장

96 대기환경보전법규상 천연가스 연료 항목 중 그 제조기준 함량(%)이 가장 높은 항목은?

① 메탄(부피 %)
② 에탄(부피 %)
③ C_3 이상의 탄화수소(부피 %)
④ C_6 이상의 탄화수소(부피 %)

해설 천연가스 제조기준

항목	제조기준
메탄(부피 %)	88.0 이상
에탄(부피 %)	7.0 이하
C_3 이상의 탄화수소(부피 %)	5.0 이하
C_6 이상의 탄화수소(부피 %)	0.2 이하
황분(ppm)	40 이하
불활성 가스(CO_2, N_2 등)(부피 %)	4.5 이하

정답 92 ④ 93 ④ 94 ④ 95 ① 96 ①

97 대기환경보전법규상 특정대기 유해물질로 짝지어진 것은?

① 히드라진, 카드뮴 및 그 화합물
② 망간화합물, 시안화수소
③ 석면, 붕소화합물
④ 크롬화합물, 인 및 그 화합물

해설 ② 망간화합물은 특정대기 유해물질이 아니다.
③ 붕소화합물은 특정대기 유해물질이 아니다.
④ 인 및 그 화합물은 특정대기 유해물질이 아니다.

98 다음은 대기환경보전법령상 매출액 산정 위반행위 정도에 따른 과징금의 부과기준에 관한 사항이다. ( ) 안에 알맞은 것은?

> 환경부장관 또는 국립환경과학원장으로부터 제작차에 대한 인증을 받지 아니한 경우 가중부과계수는 (㉠)(을)를 적용하고, 과징금 산정방법은 총 매출액×(㉡)×가중부과계수이다.

① ㉠ 0.5　㉡ 3/100　② ㉠ 0.5　㉡ 5/100
③ ㉠ 1　㉡ 3/100　④ ㉠ 1　㉡ 5/100

해설 ㉠ 위반행위의 정도

구분	인증을 받지 아니한 경우	인증내용과 다르게 제작·판매한 경우
가중부과계수	1	0.5

㉡ 과징금 산정방법
　총 매출액×5/100×가중부과계수
※ 법규 변경사항이므로 해설의 내용으로 학습하시기 바랍니다.

99 대기환경보전법상 환경기술인 등의 교육을 받게 하지 아니한 자에 대한 과태료 처분 기준으로 옳지 않은 것은?

① 50만 원 이하의 과태료
② 100만 원 이하의 과태료
③ 200만 원 이하의 과태료
④ 300만 원 이하의 과태료

해설 대기환경보전법 제94조 참고

100 다중이용시설 등의 실내공기질 관리법규상 공동주택의 실내공기질 권고기준으로 옳은 것은?

① 벤젠 : $30\mu g/m^3$ 이하
② 포름알데하이드 : $300\mu g/m^3$ 이하
③ 에틸벤젠 : $700\mu g/m^3$ 이하
④ 스티렌 : $210\mu g/m^3$ 이하

해설 다중이용시설 등의 실내공기질 관리법규상 신축 공동주택의 실내공기질 권고기준
㉠ 포름알데하이드 : $210\mu g/m^3$ 이하
㉡ 벤젠 : $30\mu g/m^3$ 이하
㉢ 톨루엔 : $1,000\mu g/m^3$ 이하
㉣ 에틸벤젠 : $360\mu g/m^3$ 이하
㉤ 자일렌 : $700\mu g/m^3$ 이하
㉥ 스티렌 : $300\mu g/m^3$ 이하
㉦ 라돈 : $148Bq/m^3$ 이하

2014년 1회 기출문제

제1과목 대기오염개론

01 납(Pb)의 인체 중독 및 특성에 관한 설명으로 가장 거리가 먼 것은?

① 납에 의한 중독증상은 일반적으로 Hunter-Russel 증후군으로 일컬어지고 있다.
② 만성 납중독 현상은 혈액 증상, 신경 증상, 위장관 증상 등으로 나눌 수 있다.
③ 특징적인 5대 만성중독 증상으로는 연창백(鉛蒼白), 연연(鉛緣), 코프로폴피린뇨, 호기성 점적혈구, 신근마비 등을 들 수 있다.
④ 세포 내에서 납은 SH기와 반응하여 헴(Heme) 합성에 관여하는 효소를 포함한 여러 세포의 효소 작용을 방해한다.

해설 헌터루셀 증후군(Hunter-Russel Syndrome)은 수은중독 증상이다.

02 가우시안(Gaussian) 분산모델에 있어서 수평 및 수직방향의 표준편차 σ_y와 σ_z에 관한 가정(설명)으로 가장 거리가 먼 것은?

① 대기의 안정상태와는 관계가 있지만, 연돌로부터의 풍하거리(Distance Downwind)와는 무관하다.
② 고도에 따라 변하는 값으로 고도는 대기 중에서 하부 수백 m에 국한하여 사용한다.
③ 지표는 평탄하다고 간주한다.
④ 시료채취시간은 약 10분으로 간주한다.

해설 가우시안 모델에서 수평 및 수직방향의 표준편차(σ_y, σ_z)의 가정 조건
㉠ 시료채취시간은 약 10분으로 간주한다.
㉡ 지표는 평탄하다고 간주한다.
㉢ 표준편차값은 고도에 따라 변하는 값으로 고도는 대기 중에서 하부 수백 m에 국한하여 사용한다.
㉣ σ_y, σ_z 값은 대기의 안정상태와 풍하거리 x의 함수이다.

03 스테판-볼츠만의 법칙에 의하면 표면온도가 2,000K인 흑체에서 복사되는 에너지는 표면온도가 1,000K인 흑체에서 복사되는 에너지의 몇 배인가?

① 2배 ② 4배
③ 8배 ④ 16배

해설 스테판-볼츠만 공식
$E = \sigma T^4$
$\left(\dfrac{T_2}{T_1}\right)^4 = \left(\dfrac{2,000}{1,000}\right)^4 = 16$배

04 다음 대기오염물질 중 상온에서 무색투명하며, 일반적으로 불쾌한 자극성 냄새를 내는 액체로, 햇빛에 파괴될 정도로 불안정하지만, 부식성은 비교적 약하고, 끓는점은 약 47℃ 정도, 인화점은 -30℃ 정도인 것은?

① HCl ② Cl_2
③ SO_2 ④ CS_2

해설 이황화탄소(CS_2)
분자량 76.14, 녹는점 -111.53℃, 끓는점 46.25℃, 인화점 -30℃이다. 상온에서 무색투명하고 휘발성이 강하면서 순수한 경우에는 냄새가 거의 없지만 일반적으로 불쾌한 냄새가 나는 유독성 액체로 공기 중에서 서서히 분해되어 황색을 나타낸다.(상온에서도 빛에 의해 서서히 분해되며 인화되기 쉽다.)

05 다음 오염물질 중 대표적인 인체의 국소증상으로 손·발바닥에 나타나는 각화증, 각막궤양, 비중격천공, Mee's Line, 탈모 등이 있는 것은?

① Be ② Hg
③ V ④ As

해설 비소(As)
은빛 광택을 내는 비금속(유사금속 : Metaled)으로서 가열하면 녹지 않고 승화되면 피부, 특히 겨드랑이나 국부 등에 습진형 피부염이 생기며 피부암이 유발되는 물질이며, 대표적인 인체의 국소증상으로 손·발바닥에 나타나는 각화증, 각막궤양, 비중격천공, Mee's Line, 탈모 등을 유발하는 물질이다.

정답 01 ① 02 ① 03 ④ 04 ④ 05 ④

06 다음 중 수용모델의 특성에 해당하는 것은?

① 지형 및 오염원의 영향을 받는다.
② 단기간 분석 시 문제가 된다.
③ 현재나 과거에 일어났던 일을 추정, 미래를 위한 전략은 세울 수 있으나 미래 예측은 어렵다.
④ 점, 선, 면 오염원의 영향을 평가할 수 있다.

[해설] **수용모델(Receptor Model)**
㉠ 새로운 오염원이나 불확실한 오염원과 불법배출 오염원을 정량적으로 확인, 평가할 수 있다.
㉡ 지형, 기상학적 정보가 없어도 사용 가능하다.
㉢ 현재나 과거에 일어났던 일을 추정하여 미래를 위한 전략을 세울 수 있으나, 미래예측은 어렵다.
㉣ 오염원의 조업 및 운영상태에 대한 정보 없이도 사용 가능하다.
㉤ 측정자료를 입력자료로 사용하므로 시나리오 작성이 곤란하다.
㉥ 수용체 입장에서 평가가 현실적으로 이루어질 수 있다.
㉦ 환경과학 전반(입자상 및 가스상 물질, 가시도 문제 등)에 응용 가능하다.

07 잠재적인 대기오염물질로 취급되고 있는 물질인 이산화탄소에 관한 설명으로 가장 거리가 먼 것은?

① 지구 온실효과에 대한 추정 기여도는 CO_2가 50% 정도로 가장 높다.
② 대기 중의 이산화탄소 농도는 북반구의 경우 계절적으로는 보통 겨울에 증가한다.
③ 대기 중에 배출하는 이산화탄소의 약 5%가 해수에 흡수된다.
④ 지구 북반구의 이산화탄소의 농도가 상대적으로 높다.

[해설] 탄소의 순환에서 탄소(CO_2로서)의 가장 큰 저장고 역할을 하는 부분은 해수이다.

08 불안정한 조건에서 가스 속도가 13m/s, 굴뚝의 안지름이 3.6m, 가스온도가 167℃, 기온이 20℃, 풍속이 7m/sec일 때 연기의 상승 높이는 몇 m인가?(단, 불안정 조건 시 연기의 상승높이 $\Delta H = 150 \frac{F}{U^3}$ 이며, F는 부력을 나타낸다.)

① 79m
② 85m
③ 91m
④ 110m

[해설] 연기상승높이(ΔH)

$$\Delta H = 150 \times \frac{F}{U^3}$$

$$F = g \times \left(\frac{D}{2}\right)^2 \times V_s \times \left(\frac{T_s - T_a}{T_a}\right)$$

$$= 9.8 \text{m/sec}^2 \times \left(\frac{3.6\text{m}}{2}\right)^2 \times 13 \text{m/sec}$$

$$\times \frac{(273 + 167) - (273 + 20)}{273 + 20}$$

$$= 207.1 \text{m}^4/\text{sec}^3$$

$$= 150 \times \frac{207.1 \text{m}^4/\text{sec}^3}{(7\text{m/sec})^3} = 90.56\text{m}$$

09 일반적인 가솔린 자동차 배기가스의 구성면에서 볼 때 다음 중 가장 많은 부피를 차지하는 물질은?(단, 가속상태 기준)

① 탄화수소
② 질소산화물
③ 일산화탄소
④ 이산화탄소

[해설] 배기가스의 구성면에서 가속상태에서 CO_2가 가장 많은 부피를 차지한다.

10 부피가 3,500m³이고 환기가 되지 않는 작업장에서 화학반응을 일으키지 않는 오염물질이 분당 60mg씩 배출되고 있다. 작업을 시작하기 전에 측정한 이 물질의 평균 농도가 10mg/m³ 이라면 1시간 이후의 작업장의 평균 농도는 얼마인가?(단, 상자모델을 적용하며, 작업시작 전·후의 온도 및 압력조건은 동일하다.)

① 11.0mg/m³
② 13.6mg/m³
③ 18.1mg/m³
④ 19.9mg/m³

[해설] 1시간 후 평균 농도
= 평균농도 + 배출농도
$= 10 \text{mg/m}^3 + \left(\frac{60 \text{mg/min} \times 60 \text{min/hr} \times 1 \text{hr}}{3,500 \text{m}^3}\right)$
$= 11.03 \text{mg/m}^3$

11 다음 주요 오존파괴물질 중 평균수명(년)이 가장 긴 것은?

① CFC-123
② CFC-124
③ CFC-11
④ CFC-115

정답 06 ③ 07 ③ 08 ③ 09 ④ 10 ① 11 ④

해설 **오존파괴물질의 평균수명**
① CFC-123($C_2HF_3Cl_2$) : 1.6년
② CFC-124(C_2HF_4Cl) : 6.6년
③ CFC-11($CFCl_3$) : 50~60년
④ CFC-115(C_2F_5Cl) : 400~550년

12 오존(O_3)의 특성과 광화학반응에 관한 설명으로 가장 거리가 먼 것은?
① 산화력이 강하여 눈을 자극하고 물에 난용성이다.
② 대기 중 지표면 오존(O_3)의 농도는 NO_2로 산화된 NO양에 비례하여 증가한다.
③ 과산화기가 산소와 반응하여 오존이 생길 수도 있다.
④ 오존의 탄화수소 산화반응률은 원자상태의 산소에 의한 탄화수소의 산화보다 빠르다.

해설 오존의 탄화수소 산화반응률은 원자상태의 산소에 의한 탄화수소의 산화에 비해 상당히 느리게 진행된다.

13 등압선이 곡선인 경우, 원심력, 기압경도력, 전향력의 세 힘이 평형을 이루는 상태에서 등압선을 따라 부는 바람을 무엇이라 하는가?
① Geostrophic Wind   ② Corioli Wind
③ Gradient Wind   ④ Friction Wind

해설 **경도풍(Gradient Wind)**
㉠ 등압선이 곡선인 경우, 원심력·기압경도력·전향력의 세 힘이 평형을 이루는 상태에서 등압선을 따라 부는 바람이다.
㉡ 북반구의 저기압에서는 시계 반대방향으로 회전하면서 위쪽으로 상승하면서 불고, 고기압에서는 시계방향으로 회전하면서 분다.
㉢ 경도풍은 일반적으로 지상 500~700m 높이에서 등압선을 따라 불며 고기압일 때 경도풍의 힘의 평형은 (전향력=기압경도력+원심력)이고, 저기압일 때 경도풍의 힘의 평형은 (기압경도력=전향력+원심력)이다.

14 오염물질이 식물에 미치는 피해에 관한 설명으로 가장 거리가 먼 것은?
① 황화수소는 특히 고엽에 피해가 크며, 지표식물은 복숭아, 딸기, 사과 등이고, 강한 식물은 코스모스, 토마토, 오이 등이다.
② 암모니아는 잎 선체에 영향을 수는 것이 특징이며, 암모니아에 접촉하여 수시간이 지나면 잎 전체가 갈색이 된다.
③ 불화수소는 어린잎에 피해가 현저한 편이며, 강한 식물로는 담배, 목화 등이 있다.
④ 아황산가스의 지표식물로는 자주개나리, 보리 등이 있다.

해설 **황화수소**
㉠ 황화수소는 어린잎 및 새싹에 가장 많은 영향을 미친다.
㉡ 황화수소에 저항성이 강한 식물 : 복숭아, 사과, 딸기
㉢ 황화수소에 민감한 식물 : 코스모스, 무, 오이, 토마토

15 2,000m에서 대기압력(최초 기압)이 860mbar, 온도가 5℃, 비열비 K가 1.4일 때 온위(Potential Temperature)는?(단, 표준압력은 1,000mbar)
① 약 284K   ② 약 290K
③ 약 294K   ④ 약 309K

해설 온위$(\theta) = T\left(\dfrac{1,000}{P}\right)^{0.288}$
$= (273+5) \times \left(\dfrac{1,000}{860}\right)^{0.288} = 290.34K$

16 다음은 NO_2의 광화학 반응식이다. ( ) 안에 알맞은 것은?(단, O는 산소원자)

| [㉠] + $h\nu$ → [㉡] + O |
| 0 + [㉢] → [㉣] |
| [㉣] + [㉡] → [㉠] + [㉢] |

① ㉠ NO ㉡ NO_2 ㉢ O_3 ㉣ O_2
② ㉠ NO_2 ㉡ NO ㉢ O_2 ㉣ O_3
③ ㉠ NO ㉡ NO_2 ㉢ O_2 ㉣ O_3
④ ㉠ NO_2 ㉡ NO ㉢ O_3 ㉣ O_2

해설 **질소산화물의 광화학 반응**
$NO_2 + h\nu$(자외선) → NO+O : 광분해반응
$O+O_2$ → O_3 : O_3 생성반응
O_3+NO → NO_2+O_2 : 순환반응

17 Pasquill에 의한 대기안정도 분류에서 사용되는 항목으로 가장 거리가 먼 것은?
① 상대습도   ② 지상 10m 고도에서의 풍속
③ 태양복사량   ④ 운량분포

정답 12 ④ 13 ③ 14 ① 15 ② 16 ② 17 ①

해설 **파스퀼 안정도 분류 시 사용항목**
 ㉠ 태양복사량
 ㉡ 지상 10m 고도에서의 풍량, 풍속
 ㉢ 운량, 운고

18 다음 지표면 상태 중 일반적으로 알베도(%)가 가장 큰 것은?
 ① 삼림   ② 사막
 ③ 수면   ④ 얼음

해설 **알베도 크기**
 ① 삼림 : 약 10% 이내   ② 사막 : 약 20%
 ③ 수면 : 약 2~7%   ④ 얼음 : 약 60%

19 역전에 관한 다음 설명 중 옳지 않은 것은?
 ① 전선역전층이나 해풍역전층은 모두 이동성이지만 그 상하에서 바람과 난류가 작아서 지표 부근의 오염물질들을 오랫동안 정체시킨다.
 ② 복사역전층에서는 안개가 발생하기 쉽고 매연이 소산되기 어려워 지표 부근의 오염농도가 커진다.
 ③ 복사역전은 하늘이 맑고 바람이 약한 자정 이후와 새벽에 걸쳐 잘 생기며, 낮이 되면 일사에 의해 지면이 가열되어 곧 소멸된다.
 ④ 산을 넘는 푄기류가 산골짜기 사이로 통과할 때 발생하는 지형성 역전도 있으며, 이 역전층은 산골짜기, 분지 등으로 냉기가 모일 경우 발생한다.

해설 ㉠ 전선형 역전 : 비교적 높은 고도에서 따뜻한 공기와 차가운 공기가 부딪쳐 따뜻한 공기가 차가운 공기 위로 상승하면서 전선을 이룰 때 발생하며, 공중역전에 해당한다.
 ㉡ 해풍형 역전 : 바다에서 차가운 바람이 더워진 육지 위로 불 때 전선면이 형성되는데 이때 발생하는 역전이다.

20 굴뚝의 유효 높이를 3배로 증가시키면 지상 최대오염도는 어떻게 변화되는가?(단, Sutton식에 의함)
 ① 기존의 3배   ② 기존의 1/3
 ③ 기존의 9배   ④ 기존의 1/9

해설 **최대착지농도(C_{max})와 유효굴뚝높이(H_e)의 관계**
 $C_{max} \propto \dfrac{1}{H_e^2} = \dfrac{1}{3^2} = \dfrac{1}{9}$ (기존의 1/9)

제2과목 연소공학

21 액체연료가 미립화되는 데 영향을 미치는 요인으로 가장 거리가 먼 것은?
 ① 분사압력   ② 분사속도
 ③ 연료의 점도   ④ 연료의 발열량

해설 **액체연료의 미립화 영향요인**
 ㉠ 분사압력   ㉡ 분사속도(분무유량)
 ㉢ 연료의 점도   ㉣ 분무거리
 ㉤ 분사각도

22 석탄의 물리・화학적인 성상에 관한 설명으로 옳은 것은?
 ① 연료 조성 변화에 따른 연소특성으로 회분은 착화불량과 열손실을, 탄소는 발열량 저하 및 연소 불량을 초래한다.
 ② 석탄회분의 용융 시 SiO_2, Al_2O_3 등의 산성 산화물량이 많으면 회분의 용융점이 상승한다.
 ③ 석탄을 고온 건류하여 코크스를 생산할 때 온도는 250~300℃ 정도이다.
 ④ 석탄의 휘발분은 매연 발생에 영향을 주지 않는다.

해설 ① 연료 조성 변화에 따른 연소특성으로 수분은 착화불량과 열손실을, 회분은 발열량 저하 및 연소불량을 초래한다.
 ③ 석탄을 고온 건류하여 코크스를 생산할 때 온도는 1,100~1,200℃ 정도이다.
 ④ 석탄의 휘발분은 매연발량에 영향을 주며 휘발분이 많을수록 매연발생량이 많아진다.

23 다음 연소 중 코크스나 목탄 등이 고온으로 될 때 빨간 짧은 불꽃을 내면서 연소하는 것으로, 휘발성분이 없는 고체연료의 연소형태인 것은?
 ① 자기연소   ② 분해연소
 ③ 표면연소   ④ 내부연소

해설 **표면연소**
 ㉠ 정의
  고체연료 표면에 고온을 유지시켜 표면에서 반응을 일으켜 내부로 연소가 진행되는 연소방법이다.
 ㉡ 특징
  ・탄소만으로 되어 있고 휘발분이 적은 고체연료의 가장 대표적인 연소방법이다.

정답 18 ④ 19 ① 20 ④ 21 ④ 22 ② 23 ③

- 고체연료 표면에 산소가 반응하여 불꽃 없이 적열 후 연소된다. 즉, 코크스나 석탄 등이 고온연소 시 고체 표면이 빨갛게 빛을 내면서 반응하는 연소로 화염이 없는 연소형태이다.
- 증발, 분해되지 못하고 표면의 탄소로부터 직접 연소되는 현상이다.
ⓒ 표면연소 예
  - 코크스, 숯(목탄), 흑연
  - 금속
  - 석탄(분해연소와 탄소의 표면연소의 두 반응에서 이루어짐)

24. 연료의 연소 시 질소산화물(NOx)의 발생을 줄이는 방법으로 가장 거리가 먼 것은?

① 예열 연소
② 2단 연소
③ 저산소 연소
④ 배가스 재순환

해설 질소산화물(NOx) 억제방법
ㄱ. 저산소 연소
ㄴ. 저온도 연소
ㄷ. 연소부분의 냉각
ㄹ. 배기가스의 재순환
ㅁ. 2단 연소
ㅂ. 버너 및 연소실의 구조 개선
ㅅ. 수증기 물분사 방법

25. 다음 중 옥탄가가 가장 낮은 물질은?

① 노말 파라핀류
② 이소 올레핀류
③ 이소 파라핀류
④ 방향족 탄화수소

해설 N-Paraffine에서는 탄소 수가 증가할수록 옥탄가가 저하하여 C_7에서 옥탄가는 0이다.

26. C : 85%, H : 10%, O : 2%, S : 2%, N : 1%로 구성된 중유 1kg를 완전연소시킨 후 오르자트 분석결과 연소가스 중의 O_2 농도는 5.0%였다. 건조연소가스양(Sm^3/kg)은?

① 8.9
② 10.9
③ 12.9
④ 15.9

해설 $G_d = (m - 0.21)A_o + 1.867C + 0.7S + 0.8N$

$A_o = \frac{1}{0.21}[(1.867 \times 0.85) + (5.6 \times 0.1) - (0.7 \times 0.02) + (0.7 \times 0.02)] = 10.22 Sm^3/kg$

$m = \frac{21}{21 - O_2} = \frac{21}{21 - 5} = 1.313$

$= [(1.313 - 0.21) \times 10.22] + (1.867 \times 0.85) + (0.7 \times 0.02) + (0.8 \times 0.01)$

$= 12.88 Sm^3/kg$

27. 주어진 기체연료 $1Sm^3$을 이론적으로 완전연소시키는 데 가장 적은 이론산소량(Sm^3)을 필요로 하는 것은?(단, 연소 시 모든 조건은 동일하다.)

① Methane
② Hydrogen
③ Ethane
④ Acetylene

해설
① $CH_4 + 2O_2 \rightarrow CO_2 + H_2O$
 $1Sm^3 : 2 \times 22.4 Sm^3 (44.8 Sm^3)$
② $H_2 + 1/2 O_2 \rightarrow H_2O$
 $1Sm^3 : 0.5 \times 22.4 Sm^3 (11.2 Sm^3)$
③ $C_2H_6 + 3.5O_2 \rightarrow 2CO_2 + 3H_2O$
 $1Sm^3 : 3.5 \times 22.4 Sm^3 (78.4 Sm^3)$
④ $C_2H_4 + 3O_2 \rightarrow 2CO_2 + 2H_2O$
 $1Sm^3 : 3 \times 22.4 Sm^3 (67.2 Sm^3)$

※ 물질 중 수소 및 탄소의 수가 적은 연료가 산소를 적게 소비하므로 H_2가 정답이다.

28. 유압분무식 버너에 관한 설명으로 옳지 않은 것은?

① 유량조절범위가 환류식의 경우는 1 : 3, 비환류식의 경우는 1 : 2 정도여서 부하 변동에 적응하기 어렵다.
② 연료의 분사유량은 15~2,000kL/h 정도이다.
③ 분무각도가 40~90° 정도로 크다.
④ 연료의 점도가 크거나 유압이 $5kg/cm^2$ 이하가 되면 분무화가 불량하다.

해설 유압분무식 버너의 연료분사량 범위는 30~3,000L/hr 또는 15~2,000L/hr 정도이다.

29. 확산형 가스버너 중 포트형에 관한 설명으로 옳지 않은 것은?

① 포트형은 버너가 노벽에 의해 분리되어 내화벽돌로 조립된 것으로 가스 분출속도가 높다.
② 구조상 가스와 공기압을 높이지 못한 경우에 사용한다.
③ 가스와 공기를 함께 가열할 수 있다.
④ 가스 및 공기의 온도와 밀도를 고려하여 밀도가 큰 공기출구는 상부에, 밀도가 작은 가스출구는 하부에 배치되도록 설계한다.

해설 포트형은 버너 자체가 노벽과 함께 내화벽돌로 조립되어 큰 내부에 개구된 것이다.

30 Methane 1mole이 공기비 1.33으로 연소하고 있을 때 부피기준의 공연비(Air Fuel Ratio)는?

① 9.5 ② 11.4
③ 12.7 ④ 17.1

해설 CH_4 연소반응식
$CH_4 + 2O_2 \rightarrow CO_2 + 2H_2O$
1mole 2mole

$AFR = \dfrac{(\text{산소의 mole}/0.21) \times \text{공기비}}{\text{연료의 mole}}$

$= \dfrac{(2/0.21) \times 1.33}{1}$

$= 12.67$

31 2%(무게기준)의 황성분을 포함한 석탄 1톤을 표준 대기상태에서 이론적으로 완전연소시키면 SO_2가 몇 Sm^3 발생되는가?(단, 황성분은 모두 SO_2로 전환됨)

① 42 ② 34
③ 28 ④ 14

해설 $S + O_2 \rightarrow SO_2$
32kg : 22.4Sm^3
1,000kg × 0.02 : $SO_2(Sm^3)$

$SO_2(Sm^3) = \dfrac{(1,000kg \times 0.02) \times 22.4Sm^3}{32kg}$

$= 14Sm^3$

32 가로, 세로, 높이가 각각 1.0m, 2.0m, 1.0m인 연소실에서 연소실 열발생률을 $20 \times 10^4 kcal/m^3 \cdot hr$로 하도록 하기 위해서는 하루에 중유를 대략 몇 kg을 연소하여야 하는가?(단, 중유의 저위발열량은 10,000kcal/kg이며, 연소실은 하루에 8시간 가동한다.)

① 320 ② 420
③ 550 ④ 650

해설 연소실 열발생률$(kcal/m^3 \cdot hr) = \dfrac{Hl \times G'}{V}$

G'(시간당 연소량 : kg/hr)
$= \dfrac{(1.0 \times 2.0 \times 1.0)m^3 \times 20 \times 10^4 kcal/m^3 \cdot hr}{10,000 kcal/kg} = 40 kg/hr$

중유 연소량(kg) = 40kg/hr × 8hr = 320kg

33 화염을 유지하기 위한 보염기에 관한 설명으로 가장 거리가 먼 것은?

① 원추형 보염기는 원추의 가장자리에서 말려들게 한 소용돌이에 의하여 주로 보염작용을 행한다.
② 축류형 보염기는 축의 전방에 생기는 소용돌이에 의하여 주로 보염작용을 행한다.
③ 공기유동에 대해 소용돌이를 발생시켜 화염의 순환영역을 만들어 화염의 안정화를 꾀한다.
④ 공기유동에 대해 연료를 역방향으로 분사하고 국부공기 유속을 화염전파속도보다 작게 한다.

해설 축류형 보염기는 날개의 후방에 생기는 소용돌이에 의하여 주로 보염작용을 행한다.

34 연소 시 발생되는 NOx는 원인과 생성기전에 따라 3가지로 분류하는데, 분류항목에 속하지 않는 것은?

① Fuel NOx ② Noxious NOx
③ Prompt NOx ④ Thermal NOx

해설 NOx 생성기전
㉠ Thermal NOx
㉡ Fuel NOx
㉢ Prompt NOx

35 메탄가스 $1m^3$이 완전연소할 때 발생하는 이론건조연소가스양은 몇 m^3인가?(단, 표준상태 기준)

① 4.8 ② 6.5
③ 8.5 ④ 10.8

해설 $CH_4 + 2O_2 \rightarrow CO_2 + 2H_2O$
$G_{od} = 0.79 A_o + CO_2$

$A_o = \dfrac{1}{0.21} \times O_o = \dfrac{1}{0.21} \times 2 = 9.52 Sm^3/Sm^3$

$= (0.79 \times 9.52) + 1$
$= 8.52 Sm^3/Sm^3 \times 1 Sm^3$
$= 8.52 Sm^3$

36 기체연료의 이론공기량(Sm^3/Sm^3)을 구하는 식으로 옳은 것은?(단, H_2, CO, C_xH_y, O_2는 연료 중의 수소, 일산화탄소, 탄화수소, 산소의 체적비를 의미한다.)

① $0.21\{0.5H_2+0.5CO+(x+y/4)C_xH_y-O_2\}$
② $0.21\{0.5H_2+0.5CO+(x+y/4)C_xH_y+O_2\}$
③ $1/0.21\{0.5H_2+0.5CO+(x+y/4)C_xH_y-O_2\}$
④ $1/0.21\{0.5H_2+0.5CO+(x+y/4)C_xH_y+O_2\}$

해설 기체연료부피식
$H_2 : H_2+0.5O_2 \to H_2O$
$CO : CO+0.5O_2 \to CO_2$
$C_mH_n + \left(m+\dfrac{n}{4}\right)O_2 \to mCO_2 + \dfrac{n}{2}H_2O$

$A_o = \dfrac{1}{0.21}\left[0.5H_2+0.5CO+2CH_4+\cdots+\left(m+\dfrac{n}{4}\right)C_mH_n-O_2\right](Sm^3/Sm^3)$

37 열 생성 NOx를 억제하는 연소방법에 관한 설명으로 가장 거리가 먼 것은?

① 희박예혼합연소 : 당량비를 높여 NOx 발생온도를 현저히 낮추어(2,000K 이하) Prompt NOx로의 전환을 유도한다.
② 화염 형상의 변경 : 화염을 분할하거나 막상으로 얇게 놀려서 열손실을 증대시킨다.
③ 완만혼합 : 연료와 공기의 혼합을 완만하게 하여 연소를 길게 함으로써 화염온도의 상승을 억제한다.
④ 배기 재순환 : 팬을 써서 굴뚝가스를 노의 상부에 피드백시켜 최고 화염온도와 산소농도로 억제한다.

해설 희박예혼합연소
연료와 공기를 미리 혼합한 후 이론 당량비 이하에서 연소 시 생성되는 Thermal NOx를 저감할 수 있다.

38 공기압은 2~10kg/cm², 분무화용 공기량은 이론공기량의 7~12%, 분무각도는 30° 정도이며, 유량조절범위는 1 : 10 정도인 액체연료의 연소장치는?

① 유압식 버너
② 고압공기식 버너
③ 충돌 분사식 버너
④ 회전식 버너

해설 고압공기식 버너(고압기류 분무식 버너)
분무매체(증기 또는 공기)에 압력으로 분사, 분무화시켜 연소시키는 버너이며 분무매체의 압력이 높은 것이 고압공기식 버너이다.
㉠ 연료분사범위(연소용량)
  • 외부혼합식 : 3~500L/hr
  • 내부혼합식 : 10~1,200L/hr
㉡ 유량조절범위
  1 : 10 정도로 커서 부하변동에 적응이 용이하다.
㉢ 유압
  2~8 kg/cm² 정도(증기압 또는 공기압 2~10 kg/cm²)
㉣ 분사(분무) 각도
  30°(20~30°) 정도
㉤ 특성
  • 고점도 사용에도 적합하다.(연료유의 점도가 큰 경우도 분무화가 용이함)
  • 장염(가장 좁은 각도의 긴 화염)이나 연소 시 소음이 크게 발생된다.
  • 제강용평로, 연속가열로, 유리용해로 등의 대형가열로에 많이 사용된다.
  • 분무에 필요한 1차 공기량은 이론연소공기량의 7~12% 정도이다.
  • 외부혼합식보다 내부혼합식의 버너가 양호한 분무화가 된다.
  • 무화 시 무화매체를 증기로 하면 연료가 예열되어 연소효율을 증가시킬 수 있다.

39 화염이 길고, 그을음이 발생하기 쉬운 반면, 역화(Back Fire)의 위험이 없으며, 공기와 가스를 예열할 수 있는 연소방식은?

① 예혼합연소
② 확산연소
③ 플라스마 연소
④ 콤팩트 연소

해설 확산연소법
㉠ 정의
가연성 연료와 외부공기가 서로 확산에 의해 혼합하면서 화염을 형성하는 연소형태, 즉 연료를 버너노즐로부터 분리시켜 외부공기와 일정속도로 혼합하여 연소하는 방법이다.(버너 내에서 공기와 혼합시키지 않고 버너노즐에서 연료가스를 분사하고 연료와 공기를 일정속도로 혼합하여 연소)
㉡ 특징
  • 연소용 공기와 기체연료(가스)를 예열할 수 있다.
  • 화염이 길다.
  • 그을음이 발생하기 쉽다.(연료분출속도가 큰 경우)
  • 역화(Back Fire)의 위험이 없다.
  • 주로 탄화수소가 적은 발생로가스, 고로가스 등에 적용되는 연소방식이다.

40 연료 연소 시 매연 발생에 관한 설명으로 옳지 않은 것은?

① 연료의 C/H 비율이 클수록 매연이 발생하기 쉽다.
② 중합 및 고리화합물 등과 같이 반응이 일어나기 쉬운 탄화수소일수록 매연 발생이 적다.
③ 분해하기 쉽거나 산화하기 쉬운 탄화수소는 매연 발생이 적다.
④ 탄소결합을 절단하기보다는 탈수소가 쉬운 쪽이 매연이 발생하기 쉽다.

해설 탈수소, 중합반응 및 고리화합물(방향족) 등과 같은 반응이 일어나기 쉬운 탄화수소일수록 매연이 잘 생긴다.

제3과목 대기오염방지기술

41 여과집진장치에 관한 설명으로 옳지 않은 것은?

① 수분이나 여과속도에 대한 적응성이 높다.
② 폭발성 및 점착성 먼지의 처리에 적합하지 않다.
③ 여과재의 교환으로 유지비가 많이 든다.
④ 가스의 온도에 따라 여과재 선택에 제한을 받는다.

해설 여과집진장치는 수분이나 여과속도에 대한 적응성이 낮다.

42 질소산화물(NOx) 저감기술로 가장 거리가 먼 것은?

① 유기질소화합물을 함유하지 않는 연료를 사용할 것
② 연소영역에서의 산소의 농도를 높일 것
③ 고온영역에서 연소가스의 체류시간을 짧게 할 것
④ 부분적인 고온영역을 없게 할 것

해설 NOx를 저감하기 위해서는 연소영역에서 산소 농도를 낮추어야 한다.

43 가스 $1m^3$당 50g의 아황산가스를 포함하는 어떤 폐가스를 흡수 처리하기 위하여 가스 $1m^3$에 대하여 순수한 물 2,000kg의 비율로 연속 향류 접촉시켰더니 폐가스 내 아황산가스의 농도가 1/10로 감소하였다. 물 1,000kg에 흡수된 아황산가스의 양(g)은?

① 11.5 ② 22.5 ③ 33.5 ④ 44.5

해설 50g : 2,000kg = x : 1,000kg
x(흡수된 아황산가스양) = 25g × (1 − 0.1) = 22.5g

44 유해가스를 촉매연소법으로 처리할 때 촉매에 바람직하지 않은 물질과 가장 거리가 먼 것은?

① 납(Pb) ② 수은(Hg)
③ 황(S)   ④ 일산화탄소(CO)

해설
㉠ 금속촉매로는 백금, 크롬, 망간, 구리, 코발트, 니켈 등이 사용되며 납, 수은, 비소 등은 2차 공해 유발 가능성이 높아 바람직하지 않다.
㉡ 배출가스 중 불순물(먼지, 중금속, SO_2 등)이 존재하면 촉매독 역할을 한다. 즉 저해물질이나 먼지에 의한 막힘, 열노화 등에 의해 촉매의 활성을 저하시킨다.

45 압력손실이 $250mmH_2O$이고, 처리가스양이 $30,000m^3/h$인 집진장치의 송풍기 소요동력(kW)은?(단, 송풍기의 효율은 80%, 여유율은 1.25이다.)

① 약 25kW ② 약 29kW
③ 약 32kW ④ 약 38kW

해설 소요동력(kW) = $\dfrac{Q \times \Delta P}{6,120 \times \eta} \times \alpha$

$Q = 30,000m^3/hr \times hr/60min = 500m^3/min$

$= \dfrac{500 \times 250}{6,120 \times 0.8} \times 1.25 = 31.91kW$

46 유수식 세정집진장치의 종류와 가장 거리가 먼 것은?

① 가스분수형 ② 스크루형
③ 임펠러형   ④ 로터형

해설 유수식 세정집진장치의 종류
㉠ 가스분수형   ㉡ S임펠러형
㉢ 로터형   ㉣ 나선 안내익형
㉤ 오리피스 스크러버 ㉥ Plate Tower

47 먼지입도의 분포(누적분포)를 나타내는 식은?

① Rayteight 분포식
② Freundlich 분포식
③ Rosin-Rammler 분포식
④ Cunningham 분포식

해설 로진-레믈러 분포(Rosin-Rammler 분포)
실제의 입경분포는 불규칙적인 분포를 보여 이 불규칙적인 분포를 해석하기 위하여 로진-레믈러 분포를 이용하며, 누적확률 그래프상에서 입경이 큰 입자에서부터 작은 입자로 누적하여 분포확률을 나타낸다.

정답 40 ② 41 ① 42 ② 43 ② 44 ④ 45 ③ 46 ② 47 ③

48 세정식 집진장치의 원리에 대한 설명으로 옳지 않은 것은?

① 배기가스를 증습하면 입자의 응집이 낮아진다.
② 액적에 입자가 충돌하여 부착된다.
③ 미립자가 확산되면 액적과의 접촉이 증가된다.
④ 액막과 기포에 입자가 접촉하여 부착된다.

해설 배기가스 증습에 의하여 입자가 서로 응집한다.

49 다음은 어떤 여과집진장치에 관한 설명인가?

- 함진가스는 외부 여과하고, 먼지는 여포 외부에 걸리므로 여포에 케이싱이 필요하며, 여포의 상부에는 각각 벤츄리관과 노즐이 붙어 있어 압축공기를 분사 노즐에서 일정시간마다 분사하여 부착한 먼지를 털어내야 한다.
- 형상은 원통형으로 소형화가 가능하고, 여포를 부직포로 하면 직포의 2~3배, 여과속도 2~5m/min에서 처리할 수 있다.

① Pulse Jet형   ② 진동형
③ 기류형   ④ Reblower형

해설 충격제트기류 분사형(Pulse Jet Type)
㉠ 함진가스는 외부여과하고, 먼지는 여포 외부에 포집되므로 여포에 Casing이 필요하며, 여포의 상부에는 각각 Venturi관과 Nozzle이 붙어 있어 압축공기를 분사 Nozzle에서 일정 시간마다 분사하여 부착한 먼지를 털어내야 한다. 즉, 고압력의 충격제트기류를 사용하여 여과포 내부의 포집분진층을 털어내는 방식이다.
㉡ 적정여과속도는 2.5(3)~6(7)cm/sec이며 여과포의 재질은 매트형 모전이 사용되며 형상은 원통형으로 소형화가 가능하고, 여포를 부직포로 하면 직포의 2~3배 여과속도 2~5m/min에서 처리할 수 있다.
㉢ 연속탈진이 가능하고 탈진주기는 10~20분 정도로 길고 탈진 소요시간은 0.5~1.5초로 짧다.

50 처리용량이 크고, 먼지의 크기가 0.1~0.9μm인 것에 대해서도 높은 집진효율을 가지며, 습식 또는 건식으로도 제진할 수 있고, 압력손실이 매우 적고, 유지비도 적게 소요될 뿐 아니라 고온의 가스도 처리 가능한 집진장치는?

① 전기집진장치   ② 원심력집진장치
③ 세정집진장치   ④ 여과집진장치

해설 전기집진장치의 장점
㉠ 집진효율이 높다.(0.1~0.9μm인 것에 대해서도 높은 집진효율)
㉡ 광범위한 온도범위에서 적용이 가능하며 부식성, 폭발성 가스가 함유된 먼지의 처리도 가능하다.
㉢ 고온가스(450~500℃ 전후) 처리가 가능하여 보일러와 철강로 등에 설치할 수 있다.
㉣ 압력손실이 낮고 대용량의 처리가스가 가능하고 배출가스의 온도강하가 적다.
㉤ 운전 및 유지비가 저렴하다(전력소비 적음).
㉥ 회수가치 입자포집에 유리하며 습식 및 건식으로 집진할 수 있다.
㉦ 넓은 범위의 입경과 분진농도에 집진효율이 높다.

51 전기집진장치에서 입구 먼지농도가 $16g/Sm^3$, 출구 먼지농도가 $0.1g/Sm^3$이었다. 출구 먼지농도를 $0.03g/m^3$로 하기 위해서는 집진극의 면적을 약 몇 % 넓게 하면 되는가?(단, 다른 조건은 무시한다.)

① 32%   ② 24%
③ 16%   ④ 8%

해설 $\eta = 1 - \exp\left(-\dfrac{AW}{Q}\right)$ 과 $\eta = 1 - \dfrac{C_0}{C_i}$ 에서

$1 - \dfrac{C_0}{C_i} = 1 - \exp\left(-\dfrac{AW}{Q}\right)$

$\dfrac{C_0}{C_i} = \exp\left(-\dfrac{AW}{Q}\right)$

양변에 ln을 취한 식을 만들면

$\ln\left(\dfrac{C_0}{C_i}\right) = -\dfrac{AW}{Q}$

$A = -\dfrac{Q}{W}\ln\left(\dfrac{C_0}{C_i}\right)$

면적비 $\left(\dfrac{A_1}{A_2}\right) = \dfrac{-\dfrac{Q}{W}\ln\left(\dfrac{0.1g/Sm^3}{16g/Sm^3}\right)}{-\dfrac{Q}{W}\ln\left(\dfrac{0.03g/Sm^3}{16g/Sm^3}\right)} = 0.808$

$A_2 = \dfrac{A_1}{0.808} = 1.2376 A_1$

즉, 초기 집진극 면적보다 23.76%를 더 넓게 하면 된다.

52 흡수장치를 액분산형과 기체분산형으로 분류할 때 다음 중 기체분산형에 해당하는 것은?

① Spray Tower   ② Packed Tower
③ Plate Tower   ④ Spray Chamber

해설 기체분산형 흡수장치
㉠ 단탑(Plate Tower)
  - 포종탑(Tray Tower)
  - 다공판탑(Sieve Plate Tower)
㉡ 기포탑

정답 48 ① 49 ① 50 ① 51 ② 52 ③

53 동일한 밀도를 가진 먼지입자(A, B)가 2개가 있다. B먼지입자의 지름이 A먼지입자의 지름보다 100배가 더 크다고 하면, B먼지입자 질량은 A먼지입자의 질량보다 몇 배나 더 크겠는가?

① 100
② 10,000
③ 1,000,000
④ 100,000,000

해설 중력(F_g) = mg
중력(F_g) = $\frac{1}{6}\pi dp^3 \rho_p g$
m(질량)은 입경의 3승에 비례하므로
$100^3 = 1,000,000$

54 가로 5m, 세로 8m인 두 집진판이 평행하게 설치되어 있고, 두 판 사이 중간에 원형 철심 방전극이 위치하고 있는 전기집진장치에 굴뚝가스가 120m³/min로 통과하고, 입자이동속도가 0.12m/s일 때의 집진효율은?(단, Deutsch-Anderson식 적용)

① 98.2%
② 98.7%
③ 99.2%
④ 99.7%

해설 집진효율(%) = $1 - \exp\left(-\frac{A \cdot W}{Q}\right)$
$A = 5m \times 8m = 40m^2 \times 2 = 80m^2$
$W = 0.12$m/sec
$Q = 120m^3/\min \times \min/60\sec = 2m^3/\sec$
$= 1 - \exp\left(-\frac{80 \times 0.12}{2}\right)$
$= 99.18\%$

55 다음 발생 먼지의 종류 중 일반적으로 S/S_b가 가장 큰 것은?(단, S는 진비중, S_b는 겉보기 비중)

① 미분탄보일러
② 시멘트킬른
③ 카본블랙
④ 골재드라이어

해설 S/S_b(진비중/겉보기 비중)
① 미분탄보일러 : 4.0
② 시멘트킬른 : 5.0
③ 카본블랙 : 76
④ 골재건조기(드라이어) : 2.7

56 높이 7m, 폭 10m, 길이 15m의 중력집진장치를 이용하여 처리가스를 4m³/sec의 유량으로 비중이 1.5인 먼지를 처리하고 있다. 이 집진장치가 포집할 수 있는 최소입자의 크기($d_{\min}$)는?(단, 온도는 25℃, 점성계수는 1.85×10^{-5} kg/m·s이며, 공기의 밀도는 무시한다.)

① 약 32μm
② 약 25μm
③ 약 17μm
④ 약 12μm

해설 $d_p = \left(\frac{18\mu_g Q}{W \cdot L(\rho_p - \rho)g}\right)^{\frac{1}{2}}$
$\rho_p = 1.5$g/cm³ × kg/1,000g × 10^6cm³/m³ = 1,500kg/m³
$= \left(\frac{18 \times (1.85 \times 10^{-5})\text{kg/m} \cdot \sec \times 4m^3/\sec}{10m \times 15m \times 1,500\text{kg/m}^3 \times 9.8\text{m/sec}^2}\right)^{\frac{1}{2}}$
$= 0.000024678m \times 10^6 \mu m/m = 24.58\mu m$

57 습식 전기집진장치의 특징에 관한 설명으로 가장 거리가 먼 것은?

① 낮은 전기저항 때문에 생기는 재비산을 방지할 수 있다.
② 처리가스 속도를 건식보다 2배 정도 높일 수 있다.
③ 집진극면이 청결하게 유지되며 강전계를 얻을 수 있다.
④ 먼지의 저항이 높기 때문에 역전리가 잘 발생된다.

해설 습식 전기집진장치는 전기저항이 낮기 때문에 역전리현상 및 재비산현상이 건식에 비하여 상대적으로 아주 적게 발생한다.

58 전기집진장치의 장애현상 중 먼지의 비저항이 비정상적으로 높아 2차 전류가 현저하게 떨어질 때의 대책으로 다음 중 가장 적합한 것은?

① Baffle을 설치한다.
② 방전극을 교체한다.
③ 스파크 횟수를 늘린다.
④ 바나듐을 투입한다.

해설 2차 전류가 현저하게 떨어질 때의 대책
㉠ 스파크 횟수 증가
㉡ 조습용 스프레이의 수량 증가
㉢ 입구 먼지농도를 적절히 조절

정답 53 ③ 54 ③ 55 ③ 56 ② 57 ④ 58 ③

59 건식 탈황·탈질방법 중 하나인 전자선조사법의 프로세스 특징으로 가장 거리가 먼 것은?

① 연소 배기가스에 암모니아 등을 첨가해 $\alpha \cdot \beta \cdot \gamma$선, 전리성 방사선 등을 조사한다.
② 부생물로 황산암모늄 및 질산암모늄을 생성한다.
③ 구성이 복잡해 계 내의 압력손실이 높고, 배기가스의 변동 등에 대처가 어렵다.
④ 탈질 및 탈황효율은 전자선의 조사량에 비례한다.

해설 전자선조사법은 구성이 간단하여 계 내의 압력손실이 낮다.

60 사이클론의 유입구 높이가 18.75cm, 원통부의 높이가 1.0m, 원추부의 높이가 1.0m일 때 외부선회류의 회전수는?

① 2   ② 4
③ 6   ④ 8

해설 유효 회전수
$N_e = \dfrac{1}{\text{유입구 높이}} \times \left(\text{원통부 높이} + \dfrac{\text{원추부 높이}}{2}\right)$
$= \dfrac{1}{0.1875} \times \left(1 + \dfrac{1}{2}\right) = 8$

제4과목 대기오염공정시험기준(방법)

61 굴뚝 배출가스 중의 카드뮴 화합물을 분석하기 위하여 시료를 채취하려고 한다. 시료 채취 시 굴뚝 배출가스 온도에 따른 사용 여과지와의 연결로 거리가 먼 것은?

① 120℃ 이하 – 셀룰로오스 섬유제 여과지
② 250℃ 이하 – 헤미셀룰로오스 섬유제 여과지
③ 500℃ 이하 – 유리 섬유제 여과지
④ 1,000℃ 이하 – 석영 섬유제 여과지

해설 굴뚝 배출가스 온도와 여과지의 관계(카드뮴 화합물 분석)
㉠ 120℃ 이하 : 셀룰로오스 섬유제 여과지
㉡ 500℃ 이하 : 유리 섬유제 여과지
㉢ 1,000℃ 이하 : 석영 섬유제 여과지

62 원통형(1형) 흡인노즐을 사용한 굴뚝 배출가스 흡인 시 10분간 채취한 흡인가스양(습식가스미터에서 읽은 값)이 60L이었다. 이때 등속흡인이 행하여지기 위한 가스미터에 있어서의 등속흡인유량의 범위는?(단, 등속흡인 정도를 알기 위한 등속계수 $I(\%) = \dfrac{V_m}{q_m \times t} \times 100$ 이다.)

① 3.3~5.3L/분   ② 5.5~6.3L/분
③ 5.5~7.3L/분   ④ 7.5~8.3L/분

해설 등속계수$(I, \%) = \dfrac{V_m}{q_m \times t} \times 100$

㉠ 95%
등속유량$(q_m) = \dfrac{V_m}{I \times t} = \dfrac{60L}{0.95 \times 10min} = 6.32L/min$

㉡ 110%
등속유량$(q_m) = \dfrac{V_m}{I \times t} = \dfrac{60L}{1.10 \times 100min} = 5.46L/min$

등속흡인유량범위 : 5.46~6.32L/min

63 굴뚝배출가스 중 오염물질 연속자동측정기기의 설치 위치 및 방법으로 옳지 않은 것은?

① 병합굴뚝에서 배출허용기준이 다른 경우에는 측정기기 및 유량계를 합쳐지기 전 각각의 지점에 설치하여야 한다.
② 분산굴뚝에서 측정기기는 나뉘기 전 굴뚝에 설치하거나, 나뉜 각각의 굴뚝에 설치하여야 한다.
③ 병합굴뚝에서 배출허용기준이 같은 경우에는 측정기기 및 유량계를 오염물질이 합쳐진 후 지점 또는 합쳐지기 전 지점에 설치하여야 한다.
④ 불가피하게 외부공기가 유입되는 경우 측정기기는 외부공기 유입 후에 설치하여야 한다.

해설 불가피하게 외부공기가 유입되는 경우 측정기기는 외부공기 유입 전에 설치하여야 한다.

64 굴뚝 배출가스 내의 염화수소 분석방법 중 자외선/가시선분광법(흡광광도법)에 해당하는 것은?

① 티오시안산 제2수은법(싸이오시안산 제2수은법)
② 질산은법
③ 란탄 – 알리자린 콤플렉손법
④ 4 – 아미노안티피린법

정답 59 ③ 60 ④ 61 ② 62 ② 63 ④ 64 ①

해설 굴뚝배출가스 중 염화수소 분석방법
㉠ 이온크로마토그래피법
㉡ 싸이오시안산제이수은법(자외선/가시선분광법)

65 환경대기 중 가스상 물질을 용매포집법으로 포집할 때 사용하는 순간유량계 중 면적식 유량계는?

① 게이트식 유량계   ② 미스트식 가스미터
③ 오리피스 유량계   ④ 노즐식 유량계

해설 용매포집법(유량계)
㉠ 적산유량계(Gas Meter) : 일정 용적의 용기에 가스를 도입하여 적산하는 것으로 습식 가스미터와 건식 가스미터가 있다.
㉡ 순간유량계
  • 면적식 유량계(Area Type)
    부자식(Floater), 피스톤 또는 게이트식 유량계를 사용
  • 기타 유량계
    오리피스 유량계, 벤츄리식 유량계 또는 노즐(Flow Nozzle)식 유량계를 사용

66 원자흡광분석에서 발생하는 간섭 중 분석 시 사용하는 스펙트럼의 불꽃 중에서 생성되는 목적원소의 원자증기 이외의 물질에 의하여 흡수되는 경우에 발생되는 것은?

① 이온학적 간섭   ② 분광학적 간섭
③ 물리적 간섭   ④ 화학적 간섭

해설 원자흡수분광광도법 – 분광학적 간섭
㉠ 분석에 사용하는 스펙트럼선이 다른 인접선과 완전히 분리되지 않는 경우 : 파장선택부의 분해능이 충분하지 않기 때문에 일어나며 검량선의 직선영역이 좁고 구부러져 있어 분석감도 정밀도도 저하된다. 이때는 다른 분석선을 사용하여 재분석하는 것이 좋다.
㉡ 분석에 사용하는 스펙트럼의 불꽃 중에서 생성되는 목적원소의 원자증기 이외의 물질에 의하여 흡수되는 경우 : 표준시료와 분석시료의 조성을 더욱 비슷하게 하며 간섭의 영향을 어느 정도까지 피할 수 있다.

67 이온크로마토그래프법(Lon Chromatography)에 사용되는 장치에 관한 설명으로 옳지 않은 것은?

① 용리액조는 이온성분이 용출되지 않는 재질로서 용리액이 공기와 원활한 접촉이 가능한 개방형을 선택한다.
② 송액펌프는 맥동(脈動)이 적은 것을 선택한다.
③ 시료주입장치는 일정량의 시료를 밸브 조작에 의해 분리관으로 주입하는 루프주입방식이 일반적이다.
④ 검출기는 분리관 용리액 중의 시료성분의 유무와 양을 검출하는 부분으로, 일반적으로 전도도 검출기를 많이 사용한다.

해설 용리액조는 이온성분이 용출되지 않는 재질로서 용리액을 직접 공기와 접촉시키지 않는 밀폐된 것을 선택한다.

68 기체크로마토그래피 분석에 사용하는 검출기 중 이황화탄소를 분석(0.5V/V ppm 이상)하는 데 가장 적합한 검출기는?

① ICD   ② FPD
③ ECD   ④ TCD

해설 이황화탄소(기체크로마토그래피법) 분석 검출기는 불꽃광도검출기(FPD)이다.

69 자외선/가시선 분광법(흡광광도법)에서 미광(Stray Light)의 유무조사에 사용되는 것은?

① Cell Holder   ② Holmium Glass
③ Cut Filter   ④ Monochrometer

해설 자외선/가시선분광법에서 미광(Stray light)의 유무조사에 사용되는 것은 Cut Filter이다.

70 배출가스 중 먼지를 여과지에 포집하고 이를 적당한 방법으로 처리하여 분석용 시험용액으로 한 후 원자흡수분광광도법을 이용하여 각종 금속원소의 원자흡광도를 측정하여 정량분석하고자 할 때, 다음 중 금속원소별 측정파장으로 옳게 짝지어진 것은?

① Pb – 357.9nm   ② Cu – 228.8nm
③ Ni – 217.0nm   ④ Zn – 213.8nm

해설 원자흡수분광광도법의 측정파장

측정 금속	측정 파장(nm)
Cu	324.8
Pb	217.0/283.3
Ni	232.0
Zn	213.8
Fe	248.3
Cd	228.8
Cr	357.9

정답 65 ① 66 ② 67 ① 68 ② 69 ③ 70 ④

71 굴뚝 배출가스 중 먼지를 반자동식 채취기에 의한 방법으로 측정할 경우 원통형 여과지의 전처리 조건으로 가장 적합한 것은?(단, 배출가스 온도가 110±5℃ 이상으로 배출된다.)

① 80±5℃에서 충분히(1~3시간) 건조
② 100±5℃에서 충분히(1시간) 건조
③ 120±5℃에서 충분히(1시간) 건조
④ 배출가스와 동일한 온도조건에서 충분히(1~3시간) 건조

해설 원통형 여과지를 100±5℃(배출가스온도가 110±5℃ 이상일 경우 배출가스 온도와 동일하게 건조)에서 충분히(1~3시간) 건조하고 데시케이터 내에서 실온까지 냉각하여 무게를 0.1mg까지 정확히 단 후 여과지 홀더에 끼운다.

72 원형 굴뚝의 반경이 0.85m일 때 측정점 수는 몇 개인가?

① 4   ② 8   ③ 12   ④ 20

해설 원형 단면의 측정점 수

굴뚝 직경 $2R$(m)	반경 구분 수	측정점 수
1 이하	1	4
1 초과 2 이하	2	8
2 초과 4 이하	3	12
4 초과 4.5 이하	4	16
4.5 초과	5	20

73 굴뚝 배출가스 중 총 탄화수소 측정분석에 사용하는 용어의 정의로 옳지 않은 것은?

① 스팬 값 : 측정기의 측정범위는 배출허용기준 이상으로 하며, 보통 기준의 1.2~3배를 적용한다.
② 교정가스 : 농도를 알고 있는 희석가스를 사용한다.
③ 영점편차 : 영점가스 주입 전·후에 측정기가 반응하는 정도의 차이로 운전기간 동안에는 점검, 수리 또는 교정이 없는 상태이어야 한다.
④ 교정편차 : 최고농도의 교정가스 주입 전·후에 측정기가 반응하는 정도의 차이로 운전기간 동안에 점검, 수리 또는 교정이 가능한 상태이어야 한다.

해설 교정편차
중간 농도의 교정가스 주입 전·후에 측정기가 반응하는 정도의 차이로 운전기간 동안에는 점검, 수리 또는 교정이 없는 상태이어야 한다.

74 배출가스 중 크롬화합물을 자외선/가시선 분광법(흡광광도법)으로 분석할 때 사용되는 시약으로만 옳게 나열된 것은?

① 과망간산포타슘, 다이페닐카바지드
② 구연산 암모늄-EDTA, 다이에틸다이싸이오카밤산소듐
③ 다이에틸다이싸이오카밤산소듐, 클로로메틸
④ 디티존, 시안화포타슘

해설 크롬화합물(자외선/가시선 분광법)
시료 용액 중의 크롬을 과망간산포타슘에 의하여 6가로 산화하고, 요소를 가한 다음, 아질산소듐으로 과량의 과망간산염을 분해한 후 다이페닐카바지드를 가하여 발색시키고, 파장 540nm 부근에서 흡광도를 측정하여 정량하는 방법이다.

75 굴뚝에서 배출되는 가스상 물질을 채취할 때 ⊙ 분석대상 가스별, ⓒ 사용 채취관 및 연결관의 재질, ⓒ 여과재 재질의 연결로 가장 적합한 것은?

① ⊙ 암모니아-ⓒ 염화비닐수지-ⓒ 소결유리
② ⊙ 황산화물-ⓒ 보통강철-ⓒ 알칼리 성분이 없는 유리솜
③ ⊙ 불소화합물-ⓒ 스테인리스강-ⓒ 카보런덤
④ ⊙ 벤젠-ⓒ 세라믹-ⓒ 카보런덤

해설 분석대상가스의 종류별 채취관 및 연결관 등의 재질

분석대상가스, 공존가스	채취관, 연결관의 재질	여과재	비고
암모니아	①②③④⑤⑥	ⓐⓑⓒ	① 경질유리
일산화탄소	①②③④⑤⑥⑦	ⓐⓑⓒ	② 석영
염화수소	①② ⑤⑥⑦	ⓐⓑⓒ	③ 보통강철
염소	①② ⑤⑥⑦	ⓐⓑⓒ	④ 스테인리스강
황산화물	①② ④⑤⑥⑦	ⓐⓑⓒ	⑤ 세라믹
질소산화물	①② ④⑤⑥	ⓐⓑⓒ	⑥ 불소수지
이황화탄소	①② ⑥	ⓐⓑ	⑦ 염화비닐수지
포름알데하이드	①② ⑥	ⓐⓑ	⑧ 실리콘수지
황화수소	①② ④⑤⑥⑦	ⓐⓑⓒ	⑨ 네오프렌
불소화합물	④ ⑥	ⓒ	ⓐ 알칼리 성분이 없는 유리솜 또는 실리카솜
시안화수소	①② ④⑤⑥⑦	ⓐⓑⓒ	ⓑ 소결유리
브롬	①② ⑥	ⓐⓑ	ⓒ 카보런덤
벤젠	①② ⑥	ⓐⓑ	
페놀	①② ④ ⑥	ⓐⓑ	
비소	①② ④⑤⑥⑦	ⓐⓑⓒ	

정답 71 ④   72 ②   73 ④   74 ①   75 ③

76 환경대기 중 질소산화물의 농도를 측정하기 위한 시험방법 중 주 시험방법은?

① 살츠만법(자동)
② 파라로자닐린법(수동)
③ 화학발광법(자동)
④ 야콥스-호흐하이저법(수동)

해설 환경대기 중 질소산화물 측정방법
㉠ 자동연속측정방법
- 화학발광법(Chemiluminescent Method)(주 시험방법)
- 살츠만(Saltzman)법
- 흡광차분광법(DOAS ; Differential Optical Absorption Spectroscopy)

㉡ 수동
- 야콥스-호흐하이저법
- 수동살츠만법

77 환경대기 중에 있는 아황산가스 농도를 자동연속측정법으로 분석하고자 한다. 이에 해당하지 않는 것은?

① 적외선형광법
② 용액 전도율법
③ 흡광차분광법
④ 불꽃광도법

해설 환경대기 중 아황산가스 측정방법
㉠ 수동 및 반자동측정법
- 파라로자닐린법(Pararosaniline Method)
- 산정량 수동법(Acidimetric Method)
- 산정량 반자동법(Acidimetric Method)

㉡ 자동 연속 측정법
- 용액 전도율법(Conductivity Method)
- 불꽃광도법(Flame Photometiric Detector Method)
- 자외선형광법(Pulse U.V. Fluorescence Method)
- 흡광차분광법(DOAS ; Differential Optical Absorption Spectroscopy)

78 황성분 1.6% 이하를 함유한 액체연료를 사용하는 연소시설에서 배출되는 황산화물(표준산소농도를 적용받는 항목)의 실측농도 측정 결과 741ppm이었다. 배출가스 중의 실측산소농도는 7%, 표준산소농도는 4%이다. 황산화물의 농도(ppm)는 약 얼마인가?

① 750ppm
② 800ppm
③ 850ppm
④ 900ppm

해설 황산화물 농도(ppm) $= C_a \times \dfrac{21-O_s}{21-O_a} = 741\text{ppm} \times \dfrac{21-4}{21-7}$
$= 899.79\text{ppm}$

79 대기오염공정시험기준상 따로 규정이 없는 한 시험에 사용하는 ㉠ 시약 명칭, ㉡ 화학식, ㉢ 농도(%), ㉣ 비중(약)의 기준으로 옳은 것은?

① ㉠ 암모니아수, ㉡ NH₄OH, ㉢ 30.0~34.0(NH₃로서), ㉣ 1.05
② ㉠ 아이오드화수소산, ㉡ HI, ㉢ 46.0~48.0, ㉣ 1.25
③ ㉠ 황산, ㉡ H₂SO₄, ㉢ 95% 이상, ㉣ 1.84
④ ㉠ 과염소산, ㉡ H₂ClO₃, ㉢ 60.0~62.0, ㉣ 1.34

해설 대기오염공정시험기준 규정이 없는 경우(시약기준)

명칭	화학식	농도(%)	비중(약)
염산	HCl	35.0~37.0	1.18
질산	HNO₃	60.0~62.0	1.38
황산	H₂SO₄	95% 이상	1.84
초산 (Acetic Acid)	CH₃COOH	99.0% 이상	1.05
인산	H₃PO₄	85.0% 이상	1.69
암모니아수	NH₄OH	28.0~30.0 (NH₃로서)	0.90
과산화수소	H₂O₂	30.0~35.0	1.11
불화수소산	HF	46.0~48.0	1.14
아이오드화수소산	HI	55.0~58.0	1.70
브롬화수소산	HBr	47.0~49.0	1.48
과염소산	HClO₄	60.0~62.0	1.54

80 굴뚝 배출가스를 습식 가스미터를 사용하여 흡수관법으로 습윤가스의 수증기 백분율을 측정한 결과, 체적백분율로 14.45%였다. 이때 흡수된 수분의 질량은?(단, 습윤가스의 온도는 70℃, 시료채취량은 10L, 대기압, 가스미터게이지압, 가스미터 온도 70℃에서의 수증기포화압은 각각 0.6기압, 25mmHg, 270mmHg이다.)

① 약 0.15g
② 약 0.2g
③ 약 0.25g
④ 약 0.3g

해설
$$X_w(\%) = \dfrac{1.244m_a}{V_m \times \dfrac{273}{273+\theta_m} \times \dfrac{P_a+P_m-P_v}{760} + (1.244m_a)}$$

$$14.45 = \dfrac{1.244m_a}{\left(10 \times \dfrac{273}{273+70}\right) \times \left(\dfrac{456+25-270}{760}\right) + (1.244m_a)}$$

$\left[456\text{mmHg} = 0.6\text{atm} \times \dfrac{760\text{mmHg}}{\text{atm}}\right]$

$14.45 = \dfrac{1.244m_a}{2.21 + 1.244m_a} \times 100$

m_a(수분질량) $= 0.3$g

제5과목 대기환경관계법규

[Note] 2011~2014년 대기환경관계법규 관련 문제는 법규의 변경사항이 많으므로 문제유형만 학습하시기 바랍니다.

81 다음은 대기환경보전법령상 시·도지사가 배출시설의 설치를 제한할 수 있는 경우이다. ( ) 안에 알맞은 것은?

> 배출시설 설치 지점으로부터 반경 1킬로미터 안의 상주인구가 (㉠)인 지역으로서 특정대기유해물질 중 한 가지 종류의 물질을 연간 (㉡) 배출하거나 두 가지 이상의 물질을 연간 (㉢) 배출하는 시설을 설치하는 경우

① ㉠ 1만 명 이상 ㉡ 5톤 이상 ㉢ 10톤 이상
② ㉠ 1만 명 이상 ㉡ 10톤 이상 ㉢ 20톤 이상
③ ㉠ 2만 명 이상 ㉡ 5톤 이상 ㉢ 10톤 이상
④ ㉠ 2만 명 이상 ㉡ 10톤 이상 ㉢ 25톤 이상

82 다중이용시설 등의 실내공기질 관리법규상 실내주차장에서의 총 휘발성 유기화합물($\mu g/m^3$)의 실내공기질 권고기준은?

① 600 이하 ② 800 이하
③ 1,000 이하 ④ 12,000 이하

83 대기환경보전법령상 시·도지사는 배출부과금 납부의무자가 천재지변 등으로 사업자의 재산에 중대한 손실이 발생한 경우로서 배출부과금을 납부기한 전에 납부할 수 없다고 인정하면 징수유예를 받거나 분할납부하게 할 수 있다. 다음 중 기본부과금의 징수유예기간 중의 분할납부횟수 기준으로 옳은 것은?

① 24회 이내 ② 12회 이내
③ 6회 이내 ④ 4회 이내

84 대기환경보전법령상 III지역(녹지지역 및 자연환경보전지역)의 기본부과금의 지역별 부과계수는?

① 0.5 ② 1.0
③ 1.5 ④ 2.0

85 대기환경보전법규상 배출시설 및 방지시설 등과 관련된 개별 행동처분기준 중 각 해당 행위에 대한 1차 행정처분기준이 "조업정지 10일"인 것은?

① 배출시설 설치변경신고를 하지 아니한 경우
② 배출시설 및 방지시설의 운영에 관한 관리기록을 거짓으로 기재한 경우
③ 배출시설 가동 시에 방지시설을 가동하지 아니한 경우
④ 자가측정을 하지 아니한 경우

86 대기환경보전법규상 운행차 배출허용기준 중 일반기준으로 옳지 않은 것은?

① 알코올만 사용하는 자동차는 탄화수소 기준을 적용하지 아니한다.
② 휘발유와 가스를 같이 사용하는 자동차의 배출가스 측정 및 배출허용기준은 휘발유의 기준을 적용한다.
③ 1993년 이후에 제작된 자동차 중 과급기(Turbo Charger)나 중간냉각기(Intercooler)를 부착한 경유 사용 자동차의 배출허용기준은 무부하급가속 검사방법의 매연항목에 대한 배출허용기준에 5%를 더한 농도를 적용한다.
④ 수입자동차는 최초등록일자를 제작일자로 본다.

87 대기환경보전법상 용어의 뜻으로 옳지 않은 것은?

① "온실가스"란 적외선 복사열을 흡수하거나 다시 방출하여 온실효과를 유발하는 대기 중의 가스상태 물질로서 이산화탄소, 메탄, 아산화질소, 수소불화탄소, 과불화탄소, 육불화황을 말한다.
② "휘발성 유기화합물"이란 탄화수소류 중 석유화학제품, 유기용제, 그 밖의 물질로서 환경부장관이 관계 중앙행정기관의 장과 협의하여 고시하는 것을 말한다.
③ "배출가스저감장치"란 자동차에서 배출되는 대기오염물질을 줄이기 위하여 자동차에 부착 또는 교체하는 장치로서 환경부령으로 정하는 저감효율에 적합한 장치를 말한다.
④ "검댕"이란 연소할 때에 생기는 유리(遊離) 탄소가 주가 되는 미세한 입자상 물질로 지름이 10미크론 이상이 되는 입자상 물질을 말한다.

정답 81 ④ 82 ③ 83 ④ 84 ② 85 ③ 86 ② 87 ④

88 대기환경보전법규상 환경기술인의 준수사항과 가장 거리가 먼 것은?

① 자가측정한 결과를 사실대로 기록할 것
② 자가측정은 정확히 할 것
③ 자가측정기록부를 보관기간 동안 보전할 것
④ 자가측정 시 사용한 여과지는 환경오염공정시험기준에 따라 기록한 시료채취기록지와 함께 날짜별로 보관·관리할 것

89 대기환경보전법규상 자동차연료 제조기준 중 바이오가스의 항목에 따른 제조기준으로 옳지 않은 것은?

① 메탄(부피 %) : 85.0 이상
② 수분(mg/Nm^3) : 32 이하
③ 황분(ppm) : 10 이하
④ 불활성 가스(CO_2, N_2 등)(부피 %) : 5.0 이하

90 대기환경보전법규상 자동차의 종류에 관한 사항으로 옳지 않은 것은?(단, 2009년 1월 1일 이후 적용 기준)

① 사람이나 화물을 운송하기 적합하게 제작된 것으로 엔진 배기량이 1,000cc 미만인 자동차를 경자동차라 한다.
② 화물을 운송하기 적합하게 제작된 것으로 차량 총 중량이 10톤 이상인 자동차를 초대형화물자동차라 한다.
③ 엔진배기량이 50cc 미만인 이륜자동차는 모페드형(스쿠터형을 포함한다.)만 이륜자동차에 포함한다.
④ 전기만을 동력으로 사용하는 자동차는 1회 충전 주행거리가 160km 이상인 경우 제3종에 해당한다.

91 대기환경보전법령상 대기오염경보에 관한 사항으로 옳지 않은 것은?

① 지역의 특성에 따라 특별시·광역시 등의 조례로 경보 단계별 조치사항을 일부 조정할 수 있다.
② 대기오염경보 단계는 대기오염경보 대상 오염물질의 농도에 따라 오존의 경우 주의보, 경보, 중대경보로 구분하되, 대기오염경보 단계별 오염물질의 농도기준은 환경부령으로 정한다.
③ 자동차 사용의 자제 요청은 "주의보 발령" 시 조치 사항에 해당한다.
④ 주민의 실외활동 제한 요청, 자동차 사용의 제한명령 및 사업장의 연료사용량 감축 권고 등은 "중대경보 발령" 시에 해당되는 조치사항이다.

92 대기환경보전법령상 배출시설 설치허가 신청서 또는 배출시설 설치신고서에 첨부하여야 할 서류로 가장 거리가 먼 것은?

① 원료(연료를 포함한다.)의 사용량 및 제품 생산량
② 배출시설 및 방지시설의 설치명세서
③ 방지시설의 상세 설계도
④ 방지시설의 연간 유지관리 계획서

93 다음은 대기오염경보단계별 해제기준이다. ( ) 안에 알맞은 것은?

> 중대경보가 발령된 지역의 기상조건 등을 검토하여 대기자동측정소의 오존농도가 (㉠)피피엠 이상 (㉡)피피엠 미만일 때는 경보로 전환한다.

① ㉠ 0.3, ㉡ 0.5
② ㉠ 0.5, ㉡ 1.0
③ ㉠ 1.0, ㉡ 1.2
④ ㉠ 1.2, ㉡ 1.5

94 대기환경보전법령상 연료의 황 함유량이 1.0% 이하인 경우 기본부과금의 농도별 부과계수로 옳은 것은?(단, 연료를 연소하여 황산화물을 배출하는 시설(황산화물의 배출량을 줄이기 위하여 방지시설을 설치한 경우와 생산공정상 황산화물의 배출량이 줄어든다고 인정하는 경우는 제외)

① 0.2 ② 0.35 ③ 0.4 ④ 0.5

95 대기환경보전법령상 일일초과배출량 및 일일유량의 산정방법에 관한 설명으로 옳지 않은 것은?

① 먼지 외 오염물질의 배출농도의 단위는 mg/m^3 또는 $\mu g/m^3$로 나타낸다.
② 특정유해물질의 배출허용기준초과 일일오염물질배출량은 소수점 이하 넷째 자리까지 계산한다.

③ 일반오염물질의 배출허용기준초과 일일오염물질배출량은 소수점 이하 첫째 자리까지 계산한다.
④ 배출허용기준초과농도 = 배출농도 - 배출허용기준농도

96 대기환경보전법령상 자동차 제작자에 대한 매출액 산정 및 위반행위 정도에 따른 과징금의 부과기준 중 인증을 받은 내용과 다르게 자동차를 제작·판매한 경우 가중부과계수는?

① 0.3 ② 0.5 ③ 1.0 ④ 1.5

97 대기환경보전법규상 위임업무 보고사항 중 "자동차 연료 제조기준 적합 여부 검사현황"의 보고횟수 기준은?

① 연 4회 ② 연 2회 ③ 연 1회 ④ 수시

98 대기환경보전법상 대통령령으로 정하는 업종의 배출시설을 운영하는 사업자는 공정 및 설비 등에서 굴뚝 등 환경부령으로 정하는 배출구 없이 대기 중에 직접 배출되는 대기오염물질을 줄이기 위해 배출시설의 정기점검 및 비산 배출에 대한 조사 등에 관하여 환경부령으로 정하는 시설관리기준을 지켜야 하는데, 이 시설관리기준을 지키지 아니한 자에 대한 벌칙기준으로 옳은 것은?

① 7년 이하의 징역 또는 1억 원 이하의 벌금에 처한다.
② 5년 이하의 징역 또는 3천만 원 이하의 벌금에 처한다.
③ 1년 이하의 징역 또는 1천만 원 이하의 벌금에 처한다.
④ 500만 원 이하의 벌금에 처한다.

99 대기환경보전법령상 사업장별 환경기술인 자격기준에 관한 설명으로 옳지 않은 것은?

① 대기오염물질 배출시설 중 일반보일러만 설치한 사업장은 5종 사업장에 해당하는 기술인을 둘 수 있다.
② 2종 사업장(대기오염물질 발생량의 합계가 연간 20톤 이상 80톤 미만인 사업장)의 환경기술인 자격기준은 대기환경산업기사 이상의 기술자격 소지자 1명 이상이다.
③ 대기환경기술인이「수질 및 수생태계 보전에 관한 법률」에 따른 수질환경기술인의 자격을 갖춘 경우에는 수질환경기술인을 겸임할 수 있으며, 대기환경기술인이「소음·진동관리법」에 따른 소음·진동환경기술인 자격을 갖춘 경우에는 소음·진동환경기술인을 겸임할 수 있다.
④ 1종 사업장과 2종 사업장 중 1개월 동안 실제 작업한 날만을 계산하여 1일 평균 12시간 이상 작업하는 경우에는 해당 사업장의 기술인을 각각 2명 이상 두어야 한다. 이 경우, 1명을 제외한 나머지 인원은 4종 사업장에 해당하는 기술인으로 대체할 수 있다.

100 환경정책기본법령상 "벤젠"의 대기환경기준($\mu g/m^3$)은? (단, 연간 평균치)

① 0.1 이하 ② 0.15 이하
③ 0.5 이하 ④ 5 이하

2014년 2회 기출문제

제1과목 　 대기오염개론

01 풍속 5m/sec, 높이 50m, 직경 2m, 배출가스 속도 15m/sec, 배출가스 온도 127℃인 굴뚝이 있다. 대기 중의 공기온도가 17℃일 때 아래의 홀랜드식을 이용하여 유효굴뚝 높이를 구하면?(단, 1기압을 기준으로 하며 대기의 안정도는 중립조건 홀랜드식은 아래 식을 적용한다.)

$$\Delta H = \frac{V_s \times d}{U}\left(1.5 + 2.68 \times 10^{-3} P \frac{T_s - T_a}{T_s} d\right)$$

① 약 67m
② 약 78m
③ 약 84m
④ 약 92m

해설 $H_e = H \times \Delta H$

$\Delta H = \dfrac{V_s \times d}{U}\left[1.5 + 2.68 \times 10^{-3} \times P\left(\dfrac{T_s - T_a}{T_s}\right) \times d\right]$

$= \dfrac{15 \times 2}{5}\left[1.5 + 2.68 \times 10^{-3}\right.$

$\left.\times 1,000\left(\dfrac{(273 + 127) - (273 + 17)}{273 + 127}\right) \times 2\right]$

$= 17.84\text{m}$

$= 50 + 17.84 = 67.84\text{m}$

02 입자상 물질의 크기 중 "마틴직경(Martin Diameter)"이란?

① 입자상 물질의 그림자를 2개의 등면적으로 나눈 선의 길이를 직경으로 하는 것
② 입자상 물질의 끝과 끝을 연결한 선 중 가장 긴 선을 직경으로 하는 것
③ 입경분포에서 개수가 가장 많은 입자를 직경으로 하는 것
④ 대수분포에서 중앙입경을 직경으로 하는 것

해설 마틴직경(Martin Diameter)
㉠ 입자의 면적을 2등분하는 선의 길이, 즉 입자의 2차원 투영상을 구하여 그 투영면적을 2등분한 선분 중 어떤 기준선과 평행인 것의 길이를 의미한다.(입자상 물질의 그림자를 2개의 등면적으로 나눈 선의 길이)
㉡ 최단거리를 측정하므로 과소평가할 수 있는 단점이 있다.

03 Fick의 확산방정식을 실제 대기에 적용시키기 위해 추가하는 가정으로 거리가 먼 것은?

① 바람에 의한 오염물의 주 이동방향은 x축이다.
② 하류로의 확산은 오염물이 바람에 의하여 x축을 따라 이동하는 것보다 강하다.
③ 과정은 안정상태이고, 풍속은 x, y, z 좌표 시스템 내의 어느 점에서든 일정하다.
④ 오염물은 점오염원으로부터 계속적으로 방출된다.

해설 오염물이 x축을 따라 이동하는 것은 하류(풍하)로의 확산에 의한 물질이동보다 더 강하다.

04 굴뚝의 반경이 1.5m, 평균풍속이 180m/min인 경우 굴뚝의 유효연돌높이를 24m 증가시키기 위한 굴뚝 배출가스 속도는?(단, 연기의 유효상승 높이 $\Delta H = 1.5 \times \dfrac{W_s}{u} \times D$ 이용)

① 13m/sec
② 16m/sec
③ 26m/sec
④ 32m/sec

해설 $\Delta H = 1.5 \times \left(\dfrac{V_s}{U}\right) \times D$

$24\text{m} = 1.5 \times \left(\dfrac{V_s}{180\text{m/min} \times \text{min/60sec}}\right) \times (1.5 \times 2)\text{m}$

V_s(굴뚝 배출가스속도) $= 16\text{m/sec}$

05 다음 중 지구온난화 지수가 가장 큰 것은?

① PFCs(과불화탄소)
② HFCs(수소불화탄소)
③ CH_4
④ H_2O

정답 01 ① 02 ① 03 ② 04 ② 05 ①

해설 6종류의 온실가스 설정(저감 및 관리대상 온실가스)
CO_2, CH_4, N_2O, HFC(수소불화탄소), PFC(과불화탄소), SF_6 (육불화황)
(단, CFC는 몬트리올 의정서에 의해 미리 규제를 받고 있고 H_2O는 자연계에서 순환되므로 제외하였다.)

온실가스	지구온난화 지수 (GWP)	온난화 기여도 (%)	수명 (연)	주요 배출원
CO_2	1	55	100~250	연소반응/산업공정(소성반응)
CH_4	21	15	12	폐기물처리과정/농업/가축배설물(축산)
N_2O	310	6	120	화학산업/농업(비료)
HFCs	140~11,700 (1,300)			냉매/용제/발포제/세정제
PFCs	6,500~11,700 (7,000)	24	70~550	냉동기/소화기/세정제
SF_6	23,900			전자제품 및 변압기의 절연체

06 대기오염물질이 인체에 미치는 영향으로 가장 거리가 먼 것은?

① 금속수은은 수은증기를 흡입하면 대부분 흡수되나 경구섭취 시에는 소구를 형성하므로 위장관으로는 잘 흡수되지 않는다.
② 만성 연(Pb)중독 증상의 특징적인 5대 증상으로는 연창백, 연연, 코프로폴피린뇨, 호염기성·적혈구, 심근마비 등을 들 수 있다.
③ 베릴륨 화합물은 흡입, 섭취 혹은 피부접촉으로 대부분 흡수된다.
④ 염소, 포스겐 및 질소산화물 등의 상기도 자극 증상은 경미한 반면, 수시간 경과 후 오히려 폐포를 포함한 하기도의 자극 증상은 현저하게 나타나는 편이다.

해설 베릴륨(Be)
㉠ 융점이 1,280℃, 비등점은 2,970℃로 더운 물에 약간 용해되고 약산과 약알칼리에는 용해되는 성질이 있다.
㉡ 마모와 부식에 강하며 저농도에서도 장해는 일반적으로 아주 크게 나타난다.
㉢ 베릴륨화합물은 흡입, 섭취 혹은 피부접촉으로는 거의 흡수되지 않으며, 폐에 잔존할 수 있고, 뼈, 간, 비장에 침착될 수 있고, 신배설은 느리고 다양하다.
㉣ 용해성 화합물은 침입 후 다른 조직에 분포하며 산모의 모유를 통하여 태아에게까지 영향을 미친다.
㉤ 급성폭로는 주로 용해성 베릴륨화합물(연화물, 황화물, 불화물)이 일으키며 인후염, 기관지염, 폐부종, 접촉성 피부염 등이 발생한다.
㉥ 만성폭로 시에는 육아 종양, 화학적 폐렴, 폐암을 발생시킨다.

07 오존에 관한 설명으로 가장 거리가 먼 것은?

① 대기 중 오존의 배경농도는 0.01~0.02ppm 정도이다.
② 청정지역의 오존농도의 일변화는 도시지역보다 매우 크므로 대기 중 NO, NO_2 농도 변화에 따른 오존의 광화학적 생성과 소멸을 밝히기에 유리하다.
③ 도시나 전원지역의 대기 중 오존농도는 가끔 NO_2의 광해리에 의해 생성될 때보다 높은 경우가 있는데 이는 오존을 소모하지 않고 NO가 NO_2로 산화되기 때문이다.
④ 대류권에서 오존의 생성률은 과산화기의 농도와 관계가 깊다.

해설 청정지역의 오존농도의 일변화는 도시지역보다 작으므로 대기 중 NO, NO_2 농도 변화에 따른 오존의 광화학적 생성과 소멸을 밝히기에 불리하다.

08 1시간에 10,000대의 차량이 고속도로 위에서 평균시속 80km로 주행하며, 각 차량의 평균탄화수소 배출률은 0.02g/sec이다. 바람이 고속도로와 측면 수직방향으로 5m/sec로 불고 있다면 도로지반과 같은 높이의 평탄한 지형의 풍하 500m 지점에서의 지상오존농도($\mu g/m^3$)는?
(단, 대기는 중립상태이며, 풍하 500m에서의 σ_z=15m,
$C(x, y, 0) = \dfrac{2q}{(2\pi)^{\frac{1}{2}} \sigma_s U} \exp\left[-\dfrac{1}{2}\left(\dfrac{H}{\sigma_s}\right)^2\right]$ 를 이용)

① 26.6$\mu g/m^3$ ② 34.1$\mu g/m^3$
③ 42.4$\mu g/m^3$ ④ 51.2$\mu g/m^3$

해설
$C(x, y, 0) = \dfrac{2q}{(2\pi)^{\frac{1}{2}} \sigma_z u} \exp\left[-\dfrac{1}{2}\left(\dfrac{H}{\sigma_z}\right)^2\right]$

q(탄화수소양 : g/m·sec)
= 0.02g/sec·대 × 10,000대/hr × hr/80km × km/1,000m
= 0.0025g/m·sec
U = 5m/sec
σ_z = 15m
H = 0(도로지반과 같은 높이)

$= \dfrac{2 \times 0.0025 g/m \cdot sec \times 10^6 \mu g/g}{(2\pi)^{\frac{1}{2}} \times 15m \times 5m/sec} \times \exp\left[-\dfrac{1}{2}\left(\dfrac{0}{15m}\right)^2\right]$

= 26.59$\mu g/m^3$

09 석면폐증에 관한 설명으로 가장 거리가 먼 것은?

① 석면폐증은 폐의 석면분진 침착에 의한 섬유화이며, 흉막의 섬유화와는 무관하다.
② 석면폐증은 폐상엽에서 주로 발생하며, 전이는 되지 않는 편이다.
③ 폐의 섬유화는 폐조직의 신축성을 감소시키고, 혈액으로의 산소공급을 불충분하게 한다.
④ 석면폐증은 비가역적이며, 석면노출이 중단된 이후에도 악화되는 경우가 있다.

해설 석면폐증은 폐하엽 부위에 다발하며 흉막을 따라 폐중엽이나 설엽으로 퍼져간다.

10 다음은 어떤 오염물질에 관한 설명인가?

> 이 물질은 위장관에서 다른 원소들의 흡수에 영향을 미칠 수 있는데, 불소의 흡수를 억제하고, 칼슘과 철화합물의 흡수를 감소시키며, 소장에서 인과 결합하여 인 결핍과 골연화증을 유발한다.

① 불화수소 ② 자일렌
③ 알루미늄 ④ 니켈

해설 알루미늄(Al)
㉠ 알루미늄 화합물은 불소의 흡수를 억제하고 칼슘과 철 화합물의 흡수를 감소시키며 소장에서 인과 결합하여 인 결핍과 골연화증을 유발한다.
㉡ 알루미늄 독성작용으로 인간에게서 입증된 2개의 주요 조직은 뼈와 뇌이고, 알루미늄 열은 결막염, 습진, 상기도 자극을 유발한다.

11 대류권 내 건조대기의 성분 및 조성에 관한 설명으로 옳지 않은 것은?

① 농도가 매우 안정된 성분으로는 산소, 질소, 이산화탄소, 아르곤 등이다.
② 이산화질소, 암모니아 성분은 농도가 쉽게 변하는 물질에 해당한다.
③ 오존의 평균농도는 0.1~1ppm 정도로 지역별 오염도에 따라 일변화가 매우 크다.
④ 질소, 산소를 제외하고 가장 큰 부피를 차지하고 있는 물질은 아르곤이다.

해설 오존의 평균농도는 0.04ppm 정도로 지역별 오염도에 따라 일변화가 매우 크다.

12 실내공기 오염물질인 라돈에 관한 설명으로 가장 거리가 먼 것은?

① 주기율표에서 원자번호가 238번으로, 화학적으로 활성이 큰 물질이며, 흙 속에서 방사선 붕괴를 일으킨다.
② 무색무취의 기체로 액화되어도 색을 띠지 않는 물질이다.
③ 반감기는 3.8일로 리듐이 핵분열할 때 생성되는 물질이다.
④ 자연계에 널리 존재하며, 건축자재 등을 통하여 인체에 영향을 미치고 있다.

해설 라돈은 주기율표에서 원자번호가 86번으로 화학적으로 불활성 물질이며, 흙 속에서 방사선 붕괴를 일으키는 자연방사능 물질이다.

13 광화학적 산화제와 2차 대기오염물질에 관한 설명으로 옳지 않은 것은?

① 자외선이 강할 때, 빛의 지속시간이 긴 여름철에, 대기가 안정되었을 때 대기 중 광산화제의 농도가 높아진다.
② PAN은 강산화제로 작용하며, 빛을 흡수하여 가시거리를 증가시키며, 고엽에 특히 피해가 큰 편이다.
③ 오존은 폐충혈과 폐수종 등을 유발하며 섬모운동의 기능장애를 일으킨다.
④ 오존은 성숙한 잎에 피해가 크며, 섬유류의 퇴색작용과 작물의 셀룰로오스를 손상시킨다.

해설 PAN(질산과산화아세틸)
㉠ 강산화제 역할을 하며 대기 중에서의 농도는 0.1ppm 내외이다.
㉡ 어린잎에 민감하며 지표식물로는 시금치, 상추, 셀러리 등이 있다.
㉢ 빛을 흡수(분산)시키므로 가시거리를 감소시킨다.

14 가우시안형의 대기오염 확산방정식을 적용할 때, 지면에 있는 오염원으로부터 바람 부는 방향으로 250m 떨어진 연기의 중심축상 지상 오염농도는?(단, 오염물질의 배출량은 5.5g/sec, 풍속은 5m/sec, σ_y = 22.5m, σ_z = 12m이다.)

① 1.3mg/m³ ② 1.9mg/m³
③ 2.3mg/m³ ④ 2.7mg/m³

정답 09 ② 10 ③ 11 ③ 12 ① 13 ② 14 ①

해설 $C(x, y, z, H_e)$
$= \dfrac{Q}{2\pi\sigma_y\sigma_z U}\exp\left[-\dfrac{1}{2}\left(\dfrac{y}{\sigma_y}\right)^2\right] \times \left[\exp\left(-\dfrac{1}{2}\left(\dfrac{z-H_e}{\sigma_z}\right)^2\right)\right.$
$\left. + \exp\left(-\dfrac{1}{2}\left(\dfrac{z+H_e}{\sigma_z}\right)^2\right)\right]$

위 식에서 $\left.\begin{matrix}y = z = 0 \\ H_e = 0\end{matrix}\right\}$ 이므로

$C = \dfrac{Q}{\pi U \sigma_y \sigma_z}$
$= \dfrac{5.5\,\mathrm{g/sec}}{3.14 \times 5\,\mathrm{m/sec} \times 22.5\,\mathrm{m} \times 12\,\mathrm{m}}$
$= 1.29 \times 10^{-3}\,\mathrm{g/m^3} \times 1{,}000\,\mathrm{mg/g}$
$= 1.29\,\mathrm{mg/m^3}$

15 광화학 반응 시 하루 중 오염물질의 일반적인 농도 변화와 관련된 설명으로 가장 거리가 먼 것은?

① 알데하이드는 대체적으로 오전 중에 감소 경향을 나타내다가 오후가 되면서 오존과 더불어 서서히 증가한다.
② 탄화수소 중에서 오존을 잘 형성시키는 것은 Diolefins, Olefins, Aldehydes, Alcohols 등이다.
③ NO_2는 오존의 농도가 최대에 도달할 때 통상적으로 아주 적게 생성된다.
④ NO와 탄화수소의 반응에 의해 NO_2는 오전 7시경을 전후로 해서 상당한 율로 발생하기 시작한다.

해설 알데하이드는 파장 313nm 이하에서 광분해하며 일출 후 계속 증가하다가 12시 전후를 기점으로 감소한다.

16 바람을 일으키는 힘 중 기압경도력에 관한 설명으로 가장 적합한 것은?

① 수평 기압경도력은 등압선의 간격이 좁으면 강해지고, 반대로 간격이 넓으면 약해진다.
② 지구의 자전운동에 의해서 생기는 가속도에 의한 힘을 말한다.
③ 극지방에서 최소가 되며 적도지방에서 최대가 된다.
④ Gradient Wind라고도 하며, 대기의 운동방향과 반대의 힘인 마찰력으로 인하여 발생된다.

해설 ② 전향력
③ 전향력
④ 경도풍

17 비구형 입자의 크기를 역학적으로 산출하는 방법 중의 하나로 본래의 입자와 밀도 및 침강속도가 동일하다고 가정한 구형입자의 직경은?

① 종말직경
② 종단직경
③ 공기역학직경
④ 스토크 직경

해설 Stokes 직경
㉠ 입자 형태가 구형이 아니더라도 동일한 침강속도 및 밀도를 갖는 구형입자의 직경을 Stokes 직경이라 한다.
㉡ 스토크 직경의 단점은 입경의 크기가 입자의 밀도에 따라 달라지므로 계산 시 입자 밀도도 고려해야 한다는 점이다.

18 다음 중 아황산가스에 대한 식물별 저항력이 가장 강한 것은?

① 연초
② 장미
③ 옥수수
④ 쥐당나무

해설 SO_2에 저항성이 강한 식물
까치밤나무, 수랍목, 협죽도, 쥐당나무(정치목), 감귤, 글라디올러스, 장미, 개나리, 양배추 등

19 일산화탄소(CO)에 관한 설명으로 가장 거리가 먼 것은?

① CO는 토양박테리아에 의해 이산화탄소로 산화됨으로써 대기 중에서 제거되거나 대류권 및 성층권에서 일어나는 광화학 반응에 의해 제거되기도 한다.
② 대기 중에서 CO의 평균 체류시간은 5~10년 정도로 대기 중 배경농도는 남반구에서는 0.1~0.5ppm, 북반구에서는 1~2ppm 정도이다.
③ 강우에 의한 영향을 거의 받지 않으며, 유해한 화학반응을 거의 일으키지 않는 편이다.
④ 풍향과 풍속이 일정한 경우 도로 부근의 농도는 교통량과 비례하여 CO양이 증가되는 경향을 보인다.

해설 대기 중에서 일산화탄소의 평균 체류시간은 1~3개월 정도이며 배경농도는 남반구에서는 0.04~0.06ppm, 북반구에서는 0.1~0.2ppm이다.

정답 15 ① 16 ① 17 ④ 18 ④ 19 ②

20 지상으로부터 500m까지의 평균 기온감률이 0.85℃/100m이다. 100m 고도의 기온이 15℃라 하면 300m에서의 기온은?

① 13.30℃ ② 12.45℃
③ 11.45℃ ④ 10.45℃

해설 300m에서 기온(℃)
= 15℃ − [0.85℃/100m × (300 − 100)m]
= 13.3℃

제2과목 연소공학

21 연소학에서 사용되는 무차원 수 중 "Nusselt Number"의 의미로 가장 적합한 것은?

① 난류확산의 특성시간에 대한 화학반응의 특성시간의 비
② 전도열 이동속도에 대한 대류열 이동속도의 비
③ 화염신장률
④ 온도 확산속도에 대한 운동량 확산속도의 비

해설 너셀수(Nusselt Number ; Nt)
㉠ 전도열 이동속도에 대한 대류열 이동속도의 비
㉡ 강제대류 열전달에서 Nt가 클수록 대류열전달이 활발함
㉢ 관계식
$$Nt = \frac{hL}{k} = \frac{대류계수}{전도계수}$$

22 연소물을 연소하는 과정에서 질소산화물(NOx)이 발생하게 된다. 다음 반응 중 질소산화물(NOx) 생성 과정에서 발생하는 Prompt NOx의 주된 반응식으로 가장 적합한 것은?

① $N + NH_3 \rightarrow N_2 + 1.5H_2$
② $N_2 + O_3 \rightarrow 2NO + 1.5O_2$
③ $CH + N_2 \rightarrow HCN + N$
④ $N + N \rightarrow N_2$

해설 Prompt NOx
㉠ 연료와 공기 중 질소 성분의 결합으로 발생한다. 즉, 연료가 열분해 시 질소가 HC 및 C와 반응하여 HCN 또는 CN이 생성되며, 이들은 OH 및 O_2 등과 결합하여 중간생성물질(NCO)을 형성하여 NO의 발생에 관계가 있다는 학설이다.
㉡ 반응식 : $CH + N_2 \rightarrow HCN + N$

23 다음 알코올연료 중 에테르, 아세톤, 벤젠 등 많은 유기물질을 용해하며, 무색의 독특한 냄새를 가지고, 모두 8종의 이성체가 존재하는 것은?

① 에탄올(C_2H_5OH) ② 프로판올(C_3H_7OH)
③ 부탄올(C_4H_9OH) ④ 펜탄올($C_5H_{11}OH$)

해설 알코올연료 종류
㉠ 에탄올(C_2H_5OH)
  • 특유의 냄새와 맛이 있고 상온에서는 무색의 액체로 존재한다.
  • 수소결합을 하며 다른 알코올, 에테르, 클로로폼 등에 녹을 수 있다.
㉡ 프로판올(C_3H_7OH)
  프로판올은 프로판의 수소 하나가 히드록시기로 치환된 화합물로 1−프로판올(n−프로판올) 및 2−프로판올(이소프로판올) 2개의 이성질체가 있다.
㉢ 부탄올(C_4H_9OH)
  • 부탄 또는 이소부탄의 수소원자 한 개를 수산기로 치환한 화합물의 총칭으로 지방족 포화알코올의 일종이다.
  • 부틸알코올이라고도 하며 n−부탄올, 2−부탄올, 이소부탄올(발효부탄올), 3−부탄올의 4개의 이성질체가 있다.
㉣ 펜탄올($C_5H_{11}OH$)
  에테르, 아세톤, 벤젠 등 많은 유기물을 용해하며, 무색의 독특한 냄새를 가지고, 8종의 이성질체가 있다.

24 3%의 황이 함유된 중유를 매일 100kL 사용하는 보일러에 황함량 1.5%인 중유를 30% 섞어 사용할 때 SO_2 배출량은 몇 % 감소하겠는가?(단, 중유의 황성분은 모두 SO_2로 전환, 중유비중 1.0으로 가정함)

① 30% ② 25%
③ 15% ④ 10%

해설 연소 시 전량 S는 SO_2로 변환되므로
감소되는 S(%) = 감소되는 SO_2(%)
감소되는 S(%) = $\left(1 - \frac{나중\ 조건의\ 황\ 함유량}{초기\ 조건의\ 황\ 함유량}\right) \times 100$

초기 조건의 황 함유량
= 100kL × 0.03 = 3kL
나중 조건의 황 함유량
= 100kL[(0.03 × 0.7) + (0.015 × 0.3)]
= 2.55kL
= $\left(1 - \frac{2.55}{3}\right) \times 100 = 15\%$

25 유동층 연소에 관한 설명으로 거리가 먼 것은?

① 유동화가 행해지는 공기유속의 범위는 한정되어 있으며, 통상 0.3~4m/s 정도이다.
② 비교적 고온에서 연소가 행해지므로 열생성 NOx가 많고, 전열관의 부식이 문제가 된다.
③ 연료의 층내 체류시간이 길어 저발열량의 석탄도 완전연소가 가능하다.
④ 유동매체에 석회석 등의 탈황제를 사용하여 노 내 탈황도 가능하다.

해설 유동층 연소는 연소온도가 미분탄연소로에 비해 낮고 과잉공기량이 낮아 NOx 생성억제에 효과가 있다.

26 1Mole의 프로판이 완전연소할 때의 AFR은?(단, 부피 기준)

① 9.5 ② 19.5
③ 23.8 ④ 33.8

해설 $C_3H_8 + 5O_2 \rightarrow 3CO_2 + 4H_2O$
1mole   5mole

$AFR = \dfrac{(\text{산소 mole}/0.21)}{\text{연료 mole}}$

$= \dfrac{(5/0.21)}{1} = 23.8 \text{mole air/mole fuel}$

27 연료 중 질소와 산소를 포함하지 않은 액체 및 고체연료의 이론건조 배출가스양 G_{od}와 이론공기량 A_o의 관계식으로 옳은 것은?

① $G_{od} = A_o + 5.6H$ ② $G_{od} = A_o - 5.6H$
③ $G_{od} = A_o + 11.2H$ ④ $G_{od} = A_o - 11.2H$

해설 고체 및 액체연료의 이론건조연소가스양(G_{od})
$G_{od}(\text{Sm}^3/\text{kg}) = A_o - 5.6H + 0.7O + 0.8N$

28 질소산화물(NOx) 생성특성에 관한 설명으로 가장 거리가 먼 것은?

① 일반적으로 동일 발열량을 기준으로 NOx 배출량은 석탄>오일>가스 순이다.
② 연료 NOx는 주로 질소성분을 함유하는 연료의 연소과정에서 생성된다.
③ 천연가스에는 질소성분이 거의 없으므로 연료의 NOx 생성은 무시할 수 있다.
④ 고정오염원에서 배출되는 질소산화물은 주로 NO_2이며, 소량의 NO를 함유한다.

해설 고정오염원에서 배출되는 질소산화물은 주로 NO이며, 소량의 NO_2를 함유한다.

29 기체연료에 관한 다음 설명으로 거리가 먼 것은?

① 연료 속의 유황함유량이 적어 연소 배기가스 중 SO_2 발생량이 매우 적다.
② 다른 연료에 비해 저장이 곤란하며, 공기와 혼합해서 점화하면 폭발 등의 위험도 있다.
③ 메탄을 주성분으로 하는 천연가스를 1기압하에서 -168℃ 정도로 냉각하여 액화시킨 연료를 LNG라 한다.
④ 발생로가스란 코크스나 석탄을 불완전 연소해서 얻는 가스로 주성분은 CH_4와 H_2이다.

해설 발생로가스
코크스나 석탄, 목재 등을 적열상태로 가열하여 공기 혹은 산소를 보내어 불완전 연소해서 얻어진 가스이며, 주성분은 질소 및 일산화탄소이다.

30 다음은 유류연소용 버너에 관한 설명이다. ( ) 안에 알맞은 것은?

( )는 증기압 또는 공기압은 2~10kg/cm²이고, 무화용 공기량은 이론공기량의 7~12% 정도이다. 유량조절비는 1 : 10 정도이며, 분무각도는 20~30° 정도이다.

① 유압식 버너 ② 회전식 버너
③ 저압공기분무식 버너 ④ 고압공기식 버너

해설 고압공기식 버너(고압기류 분무식 버너)
분무매체(증기 또는 공기)에 압력으로 분사, 분무화시켜 연소시키는 버너이며 분무매체의 압력이 높은 것이 고압공기식 버너이다.
㉠ 연료분사범위(연소용량)
  • 외부혼합식 : 3~500L/hr
  • 내부혼합식 : 10~1,200L/hr
㉡ 유량조절범위
  1 : 10 정도로 커서 부하변동에 적응이 용이하다.
㉢ 유압
  2~8kg/cm² 정도(증기압 또는 공기압 2~10kg/cm²)

정답 25 ② 26 ③ 27 ② 28 ④ 29 ④ 30 ④

ㄹ 분사(분무) 각도
  30°(20~30°) 정도
ㅁ 특성
- 고점도 사용에도 적합하다.(연료유의 점도가 큰 경우도 분무화가 용이함)
- 장염(가장 좁은 각도의 긴 화염)이나 연소 시 소음이 크게 발생된다.
- 제강용평로, 연속가열로, 유리용해로 등의 대형가열로에 많이 사용된다.
- 분무에 필요한 1차 공기량은 이론연소공기량의 7~12% 정도이다.
- 외부혼합식보다 내부혼합식의 버너가 양호한 분무화가 된다.
- 무화 시 무화매체를 증기로 하면 연료가 예열되어 연소효율을 증가시킬 수 있다.

31 화학반응속도는 일반적으로 Arrhenius 식으로 표현된다. 어떤 반응에서 화학반응상수가 27℃일 때에 비하여 77℃일 때 3배가 되었다면 이 화학반응의 활성화에너지는?

① 2.3kcal/mole   ② 4.6kcal/mole
③ 6.9kcal/mole   ④ 13.2kcal/mole

해설
$\ln \frac{k_2}{k_1} = \frac{E_a}{R}\left(\frac{1}{T_1} - \frac{1}{T_2}\right)$
$\ln 3 = \frac{E_a}{1.987}\left(\frac{1}{273+27} - \frac{1}{273+77}\right)$
$1.0986 = 0.000239 E_a$
E_a(활성화에너지) = 4,596.52 cal/mole × kcal/1,000cal
                = 4.59 kcal/mole

[활성화에너지 단위가 cal/mole일 경우 기체상수(R)는 1.987 cal/mole·K을 적용한다.]

32 가솔린엔진과 디젤엔진의 상대적인 특성을 비교한 내용으로 옳지 않은 것은?

① 가솔린엔진은 예혼합연소, 디젤엔진은 확산연소에 가깝다.
② 가솔린엔진은 연소실 크기에 제한을 받는 편이다.
③ 디젤엔진은 공급공기가 많기 때문에 배기가스 온도가 낮아 엔진 내구성에 유리하다.
④ 디젤엔진은 가솔린엔진에 비하여 자기착화온도가 높아 검댕, CO, HC의 배출농도 및 배출량이 많다.

해설 디젤엔진은 가솔린엔진에 비하여 자기착화온도가 낮으며 가솔린엔진에 비해 문제시되는 물질은 NOx와 매연이다.

33 메탄올(CH_3OH) 10kg을 완전연소할 때 필요한 이론공기량(Sm^3)은?

① $20Sm^3$ ② $30Sm^3$ ③ $40Sm^3$ ④ $50Sm^3$

해설
$CH_3OH + 1.5O_2 \rightarrow CO_2 + 2H_2O$
32kg : 1.5×22.4 Sm^3
10kg : $O_2(Sm^3)$
$O_o(Sm^3) = \frac{10kg \times (1.5 \times 22.4)Sm^3}{32kg} = 10.5 Sm^3$
$A_o(Sm^3) = \frac{10.5}{0.21} = 50 Sm^3$

34 중유 중의 황분이 중량비로 S%인 중유를 매시간 W(L) 사용하는 연소로에서 배출되는 황산화물의 배출량(m^3/hr)은?(단, 표준상태기준, 중유비중 0.9, 황분은 전량 SO_2로 배출)

① 21.4SW   ② 1.24SW
③ 0.0063SW   ④ 0.789SW

해설
$S + O_2 \rightarrow SO_2$
32kg : 22.4 Sm^3
WL/hr × 0.9kg/L × 0.01S : $SO_2(Sm^3/hr)$
$SO_2(Sm^3/hr) = \frac{WL/hr \times 0.9kg/L \times 0.01S \times 22.4Sm^3}{32kg}$
$= 0.0063 WS\ Sm^3/hr$

35 발열량에 관한 설명으로 옳지 않은 것은?

① 단위질량의 연료가 완전연소 후, 처음의 온도까지 냉각될 때 발생하는 열량을 말한다.
② 일반적으로 수증기의 증발잠열은 이용이 잘 안 되기 때문에 저위 발열량이 주로 사용된다.
③ 측정위치에 따라 고위 발열량과 저위 발열량으로 구분된다.
④ 고체연료의 경우 kcal/kg, 기체연료의 경우 $kcal/Sm^3$의 단위를 사용한다.

해설 증발잠열의 포함 여부에 따라 고위 발열량과 저위 발열량으로 구분된다.

정답 31 ② 32 ④ 33 ④ 34 ③ 35 ③

36 시간당 1ton의 석탄을 연소시킬 때 발생하는 SO_2는 $0.31Sm^3/min$이었다. 이 석탄의 황함유량(%)은?(단, 표준상태를 기준으로 하고, 석탄 중의 황성분은 연소하여 전량 SO_2가 된다.)

① 2.66% ② 2.97%
③ 3.12% ④ 3.40%

해설
$S + O_2 \rightarrow SO_2$
$32kg \quad : 22.4Sm^3$
$1,000kg/hr \times hr/60min \times S : 0.31Sm^3$
$S = \dfrac{32kg \times 0.31Sm^3}{16.67kg/min \times 22.4Sm^3}$
$= 0.0265 \times 100 = 2.66\%$

37 탄소 86%, 수소 13%, 황 1%의 중유를 연소하여 배기가스를 분석했더니 $CO_2 + SO_2$가 13%, O_2가 3%, CO가 0.5%이었다. 건조 연소가스 중의 SO_2 농도는?(단, 표준상태 기준)

① 약 590ppm ② 약 970ppm
③ 약 1,120ppm ④ 약 1,480ppm

해설
$SO_2(ppm) = \dfrac{SO_2}{G_d} \times 10^6 = \dfrac{0.75S}{G_d} \times 10^6$
$G_d = G_{od} + (m-1)A_o$
$G_{od} = 0.79A_o + CO_2 + SO_2$
$A_o = O_o \times \dfrac{1}{0.21}$
$= (1.867 \times 0.86 + 5.6 \times 0.13$
$+ 0.7 \times 0.01) \times \dfrac{1}{0.21}$
$= 11.146(m^3/kg)$
$= (0.79 \times 11.146) + (1.867 \times 0.86)$
$+ (0.7 \times 0.01) = 10.418(m^3/kg)$
$m = \dfrac{N_2}{N_2 - 3.76(O_2 - 0.5CO)}$
$= \dfrac{83.5}{83.5 - 3.76(3 - 0.5 \times 0.5)} = 1.14$
$= 10.418 + (1.14-1) \times 11.146$
$= 11.978(m^3/kg)$
$= \dfrac{0.7 \times 0.01}{11.978} \times 10^6 = 584.40(ppm)$

38 다음 중 공기비($m > 1$)에 관한 식으로 옳지 않은 것은? (단, 실제공기량 : A, 이론공기량 : A_o, 배출가스 중 질소량 : N_2(%), 배출가스 중 산소량 : O_2(%))

① $m = A/A_o$
② $m = 21/(21-O_2)$
③ $m = 1 + (과잉공기량/A_o)$
④ $m = N_2/(N_2 - 4.76O_2)$

해설 공기비(m) = $\dfrac{N_2}{N_2 - 3.76O_2}$

39 미분탄 연소에 관한 설명으로 옳지 않은 것은?

① 스토커 연소에 적합하지 않은 점결탄과 저발열량탄도 사용 가능하다.
② 사용연료의 범위가 넓고, 적은 공기비로 완전연소가 가능하다.
③ 재비산이 많고 집진장치가 필요하게 된다.
④ 배관 중 폭발의 우려나 수송관의 마모 우려가 없다.

해설 미분탄 연소장치는 분쇄기 및 배관 중에 폭발의 우려 및 수송관의 마모가 일어날 수 있다.

40 기체연료의 연소방법에 대한 설명으로 가장 거리가 먼 것은?

① 확산연소는 화염이 길고 그을음이 발생하기 쉽다.
② 예혼합연소에는 포트형과 버너형이 있다.
③ 예혼합연소는 화염온도가 높아 연소부하가 큰 경우에 사용이 가능하다.
④ 예혼합연소는 혼합기의 분출속도가 느릴 경우 역화의 위험이 있다.

해설 확산연소장치에는 포트형과 버너형이 있다.

제3과목 　대기오염방지기술

41 온도 25℃, 염산 액적을 포함한 배출가스 1.5m³/s를 폭 9m, 높이 7m, 길이 10m의 침강집진기로 집진제거하고자 한다. 염산비중이 1.6이라면 이 침강집진기가 집진할 수 있는 최소제거입경(μm)은?(단, 25℃에서의 공기점도 1.85×10^{-5}kg/m·s)

① 약 12μm ② 약 19μm
③ 약 32μm ④ 약 42μm

해설
$$d_p = \left(\frac{18\mu_g \cdot Q}{W \cdot L(\rho_p - \rho)g}\right)^{\frac{1}{2}}$$

$\rho_p = 1.6\text{g/cm}^3 \times \text{kg}/1,000\text{g} \times 10^6 \text{cm}^3/\text{m}^3 = 1,600\text{kg/m}^3$

$\rho = 1.3\text{kg/m}^3 \times \frac{273}{273+25} = 1.19\text{kg/m}^3$

$$= \left(\frac{18 \times (1.85 \times 10^{-5})\text{kg/m} \cdot \text{sec} \times 1.5\text{m}^3/\text{sec}}{9\text{m} \times 10\text{m} \times (1,600-1.19)\text{kg/m}^3 \times 9.8\text{m/sec}^2}\right)^{\frac{1}{2}}$$

$= 0.00001882\text{m} \times 10^6 \mu\text{m/m} = 18.82\mu\text{m}$

42 다음은 원심송풍기에 관한 설명이다. ( ) 안에 알맞은 것은?

> ( )은 익현길이가 짧고 깃폭이 넓은 36~64매나 되는 다수의 전경깃이 강철판의 회전차에 붙여지고, 용접해서 만들어진 케이싱 속에 삽입된 형태의 팬으로서 시로코팬이라고도 널리 알려져 있다.

① 레이디얼팬 ② 터보팬
③ 다익팬　　 ④ 익형팬

해설 다익팬(Multi Blade Fan)
㉠ 전향 날개형(전곡 날개형(Forward-Curved Blade Fan))이라고 하며 익현길이가 짧고 깃폭이 넓은 36~64매나 되는 다수의 전경깃이 강철판의 회전차에 붙여지고, 용접해서 만들어진 케이싱 속에 삽입된 형태의 팬으로, 시로코팬이라고도 한다.
㉡ 같은 주속도에 가장 높은 풍압(최고 750mmH₂O)을 발생시키나, 효율은 3종류의 송풍기 중 가장 낮아서 약 40~70% 정도, 여유율은 1.15~1.25 정도이고, 제한된 장소나 저압에서 대풍량(20,000m³/min 이하)을 요하는 시설에 이용된다.
㉢ 송풍기의 임펠러가 다람쥐 쳇바퀴 모양으로 회전날개가 회전방향과 동일한 방향으로 설계되어 있다.

43 사이클론의 운전조건과 치수가 집진율에 미치는 영향으로 옳지 않은 것은?

① 함진가스의 온도가 높아지면 가스의 점도가 커져 집진율은 저하되나 그 영향은 크지 않은 편이다.
② 입구의 크기가 작아지면 처리가스의 유입속도가 빨라져 집진율과 압력손실은 증가한다.
③ 출구의 직경이 작을수록 집진율은 증가하지만 동시에 압력손실도 증가하고 함진가스의 처리능력도 떨어진다.
④ 원통의 직경이 클수록 집진율이 증가한다.

해설 Cyclone 운전조건에 따른 집진효율 변화
㉠ 유속 증가 → 집진효율 증가
㉡ 가스점도 증가 → 집진효율 감소
㉢ 분진밀도 증가 → 집진효율 증가
㉣ 분진량 증가 → 집진효율 증가
㉤ 온도 증가 → 집진효율 증가
㉥ 원통직경 증가 → 집진효율 감소

44 배출가스 중에 함유된 질소산화물 처리를 위한 건식법 중 선택적 촉매환원법(SCR)에 대한 설명으로 옳지 않은 것은?

① 환원제로는 NH₃가 사용된다.
② 질소산화물 전환율은 반응온도에 따라 종모양(Bell-Shape)을 나타낸다.
③ 질소산화물이 촉매에 의하여 선택적으로 환원되어 질소분자와 물로 전환된다.
④ 촉매 선택성에 의해 NO의 환원반응만 있고, 기타 산화반응 등의 부반응은 없다.

해설 SCR 반응은 산소가 공존하는 경우 산화반응 등도 있다.
$4NO + 4NH_3 + O_2 \rightarrow 4N_2 + 6H_2O$

45 흡수탑에 적용되는 흡수액 선정 시 고려할 사항으로 가장 거리가 먼 것은?

① 휘발성이 커야 한다.　② 용해도가 커야 한다.
③ 비점이 높아야 한다.　④ 점도가 낮아야 한다.

해설 흡수액(세정액)은 휘발성이 낮아야 한다.

46 다이옥신의 처리대책으로 가장 거리가 먼 것은?

① 촉매분해법 : 촉매로는 금속산화물(V_2O_5, TiO_2 등), 귀금속(Pt, Pd)이 사용된다.
② 광분해법 : 자외선파장(250~340nm)이 가장 효과적인 것으로 알려져 있다.
③ 열분해방법 : 산소가 아주 적은 환원성 분위기에서 탈염소화, 수소첨가반응 등에 의해 분해시킨다.
④ 오존분해법 : 수중분해 시 순수의 경우는 산성일수록, 온도는 20℃ 전후에서 분해속도가 커지는 것으로 알려져 있다.

해설 **오존분해법**
수중분해 시 염기성 조건일수록, 온도가 높을수록 분해속도는 커진다.

47 다음 악취물의 공기 중 최소감지농도(ppm)가 가장 낮은 것은?

① 아세톤　　② 암모니아
③ 염화메틸렌　　④ 페놀

해설 **악취 최소감지농도**
① 아세톤 : 42ppm
② 암모니아 : 0.1ppm
③ 염화메틸렌 : 200ppm
④ 페놀 : 0.00028ppm

48 전기집진장치 내 먼지의 겉보기 이동속도가 0.11m/sec, 5m×4m인 집진판 182매를 설치하여 유량 9,000m³/min를 처리할 경우 집진효율은?(단, 내부 집진판은 양면집진, 2개의 외부 집진판은 각 하나의 집진면을 가진다.)

① 98.0%　　② 98.8%
③ 99.0%　　④ 99.5%

해설 $\eta = 1 - \exp\left(-\dfrac{A \times W_e}{Q}\right)$

집진판 개수 = 내부양면(180×2) + 외부(2) = 362개

$= 1 - \exp\left(-\dfrac{5m \times 4m \times 362 \times 0.11m/sec}{9,000m^3/min \times min/60sec}\right)$

$= 0.9951 \times 100 = 99.51\%$

49 배출가스 중 먼지농도가 2,500mg/Sm³인 먼지를 처리하고자 제진효율이 60%인 중력집진장치, 80%인 원심력집진장치, 85%인 세정집진장치를 직렬로 연결하여 사용해 왔다. 여기에 효율이 85%인 여과집진장치를 하나 더 직렬로 연결할 때, 전체집진효율(㉠)과 이때 출구의 먼지농도(㉡)는 각각 얼마인가?

① ㉠ 97.5%, ㉡ 62.5mg/Sm³
② ㉠ 98.3%, ㉡ 42.5mg/Sm³
③ ㉠ 99.0%, ㉡ 25mg/Sm³
④ ㉠ 99.8%, ㉡ 5mg/Sm³

해설 ㉠ 전체집진효율(η_T)
$= 1 - [(1-\eta_1)(1-\eta_2)(1-\eta_3)(1-\eta_4)]$
$= 1 - [(1-0.6)(1-0.8)(1-0.85)(1-0.85)]$
$= 0.9982 \times 100 = 99.82\%$

㉡ 통과율(%) $= \dfrac{S_o}{S_i} \times 100$

$1 - 0.9982 = \dfrac{S_o}{2,500mg/Sm^3}$

S_o(출구 먼지농도) $= 4.5mg/Sm^3$

50 냄새물질의 특성에 관한 설명 중 가장 거리가 먼 것은?

① 냄새분자를 구성하는 원소로는 C, H, O, N, S, Cl 등이 있다.
② 냄새물질로 분자량이 가장 작은 것은 암모니아이며, 분자량이 큰 물질은 냄새강도가 분자량에 비례하여 강해지는 경향이 있다.
③ 냄새물질은 화학반응성이 풍부하다.
④ 화학물질이 냄새물질로 되기 위해서는 친유성기와 친수성기의 양기를 가져야 한다.

해설 분자량이 큰 물질(300 이상)은 냄새강도가 분자량에 반비례하여 단계적으로 약해지는 경향이 있고 특정물질은 냄새가 거의 없다.

51 전기집진장치의 처리가스 유량 110m³/min, 집진극 면적 500m², 입구 먼지농도 30g/Sm³, 출구 먼지농도 0.2g/Sm³이고 누출이 없을 때 충전입자의 이동속도는?(단, Doutsch 효율식 적용)

① 0.013m/s　　② 0.018m/s
③ 0.023m/s　　④ 0.028m/s

정답　46 ④　47 ④　48 ④　49 ④　50 ②　51 ②

해설
$$\eta = 1 - \exp\left(-\frac{AW}{Q}\right)$$
$$\eta = \left(1 - \frac{0.2}{30}\right) = 0.9933$$
$$Q = 110\text{m}^3/\text{min} \times \text{min}/60\text{sec} = 1.83\text{m}^3/\text{sec}$$
$$0.9933 = 1 - \exp\left(-\frac{500 \times W}{1.83}\right)$$
$$\left(-\frac{500 \times W}{1.83}\right) = \ln(1 - 0.9933)$$
$$W = 0.018\text{m/sec}$$

52 다음 세정집진장치 중 입구유속(기본유속)이 가장 빠른 것은?
① Jet Scrubber　　② Venturi Scrubber
③ Theisen Washer　④ Cyclone Scrubber

해설 벤츄리 스크러버의 입구 유속은 60~90m/sec로 가압수식 중 가장 빠르다.

53 다음 중 물을 가압 공급하여 함진가스를 세정하는 방식의 가압수식 스크러버에 해당하지 않는 것은?
① Venturi Scrubber　② Impulse Scrubber
③ Packed Tower　　 ④ Jet Scrubber

해설 Impulse Scrubber는 회전식 스크러버이다.

54 다음 각 집진장치의 유속과 집진 특성에 대한 설명 중 옳지 않은 것은?
① 중력집진장치와 여과집진장치는 기본유속이 작을수록 미세한 입자를 포집한다.
② 원심력집진장치는 적정 한계 내에서는 입구유속이 빠를수록 효율이 높은 반면 압력손실도 높아진다.
③ 벤츄리 스크러버와 제트 스크러버는 기본유속이 작을수록 집진율이 높다.
④ 건식 전기집진장치는 재비산 한계 내에서 기본유속을 정한다.

해설 벤츄리 스크러버와 제트 스크러버는 기본유속이 클수록 집진율이 높다.

55 벤츄리 스크러버의 액가스비를 크게 하는 요인으로 가장 거리가 먼 것은?
① 먼지 입자의 점착성이 클 때
② 먼지 입자의 친수성이 클 때
③ 먼지의 농도가 높을 때
④ 처리가스의 온도가 높을 때

해설 벤츄리 스크러버의 액가스비는 먼지의 입경이 작고, 친수성이 아닐수록, 먼지 농도가 높을수록 액가스비가 커진다.

56 전기집진장치에서 입구먼지 농도가 10g/Sm^3, 출구먼지 농도가 0.1g/Sm^3이었다. 출구먼지 농도를 50mg/Sm^3로 하기 위해서는 집진극 면적을 약 몇 배 정도로 넓게 하면 되는가?(단, 다른 조건은 변하지 않는다.)
① 1.15배　② 1.55배
③ 1.85배　④ 2.05배

해설 $\eta = 1 - e^{-\frac{AW}{Q}}$ 양변에 ln를 취하면
$$-\frac{AW}{Q} = \ln(1-\eta)$$
초기 효율 $= \left(1 - \frac{0.1}{10}\right) \times 100 = 99\%$
나중 효율 $= \left(1 - \frac{0.05}{10}\right) \times 100 = 99.5\%$
집진극 증가면적비 $= \dfrac{-\dfrac{Q}{V}\ln(1-0.995)}{-\dfrac{Q}{V}\ln(1-0.99)} = 1.15$배

57 사이클론의 반경이 50cm인 원심력 집진장치에서 입자의 접선방향속도가 10m/s라면 분리계수는?
① 10.2　② 20.4
③ 34.5　④ 40.9

해설 분리계수$(S) = \dfrac{V_\theta^2}{g \cdot R_2} = \dfrac{(10\text{m/sec})^2}{9.8\text{m/sec}^2 \times 0.5\text{m}} = 20.4$

58 입자상 물질에 관한 설명으로 가장 거리가 먼 것은?

① 공기동력학경은 Stokes경과 달리 입자밀도를 $1g/cm^3$로 가정함으로써 보다 쉽게 입경을 나타낼 수 있다.
② 비구형입자에서 입자의 밀도가 1보다 클 경우 공기동력학경은 Stokes경에 비해 항상 크다고 볼 수 있다.
③ Cascade Impactor는 관성충돌을 이용하여 입경을 간접적으로 측정하는 방법이다.
④ 직경 d인 구형입자의 비표면적은 $\frac{d}{6}$이다.

해설 직경 d인 구형입자의 비표면적은 $\frac{6}{d}$이다.

59 1atm, 20℃에서 공기 동점성계수 $v = 1.5 \times 10^{-5} m^2/s$일 때 관의 지름을 50mm로 하면 그 관로에서의 풍속(m/s)은?(단, 레이놀즈수는 2.5×10^4이다.)

① 2.5m/s ② 5.0m/s
③ 7.5m/s ④ 10.0m/s

해설 $Re = \frac{VD}{v}$

$V = \frac{Re \times v}{D}$

$D = 0.05m$

$= \frac{2.5 \times 10^4 \times 1.5 \times 10^{-5} m^2/sec}{0.05m} = 7.5 m/sec$

60 흡착, 흡착제 및 흡착선택성에 관한 설명으로 옳지 않은 것은?

① 알코올류, 초산, 벤젠류 등은 잘 흡착되는 것에 해당한다.
② 에틸렌, 일산화질소 등은 흡착효과가 거의 없는 것에 해당한다.
③ 화학흡착은 흡착과정에서 발열량이 적고, 흡착제의 재생이 용이하다.
④ Silicagel은 250℃ 이하에서 물 및 유기물을 잘 흡착한다.

해설 화학흡착은 흡착과정에서 발열량이 많고, 흡착제의 재생이 용이하지 않다.

제4과목 대기오염공정시험기준(방법)

61 연도 배출가스 중의 수분의 부피백분율을 측정하기 위하여 흡습관에 배출가스 10L를 흡인하여 유입시킨 결과 흡습관의 중량 증가는 0.82g이었다. 이때 가스흡인은 건식 가스미터로 측정하여 그 가스미터의 가스 게이지압은 4mm 수주이고, 온도는 27℃였다. 그리고 대기압은 760mmHg이었다면 이 배출가스 중 수분량(%)은?

① 약 10% ② 약 13%
③ 약 16% ④ 약 18%

해설 수분량(%)

$= \frac{1.244 m_a}{V_s \times \frac{273}{273+t} \times \frac{P_a + P_m}{760} + 1.244 m_a}$

$= \frac{1.244 \times 0.82}{10 \times \frac{273}{273+27} \times \frac{760+0.2942}{760} + 1.244 \times 0.82} \times 100$

$= 10.08\%$

$\left[0.2942 mmHg = \frac{760 mmHg}{10,332 mmH_2O} \times 4 mmH_2O \right]$

62 굴뚝 배출가스 중의 황화수소 분석방법에 관한 설명으로 옳지 않은 것은?

① 메틸렌 블루법은 황화수소를 질산암모늄을 가한 황산에 흡수시켜 생성되는 메틸렌 블루의 흡광도를 측정하는 방법이다.
② 메틸렌 블루법은 시료 중의 황화수소가 5~1,000 ppm 함유되어 있는 경우의 분석에 적합하며 선택성이 좋고 예민하다.
③ 아이오딘 적정법은 시료 중의 황화수소가 100~2,000 ppm 함유되어 있는 경우의 분석에 적합하다.
④ 아이오딘 적정법은 다른 산화성 가스와 환원성 가스에 의하여 방해를 받는다.

해설 메틸렌 블루법
황화수소를 아연 아민착염 용액에 흡수시켜 P-아미노디메틸아닐린 용액과 염화제이철 용액을 가하여 생성되는 메틸렌 블루의 흡광도를 측정하여 황화수소를 정량한다.

정답 58 ④ 59 ③ 60 ③ 61 ① 62 ①

63 비분산 적외선 분석법에 적용되는 용어의 정의로 옳지 않은 것은?

① 정필터형 : 측정성분이 흡수되는 적외선을 그 흡수파장에서 측정하는 방식
② 반복성 : 동일한 분석계를 이용하여 다른 측정대상을 동일한 방법과 조건으로 비교적 장시간에 반복적으로 측정하는 경우에 측정치의 일치 정도
③ 비교가스 : 시료법에서 적외선 흡수를 측정하는 경우 대조가스로 사용하는 것으로 적외선을 흡수하지 않는 가스
④ 비분산 : 빛을 프리즘이나 회절격자와 같은 분산소자에 의해 분산하지 않는 것

해설 반복성
동일한 분석계를 이용하여 동일한 측정대상을 동일한 방법과 조건으로 비교적 단시간에 반복적으로 측정하는 경우로서 개개의 측정치가 일치하는 정도

64 굴뚝 배출가스 중 일산화탄소를 정전위 전해법으로 분석하고자 할 때 주요 성능기준에 관한 설명으로 옳지 않은 것은?

① 측정범위 : 측정범위는 최고 5%로 한다.
② 재현성 : 재현성은 측정범위 최대 눈금값의 ±2% 이내로 한다.
③ 드리프트 : 고정형은 24시간, 이동형은 4시간 연속 측정하여 제로 드리프트 및 스팬 드리프트는 어느 것이나 최대 눈금값의 ±2% 이내로 한다.
④ 응답시간 : 90% 응답시간은 2분 30초 이내로 한다.

해설 정전위 전해법의 측정범위는 최고 3%로 한다.

65 굴뚝 배출가스 중 질소산화물을 페놀디술폰산법으로 분석하고자 할 때 사용되는 시약으로 거리가 먼 것은?

① 암모니아수 ② 질산칼륨표준액
③ 과산화수소수 ④ 이소프로필알코올

해설 페놀디술폰산법 시약
㉠ 암모니아수 ㉡ 과산화수소수
㉢ 페놀디술폰산용액 ㉣ 질산칼륨용액
㉤ 수산화나트륨용액 ㉥ 황산
※ 이소프로필알코올 : 황산화물 침전적정법에 사용하는 시약

66 굴뚝 배출가스 내의 브롬화합물 분석방법 중 자외선/가시선 분광법에 관한 설명으로 옳지 않은 것은?

① 흡수액은 수산화소듐 0.4g을 물에 녹여 100mL로 한다.
② 아이오드화포타슘용액(0.13W/V%)은 요오드화 칼륨 0.13g을 황산(1+5)에 녹여 250mL 부피플라스크에 넣고 물로 표선까지 채운다.
③ 과망간산포타슘(0.32W/V%)용액은 과망간산포타슘 0.79g을 물에 녹여 250mL 메스플라스크에 넣고 물로 표선까지 채운다.
④ 황산철(Ⅱ) 암모늄용액은 황산 제2형 암모늄 6g을 질산(1+1) 100mL에 녹여 갈색병에 넣어 보관한다.

해설 아이오드화포타슘용액(0.13W/V%)은 아이오드화포타슘 0.33g을 물에 녹여 250mL 눈금플라스크에 물로 표선까지 채운다.

67 굴뚝 배출가스 중 총탄화수소 측정을 위한 장치 구성조건 등에 관한 설명으로 옳지 않은 것은?

① 총탄화수소분석기는 흡광차분광방식 또는 비불꽃이온크로마토그램방식의 분석기를 사용하며 폭발위험이 없어야 한다.
② 시료채취관은 스테인리스강 또는 이와 동등한 재질의 것으로 하고 굴뚝중심 부분의 10% 범위 내에 위치할 정도의 길이의 것을 사용한다.
③ 기록계를 사용하는 경우에는 최소 4회/분이 되는 기록계를 사용한다.
④ 영점가스로는 총탄화수소농도(프로판 또는 탄소등가농도)가 0.1ppmv 이하 또는 스팬값의 0.1% 이하인 고순도 공기를 사용한다.

해설 총탄화수소분석기는 불꽃이온화 또는 비분산적외선방식의 분석기를 사용하며 기기 선택, 설치 및 사용 시에 불꽃 등에 의한 폭발위험이 없어야 한다.

68 화학분석 일반사항에 관한 규정 중 규정된 시약, 시액, 표준물질에 관한 사항으로 옳지 않은 것은?

① 시험에 사용하는 표준품은 원칙적으로 특급시약을 사용한다.
② 표준액을 조제하기 위한 표준용 시약은 따로 규정이 없는 한 데시케이터에 보존된 것을 사용한다.

정답 63 ② 64 ① 65 ④ 66 ② 67 ① 68 ③

③ 표준품을 채취할 때 표준액이 정수로 기재되어 있는 경우는 실험자가 환산하여 기재수치에 '약' 자를 붙여 사용할 수 없다.
④ '약'이란 그 무게 또는 부피에 대하여 ±10% 이상의 차가 있어서는 안 된다.

해설 표준품을 채취할 때 표준액이 정수로 기재되어 있어도 실험자가 환산하여 기재수치에 "약" 자를 붙여 사용할 수 있다.

69 반자동식 채취기에 의한 방법으로 배출가스 중 먼지를 측정하고자 할 경우 흡인노즐에 관한 설명이다. ( ) 안에 알맞은 것은?

> 흡인노즐의 안과 밖의 가스 흐름이 흐트러지지 않도록 흡인노즐 내경(d)은 (㉠)으로 한다. 흡인노즐의 내경 d는 정확히 측정하여 0.1mm 단위까지 구하여 둔다. 흡인노즐의 꼭짓점은 (㉡)의 예각(銳角)이 되도록 하고 매끈한 반구모양으로 한다.

① ㉠ 2mm 이상, ㉡ 30° 이상
② ㉠ 2mm 이상, ㉡ 45° 이하
③ ㉠ 4mm 이상, ㉡ 30° 이하
④ ㉠ 4mm 이상, ㉡ 45° 이하

해설 굴뚝배출가스 중 먼지 측정(반자동식 채취기의 흡인노즐)
㉠ 흡인노즐의 안과 밖의 가스흐름이 흐트러지지 않도록 흡인노즐 내경은 4mm 이상으로 한다.
㉡ 흡인 노즐의 꼭짓점은 30° 이하의 예각이 되도록 하고 매끈한 반구모양으로 한다.

70 다음은 DNPH 유도체화 고성능액체크로마토그래피(HPLC/UV)분석법에 관한 설명이다. ( ) 안에 알맞은 것은?

> 이 시험방법은 카보닐화합물과 DNPH가 반응하여 형성된 DNPH 유도체를 아세토나이트릴(Acetonitrile)용매로 추출하여 고성능액체크로마토그래피(HPLC)를 이용하여 ( ) 파장에서 분석한다.

① 자외선(UV)검출기의 180nm
② 자외선(UV)검출기의 220nm
③ 자외선(UV)검출기의 360nm
④ 자외선(UV)검출기의 480nm

해설 DNPH 유도체화 고성능액체크로마토그래피(HPLC/UV) 분석법
측정파장 : 360nm(자외선검출기)

71 흡광광도 분석장치로 측정한 A물질의 투과퍼센트 지시치가 25%일 때 A물질의 흡광도는?
① 0.25
② 0.50
③ 0.60
④ 0.82

해설 흡광도(A) $= \log \dfrac{1}{투과도} = \log \dfrac{1}{0.25} = 0.6$

72 분석대상가스 중 아세틸아세톤함유용액을 흡수액으로 사용하는 것은?
① 시안화수소
② 벤젠
③ 비소
④ 포름알데하이드

해설 포름알데하이드의 분석방법 중 아세틸아세톤법의 흡수액은 아세틸아세톤함유용액이다.

73 환경대기 중 다환방향족탄화수소류(PAHs)에서 증기상태로 존재하는 PAHs를 채취하는 물질로 적당하지 않은 것은?
① 석영필터(Quartz Filter)
② XAD-2 수지
③ PUF(Polyurethane Foam)
④ Tenax

해설 PAHs는 대기 중 비휘발성 물질 또는 휘발성 물질들로 존재한다. 비휘발성(증기압<10^{-8}mmHg) PAHs는 필터상에 포집하고 증기상태로 존재하는 PAHs는 Tenax, XAD-2 수지, PUF(Poly Urethane Foam)를 사용하여 채취한다.

74 환경대기 중 석면측정방법에 관한 설명으로 옳지 않은 것은?
① 지상 1.5m 되는 위치에서 10L/min의 흡인유량으로 4시간 이상 채취한다.
② 석면의 굴절률은 약 1.5로 일반 현미경으로는 식별이 어렵고 위상차현미경으로 계수하면 편리하다.
③ 석면은 먼지 중 길이 3μm 이상이고 길이와 폭이 5.1 이상인 석면섬유를 계수대상물로 정의한다.

정답 69 ③ 70 ③ 71 ③ 72 ④ 73 ① 74 ③

④ 계수를 위한 장치로서 현미경은 배율 10배의 대안렌즈 및 10배와 40배 이상의 대물렌즈를 가진 위상차 현미경 또는 간접위상차 현미경이 필요하다.

해설 석면은 포집한 먼지 중 길이 $5\mu m$ 이상이고, 길이와 폭의 비가 3 : 1 이상인 섬유를 석면섬유로서 계수한다.

75 대기 중에 부유하고 있는 입자상 물질 시료채취 방법인 고용량공기시료채취기법에 관한 설명으로 옳지 않은 것은?

① 포집입자의 입경은 일반적으로 $0.1 \sim 100 \mu m$ 범위이다.
② 공기흡인부는 무부하(無負荷)일 때의 흡인유량은 보통 $0.5m^3/hr$ 범위 정도로 한다.
③ 공기흡인부 여과지홀더, 유량측정부 및 보호상자로 구성된다.
④ 포집용 여과지는 보통 $0.3\mu m$ 되는 입자를 99% 이상 포집할 수 있는 것을 사용한다.

해설 공기흡인부는 무부하일 때의 흡인유량이 약 $2m^3$/분이고 24시간 이상 연속 측정할 수 있는 것이어야 한다.

76 비산먼지측정방법 중 불투명도법에 관한 설명으로 옳은 것은?

① 측정자는 건물로부터 배출가스를 분명하게 관측할 수 있는 3km 내의 거리에 위치해야 한다.
② 비탁도는 최소 0.5도 단위로 측정값을 기록한다.
③ 입자상 물질이 건물로부터 제일 적게 새어나오는 곳을 대상으로 하여 측정한다.
④ 비탁도에 10%를 곱한 값을 불투명도 값으로 한다.

해설 ① 비산먼지 촬영 시 되도록 관측자는 시야가 깨끗하게 제공되는 최소 6m 이상의 거리에서 촬영한다.
③ 입자상 물질이 건물로부터 제일 많이 새어나오는 곳을 대상으로 하여 측정한다.
④ 비탁도에 20%를 곱한 값을 불투명도 값으로 한다.

77 굴뚝 배출가스 유속을 피토관으로 측정한 결과가 다음과 같을 때 배출가스 유속은?

- 동압 : $100mmH_2O$
- 배출가스 온도 : 295℃
- 표준상태 배출가스 비중량 : $1.2kg/m^3$(10℃, 1기압)
- 피토관 계수 : 0.87

① 43.7m/s ② 48.2m/s
③ 50.7m/s ④ 54.3m/s

해설 $V(m/sec) = C\sqrt{\dfrac{2gh}{\gamma}}$

$= 0.87 \times \sqrt{\dfrac{2 \times 9.8 m/sec^2 \times 100 mmH_2O}{1.2 kg/m^3 \times \dfrac{273}{273+295}}}$

$= 50.75 m/sec$

78 수산화나트륨 용액을 흡수액으로 사용하는 굴뚝 배출 분석대상가스 중 흡수액의 농도가 가장 진한 것은?

① 비소   ② 시안화수소
③ 브롬화합물 ④ 페놀

해설 ① 비소 흡수액, 농도 : 4%(NaOH)
② 시안화수소 흡수액, 농도 : 0.2%(NaOH)
③ 브롬화합물 흡수액, 농도 : 0.4%(NaOH)
④ 페놀 흡수액, 농도 : 0.4%(NaOH)

※ 공정시험기준 변경사항이므로 핵심요점 내용으로 학습하시길 바랍니다.

79 다음은 배출가스 중 금속화합물을 원자흡수분광광도법으로 분석하기 위한 시료의 전처리(회화법)에 관한 설명이다. ( ) 안에 알맞은 것은?

> 회화법은 시료를 채취한 여과지를 적당한 크기로 자르고, 자기도가니에 넣은 다음, 전기로를 써서 (㉠)℃에서 회화한 다음 백금도가니에 옮겨 넣는다. 여기에 (1+3)황산 몇 방울과 (㉡) 20mL를 가하고 통풍실 안에서 가열판 위에 올려놓고 극히 서서히 가열한다.

① ㉠ 500   ㉡ HF
② ㉠ 1,500 ㉡ HF
③ ㉠ 500   ㉡ 4% NaOH
④ ㉠ 1,500 ㉡ 4% NaOH

해설 **회화법(금속화합물 : 원자흡수분광광도법)**
시료를 채취한 여과지를 적당한 크기로 자르고, 자기도가니에 넣은 다음, 전기로를 써서 500℃에서 회화한 다음 백금도가니에 옮겨 넣는다. 여기에 (1+3)황산 몇 방울과 플루오린화수소(HF ; Hydrogen Fluoride) 20mL를 가하고 통풍실 안에서 가열판 위에 올려놓고 극히 서서히 가열한다.

80. 굴뚝 배출가스 중 아황산가스를 자외선흡수분석계로 연속측정하고자 할 때 그 분석계의 구성에 관한 설명으로 옳지 않은 것은?
① 광원 : 중수소방전관 또는 중압수은 등이 사용된다.
② 검출기 : 자외선 및 가시광선에 감도가 좋은 광음극방전관이 이용된다.
③ 분광기 : 프리즘 또는 회절격자분광기를 이용하여 자외선영역 또는 가시광선영역의 단색광을 얻는 데 사용된다.
④ 시료셀 : 시료셀은 200~500mm의 길이로 시료가스가 연속적으로 통과할 수 있는 구조로 되어 있으며, 셀의 창은 석영판과 같이 자외선 및 가시광선이 투과할 수 있는 재질로 되어 있어야 한다.

해설 검출기
자외선 및 가시광선에 감도가 좋은 광전자 중배관 또는 광전관이 이용된다.

제5과목 대기환경관계법규

[Note] 2011~2014년 대기환경관계법규 관련 문제는 법규의 변경사항이 많으므로 문제유형만 학습하시기 바랍니다.

81. 대기환경보전법상 용어의 뜻으로 옳지 않은 것은?
① 대기오염물질이란 대기오염의 원인이 되는 가스·입자상 물질 및 악취물질로서 대통령령으로 정한 것을 말한다.
② 기후·생태계 변화 유발물질이라 함은 지구온난화 등으로 생태계의 변화를 가져올 수 있는 기체상 물질로서 온실가스와 환경부령으로 정하는 것을 말한다.
③ 매연이란 연소할 때에 생기는 유리탄소가 주가 되는 미세한 입자상 물질을 말한다.
④ 검댕이란 연소할 때에 생기는 유리탄소가 응결하여 입자의 지름이 1미크론 이상이 되는 입자상 물질을 말한다.

82. 다중이용시설 등의 실내공기질 관리법규상 자일렌 항목의 신축 공동주택의 실내공기질 권고기준은?
① $30\mu g/m^3$ 이하
② $210\mu g/m^3$ 이하
③ $300\mu g/m^3$ 이하
④ $700\mu g/m^3$ 이하

83. 대기환경보전법규상 대기환경규제지역을 관할하는 시·도지사 등이 그 지역의 환경기준을 달성·유지하기 위해 수립하는 실천계획에 포함되어야 할 사항과 가장 거리가 먼 것은?(단, 그 밖에 환경부장관이 정하는 사항은 제외한다.)
① 대기오염예측모형을 이용한 특정대기오염물질 배출량조사
② 대기오염원별 대기오염물질 저감계획 및 계획의 시행을 위한 수단
③ 일반환경현황
④ 대기보전을 위한 투자계획과 대기오염물질 저감효과를 고려한 경제성 평가

84. 대기환경보전법규상 배출시설의 시간당 대기오염물질 발생량을 실측에 의한 방법으로 산정할 때 배출시설의 시간당 대기오염물질 발생량 계산식으로 옳은 것은?
① 방지시설 유입 전의 배출농도×가스유량
② 방지시설 유입 전의 배출농도÷가스유량
③ 방지시설 유입 후의 배출농도×가스유량
④ 방지시설 유입 후의 배출농도÷가스유량

85. 악취방지법규상 지정악취물질에 해당하지 않는 것은?
① 염화수소
② 메틸에틸케톤
③ 프로피온산
④ 뷰틸아세테이트

86. 대기환경보전법령상 황사대책위원회의 위원 중 학식과 경험이 풍부한 전문가 중 "대통령령으로 정하는 분야"와 가장 거리가 먼 것은?
① 예방의학분야
② 유해화학물질 분야
③ 국제협력분야 및 언론분야
④ 해양분야

87 대기환경보전법령상 대기오염 경보단계의 3가지 유형 중 "경보발령" 시의 조치사항으로 가장 거리가 먼 것은?

① 주민의 실외활동 제한 요청
② 자동차 사용의 제한
③ 사업장의 연료사용량 감축 권고
④ 사업장의 조업시간 단축 명령

88 다중이용시설 등의 실내공기질 관련법규상 "의료기관"의 라돈(Bq/m^3) 항목 실내공기질 권고기준은?

① 148 이하
② 400 이하
③ 500 이하
④ 1,000 이하

89 대기환경보전법규상 한국환경공단이 환경부장관에게 보고해야 할 위탁업무 보고사항 중 "자동차배출가스 인증생략 현황"의 보고횟수 기준은?

① 수시
② 연 1회
③ 연 2회
④ 연 4회

90 대기환경보전법규상 대기오염물질 중 특정대기유해물질에 해당하지 않는 것은?

① 테트라클로로에틸렌
② 트리클로로에틸렌
③ 히드라진
④ 안티몬

91 대기환경보전법규상 가스를 연료로 사용하는 초대형 승용차의 배출가스 보증기간 적용기준으로 옳은 것은?(단, 2013년 1월 1일 이후 제작자동차)

① 1년 또는 20,000km
② 2년 또는 160,000km
③ 6년 또는 192,000km
④ 10년 또는 192,000km

92 대기환경보전법상 환경기술인 등의 교육을 받게 하지 아니한 자에 대한 과태료 부과기준은?

① 30만 원 이하의 과태료를 부과한다.
② 50만 원 이하의 과태료를 부과한다.
③ 100만 원 이하의 과태료를 부과한다.
④ 200만 원 이하의 과태료를 부과한다.

93 대기환경보전법령상 기본부과금 산정기준 중 "수산자원보호구역"의 지역별 부과계수는?(단, 지역구분은 국토의 계획 및 이용에 관한 법률에 의한다.)

① 0.5
② 1.0
③ 1.5
④ 2.0

94 대기환경보전법령상 초과부과금 부과대상 오염물질에 해당하지 않는 것은?

① 포름알데하이드
② 황산화물
③ 불소화합물
④ 염화수소

95 다음은 대기환경보전법규상 첨가제 제조기준이다. ( ) 안에 알맞은 것은?

첨가제 제조자가 제시한 최대의 비율로 첨가제를 자동차의 연료에 주입한 후 시험한 배출가스 측정치가 첨가제를 주입하기 전보다 배출가스 항목별로 (㉠) 초과하지 아니하여야 하고, 배출가스 총량은 첨가제를 주입하기 전보다 (㉡) 증가하여서는 아니 된다.

① ㉠ 10% 이상 ㉡ 5% 이상
② ㉠ 5% 이상 ㉡ 5% 이상
③ ㉠ 5% 이상 ㉡ 3% 이상
④ ㉠ 5% 이상 ㉡ 1% 이상

96 환경정책기본법령상 미세먼지(PM-10)의 대기환경기준은?(단, 연간평균치 기준)

① $10\mu g/m^3$ 이하
② $25\mu g/m^3$ 이하
③ $30\mu g/m^3$ 이하
④ $50\mu g/m^3$ 이하

정답 87 ④ 88 ① 89 ③ 90 ④ 91 ② 92 ③ 93 ① 94 ① 95 ① 96 ④

97 대기환경보전법규상 휘발유를 연료로 사용하는 자동차 연료 제조기준으로 옳지 않은 것은?

① 90% 유출온도(℃) : 170 이하
② 산소함량(무게%) : 2.3 이하
③ 황함량(ppm) : 50 이하
④ 벤젠함량(부피%) : 0.7 이하

98 대기환경보전법규상 기후·생태계 변화 유발물질 중 "환경부령으로 정하는 것"에 해당하는 것은?

① 염화불화탄소와 수소염화불화탄소
② 염화불화산소와 수소염화불화산소
③ 불화염화수소와 불화염소화수소
④ 불화염화수소와 불화수소화탄소

99 대기환경보전법령상 특별대책지역에서 환경부령으로 정하는 바에 따라 신고해야 하는 휘발성 유기화합물 배출시설 중 "대통령령으로 정하는 시설"에 해당하지 않는 것은?(단, 그 밖에 휘발성 유기화합물을 배출하는 시설로서 환경부장관이 관계 중앙행정기관의 장과 협의하여 고시하는 시설 등은 제외한다.)

① 저유소의 저장시설 및 출하시설
② 주유소의 저장시설 및 주유시설
③ 석유정제를 위한 제조시설, 저장시설, 출하시설
④ 휘발성 유기화합물 분석을 위한 실험실

100 다음은 대기환경보전법규상 운행차정기검사의 방법 및 기준에 관한 사항이다. (   ) 안에 알맞은 것은?

> 배출가스 검사대상 자동차의 상태를 검사할 때 원동기가 충분히 예열되어 있는 것을 확인하고, 수랭식 기관의 경우 계기관 온도가 (㉠) 또는 계기판 눈금이 (㉡)이어야 하며, 원동기가 과열되었을 경우에는 원동기실 덮개를 열고 (㉢) 지난 후 정상상태가 되었을 때 측정한다.

① ㉠ 25℃ 이상 ㉡ 1/10 이상 ㉢ 1분 이상
② ㉠ 25℃ 이상 ㉡ 1/10 이상 ㉢ 5분 이상
③ ㉠ 40℃ 이상 ㉡ 1/4 이상   ㉢ 1분 이상
④ ㉠ 40℃ 이상 ㉡ 1/4 이상   ㉢ 5분 이상

2014년 4회 기출문제

제1과목 대기오염개론

01 맑은 여름날 해가 뜬 후부터 오후 최고기온이 나타나는 시간까지의 연기의 분산형을 순서대로 가장 적합하게 나타낸 것은?

① Fanning → Fumigation → Coning → Looping
② Fanning → Looping → Coning → Lofting
③ Fanning → Looping → Fumigation → Lofting
④ Fanning → Trapping → Looping → Coning

해설 Fanning(일출 전) → Fumigation(일출 후) → Coning(일몰 전) → Looping(낮)

02 대기오염물질의 분산을 예측하기 위한 바람장미(Wind Rose)에 관한 설명으로 가장 거리가 먼 것은?

① 풍속이 1m/sec 이하일 때를 정온(Calm) 상태로 본다.
② 바람장미는 풍향별로 관측된 바람의 발생빈도와 풍속을 16방향으로 표시한 기상도형이다.
③ 관측된 풍향별 발생빈도를 %로 표시한 것을 방향량(Vector)이라 한다.
④ 가장 빈번히 관측된 풍향을 주풍(Prevailing Wind)이라 하고, 막대의 길이를 가장 길게 표시한다.

해설 풍속은 막대의 굵기로 표시하며, 풍속이 0.2m/sec 이하일 때를 정온(Calm) 상태로 본다.

03 스테판-볼츠만의 법칙에 따르면 흑체복사를 하는 물체에서 물체의 표면온도가 1,500K에서 1,897K로 변환된다면, 복사에너지는 몇 배로 변화되는가?

① 1.25배
② 1.33배
③ 2.56배
④ 3.16배

해설 스테판-볼츠만 공식
$E = \sigma T^4$
$\left(\dfrac{T_2}{T_1}\right)^4 = \left(\dfrac{1,897}{1,500}\right)^4 = 2.56배$

04 직경이 4m인 굴뚝에서 연기가 10m/s의 속도로 풍속 5m/s인 대기로 배출된다. 대기는 27℃, 중립상태 $\left(\dfrac{\Delta\theta}{\Delta Z}=0\right)$이고, 연기의 온도가 167℃일 때 TVA 모델에 의한 연기의 상승고(m)는?(단, TVA 모델 : $\Delta H = \dfrac{173 \cdot F^{1/3}}{U \cdot \exp(0.64\Delta\theta/\Delta Z)}$, 부력계수 $F = [g \cdot V_s \cdot d^2(T_s - T_a)]/4T_a$를 이용할 것)

① 약 196m
② 약 165m
③ 약 145m
④ 약 124m

해설
$\Delta H = \dfrac{173 \cdot F^{1/3}}{U \cdot \exp(0.64\,\Delta\theta/\Delta z)}$

$F = \dfrac{[g \cdot V_s \cdot d^2(T_s - T_a)]}{\Delta T_a}$

$= \dfrac{9.8\text{m/sec}^2 \times 10\text{m/sec} \times (4\text{m})^2 \times [(273+167) - (273+27)]}{4 \times (273+27)} = 182.93\text{m}^4/\text{sec}^3$

$\Delta\theta/\Delta z$(온위) $= 0$ → 중립상태

$= \dfrac{173 \times (182.93\text{m}^4/\text{sec}^3)^{1/3}}{5\text{m/sec}} = 196.4\text{m}$

05 휘발성이 높은 액체이므로 쉽게 작업실 내의 농도가 높아져 중추신경계에 대한 특징적인 독성작용으로 심한 급성 또는 아급성 뇌병증을 유발하며, 피부를 통해서도 흡수되지만 대부분 상기도를 통해 체내에 흡수되는 것은?

① 삼염화에틸렌
② 염화비페닐
③ 이황화탄소
④ 아크릴 아미드

해설 이황화탄소(CS_2)
㉠ 급성중독 시 알코올, 클로로포름 등의 마취작용과 비슷하고, 심한 경우 호흡곤란으로 사망할 수 있다.
㉡ 만성중독 시 전신권태, 두통, 현기증 등을 일으키며 가벼운 빈혈 등도 나타날 수 있다.
㉢ CS_2는 지용성이므로 피부에 동통을 유발하여 화상으로 이어질 수도 있다.
㉣ 피부를 통해서도 흡수되지만 대부분 상기도를 통해 체내흡수되며, 중추신경계에 대한 특징적인 독성작용으로는 심한 급성 혹은 아급성 뇌병증을 유발한다.

정답 01 ① 02 ① 03 ③ 04 ① 05 ③

06 다음 중 가장 높은 압력을 나타내는 것은?

① 15psi   ② 76kPa
③ 76torr ④ 1,000mbar

해설
① $15\text{psi} \times \dfrac{1\text{atm}}{14.7\text{psi}} = 1.0204\text{atm}$
② $76\text{kPa} \times \dfrac{1\text{atm}}{101.3\text{kPa}} = 0.750\text{atm}$
③ $76\text{torr} \times \dfrac{1\text{atm}}{760\text{torr}} = 0.1\text{atm}$
④ $1,000\text{mbar} \times \dfrac{1\text{atm}}{1,013.25\text{mbar}} = 0.9869\text{atm}$

07 국지풍에 관한 설명으로 옳지 않은 것은?

① 낮에 바다에서 육지로 부는 해풍은 밤에 육지에서 바다로 부는 육풍보다 강한 것이 보통이다.
② 곡풍은 경사면 → 계곡 → 주계곡으로 수렴하면서 풍속이 가속되기 때문에 낮에 산 위쪽으로 부는 산풍보다 더 강하게 부는 것이 보통이다.
③ 열섬효과로 인해 도시의 중심부가 주위보다 고온이 되어 도시 중심부에서 상승기류가 발생하고 도시 주위의 시골에서 도시로 부는 바람을 전원풍이라 한다.
④ 푄풍은 산맥의 정상을 기준으로 풍상 쪽 경사면을 따라 공기가 상승하면서 건조단열 변화를 하기 때문에 평지에서보다 기온이 약 1℃/100m 율로 하강한다.

해설 산풍은 경사면 → 계곡 → 주계곡으로 수렴하면서 풍속이 가속되기 때문에 낮에 산 위쪽으로 부는 곡풍보다 더 강하다.

08 다음 대기오염물질과 관련되는 주요 배출업종을 연결한 것으로 가장 적합한 것은?

① 벤젠 – 도장공업   ② 염소 – 주유소
③ 시안화수소 – 유리공업 ④ 이황화탄소 – 구리정련

해설 **대기오염물질과 주요 배출업종**
㉠ 벤젠 : 포르말린 제조업, 도장공업, 석유정제업
㉡ 염소 : 소다공법, 농약 제조업
㉢ 시안화수소 : 청산 제조업, 가스공업, 제철공업, 화학공업
㉣ 이황화탄소 : 비스코스 섬유공업, 이황화탄소 제조공장

09 실내공기 오염물질에 관한 설명으로 옳지 않은 것은?

① 벤젠은 무색의 휘발성 액체이며, 끓는점은 약 80℃ 정도이고, 인화성이 강하다.
② 석면은 얇고 긴 섬유의 형태로서 규소, 수소, 마그네슘, 철, 산소 등의 원소를 함유하며, 그 기본구조는 산화규소의 형태를 취한다.
③ 석면의 공업적 생산 및 소비량은 각섬석 계열이 95% 정도이고, 나머지가 사문석계열로서 강도는 높으나 굴절성은 약하다.
④ 톨루엔의 끓는점은 약 111℃ 정도이고, 휘발성이 강하며, 그 증기는 폭발성이 있다.

해설 석면의 공업적 생산 및 소비량은 백석면인 사문석 계통이 가장 많고 청석면, 갈석면의 각섬석 계통이 적다.

10 냄새에 관한 다음 설명 중 ( ) 안에 가장 알맞은 것은?

> 매우 엷은 농도의 냄새는 아무 것도 느낄 수 없지만 이것을 서서히 진하게 하면 어떤 농도가 되고, 무엇인지 모르지만 냄새의 존재를 느끼는 농도로 나타난다. 이 최소농도를 (㉠)라고 정의하고 있다.
> 또한 농도를 짙게 해 가면 냄새질이나 어떤 느낌의 냄새인지를 표현할 수 있는 시점이 나오게 된다. 이 최저 농도가 되는 곳을 (㉡)라고 한다.

① ㉠ 최소감지농도(Detection Threshold)
  ㉡ 최소포착농도(Capture Threshold)
② ㉠ 최소인지농도(Recognition Threshold)
  ㉡ 최소자각농도(Awareness Threshold)
③ ㉠ 최소인지농도(Recognition Threshold)
  ㉡ 최소포착농도(Capture Threshold)
④ ㉠ 최소감지농도(Detection Threshold)
  ㉡ 최소인지농도(Recognition Threshold)

해설 ㉠ 최소감지농도(Detection Threshold)
매우 엷은 농도의 냄새는 아무것도 느낄 수 없지만 이것을 서서히 진하게 하면 어떤 농도가 되고, 무엇인지 모르지만 냄새의 존재를 느끼는 농도가 나타나는데 이 최소농도를 최소감지농도라 한다.
㉡ 최소인지농도(Recognition Threshold)
농도를 짙게 헤가면 냄새 질이나 어떤 느낌의 냄새인지를 표현할 수 있는 시점이 나오게 되는데 이 최저농도가 되는 곳을 최소인지농도라 한다.

정답 06 ① 07 ② 08 ① 09 ③ 10 ④

11 리차드슨 수에 관한 설명으로 옳은 것은?

① 리차드슨 수가 0.04보다 작으면 수직방향의 혼합은 없다.
② 리차드슨 수가 0이면 기계적 난류만 존재한다.
③ 리차드슨 수가 0에 접근하면 분산이 커져 대류혼합이 지배적이다.
④ 일차원 수로서 기계난류를 대류난류로 전환시키는 율을 측정한 것이다.

해설 ① $Ri < -0.04$의 경우는 기계적 난류(강제 대류)가 지배적인 상태이다.
③ Ri가 0의 값에 접근할수록 분산이 줄어든다.
④ 무차원 수로서 대류난류를 기계적인 난류로 전환시키는 비율을 측정한 값이다.

12 혼합층에 관한 설명으로 가장 적합한 것은?

① 최대혼합깊이는 통상 낮에 가장 적고, 밤시간을 통하여 점차 증가한다.
② 야간에 역전이 극심한 경우 최대혼합깊이는 5,000m 정도까지 증가한다.
③ 계절적으로 최대혼합깊이는 주로 겨울에 최소가 되고 이른 여름에 최댓값을 나타낸다.
④ 환기량은 혼합층의 온도와 혼합층 내의 평균풍속을 곱한 값으로 정의된다.

해설 ① 최대혼합깊이(MMD) 값은 통상적으로 밤에 가장 낮으며 낮시간 동안 증가한다.
② 야간에 역전이 심할 경우에는 그 값이 거의 0이 될 수도 있다.
④ 환기량은 혼합층의 높이와 혼합층 내의 평균풍속을 곱한 값으로 정의된다.

13 굴뚝에서 배출되는 연기의 형태 중 Looping형에 관한 설명으로 옳은 것은?

① 전체 대기층이 강한 안정 시에 나타나며, 연직확산이 적어 지표면에 순간적 고농도를 나타낸다.
② 전체 대기층이 중립일 경우에 나타나며, 연기모양의 요동이 적은 편이다.
③ 과단열감률 상태의 대기일 때 나타나므로 맑은 날 오후에 발생하기 쉽다.
④ 상층이 불안정, 하층이 안정일 경우에 나타나며, 바람이 다소 강하거나 구름이 낀 날 일어난다.

해설 ① 부채형(Fanning)
② 원추형(Coning)
④ 지붕형(Lofting)

14 다음 특정 물질 중 오존 파괴지수가 가장 큰 것은?

① CFC-113   ② CFC-114
③ Halon-1211   ④ Halon-1301

해설 오존 파괴지수
① CFC-113 : 0.8   ② CFC-114 : 1.0
③ Halon-1211 : 3.0   ④ Halon-1301 : 10.0

15 가우시안 모델에 도입된 가정조건으로 거리가 먼 것은?

① 연기의 분산은 정상상태 분포를 가정한다.
② 바람에 의한 오염물의 주 이동방향은 x축이며, 풍속은 일정하다.
③ 연직방향의 풍속은 통상 수평방향의 풍속보다 크므로 고도변화에 따라 반영한다.
④ 난류확산계수는 일정하다.

해설 바람에 의한 오염물질의 주이동방향은 X축(풍하방향)이며, 고도변화에 따른 풍속의 변화는 무시한다.

16 2,000m에서 대기압력(최초 기압)이 805mbar, 온도가 5℃, 비열비 K가 1.4일 때 온위(Potential Temperature)는?(단, 표준압력은 1,000mbar)

① 약 284K   ② 약 289K
③ 약 296K   ④ 약 324K

해설 $온위(\theta) = T\left(\dfrac{1,000}{P}\right)^{0.288}$
$= (273+5) \times \left(\dfrac{1,000}{805}\right)^{0.288} = 295.92K$

17 지상으로부터 500m까지의 평균 기온감률은 1.2℃/100m이다. 100m 고도의 기온이 18℃일 때 400m에서의 기온은?

① 8.6℃   ② 10.8℃   ③ 12.2℃   ④ 14.4℃

해설 400m에서의 기온(℃)
$= 18℃ - [1.2℃/100m \times (400-100)m] = 14.4℃$

18 상대습도가 70%이고, 상수를 1.2로 정의할 때, 먼지농도가 $70\mu g/m^3$이면, 가시거리는 얼마인가?

① 약 12km ② 약 17km
③ 약 22km ④ 약 27km

해설 $L(km) = \dfrac{1,000 \times A}{G} = \dfrac{1,000 \times 1.2}{70\mu g/m^3} = 17.14km$

19 다음 기체 중 비중이 가장 적은 것은?(단, 동일한 조건)

① NH_3 ② NO
③ H_2S ④ SO_2

해설 분자량이 가장 작은 NH_3의 비중이 가장 적다.

20 라돈에 관한 설명으로 가장 거리가 먼 것은?

① 일반적으로 인체의 조혈기능 및 중추신경계통에 가장 큰 영향을 미치는 것으로 알려져 있으며, 화학적으로 반응성이 크다.
② 무색, 무취의 기체로 액화되어도 색을 띠지 않는 물질이다.
③ 공기보다 9배 정도 무거워 지표에 가깝게 존재한다.
④ 주로 토양, 지하수, 건축자재 등을 통하여 인체에 영향을 미치고 있으며 흙 속에서 방사선 붕괴를 일으킨다.

해설 라돈의 α붕괴에 의하여 미세입자상태인 라돈의 딸핵종이 생성되어 호흡기로 현저히 흡입 시 폐포 및 기관지에 부착되어 α선을 방출하여 폐암을 유발하며, 화학적으로 불활성 물질이다.

제2과목 연소공학

21 석탄·석유 혼합연료(COM)에 관한 설명으로 가장 적합한 것은?

① 중유에다 거의 같은 질량의 미분탄을 섞어서 고체화시킨 연료이다.
② 열량비로는 COM 중의 석탄의 비율은 5% 정도로 석유 비율이 큰 편이다.
③ 별도의 중유 전용 연소시설을 이용하지 않는 것이 큰 장점이다.
④ 유해성분을 포함하고 있으므로 재와 매연 처리, 연소가스의 연소실 내 체류시간을 미분탄 정도로 고려할 필요가 있다.

해설 ① 석탄 52%에 벙커C유 38%, 물 10% 정도를 혼합한 연료이다.
② 열량비로는 COM 중의 석탄의 비율은 50% 정도로 석유 비율이 큰 편이다.
③ 중유전용보일러의 경우 별도의 개조가 필요하다.

22 액체연료의 종류 및 성질에 관한 설명으로 옳지 않은 것은?

① 휘발유는 석유제품 중 가장 경질이며, 비점은 약 250~350℃ 정도, 비중은 0.85~0.90 정도이다.
② 등유는 휘발유와 유사한 방법으로 정제하며 무색 내지 담황색이고, 인화점은 휘발유보다 높다.
③ 경유의 착화성 여부는 세탄값으로 표시되며, 세탄값 40~60 정도의 것이 좋은 편이다.
④ 중유 점도의 정도는 C중유>B중유>A중유 순으로 감소되며, 수송 시 적정 점도는 500~1,000 cSt 정도이다.

해설 휘발유의 비점은 30~200℃ 정도, 비중은 0.7~0.8 정도이다.

23 절충식 방법으로서 연소용 공기의 일부를 미리 기체연료와 혼합하고 나머지 공기는 연소실 내에서 혼합하여 확산연소시키는 방식으로 소형 또는 중형 버너로 널리 사용되며, 기체연료 또는 공기의 분출속도에 의해 생기는 흡인력을 이용하여 공기 또는 연료를 흡인하는 것은?

① 확산연소 ② 예혼합연소
③ 유동층연소 ④ 부분예혼합연소

해설 **부분예혼합연소**
㉠ 연소용 공기의 일부를 미리 연료와 혼합하고, 나머지 공기는 연소실 내에서 혼합하여 확산연소시키는 방식으로 소형 또는 중형 버너로 사용되는 기체연료의 연소방식이다.
㉡ 소형 또는 중형버너로 널리 사용되며, 기체연료 또는 공기의 분출속도에 의해 생기는 흡인력을 이용하여 공기 또는 연료를 흡인한다.

24 다음 각종 연료의 이론공기량의 개략치 값(Sm^3/kg)으로 가장 거리가 먼 것은?

① 코크스 : 0.8~1.2
② 고로가스 : 0.7~0.9
③ 발생로 가스 : 0.9~1.2
④ 가솔린 : 11.3~11.5

해설 코크스의 이론공기량은 6.9~7.5Sm^3/kg 정도이다.

25 C = 82%, H = 14%, S = 3%, N = 1%로 조성된 중유를 12 Sm^3 공기/kg 중유로 완전연소 했을 때 습윤 배출 가스 중의 SO_2는 약 몇 ppm인가?(단, 중유 중의 황분은 모두 SO_2로 된다.)

① 1,400
② 1,640
③ 1,900
④ 2,260

해설 $SO_2(ppm) = \dfrac{0.7S}{G_w} \times 10^6$

$G_w = (m - 0.21)A_o + 1.867C + 11.2H$
$\qquad + 0.7S + 0.8N$

$A_o = \dfrac{1}{0.21} \times [(1.867 \times 0.82) + (5.6 \times 0.14)$
$\qquad + (0.7 \times 0.03)] = 11.12 Sm^3/kg$

$m = \dfrac{A}{A_0} = \dfrac{12}{11.12} = 1.08$

$= [(1.08 - 0.21) \times 11.12] + (1.867 \times 0.82)$
$\quad + (11.2 \times 0.14) + (0.7 \times 0.03)$
$\quad + (0.8 \times 0.01) = 12.79 Sm^3/kg$

$= \dfrac{0.7 \times 0.03}{12.79} \times 10^6 = 1,641.91 ppm$

26 저위발열량이 5,000 kcal/Sm^3인 기체연료의 이론 연소온도(℃)는?(단, 이론연소가스양 15 Sm^3/Sm^3, 연료연소가스의 평균 정압비열 0.35 kcal/Sm^3·℃, 기준온도는 0℃, 공기는 예열하지 않으며, 연소가스는 해리되지 않는다고 본다.)

① 952
② 994
③ 1,008
④ 1,118

해설 이론연소온도(℃)
$= \dfrac{저위발열량}{이론연소가스양 \times 연소가스\ 평균정압비열} + 실제온도$

$= \dfrac{5,000 kcal/Sm^3}{15 Sm^3/Sm^3 \times 0.35 kcal/Sm^3 \cdot ℃} + 0℃ = 952.38℃$

27 석탄의 성질에 관한 설명으로 옳지 않은 것은?

① 비열은 석탄화도가 진행됨에 따라 증가하며, 통상 0.30~0.35 kcal/kg·℃ 정도이다.
② 건조된 것은 석탄화도가 진행된 것일수록 착화온도가 상승한다.
③ 석탄류의 비중은 석탄화도가 진행됨에 따라 증가되는 경향을 보인다.
④ 착화온도는 수분 함유량에 크게 영향을 받으며, 무연탄의 착화온도는 보통 440~550℃ 정도이다.

해설 비열은 석탄화도가 진행됨에 따라 감소하며, 통상 0.31kcal/kg·℃ 정도이다.

28 어떤 1차 반응에서 반감기가 10분이었다. 반응물이 1/10 농도로 감소할 때까지는 얼마의 시간이 걸리겠는가?

① 6.9min
② 33.2min
③ 693min
④ 3,323min

해설 $\ln \dfrac{C_t}{C_0} = -kt$

$\ln 0.5 = -k \times 10 min$
$k = 0.06931 min^{-1}$
$\ln \dfrac{1}{10} = -0.06931 min^{-1} \times t$
$t = 33.22 min$

29 다음 중 연료 연소 시 매연 발생에 관한 설명으로 옳지 않은 것은?

① 분해하기 쉽거나 산화하기 쉬운 탄화수소는 매연이 많이 발생되는 편이다.
② 연료의 C/H 비율이 작을수록 매연이 생기기 어려운 편이다.
③ -C-C-의 탄소결합을 절단하는 것보다 탈수소가 용이한 쪽이 매연이 잘 발생되는 편이다.
④ 탈수소, 중합 및 고리화합물 등과 같이 반응이 일어나기 쉬운 탄화수소일수록 매연이 잘 생기는 편이다.

해설 분해나 산화하기 쉬운 탄화수소는 매연 발생이 적은 편이다.

정답 24 ① 25 ② 26 ① 27 ① 28 ② 29 ①

30 기체연료의 특징 및 종류에 관한 설명으로 옳지 않은 것은?

① 부하변동범위가 넓고 연소의 조절이 용이한 편이다.
② 천연가스는 화염전파속도가 크며, 폭발범위가 크므로 1차 공기를 적게 혼합하는 편이 유리하다.
③ 액화천연가스는 메탄을 주성분으로 하는 천연가스를 1기압하에서 -160℃ 근처에서 냉각, 액화시켜 대량 수송 및 저장을 가능하게 한 것이다.
④ 액화석유가스는 액체에서 기체로 될 때 증발열(90~100 kcal/kg)이 있으므로 사용하는 데 유의할 필요가 있다.

해설 천연가스는 다른 기체연료보다 폭발한계가 5~15%로 좁고 화염전파 속도도 36.4cm/sec로 늦어 안전한 편이다.

31 다음은 화격자의 종류 중 폰 롤 시스템에 관한 설명이다. ( ) 안에 들어갈 말로 적합하지 않은 것은?

> 폰 롤 시스템(Von Roll System)은 일련의 왕복식 화격자들을 사용하여 폐기물을 소각로 내에서 이동시키면서 연소시킨다.
> 화격자는 ( ), ( ), ( )의 세 부분으로 구성되어 있다.

① 건조 화격자
② 회전 화격자
③ 연소 화격자
④ 후연소 화격자

해설 폰 롤 시스템(Von Roll System)
㉠ 일련의 왕복식 화격자들을 사용하여 폐기물을 소각로 내에서 이동시키면서 연소시키는 방식이다.
㉡ 화격자의 구성
• 건조화격자
• 연소화격자
• 후연소화격자

32 연료유를 미립화해서 공기와 혼합하여 단시간에 완전연소시키는 유류연소버너가 갖추어야 할 조건으로 가장 거리가 먼 것은?

① 넓은 부하범위에 걸쳐 기름의 미립화가 가능할 것
② 재를 제거하기 위한 장치가 있을 것
③ 소음 발생이 적을 것
④ 점도가 높은 기름도 적은 동력비로써 미립화가 가능할 것

해설 유류연소 버너가 갖추어야 할 조건
㉠ 연료유를 미립화해서 공기와 혼합하여 단시간에 완전연소를 시켜야 한다.
㉡ 넓은 부하범위에 걸쳐 기름의 미립화가 가능해야 한다.
㉢ 소음 발생이 적어야 한다.
㉣ 점도가 높은 기름도 적은 동력비로써 미립화가 가능해야 한다.

33 각종 연료의 $CO_{2\,max}$ 값(%)으로 거리가 먼 것은?

① 탄소 : 21.0
② 고로가스 : 24.0~25.0
③ 역청탄 : 18.5~19.0
④ 코크스로 가스 : 19.0~20.0

해설 코크스로 가스의 CO_{2max} 값은 11.0~11.5 정도이다.

34 Propane $1\,Sm^3$을 연소시킬 경우 이론건조연소가스 중의 탄산가스 최대농도(%)는?

① 12.8% ② 13.8% ③ 14.8% ④ 15.8%

해설 $C_3H_8 + 5O_2 \rightarrow 3CO_2 + 4H_2O$

$$CO_{2\max}(\%) = \frac{CO_2\,양}{G_{od}} \times 100$$

$$G_{od} = 0.79A_o + CO_2$$
$$= \left(0.79 \times \frac{5}{0.21}\right) + 3 = 21.81\,Sm^3/Sm^3$$
$$= \frac{3}{21.81} \times 100 = 13.76\%$$

35 다음은 가동화격자의 종류에 관한 설명이다. ( ) 안에 알맞은 것은?

> ( )는 고정화격자와 가동화격자를 횡방향으로 나란히 배치하고 가동화격자를 전후로 왕복운동시킨다. 비교적 강한 교반력과 이송력을 갖고 있으며 화격자 눈의 메워짐이 별로 없어 낙진량이 많고 냉각작용이 부족하다.

① 부채형 반전식 화격자
② 병렬요동식 화격자
③ 이상식 화격자
④ 회전 롤러식 화격자

해설 병렬요동식 화격자
㉠ 고정화격자와 가동화격자를 횡방향으로 나란히 배치하고 가동화격자를 전후로 왕복운동시킨다.
㉡ 비교적 강한 이송력을 갖고 있고, 화격자 눈의 메워짐이 별로 없다는 장점은 있으나 낙진량이 많고 냉각작용이 부족하다.

36 다음 주요 기체연료 중 일반적으로 발열량이 가장 큰 것은?(단, 발열량 단위 : kcal/Sm³)

① 발생로가스　② 고로가스
③ 수성가스　　④ 아세틸렌

해설 ① 발생로가스 : 1,480kcal/Sm³
② 고로가스 : 900kcal/Sm³
③ 수성가스 : 2,650kcal/Sm³
④ 아세틸렌 : 14,080kcal/Sm³

37 다음은 연소의 종류에 관한 설명이다. ( ) 안에 알맞은 것은?

> 목재, 석탄, 타르 등은 연소 초기에 열분해에 의해 가연성 가스가 생성되고, 이것이 긴 화염을 발생시키면서 연소하게 되는데 이러한 연소를 (　)라 한다.

① 표면연소　② 분해연소
③ 자기연소　④ 확산연소

해설 분해연소
㉠ 정의
　고체연료가 가열되면 연소 초기에 열분해가 일어나서 가연성 가스가 발생하며, 이를 공기와 혼합하여 긴 화염을 발생시키면서 확산 연소하는 과정을 분해연소라 한다.
㉡ 특징
　• 열분해는 증발온도보다 분해온도가 낮은 경우에 가열에 의해 발생된다.
　• 고체연료는 일반적으로 연소 전에 분해되어 가연성 가스가 발생된다.
㉢ 분해연소 예
　• 석탄, 목재(휘발분을 가짐)
　• 중유(증발이 어려움)

38 과잉공기가 지나칠 때 나타나는 현상으로 거리가 먼 것은?

① 배기가스에 의한 열손실의 증가
② 연소실 내 온도의 저하
③ 배기가스의 온도가 높아지고 매연 증가
④ 배기가스 중 NOx양 증가

해설 과잉공기가 클 때, 즉 공기비가 큰 경우 연소실 내 연소온도가 낮아지며, 공기비가 작을 경우 매연 발생이 크다.

39 석유의 물리적 성질에 관한 설명으로 옳지 않은 것은?

① 비중이 커지면 화염의 휘도가 커지며 점도도 증가한다.
② 증기압이 높으면 인화점이 높아져서 연소효율이 저하된다.
③ 유동점(Pour Point)은 일반적으로 응고점보다 2.5℃ 높은 온도를 말한다.
④ 점도가 낮아지면 인화점이 낮아지고 연소가 잘된다.

해설 증기압이 높으면 인화점 및 착화점이 낮아서 위험하다.

40 아세틸렌이 완전연소할 때의 이론공연비(A/F Ratio, 부피비)는?

① 2.5　② 8.9
③ 11.9　④ 25

해설 $C_2H_2 + 2.5O_2 \rightarrow 2CO_2 + H_2O$
1mole　2.5mole
$AFR = \dfrac{\text{산소의 mole}/0.21}{\text{연료의 mole}} = \dfrac{2.5/0.21}{1} = 11.9$

제3과목　대기오염방지기술

41 다음 중 가스분산형 흡수장치로만 짝지어진 것은?

① 단탑, 기포탑
② 기포탑, 충전탑
③ 분무탑, 단탑
④ 분무탑, 충전탑

해설 가스(기체) 분산형 흡수장치
㉠ 단탑(Plate Tower)
　• 포종탑(Tray Tower)
　• 다공판탑(Sieve Plate Tower)
㉡ 기포탑

정답　36 ④　37 ②　38 ③　39 ②　40 ③　41 ①

42 다음은 활성탄의 고온 활성화 재생방법으로 적용될 수 있는 다단로(Multi-hearth Furnace)와 회전로(Rotary Kiln)의 비교표이다. 옳지 않은 것은?

구분	다단로	회전로
㉠ 온도 유지	여러 개의 버너로 구분된 반응영역에서 온도분포 조절이 가능하고 열효율이 높음	단 1개의 버너로 열공급 영역별 온도유지가 불가능하고 열효율이 낮음
㉡ 수증기 공급	반응영역에서 일정입자가 빨리 배출	입구에서만 공급하므로 일정치 않음
㉢ 입도 분포	입도에 비례하여 큰 입자가 빨리 배출	입도 분포에 관계없이 체류시간을 동일하게 유지 가능
㉣ 품질	고품질 입상 재생설비로 적합	고품질 입상 재생설비로 부적합

① ㉠ ② ㉡ ③ ㉢ ④ ㉣

해설 ㉠ 다단로 : 입도 분포에 관계없이 체류시간을 동일하게 유지 가능
㉡ 회전로 : 입도에 비례하여 큰 입자가 빨리 배출

43 다른 VOC 제거장치와 비교하여 생물여과의 장단점으로 가장 거리가 먼 것은?

① CO 및 NOx 등을 포함하여 생성되는 오염부산물이 적거나 없다.
② 습도제어에 각별한 주의가 필요하다.
③ 고농도 오염물질의 처리에 적합하다.
④ 생체량 증가로 인해 장치가 막힐 수 있다.

해설 생물여과방법은 저농도 오염물질의 처리에 적합하고 설치가 간단하다.

44 배출가스 중 황산화물을 접촉식 황산제조방법의 원리를 이용한 접촉산화법으로 처리할 때 사용되는 일반적인 촉매로 가장 적합한 것은?

① PbO ② PbO_2 ③ V_2O_5 ④ $KMnO_4$

해설 **선택적 촉매환원법**
연소가스 중의 NOx를 촉매(TiO_2와 V_2O_5)를 사용하여 환원제(NH_3, H_2S, CO, H_2 등)와 반응시켜 N_2와 H_2O로 O_2와 상관없이 접촉환원시키는 방법이다.

45 공기 중 CO_2 가스의 부피가 5%를 넘으면 인체에 해롭다고 한다면 지금 $600m^3$ 되는 방에서 문을 닫고 80%의 탄소를 가진 숯을 최소 몇 kg을 태우면 해로운 상태로 되겠는가?(단, 기존의 공기 중 CO_2 가스의 부피는 고려하지 않음, 실내에서 완전혼합, 표준상태 기준)

① 약 5kg ② 약 10kg ③ 약 15kg ④ 약 20kg

해설 $C + O_2 \rightarrow CO_2$ (인체에 해로운 CO_2양 고려 계산)
12kg : $22.4m^3$
$x \times 0.8 : 600m^3 \times 0.05$
$x(kg) = \dfrac{12kg \times 600m^3 \times 0.05}{0.8 \times 22.4m^3} = 20.09kg$

46 면적이 $1.5m^2$인 여과집진장치로 먼지농도가 $1.5g/m^3$인 배기가스가 $100m^3/min$으로 통과하고 있다. 먼지가 모두 여과포에서 제거되었으며, 집진된 먼지층의 밀도가 $1g/cm^3$이라 1시간 후 여과된 먼지층의 두께는?

① 1.5mm ② 3mm ③ 6mm ④ 15mm

해설 먼지층 두께 = $\dfrac{먼지부하(kg/m^2)}{먼지밀도(kg/m^3)}$

먼지부하 = $C_i \times V_f \times t$
= $(1.5g/m^3 \times kg/1,000g)$
$\times \left(\dfrac{100m^3/min}{1.5m^2}\right) \times 60min$
= $6kg/m^2$

= $\dfrac{6kg/m^2}{1g/cm^3 \times 10^6 cm^3/m^3 \times kg/1,000g}$
= $0.006m \times 1,000mm/m = 6mm$

47 중력집진장치에 관한 설명으로 가장 거리가 먼 것은?

① 압력손실이 10~15mmH₂O 정도로 적다.
② 함진가스의 온도변화에 의한 영향을 거의 받지 않는다.
③ 장치 운전 시 신뢰도가 낮으며, 함진가스의 먼지부하나 유량 변동의 영향을 거의 받지 않아 적응성이 높다.
④ 침강실의 높이는 작게, 길이는 가급적 길게 하는 편이 집진율이 향상된다.

해설 중력집진장치는 장치 운전 시 신뢰도가 높으며, 함진가스의 먼지부하나 유량 변동의 영향을 받아 적응성이 낮다.

정답 42 ③ 43 ③ 44 ③ 45 ④ 46 ③ 47 ③

48 배출가스의 흐름이 층류일 때 입경 $100\mu m$ 입자가 100% 침강하는 데 필요한 중력 침강실의 길이는?(단, 중력 침강실의 높이 1m, 배출가스의 유속 2m/s, 입자의 종말침강속도는 0.5m/s이다.)

① 1m ② 4m ③ 10m ④ 16m

해설
$\eta = \dfrac{L \times V_s}{H \times V}$

$L = \eta \times \dfrac{H \times V}{V_s} = 1 \times \dfrac{1m \times 2m/sec}{0.5m/sec} = 4m$

49 촉매연소법에 관한 설명으로 거리가 먼 것은?
① 열소각법에 비해 체류시간이 훨씬 짧다.
② 열소각법에 비해 NOx 생성량을 감소시킬 수 있다.
③ 팔라듐, 알루미나 등은 촉매에 바람직하지 않은 원소이다.
④ 열소각법에 비해 점화온도를 낮춤으로써 전체 비용을 절감할 수 있다.

해설 팔라듐, 알루미나 등은 촉매에 이용되는 원소이다.

50 집진효율이 70%인 1차 집진장치가 있다. 총 집진효율이 98%라면 2차 집진장치의 집진효율은?
① 91.1% ② 93.3% ③ 94.8% ④ 96.5%

해설
$\eta_T = \eta_1 + \eta_2(1-\eta_1)$
$0.98 = 0.7 + \eta_2(1-0.7)$
$\eta_2(\%) = 0.933 \times 100 = 93.3\%$

51 흡착제에 관한 설명으로 옳지 않은 것은?
① 마그네시아는 표면적이 $50 \sim 100 m^2/g$으로 NaOH 용액 중 불순물 제거에 주로 사용된다.
② 활성탄은 표면적이 $600 \sim 1,400 m^2/g$으로 용제회수, 악취제거, 가스정화 등에 사용된다.
③ 일반적으로 활성탄의 물리적 흡착방법으로 제거할 수 있는 유기성 가스의 분자량은 45 이상이어야 한다.
④ 활성탄은 비극성 물질을 흡착하며 대부분의 경우 유기 용제 증기를 제거하는 데 탁월하다.

해설 마그네시아
표면적이 $200 m^2/g$ 정도이며 휘발유 및 용제의 불순물을 제거하는 정제에 이용된다.

52 사이클론에서 50%의 집진효율로 제거되는 입자의 최소 입경을 무엇이라 부르는가?
① Critical Diameter
② Cut Size Diameter
③ Average Size Diameter
④ Analytical Diameter

해설 Cut Size Diameter(절단입경)
Cyclone에서 50% 처리효율로 제거되는 입자의 크기, 즉 50% 분리한계 입경이다.

53 전기집진장치에서 먼지의 비저항이 높을 경우 발생하는 현상과 가장 거리가 먼 것은?
① 먼지와 집진판의 결합력이 낮아 먼지가 가스 중으로 재비산된다.
② 역코로나 현상이 발생한다.
③ 전하가 쉽게 집진판으로 전달되지 않는다.
④ 가스 중 먼지입자의 이온화와 이동현상을 감소시킨다.

해설 먼지의 비저항이 낮을 경우 먼지와 집진판의 결합력이 낮아 먼지가 가스 중으로 재비산된다.

54 각종 유해가스 처리법으로 가장 거리가 먼 것은?
① 아크롤레인은 NaClO 등의 산화제를 혼입한 가성소다 용액으로 흡수 제거한다.
② CO는 백금계의 촉매를 사용하여 연소시켜 제거한다.
③ 이황화탄소는 암모니아를 불어넣는 방법으로 제거한다.
④ Br_2는 산성 수용액에 의한 세정법으로 제거한다.

해설 Br_2(브롬)은 알칼리(가성소다) 수용액을 이용하여 처리한다.

55 전기집진장치를 구성하는 요소에 관한 설명으로 거리가 먼 것은?
① 방전극은 코로나 방전을 일으키기 쉽도록 가늘고 긴, 뾰족한 Edge를 가질 것
② 방전극은 진동 혹은 요동을 일으키지 아니하는 구조일 것
③ 집진전극 중 건식의 경우에는 취타에 의해 먼지 비산이 많이 생기도록 하는 구조일 것
④ 집진전극은 중량이 가벼울 것

해설 전기집진장치의 집진전극 중 건식의 경우에는 취타에 의해 먼지 비산이 많이 생기지 않는 구조로 한다.

정답 48 ② 49 ③ 50 ② 51 ① 52 ② 53 ① 54 ④ 55 ③

56 벤츄리 스크러버의 액가스비를 크게 하는 요인으로 옳지 않은 것은?

① 먼지입자의 친수성이 클 때
② 먼지의 입경이 작을 때
③ 먼지입자의 점착성이 클 때
④ 처리가스의 온도가 높을 때

해설 벤츄리 스크러버의 액가스비는 $10\mu m$ 이하 미립자, 친수성이 아닌 입자, 고농도 먼지, 점착성이 크고 처리가스의 온도가 높을 때 크게 된다.

57 NOx와 SOx 동시 제어기술에 관한 설명으로 옳지 않은 것은?

① SOXNO 공정은 감마 알루미나 담체의 표면에 나트륨을 첨가하여 SOx와 NOx를 동시에 흡착시킨다.
② CuO 공정은 알루미나 담체에 CuO를 함침시켜 SO_2는 흡착반응하고 NOx는 선택적 촉매환원되어 제거되는 원리를 이용하는 공정이다.
③ CuO 공정에서 온도는 보통 850~1,000℃ 정도로 조정하며, $CuSO_2$ 형태로 이동된 솔벤트 재생기에서 산소 또는 오존으로 재생된다.
④ 활성탄 공정에서 S, H_2SO_4 및 액상 SO_2 등의 부산물이 생성되며, 공정 중 재가열이 없으므로 경제적이다.

해설 **CuO 공정**
온도는 보통 250~400℃ 정도로 조정하며 SOx는 산화구리와 반응하여 $CuSO_4$로 전환되고, NOx는 산화구리와 반응된 $CuSO_4$와 미반응된 CuO의 촉매작용에 의하여 암모니아 존재하에 질소와 수분으로 환원된다.

58 A공장의 연마실에서 발생되는 배출가스의 먼지 제거에 Cyclone이 사용되고 있다. 유입폭이 40cm이고, 유효회전수 5회, 입구 유입속도 10m/s로 가동 중인 공정조건에서 $10\mu m$ 먼지입자의 부분집진효율은 몇 %인가?(단, 먼지의 밀도는 $1.6g/cm^3$, 가스점도는 1.75×10^{-4} $g/cm \cdot s$, 가스밀도는 고려하지 않음)

① 약 40   ② 약 45
③ 약 50   ④ 약 55

해설
$\eta_f(\%) = \frac{\pi N d_p^2 (\rho_p - \rho) V}{9\mu_g W}$

$d_p = 10\mu m \times m/10^6 \mu m = 10 \times 10^{-6} m$
$\rho_p = 1.6 g/cm^3 \times kg/1,000g \times 10^6 cm^3/m^3$
$\quad = 1,600 kg/m^3$
$\mu_g = 1.75 \times 10^{-4} g/cm \cdot sec$
$\quad = 1.75 \times 10^{-5} kg/m \cdot sec$
$W = 40cm \times m/100cm = 0.4m$

$= \frac{3.14 \times 5 \times (10 \times 10^{-6})^2 \times 1,600 \times 10}{9 \times (1.75 \times 10^{-5}) \times 0.4} \times 100 = 39.87\%$

59 전기집진장치의 장애현상 중 2차 전류가 많이 흐를 때의 원인으로 옳지 않은 것은?

① 먼지의 농도가 너무 낮을 때
② 공기 부하시험을 행할 때
③ 방전극이 너무 가늘 때
④ 이온 이동도가 적은 가스를 처리할 때

해설 이온 이동도가 큰 가스를 처리할 경우 전기집진장치의 2차 전류가 많이 흐르게 된다.

60 염소를 함유한 폐가스를 소석회와 반응시켜 생성되는 물질은?

① 실리카겔   ② 표백분
③ 차아염소산나트륨   ④ 포스겐

해설 $2Ca(OH)_2 + 2Cl_2 \rightarrow CaCl_2 + \underline{Ca(OCl)_2} + 2H_2O$
                                          (표백분)

제4과목 대기오염공정시험기준(방법)

61 배출가스 중 황산화물을 분석하기 위하여 중화적정법에 의해 술파민산 표준시약 2.0g을 물에 녹여 250mL로 하고, 이 용액 25mL를 분취하여 N/10-NaOH 용액으로 중화적정한 결과 21.6mL가 소요되었다. 이때 N/10-NaOH 용액의 Factor 값은?(단, 술파민산의 분자량은 97.1이다.)

① 0.90   ② 0.95   ③ 1.00   ④ 1.05

해설 $f = \frac{W \times \frac{25}{250}}{V' \times 0.00971} = \frac{2 \times \frac{25}{250}}{21.6 \times 0.00971} = 0.95$

62 원자흡수분광광도 분석을 위해 시료를 전처리하고자 한다. "타르, 기타 소량의 유기물을 함유하는 시료"의 전처리 방법으로 가장 거리가 먼 것은?

① 마이크로파 산분해법 ② 저온 회화법
③ 질산-염산법 ④ 질산-과산화수소수법

해설 타르, 기타 소량의 유기물을 함유하는 시료의 전처리 방법
㉠ 질산-염산법
㉡ 질산-과산화수소수법
㉢ 마이크로파 산분해법

63 휘발성유기화합물질(VOC) 누출확인방법에서 사용되는 용어 정의로 옳지 않은 것은?

① 교정가스 : 미지 농도로 기기 표시치를 교정하는 데 사용되는 VOC 화합물로서 일반적으로 누출농도와 다른 농도의 대조화합물이다.
② 반응인자 : 관련규정에 명시된 대조화합물로 교정된 기기를 이용하여 측정할 때 관측된 측정값과 VOC 화합물 기지 농도와의 비율이다.
③ 교정 정밀도 : 기지의 농도값과 측정값 간의 평균차이를 상대적인 퍼센트로 표현하는 것으로서, 동일한 기지 농도의 측정값들의 일치 정도이다.
④ 응답시간 : VOC가 시료채취장치로 들어가 농도 변화를 일으키기 시작하여 기기계기판의 최종값이 90%를 나타내는 데 걸리는 시간이다.

해설 교정가스
미지 농도로 기기 표시치를 교정하는 데 사용되는 VOC 화합물로서 일반적으로 누출농도와 유사한 농도의 대조화합물이다.

64 배출허용기준 중 표준산소농도를 적용받는 항목에 대한 배출가스유량 보정식으로 옳은 것은?(단, Q : 배출가스유량(Sm³/일), Q_a : 실측 배출가스유량(Sm³/일), O_a : 실측 산소농도(%), O_s : 표준산소농도(%))

① $Q = Q_a \times \left[\dfrac{(21-O_s)}{(21-O_a)}\right]$ ② $Q = Q_a \div \left[\dfrac{(21-O_s)}{(21-O_a)}\right]$

③ $Q = Q_a \times \left[\dfrac{(21+O_s)}{(21+O_a)}\right]$ ④ $Q = Q_a \div \left[\dfrac{(21+O_s)}{(21+O_a)}\right]$

해설 배출가스유량보정식
= 실측배출가스유량 $\div \left(\dfrac{21-\text{표준산소농도}}{21-\text{실측산소농도}}\right)$

65 환경대기 중의 석면시험방법 중 계수대상물의 식별방법에 관한 설명으로 옳지 않은 것은?

① 단섬유인 경우 구부러져 있는 섬유는 곡선에 따라 전체 길이를 재어서 판정한다.
② 헝클어져 다발을 이루고 있는 경우로서 섬유가 헝클어져 정확한 수를 헤아리기 힘들 때에는 0개로 판정한다.
③ 섬유에 입자가 부착되어 있는 경우 입자의 폭이 $3\mu m$를 넘는 것은 1개로 판정한다.
④ 섬유가 그래티클 시야의 경계선에 물린 경우 그래티클 시야 안으로 한쪽 끝만 들어와 있는 섬유는 1/2개로 인정한다.

해설 섬유에 입자가 부착되어 있는 경우 입자의 폭이 $3\mu m$를 넘는 것은 0개로 판정한다.

66 다음은 중금속 분석을 위한 전처리 방법 중 저온회화법에 관한 설명이다. ( ) 안에 알맞은 것은?

> 시료를 채취한 여과지를 회화실에 넣고 약 (㉠)에서 회화한다. 셀룰로오스섬유제 여과지를 사용했을 때에는 그대로, 유리섬유제 또는 석영섬유제 여과지를 사용했을 때에는 적당한 크기로 자르고 250mL 원뿔형 비커에 넣은 다음 (㉡)를 가한다. 이것을 물중탕 중에서 약 30분간 가열하여 녹인다.

① ㉠ 200℃ 이하
  ㉡ 황산(2+1) 70mL 및 과망간산칼륨(0.025N) 5mL
② ㉠ 450℃ 이하
  ㉡ 황산(2+1) 70mL 및 과망간산칼륨(0.025N) 5mL
③ ㉠ 200℃ 이하
  ㉡ 염산(1+1) 70mL 및 과산화수소수(30%) 5mL
④ ㉠ 450℃ 이하
  ㉡ 염산(1+1) 70mL 및 과산화수소수(30%) 5mL

해설 문제의 설명은 중금속분석을 위한 전처리방법 중 저온회화법이다.

정답 62 ② 63 ① 64 ② 65 ③ 66 ③

67 흡광광도 분석장치에 관한 설명으로 거리가 먼 것은?

① 일반적으로 사용하는 흡광광도 분석장치는 광원부(光源部), 파장선택부(波長選擇部), 시료부(試料部) 및 측광부(測光部)로 구성된다.
② 측광부로는 일반적으로 단색화 장치(Monochromater) 또는 필터(Filter)를 사용하며, 단색화 장치로는 프리즘, 회절격자 또는 이 두 가지를 조합시킨 것을 사용하고 단색광을 내기 위하여 슬릿(Slit)을 탈착시킨다.
③ 광전분광광도계에는 미분측광(微分測光), 2파장측광(二波長測光), 시차측광(示差測光)이 가능한 것도 있다.
④ 흡수셀의 재질 중 유리제는 주로 가시(可視) 및 근적외(近赤外)부 파장범위, 석영제는 자외부 파장범위, 플라스틱제는 근적외부 파장범위를 측정할 때 사용한다.

해설 측광부로는 일반적으로 단색화장치 또는 필터를 사용하며 단색화장치로는 프리즘, 회절격자 또는 이 두 가지를 조합시킨 것을 사용하고 단색광을 내기 위하여 슬릿을 부속시킨다.

68 대기오염공정시험기준상 분석대상 가스에 대한 흡수액을 수산화소듐으로 쓰지 않는 것은?

① 이황화탄소 ② 불소화합물
③ 염화수소   ④ 브롬화합물

해설 굴뚝배출가스 중 이황화탄소 흡광광도법의 흡수액은 다이에틸아민구리 용액이다.

69 다음은 굴뚝 배출가스 중의 질소산화물에 대한 아연 환원 나프틸에틸렌디아민 분석방법이다. ( ) 안에 들어갈 말이 올바르게 연결된 것은?

시료 중의 질소산화물을 오존 존재하에서 물에 흡수시켜 (㉠)으로 만든다. 이 (㉠)을 (㉡)을 사용하여 (㉢)으로 환원한 후 술포닐아미드(Sulfanilamide) 및 나프틸에틸렌 디아민(Naphthyl Ethylene Diamine)을 반응시켜 얻어진 착색의 흡광도로부터 질소산화물을 정량하는 방법이다.

① ㉠ 아질산이온 ㉡ 분말금속아연 ㉢ 질산이온
② ㉠ 아질산이온 ㉡ 분말황산아연 ㉢ 질산이온
③ ㉠ 질산이온   ㉡ 분말황산아연 ㉢ 아질산이온
④ ㉠ 질산이온   ㉡ 분말금속아연 ㉢ 아질산이온

해설 문제의 설명은 굴뚝배출가스 중 질소산화물에 대한 아연환원나프틸에틸렌디아민분석방법이다.

70 다음은 연료용 유류 중의 황 함유량을 측정하기 위한 분석방법 중 연소관식 공기법에 관한 사항이다. ( ) 안에 알맞은 것은?

950~1,100℃로 가열한 석영 재질 연소관 중에 공기를 불어넣어 시료를 연소시킨다. 생성된 황산화물을 (㉠)에 흡수시켜 황산으로 만든 다음, (㉡)으로 중화 적정하여 황 함유량을 구한다.

① ㉠ 붕산용액(0.5 W/v%) ㉡ 수산화소듐표준액
② ㉠ 붕산용액(0.5 W/v%) ㉡ 싸이오황산나트륨표준액
③ ㉠ 과산화수소(3%)   ㉡ 수산화소듐표준액
④ ㉠ 과산화수소(3%)   ㉡ 싸이오황산나트륨표준액

해설 **연료용 유류 중의 황 함유량 분석방법(연소관식 공기법)**
㉠ 원유, 경유, 중유의 황 함유량을 측정하는 방법을 규정하며 유류 중 황 함유량이 질량분율 0.01% 이상의 경우에 적용한다.
㉡ 950~1,100℃로 가열한 석영재질 연소관 중에 공기를 불어넣어 시료를 연소시킨다.
㉢ 생성된 황산화물을 과산화수소(3%)에 흡수시켜 황산으로 만든 다음, 수산화소듐 표준액으로 중화적정하여 황함유량을 구한다.

71 굴뚝 배출가스 중 염화수소 분석방법으로 거리가 먼 것은?

① 이온크로마토그래피법
② 싸이오시안산 제2수은자외선/가시선분광법
③ 이온교환법
④ 이온전극법

해설 **굴뚝 배출가스 중 염화수소 분석방법**
㉠ 싸이오시안산 제2수은자외선/가시선분광법
㉡ 질산은 적정법
㉢ 이온크로마토그래피법
㉣ 이온전극법

정답 67 ② 68 ① 69 ④ 70 ③ 71 ③

72 대기오염공정시험기준상 원자흡수분광광도법(원자흡광광도법)과 자외선 가시선 분광법(흡광광도법)을 동시에 적용할 수 없는 것은?

① 카드뮴화합물　② 니켈화합물
③ 페놀화합물　④ 구리화합물

해설 배출가스 중 페놀화합물 분석방법
㉠ 흡광광도법(4-아미노 안티피린법)
㉡ 기체크로마토그래피법

73 기체크로마토그래피법에서 이론단수가 1,600 되는 분리관이 있다. 보유시간이 10min 되는 피크의 밑부분 폭(피크 좌우 변곡점에서 접선이 자르는 바탕선의 길이)은 얼마인가?(단, 기록지 이동속도는 5mm/min, 이론단수는 모든 성분에 대하여 같다고 한다.)

① 1mm　② 2mm
③ 5mm　④ 10mm

해설 이론단수$(n) = 16 \times \left(\dfrac{t_R}{W}\right)^2$

$1,600 = 16 \times \left(\dfrac{5\text{mm/min} \times 10\text{min}}{W}\right)^2$

$W = \sqrt{\dfrac{(5\text{mm} \times 10)^2}{100}} = 5\text{mm}$

74 굴뚝 배출가스 중 수분 측정을 위하여 흡습제에 10L의 시료를 흡인하여 유입시킨 결과 흡습제의 중량 증가가 0.8500g이었다. 이 배출가스 중의 수증기 부피백분율은?(단, 건식 가스미터의 흡인가스온도 : 27℃, 가스미터에서의 가스게이지압+대기압 : 760mmHg)

① 10.4%　② 9.5%
③ 7.3%　④ 5.5%

해설 X_w(수분량)

$= \dfrac{\dfrac{22.4}{18} \times m_a}{V_m' \times \dfrac{273}{273+\theta_m} \times \dfrac{P_a+P_m}{760} + \dfrac{22.4}{18} \times m_a} \times 100$

$= \dfrac{1.244 \times 0.85}{\left(10 \times \dfrac{273}{273+27}\right) \times \left(\dfrac{760}{760}\right) + (1.244 \times 0.85)} \times 100$

$= 10.4(\%)$

75 다음은 비분산 적외선가스 분석계의 성능기준이다. ( ) 안에 알맞은 것은?

제로 조정용 가스를 도입하여 안정된 후 유로를 스팬가스로 바꾸어 기준 유량으로 분석계에 도입하여 그 농도를 눈금 범위 내의 어느 일정한 값으로부터 다른 일정한 값으로 갑자기 변화시켰을 때 스텝(Step) 응답에 대한 소비시간이 (㉠)이어야 한다. 또 이때 최종 지시치에 대한 90%의 응답을 나타내는 시간은 (㉡)이어야 한다.

① ㉠ 10초 이내　㉡ 30초 이내
② ㉠ 10초 이내　㉡ 40초 이내
③ ㉠ 1초 이내　㉡ 30초 이내
④ ㉠ 1초 이내　㉡ 40초 이내

해설 문제의 설명은 비분산적외선가스 분석계의 성능기준이다.

76 다음은 대기오염공정시험기준 총칙의 설명이다. ( ) 안에 들어갈 단어로 가장 적합하게 나열된 것은?

이 시험기준의 각 항에 표시한 검출한계는 (㉠), (㉡) 등을 고려하여 해당되는 각 조의 조건으로 시험하였을 때 얻을 수 있는 (㉢)를 참고하도록 표시한 것이므로 실제 측정할 때는 그 목적에 따라 적당히 조정할 수도 있다.

	㉠	㉡	㉢
①	반복성	정밀성	바탕치
②	재현성	안정성	한계치
③	회복성	정량성	오차
④	재생성	정확성	바탕치

해설 이 공정시험기준 중 각 항에 표시한 검출한계는 재현성, 안정성 등을 고려하여 해당되는 각 조의 조건으로 시험하였을 때 얻을 수 있는 한계치를 참고하도록 표시한 것이므로 실제 측정 시 채취량이 줄어들거나 늘어날 경우 한계치가 조정될 수 있다.

77 굴뚝반경(단면이 원형)이 3m인 경우, 배출가스 중 먼지 측정을 위한 굴뚝 측정점 수로 적합한 것은?

① 20　② 16
③ 12　④ 8

해설 원형 단면의 측정점 수

굴뚝 직경 2R(m)	반경 구분 수	측정점 수
1 이하	1	4
1 초과 2 이하	2	8
2 초과 4 이하	3	12
4 초과 4.5 이하	4	16
4.5 초과	5	20

78 기체크로마토그래피에 의한 정량분석에서 이용되는 정량법에 해당되지 않는 것은?

① 표준 첨가법
② 보정넓이 백분율법
③ 피검성분 추가법
④ 넓이 백분율법

해설 기체크로마토그래피의 정량법
㉠ 절대검량선법
㉡ 넓이 백분율법
㉢ 보정넓이 백분율법
㉣ 내부표준법
㉤ 피검성분 추가법

79 자기분광광전광도계를 사용하여 과망간산포타슘용액(20~60mg/L)의 흡수곡선을 작성할 경우 다음 중 흡광도 값이 최대가 나오는 파장의 범위는?

① 350~400nm
② 400~450nm
③ 500~550nm
④ 600~650nm

해설 자기분광광전광도계를 사용하여 과망간산포타슘용액의 흡수곡선 작성 시 흡광도 값 최대가 나오는 파장은 500~550nm이다.

80 원자흡광광도법에서 측정조건 결정방법으로 가장 거리가 먼 것은?

① 감도가 가장 높은 스펙트럼선을 분석선으로 하는 것이 일반적이다.
② 양호한 SN비를 얻기 위하여 분광기의 슬릿 폭은 목적으로 하는 분석선을 분리할 수 있는 범위 내에서 되도록 넓게 한다(이웃의 스펙트럼선과 겹치지 않는 범위 내에서).
③ 불꽃 중에서의 시료의 원자밀도 분포와 원소 불꽃의 상태 등에 따라 다르므로 불꽃의 최적위치에서 빛(光源)이 투과하도록 버너의 위치를 조절한다.
④ 일반적으로 광원램프의 전류값이 낮으면 램프의 감도가 떨어지는 등 수명이 감소하므로 광원램프는 장치의 성능이 허락하는 범위 내에서 되도록 높은 전류값에서 동작시킨다.

해설 일반적으로 광원램프의 전류값이 높으면 램프의 감도가 떨어지고 수명이 감소하므로 광원램프는 장치의 성능이 허락하는 범위 내에서 되도록 낮은 전류값에서 동작시킨다.

제5과목 대기환경관계법규

[Note] 2011~2014년 대기환경관계법규 관련 문제는 법규의 변경사항이 많으므로 문제유형만 학습하시기 바랍니다.

81 대기환경보전법상 조업정지가 공익에 현저한 지장을 줄 우려가 있다고 인정되는 경우에 조업정지 처분에 갈음하여 최대 얼마의 과징금을 부과할 수 있는가?

① 5천만 원
② 1억 원
③ 2억 원
④ 3억 원

82 대기환경보전법규상 다음 연료(kg) 중 고체연료 환산계수가 가장 큰 연료는?

① 무연탄
② 목재
③ 이탄
④ 목탄

83 대기환경보전법규상 석탄을 제외한 기타 고체연료 사용시설의 설치기준으로 거리가 먼 것은?

① 배출시설의 굴뚝 높이는 20m 이상이어야 한다.
② 연소재는 반드시 밀폐통을 이용하여 운반하여야 한다.
③ 연료는 옥내에 저장하여야 한다.
④ 굴뚝에서 배출되는 매연을 측정할 수 있어야 한다.

84 대기환경보전법규상 비산먼지 발생을 억제하기 위한 시설의 설치 및 필요한 조치에 관한 기준 중 야외 탈청(脫靑) 공정의 시설의 설치 및 조치에 관한 기준으로 옳지 않은 것은?

① 탈청구조물의 길이가 15m 미만인 경우에는 옥내작업을 할 것
② 풍속이 평균초속 3m 이상(강선건조업과 합성수지선 건조업인 경우에는 5m 이상)인 경우에는 작업을 중지할 것
③ 야외 작업 시에는 간이칸막이 등을 설치하여 먼지가 흩날리지 아니하도록 할 것이며, 작업 후 남은 것이 다시 흩날리지 아니하도록 할 것
④ 야외 작업 시 이동식 집진시설을 설치할 것

85 대기환경보전법규상 환경기술인의 준수사항과 가장 거리가 먼 것은?

① 배출시설 및 방지시설을 정상가동하여 오염물질 등의 배출이 배출허용기준에 맞도록 하여야 한다.
② 배출시설 및 방지시설의 운영기록을 사실에 기초하여 작성해야 한다.
③ 기업활동 규제완화에 관한 특별조치법상 환경기술인을 공동으로 임명한 경우라도 당해 환경기술인은 해당 사업장에 번갈아 근무해서는 안 된다.
④ 자가 측정 시 사용한 여과지는 환경오염공정시험기준에 따라 기록한 시료채취기록지와 함께 날짜별로 보관·관리하여야 한다.

86 대기환경보전법에 의거 국가는 자동차로 인한 대기오염을 줄이기 위하여 기술개발 또는 제작에 필요한 재정적·기술적 지원을 할 수 있는데, 이와 관련한 지원대상 시설과 거리가 먼 것은?

① 저공해 엔진
② 저공해 자동차 및 그 자동차에 연료를 공급하기 위한 시설 중 환경부장관이 정하는 시설
③ 배출가스저감장치
④ 황 함량이 높은 휘발유자동차

87 대기환경보전법령상 배출시설에서 발생하는 연간 대기오염물질 발생량의 합계로 사업장을 분류할 때 다음 중 4종 사업장에 속하는 양은?

① 80톤   ② 50톤   ③ 12톤   ④ 5톤

88 대기환경보전법규상 자동차 운행정지표지에 기재되는 사항으로 거리가 먼 것은?

① 점검 당시 누적주행거리
② 운행정지기간 중 주차장소
③ 자동차 소유자 성명
④ 자동차등록번호

89 환경정책기본법령상 아황산가스(SO_2)의 대기환경기준으로 옳은 것은?(단, 1시간 평균치)

① 0.05ppm 이하   ② 0.06ppm 이하
③ 0.10ppm 이하   ④ 0.15ppm 이하

90 대기환경보전법규상 배출허용기준 초과와 관련하여 개선명령을 받을 경우로서 개선하여야 할 사항이 배출시설 또는 방지시설인 경우 사업자가 시·도지사에게 제출하여야 하는 개선계획서에 포함 또는 첨부되어야 하는 사항으로 거리가 먼 것은?

① 배출시설 또는 방지시설의 개선명세서 및 설계도
② 대기오염물질 등의 처리방식 및 처리효율
③ 운영기기 진단계획
④ 공사기간 및 공사비

91 대기환경보전법상 대통령령으로 정하는 업종의 배출시설을 운영하는 사업자는 공정 및 설비 등에서 굴뚝 등 환경부령으로 정하는 배출구 없이 대기 중에 직접 배출되는 대기오염물질을 줄이기 위하여 배출시설의 정기적인 점검 및 비산배출에 대한 조사 등에 관해 환경부령으로 정하는 시설관리기준을 지켜야 하는데, 이 시설관리기준을 지키지 아니한 자에 대한 벌칙기준은?

① 7년 이하의 징역 또는 1억 원 이하의 벌금에 처한다.
② 5년 이하의 징역 또는 3천만 원 이하의 벌금에 처한다.

정답 84 ② 85 ③ 86 ④ 87 ④ 88 ③ 89 ④ 90 ③ 91 ③

③ 1년 이하의 징역 또는 1천만 원 이하의 벌금에 처한다.
④ 500만 원 이하의 벌금에 처한다.

92 대기환경보전법령상 해당 사업자는 확정배출량에 관한 자료 제출을 부과기간 완료일부터 최대 며칠 이내에 시·가도지사에게 제출하여야 하는가?

① 10일 ② 15일 ③ 30일 ④ 60일

93 대기환경보전법규상 행정처분기준에 따라 발전소의 발전설비 등에 과징금을 부과하고자 할 때, 그 기준에 관한 설명으로 옳은 것은?

① 1일당 부과금액은 500만 원으로 하고, 사업장 규모별 부과계수로서 1종 사업장의 경우는 3.0으로 한다.
② 1일당 부과금액은 500만 원으로 하고, 사업장 규모별 부과계수로서 1종 사업장의 경우는 2.0으로 한다.
③ 1일당 부과금액은 300만 원으로 하고, 사업장 규모별 부과계수로서 1종 사업장의 경우는 3.0으로 한다.
④ 1일당 부과금액은 300만 원으로 하고, 사업장 규모별 부과계수로서 1종 사업장의 경우는 2.0으로 한다.

94 대기환경보전법규상 위임업무 보고사항 중 보고횟수가 "수시"에 해당하는 것은?

① 수입자동차 배출가스 인증 및 검사현황
② 자동차 연료 제조기준 적합 여부 검사현황
③ 환경오염사고 발생 및 조치 사항
④ 첨가제의 제조기준 적합 여부 검사현황

95 대기환경보전법령상 초과부과금의 부과대상이 되는 오염물질에 해당하지 않는 것은?

① 일산화탄소 ② 암모니아
③ 불소화합물 ④ 염소

96 대기환경보전법령상 청정연료를 사용하여야 하는 대상 시설의 범위에 해당하지 않는 시설은?

① 산업용 열병합 발전시설
② 전체보일러의 시간당 총 증발량이 0.2톤 이상인 업무용 보일러
③ 「집단에너지사업법 시행령」에 따른 지역냉난방사업을 위한 시설
④ 「건축법 시행령」에 따른 중앙집중난방방식으로 열을 공급받고 단지 내의 모든 세대의 평균 전용면적이 $40.0m^2$를 초과하는 공동주택

97 악취방지법규상 지정악취물질의 배출허용기준 및 그 범위로 옳지 않은 것은?

항목	구분	배출허용기준(ppm)	
		공업지역	기타지역
㉠	암모니아	2 이하	1 이하
㉡	메틸메르캅탄	0.08 이하	0.005 이하
㉢	황화수소	0.06 이하	0.02 이하
㉣	트라이메틸아민	0.02 이하	0.005 이하

① ㉠ ② ㉡
③ ㉢ ④ ㉣

98 대기환경보전법규상 오존의 대기오염경보단계별 오염물질의 농도기준에 관한 설명으로 거리가 먼 것은?

① 경보가 발령된 지역 내의 기상조건 등을 검토하여 대기 자동측정소의 오존 농도가 0.12피피엠 이상 0.3피피엠 미만일 때에는 주의보로 전환한다.
② 오존 농도는 24시간 평균농도를 기준으로 한다.
③ 해당 지역의 대기자동측정소 오존 농도가 1개소라도 경보단계별 발령기준을 초과하면 해당 경보를 발령할 수 있다.
④ 중대경보단계는 기상조건을 검토하여 해당지역의 대기자동측정소의 오존 농도가 0.5피피엠 이상일 때 발령한다.

정답 92 ③ 93 ④ 94 ③ 95 ① 96 ① 97 ② 98 ②

99 대기환경보전법규상 암모니아의 각 배출시설별 배출허용 기준으로 옳지 않은 것은?(단, 2014년 12월 31까지 적용되는 기준으로서, ( )는 표준산소 농도(O_2의 백분율)이다.)

① 화학비료 및 질소화합물 제조시설 : 20ppm 이하
② 무기안료·염료·유연제·착색제 제조시설 : 20ppm 이하
③ 폐수·폐기물·폐가스 소각처리시설(소각보일러를 포함한다) 및 고형 연료제품 사용시설 : 40(12)ppm 이하
④ 시멘트 제조시설 중 소성시설 : 30(13)ppm 이하

100 대기환경보전법령상 특별대책지역 안에서 휘발성유기화합물을 배출하는 시설로서 대통령령으로 정하는 시설과 거리가 먼 것은?(단, 그 밖의 시설 등은 고려하지 않는다.)

① 석유화학제품 제조업의 제조시설
② 세탁시설
③ 무기화학물 분석 실험실
④ 저유소의 저장시설

정답 99 ③ 100 ③

대기환경기사 필기
핵심요점 과년도 기출문제 해설

발행일 | 2020. 1. 20 초판 발행
2020. 5. 10 초판 2쇄
2021. 1. 15 개정 1판1쇄
2022. 1. 15 개정 2판1쇄
2023. 1. 15 개정 3판1쇄
2024. 1. 10 개정 4판1쇄
2025. 1. 10 개정 5판1쇄

저 자 | 서영민
발행인 | 정용수
발행처 | 예문사

주 소 | 경기도 파주시 직지길 460(출판도시) 도서출판 예문사
T E L | 031) 955-0550
F A X | 031) 955-0660
등록번호 | 11-76호

- 이 책의 어느 부분도 저작권자나 발행인의 승인 없이 무단 복제하여 이용할 수 없습니다.
- 파본 및 낙장은 구입하신 서점에서 교환하여 드립니다.
- 예문사 홈페이지 http://www.yeamoonsa.com

정가 : 30,000원
ISBN 978-89-274-5567-7 13530